westermann

Dr. Jürgen Lehberger, Georg Pyzalla, Heinrich Weber

Technologie

17. Auflage

Technische Systeme

Werkstofftechnik

Werkstoffprüftechnik

Prüftechnik und Qualitätsmanagement

Antriebstechnik

Fertigungstechnik

CNC-Technik

Statik, Dynamik und Festigkeitslehre

Bauelemente

Automatisierungs-technik

Kreativ- und Präsentationstechniken

Bestellnummer 40610

Die in diesem Werk aufgeführten Internetadressen sind auf dem Stand zum Zeitpunkt der Drucklegung. Die ständige Aktualität der Adressen kann vonseiten des Verlages nicht gewährleistet werden. Darüber hinaus übernimmt der Verlag keine Verantwortung für die Inhalte dieser Seiten.

service@westermann.de
www.westermann.de

Bildungsverlag EINS GmbH
Ettore-Bugatti-Straße 6-14, 51149 Köln

ISBN 978-3-427-**40610**-5

westermann GRUPPE

Hinweise für den Benutzer

Das vorliegende Buch enthält die Unterrichtsthemen des Faches Technologie mit dem Schwerpunkt Metall- und Maschinentechnik für

- Fachoberschulen,
- Berufsoberschulen,
- Technische Gymnasien.

In 10 Themenkreisen werden maschinentechnische und werkstofftechnische Grundlagen für ein späteres Studium in diesen Bereichen vermittelt.

Handlungsaufgaben

Auf der Bildungsverlag Eins Internetseite können Sie unter BuchPlusWeb Handlungsaufgaben abrufen. Diese beziehen sich auf die verschiedenen Stufen der Produktentstehung, -verwendung und -entsorgung. Sie berücksichtigen in diesem Rahmen sowohl die Systemanalyse als auch die Systemgestaltung.

Übersicht über die Inhalte der Handlungsaufgaben

Die Handlungsaufgaben sind nummeriert und bestehen jeweils aus einer unterschiedlichen Anzahl von Seiten. Die Schwerpunktbereiche der einzelnen Handlungsaufgaben werden im Seitenkopf der jeweiligen Aufgabe durch Unterlegung verdeutlicht.

Beispiel für den Seitenkopf einer Handlungsaufgabe mit den Schwerpunkten Planen und Entwickeln. Zur Lösung der Aufgabe sind Kenntnisse aus Werkstofftechnik, Maschinen- und Systemtechnik sowie der Konstruktionstechnik notwendig.

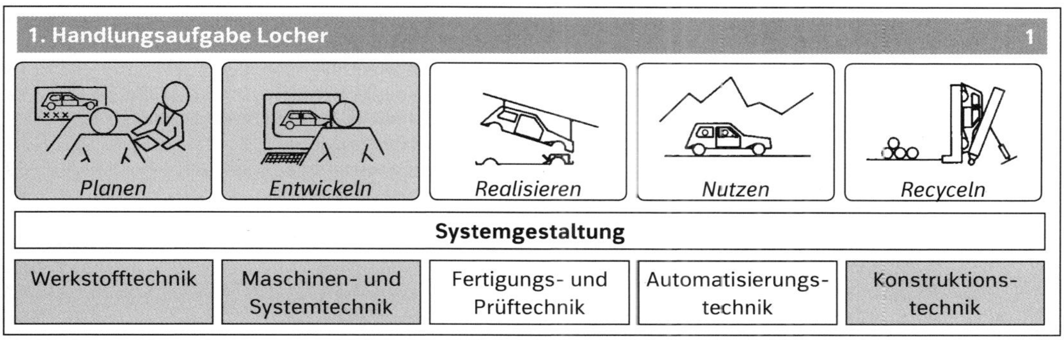

Die in den Handlungsfeldern genutzten Programme werden auf den Internetseiten der Firmen Festo Didactic GmbH & Co. KG (FluidSIM) und Dr. Johannes Heidenhain GmbH (heidenhain itnc 530 demoversion) als Demoversionen angeboten.

Inhaltsverzeichnis

Erster Themenkreis: Technische Systeme

Zweiter Themenkreis: Werkstofftechnik

Dritter Themenkreis: Werkstoffprüftechnik

Vierter Themenkreis: Prüftechnik und Qualitätsmanagement

Fünfter Themenkreis: Antriebstechnik

Sechster Themenkreis: Fertigungstechnik

Siebter Themenkreis: Grundlagen der CNC-Technik

Achter Themenkreis: Statik, Dynamik und Festigkeitslehre

Neunter Themenkreis: Bauelemente

Zehnter Themenkreis: Automatisierungstechnik

Kreativ- und Präsentationstechniken

Erster Themenkreis: Technische Systeme

Handlungsfeld: Technische Systeme gestalten

Kundenwunsch

Kundenwunsch:
Auto optisch aufwerten durch Designer-Felgen

Produktidee

Analyse der
- wirtschaftlichen
- technischen
- gesellschaftlichen Anforderungen

Planungsphase

wirtschaftliche Anforderungen
- preiswerter Werkstoff
- kostengünstige Herstellung
- günstiger Vertrieb

Kundenanforderungen
- gutes Aussehen
- hohe Betriebssicherheit
- vertretbarer Preis

technische Anforderungen
- Herstellbarkeit
- Funktionstüchtigkeit
- Verfügbarkeit von Werkstoff und Verfahren

gesellschaftliche Anforderungen
- Betriebssicherheit
- umweltgerechte Fertigung
- arbeitssichere Fertigung
- Recycelbarkeit

Ergebnis:
Lastenheft mit Anforderungen von Kunden und Gesellschaft

Entwicklungsschritte:
- Pflichtenheft mit Zielformulierung
- Funktionsprinzipienaufstellung
- Rohentwurf
- Berechnung und Dimensionierung
- Konstruktion

Entwicklungsphase

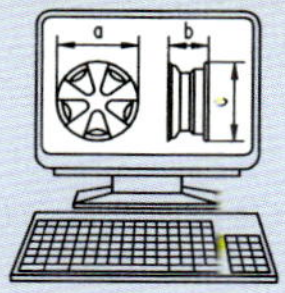

Ergebnis:
Konstruktionsunterlagen
- Werkstoff
- Dimensionierung
- CAD-Daten

Fertigungsplanung:
Arbeits- und Prüfplan, Prüfmittelüberwachung, Fertigungszeiten, Materialfluss, Bearbeitungsanforderung, Mitarbeiterqualifikation, Programmierung von Bearbeitungs- und Materialflusssystemen

Fertigungssteuerung:
Programmablauf, Prozessmeldungen

Fertigungsphase

Fertigung

Gießen ⟶ Lackieren ⟶ Drehen ⟶ Bohren

Fertigungsprozess:
Realisierung von Stoff-, Energie- und Informationsfluss, Formung und Wandlung von Stoff, Energie und Information, Arbeitssicherheit, Ergonomie, Umweltschutz

Betriebsdatenerfassung:
Stückzahlen, Bearbeitungszeiten, Maschinenlaufzeiten, Materialbestände, Prüfwerte, Prüfmittelüberwachung

---

- Gebrauchsanleitung
- Instandhaltungsvorschriften
- Entsorgungshinweise

Nutzungsphase

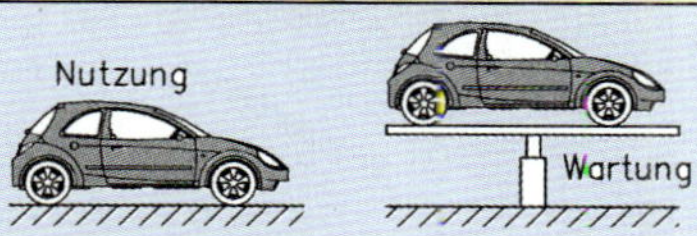

- Wartungsdokumentation

Vorgaben:
- gesetzliche Vorschriften
- Wertigkeit der Recyclingverfahren

Beseitigungsphase

Ergebnis:
- Teile zu Wiederverwendung
- Teile zu Instandsetzung
- Werkstoffrecycling
- Entsorgung

1 Technische Systeme

Technik wird durch menschliches Handeln realisiert. Handlungsbereiche im Rahmen der Technik sind die Analyse und die Gestaltung technischer Systeme.

1.1 Aufbau eines technischen Systems

Maschinen, Geräte, Anlagen usw. sind häufig kaum überschaubar. Man versucht darum, durch Zusammenfassung die Überschaubarkeit herzustellen.
In der Technik bezeichnet man alles, was in sich geschlossen eine Funktion erfüllen kann, als **technisches System.** Man spricht so z. B. vom Verkehrssystem, Informationssystem. Auch ein Walzwerk, eine Ölraffinerie oder eine Maschinenfabrik kann man ebenso wie ein Automobil oder eine Werkzeugmaschine als System bezeichnen. Ein technisches System hat folgende Eigenschaften:

- *Es ist nach außen abgegrenzt,*
- *es hat Eingang und Ausgang,*
- *es erfüllt eine Funktion, bei der Eingangs- und Ausgangsgrößen verknüpft werden,*
- *es interessiert den Betrachter nur die Gesamtaufgabe* – nicht die Einzelaufgaben, die innerhalb des Systems gelöst werden.

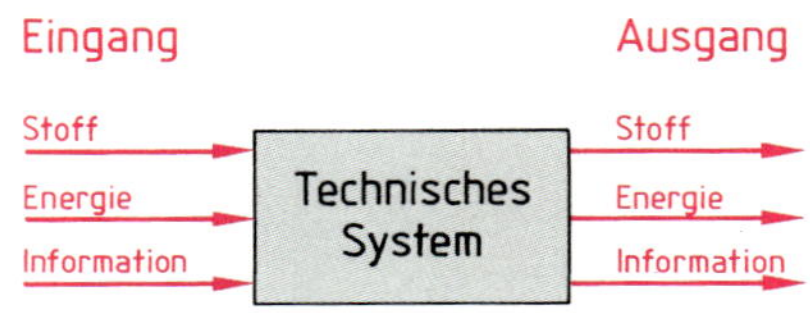

Allgemeine Systemdarstellung

Jedes technische System erfüllt eine Hauptfunktion, wie z. B. Umwandlung von Energie, Produktion von Gütern, Verarbeitung von Informationen.
Das technische System stellt man grafisch durch ein Rechteck dar. Die Eingangs- und Ausgangsgrößen (Stoffe, Energien und Informationen) kennzeichnet man durch Pfeile.

Beispiel für ein System zur Fertigung von Getriebewellen

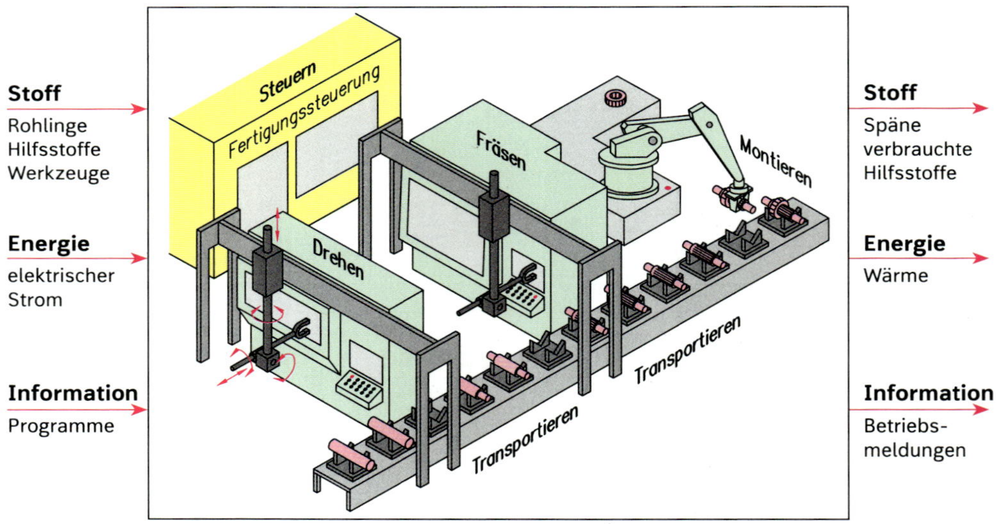

> Technische Systeme sind in sich geschlossen.
> In ihnen werden Eingangs- und Ausgangsgrößen miteinander verknüpft.

1.2 Unterteilung innerhalb eines technischen Systems

Technische Systeme lassen sich in Teilsysteme untergliedern. Dabei ergibt sich:

System → **Einrichtung** → **Gruppe** → **Element**

- **System**: *Gesamtheit* der Einrichtungen zur Auftragserfüllung
- **Einrichtung**: Selbstständig verwendbare Einheit *innerhalb eines Systems*
- **Gruppe**: Noch nicht selbstständig verwendbare Einheit *innerhalb einer Einrichtung*
- **Element**: Kleinste, unteilbare Einheit *in einer Gruppe*

Beispiel für die Gliederung eines Systems

Das Fertigungs- und Montagesystem besteht aus verschiedenen Einrichtungen, z. B. der Dreheinrichtung, der Fräseinrichtung, der Handhabungseinrichtung, der Steuerung.
Die Handhabungseinrichtung besteht aus verschiedenen Gruppen, z. B. dem Antriebsmotor. Die Gruppe Antriebsmotor setzt sich aus Elementen zusammen, z. B. aus Wicklungen und Wellen.

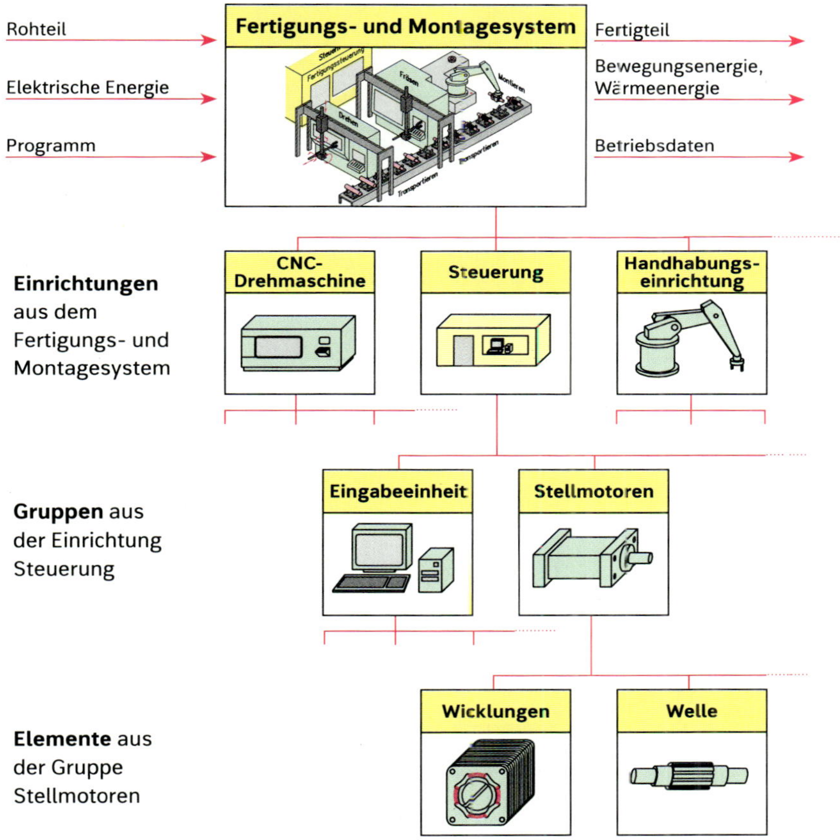

Ganz allgemein, ohne Rücksicht auf die Gliederung eines Systems, spricht man bei Einrichtungen und Gruppen auch von Einheiten. Was man als System bezeichnet, hängt vom Betrachter ab. So ist z. B. die Heizungsanlage eines Wohnhauses für den Architekten eine Einrichtung – ein Teilsystem. Der Heizungs-bauer sieht die Heizungsanlage aber als ein System an, das von ihm installiert wird.

> Systeme bestehen aus Einrichtungen (Teilsystemen).
> Einrichtungen bestehen aus Gruppen.
> Gruppen bestehen aus Elementen.

In Maschinen und Anlagen sind die einzelnen Teile eines Systems oder Teilsystems häufig so miteinander verzahnt, dass ein Betrachter nur schwer einen Überblick über die verschiedenen Einrichtungen und Gruppen gewinnen kann.
Auch für den Entwickler größerer Systeme ist es schwierig, eine Anlage unmittelbar mit Abbildungen der Einzelteile zu planen.
Aus diesen Gründen wählt man zur Veranschaulichung komplexer Maschinen und Anlagen **Blockschaltbilder**. In ihnen werden die Teile des Systems ohne Berücksichtigung ihrer genauen Lage möglichst übersichtlich als rechteckige Blöcke dargestellt.
Verbindungslinien zwischen den Blöcken zeigen den für die Betrachtung wichtigen Fluss auf.

Beispiel für die Darstellung eines Fertigungssystems im Blockschaltbild

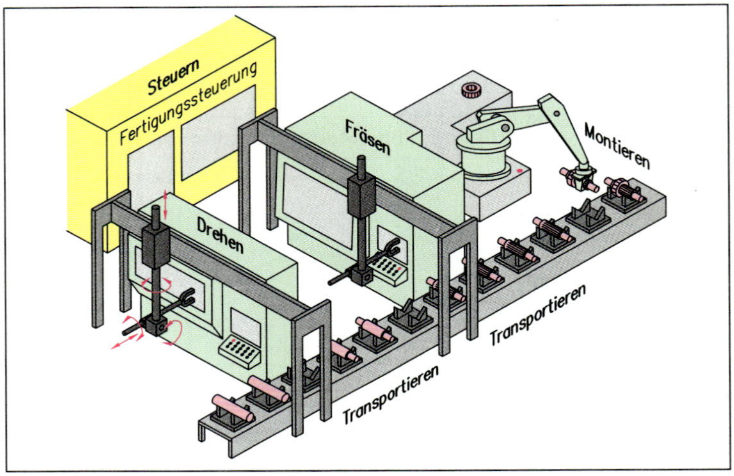

Anlage

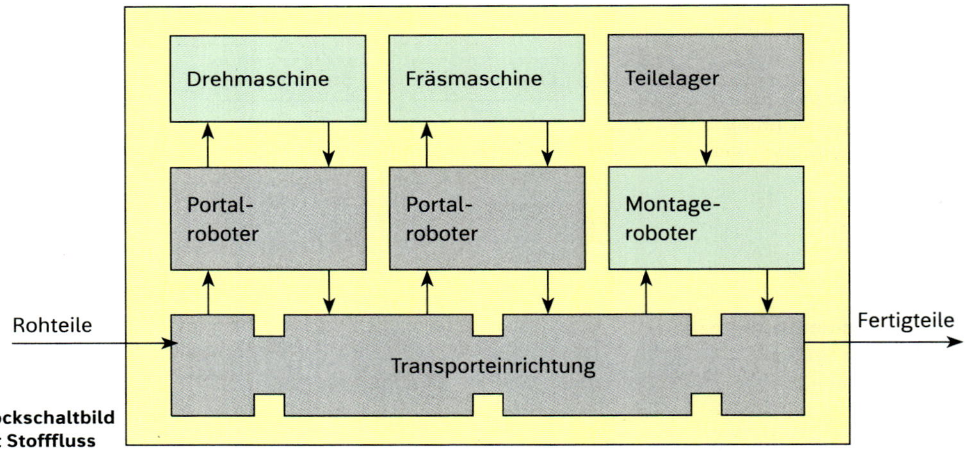

Blockschaltbild mit Stofffluss

In Blockschaltbildern werden die Bestandteile technischer Systeme durch rechteckige Blöcke dargestellt. Der für die Betrachtung wesentliche Fluss wird durch Verbindungslinien angedeutet. Die Blöcke werden mit den Namen des Systemteiles oder der Bezeichnung seiner Funktion beschriftet.

In besondern Fällen werden statt der Blöcke auch Symbole mit der Außenform des Teilsystems eingesetzt. Für viele Funktionen, besonders in der Elektrotechnik, der Informationstechnik und der Montagetechnik gibt es auch Symbole, die in das Blockbild eingetragen werden.

1.3 Funktionen technischer Systeme

Technische Systeme realisieren technologische Vorgänge an Stoff, Energie und Information. Diese Vorgänge können sein:

- **Formänderungen**, bei denen Gestalt oder Größe verändert werden,
- **Wandlungen**, bei denen die Struktur verändert wird,
- **Leitung** (Transport), bei denen ein Ortswechsel erzielt wird und
- **Speicherungen**, bei denen ein länger andauerndes Beharren im derzeitigen Zustand erzielt wird.

In jedem technischen System steht die Veränderung *eines* Arbeitsgegenstands, z. B. am Stoff, im Vordergrund. Gleichzeitig finden Änderungen an den anderen, z. B. der Energie und Information statt, aber diese stehen im Hintergrund. So ist der Hauptzweck eines Verkehrssystems der Stofftransport. Er ist zwangsläufig mit Energieänderungen und Informationsänderungen verknüpft, aber diese Änderungen sind Hilfen und nicht Zweck des Verkehrssystems.

Entsprechend dem Hauptzweck können alle technologischen Vorgänge in Systemen und deren Untergliederungen unter Berücksichtigung der Veränderungen in ein einfaches Schema eingebunden werden.

	Stoff	Energie	Information
Formen	**Stoffformung** z. B. Spanen von Metallen 	**Energieformung** z. B. Gleichrichtung von Wechselstrom 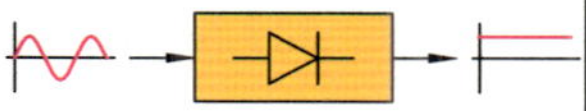	**Informationsformung** z. B. durch Codierung 
Wandeln	**Stoffwandlung** z. B. Metallgewinnung aus Erz 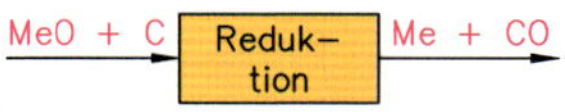	**Energiewandlung** z. B. Wandlung von Wärmeenergie in mechanische Energie 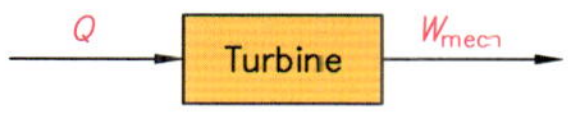	**Informationswandlung** z. B. durch logische Verknüpfung 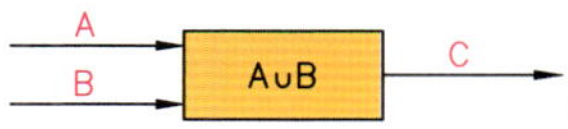
Leiten (Transportieren)	**Stofftransport** z. B. durch Roboter 	**Energietransport** z. B. Stromleitung im Netz 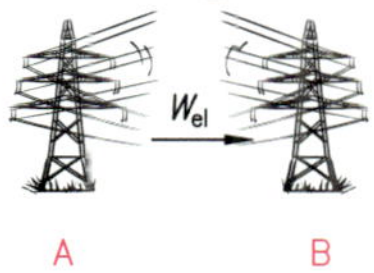	**Informationstransport** z. B. durch Funkübertragung 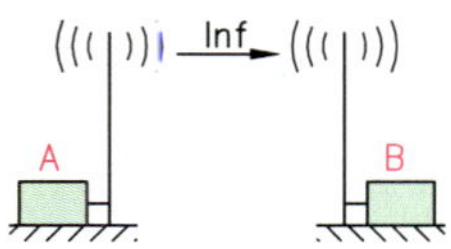
Speichern	**Stoffspeicherung** z. B. Speichern im Hochregallager 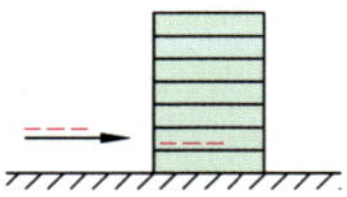	**Energiespeicherung** z. B. Speicherung im Akkumulator 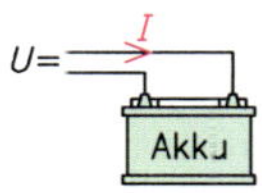	**Informationsspeicherung** z. B. durch Speicherung auf CD 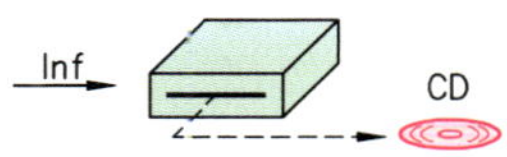

Technische Systeme realisieren an Stoff, Energie und Information je nach Hauptzweck des Systems: Formänderungen, Wandlungen, Weiterleitungen und Speicherung.

2 Systemanalyse

Jede Planung eines Gestaltungsprozesses oder eines Systems (und auch nur eines Teiles davon) beginnt mit einer Systemanalyse. Ebenso ist für jede Einarbeitung in einen bestehenden Prozess bzw. ein bestehendes System ein analysierendes Vorgehen notwendig.

Für die Systemanalyse hat sich ein bestimmtes Handlungsschema als zweckmäßig erwiesen:

1. **Systemgrenzen aufgrund des Analysezieles festlegen**
   Zunächst muss festgelegt werden, mit welchem Ziel die Analyse durchgeführt wird, damit Schwerpunkte der Beobachtung gesetzt und die Grenze des zu untersuchenden Systems bestimmt werden können.
   Mögliche Ziele ergeben sich aus dem Auftrag und sind z. B.:
   - Planung eines neuen Prozesses oder Systems,
   - Erweiterung und Optimierung eines Prozesses oder einer Anlage,
   - Instandhaltung,
   - Störungssuche.

2. **Gesamtfunktion des Prozesses oder des Systems ermitteln**
   Hier geht es um die Frage nach der Hauptfunktion des Untersuchungsobjektes. Diese kann festgestellt werden durch Betrachten der den Prozess bestimmenden Ein- und Ausgangsgrößen.

3. **Teilfunktionen identifizieren**
   In dieser Stufe der Analyse wird geklärt, welche Aufgaben von den Einzelteilen des Prozesses bzw. des Systems erfüllt werden. Die Teilfunktionen lassen sich durch Beobachten der Schnittstellen der Flüsse innerhalb des Prozesses oder der Anlage feststellen. Schnittstellen sind immer die Stellen, vor und nach denen Wandlung, Formung, Transport oder Speicherung stattfinden.

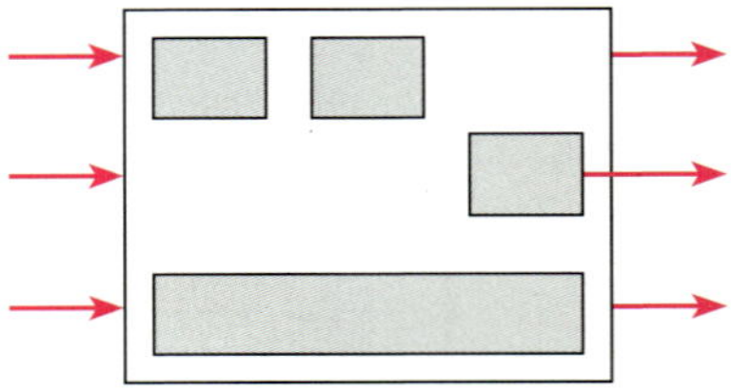

4. **Verkettung der Teilfunktionen feststellen**
   Die einzelnen Funktionen laufen nicht unabhängig voneinander ab. Darum muss in der Systemanalyse festgestellt werden, unter welchen Bedingungen die Einzelteile des Prozesses bzw. des Systems miteinander verknüpft sind. In einfachen Abläufen sind dies „wenn – dann“-Beziehungen. Sie ergeben sich bei der Analyse zur Planung eines Prozesses oder einer Anlage aus dem gedanklichen Ablauf – bei der Analyse eines bestehenden Prozesses oder einer Anlage aus der Beobachtung und der Dokumentation.

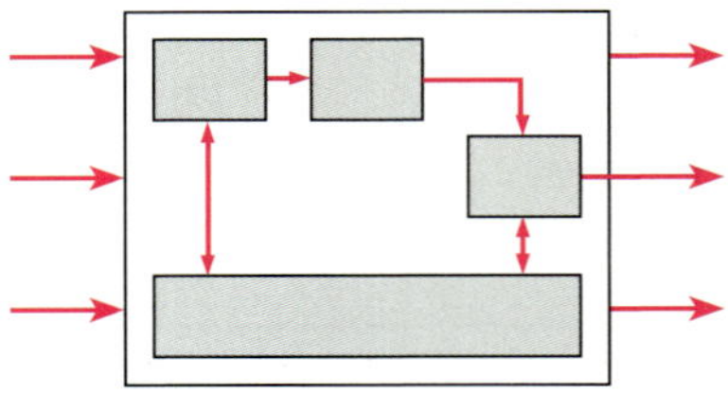

5. **Störgrößen ermitteln**
   Wichtige Störgrößen lassen sich in vielen Fällen vorhersehen und können bei der Planung durch systematisches Abfragen aller Eventualitäten berücksichtigt werden. Trotzdem bleibt meist ein Anteil an Störungen, der erst im laufenden Betrieb beim Zusammenwirken aller Komponenten erkannt werden kann. Störgrößen im laufenden Betrieb können anhand der Dokumentation systematisch erfasst und durch vorbeugende Instandhaltung und Wartung reduziert werden.

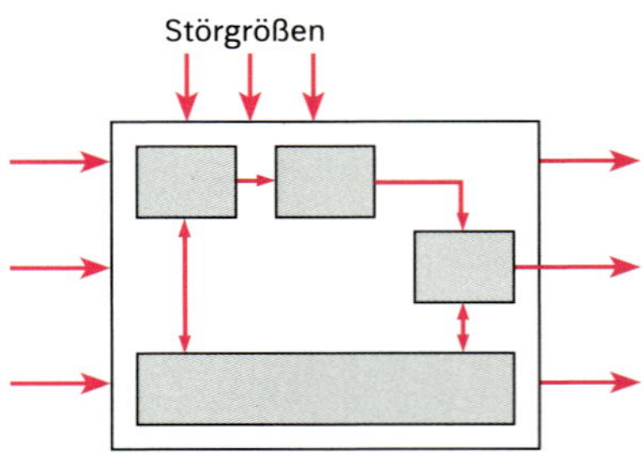

Beispiel für eine Systemanalyse

Ein Konstrukteur hat die vorliegende Entwurfsskizze einer Anlage, Zeichnungen der zu fertigenden Teile und weitere Daten erhalten. Er hat den Auftrag, die Steuerung der Anlage zu planen.
Zunächst muss sich der Konstrukteur durch eine Systemanalyse in das Konzept der Anlage einarbeiten.

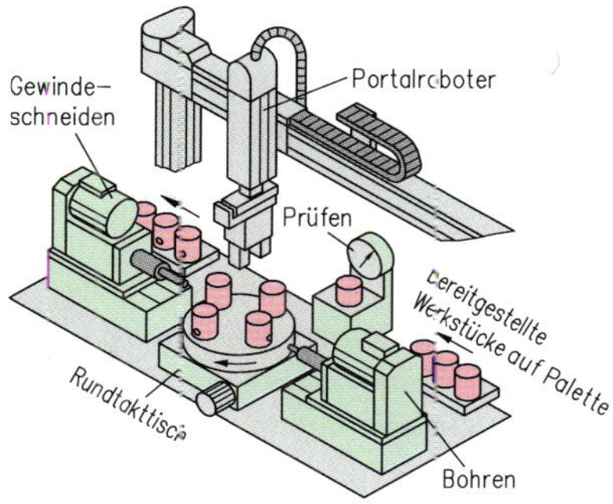

1. Analyseziel festlegen
Der Konstrukteur will den Ablauf der geplanten Fertigung ermitteln und die Funktion und das Zuwsammenwirken der einzelnen Komponenten feststellen, um die Steuerung zu entwerfen. Damit legt er den Schwerpunkt seiner Analyse auf die Betrachtung des Zusammenwirkens der einzelnen Teile des Systems.

2. Gesamtfunktion des Systems ermitteln
In das Fertigungssystem werden zylinderförmige Werkstücke eingegeben. Das System verlassen diese Werkstücke mit einer Gewindebohrung. Die Gesamtfunktion des Systems ist die Herstellung einer Gewindebohrung in zylindrische Werkstücke.

3. Teilfunktionen identifizieren
Teilfunktionen sind: Transportieren, Positionieren, Spannen, Gewindeschneiden und Prüfen. Sie sind an den dazu vorgesehenen Einrichtungen zu erkennen. Zusätzlich ist noch eine Steuereinrichtung notwendig.
Durch gedankliches Verknüpfen wird die Abfolge der Funktionen erkennbar. Der Zusammenhang der einzelnen Funktionen kann besonders anschaulich in einem Blockschaltbild dargestellt werden:

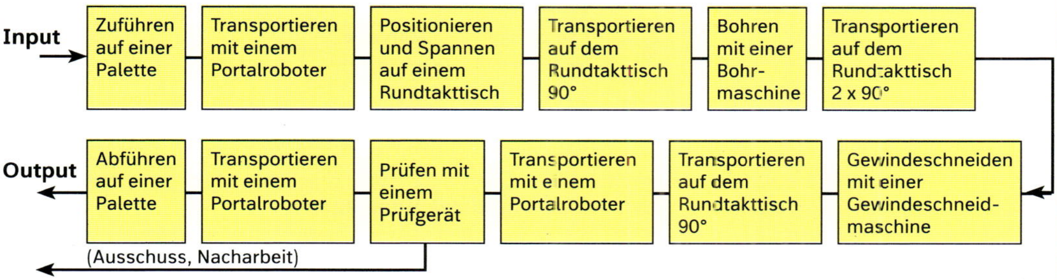

4. Verkettung der Teilfunktionen feststellen
Für jede einzelne Funktion sind die Bedingungen für die Durchführung festzulegen. So lauten z. B. die Bedingungen für ein Weiterschalten des Rundtakttisches um 90°:
Weiterdrehen nur, *wenn* Befehl erfolgt **und** wenn Bohrer und Gewindebohrer zurückgefahren sind **und** der Portalroboter hochgefahren ist, *dann* Weiterschalten um 90°.

5. Störgrößen ermitteln
Störgrößen, die unmittelbar den Ablauf beeinflussen, können z. B. sein:
- Werkzeugbruch, wobei Bohrerbruch besonders kritisch ist,
- Ausfall der Spannenergie,
- störende Späne,
- NOT-AUS.

3 Gestaltung und Nutzung technischer Systeme

Der Käufer eines Produkts erfüllt sich einen Wunsch bzw. befriedigt einen Bedarf. Das gilt für ein einfaches Produkt wie ein Kleidungsstück ebenso wie für ein komplexes System wie z. B. eine Industrieanlage. Am Beginn jeder Produkt- und Produktionsplanung steht darum ein Kundenwunsch.

Beispiel für einen Kundenwunsch

Ein Kunde benötigt eine Vorrichtung bzw. ein Werkzeug zum Fügen von Stahlblechbändern in mittlerer Stückzahl mithilfe spezieller Bolzen.

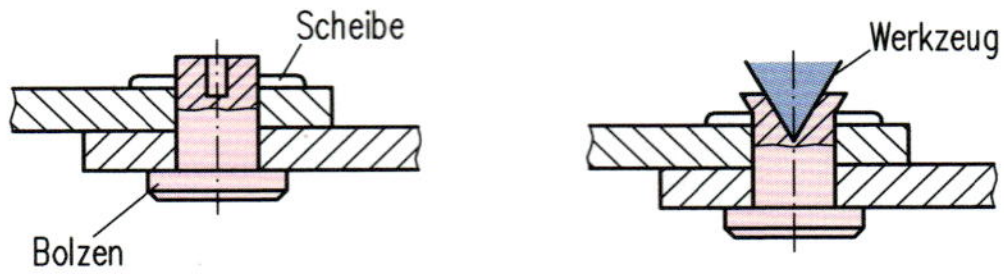

Stahlblechverbindung

In der **Planungsphase** werden aus diesem Kundenwunsch Anforderungen an das Produkt formuliert. In der folgenden Phase, der **Konstruktionsphase**, werden diese Anforderungen unter Berücksichtigung technischer Standards in konkrete Pläne umgesetzt. In der Phase der **Realisierung** wird das Produkt erzeugt.

Nach der Fertigung folgen der Vertrieb und die **Nutzung** durch den Kunden. Um die Funktionstüchtigkeit des Produkts zu erhalten, wird der Kunde das Produkt warten und bei Funktionsstörungen instand setzen lassen.

Entspricht das Produkt nicht mehr dem Kundenwunsch oder ist es nicht mehr instand zu setzen, so wird es beseitigt. Dies sollte möglichst durch ein vollständiges **Recycling** geschehen, um Rohstoffe zu schonen und die Umwelt nicht durch Abfall zu belasten.

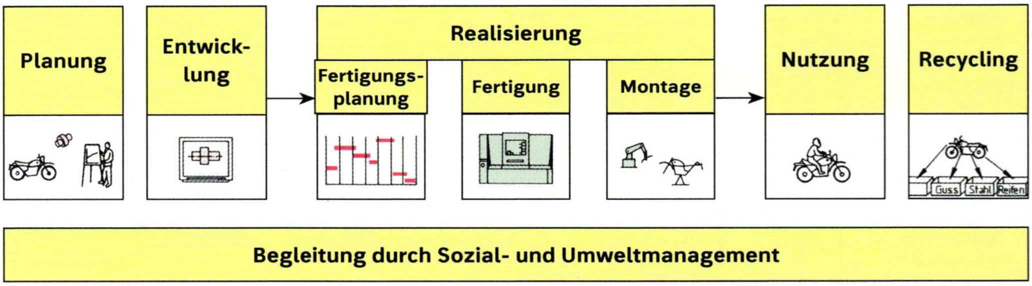

Phasen im Leben eines Produkts

In jeder Phase begleiten Qualitäts-, Sozial- und Umweltmanagement mehr oder weniger ausgeprägt den Weg des Produkts.

3.1 Produktplanung

In der Planungsphase werden zunächst die Anforderungen des Kunden an das zu gestaltende Produkt in einem Gespräch geklärt und die Ergebnisse in einem **Lastenheft** festgehalten. Die Anforderungen beziehen sich auf wirtschaftliche, technische und gesellschaftliche Kriterien, die vom Produkt zu erfüllen sind.

> Ergebnis der Produktplanung ist das Lastenheft, in ihm werden wirtschaftliche, technische und gesellschaftliche Anforderungen des Kunden festgehalten.

Beispiel für Anforderungen an das zu gestaltende Produkt: die Nietvorrichtung

Im Lastenheft werden die folgenden Kundenanforderungen festgehalten:

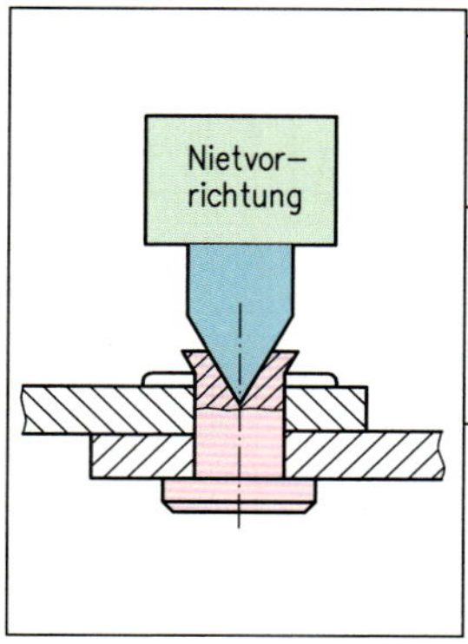

Wirtschaftliche Anforderungen sind:
- geringe Anschaffungskosten
- niedrige Wartungs- und Instandhaltungskosten.

Technische Anforderungen sind:
- hohe Prozesssicherheit,
- einfache Bedienbarkeit,
- Wartungsfreundlichkeit.

Gesellschaftliche Anforderungen sind:
- hohe Arbeitssicherheit,
- keine Umweltbelastung im Betrieb und bei der Herstellung,
- Einhaltung technischer Standards,
- recycelbar.

3.2 Konstruktion

In der Konstruktionsphase werden die Anforderungen des Kunden (Lastenheft) in Kombination mit den Anforderungen des Herstellers in konkrete Pläne umgesetzt. Der Konstruktionsprozess umfasst:
- Erstellung des Pflichtenheftes,
- Sammeln und Auswählen von Lösungsvarianten,
- Berechnen und Konstruieren (Erstellen von Gesamt- und Teilzeichnungen) des Objekts.

Zur Erstellung des **Pflichtenheftes** gehören
- Erfassung der Betriebsdaten,
- Festlegung der Gesamtfunktion sowie der notwendigen Teilfunktionen und
- Anforderungen des Herstellers an den Fertigungsprozess.

Grundlage der Konstruktion ist das Pflichtenheft. In ihm werden die Anforderungen des Kunden aus dem Lastenheft und die Anforderungen des Herstellers abgeglichen.

Beispiel für Inhalte des Pflichtenheftes für die Nietvorrichtung

Daten des Bolzens:
Kopfdurchmesser 10 mm, Schaftdurchmesser 5,9 mm, Schaftlänge 6,5 mm, Vorbohrungsdurchmesser 2 mm, Werkstoff S235, Kraft zum Aufpilzen min. 1250 N.

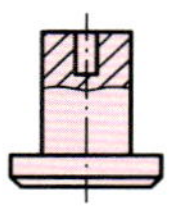

Gesamtfunktion und Einrichtungen für Teilfunktionen:

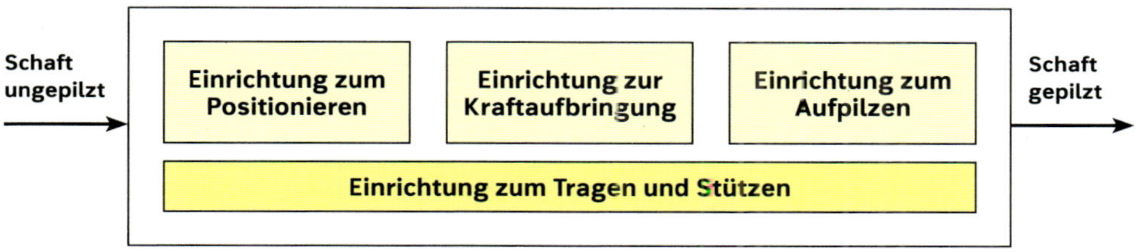

Einsetzbare Wirkenergien im Herstellprozess:
Handkraft, Druckluft

Für jedes Teilsystem werden Lösungsvorschläge zusammengetragen und zu einem Gesamtsystem zusammengefügt. Eine gute Hilfe zum Zusammenfügen von Lösungsvarianten ist der **„Morphologische Kasten“**. In ihm werden für jede im Pflichtenheft festgelegte Teilfunktion mögliche Lösungsprinzipien aufgezeigt. Durch die Kombination unterschiedlicher Lösungsvarianten wird eine erste Systemgestaltung festgelegt.

Beispiel für einen morphologischen Kasten zur Auswahl von Lösungsvarianten für die Nietvorrichtung

Teilfunktionen	Lösungen			
Positionieren des Niets	durch Aufpilzwerkzeug 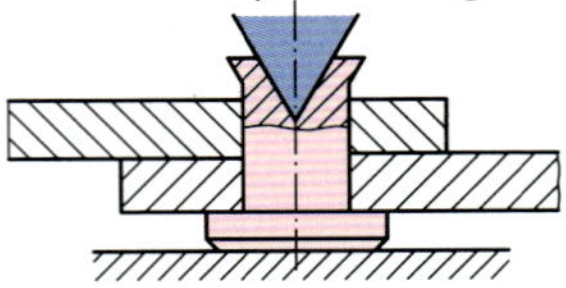		durch Bolzenkopf 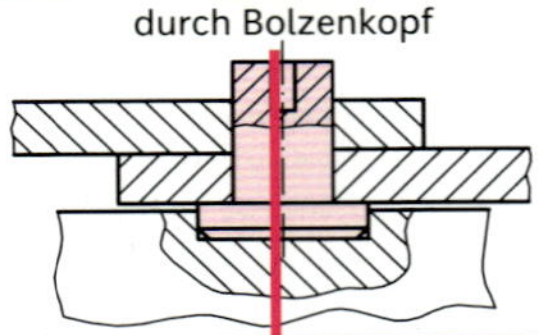	
Kraftaufbringung	von Hand Hebel 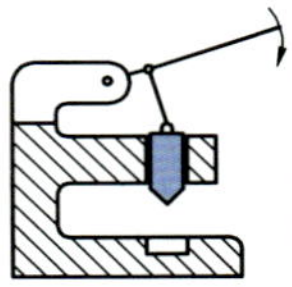	von Hand Exzenter 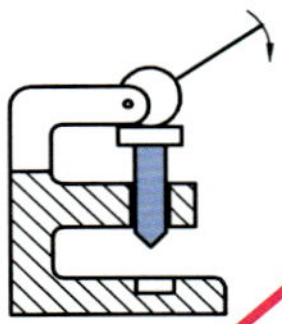	pneumatisch direkt 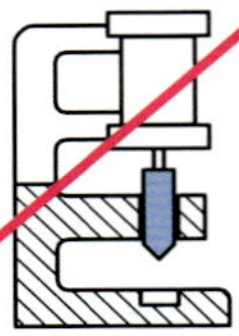	pneumatisch indirekt (Hebel, Keil) 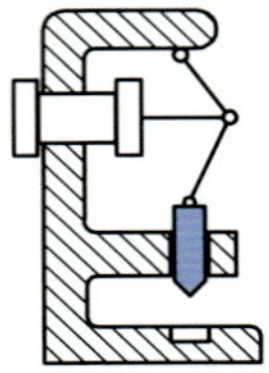
Aufpilzen	mit Kegel		mit Pyramide	
Stützen und Tragen	Schweißkonstruktion		Gusskonstruktion	

Auswahl:
- Positionierung durch Bolzenkopf,
- Kraftaufbringung: pneumatisch (indirekt),
- Aufpilzung mit Kegel,
- Stützen und Tragen durch Schweißkonstruktion.

Zu den ausgewählten Lösungsprinzipien werden in einem weiteren Schritt Lösungsvarianten konstruiert, skizziert, bewertet und ausgewählt.

Beispiel für die Bewertung und Auswahl von Lösungsvarianten für die Teilfunktion Kraftaufbringung

Auswahlkriterien	Varianten 1	Varianten 2	Varianten 3
	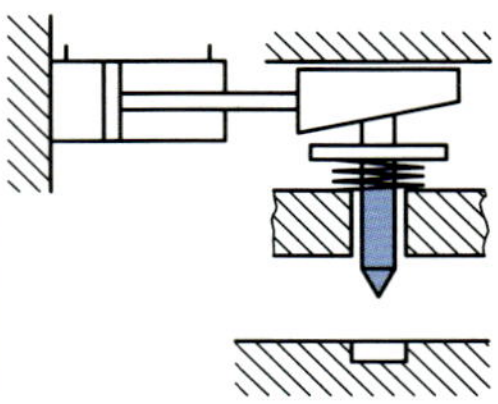	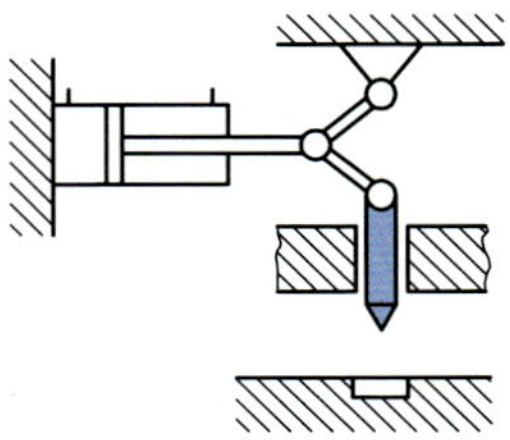	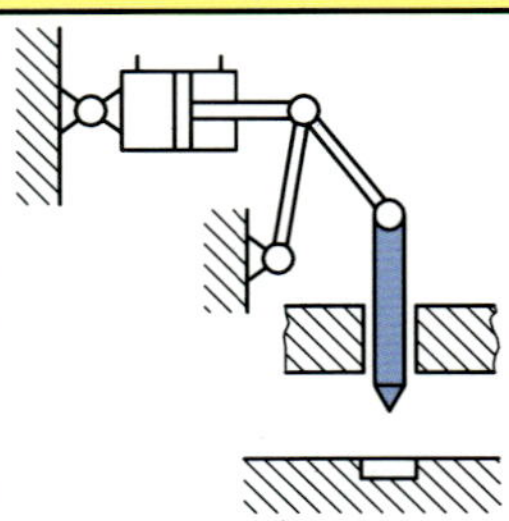
Wartungsaufwand (Verschleiß)	hoch (häufige Schmierung der Gleitflächen)	gering	gering
Fertigungsaufwand	mittel bis hoch (wegen Härten der Gleitflächen)	mittel	mittel
Bauhöhe	gering	hoch	mittel
Zylinderhub (Luftverbrauch)	groß	mittel	mittel

Die Erstellung der Zeichnungsunterlagen für eine Konstruktion beginnt mit der Entwurfszeichnung, in der die räumliche Lage der Einzelteile unter funktionalen Gesichtspunkten festgelegt wird. Sie stellt den ungefähren Entwurf der Gesamtzeichnung dar. Ihr endgültiger Zustand wird im Laufe des weiteren Konstruktionsprozesses bestimmt.

Der Konstrukteur lässt sich bei der Erstellung des Entwurfes von folgenden Überlegungen leiten:

- Er konstruiert **fertigungs-, montage- und werkstoffgerecht**, d. h., er wählt notwendige Fertigungs- und Montageprozesse aus, geht sie in Gedanken durch und sucht für die jeweilige Fertigung geeignete Werkstoffe aus.
- Er hält die **Fertigungstiefe möglichst klein**, indem er auf Fremdteile, Normteile und andere Zukaufteile zurückgreift.
- Er berücksichtigt **ergonomische und sicherheitstechnische Gesichtpunke**, indem er die körpergerechte Bedienung und Handhabung festlegt. Bedienergerechte Formen, Maße und Kräfte für Bedienelemente sowie Bewegungsabläufe entnimmt er den entsprechenden Normen und Vorschriften.
- Er gestaltet die Konstruktion **instandhaltungsgerecht**, indem er Stellen für Wartung, Inspektion und Instandsetzung leicht zugänglich macht.
- Er berücksichtigt späteres **Recycling**, indem er eine leichte Zerlegung und Werkstofftrennung plant.

Nach der Erstellung des Entwurfs werden die wichtigen Maße der Einzelteile bestimmt bzw. berechnet. Danach werden die Einzelteilzeichnungen erstellt.
Die Kontur der einzelnen Teile wird fertigungsgerecht gestaltet, fertigungsgerecht bemaßt und normgerecht gezeichnet.
Zur Erstellung der Gesamtzeichnung werden die Einzelteile zueinander maßstäblich positioniert. Sie zeigen dann die Konstruktion im zusammengebauten Zustand.

Ein guter Entwurf ist
- fertigungs-, instandhaltungs- und recyclinggerecht und
- berücksichtigt ergonomische, sicherheits- und umwelttechnische Gesichtspunkte.

Beispiel für die Gesamtzeichnung der Nietvorrichtung (Ausschnitt)

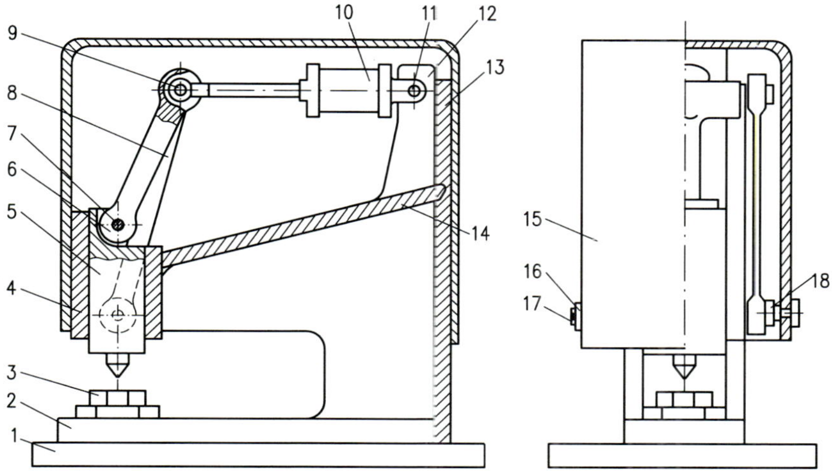

3.3 Fertigung

Die Herstellung der Teile, die in Eigenfertigung erstellt werden müssen, beginnt in der Fertigungsplanung mit der Analyse der Bauteile. In dieser Analyse werden, entsprechend den Vorgaben der jeweiligen Zeichnung (Form, Maße, Oberflächenqualität, Maßtoleranzen, Toleranzen), die Fertigungsverfahren und die Abfolge der einzelnen Fertigungsschritte festgelegt. Ferner werden die Form und die Maße des Rohteils bestimmt.

In der anschließenden Fertigungsplanung werden für die gewählten Fertigungsverfahren Entscheidungen über den Maschineneinsatz sowie den Einsatz von Hilfsmitteln (z. B. Spannmittel und Messgeräte) getroffen. Für die Maschinen, Geräte und Hilfsmittel werden technologische Daten (z. B. Umdrehungsfrequenz, Vorschub) festgelegt und Einsatzbedingungen in Arbeitsplänen und Programmen festgehalten.

In der folgenden Fertigung geschieht die Herstellung der Teile entsprechend den Planungen unter Beachtung der Arbeitssicherheit. Zwischenkontrollen zwischen den einzelnen Arbeitsgängen dienen der Qualitätssicherung. Die Fertigung schließt mit der Montage der in Eigenfertigung hergestellten Einzelteile, der Fremdteile, der Normteile und der anderen Zukaufteile ab.

> Grundlagen für die Fertigung sind die in der Fertigungsplanung getroffenen Entscheidungen hinsichtlich Fertigungsverfahren, Maschineneinsatz, Fertigungsdaten und Fertigungszeiten.

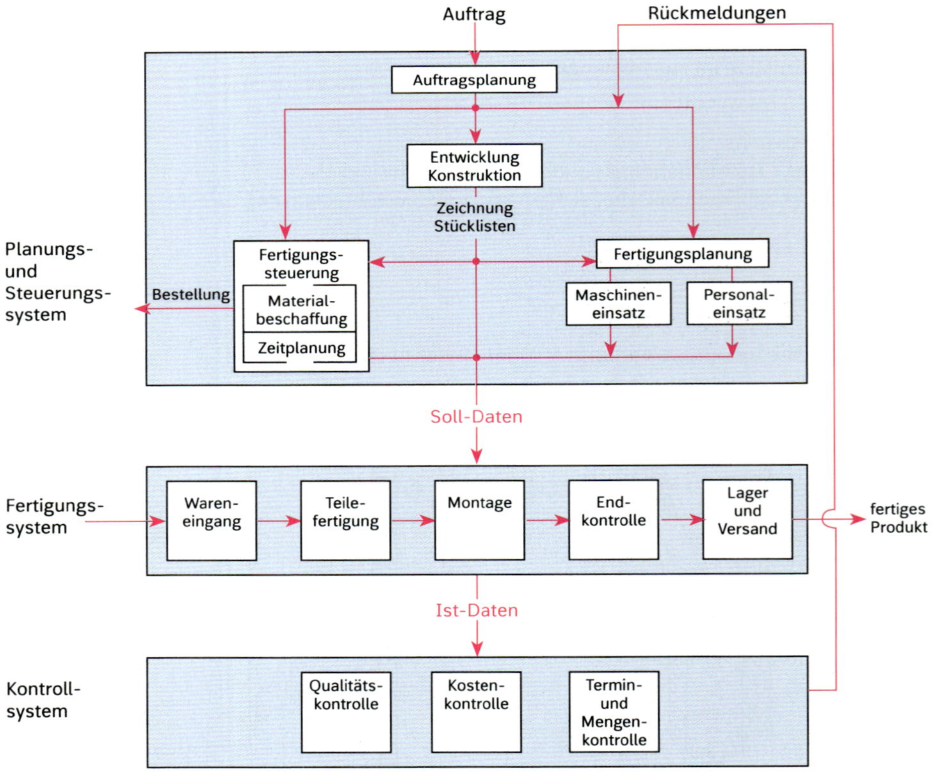

Informationsfluss bei industrieller Fertigung

Nach der Fertigung erfolgt die Inbetriebnahme, dabei wird geprüft, ob die gewünschte Funktion des Sys-tems erfüllt wird. Das Ergebnis der Prüfung wird bei größeren Systemen in einem Inbetriebnahmeprotokoll festgehalten.

3.4 Nutzung

Im Rahmen der Gestaltung eines Systems werden für den späteren Benutzer Betriebsunterlagen in Form von Gebrauchs- oder Betriebsanleitungen erstellt, die neben der Handhabung die Inspektion, Wartung und Instandsetzung erfassen.

Unter **Inspektion** versteht man das Prüfen und Beurteilen des Istzustands von Betriebsmitteln. Darüber hinaus werden die Ursachen der Abnutzung und die Folgen für die spätere Nutzung abgeleitet.
Der zeitliche Abstand regelmäßiger Inspektionsintervalle richtet sich nach:

- den *Umwelteinflüssen am Einsatzort,* z. B. Schmutz, Hitze,
- den zu *erwartenden Schädigungen,* z. B. Verschleiß, Korrosion, Lockerung von Schrauben,
- der *Maschinen- und Anlagenbelastung,* z. B. häufigem Teillastbetrieb, ständiger Überlastung.

Durch **Warten** sollen Maschinen, Anlagen und Geräte in ihrem Sollzustand erhalten bleiben. Zumindest möchte man aber den unvermeidlichen Abnutzungsprozess verlangsamen und damit weiterhin einen sicheren Umgang gewährleisten. Arbeiten im Rahmen der Wartung sind ihrer Art nach Erhaltungsmaßnahmen, z. B. Reinigen, Konservieren, Schmieren, Nachstellen und Ergänzen.

Die **Instandsetzung** umfasst alle Maßnahmen, durch die nach einem Störfall die Betriebsfähigkeit einer Maschine oder Anlage wiederhergestellt wird.
Bei der **vorausbestimmten Instandsetzung** werden Baugruppen und Bauteile nach einer festgelegten Betriebsstundenzahl oder nach einer festgelegten Zahl von Fertigungsabläufen ausgebaut und instand gesetzt.
Im Falle einer **zustandsorientierten Instandsetzung** erfolgt diese, sobald durch die Inspektion festgestellt wurde, dass die vorher festgelegte Abnutzungsgrenze erreicht ist.
In beiden Fällen werden Baugruppen und Bauteile ausgebaut, bevor ein Schaden eingetreten ist. Damit entfällt eine Störungssuche. Ersatzteile können vorbestellt und bereitgehalten werden.

Durch **Verbesserungen** wird das System im Rahmen der Nutzung an veränderte Einsatzbedingungen und den technischen Fortschritt angepasst.

> Die Nutzung von Systemen erfolgt auf der Grundlage von Betriebsanleitungen. Diese umfassen Hinweise für Gebrauch, Inspektion, Wartung, Instandsetzung, Verbesserung und Entsorgung.

3.5 Recycling

Entspricht ein Produkt von der Funktion oder Gestalt her nicht mehr dem Kundenwunsch oder ist es nicht mehr instand zu setzen, so wird es recycelt oder entsorgt. Das Recycling beginnt mit dem Zerlegen in Einheiten, die gemeinsam verarbeitet werden können. Je nach Beschaffenheit werden unterschiedliche **Recyclingstrategien** angewendet:

- Die **Wiederverwendung** geschieht ohne weitere Aufbereitung. Sie kommt nur in sehr wenigen Fällen zum Einsatz, da jede Nutzung Gebrauchsspuren hinterlässt. Wo sie angewendet werden kann, ist sie die umweltschonendste und häufig wirtschaftlichste Form des Recyclings. Die unmittelbare Wiederverwendung ist in sehr geringem Ausmaß im Bereich des Hausbaus, z. B. der Verwendung alter Dachziegel, und bei der Verwendung von Autoteilen, z. B. Felgen aus verunfallten Kraftfahrzeugen, anzutreffen.
- Die **Instandsetzung** demontierter Einheiten erfordert nur geringen Einsatz an zusätzlichen Materialien. Bei der Kraftfahrzeugreparatur mit Türen, u. a. aus verunfallten oder ausgemusterten Fahrzeugen, die nur noch neu lackiert oder ein wenig ausgebeult werden müssen, werden solche Instandsetzungen mit demontierten Teilen vorgenommen.
- Bei der **Wiederaufrüstung** werden weite Teile des ausgemusterten Bauteiles durch Neuteile ersetzt. Wiederaufgerüstete Einheiten werden unter dem Begriff „Austauschteile" gehandelt.
- Das **Werkstoffrecycling** sieht die Trennung in einheitliche Werkstoffe vor, die nach entsprechender Behandlung in eine neue Form gebracht werden. Aller Aufwand, der für Formgebung u. a. aufgewendet wurde, ist damit verloren. Der klassische Schrotthandel mit Altmetallen, die sortiert und anschließend eingeschmolzen werden, gehört in diese Kategorie.

- Durch **thermische Verwertung** wird die bei der Verbrennung von organischen Materialien und Kunststoffen frei werdende Wärmemenge genutzt. Diese Stoffe ersetzen bei der thermischen Verwertung Energieträger wie Öl, Gas und Kohle. Bei einigen Kunststoffen, z. B. dem PVC sowie mit Schutzanstrichen versehenen Stoffen, können bei der Verbrennung schädliche Abfallstoffe entstehen, die aufwendig ausgefiltert werden müssen.
- Wenn keine der angeführten Verwertungen möglich ist, werden Abfallstoffe **deponiert**.

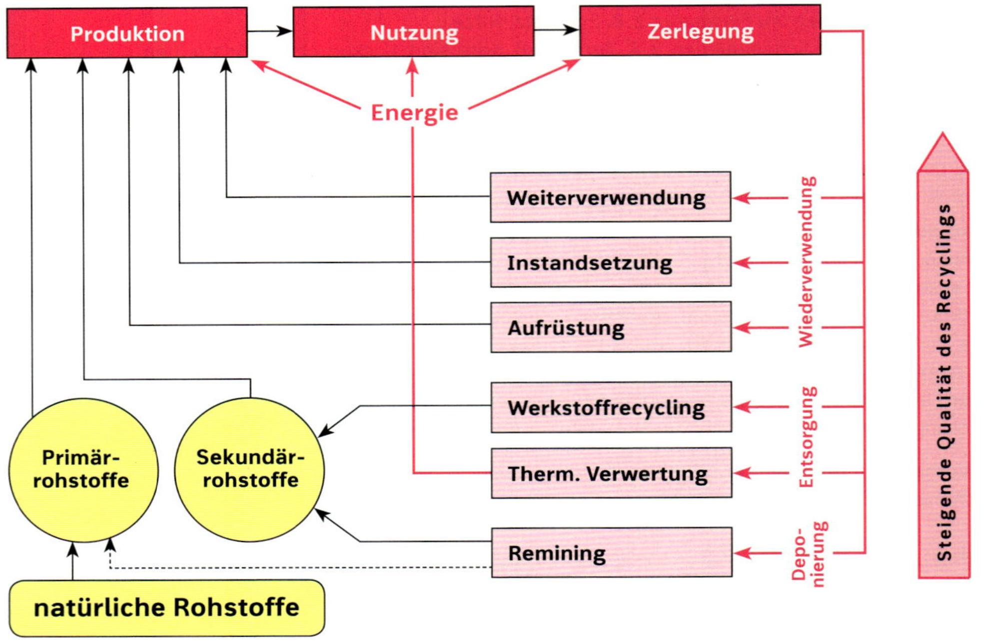

Recyclingstrategien

Jede Gestaltung eines Systems oder eines Prozesses soll so ausgelegt sein, dass eine möglichst hohe Qualität des Recyclings erreicht wird, um natürliche Ressourcen zu schonen und die Umwelt möglichst wenig zu belasten.

Eine hohe Qualität des Recyclings kann erreicht werden u. a. durch:

- **leichte Zerlegbarkeit** des zu recycelnden Systems, um kostengünstig wiederverwendbare Baugruppen abzutrennen,
- Einsatz **leicht aufrüstbarer Bauteile**, damit sie auch in Folgeserien einsetzbar sind,
- Vermeidung von Werkstoffen und Werkstoffkombinationen, die nur durch Deponierung beseitigt werden können.
- Verwendung möglichst **einheitlicher Werkstoffe**, um Werkstoffrecycling zu vereinfachen,
- Einsatz von **recycelbaren Kunststoffen** bzw. solchen, die bei thermischer Verwertung keine schädlichen Stoffe bilden.

> Beim Recycling werden unterschiedliche Strategien realisiert. Sie reichen von der günstigen Wiederverwendung über Instandsetzung und Werkstoffrecycling bis zur weniger günstigen thermischen Verwertung. Ein Produkt ist so zu gestalten, dass eine möglichst hohe Qualität des Recyclings erreicht wird.

Aufgaben zu Technische Systeme

1. Auf einer elektrisch angetriebenen Bohrmaschine werden Werkstücke pneumatisch gespannt und gebohrt.
Stellen Sie die Anlage mit ihren Teilsystemen in Systemdarstellung dar.

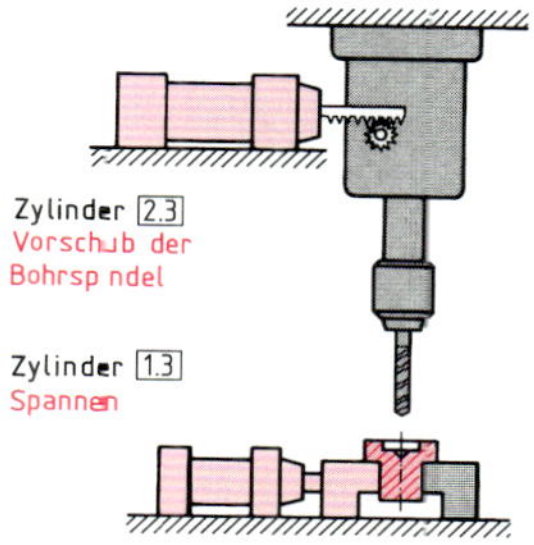

Technologieschema für eine Bohrvorrichtung

2. Betrachten Sie ein Personenkraftfahrzeug als technisches System.
a) Gliedern Sie es und benennen Sie die Einrichtungen.
b) Wählen Sie aus einer Einrichtung eine Gruppe aus und benennen Sie ein Element dieser Gruppe.

3. Eine Firma beabsichtigt elektrisch betriebene Freizeitboote zum kurzzeitigen Verleihen auf kleinen Weihern zu bauen. Gegen Einwurf einer Münze soll ein Boot eine gewisse Zeit fahren.
Die Firma will zur Herstellung alle Einrichtungen von verschiedenen Herstellern zukaufen.
Analysieren Sie dieses System mit dem Ziel, die zu beschaffenden Einrichtungen zu ermitteln, indem Sie es entsprechend den Angaben in Kapitel 2 bearbeiten.

4. In Platten (120 x 60 x 20) sind jeweils drei Löcher mit Durchmesser 8 mm zu bohren.
Es soll eine Vorrichtung konstruiert werden, in der die Platten positioniert und gespannt werden.

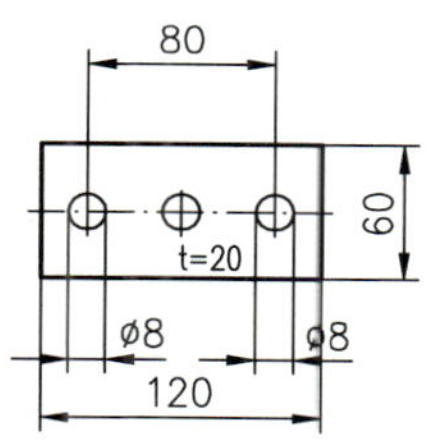

Es besteht ein Grundkonzept, nach dem das Werkstück auf einem Werkstückträger gespannt wird. Die verschiedenen Positionen, in denen gebohrt werden soll, sollen durch Verschieben des Werkstückträgers auf einer Grundplatte erreicht werden.

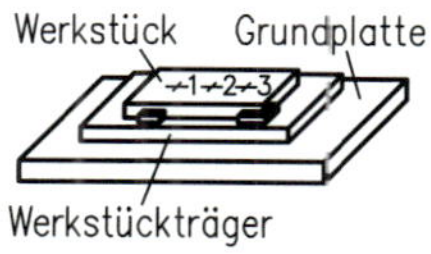

Stellen Sie einen morphologischen Kasten zusammen, in dem Sie verschiedene Möglichkeiten zum

- Spannen des Werkstücks auf dem Werkstückträger,
- Führen des Werkstoffträgers auf der Grundplatte in die verschiedenen Bohrpositionen,
- Festlegen der genauen Lage (Positionieren) des Werkstückträgers in der jeweiligen Bohrposition und
- zur Abfolge der Bohrungen (z. B. 1, 2, 3 oder 2, 1, 3)

aufführen.
Entscheiden Sie sich für eine Lösung.

5. Nennen Sie mindestens 6 Bauteile eines Kraftfahrzeugs, die aus unterschiedlichen Werkstoffen, bzw. Werkstoffgruppen, bestehen.
Geben Sie an, ob und wie diese am günstigsten recycelt werden können und welche Hindernisse einer höherwertigen Recyclingsqualität entgegenstehen.

Zweiter Themenkreis: Werkstofftechnik

Handlungsfeld: Werkstoffe auswählen

Problemstellung

Für ein Bauteil ist der Werkstoff auszuwählen

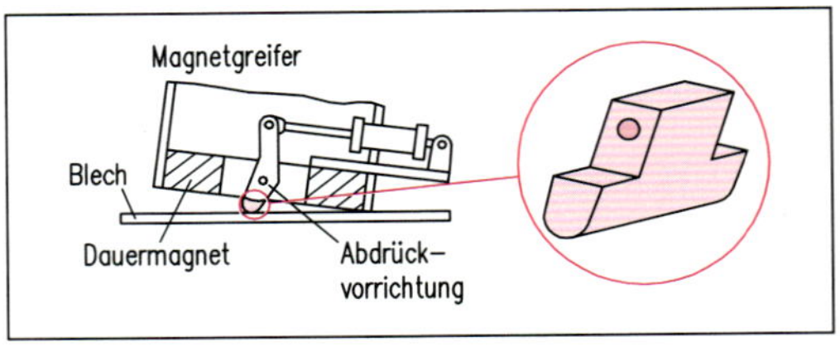

Analysieren

- Belastung des Bauteils feststellen (mechanisch, thermisch, chemisch)
- notwendige Eigenschaften aus der Belastung ermitteln

Belastung:
- Biegung
- Verschleiß

notwendige Eigensch.:
- unmagnetisch
- fest
- abriebfest
- weicher als Blech
- etc.

- bisher verwendete bzw. in ähnlichen Fällen eingesetzte Werkstoffe auflisten
- Kostenrahmen für Werkstoff ermitteln

Vorauswahl durchführen

Werkstoffe mit den notwendigen Eigenschaften auswählen

geeignet:
- austenitischer Stahl
- Messing, Bronze
- PA, PE, PTFE
- Al-Legierungen

- Werkstoffhauptgruppe auswählen (Stahl, Leichtmetall, Kunststoff...)
- Werkstoffuntergruppe benennen (z. B. Baustahl, Messing...)

Werkstoff technisch und wirtschaftlich bewerten

- Fertigung:
  - Werkstoffkosten
  - Fertigungskosten
  - Umweltbelastung

	Punktebewertung		
	Werkstoff-preis	Fertigungs-kosten	Um be
austenitischer Stahl	1	1	
Messing	2	2	
Bronze	2	2	
Polyamid	3	2	
Polytetrafluorethylen	2	1	

- Nutzung:
  - Wartung
  - Instandhaltung (Ersatzteilbeschaffung...)
- Beseitigung:
  - Recycelbarkeit

ausgewählten Werkstoff normgerecht definieren

- Werkstoffbezeichnung

Druckstück:
Polyamid PA 610

- Werkstoffnummer
- Kurzzeichen

1 Metallische Werkstoffe

1.1 Reines Metall – Gefüge und Aufbau

1.1.1 Metallbindung

Reine Metalle sind chemische Elemente, deren Atome nur wenige Elektronen auf den Außenschalen besitzen.

Beispiel für die Darstellung des Aufbaues eines Metallatoms nach dem Kugelwolkenmodell und dem bohrschen Modell

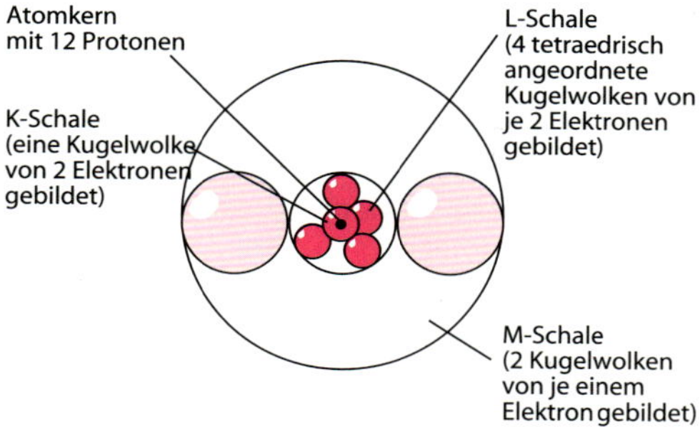

Mg-Atom
(Schematische Darstellung nach dem Kimball-Modell – Kugelwolkenmodell)

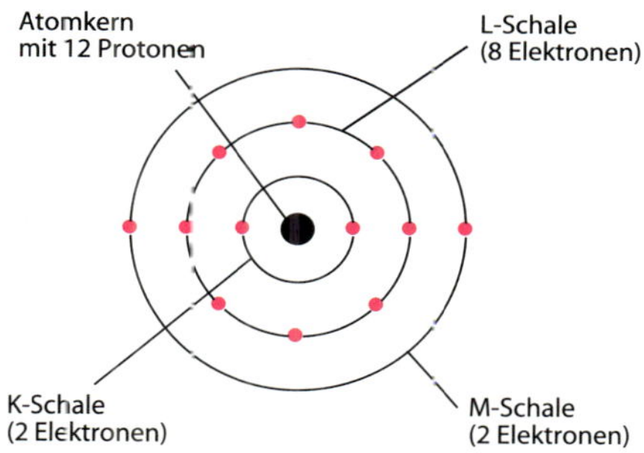

Mg-Atom
(Schematische Darstellung nach dem bohrschen Modell)

In einer Verbindung mit anderen Metallatomen werden die Elektronen der äußeren Schale freigegeben. Es entstehen somit *positiv geladene Metallionen*, zwischen denen sich die freigegebenen Elektronen bewegen. Weil der Aufenthaltsbereich der freigegebenen Elektronen begrenzt ist, spricht man von *gleichsam freien* (oder quasifreien) *Elektronen*. Sie erfüllen eine doppelte Funktion:

- Sie halten die positiv geladenen Metallionen zusammen.
- Sie stehen als frei bewegliche Ladungsträger für den Transport des elektrischen Stromes zur Verfügung.

Diese Art der Bindung, in der positiv geladene Metallionen durch frei bewegliche Elektronen zusammengehalten werden, bezeichnet man als **Metallbindung**.

Bei dieser Bindungsart wirken Anziehungskräfte zwischen den Trägern unterschiedlicher Ladungen – also zwischen Metallionen und freien Elektronen – sowie auch Abstoßungskräfte zwischen den Trägern gleicher Ladung in alle Richtungen. Die günstigsten Verhältnisse für ein Gleichgewicht zwischen anziehenden und abstoßenden Kräften ergeben sich bei einer regelmäßigen Anordnung der Metallionen in Form eines Gitters. Diese regelmäßige Anordnung liegt bei allen Metallen vor.

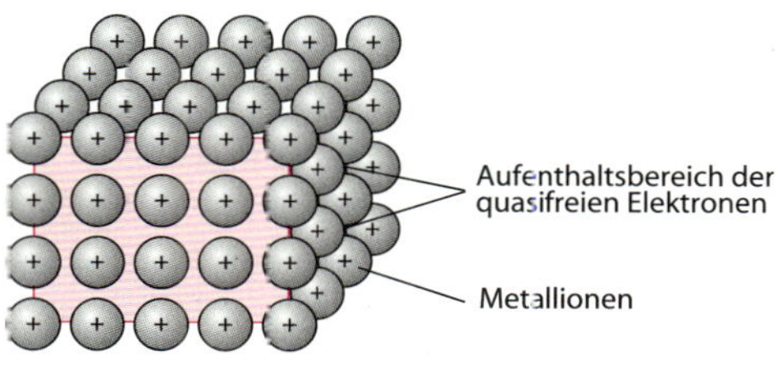

Teil eines Metallkristalls

Stoffe, in denen die kleinsten Teilchen in Form eines Gitters aufgebaut sind, bezeichnet man als kristallin. Metalle sind wegen der Metallbindung kristallin aufgebaut.

In Metallen werden die positiv geladenen Metallionen von quasifreien Elektronen zusammengehalten.
Metalle sind kristallin aufgebaut.
Die quasifreien Elektronen sind die Ursache für die elektrische Leitfähigkeit der Metalle.

1.1.2 Entstehung des Metallgefüges

Beim Erstarren eines Metalles lagern sich die Metallionen an vielen Keimen an und bilden Kristalle. Diese Kristalle wachsen so lange, bis sie gegeneinander stoßen. Man bezeichnet dann diese an weiterem Wachsen behinderten Kristalle als *Kristallite*. In der Metallkunde bezeichnet man sie als **Körner**. Die Grenze zwischen benachbarten Körnern nennt man **Korngrenze**.

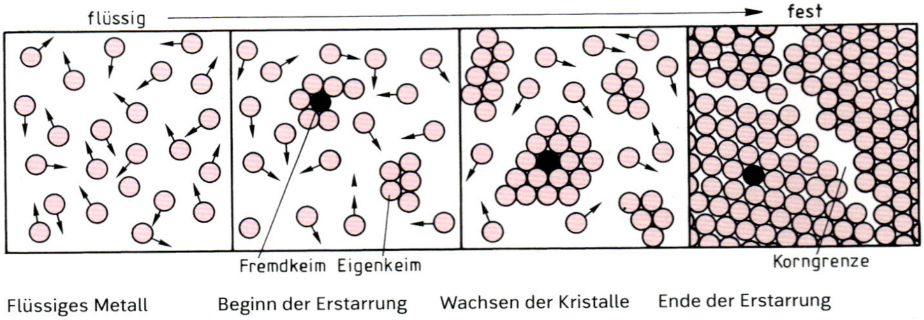

Entstehung eines Metallgefüges

An polierten und geätzten Metallproben können Körner und Korngrenzen sichtbar gemacht werden.
Die Untersuchungsmethode nennt man Metallmikroskopie.

Die Größe der Körner beeinflusst die Eigenschaften eines Metalls:

- Grobkörnige Gefüge sind leichter zerspanbar,
- feinkörnige Gefüge sind zäher.

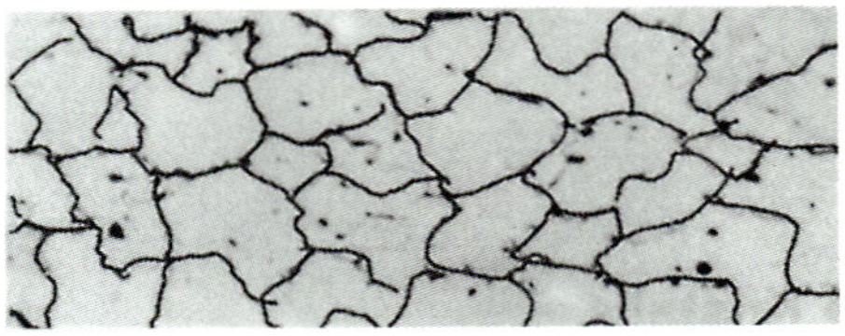

Mikroskopische Aufnahme eines reinen Metalles

> Das Metallgefüge besteht aus vielen gegeneinandergewachsenen Kristallen (Kristallite). Man nennt diese Kristallite Körner.

Thermische Analyse

Bei der Änderung des Aggregatzustandes reiner Metalle treten bei konstanter Temperatur Änderungen des Energieinhaltes auf. So wird ein Metall bei der Erstarrung um den Betrag der Schmelzenergie ärmer. Diese Energieänderungen werden in der **thermischen Analyse** untersucht. Dabei verfolgt man die Temperaturänderung beim Abkühlen oder Erhitzen in Abhängigkeit von der Zeit. Das Ergebnis wird in Abkühlungs- oder Aufheizkurven grafisch dargestellt.
Die Umwandlungspunkte reiner Metalle zeigen sich dabei als **Haltepunkte**.

Beispiel für eine thermische Analyse (Schema)

Schmelzpunktbestimmung bei Blei

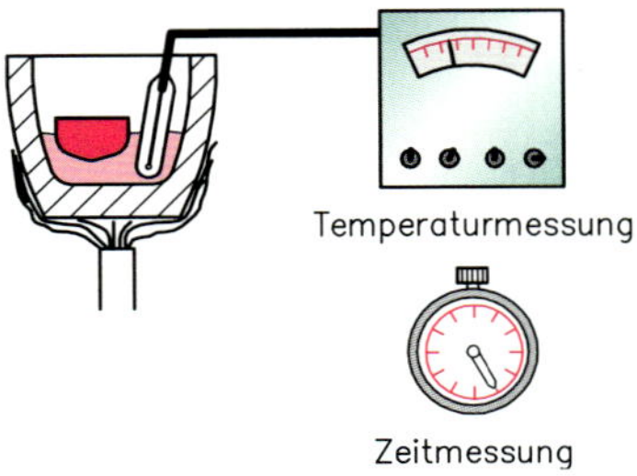

Versuchseinrichtung

Zeit in s	Temperatur in °C
20	315
30	321
40	327
50	327
60	327
70	327
80	345

Messergebnisse

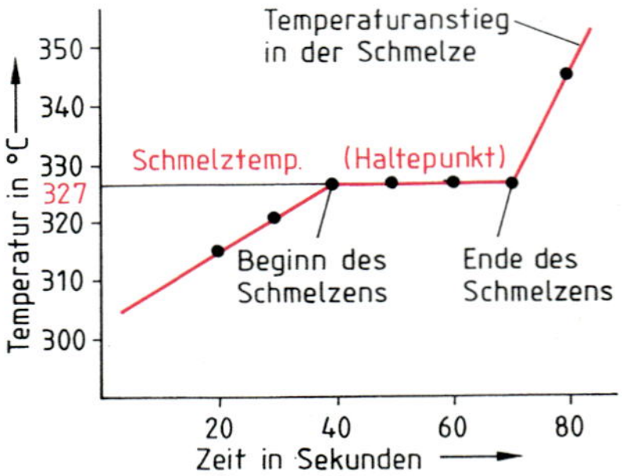

Aufheizkurve

> Reine Metalle schmelzen und erstarren bei konstanter Temperatur, während eines Haltepunktes.

1.1.3 Gitteraufbau der Metalle

Zur Beschreibung des Aufbaus von Kristallen denkt man sich die Mitte der Teilchen durch Linien verbunden, sodass ein räumliches Gitter entsteht. Durch die Figur der kleinsten, immer wiederkehrenden Einheit dieses Gitters – **Elementarzelle** genannt – beschreibt man den kristallinen Aufbau.

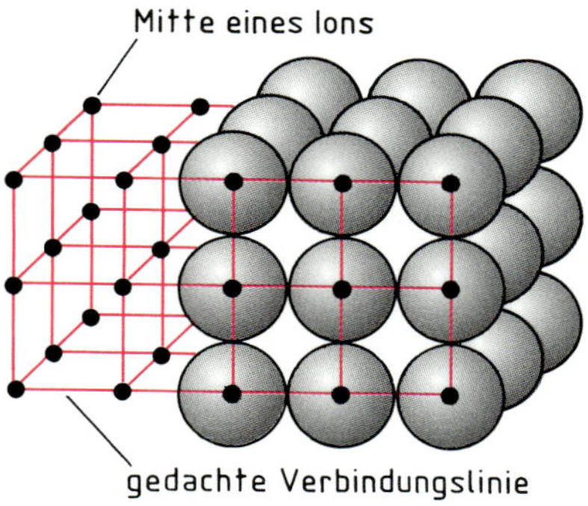

Teil eines kubisch aufgebauten Kristalls

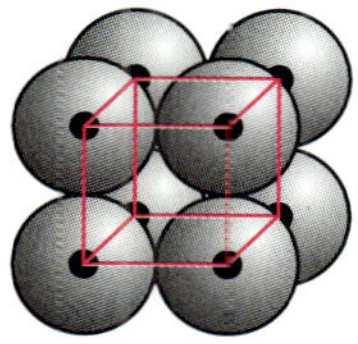

Elementarzelle des kubisch primitiven Gitters

Die meisten Metallkristalle kristallisieren in einem der folgenden Gittertypen:

Kubisch-**r**aum**z**entriertes Gitter (krz-Gitter)

Beim kubisch-raumzentrierten Gitter sind acht Metallionen räumlich so angeordnet, dass die Verbindungen ihrer Mitten einen Würfel ergeben. Ein weiteres Metallion befindet sich in der Mitte – im Zentrum – des Würfels.
Metalle mit kubisch-raumzentriertem Gitteraufbau sind z. B. Chrom, Molybdän und Eisen (bei niedrigen Temperaturen).

Kubisch-**f**lächen**z**entriertes Gitter (kfz-Gitter)

Beim kubisch-flächenzentrierten Gitter sind ebenfalls acht Metallionen räumlich so angeordnet, dass die Verbindungen ihrer Mitten einen Würfel bilden. Weitere sechs Metallionen befinden sich in den Mitten jeder Würfelfläche.
Metalle mit kubisch-flächenzentriertem Gitteraufbau sind z. B. Aluminium, Kupfer, Blei und Eisen (bei höheren Temperaturen).

Hexagonales Gitter (hex-Gitter)

Beim hexagonalen Gitter bilden die Verbindungslinien benachbarter Metallionen einen Körper mit sechseckiger Grundfläche und Deckfläche. In der Mitte dieser beiden Flächen befindet sich je ein weiteres Metallion. Zwischen Grund- und Deckfläche haben zusätzlich drei Metallionen Platz.
Metalle mit hexagonalem Gitteraufbau sind z. B. Magnesium, Titan und Zink.

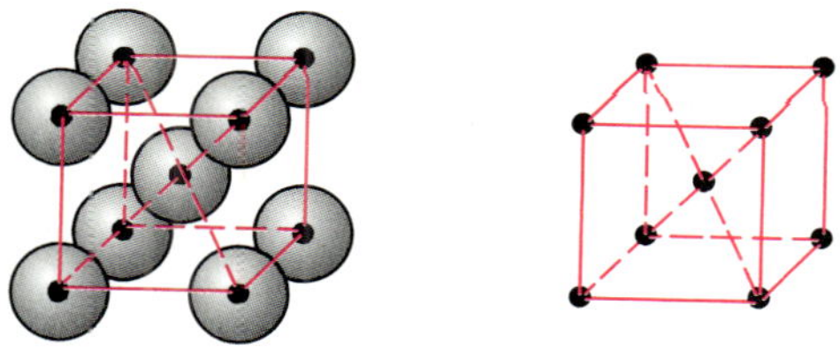

Kubisch-raumzentrierter Gitteraufbau

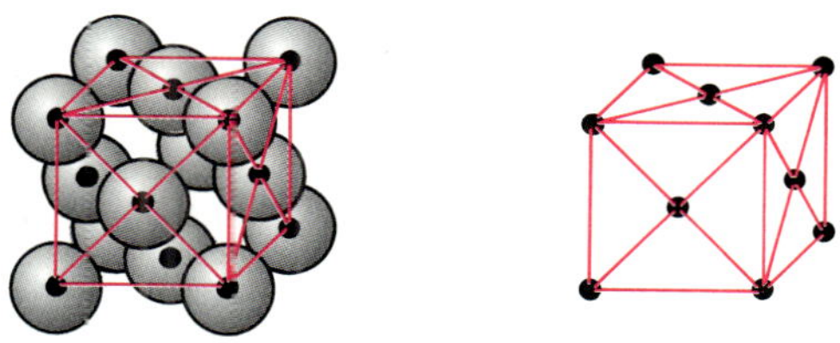

Kubisch-flächenzentrierter Gitteraufbau

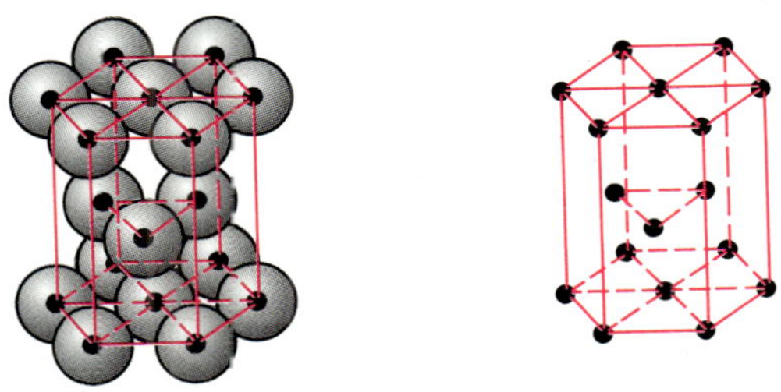

Hexagonaler Gitteraufbau

Die Atome sind in den einzelnen Gittertypen unterschiedlich dicht gepackt. Man spricht von unterschiedlicher **Raumausfüllung**.

Beispiel für eine Berechnung der Raumausfüllung

Im kubisch-flächenzentrierten Gitter ist ein Eckatom am Aufbau von acht Elementarzellen beteiligt. Jedes Atom auf den sechs Flächenmitten gehört zu zwei Elementarzellen. Somit besteht beim kubisch-flächenzentrierten Gitter eine Elementarzelle aus $8 \cdot \frac{1}{8} + 6 \cdot \frac{1}{2} = 4$ Atomen.

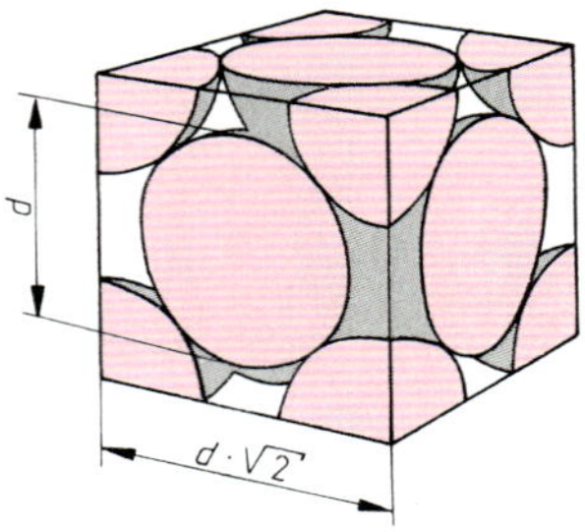

Kubisch-flächenzentrierte Elementarzelle

Die Atome mit dem Durchmesser d berühren sich in der Flächendiagonalen, die damit $2 \cdot d$ lang ist. Daraus ergibt sich eine Kantenlänge von $d \cdot \sqrt{2}$. Das Volumen der Elementarzelle beträgt demnach $V_E = (d \cdot \sqrt{2})^3 = 2 \cdot \sqrt{2} \cdot d^3$. Es beinhaltet vier Atome mit dem Volumen $V_A = 4 \cdot \frac{d^3 \cdot \pi}{6}$. Damit ist der Raum der Elementarzelle zu $\frac{V_A}{V_E} \cdot 100\,\% = \frac{4 \cdot d^3 \cdot \pi}{6 \cdot 2 \cdot \sqrt{2} \cdot d^3} \cdot 100\,\% = 74\,\%$ ausgefüllt.

Die *Raumausfüllung* beträgt bei den verschiedenen Gittertypen:

krz-Gitter	*kfz-Gitter*	*hex-Gitter*
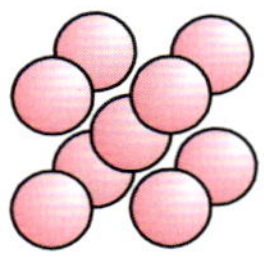 68 %	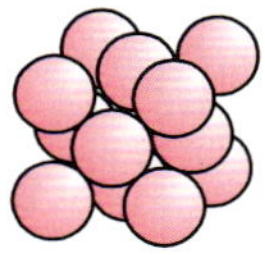 74 %	 74 %

Aus den unterschiedlichen Gittertypen ergibt sich ferner das unterschiedliche Umformungsverhalten der Metalle (siehe auch sechster Themenkreis Kapitel 2.1):

hexagonal — kubisch-raumzentriert — kubisch-flächenzentriert → bessere Umformbarkeit

Aufgaben zu 1.1 Reines Metall – Gefüge und Aufbau

Reine Metalle

1. Erklären Sie die Begriffe Metallion, Korn.
2. Warum leiten Metalle den elektrischen Strom?
3. Wodurch entstehen Korngrenzen?
4. Welche Vorgänge führen zur Erstarrung eines Metalles?
5. Worüber geben die aufgeführten Untersuchungsmethoden der Metallkunde Auskunft?
   a) Metallmikroskopie
   b) Thermische Analyse
6. Die thermische Analyse von reinem Blei ergab die unten aufgeführten Werte. Zeichnen und beschriften Sie eine Abkühlungskurve.

Zeit/min	0,0	0,5	1,0	1,5	2,0	3,0	4,9	5,0	6,0	7,0
Temperatur/°C	604	452	403	380	327	327	327	327	282	198

7. Wie viele Atome gehören zum kubisch-flächenzentrierten Gitter?

1.2 Legierungen

1.2.1 Grundlagen

Legierungen sind metallische Werkstoffe, die aus zwei oder mehr Metallen oder Metallen und Nichtmetallen (z. B. Fe und C) meist aus einer gemeinsamen Schmelze erstarren.
Voraussetzung für die Bildung von Legierungen ist demnach die Mischbarkeit der Ausgangsstoffe (Komponenten) im flüssigen Zustand.

Durch Legieren werden die Eigenschaften der Ausgangsstoffe beeinflusst.

Beispiel für die Änderung einer Werkstoffeigenschaft durch Legieren

Steigerung der Zugfestigkeit: Reines Eisen: $R_m = 200 \frac{N}{mm^2}$

Stahl, eine Eisen-Kohlenstoff-Legierung: $R_m \approx 350 \frac{N}{mm^2}$ bis $2500 \frac{N}{mm^2}$.

Im weiteren Teil dieser Ausführungen werden nur Legierungen aus zwei Komponenten behandelt. Aus zwei Stoffen, die sich im flüssigen Zustand nicht mischen, ist keine Legierung zu bilden.
Mischen sich die Komponenten im flüssigen Zustand, so können sie entweder auch im festen Zustand völlig gemischt bleiben oder sich bei bzw. nach der Erstarrung feinst entmischen.

Diese beiden Grenzfälle – zwischen denen in der Praxis viele Übergänge bestehen – sind:

- Legierungen mit vollkommener Löslichkeit im flüssigen *und* festen Zustand,
- Legierungen mit vollkommener Löslichkeit im flüssigen und *vollkommener Unlöslichkeit im festen Zustand.*

1.2.1.1 Legierungen mit vollkommener Löslichkeit im flüssigen und festen Zustand

Diese Legierungen bilden im festen Zustand **Mischkristalle**, d. h., das Metallgitter enthält Atome beider Komponenten. Es sind zwei Arten von Mischkristallen zu unterscheiden.

- **Einlagerungsmischkristalle** entstehen, wenn kleine Atome in Gitterlücken eines Metalles eingelagert werden.

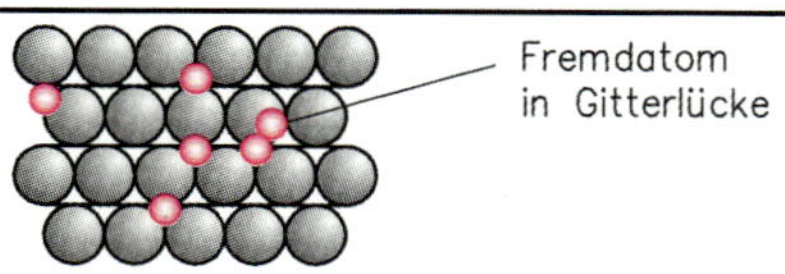

Einlagerungsmischkristall

Beispiele:
C in γ-Fe
H in Fe, Al u. a.

Die Menge des zulegierbaren Stoffes ist wegen der Zahl der Gitterlücken beschränkt (z. B. C in Fe).

- **Substitutionsmischkristalle** entstehen, wenn Fremdatome Atome des Grundmetalles auf Gitterplätzen ersetzen (substituieren = ersetzen).

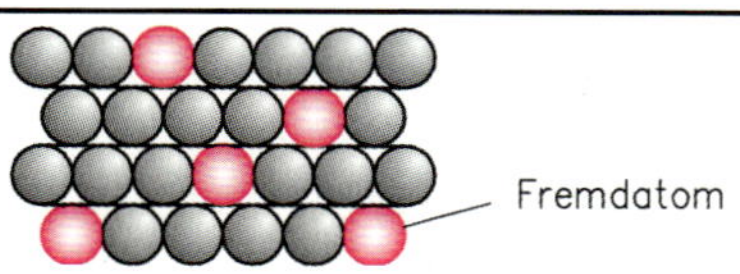

Substitutionsmischkristall

Beispiele:
Cu-Ni
Fe-Co
Au-Cu u. a.

Die Bildung von Substitutionsmischkristallen ist in beliebiger prozentualer Zusammensetzung der beiden Komponenten nur dann möglich, wenn folgende Bedingungen erfüllt sind:
gleiche Gittertypen, etwa gleiche Atomradien, chemische Ähnlichkeit.

Im Gefügebild ist die Einlagerung von Fremdatomen nicht zu erkennen. Es zeigen sich darum in Gefügebildern von Legierungen mit Mischkristallen nur Körner und Korngrenzen. Sie sind demnach von reinen Metallen im Gefügebild nicht zu unterscheiden.

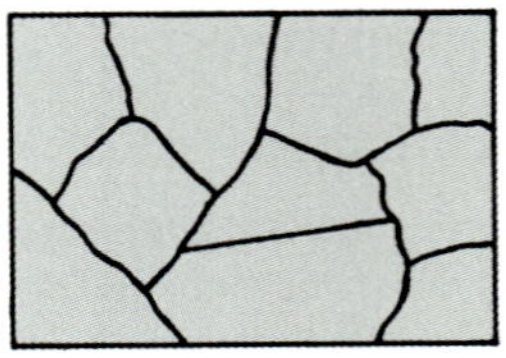

Gefügebild von Mischkristallen (Schema)

Legierungen mit Mischkristallen zeigen ein anderes Aufheiz- und Abkühlungsverhalten als reine Metalle. Sie schmelzen und erstarren nicht bei einer bestimmten Temperatur, einem Haltepunkt, sondern in einem Temperaturbereich. Temperaturbereiche nennt man in der Fachsprache Temperaturintervalle, darum spricht man von einem **Schmelz-** bzw. **Erstarrungsintervall**.

Beispiel für das unterschiedliche Erstarrungsverhalten von zwei reinen Metallen und einer daraus gebildeten Legierung

Kupfer und Nickel bilden in jeder Konzentration Substitutionsmischkristalle, da beide kubisch-flächenzentriert sind. Die Atomradien betragen für Cu $1{,}277 \cdot 10^{-10}$ m, für Ni $1{,}248 \cdot 10^{-10}$ m. Beide Elemente sind chemisch ähnlich.

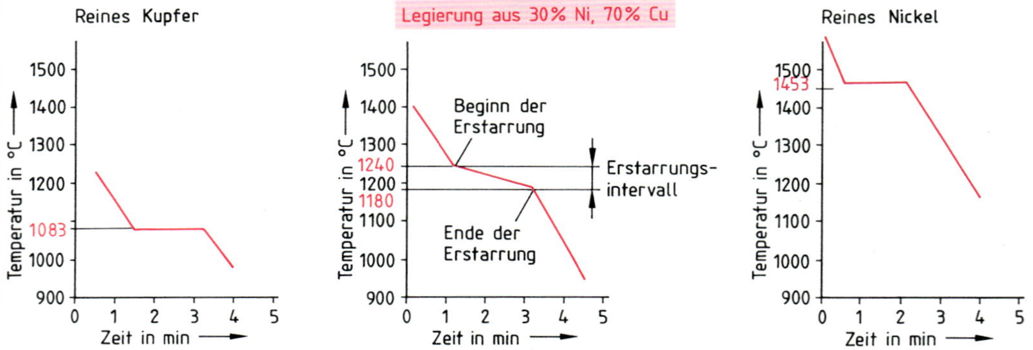

> **Legierungen mit Mischkristallen schmelzen und erstarren in einem Temperaturintervall.**

Um Aussagen über Erstarrungsbeginn und -ende aller möglichen Legierungen aus den gleichen Ausgangsstoffen machen zu können, werden thermische Analysen von Legierungen mit unterschiedlicher Zusammensetzung gemacht und in einem sogenannten Zustandsdiagramm ausgewertet.

Beispiel für die Entwicklung eines Zustandsdiagramms aus Abkühlungskurven

Die thermische Analyse ergibt für drei verschiedene Cu-Ni-Legierungen folgende Kurven:

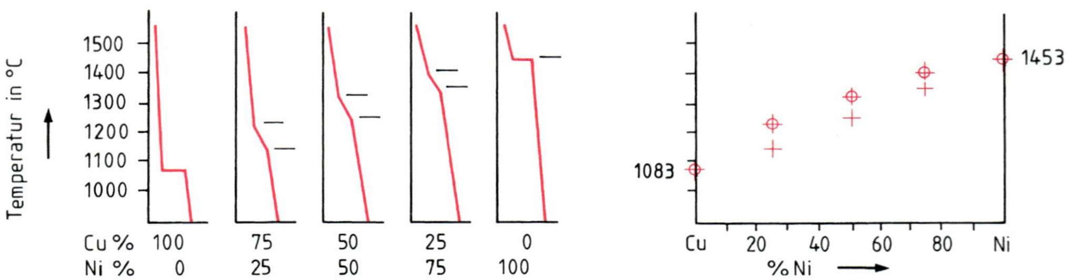

Entwicklung des Zustandsdiagramms Cu-Ni aus den Abkühlungskurven

Verbindet man jeweils die einzelnen Punkte, die Beginn (⊕) bzw. Ende (+) der Erstarrung anzeigen, so ergibt sich ein Schaubild, das **Zustandsdiagramm**.

Zustandsdiagramm Cu-Ni (Prozentangaben in Gewichtsprozenten

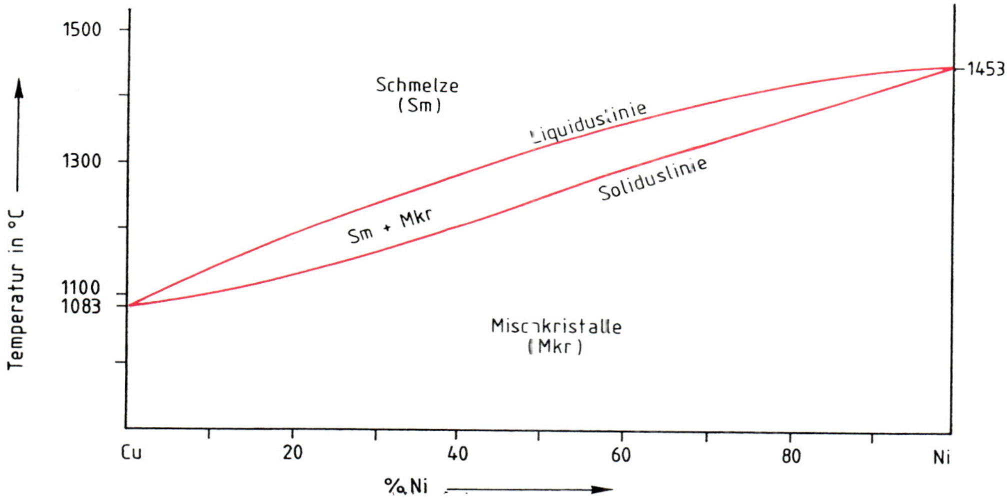

Im Zustandsdiagramm ist für jede Cu-Ni-Legierung Beginn und Ende der Erstarrung abzulesen. Auf der **Liquiduslinie** [liquidus (lat.) = flüssig] ist für jede Legierung der Beginn der Erstarrung abzulesen. Die **Soliduslinie** [solidus (lat.) = fest] gibt für jede Legierung das Ende der Erstarrung an.

Aus dem Zustandsdiagramm kann man entnehmen, welche **Phasen** bei bestimmten Temperaturen auftreten:

- Oberhalb der Liquidustemperatur liegt die Phase Schmelze vor.
- Unterhalb der Solidustemperatur liegt die Phase Mischkristalle vor.
- Zwischen Solidus- und Liquiduslinie liegt im Zustandsdiagramm ein Zweiphasenfeld mit Schmelze und Mischkristallen.

Zustandsdiagramme von Legierungen mit Mischkristallen haben die Form einer „Zigarre".

Legierungen zeigen andere Eigenschaften als ihre Komponenten. Durch die Mischkristallbildung tritt in jedem Falle eine gewisse Gitterverspannung ein, die zu einer Festigkeits- und Härtesteigerung gegenüber den reinen Metallen führt. In gleicher Weise wächst der Widerstand gegen das Umformen.

Gegenüber Legierungen, deren Gefüge aus Kristallgemischen bestehen, sind Mischkristalle besser umformbar und weisen höhere Korrosionsbeständigkeit auf.

Die Eigenschaften einer Legierung mit Mischkristallbildung können nicht aus den Eigenschaften der Komponenten berechnet werden, da die Gitterverzerrungen sich nicht proportional mit der Konzentration ändern. Die stärkste Gitterverzerrung ist bei Substitutionsmischkristallen gegeben, wenn jede Komponente die Hälfte der Gitterplätze besetzt. Damit liegen in diesem Bereich auch die stärksten Eigenschaftsänderungen.

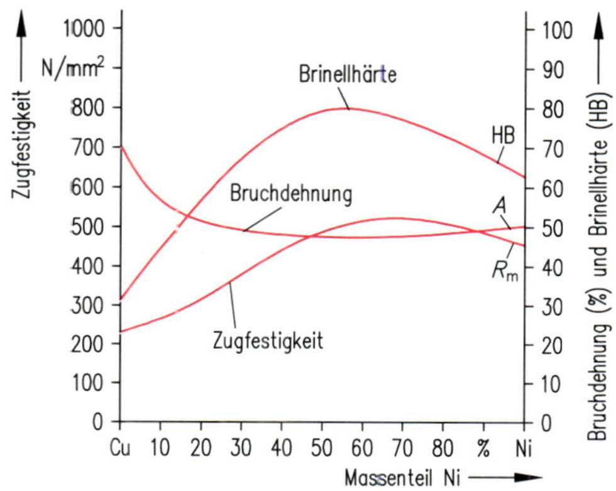

Mechanische Eigenschaften von Cu-Ni-Legierungen

1.2.1.2 Arbeiten mit Zustandsdiagrammen

1. Ermittlung des Beginns und des Endes der Erstarrung, bzw. des Beginns und des Endes des Aufschmelzens einer vorgegebenen Legierung

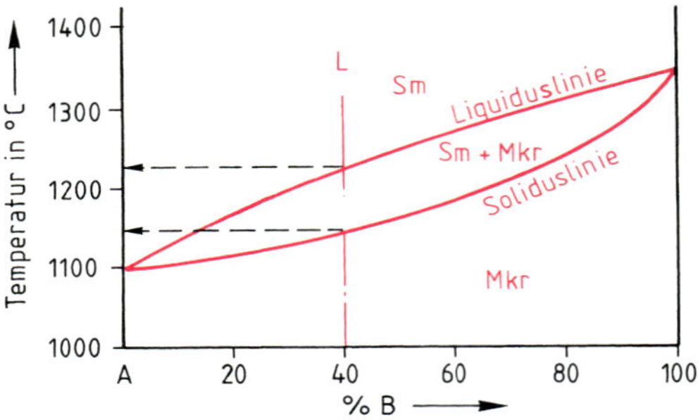

Arbeitsanweisung

In der vorgegebenen Legierungskonzentration wird eine Senkrechte L errichtet.

Der Schnittpunkt von L mit der Liquiduslinie ergibt bei Projektion auf die Temperaturachse den Beginn der Erstarrung bzw. das Ende des Aufschmelzens.

Der Schnittpunkt von L mit der Soliduslinie ergibt bei Projektion auf die Temperaturachse das Ende der Erstarrung bzw. den Beginn des Aufschmelzens.

2. Bestimmung der durchschnittlichen Zusammensetzung der Phasen in Zweiphasenbereichen bei gegebener Temperatur

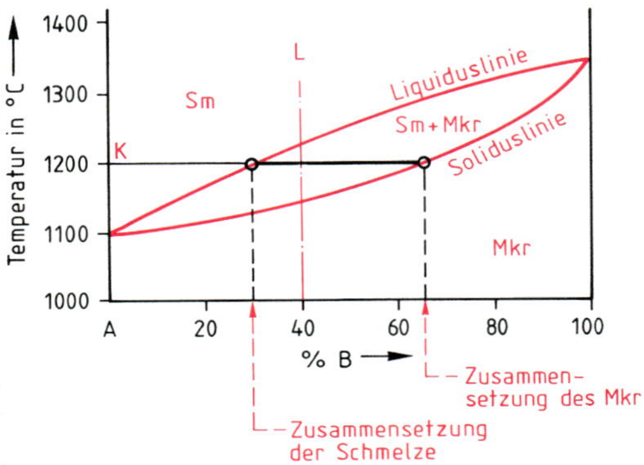

Arbeitsanweisung

In der gegebenen Temperatur (hier 1200 °C) wird eine Parallele K zur Konzentrationsachse gezogen.

Der Schnittpunkt der Parallelen K mit der Liquiduslinie ergibt bei Projektion auf die Konzentrationsachse die Zusammensetzung der Schmelze bei gegebener Temperatur.

Der Schnittpunkt der Parallelen K mit der Soliduslinie ergibt bei Projektion auf die Konzentrationsachse die durchschnittliche Zusammensetzung des auskristallisierten Bestandteils.

3. Berechnung von Mengenverhältnissen in Zweiphasenbereichen bei vorgegebener Legierungskonzentration und Temperatur

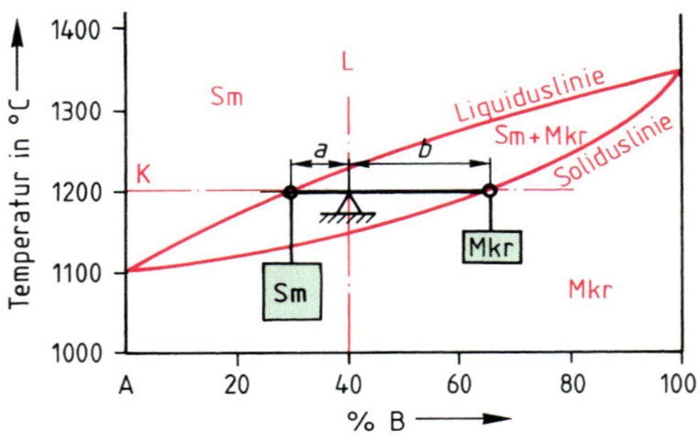

Arbeitsanweisung

In der gegebenen Legierungskonzentration wird die Senkrechte L errichtet und durch die gegebene Temperatur (hier 1200 °C) die Parallele K zur Temperaturachse gezogen. Der von Liquidus- und Soliduslinie abgegrenzte Streckenteil von K wird als Hebel mit Drehpunkt in L aufgefasst.

Die Hebelarme werden mit *a* und *b* bezeichnet. Am Berührungspunkt des Hebels mit der Liquiduslinie denkt man sich die Masse der Schmelze aufgehängt. Am Berührungspunkt des Hebels mit der Soliduslinie denkt man sich die Masse des bereits auskristallisierten Bestandteils angehängt.

Die Ermittlung der Massen geschieht nach dem *Hebelgesetz*:

$$[Sm] \cdot a = [Mkr] \cdot b$$
$$[Sm] + [Mkr] = [Einsatz]$$

Da die Massen den Hebellängen proportional sind, können diese auch aus den Hebellängen ermittelt werden:

$a \sim [Mkr]$
$b \sim [Sm]$
$a + b \sim [Einsatz]$

Beispiel für die Anwendung des Zustandsdiagramms zur Untersuchung einer Legierung

Aufgabe: Für eine Legierung mit 40 % B (Zustandsdiagramm siehe Zeichnung Seite 34) sind festzustellen:

1. Beginn und Ende der Erstarrung.
2. Zusammensetzung von Schmelze und Mischkristallen bei 1200 °C.
3. Menge an Mischkristallen und Schmelze bei 1200 °C und einem Einsatz von 500 kg.

Lösung:

1. Beginn der Erstarrung: **1220 °C**
   Ende der Erstarrung: **1150 °C**
2. Zusammensetzung der Mischkristalle: **66 % B, 34 % A**
   Zusammensetzung der Schmelze: **30 % B, 70 % A**
3. Hebel:
   $a \triangleq 10$ Teile
   $b \triangleq 26$ Teile
   $a + b \triangleq$ Einsatz

   36 Teile ≙ 500 kg
   1 Teil ≙ 13,9 kg

   $a \triangleq$ **Mkr** ≙ 10 Teile ≙ **139 kg**
   $b \triangleq$ **Sm** ≙ 26 Teile ≙ **361 kg**

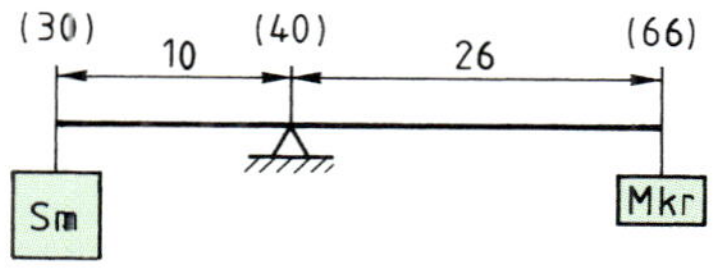

1.2.1.3 Legierungen mit vollkommener Unlöslichkeit im festen Zustand

Liegen in einem Werkstoff die einzelnen Legierungsbestandteile im festen Zustand getrennt nebeneinander vor, so spricht man von **Kristallgemengen**.
Die verschiedenen Kristallarten sind auf Grund ihrer Größe nur unter dem Mikroskop deutlich zu erkennen. Weil sich die Atome von Grundmetall und Legierungselement bei Kristallgemengen meist im Durchmesser und im Gittertyp, in dem sie Kristalle bilden, unterscheiden, ist das Gefüge uneinheitlich.

> Legierungen bilden Kristallgemenge, indem die Legierungsbestandteile im Verlauf der Erstarrung nebeneinander eigene Kristalle bilden.

Unter den möglichen Legierungen zweier Stoffe, die ein Kristallgemenge bilden, befindet sich **ein** Gemisch, das wie ein reiner Stoff bei einem Haltepunkt erstarrt. Diese Legierung weist eine besonders feine Verteilung der Bestandteile auf. Das Gefüge dieser Legierung nennt man **Eutektikum**. Der Schmelzpunkt des Eutektikums liegt stets tiefer als der Schmelzpunkt des niedrigst schmelzenden Bestandteiles.

Beispiel für das Erstarrungsverhalten und das Gefüge eines Eutektikums

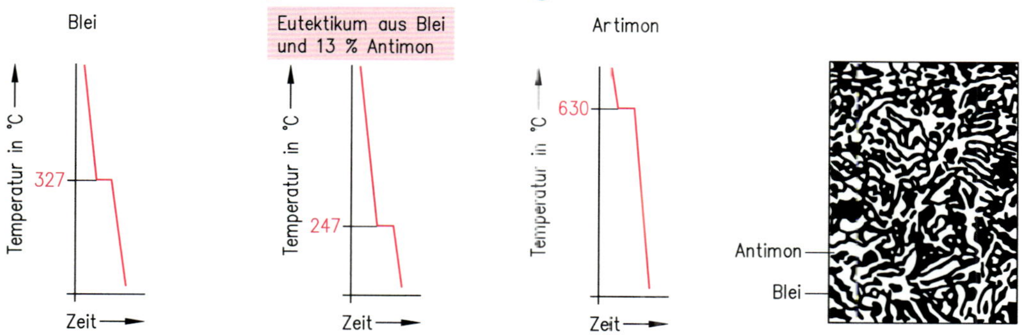

> Kennzeichen eines Eutektikums:
> - feinstes Kristallgemenge,
> - Erstarrung bei einem Haltepunkt,
> - niedrigste Schmelztemperatur.

Legierungen, deren Zusammensetzung nicht eutektisch ist, scheiden zunächst in einem Erstarrungsintervall den gegenüber der eutektischen Zusammensetzung überschüssigen Bestandteil in Form kleiner Kristalle als Primärausscheidung aus. Dadurch ändert sich die Zusammensetzung der Schmelze soweit, bis sie eine eutektische Zusammensetzung hat. Die restliche Schmelze erstarrt dann als Eutektikum.

Beispiel für das Erstarrungsverhalten und das Gefüge einer nicht eutektischen Legierung

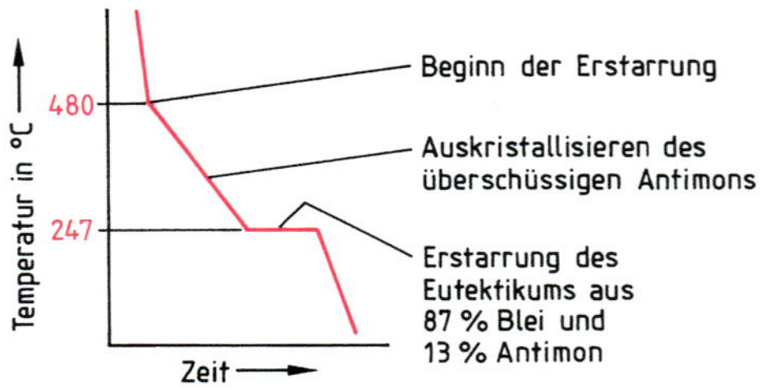

Abkühlungsverlauf einer Legierung mit 50 % Antimon

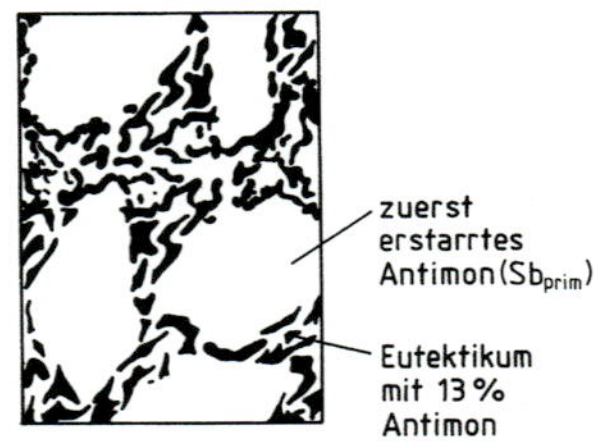

Gefüge einer Legierung mit 50 % Antimon

In Legierungen mit Kristallgemengen, die nicht die eutektische Zusammensetzung haben, kristallisiert zunächst in einem Temperaturintervall der überschüssige Bestandteil aus. Die Restschmelze erstarrt eutektisch.

Zur Erstellung des Zustandsdiagramms für ein Kristallgemenge trägt man auch den Beginn und das Ende der Erstarrung verschiedener Legierungen in ein Diagramm mit den Achsen Temperatur und Zusammensetzung ein.

Beispiel für das Zustandsdiagramm und die Gefüge einer Legierung mit Kristallgemenge

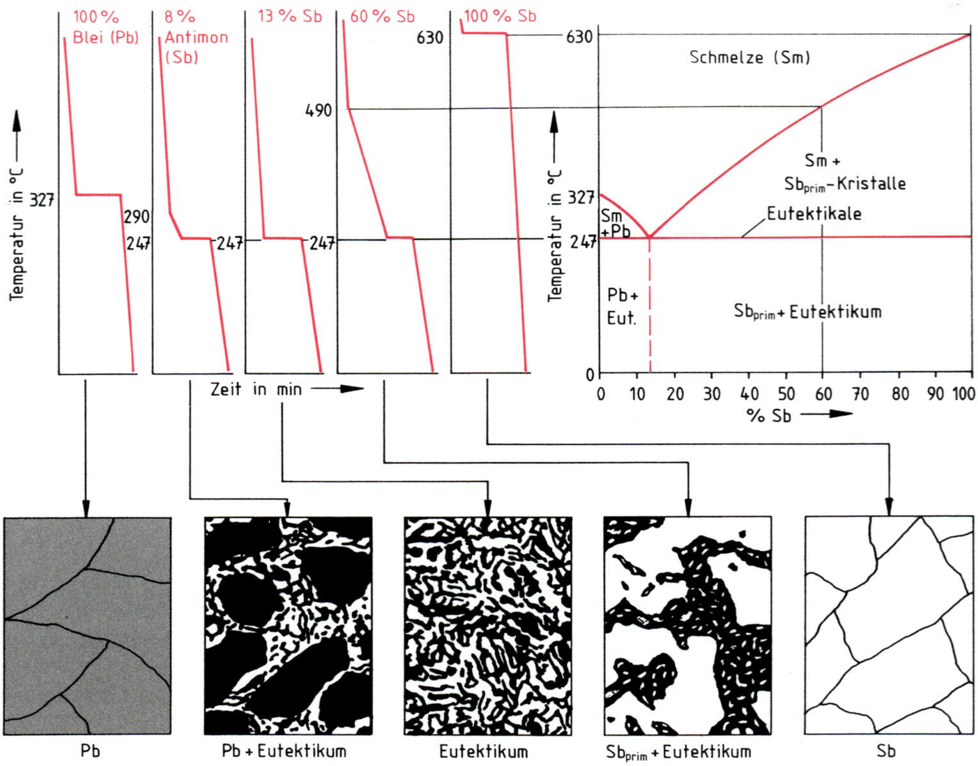

Gefügebilder von Blei, Antimon und deren Legierungen

In die verschiedenen Felder des Diagramms werden die jeweils vorliegenden Bestandteile eingetragen. Oberhalb der V-förmigen Kurve besteht eine Legierung nur aus Schmelze. Das Feld erhält die Beschriftung „Schmelze“.

Zwischen der V-förmigen Kurve und der waagerechten Linie – **der Eutektikalen** – liegen die Bereiche, in denen der gegenüber dem Eutektikum überschüssige Bestandteil kristallisiert:

- Bei Legierungen, die mehr Blei als die eutektische Legierung enthalten, liegen Bleikristalle und Schmelze als Bestandteile vor.
- Bei Legierungen, die mehr Antimon als die eutektische Legierung enthalten, liegen Antimonkristalle und Schmelze vor.
- Unterhalb der eutektischen Temperatur ist alles fest. Als Bestandteile findet man hier die vorher ausgeschiedenen Kristalle und das Eutektikum. In die Felder trägt man demnach die Bezeichnungen der Gefügebestandteile „Blei + Eutektikum“ und „Antimon + Eutektikum“ ein.

> Zustandsdiagramme von Legierungen mit Kristallgemengen haben die Form des Buchstaben V, der auf einer waagerechten Linie – der Eutektikalen – steht.

Die Aussagen über Legierungen mit vollkommener Unlöslichkeit im festen Zustand, die anhand von Zustandsdiagrammen gemacht werden können, werden in gleicher Weise wie für Legierungen mit Bildung von Mischkristallen ermittelt.

Beispiel für die Untersuchung einer Legierung mit vollkommener Unlöslichkeit im festen Zustand

Aufgabe: Für eine Legierung mit 60 % Sb und 40 % Pb sind zu ermitteln:

1. Beginn und Ende der Erstarrung.
2. Zusammensetzung von Schmelze und Primärausscheidung bei 400 °C.
3. Menge an Schmelze und Primärausscheidung bei 400 °C. Der Einsatz soll 200 kg betragen.

Lösung:

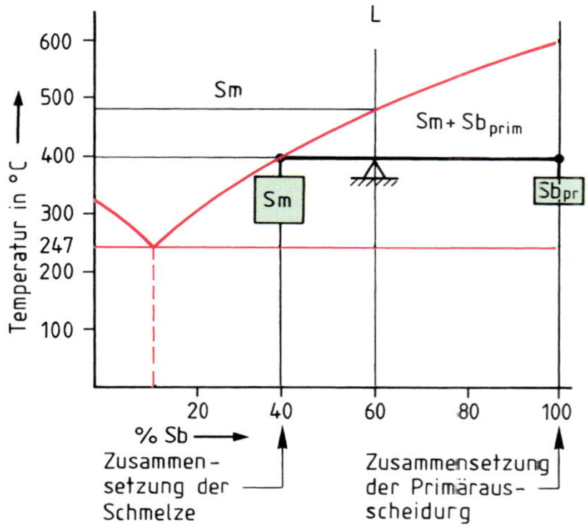

1. Beginn der Erstarrung: 480 °C
   Ende der Erstarrung: 247 °C
2. Zusammensetzung bei 400 °C:
   Schmelze 40 % Sb, 60 % Pb
   Primärausscheidung 100 % Sb, 0 % Pb

3. a = 20 Teile
   b = 40 Teile

   $a + b$ ≙ [Einsatz]
   60 Teile ≙ 200 kg
   1 Teil ≙ 3,33 kg

   a ≙ [Sbprim]
   20 Teile ≙ 20 · 3,33 kg Sb = **66,6 kg Sb**

   b ≙ [Sm]
   40 Teile ≙ 40 · 3,33 kg Sm = **133,6 kg Sm**

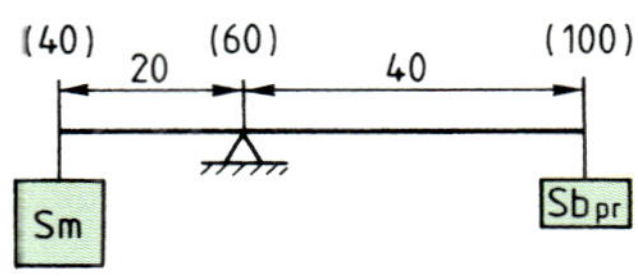

1.2.1.4 Gegenüberstellung von Legierungen mit Mischkristallen und Legierungen mit Kristallgemengen

<table>
<tr><th></th><th>völlige Löslichkeit im flüssigen und festen Zustand</th><th>völlige Löslichkeit im flüssigen und völlige Unlöslichkeit im festen Zustand</th></tr>
<tr><td>Kristallaufbau</td><td>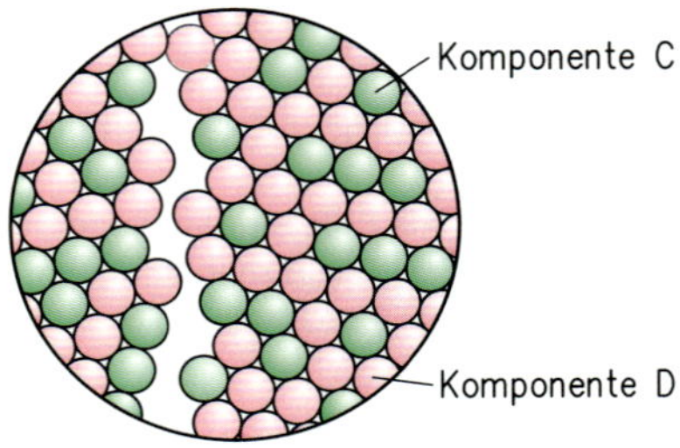

Mischkristall</td><td>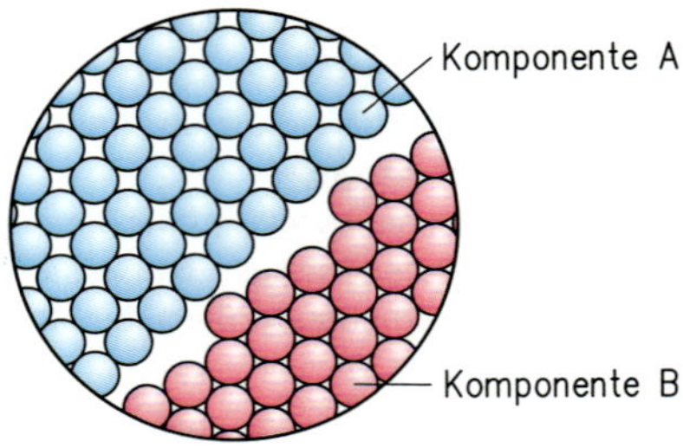

Kristallgemenge</td></tr>
<tr><td>typisches Gefüge</td><td>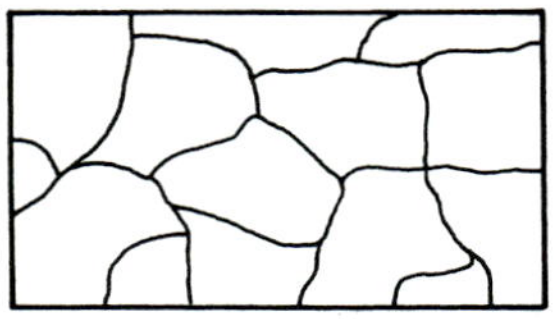</td><td>
</td></tr>
<tr><td>typischer Abkühlungsverlauf</td><td>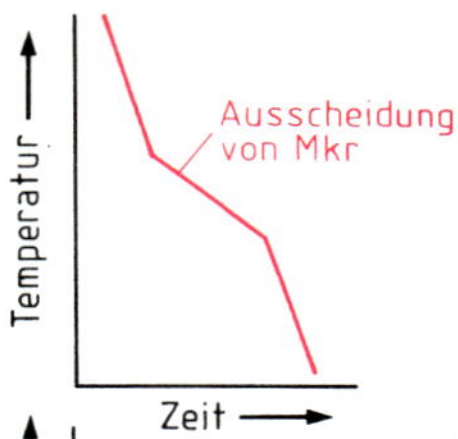
</td><td>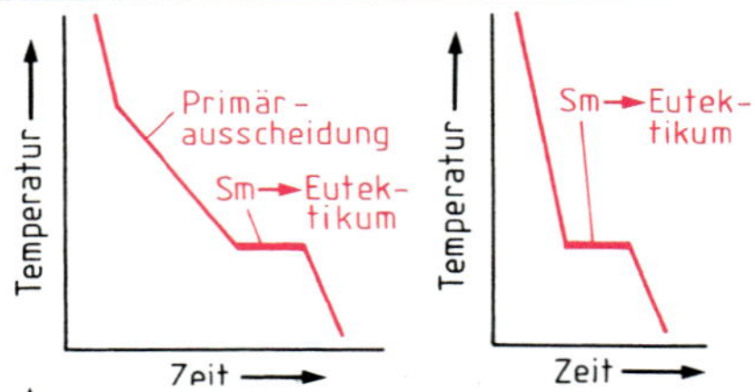
</td></tr>
<tr><td>Zustandsdiagramm</td><td>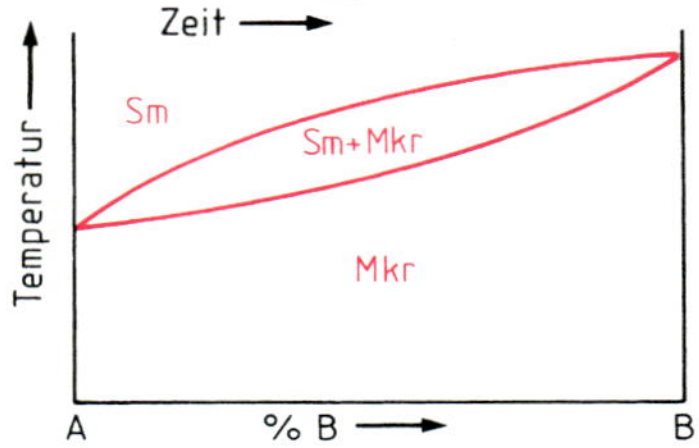
</td><td>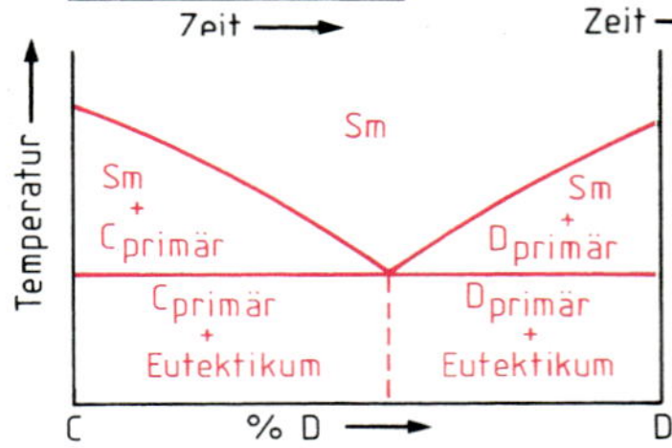
</td></tr>
<tr><td rowspan="3">Eigenschaften und Verwendung</td><td>gut umformbar, weil alle Mischkristalle gleichen spezifischen Verformungswiderstand besitzen
→ Knetlegierungen
(z. B. CuNi30; C-arme Stähle)</td><td>niedriger Schmelzpunkt, geringe Schwindung, geringe Rissneigung bei naheutektischen Legierungen
→ Gusslegierungen
(z. B. GJL, GJS)</td></tr>
<tr><td>Behinderung des Elektronenflusses durch Fremdatome im Gitter, besonders bei 50 % an Fremdatomen
→ elektrische Widerstandslegierungen
(z. B. Konstantan)</td><td>leicht brechende Späne, wenn eine Kristallart spröder ist oder geringere Festigkeit hat
→ Automatenlegierungen
(z. B. 22S20, CuZn40 Pb2)</td></tr>
<tr><td>keine Ausbildung von Lokalelementen
→ korrosionsbeständige Legierungen
(z. B. X10CrNi18-9)</td><td>härtere Bestandteile sind besonders tragfähig, weiche Bestandteile begünstigen Schmierung
→ Lagermetalle
(z. B. Lg PbSb12)</td></tr>
</table>

Aufgaben zu 1.2 Legierungen

Legierungen mit vollkommener Löslichkeit im flüssigen und festen Zustand

1. Was versteht man unter dem Begriff „Legierung“?
2. Wie können die Legierungsbestandteile von Legierungen im Kristallzustand vorliegen?
3. In welcher Form können die Bestandteile einer Legierung Mischkristalle bilden? Welche Bedingungen müssen dabei erfüllt sein?
4. **a)** Kohlenstoff und Eisen bilden Mischkristalle.
   C: Atomdurchmesser = $1{,}42 \cdot 10^{-10}$ m; Fe: Atomdurchmesser = $2{,}28 \cdot 10^{-10}$ m
   Welcher Art ist der Mischkristall?
   b) Kupfer und Gold bilden ebenfalls Mischkristalle.
   Au: Atomdurchmesser = $2{,}8 \cdot 10^{-10}$ m; Cu: Atomdurchmesser = $2{,}55 \cdot 10^{-10}$ m
   Welcher Art ist der Mischkristall?
5. Ist zwischen Zn und Pb vollkommene Mischbarkeit im festen Zustand zu erwarten? Begründen Sie Ihre Antwort.

	Pb	Zn
Dichte	$11{,}3 \frac{g}{cm^3}$	$7{,}1 \frac{g}{cm^3}$
relative Atommasse	207	65
Gittertyp	kubisch-flächenzentriert	hexagonal
Schmelzpunkt	327 °C	419 °C

6. In einem Werkstofflabor soll festgestellt werden, ob es sich bei einer Probe um reines Metall oder um eine Legierung mit vollkommener Mischkristallbildung handelt. Eine chemische Analyse soll nicht gemacht werden. Wie wäre die Überprüfung möglich?
7. Eine gegossene Kupfer-Nickel-Legierung mit 30 % Ni soll zum Ausgleich von Konzentrationsunterschieden im Korn ca. 80 K unter der Solidustemperatur geglüht werden (Homogenisierungsglühen oder Diffusionsglühen). Wie hoch muss die Glühtemperatur sein?
8. **a)** Beschriften Sie das Zustandsdiagramm.

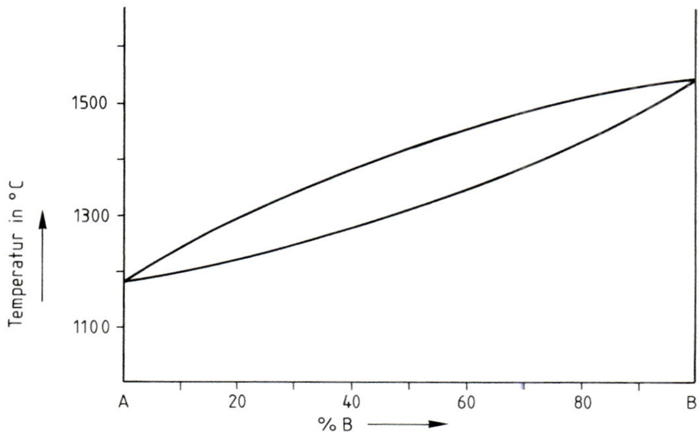

   b) Zeichnen und beschriften sie die Abkühlungskurve für eine Legierung mit 80 % A.
   c) Bestimmen Sie für eine Legierung mit 60 % B die Zusammensetzung der Kristalle bei Beginn der Erstarrung.
   d) Berechnen Sie für die Legierung mit 60 % B die Mengenanteile an Schmelze und Kristallen bei 1400 °C bei 300 kg Einsatz.
   e) Berechnen Sie den Anteil an Kristallen in Prozent bei 1400 °C für eine Legierung mit 40 % A, 60 % B.

Legierungen mit vollkommener Unlöslichkeit im festen Zustand

9. Zu welchen Legierungstypen gehören folgende Abkühlungskurven?

a) 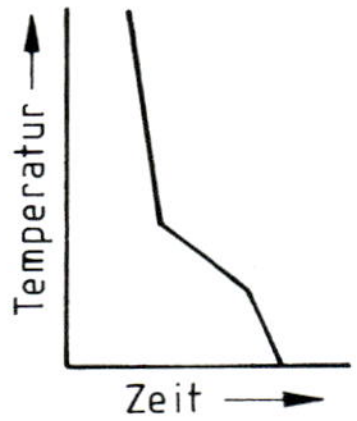

b) 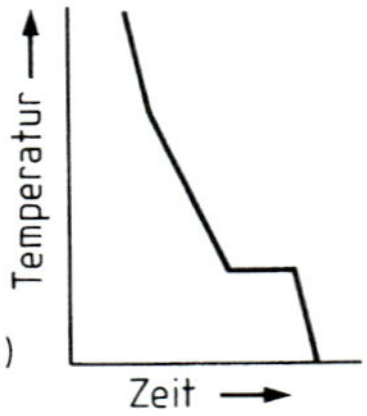

Legierung mit ... Löslichkeit im flüssigen und ... im festen Zustand

Legierung mit ... Löslichkeit der Komponenten im flüssigen und ... im festen Zustand.

10. Bei thermischen Analysen zur Untersuchung von Pb-Sn-Legierungen wurden folgende Abkühlungskurven aufgenommen:

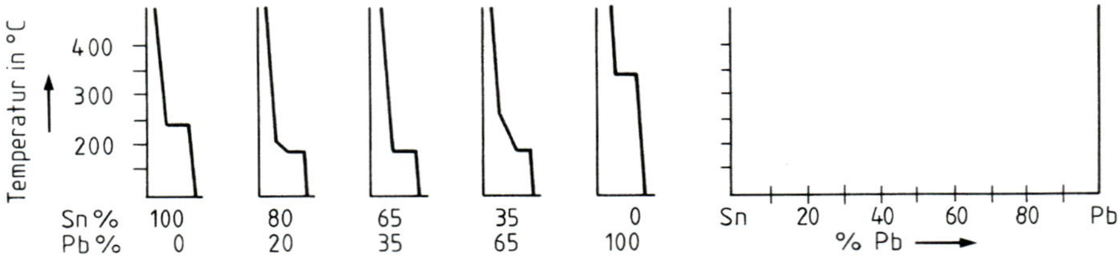

Zeichnen und beschriften Sie nach diesen Angaben das zugehörige Zustandsdiagramm.

11. a) Zu Lötungen in der Elektro- und Radioindustrie benötigt man möglichst niedrig schmelzende Lote, die schnell erstarren. Welche Pb-Sn-Legierung empfehlen Sie nach dem Zustandsdiagramm aus Aufgabe 10?

b) Zum Löten von Kabelmänteln benötigt man Lote, die sich im breiigen Zustand „schmieren" lassen. Das Schmelzintervall soll etwa 70 K betragen. Welches Lot kommt infrage? Wie viel % Sn, wie viel % Pb?

12. Dies ist das Zustandsschaubild Kupfer-Kupfer(I)-oxid:

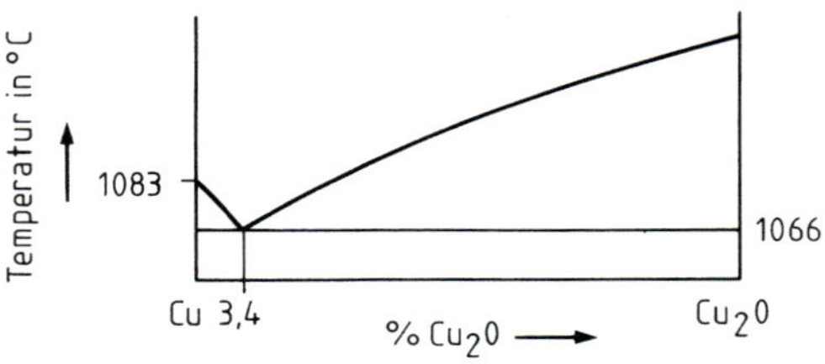

a) Beschriften Sie das Diagramm.

b) Kupfer(I)-oxid erscheint im Gefügebild blau (hier dunkel gezeichnet). Welchen Legierungen entsprechen folgende Abbildungen?

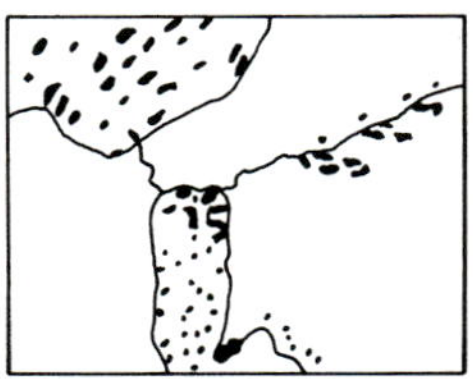

untereutektisch

eutektisch

übereutektisch

Bild 1

untereutektisch

eutektisch

übereutektisch

Bild 2

13. Sie sehen einen Teil des Zustandsschaubildes Al-Si

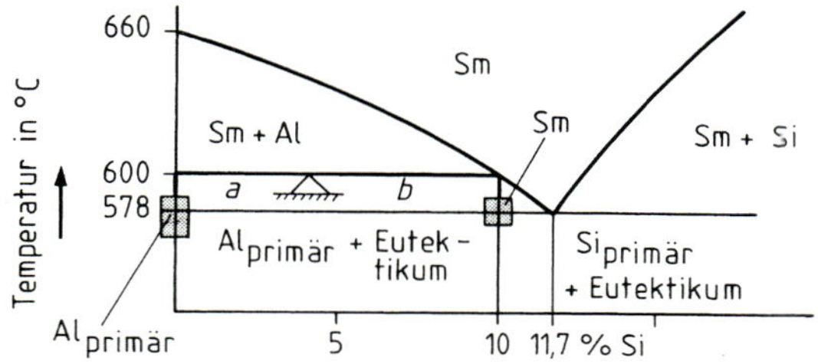

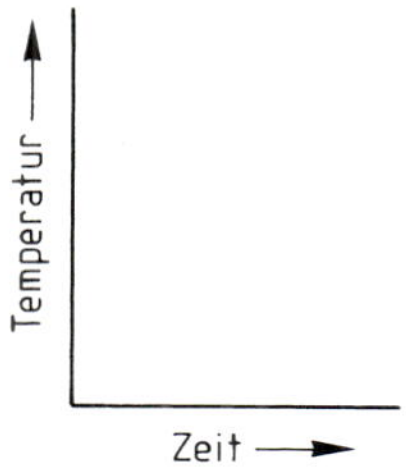

Untersuchen Sie eine Legierung mit 4 % Si:

a) Bei welcher Temperatur beginnt die Erstarrung?

b) Zeichnen Sie die zugehörige Abkühlungskurve und beschriften Sie wichtige Punkte und Bereiche.

c) Es werden 300 kg der Legierung eingeschmolzen. Ermitteln Sie über das Hebelgesetz, wie viel kg Schmelze und wie viel kg primär ausgeschiedenes Al bei 600 °C vorliegen.

d) Welche Zusammensetzung hat die Schmelze einer Legierung mit 4 % Si bei 600 °C? Wie viel % Al, wie viel % Si?

e) Wie viel kg primär ausgeschiedener Aluminiumkristalle und wie viel kg Eutektikum liegen in einer Legierung mit 4 % Si bei Raumtemperatur vor? Der Einsatz betrug 300 kg. Rechnen Sie diese Werte in Prozente um.

f) Ordnen Sie die skizzierten Gefüge ungefähr zu und beschriften Sie die Bestandteile.

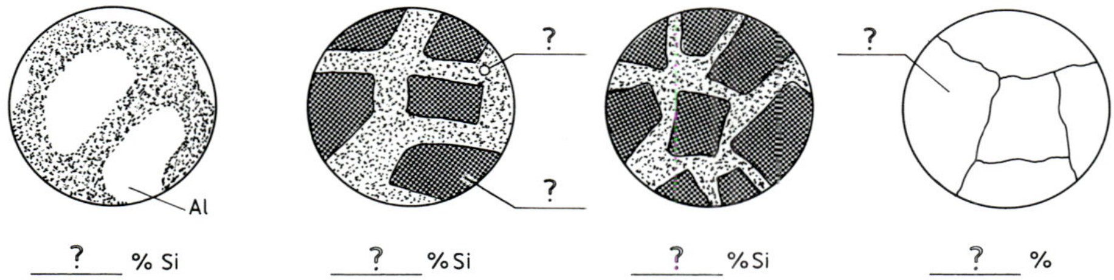

g) Wie nennt man das besonders feine Kristallgemenge einer Legierung mit 11,7 % Si?
Welche Eigenschaften hat diese Legierung hinsichtlich Abkühlungsverhalten, Erstarrungsverlauf und Erstarrungstemperatur?

14. **a)** Übernehmen und beschriften Sie das Zustandsschaubild der Silber-Kupfer-Legierungen.

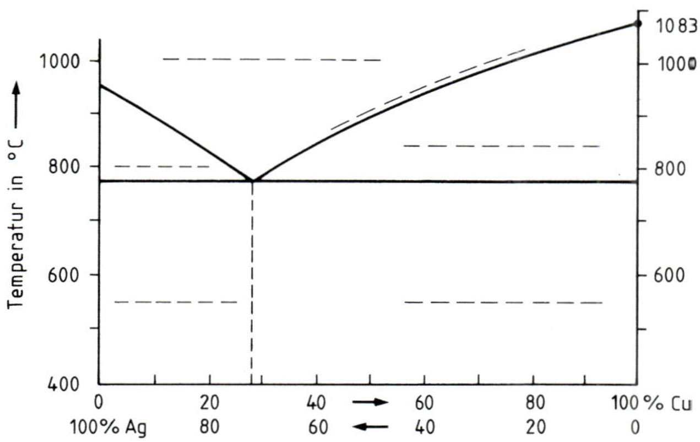

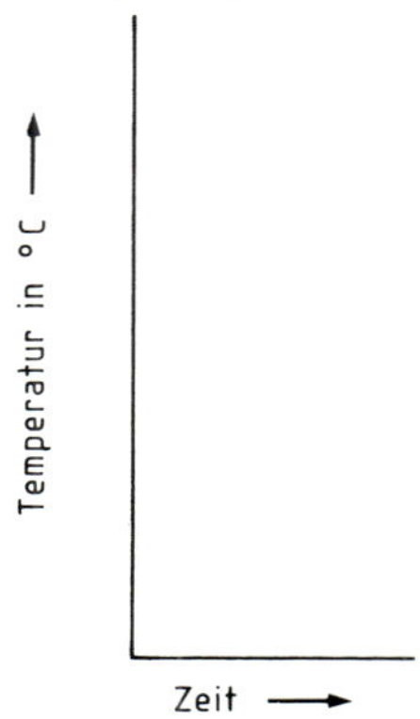

b) Welche Zusammensetzung haben Schmelze und ausgeschiedene Kristalle bei einer Legierung mit 70 % Cu bei 900 °C?

c) Welche Masse ist bei 900 °C in einer Legierung mit 70 % Cu größer, die der Schmelze oder die der Kristalle?

d) Skizzieren Sie neben das Zustandsschaubild die Abkühlungskurve einer Legierung mit 15 % Cu. Tragen Sie die Temperaturen ein.

1.2.2 Stähle

Stähle sind Eisen-Kohlenstoff-Legierungen. Entstehung und Veränderung des Gefüges von Eisen-Kohlenstoff-Legierungen werden durch das Zustandsdiagramm Eisen-Kohlenstoff veranschaulicht. Stähle haben höchstens 2,06 % Kohlenstoff. Deshalb bezeichnet man den Teil des Diagramms von 0,05 bis 2,06 % Kohlenstoff als die Stahlseite des Zustandsdiagramms der Eisen-Kohlenstoff-Legierungen.

Das Eisen-Kohlenstoff-Diagramm beschreibt die Entstehung und Veränderung des Gefüges von Eisen-Kohlenstoff-Legierungen. Die Stahlseite reicht von 0,05 bis 2,06 % Kohlenstoff.

1.2.2.1 Gefügebestandteile

Die vielseitige Verwendung von Stahl erfordert unterschiedliche Werkstoffeigenschaften. Durch die Wahl des Kohlenstoffgehaltes und eine entsprechende Behandlung können Stähle erzeugt werden, die den unterschiedlichsten Anforderungen genügen. Die Eigenschaften der Stähle und die Möglichkeiten, sie zu ändern, lassen sich am inneren Aufbau erklären.

- **Austenit**

Stahlschmelzen jeder Zusammensetzung erstarren zunächst als Mischkristalle. Die Kohlenstoffatome sind in Gitterlücken zwischen den Eisenatomen eingelagert. Die Eisenatome bilden bei der Erstarrung ein kubisch-flächenzentriertes Gitter. Man bezeichnet das Gefüge des Mischkristalls aus kubisch-flächenzentriertem Eisen und eingelagerten Kohlenstoffatomen als **Austenit.**
Austenit ist zäh und gut umformbar.

Das Eisen-Kohlenstoff-Diagramm zeigt wegen der Mischkristallbildung im oberen Bereich den für Mischkristalle typischen Verlauf.

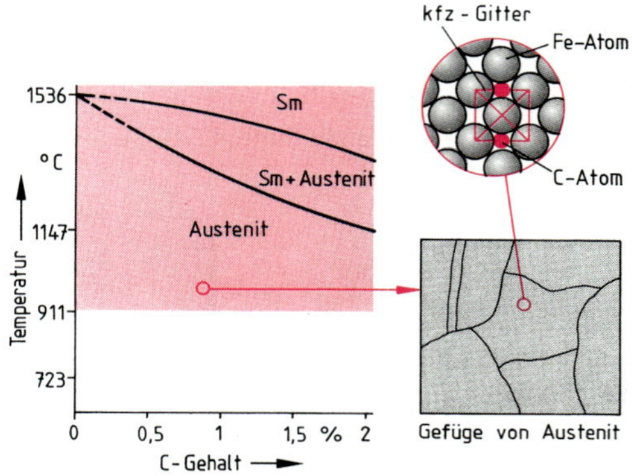

Austenit im Eisen-Kohlenstoff-Diagramm

Austenit ist das Gefüge von Mischkristallen aus kubisch-flächenzentriertem Eisen mit Kohlenstoffatomen in den Gitterlücken. Austenit ist zäh und gut umformbar.

- **Ferrit**

Kühlt man reines Eisen langsam ab, lagern sich die Eisenatome um. Aus dem kubisch-flächenzentrierten Gitter des Eisens entsteht ein kubisch-raumzentriertes Gitter. Dieses Eisen mit dem kubisch-raumzentrierten Gitter bezeichnet man als **Ferrit.** In den Gitterlücken des Ferrits haben die Kohlenstoffatome keinen Platz. Ferrit ist weich und leicht umformbar.

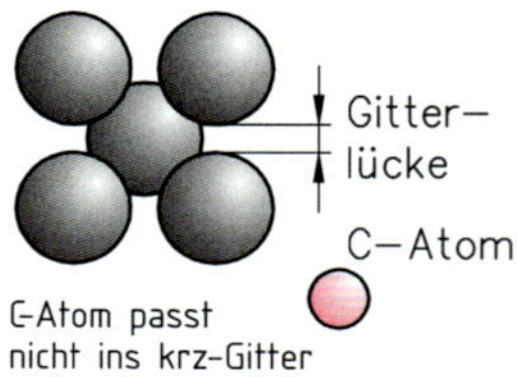

Gitterlücke im krz-Gitter

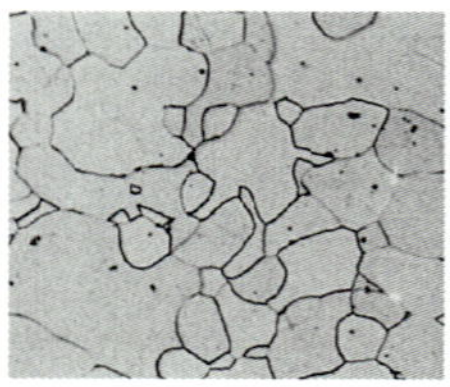
200-fach vergrößert
Ferrit

Ferrit ist das Gefüge von nahezu reinem Eisen mit kubisch-raumzentriertem Gitteraufbau. Ferrit ist weich und leicht umformbar.

- **Zementit**

Kohlenstoffatome können mit Eisenatomen die Verbindung Fe_3C bilden. Diese Verbindung Fe_3C nennt man **Zementit.** Zementit besitzt hohe Festigkeit, ist aber hart und spröde.

Zementit ist das Gefüge, das aus einer chemischen Verbindung des Eisens und des Kohlenstoffs mit der Formel Fe_3C besteht. Zementit ist hart und spröde.

- **Perlit**

Kühlt man Austenit mit 0,8 % Kohlenstoff ab, so bleibt bei 723 °C die Temperatur für eine gewisse Zeit konstant, weil ein neues Gefüge entsteht. Das Gitter des Eisens wandelt sich vom kubisch-flächenzentrierten in ein kubisch-raumzentriertes Gitter um. Weil die Gitterlücken im kubisch-raumzentrierten Gitter sehr klein sind, kann dieses Gitter keinen Kohlenstoff aufnehmen.
Die Kohlenstoffatome wandern darum geringe Strecken und bilden mit einem Teil des Eisens die Verbindung Fe_3C. Es entsteht so ein lamellenartiges Gefüge aus kubisch-raumzentriertem Eisen und Fe_3C. Man bezeichnet das Gefüge als **Perlit**.
Perlit entspricht einem eutektischen Gefüge. Weil das Gefüge aber nicht aus der Schmelze, sondern aus festen Mischkristallen entsteht, spricht man nicht von einem eutektischen, sondern von einem *eutektoidischen* Gefüge.

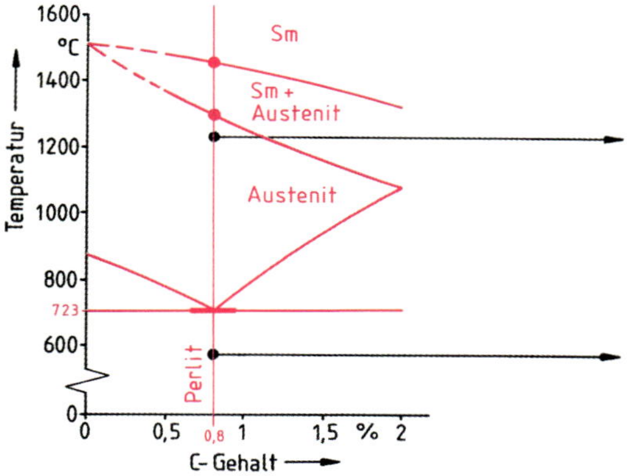

Stahlseite des Eisen-Kohlenstoff-Diagramms

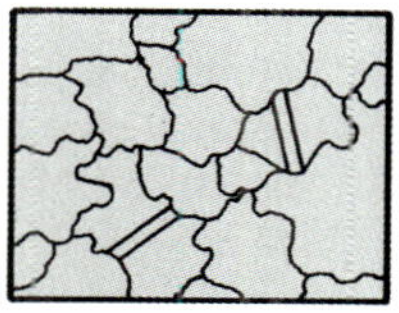

Gefüge von Austenit

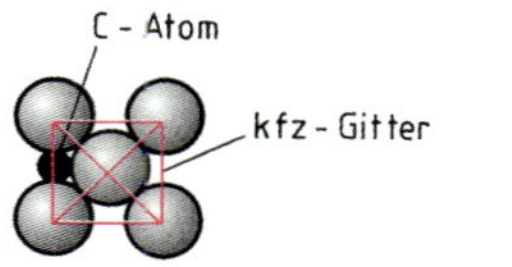

Kristallaufbau von Austenit

Gefüge von Perlit

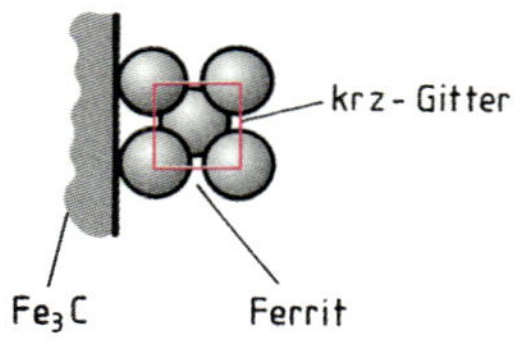

Kristallaufbau von Perlit

Entstehung von Perlit

Austenit mit 0,8 % Kohlenstoff wandelt sich bei 723 °C in Perlit um.
Perlit besteht aus lamellenartig gelagertem Ferrit und Zementit.

- **Gefüge untereutektoidischer Stähle**

Legierungen mit weniger als 0,8 % Kohlenstoff sind untereutektoidische Stähle.

Beispiel für den Abkühlungsverlauf eines untereutektoidischen Stahles

0,6 % C: Bei 1490 °C beginnt die Erstarrung. γ-Mischkristalle fallen aus der Schmelze aus. Die Kristallisation ist bei 1410 °C beendet. Es liegen dann nur γ-Mischkristalle vor.
Bei ca. 735 °C beginnt, bevorzugt an den Korngrenzen der γ-Mischkristalle, die Ausscheidung von Ferrit. Damit steigt der Kohlenstoffgehalt der noch nicht umgewandelten γ-Mischkristalle, bis er 0,8 % C erreicht hat. Dies ist bei 723 °C der Fall. Bei dieser Temperatur wandeln sich die bis dahin noch vorliegenden γ-Mischkristalle in Perlit um. Der nicht mehr lösbare Kohlenstoff verbindet sich mit Eisen zu Fe_3C und bildet lamellenförmige Kristallite im α-Fe.

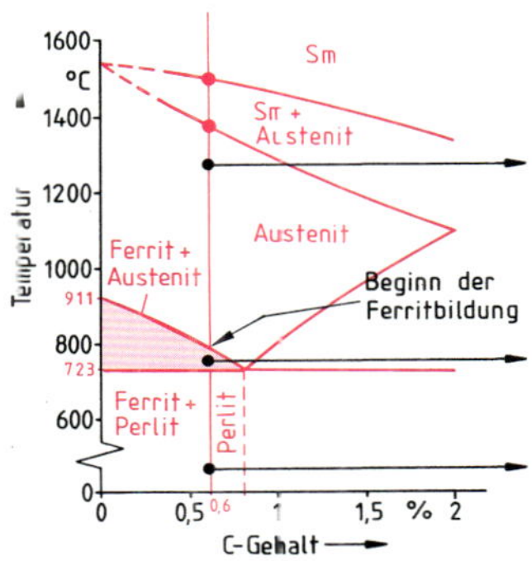

Stahlseite des Eisen-Kohlenstoff-Diagramms

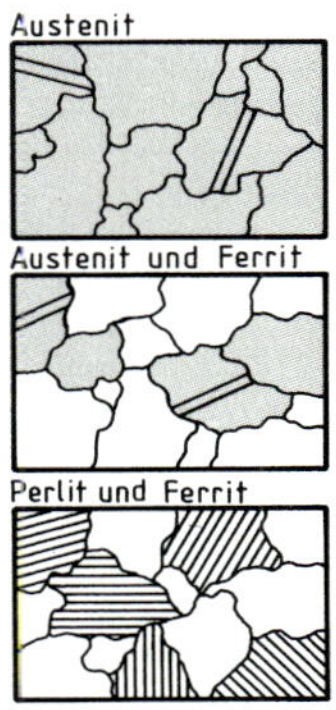

Gefüge

Entstehung des Gefüges untereutektoidischer Stähle

Gefüge von unlegierten Stählen mit Kohlenstoffgehalten unter 0,8 % bestehen bei Raumtemperatur aus Ferrit und Perlitkörnern. Je höher der Anteil an Kohlenstoff, desto mehr Perlitkörner.

- **Gefüge übereutektoidischer Stähle**

Legierungen mit mehr als 0,8 % Kohlenstoff haben gegenüber dem Perlit zu viel Kohlenstoff. Darum bildet sich bei diesen Legierungen während der Abkühlung in einem Temperaturbereich zunächst Zementit. Die Mischkristalle werden dadurch ärmer an Kohlenstoff. Sobald die noch vorhandenen Mischkristalle 0,8 % Kohlenstoffgehalt erreicht haben, entsteht aus ihnen Perlit. Stähle mit mehr als 0,8 % Kohlenstoff bestehen darum aus Zementit, der schalenförmig an den Korngrenzen vorliegt, und Perlit.

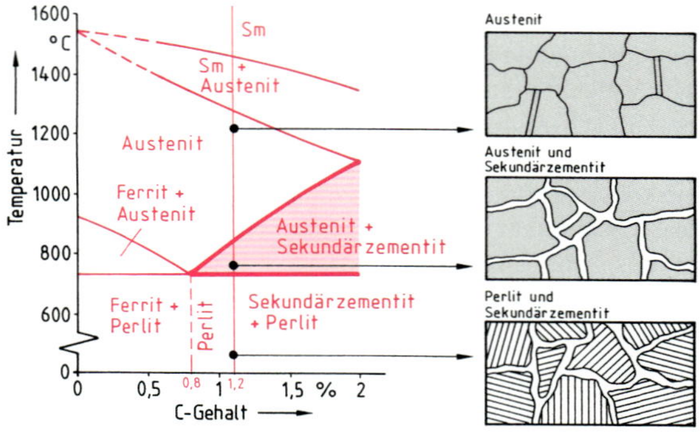

Stahlseite des Eisen-Kohlenstoff-Diagramms

Gefüge von Stahl mit 1,2% C

Entstehung des Gefüges übereutektoidischer Stähle

> Gefüge von unlegierten Stählen mit Kohlenstoffgehalten über 0,8 % bestehen bei Raumtemperatur aus Perlitkörnern und Sekundärzementit an den Korngrenzen.

- **Zusammenfassung wichtiger Begriffe zu Gefügen von Stählen**

Gefüge	Erklärung
Austenit	Mischkristalle mit einem kubisch-flächenzentrierten Gitter. Bei 1147 °C löst es bis zu 2,06 % Kohlenstoff.
Ferrit	Eisen mit einem kubisch-raumzentrierten Gitter. Ferrit löst nahezu keinen Kohlenstoff.
Zementit	Eine chemische Verbindung zwischen Eisen und Kohlenstoff – Fe_3C. Fe_3C liegt bei Stählen mit mehr als 0,8 % Kohlenstoff als Schalenzementit vor.
Perlit	Eutektoidisches Gefüge aus Ferrit und Zementit entsteht bei 723 °C.

1.2.2.2 Eigenschaften der Stähle in Abhängigkeit vom Gefüge

Aus der Kombination Ferrit/Zementit ergeben sich unterschiedliche Eigenschaften der Stähle.
Je höher der Gehalt an Zementit wird, desto härter und fester wird der Stahl. Seine Umformbarkeit und Zähigkeit sinken. Das Auftreten von Korngrenzenzementit (Sekundärzementit) führt zu besonders starkem Abfall der Zähigkeit. Die Härtbarkeit der Stähle steigt mit steigendem Kohlenstoffgehalt.

C-Gehalt	0 %	0,4 %	0,6 %	0,8 %	1,2 %
Perlitanteil	0 %	50 %	75 %	100 %	93 % (7 % Sek.-Zem.)
Gefüge	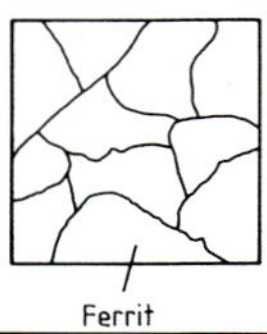	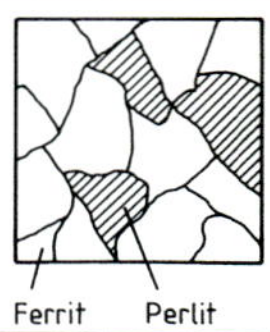	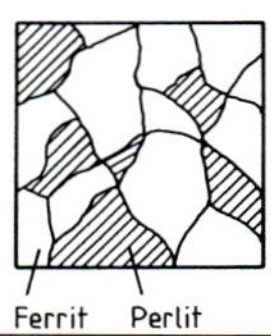	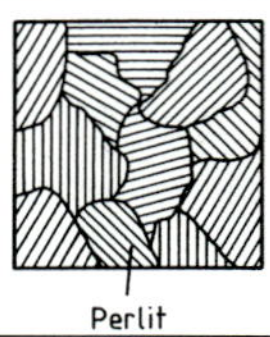	
Zugfestigkeit	ca. 200 N/mm²	ca. 700 N/mm²	ca. 850 N/mm²	ca. 950 N/mm²	ca. 1000 N/mm²
Härte	ca. 150 HB	ca. 180 HB	ca. 220 HB	ca. 240 HB	ca. 260 HB
Härtbarkeit	bis 0,35 % nicht härtbar	steigende Härtbarkeit →			

> Mit steigendem Gehalt eines Stahles an Zementit wachsen Härte, Festigkeit, Verschleißfestigkeit und Härtbarkeit. Die Zähigkeit und der Widerstand gegen Rissbildung sinken.

1.2.2.3 Einfluss der Legierungselemente auf die Eigenschaften der Stähle

Reines Eisen durchläuft bei der Abkühlung Gitterumwandlungen.
Durch Legierungszusätze werden die Umwandlungspunkte zu höheren oder tieferen Temperaturen verschoben. So wird z. B. durch C als Legierungselement der *γ-Bereich erweitert*.

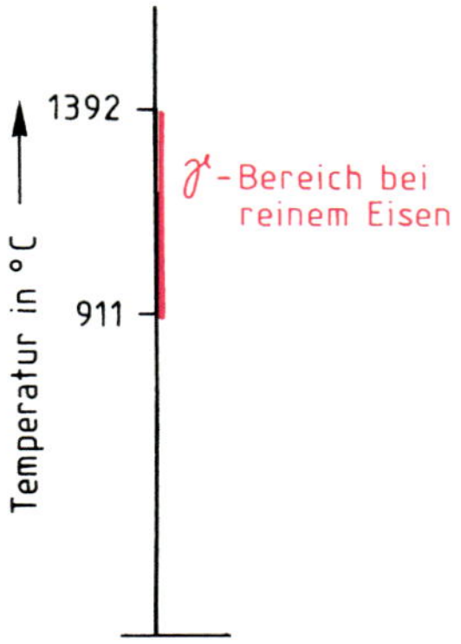

γ-Bereich bei reinem Eisen

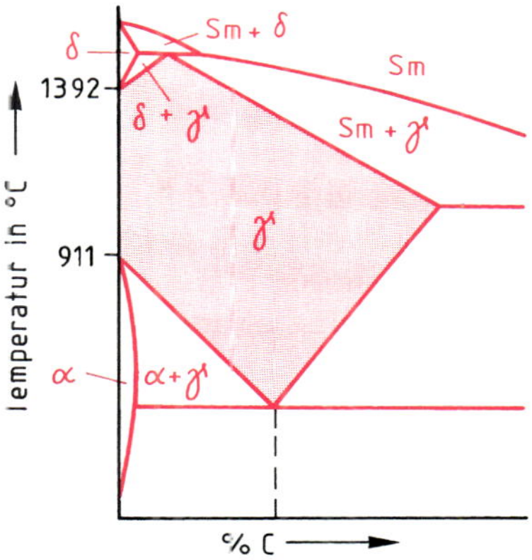

γ-Bereich bei unlegierten Stählen

Wie Kohlenstoff erweitern auch N, Mn, Ni u. a. den γ-Bereich. Andere Elemente, wie z. B. Si, V, Cr, W, Mo, Al und P, engen den γ-Bereich ein.
Die Erweiterung oder Verengung des γ-Bereiches kann durch verschiedene dieser Legierungselemente so weit getrieben werden, dass ab einer gewissen Konzentration im festen Zustand keine Gitterumwandlung nach der Erstarrung mehr eintritt.

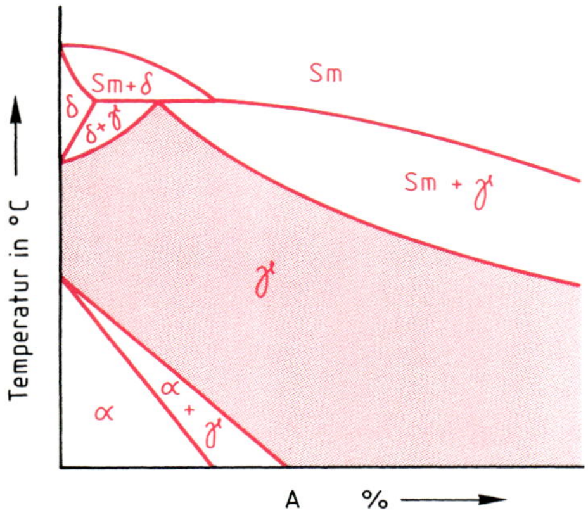

Erweiterung des γ-Bereiches

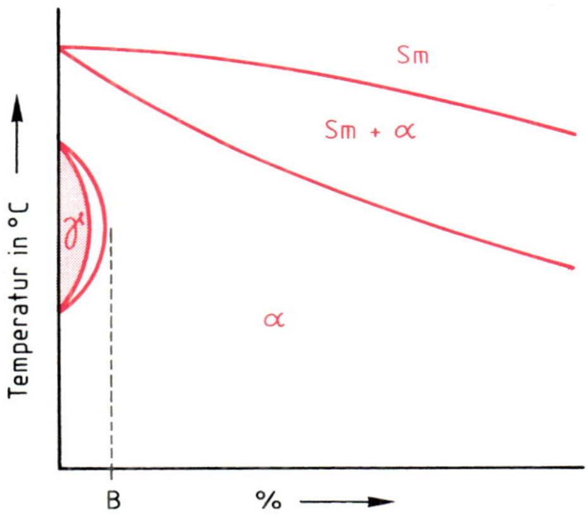

Einengung des γ-Bereiches

Wird durch Legierungselemente die Umwandlung in ein kubisch-flächenzentriertes Gitter verhindert, so entstehen **ferritische Stähle**.
Wird durch Legierungselemente die γ-α-Umwandlung verhindert, so bleibt der Austenit auch bei Raumtemperatur erhalten. Es entstehen **austenitische Stähle**.
Da bei den ferritischen und austenitischen Stählen keine Gitterumwandlung im festen Zustand eintritt, sind für diese Stähle alle Wärmebehandlungsverfahren, die auf der γ-α-Umwandlung basieren, nicht durchführbar. Die austenitischen Stähle sind nicht magnetisierbar. Ferritische Stähle besitzen besondere magnetische Eigenschaften.

Ferritische und austenitische Stähle machen bei der Abkühlung keine Gitterumwandlung durch. Sie verbleiben in der Kristallform, in der sie aus der Schmelze entstanden sind.

Unter den für die Eigenschaften des Stahles schädlichen Elementen sind besonders Schwefel und Phosphor zu nennen.

Schwefel bildet mit Eisen das Eisensulfid, welches schalenförmig als Einschluss besonders an den Korngrenzen vorliegt. Das Eisensulfid verursacht bei der Warmverformung im Bereich zwischen 800 und 1000 °C infolge seiner hohen Sprödigkeit Rotbruch. Oberhalb 1200 °C, im so genannten **Heißbruchgebiet**, schmilzt das FeS an den Korngrenzen auf. Im Temperaturbereich zwischen 1000 und 1200 °C ist ein Stahl mit FeS-Einschlüssen gut warmverformbar.

Durch Zulegieren von Mangan werden MnS-FeS-Mischsulfide gebildet, die tropfenförmig vorliegen und höherschmelzend sind als FeS. Die Neigung zur Brüchigkeit bei der Warmverformung kann so vermindert werden.

Im Gegensatz zu Schwefel bildet Phosphor keine eigene Phase im Stahl. Er wird im α-Fe gelöst. Stähle mit höheren P-Gehalten neigen aber zur Kirstallsteigerung, d. h., innerhalb eines Kornes sind die P-Gehalte unterschiedlich. So werden im Korn Spannungen hervorgerufen, die zu einer **Kaltversprödung** führen. Diese äußert sich in der Zunahme der Festigkeit bei starker Abnahme der Kerbschlagarbeit.

Übersicht über den Einfluss der Legierungselemente auf die Stahleigenschaften

	C	Si	Mn	Cr	Ni	V	Mo	W
Zugfestigkeit	++	++	++	++	+	+	+	+
Dehnung	– –	–	–	–	–		–	–
Kerbschlagarbeit	– –	–	+	–	+	+		+
Härte	++	+	+	+	+	+	+	+
Dauerfestigkeit	+			+		++	++	+
Warmfestigkeit	+			++		+	++	+
Durchhärtbarkeit		+	+	+	++	+	+	+
Schmiedbarkeit	–	–	+				–	
Korrosionsbeständigkeit		+	+	+	+	+	+	
elektrischer Widerstand	+	++		+	++		+	
Zunderbeständigkeit		++		++				
Schweißbarkeit	–	–	+		+	+	+	

+ erhöht; ++ erhöht sehr; – senkt; – – senkt stark.

Aufgaben zu 1.2.2 Stähle

1. Definieren Sie Ferrit, Austenit, Zementit, Perlit.

2. a) Geben Sie an, welche Gefügebestandteile in einem Stahl mit 0,2 % C bei 750 °C vorliegen und wie hoch ihre Kohlenstoffgehalte sind.

b) In welcher Menge sind die Gefügebestandteile in 100 kg Stahl vorhanden?

3. Wie viel kg Ferrit und Perlit liegen in 200 kg Stahl mit 0,5 % C bei Raumtemperatur vor?

4. Zeichnen und beschriften Sie die Abkühlungskurven folgender Fe-Fe_3C-Legierungen:

0,6 % C; 0,8 % C; 1,5 % C.

5. Welche Stähle sind dies? Bezeichnen Sie die Gefügebestandteile.

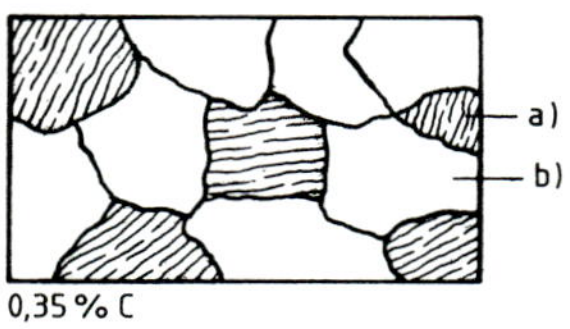

0,35 % C

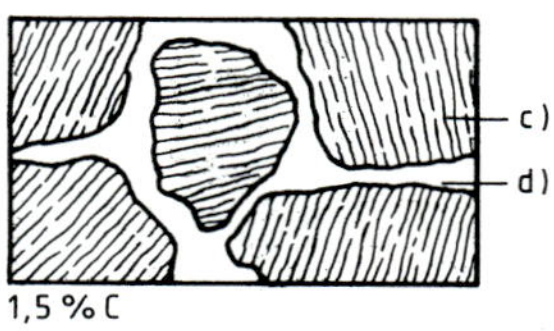

1,5 % C

1.2.2.4 Einteilung der Stähle

Die in der Technik verwendeten Stähle werden nach DIN EN 10020 unter verschiedenen Gesichtspunkten geordnet. Ordnungsgesichtspunkte sind:

- der Gehalt an Legierungselementen sowie
- die Anforderungen und Gebrauchseigenschaften.

- **Unterteilung nach der chemischen Zusammensetzung**

Unlegierte Stähle dürfen bestimmte Gehalte an Begleitelementen nicht überschreiten,
z. B. Mn 1,6 %; Si 0,5 %; Al 0,1 %; Ti 0,05 %; Cu 0,4 %; Ni und Cr 0,3 %.
In **legierten Stählen** überschreitet mindestens ein Element diese Grenzwerte.

- **Unterteilung nach Anforderungen und Gebrauchseigenschaften**

Nach den Anforderungen und Gebrauchseigenschaften gliedert man die Stähle in Grundstähle, Qualitätsstähle und Edelstähle.

Grundstähle sind unlegierte Stähle, die folgende Bedingungen erfüllen:

- Eine Wärmebehandlung ist nicht vorgesehen.
- Die Eigenschaften liegen innerhalb bestimmter, in der Norm festgelegter Grenzen.

Mindestzugfestigkeit:	höchstens 690 N/mm^2,	Mindestbruchdehnung:	höchstens 26 %,
Mindeststreckgrenze:	höchstens 360 N/mm^2,	Rockwellhärte:	höchstens 60 HRB.
Kohlenstoffgehalt:	mindestens 0,1 %,		

Qualitätsstähle können unlegiert oder legiert sein.
Unlegierte Qualitätsstähle gehen hinsichtlich ihrer Eigenschaften über die Grundstähle hinaus. Es sind auch keine Anforderungen an den Reinheitsgrad vorgesehen.

Legierte Qualitätsstähle sind im Allgemeinen nicht für Oberflächenhärtung und Vergütung bestimmt. Zu ihnen zählen:

- Feinkornbaustähle mit Höchstgehalten an Mn 1,8 %; Cr, Cu, Ni 0,5 %; Ti, V, Mo 0,12 %.
- Schweißbare Feinkornbaustähle für Behälter und Rohrleitungsbau, für die Mindestwerte für die Streckgrenze (380 N/mm^2 bei Dicken bis 16 mm) und die Kerbschlagarbeit (KV < 27J bei −50 °C) garantiert werden.
- legierte Stähle für Rohrleitungsbau, Schienen und Spundwände.
- Stähle, die nur mit Cu legiert sind.

Edelstähle können unlegiert oder legiert sein.
Unlegierte Edelstähle sind meist zum Vergüten oder Oberflächenhärten bestimmt.

Zu den **unlegierten Edelstählen** zählen:

- Stähle, die besonders hohe Kerbschlagarbeit im vergüteten Zustand erreichen,
- Stähle, die besondere Anforderungen an Einhärtungstiefe und Oberflächenhärte erfüllen,
- Stähle mit geringen P- und S-Gehalten (< 0,02 %),
- Stähle mit hoher Kerbschlagarbeit (über 27J bis −50 °C).

Legierte Edelstähle sind alle bis hierher nicht einzuordnenden, legierten Stähle.
Dazu zählen besonders nicht rostende, mit Cr und Ni legierte Stähle, Schnellarbeitsstähle, Wälzlagerstähle und legierte Werkzeugstähle.

Die Zuordnung eines Stahles zu den verschiedenen Gruppen ist am einfachsten anhand der Stahlgruppennummer der entsprechenden Werkstoffnummer vorzunehmen.

> Stähle werden nach DIN EN in Grundstähle, Qualitätsstähle und Edelstähle gegliedert.
> Qualitäts- und Edelstähle können legiert und unlegiert sein.

1.2.2.5 Eigenschaften von Stählen

- **Unlegierte Baustähle**

Unlegierte Baustähle sind Grund- und Qualitätsstähle, die vorwiegend aufgrund ihrer mechanischen Eigenschaften im Stahlbau und Maschinenbau eingesetzt werden.

Beispiele für unlegierte Baustähle

Kurzname nach **DIN EN 10 027**	**Werkstoff-nummer**	**Desoxida-tionsart**	**Gewährleistete mechanische Werte**		
			Dicke 16–40 mm	Mittelwerte Dicke 14–40 mm	
			R_m N/mm²	R_{eH} N/mm²	A_5 %
S235JR	1.0037	freigestellt	470–340	225	26
S235JRG1	1.0036	U	470–340	225	26
S275J2G3	1.0144	RR	560–410	265	22
S355J2G3	1.0570	RR	630–490	345	22
E295	1.0050	R	610–470	285	20
E335	1.0060	R	710–570	325	16
E360	1.0070	R	830–670	355	11

- **Wetterfeste Baustähle**

Wetterfeste Baustähle enthalten Zusätze an P, Cu, Ni, Cr u. a., die den Widerstand gegen atmosphärische Korrosion erhöhen, indem sich auf dem Stahl eine schützende Oxidschicht bildet. Im Kurznamen wird die Eigenschaft Wetterfestigkeit durch den Buchstaben W hinter der Kennzeichnung der Kerbschlagarbeit gekennzeichnet. Der Buchstabe P weist auf höhere P-Gehalte hin, die beim Schweißen zu beachten sind.

Beispiele für wetterfeste Baustähle

Kurzname **DIN EN 10 027**	**Werkstoff-nummer**	**Zugfestigkeit**	**Streckgrenze**		**Bruch-dehnung**
		16–40 mm N/mm²	16–40 mm N/mm²	40–63 mm N/mm²	%
S235J2W	1.8961	470–340	225	215	19
S235J2WP	1.8946	630–490	345	5	16

- **Schweißgeeignete Feinkornbaustähle**

Schweißgeeignete Feinkornbaustähle weisen ein besonders feinkörniges Ferritkorn auf und haben entsprechend gute Zähigkeit. Sie werden als Walzprodukte in zwei verschiedenen Zuständen gehandelt.

Normalisierend gewalzte Feinkornbaustähle (N) sind in einem Temperaturbereich gewalzt, der zu einem Werkstoffzustand führt, der dem normalgeglühten Zustand gleichwertig ist. Nach einer Werkstoffbeeinflussung ist dieser Zustand durch eine Normalglühung wieder herstellbar.

Bei thermomechanisch gewalzten Feinkornbaustählen (M) sind beim Walzen die Temperaturführung und die Umformung so gestaltet, dass besondere Eigenschaften entstehen. Dieser Zustand ist nach einer Werkstoffbeeinflussung durch eine Wärmebehandlung nicht wiederherstellbar.

Beispiele für schweißgeeignete Feinkornbaustähle

Kurzname DIN EN 10 027	Werkstoffnummer	Zugfestigkeit[1] 16–40 mm N/mm²	Streckgrenze 16–40 mm N/mm²	Streckgrenze 40–63 mm N/mm²	Bruchdehnung %	Kerbschlagarbeit KV 20° J	chemische Zusammensetzung maximal C %	Si %	Mn %
S275N	1.0490	510–370	265	255	24	55	0,18	0,4	0,5–1,4
S355N	1.0545	630–470	345	335	22	55	0,20	0,5	0,9–1,65
S420M	1.8825	580–520	400	390	19	55	0,16	0,5	1,7
S460M	1.8827	720–550	440	430	17	55	0,16	0,6	1,7

- **Vergütungsstähle**

Vergütungsstähle sind Qualitäts- und Edelstähle, die nach dem Vergüten bei üblichen Temperaturen verwendet werden.

Beispiele für Vergütungsstähle

Kurzname DIN EN 10 027	Werkstoffnummer	Gewährleistete mechanische Werte über 16 bis 40 mm Durchmesser vergütet: Zugfestigkeit N/mm²	Steckgrenze N/mm²	Bruchdehnung A_5 %
C 45 E	1.1191	800– 650	430	16
C 60 E	1.1221	950– 800	520	13
28 Mn 6	1.1170	800– 700	490	15
34 Cr 4	1.7033	950– 800	590	14
25 CrMo 4	1.7218	950– 800	600	14
50 CrMo 4	1.7228	1200–1000	780	10
34 CrNiMo 6	1.6582	1300–1100	900	10

- **Einsatzstähle**

Einsatzstähle sind kohlenstoffarme Qualitäts- und Edelstähle, die nach Aufkohlen und Härten der Oberfläche verwendet werden.

Beispiele für Einsatzstähle

Kurzname DIN EN 10 027	Werkstoffnummer	Gewährleistete mechanische Werte Probestab 30 mm Durchmesser: Zugfestigkeit N/mm²	Steckgrenze N/mm²	Bruchdehnung A_5 %	Zusammensetzung (soweit aus der Bezeichnung nicht ersichtlich) %
C 10	1.1121	650– 500	300	16	–
C 15	1.1141	800– 600	350	14	–
20 Cr 4	1.7027	950– 700	500	10	–
16 MnCr 5	1.7131	1100– 800	600	10	Cr 0,8–1,1
20 MnCr 5	1.7147	1300–1000	680	8	Cr 1,0–1,3
15 CrNi 6	1.5919	1200– 900	630	9	Ni 1,4–1,7

- **Nitrierstähle**

Nitrierstähle nach DIN EN 10085 sind Stähle, die als Legierungselemente Cr, Al und V enthalten. Diese Legierungselemente bilden mit Stickstoff harte und verschleißfeste Nitride.
Typische Nitrierstähle sind 39 CrMoV 13-9 und 41 CrAlMo 7.

1.2.3 Fe-C-Gusswerkstoffe

Allgemeines

Die Eisen-Kohlenstoff-Gusswerkstoffe lassen sich entsprechend folgender Übersicht einteilen:

Fe-C-Gusswerkstoffe

- **Stahlguss**
  - **GS** (In Formen vergossener Stahl)
- **Gusseisen**
  - **GJL** Gusseisen mit Lamellengrafit
  - **GJV** Gusseisen mit Vermiculargrafit
  - **GJS** Gusseisen mit Kugelgrafit
- **Temperguss**
  - **GJMW** Weißer Temperguss (entkohlend geglüht)
  - **GJMB** Schwarzer Temperguss (in neutraler Atmosphäre geglüht)
- **Sonderguss**
  - **GJN** Hartguss
  - Hochlegiertes Gusseisen

1.2.3.1 Stahlguss (GS)

Unter Stahlguss versteht man in Formen vergossenen unlegierten und legierten Stahl. In DIN 1681 sind unter dem Begriff „Stahlguss für allgemeine Verwendungszwecke" die gegossenen unlegierten und niedriglegierten Stähle genormt. Diese Stähle werden vorwiegend aufgrund ihrer mechanischen Eigenschaften bei normalen Temperaturen verwendet.

Die Kohlenstoffgehalte des Stahlgusses liegen im allgemeinen zwischen 0,15 % und 0,75 %, meist bei 0,25 %. Stahlguss ist gießtechnisch schwieriger zu beherrschen als die anderen Fe-C-Gusswerkstoffe. Die Volumenschwindung von Stahlguss beträgt bis zu 8 Vol.-%. Diese hohe Schwindung führt zu starker Lunkerbildung, wenn nicht durch entsprechende Speiser- und Anschnitttechnik für eine gerichtete Erstarrung gesorgt wird. Um CO-Entwicklung nach der Reaktion $FeO + C \rightarrow Fe + CO$ während der Erstarrung zu vermeiden, muss Stahlguss beruhigt vergossen werden, da sonst Fehlerstellen infolge von Gasblasenbildung entstehen.

Die hohe Gießtemperatur stellt hohe Anforderungen an den Formwerkstoff.

Im Stahlguss liegen nach der Erstarrung sehr große Austenitkörner vor, sodass bei Eintritt der γ-α-Umwandlung die Ferritbildung nicht nur an den Korngrenzen, sondern auch im Inneren des Kornes einsetzt. Es entsteht das nadelige sogenannte **„widmannstättensche Gefüge"**. Ein Stahl mit diesem Gefüge ist relativ spröde. Darum wird Stahlguss grundsätzlich einer Normalglühung unterzogen.

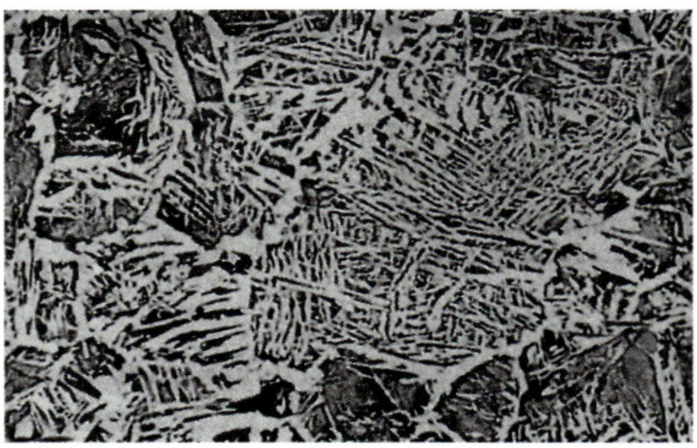

Widmannstättensches Gefüge (mikroskopische Aufnahme $V = 100$)

Normalisiertes Gefüge (mikroskopische Aufnahme $V = 100$)

Ein Stahl mit diesem Gefüge ist relativ spröde. Darum wird Stahlguss grundsätzlich einer Normalglühung unterzogen.

Stahlguss findet dort Verwendung, wo die Eisen-Kohlenstoff-Gusswerkstoffe mit höheren C-Gehalten (GJS, GJL, GJV) wegen ihrer mechanischen Eigenschaften nicht verwendbar sind, das Gießen aber gegenüber anderen Formgebungsverfahren bevorzugt wird.

Stahlguss für allgemeine Verwendungszwecke

Kurzname	Werkstoffnummer	Zugfestigkeit N/mm²	Streckgrenze N/mm²	Bruchdehnung A_5 %
GS-38	1.0420	380	200	25
GS-45	1.0446	450	230	22
GS-60	1.0558	400	300	15

Stahlguss ist unlegierter und legierter Stahl, der in Formen unmittelbar zu Werkstücken vergossen wird. Der Stahlguss hat nach Normalglühung hohe Festigkeit und Zähigkeit.

1.2.3.2 Gusseisen mit Lamellengrafit (GJL)

Als Gusseisen werden Fe-C-Gusswerkstoffe bezeichnet, deren C-Gehalte in der Regel über 2 % betragen. Der Kohlenstoff liegt im Gefüge als lamellar erscheinender Grafit vor.

Dieser Werkstoff wird durch Umschmelzen von grauem Roheisen, Gussbruch und Stahlschrott erzeugt. Zur Erschmelzung des Gusseisens wird meist der Kupolofen, ein Schachtofen, eingesetzt. Hochwertige Gusseisen werden nach dem Umschmelzen in den meisten Fällen im Elektroofen zur genauen Einstellung der Zusammensetzung nachbehandelt.

Das Gefüge des Gusseisens mit Lamellengrafit

Infolge der hohen Si-Gehalte (um ca. 2 %) und langsamer Abkühlung scheidet im Gusseisen der Kohlenstoff *nicht* als Fe_3C, sondern als Grafit aus. Die Erstarrung verläuft also entsprechend dem Zustandsdiagramm Fe-C (stabiles System) und nicht, wie nach dem Zustandsdiagramm Fe-Fe_3C (metastabiles System) zu erwarten wäre.

Ferritisches Gusseisen mit Lamellengrafit (mikroskopische Aufnahme $V = 100$)

Das Eutektikum im System Fe-C erstarrt bei 1152 °C und 4,23 % C. Dieses Eutektikum besteht aus **eutektischen Zellen**, die mit Körnern vergleichbar sind. In jeder dieser eutektischen Zellen ist der Grafit des Eutektikums von einem einzelnen Punkt aus vielblättrig verzweigt gewachsen. Die Räume zwischen den Blättern sind mit dem Austenit des Eutektikums ausgefüllt.
In den meisten Fällen lagert sich der Grafit so zusammen, dass die eutektischen Zellen nicht mehr erkennbar sind.

Bei weiterer Abkühlung kann der vorhandene Austenit in Fe und Grafit zerfallen, wobei sich der neugebildete Grafit an vorhandenem Grafit anlagert. Es ist aber auch, je nach Legierungszusätzen und Abkühlungsbedingungen, ein Zerfall des Austenits zu Perlit möglich.
Somit kann das Gusseisen mit Lamellengrafit ferritisches, ferritisch-perlitisches oder perlitisches Grundgefüge aufweisen.

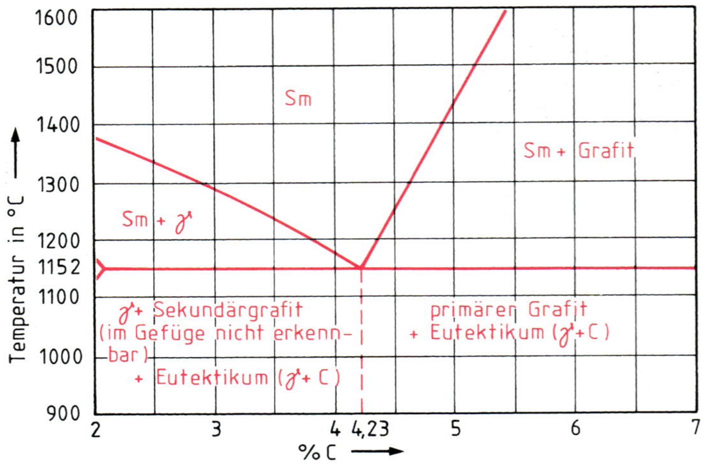

Zustandsdiagramm Fe-C
(Ausschnitt des für Gusseisen wichtigen Bereichs)

Gusseisen mit Lamellengrafit erstarrt zunächst nach dem stabilen System Eisen-Grafit. Unterhalb 723 °C kann, je nach Abkühlungsbedingungen und Legierungselementen, der Austenitzerfall im stabilen System Fe-C oder im metastabilen System Fe-Fe_3C erfolgen.

Durch Legierungselemente verschiebt sich die eutektische Zusammensetzung, je nach Art und Gehalt der zulegierten Elemente, zu höheren oder niedrigeren C-Gehalten. Die eutektische Zusammensetzung lässt sich für jedes Gusseisen errechnen:

$$C_{eut} = 4{,}3\ \% - 0{,}33\ (\%\ Si + \%\ P)$$

Aus dem Verhältnis des tatsächlichen Kohlenstoffgehaltes des Gusseisens zum errechneten eutektischen Kohlenstoffgehalt ermittelt man den **Sättigungsgrad S_c**:

$$S_c = \frac{\%\ C_{vorh}}{\%\ C_{eut}} = \frac{\%\ C_{vorh}}{4{,}3\ \% - 0{,}33\ (\%\ Si + \%\ P)}$$

Untereutektische Legierungen haben also einen Sättigungsgrad von weniger als 1, übereutektische einen solchen von über 1.
Aus dem Sättigungsgrad kann auf die normalerweise zu erwartende Zugfestigkeit und Härte geschlossen werden.

$$R_m = 1000 - 800 \cdot S_c\ \frac{N}{mm^2}$$

$$HB = (5300 - 3440 \cdot S_c) \cdot 0{,}102$$

Zugfestigkeit und Härte von Gusseisen mit Lamellengrafit werden von Grafitanteil und Grundgefüge bestimmt. Je niedriger der Sättigungsgrad ist, desto geringer ist die Grafitmenge und entsprechend fester ist das Gusseisen.

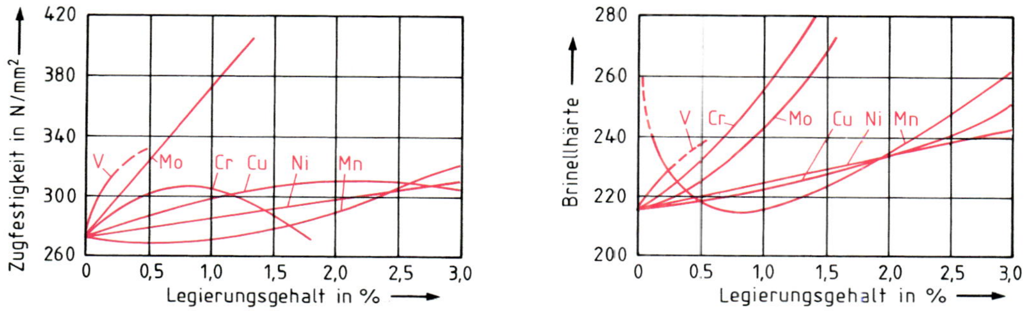

Einfluss der Legierungselemente auf Zugfestigkeit und Härte in Probestäben mit 30 mm Durchmesser

Eigenschaften des genormten Gusseisens mit Lamellengrafit (Auszug)

Kurzname	**Werkstoffnummer**	**Zugfestigkeit** N/mm²	**Härte** HB 30	**Verwendung**
EN-GJL-150	**EN-JL 1020**	150 bis 250	140 bis 190	Bauguss (Rohre u. Ä.); Kunstguss, Feuerungsguss (Roste, Platten)
EN-GJL-200	**EN-JL 1030**	200 bis 300	170 bis 210	
EN-GJL-250	**EN-JL 1040**	250 bis 350	180 bis 240	Großteile für Maschinen- und Apparatebau
EN-GJL-300	**EN-JL 1050**	300 bis 400	200 bis 260	
EN-GJL-350	**EN-JL 1060**	350 bis 450	210 bis 280	Gussteile mit höherer Festigkeit für Maschinenbau

1.2.3.3 Gusseisen mit Kugelgrafit (GJS)

Gusseisen mit Kugelgrafit ist ein Fe-C-Gusswerkstoff, in dem der Kohlenstoff als Grafit weitgehend in kugeliger Form vorliegt.
Durch dieses Gefüge ist die Festigkeit bei GJS wesentlich höher als bei GJL, denn jede Grafitlamelle bedeutet im GJL eine Kerbe, durch die Zugfestigkeit, Dauerschwingfestigkeit und Bruchdehnung erheblich gemindert werden. Der Aufbau des Gefüges ist für GJS nicht mehr einfach aus dem System Fe-C zu erklären. Der Grafit im GJS wird wahrscheinlich direkt kugelförmig aus der Schmelze ausgeschieden. Die Kugeln sind etwa gleich groß. Sie erscheinen nur wegen der unterschiedlichen Schnittebenen im Schliffbild mit sehr verschiedenen Durchmessern.

Die Grafitkugeln entstehen, wenn die Schmelze mit Magnesium (seltener mit Cer) behandelt wird. Das Einbringen des Mg in die Schmelze ist schwierig, denn Mg ist brennbar, hat eine geringe Dichte und verdampft bei einem Druck von 1 bar bei 906 °C. Aus diesen mit Gründen wird Mg entweder in Druckpfannen in die Schmelze eingebracht, durch Lanzen mit Schutzgas eingeblasen oder als Ni-Mg-Vorlegierung zulegiert.

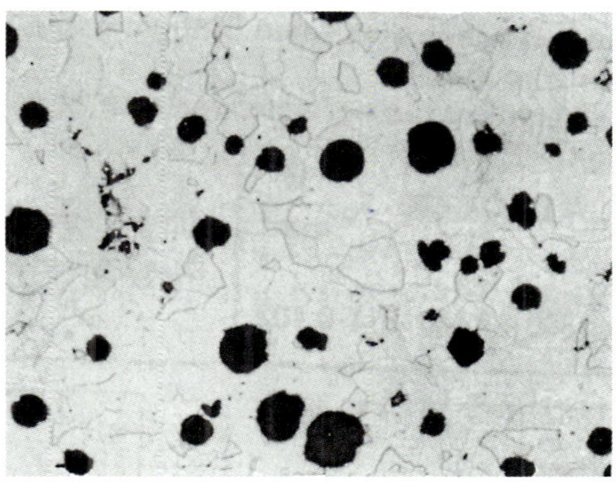
Ferritisches Gusseisen mit Kugelgrafit (mikroskopische Aufnahme *V* = 100)

Eigenschaften und Verwendung des genormten Gusseisens mit Kugelgrafit

Kurzname	Werkstoff-nummer	Zugfestig-keit N/mm²	Steck-grenze N/mm²	Bruch-dehnung %	Gefüge	Verwendung
EN-GJS-400-15	**EN-JS 1030**	390	250	15	vorwiegend ferritisch	Landmaschinenbau Rohrleitungsbau
EN-GJS-500-7	**EN-JS 1050**	450	300	7	ferritisch-perlitisch	Maschinenbau Automobilguss (Kurbelwellen, Getriebegehäuse)
EN-GJS-600-3	**EN-JS 1060**	600	360	3	ferritisch-perlitisch	hochfeste Maschinenteile und Automobilteile (Achsgehäuse, Getriebegehäuse)
EN-GJS-700-2	**EN-JS 1070**	700	400	2	vorwiegend perlitisch	

1.2.3.4 Gusseisen mit Vermiculargrafit (GJV)

Durch geeignete Schmelzführung und eine Magnesiumbehandlung, bei der eine etwas unterhalb der zur Erzeugung von Gusseisen mit Kugelgrafit notwendigen Magnesiummenge eingesetzt wird, kann eine würmchen- oder korallenförmige Grafitausscheidung im Gusseisen erzeugt werden. Der Gusswerkstoff mit dieser Grafitausbildung wird als Gusseisen mit Vermikulargrafit (GJV) bezeichnet.
Gegenüber Gusseisen mit Lamellengrafit hat GJV eine etwa um bis 60 % höhere Festigkeit, gegenüber Gusseisen mit Kugelgrafit besitzt GJV erheblich bessere Gießeigenschaften.

Eigenschaften und Einsatzmöglichkeiten von Gusseisen mit Vermiculargraftit (GJV)

Vorteile von Gusseisen mit Vermiculargrafit		**Einsatzgebiete von GJV**
gegenüber Gusseisen mit Lamellengrafit	**gegenüber Gusseisen mit Kugelgrafit**	
• höhere Festigkeit ohne teure Legierungssätze • wesentlich höhere plastische Formbarkeit (2 bis 6 % Bruchdehnung) • geringere Oxidationsneigung und höhere thermische Stabilität beim Hochtemperatureinsatz • geringere Wanddickenabhängigkeit der Eigenschaften	• niedrigerer thermischer Ausdehnungskoeffizient • besseres Temperaturwechselverhalten • geringere Verzugsneigung • besseres Dämpfungsvermögen • bessere Gießbarkeit	Motorblock Zylinderkopf Getriebegehäuse Schwungrad Bremsscheibe Pumpengehäuse Abgaskrümmer

> Gusseisen mit Vermiculargrafit (GJV) hat würmchenförmige Grafitausscheidungen. GJV besitzt hohe Festigkeit, hohe Wärmeleitfähigkeit und ist gießtechnisch einfacher zu beherrschen als Gusseisen mit Kugelgrafit.

1.2.3.5 Temperguss (GJM)

Temperguss ist ein Eisen-Kohlenstoff-Gusswerkstoff, der bezüglich Kohlenstoff und Silizium so zusammengesetzt ist, dass das Gussstück bei werkstoffgerechter Konstruktion grafitfrei erstarren muss.

Im Temperrohgussstück liegt also aller Kohlenstoff gebunden als Fe_3C vor. Das Gussstück ist in diesem Zustand sehr hart und spröde.

Zur Erzielung der gewünschten mechanischen Eigenschaften, insbesondere der Zähigkeit, wird der Temperrohguss einer Glühbehandlung, dem Tempern, unterzogen. Das dabei entstehende Gefüge wird durch die Art der Glühbehandlung bestimmt. Der Glühbehandlung entsprechend unterscheidet man **nicht entkohlend** und **entkohlend geglühten Temperguss**. Wegen des unterschiedlichen Gefüges, das infolge der Glühbehandlung auftritt, spricht man auch von *schwarzem* oder *weißem Temperguss*, GJMB bzw. GJMW. Schwarzer Temperguss wird zunehmend durch Gusseisen mit Kugelgrafit ersetzt.

Temperrohguss
– aller Kohlenstoff als Fe_3C –

nicht entkohlend geglüht

Zerfall des Fe_3C zu flockenförmiger Temperkohle

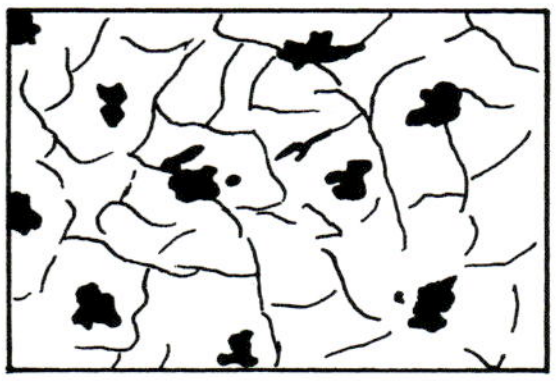

Gefüge von schwarzem Temperguss (GJMB)

entkohlend geglüht

Randzone: Oxidation und Entfernung des Kohlenstoffs
Kern: Zerfall des Fe_3C zu Temperkohle

Gefüge von weißem Temperguss (GJMW)

Aufgaben zu 1.2.3 Fe-C-Gusswerkstoffe

1. Warum muss Stahlguss stets beruhigt vergossen werden?
2. Was versteht man unter dem *widmannstättenschen* Gefüge?
3. Aus welchem Grunde wird Stahlguss normalisiert?
4. Unterscheiden Sie GJL und GJS nach der Grafitform. Ziehen Sie daraus Schlüsse für Zugfestigkeit, Druckfestigkeit, Dauerschwingfestigkeit, Kerbschlagarbeit.
5. Erklären Sie den Begriff „eutektische Zelle“.
6. Welcher wesentliche Unterschied besteht zwischen dem stabilen und dem metastabilen Zweistoffsys-tem Eisen-Kohlenstoff?
7. Welche wesentlichen Voraussetzungen hinsichtlich Zusammensetzung und Abkühlung bedingen die Ausscheidung von Kohlenstoff als Grafit?
8. Ein Gusseisen hat folgende Zusammensetzung: 3,5 % C; 2,2 % Si; 0,6 % Mn; 0,3 % P und 0,06 % S.
   a) Berechnen Sie den Sättigungsgrad.
   b) Welche Zugfestigkeit und Härte sind normalerweise für dieses Gusseisen zu erwarten?
9. Welche Legierungselemente sind für eine Ausscheidung des Grafits in Kugelform erforderlich?
10. Welche Schwierigkeiten ergeben sich beim Legieren von Gusseisenschmelzen mit Mg?
11. Unterscheiden Sie schwarzen und weißen Temperguss.
12. Welche Bedeutung hat das Wort „ferritisch“, wenn man
    a) von einem ferritischen Stahl,
    b) von ferritischem GJS spricht?
13. Ordnen Sie die nachstehenden Gefügebilder den Werkstoffkurzzeichen zu GS, GJMW, GJS, GJL.

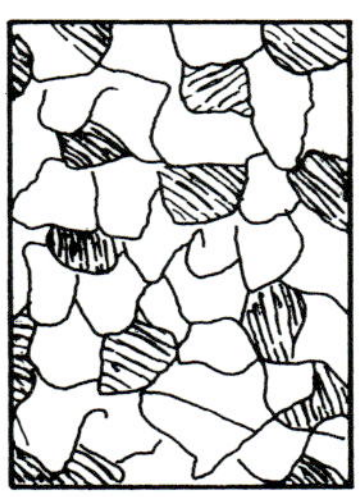

a)

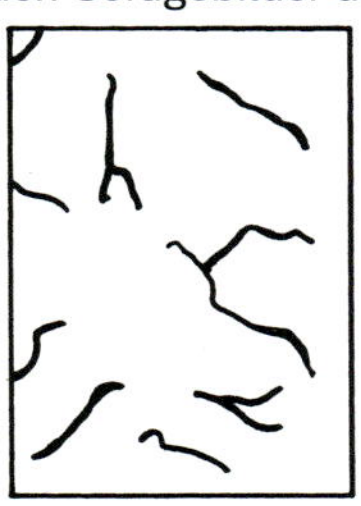

b)

c)

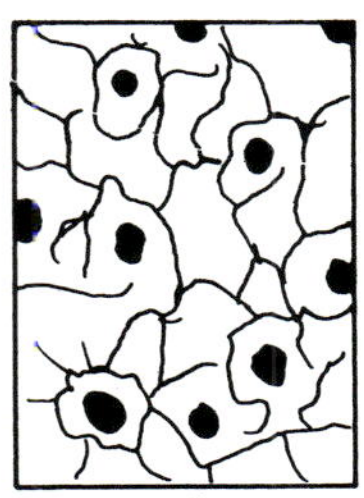

d)

1.2.4 Aluminium und Aluminiumlegierungen

1.2.4.1 Eigenschaften von Reinaluminium

Dichte $\frac{g}{cm^3}$	Schmelzpunkt °C	Zugfestigkeit $\frac{N}{mm^2}$	Bruchdehnung %	E-Modul $\frac{N}{mm^2}$	Längenausdehnungskoeffizient $x\,10^{-6} \cdot \frac{1}{K}$	Gittertyp
2,7	660	50 bis 200	40 bis 3	72500	23,9	kfz
		(je nach Verfestigung durch Kaltverformung)				

Neben der geringen Dichte sind typische Eigenschaften des Aluminiums:

- Gute *Korrosionsbeständigkeit*, da Aluminium von einer festen und dichten Oxidhaut überzogen wird (0,01 µm), die sich bei Verletzung sofort neu bildet. Geringe Mengen an Verunreinigungen, die nicht im Mischkristall gelöst sind, setzen die Korrosionsbeständigkeit stark herab.
- Gutes *Reflexionsvermögen* polierter Oberflächen, da die natürliche Oxidschicht klar ist.
- Hohe *Festigkeit*, gewalzt ca. 150 N/mm^2.
- Gute *Umformbarkeit* wegen kubisch-flächenzentriertem Gitter.
- Gute *Leitfähigkeit* für elektrischen Strom und für Wärme. $\gamma_{Al} = 37 \frac{m}{\Omega\, mm^2}$

Verwendung von reinem Aluminium:
Elektrotechnik – Kabel, Stromschienen, Kondensatoren,
Verpackung – Folien, Tuben, Bierfässer,
Weitere Verwendungen – Reflektoren, Modeschmuck, Rohrleitungen usw.

1.2.4.2 Aluminiumlegierungen

Die Festigkeit des Aluminiums lässt sich durch Legieren stark verbessern. Unter der Sammelbezeichnung **Knetlegierungen** werden solche Legierungen zusammengefasst, die gut plastisch umformbar sind. Als **Gusslegierungen** bezeichnet man gut gießbare Legierungen, Gusslegierungen des Aluminiums weisen meist höhere Si-Gehalte auf.

Ein Teil der Aluminium-Legierungen ist aushärtbar, d.h., durch Glühen, Abschrecken und anschließendes Auslagern können Festigkeit und Härte wesentlich gesteigert werden. So erreichen ausgehärtete AlCuMg-Legierungen Zugfestigkeiten um 600 N/mm^2 (Aushärten siehe Kapitel „Stoffeigenschaft ändern").

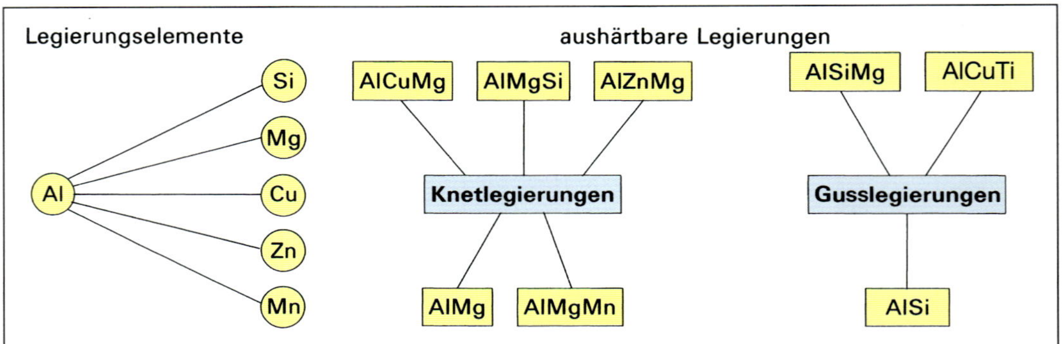

Wichtige Legierungstypen

Beispiele für Aluminiumknetlegierungen

DIN EN 573 (Auszug) Kurzzeichen Werkstoffnummer	**stranggepresst**			**besondere Eignung für**	**typische Anwendungsgebiete**
	R_m N/mm²	$R_{p0,2}$ N/mm²	A_5 %		
EN AW-AlMn1 **EN AW-3103**	> 95	> 35	25	schwierige Umformarbeiten, Schweißarbeiten, Witterungsbeanspruchung	Apparatebau, Bauwesen, Bedachung, Fahrzeugzubehör, Verpackungen Metallwaren, Nahrungsmittelindustrie
EN AW-AlMg3Mn **EN AW-5454**	> 200	> 65	10	Schweißarbeiten, statisch beanspruchte Konstruktionen, Witterungsbeanspruchung, Seewasserbeanspruchung	Apparatebau, Fahrzeugbau, Ingenieurbau, Gerätebau
EN AW-AlZn5Mg3Cu **EN AW-7022** **(ausgehärtet)**	> 490	> 420	7	statisch hoch beanspruchte Konstruktionen	Bergbau, Fahrzeugbau, Ingenieurbau, Maschinenbau

1.2.5 Kupfer und Kupferlegierungen

1.2.5.1 Eigenschaften des reinen Kupfers

Dichte $\frac{g}{cm^3}$	**Schmelzpunkt** °C	**Zugfestigkeit** $\frac{N}{mm^2}$	**Bruchdehnung** %	**E-Modul** $\frac{N}{mm^2}$	**Längenausdehnungskoeffizient** $x\ 10^{-6} \cdot \frac{1}{K}$	**Gittertyp**
8,95	1083	220	40	125 000	16,2	kfz

Für die Verwendung des reinen Kupfers sind besonders seine gute Leitfähigkeit für Wärme und Elektrizität sowie seine Korrosionsbeständigkeit maßgebend.

Das Kupfer wird unlegiert in der Elektroindustrie, zum Bau von Wärmeaustauschern im Rohrleitungsbau und zum Plattieren verwendet.

1.2.5.2 Kupferlegierungen

- **Messing**

Als Messing werden Kupferlegierungen bezeichnet, die mindestens 50 % Cu und Zink als Hauptlegierungszusatz enthalten. Zur Verbesserung der Zerspanbarkeit ist ein Bleigehalt bis 3 % möglich.

Beispiele für Kupfer-Zink-Knetlegierungen

Kurzzeichen Werkstoffnummer	**Hinweise auf Eigenschaften und Verwendung**	R_m N/mm²	$R_{p0,2}$ N/mm²	A_{10} %
CuZn40 **CW509L**	sehr gut spanbar, gut warmumformbar, begrenzt kaltumformbar, Legierung für alle spanenden Bearbeitungsverfahren	340	360	25
CuZn28 **CW 504L**	seht gut kalt umformbar, gut polierbar, Bleche, Rohre	310	120	27

- **Sondermessinge** sind Kupfer-Zink-Legierungen mit weiteren Legierungszusätzen wie Al, Fe, Mn, Ni, Si und Sn.

- **Bronzen**

Als Bronzen werden Kupferlegierungen bezeichnet, die mindestens 60 % Cu neben einem oder mehreren Hauptlegierungszusätzen enthalten. Zink darf dabei nicht überwiegen.
Die Bronzen werden nach ihren Hauptlegierungszusätzen benannt, z. B.:

Aluminiumbronze,	Zinnbronze,	Phosphor-Zinnbronze,
Bleibronze,	Berylliumbronze,	Zinn-Bleibronze.

Bronzen mit mehreren Legierungszusätzen werden als *Mehrstoffbronze* bezeichnet.

- **Rotguss**

Als Rotguss werden Gusslegierungen bezeichnet, die aus Cu, Sn, Zn bestehen. Eine Zulegierung von Blei ist möglich.

- **Neusilber**

Neusilber oder Alpakka ist eine Cu-Zn-Legierung, die zwischen 10 und 25 % Ni enthält. Zur Verbesserung der Zerspanbarkeit können bis zu 2 % Pb zulegiert werden.
Neusilber wird in Feinmechanik, Optik, Innenarchitektur, Kunstgewerbe, zur Herstellung von Korpuswaren (Tafelgeräte unversilbert und versilbert) und als Federnmaterial verwendet.

1.2.6 Weiter NE-Metalle und ihre Legierungen

1.2.6.1 Zink und Zinklegierungen

- **Zink**

Dichte $\frac{g}{cm^3}$	**Schmelzpunkt** °C	**Gittertyp**	**Zugfestigkeit** $R_m \frac{N}{mm^2}$	**Bruchdehnung** A %	**E-Modul** $\frac{N}{mm^2}$	**Längenausdehnungskoeffizient** $x\,10^{-6} \cdot \frac{1}{K}$	**weitere Eigenschaften**
7,2	419	hex.	140*	40*	94 000*	29	hell weiß, bläulich schimmernd; spröde, jedoch über 150 bis 200 °C weich, dehnbar und gut verformbar; gute Korrosionsbeständigkeit an Luft, nicht aber gegen Säuren und Laugen
			Mittelwerte				

Verwendung:
Korrosionsschutz von Stahl (Verzinken), Katoden in galvanischen Elementen, Bleche. Legierungselement in Messing, Neusilber, Al-Legierungen, Rotguss.

- **Zinklegierungen**

Zink wird hauptsächlich mit Aluminium und Kupfer legiert. Die Legierungsanteile liegen meist insgesamt unter 10 %.
Aluminium verbessert die mechanischen Eigenschaften (R_m ca. 200 N/mm² bei 4 % Al) und erhöht die Dünnflüssigkeit.
Kupfer steigert die mechanischen Eigenschaften weit weniger, erleichtert aber die spanabhebende Bearbeitung und hebt die Dauerstandfestigkeit.
Durch innerkristalline Vorgänge tritt im kalten Zustand im Laufe der Zeit eine Maßänderung ein, der durch längere Wärmebehandlung (ca. 90 °C) und geringe Nickelzusätze begegnet werden kann.
Zinklegierungen werden meist im Druckguss vergossen.
Anwendungsgebiete: Kleinteile in Haushalts- und Büromaschinen, Vergasergehäuse, Spielwaren u. Ä.

1.2.6.2 Zinn und Zinnlegierungen

- **Zinn**

Dichte $\frac{g}{cm^3}$	**Schmelzpunkt** °C	**Gittertyp**	**Zugfestigkeit** $R_m \frac{N}{mm^2}$	**Bruchdehnung** *A* %	**E-Modul** $\frac{N}{mm^2}$	**Längenausdehnungskoeffizient** $\times 10^{-6} \cdot \frac{1}{K}$	**weitere Eigenschaften**
7,3	232	tetr.	30	42	55000	23	silberweiß; weich, dehnbar, rekristallisiert bei Raumtemperatur; beständig gegen Luft, Wasser, schwache Säuren und Basen; unter 13 °C Umwandlung des Gitters – Zerfall von Gegenständen zu grauem Pulver (Zinnpest).

Verwendung:
Korrosionsschutz von Stahl (Weißblech), Folien (Stanniol), Grundmetall in Weichloten, Legierungselement in Loten, Bronze, Rotguss.

- **Zinnlegierungen**

Wesentlichstes Anwendungsgebiet der Zinnlegierungen sich die Weichlote. Die Lote enthalten neben Blei noch geringe Mengen an Antimon.
Die Arbeitsbereiche der Lote sind aus dem Zustandsdiagramm erkennbar:

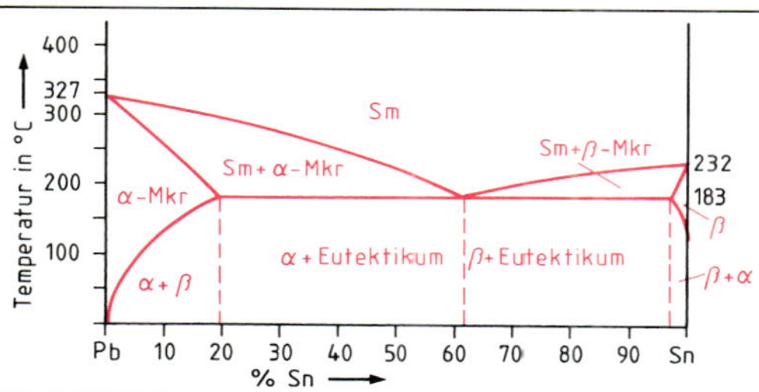

Zustandsdiagramm Pb-Sn

Bei sogenannten Schmierlötungen, wie sie für Klempnerarbeiten und Kabelarbeiten infrage kommen, bleibt man mit der Arbeitstemperatur im Zweiphasengebiet, also im breiigen Zustand. Für die Lötung leicht schmelzender oder temperaturempfindlicher Metallteile wählt man Legierungen, etwa der eutektischen Zusammensetzung. Man bezeichnet diese Lote mit nahezu eutektischer Konzentration als Sickerlote. Für Lötungen an Gegenständen, die mit Lebensmitteln in Berührung kommen (z. B. Dosen), dürfen nur Lote mit weniger als 10 % Pb verwendet werden.

1.2.6.3 Blei und Bleilegierungen

- **Blei**

Dichte $\frac{g}{cm^3}$	**Schmelzpunkt** °C	**Gittertyp**	**Zugfestigkeit** $R_m \frac{N}{mm^2}$	**Bruchdehnung** *A* %	**E-Modul** $\frac{N}{mm^2}$	**Längenausdehnungskoeffizient** $\times 10^{-6} \cdot \frac{1}{K}$	**weitere Eigenschaften**
11,3	327	kfz	15	60	16000	28	bläulich weiß, sehr weich; an Luft, in hartem Wasser und Schwefelsäure durch Bildung unlöslicher Oxide, Karbonate und Sulfate als Deckschichten sehr korrosionsfest.

Verwendung:
Auskleidung von H_2SO_4-Behältern, Bedachungen, Kabelmäntel, Strahlenschutz, Treibstoffzusatz, Farben.
Grundmetall in Hartblei, Letternmetall, Lagermetallen.
Legierungselement in Weichloten, Automatenmessing, Lagermetallen.

- **Bleilegierungen**

Hartblei ist eine kupfer- und zinkfreie Pb-Sb-Legierung. Mit mehr als 2 % Sb und Spuren von Arsen ist Hartblei nach Abschrecken von 240 °C aushärtbar. Hartblei findet hauptsächlich Verwendung für Kabelummantelungen sowie Rohrleitungen und Armaturen in der chemischen Industrie. Akkumulatorenplatten und Anoden für Chrombäder werden ebenfalls aus Hartblei hergestellt.

Als *Lagermetall* eignen sich wegen ihres Aufbaues besonders die Pb-Sn-Sb-Legierungen (Weißmetall). Infolge des weichen Grundwerkstoffes haben die Lager gute Laufeigenschaften, niedrige Reibungskoeffizienten und sind leicht bearbeitbar. Die in die Grundmasse eingelagerten intermetallischen Verbindungen und Mischkristalle ergeben gute Tragfähigkeit. Zudem ist der Werkstoff von Öl leicht benetzbar.

1.2.6.4 Nickel und Nickellegierungen

- **Nickel**

Dichte $\frac{g}{cm^3}$	Schmelzpunkt °C	Gittertyp	Zugfestigkeit $R_m \frac{N}{mm^2}$	Bruchdehnung A %	E-Modul $\frac{N}{mm^2}$	Längenausdehnungskoeffizient $\times 10^{-6} \cdot \frac{1}{K}$	weitere Eigenschaften
8,9	1453	kfz	450	45	197 000	13	hell weiß; zäh, dehnbar, ferromagnetisch; } ähnlich Stahl; hochglanzpolierbar; korrosionsfest, außer gegen oxidierende Säuren

Verwendung:
Für galvanische Überzüge und Plattierungen, Laborgeräte, Ni-Cd-Akkumulatoren, technisch verwendbare Katalysatoren (z. B. Fetthärtung).
Grundmetall in Monelmetall, Mumetall, Nichrom. Legierungselement in Sonderstählen, z. B. Invar, in Neusilber, Widerstandsmetallen, z. B. Nickelin, Konstantan.

- **Nickellegierungen**

Von den Nickellegierungen mit Ni als Grundmetall sind die Ni-Cu-, Ni-Fe- und Ni-Cr-Legierungen von Bedeutung. Der Ni-Gehalt liegt durchweg über 60 %.

Monelmetall (67 % Ni, 28 % Cu, 5 % Fe) wird als sehr korrosions- und wärmebeständige Legierung für Armaturen in der chemischen Industrie, Kernenergieanlagen, Dampfturbinen u. a. eingesetzt.

Mumetall (75 % Ni, 15 % Fe, 2 % Cr, Rest Cu) ist eine Legierung, die sehr hohe magnetische Permeabilität bei sehr kleinen Hysteresisverlusten aufweist.

Nichrom (60 % Ni, 40 % Cr) ist sehr korrosions- und hitzebeständig. Die Legierung wird als Heizdraht für elektrische Öfen verwendet.

1.2.6.5 Magnesium und Magnesiumlegierungen

- **Magnesium**

Dichte $\frac{g}{cm^3}$	**Schmelzpunkt** °C	**Gittertyp**	**Zugfestigkeit** $R_m \frac{N}{mm^2}$	**Bruchdehnung** A %	**E-Modul** $\frac{N}{mm^2}$	**Längenausdehnungskoeffizient** $\times 10^{-6} \cdot \frac{1}{K}$	**weitere Eigenschaften**
1,74	650	hex	200	10	45 000	24,5	hell weiß; weich, dehnbar; korrosionsbeständig gegen Luft; leicht entflammbar bei feiner Verteilung (z. B. Spänen)

Verwendung:
Desoxidationsmittel,
Pyrotechnik,
Grundmetall in Elektron,
Legierungselement bei Al-Legierungen.

- **Magnesiumlegierungen**

Wichtigstes Legierungselement des Magnesiums ist das Aluminium, das bis zu 10 % zulegiert wird. Es steigert Zugfestigkeit und Härte. Weitere Legierungselemente sind Zink (bis 4 %), das ebenfalls Zugfestigkeit und Härte steigert, Silizium (ca. 0,5 %), welches die Dünnflüssigkeit verbessert, aber die Zähigkeit vermindert, und das Mangan (bis 2 %), welches die Korrosionsbeständigkeit heraufsetzt.

Magnesiumlegierungen mit ca. 90 % Mg, bei 8 % Al (Rest Zn, Mn, Zr) werden als Elektron bezeichnet. Sie haben Zugfestigkeiten bis etwa 300 N/mm² bei Knetlegierungen und ca. 200 N/mm² als Gusslegierungen. Ihr Hauptanwendungsgebiet sind der Fahrzeug- und Flugzeugmotorenbau. Magnesium und Magnesiumlegierungen sind leicht entzündbar. Darum erfolgt das Gießen unter Schutzgas.

Mg-Brände können nur mit Sand oder Pulverlöschern erstickt werden. Da erhitztes Magnesium mit Wasser heftig reagiert, darf zum Löschen von Mg-Bränden niemals Wasser verwendet werden.

Aufgaben zu 1.2.4 bis 1.2.6 NE-Metalle und ihre Legierungen

Aluminium und Aluminiumlegierungen

1. Begründen Sie die gute Umformbarkeit und die hohe Korrosionsbeständigkeit von Aluminium.

2. Ein 0,8 m langer Rundstab an einer Flugzeugkonstruktion muss Zugkräfte von 30 kN aufnehmen. Es stehen eine Al-Legierung oder Stahl zur Wahl.

   Al: $\sigma_{zul} = 105 \frac{N}{mm^2}$; Stahl: $\sigma_{zul} = 200 \frac{N}{mm^2}$

   Begründen Sie rechnerisch die Auswahl des Materials.

3. Kupfer-Zink-Legierungen bilden bis etwa 38 % Zn eine Sorte homogener Mischkristalle. Von 38 % bis 47 % Zn treten dagegen zwei verschiedene Sorten von Mischkristallen auf.
   Welche Legierungen eignen sich besser zum Zerspanen, welche besser zum Umformen? Begründen Sie Ihre Antwort.

4. Nennen Sie die Hauptlegierungselemente für Cu-Legierungen und benennen Sie die jeweilige Legierung.

5. Erklären Sie anhand des Gefügebildes, warum ein bleihaltiges Messing kurze Späne ergibt und darum besonders gut auf Automaten zu bearbeiten ist.

Weitere NE-Metalle

6. Wie wirken sich die Legierungselemente Aluminium und Kupfer in Zn-Legierungen aus?

7. Bei einer Serie der skizzierten Gehäuse aus Zinkguss mit aufgesprengtem Stahldeckel lockerten sich nach einiger Zeit die Deckel ohne vorhergehende mechanische Beanspruchung. Wie ist das zu erklären?
Wie könnte bei weiteren Serien der Fehler verhindert werden?

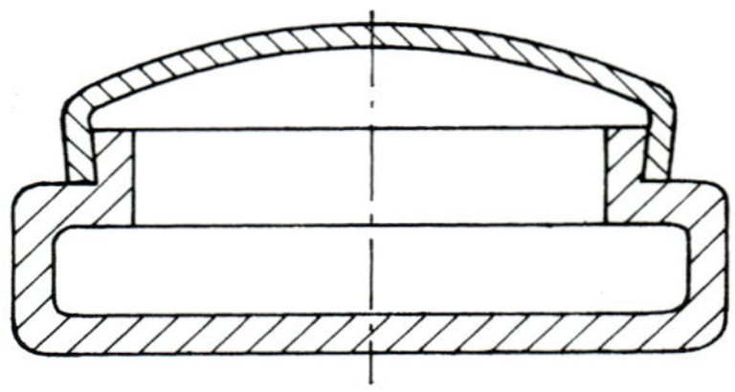

8. Geben Sie die Zusammensetzung und den Schmelzpunkt der niedrigst schmelzenden Sn-Pb-Legierung an.

9. Warum eignen sich Bleilegierungen besonders gut für Lagermetalle?

10. Warum darf Sickerlot nicht für die Lötung von Konservendosen eingesetzt werden?

11. Wie wirkt sich ein Zusatz von Antimon in Bleilegierungen aus?

12. Warum ist Blei gut als Strahlenschutz geeignet?
Lesen Sie dazu Werkstoffprüfung mit Röntgen- und ψ-Strahlen.

13. Welche Reaktionen spielen sich ab, wenn ein mit Blei ausgekleideter Säurebehälter erstmals mit H_2SO_4 gefüllt wird?

14. Nennen Sie nickelhaltige Legierungen.

15. Nennen Sie die wichtigsten Legierungselemente für Nickel.

16. Welches Element ist das wichtigste Legierungselement für Mg-Legierungen? Wie sind seine Auswirkungen auf die Festigkeitseigenschaften von Mg-Legierungen?

17. Welche Löschmittel dürfen zur Löschung von Bränden in einer Magnesiumschleiferei eingesetzt werden?

18. Nennen Sie das Grundmetall für folgende Legierungen:

a) Elektron	**c)** Monelmetall	**e)** Bahnmetall	**g)** Letternmetall
b) Mumetall	**d)** Nichrom	**f)** Weißmetall	

19. Ordnen Sie die folgenden Ne-Metalle: Cu, Zn, Sn, Pb, Ni, Al, Mg nach zunehmenden Größen folgender Eigenschaften:
Zugfestigkeit, Bruchdehnung, Dichte, Schmelzpunkt.

1.3 Normung metallischer Werkstoffe

1.3.1 Normung von Stählen

1.3.1.1 Kurznamen von Stählen nach DIN EN 10027

- **Benennung nach den mechanischen Eigenschaften und Verwendung**

Für Stähle, die zu Konstruktionszwecken verwendet werden, gibt der Kurzname nach DIN EN 10027 Auskunft über die Festigkeitseigenschaften.

Hauptsymbole Kennzeichen für Verwendung	Kennzahl für mechanische Eigenschaften bzw. Kennbuchstabe für Walzart
S Stähle für den allgem. Stahlbau **P** Stähle für Druckbehälter **L** Stähle für Rohrleitungen **E** Stähle für Maschinenbau	Zahlenwert der Mindeststreckgrenze der kleinsten Erzeugnisdicke in N/mm²
H kaltgewalzte Flacherzeugnisse	Zahlenwert der Mindeststreckgrenze in N/mm²
D Flacherzeugnisse zum Kaltumformen	**C** kaltgewalzt **D** warmgewalzt

In der nur in Deutschland gültigen Ergänzung zu DIN EN 10027 werden Zusatzsymbole angegeben, die zur Kennzeichnung des Behandlungszustandes an das Hauptsymbol angehängt werden können.

Zusatzsymbole Gruppe 1	Gruppe 2 (nur mit Gruppe 1)
M thermomechanisch gewalzt **N** normalisiert **Q** vergütet **G** sonstige Angaben	**C** mit besonderer Kaltumformbarkeit **F** zum Schmieden **L** für tiefe Temperaturen
J, **K**, **L** Hinweis auf Kerbschlagarbeit bei vorgegebener Temperatur	**M** thermomechanisch gewalzt **N** normalisiert **Q** vergütet **W** wetterfest

Hinweise auf Kerbschlagarbeit

Mindestwerte der Kerbschlagarbeit 27J	40J	60J	Prüftemperatur in °C
JR	KR	LR	20
J0	K0	L0	0
J2	K2	L2	−20
J3	K3	L3	−30
J4	K4	L4	−40
J5	K5	L5	−50
J6	K6	L6	−60

Beispiele für Kurznamen mit Hinweisen auf Verwendung und mechanische Eigenschaften

S355J2W
- W – wetterfester Stahl
- J2 – Kerbschlagarbeit mind. 27 J bei −20 °C
- 355 – Streckgrenze 355 N/mm²
- S – Stahl für den allgemeinen Stahlbau

L360N
- N – normalisiert
- 360 – Streckgrenze 360 N/mm²
- L – Stahl für Rohrleitungen

- **Benennung unlegierter Stähle**

Unlegierte Stähle, deren Eigenschaften durch eine Wärmebehandlung verändert werden können, werden nach der DIN EN 10027 durch das Symbol C für Kohlenstoff und eine angehängte Zahl, welche das 100-fache des C-Gehalts angibt, gekennzeichnet.

Beispiele für die Kurzbenennung unlegierter Stähle nach DIN EN 10027

C35
- 35 – 0,35 % C
- C – unlegierter Stahl

C40
- 40 – 0,40 % C
- C – unlegierter Stahl

Schema für den Aufbau einer Kurzbenennung unlegierter Stähle:

C	Kennzahl für den C-Gehalt

- **Benennung legierter Stähle**

Nach DIN EN werden Stähle mit weniger als 5 % Anteil an einem Legierungselement gekennzeichnet durch:

- Kennzahlen für den C-Gehalt,
- Symbole für die Legierungselemente,
- Kennzahlen für die Legierungsanteile.

Die Kennzahlen ergeben sich durch Multiplikation des %-Anteils des Legierungselements mit dem Faktor *f* (siehe Tabelle). Umgekehrt kann man aus der Kennzahl den prozentualen Anteil des einzelnen Legierungselements ermitteln, indem man die Kennzahl durch den Faktor dividiert.

Faktor *f*	Legierungselement
100	C, P, S, N, Ce
10	Al, Cu, Mo, Ta, Ti, V
4	Si, Co, Cr, W, Ni, Mn

30 Cr Al Mo 5–10

Anteile an Mo
10/10 % Al
5/4 % Cr
0,3 % C

Kurzbenennung (unter 5 % legierter Stahl)

Aufbau einer Kurzbenennung legierter Stähle mit weniger als 5 % Anteil an einem Legierungselement:
Kennzahl für C-Gehalt | Chem. Symbole der Leg.-Elemente | Kennzahlen für Leg.-Anteile

Stähle, bei denen mindestens ein Legierungselement mehr als 5 % beträgt, sind Edelstähle. Bei diesen Stählen beginnt die Kurzbenennung mit dem großen Buchstaben **X**. Es folgen:

- Kennzahl für den C-Gehalt,
- Symbole der Legierungselemente,
- Anteile der Legierungselemente in Prozent.

X 10 Cr 13

13 % Cr
0,1 % C
hoch legierter Stahl

Kurzbenennung (über 5 % legierter Stahl)

Aufbau einer Kurzbenennung legierter Stähle mit mehr als 5 % Anteil an einem Legierungselement:
X | Kennzahl für C-Gehalt | Symbole der Leg.-Elemente | Leg.-Anteile in Prozent

1.3.1.2 Werkstoffnummern von Stählen

Die Werkstoffnummern für Stähle sind siebenstellig. Mit der ersten Stelle wird die Werkstoffhauptgruppe gekennzeichnet. Die **Werkstoffhauptgruppe** Stahl hat die Nummer **1.** Nach einem Punkt folgt als zweistellige Zahl die **Stahlgruppennummer.** Sie lässt Rückschlüsse auf die Zusammensetzung bzw. Verwendung zu. Die folgenden vier Zahlen sind **Zählnummern,** die keine Rückschlüsse auf Eigenschaften zulassen. Meist werden nur zwei der vier Zählnummern angegeben.

- **Unlegierte Stähle**

Grundstähle, die allein wegen ihrer Festigkeitseigenschaften verwendet werden, tragen die Stahlgruppennummer 00 und 90.

Unlegierte Qualitätsstähle werden mit den Stahlgruppennummern 01 bis 07 und 91 bis 97 gekennzeichnet. Eine höhere Zahl entspricht höhere Festigkeit bzw. höherer Kohlenstoffgehalt.

Unlegierte Edelstähle sind mit den Stahlgruppennummern 10 bis 19 gekennzeichnet. Darin sind mit 15 bis 18 die unlegierten Werkzeugstähle enthalten.

1.12 21

Zählnummer
für C 60
Edelstahl
≥ 0,5 % C

Werkstoffnummer (unlegierter Stahl)

- **Legierte Stähle**

Legierte Qualitätsstähle sind mit den Stahlgruppennummern 08 bis 09, sowie 98 und 99 gekennzeichnet.

Legierte Edelstähle haben die Stahlgruppennummern von 20 bis 89. Davon sind:

- 20 bis 29 Werkzeugstähle,
- 32 bis 33 sind Schnellarbeitsstähle, 35 ist Wälzlagerstahl,
- 40 bis 49 sind chemisch beständige Stähle,
- 50 bis 89 sind Stähle für den Maschinen- und Behälterbau.

1.23 16

Zählnummer
für X36 Cr Mo 17
Werkzeugstahl mit
Cr-Mo oder
Cr-Mo-V oder
Mo-V

Werkstoffnummer (legierter Stahl)

1.3.2 Normung von Fe-C-Gusswerkstoffen

1.3.2.1 Kurznamen für Gusswerkstoffe

Kurznamen für Gusswerkstoffe setzen sich aus höchstens 6 Teilen zusammen. Sie beginnen stets mit EN als Hinweis auf die Norm. Es folgt mit Bindestrich die Kennzeichnung für Gusseisen GJ. Anschließend werden Grafitform, Gefüge, Eigenschaften u. a. gekennzeichnet.

	Grafitstruktur	Grundgefüge oder Wärmebehandlung	mechanische Eigenschaften oder chemische Zusammensetzung	zusätzliche Anforderungen
EN-GJ	**L** Lamellengrafit **S** Kugelgrafit **M** Temperkohle **V** Vermiculargrafit **N** grafitfrei	**A** Austenit **F** Ferrit **P** Perlit **M** Martensit **B** nicht entkohl. gegl. **W** entkohlend geglüht	Ziffer für Zugfestigkeit, evtl. angehängt, Ziffer für Bruchdehnung, Kurzzeichen für Härteprüfverfahren mit Härtewert	**H** wärmebehandelt **W** schweißgeeignet

Beispiele für Kurznamen von Gusseisenwerkstoffen

EN-GJS-800-8
- 8 % Bruchdehnung
- 800 N/mm^2 Mindestzugfestigkeit
- Kugelgrafit
- Gusseisen

EN-GJMW-450-7-W
- schweißgeeignet
- 7 % Bruchdehnung
- 450 N/mm^2 Mindestzugfestigkeit
- entkohlend geglüht
- Temperkohle
- Gusseisen

1.3.2.2 Werkstoffnummern für Gusseisenwerkstoffe

Werkstoffnummern für Gusswerkstoffe tragen zu Beginn der Nummerierung die Buchstaben EN als Hinweis auf die Norm. Es folgt mit Bindestrich die Kennzeichnung für Eisen J (synonym für *iron*). Anschließend wird die Grafitform durch Buchstaben gekennzeichnet. Durch eine anschließende Ziffer wird auf das Hauptmerkmal des Werkstoffs hingewiesen. Die folgenden zwei Ziffern verweisen auf die Kennziffer der Norm. Die abschließende Ziffer weist auf besondere Anforderungen hin.

	Grafitstruktur	Hauptmerkmal	Werkstoffkennziffer	Werkstoffanforderungen
EN-J	**L** Lamellengrafit **S** Kugelgrafit **M** Temperkohle **V** Vermiculargrafit **N** grafitfrei	**1** Zugfestigkeit **2** Härte **3** chem. Zusammensetzung	00 bis 99 entsprechend der Einordnung in die Norm	**0** keine besonderen Anforderungen **5** schlagzäh bei tiefen Temperaturen **6** schweißgeeignet

Beispiele für Werkstoffnummern von Gusseisenwerkstoffen

EN-JL2060
- keine besonderen Anforderungen
- Kennziffer
- Hauptmerkmal Härte
- Lamellengrafit

EN-JM1026
- schweißgeeignet
- Kennziffer
- Hauptmerkmal Zugfestigkeit
- Temperkohle

1.3.3 Normung der NE-Metalle

1.3.3.1 Systematische Bezeichnung der Nichteisenmetalle (außer Al)

Die systematische Bezeichnung der NE-Metalle erfolgt noch weitgehend nach der DIN-Norm. Lediglich für Aluminium und Aluminiumlegierungen und in Teilen für Kupfer und dessen Legierungen bestehen abweichende Regeln.
Das für die meisten NE-Metalle gültige Bezeichnungssystem besteht aus drei Teilen, von denen der mittlere stets einzusetzen ist.
Der erste Teil wird nur für Gusslegierungen eingesetzt. Er enthält die Angabe der Herstellung. Der zweite Teil informiert über die chemische Zusammensetzung und der dritte über Eigenschaften.

Angabe des Gießverfahrens	chemische Zusammensetzung	Eigenschaften
G Sandguss **GD** Druckguss **GK** Kokillenguss **GZ** Schleuderguss	Symbol des Grundwerkstoffs anschließend, Symbole der Legierungselemente in fallender Reihenfolge mit jeweils angehängter Kennzahl des Prozentgehalts	**F** mit angehängtem Zahlenwert der Zugfestigkeit

Für Kupfer und Kupferlegierungen sind im dritten Teil der Normbezeichnung Angaben zu Herstellung und Eigenschaften nach einem besonderen System vorzunehmen, z. B.:
D für gezogenes Material **R** mit Zahl für Mindestzugfestigkeit **H** mit Zahl für Brinellhärte

Beispiele für Normbezeichnungen

GD-Mg Al9 Zn1
- Zn1: 1 % Zink
- Al9: 9 % Aluminium
- Mg: Grundmetall Magnesium
- GD: Druckgusslegierung

Cu Al10 Fe3 Mn2 H170
- H170: Härte 170 HB
- Mn2: 2 % Mangan
- Fe3: 3 % Eisen
- Al10: 10 % Aluminium
- Cu: Grundmetall Kupfer

1.3.3.2 Kurzzeichen für Aluminium und Aluminiumlegierungen

Kurzzeichen für Aluminium und Aluminiumlegierungen beginnen mit den Buchstaben **EN** als Hinweis auf die Norm. Es folgen der Kennbuchstabe **A** für Aluminium und die Kennbuchstaben für Halbzeug bzw. Gusswerkstoff. Anschließend wird die chemische Zusammensetzung gekennzeichnet. Für Gusswerkstoffe folgt die Angabe des Gießverfahrens. Am Schluss wird der Behandlungszustand gekennzeichnet.

		Zusammensetzung	Gießverfahren	Werkstoffzustand
EN	**AW-** Halbzeug **AC-** Gusslegierung	Symbol des Grundwerkstoffs, anschließend Symbole der Legierungselemente in fallender Reihenfolge mit jeweils angehängter Kennzahl des Prozentgehalts	**S** Sandguss **K** Kokillenguss **D** Druckguss	**F** keine Festlegung **O** geglüht, z. B. **O1** lösungsgeglüht **H** kaltverfestigt, z. B. **H12** geringfügig kaltverfestigt **T** wärmebehandelt z. B. **T4** lösungsgeglüht, kalt ausgelagert

Beispiele für Normbezeichnungen

EN AW-Al Cu4 Si Mg T4
- T4: lösungsgeglüht, kalt ausgelagert
- Mg: Magnesium in Anteilen
- Si: Silicium in Anteilen
- Cu4: 4 % Kupfer
- Al: Grundwerkstoff Aluminium
- AW: Aluminium-Halbzeug

EN AC-Al Si12 S F
- F: Gusszustand
- S: Sandguss
- Si12: 12 % Silicium
- Al: Grundwerkstoff Aluminium
- AC: Aluminium-Gusslegierung

1.3.3.3 Werkstoffnummern von NE-Metallen Allgemeines Nummerierungssystem

Die Werkstoffnummern sind siebenstellig. Sie werden durch zwei Punkte in drei Teile gegliedert, von denen meist nur die ersten zwei Teile angegeben werden.

Werkstoffnummern von Schwer- und Leichtmetallen (außer Al und Cu)

Werkstoff-Hauptgruppe	Sortennummern		Anhängezahlen	
2. Schwermetalle (außer Eisen)	**2000** bis **2499** **3000** bis **3499** **3500** bis **3999** **4000** bis **4999** **5000** bis **5999** **6000** bis **6999**	Zink, Cadmium und ihre Legierungen Blei und Bleilegierungen Zinn und Zinnlegierungen Nickel, Kobalt und ihre Legierungen Edelmetalle Hochschmelzende Metalle	**.00** bis **.09** **.10** bis **.19** **.20** bis **.29** **.30** bis **.39** **.40** bis **.49** **.50** bis **.59** **.60** bis **.69** **.70** bis **.79** **.80** bis **.89** **.90** bis **.99**	**unbehandelt**, mit Angabe des Urformverfahrens oder des ersten Umformverfahrens **weich**, mit Korngrößenangabe **kaltverfestigt**, mit Angaben der Zwischenhärten von gewalzt bis dreiviertelhart **kaltverfestigt**, von hart bis überdoppelfederhart **lösungsgeglüht**, ohne mechanische Nacharbeit **lösungsgeglüht**, kaltnachbearbeitet **warmausgehärtet**, ohne mechanische Nacharbeit **warmausgehärtet**, kaltnachbearbeitet **entspannt**, ohne vorherige Kaltverfestigung **Sonderbehandlungen**
3. Leichtmetalle	**2000** bis **2490** **5000** bis **5999** **7000** bis **7999**	Zink und Zinklegierungen Magnesium und Magnesiumlegierungen Titan und Titanverbindungen		

1.3.3.4 Werkstoffnummern von Aluminium und Aluminiumlegierungen

Werkstoffnummern für Aluminium und Aluminiumlegierungen beginnen mit den Buchstaben **EN** als Hinweis auf die Norm. Es folgen der Kennbuchstabe **A** für Aluminium und die Kennbuchstaben für Halbzeug **W** bzw. Gusswerkstoff **C**. Anschließend wird durch Ziffern die chemische Zusammensetzung gekennzeichnet. Für Gusswerkstoffe folgt die Angabe des Gießverfahrens. Am Schluss wird der Behandlungszustand gekennzeichnet.

		Hauptlegierungselement	Kennzeichen der Legierungsgruppe	Kennziffer für Legierung	Für Gusswerkstoffe	
					Gießverfahren	Werkstoffzustand
EN	**AW-** **AC-**	(1 Al rein) **2** Cu **3** Mn **4** Si **5** Mg **6** MgSi **7** Zn **8** sonstige	0 bis 9 entsprechend DIN EN	drei Ziffern entsprechend der Einordnung in die Norm	**S** Sandguss **K** Kokillenguss **D** Druckguss	**F** Gusszustand **O** geglüht, z. B. **O1** lösungsgeglüht **H** kaltverfestigt z. B. **H12** geringfügig kaltverfestigt **T** wärmebehandelt z. B. **T4** lösungsgegl., kalt ausgelagert

Beispiele für Normbezeichnungen

EN AW-7022T6
- T6: lösungsgeglüht und warm ausgehärtet
- 22: Kennziffer
- 0: Originallegierung
- 7: Hauptlegierungselement Zn
- AW: Aluminium-Halbzeug

EN AC-43300KF
- F: Gusszustand
- K: Kokillenguss
- 300: Kennziffer
- 3: Legierungsgruppe AlSi10Mg
- 4: Hauptlegierungselement Si
- AC: Aluminium-Gusslegierung

1.4 Sinterwerkstoffe

Die Herstellung von Werkstücken aus Metallpulvern bietet gegenüber einer Erzeugung durch Gießen oder Umformen folgende Vorteile:

- Werkstoffe können aus Komponenten hergestellt werden, die im flüssigen Zustand nicht mischbar sind, also keine Legierungen bilden können (z. B. Kohlenstoff mit Kupfer, Wolframkarbid mit Kupfer).
- Es ist möglich, metallische Werkstoffe mit gleichmäßiger Porigkeit herzustellen, die für metallische Filter und Lager mit guten Notlaufeigenschaften verwendet werden.
- Die pulvermetallurgisch erzeugten Werkstoffe weisen hohe Reinheit und Gleichmäßigkeit im inneren Aufbau auf. So sind Seigerungen, unerwünschte Einschlüsse wie Schlacken u. a. ausgeschlossen.
- Bei der Herstellung von Werkstücken aus Metallpulvern ist die Formgebung so möglich, dass die Pulver nahezu verlustlos ausgenutzt werden können.
- Es können Metalle mit Schmelzpunkten, die so hoch liegen, dass ihre schmelzmetallurgische Verarbeitung sehr aufwendig ist, hergestellt und verarbeitet werden, z. B. Osmium (Schmelzpunkt 2700 °C) und Wolfram (Schmelzpunkt 3380 °C).

Neben den Vorteilen sind folgende Nachteile zu nennen:

- Die Pulverherstellung ist oft sehr teuer.
- Die Presswerkzeuge können erst bei Großserien wirtschaftlich eingesetzt werden.
- Bei der Herstellung von Hohlkörpern treten erhebliche Schwierigkeiten auf.

1.4.1 Herstellung und Aufbereitung der Metallpulver

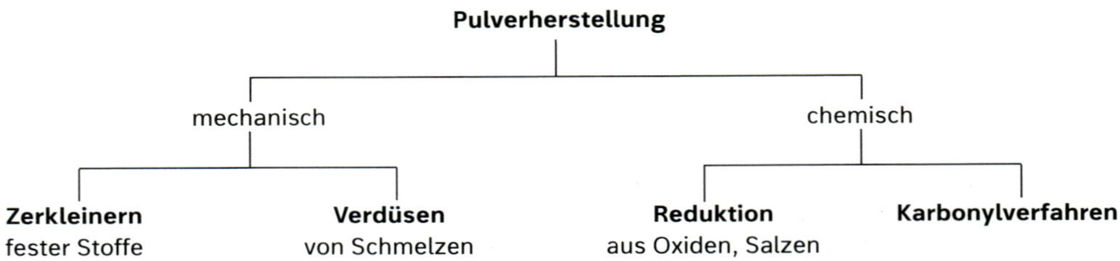

Je nach Werkstoff und Herstellungsverfahren fallen kugelige, vieleckige, scheibchenförmige oder spratzige Pulverteilchen an. Die Form hat besonderen Einfluss auf die Verdichtungsfähigkeit des Pulvers.
Aus diesen Metallpulvern werden durch Formgebung und anschließendes Sintern formstabile Werkstücke erzeugt. (Sintern siehe Kapitel „Urformen".)

1.4.2 Sinterwerkstoffe und ihre Anwendung

1.4.2.1 Sintermetalle

Aus Pulvern von Reinsteisen, Stahl, Kupfer- und Aluminiumlegierungen werden durch Sintern Bauelemente hergestellt. Sintergefüge sind gleichmäßiger und feinkörniger als Gussgefüge und zeigen deshalb erhöhte Festigkeitseigenschaften. Durch Sintern hergestellte Bauelemente sind so maßgenau, dass sie unmittelbar eingebaut werden können. Die Herstellung von Bauelementen durch Sintern ist nur bei großen Serien wirtschaftlich.

Werkstoffe aus Sinterbronzen und Eisen-Kupfer-Grafit-Sinterwerkstoffe besitzen sehr gute Eigenschaften als **Lagerwerkstoffe**. Sie sind nahezu wartungsfrei, geräuscharm und besitzen wegen ihrer Porosität gutes Ölspeichervermögen. Durch den eingelagerten Kohlenstoff sind diese Lagerwerkstoffe im Notfall selbst schmierend. Sie haben dadurch gute **Notlaufeigenschaften**.

Werkstücke aus Sintermetall

1.4.2.2 Hartmetalle

Hartmetalle sind Sinterwerkstoffe aus sehr harten Metallcarbiden und -nitriden, die durch ein Bindemetall zusammengehalten werden. Die Auswahl der Komponenten erfolgt so, dass Werkstoffe entstehen, welche sich durch hohe Härte und Verschleißfestigkeit bei zugleich großer Festigkeit und guter Zähigkeit auszeichnen.
Die verwendeten Metallcarbide sind Wolframcarbid, Titancarbid, Tantalcarbid und Mischcarbide aus diesen. Sie zeichnen sich durch hohe Härte und hohe Schmelzpunkte aus.

Hartstoff	**Vickershärte (F = 2N)**	**Schmelzpunkt**
Diamant	10000	> 1 500 °C (Umwandlung)
Titancarbid	3200	3140 °C
Aluminiumoxid	3000	2060 °C
Wolframcarbid	2500	> 2600 °C (Zersetzung)
Tantalcarbid	1800	3780 °C
gehärteter Werkzeugstahl	~ 600	~ 1480 °C

Entsprechend der Zusammensetzung von Härteträger und Bindemittel unterscheidet man zwei Gruppen von Hartmetallen:

Hartmetalle

Hartmetalle auf Wolframbasis (HW)
Härteträger + Bindemittel
WC (+ TiC, TaC u. a.) Co

Cermets (HT)
Härteträger + Bindemittel
Carbide und Nitride von Ti, Ta, Nb, W, Zr — Ni, Co, Mo

- **Hartmetalle auf Wolframcarbidbasis (HW)**

Die Eigenschaften der verschiedenen Hartmetallsorten und die damit verbundenen Einsatzmöglichkeiten ergeben sich aus

- den unterschiedlichen Bindemittelanteilen (3 bis 30 %),
- den unterschiedlichen Korngrößen der Carbide (1 µm bis 10 µm).

Steigender *Kobaltgehalt* als Bindemittel verbessert die Biegefestigkeit und Bruchzähigkeit. Härte und Druckfestigkeit nehmen jedoch ab. Die Wärmeausdehnung nimmt zu.

Steigende *Durchschnittskorngröße* bedeutet höhere Biegefestigkeit und Bruchzähigkeit. Härte und Druckfestigkeit nehmen dagegen mit wachsender Durchschnittskorngröße ab.

Feinstkorn-Hartmetalle mit Korngrößen unter 1 µm weisen gegenüber anderen Hartmetallen mit gleicher Zusammensetzung extrem hohe Biegefestigkeit und Bruchzähigkeit auf. Diese Hartmetalle sind auch besonders verschleißfest.

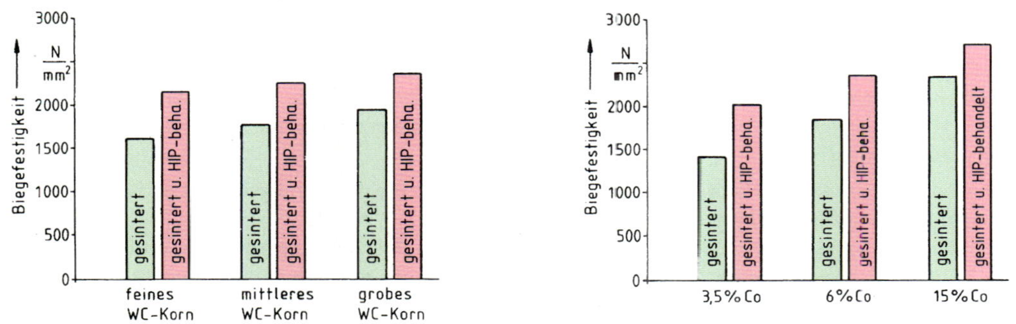

Einfluss von WC-Korngröße und Co-Gehalt auf die Biegefestigkeit von Hartmetall

Hartmetalle HW als Schneidstoffe sind in Gruppen genormt, die durch Buchstaben gekennzeichnet sind. Für die Einordnung ist die Spanlänge der zu bearbeitenden Werkstoffe maßgebend. Jede Gruppe ist in weitere Anwendungsgruppen unterteilt. Dabei sind Verschleißfestigkeit und Zähigkeit der Hartmetalle HW Merkmale für die Einordnung in die Anwendungsgruppen.

Hauptgruppe des Hartmetalls	**Kennfarbe**					**Eigenschaften**		**Schnittbedingungen**	
P blau	**M** gelb	**K** rot	**N** grün	**S** braun	**H** grau	zunehmende Zähigkeit ↑	zunehmende Verschleißfestigkeit ↓	zunehmende Schnittgeschwindigkeit ↑	zunehmender Vorschub ↓
P01 P10 … P40 P50	M10 M20 M30 M40	K01 K10 K20 K30 K40	N01 N05 N10 N20 N30	S01 S10 S20 S30					

- H: für harte und gehärtete Eisenwerkstoffe
- S: für Titan und Titanlegierungen
- N: für Nichteisenmetalle, Kunststoffe
- K: für Gusseisen, Temperguss
- M: für austenitische und ferritische Stähle
- P: für Baustähle und nicht gehärtete Vergütungsstähle

- **Cermets (HT)**

Hartmetalle auf der Basis von wolframarmen Mischcarbiden, Nitriden und Carbonitriden werden als Cermets (**Cer**amics + **Met**als) bezeichnet.

Cermets besitzen wegen der erheblich geringeren Dichte der Härteträger nur etwa 50 % der Dichte von Hartmetallen auf Wolframcarbidbasis. Sie sind zudem härter und verschleißfester. Da Cermets erst bei höheren Temperaturen oxidieren, erlauben sie als Schneidstoffe erheblich höhere Schnittgeschwindigkeiten.

Cermets leiten gegenüber Hartmetallen (HW) Wärme schlechter und haben gleichzeitig hohe Wärmedehnung. Als Folge dieser Eigenschaften ist die Beständigkeit gegen schnelle Temperaturwechsel geringer als bei den Hartmetallen (HW). Dies begrenzt den Einsatz als Schneidstoff, z. B. beim Fräsen und Drehen mit unterbrochenem Schnitt, und erschwert Einlöten.

> In Hartmetallen HW ist Wolframcarbid der Härteträger. Kobalt ist das Bindemittel.
> In Hartmetallen HT (Cermets) sind Karbide und Nitride von Ta, Ti, W und Nb die Härteträger. Bindemittel sind Ni, Co und Mo.
> Hartmetalle auf Wolframkarbidbasis (HW) haben höhere Temperaturwechselbeständigkeit und Wärmeleitfähigkeit.
> Hartmetalle mit vorwiegend Titan- und Tantalkarbiden (HT) und -nitriden sind härter und verschleißfester.

- **Beschichtete Hartmetalle (HC)**

Bauteile aus Hartmetallen zeigen gegenüber gleichartigen Bauteilen aus Stahl ein anderes Verschleißverhalten. Während Stahl gleichmäßig mit der Zeit verschleißt, setzen die Karbide im Hartmetall dem Verschleiß zunächst einen hohen Widerstand entgegen. Dennoch werden kleinste Partikel des Bindemittels durch Verschweißen mit dem zu verarbeitenden Werkstoff oder durch Ermüdung aus dem Verband herausgerissen. Dadurch können einzelne Karbidkörner freigelegt werden und es beginnt erst nach einer längeren Beanspruchung verstärkter Verschleiß.

Aus diesen Gründen werden Hartmetalle zur Steigerung der Verschleißbeständigkeit und zur Verringerung der Reibung u. a. häufig *zusätzlich beschichtet*.
Wegen der unterschiedlichen Ausdehnung von Hartmetall und Beschichtung können nur dünne Schichten (4 bis 20 µm) aufgetragen werden. Hartmetalle werden daher auch häufig mehrfach beschichtet. Beschichtungsstoffe sind meist Titankarbid oder Titannitrid.

1.4.2.3 Keramische Werkstoffe

- **Keramik auf Aluminiumoxidbasis**

Keramik auf der Basis von Al_2O_3 ist der im Maschinen- und Anlagenbau am häufigsten eingesetzte Keramikwerkstoff. Aluminiumoxid-Keramik hat vielkristallinen Aufbau.
Ihre wichtigsten Eigenschaften sind:

- hohe Verschleißfestigkeit,
- Korrosionsbeständigkeit,
- hoher elektrischer Widerstand,
- hohe mechanische Festigkeit,
- gute Wärmeleitfähigkeit.

Aufgrund dieser Eigenschaften findet Aluminiumoxid-Keramik ihren Einsatz in
Lager- und Dichtungstechnik, z. B. Pumpenteile, Gleitringe,
Textilmaschinentechnik, z. B. Fadenleiteinrichtungen,
Papiermaschinentechnik, z. B. Filterelemente.

Aluminiumoxid-Titancarbid-Keramik (Al_2O_3-TiC) und Aluminiumoxid-Zirkonoxid-Keramik (Al_2O_3-ZrO_2) besitzen höhere Härte und Verschleißfestigkeit als reines Al_2O_3. Sie wird darum für Schneidplatten für die Zerspanungstechnik verwendet.

- **Zirkonoxid-Keramik**

Wegen seiner hohen Festigkeit und Zähigkeit bei geringer Wärmeleitfähigkeit hat sich Zirkonoxid (ZrO_2) als idealer Werkstoff zur thermischen Isolation im Motorenbau und als Werkstoff für Teile in der Umformtechnik erwiesen.

- **Keramik auf Siliziumbasis**

Siliziumcarbid (SiC) zeichnet sich aufgrund seiner chemischen Ähnlichkeit mit Diamant durch folgende Eigenschaften aus:

- sehr hohe Härte,
- korrosionsbeständig auch gegen heiße Säuren und Laugen,
- extrem gute Temperaturwechsel-Belastbarkeit.

Siliziumcarbid ist darum der Standardwerkstoff für Dichtungsteile in trockenlaufgefährdeten Pumpen und thermisch hochbeanspruchten Radialgleitlagern.

Siliziumnitrid (Si_3N_4) besitzt gegenüber den genannten keramischen Werkstoffen folgende besonderen Eigenschaften:

- extrem hohe Schlagzähigkeit,
- hohe Festigkeit bis ca. 1200 °C,
- hervorragende Temperaturwechselbeständigkeit.

Siliziumnitrid wird deshalb zum Spanen bei *unterbrochenen* Schnitten bei Gusseisen und Stählen verwendet.

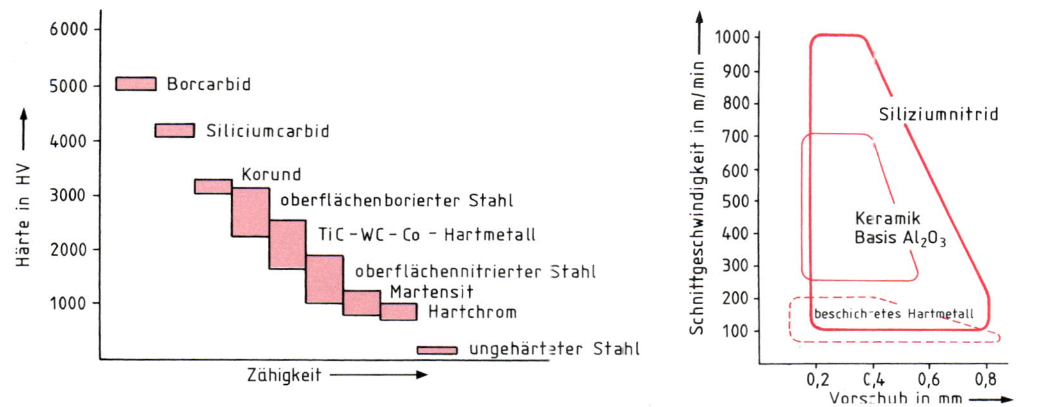

Vergleich technologisch wichtiger Eigenschaften bei Schneidstoffen auf Metall- und Keramikbasis

- **Polykristalliner Diamant (PKD)**

Der Diamant ist der härteste in der Natur vorkommende Stoff. Wegen des hohen Preises und der Abhängigkeit der Eigenschaften von der Kristallisationsrichtung werden einzelne Diamantkristalle nur in wenigen Fällen als Schneidstoffe eingesetzt.

Aus synthetisch hergestellten Diamantkörnern mit einer Größe bis etwa 250 µm und Wolfram und Cobalt als Bindemittel erzeugt man unter Druck und Hitze eine extrem harte, untereinander verwachsene Masse von Diamantpartikeln mit unterschiedlicher Orientierung ihrer Kristallgitter. Dieses Material wird in dünnen Schichten von ca. 0,5 bis 0,8 mm auf Hartmetallplatten aufgesintert. Aus diesen Trägerplatten werden Schneidplatten u. a. herauserodiert oder herausgeschliffen.

Polykristalliner Diamant (PKD) erlaubt sehr hohe Schnittgeschwindigkeit und wird zum Zerspanen von NE-Metallen und glasfaserverstärkten Kunststoffen eingesetzt. Für die Zerspanung von Stahl ist er nicht geeignet, da der Diamant, der aus reinem Kohlenstoff besteht, bei den Zerspanungstemperaturen in den Stahl eindiffundiert und so die Schneidhaltigkeit verloren geht.

> Polykristalliner Diamant auf Hartmetallträgerplatten kann zum Zerspanen von NE-Metallen und Kunststoffen (GfK) eingesetzt werden. Zur Zerspanung von Stahl ist er ungeeignet.

- **Polykristallines kubisches Bornitrid (PcBN)**

Polykristallines kubisches Bornitrid (PcBN) ist nach Diamant der zweithärteste Schneidstoff. Seine Besonderheit sind die extrem hohe Warmhärte bis 1 200 °C und seine Eignung zur Zerspanung von Eisenwerkstoffen, da er im Gegensatz zu Diamant nicht mit Eisen reagiert.

Spezielle Anwendungsgebiete für den Schneidstoff PcBN sind die Zerspanung von Eisengusswerkstoffen und Sinterstählen sowie die Hochgeschwindigkeitszerspanung.

Aufgaben zu 1.4 Sinterwerkstoffe

1. Geben Sie jeweils den Grund für die Fertigung der folgenden Bauteile durch Sintern an:
a) Schneidplatte aus Hartmetall,
b) Lagerbuchse für einen Motor,
c) Filter aus Messing für das Filtern von Lösungsmitteln,
d) Zahnräder für einen Handrasenmäher.

2. Warum verwendet man poröse Sintermetalle als Lagerwerkstoffe?

3. Unterscheiden Sie tabellarisch Hartmetalle HW und HTC.

4. **a)** Welche Auswirkungen hat ein höherer Co-Anteil auf die Biegefestigkeit von Hartmetall-Wendeschneidplatten?
b) Welchen Einfluss hat steigender Co-Anteil auf Härte und Zähigkeit von Hartmetallen?

5. Wählen Sie ein Hartmetall zum Zerspanen von Gehäusen aus Stahlguss GS-X6 CrNiMo 18-10 aus. Es soll wegen teilweise unterbrochenem Schnitt besonders zäh sein.

6. Begründen Sie die Verwendung von Keramiken bei folgenden Bauteilen:
a) Zündkerzenkopf,
b) Schneidplatte aus Aluminiumoxid,
c) Pumpenkolben einer Hochdruckpumpe aus Aluminiumoxid,
d) Rotor eines Turboladers,
e) Fadenführung an einer Textilmaschine.

7. Ein Pumpenkolben aus Al_2O_3 hat einen Durchmesser von 29,887 mm. Der Kolben bewegt sich in einem Stahlzylinder mit 30,008 mm Innendurchmesser. Die Maße wurden bei 20 °C gemessen.
Berechnen Sie das Spiel für eine Betriebstemperatur von 80 °C (α_{Stahl} = 0,000 012 1/K).

1.5 Korrosion

Unter Korrosion versteht man die Zerstörung eines Werkstoffes durch chemische oder elektrochemische Reaktion mit seiner Umgebung. Es wird demnach chemische und elektrochemische Korrosion unterschieden.

1.5.1 Elektrochemische Grundlagen

1.5.1.1 Normalpotenzial

Taucht man zwei verschiedene Metalle in eine elektrisch leitende Lösung – einen Elektrolyten – so kann man zwischen den beiden Metallen eine Spannung – *Potenzialdifferenz* – messen. Verbindet man die Metalle durch einen Leiter, so fließt ein Strom, weil sich eines der Metalle unter Abgabe von Elektronen auflöst. Dieses Metall ist gegenüber seinem Partner unedler.

$$Me \rightarrow Me^{n+} + ne^-$$

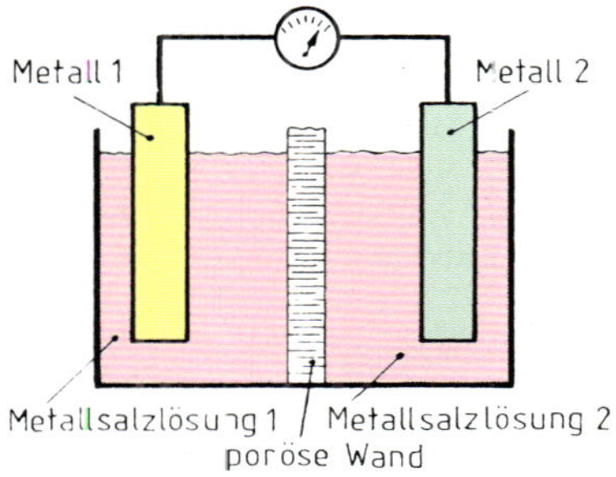

Messung der Potenzialdifferenz

Damit vergleichbare Zahlenwerte für Potenzialdifferenzen angegeben werden können, ist willkürlich das Potenzial des Wasserstoffes gleich Null gesetzt worden. Die Potenziale der einzelnen Metalle werden gegen dieses Potenzial des Wasserstoffs bestimmt.
[In der Praxis wird meist mit einer Quecksilber-(I)-Chlorid-Elektrode (Kalomelelektrode Hg_2Cl_2) gemessen und auf Wasserstoff zurückgerechnet.]

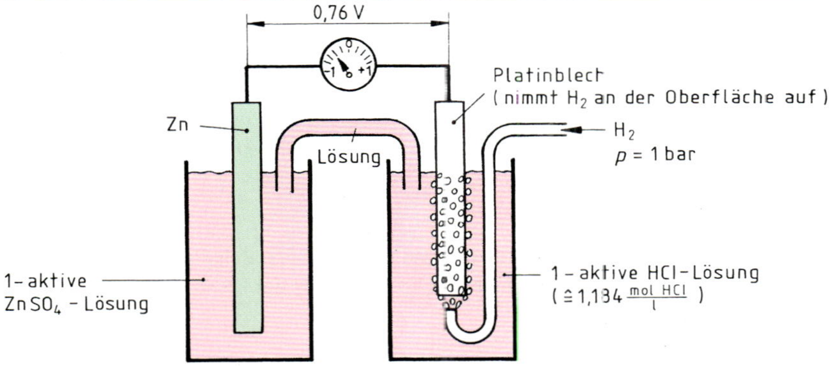

Schema der Messung mit der Normalwasserstoffelektrode

Die Potenzialdifferenz, die sich unter den Bedingungen $\vartheta = 25$ °C, $p_{H2} = 1$ bar zwischen der Normalwasserstoffelektrode und einem Metall in einer 1-aktiven Lösung seines Salzes einstellt, wird als **Normalpotenzial** dieses Metalles bezeichnet.
Empfängt das Metall gegenüber der Normalwasserstoffelektrode Elektronen, so bekommt sein Potenzial ein positives Vorzeichen – umgekehrt ein negatives. Man nennt diese nach wachsenden Potenzialen geordnete Reihe die **Spannungsreihe** der Metalle.

Gold (Au^+)	+ 1,5 V	Stahl	– 0,43 V
Silber (Ag^+)	+ 0,8 V	Zink (Zn^{++})	– 0,76 V
Kupfer (Cu^{++})	+ 0,35 V	AlCuMg2 (mit Oxidhaut)	– 0,35 V
Messing (30 % Zn)	+ 0,30 V	AlCuMg2 (ohne Oxidhaut)	– 1,68 V
X10CrNi18-9	+ 0,05 V	Aluminium (Al^{+++}) (mit Oxidhaut)	– 0,5 V
Blei (Pb^{++})	– 0,13 V	Aluminium (Al^{+++}) (ohne Oxidhaut)	– 1,69 V
Zinn (Sn^{++})	– 0,15 V		

Normalpotenziale der wichtigsten Metalle

1.5.1.2 Galvanische Elemente

Die Kombination zweier Metalle, die durch einen Elektrolyten miteinander verbunden sind und bei denen durch eine leitende Verbindung ein Stromfluss erzeugt werden kann, ist ein galvanisches Element.

Elektrolyte in galvanischen Elementen können Säuren, Basen oder Salzschmelzen sein, die in Ionen aufgespalten sind. Die Höhe der Spannung eines galvanischen Elementes wächst mit dem *Unterschied* seiner Normalpotenziale. Das unedlere Metall bildet den Minuspol. Es ist das Metall mit dem niedrigeren Normalpotenzial. Das edlere Metall, das Metall mit dem in dieser Kombination höheren Normalpotenzial, bildet den Pluspol. Sobald der Stromkreis geschlossen ist, fließt ein elektrischer Strom.

Beispiel für ein galvanisches Element

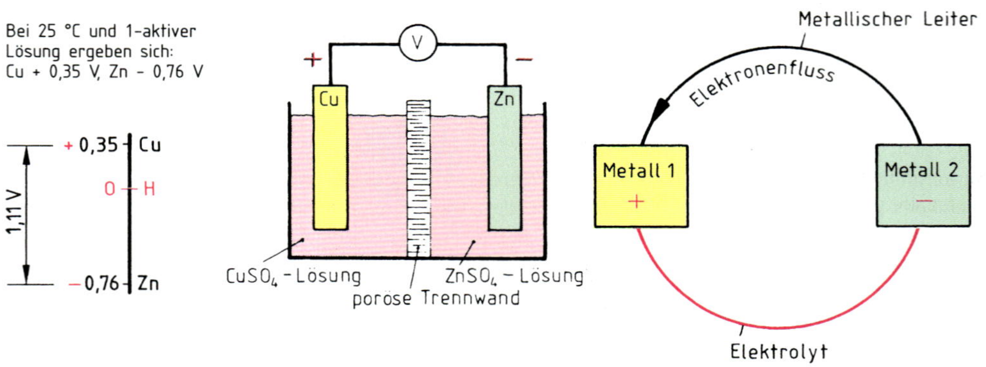

Vorgang am Pluspol:
$Cu^{++} + 2e^- \rightarrow Cu$
Reduktion = Elektronenaufnahme

Vorgang am Minuspol:
$Zn \rightarrow Zn^{++} + 2e^-$
Oxidation = Elektronenabgabe

Am Pluspol werden positive Ionen aus dem Elektrolyten entladen – im Beispiel des Cu-Zn-Elements Cu^{++}-Ionen. Bei der Korrosion sind es hingegen meist H^+-Ionen aus der Dissoziation:

$$H_2O \rightarrow H^+ + OH^-$$

Am Minuspol eines galvanischen Elementes geht das Metall in Lösung, es wird oxidiert. Die gelöste Menge wächst mit dem Strom, der zwischen Metall 1 und Metall 2 fließen kann. Der Strom wächst mit höher werdender Spannung sowie kleineren Widerständen im Elektrolyten und in der Berührungsstelle zwischen Metall 1 und Metall 2.

Ein galvanisches Element wird aus zwei unterschiedlichen Metallen in einem Elektrolyten gebildet. Das Metall am Minuspol wird stets aufgelöst und verbindet sich mit dem Elektrolyten.

1.5.2 Elektrochemische Korrosion

Sobald zwischen zwei leitend miteinander verbundenen Metallen eine Potenzialdifferenz auftritt und an die Berührungsstelle ein Elektrolyt gelangt, entsteht ein galvanisches Element – im Fall der Korrosion spricht man von **Korrosionselement**.

Beispiel für ein Korrosionselement

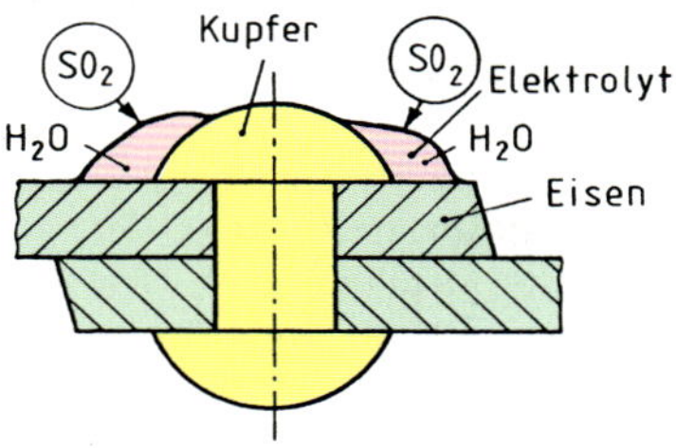

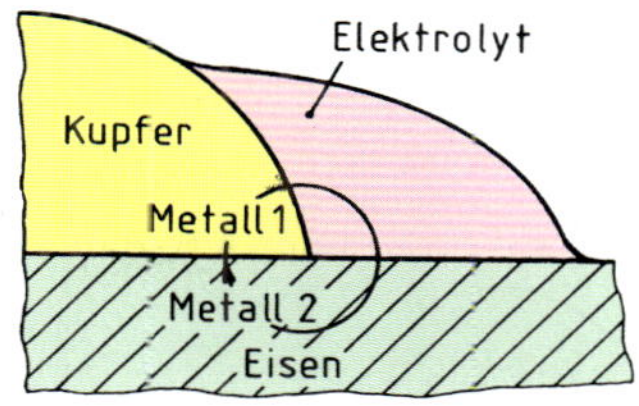

Das unedlere Metall, hier das Eisen, bildet den Minuspol und geht in Lösung. Am edleren Metall hingegen werden Kationen aus der Lösung entladen, in diesem Beispiel Wasserstoffionen.

Bei diesem Vorgang laufen folgende Reaktionen ab:

Dissoziation des Elektrolyten	$2\,H_2O \rightarrow 2\,H^+ + 2\,OH^-$
Reaktion am Minuspol	$Fe \rightarrow Fe^{++} + 2\,e^-$
Reaktion am Pluspol	$2\,H^+ + 2\,e^- \rightarrow 2\,H$
Reaktion mit Luftsauerstoff	$2\,H + 1/2\,O_2 \rightarrow H_2O$
Gesamtreaktion:	$2\,H_2O + 2\,Fe + O_2 \rightarrow 2\,Fe(OH)_2$

Dieses $Fe(OH)_2$ reagiert mit weiterem Luftsauerstoff und Wasser zu Rost, einem sehr unterschiedlichen Gemisch von Eisenoxiden und Eisenhydroxiden.

Der Elektrolyt wird in erster Linie durch Wasser und das in der Luft enthaltene Schwefeldioxid (normal bis ca. 1 mg/m^3, in Industriegebieten bis ca. 5 mg/m^3) gebildet. In seltenen Fällen wirkt auch das in der Luft enthaltene Kohlendioxid zusammen mit Wasser als Elektrolyt. In den meisten Fällen entstehen jedoch durch Reaktion der Kohlensäure mit Metallen karbonatische Deckschichten, welche eine weitere Korrosion eher hemmen.

Kontaktkorrosion ist elektrochemische Korrosion, welche beim Zusammenbau verschiedener Metalle und Anwesenheit eines Elektrolyten auftritt.

Die Korrosion erfolgt jedoch nicht nur, wenn zwei verschiedene Metalle einander berühren. Eine Potenzialdifferenz kann bereits entstehen, wenn zum Beispiel ein Rührer in einem Elektrolyten bewegt wird.

Dabei werden in Lösung gegangene Metallionen auf dem äußeren Radius des Rührers schneller fortgeschleudert. So entsteht ein Konzentrationsunterschied, damit eine Potenzialdifferenz. Der Außenradius des Rührers wird als Folge durch Korrosion angegriffen.

Die **Belüftungskorrosion** hat ebenfalls große Bedeutung. Ein einzelnes Metall wird umso stärker chemisch angegriffen, je sauerstoffreicher seine Umgebung ist. Das Metall verhält sich aber anders, wenn es an verschiedenen Stellen mit unterschiedlichen Sauerstoffkonzentrationen umgeben ist, die durch einen Elektrolyten verbunden sind.
Die Stelle mit der niedrigsten Sauerstoffkonzentration bildet den Minuspol und geht in Lösung. So ist es zu erklären, dass Bleche unter Nietköpfen, Unterlegscheiben oder Überlappungen stärker korrodieren als an freien Stellen.

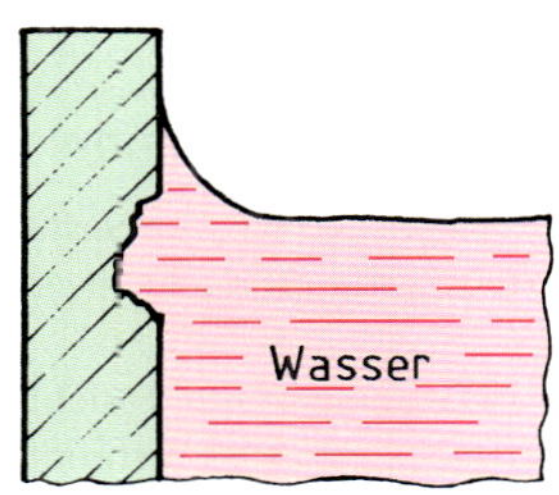

Belüftungskorrosion

Unterschiedliche Konzentrationen des Elektrolyten sowie unterschiedliche Sauerstoffkonzentration bewirken Korrosion.

Die **interkristalline Korrosion** spielt im mikroskopischen Bereich eine bedeutende Rolle. Liegen verschiedene Gefügebestandteile nebeneinander vor, so kann zwischen ihnen bei Zutritt eines Elektrolyten eine Potenzialdifferenz auftreten, die zur Auflösung des unedleren Gefügebestandteiles führt. Gefüge mit ausschließlich homogenen Mischkristallen sind aus diesem Grunde sehr viel korrosionsbeständiger als Gefüge mit verschiedenen Gefügebestandteilen.

Beispiel für interkristalline Korrosion in Al-Cu-Legierungen

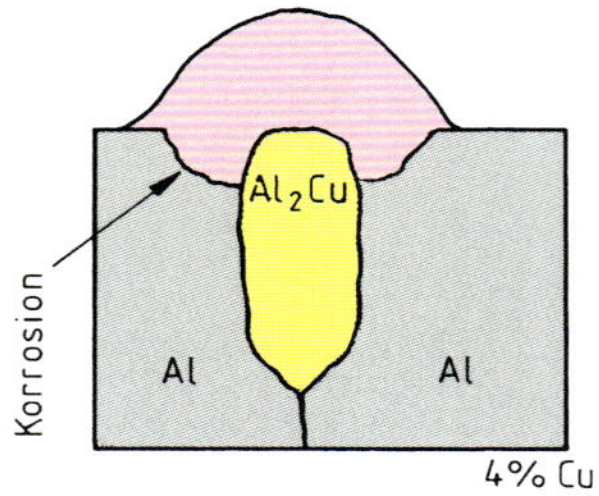

Gefüge nach langsamer Abkühlung (Al_2Cu edler als Al)

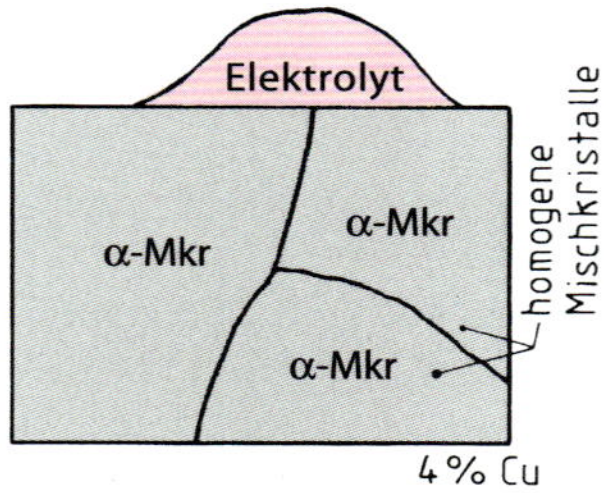

Gefüge nach schneller Abkühlung (abgeschreckt von 550 °C)

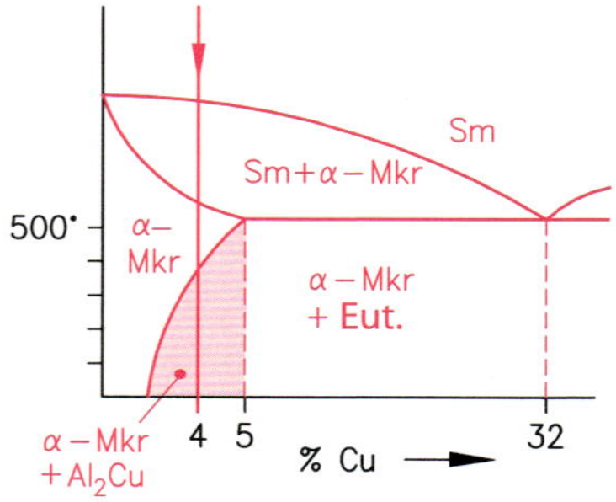

Durch Erwärmen von homogenen Al-Cu-Mischkristallen, zum Beispiel beim Schweißen, können nach langsamer Abkühlung Al_2Cu-Ausscheidungen Ursache für spätere Korrosion sein.

Ähnlich sind interkristalline Korrosionserscheinungen bei rostbeständigen Chromnickelstählen zu deuten, die nach dem Schweißen in der Nähe der Schweißung korrodieren. Durch die Erwärmung kommt es zur Ausscheidung von chromreichen Mischkarbiden an den Korngrenzen.

Beispiel für interkristalline Korrosion in hochlegierten Chrom-Nickel-Stählen

Die Umgebung der Korngrenze verarmt infolge Ausscheidung an Chrom. Wegen der nur kurzzeitigen Erwärmung kann kein Chrom aus der Mitte der Körner zur Korngrenze diffundieren, um einen Konzentrationsausgleich herbeizuführen. Es bildet sich so ein galvanisches Lokalelement – der Stahl korrodiert.

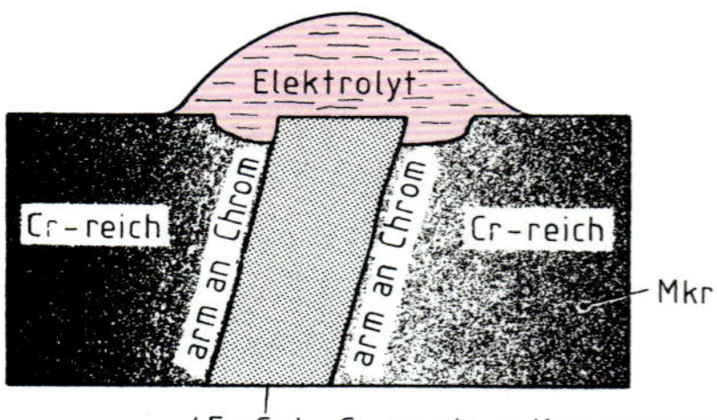

$(Fe,Cr)_{23}C_6$ an einer Korngrenze

> Interkristalline Korrosion ist elektrochemische Korrosion, welche bei Legierungen mit Konzentrationsunterschieden an Korngrenzen in Anwesenheit eines Elektrolyten auftritt.

1.5.3 Chemische Korrosion

Ein chemischer Angriff der Metalloberfläche ist vor allem auf Oxidation zurückzuführen.

Es bildet sich dabei eine Oxidschicht, die bei vielen Metallen dicht und fest ist und somit weiteren Angriff verhindert.

Bei Eisen wird in Gegenwart von Feuchtigkeit keine zusammenhängende Deckschicht gebildet, sodass der Rost (Eisen[II,III]oxidhydrat) sich ständig neu bilden kann.

Bei höheren Temperaturen reagiert Eisen mit Luftsauerstoff zu Fe_3O_4, dem Zunder oder Hammerschlag, der eine relativ feste und dichte Oberflächenschicht bildet.

Durch Säuren werden Metalle ebenfalls angegriffen. Auch dabei können sich dichte und feste Schichten bilden, die weiteren Angriff verhindern. So bildet zum Beispiel Blei mit Schwefelsäure unlösliches Bleisulfat ($PbSO_4$) und mit wenig CO_2 und Wasser unlösliches Bleikarbonat ($PbCO_3$). Alle Metalle, die in der Spannungsreihe rechts vom Wasserstoff stehen, können nur von oxidierenden Säuren gelöst werden. Metalle links vom Wasserstoff lösen sich unter Wasserstoffentwicklung.

1.5.4 Korrosionsschutz

Die elektrochemische Korrosion muss im Wesentlichen von der konstruktiven Seite her eingeschränkt werden. Unter dem Gesichtspunkt, dass bei der elektrochemischen Korrosion ein Lokalelement vorliegt, welches ein kurzgeschlossenes galvanisches Element darstellt, ergeben sich folgende Möglichkeiten, diese Korrosion zu verhindern:

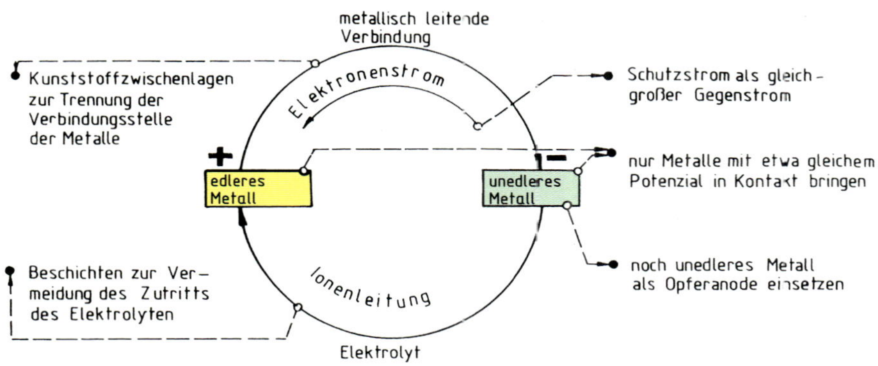

Korrosionsschutzmaßnahmen

- Es sollen möglichst nur *gleiche* oder *elektrochemisch ähnliche Metalle* miteinander verbunden werden.
- Falls dies nicht möglich ist, muss die *metallische Verbindung unterbrochen* werden, zum Beispiel durch Kunststoffzwischenstücke.
- Der Zutritt eines Elektrolyten muss verhindert werden. Dies geschieht durch *Beschichten* wie z. B. Verchromen, Verzinken, Plattieren oder Anstreichen.
- Der Korrosionsstrom kann durch Anlegen einer Spannung, die einen entgegengesetzt gerichteten Strom erzeugt, verhindert werden *(Schutzstromanlagen)*.
- Durch Anschluss einer *Opferanode* aus Material, das noch unedler als das zu schützende Metall ist, wird der Korrosionsstromkreis verlagert. Opferanoden werden aus Mg oder Zn gefertigt.

Bei der Auflösung des Metalles am Minuspol eines Lokalelementes kann eine Deckschicht in Form eines schwerlöslichen Salzes aus den Metallionen und den Anionen des Elektrolyten gebildet werden, die dem Stromfluss einen erheblichen Widerstand entgegensetzt. Man nennt dies **Passivieren**. Durch Zulegieren leicht passivierbarer Metalle zu korrosionsunbeständigen Metallen kann so die Korrosion verhindert werden. So wird zum Stahl das leicht passivierbare Chrom zulegiert, wie zum Beispiel im X10CrNi18-9, einem sehr korrosionsbeständigen Stahl.
Die chemische Korrosion wird im Wesentlichen durch Oberflächenüberzüge, z. B. Anstriche, verhindert.

Aufgaben zu 1.5 Korrosion

1. Welche Spannung tritt in einem galvanischen Element zwischen Kupfer und Zinn auf? Welches der Elemente bildet den Pluspol, welches den Minuspol?

2. a) Ein verzinntes Stahlblech ist verkratzt.
Was wird geschehen, wenn Korrosion einsetzt?

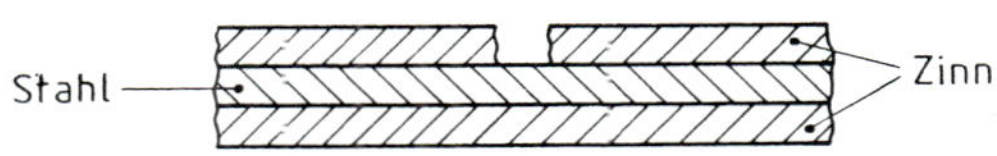

b) Was wird geschehen, wenn die Oberfläche eines verzinkten Stahlbleches beschädigt ist?

3. Warum entstehen Korrosionsschäden in Metallbehältern, die mit Wasser gefüllt sind, dicht unter der Flüssigkeitsoberfläche?

4. Was versteht man unter interkristalliner Korrosion?

5. Aluminium ist sehr viel unedler als Eisen. Trotzdem ist reines Aluminium wesentlich korrosionsbeständiger.
Wie ist das zu erklären?

2 Organische Werk- und Hilfsstoffe

2.1 Struktur und Benennung organischer Kohlenstoffverbindungen

2.1.1 Ketten- und Ringstrukturen von Kohlenstoffverbindungen

Unter den nichtmetallischen Werkstoffen haben heute vollsynthetisch erzeugte Werkstoffe auf Kohlenstoffbasis – die Kunststoffe – die größte Bedeutung. Kunststoffe sind organische Großmoleküle. Die Bildung solcher Großmoleküle (**Makromoleküle**) beruht auf der Fähigkeit des Kohlenstoffatoms, mit anderen Atomen oder Atomgruppen vier gemeinsame Elektronenpaare bilden zu können. In der Strukturformel werden diese Elektronenpaare durch Striche dargestellt.

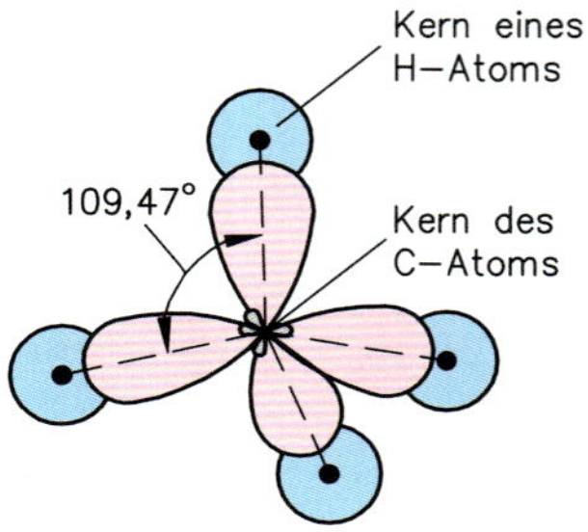

Tetraedermodell des Methans (CH_4) nach dem Orbitalmodell

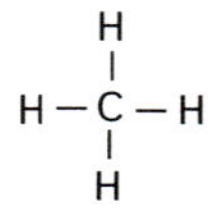

Strukturformel des Methans (CH4)

Die Kohlenstoffatome können durch gemeinsame Elektronenpaare lange unverzweigte und verzweigte *Ketten* und *Ringe* bilden.

In *unverzweigten* Kohlenstoffverbindungen ist jedes Kohlenstoffatom höchstens an zwei andere Kohlenstoffatome gebunden.

Bei *verzweigten* Kohlenstoffverbindungen ist mindestens ein Kohlenstoffatom mit drei Kohlenstoffatomen verbunden.

Alizyklische Verbindungen sind geschlossene Ketten.

Aromatische Verbindungen weisen das besondere Bindungssystem des Benzols auf.

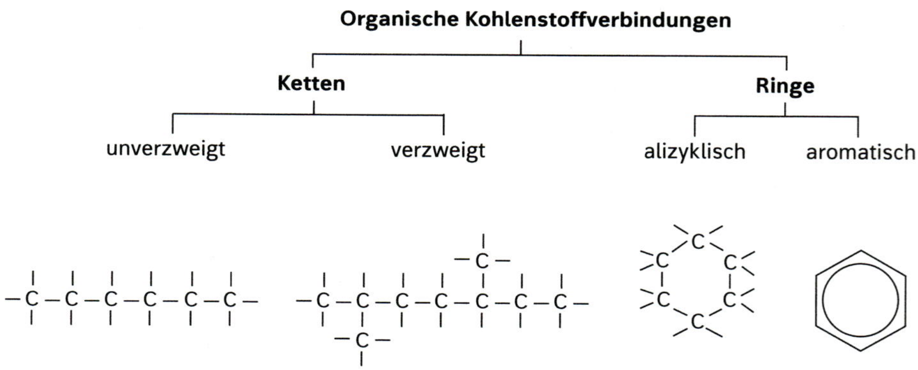

Übersicht über die Strukturen organischer Kohlenstoffverbindungen

2.1.2 Bindungen zwischen Kohlenstoffatomen

Nach der Zahl der gemeinsamen Elektronenpaare zwischen benachbarten Kohlenstoffatomen sind Einfach- und Mehrfachbindungen zu unterscheiden.
Verbindungen, in denen die Kohlenstoffatome nur durch je *ein* Elektronenpaar gebunden sind, nennt man *gesättigte* Verbindungen.
Liegen zwischen den Kohlenstoffatomen *Mehrfachbindungen* vor, spricht man von *ungesättigten* Verbindungen.

Einfachbindung | **Mehrfachbindungen**: Doppelbindung, Dreifachbindung

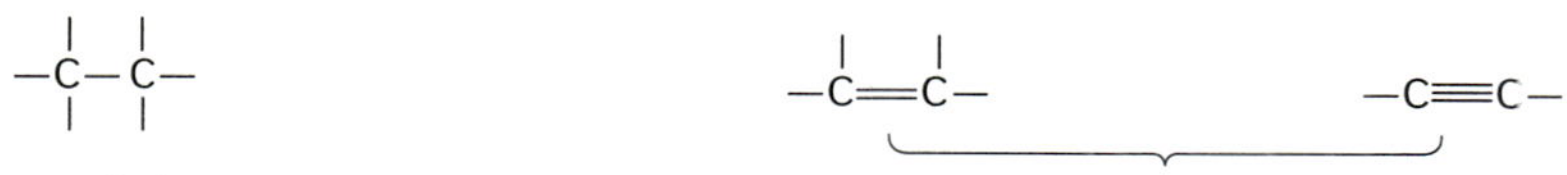

gesättigt | ungesättigt

Bindungen zwischen Kohlenstoffatomen

Außer Kohlenstoff und Wasserstoff können weitere Nichtmetallatome am Aufbau organischer Verbindungen beteiligt sein. Die wichtigsten dieser Nichtmetalle sind dabei Sauerstoff, Stickstoff, Chlor, Fluor und Schwefel.

2.1.3 Schreibweise von Formeln organischer Verbindungen

In organischen Verbindungen sind die Atome durch Elektronenpaarbindung gebunden. Darum schreibt man die Verbindung meist als **Strukturformel**. In der ausführlichen Schreibweise der Strukturformel wird jede Bindung durch einen Strich dargestellt.

Beispiel für die ausführliche Schreibweise einer Strukturformel

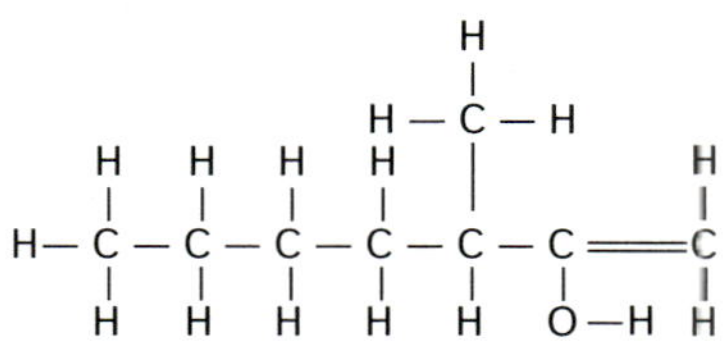

Diese Darstellung ist bei größeren Molekülen sehr unübersichtlich. Daher vereinfacht man häufig, indem man hinter jedes C-Atom die Zahl der zugehörigen Wasserstoffatome schreibt.

Beispiel für die vereinfachte Schreibweise der oben angegebenen Strukturformel:

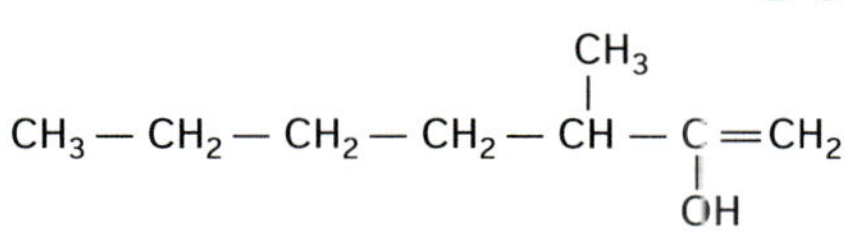

Um chemische Formeln dieser Art auch in Büchern in einer Zeile schreiben zu können, schreibt man die vereinfachte Strukturformel einschließlich der Abzweigungen in eine Zeile. Abzweigungen kennzeichnet man dadurch, dass man sie in Klammern hinter die zugehörige Gruppe setzt.

Beispiel für die vereinfachte Schreibweise der oben angegebenen Strukturformel in einer Zeile:

$CH_3-CH_2-CH_2-CH_2-CH(CH_3)-C(OH)=CH_2$

2.1.4 Benennung organischer Verbindungen

Bei unverzweigten kettenförmigen Kohlenwasserstoffen geht die Benennung von der Zahl der Kohlenstoffatome aus. Durch angehängte Endungen und Zahlen werden die Art der Bindung und gegebenenfalls die Stellung von Mehrfachbindungen im Molekül nach folgendem Schema gekennzeichnet:

Zahl der C-Atome in griechischen und lateinischen Zahlwörtern		**Zahl der Mehrfachbindungen**	**Art der Bindung**	**Stellung der Mehrfachbindungen**
1 → meth 2 → eth 3 → prop 4 → but 5 → pent	6 → hex 7 → hept 8 → okt 9 → non 10 → dek (dez)	falls mehrere vorhanden: 2 → (a) di 3 → (a) tri	Einfachbindungen → **an** Doppelbindungen → **en** Dreifachbindungen → **in**	**Nummer der C-Atome**, an denen Mehrfachbindungen beginnen -(n)

Beispiele für die Benennung unverzweigter kettenförmiger Kohlenwasserstoffe

$\underset{1}{CH_3}-\underset{2}{CH_2}-\underset{3}{CH_2}-\underset{4}{CH_3}$ **Butan**

- nur Einfachbindung
- 4 C-Atome

$\underset{1}{CH}\equiv\underset{2}{CH}$ **Ethin**

- Dreifachbindung
- 2 C-Atome

$\underset{1}{CH_2}=\underset{2}{CH}-\underset{3}{CH}=\underset{4}{CH_2}$ **Butadien-(1,3)**

- Doppelbindungen nach 1. und 3. C-Atom
- zwei Doppelbindungen
- 4 C-Atome

Kompliziertere Verbindungen, welche Verzweigungen besitzen oder in denen Wasserstoffatome durch andere Atome oder Atomgruppen ersetzt sind, werden zur Benennung zunächst auf ihren Ursprung als unverzweigter Kohlenwasserstoff zurückgeführt. Die so entwickelte Ausgangsverbindung nennt man den **Stammkohlenwasserstoff**.

Vor den Namen des Stammkohlenwasserstoffes stellt man die Kennzeichnungen für Abzweigungen und eingefügte Atomgruppen. Dem Namen des Stammkohlenwasserstoffes nachgesetzt werden Bezeichnungen von Atomgruppen, welche das Wesen der Verbindung stark beeinflussen und als **funktionelle Gruppen** bezeichnet werden.

Neben diesen systematischen Bezeichnungen sind Trivialnamen für organische Verbindungen gebräuch-lich. Diese Namen werden auch heute noch häufig in der Kunststofftechnik verwendet.

Beispiele für Trivialnamen von Ausgangsstoffen für Kunststoffe

Formel	**systematische Bezeichnung**	**Trivialname**	**Ausgangsstoff für**
$CH_2=CHCl$	Monochlorethen	Vinylchlorid	Polyvinylchlorid PVC
$HOOC-CH=CH-COOH$	Butendisäure-(1,4)	Fumarsäure	Polyester UP

Benennungssystem kettenförmiger organischer Verbindungen

Substituenten (außer funktionelle Gruppen)			**Stammkohlenwasserstoff**				**funktionelle Gruppe**		
Stellung des Substituenten	Zahl gleicher Substituenten	Art des Substituenten	Zahl der C-Atome	Zahl der Mehrfachbindungen	Art der Bindung	Stellung der Mehrfachbindung	Zahl gleicher Gruppen	Art der Gruppe	Stellung der Gruppe
n – Ziffer	1 → **mono** 2 → **di** 3 → **tri** 4 → **tetra**	$—CH_3$ → **methyl** $—C_2H_5$ → **ethyl**  → **phenyl** $—NH_2$ → **amino** —Cl → **chlor** —F → **fluor**	1 → **meth** 2 → **eth** 3 → **prop** 4 → **but** 5 → **pent** 6 → **hex** 7 → **hept** 8 → **okt** 9 → **non** 10 → **dek**	2 → **di** 3 → **tri**	Einfachb. → **an** Doppelb. → **en** Dreifachb. → **in**	-(n)	2 → **di** 3 → **tri** 4 → **tetra**	—OH → **ol** 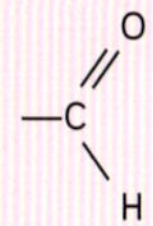 → **al** 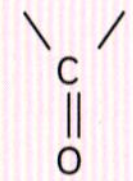 → **on** 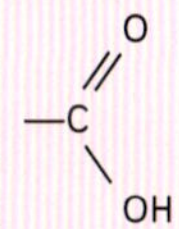 → **säure** 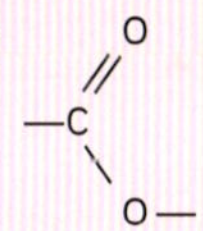 → **at** $—NH_2$ → **amin**	-(n)

Beispiele für die Benennung von Verbindungen

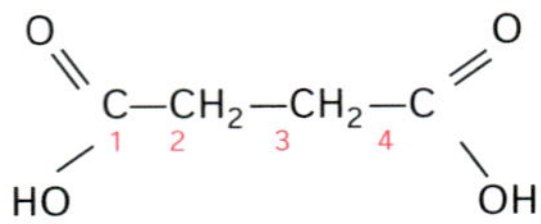

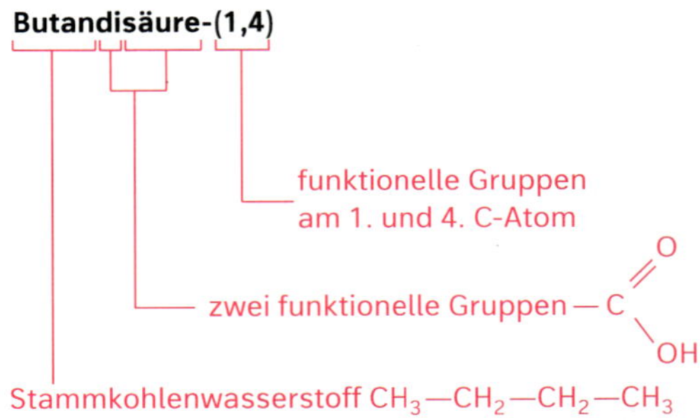

$CHCl{=}CHCl$ (1, 2)

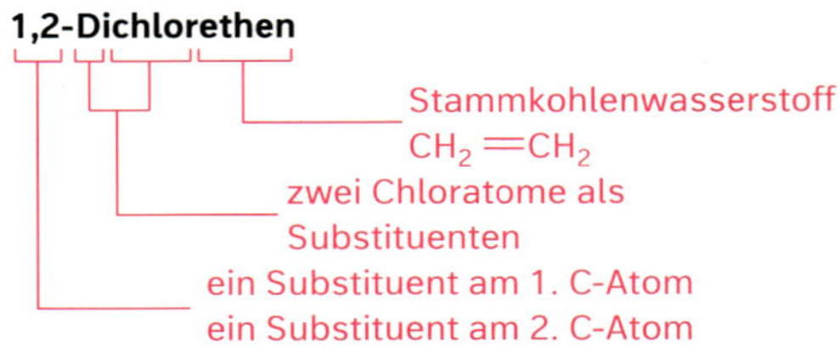

$CF_2{=}CF_2$

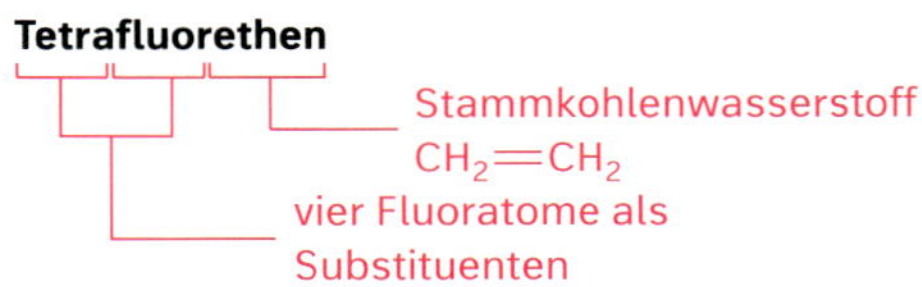

Aufgaben zu 2.1 Struktur und Benennung organischer Kohlenstoffverbindungen

1. Benennen Sie:

- **a)** $CH_3{-}CH_2{-}CH_3$
- **b)** $CH_3{-}(CH_2)_5{-}CH_3$
- **c)** $CH_3{-}CH{=}CH{-}CH_3$
- **d)** $CH{\equiv}C{-}CH_2{-}CH_3$
- **e)** $CH{\equiv}C{-}CH_2{-}CH_3$
- **f)** $CH_2{=}CH{-}CH_2{-}CH{=}CH_2$
- **g)** $CH_2{=}CH{-}(CH_2)_5{-}CH_3$
- **h)** $CH_2{=}C{=}CH_2$

2. Schreiben Sie die Formeln:

- **a)** Penten-(2)
- **b)** Oktan
- **c)** Hepten-(4)
- **d)** Butadien-(1,2)
- **e)** Hexin-(1)
- **f)** Ethin
- **g)** Propen
- **h)** Dekan

3. Zeichnen Sie die Strukturformeln folgender Verbindungen:

- **a)** Propanol-(1)
- **b)** Propantriol-(1,2,3)
- **c)** Propenal
- **d)** Phenylethen
- **e)** Methansäure
- **f)** Buten-(2)-al-(1)
- **g)** 3-Methylbutanon-(2)
- **h)** 2-Methylpropensäure-(1)
- **i)** Butin-(2)-diol-(1,4)
- **k)** 2,3,3-Trimethyl-(4)-ethyl-hepten-(5)-ol-(1)
- **l)** 2-Methylpropanol-(1)
- **m)** 3-Methylbutin-(1)-ol-(3)
- **n)** 2,3-Dimethyl-(4)-ethyl-hepten-(5)-ol-(1)
- **o)** Butandion-(2,3)

4. Benennen Sie die folgenden Verbindungen:

- **a)** $CH_3{-}CH_3$
- **b)** $CH_3{-}CH_2{-}CH_2{-}CH_3$
- **c)** $CH_2{=}CH{-}CH_3$
- **d)** $CH_3{-}CH_2(OH)$
- **e)** $CH_2{=}CH{-}CHO$
- **f)** $CH_2Cl{-}CH_2Cl$
- **g)** $CH_2{=}\underset{\displaystyle CH_3}{\underset{|}{C}}H{-}COOH$
- **h)** $CH_2{=}CH{-}COOH$
- **i)** $CH_3{-}CO{-}CH(OH){-}CH_3$
- **k)** $CHCl{=}CH_2$

2.2 Kunststoffe (Plaste)

2.2.1 Einteilung der Kunststoffe

Kunststoffe bestehen aus sehr großen Molekülen, von denen jedes aus vielen tausend Atomen gebildet wird. Man nennt diese großen Moleküle **Makromoleküle**. Die Makromoleküle haben die Form von langen Ketten, die auch verzweigt sein können.

Das Grundgerüst der Makromoleküle, die Kette, wird bei Kunststoffen auf Kohlenstoffbasis durch Kohlenstoffatome gebildet.

Bei Kunststoffen auf Siliziumbasis, den Silikonen, bilden Silizium- und Sauerstoffatome das Grundgerüst der Makromoleküle.

Beispiel für den unterschiedlichen Molekülaufbau von Kunststoffen

Kunststoff auf Kohlenstoffbasis:
Polyvinylchlorid (PVC)

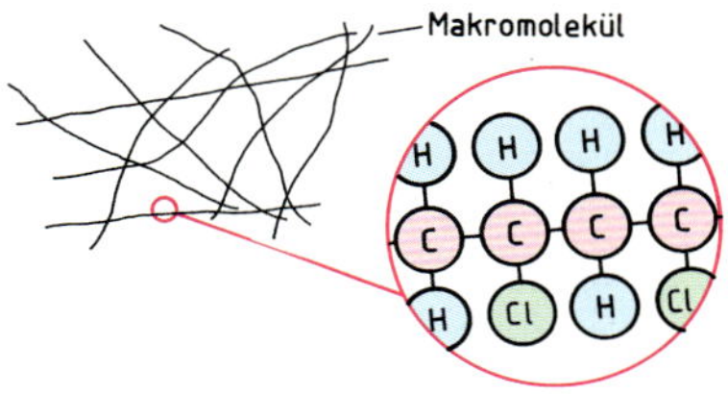

Kunststoff auf Siliziumbasis:
Silikonkautschuk

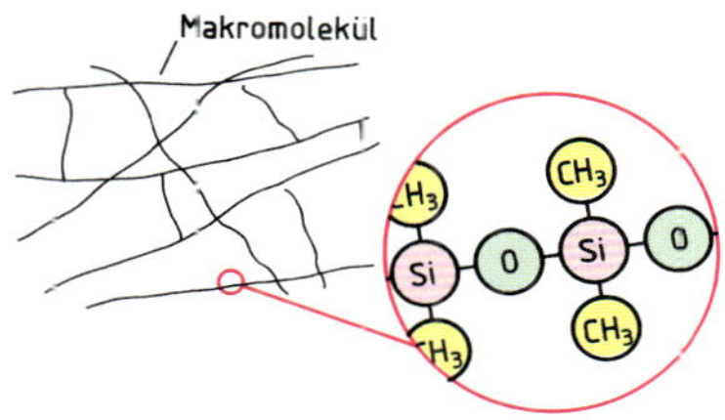

Die meisten Kunststoffe bestehen aus Makromolekülen, in denen Kohlenstoffatome das Grundgerüst bilden.

> Die meisten Kunststoffe bestehen aus Makromolekülen, mit Kohlenstoffatomen als Grundgerüst.
> In den Kunststoffen, die als Silikone bezeichnet werden, bilden Silizium- und Sauerstoffatome das Grundgerüst der Makromoleküle.

Die Makromoleküle der Kunststoffe liegen fadenförmig vor. Diese fadenförmigen Makromoleküle können unvernetzt oder vernetzt sein.

Kunststoffe mit *unvernetzten* Fadenmolekülen sind in der Wärme plastisch formbar. Sie werden als **Thermoplaste** bezeichnet (z. B. PE, PS, PVC).

Kunststoffe, in denen die Makromoleküle ein räumliches Netzwerk bilden – die also *stark vernetzt* sind – sind ausgehärtet. Sie zersetzen sich bei starker Erhitzung, ohne aufzuweichen. Diese Kunststoffe heißen **Duroplaste** (z. B. ungesättigte Polyester, Phenoplaste).

Gummielastische, *schwach vernetzte* Kunststoffe, die ebenfalls nicht durch Erwärmen in einen plastischen Zustand zu überführen sind, heißen **Elastomere**.

Thermoplaste	Elastomere	Duroplaste
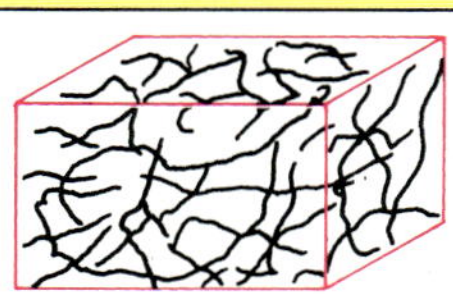	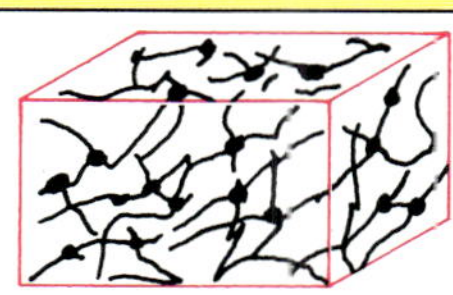	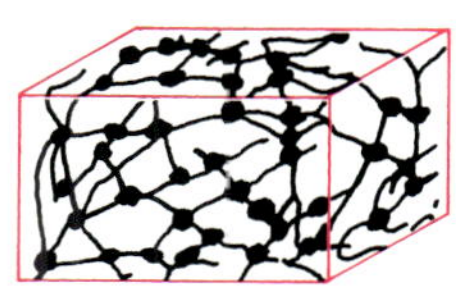
unvernetzte Fadenmoleküle • bei Erwärmen plastisch formbar	weitmaschig, räumlich vernetzte Makromoleküle • bei Erwärmen nicht plastisch formbar	räumlich stark vernetzte Makromoleküle • bei Erwärmen nicht plastisch formbar

> Entsprechend dem Verhalten bei Erwärmen unterscheidet man Thermoplaste und Duroplaste.

Unter den Thermoplasten nehmen Kunststoffe, in denen die Makromoleküle in Teilbereichen parallel geordnet sind, eine Sonderstellung ein. Man bezeichnet die Teilbereiche mit paralleler Ordnung der Makromoleküle als kristallin.

Je unverzweigter die Makromoleküle eines Kunststoffes sind, desto größer kann die Zahl solcher kris-talliner Bereiche, die **Kristallinität**, sein. Die Kristallinität ist abhängig von der Abkühlungsgeschwindigkeit, von der Regelmäßigkeit im Aufbau des Makromoleküls und vom Polymerisationsgrad. Durch Recken orientieren sich ebenfalls die Makromoleküle, sodass bei Fäden und Folien durch Recken die Kristallinität erhöht werden kann.

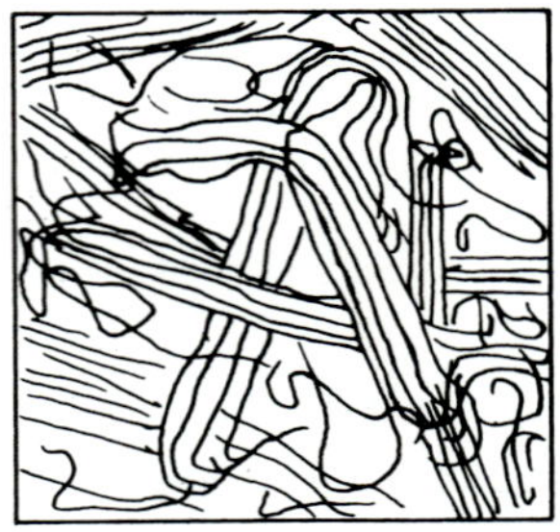

Kristalline Bereiche in einem Kunststoff

Thermoplaste, in denen die Makromoleküle in Teilbereichen parallel geordnet sind, bezeichnet man als kristallin. Bei ungeordneten Makromolekülen nennt man den Zustand amorph.

Die Makromoleküle der Kunststoffe erzeugt man vollsynthetisch durch Verbinden kleiner Moleküle. Die Verfahren, nach denen die kleinen Ausgangsmoleküle zu Makromolekülen verknüpft werden, geben den so erzeugten Kunststoffgruppen ihre Bezeichnung:
Polymerisation → **Polymerisate**, Polykondensation → **Polykondensate**, Polyaddition → **Polyaddukte**.

2.2.2 Eigenschaften der Kunststoffe

Thermoplastische Kunststoffe mit amorphem Gefüge sind bei niedriger Temperatur zunächst hart und spröde. In einem darauf folgenden Temperaturintervall erweichen sie und sind zähelastisch. Dies ist meist der Gebrauchsbereich. Bei noch höherer Temperatur gelangen sie in den plastischen Zustand und schmelzen. Sie können daher durch Schweißen verbunden werden.
Durch organische Lösungsmittel, wie Propanon (Aceton) $H_3C-CO-CH_3$, können die unvernetzten Moleküle von Thermoplasten aus ihrem Verband gelöst werden. Darum sind die meisten thermoplastischen Kunststoffe durch Lösungsmittel anlösbar.
Thermoplaste mit teilkristallinen Bereichen sind auch im weich-elastischen Bereich noch formstabil. Die Festigkeit nimmt erst im Fließbereich, dem Übergangsbereich zum plastischen Zustand, stark ab.
Mit der Kristallinität steigern sich die mechanischen Eigenschaften (Zugfestigkeit und Härte). Die Beständigkeit gegen Lösungsmittel und die Erweichungstemperatur werden ebenfalls verbessert. Wachsende Kristallinität erhöht die Diffusionsmöglichkeit für Gasmoleküle durch den Kunststoff und mindert die Lichtdurchlässigkeit.

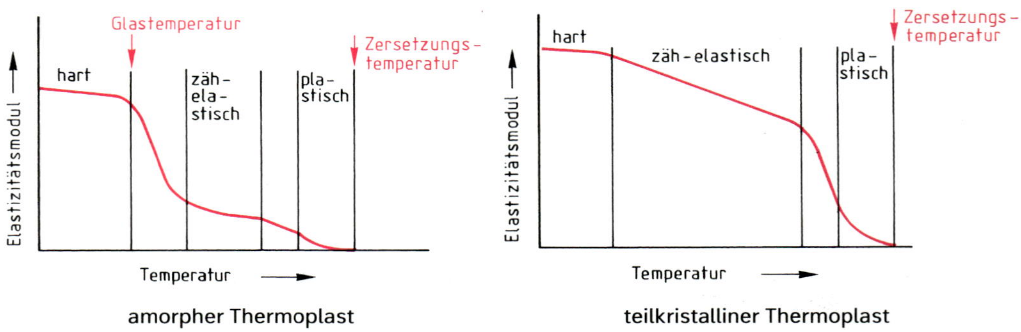

Elastizität von Thermoplasten in Abhängigkeit von der Temperatur

Bei *Duroplasten* bleiben die mechanischen Eigenschaften über einen größeren Temperaturbereich konstant. Erst kurz vor der Zersetzungstemperatur fallen sie stark ab.

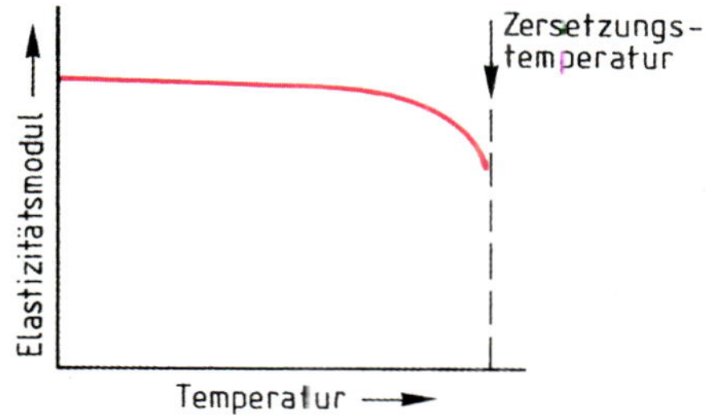

Elastizität eines duroplastischen Kunststoffes

Die mechanischen, thermischen und chemischen Eigenschaften der Kunststoffe lassen sich weiterhin durch Zusätze verändern.

Weichmacher sind Zusätze zum Kunststoff, die sich zwischen die Makromoleküle eines Thermoplastes lagern und die Beweglichkeit der Moleküle begünstigen. Dadurch werden Härte und Sprödigkeit des Kunststoffes gesenkt, die Elastizität jedoch gesteigert.

Streckmittel sind Füllstoffe, die lediglich das Volumen des Kunststoffes vergrößern und seine Verarbeitung erleichtern, wie z. B. Gesteinsmehl und Holzmehl bei der Herstellung von Spachtelmassen.

Verstärkungsmittel, z. B. Glasmatten, Glasgewebe und Stoffschnitzel, dienen zur Erhöhung der Festigkeit.

Farbstoffe werden zur Einfärbung zugesetzt.

2.2.3 Polymerisate

Polymerisation ist das Zusammenlagern vieler tausend kleiner ungesättigter Moleküle, der *Monomere*[1], zu einem Makromolekül, einem *Polymer*. Die Produkte werden als Polymerisate oder Polymerisationsplaste bezeichnet.

Die Polymerisation kann nach verschiedenen Reaktionsmechanismen ablaufen.

Beispiel für eine radikalische Polymerisation

Monomere		**Polymer** (Kunststoff)
$\mathbf{n \cdot H_2C{=}CHCl}$	$\longrightarrow$	$\mathbf{...{-}CH_2{-}CHCl{-}CH_2{-}CHCl{-}...}$
Monochlorethen		Polyvinylchlorid (PVC)

Bei der Polymerisation entstehen aus den Monomeren in drei Reaktionsstufen die Makromoleküle, die Polymere: Startreaktion, Wachstumreaktion, Kettenabbruch.

Die Monomere der verschiedenen Ausgangsstoffe für technisch wichtige Polymerisate haben fast alle die gleiche Grundstruktur, sie weisen *alle eine Doppelbindung* auf.

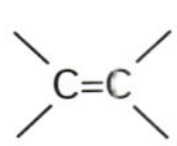

Grundstruktur der Monomere für die Polymerisation

[1] *monos* (griechisch) ein, *meros* (griechisch) Teilchen, *poly* (griechisch) viel.

In der *Startreaktion* werden die Doppelbindungen der ungesättigten Monomere aufgespalten. Es entstehen so reaktionsfähige Monomerradikale. Diese Aufspaltung erfolgt durch Wärmezufuhr oder durch Zusatz chemischer Substanzen (sog. Initiatoren). Die sich bildenden Monomerradikale vereinigen sich exotherm in der *Wachstumsreaktion*, bis durch die *Kettenabbruchreaktion* das Wachstum unterbunden wird.

Die Zahl der zu einem Makromolekül vereinigten Monomere wird als **Polymerisationsgrad** bezeichnet. Das Polymerisat besteht aus verschieden langen Makromolekülen, sodass nur ein mittlerer Polymerisationsgrad angegeben werden kann. Der Polymerisationsgrad kann durch Aktivatoren (Beschleuniger) oder Inhibitoren (Reaktionshemmer) gesteuert werden. Temperatur und Druck bestimmen ebenfalls wesentlich die Größe der Makromoleküle: Niedrige Temperatur sowie hoher Druck führen zu hohen Polymerisationsgraden.

Steigender Polymerisationsgrad erhöht Zugfestigkeit, Dehnbarkeit und Zähigkeit, vermindert aber die Plastizität.

Übersicht über einige wichtige Polymerisate

Monomer		Polymer	
Formel	Bezeichnung	Formel	Bezeichnung des Kunststoffes
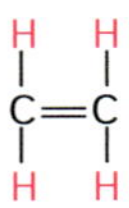	Ethen (Ethylen)	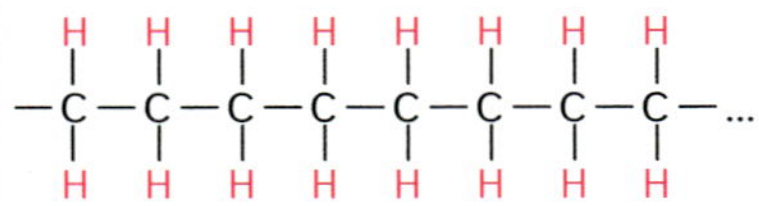	Polyethylen **PE**
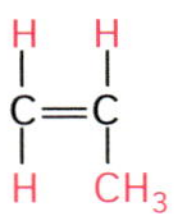	Propen (Propylen)	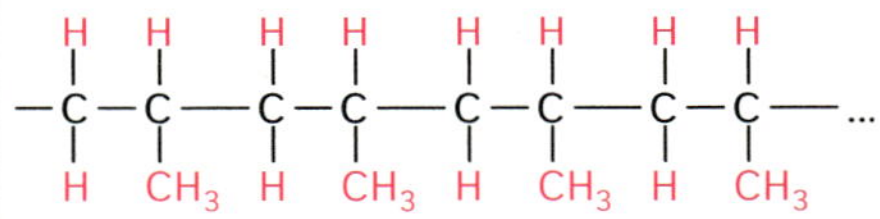	Polypropylen **PP**
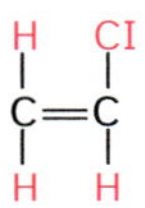	Monochlorethen (Vinylchlorid)	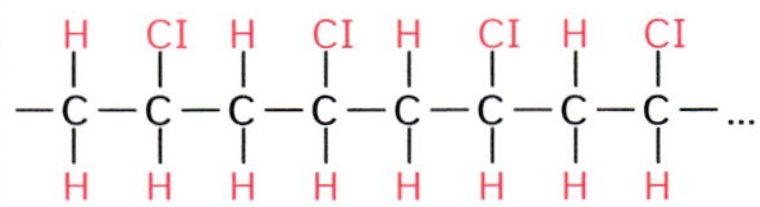	Polyvinylchlorid **PVC**
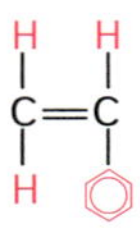	Phenylethen (Styrol)	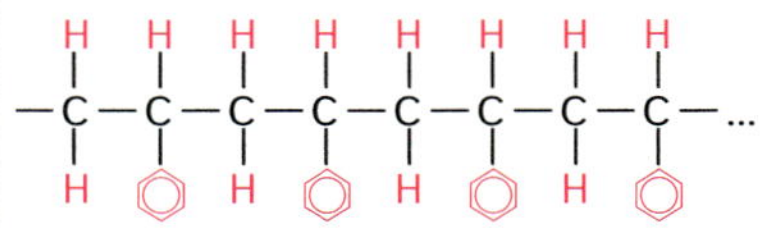	Polystyrol **PS**
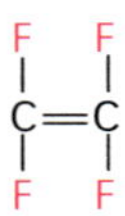	Tetrafluorethen	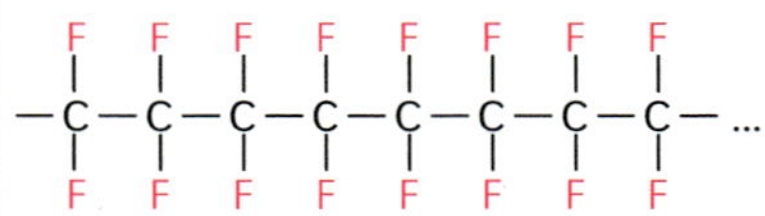	Polytetrafluorethylen **PTFE**
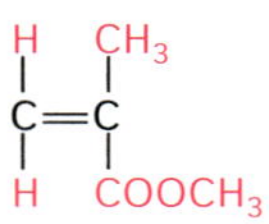	2-Methylpropensäuremethylester (Methylmethacrylat)	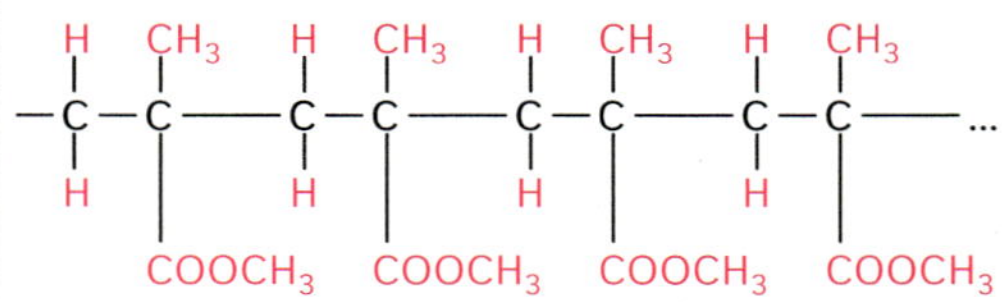	Polymethylmethacrylat **PMMA**

Kleine Ausgangsmoleküle mit Doppelbindung zwischen C-Atomen werden durch Polymerisation zu Makromolekülen verbunden. Die Durchschnittszahl verknüpfter Monomere ist der Polymerisationsgrad. Mit steigendem Polymerisationsgrad steigen Festigkeit, Dehnbarkeit und Zähigkeit.

2.2.3.1 Polyethylen (PE)

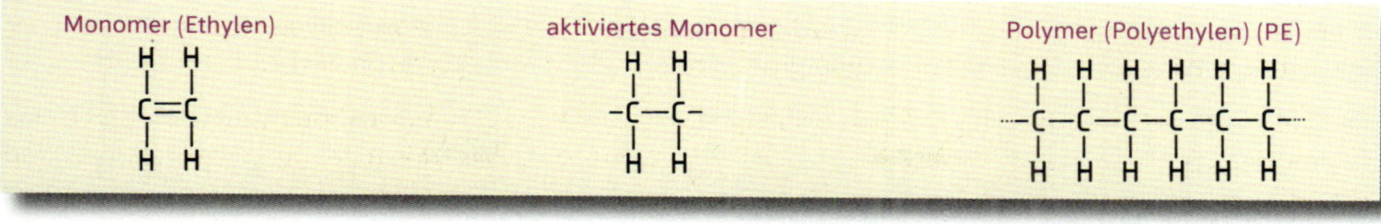

Polyethylen niedriger Dichte (ϱ ca. 0,915 g/cm³) wird durch das Kurzzeichen **PE-LD** gekennzeichnet. Dieser thermoplastische Werkstoff wird hauptsächlich zu Folien verarbeitet.
Polyethylen hoher Dichte (ϱ ca. 0,96 g/cm³) wird durch das Kurzzeichen **PE-HD** gekennzeichnet. Es wird zu Bauteilen und Behältern verarbeitet, da es höhere Festigkeit, Härte und Formbeständigkeit bei Erwärmen aufweist als Polyethylen niederer Dichte.

Mechanische und thermische Eigenschaften

		PE-LD	PE-HD
Zugfestigkeit	in N/mm²	10 bis 20	20 bis 30
Reißdehnung	in %	50 bis 500	100 bis 800
Dichte	in g/cm³	ca. 0,915	ca. 0,96
Wärmeausdehnungs-koeffizient	in1/K	0,0002	0,0001

Chemische Eigenschaften
Polyethylen ist beständig gegen Säuren, Laugen und Lösungsmittel. Kraft- und Schmierstoffe können jedoch einige PE-Sorten besonders bei Temperaturen über 50 °C zum Anquellen bringen.
Besondere Verarbeitungshinweise
Polyethylen ist nicht klebbar.
Verwendung im Maschinenbau
Laufräder, Laufrollen, Behälter, Führungen.
Handelsnamen (Beispiele)
Holstalen®, Vestolen®, Lupolen®.

Folie aus PE

2.2.3.2 Polypropylen (PP)

- **Polypropylen (PP)**

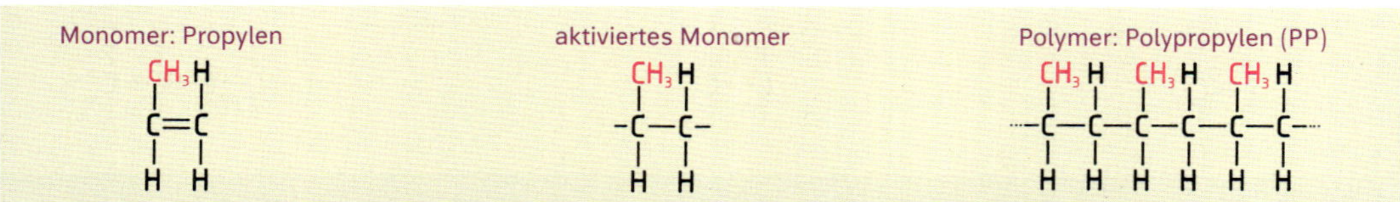

Polypropylen ist ein thermoplastischer, teilkristalliner Kunststoff. Seine Eigenschaften entsprechen denen hochfester Polyethylensorten oder sind diesen noch teilweise überlegen.

Mechanische und thermische Eigenschaften

Zugfestigkeit	in N/mm²	21 bis 35
Reißdehnung	in %	20 bis 100
Dichte	in g/cm³	ca. 0,9
Wärmeausdehnungs-koeffizient	in 1/K	0,0001

Chemische Eigenschaften
Polypropylen ist beständig gegen Säuren, Laugen und Lösungsmittel.
Besondere Verarbeitungshinweise
Polypropylen ist nicht klebbar.
Verwendung mit Maschinenbau
Laufräder, Laufrollen, Behälter, Rohrleitungen, Ventile.
Handelsnamen (Beispiele):
Holstalen®, Vestolen®, Novolen®.

Rohrsystem aus PP

2.2.3.3 Polyvinylchlorid (PVC)

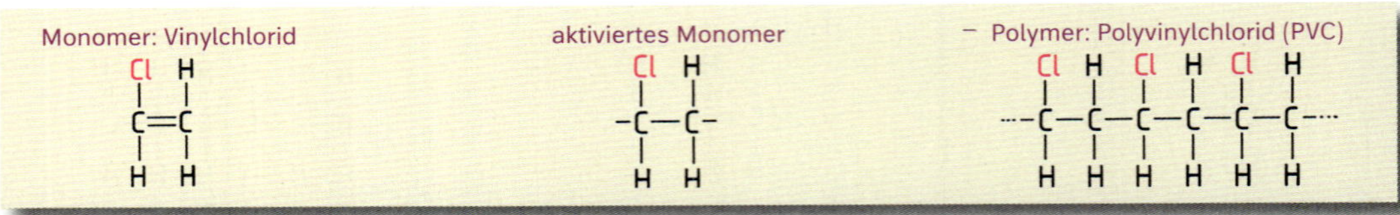

Polyvinylchlorid ist ein thermoplastischer Kunststoff, der als Hart- oder Weich-PVC eingesetzt wird. Für industrielle Zwecke verwendet man meist Hart-PVC, das nur aus dem Polymer des Vinylchlorids besteht. Im Bauwesen, für Haushaltsgegenstände, Spielwaren und Folien verwendet man Weich-PVC. Die Weichmachung des PVC kann auf zwei Arten erfolgen. Entweder werden die Moleküle des PVC durch eingelagerte Moleküle eines Weichmachers auf Abstand gebracht, oder es werden andere Monomere in die Makromoleküle des PVC eingebaut.

Mechanische und thermische Eigenschaften von Hart-PVC

Zugfestigkeit	in N/mm^2	50 bis 60
Reißdehnung	in %	1 bis 3
Dichte	in g/cm^3	1,38
Wärmeausdehnungskoeffizient	in 1/K	0,00007

Chemische Eigenschaften

Polyvinylchlorid ist beständig gegen Säuren, Laugen und Öle, aber unbeständig gegen viele organische Lösungsmittel.

Verwendung im Maschinenbau

Rohre, Profile, Verkleidungen, Schläuche.

Handelsnamen (Beispiele)

Vinnolit®, Vestolit®, Vinoflex®.

Schläuche aus PVC

2.2.3.4 Polytetrafluorethylen (PTFE)

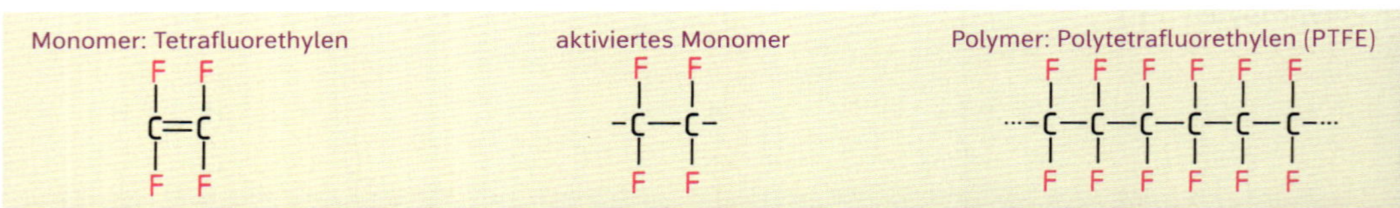

Polytetrafluorethylen ist ein teilkristalliner Kunststoff mit sehr großen Moleküllängen. Deshalb ist er schwer in der Wärme umzuformen. Formteile werden darum aus diesem Kunststoff vorwiegend durch Drucksintern hergestellt.

Mechaniche und thermische Eigenschaften

PTFE ist bis etwa 450 °C temperaturbeständig.

PTFE führt auf Gleitflächen in Kombination mit anderen Werkstoffen zu sehr niedrigen Reibungsverlusten.

Chemische Eigenschaften

PTFE ist gegen Säuren, Laugen und Lösungsmittel beständig.

Verwendung im Maschinenbau

Dichtungen, Gleitbeschichtungen, wartungsfreie Lager, Gleitringe für Zylinder.

Handelsnamen (Beispiele)

Teflon®, Hostaflon®, Fluon®.

Bauteile aus PTFE

2.2.3.5 Styrolpolymerisate (PS, ABS)

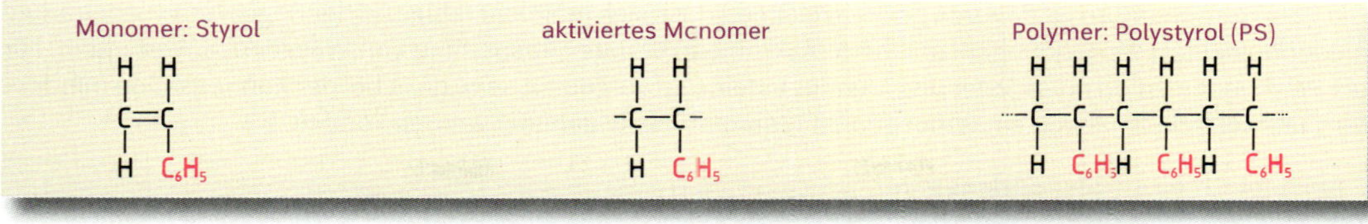

Im Maschinenbau werden zur Isolierung gelegentlich Polystyrol-Hartschäume verwendet. Diese Schäume sind sehr empfindlich gegen Lösungsmittel, aber beständig gegen Wasser, Säuren und Laugen. Bekanntester Handelsname ist Styropor®.

Durch Herstellung von Makromolekülen aus verschiedenartigen Monomeren lassen sich Kunststoffe mit besonderen Eigenschaften erzielen.

Styrol wird dazu mit anderen Monomeren zu gemischt aufgebauten Makromolekülen polymerisiert.

Für Werkstoffe des Maschinenbaus setzt man dem Styrol die Monomere Acrylnitril und Butadien zu. Je nach Höhe der Zusätze kann man die Eigenschaften unterschiedlich beeinflussen. Man nennt den Werkstoff **Acrylnitril-Butadien-Copolymerisat** oder kurz ABS.

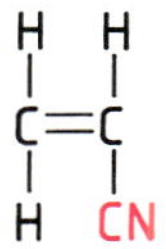

Acrylnitril

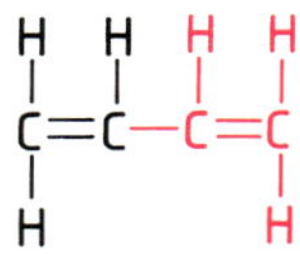

Butadien

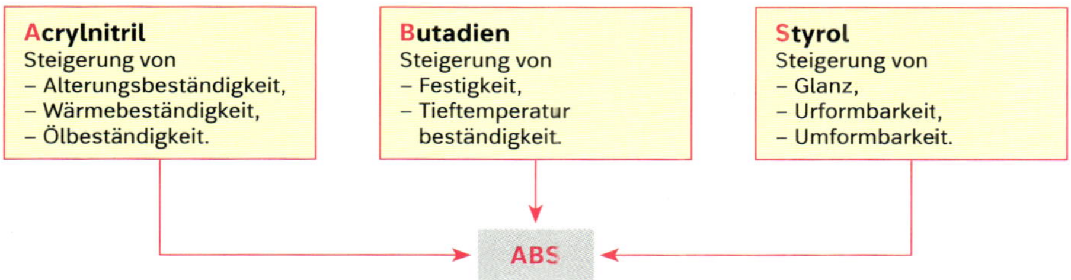

Einfluss der Bestandteile im ABS

Mechanische und thermische Eigenschaften

Zugfestigkeit	in N/mm²	32 bis 45
Reißdehnung	in %	15 bis 30

Chemische Eigenschaften

ABS wird von organischen Lösungsmitteln und Benzin bei längerer Einwirkung angegriffen.

Verwendung im Maschinenbau

Gehäuse von Kleinmaschinen.

Handelsnamen (Beispiele)

Hostyren®, Luran®, Trolitul®, Vestyron®, Novodur®.

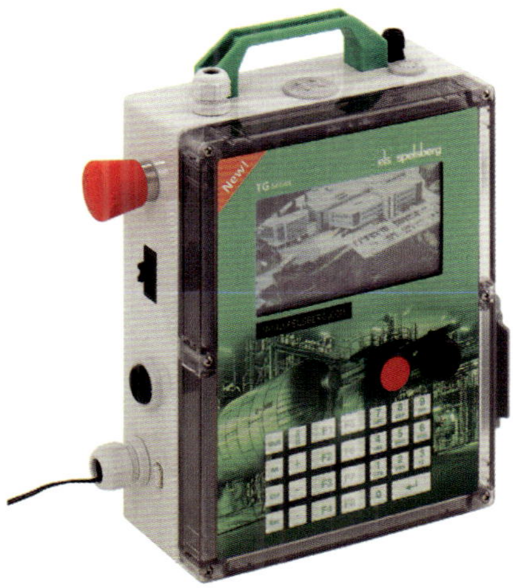

Gehäuse einer Anlagensteuerung aus ABS

2.2.4 Polykondensate

Die **Polykondensation** ist dadurch gekennzeichnet, dass sich reaktionsfähige, in der Regel verschiedenartige niedermolekulare Verbindungen zu einem Makromolekül unter Abspaltung von Wasser o. a. verbinden. Für die Polykondensation muss jeder der Grundbausteine so aufgebaut sein, dass bei der Kondensation mindestens je zwei freie Valenzen entstehen, damit Makromoleküle gebildet werden können.

Beispiel für eine Polykondensation

(Zur Vereinfachung sind nur die reagierenden Endgruppen der Grundbausteine als Strukturformel dargestellt.)

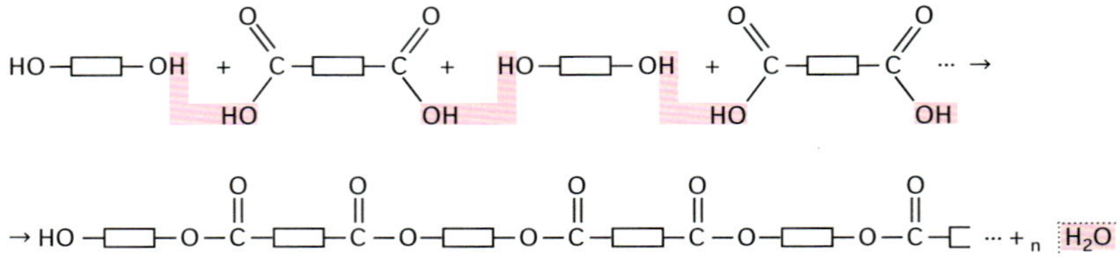

Polykondensation ist die Verbindung kleiner Moleküle zu Makromolekülen unter Abspaltung von Wasser.

2.2.4.1 Polyester

Polyester entstehen durch eine Veresterung *mehrwertiger Alkohole* (zwei und mehr OH-Gruppen) mit *Dicarbonsäuren* (zwei Carboxylgruppen).

Carboxylgruppe 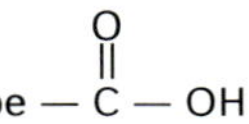

Je nach Art der Ausgangsprodukte entstehen thermoplastische (unvernetzte) oder duroplastische (vernetzte) Polyester.

- **Thermoplastische Polyester**

Thermoplastische Polyester entstehen aus gesättigten Dicarbonsäuren und zweiwertigen Alkoholen.

Beispiel für die Erzeugung eines thermoplastischen Polyesters

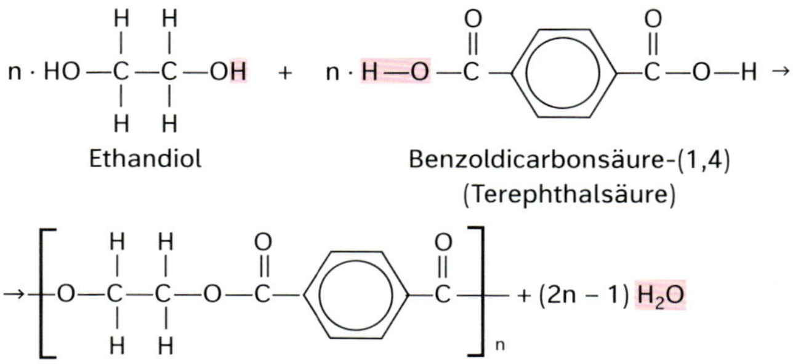

Thermoplastische Polyester werden zu Faserstoffen und Folien verarbeitet (z. B. Trevira®, Diolen®, Hostaphan®). Es erfolgt auch die Verarbeitung thermoplastischer Polyester zu Spritzgussmassen.

- **Ungesättigte Polyester**

Sind die Ausgangsprodukte ungesättigte Dicarbonsäuren (Mehrfachbindungen zwischen den C-Atomen) und zweiwertige Alkohole, so entstehen durch Veresterung ungesättigte, lineare Makromoleküle. Zur Aushärtung wird dieses Polykondensat in einer polymerisierfähigen Substanz (z. B. Phenylethen = Styrol) zu einer honigartigen Flüssigkeit gelöst. Durch Zugabe eines Initiators werden die Doppelbindungen des Lösungsmittels und der Makromoleküle aufgespalten. Infolge der freien Valenzen *polymerisieren* dann *beide* miteinander und bilden ein räumliches Netzwerk, sie härten aus. Es entsteht ein Duroplast.

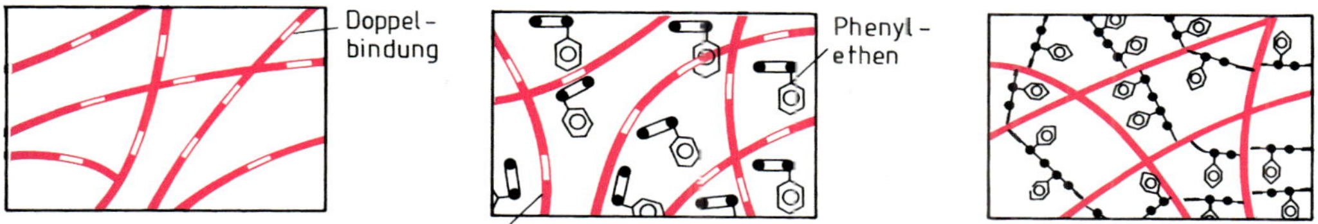

Makromoleküle eines ungesättigten Polyesters nach Polykondensation

ungesättigte Polyestermoleküle nach Lösen in Phenylethen

vernetzte Polyestermoleküle nach Aushärtung

Vernetzung eines ungesättigten Polyesters (UP)

Die Herstellung von Formteilen aus ungesättigten Polyestern geschieht durch Laminieren. Bei diesem Verfahren wird in einer Form das Verstärkungsmaterial, das als Matte oder Gewebe vorliegt (siehe *„Verbundwerkstoffe"*), mithilfe von Pinseln und Rollen mit dem Polyester, dem Härter und Beschleuniger zugefügt wurden, getränkt.

Bei mechanischer Fertigung werden Glasfaserstränge in einer Spritzpistole geschnitzelt und zusammen mit einem Polyester-Härter-Gemisch in die Form gespritzt.

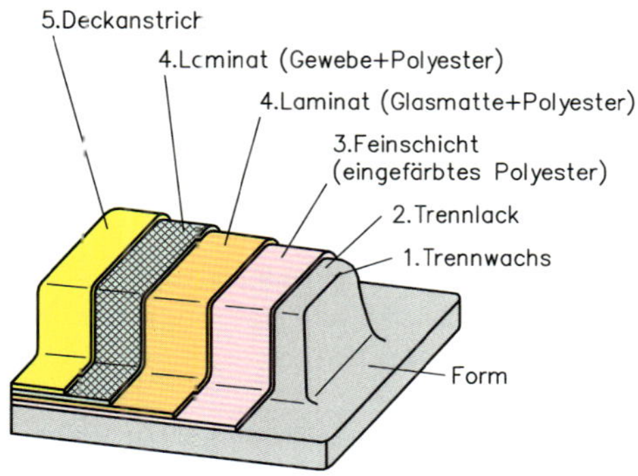

Schichtaufbau bei Laminaten aus UP

Mechanische und thermische Eigenschaften von GFK-UP

Zugfestigkeit	in N/mm²	80 bis 350
Dichte	in g/cm³	1,7 bis 1,9
Wärmeausdehnungskoeffizient	in 1/K	0,00001

(Mit steigendem Anteil an Verstärkungsstoffen und Ausrichtung der Fasern des Verstärkungsstoffes in Belastungsrichtung wächst die Festigkeit.)

Chemische Eigenschaften

Duroplastische Polyester sind beständig gegen Säuren, Laugen und Lösungsmittel.

Verwendung im Maschinenbau

Verkleidungen, Gehäuse, Behälter, Metallkleber, Spachtelmassen.

Handelsnamen (Beispiele)

Leguval®, Palatal®, Vestopal®, Stabilit®, Prestolith®.

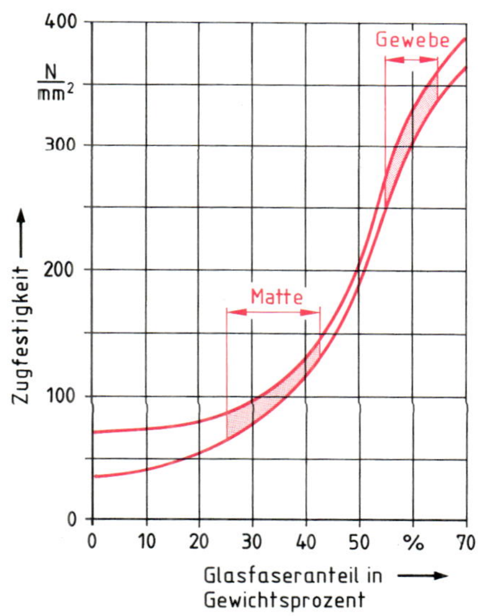

Zugfestigkeit in Abhängigkeit vom Glasfaseranteil

2.2.4.2 Polyamide

Polyamide sind thermoplastische Kunststoffe, in denen die Bindung über die Gruppe

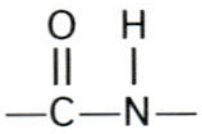

erfolgt. Die Grundstrukturformel ist:

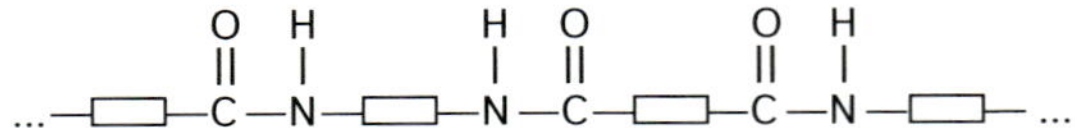

Makromoleküle mit dieser Verknüpfung können auf verschiedene Weise entstehen.

Beispiel für Polykondensation von kettenförmigen Dicarbonsäuren und Diaminen

Dicarbonsäure + Diamin

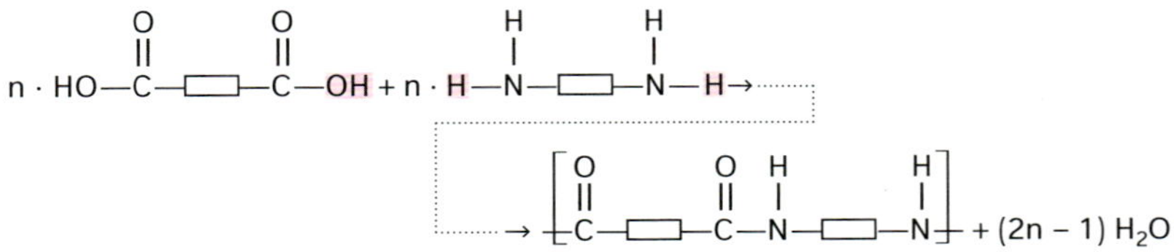

Zur Kennzeichnung der einzelnen Polyamide werden die Zahlen der Kohlenstoffatome des Diamins und der Dikarbonsäure durch zwei Ziffern hinter dem Werkstoffkurzzeichen PA- angegeben, denn ihr Verhältnis bestimmt die physikalischen Eigenschaften des Polyamids.

Beispiel für die Kennzeichnung eines Polyamids

Kunststoffbezeichnung **PA-6,10**

Zahl der C-Atome im Diamin

Zahl der C-Atome in der Disäure

$H_2N—(CH_2)_6—NH_2$

1,6-Diaminohexan

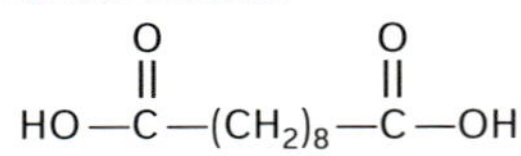

Dekandisäure-(1,10)

Je höher die Zahlen, desto geringer ist die Feuchtigkeitsaufnahme von Polyamiden.
Bei gleichen Zahlen sind Polyamide besonders stark kristallisiert. Darum wird das PA 66 häufig verwendet.

Mechanische und thermische Eigenschaften

Zugfestigkeit	in N/mm^2	60 bis 120
Reißdehnung	in %	40 bis 230
Dichte	in g/cm^3	1,07 bis 1,3
Wärmeausdehnungskoeffizient	in 1/K	0,0001

Chemische Eigenschaften
Polyamide sind chemikalienbeständig, außer gegen Säuren und starke Laugen.

Anwendung im Maschinenbau
Zahnräder, Lüfterräder, Lager, Wälzlagerkäfige, Schrauben, Dübel, Dichtungen, Gehäuse, Griffe, Führungen, Rollen.

Handelsnamen (Beispiele)
Ultramid®, Vestamid®, Durethan®.

Maschinenteile aus PA

2.2.4.3 Aminoplaste

Aminoplaste sind duroplastische Kunststoffe, die durch Polykondensation von Methanal (Formaldehyd)

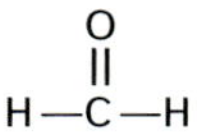

mit Aminoverbindungen entstehen.

Nach den wichtigsten technisch verwendeten Aminoverbindungen können die Aminoplaste in Harnstoffharze und Melaminharze unterteilt werden.

Beispiel für die Polykondensation eines Melaminharzes

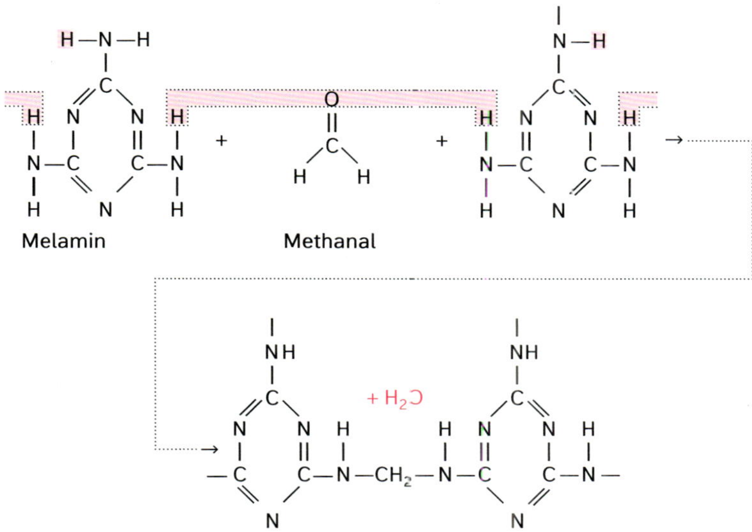

Melaminharze werden häufig für Beschichtungen von Küchenmöbeln verwendet.

2.2.4.4 Phenoplaste

Phenoplaste sind duroplastische Kunststoffe, bekannt als Phenolharze (z. B. Bakelite®). Bei ihnen wird die Bildung des Makromoleküls durch Polykondensation von Phenolen mit Alkanalen (Aldehyden), fast ausschließlich Methanal (Formaldehyd), bewirkt.

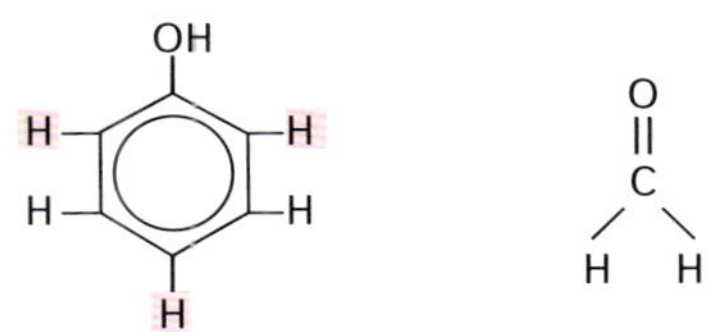

Phenol   Methanal

Kondensationsfähig sind die Wasserstoffatome in *ortho*- oder *para*-Stellung zur OH-Gruppe am Benzolring, also das der OH-Gruppe benachbarte oder gegenüberliegende H-Atom.

Beispiel für die Polykondensation eines Phenolharzes

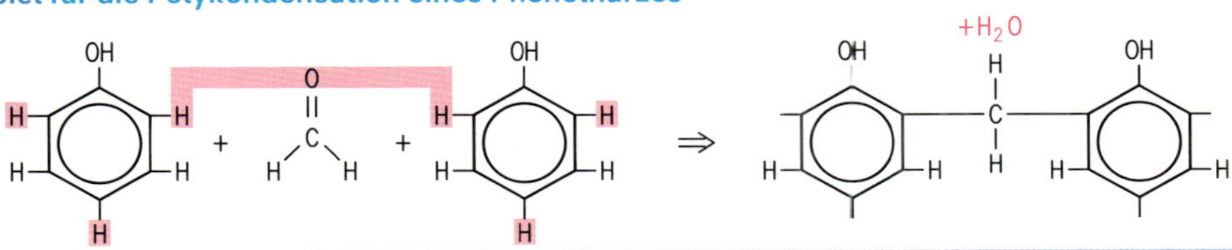

Statt des Phenols können die billigeren 3-Methylphenol oder 3,5-Dimethylphenol verwendet werden, in denen die reaktionsfähigen H-Atome frei liegen.

Phenoplaste werden meist mit Füll- und Verstärkungsstoffen wie zum Beispiel Papier, Textilgewebe, Furnieren und Stoffschnitzel verarbeitet.

2.2.4.5 Übersicht über die Struktur wichtiger Polykondensate

Polykondensate

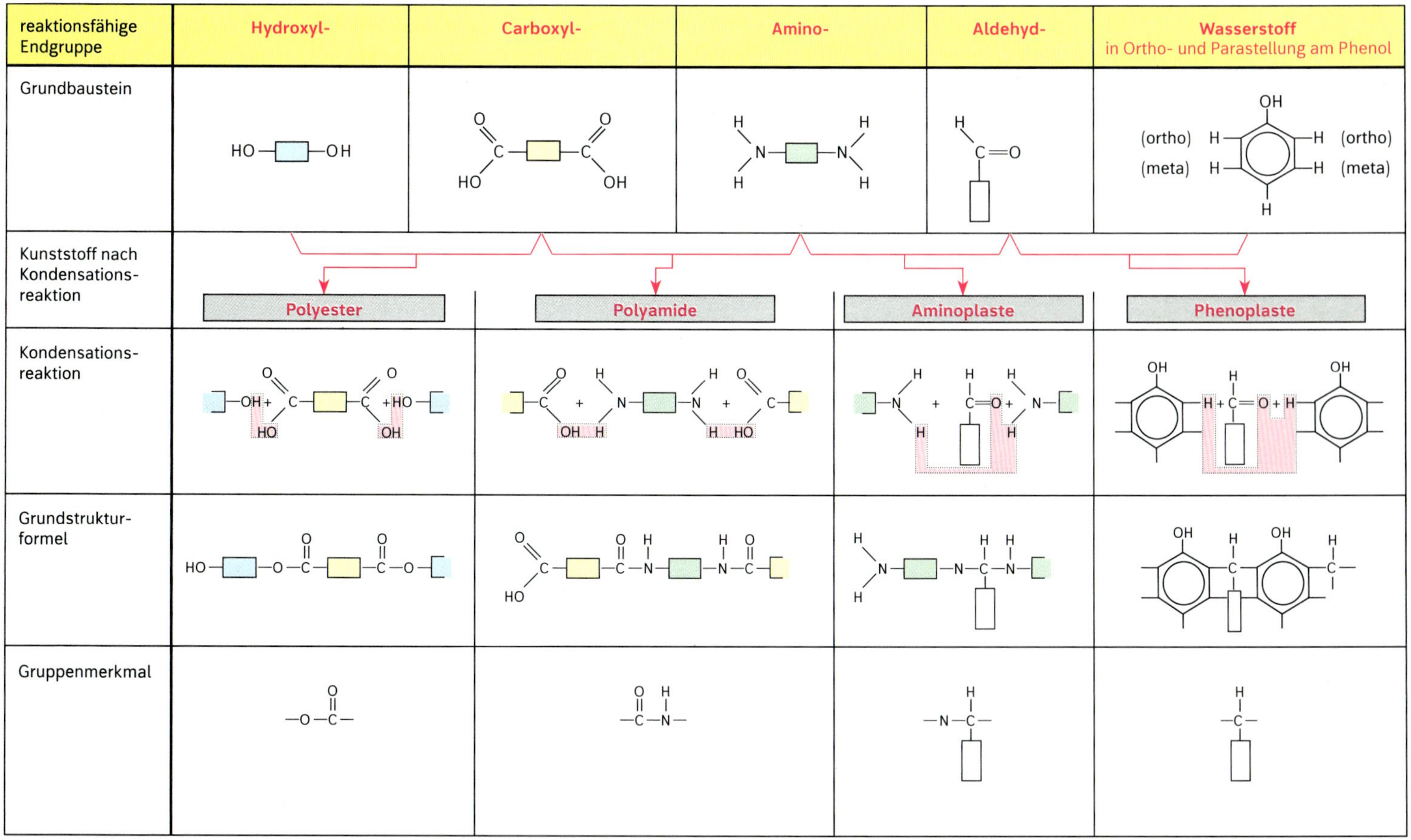

—□— steht für ein Atom oder eine größere Atomgruppe. Nur die Endgruppen der Verbindungen sind in der Strukturformel dargestellt.

2.2.5 Polyaddukte

Die **Polyaddition** ist dadurch gekennzeichnet, dass die freien Valenzen, die zum Aufbau der Makromoleküle aus niedermolekularen, reaktionsfähigen Ausgangsmolekülen erforderlich sind, durch Atomumlagerung meist eines Wasserstoffkernes, eines Protons, entstehen.

2.2.5.1 Polyurethane

Polyurethane entstehen durch Polyaddition hochmolekularer Grundbausteine, die mehrere OH-Gruppen besitzen, mit Di- oder Tri-Isozyanaten. Die reaktionsfähigen Gruppen der einen Komponente können OH-Gruppen von Alkoholen oder linearen Polyestern sein. Bei den Isozyanaten sind die Zyanatgruppen [—N=C=O] reaktionsfähig. Zur Bindung wird das Proton der OH-Gruppe an den Stickstoff der Zyanatgruppe angelagert.

Beispiel für eine Polyaddition eines Polyurethans

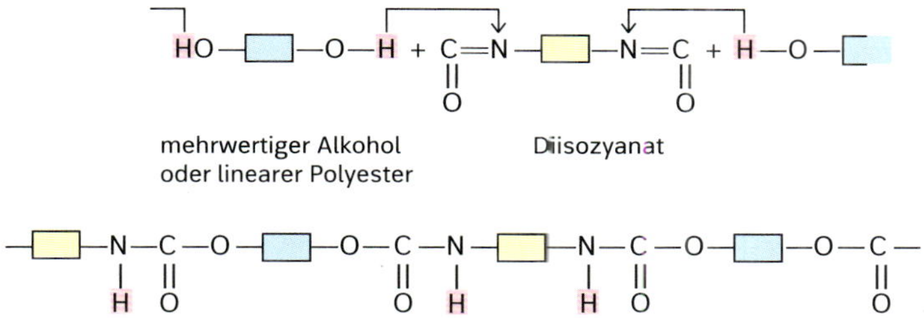

Zur Herstellung von *Polyurethanlacken* (DD-Lack) wird ein Gemisch linearer und verzweigter Polyester (Desmophen®) mit Diisozyanaten (Desmodur®) zur Reaktion gebracht.
Elastische Polyurethane entstehen durch Polyaddition von linearen Polyestern mit Diisozyanaten, die unter Zugabe mehrwertiger Alkohole weitmaschig vernetzen. Durch entsprechende Mischungsverhältnisse ist die Vernetzung von weich-elastisch bis hart-elastisch einzustellen.
Weich-elastische Schaumstoffe dienen als Polstermaterialien, u. a. Handelsname: Moltopren®. Zur Herstellung von *Polyurethan-Schaumstoffen* wird das Reaktionsgemisch so eingestellt, dass über Zwischenreaktionen Gase frei werden (z. B. CO_2), die das Additionsprodukt aufschäumen.

2.2.5.2 Epoxidharze

Epoxidharze sind Kunststoffe, die durch Polyaddition von hydroxylgruppenhaltigen Verbindungen mit Molekülen, die eine Epoxidgruppe enthalten, entstehen. Eine Epoxidgruppe ist durch ein Sauerstoffatom gekennzeichnet, das an zwei Kohlenstoffatomen einer Kette gebunden ist.

Beispiel für die Polyaddition eines Epoxidharzes

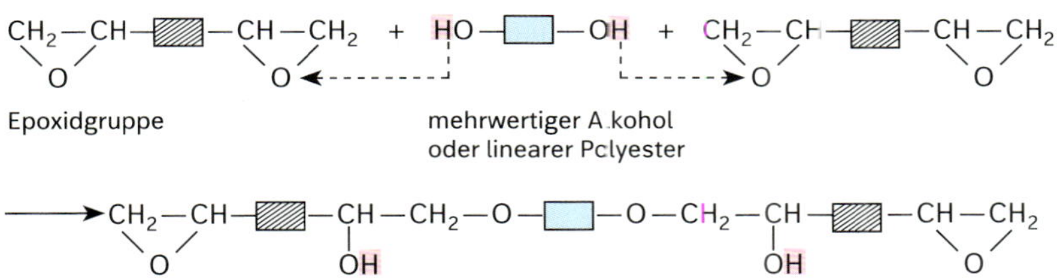

Den Additionsvorgang lässt man bis zu einer relativen Molekülmasse von 3000 laufen. Die Aushärtung erfolgt über Zugabe von Härtern, die mit den Epoxidgruppen an den Enden der Ketten und den OH-Gruppen der Zwischenprodukte vernetzen.

Übersicht und Eigenschaften, Verwendung und Verarbeitung wichtiger Polyaddukte

Kunststoff	Polyurethane/PU	Epoxidharze/EP
Handelsbezeichnung®	Desmodur Moltopren Desmophen Vulkollan	Lekutherm Araldit Epoxin Uhu-Plus
Eigenschaften	lineare Polyurethane: wie Polyamide, sehr alterungsbeständig, schwach vernetzte PU: gummielastisch, höhere Festigkeit als Gummi, hoch verschleißfest	hohe Härte, hohe Zugfestigkeit, nicht schwindend, hohe Haftfähigkeit, sehr gute Chemikalienbeständigkeit, insgesamt ähnlich, aber besser als Polyester, sehr teuer
Verwendung	Dichtungen, Isolierungen gegen Feuchtigkeit, Wärme und elektrischen Strom, Polsterschäume, Kleber, Lacke	ähnlich Polyester (UP), Metallkleber, Lacke
Verarbeitung	Pressen Spritzgießen Gießen Aufschäumen	Gießen Spritzen Auftragen

2.2.6 Klebstoffe auf Kunststoffbasis

2.2.6.1 Dispersionsklebstoffe

Als Dispersion bezeichnet man ein Gemisch, in dem ein Stoff (das Dispersum) feinst verteilt in einem zweiten Stoff (dem Dispersionsmittel) vorliegt.

Dispersionsklebstoffe sind in Wasser dispergierte, wasserunlösliche Polymere. Überwiegend werden eingesetzt:

Polyvinylacetat, Polyvinylpropionat, Polyakrylsäureester sowie verschiedene Mischpolymerisate.

Diese Kleber binden durch Verdunsten des Dispersionsmittels Wasser ab. Darum ist mit diesen Klebern nur ein Verbinden von Werkstoffen möglich, von denen mindestens einer porös ist, sodass ein Abdiffundieren des Wassers möglich ist.

Diese Kleber verwendet man vorwiegend in der holz- und papierverarbeitenden Industrie, und zwar zum Verleimen von Holz und zum Verbinden von Holz mit Kunststoffen sowie zum Verkleben von Kunststoffhartschäumen.

Handelsnamen von Dispersionsklebstoffen sind z. B. Ponal®, EMholz®.

2.2.6.2 Lösungsmittelklebstoffe

Werkstoffe, die durch Lösungsmittel angelöst werden, lassen sich sehr einfach verkleben, dabei werden die Oberflächen der zu verklebenden Bauteile angelöst und anschließend gegeneinandergepresst. Das Abbinden geschieht durch Verdunsten des Lösungsmittels. Bei dieser Art der Verklebung werden allerdings sehr gute Passflächen verlangt. Eine Beeinträchtigung der Festigkeitseigenschaften des Materials durch Eindringen des Lösungsmittels erfolgt ebenfalls, da das Material beim Anlösen aufquillt. Aus diesen Gründen werden keine reinen Lösungsmittel verwendet, sondern Lösungen mit unterschiedlichen Gehalten an gelösten Polymeren.

	Kleber	
zu verklebende Stoffe	Lösungsmittel	Polymer
PVC	Monochlormethan Tetrahydrofuran	PVC
Celluloid	Propanon (Aceton)	Zellulosedinitrat
Polyamide	Alkohol + Wasser	Polyamidharz

2.2.6.3 Schmelzklebstoffe

Schmelzklebstoffe sind nicht vernetzende, schmelzbare Kunststoffe, mit denen die zu verbindenden Teile beschichtet werden. Die Verbindung wird durch Aufschmelzen dieser Harze und anschließendes Erstarren hergestellt. Es ist auch möglich, in Lösungsmitteln gelöste Polymere auf die zu verbindenden Teile aufzutragen, das Lösungsmittel abdampfen zu lassen und anschließend die beiden Kunststofffilme miteinander zu verschweißen. Dieses Verfahren wird hauptsächlich zum Auskleiden von Behältern verwendet.

Schmelzkleber bestehen aus Polyvinylacetat oder Mischpolymeren von Vinylacetat (Ethansäureethylester) und Ethen oder Anteilen an Polyamiden.
Sie werden als Beschichtungskleber im Behälter- und Karosseriebau, für Holz- und Kunststoffverbindungen, in der Schuhindustrie und der industriellen Buchbinderei verwendet.

2.2.6.4 Kontaktklebstoffe

Kontaktkleber werden auf beide zu verklebenden Flächen aufgestrichen. Nachdem das Lösungsmittel im Kleber zum größten Teil abgedampft ist, werden die Klebflächen kurzzeitig zusammengedrückt. Durch die Kohäsion der Klebstoffteilchen entsteht sofort eine feste Klebung.

Als Kontaktkleber für Weich-PVC dienen Copolymere des Acrylnitrils (Propennitril $CH_2{=}CH{-}CN$), die dabei in verschiedenen organischen Lösungsmitteln gelöst sein können.

Kontaktkleber im Schreinereigewerbe (z. B. Pattex®), die zur Verklebung von Schichtpressplatten, Fußbodenplatten u. Ä. verwendet werden, sind Polychlorbutadien – Kunstharzgemische, die in organischen Lösungsmitteln gelöst sind.

2.2.6.5 Reaktionsklebstoffe

Die Reaktionsklebstoffe sind die hochwertigsten Klebstoffe. Bei ihnen folgt der Abbindevorgang durch chemische Verknüpfung.

Es werden unterschieden:
Polymerisationskleber, Polykondensationskleber, Polyadditionskleber.

Bei den **Polymerisationsklebern** erfolgt die Abbindung durch Polymerisation. Überwiegend kommen hier ungesättigte Polyester und Methacrylsäureester zur Anwendung. Polymerisationskleber dienen zur Metallverklebung, Kunststoffklebung sowie zur Klebung gummielastischer Stoffe.

Die **Polykondensationskleber** vernetzen in der Regel durch Wärmeeinwirkung. Ausgangsstoffe sind vorkondensierte Phenolharze, Resorzinharze (Resorzin = 1,3-Dihydroxybenzol), Harnstoffharze und Melaminharze. Sie vernetzen bei der Heißverpressung. Die Polykondensationskleber werden überwiegend zur Verleimung von Sperrhölzern und Spanplatten verwendet.

Die **Polyadditionskleber** ergeben höchste Festigkeitswerte für Klebeverbindungen. Sie werden fast ausschließlich als Zweikomponentensysteme verarbeitet.
Polyurethanklebstoffe härten durch Reaktion von polyfunktionellen Isocyanaten mit hydroxygruppenhaltigen Stoffen aus. Sie dienen zur Metallverklebung, Kunststoffklebung und zum Kaschieren von Kunststofffolien.
Epoxidharze härten durch Anlagerungsreaktionen von Stoffen mit Aminogruppen oder Säureanhydriden an Epoxidgruppen. Diese Epoxidharzklebstoffe erlauben Metallklebungen für höchste Anforderungen (Flugzeug- und Fahrzeugbau) sowie die Verbindung keramischer Werkstoffe und Glas mit Metallen.

2.2.7 Verbundwerkstoffe

2.2.7.1 Einteilung

Durch Kombination verschiedener Werkstoffe kann man optimale Werkstoffeigenschaften erreichen. Verbundwerkstoffe teilt man ein in

- **Durchdringungsverbundwerkstoffe,** bei denen fest zusammenhängende Teilchen, zwischen denen Hohlräume vorliegen, von einem zweiten Stoff durchdrungen werden. Die fest zusammenhängenden Teilchen (Grundwerkstoff) bezeichnet man als Matrix.
- **Teilchenverbundwerkstoffe,** bei denen in einem zusammenhängenden Stoff (Matrix), kleine Teilchen eines zweiten Stoffes eingelagert sind.
- **Faserverbundwerkstoffe,** bei denen Fasern in den Grundwerkstoff (Matrix) eingelagert sind.
- **Schichtverbundwerkstoffe,** bei denen gleichartige oder verschiedenartige Materialschichten miteinander verbunden sind.

Beispiel für die Struktur und die Verwendung von Verbundwerkstoffen

Durchdringungsverbund | **Teilchenverbund** | **Faserverbund** | **Schichtverbund**

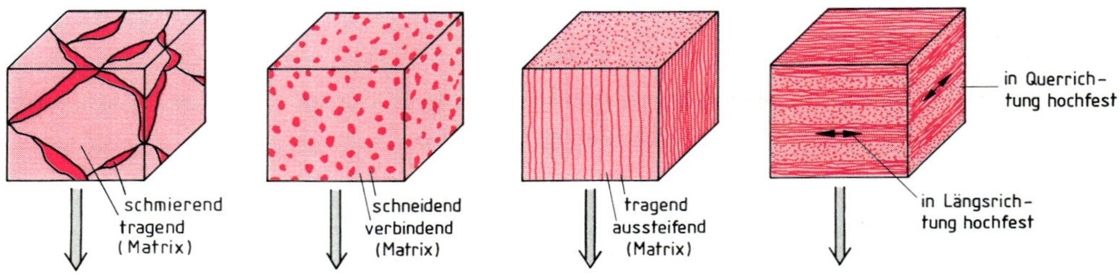

Tränkwerkstoffe
- getränkte Sinterwerkstoffe
- Lagerwerkstoffe

Schneidstoffe
- Hartmetalle
- Schleifscheiben

Konstruktionswerkstoffe
- Faserverstärkte Werkstoffe
- Stahlbeton

Platten (Halbzeug)
- Sperrholz
- Schichtpapier
- Damaszenerstahl

> Verbundwerkstoffe kombinieren die Eigenschaften der Grundwerkstoffe.
> Man unterscheidet:
> - Durchdringungsverbundwerkstoffe,
> - Teilchenverbundwerkstoffe,
> - Faserverbundwerkstoffe,
> - Schichtverbundwerkstoffe.

2.2.7.2 Aufbau

• Durchdringungsverbundwerkstoffe

Durchdringungsverbundwerkstoffe werden häufig als Lagerwerkstoffe eingesetzt. Dabei erzeugt man durch Sintern eine poröse Matrix, welche die Aufgabe des Tragens übernimmt. Der zweite Werkstoff, das Schmiermittel, wird durch Tränken in die Poren des Grundwerkstoffs eingebracht.

• Teilchenverbundwerkstoffe

Teilchenverbundwerkstoffe werden bevorzugt in der Fertigungstechnik als Schneidwerkstoffe eingesetzt. Dabei bindet eine weiche und zähe – meist auch preiswertere – Matrix (Grundwerkstoff) harte Teilchen des Schneidstoffs.

• Faserverbundwerkstoffe

Faserverbundwerkstoffe haben in der Luftfahrttechnik erhebliche Bedeutung erlangt und gewinnen im Maschinen- und Kraftfahrzeugbau dort Bedeutung, wo Bauteile mit geringer Masse und hoher Festigkeit gefordert werden.

Die Verstärkerfaser in einem Faserverbundwerkstoff muss zwei Bedingungen erfüllen, wenn sie ihre Aufgabe optimal erfüllen soll:

- Sie muss höhere Streckgrenze und Festigkeit als die zu verstärkende Matrix aufweisen.
- Sie muss weniger elastisch als die Matrix sein, damit bei der Dehnung des Werkstoffs infolge der Belastung die Faser die Last aufnimmt und die Matrix nur unwesentlich belastet wird.

Die zweite Bedingung wird nicht von allen Werkstoffkombinationen erfüllt. So ist z. B. Beton weniger elastisch als der verstärkende Stahl – bei Zugbelastung reißt darum der Beton vielfach, ehe der Stahl nennenswert beansprucht wurde.

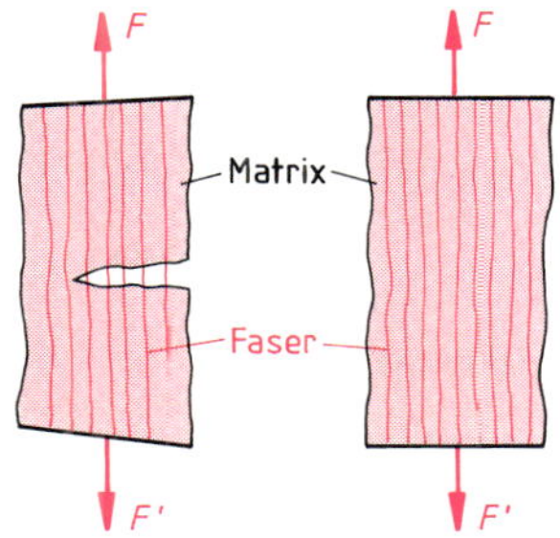

Werkstoffverhalten bei höherer Elastizität der Verstärkungsfaser, z. B. bei Stahl in Beton

Werkstoffverhalten bei höherer Elastizität der Matrix, z. B. Stahl in Gummi

Bei Faserverbundwerkstoffen muss
- die Verstärkungsfaser höhere Festigkeit als die Matrix haben und
- die Matrix elastischer als der Werkstoff der Verstärkungsfaser sein.

Die Festigkeit ist in Faserrichtung am höchsten. Es sind daher hohe Zugfestigkeiten nur zu erreichen, wenn die Fasern in Beanspruchungsrichtung ausgerichtet sind.
Entsprechend der Faserrichtung unterscheidet man:

Stränge eine Richtung (unidirektional) | **Gewebe** zwei Richtungen (bidirektional) | **Matten** viele Richtungen (multidirektional)

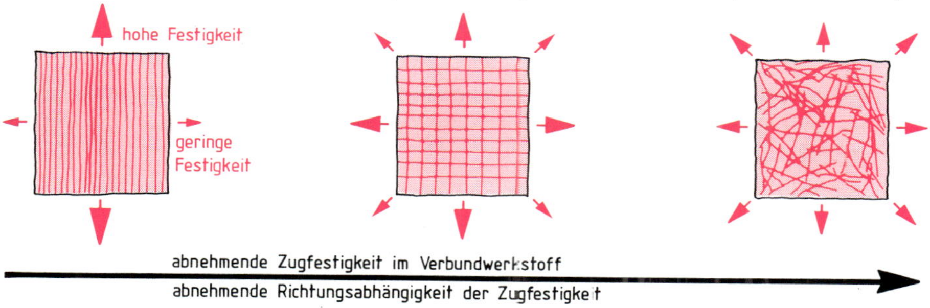

Als Faserverbundwerkstoffe verwendet man im Maschinenbau und in der Luftfahrttechnik hauptsächlich Kunststoffe, die mit Glas-, Kohlenstoff- oder hochfesten Kunststofffasern verstärkt sind.

Glasfaserverstärkte Kunststoffe (GFK)

Glasfaserfäden haben etwa 10 µm Durchmesser und eine Zugfestigkeit von 3000 N/mm². Die Bruchdehnung ist mit 2 % gering. Die Fasern werden durch Ziehen aus der Schmelze hergestellt. 20 bis 60 Fäden fasst man zu einem Spinnfaden zusammen, der wie Textilfaser verarbeitet wird. Für Matten werden die Spinnfäden in etwa 50 mm lange Teilstücke geschnitten.
Als Matrixwerkstoff dient meist ungesättigter Polyester (siehe Kapitel *„Kunststoffe“*).

Kohlenstofffaserverstärkte Kunststoffe (CFK)

Man erzeugt Kohlenstofffasern durch Erhitzen und Umwandeln von langkettigen Kunststoffmolekülen. Bei Kohlenstofffasern können Zugfestigkeiten bis zu 20 000 N/mm² erreicht werden. Die Zugfestigkeit nimmt jedoch mit steigendem Faserdurchmesser ab. Die Bruchdehnung ist ebenso wie bei Glasfasern mit 2 % sehr gering.
Als Matrixwerkstoffe verwendet man meist Epoxidharze (siehe Kapitel *„Kunststoffe“*).

In faserverstärkten Kunststoffen verwendet man als Matrix Polyester oder Epoxidharze. Als Verstärkungsfaser verwendet man Glasfasern, Kohlenstofffasern oder hochfeste Kunststofffasern.

2.2.8 Kohlenstofffasern

Kohlenstofffasern sind vor allem hochwertige Verstärkungsstoffe im Verbund mit Kunststoffen (z. B. Epoxidharzen), Metallen und mineralischen Vergussmassen.
Kohlenstofffasern stellen nahezu *fehlerfreie Einkristalle aus reinem Kohlenstoff* dar. Sie weisen die Struktur des Grafits auf, die dieser in einer Schichtebene besitzt.

Eigenschaften		Richtungen ↔	Richtungen ↕
Dichte	[g/cm³]	2,266	
Elastizitätsmodul	[kN/mm²]	~ 1 200	~ 35
Spez. elektr. Widerst.	[μΩ/cm]	50	1 000 000
Wärmeleitfähigkeit	[W/mK]	> 407	~ 81
Wärmeausdehnung, linear	[10^{-6}/°K]	– 1,5	+ 28,6

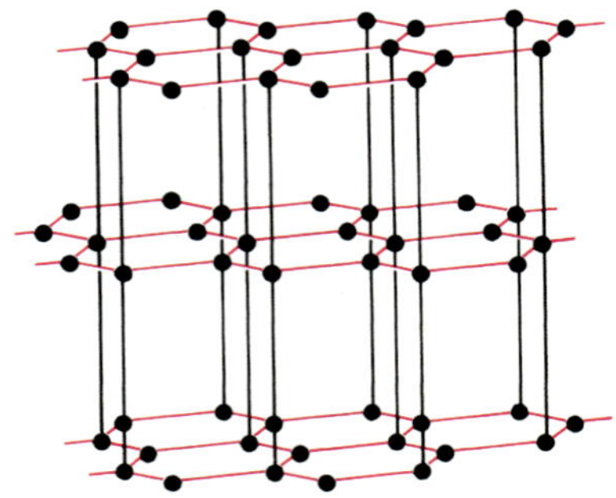

Aufbau und Eigenschaften des Grafiteinkristalls in verschiedenen Richtungen

Kennzeichnende Eigenschaften der Kohlenstofffasern sind:

- hochfest,
- elastisch bis zum Bruch bei hohem E-Modul,
- temperaturbeständig bis 2500 °C,
- sehr geringe Dichte,
- korrosionsbeständig (außer gegen starke Oxidationsmittel),
- gut elektrisch und wärmeleitend.

Kohlenstofffasern werden aus ausgewählten organischen Fasern durch thermischen Abbau hergestellt. Die Eigenschaften der späteren Kohlenstofffasern werden dabei von der Qualität und Art der Ausgangsfaser und dem Herstellungsprozess geprägt.

Die Herstellung der Fasern geschieht in drei Stufen:

1. Verfahrensstufe: Stabilisieren
Die Fasern werden gereckt und chemisch vorbehandelt.

2. Verfahrensstufe: Carbonisieren (300 bis 1 500 °C)
Es erfolgt der thermische Abbau der Ausgangsfaser zu einer Kohlenstofffaser.

3. Verfahrensstufe: Grafitisieren (1 500 bis 3 000 °C)
Durch eine Hochtemperaturbehandlung wird ein höherer Ordnungsgrad der Kohlenstoffatome in der Faser erzielt und damit die Festigkeit gesteigert.

Beispiel für die Erzeugung von Kohlenstofffasern aus Polyacrylnitril-Fasern

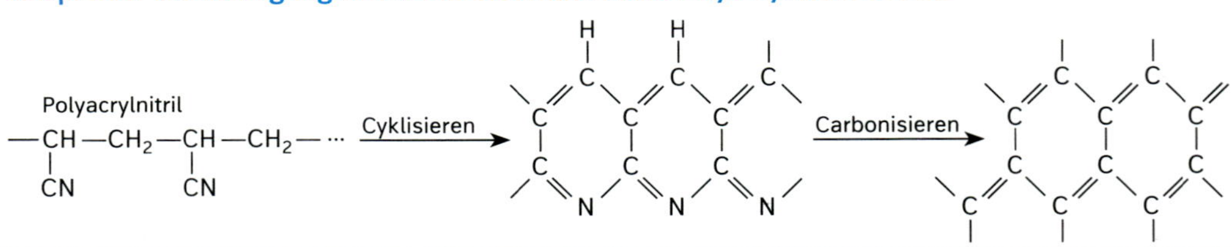

Kohlenstofffasern erreichen die theoretisch zu erwartenden Festigkeits- und Elastizitätswerte wegen innerer Baufehler nicht. Die praktisch erzielbaren Werte übertreffen jedoch die Festigkeitswerte von Stahl erheblich. Es werden Zugfestigkeiten von ca. 3000 N/mm² bei einem E-Modul von etwa 250000 N/mm² erreicht – die Bruchdehnung liegt jedoch etwa um 2 %.

Aufgaben zu 2.2 Kunststoffe (Plaste)

Vollsynthetische Kunststoffe

1. Erklären Sie den Begriff Polymerisation.
2. Welche Struktur müssen niedermolekulare Stoffe haben, damit sie polymerisationsfähig sind?
3. Was versteht man unter Polymerisationsgrad $n = 3000$?
4. Wodurch kann der Polymerisationsgrad beeinflusst werden?
5. Dies sind die Strukturformeln einer PVC-Kette mit Anfang und Ende sowie die Monomere:

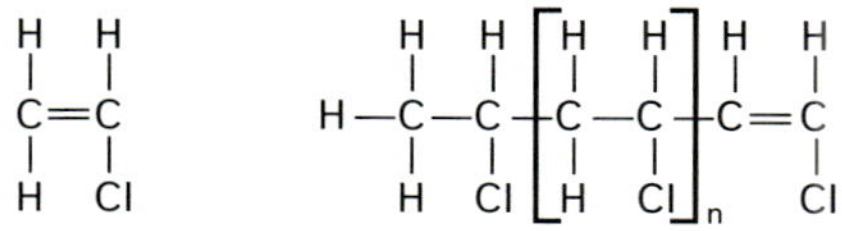

   Zeichnen Sie entsprechend die Schemata des Polypropylens und des Polystyrols.
6. Ergänzen Sie folgende Tabelle:

Kurzzeichen	PE	?	?	–	PVDC
Bezeichnung des Kunststoffes	?	Polyvinyl-chlorid	?	Poly-butadien	?
Bezeichnung der Monomere	?	?	Phenylethen	?	?

7. Erklären Sie den Unterschied zwischen Polymerisation und Polykondensation.
8. Welche Kunststoffe entstehen durch Polykondensation von Ausgangsstoffen mit folgenden reaktiven Endgruppen?

Reaktive Endgruppen		Kunststoff
Aminogruppe	Aldehydgruppe	?
Hydroxylgruppe	Carboxylgruppe	?
Carboxylgruppe	Aminogruppe	?

9. Zeichnen Sie das Schema eines linearen Polyesters aus Butandikarbonsäure-(1,4) und Ethandiol.
10. Zum Bau von Booten wird ungesättigter, in Styrol gelöster Polyester verarbeitet. Beschreiben Sie die Aushärtung.
11. **a)** Was bedeutet PA-6,6?
    b) Zeichnen Sie die Grundstrukturformel eines Gliedes des PA-6,6.
12. Erklären Sie den Unterschied zwischen Polyaddition und Polymerisation.
13. Nennen Sie die additionsfähigen Ausgangsprodukte für Polyurethane.
14. Erklären Sie, warum lineare Polyester zur Bildung von Polyurethanen eingesetzt werden können?

Kunststoffklebstoffe

15. Unterscheiden Sie Dispersions- und Lösungsmittelklebstoffe.
16. Warum lassen sich Metalle nicht mit Dispersionsklebern aufeinanderkleben?
17. Vergleichen Sie Lösungsmittel- und Schmelzkleber.
18. Warum eignen sich gerade die Reaktionskleber gut für die Metallverklebung?
19. Warum sind Lösungsmittelklebstoffe zum Kleben von Polystyrolhartschäumen (z. B. Styropor®) ungeeignet?

2.3 Schmierstoffe

2.3.1 Grundlagen

Durch Reibungsarbeit geht an Maschinen und Geräten ein erheblicher Teil an Energie verloren. Außerdem wird Verschleiß an den Bauteilen verursacht. Die Reibung und den Verschleiß zu senken, ist Aufgabe der Schmierstoffe.

In erster Linie muss die **trockene Reibung** vermieden werden. Sie entsteht, wenn die Gleitflächen unmittelbar aneinander reiben.

Dagegen wird bei **flüssiger Reibung** die Last aufeinander gleitender Teile durch einen Schmierfilm getragen. Dieser Schmierfilm kann durch Öle und Fette gebildet werden.

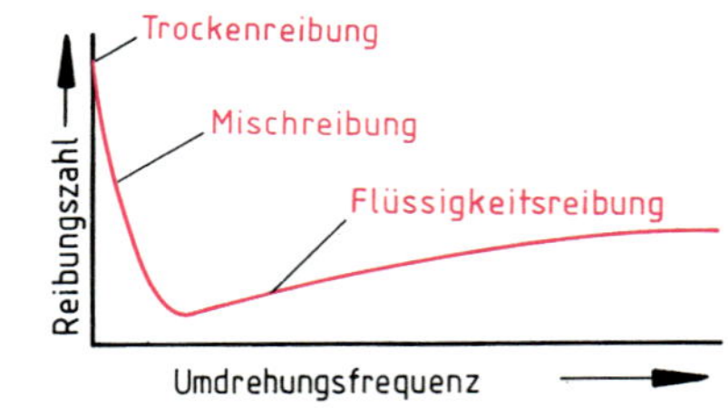

Abhängigkeit der Reibungszahl von der Umdrehungsfrequenz

Viskosität

Die wichtigste und kennzeichnende Eigenschaft eines Schmierstoffes ist seine Viskosität, seine Zähflüssigkeit. Sie bestimmt die Tragfähigkeit eines Schmierstoffes.
Gleiten zwei Werkstückflächen mit einer Schmierstoffzwischenschicht aufeinander, so findet eine Relativbewegung nur zwischen den Schmierstoffmolekülen statt. Zwischen dem festen Körper und der unmittelbar angrenzenden Flüssigkeit tritt keine Bewegung und damit keine Reibung auf. Um die Bewegung zwischen den Schmierstoffteilchen zu erzwingen, ist eine Kraft notwendig. Weil die Gegenkraft dazu im Innern der Flüssigkeit entsteht, wird diese Reibungskraft **innere Reibung** genannt.

Die innere Reibungskraft ist (im Gegensatz zur äußeren Reibung) vom Geschwindigkeitsgefälle $\frac{dv}{dl}$, das senkrecht zur Gleitebene herrscht, sowie von der Größe der sich berührenden Flächen abhängig.

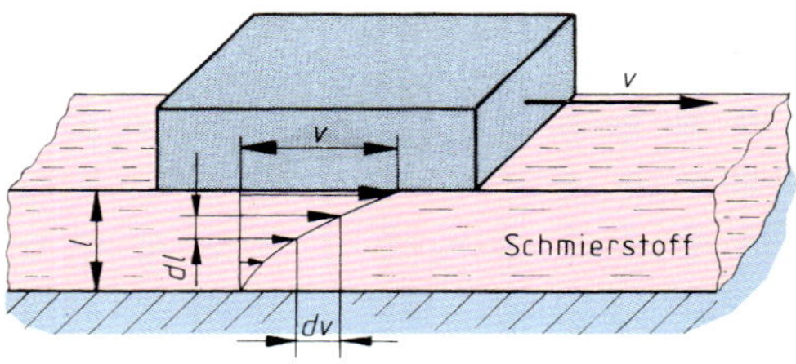

$$F = \eta \cdot A \cdot \frac{dv}{dl}$$

- F innere Reibungskraft
- A Gleitfläche
- η dynamische Zähigkeit
- $\frac{dv}{dl}$ Geschwindigkeitsgefälle
- l Dicke der Gleitschicht
- v Gleitgeschwindigkeit

Der Proportionalitätsfaktor η ist die **dynamische Viskosität** oder *dynamische Zähigkeit*. Die dynamische Viskosität wird in Pascalsekunden angegeben:

$$1 \text{ Pa s} = 1 \ \frac{\text{Ns}}{\text{m}^2} = 1 \ \frac{\text{kg}}{\text{s} \cdot \text{m}}.$$

Die Zähigkeit gibt damit zahlenmäßig an, welche Kraft notwendig ist, um in einer Flüssigkeitsschicht von 1 m^2 Fläche und 1 m Höhe die obere gegen die untere Schicht mit einer Geschwindigkeit von 1 m/s zu bewegen.

Die **kinematische Viskosität** ist das Verhältnis von dynamischer Viskosität zur Dichte des Öles. Sie wird in mm^2/s angegeben.

Die Wahl der Viskosität eines Schmiermittels hängt von den Betriebsbedingungen ab. Hohe Viskosität des Schmiermittels ist bei hoher Lagerbelastung, niedriger Umdrehungsfrequenz, grober Bearbeitung, großem Spiel und hoher Temperatur erforderlich. Die Viskosität selbst wird durch steigenden Druck und sinkende Temperatur erhöht.

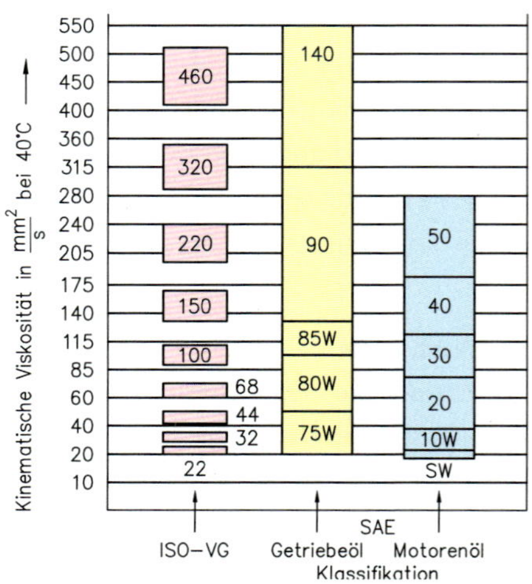

Vergleich der kinematischen Viskosität wichtiger Ölklassen

2.3.2 Flüssige Schmierstoffe

Flüssige Schmierstoffe können aus Mineralölen, durch Synthese und aus pflanzlichen und tierischen Rohstoffen gewonnen werden.

2.3.2.1 Mineralöle

Bereits bei der Destillation des Erdöls fallen im Bereich von 350 °C bis 500 °C Schmieröle an. Diese können unter Vakuum weiter getrennt werden. Sie sind nach Entfernung der noch höher siedenden Bestandteile (Entparaffinierung) bereits gebrauchsfertige Öle für untergeordnete Beanspruchungen.

Das Destillat enthält jedoch noch schädliche Bestandteile, die unter Einwirkung von Wärme, Sauerstoff sowie katalytisch wirkenden Metallen, harz- und asphaltartige Produkte sowie organische Säuren bilden. Darum wird das Öl mit Schwefelsäure behandelt, welche mit den Schadstoffen reagiert. Anschließend werden Säurereste neutralisiert.

Durch Zulegieren von Wirkstoffen, sogenannter Additive, wird die Schmierwirkung weiter verbessert. So werden Metallsalze zugesetzt, damit das Öl Verbrennungsrückstände besser in Lösung halten kann. Damit der Ölfilm eine größere Tragfähigkeit erhält, werden Schwefelverbindungen zulegiert.

HD-Öle (Heavy-Duty) sind legierte Öle für Verbrennungsmotoren. Sie sind durch Additive sehr oxidationsstabil und bieten Korrosionsschutz für Lager.

Die Industrieöle werden nach ISO in 18 Klassen unterteilt. Die ISO-Klassifikation wird in Viskositätsgraden (ISO-VG) angegeben. Sie ist zahlenmäßig an der Viskosität bei 40 °C orientiert.

> Mineralöle gewinnt man aus Erdöl durch Destillation und anschließende Reinigung sowie Zugabe von Additiven.
> Industrieöle werden nach ISO in 18 Klassen gegliedert.
> Die Klassifikationsnummer bezieht sich auf die kinematische Viskosität in mm^2/s bei 40 °C.

2.3.2.2 Synthetische Flüssigschmierstoffe

Synthetische Flüssigschmierstoffe werden aus einfachen einheitlichen Kohlenstoff-Wasserstoff-Verbindungen oder Silizium-Verbindungen durch chemische Synthese aufgebaut. Deshalb sind diese Flüssigschmierstoffe in ihrem chemischen Aufbau besonders einheitlich und völlig frei von schädlichen Beimengungen. Synthetische Flüssigschmierstoffe zeichnen sich durch eine nahezu gleichbleibende Viskosität in einem großen Temperaturbereich aus. Darüber hinaus sind sie schwer entflammbar und beständig gegen Säuren und Laugen. Man verwendet sie außer zur Schmierung auch als hochwertige Hydrauliköle.

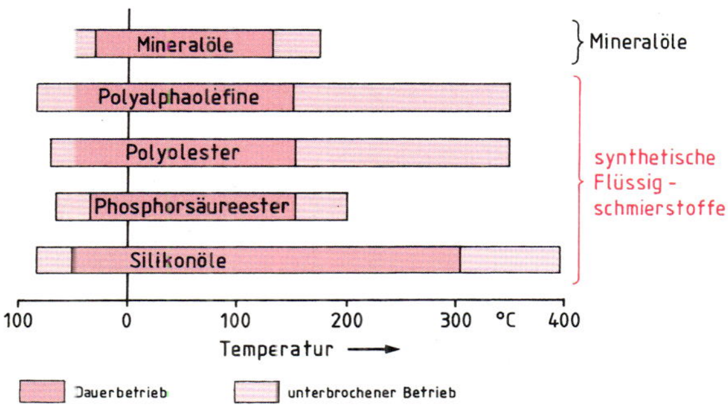

Temperatur-Einsatzgrenzen von Schmierstoffen

Neben den Flüssigschmierstoffen aus reinen Kohlenwasserstoffen werden auch phosphorhaltige Kohlenwasserstoffe und Silikone als synthetische Schmierstoffe verwendet.
Synthetische Flüssigschmierstoffe und Mineralöle dürfen nicht miteinander vermischt werden.

> Synthetische Flüssigschmierstoffe werden aus einfachen Verbindungen synthetisch aufgebaut. Sie sind einheitlich im Aufbau und frei von schädlichen Beimengungen, aber teurer als Mineralöle.

2.3.2.3 Kühlschmierstoffe

Bei der Zerspanung gleitet der Span über die Spanfläche des Werkzeuges. Gleichzeitig tritt Reibung zwischen den Schneidkanten des Werkzeuges und dem Werkstück auf. Durch die hohen Kräfte, die nur auf eine relativ kleine Fläche des Werkzeuges wirken, entstehen hohe Reibungskräfte. Diese bewirken Verschleiß und gleichzeitig starke Erwärmung der Schneidkanten. Zusätzlich erfolgt eine Erwärmung durch die ebenfalls geleistete Verformungsarbeit am Span. Dabei kann durch Verschweißung von Spanteilen und Werkzeugschneide eine Aufbauschneide entstehen, durch die die Oberflächengüte des Werkstücks herabgesetzt wird.
Durch Kühlschmierstoffe sollen Kühlung und Schmierung bewirkt werden. Man unterscheidet **nicht wassermischbare Kühlschmierstoffe** und **wassermischbare Kühlschmierstoffe.**

- **Nicht wassermischbare Kühlschmierstoffe**

Nicht wassermischbare Kühlschmierstoffe werden häufig auch als Metallbearbeitungsöle (Schneidöl, Honöl u. a.) bezeichnet. Sie bestehen aus Mineralöl mit Zusätzen und werden eingesetzt, wenn die Schmierung im Vordergrund steht. Ferner finden sie Verwendung auf Automaten, die mit einem **Einheitsöl** arbeiten, das gleichzeitig für die Hydraulik, die Maschinenschmierung und die Zerspanung eingesetzt wird.

Die wichtigste Eigenschaft von nicht wassermischbaren Kühlschmierstoffen ist die Viskosität. Je höher die Viskosität, desto zähflüssiger ist ein Öl. Für den Zerspanungsbereich liegt die kinematische Viskosität der Öle bei 40 °C etwa zwischen 2 mm^2/s (Honöle) bis 45 mm^2/s (für schwerste Zerspanungsarbeiten). Am häufigsten werden Öle im Viskositätsbereich von 20 bis 35 mm^2/s angewendet.
Die Erhöhung der Viskosität eines Kühlschmierstoffs ergibt folgende Eigenschaftsänderungen:

- Die Wärmeleitfähigkeit wird geringer.
- Die Nebelbildung beim Zerspanen nimmt ab.
- Der Austrag von Kühlschmierstoffen mit den Spänen nimmt zu.
- Der Spantransport wird durch Verkleben der Späne erschwert.
- Die Entflammbarkeit nimmt ab.

Man verwendet deshalb Kühlschmierstoffe mit hoher Viskosität bei großen Bauteilen, beim Zerspanen mit niedrigen Schnittgeschwindigkeiten, bei großen Spanquerschnitten und bei unterbrochenem Schnitt.

> Bei nicht wassermischbaren Kühlschmierstoffen steht die Schmierung im Vordergrund. Darum werden hier Mineralöle mit Zusätzen verwendet.

- **Wassermischbare Kühlschmierstoffe**

Wassermischbare Kühlschmierstoffe werden wegen der guten Kühlwirkung und vor allem wegen des günstigen Preises am häufigsten eingesetzt. Sie werden vom Hersteller als Konzentrat geliefert und vom Anwender mit Wasser entsprechend den Herstellerangaben verdünnt. Die meisten dieser Konzentrate sind Gemische von Öl, fettlösenden Stoffen und weiteren Zusätzen. Im fertigen Zustand enthalten Kühlschmierstoffe 2 % bis 10 % Konzentrat.

Wichtigste Bestandteile der Konzentrate sind Stoffe, die dafür sorgen, dass die öligen Bestandteile in feinster Verteilung im Wasser gehalten werden können. Man nennt solche Stoffe **Emulgatoren.** Dies sind seifenartige chemische Verbindungen, die aus kettenförmigen Molekülen bestehen. Diese Moleküle weisen ein „Fett liebendes“ und ein „Wasser liebendes“ Ende auf. Im wassermischbaren Kühlschmierstoff lagern sich die Emulgatormoleküle um die Öltröpfchen und verhindern so eine Vereinigung der Tröpfchen zu größeren Öltropfen, die im Wasser aufsteigen und damit den Kühlschmierstoff entmischen können.

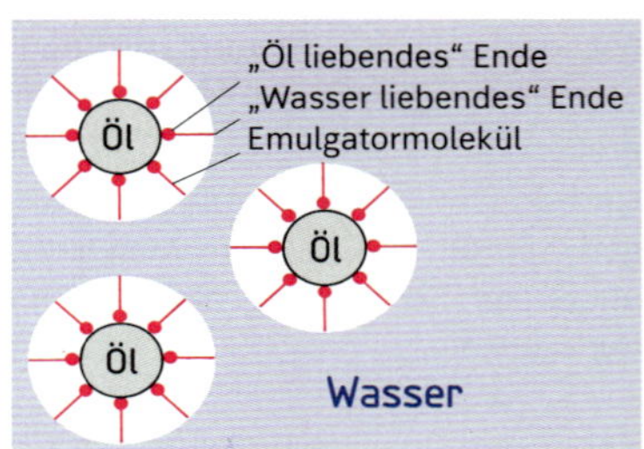

Wirkung des Emulgators

Weitere Zusätze in Konzentraten für wassermischbare Kühlschmierstoffe sind korrosionshemmende Stoffe, Hochdruckzusätze (EP-Zusätze), Antischaummittel sowie bakterien- und pilztötende Zusätze (Biozide).

> Wassermischbare Kühlschmierstoffe enthalten 2 % bis 10 % ölhaltiges Konzentrat und 90 % bis 98 % Wasser. Der Emulgator bestimmt besonders die Eigenschaften des Kühlschmierstoffes.

2.3.3 Schmierfette

Schmierfette sind Öle, die in feinster Verteilung „Seifen“ enthalten. Diese Seifen bilden ein Gerüst, das dem Öl innere Festigkeit gibt.

Seifen sind Salze höherer Alkansäuren. Für die Schmierfettherstellung werden die Lithium-, Natrium-, Kalium- und Kalziumsalze solcher Alkanmonosäuren (Fettsäuren) verwendet. Die Art der Seife bestimmt entscheidend das Verhalten der Fette.

Kalziumverseifte (kalkverseifte) Fette sind wasserabweisend und wenig kälteempfindlich. Es tritt jedoch schon bei etwa 80 °C eine Trennung von Öl und Seife ein, durch die das Fett zersetzt wird. Zu diesen Schmierfetten gehört das Staufferfett.

Natrium- und *kaliumverseifte* Fette nehmen Wasser auf und büßen in der Kälte Schmierwirkung ein, sie sind aber für höhere Temperaturbeanspruchung geeignet.

Lithiumverseifte Fette haben die Vorteile sowohl der kalkverseiften als auch der natriumverseiften Fette.

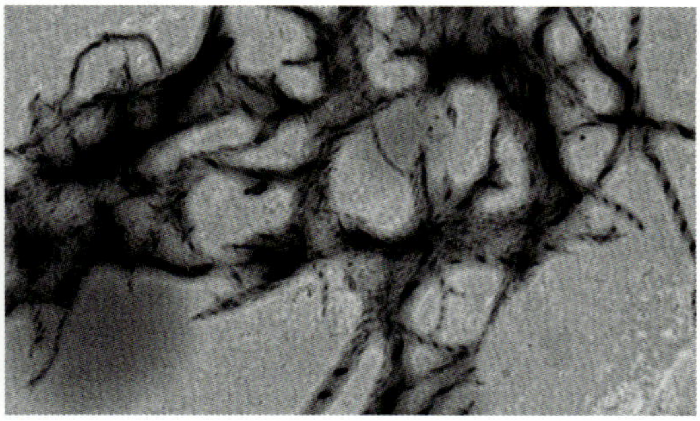

Elektronenmikroskopische Aufnahme eines Schmierfettes

Klassifizierung der Schmierfette nach der Konsistenz

Konsistenzklassen	Konsistenz	Verwendung
000 00 0	ähnlich sehr dickem Öl halb fließend sehr weich	Getriebefette
2 3 4	salbenartig beinahe fest fest	Wälzlagerfette Gleitlagerfette Gleitlagerfette
5 6	sehr fest sehr fest	Blockfette

Schmierfette bestehen aus Mineralöl und einem Eindickmittel (Seifen) sowie Additiven.
Die Art der Seifen bestimmt stark das Verhalten des Fettes gegenüber Wasser.

Aufgaben zu 2.3 Schmierstoffe

1. Was versteht man unter dem Begriff Viskosität?
2. Erklären Sie die Abhängigkeiten der äußeren Reibungskraft ($F_R = \mu \cdot F_N$) und der inneren Reibungskraft $\left(F = \eta \cdot A \cdot \frac{dv}{dl}\right)$ von beanspruchter Fläche, Geschwindigkeit der Bewegung, Auflast, Material der Gleitflächen.
3. Geben Sie an, in welchen Fällen eine niedrige Viskosität eines Schmierstoffes zu wählen ist:
   hohe Umdrehungsfrequenz,
   hohe Temperatur,
   kleines Spiel,
   hohe Lagerbelastung.
4. Was versteht man in der Schmierstofftechnik unter:
   Additiven,
   HD-Öl,
   synthetischen Ölen?
5. Welche Bedeutung haben die Kühlung und die Schmierung bei der spanabhebenden Bearbeitung?
6. Wassermischbare und nicht wassermischbare Kühlschmierstoffe haben unterschiedliche Aufgaben. Nennen Sie diese.
7. Erklären Sie den Aufbau eines Schmierfettes.
8. Welche Vor- und Nachteile weisen kalziumverseifte Fette gegenüber natriumverseiften Fetten auf?

Dritter Themenkreis: Werkstoffprüftechnik

Handlungsfeld: Eigenschaften von Werkstoffen prüfen

Problemstellung

Schadensfall

Konstrukteur
→ Festigkeitskennwerte u. a.

Produzent
→ Güte der Produktion

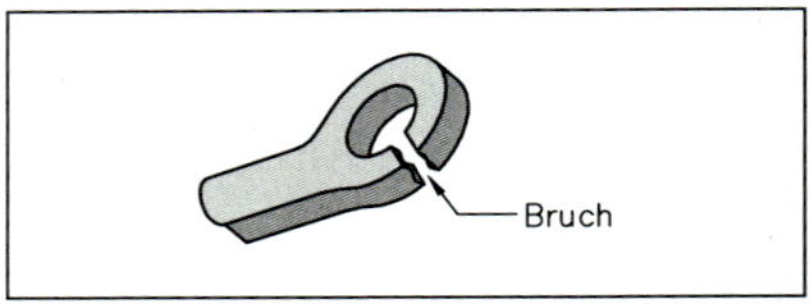

Nutzer
→ Untersuchung von Schadensfällen

Recycler
→ Recyclingfähigkeit

Analysieren

Aufgabenstellung:
Ermittlung der Eigenschaften bzw. Ursachen für die Notwendigkeit der Untersuchung

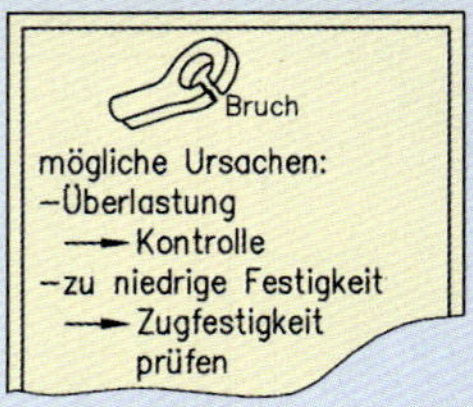

Ergebnis:
Untersuchungsziel

Vorbereiten der Prüfung

Vorgaben:
- Versuchsvorschriften (DIN ISO, VDI-Richtl. ...)
- Vereinbarungen zu Probenvorbereitung
  - Probennahme
  - Probenherstellung

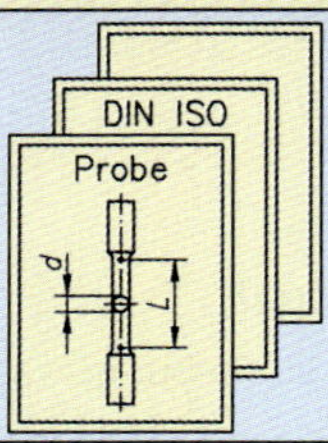

Ergebnis:
- Proben
- Daten zu Versuchsdurchführung
- aufzunehmende Daten
- Protokollentwurf

Versuch durchführen

Ablauf:
- Probe einsetzen
- Prüfgerät einrichten
- Prüfung durchführen
- Daten protokollieren

Ergebnis:
- Kennwerte
- Prüfprotokoll

Versuch auswerten

- Soll-Ist-Vergleich durchführen
- Ergebnis beurteilen

Prüfverfahren

Damit die verschiedenen Eigenschaften der Werkstoffe erfasst werden können, sind Prüfverfahren entwickelt worden.

- **Mechanische Prüfverfahren** dienen der Ermittlung von Festigkeitskennwerten des Werkstoffs. Besonders wichtig unter diesen Prüfverfahren sind die Prüfung der Zugfestigkeit und der Härte.
- **Technologische Prüfverfahren** dienen zur Ermittlung des Werkstoffverhaltens bei der Verarbeitung. Wichtige technologische Prüfverfahren sind die Verfahren zur Prüfung der Umformbarkeit.
- **Metallografische Prüfverfahren** geben Auskunft über das Gefüge der Werkstoffe.
- **Zerstörungsfreie Prüfverfahren** dienen zur Fehlersuche an fertigen Werkstücken.

1 Mechanische Prüfverfahren

1.1 Zugversuch (metallische Werkstoffe) DIN EN ISO 6892

1.1.1 Versuchsdurchführung

Der Zugversuch nach DIN EN ISO 6892 ist einer der wichtigsten Versuche zur Prüfung von Metallen. Man ermittelt im Zugversuch das Werkstoffverhalten unter Zugbeanspruchung. Dabei werden als wichtige Werkstoffkennwerte die Zugfestigkeit, die Streckgrenze und die Dehnbarkeit des Werkstoffs festgestellt.
Proben für den Zugversuch können beliebigen Querschnitt haben, müssen aber ein bestimmtes Verhältnis von Anfangsmesslänge zu Anfangsquerschnitt aufweisen:

$$L_0 = 5{,}65 \cdot \sqrt{S_0}$$

Am häufigsten werden Rund- und Flachproben verwendet.
Ausschnitte aus dickwandigen Werkstücken und Gussteilchen werden zu Rundproben gedreht. Aus Blechen werden Flachproben gefertigt.

Für die Probenabmessung gilt:

- Rundproben $L_0 = 5 \cdot d_0$
- Flachproben $L_0 = 5 \cdot 1{,}13 \cdot \sqrt{S_0}$

d_0 Anfangsdurchmesser
L_0 Anfangsmesslänge
S_0 Anfangsquerschnitt

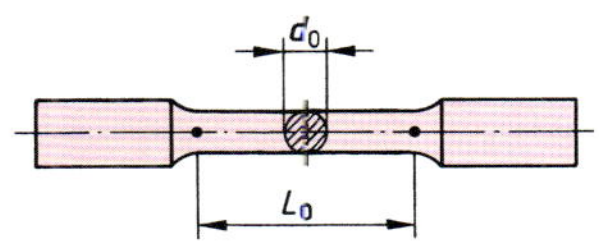

Diese Werkstoffproben werden auf einer Zugprüfmaschine einer stetig wachsenden Belastung ausgesetzt.

Als Prüfmaschinen verwendet man meist Universalprüfmaschinen, die neben dem Zugversuch auch die Durchführung von Biege-, Scher- und Druckversuchen erlauben.

Die Aufbringung der Prüfkraft auf die Zugprobe erfolgt hydraulisch oder mechanisch, wobei die jeweils wirkende Kraft durch einen Kraftmesser angezeigt wird. Ein Schreibgerät zeichnet die Verlängerung der Probe in Abhängigkeit von der wirkenden Kraft auf.

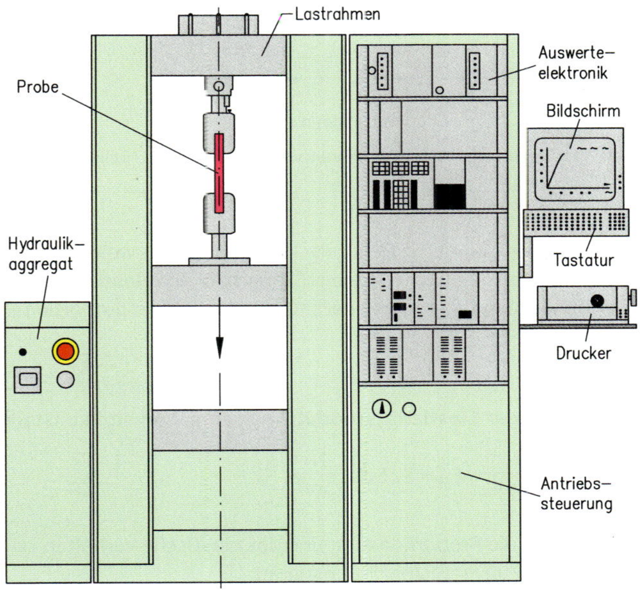

Während des Zugversuches, in dem in der Regel die Probe stetig und stoßfrei bis zum Bruch belastet wird, werden Zugkraft und Verlängerung fortlaufend gemessen. Die ermittelten Werte sind abhängig vom Werkstoff und den Abmessungen der Probe. Die Aufzeichnung der Verlängerung in Abhängigkeit von der Kraft ergibt das **Kraft-Verlängerungs-Schaubild.**

Durch die Umrechnung der Kraft- und Verlängerungswerte ergibt sich das Spannung-Dehnung-Schaubild des geprüften Werkstoffes. Dieses Diagramm zeigt das Verhalten eines Werkstoffes unter Zugbelastung. Aus dem **Spannung-Dehnung-Diagramm** können wichtige Kennwerte des Werkstoffes entnommen werden.
Im Zugversuch ist die **Spannung** (σ) das Verhältnis zwischen Zugkraft und Anfangsquerschnitt der Probe.

$$\text{Spannung} = \frac{\text{Kraft}}{\text{Anfangsquerschnitt}} \qquad \sigma = \frac{F}{S_0}$$

Die **Dehnung** (ε) ist die prozentuale Längenänderung, bezogen auf die Anfangsmesslänge.

$$\text{Dehnung} = \frac{\text{Verlängerung}}{\text{Anfangsmesslänge}} \qquad \varepsilon = \frac{L - L_0}{L_0} \cdot 100\,\%$$

Beispiel für die Entwicklung des Spannung-Dehnung-Diagramms aus dem Kraft-Verlängerungs-Schaubild

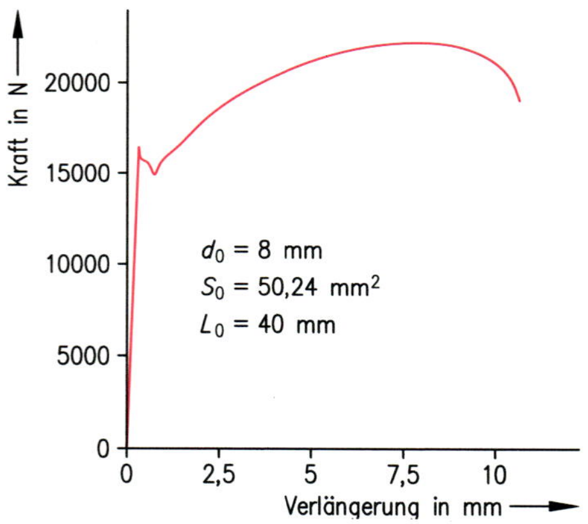

Kraft-Verlängerungs-Schaubild eines weichen Stahles

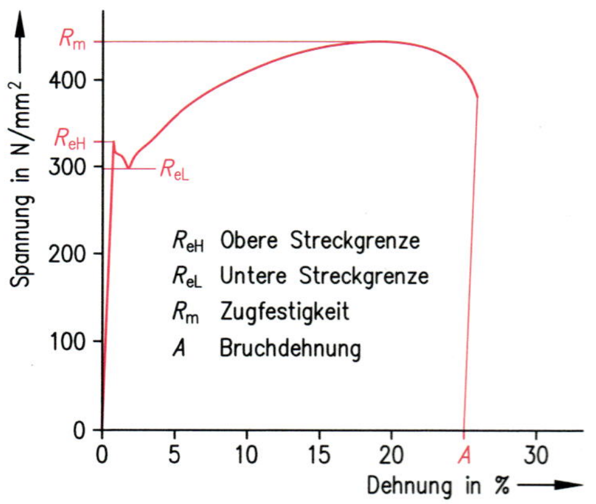

Spannung-Dehnung-Diagramm eines weichen Stahles

Das dargestellte Spannung-Dehnung-Diagramm eines weichen Stahles zeigt einen unstetigen Übergang vom elastischen in den plastischen Bereich. Innerhalb des elastischen Bereichs liegt der Bereich, in dem Spannung und Dehnung einander proportional sind. Im Bereich der proportionalen Dehnung gilt das **Hookesche Gesetz.**

$$\alpha = E \cdot \varepsilon$$

Der Faktor E ist der **Elastizitätsmodul**. Er ist eine Werkstoffkonstante, z. B.

$$E_{Fe} = 210\,000\ \frac{\text{N}}{\text{mm}^2} \qquad E_{Al} = 72\,500\ \frac{\text{N}}{\text{mm}^2}$$

Die Grenzen für die Proportionalität und das elastische Verhalten sind messtechnisch nur schwer zu erfassen und werden im Zugversuch nicht bestimmt.

Für Werkstoffe mit unstetigem Übergang vom elastischen in den plastischen Bereich wird als Kennwert die Streckgrenze ermittelt.

Die **Streckgrenze** R_e ist die Spannung, bei der bei zunehmender Verlängerung die Zugkraft erstmalig gleichbleibt oder abfällt. Bei wesentlichem Abfall der Zugkraft wird zwischen oberer und unterer Streckgrenze unterschieden.

Beispiel für das Verhalten von Werkstoffen beim Übergang vom elastischen in den plastischen Bereich

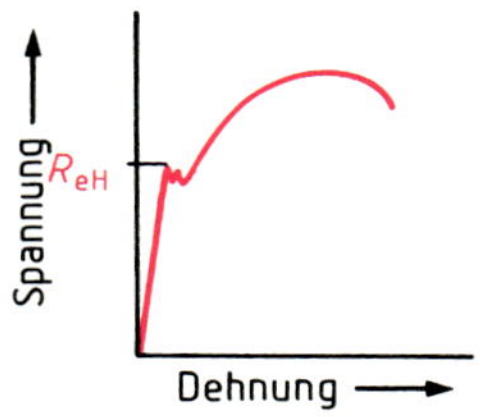

Werkstoff mit unstetigem Übergang vom elastischen in den plastischen Bereich

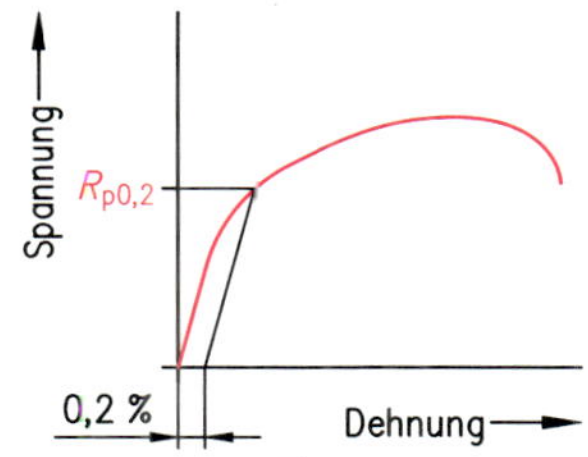

Werkstoff mit stetigem Übergang vom elastischen in den plastischen Bereich

Für Werkstoffe mit stetigem Übergang vom elastischen in den plastischen Bereich werden Dehngrenzen bestimmt, zum Beispiel die 0,2 %-Dehngrenze und die 0,01 %-Dehngrenze.

Die **0,2 %-Dehngrenze** $R_{p0,2}$ ist die Spannung, bei der eine bleibende Dehnung von 0,2 % auftritt.

Zur Bestimmung der 0,2 %-Dehngrenze wird im aufgenommenen Spannung-Dehnung-Diagramm eine Parallele zur Hookeschen Geraden im Abstand von 0,2 % Dehnung gezogen. Die Ordinate des Schnittpunkts mit der Spannung-Dehnung-Kurve ist die gesuchte 0,2 %-Dehngrenze.

Ist die Hookesche Gerade sehr kurz, so wird die Zugprobe nach erkennbarem Überschreiten der Dehngrenze entlastet und wieder belastet. Dabei wird vom Schreibgerät eine Schleife gezeichnet, deren Mittellinie eine Parallele zur Hookeschen Geraden darstellt. Diese Hilfslinie dient dann zur Bestimmung der Dehngrenze.

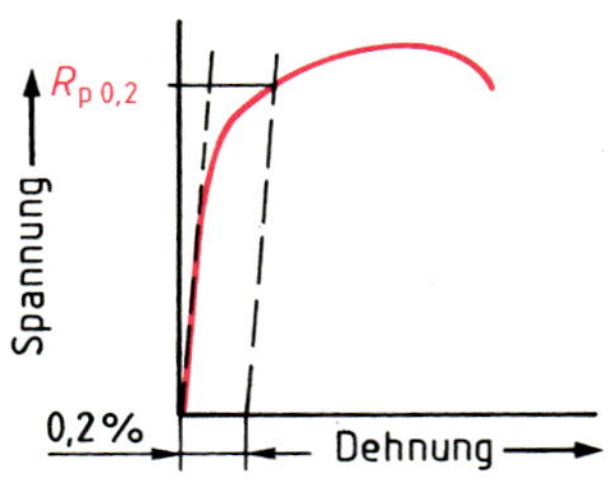

Werkstoff mit deutlich erkennbarer Hookeschen Geraden

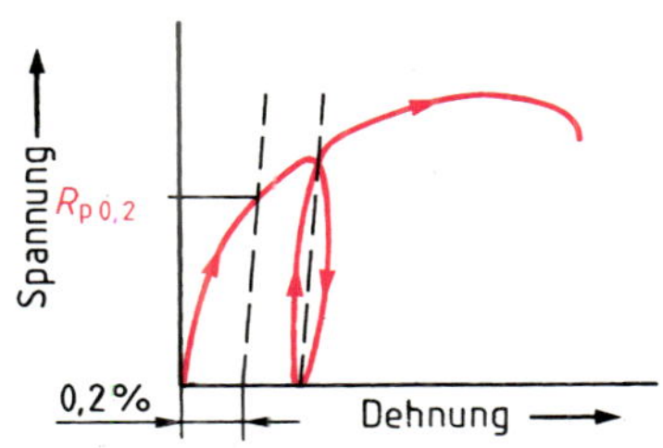

Werkstoff mit sehr kurzer Hookeschen Geraden

Bestimmung der 0,2 %-Dehngrenze durch Parallelen zur Hookeschen Geraden im Abstand von 0,2 % Dehnung

Die Streckgrenze bzw. die 0,2-%-Dehngrenze sind die Spannungen, aus denen für Konstruktionen mit Werkstoffen, die ausgeprägte plastische Verformung vor dem Bruch zeigen, die zulässigen Zugspannungen unter Berücksichtigung einer Sicherheit ermittelt werden. Diese zulässigen Spannungen dürfen in einer Konstruktion nicht überschritten werden.

Streckgrenze und 0,2 %-Dehngrenzen markieren technisch den Übergang vom elastischen in den plastischen Bereich.

Seltener als die 0,2 %-Dehngrenze wird für Werkstoffe mit stetigem Übergang vom elastischen in den plastischen Bereich die 0,01 %-*Dehngrenze* $R_{p0,01}$ ermittelt. Sie gibt die Spannung an, bei der eine bleibende Dehnung von 0,01 % in der Zugprobe auftritt. Man bezeichnet diese Spannung auch als *technische Elastizitätsgrenze*.

Als wichtigster Kennwert eines Werkstoffes wird im Zugversuch die **Zugfestigkeit** R_m ermittelt. Die Zugfestigkeit wird als Quotient aus der größten Zugkraft F_m und dem Anfangsquerschnitt S_0 der Zugprobe in N/mm² errechnet.

$$R_m = \frac{F_m}{S_0}$$

R_m Zugfestigkeit
F_m Größte Zugkraft
S_0 Anfangsquerschnitt

Die Zugfestigkeit dient für alle Werkstoffe, welche *keine* ausgeprägte plastische Verformung vor dem Bruch zeigen, als Grenzspannung zur Ermittlung der zulässigen Zugspannung. Dies gilt für Werkstoffe wie Gusseisen, Hartguss, Glas u. a.

Nach Überschreiten der Zugfestigkeit schnürt sich die Probe gut plastisch verformbarer Werkstoffe ein, ihr Querschnitt nimmt an einer Stelle ab. Dadurch sind kleinere Kräfte zur Verlängerung der Probe nötig. Die Spannung-Dehnung-Kurve fällt mit weiterer Dehnung ab. Schließlich bricht die Probe.

Die nach dem Bruch bleibende Dehnung ist ein wichtiger Kennwert des Werkstoffes zur Beurteilung seiner Umformbarkeit. Man bezeichnet diesen Kennwert als die **Bruchdehnung** A.

Zur Bestimmung der Bruchdehnung werden die beiden Bruchstücke der Zugprobe sorgfältig in der Weise zusammengefügt, dass ihre Achsen eine Gerade bilden. Die Messlänge nach dem Bruch L_u wird gemessen. Aus dieser und der Anfangsmesslänge L_o wird die Bruchdehnung in Prozent errechnet.

$$A = \frac{L_u - L_0}{L_0} \cdot 100\,\%$$

A Bruchdehnung
L_0 Anfangsmesslänge
L_u Messlänge nach dem Bruch

Die Einschnürung der Probe erfolgt in einem begrenzten Bereich. Je nach Messlänge wirkt sich dieser stark gedehnte Teil der Probe auf die Bruchdehnung unterschiedlich aus. Aus diesem Grunde verwendet man als Zugproben *Proportionalstäbe* mit $L_0 = 5 \cdot d_0$, in Ausnahmefällen auch $L_0 = 10 \cdot d_0$.

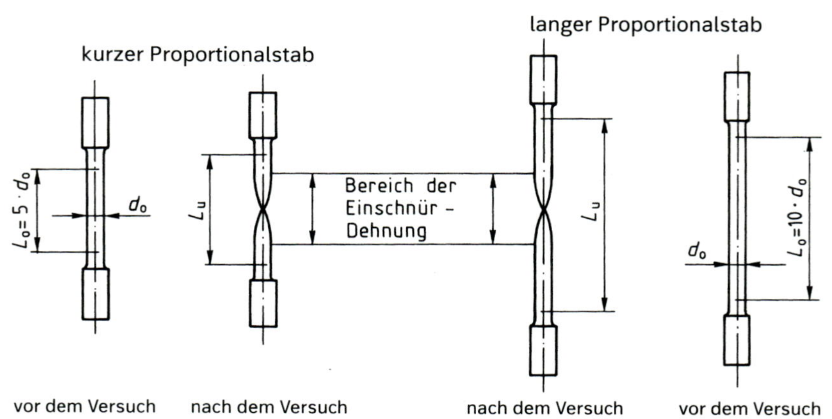

Anteil der Einschnürdehnung an der Gesamtverlängerung bei kurzem und langem Proportionalstab (bei gleichem Werkstoff und gleichem Probendurchmesser)

Die Bruchdehnung eines kurzen Proportionalstabes ist entsprechend dem höheren Anteil der Einschnürdehnung an der Gesamtdehnung höher als die Bruchdehnung eines langen Proportionalstabes. Weil demnach nur Messwerte, die mit gleichen Proportionalstäben ermittelt wurden, vergleichbar sind, gibt man zur Kennzeichnung den Proportionalitätsfaktor als Index zum Kurzzeichen der Bruchdehnung – A_5 oder A_{10} – an.

Die **Brucheinschnürung** Z dient ebenfalls zur Beurteilung der Umformbarkeit eines Werkstoffes. Dieser Kennwert gibt die Querschnittsabnahme an der am stärksten eingeschnürten Stelle der Probe wieder.

$$Z = \frac{S_0 - S_u}{S_0} \cdot 100\ \%$$

Z Brucheinschnürung
S_u Kleinster Probenquerschnitt am Bruch
S_0 Anfangsquerschnitt

Beispiel für Spannung-Dehnung-Diagramme verschiedener Metalle

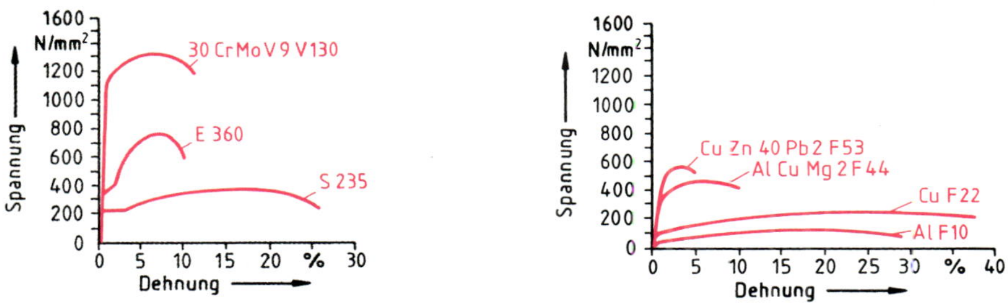

- **Prüfbericht für einen Zugversuch**

Der Prüfbericht über einen Zugversuch muss nach DIN EN ISO 6892 folgende Angabe enthalten:

- *Probenform,*
- *Prüftemperatur,* falls nicht Raumtemperatur,
- *Obere und untere Streckgrenze* R_{eH} und R_{eL}, falls ermittelt, Werte auf 1 N/mm² gerundet,
- *Dehngrenze* R_p, falls ermittelt, mit Index zur Kennzeichnung der nichtproportionalen Dehnung, Werte auf 1 N/mm² gerundet,
- *Zugfestigkeit* R_m, Werte auf 1 N/mm² gerundet,
- *Bruchdehnung A,* Werte auf 0,5 % gerundet.
  Dem Kurzzeichen A wird zur Kennzeichnung der Messlänge, falls sie von $L_0 = 5 \cdot d_0$ abweicht, ein Index angefügt:
  10 bei langen Proportionalstäben (A_{10})
  11,3 bei Flachstäben mit theoretisch $L_0 = 10 \cdot d_0$
  L = Anfangsmesslänge bei Zugproben mit fester Messlänge (z. B. Al: L = 80 mm)
- *Brucheinschnürung Z,* falls ermittelt, Werte auf 1 % gerundet.

1.1.2 Bedeutung der Kennwerte des Zugversuchs für die Festigkeitsberechnung

Ein Bauteil darf nur so hoch statisch belastet werden, dass keine Zerstörung eintritt. Eine Zerstörung ist in den meisten Fällen bereits eine bleibende Formänderung des Bauteils und nicht erst die Zerstörung des Bauteils durch Bruch. Die Grenzspannung, bis zu der ein Werkstoff theoretisch durch Zugspannungen beansprucht werden darf, liefert der Zugversuch mit seinen Kennwerten.

Die Unsicherheiten bei der Bestimmung der auftretenden Belastungen für die Festigkeitsberechnung sowie die Schwierigkeiten bei der Einhaltung von Höchstbelastungen im Betrieb zwingen dazu, die zulässigen Spannungen unter den zulässigen Grenzspannungen anzusetzen. Das Verhältnis von Grenzspannung zu zulässiger Spannung nennt man die Sicherheit.

Die zulässige Spannung richtet sich demnach:

- nach der Grenzspannung, die der Art der Belastung entspricht,
- nach der verlangten Sicherheit gegen Erreichen der Grenzspannung.

Bei **Werkstoffen mit ausgeprägter plastischer Verformung** vor dem Bruch wird die Streckgrenze bei Zugbelastung als Grenzspannung angesetzt.
Sie wird als Grenzspannung für Stähle, Leichtmetalle, Schwermetalle und ihre Legierungen gewählt.

Bei **Werkstoffen ohne ausgeprägte plastische Verformung** vor dem Bruch ist die Zugfestigkeit die Grenzspannung bei Zugbelastung. Dieses gilt für Gusseisen, Hartguss, Glas, Keramik, Holz u. a.

Für die Beurteilung eines Werkstoffes wird in manchen Fällen, z. B. bei Schrauben, das **Streckgrenzenverhältnis** herangezogen. Das Streckgrenzenverhältnis ist das Verhältnis von Streckgrenze zu Zugfestigkeit (bzw. der entsprechenden Dehngrenze). Zähe Werkstoffe haben ein niedriges Streckgrenzenverhältnis, spröde Werkstoffe ein hohes. Das Streckgrenzenverhältnis kann als Maß für die mögliche Ausnutzung eines Werkstoffes angesehen werden. Die Wahl der Sicherheit richtet sich u. a. nach dem Streckgrenzenverhältnis. Für Werkstoffe mit niedrigem Streckgrenzenverhältnis genügt die Wahl einer relativ kleinen Sicherheit. Für Werkstoffe mit hohem Streckgrenzenverhältnis dagegen muss die Sicherheit hoch angesetzt werden, da schon kurz nach Überschreiten der Streckgrenze der Bruch eintreten kann.

Aufgaben zu 1.1 Zugversuch

1. Für ein Werkstück, das einer Zugkraft ausgesetzt sein wird, soll die zulässige Spannung ermittelt werden. Unter welchem Wert muss die zulässige Spannung liegen? Begründen Sie Ihre Antwort.
2. S235 darf im Maschinenbau bei schwellender Belastung mit 0,33 R_{eH} belastet werden. R_{eH} beträgt 215 N/mm².
   Berechnen Sie den Querschnitt eines Rundstabes, der maximal mit 60 000 N belastet wird.
3. Ein Zugversuch mit kurzem Proportionalstab ($L_0 = 5 \cdot d_0$) ergab folgende Messwerte:

Ausgangsdurchmesser	$d_0 = 8$ mm,	Höchstkraft	$F_m = 35\,000$ N
Anfangsmesslänge	$L_0 = 40$ mm,	Kraft an der Streckgrenze	$F_s = 22\,400$ N,
Messlänge nach Bruch	$L_u = 50{,}5$ mm,	Durchmesser am Bruch	$d_u = 6{,}15$ mm.

   Berechnen Sie: Zugfestigkeit R_m, Streckgrenze R_{eH},
   Bruchdehnung A, Einschnürung Z.
4. Bei einem Zugversuch mit langem Proportionalstab aus Stahl, $d_0 = 5$ mm, wird bei einer Zugkraft von 5 000 N eine Verlängerung von 2 mm gemessen.
   a) Wie groß ist die Spannung?
   b) Wie groß sind Gesamtdehnung, elastische Dehnung und plastische Dehnung?
5. Die Länge, bei der ein Werkstoff infolge seines Eigengewichtes abreißt, bezeichnet man als *Reißlänge*.
   Berechnen Sie die Reißlänge eines Werkstoffes mit $R_m = 400$ N/mm² und $\rho = 7{,}5$ kg/dm³.
6. Ein Stahl hat $A = 15$ %, er hält ein F_m von 11 800 N.
   Berechnen Sie: R_m und d_0, wenn $L_u = 28{,}75$ mm beträgt.
7. Schreiben Sie ein Computerprogramm zum Auswerten von Zugversuchen. Das Programm soll zunächst die Probenform abfragen.
   Nach Eingabe des Kennbuchstabens für die Probenform soll ein Hinweis auf die weitere Verfahrensweise gegeben werden. Danach wird der Bildschirm gelöscht. Es erscheint dann die Abfrage der Probendaten und der Versuchsdaten. Nach entsprechenden Eingaben soll der Computer dann die Ergebnisse berechnen, anzeigen und ausdrucken.

1.2 Härteprüfverfahren (metallische Werkstoffe)

Neben dem Zugversuch ist die Prüfung der Werkstoffe auf ihre Härte ein wichtiges Prüfverfahren metallischer Werkstoffe.

> Als Härte bezeichnet man den Widerstand, den ein Werkstoff dem Eindringen eines Körpers in seine Oberfläche entgegensetzt.

Die Ergebnisse von Härteprüfungen sind wichtig, um zum Beispiel:

- Anhaltswerte für die richtige Wahl des Werkstoffes von Werkzeugen für die spanende Bearbeitung zu finden,
- den Erfolg einer Wärmebehandlung an Werkstoffen zu kontrollieren,
- in der automatisierten Fertigung Werkstücke mit ungeeigneter Härte zu ermitteln und von der Weiterverarbeitung auszuschließen.

Bei der Härteprüfung erhält man Werte über die Härte eines Werkstoffes, die lediglich Vergleichswerte darstellen. Sie können nicht als Grundlage zur Berechnung von Konstruktionen verwendet werden. Die durch verschiedene Härteprüfverfahren erhaltenen Werte sind nur bedingt miteinander vergleichbar.

1.2.1 Härteprüfung nach Brinell (DIN EN ISO 6506-1)

Bei der Härteprüfung nach Brinell wird eine Kugel aus Hartmetall unter einer bestimmten Kraft in den zu prüfenden Werkstoff eingedrückt. Wegen des Materials des Prüfkörpers werden in der Regel nur Werkstoffe mit nicht zu großer Härte nach diesem Verfahren geprüft. Da durch den Kugeleindruck ein größerer Bereich des Werkstoffes erfasst wird, eignet sich das Verfahren auch zur Prüfung inhomogener Werkstoffe.

Die Bezeichnung für die Brinellhärte ist HBW. Härtewerte, die noch mit einer Prüfkugel aus Stahl gewonnen wurden, werden mit HBS gekennzeichnet.

Die Obergrenze für den Einsatz der Härteprüfung nach Brinell liegt bei Verwendung der Hartmetallkugel bei einer Härte von 650 HBW.

Die Brinellhärte HBW wird aus der Prüfkraft und der Oberfläche des im Prüfstück nach Entlasten verbliebenen Eindrucks errechnet.

Bei dem Versuch muss die Prüffläche senkrecht zur Kraftrichtung liegen. Die Prüfkraft wird in ca. 10 Sekunden stoßfrei aufgebracht. Die Einwirkungszeit der Kraft beträgt 10 Sekunden. Nur für Stoffe, die stark fließen, soll sie mindestens 30 Sekunden betragen.

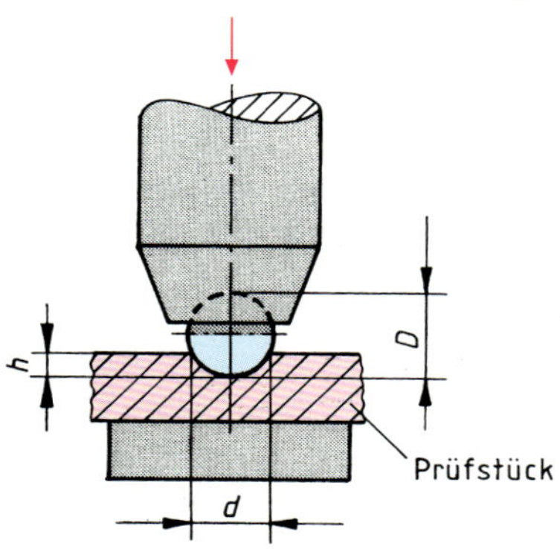

Härteprüfung nach Brinell (Schema)

$$\text{HBW} = 0{,}102^{*} \cdot \frac{F}{A}$$

$$A = D \cdot \pi \cdot h$$

$$h = \frac{1}{2}\left(D - \sqrt{D^2 - d^2}\right)$$

$$A = \frac{D \cdot \pi \cdot \left(D - \sqrt{D^2 - d^2}\right)}{2}$$

F Prüfkraft in N
A Oberfläche des bleibenden Eindrucks
h Eindringtiefe in mm
D Durchmesser der Prüfkugel in mm
d mittlerer Durchmesser des Eindrucks in mm

$$\text{HBW} = 0{,}102^{*} \cdot \frac{2F}{D \cdot \pi \cdot \left(D - \sqrt{D^2 - d^2}\right)}$$

(In die Gleichungen werden nur die Zahlenwerte ohne Einheiten eingesetzt.)

* Die Konstante 0,102 wurde eingeführt, um nach Umstellung auf das SI-System Ergebnisse zu erreichen, die mit den auf Grundlage des technischen Maßsystems festgestellten Werten vergleichbar sind.

Die Prüfkraft ist so zu wählen, dass ein Eindruckdurchmesser von $d = 0{,}24 \cdot D$ bis $d = 0{,}6 \cdot D$ entsteht. Die Prüfkörper sind mit 10; 5; 2,5 und 1 mm Durchmesser genormt.

Als Eindruckdurchmesser gilt der Mittelwert aus zwei Messungen senkrecht zueinander stehender Durchmesser.

Die errechneten Härtewerte sind nur exakt vergleichbar, wenn sie mit gleichem Verhältnis von Prüfkraft zu Prüfkugelquerschnitt, der proportional D^2 ist, durchgeführt wurden.

Das Verhältnis $0{,}102 \cdot F/D^2$ nennt man den **Beanspruchungsgrad.** Der Beanspruchungsgrad ist für die Berechnung der Prüfkraft von Bedeutung.

Die genormten Beanspruchungsgrade sind: **30; 10; 5; 2,5; 1,25.** Die Beanspruchungsgrade sind in Abhängigkeit vom zu prüfenden Werkstoff zu wählen.

Werkstoff	Stahl	Gusseisen		Kupfer und seine Legierungen			Leichtmetalle und ihre Legierungen			Blei Zinn
Härtewerte	–	< 140	≥ 140	< 35	35–200	> 200	< 55	55–130	> 130	–
Beanspruchungsgrad	30	10	30	5	10	30	2,5 oder 5	10 oder 30	10 oder 30	1 oder 2,5

Der Prüfkugeldurchmesser ist *so groß wie möglich* zu wählen. Es muss aber darauf geachtet werden, dass die Eindrucktiefe h höchstens ein Zehntel der Probenstärke beträgt.

Aus dem gewählten Beanspruchungsgrad und dem Kugeldurchmesser wird die Prüfkraft errechnet.

Beispiel für die Berechnung der Prüfkraft

Werkstoff: Stahl
Beanspruchungsgrad: 30
Kugeldurchmesser: 10 mm

$$F = \frac{30 \cdot D^2}{0{,}102} = \frac{30 \cdot 10^2}{0{,}102} = \mathbf{29\,420\ N}$$

Die Prüfkraft muss in 2 bis 8 Sekunden aufgebracht und 10 bis 15 Sekunden konstant gehalten werden. Das Aufbringen der Prüfkraft muss stoßfrei und senkrecht zur Prüffläche erfolgen.

> Die Brinellhärte eines Werkstoffes ergibt sich aus dem Verhältnis von Prüfkraft zur erzeugten Eindruckoberfläche einer Prüfkugel.

Die eindeutige Angabe einer Brinellhärte setzt sich zusammen aus Härtewert und Kennzeichen für die Prüfbedingungen. Der Härtewert steht vor den Angaben der Prüfbedingungen.
Reihenfolge der Angaben:

Härtewert	**Prüfbedingungen**			
	Kurzzeichen des Prüfverfahrens HBW (HBS)	Prüfkugeldurchmesser in mm	mit 0,102 multiplizierter Zahlenwert der Prüfkraft in N	Belastungsdauer in s

Beispiel für eine normgerechte Angabe der Härte

600 HBW 1 / 30 / 20

- 20 – Einwirkzeit 20 s
- 30 – Prüfkraft $F = \frac{30}{0{,}102}\ \text{N} = 294\ \text{N}$
- 1 – Kugeldurchmesser 1 mm
- HBW – Härteprüfung mit Hartmetallkugel
- 600 – Härtewert 600

Die Härtewerte der verschiedenen Werkstoffe liegen etwa in folgenden Bereichen:

Kupfer und Aluminium	unter	50 HBW
Aluminiumlegierungen		50 bis 150 HBW
Stähle (unlegiert)		100 bis 250 HBW

Zwischen Brinellhärte und Zugfestigkeit besteht für Stahl, bis zu einer Zugfestigkeit von 1400 N/mm², eine *angenäherte* Beziehung:

$$R_m \approx 3{,}5 \cdot \text{HBW } 10/3000$$

Aufgaben zu 1.2.1 Härteprüfung nach Brinell

1. Leiten Sie die Formel für die Berechnung der Brinellhärte ab. Gegeben: *F, D, d*.

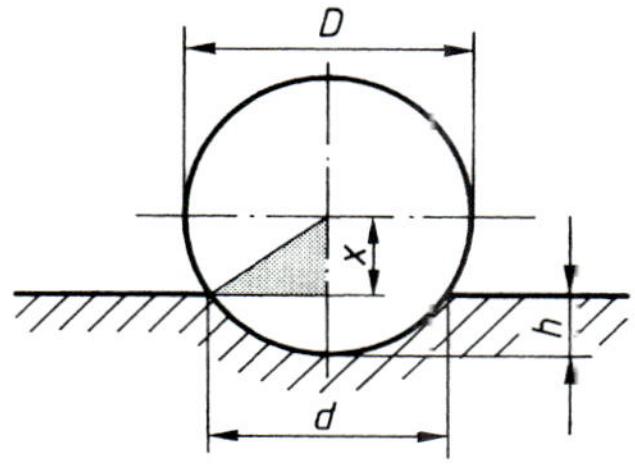

2. Der Eindruckdurchmesser beim Brinellversuch soll 0,24 bis 0,6 *D* betragen. Begründen Sie ggf. mittels einer Skizze, warum bei einem Eindruckdurchmesser $d > 0{,}6\,D$ ein erheblicher Messfehler auftritt. (Vergleichen Sie Hilfsschnitte an Kugeln.)

3. Die Härte eines E 295 soll geprüft werden. Berechnen Sie die Prüfkraft für einen Kugeldurchmesser von 2,5 mm.

4. Bei der Brinellhärteprüfung eines Stahles mit einer Kugel von $D = 5$ mm ergab sich folgender Eindruck:

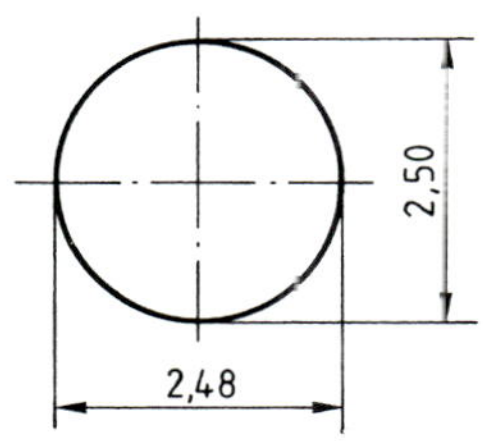

Berechnen Sie die Brinellhärte.

5. Bei einem Brinellversuch an einer G-CuAl 10 Ni mit einer Prüfkraft von 10000 N bei 10 mm Prüfkugeldurchmesser ergab sich ein Eindruckdurchmesser von 3,35 mm. Die Prüfdauer betrug 10 Sekunden. Berechnen Sie die Härte und geben Sie eine vollständige Kurzbezeichnung der Prüfbedingungen an.

6. Bei einer Härteprüfung nach Brinell ergab sich mit einer 10-mm-Kugel bei 29 420 N eine Härte von 300 HBW. Das geprüfte Werkstück war 4 mm dick. Nach der Norm wird gefordert: Mindestprobendicke $s = 10 \times$ Eindringtiefe *h*.

a) Berechnen Sie den Eindruckdurchmesser *d*.

b) Berechnen Sie die Eindringtiefe *h*.

c) Prüfen Sie, ob die Forderung der Norm bezüglich der Probenstärke erfüllt ist.

7. Schreiben Sie ein Computerprogramm zur Auswertung von Brinellhärteprüfungen, das zunächst die Daten der Prüfkugel, der Prüfkraft und des Durchmessers des bleibenden Eindrucks anfordert. Das Programm soll sodann den Prüfkugeldurchmesser auf Richtigkeit überprüfen. Falls der eingegebene Durchmesser nicht einem Normwert entspricht, soll die Anzeige „Der Prüfkugeldurchmesser ist nicht normgerecht!" erscheinen und der Durchmesser erneut angefordert werden. Bei richtiger Eingabe wird der Härtewert errechnet und mit der Kennzeichnung HBW angezeigt und ausgedruckt.

1.2.2 Härteprüfung nach Vickers (DIN EN ISO 6507)

Bei diesem Prüfverfahren wird eine Diamantpyramide mit quadratischer Grundfläche unter einer bestimmten Kraft in das Werkstück eingedrückt. Wegen Form und Material des Prüfkörpers eignet sich dieses Verfahren besonders zur Prüfung gehärteter Stähle und dünner Randschichten. Zur Prüfung inhomogener Werkstoffe, wie z. B. Gusseisen, ist es nicht geeignet.
Die **Vickershärte HV** ist das Verhältnis von Prüfkraft zur Oberfläche des bleibenden Eindrucks einer Diamantpyramide mit einem Öffnungswinkel von 136° multipliziert mit einer Konstanten.

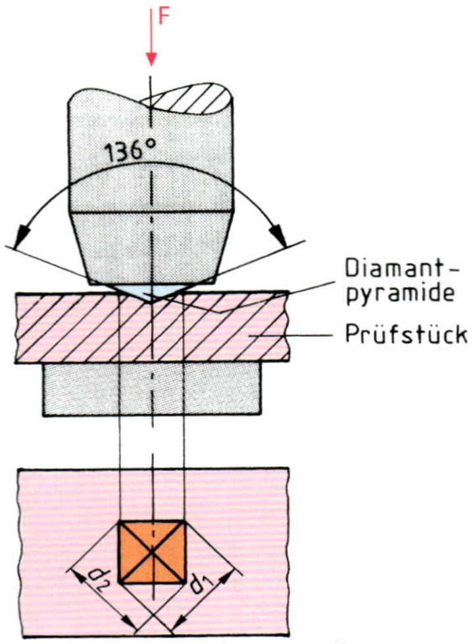

Härteprüfung nach Vickers (Schema)

$$HV = 0{,}102 \cdot \frac{F}{A}$$

$$A = \frac{d^2}{2 \cdot \sin \frac{136°}{2}}$$

$$A = \frac{d^2}{1{,}8544}$$

$$HV = 0{,}102 \cdot \frac{1{,}854 \cdot F}{d^2} = \frac{0{,}1891 \cdot F}{d^2}$$

(In die Gleichungen werden nur die Zahlenwerte ohne Einheiten eingesetzt.)

F Prüfkraft in N
A Eindruckoberfläche in mm²
d Eindruckdiagonale (Mittelwert aus d_1 und d_2) in mm
0,102 Konstante

Die Härteprüfung nach Vickers ist in Abhängigkeit von der angewendeten Prüfkraft in drei Bereiche gegliedert:

Bereich	**Prüfkraft in N**
Makrobereich	49,03 bis 980,7
Kleinlastbereich	1,961 bis <49,03
Mikrobereich	<1,961

Die zu verwendenden **Prüfkräfte** sind im Makro- und Kleinlastbereich in folgender Weise abgestuft und werden durch Prüfbedingungen gekennzeichnet:

Makrobereich		**Kleinlastbereich**	
Prüfbedingung	Prüfkraft F N	Prüfbedingung	Prüfkraft F N
HV 5	49,03	HV 0,2	1,961
HV 10	98,07	HV 0,3	2,942
HV 20	196,1	HV 0,5	4,903
HV 30	294,2	HV 1	9,807
HV 50	490,3	HV 2	19,61
HV 100	980,7	HV 3	29,42

Die Prüfkraft ist unter Berücksichtigung der Probendicke zu wählen. Die **Probendicke** soll mindestens das 1,5-Fache der Eindruckdiagonalen betragen.

Die Prüfkraft ist im Makrobereich in 2 bis 8 Sekunden und im Kleinlastbereich in 10 Sekunden stoßfrei aufzubringen und für 10 bis 15 Sekunden zu halten.

Nach Entlasten werden die Längen der beiden Eindruckdiagonalen gemessen. Für die Bestimmung der Vickershärte wird der arithmetische Mittelwert der beiden Messungen eingesetzt.

> Die Vickershärte ergibt sich aus dem Verhältnis von Prüfkraft zur erzeugten Eindruckoberfläche eines pyramidenförmigen Prüfkörpers aus Diamant.

Die eindeutige Angabe einer Vickershärte setzt sich zusammen aus Härtewert und Kennzeichen für die Prüfbedingungen. Der Härtewert steht vor den Angaben der Prüfbedingungen.
Reihenfolge der Angaben:

	Prüfbedingungen		
Härtewert	Kennbuchstaben HV	mit 0,102 multiplizierter Zahlenwert der Prüfkraft in N	Einwirkzeit falls anders als 10 bis 15 s

Beispiele für die Angabe eines Härtewertes

640 HV 30
- 30: Prüfkraft $F = \frac{30}{0{,}102}$ N = 294,2 N
- HV: Kennzeichen des Prüfverfahrens
- 640: Härtewert 640

545 HV 1 / 20
- 20: Einwirkzeit 20 s
- 1: Prüfkraft $F = \frac{1}{0{,}102}$ N = 9,807 N
- HV: Kennzeichen des Prüfverfahrens
- 545: Härtewert 545

Aufgaben zu 1.2.2 Härteprüfung nach Vickers

1. Leiten Sie die Formel für die Berechnung der Vickershärte aus den Werten F; d; a ab.
2. Bei einem 37 MnSi 5 wurde nach einer Belastung mit einer Prüfkraft von 294,2 N folgender Eindruck ausgemessen:

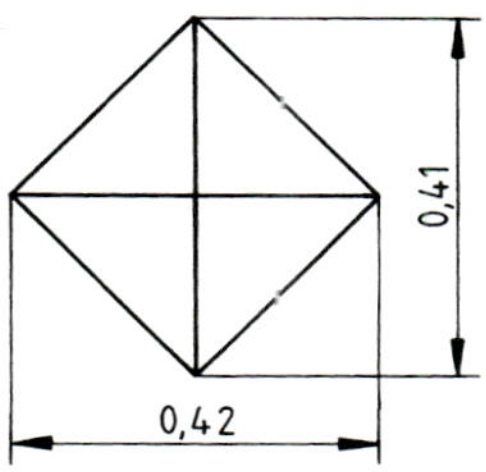

   Berechnen Sie die Vickershärte und geben Sie diese normgerecht an.
3. Gusseisen darf nicht mit der Vickers-Härteprüfung geprüft werden. Begründen Sie diese Forderung.
4. Ein gehärtetes Stahlband von 0,6 mm Dicke hat voraussichtlich eine Härte von 800 HV. Die Prüfkraft soll möglichst hoch sein.
   Welche Prüfkraft ist unter Berücksichtigung der Probendicke zu wählen?

1.2.3 Härteprüfung nach Rockwell (DIN EN ISO 6508)

Bei der Härteprüfung nach Rockwell wird die Auswertung des Versuches vereinfacht, indem der Härtewert direkt aus der bleibenden Eindringtiefe, die der Prüfkörper im Werkstück erreicht hat, ermittelt wird.
Es sind Verfahren entwickelt worden, die sich im Wesentlichen durch die Form und den Werkstoff des Prüfkörpers unterscheiden:

	Prüfkörper	**Werkstoff des Prüfkörpers**	**Anwendung**
1. Rockwell-C-Verfahren (HRC) **Rockwell-A-Verfahren (HRA)**	Kegel (engl. **cone**) 120 °	Diamant	gehärteter Stahl sehr harte Stoffe
2. Rockwell-B-Verfahren (HRB) **Rockwell-F-Verfahren (HRF)**	Kugel (engl. **ball**) ⌀ $^1/_{16}$ Zoll	Stahl	weiche Stähle, Bronze kaltgewalzte Bleche, Messing

1.2.3.1 Härteprüfung nach Rockwell C und Rockwell A

Der Prüfkörper ist bei diesen Prüfverfahren ein Diamantkegel mit einem Kegelwinkel von 120°. Um einen sicheren Ausgangspunkt für die Messung der Eindringtiefe zu erreichen, wird der Prüfkörper mit einer Prüfvorkraft auf das Werkstück aufgesetzt. Danach wird die Prüfzusatzkraft in 6 bis 10 Sekunden aufgebracht und bis zum Ende der Verformung gehalten. Danach wird die Prüfzusatzkraft entfernt und unter der Prüfvorkraft die Tiefe gemessen, die unter der Prüfzusatzkraft erreicht wurde.

	Prüfkräfte in N	
	HRC	**HRA**
Prüfvorkraft F_0	98 ± 2	98 ± 2
Prüfzusatzkraft F_1	1 373	490

Um steigende Messwerte mit zunehmender Härte zu erhalten, wurde für den Wert HRC = 0 die Eindringtiefe von 0,2 mm festgelegt. Jeder an dieser Tiefe fehlende Betrag von 0,002 mm ist eine Rockwell-Einheit.
Wenn also der Kegel durch die Prüfkraft 0,14 mm eingedrungen ist, dann fehlen 0,06 mm an 0,2 mm.
Dies sind $\frac{0{,}06\text{ mm}}{0{,}002\text{ mm}}$ = 30 Rockwelleinheiten (HRC).

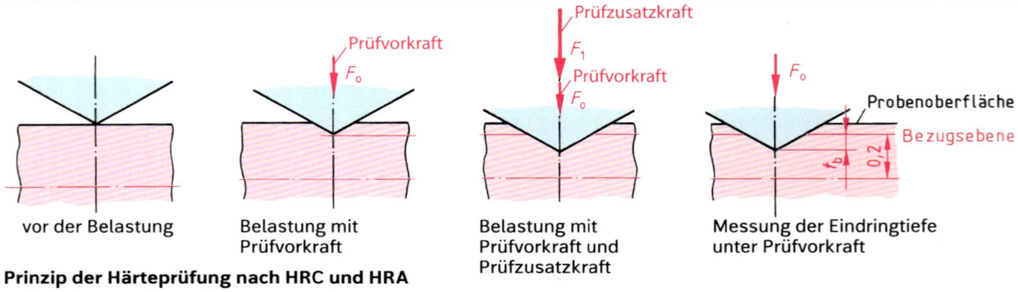

Prinzip der Härteprüfung nach HRC und HRA

Zur Vereinfachung der Messung sind die Messuhren zur Tiefenmessung so eingestellt, dass sie von 100 HRC = 0,0 mm Eindringtiefe zurücklaufen und damit direkt den erreichten Härtewert angeben; denn mit steigender Eindringtiefe nimmt die Härte ab, bis bei 0,2 mm bleibender Eindringtiefe die Härte HRC = 0,0 erreicht ist. Es kann also ohne Rechnung der Härtewert unmittelbar am Prüfgerät abgelesen werden.

Die Rockwellhärte HRC und HRA eines Werkstoffes ergibt sich aus der an der Grenztiefe von 0,2 mm fehlenden Eindringtiefe eines kegelförmigen Prüfkörpers aus Diamant.

1.2.3.2 Härteprüfung nach Rockwell B und Rockwell F

Bei diesen Prüfverfahren ist der Prüfkörper eine gehärtete Stahlkugel von 1,59 mm ($^{1}/_{16}$ Zoll) Durchmesser. Er wird entsprechend dem HRC- bzw. HRA-Versuch unter Prüfvorkraft und Prüfkraft in die Werkstückoberfläche eingedrückt.

	Prüfkräfte in N	
	HRB	**HRF**
Prüfvorkraft F_0	98±2	98±2
Prüfkraft F_1	883	490

Als größte Eindringtiefe unter Zusatzkraft wurden 0,26 mm festgelegt. Eine bleibende Eindringtiefe von 0,26 mm infolge Zusatzkraft entspräche also HRB = 0. Jeder an dieser Tiefe fehlende Betrag von 0,002 mm ist eine Rockwell-Einheit.

Für die Errechnung bzw. Ablesung der HRB-Einheiten gilt das beim HRC- und HRA-Versuch Gesagte.

Die Rockwellhärte HRB und HRF eines Werkstoffes ergibt sich aus der an der Grenztiefe von 0,26 mm fehlenden Eindringtiefe einer Kugel von 1,587 mm Durchmesser aus gehärtetem Stahl oder Hartmetall.

Aufgaben zu 1.2.3 Härteprüfung nach Rockwell

1. Berechnen Sie die bleibende Eindrucktiefe für die Prüfkraft bei dem Härtewert HRC 65.
2. Woran kann der Prüfer das Ende der Verformung bei der Rockwellprüfung feststellen?
3. Warum wird die Eindringtiefe und damit die Härte nicht während der Einwirkung der Gesamtkraft bei der Rockwellprüfung gemessen?
4. Nach dem Abnehmen der Prüfkraft wird bei einem HRC-Versuch eine bleibende Eindrucktiefe von 0,125 mm festgestellt.
   Berechnen Sie die Härte.
5. Unter der Gesamtkraft von 1 471 N werden 75 HRC angegeben.
   Nach Abnahme der Prüfkraft verändert sich der Skalenwert infolge der elastischen Verformung um 8,0 Rockwell-Einheiten.
   Welche Rockwellhärte hat der Werkstoff?
6. Berechnen Sie die bleibende Eindrucktiefe für HRB 52.
7. Stellen Sie eine Formel zur Berechnung der Rockwellhärten HRC und HRB aus der Eindrucktiefe *e* und den Richtwerten auf.
8. Ergänzen Sie folgende Tabelle.

	HB	**HV**	**HRC**	**HRB**
Prüfkörper	?	?	?	?
Höhe der Belastung (evtl. als Formel)	?	?	?	?
Grundformel zur Berechnung des Messwertes	?	?	?	?

1.3 Kerbschlag-Biegeversuch nach Charpy (DIN EN ISO 148)

Der Kerbschlag-Biegeversuch nach DIN EN ISO 148 dient zur Beurteilung der Zähigkeit eines Werkstoffs. Der Versuch liefert keinen Kennwert für die Festigkeitsberechnung. Aus dem Ergebnis eines Versuchs kann auch nicht genau auf die tiefste Temperatur, bei welcher der geprüfte Werkstoff noch technisch verwendbar ist, geschlossen werden.

Der Versuch liefert lediglich einen Vergleichswert, der im Zusammenhang mit früheren Erfahrungen eine Aussage über die Eignung eines Werkstoffes für bestimmte Aufgaben macht.

Beim Versuch wird eine sorgfältig eingekerbte Probe, die zwischen zwei Widerlagern liegt, auf einem Pendelschlagwerk mit einem einzigen Schlag entweder durchgebrochen oder durch die Widerlager gezogen. Die **verbrauchte Schlagenergie** *K* in Joule, im Zusammenhang mit der Angabe der verwendeten Probe (*U* für U-Kerb, *V* für V-Kerb), ist der im Kerbschlag-Biegeversuch ermittelte Kennwert eines Werkstoffes.

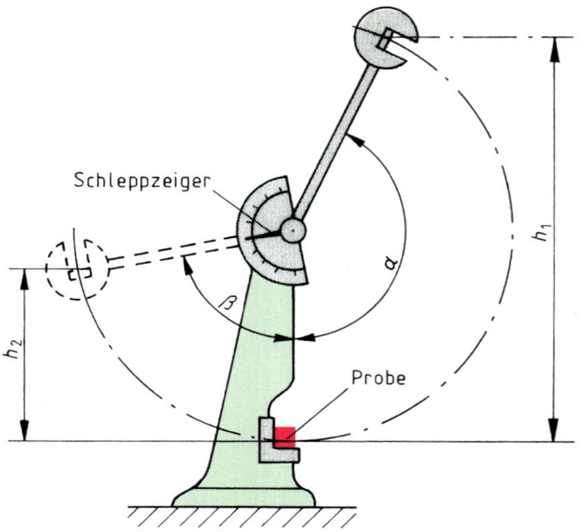

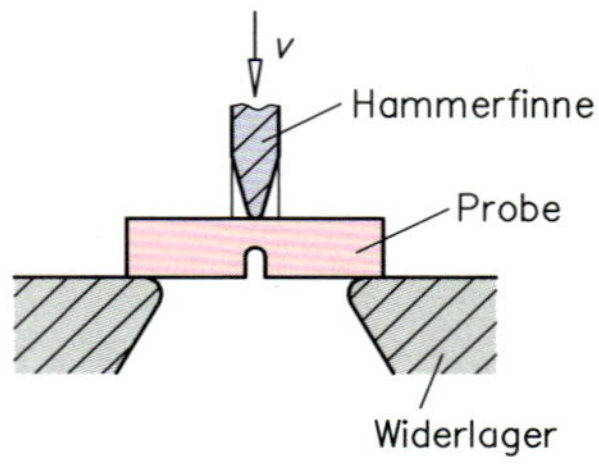

Auftreffen der Hammerfinne auf die Probe

$$K = F_g \cdot (h_1 - h_2)$$

K verbrauchte Schlagenergie
F_g Gewichtskraft des Hammers
h_1 Fallhöhe
h_2 Steighöhe

Pendelschlagwerk (Schema)

Die Schlagwerke sind meist so eingerichtet, dass die verbrauchte Schlagenergie direkt abgelesen werden kann.

Die Eigenschaften Zähigkeit und Sprödigkeit hängen nicht allein vom Werkstoff, sondern auch von der Art der Beanspruchung ab. Ein Werkstoff ist spröde, wenn eine Zerstörung ohne nennenswerte Verformung aufgetreten ist. Der Bruch wird dann von Zugspannungen senkrecht zur Bruchfläche ausgelöst. Es wird dabei die Trennfestigkeit überschritten, bevor durch Schubspannungen, die senkrecht zur Richtung der Zugspannung auftreten, der Gleitwiderstand des Werkstoffes überwunden wird und eine Verformung einsetzt.

Bei einem zähen Werkstoff erfolgt unter der Einwirkung von Schubspannungen eine Verformung, bevor die Trennfestigkeit erreicht wird. Es muss dabei eine wesentlich höhere Energie aufgebracht werden als bei einer Zerstörung, die allein durch Überschreiten der Trennfestigkeit eintritt.
Durch die Kerbe in der Probe wird infolge Kerbwirkung die Spannung im Restquerschnitt erheblich erhöht, also die Versuchsbedingungen verschärft.
Der Widerstand gegen Verformen wächst mit steigender Belastungsgeschwindigkeit. Darum ist für Pendel-

Der Kerbschlag-Biegeversuch dient zur Beurteilung der Zähigkeit eines Werkstoffs.

schlagwerke die Auftreffgeschwindigkeit genormt. Die Auftreffgeschwindigkeit des Hammers auf die Probe muss bei Benutzung von Pendelschlagwerken mit einem Arbeitsvermögen von 50 bis 300 J zwischen 5 und 5,5 m/s betragen; bei der Prüfung kleiner Proben mit Pendelschlagwerken von 7,5 bis 50 J zwischen 3,6 und 4,0 m/s. Üblich sind Pendelschlagwerke mit einem Nennarbeitsvermögen von 300 ± 10 J.

Auch mit tieferer Temperatur nimmt der Verformungswiderstand zu. In einem geringen Übergangsbereich nimmt die verbrauchte Schlagenergie erheblich ab.
Der Verlauf der Abhängigkeit der verbrauchten Schlagenergie von der Prüftemperatur zeigt die Bereiche

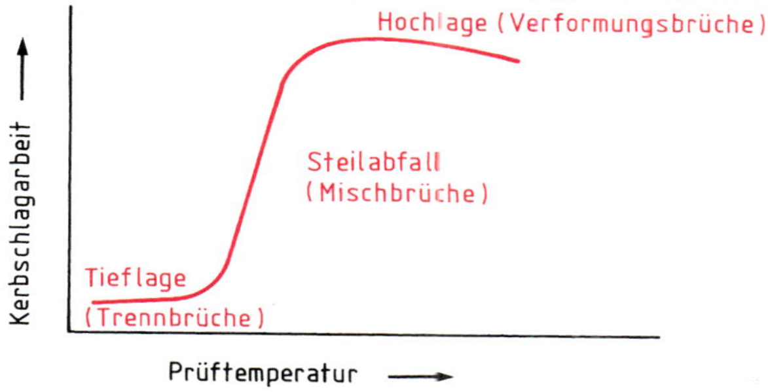

Verbrauchte Schlagenergie in Abhängigkeit von der Prüftemperatur

Hochlage, Tieflage und den Steilabfall.

In der **Hochlage** treten vornehmlich Verformungsbrüche auf. Sie zeigen grobkristalline Bruchflächen und stark verformte Kanten.

In der **Tieflage** treten immer Trennbrüche auf ohne wesentliche Verformung. Die Bruchflächen sind feinkristallin, samtartig.
Im Bereich des Steilabfalls streuen die Werte der verbrauchten Schlagenergie erheblich. Es treten Mischbrüche mit Verformungs- und Trennbruchstellen gleichzeitig auf.

Der **Steilabfall** wird durch höhere Schlaggeschwindigkeit, schärfere und tiefere Kerben, durch Verfestigung infolge Kaltverformung, Alterung, Härtung, höhere C-Gehalte bei Stählen, Grobkorn und Verunreinigungen (C, P, S) zur höheren Temperatur verschoben.
Durch Vergüten, zähigkeits- und feinkornfördernde Legierungszusätze wird der Steilabfall zu tieferen Temperaturen verlegt. Die verbrauchte Schlagenergie eines Werkstoffes kann somit verbessert werden.
Die Probenform hat besonderen Einfluss auf das Ergebnis des Kerbschlagbiegeversuchs. Darum sind ver-

> Je niedriger die Temperatur des Steilabfalls, desto zäher ist ein metallischer Werkstoff besonders bei tiefen Temperaturen.

schiedenste Probeformen genormt.

Beispiel für eine Rundkerbprobe

Probenform Benennung	**Probenabmessungen**
Charpy-U-Probe	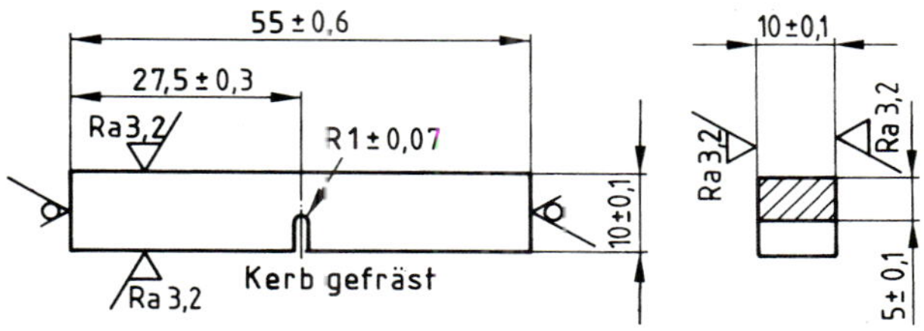

Beispiel für eine Spitzkerbprobe

Probenform Bezeichnung	**Probenabmessung**
Charpy-V-Probe	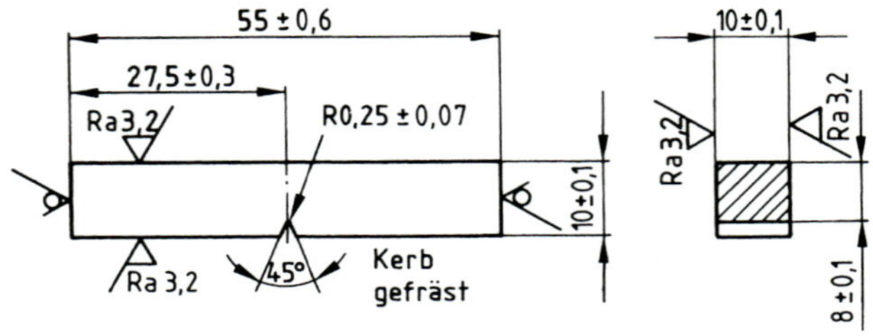

Im Prüfbericht gemäß DIN EN ISO 148 eines Kerbschlagbiegeversuches sind anzugeben:

- *Probenlage* im Prüfstück, z. B. Lage der Probe zur Walzrichtung,
- *Prüftemperatur* in °C,
- *Arbeitsvermögen* K_N des Pendelschlagwerkes,
- *Kerbschlagarbeit K* mit Angabe des Kurzzeichens der Probenform in J, auf 1 J gerundet, z. B.: KV (Charpy-V-Probe) = 90 J.

Bei einer Probe, die durch die Widerlager gezogen wurde ohne zu brechen, wird das Prüfergebnis eingeklammert und die Probe als „nicht durchgebrochen" bezeichnet.
Bei Versuchen, bei denen das Arbeitsvermögen des Schlagwerkes zu klein war, soll angegeben werden: *KV* > … J.

Aufgaben zu 1.3 Kerbschlag-Biegeversuch

1. Ein Pendelschlagwerk hat eine Pendellänge von 800 mm. Der Fallwinkel ist 160°. Berechnen Sie die Endgeschwindigkeit ohne Berücksichtigung der Reibung.

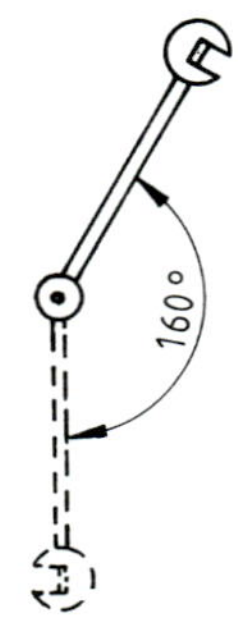

2. Ein Kerbschlagbiegeversuch mit Charpy-V-Proben lieferte bei verschiedenen Temperaturen die folgenden Mittelwerte:
Zeichnen Sie die Temperatur-Kurve für die verbrauchte Schlagenergie.

ϑ in °C	*KV* in J
– 40	35,2
– 20	35,3
+ 20	50,4
+ 60	51,6
+ 100	52,8
+ 150	53,2
+ 200	52,4

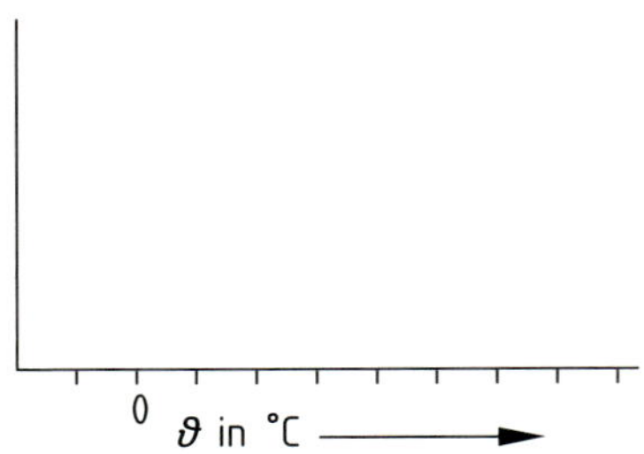

1.4 Dauerschwingversuch

Bauteile werden besonders im Maschinen- und Fahrzeugbau häufig ständig *wechselnden* Belastungen ausgesetzt. Dabei können schon bei Belastungen, die weit *unterhalb der Streckgrenze* des Werkstoffes liegen, Brüche auftreten, die zunächst nicht auf Gewalteinwirkung zurückzuführen sind.
Ursache dieser Brüche sind kleinste Fehlerstellen im Werkstück, scharfe Übergänge oder Bearbeitungsriefen. Diese Stellen können bei ständig wechselnder Belastung Ausgang für Anrisse sein, die sich im Laufe der Zeit ständig vergrößern, bis der Restquerschnitt die Last nicht mehr aufnehmen kann und nach Verformung zu Bruch geht. Diese Brüche werden als **Dauerbrüche** bezeichnet. Ihre Bruchfläche zeigt entsprechend der Entstehung einen sehr feinkörnigen, oft blanken Bereich mit unverformten Rändern, den eigentlichen Dauerbruch, und die sehr grobkristalline Verformung aufweisende Querschnittsfläche, die auf den **Gewaltbruch** zurückzuführen ist.

Beispiel für die Fläche eines Dauerbruches

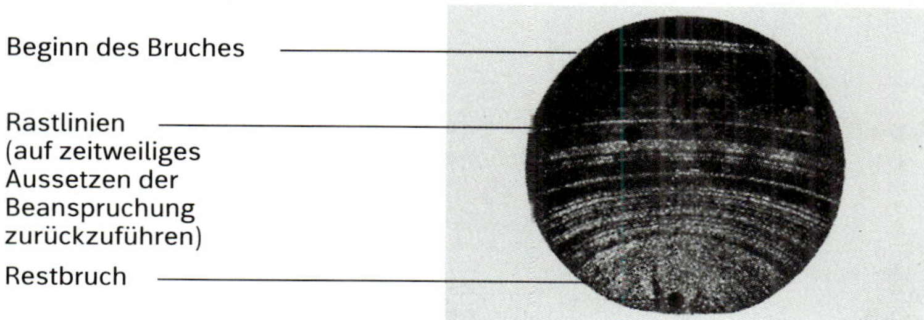

> Ein Dauerbruch ist an der Bruchfläche deutlich erkennbar. Die Bruchfläche zeigt
> - die Dauerbruchfläche mit Rastlinien und
> - die Restbruchfläche als Gewaltbruch.

Der **Dauerschwingversuch** dient zur Ermittlung von Kennwerten für das mechanische Verhalten von Werkstoffen und Werkstücken bei wechselnder Belastung.

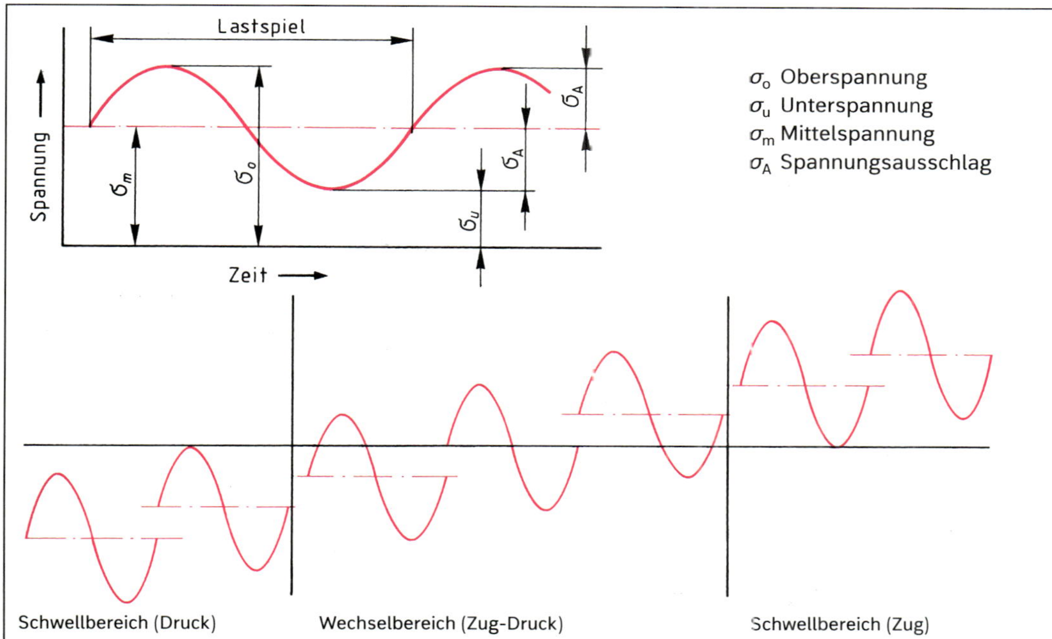

Begriffe und Zeichen der Dauerschwingbeanspruchung

Unter der **Dauerschwingfestigkeit** (Dauerfestigkeit) eines Werkstoffes versteht man diejenige Belastung, die eine Probe unendlich oft ohne Bruch oder unzulässige Verformung erträgt. Jede Dauerschwingfestigkeit ist gekennzeichnet durch eine Mittelspannung und den Spannungsausschlag.

$$\sigma_D = \sigma_m \pm \sigma_A$$

Beispiel für einen Dauerfestigkeitswert

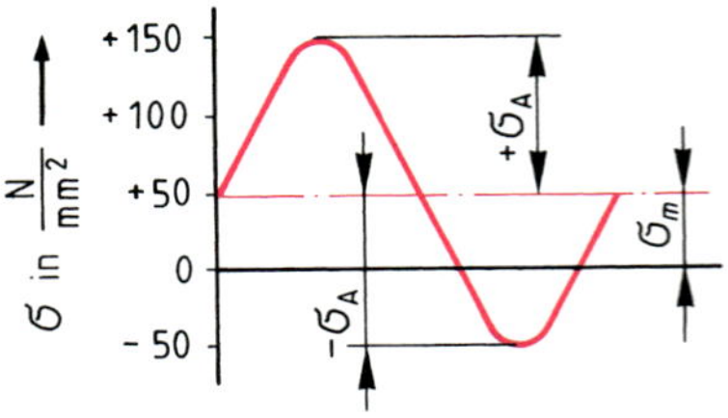

$$\sigma_D = 50\ \frac{N}{mm^2} \pm 100\ \frac{N}{mm^2}$$

Als **Wechselfestigkeit** bezeichnet man diejenige Dauerschwingfestigkeit, bei der die Mittelspannung Null ist.

$$\sigma_w = \sigma_A$$

Beispiel für einen Wechselfestigkeitswert

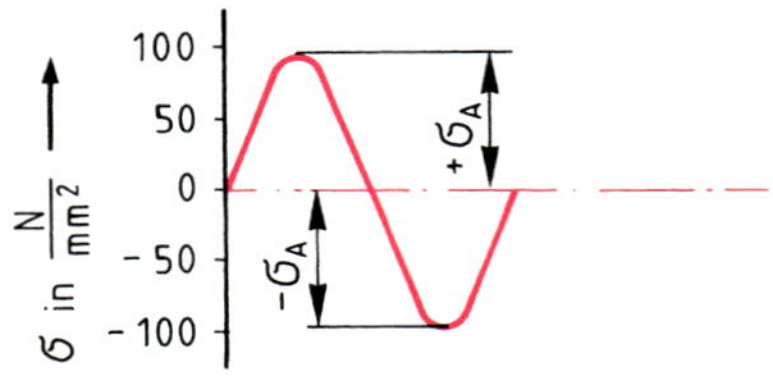

$$\sigma_w = \pm 100\ \frac{N}{mm^2}$$

Schwellfestigkeit ist diejenige Dauerschwingfestigkeit, bei der die Unterspannung Null ist.

$$\sigma_m = \sigma_A$$

Beispiel für einen Schwellfestigkeitswert

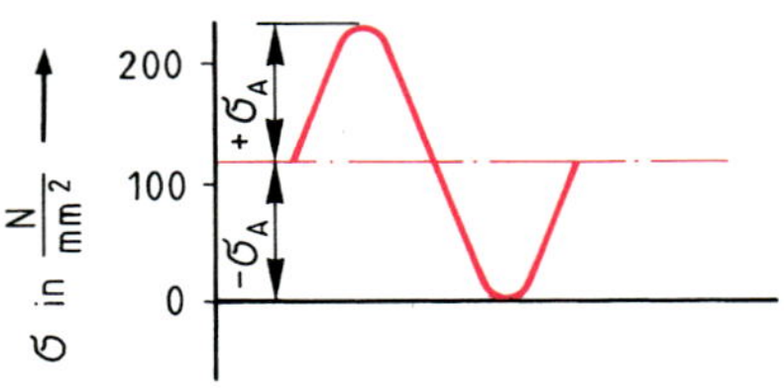

$$\sigma_{Sch} = 120\ \frac{N}{mm^2} \pm 120\ \frac{N}{mm^2}$$

Ein Dauerfestigkeitswert besteht immer aus zwei Angaben, einer Mittelspannung und einem Spannungsausschlag.
Besondere Dauerfestigkeitswerte sind:
- Wechselfestigkeit (Mittelspannung gleich Null)
- Schwellfestigkeit (Mittelspannung gleich Spannungsausschlag)

Durchführung des Versuches

Der Versuch wird an polierten und gegen Korrosion geschützten Proben auf besonderen Prüfmaschinen durchgeführt. Am zweckmäßigsten ist zur Ermittlung der Dauerschwingfestigkeit das **Wöhlerverfahren**. Zu diesem Verfahren werden 6 bis 10 Proben, die hinsichtlich ihres Werkstoffes, ihrer Gestalt und ihrer Oberflächenbeschaffenheit völlig gleichwertig sind, unter unterschiedlich hohen Belastungen untersucht.

Bei den Versuchen wird entweder die Mittelspannung oder die Oberspannung oder die Unterspannung konstant gehalten. Die Belastungen werden so eingestellt, dass mindestens eine Probe bei hoher Lastspielzahl (Lastspielzahl = Häufigkeit der Wechsel) bricht und mindestens eine weitere Probe die **Grenzlastspielzahl** durchläuft. Als Grenzlastspielzahl bezeichnet man die Lastspielzahl, bei der erfahrungsgemäß unter entsprechender Belastung kein Dauerbruch mehr eintritt.
Die Grenzlastspielzahl beträgt für Stahl 10^7 Lastspiele, für Leichtmetalle 10^8 Lastspiele.
Aus den ermittelten Werten von Belastung und Lastspielzahl bis zum Bruch kann das Wöhlerschaubild gezeichnet werden.

Beispiel für die Auswertung eines Wöhlerversuches zur Bestimmung der Wechselfestigkeit

Nr.	Spannungsausschlag in N/mm^2	Bruch nach Lastspielen
1	± 350	4252
2	± 300	8384
3	± 250	21987
4	± 200	70355
5	± 180	108664
6	± 160	nach 10^7 Spielen nicht gebrochen
7	± 140	" " " " "
8	± 120	" " " " "

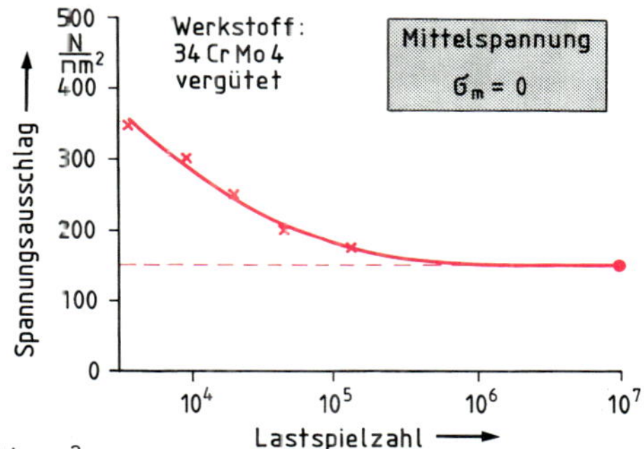

Die Dauerschwingfestigkeit beträgt: $\sigma_D = 0 \pm 160\ N/mm^2$

In Wöhlerversuchen ermittelt man die Dauerschwingfestigkeit von Werkstoffen.
Die Probe, welche mit der höchsten Last $10 \cdot 10^6$ Lastspiel bei Stahl, bzw. $100 \cdot 10^6$ bei Leichtmetallen, ertrug, hat die Dauerschwingfestigkeit.

Aus mehreren Wöhlerschaubildern eines Werkstoffes, die für verschiedene Belastungen aufgestellt wurden, kann ein Dauerfestigkeitsschaubild gezeichnet werden. In Deutschland hat das **Schaubild von Smith** weite Verbreitung gefunden. Für die annähernde Darstellung dieses Diagramms genügen neben Kenntnis der Streckgrenze lediglich die Wechsel- und Schwellfestigkeit aus Wöhlerversuchen.
In diesem Schaubild werden auf der Abszisse die mittleren Spannungen σ_m und auf der Ordinate die oberen und unteren Spannungen abgetragen. Das Diagramm schließt mit der Streckgrenze ab, da oberhalb dieser Grenze keine Beanspruchung zulässig ist.

Ablesebeispiel:
Ein auf Zug und Druck beanspruchter Stab aus S 235 ist mit 80 N/mm^2 Vorlast belastet. Wie groß darf der Spannungsausschlag werden?

$$\sigma_0 = +190\ \frac{N}{mm^2}$$

$$\sigma_u = -\ 30\ \frac{N}{mm^2}$$

$$\sigma_A = \pm 110\ \frac{N}{mm^2}$$

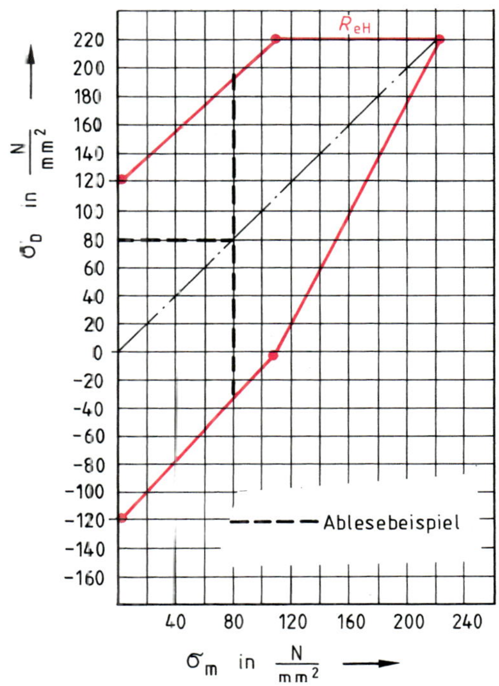

Smith-Diagramm für Zug-Druck S 235

2 Metallografische Prüfverfahren

In der metallografischen Werkstoffprüfung wird das Gefüge eines Werkstoffes sichtbar gemacht, um Aufschlüsse über Gefügeaufbau und Gefügefehler zu erhalten, denn das Gefüge bestimmt wesentlich die mechanischen Eigenschaften und damit die Verwendbarkeit eines Werkstoffes. Zur Sichtbarmachung des Gefüges müssen Proben des Werkstoffes geschliffen, gegebenenfalls poliert und geätzt werden. Sie können dann makroskopisch oder mikroskopisch untersucht werden.

2.1 Makroskopische Untersuchungsverfahren

Zur makroskopischen Untersuchung wird vom Werkstück eine Probe entnommen und geschliffen. Der Schliff muss eben sein und darf keine Bearbeitungsriefen aufweisen. In Sonderfällen ist Polieren notwendig.

Schlackeneinschlüsse und Gasblasen sind in diesen Schliffen ohne weitere Behandlung erkennbar. Der Faserverlauf infolge plastischer Verformung, Schwefel- und Phosphorseigerung sowie Kraftwirkungslinien können erst nach entsprechender Ätzung, d. h. nach Behandlung mit Säuren, Salzlösungen und speziell zusammengestellten Ätzmitteln, sichtbar gemacht werden.

Das Sichtbarwerden beruht darauf, dass die einzelnen Gefügebestandteile von den Ätzmitteln unterschiedlich angegriffen werden. So entstehen Erhöhungen, Vertiefungen oder Abdeckungen, die infolge der unterschiedlichen Lichtreflexion und Färbung hervortreten.

Beispiele für makroskopische Untersuchungen

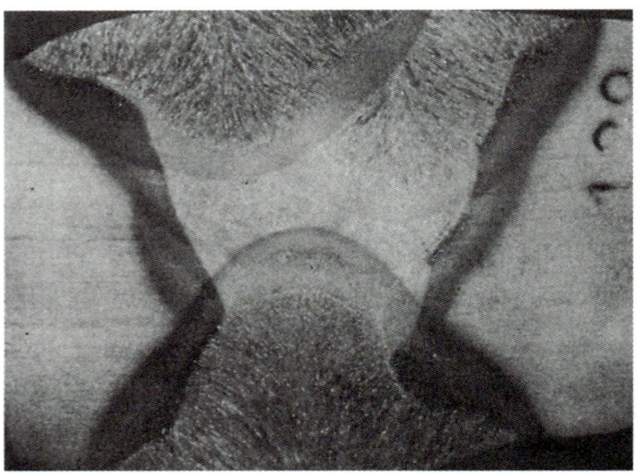

Ätzung nach Adler, Sichtbarmachung des Gefüges von Schweißnähten

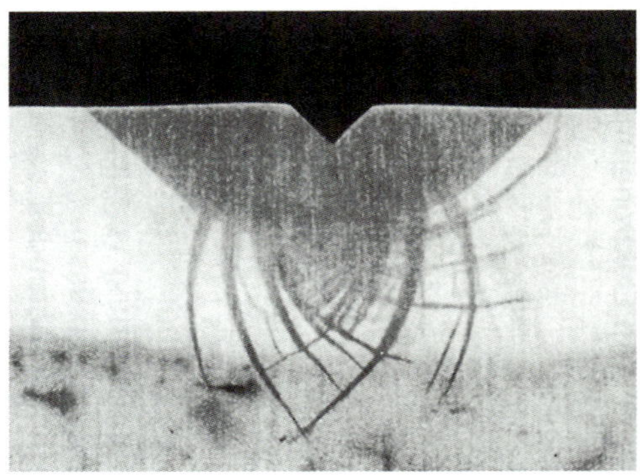

Ätzung nach Fry, Sichtbarmachung von Kraftwirkungsfiguren

2.2 Metallmikroskopie

Durch die Metallmikroskopie soll das Gefüge, gegebenenfalls auch nur einzelne Gefügebestandteile, so sichtbar gemacht werden, dass es betrachtet und im Foto festgehalten werden kann.

Damit auch noch bei starker Vergrößerung scharfe Bilder gewonnen werden können, muss die Metallprobe absolut eben und poliert sein.

Bei der Probenherstellung ist darauf zu achten, dass bei der Probenentnahme und Bearbeitung keine plastische Verformung und Gefügeänderungen infolge von zu hoher Erwärmung eintreten.

Die Proben für die Schliffherstellung sollen etwa die Größe 15 mm × 15 mm × 12 mm haben. Kleinere Probestücke (Schrauben, Drähte u. Ä.) werden zur Vergrößerung der Auflagefläche in Kunstharz eingebettet oder in Zwingen eingespannt. Einspannen oder Einbetten ist auch notwendig, wenn eine schmale Randzone untersucht werden soll.
Die Proben werden auf Maschinen oder von Hand mit Schleifpapier der Körnungen 120 bis 600 geschliffen. Die Probe wird dabei mit jeder Körnung so lange behandelt, bis keine Bearbeitungsspuren der vorhergehenden Körnung mehr sichtbar sind. Das Schleifen mit den feinsten Körnungen geschieht nass.

Die geschliffenen Proben werden auf Polierscheiben mit Polierpasten auf Hochglanz poliert. Bei der gewünschten Vergrößerung dürfen keine Riefen mehr sichtbar sein. Es ist auch elektrolytisches Polieren möglich. Um die für die Beurteilung des Gefüges wesentlichen Bestandteile optisch voneinander abzugrenzen, wird der Schliff geätzt. Je nach Ziel der Untersuchung wendet man verschiedene Ätzmittel an. Das Gefüge von Stählen und die Korngrenzen von reinen Metallen werden z. B. in der Regel mit einprozentiger alkoholischer Salpetersäure geätzt. Durch spezielle Ätzmittel können einzelne Gefügebestandteile durch Anfärben besonders hervorgehoben werden. Fe_3C wird z. B. durch Ätzen mit Natriumpikrat dunkel gefärbt.
Die einzelnen Gefügebestandteile können auch durch entsprechende Beleuchtung, z. B. durch schräg einfallendes Licht, durch polarisiertes oder farbiges Licht hervorgehoben werden.
Die Betrachtung bzw. die fotografische Aufnahme der Schliffbilder kann bis zu 1 000-facher Vergrößerung unter dem Lichtmikroskop erfolgen. Höhere Vergrößerungen sind mit dem Elektronenmikroskop möglich.

Beispiel für mikroskopische Aufnahmen

untereutektoidischer Stahl (0,4 % C) $V = 200$

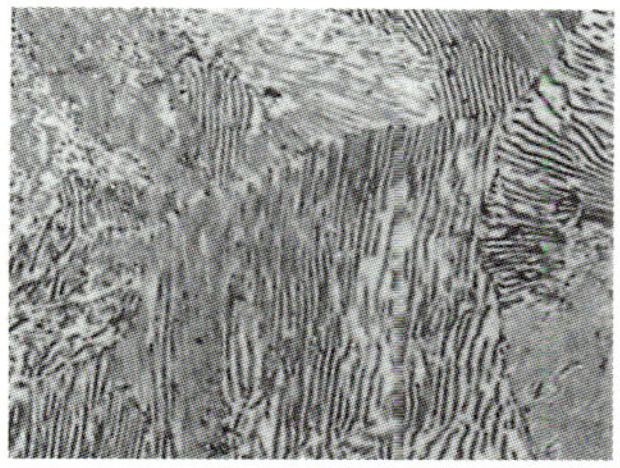
Perlit mit lamellarem Zementit (mikroskopische Aufnahme $V = 500$)

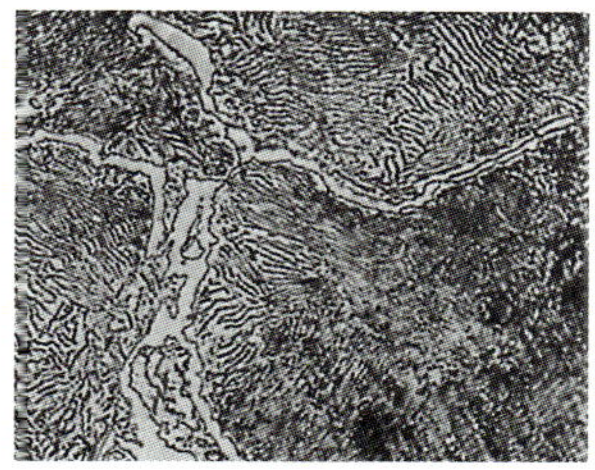
übereutektoidischer Stahl (1,2 % C) $V = 800$

3 Zerstörungsfreie Prüfverfahren

Während bei mechanischen und technologischen Prüfverfahren Eigenschaften eines Werkstoffes geprüft werden, dienen die zerstörungsfreien Prüfverfahren der Feststellung von Fehlern am fertigen Werkstück.

3.1 Kapillar-Verfahren

Die Kapillar-Verfahren basieren auf der Kapillarität von Rissen, die an die Oberfläche treten. Sind die Adhäsionskräfte einer Flüssigkeit zu den Wänden eines Risses größer als die Kohäsionskräfte der Flüssigkeit, so dringt diese in den Riss ein.

Zur Sichtbarmachung der Risse wird bei allen Kapillar-Verfahren nach folgenden Schritten verfahren:

1. Man lässt eine Kapillarflüssigkeit in die Risse eindringen (Eintauchen, Spritzen, Bestreichen usw.).
2. Die benutzte Flüssigkeit wird von der Oberfläche des Werkstückes entfernt.
3. Die Sichtbarmachung der Fehlerstellen erfolgt durch Anwendung von Kontrastmitteln, UV-Licht oder Entwicklern.

Beispiel für die Arbeitsfolge bei einem Kapillarverfahren

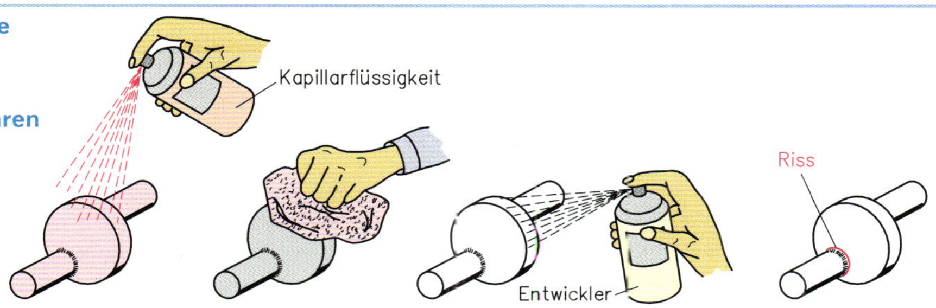

① **Aufsprühen der Kapillarflüssigkeit** ② **Säubern der Oberfläche von Kapillarflüssigkeit** ③ **Aufsprühen des Entwicklers** ④ **Betrachtung der Fehlerstellen**

Mithilfe von Kapillarverfahren können Werkstofffehler wie Risse, Lunker u.a. die mit der Oberfläche in Verbindung stehen, aufgesprüht werden.

3.2 Magnetpulverprüfung

An jedem Luftspalt treten in einem magnetischen Kreis Feldlinien aus.

Feldlinienverlauf an einem Luftspalt

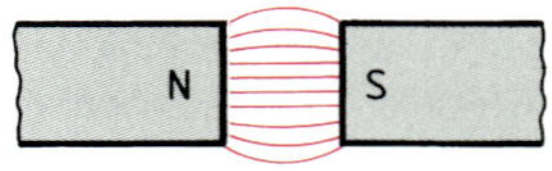

Der Verlauf der Feldlinien in Luft kann durch Eisenfeilspäne oder Eisen(II,III)-oxidpulver sichtbar gemacht werden. Das aufgestreute oder geschlämmte Eisen oder Eisenoxidpulver orientiert sich an den austretenden Feldlinien. Nach Entfernen des überschüssigen, nicht haftenden Pulvers, sind die Fehlerstellen durch das anhaftende Pulver sichtbar. Es werden aber nur Risse erkennbar, die an der Oberfläche liegen oder sich so dicht unter der Oberfläche befinden, dass noch Feldlinien austreten. Zur einfacheren Handhabung wird das Pulver in Petroleum o. Ä. aufgeschlämmt. Überschüssiges Pulver kann somit leicht abfließen.
Bei der Prüfung nach dem Magnetpulver-Verfahren können nur Risse, die nicht parallel zu den Feldlinien verlaufen, sichtbar gemacht werden.
Zum Nachweis von Querrissen genügt die Magnetisierung durch einen Jochmagneten.

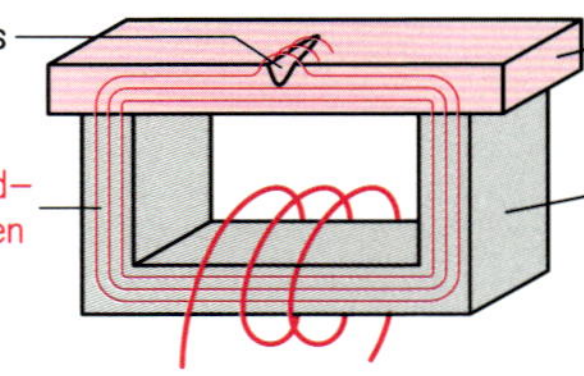

Jochmagnetisierung zum Nachweis von Querrissen

Zum Nachweis von **Längsrissen** wird das Werkstück als Leiter geschaltet. Jeder stromdurchflossene Leiter baut senkrecht zur Stromrichtung ein Magnetfeld auf.

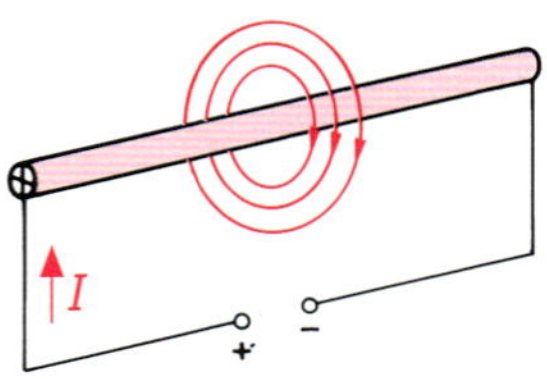

Feld um einen stromdurchflossenen Leiter

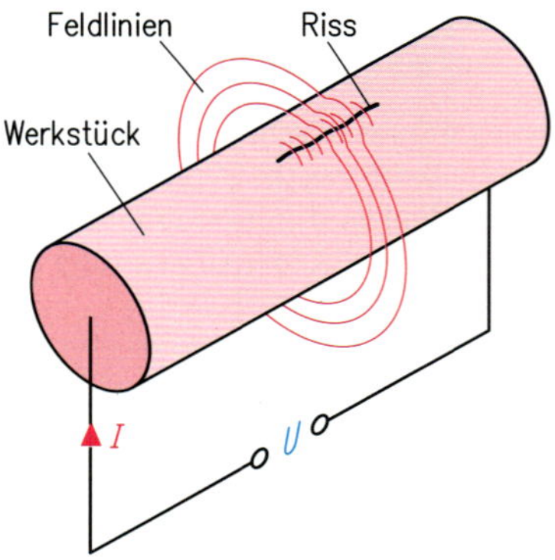

Selbstdurchflutung zum Nachweis von Längsrissen

Die heute verwendeten Geräte kombinieren meist Längs- und Querrissprüfung. Bei Prüfungen nach dem Magnetpulver-Verfahren sind Risse bis zu 0,0001 mm Breite erkennbar. Die Magnetisierung erfolgt sowohl mit Gleich- als auch mit Wechselstrom. Werkstücke, bei denen der remanente Magnetismus stören würde, müssen nach der Prüfung entmagnetisiert werden.
Die Anwendung der Magnetpulverprüfung ist auf die ferromagnetischen Werkstoffe beschränkt.

Mithilfe der Magnetpulverprüfung können Werkstofffehler in der Nähe der Oberfläche von ferromagnetischen Werkstoffen aufgespürt werden.

3.3 Prüfung mit Ultraschall

3.3.1 Physikalische Grundlagen zur Prüfung mit Ultraschall

Die Hörgrenze des menschlichen Ohres liegt bei einer Frequenz von ca. 20000 Hz. Höherfrequente mechanische Schwingungen bezeichnet man als Ultraschall. In der Werkstoffprüfung benutzt man Schwingungen von etwa 500 kHz bis 10 MHz zur Feststellung von Fehlerstellen wie Rissen, Einschlüssen u. a. im Werkstoff.

Zur *Erzeugung von Ultraschall* bedient man sich des **piezoelektrischen Effektes**, der bei verschiedenen Kristallen wie Quarz, Turmalin, Zinksulfid, Lithiumsulfat u. a. sowie Sinterkeramiken wie Bariumtitanat und Bleizirkonat-Titanat auftritt.

Kristalle dieser Materialien geraten in mechanische Schwingungen, wenn an bestimmte Seiten eine Wechselspannung angelegt wird.

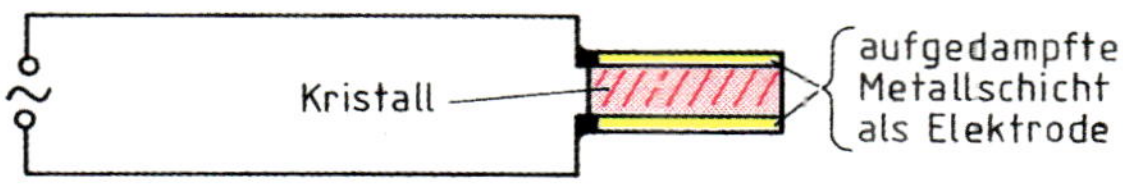

Umgekehrt gibt ein solcher Kristall eine Wechselspannung ab, wenn er mechanisch in Schwingungen versetzt wird.

Ultraschallwellen haben die Eigenschaft, sich geradlinig fortzupflanzen. Je höher ihre Frequenz, um so geringer ist ihre Streuung. Ultraschallwellen werden beim Übergang in ein anderes Medium je nach Art des Mediums und Auftreffwinkels reflektiert oder gebrochen. Die Reflektion der Ultraschallwellen am Übergang von einem Festkörper auf Luft und umgekehrt von Luft auf einen festen Körper ist nahezu hundertprozentig. Dies bereitet Schwierigkeiten bei der Übertragung der Schallenergie vom schwingenden Quarz auf das zu prüfende Werkstück. Damit die Übertragung wenigstens eines Teiles der Energie (ca. 10 %) möglich wird, bringt man Öl, Wasser o. Ä. zur Vermeidung eines Luftpolsters als Kopplungsmittel zwischen Schallgeber und Prüfstück. Im festen Werkstoff können sich die Schallwellen als *Longitudinal-* und *Transversalwellen* ausbreiten. Bei Longitudinalwellen schwingen die Teilchen in Fortpflanzungsrichtung der Welle, bei der Transversalwelle schwingen die Teilchen senkrecht zur Fortpflanzungsrichtung. Longitudinalwellen pflanzen sich im Festkörper doppelt so schnell fort wie die Transversalwellen (v_L in Stahl 6000 m/s; v_T in Stahl 3000 m/s). Durch Wahl entsprechender Einschallungswinkel kann man entweder mit Longitudinal- oder Transversalwellen prüfen.

So kann durch einen Einschallungswinkel von mehr als 30° die Longitudinalwelle vollkommen reflektiert werden und im Werkstück nur eine Transversalwelle hervorgerufen werden.

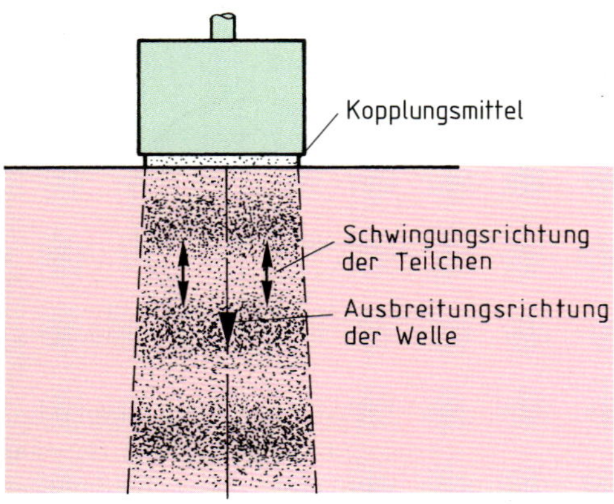

Prüfung mit Longitudinalwellen

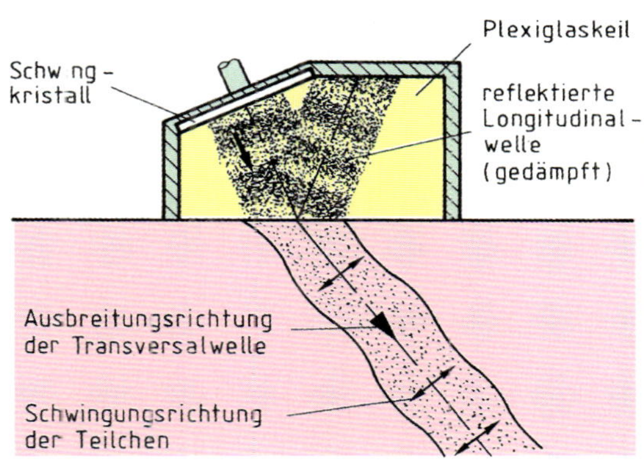

Prüfung mit Transversalwellen

3.3.2 Durchschallungsverfahren

Beim Durchschallungsverfahren wird auf einer Seite des Werkstückes kontinuierlich Ultraschall eingeschallt und auf der gegenüberliegenden Seite durch einen als Empfänger geschalteten Kristall aufgenommen. Liegt im Werkstück ein Fehler vor, so werden die Ultraschallwellen ganz oder teilweise an der Grenzfläche zwischen Werkstück und dem anderen Medium reflektiert. Die Stärke (Intensität) der am Empfänger ankommenden Impulse sinkt, je nach Größe und Art des Fehlers, ab. Aus dem Vergleich der Intensität zwischen fehlerfreiem Querschnitt und augenblicklichem Messwert kann auf Fehler geschlossen werden. Die ungefähre Größe des Fehlers, aber nicht seine Tiefenlage, ist feststellbar.

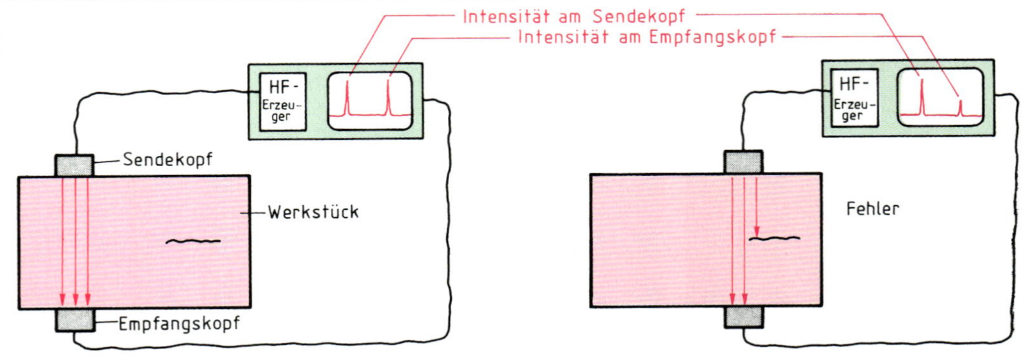

Durchschallungsverfahren

Ein weiterer Nachteil des Verfahrens ist, dass je ein Sender und ein Empfänger getrennt voneinander und genau gegenüber angekoppelt werden müssen. Das Verfahren wird daher nur selten bei der Prüfung durchlaufender Bleche und Bänder eingesetzt.

3.3.3 Impuls-Echo-Verfahren

Das Impuls-Echo-Verfahren arbeitet nur mit einem Prüfkopf, der abwechselnd als Sender oder Empfänger geschaltet wird. Der zunächst als Sender geschaltete Prüfkopf gibt einen Ultraschallimpuls von wenigen Mikrosekunden Dauer ab – anschließend wird er elektronisch als Empfänger geschaltet und nimmt das zurückkommende Echo auf. Dieser Vorgang spielt sich etwa 50-mal in der Sekunde ab. Gleichzeitig mit dem Sendeimpuls zeichnet ein Elektronenstrahl, der normal in Richtung der Abszisse läuft, den Eingangsimpuls und die von Fehlern im Werkstück und der Werkstückrückseite kommenden Echos auf einem Bildschirm in Form von Zacken auf.

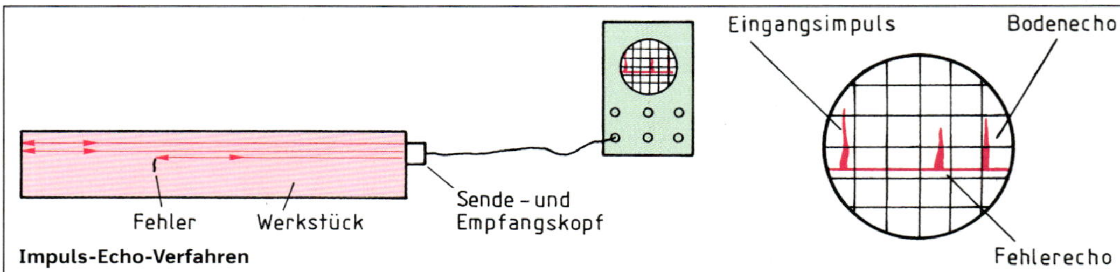

Impuls-Echo-Verfahren

Die Abstände der Zacken auf dem Bildschirm sind den Abständen der reflektierenden Flächen proportional. Das Impuls-Echo-Verfahren erlaubt also sowohl die Feststellung der Fehlergröße als auch die Tiefenlage des Fehlers, die bei modernen Geräten unmittelbar angezeigt wird. Zur Prüfung von Schweißnähten und Blechen verwendet man Winkelprüfköpfe, mit denen Transversalwellen in das Werkstück eingeschallt werden.

3.4 Prüfung mit Röntgen- und Gammastrahlen

Röntgen- und Gammastrahlen sind elektromagnetische Wellen mit einer Wellenlänge von weniger als 10^{-8} m. Sie unterscheiden sich lediglich in der Art der Erzeugung. Röntgenstrahlen ($\lambda = 10^{-8}$ bis 10^{-12} m) werden durch Abbremsung schnell bewegter Elektronen beim Auftreffen auf Materie erzeugt. Gammastrahlen hingegen entstehen beim Zerfall radioaktiver Elemente. Infolge ihrer kürzeren Wellenlänge ($\lambda = 10^{-10}$ bis 10^{-14} m) sind sie energiereicher.

3.4.1 Prüfung mit Röntgenstrahlen

3.4.1.1 Erzeugung und Eigenschaften von Röntgenstrahlen

Die Katode einer Röntgenröhre sendet Elektronen aus, die im Hochspannungsfeld zwischen Katode und Anode beschleunigt werden. Beim Eindringen der beschleunigten Elektronen in die Elektronenhülle der Atome des Anodenmaterials erfolgt eine Abbremsung. Die freigewordene Energie wird zu einem Teil als Strahlungsenergie abgegeben.

Die Quantität der Röntgenstrahlung, also die Menge, wird durch die Temperatur der Katode bestimmt. Sie ist durch die Größe des Heizstromes steuerbar. Die Frequenz der Röntgenstrahlen steigt mit der Geschwindigkeit, mit der die Elektronen auf das Anodenmaterial auftreffen. Die Geschwindigkeit der Elektronen und damit die Frequenz wächst mit steigender Anodenspannung U_a (Beschleunigungsspannung).

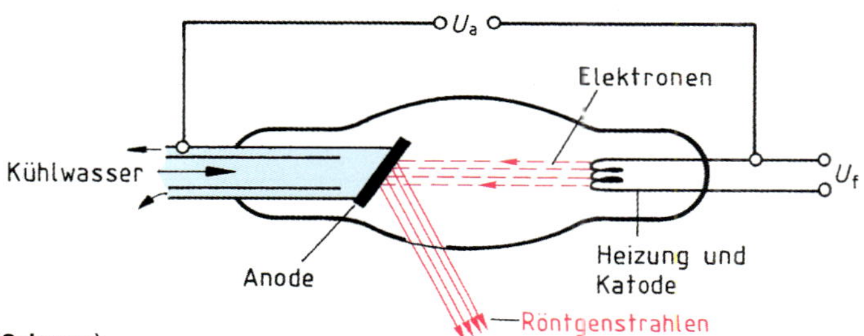

Röntgenröhre (Schema)

Für die Werkstoffprüfung sind folgende Eigenschaften der Röntgenstrahlen von Bedeutung:

- Röntgenstrahlen breiten sich geradlinig aus.
- Röntgenstrahlen durchdringen auch undurchsichtige Werkstoffe, und zwar umso besser, je niedriger die relative Atommasse ist.
- Röntgenstrahlen schwärzen Fotoschichten.
- Röntgenstrahlen erzeugen Fluoreszenz beim Auftreten auf Zinksulfid u. Ä.
- Röntgenstrahlen zerstören lebendes Gewebe (Sicherheitsbestimmungen beachten).

3.4.1.2 Durchführung der Prüfung mit Röntgenstrahlen

- **Prüfung vor dem Leuchtschirm**

Das Werkstück wird zwischen Röntgenröhre und einen Leuchtschirm, meist eine mit Zinksulfid beschichtete Scheibe, gebracht und durchstrahlt. Die Röntgenstrahlen werden beim Durchgang durch das Werkstück je nach Dicke mehr oder weniger geschwächt. Das Werkstück erscheint also als dunkleres Bild auf dem Schirm. Fehler wie Lunker, Schlackeneinschlüsse, Blasen u. Ä., welche die Röntgenstrahlen weniger schwächen als der Werkstoff des Werkstückes, erscheinen als hellere Flecken auf dem Leuchtschirm. Der Beobachter wird durch eine stark bleihaltige Glasscheibe vor Strahlenschäden geschützt.

- **Prüfung durch das Aufnahmeverfahren**

Beim Aufnahmeverfahren lässt man die Röntgenstrahlen durch das Werkstück auf einen Film auftreffen. Je nach Schwächung der Strahlen durch das Werkstück tritt eine mehr oder weniger starke Schwärzung ein. Fehler erscheinen in diesem Falle also als dunklere Flecken.

Zur Verstärkung der Schwärzung und damit auch zum Verkürzen der Belichtungszeiten (Verwendung von Geräten geringerer Leistung) werden die Filme nicht nur beidseitig mit einer Fotoschicht versehen, sondern auch Verstärkerfolien verwendet.

Salzverstärkerfolien sind mit fluoreszierenden Substanzen beschichtete Folien, die mit ihrer Schichtseite auf dem Film liegen. Durch die auftreffenden Röntgenstrahlen wird die fluoreszierende Schicht angeregt und verstärkt die Schwärzung des Filmes.

Beispiel für die Röntgenaufnahme einer Schweißnaht (10 mm dick)

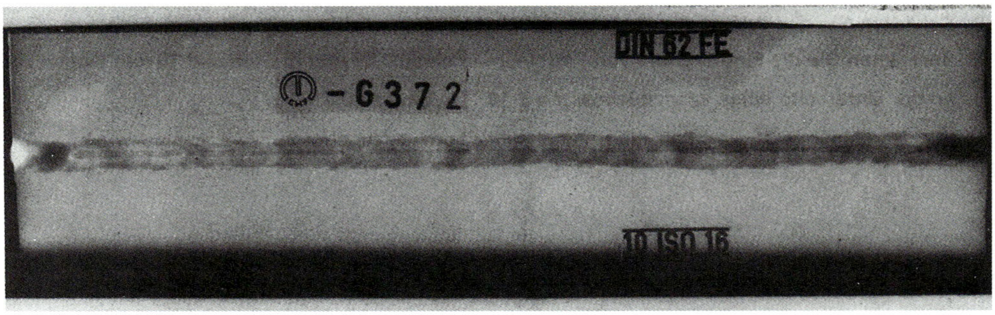

Unschärfen entstehen beim Aufnahmeverfahren in der Hauptsache dadurch, dass der Brennfleck der Röhre nicht punktförmig ist und die austretenden Strahlen nicht parallel verlaufen.

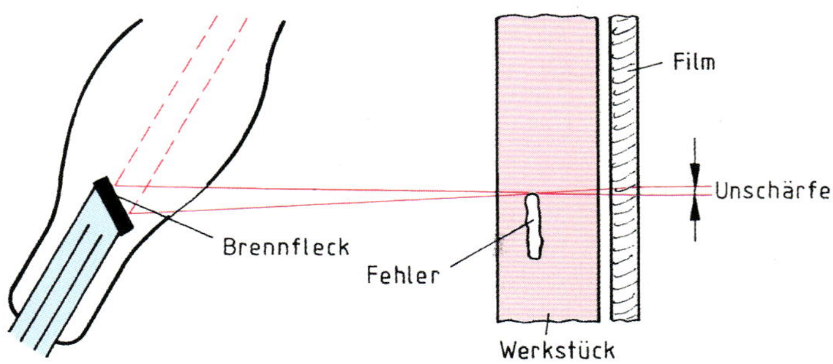

Entstehung der Unschärfe

Zur Beurteilung der Bildgüte werden Karten mit Drahtstegen verschiedener Durchmesser auf die dem Film gegenüberliegende Seite des Werkstückes gelegt und mit abgebildet.

3.4.2 Prüfung mit Gammastrahlen

Zur Prüfung dickerer Werkstücke (ab ca. 50 mm) werden Gammastrahlen vorteilhaft wegen ihrer kürzeren Wellenlänge eingesetzt. Vorwiegend wird die Prüfung nach dem Aufnahmeverfahren durchgeführt.

Als Strahlenquelle wird vorwiegend das Kobaltisotop ^{60}Co eingesetzt. Die Vorteile gegenüber dem Einsatz von Röntgenstrahlen liegen neben der größeren Intensität in den niedrigeren Anschaffungs- und Wartungskosten sowie dem geringeren Bedienungsaufwand. Die Rundumstrahlung und die fehlende Möglichkeit, die Strahlenquelle abzuschalten, fordern aber besondere Schutzmaßnahmen.

4 Gebrauchsprüfungen

In der Gebrauchsprüfung geht man von den in der Praxis zu erwartenden Beanspruchungen des Fertigteiles aus. Es geht darum zu prüfen, ob der Werkstoff bei einer speziellen Formgebung den Anforderungen entspricht.
Bei der Prüfung versucht man, die Beanspruchung möglichst praxisnah nachzuvollziehen. Dabei müssen für jedes Teil und jede Art der Beanspruchung aussagefähige Prüfmethoden gefunden werden. Die Schwierigkeit der Prüfverfahren liegt in der Bestimmung der Beanspruchung. Eine Durchschnittsbeanspruchung kann leicht ermittelt werden, doch steht auch diese nicht immer im richtigen Verhältnis zu Extrembeanspruchungen in der Praxis.
Die Auswertung geschieht im Wesentlichen nach zwei Gesichtspunkten:
Entweder ermittelt man die Grenzbelastung, die unter praxisgenäherter Bedingungen zur Zerstöung führt, oder man ermittelt, ob das Werkstück nach einer vorgegebenen Zahl von Belastungen oder nach einer bestimmten Betriebszeit unter praxisnaher Beanspruchung betriebsfähig bleibt.
Diese Fertigteilprüfungen als letzte Prüfverfahren nach der Prüfung des Werkstoffes auf Eignung und des Werkstückes auf Fehler, erfahren besonders in der Massenfertigung erhöhte Bedeutung.

Aufgaben zu 3 Zerstörungsfreie Prüfverfahren

Kapillar-Verfahren

1. Welche Art von Fehlern ist mittels Kapillar-Verfahren feststellbar?
2. Schildern Sie das Prinzip der Prüfung von Werkstücken nach dem Kapillar-Verfahren.
3. Berechnen Sie die Eindringtiefe von Petroleum in einen 0,02 mm breiten und 10 mm langen Riss an der Unterseite eines Werkstückes. $\sigma = 3 \cdot 10^{-4}$ N/cm, $\varrho = 0{,}8\ \frac{\text{g}}{\text{cm}^3}$.
   (Zur Berechnung ist ein Spalt mit prismatischer Form anzunehmen.)

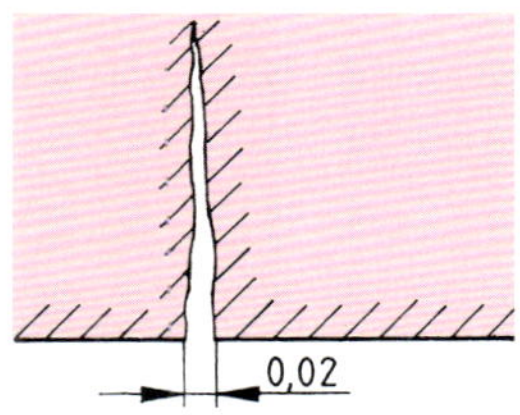

Magnetpulver-Prüfverfahren

4. Vergleichen Sie Kapillar- und Magnetpulver-Prüfverfahren hinsichtlich ihrer Einsatzfähigkeit.
5. Nennen Sie Werkstoffe, bei denen das Magnetpulver-Prüfverfahren zur Rissprüfung angewendet werden kann.
6. Welche Art von Fehlern ist mittels der Magnetpulverprüfung festzustellen?
7. An zwei Wellen zeigt das anhaftende Magnetpulver folgendes Bild:

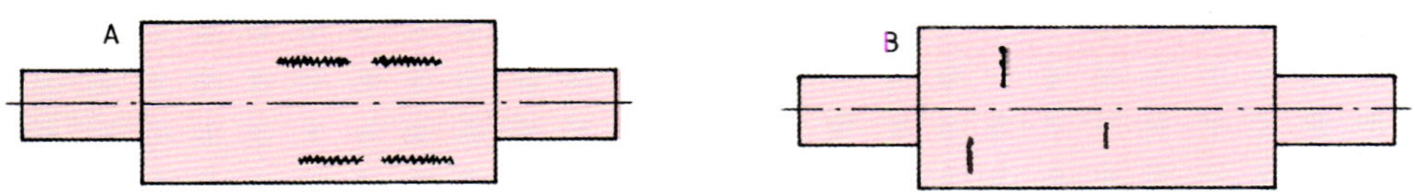

   Es wurden Jochmagnetisierung und Durchflutung angewendet. Welcher Fehler wurde durch die Jochmagnetisierung, welcher durch die Selbstdurchflutung erkennbar? Begründen Sie Ihre Antwort.

Prüfung mit Ultraschall

8. Was versteht man unter dem piezoelektrischen Effekt?
9. Unterscheiden Sie Longitudinal- und Transversalwellen.
10. Welche Bedeutung hat die Kopplungsflüssigkeit bei der Prüfung mit Ultraschall?
11. Erklären Sie die Fehlerfeststellung beim Durchschallungsverfahren.

12. Welche Vorteile bietet das Impuls-Echo-Verfahren gegenüber dem Durchschallungsverfahren?

13. Berechnen Sie den Grenzwinkel der Totalreflexion beim Übergang des Ultraschalls von Wasser in Stahl ($v_{Wasser} = 1\,500$ m/s; $v_{Stahl} = 6\,000$ m/s).

14. Ein 6 m langer Stranggussbarren wird mit Ultraschall auf Querrisse geprüft. Auf dem Bildschirm ist der Abstand zwischen Eingangsimpuls und Bodenecho 55 mm. 8 mm vor dem Bodenecho erscheint ein Fehlerecho.
Berechnen Sie die Lage des Fehlers.

15. Schematisch sind hier vier verschiedene Fälle einer Fehlerprüfung nach dem Impuls-Echo-Verfahren aufgezeigt.

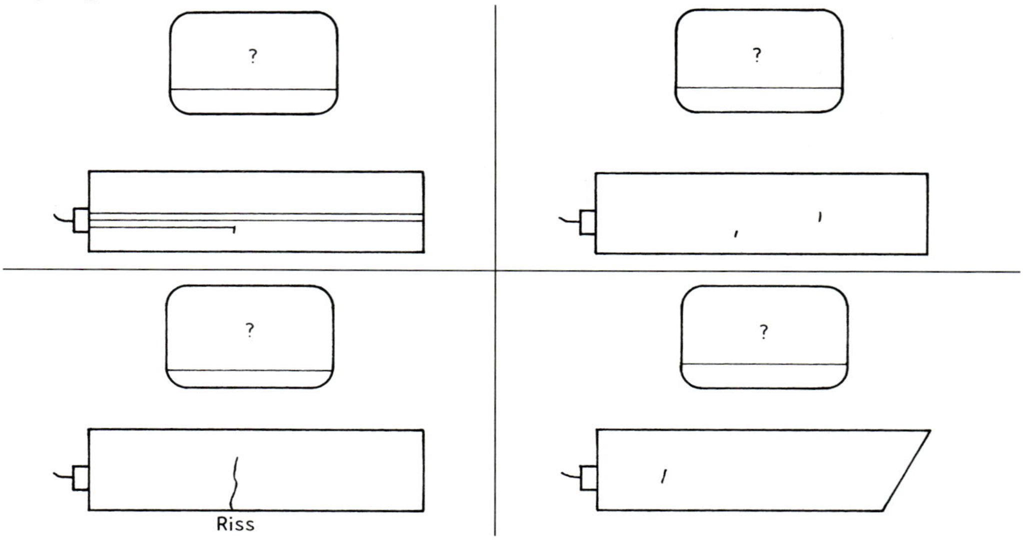

Zeichnen Sie den Verlauf des Schallstrahles und skizzieren Sie die Leuchtschirmbilder.

Prüfen mit Röntgen- und Gammastrahlen

16. Röntgenstrahlen haben Wellenlängen von 10^{-8} bis 10^{-12} m. Sie breiten sich mit Lichtgeschwindigkeit aus. Berechnen Sie den Frequenzbereich der Röntgenstrahlen.

17. Was versteht man unter
a) α-Strahlen, **b)** β-Strahlen, **c)** γ-Strahlen?

18. Die Frequenz der Röntgenstrahlen hängt von der Geschwindigkeit der auf die Anode auftreffenden Elektronen ab. Die höchste Frequenz errechnet sich aus:

$$e \cdot U = h \cdot \nu$$

ν Frequenz der kurzwelligsten Röntgenstrahlen bei der Spannung U,
U Beschleunigungsspannung,
e Ladung eines Elektrons, $e = 1{,}6 \cdot 10^{-19}$ As (Elementarladung),
h Planksches Wirkungsquantum, $h = 6{,}63 \cdot 10^{-34}$ Js

Berechnen Sie die größte Frequenz und die entsprechende Wellenlänge für eine Beschleunigungsspannung von 250 kV.

19. Wie verändert man Quantität und Härte der Röntgenstrahlen?

20. Der Brennfleckdurchmesser einer Röntgenröhre ist 3 mm. Der Film liegt unmittelbar hinter dem 10 mm starken Werkstück. Berechnen Sie den Mindestabstand von Brennfleck und Film, wenn die Unschärfe $x = 0{,}2 \cdot d$ nicht überschreiten darf.

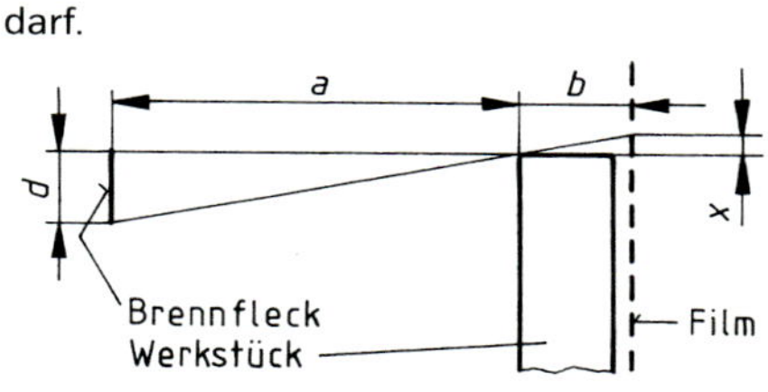

Vierter Themenkreis: Prüftechnik und Qualitätsmanagement

Handlungsfeld: Bauteile prüfen

Problemstellung

Prüfauftrag

Prüfauftrag
Reduzierhülsen auf Rundlauf prüfen

Zeichnung

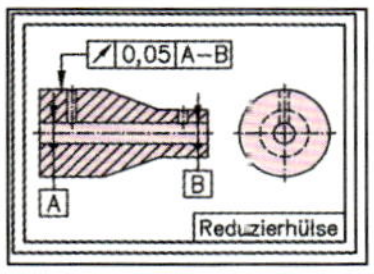

Werkstücke aus einer Vorserie

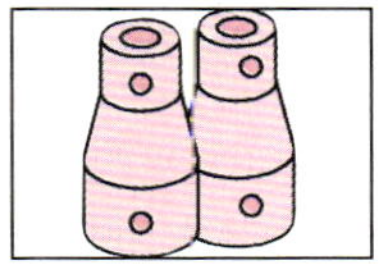

Analysieren

Auftrag und Zeichnungen auswerten nach
- zu prüfenden Eigenschaften (Form, Maße, Oberfläche ...)
- Toleranzen
- gefordertem Ergebnis (Maßangabe oder Bedingung erfüllt/Bedingung nicht erfüllt)

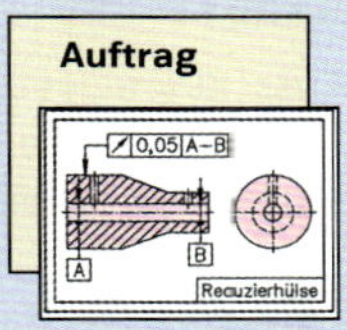

Ergebnisse
Entscheidung für
- Messen oder Lehren
- subjektives oder objektives Prüfen
- Umfang der Prüfung

Planen

Überlegungen zu
- Prüfgerät (Art, Größe, Genauigkeit, Handhabung ...)
- Prüfaufbau (Positionierung von Werkstück und Messgerät ...)
- Durchführung der Prüfung (Abfolge der Prüfungen ...)
- Ergebnisdokumentation

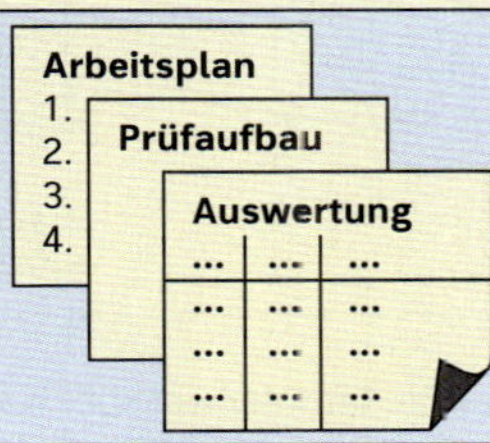

Ergebnisse
- Plan der Prüfeinrichtung
- Prüfplan (Prüfmethode)
- Dokumentations- und Auswerteformular

Prüfung durchführen

Prüfeinrichtung aufbauen → Prüfstück einrichten → Prüfgerät einrichten → Prüfen (Umgebungsbedingungen beachten) → Prüfergebnis und Umgebungsbedingungen aufzeichnen

Auswerten

- Soll-Ist-Vergleich durchführen
- Statistische Auswertung vornehmen

- Ergebnis beurteilen (z. B. gut, Nacharbeit, Ausschuss)
- Fehler analysieren
- Fehlerbehebung vorschlagen

1 Prüftechnik

1.1 Grundbegriffe

1.1.1 Begriffe zum Messvorgang

Die Messtechnik ist ein Teilgebiet der Prüftechnik.

- **Messen**

Das **Messen** ist der experimentelle Vorgang, durch den ein spezieller Wert einer physikalischen Größe als Vielfaches einer Einheit ermittelt wird, z. B. Messen der physikalischen Größe Länge als Vielfaches der Längeneinheit Meter.

- **Messgröße**

Die **Messgröße** ist die physikalische Größe, die durch die Messung erfasst wird, z. B. Länge, Zeit, Geschwindigkeit.

- **Anzeige**

Die **Anzeige** ist bei Messgeräten gegeben durch den an einer Skala abgelesenen Stand der Marke. Die Anzeige kann als Zahlenwert oder je nach Beschriftung in Einheiten der Messgröße, in Skalenteilen, in Längeneinheiten oder in Ziffernschritten angegeben werden.

Erfolgt die Anzeige *stetig*, zum Beispiel durch Ausschlag eines Zeigers auf einer Instrumentenskala oder durch Maßanzeige auf der Skala einer Schieblehre, dann spricht man von *analoger* Anzeige. Erfolgt die Anzeige hingegen in Form *fester Schritte*, z. B. als Ziffernfolge, so bezeichnet man dies als *digitale* Anzeige.

Beispiel für analoge und digitale Anzeige und Messwertaufzeichnung

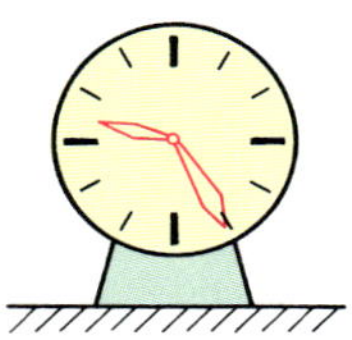

analoge Zeitanzeige

digitale Zeitanzeige

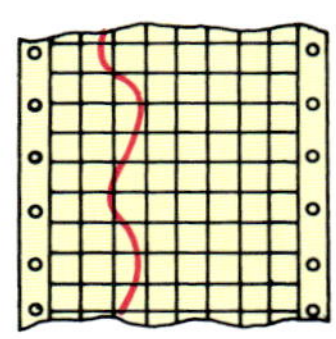

analoge Messwertaufzeichnung

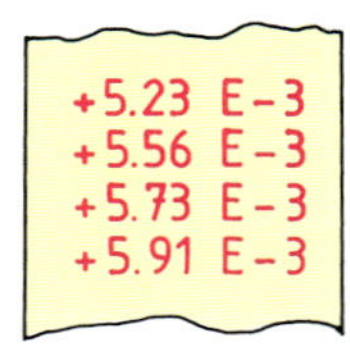

digitale Messwertaufzeichnung

Die digitale Anzeige hat den Vorteil, dass Ablesefehler erheblich eingeschränkt werden und stets eine eindeutige Maßzahl angegeben wird. Dagegen lässt die analoge Anzeige das Abschätzen von Zwischenwerten zu. Die Entwicklung tendiert zum bevorzugten Einsatz digitaler Anzeige.

- **Messwert**

Der **Messwert** ist der ermittelte Wert der Messgröße. Er besteht aus Zahlenwert und Einheit, z. B. 5 m, 20 s, 10 km/h.

- **Messergebnis**

Das **Messergebnis** wird aus einem oder mehreren Messwerten erhalten. Für jedes Messergebnis sind – soweit dies von Bedeutung ist – die physikalischen Bedingungen (z. B. Druck, Temperatur), unter denen das Ergebnis zustande kam, anzugeben. Ebenfalls gehört, soweit dies notwendig ist, die Angabe von Messunsicherheit und Fehlergrenzen zum Messergebnis.

Die Messunsicherheit ist die Abweichung zwischen der Messgröße und dem Messwert durch zufällige (unregelmäßig auftretende) oder nicht berücksichtigte systematische (regelmäßig auftretende) Fehler.

Beispiel für die Angabe eines Messergebnisses

Länge eines Stabes bei 20 °C: $l = 2{,}635\ \text{m} \pm 0{,}001\ \text{m}$

Analoge und digitale Messverfahren

Analogmessverfahren erfassen, verarbeiten und zeigen die Messgröße nicht als Ziffer, sondern als physikalische Größe in unterschiedlicher Höhe an.

Digitalmessverfahren erfassen die Messgröße als ganzzahliges Vielfaches einer Einheit oder eines Schrittes. Digitalmessverfahren

- liefern genau definierte Messwerte,
- sind unmittelbar mit Datenverarbeitungsanlagen zu koppeln,
- ermöglichen die sichere und störungsfreie Fernübertragung von Messwerten.

Häufig werden auch analog aufgenommene Messgrößen digitalisiert, digital verarbeitet und angezeigt.

Beispiel für Analog- und Digitalmessverfahren

Analoges Messverfahren
In einer Längenmesseinrichtung wird die Länge in Form einer elektrischen Spannung an einem Widerstandsdraht abgegriffen. Die Spannung ist stets proportional dem vom Schleifkontakt zurückgelegten Weg und kann jeden beliebigen Zwischenwert annehmen.

Messprinzip

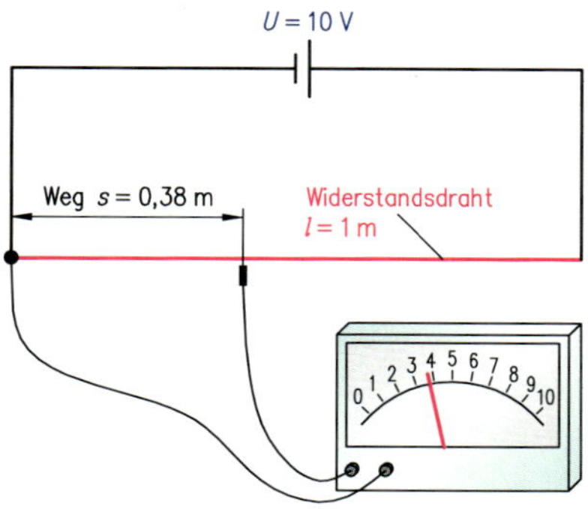

Kennlinie

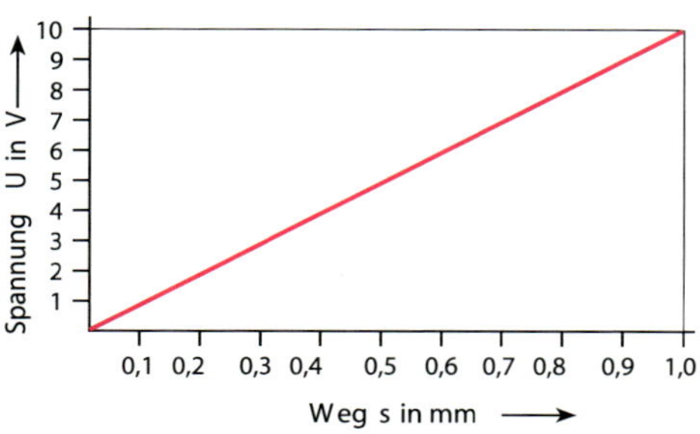

Digitales Messverfahren
In einer Längenmesseinrichtung wird die Länge in Form einer elektrischen Spannung an einem gewendelten Widerstandsdraht mit 10 Windungen abgegriffen. Die Spannung ist stets ein Vielfaches der Spannung am Widerstand einer einzelnen Windung.

Messprinzip

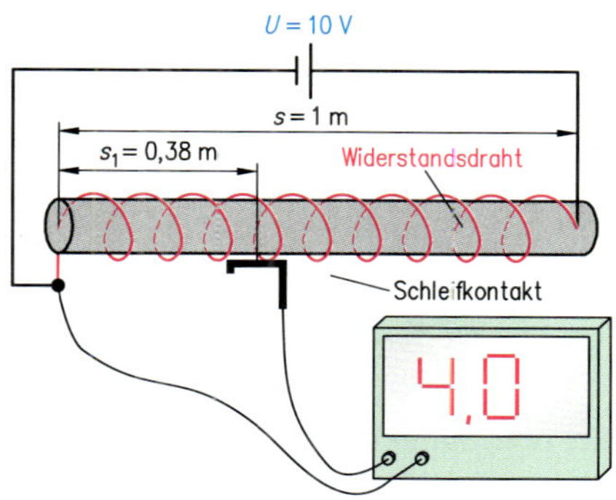

Kennlinie

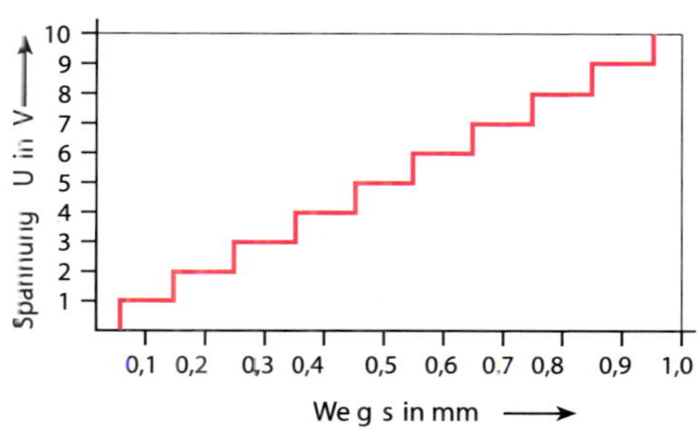

- **Messprinzip**

Als **Messprinzip** bezeichnet man die charakteristische physikalische Erscheinung, die bei der Messung benutzt wird.

Beispiel für verschiedene Messprinzipien

Messgröße	Messprinzip
Temperatur	Längenänderung, Widerstandsänderung u. a.

Messgröße	Messprinzip
Druck	Elastische Formänderung, z. B. bei einer Rohrfeder

- **Messgerät**

Das **Messgerät** ist eine Baueinheit, welche Teil oder Ganzes der Messeinrichtung sein kann. Man unterscheidet dabei anzeigende Messgeräte und Maßverkörperungen.

Anzeigende Messgeräte zeigen den Messwert durch Marken auf einer Skala an. Die Skala eines anzeigenden Messgerätes kann eine Strichskala (z. B. analog) oder eine Ziffernskala (z. B. digital) sein.

Maßverkörperungen stellen einzelne Werte der Messgröße dar, z. B. verkörpert eine Wiegemasse von 1 kg genau 1 kg.

Beispiele für die Messwertanzeige auf anzeigenden Messgeräten und Maßverkörperungen

Messen eines Bolzens mit einem **anzeigenden Messgerät** (z. B. mit einem Messschieber)

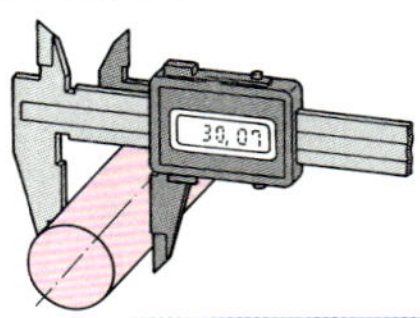

Messen eines Düsendurchmessers mit einer **Maßverkörperung** (z. B. mit einer zylind-rischen Düsenlehre)

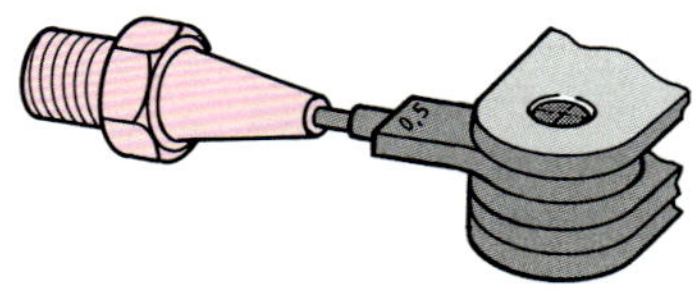

1.1.2 Begriffe zum Messverfahren und zur Messeinrichtung

Unter dem **Messverfahren** ist die Funktionsweise der Messeinrichtung zu verstehen. Man unterscheidet direkte/indirekte, analoge/digitale sowie Ausschlag-/Kompensations-Messverfahren.

- **Direkte und indirekte Messverfahren**

Von einem *direkten Messverfahren* spricht man, wenn der gesuchte Messwert einer Messgröße durch unmittelbaren Vergleich mit einem Bezugswert derselben Messgröße gewonnen wird.

Bei *indirekten Messverfahren* wird der Messwert einer Messgröße auf eine andersartige physikalische Größe zurückgeführt und aus dem physikalischen Zusammenhang beider Größen ermittelt.

Beispiele für direkte und indirekte Messverfahren

Messen eines Werkstücks mit einem **direkten Messverfahren**, z. B. Messen mit einer Bügelmessschraube.

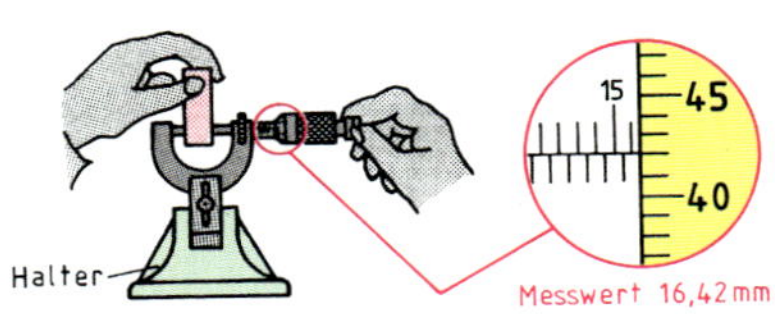

Messen der Blechstärke mit einem **indirekten Messverfahren**, z. B. mit einer pneumatischen Druckmesseinrichtung.

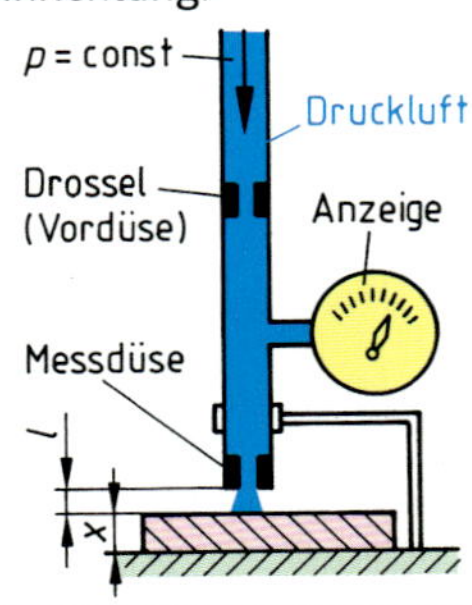

Ausschlag- und Kompensationsmessverfahren

Ausschlag- und Kompensationsmessverfahren unterscheiden sich in der Art des Vergleichs von Normal und Messwert.

Ausschlagmessverfahren zeigen den Wert der Messgröße auf einer geeichten Skala an.
Der Vergleich mit dem Normal erfolgt also indirekt.

Bei *Kompensationsmessverfahren* wird unter Einsatz eines Normals der Ausschlag wieder kompensiert.

Kompensationsmessverfahren sind gegenüber Ausschlagmessverfahren genauer, weil:

- dem Messvorgang im Betrieb des Messverfahrens keine Arbeit entzogen wird, wie zum Beispiel bei der Messung einer elektrischen Spannung;
- das Messgerät nur im Bereich um den Nullzustand eingesetzt wird. Dabei ist höhere Anzeigegenauigkeit zu erreichen als bei einem großen Messbereich.

Nachteilig ist der hohe Zeitaufwand zur Kompensation.

Beispiele für Ausschlagmess- und Kompensationsmessverfahren

Ausschlagmessverfahren

Messen eines Gewichts mit einer Federwaage.

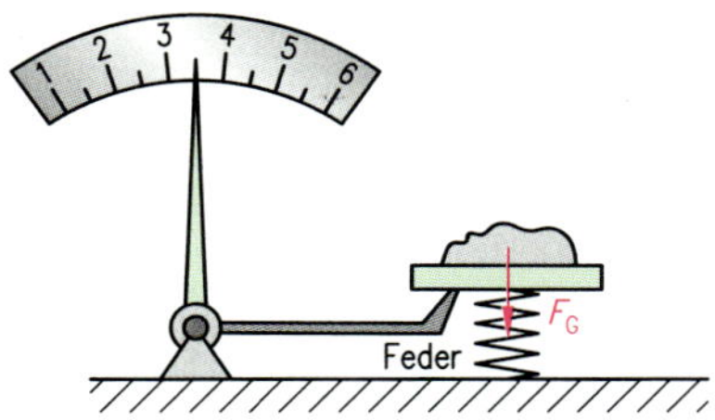

Kompensationsmessverfahren

Messen einer Masse durch Massenvergleich mit einer Balkenwaage.

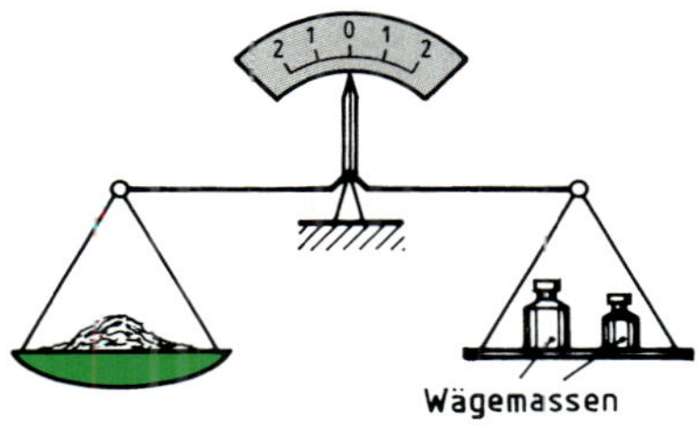

Ausschlagmessverfahren

Messung einer Spannung mit einem Spannungsmessgerät.

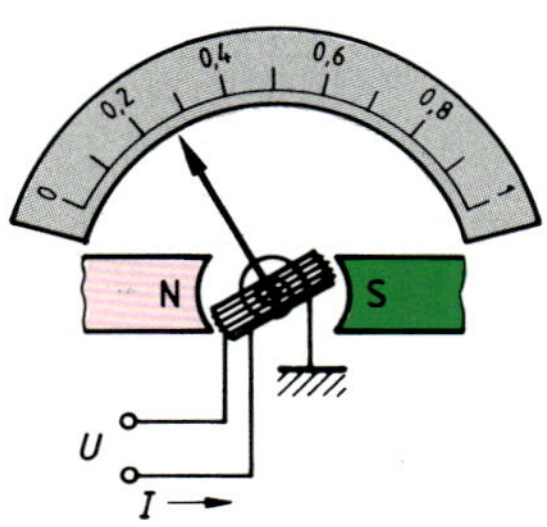

Kompensationsmessverfahren

Messung einer Spannung U_1 mit einem Spannungsteiler.

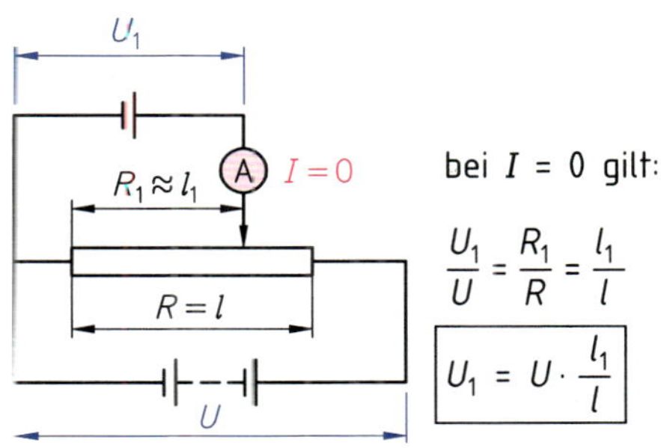

- **Messeinrichtung**

Die **Messeinrichtung** ist die Gesamtheit der zum Zweck der Messung benutzten Elemente. Darin sind Fühler zur Erfassung der Messgröße, Rechengeräte und Ausgabegeräte zur Darstellung der angezeigten Größe miteingeschlossen.

Beispiel für den Aufbau einer Messeinrichtung zur Durchflussmessung

Als Messgrößenaufnehmer dient ein schwach beheizter Widerstand. Je höher die Strömungsgeschwindigkeit des an ihm vorbeiströmenden Gases ist, desto stärker kühlt er ab. Die Abkühlung bewirkt eine Widerstandsänderung.

Eine anschließende Messschaltung mit einem Verstärker nimmt die erste Signalverarbeitung vor. Eine weitere Funktionseinheit sorgt dafür, dass zum Durchfluss eine proportionale Spannung abgegeben werden kann.

Ein ebenfalls angeschlossener Analog-/Digital-Wandler gibt ein digitales Signal aus.

Je nach Art der Weiterverarbeitung können das analoge oder das digitale Signal weiterverwendet werden.

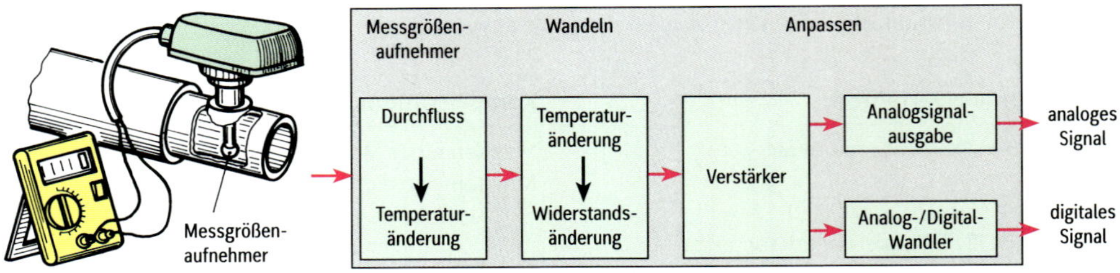

Aufgaben zu 1.1 Grundbegriffe

1. Erklären Sie folgende Grundbegriffe der Prüftechnik am Beispiel einer Temperaturmessung: Messen, Skalenwert, Digitalanzeige, Analoganzeige, indirektes Messverfahren.
2. Begründen Sie die Verwendung von Uhren mit springendem Minutenzeiger bei Verkehrsbetrieben wie z. B. Deutsche Bahn.
3. Ein Pyrometer zur Messung hoher Temperaturen arbeitet nach folgendem Prinzip: Über einen Regelwiderstand wird der Strom, der durch einen Glühfaden fließt, so lange verändert, bis der Faden in einem Okular so hell erscheint wie die Oberfläche des zu messenden Gegenstandes. Beide haben dann die gleiche Temperatur. Den Strommesser für den Glühfaden eicht man nach Celsiusgraden.
   a) Nennen Sie Messgröße, Messprinzip und Messverfahren.
   b) Stellen Sie das Messverfahren in Blockstruktur dar. (Ziehen Sie die Darstellung eines Regelkreises dazu heran.)

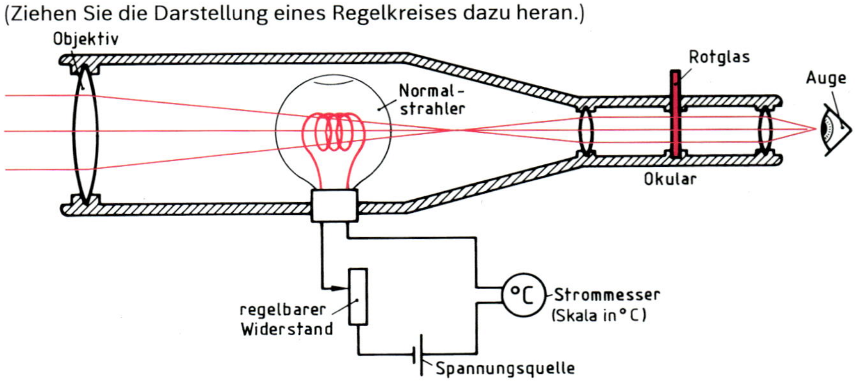

4. Nennen Sie physikalische Größen, die von der Umdrehungsfrequenz abhängen. Wie könnte man mit diesen Kenntnissen einen analog arbeitenden Umdrehungsfrequenzmesser konstruieren?

1.2 Einheiten

Es gibt im internationalen Einheitensystem (SI-System)[1] sieben *Basiseinheiten* und die aus ihnen kohärent, d. h. mit dem Zahlenfaktor 1 *abgeleiteten Einheiten*.

1.2.1 SI-Basiseinheiten (Auszug)

Basisgröße	Basiseinheit	
	Name	Zeichen
Länge	Meter	**m**
Masse	Kilogramm	**kg**
Zeit	Sekunde	**s**
elektrische Stromstärke	Ampere	**A**
Temperatur (thermodynamische Temperatur)	Kelvin	**K**
Stoffmenge	Mol	**mol**
Lichtstärke	Candela	**cd**

Definition der SI-Basiseinheiten (Auszug)

1 Meter ist das 1 650 763,73-Fache der Wellenlänge der von Atomen des Nuklids ^{86}Kr beim Übergang vom Zustand $5d_5$ zum Zustand $2p_{10}$ ausgesandten, sich im Vakuum ausbreitenden Strahlung (11. Generalkonferenz für Maß und Gewicht, 1960).

1 Kilogramm ist die Masse des Internationalen Kilogrammprototyps (1. Generalkonferenz für Maß und Gewicht, 1889).

1 Sekunde ist das 9 192 631 770-Fache der Periodendauer der dem Übergang zwischen den beiden Hyperfeinstrukturniveaus des Grundzustandes von Atomen des Nuklids ^{133}Cs entsprechenden Strahlung (13. Generalkonferenz für Maß und Gewicht, 1967).

1 Kelvin ist der 273,16te Teil der thermodynamischen Temperatur des Tripelpunktes des Wassers (13. Generalkonferenz für Maß und Gewicht, 1967).

1.2.2 Kohärente Einheiten

Kohärente Einheiten sind aus dem SI-System abgeleitete Einheiten, die mit dem Faktor 1 umgerechnet werden können.

Wichtige kohärente Einheiten des SI-Systems, die besondere Einheitennamen tragen:

Größe	Name der Einheit	Kurzzeichen der Einheit	Beziehungen
Kraft	Newton	**N**	$1\ \text{N} = 1\ \frac{\text{kg m}}{\text{s}^2}$
Arbeit	Joule	**J**	$1\ \text{J} = 1\ \text{Nm} = 1\ \frac{\text{kg m}^2}{\text{s}^2} = 1\ \text{Ws}$
Leistung	Watt	**W**	$1\ \text{W} = 1\ \frac{\text{J}}{\text{s}} = 1\ \frac{\text{Nm}}{\text{s}} = 1\ \frac{\text{kg m}^2}{\text{s}^3}$
Druck	Pascal	**Pa**	$1\ \text{Pa} = 1\ \frac{\text{N}}{\text{m}^2} = 1\ \frac{\text{kg}}{\text{m s}^2}$

1.3 Längenprüftechnik

Die Längenprüftechnik hat für die Fertigung wesentliche Bedeutung. Ohne die entsprechende Längenprüftechnik sind Austauschbau und Arbeitsteilung nicht möglich.

Unter **Prüfen** versteht man das Feststellen, ob ein Prüfgegenstand den geforderten Maßen und der geforderten geometrischen Form entspricht.

Das Prüfen gliedert sich in:

Prüfen

Messen | **Lehren**

[1] Système International d'Unités.

Messen ist das Vergleichen einer Länge mit einem Messgerät. Das Ergebnis der Messung ist das *Istmaß* an der gemessenen Stelle des Prüfgegenstandes.
Lehren ist das Vergleichen eines Prüfgegenstandes mit einer Lehre. Das Ergebnis des Lehrens ist die Feststellung, ob der Prüfgegenstand eine vorgeschriebene Grenze überschreitet.
Die zum Prüfen verwendeten Gegenstände bezeichnet man als **Prüfmittel.**
Prüfmittel werden wie folgt unterteilt:

Prüfmittel
- **Messgeräte**
  - **anzeigende Messgeräte**
  - **Maßverkörperungen**
- **Hilfsmittel**
- **Lehren**

1.3.1 Längenmessgeräte

1.3.1.1 Mechanische Längenmessgeräte

1 Strichmaße

Strichmaße sind die einfachsten mechanischen Messgeräte. Bei ihnen ist auf Stäben oder Bändern aus Metall, Holz, Kunststoff oder Glas eine Teilung aufgetragen. Der Messvorgang besteht in einfachem Anlegen des Strichmaßes an das zu messende Werkstück und Ablesen des Messwertes. Die *Ablesegenauigkeit* liegt bei diesen Messzeugen etwa bei 0,5 mm.

2 Messschieber

Mit dem **Messschieber** können Außen-, Innen- und Tiefenmessungen durchgeführt werden. Durch eine Ablesehilfe, den Nonius, kann man Messwerte auf 1/10 mm Genauigkeit ablesen.

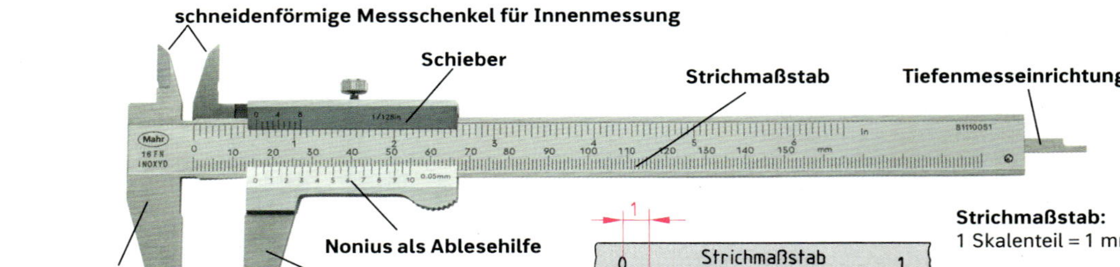

Messschieber

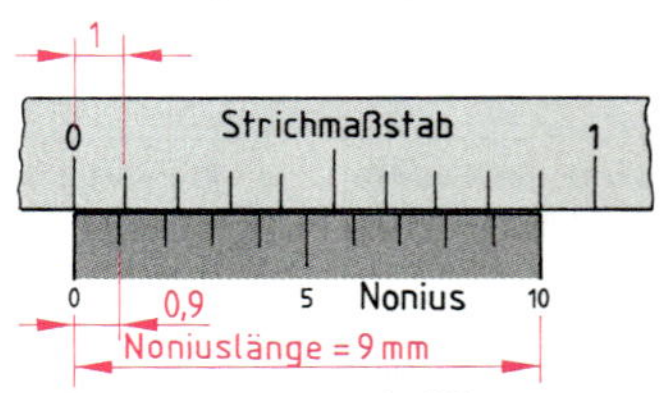

Ablesen von Zehntelmillimetern

Strichmaßstab:
1 Skalenteil = 1 mm

Nonius:
1 Skalenteil =
9 mm : 10 = 0,9 mm

Ablesegenauigkeit:
0,1 mm

3 Messschraube

Bei **Messschrauben** wird das Maß durch den Abstand zwischen zwei Messflächen verkörpert. Dieser Abstand kann durch Hinein- oder Herausdrehen einer Gewindespindel aus einer Mutter verändert werden. Die Steigung des Messspindelgewindes beträgt meist 0,5 mm. Eine Umdrehung dieser Messtrommel bewirkt daher eine Längsverschiebung der Messspindel von 0,5 mm.

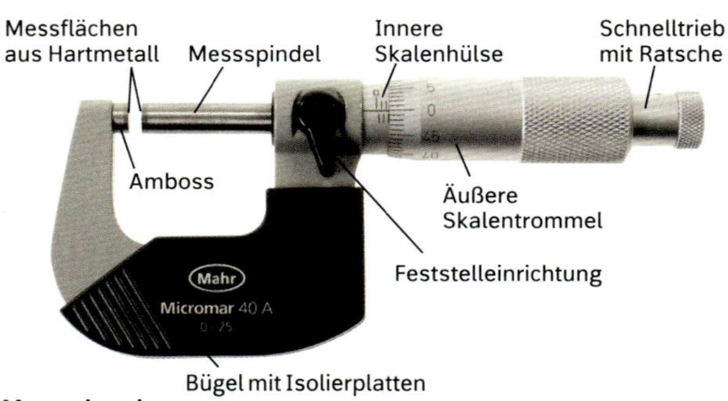

Messschraube

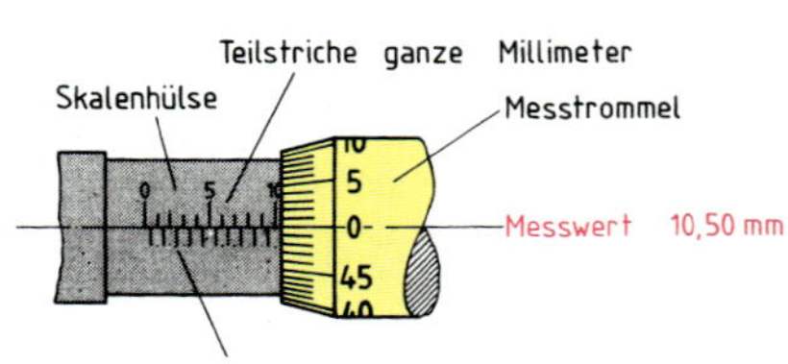

Ablesung ganzer und halber Millimeter

4 Messuhren

Maßdifferenzen von 1/100 mm und geringer sind mit **Messuhren** feststellbar. Messuhren sind Längenmessgeräte, bei denen der Weg des Messbolzens über ein geeignetes System auf einen Zeiger übertragen wird, wobei sich der Zeiger um mindestens 360° vor einem runden Skalenblatt bewegt.

Beispiel für das Messen von Maßdifferenzen

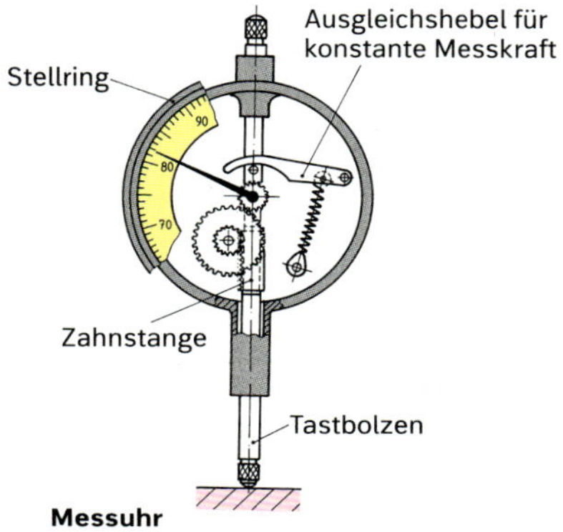

Messuhr

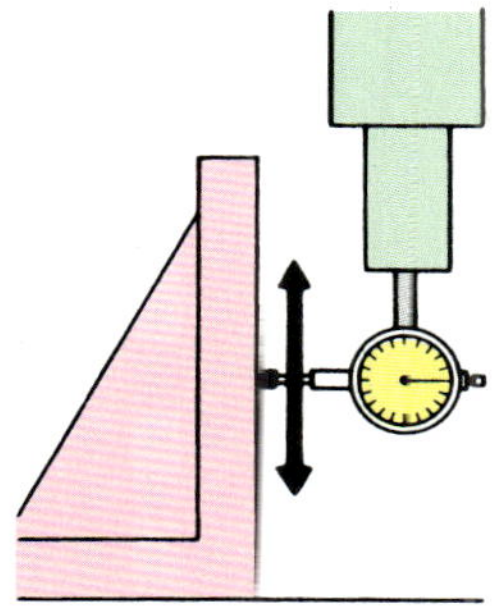
Messung der Rechtwinkligkeit

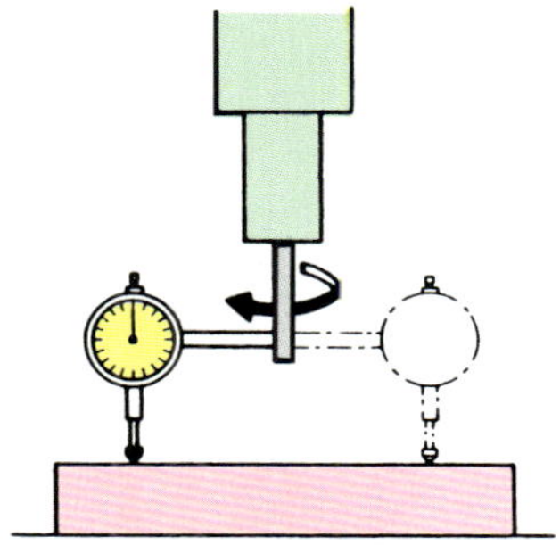
Messung der Parallelität

1.3.1.2 Pneumatische Längenmessgeräte

Pneumatische Längenmessgeräte eignen sich besonders für die Feinstmessung in der Serienfertigung. Da der Messbereich sehr klein ist, werden diese Messgeräte nur zur Unterschiedmessung benutzt. Die Übersetzung der pneumatischen Messgeräte liegt bei 1 000 : 1 bis über 100 000 : 1.

1 Druckmessverfahren

Beim **Druckmessverfahren** werden die Druckdifferenzen zwischen einer festen Drosselstelle und der Messdüse zum indirekten Messen des Abstandes der Messdüse vom Messobjekt genutzt.

Beispiel für eine Messung nach dem Druckmessverfahren

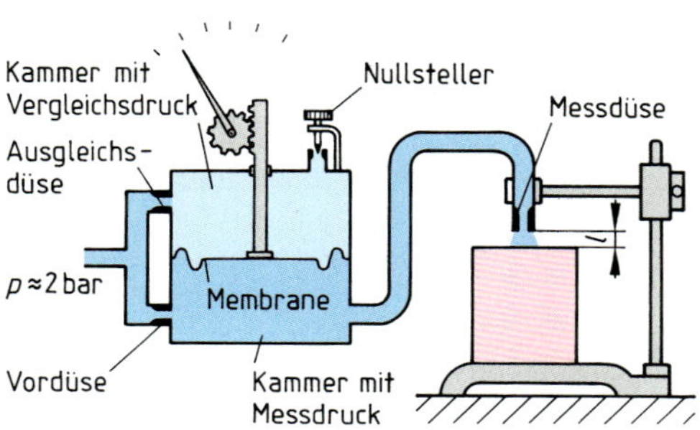

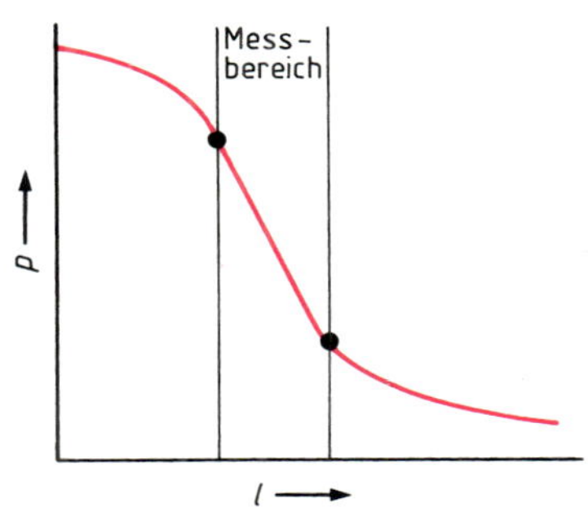

Es muss bei dieser Methode gewährleistet sein, dass der Vordüse Luft mit konstantem Druck zugeführt wird. Die Druckmessung und damit die Anzeige der Länge kann über die verschiedensten Druckmessertypen erfolgen (z. B. Membranmessgeräte, U-Rohr-Manometer).

Wird der Messfühler unmittelbar an die Werkstückoberfläche gepresst, so ist der Druck zwischen den Düsen gleich p_{max}. Wird der Abstand vergrößert, so fällt der Druck entsprechend der obigen Kurve ab. Als Messbereich wird überwiegend der lineare Kurventeil gewählt, da hier Druckdifferenz und Längenänderung einander proportional sind. Jede Messdüse erfordert natürlich eine eigene, speziell geeichte Manometerskala.

2 **Durchflussmessverfahren**
Bei den **Durchflussmessverfahren** strömt Druckluft durch einen Durchflussmesser. Je nach Messdüsenabstand steigt oder sinkt die Durchflussmenge.

Beispiel für eine Messung nach dem Durchflussmessverfahren

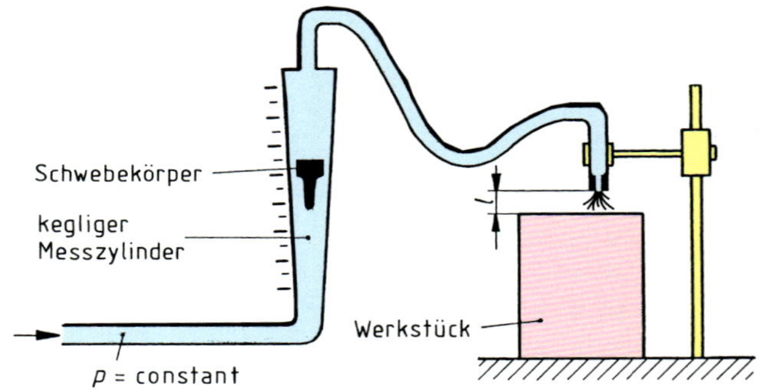

Um mit pneumatischen Messgeräten zu messen, ist stets zunächst eine Einstellung mit Parallelendmaßen oder besonderen Einstelllehren erforderlich.
Da die Messbereiche der pneumatischen Längenmessgeräte sehr klein sind, müssen für die meisten Messfälle besondere Messdüsensysteme hergestellt werden.
Bis zu einer Rautiefe von 3 µm kann berührungslos gemessen werden. Bei größeren Rautiefen wählt man mechanisch berührende Taster.

Beispiele für berührungslose und mechanisch berührende Taster

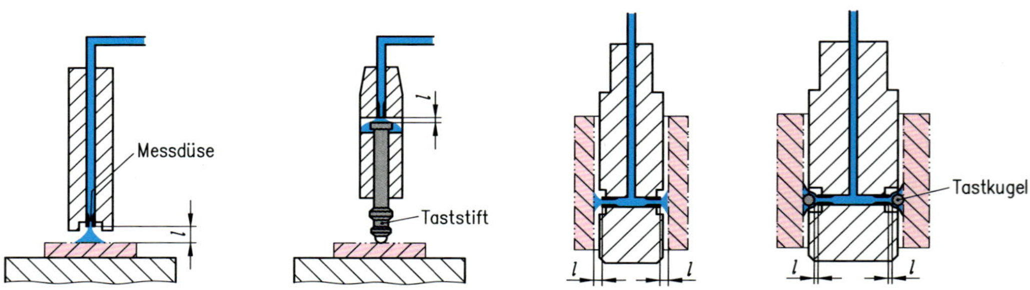

1.3.1.3 Analoge elektrische Längenmessung

Längen beziehungsweise Längenänderungen können durch entsprechende Sensoren als elektrische Größen wie Strom, Spannung oder Widerstand abgebildet und als elektrisches Signal weitergegeben werden. In der nachgeschalteten Signalverarbeitung wird das Signal an das Ausgabegerät angepasst. Ausgabegeräte können digital oder analog anzeigende Messgeräte oder Steuerungen von Prozessabläufen sein.

Messkette

1 Induktiver Messtaster

Mit **induktiven Messtastern** werden kleine Längenänderungen gemessen. Die Funktion des Messtasters beruht darauf, dass die Induktivität einer Spule neben der Windungszahl von der Größe des Kerns und dem Material des Kerns abhängig ist.

$$L = \frac{N^2 \cdot \mu_0 \cdot \mu_r \cdot A}{l_w}$$

L Induktivität in Henry (1 H = 1 Vs/A)
N Windungszahl der Spule
μ_0 magnetische Feldkonstante in Vs/Am
μ_r relative Permeabilität
A Eisenquerschnitt in m²
l_w wirksame Feldlinienlänge in m

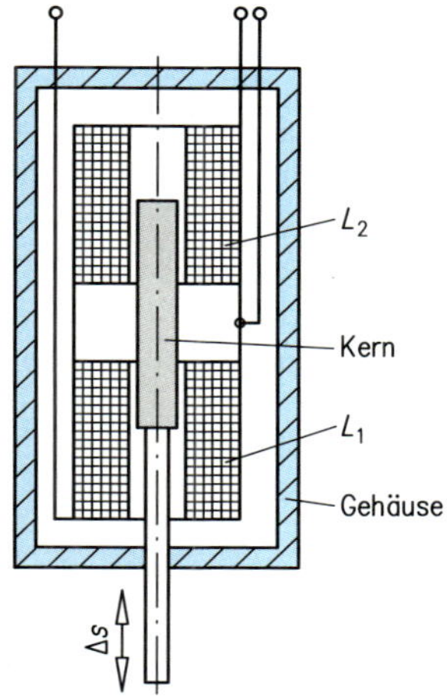

Induktiver Messtaster

Zur Messung einer Längenänderung verschiebt man mit einem Taster-Stößel einen Eisenkern zwischen zwei Spulen, sodass in einer Spule die Induktivität zunimmt, während sie in der anderen in gleicher Weise abnimmt.

Im Induktionsstromkreis setzt die Spule dem Strom einen Widerstand X_L entgegen. Dieser verringert sich mit abnehmender Induktivität.

$$X_L = 2\pi \cdot f \cdot L$$

X_L Induktiver Widerstand
f Frequenz
L Induktivität

Induktive Messtaster werden normalerweise zusammen mit zwei ohmschen Widerständen in einer Halbbrückenschaltung[1] eingesetzt, die als Ausgangssignal ein Normsignal mit einer Spannung zwischen 0 V und 10 V liefert.

Zwischen der Kernverschiebung bei einer Messung und dem Ausgangssignal besteht eine lineare Abhängigkeit.

- Vorteile der induktiven Längenmessung mit Messtastern sind
- eine hohe Messgenauigkeit, z. B. ± 1 µm bei 1 mm Messbereich,

eine einfache Weiterleitung und Bearbeitung der Messwerte in automatisierten Anlagen.

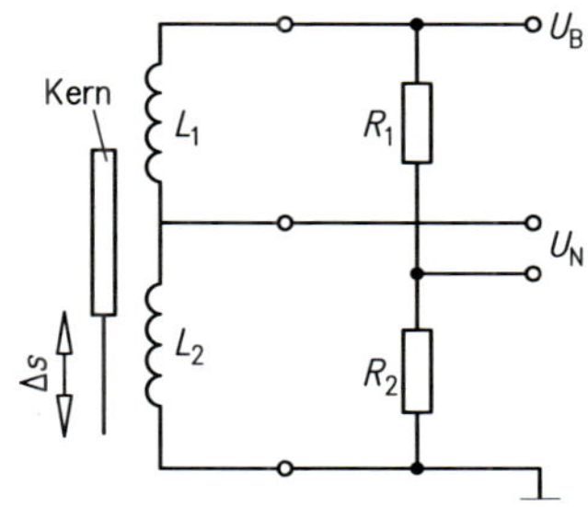

Halbbrücke aus zwei induktiven und zwei ohmschen Widerständen

8.5.3

> Induktive Messtaster erzeugen das Messsignal durch Induktionsänderung infolge der Verschiebung eines Eisenkerns zwischen zwei Spulen. Die Induktionsänderung ist in einer mit Wechselspannung beaufschlagten Brücke die Grundlage der Auswertung.

2 Kapazitiver Messtaster

Kapazitive Messtaster sind ähnlich wie induktive Messtaster aufgebaut. Zur Messung verschiebt sich in einem Kondensator eine Platte tiefer in den Kondensator, während die andere Platte heraustaucht.

Die Messschaltung ist ebenso ähnlich – nur werden statt der induktiven Widerstände kapazitive Widerstände verwendet

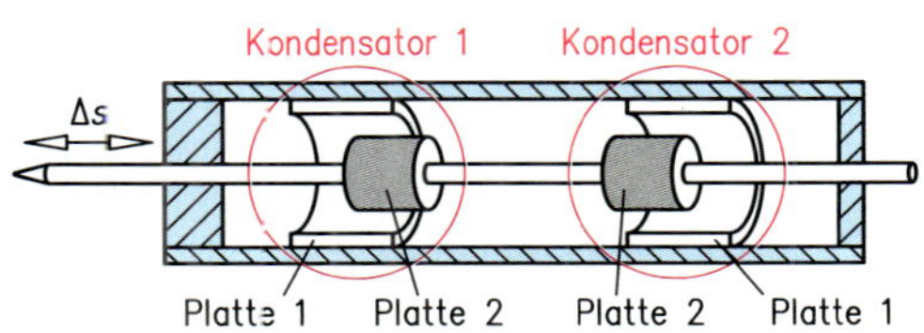

Kapazitiver Messtaster

[1] Informationen zur Brückenschaltung siehe Abschnitt 2.3.1.2

1.3.1.4 Digital messende Längenmessverfahren

1 Inkremental messende Längenmessverfahren

- **Messprinzip**

Inkremental messende Längenmessgeräte bestehen aus einem gleichmäßig geteilten Raster, über das eine Abtasteinheit geführt wird. Diese Abtasteinheit zählt von einem frei gewählten Nullpunkt die Zahl der überfahrenen Rastereinheiten. Aus dem Ergebnis errechnet eine Auswerteeinheit den Abstand zum Nullpunkt.

Damit absolute Werte einer Länge angegeben werden können, besitzen die gerasterten Maßstäbe einen Referenzpunkt, der vor einer Absolutmessung anzufahren ist.
Die Teilungen der Raster können mechanisch, optisch, magnetisch, induktiv oder kapazitiv verkörpert sein.

Beispiele für Messprinzipien inkremental messender Längenmessverfahren (Schema)

Bei einer **optisch** abzutastenden Rasterung erzeugt die Teilung beim Vorbeifahren des Tas-ters schwankende Beleuchtungsstärken an der Fotozelle. Aus der Zahl der Hell-Dunkel-Impul-se ermittelt die Auswerteelektronik das Maß.

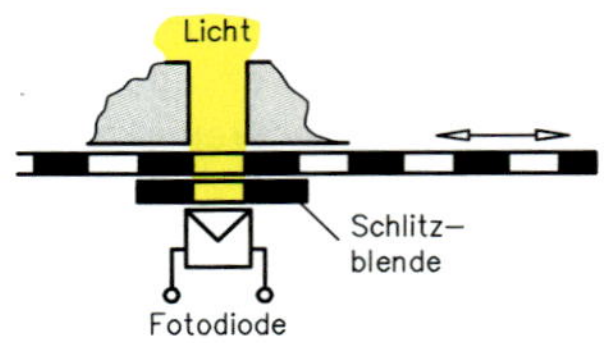

Bei einer **kapazitiv** abzutastenden Rasterung ändert sich beim Überfahren der Rasterplatte die Kapazität des Kondensators. Damit ändert sich impulsartig der Stromfluss. Aus der Zahl der aufgetretenen Impulse wird durch die Auswerteelektronik das Maß berechnet.

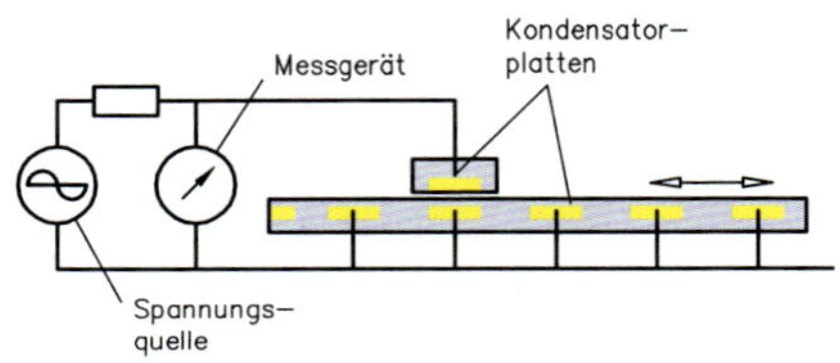

Bei einer **induktiven** Rasterung werden Schwankungen in der Induktivität eines entsprechend gestalteten Lineals gezählt und zur Messwertermittlung genutzt. Bei einem Aufbau nach dem Prinzip des Transformators erzeugt eine Wechselspannung in der Primärwicklung je nach Medium zwischen den Spulen einen unterschiedlich hohen Strom in der Sekundärspule.

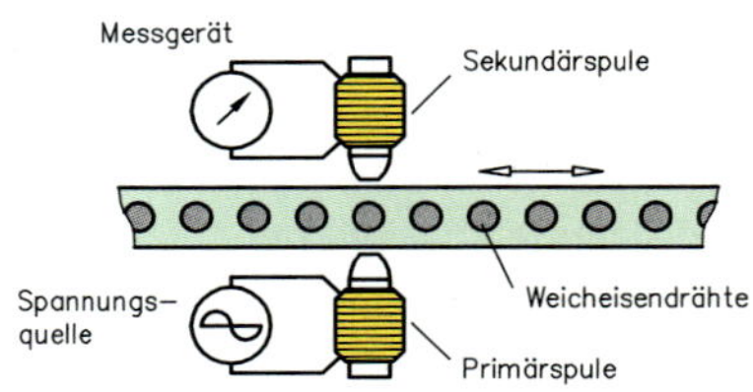

Der Messwert wird bei der inkrementalen Messung aus der Summe der überfahrenen Rasterelemente gebildet. Bei einer einfachen Messeinrichtung würde stets nur addiert werden, selbst wenn der Maßstab in die Gegenrichtung verschoben würde. Aus diesem Grunde ist eine Richtungserkennung der Verschiebung erforderlich. Diese erreicht man durch eine zweite Messposition, die gegenüber der ersten um ein Viertel des Rasterabstandes *P* verschoben ist.

Beispiel für einen inkrementalen Längengeber mit Richtungserkennung (Schema)

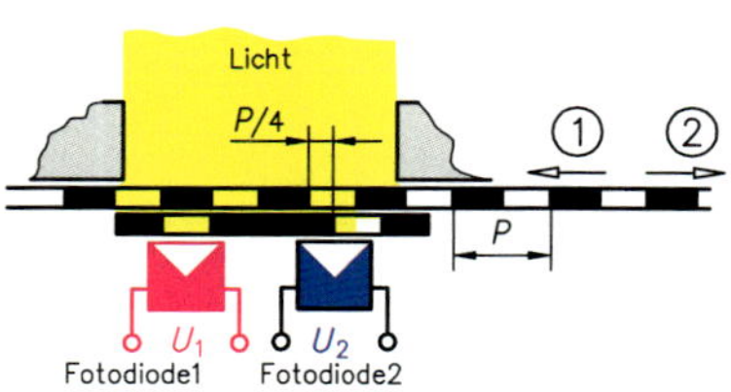

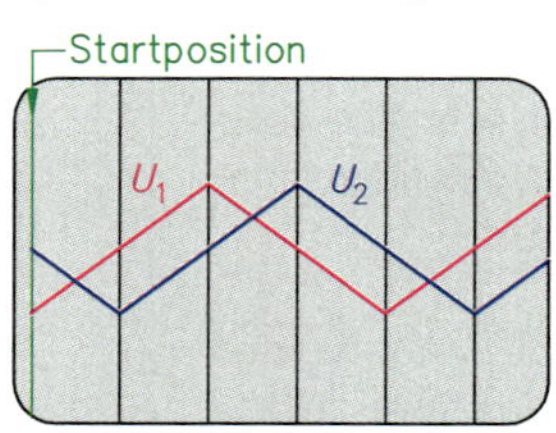

Spannungsverlauf bei Verschiebung in Richtung ①

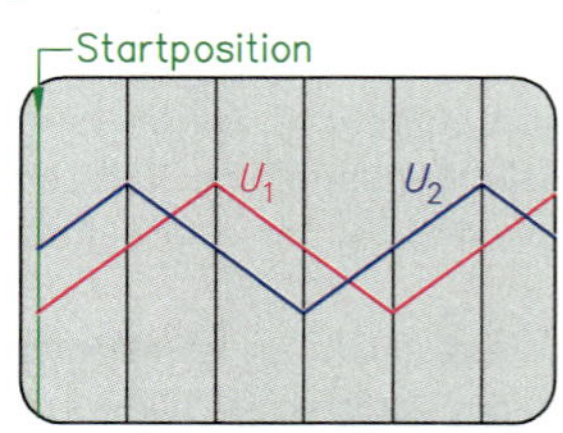

Spannungsverlauf bei Verschiebung in Richtung ②

Im Idealfall liefern die Dioden 1 und 2 beim Überfahren eine dreieckförmige Spannung. Aus der Abfolge, U_1 voreilend oder nacheilend, erkennt das Auswertesystem die Bewegung.

Digitale Höhenmessgeräte

Für Messungen in einer Koordinatenrichtung werden inkremental messende Höhenmessgeräte eingesetzt. Mit ihnen werden Höhen, Durchmesser und Abstände gemessen. Aus den ermittelten Maßen können die Maße von Mitten, die Abweichungen von parallelen Flächen sowie die Geradheit von Oberflächen berechnet werden. Die gewonnen Daten können über Computer weiterverarbeitet und ausgewertet werden.

Beispiel für ein Höhenmessgerät mit einem kapazitiv inkrementalen Messsystem

Messfunktionen:

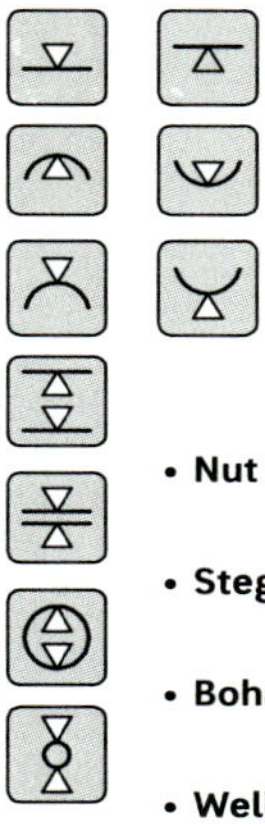

- **Fläche antasten** **oben unten**
- **Bohrung antasten** **oben unten**
- **Welle antasten** **oben unten**
- **Nut messen** (Mitte und Breite)
- **Steg messen** (Mitte und Breite)
- **Bohrung messen** (Mitte und Durchmesser)
- **Welle messen** (Mitte und Durchmesser)

Berechnungsfunktionen:

- **Abstand zwischen zwei Messwerten berechnen**
- **Symmetrie zwischen zwei Messwerten berechnen**
- **Automatisch Nullpunkt setzen**

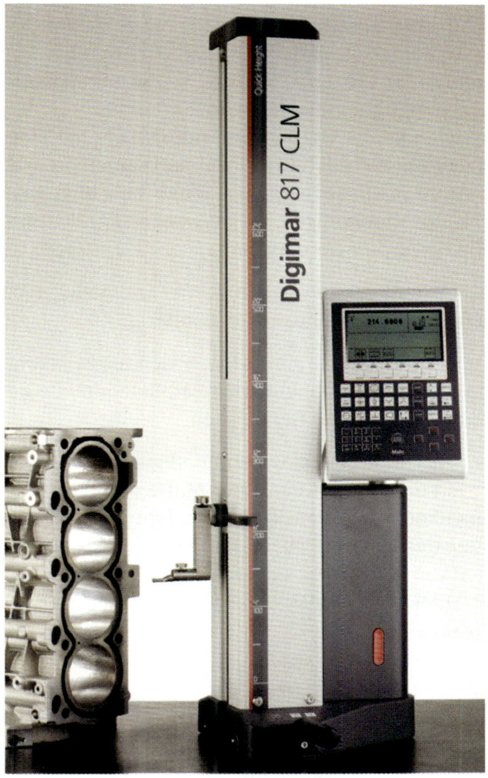

Digitales Höhenmessgerät (Digimar 817 CLM)

Anwendungsbeispiele:

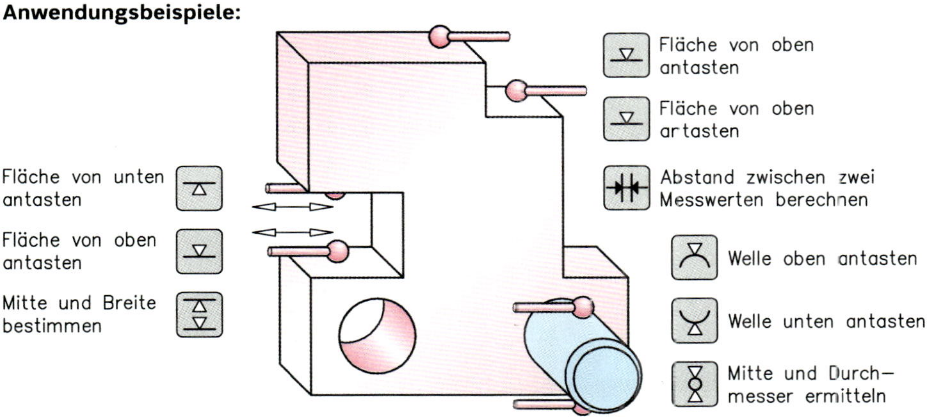

2 Absolut messende digitale Längenmessverfahren

siehe Kapitel 1.2 „Grundlagen der CNC-Technik“

1.3.2 Endmaße und Lehren

1.3.2.1 Endmaße

Zum Prüfen von Messgeräten und zum Einstellen von Messeinrichtungen mit anzeigenden Messgeräten werden vorwiegend Parallelendmaße eingesetzt.

Parallelendmaße sind rechteckige Maßverkörperungen, die zwischen zwei gegenüber liegenden Messflächen ein festgelegtes Maß mit einer sehr hohen Genauigkeit darstellen, z. B. im Bereich von 10 mm unter ± 0,5 µm. Werkstoffe der Parallelendmaße sind Stahl, Hartmetall oder Keramik.

Parallelendmaße werden als Endmaßsatz mit einer Vielzahl sinnvoll gestufter Einzelmaße angeboten, so dass innerhalb der Grenzen jedes beliebige Maß durch Zusammenfügen verschiedener Parallelendmaße verkörpert werden kann.

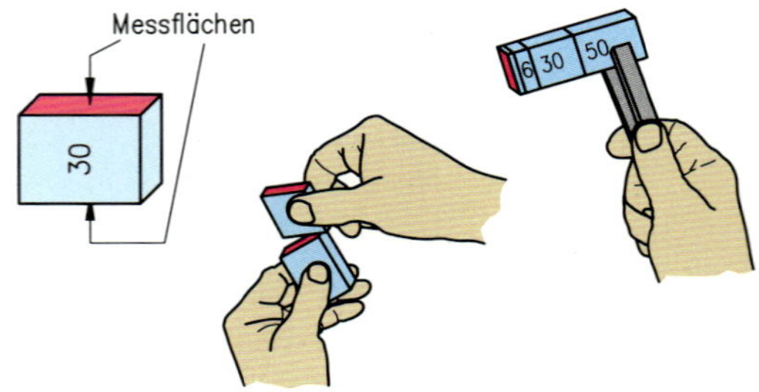

Anschieben von Endmaßen

Das Zusammenfügen verschiedener Endmaße geschieht durch Anschieben. Dabei haften die angeschobenen Flächen infolge Adhäsion aneinander.

Endmaßnormalsätze gibt es in vier Genauigkeitsklassen von 0 bis III. Dabei haben Parallelendmaße der Klasse 0 die höchste Genauigkeit.

Aus den Endmaßen eines Endmaßsatzes kann man Maßverkörperungen einzelner Maße durch Zusammensetzen herstellen. Dabei beginnt man mit der niedrigsten erforderlichen Maßreihe.

Genauigkeitsgrad 0: $\pm (0{,}1 + 0{,}002 \cdot l)$ µm
Genauigkeitsgrad I: $\pm (0{,}2 + 0{,}005 \cdot l)$ µm
Genauigkeitsgrad II: $\pm (0{,}5 + 0{,}01 \cdot l)$ µm
Genauigkeitsgrad III: $\pm (1{,}0 + 0{,}02 \cdot l)$ µm
(l in mm)

Genauigkeitsgrad von Endmaßen

Beispiel für das Zusammensetzen von Endmaßen für das Maß 30,311 mm

Auftrag
Zum Ermitteln der Abweichungen des Flächenabstands von 30,311 mm ist ein Feinzeiger einzurichten.
Eine Maßverkörperung für das Maß 30,311 mm ist zusammenzustellen.

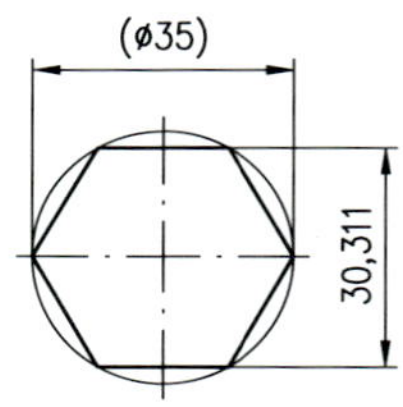

Lösung

Maßbildung	Reihe 1	1,001
	Reihe 2	1,010
	Reihe 3	1,300
	Reihe 4	7,000
	Reihe 5	20,000
	Kontrolle	**30,311**

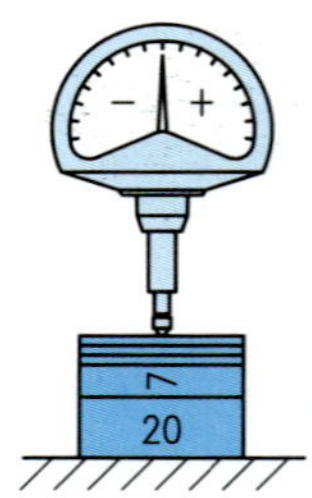

1.3.2.2 Formlehren

Mithilfe von Formlehren wird festgestellt, ob eine bestimmte Form, z. B. ein Radius oder ein Profil, dem Sollzustand entspricht.

Beispiel für Formlehren

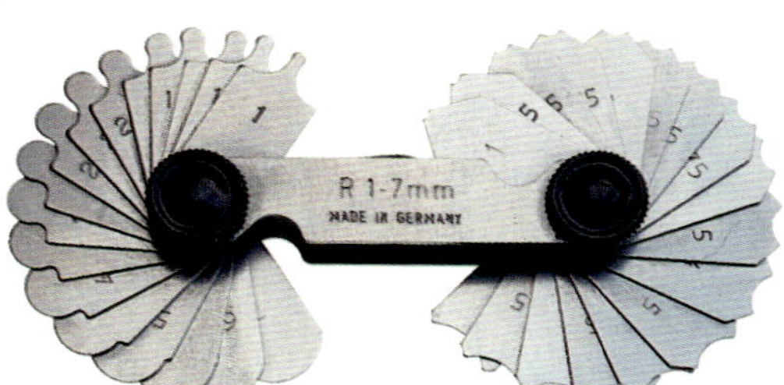

Radienlehre

Schweißnahtlehre zum Prüfen von Ecknähten

1.3.2.3 Grenzlehren

Grenzlehren dienen zum Feststellen, ob die vorgeschriebenen Grenzmaße am Werkstück eingehalten sind. Eine Grenzlehre hat deshalb zwei feste Maße: das Größtmaß und das Kleinstmaß. Diese Maße sind die Grenzen des Toleranzfeldes. Innerhalb dieses Bereiches muss das Istmaß des zu prüfenden Werkstückes liegen.

Grenzrachenlehren dienen zum Lehren von Wellen, *Grenzlehrdorne* zum Lehren von Bohrungen.

Beispiel für Grenzlehren

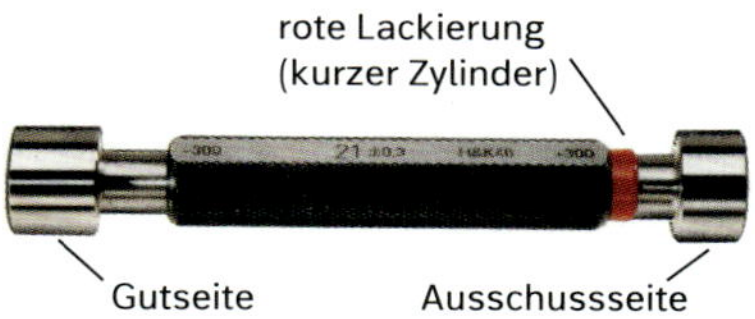

Grenzlehrdorn

Grenzrachenlehre

Das Größtmaß bildet bei der Grenzrachenlehre die Gutseite. Das Kleinstmaß liegt an der Ausschussseite, die durch stark angefaste Prüfflächen und rote Markierung gekennzeichnet ist.
Die Gutseite der Grenzlehrdorne hat das Keinstmaß. Das Größtmaß ist auf der Ausschussseite, die rot markiert ist und einen kürzeren Prüfzylinder hat.
Das Istmaß eines Werkstückes liegt in der geforderten Toleranz, wenn die Gutseite der Lehre unter ihrem Eigengewicht über die Welle gleitet bzw. in die Bohrung einzuführen ist und die Ausschussseite nur ansetzt.

> Die Gutseite des Grenzlehrdorns verkörpert das Mindestmaß, die Ausschussseite das Höchstmaß. Kennzeichnung der Ausschussseite: kurzer Prüfzylinder und rote Markierung.
> Die Gutseite der Grenzrachenlehre verkörpert Höchstmaß und die Ausschussseite Mindestmaß. Kennzeichnung der Ausschussseite: angefaste Prüfflächen und rote Markierung.

Aufgaben zu 1.3 Längenprüftechnik

1. Ein Feinzeiger hat einen Messbereich von ± 0,4 mm.
An einem Werkstück soll ein Maß von 19,600 mm nachgemessen werden. Wie muss der Feinzeiger für diese Messung aufgebaut werden?

2. Die Ebenheit einer Fläche soll geprüft werden. Beschreiben Sie verschiedene Möglichkeiten.

3. Zeichnen Sie die Noniuseinstellung 2,6 mm für einen 1/10-Nonius.
Konstruieren Sie den Nonius durch Anwendung des Strahlensatzes.

4. Ermitteln Sie für die Skizzen a) und b) die Spindelsteigung sowie den Messwert.
Ergänzen Sie die Skizze c) entsprechend der Maßangabe.

a)

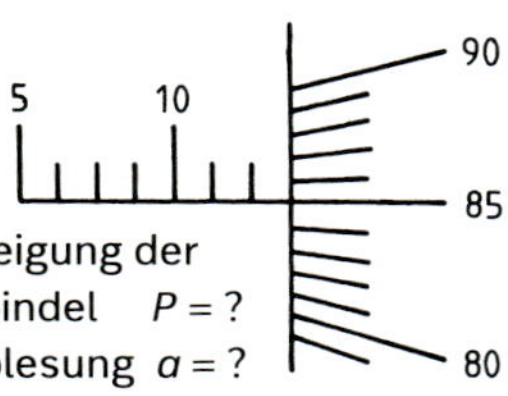

Steigung der Spindel $P = ?$
Ablesung $a = ?$

b)

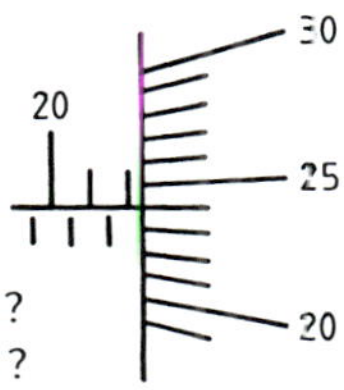

Steigung der Spindel $P = ?$
Ablesung $b = ?$

c)

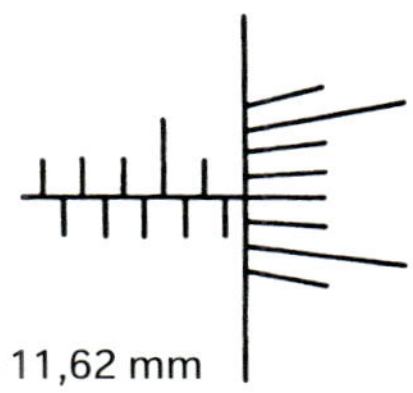

Maß = 11,62 mm

5. Wie würden Sie das Maß *x* messen?

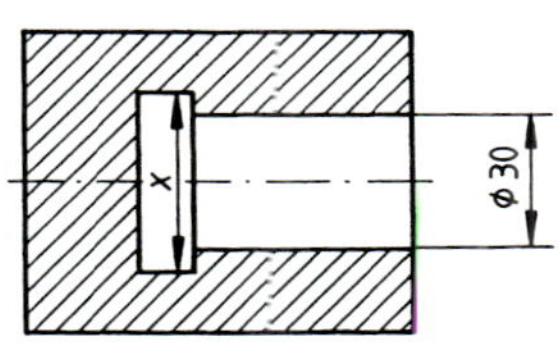

1.4 Toleranzen

Jedes Werkstück besteht aus vielen einzelnen Grundkörpern, z. B. Zylinder, Kegel, Prisma, die entsprechend der angestrebten Funktion zusammengesetzt sind. Jeder Grundkörper beinhaltet Elemente wie Längen, Winkel, Flächen, Achsen, Kanten u. a.
Das Werkstück wird durch die Abmessungen der Grundkörper und die Lage der Grundkörper und deren Elemente zueinander exakt beschrieben.

Beispiel für die Zusammensetzung eines Werkstücks aus Grundkörpern

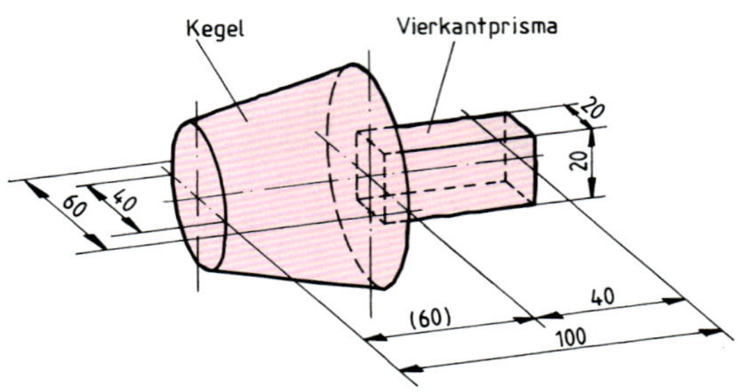

Maße der Grundkörper
Kantenlängenmaße, Durchmessermaße.

Form der Grundkörper
Kegelstumpf mit Mantelfläche, Stirnflächen und Achse, Vierkantprisma mit Flächen, Kanten, Mittelachse.

Lage der Grundkörper zueinander
Mitten von Kegelstumpf und Vierkantprisma liegen auf einer Achse, Flächen des Vierkantprismas liegen rechtwinklig bzw. parallel zueinander.

Es ist weder möglich noch wirtschaftlich, maßlich genaue und geometrisch ideale Körper herzustellen und aneinanderzureihen. Darum weichen alle Werkstücke vom Idealzustand ab:

- in den **Maßen,**
- in der **Form,**
- in der **Lage** der Grundkörper.

Um die Funktion und die Austauschbarkeit von Werkstücken und Baugruppen zu gewährleisten, müssen die zulässigen Abweichungen vom Idealzustand angegeben werden. Man benötigt darum:

Maßtoleranzen, Formtoleranzen, Lagetoleranzen.

1.4.1 Maßtoleranzen[1]

Das in der Zeichnung angegebene **Nennmaß *N*** ist bei der Fertigung nicht genau einzuhalten.
Grenzabmaße geben die für die Fertigung zulässigen Abweichungen vom Nennmaß an.
Das **obere Abmaß** gibt die Differenz zwischen dem zulässigen Höchst- und dem Nennmaß an.
Das **untere Abmaß** gibt die Differenz zwischen dem Mindest- und dem Nennmaß an.
Die **Maßtoleranz *T*** ist die Differenz zwischen Höchst- und Mindestmaß.
Aus dem Nennmaß, das für gefügte Teile gleich ist, und den Abmaßen ergeben sich die übrigen Maße.

gewählte Maßbuchstaben	genormte Maßbuchstaben
N Nennmaß	ES oberes Abmaß (Bohrung)
G_0 Höchstmaß	EI unteres Abmaß (Bohrung)
G_u Mindestmaß	es oberes Abmaß (Welle)
T Maßtoleranz	ei unteres Abmaß (Welle)

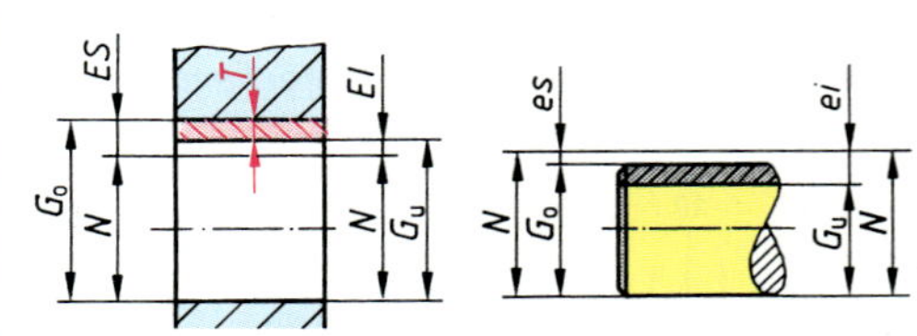

Höchstmaß und Mindestmaß

Bohrung

Höchstmaß = Nennmaß + oberes Abmaß

$$G_0 = N + ES$$

Mindestmaß = Nennmaß + unteres Abmaß

$$G_u = N + EI$$

Welle

Höchstmaß = Nennmaß + oberes Abmaß

$$G_0 = N + es$$

Mindestmaß = Nennmaß + unteres Abmaß

$$G_u = N + ei$$

[1] Von den hier verwendeten Maßkennzeichnungen durch Buchstaben sind nur die Kennzeichnungen der Abmaße genormt.

Beispiele für Maßtoleranzen *T*

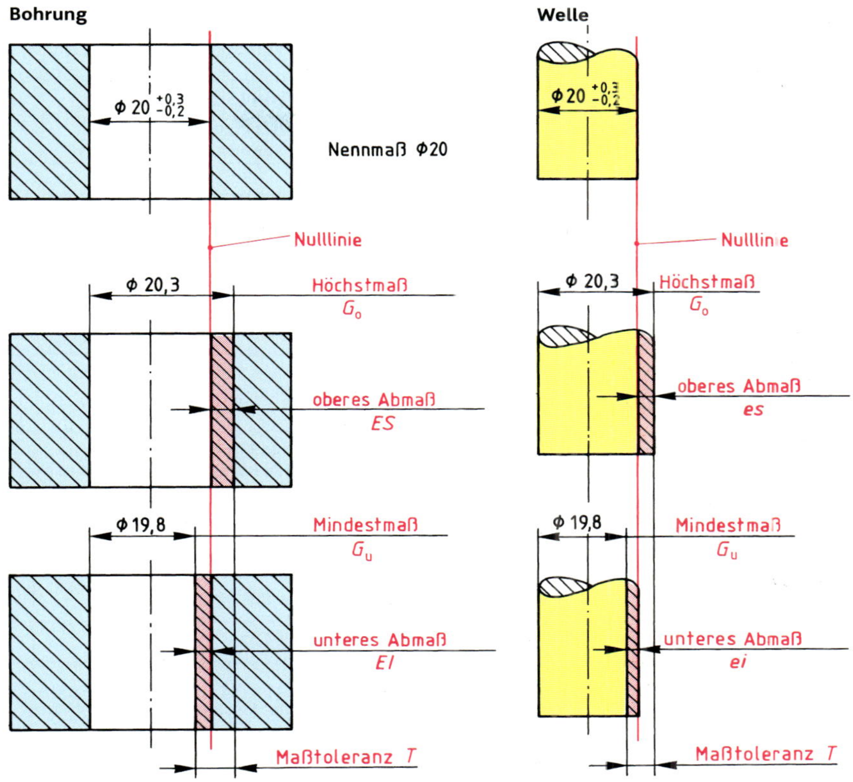

Die Maßtoleranzen sind abhängig vom *Nennmaß*, das in der Zeichnung angegeben ist.
Mit steigendem Nennmaß wachsen die Toleranzen etwa nach einer Funktion der Form $y = \sqrt[3]{x}$.

Für nicht gesondert tolerierte Maße können die zulässigen Abweichungen durch **Allgemeintoleranzen** nach DIN ISO 2768 festgelegt werden. Man unterscheidet vier Toleranzklassen.

Grenzabmaße für Längenmaße

Toleranz-klasse	Grenzabmaße in mm für Nennmaßbereich in mm							
	0,5 bis **3**	über **3** bis **6**	über **6** bis **30**	über **30** bis **120**	über **120** bis **400**	über **400** bis **1000**	über **1000** bis **2000**	über **2000** bis **4000**
f (fein)	± 0,05	± 0,05	± 0,1	± 0,15	± 0,2	± 0,3	± 0,5	–
m (mittel)	± 0,1	± 0,1	± 0,2	± 0,3	± 0,5	± 0,8	± 1,2	± 2
c (grob)	± 0,2	± 0,3	± 0,5	± 0,8	± 1,2	± 2	± 3	± 4
v (sehr grob)	–	± 0,5	± 1	± 1,5	± 2,5	± 4	± 6	± 8

Die Maßtoleranz ist die Differenz zwischen Höchstmaß und Mindestmaß. Die zulässige Maßtoleranz ist abhängig vom Nennmaß und der gewählten Toleranzklasse.

Abweichungen von Winkeln können je nach Schenkellänge zu erheblichen Maßänderungen der Längenmaße führen. Je länger der kurze Schenkel des Winkels, desto größer ist die Abweichung der Längenmaße. Darum werden die zulässigen Winkelabweichungen auf die Länge des *kurzen* Schenkels bezogen. Die Toleranz ist bei gleichem Winkel um so kleiner, je größer die Länge des kurzen Schenkels wird.

Beispiel für unterschiedliche Maßabweichung bei gleicher Winkelabweichung

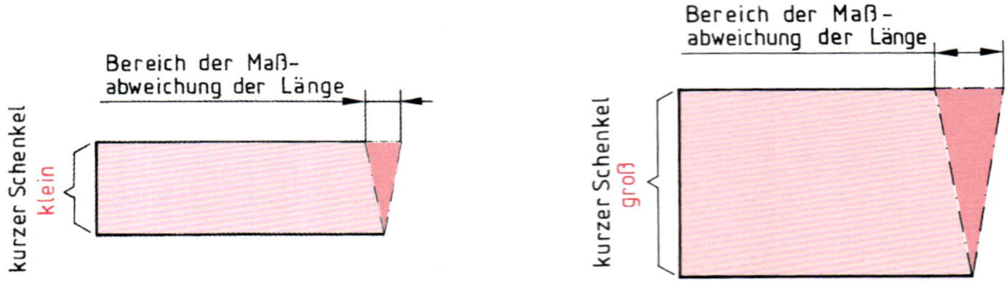

Grenzabmaße für Winkelmaße

Toleranzklasse	Grenzabmaße in Winkeleinheiten für Nennmaßbereiche des kürzeren Schenkels in mm				
	bis 10	über 10 bis 50	über 50 bis 120	über 120 bis 400	über 400
f (fein) und **m** (mittel)	± 1°	± 30'	± 20'	± 10'	± 5'
c (grob)	± 1° 30'	± 1°	± 30'	± 15'	± 10'
v (sehr grob)	± 3°	± 2°	± 1°	± 30'	± 20'

Die Grenzabmaße für Winkelmaße richten sich nach der Länge des kürzeren Schenkels und der gewählten Toleranzklasse.

Aufgaben zu 1.4.1 Maßtoleranzen

1. Erklären Sie die Begriffe
   Höchstmaß, Mindestmaß, Istmaß, unteres Abmaß, oberes Abmaß.
2. Die skizzierte Bohrung und Welle ergeben eine Übermaßpassung. Tragen Sie für Bohrung und Welle (wie im Beispiel das *N*) Folgendes ein:
   N_i, G_o; G_u; *ES, es, EI, ei; T*

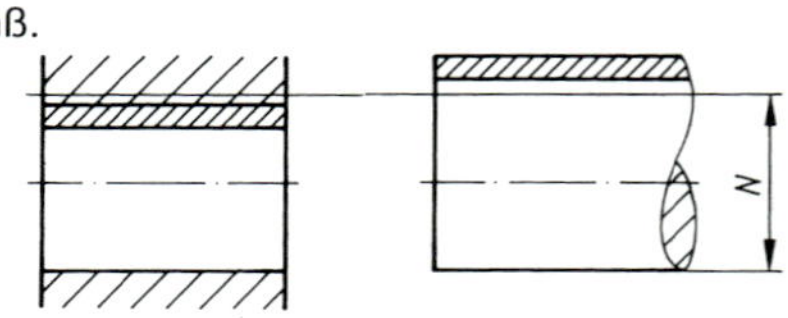

3. Ermitteln Sie für die angegebenen Maße jeweils *N, ES, EI*, G_o, G_u, *T*.
   a) $25^{+0,05}_{+0,03}$ **b)** $18^{-0,02}_{-0,04}$
4. Zeichen Sie die folgende Tabelle ab und vervollständigen Sie diese, indem Sie die Grenzabmaße nach DIN ISO 2768 benutzen.

Nennmaß mit Genauigkeit	Grenzabmaße	Höchstmaß	Mindestmaß	Toleranz
320 m	?	?	?	?
53 f	?	?	?	?
2500 c	?	?	?	?
3 f	?	?	?	?

5. Warum werden Grenzabmaße für Winkel auf den kürzeren Schenkel bezogen?
6. Bestimmen Sie die Grenzabmaße der eingetragenen Winkel für die Toleranzklasse c!

a)

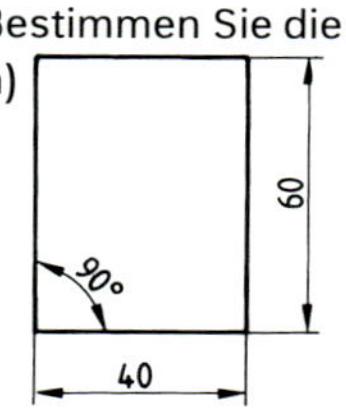

b)

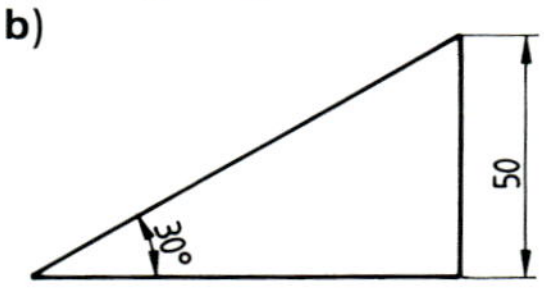

c)

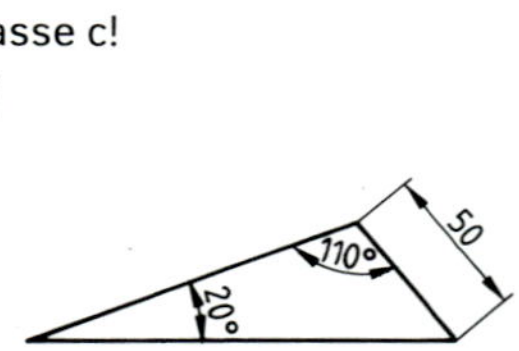

1.4.2 Formtoleranzen

Zur Beurteilung der Formabweichung eines Werkstückteils benötigt man eine Beschreibung der zulässigen Abweichung von der Idealform. Man nennt den Bereich, innerhalb dem alle Punkte der tolerierten Form liegen müssen, die **Toleranzzone.**

Beispiel für eine Toleranzzone

Die tolerierte Achse des Kurbelzapfens muss innerhalb eines Zylinders von 0,05 mm Durchmesser liegen, der parallel zur Bezugsachse A-B (Achse der Kurbelwelle) liegt.

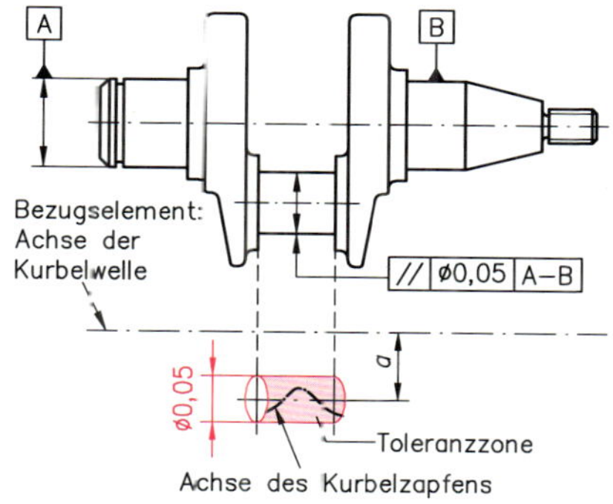

> Die Toleranzzone gibt den Raum oder die Fläche an, in der alle Punkte des tolerierten Elementes liegen müssen.

In der technischen Zeichnung enthält die Eintragung einer Formtoleranz folgende Angaben:

- Symbol für die tolerierte Eigenschaft,
- Hinweispfeil auf das tolerierte Element,
- Maßangabe für die Größe der Toleranzzone.

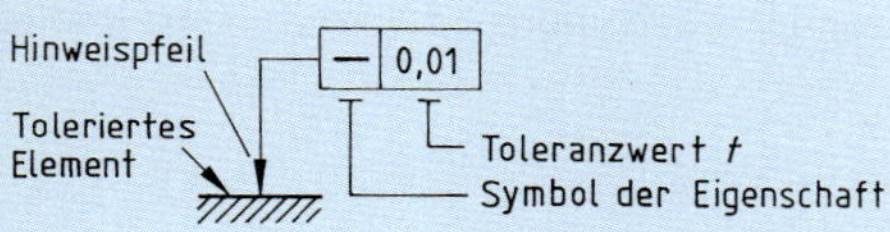

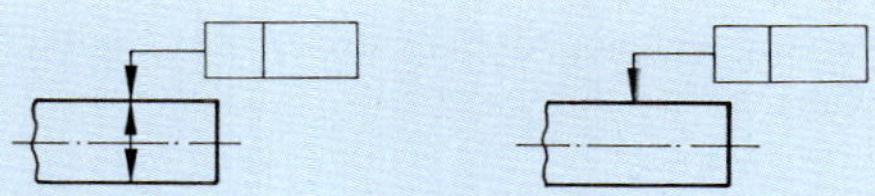

Bezug auf Achse

Bezug auf Mantellinie

Formtoleranzen nach DIN ISO 1101 (Auszug)

tolerierte Eigenschaft, Symbol	**Toleranzzone**	**Beispiele**	
Geradheit —	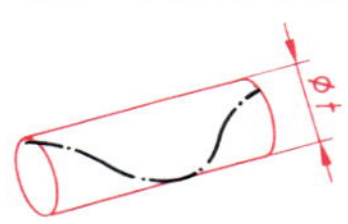	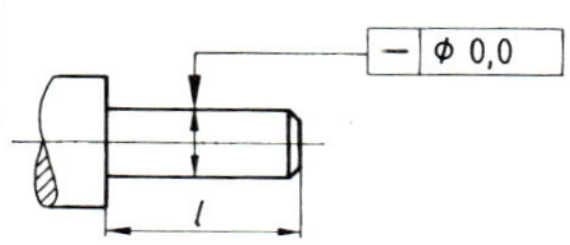	Die Achse des Bolzens muss auf der Länge l innerhalb eines Zylinders vom Durchmesser t = 0,04 mm liegen.
Ebenheit ▱	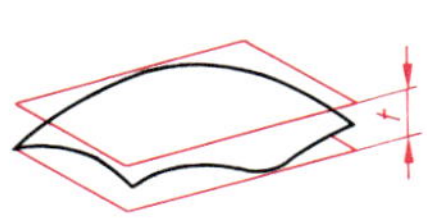	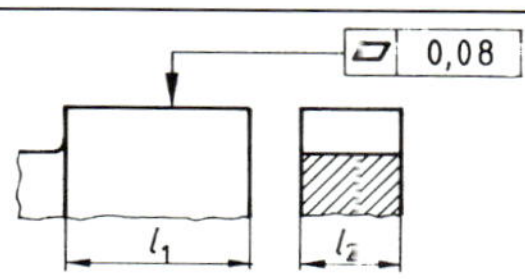	Die gekennzeichnete Fläche mit den Maßen l_1 und l_2 muss zwischen zwei paralleler Ebenen vom Abstand t = 0,08 mm liegen.
Rundheit ○	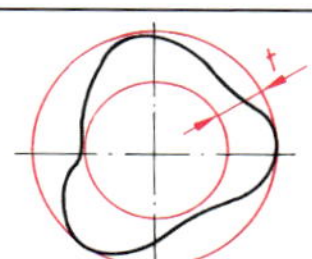	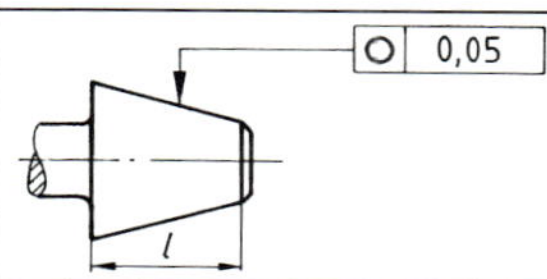	Die Umfangslinie muss in jedem Querschnitt innerhalb eines Kreisrings von t = 0,05 mm Breite liegen.
Zylinderform ⌭	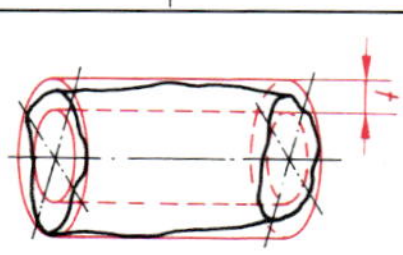	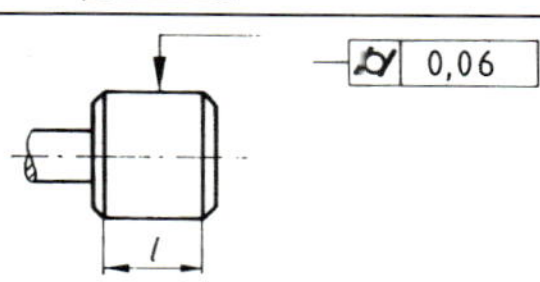	Die Zylinderoberfläche muss auf der Länge l innerhalb eines Zylindermantels von t = 0,06 mm Wanddicke liegen.

1.4.3 Lagetoleranzen

Lagetoleranzen beschreiben die zulässigen Abweichungen von Elementen eines Bauteils zueinander. Dabei ist es notwendig, ein Element zum *Bezugselement* zu erklären.
Als Bezugselement wird das Element gewählt, welches bei der Funktion des Bauteils von besonderer Bedeutung ist. In der Zeichnung ist das Bezugselement durch das Bezugsdreieck und den Bezugsbuchstaben besonders gekennzeichnet.

Das tolerierte Element hat in der technischen Zeichnung in einem Toleranzrahmen folgende Angaben:

- Symbol für die tolerierte Eigenschaft,
- Maßangabe für die Größe der Toleranzzone,
- Bezugsbuchstabe für die Kennzeichnung des Bezugselementes,
- Hinweispfeil an das tolerierte Element.

Bei den Lagetoleranzen unterscheidet man Richtungs-, Orts- und Lauftoleranzen.

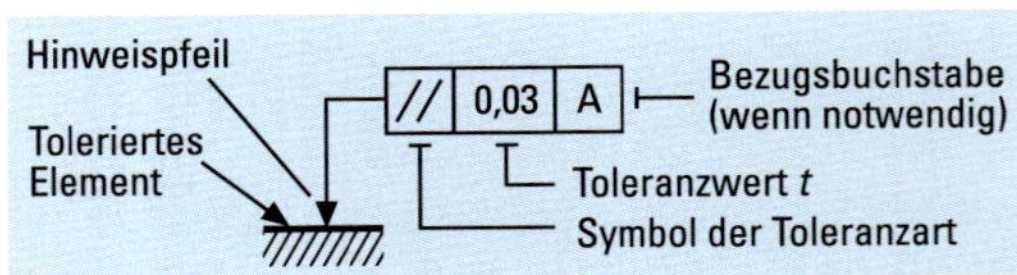

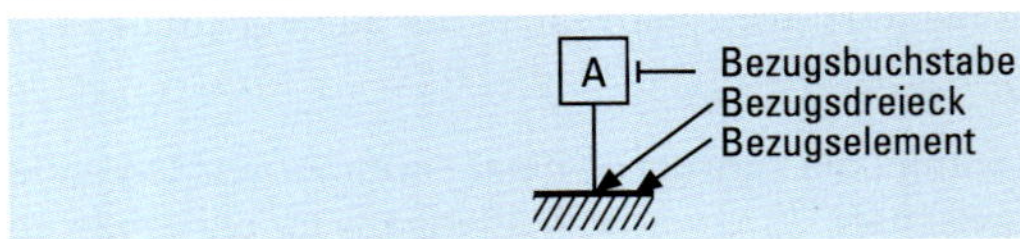

> Lagetoleranzen beschreiben die zulässigen Abweichungen von Elementen eines Bauteils zueinander. Das Element, welches für die Funktion des Bauteils von besonderer Bedeutung ist, wird zum Bezugselement erklärt.

Lagetoleranzen nach DIN ISO 1101

	tolerierte Eigenschaft, Symbol	**Toleranzzone**	**Beispiele**	
Richtung	**Parallelität** //	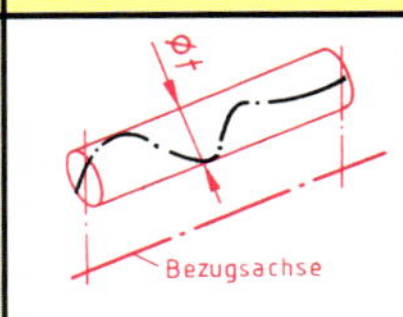	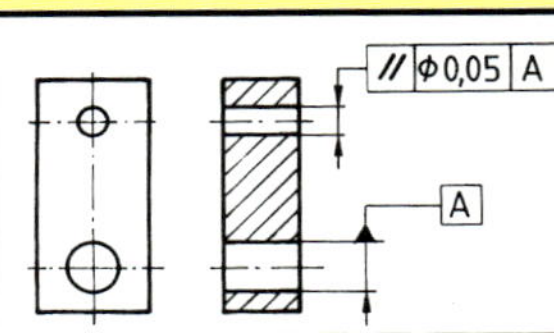	Die tolerierte Achse der kleinen Bohrung muss innerhalb eines zur Bezugsachse parallelliegenden Zylinders vom Durchmesser $t = 0{,}05$ mm liegen.
		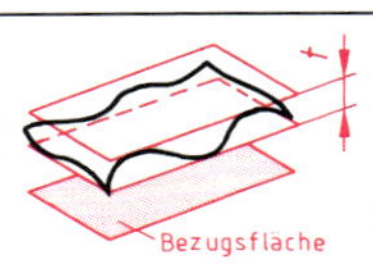	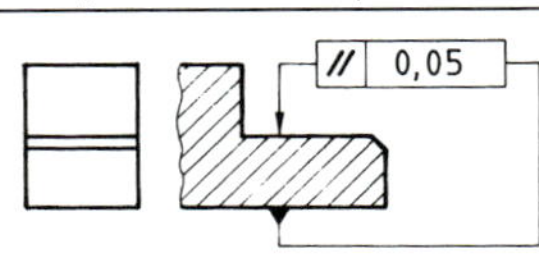	Die tolerierte Fläche muss zwischen zwei zur Bezugsfläche parallelen Ebenen liegen. Abstand $t = 0{,}05$ mm.
	Rechtwinkligkeit ⊥	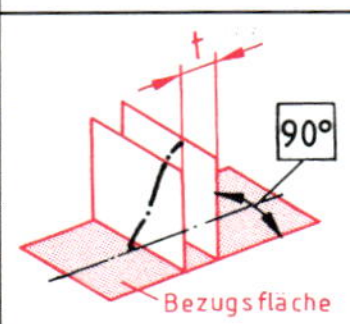	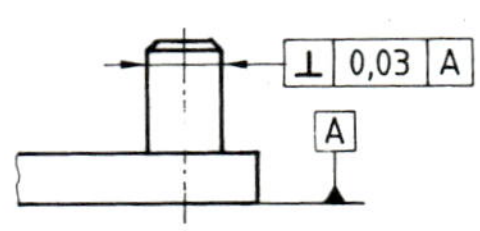	Die tolerierte Achse muss innerhalb von zwei parallelen Ebenen im Abstand $t = 0{,}03$ mm liegen. Die Ebenen stehen rechtwinklig zur Bezugsfläche.
	Neigung ∠	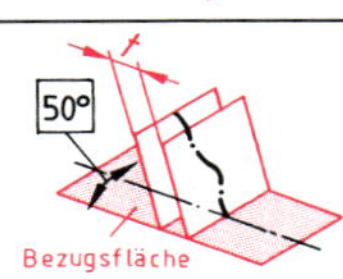	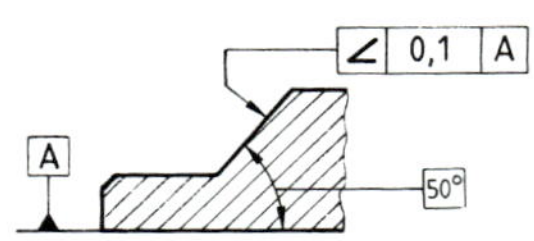	Die tolerierte Fläche muss zwischen zwei parallelen Ebenen (Winkel 50°) im Abstand von $t = 0{,}1$ mm liegen.

Fortsetzung Lagetoleranzen

	tolerierte Eigenschaft, Symbol	Toleranzzone	Beispiele	
Ort	Position ⌖	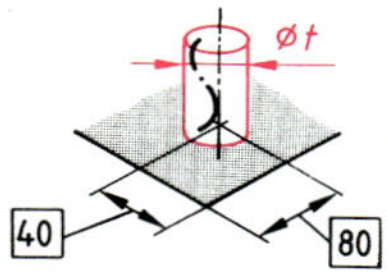	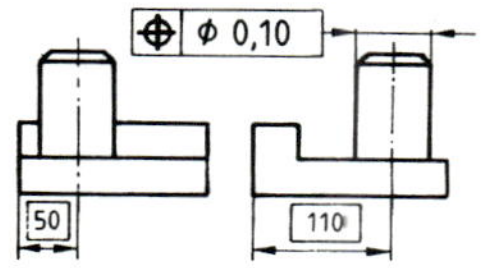	Die Achse des Bolzens muss innerhalb eines Zylinders von t = 0,10 mm Durchmesser liegen.
Ort	Symmetrie ⌯	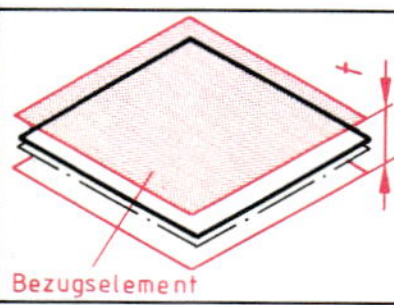	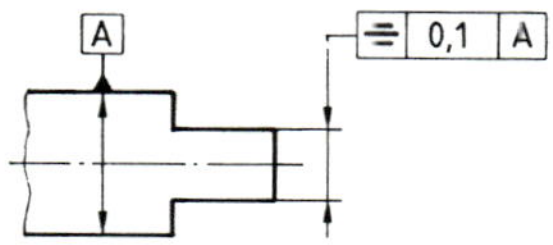	Die Mittelebene des Ansatzes muss zwischen zwei parallelen Ebenen liegen, die t = 0,1 mm Abstand haben und parallel zur Bezugsebene liegen.
Ort	Koaxialität Konzentrizität ◎	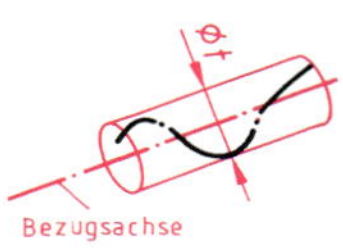	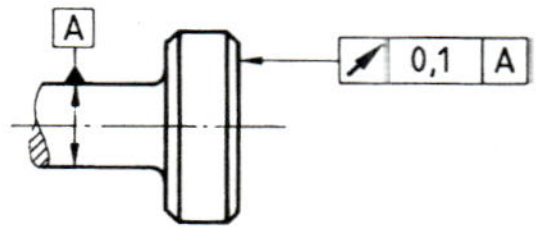	Die Achse des tolerierten Zapfens muss innerhalb eines Zylinders von t = 0,05 mm liegen. Dieser Zylinder muss mit der Achse des mit A gekennzeichneten Elements fluchten.
Lauf	Planlauf ↗	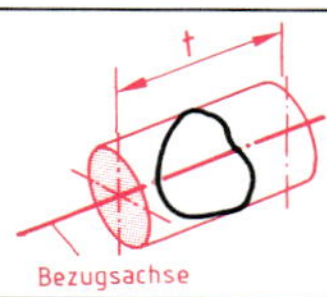	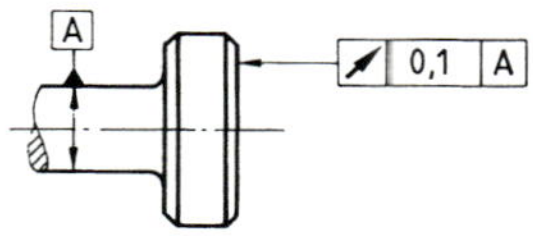	Die Planlaufabweichung, bezogen auf die gekennzeichnete Achse A, darf 0,10 mm nicht überschreiten.
Lauf	Rundlauf	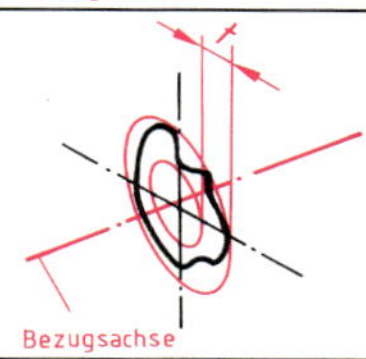	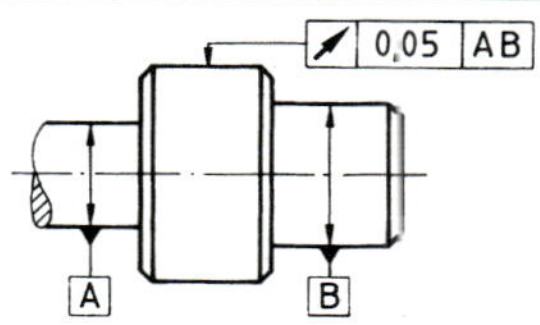	Die Rundlaufabweichung, bezogen auf die Achse AB, darf 0,05 mm nicht überschreiten.

1.4.4 Messen von Form- und Lageabweichungen

1.4.4.1 Symbolische Darstellung von Prüfeinrichtungen

Das Messen von Form und Lage ist aufwendiger als das Messen von Längen. Meist müssen zum Prüfen von Form und Lage Messgeräte, Hilfsmittel zum Positionieren usw. zu einer Messeinrichtung kombiniert werden. Zur Verdeutlichung des Aufbaus solcher Einrichtungen und der Bewegungen zur Messung verwendet man Symbole.

Grafische Symbole in der Längenprüftechnik

Symbol	Erklärung
↓	Messstelle
	Messständer mit anzeigendem Längenmessgerät (Messuhr)
	Prüfplatte
	Anschlag
	Auflager fest bzw. höhenverstellbar

Symbol	Erklärung
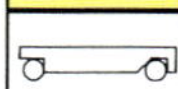	Sinuslineal
[E]	Parallelendmaß(e)
	Prüfprisma
⟷	geradlinige Verschiebung
← ⟷ →	schrittweise geradlinige Verschiebung in beliebige Positionen

Symbol	Erklärung
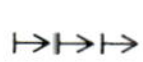	geradlinige Verschiebung in definierter Schrittweite
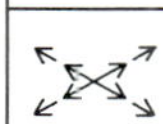	schrittweise Verschiebung in beliebige Positionen in einer Ebene
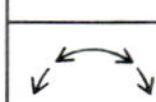	schrittweise Drehung in beliebige Winkellagen
	genau eine Umdrehung
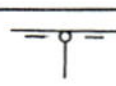	Rundtisch kippbar

1.4.4.2 Messverfahren zum Messen von Form- und Lageabweichungen

Die Messung von Form- und Lageabweichungen bezieht sich stets auf ein angemessenes genaues **Hilfsbezugselement,** wie z. B. eine Prüfplatte, einen Prüfdorn usw.

Der Messvorgang bei der Messung von Form- und Lageabweichungen erfolgt in mehreren Schritten:

1. Ausrichten des Prüflings,
2. Messungen,
3. Auswertung der Messungen.

Beispiele für Messverfahren zur Ermittlung von Formabweichungen

Prüfauftrag	Messverfahren	Auswertung
Geradheit 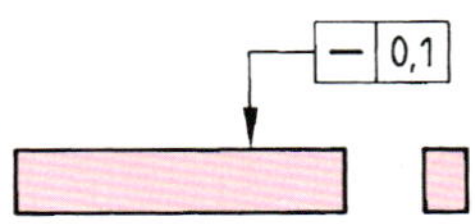	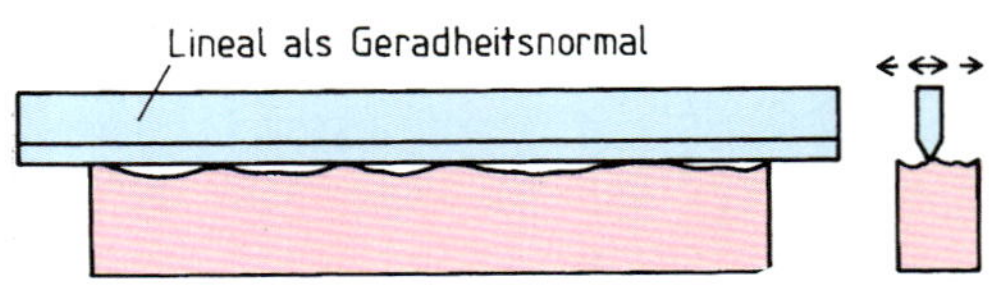 Durch Einschieben von Fühlerlehren wird die Spaltbreite ermittelt.	Die Geradheitsabweichung f_G ist das Maß der größten einschiebbaren Fühlerlehre.
Geradheit 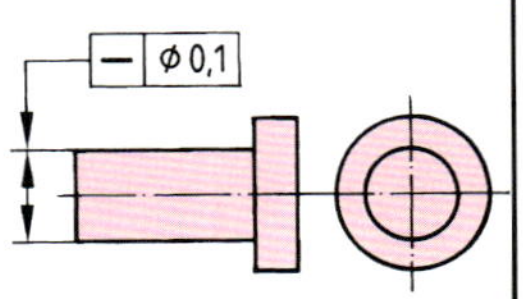	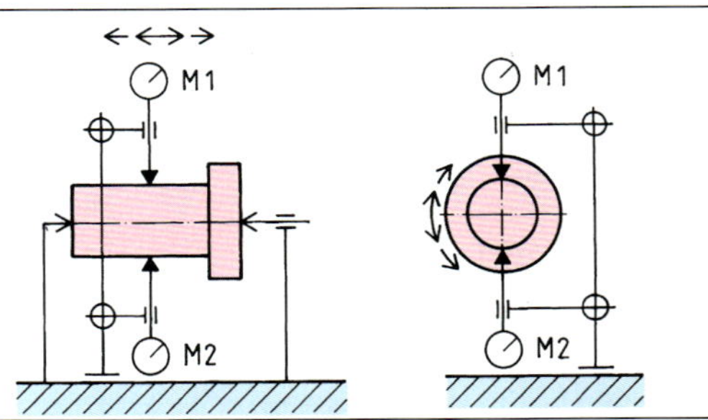	Die Geradheitsabweichung der Achse ist die Hälfte des größten Unterschieds zwischen Messwert 1 und Messwert 2. $f_G = \frac{M_1 - M_2}{2}$
Ebenheit 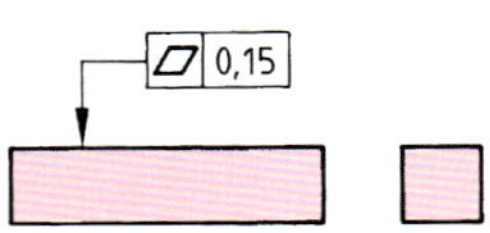	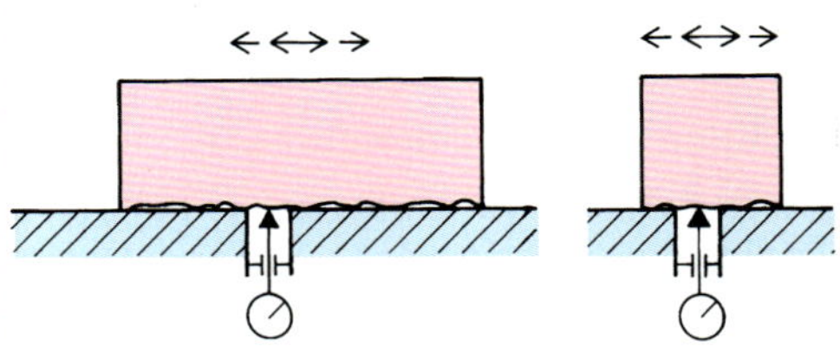	Die Ebenheitsabweichung ist die größte Differenz zwischen den Messwerten. $f_E = M_{max} - M_{min}$
Rundheit 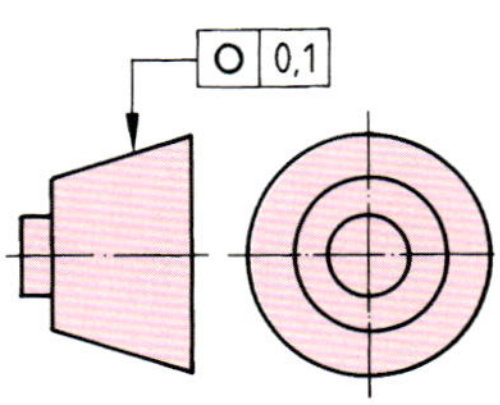	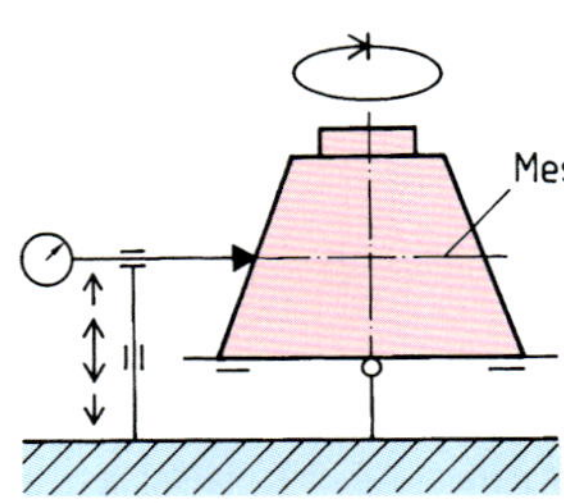	Für jeden Messquerschnitt wird aus einzelnen Messwerten das Profil dargestellt. Die Rundheitsabweichung im einzelnen Querschnitt ist die Radiendifferenz des kleinsten Kreisringes, der das Profil einschließt. Die Rundheitsabweichung ist die größte auftretende Radiendifferenz.

Beispiele für Messverfahren zur Ermittlung von Lageabweichungen

Prüfauftrag	Messverfahren	Auswertung
Parallelität 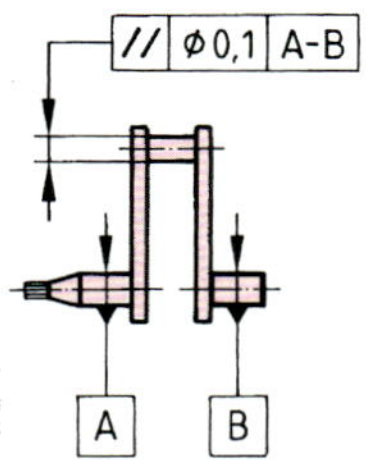	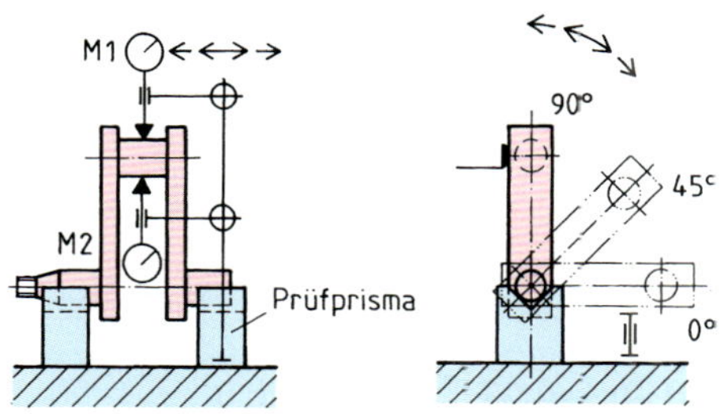	Die Parallelitätsabweichung einer Winkellage ist die halbe Differenz der Messwerte $M1$ und $M2$. $f_p = \frac{M_1 - M_2}{2}$ Die Parallelitätsabweichung des Werkstücks ist der größte in den einzelnen Winkellagen ermittelte Wert der Abweichung.
Rechtwinkligkeit 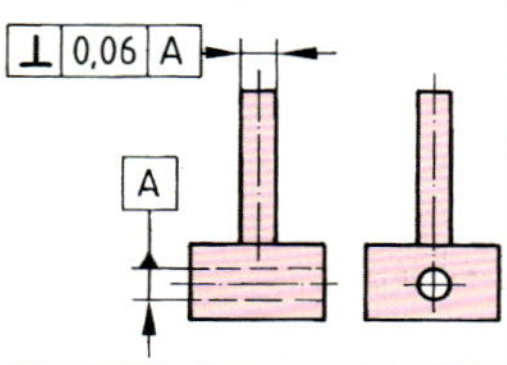	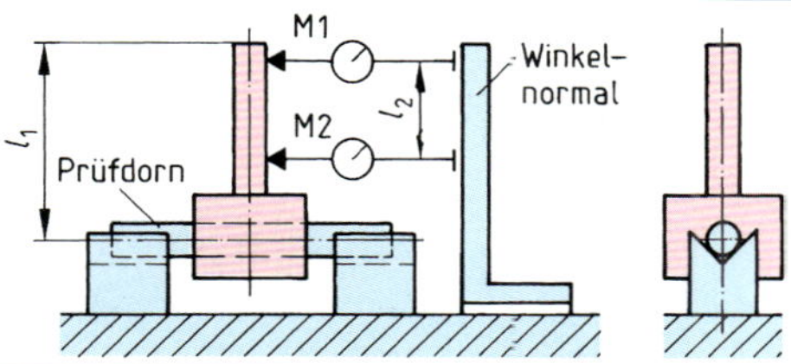	Die Rechtwinkligkeitsabweichung wird aus der Differenz der Messwerte $M1$ und $M2$ und dem Verhältnis l_1/l_2 berechnet. $f_R = (M_1 - M_2) \cdot \frac{l_1}{l_2}$
Rundlauf 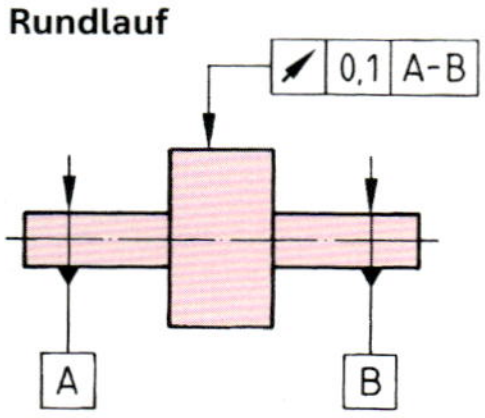	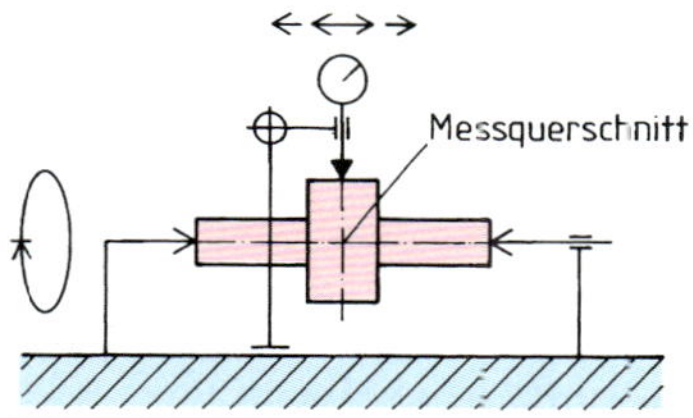	Die Rundlaufabweichung f_L ist die Differenz zwischen der größten und kleinsten Anzeige bei einer Umdrehung. $f_L = M_{max} - M_{min}$
Planlauf 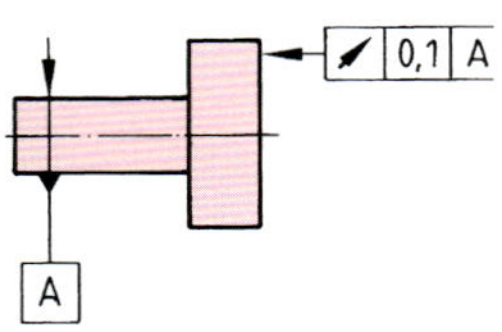	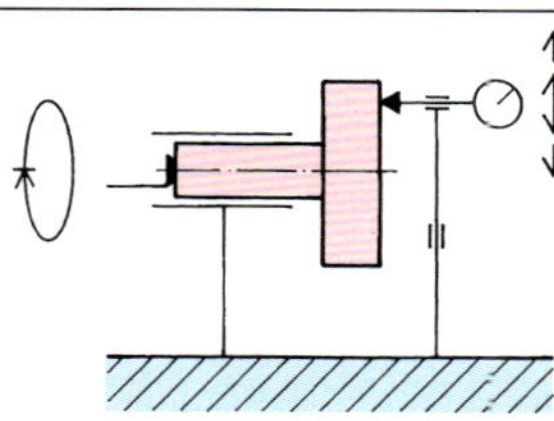	Die Planlaufabweichung ist die Differenz zwischen der größten und kleinsten Anzeige bei einer Umdrehung. $f_L = M_{max} - M_{min}$ Bei einer Prüfung ist der größte Radius zu wählen.

In der Serienfertigung lassen sich Form- und Lageabweichungen mit speziellen Messvorrichtungen schnell und einfach feststellen.

Beispiele für den Einsatz pneumatischer Messvorrichtungen

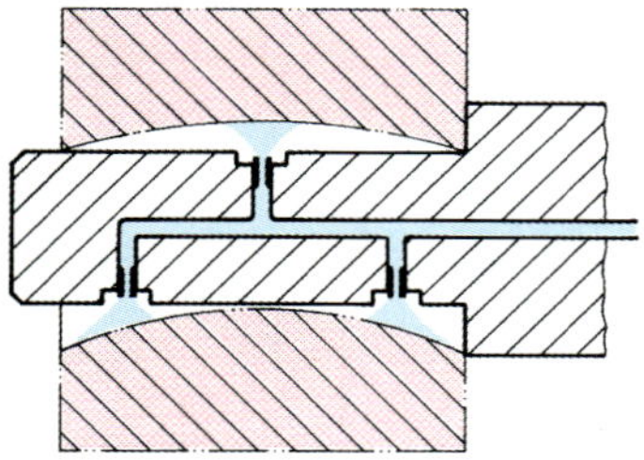

Geradheit

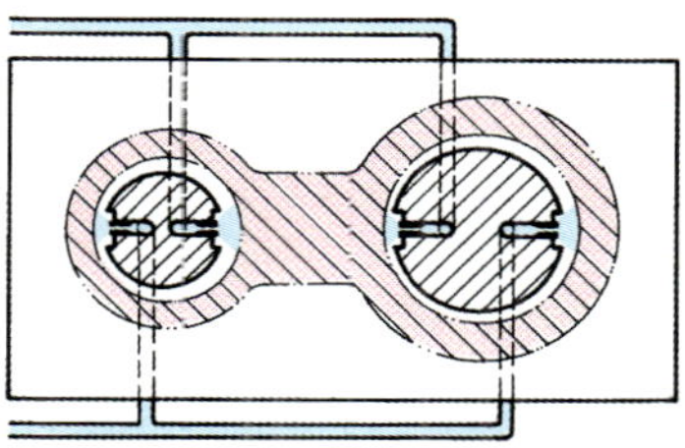

Lochabstand

8.5.3

Die Überprüfung von Werkstücken mit sehr kleinen Maß-, Form- und Lagetoleranzen ist mit herkömmlichen Prüfmitteln, wie z. B. Messschiebern, Messschrauben oder Grenzrachenlehren, sehr zeitaufwendig. Sehr viel schneller und genauer kann die Überprüfung solcher Werkstücke auf Messmaschinen erfolgen.
Sämtliche Messaufgaben können dabei mit *einem* Gerät – der Messmaschine – gelöst werden.
Moderne Messmaschinen sind CNC-gesteuert.

Beispiel für die Durchführung eines Messauftrages: Prüfung der Koaxialität

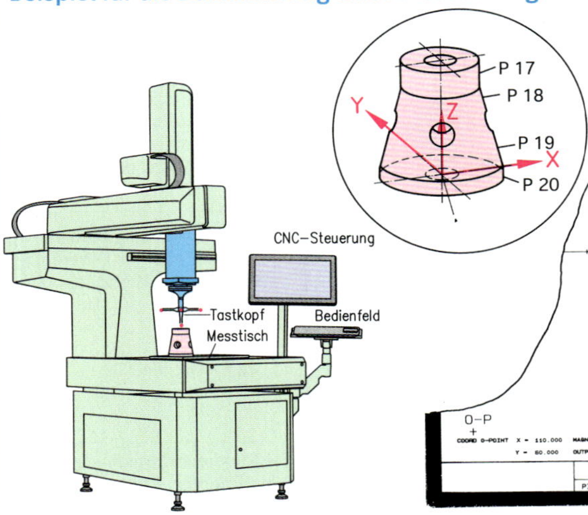

Koordinatensystem und Maschinennullpunkt einer Messmaschine

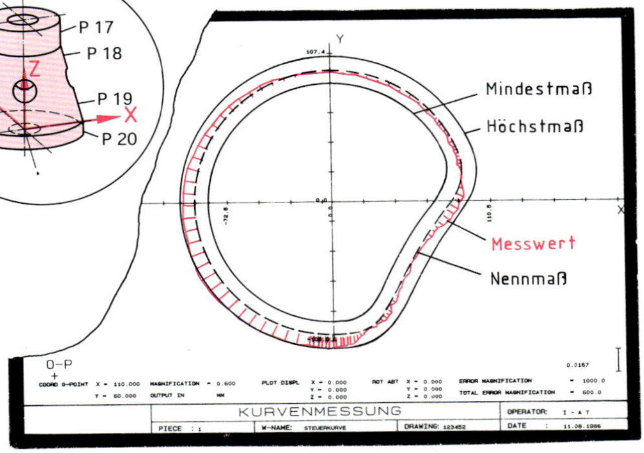

Prüfprotokoll Koaxialität

Aufgaben zu 1.4.2 und 1.4.3 Form- und Lagetoleranzen

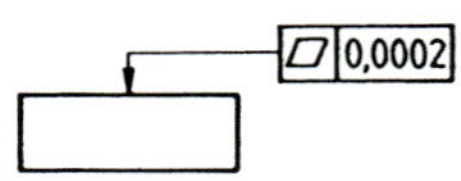

1. An der Messfläche eines Endmaßes befindet sich nebenstehende Zeichnungsangabe.
   a) Welche Eigenschaft wird toleriert?
   b) Wie breit ist die Toleranzzone?

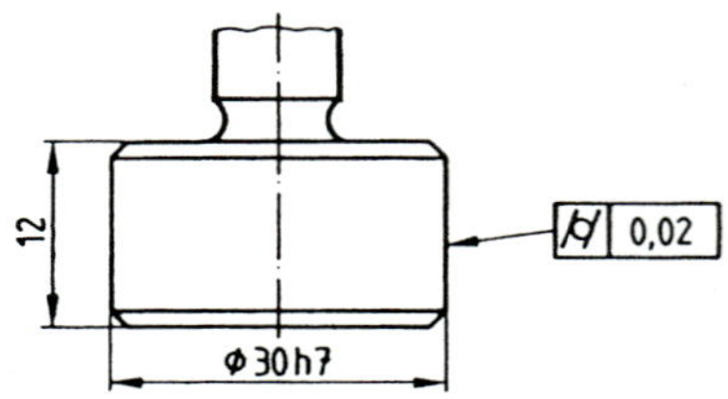

2. Der Prüfzylinder eines Lehrdornes ist bemaßt.
   a) Welche Eigenschaft der Form ist hier toleriert?
   b) Wie kann diese Eigenschaft geprüft werden?

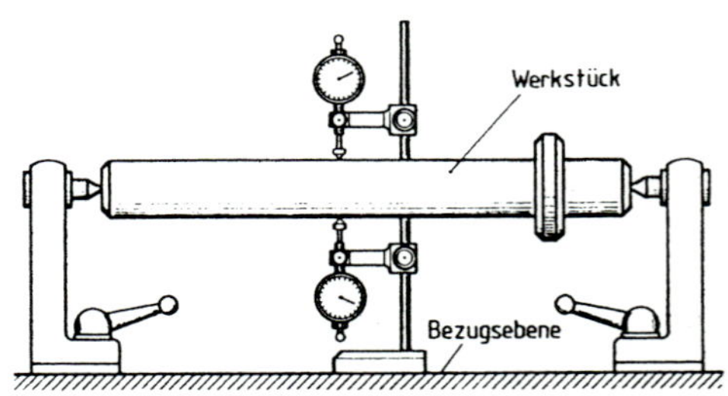

3. Eine Welle soll auf ihre Geradheit geprüft werden. Wie ist zu verfahren, wenn das Werkstück, wie die Skizze zeigt, eingespannt ist?

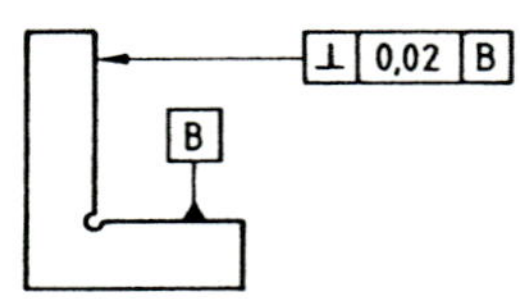

4. Bei der Herstellung eines Flachwinkels ist nebenstehende Zeichnungsangabe zu berücksichtigen.
   a) Entschlüsseln Sie die dargestellten Symbole.
   b) Wie ist die geforderte Eigenschaft zu prüfen?

1.5 Messabweichungen

• Messfehler

Jedes Messergebnis enthält im gewonnenen Zahlenwert eine mehr oder minder große Messabweichung. Als Messfehler bezeichnet man die Differenz zwischen dem gemessenen Wert und dem fehlerfreien Sollwert.
Messfehler = Istwert – fehlerfreier Sollwert

Durch diese Festlegung erhält der Messfehler stets das richtige Vorzeichen: Plus bei Abweichungen zum Größeren, Minus bei Abweichung zum Kleineren.
Zur Vergleichbarkeit von Messergebnissen wird der Fehler auch prozentual angegeben.

$$F = I - S$$

$$F_{\%} = \frac{I - S}{S} \cdot 100\,\%$$

F Messfehler
$F_{\%}$ Prozentualer Fehler
I Istwert (fehlerbehaftet)
S Sollwert (fehlerfrei)

Ursachen für Messfehler können sein

- *Unvollkommenheiten des Messgegenstandes:* Unrundheit, Unebenheit, Riefen, Grate u. a.;
- *Unvollkommenheiten des Messgerätes:* Spiel, falsche Nullstellung, falsche Messkraft u. a.;
- *Einflüsse durch Umwelt:* Temperatur, Luftdruck, Luftfeuchtigkeit u. a.;
- *Einflüsse durch Subjektivität:* Verkanten des Messgerätes, falsches Ablesen, Sehfehler u. a.

8.53

• Messfehlerarten

Systematische Fehler

Systematische Fehler treten unter gleichen Bedingungen stets in gleicher Größe und mit gleichem Vorzeichen auf.

Beispiele für systematische Fehler

- Eine Messschraube arbeitet infolge fehlerhafter Ratsche stets mit zu hohem Messdruck. Die hierdurch auftretende Abweichung ist stets in gleicher Größe vorhanden. Das Vorzeichen des Fehlers ist immer gleich. Das Werkstück ist immer größer als das angezeigte Maß.
- Ein Gliedermaßstab soll 2000 mm lang sein. Sein tatsächliches Maß ist 2002 mm. Mit ihm gemessene gleichartige Werkstücke sind immer um den gleichen Betrag zu kurz.

Systematische Fehler können bei der Bildung des Messwertes berücksichtigt werden, wenn sie von der Größe und vom Vorzeichen bekannt sind.

Viele systematische Fehler entstehen dadurch, dass der Maßstab, das Normal und das Werkstück nicht in einer Flucht, sondern parallel zueinander liegen. Dadurch tritt bei schrägem Ablesen oder bei Spiel in den beweglichen Teilen des Messzeuges ein Kippfehler auf. Man spricht von Kippfehlern 1. Ordnung.

Beispiele für Kippfehler erster Ordnung

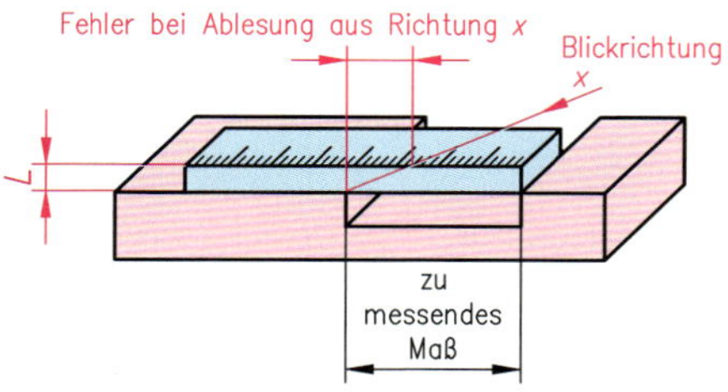

Parallaxenfehler

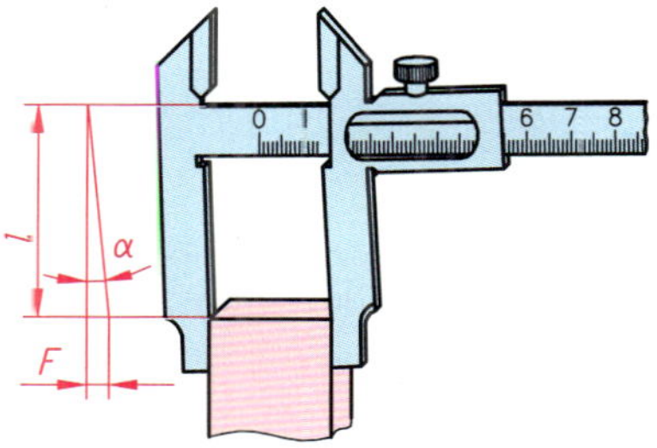

Kippfehler am Messschieber

Der Fehler durch den Kippwinkel wächst mit größer werdendem Abstand von Normal und Messgegenstand. Bei kleinem Kippwinkel ist der Fehler

$$F = L \cdot \arctan \alpha$$

L	Abstand Normal – Messgegenstand
$\arctan \alpha$	Bogenmaß des Kippwinkels

Der Kippwinkel hat keinen Einfluss auf das Messergebnis, wenn Messgegenstand und Normal in einer Achse liegen, damit ist $L = 0$. Von Ernst Abbe wurde diese Forderung unter dem Begriff **Komparatorprinzip** formuliert.

Beispiele für Erfüllung des Komparatorprinzips

Bügelmessschraube

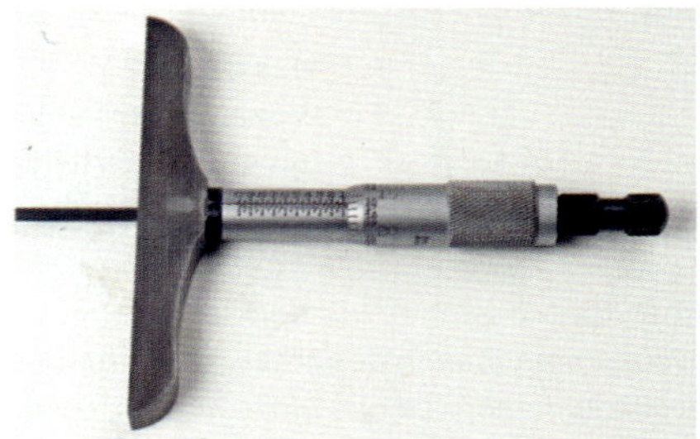

Tiefenmessschraube

Das Komparatorprinzip (abbesches Prinzip) ist eingehalten, wenn Normal und Werkstück in einer Fluchtlinie liegen.

Die **Umkehrspanne** ist eine Quelle für Maßabweichungen, die bei Messgeräten mit beweglichen Teilen auftritt. Es ist der Unterschied in der Anzeige, der entsteht, wenn man sich dem Messwert einmal vom Anfang des Messbereiches und einmal vom Ende des Messbereiches her nähert.
Die Umkehrspanne hat ihre Ursache in der Reibungskraft innerhalb des Gerätes, die der Tasterbewegung entgegengesetzt ist.
So addiert sich die Reibungskraft in einem Fall zur Messkraft, im anderen wird sie subtrahiert.

Beispiel für die Entstehung einer Maßabweichung durch die Umkehrspanne

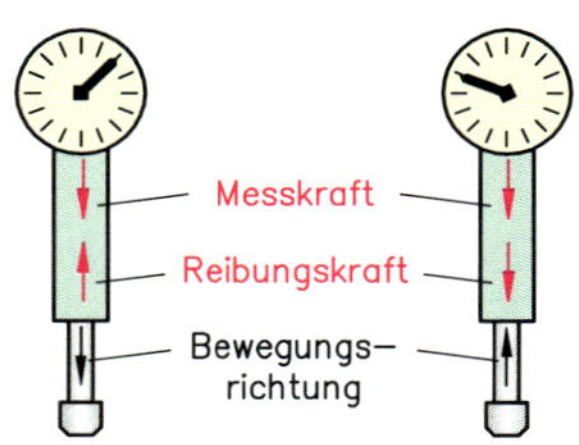

Auftretende Kräfte

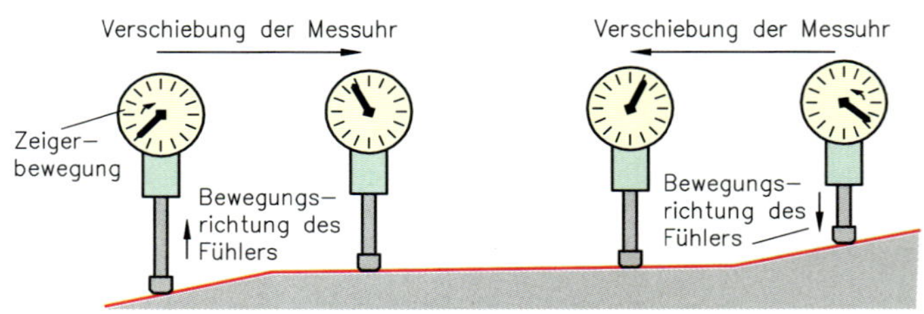

Bewegungsrichtungen des Fühlers

Die Umkehrspanne entsteht, wenn man sich mit dem Messgerät aus unterschiedlichen Richtungen dem Messort annähert.

Die Nichteinhaltung der **Bezugstemperatur** von 20 °C ist eine weitere wichtige Ursache systematischer Messfehler. Der Messfehler ergibt sich hier aus der Differenz der Längenänderung des Messgegenstands und der Längenänderung der Maßverkörperung, die infolge der Temperaturänderung eingetreten sind.

$$F = \Delta l_p - \Delta l_m$$

F	Messfehler
Δl_p	Längenänderung des Messgegenstands
Δl_m	Längenänderung der Maßverkörperung

Systematische Fehler lassen sich durch Berechnung oder Tabellen, die einem einzelnen Messgerät zur Fehlerkorrektur beigegeben sind, erfassen. Sie werden mit ihren Vorzeichen addiert und in das Messergebnis eingerechnet. Dabei können sich einzelne Fehler auch teilweise aufheben.

> Messabweichungen, die regelmäßig auftreten, bezeichnet man als systematische Messabweichungen. Systematische Messabweichungen können beim Prüfen berücksichtigt werden.

Zufällige Fehler

Zufällige Fehler lassen sich nicht im Einzelnen bestimmen. Sie können ähnliche Ursachen wie systematische Fehler aufweisen. Sie schwanken aber unregelmäßig im Betrag und Vorzeichen und machen damit das Messergebnis unsicher.

Beispiele für Ursachen zufälliger Fehler

- Messungen werden von verschiedenen Personen ausgeführt, die den Messvorgang korrekt, aber mit gewissen Variationen, z. B. unterschiedlicher Messkraft ausführen.
- Messgegenstände aus der laufenden Fertigung haben gering unterschiedliche Temperatur.
- Werkstücke, deren Längen zu messen sind, haben gering unterschiedliche Oberflächenrauheit.

B.53

Zufällige Fehler lassen sich nur durch Mehrfachmessungen statistisch erfassen. Aus den Mehrfachmessungen kann ein Mittelwert errechnet werden, um den sich die Messwerte verteilen. Im Idealfall stellt die Verteilung der Einzelwerte bei grafischer Auswertung eine Glockenkurve, eine gaußsche Verteilungskurve, dar. Aus den Abweichungen der einzelnen Messwerte vom Mittelwert kann die Standardabweichung berechnet werden. Sie ist ein Maß für die zufällige Abweichung der Messergebnisse vom Mittelwert. (Näheres im Abschnitt „Qualitätsmanagement")

> Zufällige Fehler entstehen bei jeder Messung. Sie können nur durch statistische Auswertung von Mehrfachmessungen erfasst werden.

1.6 Auswahl von Prüfverfahren und Prüfgeräten

Messen wendet man zur Ermittlung von Istmaßen an, z. B. Messen eines Bohrerdurchmessers mit dem Messschieber. Messen ist notwendig, wenn Maße protokolliert werden müssen.
Lehren wendet man an, wenn festgestellt werden soll, ob eine Form oder ein Maß innerhalb festgelegter Grenzen liegt, z. B. Prüfen der Rechtwinkligkeit zweier Flächen mit dem Flachwinkel.

Nach der Entscheidung, ob Messen oder Lehren, wird das entsprechende Prüfgerät ausgewählt. Die Prüfbedingungen erfordern bestimmte Merkmale des Prüfgerätes:

- Die Prüfgröße bestimmt die Art des Prüfgerätes,
  z. B. verwendet man für Winkelmessungen Winkelmesser.
- Die Größe des zu prüfenden Maßes bestimmt den Arbeitsbereich des Prüfgerätes,
  z. B. misst man eine Gebäudelänge mit dem Bandmaß.
- Die geforderte Messgenauigkeit bestimmt die Ablesegenauigkeit des Messgerätes,
  z. B. erfordert die Prüfung des Maßes 30 ± 0,05 mm eine Messschraube, Messuhr, o. Ä.
- Die Anzahl der zu prüfenden Teile bestimmt die besonderen Merkmale des Prüfgerätes,
  z. B. setzt man zur Kurbelwellenprüfung in der Autoindustrie automatisierte Prüfeinrichtungen ein.
- Die Qualifikation des Prüfers bestimmt die Handhabung und Art der Ablesung,
  z. B. setzt man bei geringer Qualifikation des Prüfers bei Serienprüfungen Lehren mit akustischer Anzeige von Toleranzüberschreitungen ein.
- Die Arbeitsbedingungen bestimmen die Unempfindlichkeit des Prüfgerätes,
  z. B. werden Messungen an umlaufenden Teilen am günstigsten berührungslos durchgeführt.

Beispiele für die Auswahl von Prüfgeräten, Prüfverfahren und Hilfsmitteln

Situation	ausgewählte Prüfverfahren	Begründung der Entscheidung
In einer Werkstatt sind Stahlprofile von 350 mm bis 1910 mm Länge für eine Schweißkonstruktion zu messen.	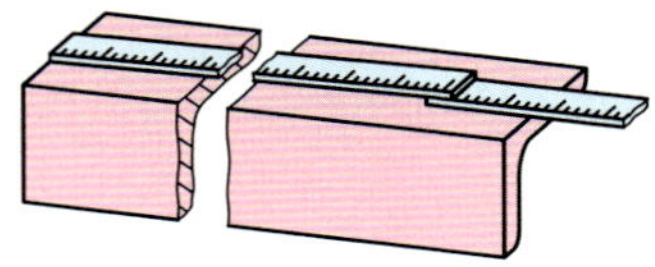	Die Messung kann mit einem Rollmaß oder einem Gliedermaßstab vorgenommen werden. Der Messbereich von 2 m ist erforderlich, die Ablesegenauigkeit von 1 mm ist ausreichend.
An 20 Bolzen B 50 × 160 soll an einem Ende jeweils ein Zapfen mit B 30 und 40 mm Länge gedreht werden, Maßtoleranz 0,1 mm.	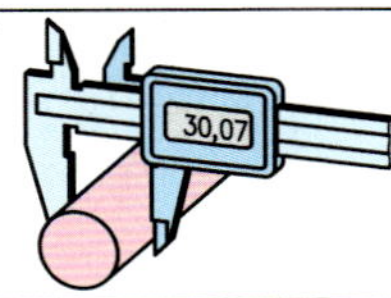	Die Messung des Zapfendurchmessers und der Zapfenlänge wird mit einem Messschieber mit Tiefenmesseinrichtung vorgenommen. Messbereich und Ablesegenauigkeit erfüllen die Anforderungen.
In einem Brenner ist wahrscheinlich eine falsche Düse eingesetzt worden. Die Bohrung der Düse ist zu prüfen.	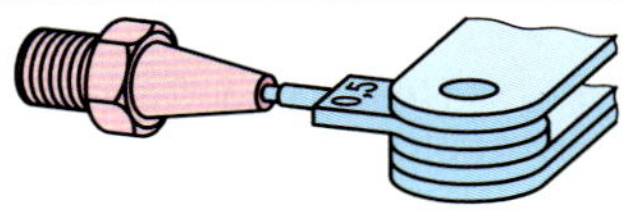	Die Prüfung mit der Fühlerlehre ist einfach und sicher. Eine Prüfung mit einer kegligen Lochlehre würde nur den Durchmesser am Düsenaustritt erfassen.
Eine Exzenterscheibe soll 5 ± 0,5 mm außermittig sein. Es sind 50 Scheiben zu prüfen.	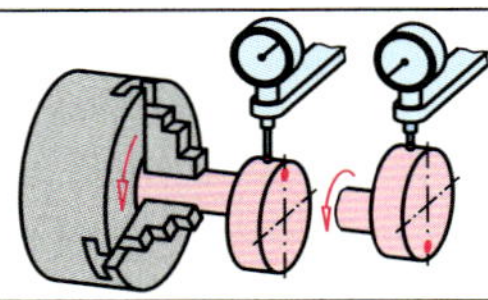	Trotz der großen Toleranz ist die Prüfung mit einer Messuhr sinnvoll, weil nach einmaliger Einstellung der Messuhr die Exzentrizität jeweils mit einer Umdrehung der Werkstücke geprüft werden kann.
Der Abstand einer Gewindebohrung von einer Passbohrung soll 100 ± 0,2 mm betragen. Das Maß ist zu prüfen.	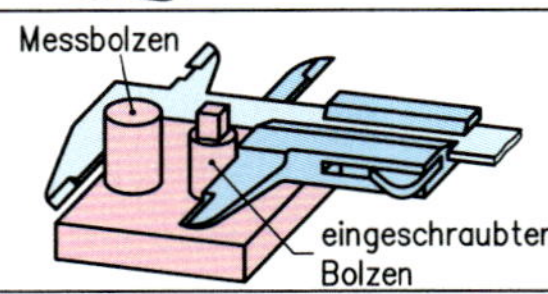	Die große Toleranz erlaubt die Messung mit dem Messschieber. Der Einsatz von Messbolzen ermöglicht eine genauere Erfassung des Maßes als die Messung über die Gewindespitzen.

Die Wahl der Hilfsmittel, z. B. Spannzeuge, Unterlagen, richtet sich nach ähnlichen Gesichtspunkten wie die Auswahl der Prüfverfahren.
Zum wirtschaftlichen Prüfen ist der kleinstmögliche Aufwand anzustreben.

Aufgaben zu 1.5 Messabweichungen

1. Welche der angegebenen Fehlerquellen führen zu systematischen und zu zufälligen Messfehlern? Falls eindeutige Aussagen nicht möglich sind, diskutieren Sie die Maßabweichungen.
   a) Messen mit nicht justierter Bügelmessschraube.
   b) Mangelnde Konzentration des Beobachters.
   c) Sehfehler des Beobachters.
   d) Arbeit in einem Raum bei + 35 °C.

2. Bei einem Messschieber hat der Schieber ein Spiel von 0,1 mm. Berechnen Sie die Größe der Maßabweichung aus den angegebenen Maßen.

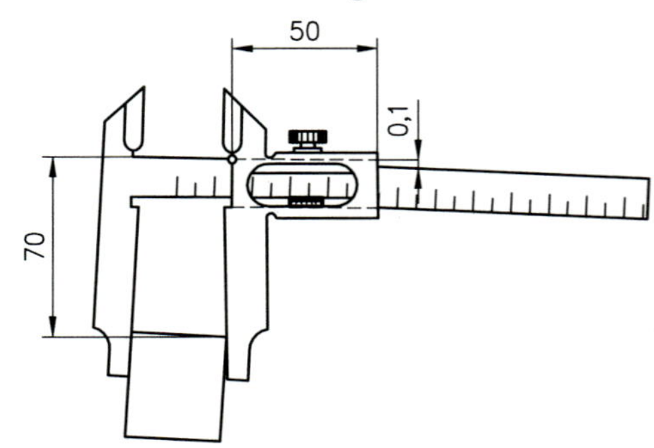

3. Ein Bolzen von ca. 20 mm Durchmesser soll mit einem Messschieber gemessen werden. Wie kann die Maßabweichung unter Berücksichtigung der Tatsache, dass der Messschieber gegen das Komparatorprinzip verstößt, möglichst gering gehalten werden?

Handlungsfeld: Überwachen von Produkt- und Prozessqualität

Problemstellung

Auftrag

Prüfauftrag

Für das angegebene Prüfmerkmal ist der Nachweis der Maschinen- und Prozessfähigkeit zu erbringen und der Fertigungsprozess kontinuierlich zu überwachen.

Prüfplan

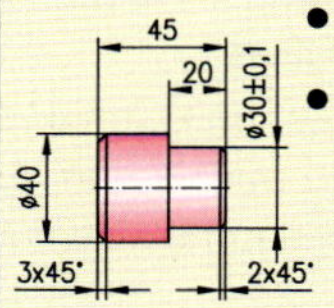

- Prüfmerkmal: ø 30±0,1
- Prüfumfang:
  - Maschinenfähigkeit: 50 Teile
  - Prozessfähigkeit: 125 Teile pro Schicht

Prüfergebnisse

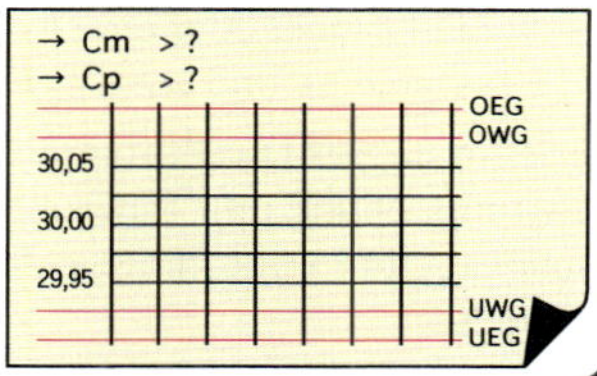

8.53

Auftrag und Prüfplan analysieren hinsichtlich

- festgelegter Prüfmerkmale
- Vorgaben zum Überwachungsverfahren einschließlich Angaben zum Prüfumfang und den -zeiten
- Hinweisen zur Art der Ergebnisdokumentation

Analysieren

Auftrag

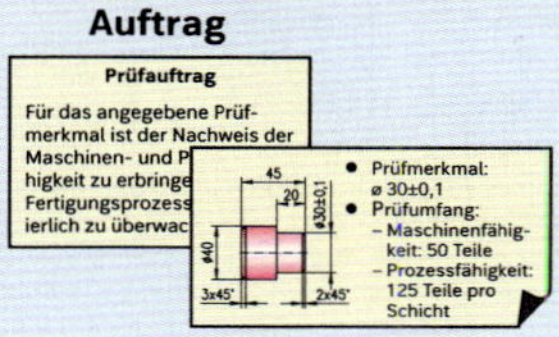

Ergebnisse

- Messverfahren
- Verfahren der Datenaufnahme und -dokumentation
- Verfahren der Datenauswertung und Ergebnisdokumentation zum Nachweis beim Kunden

Überlegungen zu

- Messmittel (Art, Größe, Genauigkeit)
- Art der Datenaufnahme und -dokumentation
- Vorgehen bei der Überwachung (Schrittfolge)
- Form der Ergebnisdokumentation zum Nachweis beim Kunden

Planen

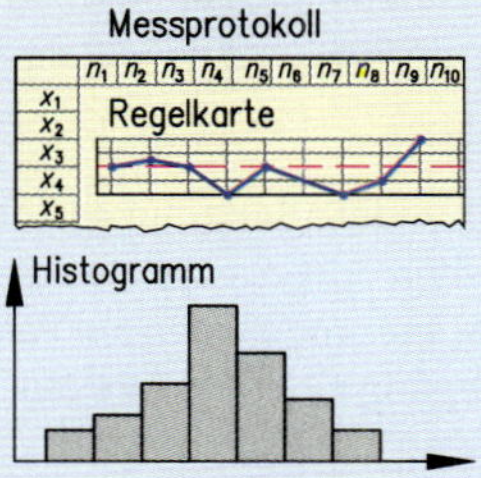

Ergebnisse

- Art des Messmittels
- Formulare zur Dokumentation und Auswertung der Messergebnisse
- zu berechnende Qualitätskenngrößen

Ausführung und Auswertung

Überwachung durchführen

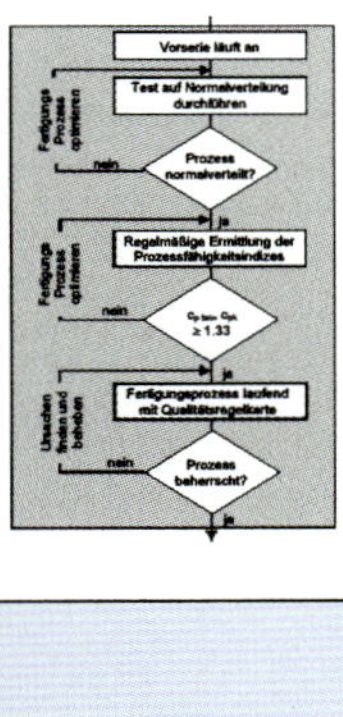

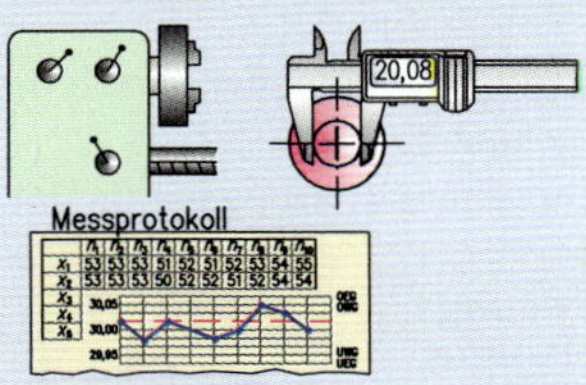

Ergebnisse

- $c_m = 1{,}63$, $c_p = 1{,}48$
- Maschine ist fähig.
- Prozess ist fähig und beherrscht!

Ergebnisse

Entscheidung über

- Maschinenfähigkeit,
- Prozessfähigkeit und
- Beherrschbarkeit des Prozesses

2 Qualitätsmanagement

2.1 Einleitung

Von jedem Produkt, das ein Kunde kauft, und von jeder Arbeit, die zu verrichten ist, wird **Qualität** verlangt. Was der Einzelne unter Qualität versteht, ist schwer zu beschreiben – man spürt fehlende Qualität erst, wenn Mängel erkennbar werden. Qualität kann man in Abwandlung der etwas komplizierten DIN-Definition etwa so beschreiben:

> „Ein Produkt oder eine Arbeit besitzen Qualität, wenn sie in Hinblick auf ihre Eignung festgelegte und vorausgesetzte Erfordernisse erfüllen."

Unter dem Begriff **Qualitätsmanagement** werden darum alle Maßnahmen verstanden, die im Laufe einer Produktentstehung und -anwendung auf allen Ebenen zu treffen sind, damit ein Produkt entsteht, das alle vorausgesetzten Erfordernisse erfüllt. Qualitätsmanagement hat also den gesamten Lebensweg eines Produkts im Blick.

Beispiel für den Lebensweg eines Produkts, begleitet vom Qualitätsmanagement

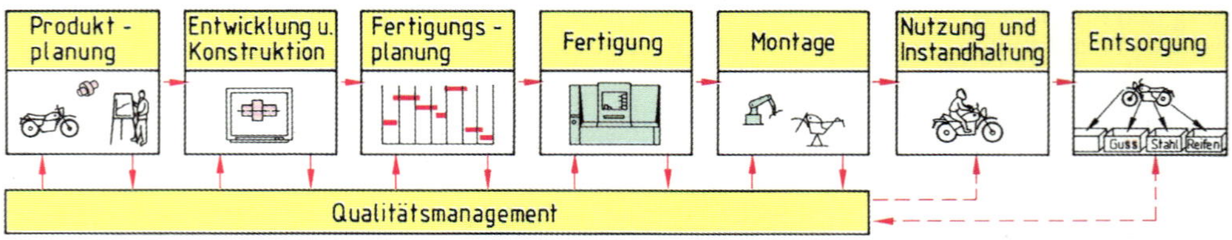

Das Qualitätsmanagement ist demnach etwas ganz anderes als eine reine Endkontrolle, in der die Qualität eines Produkts erst vor der Auslieferung bzw. Weitergabe geprüft wird. Qualitätsmanagement handelt gemäß dem Grundsatz: „Qualität ist zu erzeugen – nicht zu erprüfen."

> Unter Qualitätsmanagement versteht man alle Maßnahmen im Laufe von Produktentstehung, Anwendung und Recycling, die notwendig sind, um Produkte zu erzeugen, welche die vorausgesetzten Erfordernisse erfüllen.

Dem Qualitätsmanagement kommt eine besondere Bedeutung in der Phase der Planung und Entwicklung zu, denn 75 % der Fehler eines Produkts entstehen dort. Sie werden aber häufig erst im Laufe der Fertigung oder beim Einsatz erkannt und verursachen dann extreme Kosten zur Fehlerbeseitigung. Es gilt für die Kosten etwa die *Zehnerregel*. Sie besagt, dass die Beseitigung eines Fehlers aus der Stufe zuvor in der folgenden etwa das Zehnfache an Kosten verursacht.

Beispiel für die Zehnerregel der Fehlerkosten

Bei der Planung eines Motorrads wurde an einer Mutter die Sicherung vergessen.
Hätte man bei der Planung daran gedacht und dies notiert, wäre der zeitliche Aufwand ½ Minute gewesen, die 1,00 € gekostet hätte.
Wäre der Fehler bei der Zeichnungserstellung aufgefallen, hätte das Einarbeiten in die Zeichnung etwa 5 Minuten gedauert und damit 10,00 € gekostet, usw.
Eine Rückrufaktion wegen fehlender Schraubensicherung würde um 100 000,00 € Kosten verursachen.

Produkt-planung →	**Entwicklung und Konstruktion** →	**Fertigungs-planung** →	**Fertigung und Montage** →	**End-kontrolle** →	**Nutzung durch Kunden**
Entstehung eines Fehlers, dessen Beseitigung 1,00 € kosten würde	Kosten der Beseitigung des Planungsfehlers 10,00 €	Fehlerkosten 100,00 €	Fehlerkosten 1 000,00 €	Fehlerkosten 10 000,00 €	Fehlerkosten bei Rückrufaktion 100 000,00 €

Vielfach hatte man vor intensivem Einsatz von Qualitätsmanagement die Vorstellung, dass die Produktion für die Menge zuständig ist und allein die Endkontrolle für Qualität. Diese Einstellung hat erhebliche Nachteile:

- Ausschussteile werden nicht am Ort der Entstehung erkannt. Sie durchwandern die gesamte weitere Produktion, bis sie schließlich in der Endkontrolle auffallen. Fachleute nennen dieses „Schrottveredelung".
- In der Endkontrolle fallen Produkte mit unterschiedlichsten Fehlern an. Darum ist die Wahrscheinlichkeit, dass alle Fehler entdeckt werden, geringer als bei ständig überwachter Produktion. Eine heute von Großabnehmern, wie z. B. der Automobilindustrie, verlangte „Null-Fehler-Zulieferung" ist darum beim Zulieferer nicht mehr allein durch Prüfen, sondern nur noch mit einem geeigneten Qualitätsmanagement zu erzielen.

Bei einer komplexen Fertigung ist nur mit einer Endkontrolle keine Null-Fehler-Produktion möglich.

2.2 Einflussgrößen auf Qualität

Qualität entsteht durch funktionsgerechtes Zusammenwirken unterschiedlicher Faktoren, die man merkwirksam unter den „7 M" zusammenfasst: **M**ensch, **M**ethode, **M**aschine, **M**aterial, **M**itwelt, **M**anagement und **M**essbarkeit.

Am wichtigsten ist hier der **Mensch.** Er muss Qualität planen und erzeugen. Er muss an jeder Stelle der Produktentstehung den gesamten Ablauf, besonders aber die an seine Tätigkeit anschließende Stufe im Auge haben. Dazu benötigt er

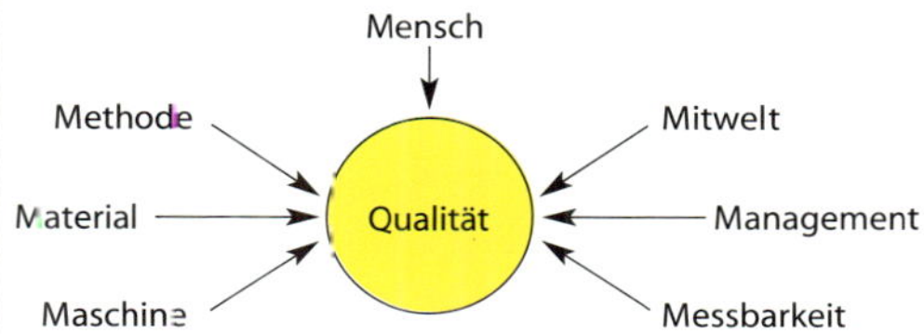

Einflussgrößen auf Qualität

- technisches Fachwissen,
- Kenntnis von Qualitätssicherungsmethoden,
- Bereitschaft und Fähigkeit, sein Wissen anzuwenden und
- Innovationsbereitschaft und Kreativität.

Die **Methoden** zur Erzeugung und Sicherung von Qualität müssen in jeder Stufe der Produktentstehung sinnvoll ausgewählt und eingesetzt werden.

Die **Maschinen** stehen für alle Fertigungs-, Handhabungs- und Prüfmittel. Sie müssen fähig sein, Qualität zu erzeugen.

Das **Material:** Dies sind alle Werk- und Hilfsstoffe, Vorprodukte und Komponenten, die meist von Zulieferern dem Prozess zugeführt werden. Sie müssen der geforderten Produktqualität entsprechen.

Die **Mitwelt** (Umwelt) wird nicht nur in Form des richtig ausgestatteten Arbeitsplatzes gesehen, sondern meint das gesamte betriebliche Sozialgefüge, das Qualität und Qaulitätsbewusstsein bestimmt.

Das **Management** mit seinem Führungsstil, z. B. seinem Umgang mit Mitarbeitervorschlägen, seiner Offenheit in der Entscheidungsfindung und seiner Bewertung von Mitarbeiterleistungen, trägt wesentlich zur Qualität bei.

Die **Messbarkeit** von Eigenschaften ist entscheidend für die Beurteilung von Qualität. Mit Messbarkeit sind nicht nur die physikalisch und chemisch erfassbaren Größen eines Produkts angesprochen, sondern auch alle zahlenmäßig erfassbaren Merkmale des Produkts und der Produktentstehung.

Qualität entsteht nur durch richtiges Zusammenwirken von Mensch, Methode, Maschine, Material, Mitwelt, Management und Messbarkeit.

Zur Unterstützung der systematischen Fehlerquellensuche verwendet man das *Fischgräten-Diagramm* **(Ishikawa-Diagramm).** Man trägt in diesem Diagramm die Einflüsse der sogenannten „7M" der Qualitätssicherung ein.

Falls Fehlerzuordnungen bei der Aufstellung eines Diagramms strittig sind, z. B. ob eine Fehlerquelle der Methode oder dem Mensch zuzuordnen ist, kann willkürlich zugeordnet werden. Wichtig ist jedoch, dass die Fehlerquelle aufgelistet wird.

Beispiel für die Auflistung der Fehlerquellen beim Drehen einer gestuften Welle

An die Welle werden Anforderungen hinsichtlich ihrer Maße und Form sowie an die Lage der Zylinder zueinander gestellt. Die an der Produktion Beteiligten haben Stichworte zu möglichen Fehlerquellen zusammengetragen und den bedarfsgerecht gewählten Faktoren zugeordnet.

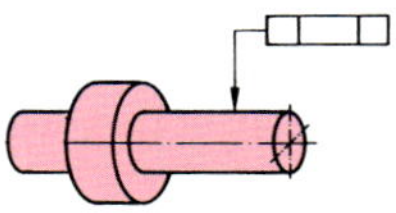

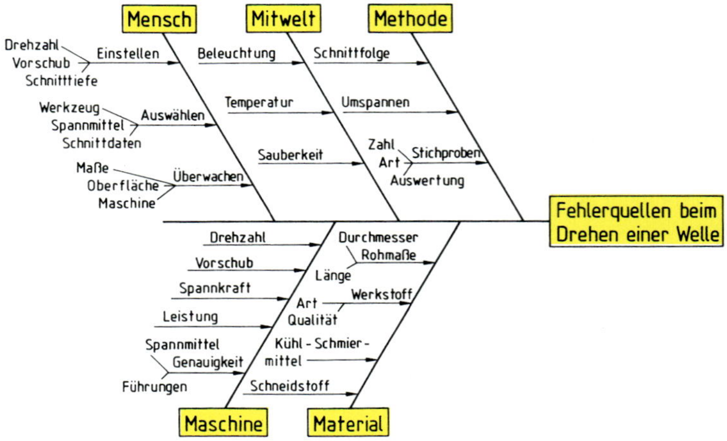

2.3 Qualitätssicherungsnormen

Die Norm DIN EN ISO 9000 erläutert die Grundbegriffe des Qualitätsmanagements (QM) und erklärt wichtige Begriffe.

DIN EN ISO 9001 ist für den Fachmann im Betrieb die bedeutendste QM-Norm. In ihr wird das Qualitätsmanagement als eine Art Regelkreis verstanden, in den die Kundenforderungen als Eingangsgröße eingehen und die Kundenzufriedenheit das geforderte Ergebnis darstellt.

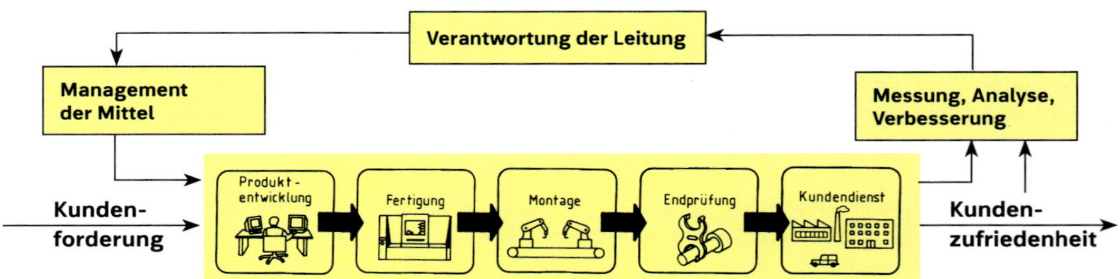

Die **Verantwortung der Leitung** besteht für die Festlegung der Qualitätsziele, der Befugnisse der Einzelnen, der Qualitätsplanung und der Bewertungsmaßstäbe für das Qualitätsmanagement.

Das **Management der Mittel** befasst sich mit der Auswahl und Förderung geeigneter Personen, der Auswahl und Zurverfügungstellung geeigneter Einrichtungen und der Schaffung einer die Qualität fördernder Arbeitsumgebung.

Die **Produktionsrealisierung** stellt den Kern des Prozesses dar. Das Qualitätsmanagement verlangt die Erzeugung, Prüfung, Sicherung und Dokumentation in jeder Stufe des Erzeugungsprozesses. Damit wird die Rückverfolgung von Teilen und Leistungen möglich. Gleichzeitig wird ein geeignetes Prüfmittelmanagement erwartet.

Die **Messung, Analyse und Verbesserung** hat in erster Linie auf die Kundenzufriedenheit zu schauen. Um diese zu gewährleisten, muss hier die Überwachung des gesamten Prozesses und der Teilprozesse geplant, kontrolliert und analysiert werden, sodass ein kontinuierlicher Verbesserungsprozess möglich wird.

DIN EN ISO 9004 ist ein Leitfaden zur Verwirklichung und Nutzung eines QM-Systems.

DIN EN ISO 19011 beschreibt die Durchführung von Audits (Analyse von Prozessabläufen) durch den Betrieb und durch Zertifizierungsgesellschaften.

2.4 Qualitätssicherung in der Phase der Produktplanung

Vor einer Produktionsabsicht steht eine Marktanalyse, bei der zunächst einmal festgestellt werden muss, ob ein Produkt überhaupt auf dem Markt abzusetzen ist, welche Größenordnung die Produktion wahrscheinlich haben muss und in welchem Bereich sich der Preis bewegen darf.

Nach der Entscheidung für ein Produkt folgt die Planung. Sie hat zu untersuchen:

- Eigenschaften des Produkts
  - Technische und funktionelle Anforderungen (z. B. physikalische, chemische und technologische Eigenschaften, Handhabung, Wartung),
  - Kundenanforderung (z. B. Aussehen, Zubehör, Garantiezeit),
  - Sicherheitstechnische und umwelttechnische Anforderungen (z. B. Handhabungssicherheit, Recycelbarkeit).
- Möglichkeiten zur qualifizierten Fertigung
  - Maschinen- und Anlagenbedarf (z. B. Art der Maschinen, Fähigkeiten der Maschinen),
  - Personalbedarf (z. B. Anzahl, Qualifikation),
  - Zeitbedarf (z. B. Maschinenbelegung),
  - Zulieferungen (z. B. notwendige Qualität der Vorprodukte).
- Qualitätssicherung im Rahmen der Produktplanung und Erzeugung
  - Organisation der Qualitätssicherung,
  - Einsatzstellen von Qualitätssicherungsmaßnahmen,
  - Methoden der Qualitätssicherung.
- Dokumentation
  - Nachweise der Qualitätssicherungsmaßnahmen,
  - Vorschriften für Zulieferer.

Hinsichtlich der Produktionseigenschaften ist es sehr wichtig, dass die Mindestanforderungen an das Produkt präzise formuliert werden. Diese müssen mindestens erfüllt sein, damit das Produkt am Markt eine Chance hat. Eine Übererfüllung der Forderungen, die ein Kunde unter Umständen gar nicht bemerkt, führt jedoch nur zu höheren Kosten, die über den Preis nicht hereingeholt werden können. Wenn z. B. ein Bolzen mit 10 mm Durchmesser an einer Tafelschere genügt, ergibt ein Bolzen mit 16 mm Durchmesser aus noch höherwertigem Werkstoff keinen Vorteil, sondern eine Steigerung der Herstellungskosten.

> In der Planungsphase werden die Kundenwünsche und die Möglichkeiten ihrer Umsetzung geklärt.

2.5 Qualitätssicherung in der Entwicklungs- und Konstruktionsphase

In der Phase der Entwicklung und Konstruktion ist die Möglichkeit zur Vermeidung späterer Fertigungsprobleme und Produktmängel besonders hoch und der dazu notwendige Aufwand noch sehr gering. Unter den verschiedenen Methoden des Qualitätsmanagements in dieser Phase wird besonders häufig die **Fehler-Möglichkeits- und Einflussanalyse** (**FMEA** = **F**ailure **M**ode and **E**ffects **A**nalysis) angewendet. Soweit sich eine solche FMEA auf die Konstruktion bezieht, wird sie nach Fertigstellung der Konstruktionsunterlagen durchgeführt.

Aufgaben einer Konstruktions-FMEA sind

- mögliche Produktfehler bei der Produktentwicklung aufzudecken,
- Maßnahmen zum Vermeiden möglicher Fehler aufzuzeigen,
- die Verantwortlichkeit für die Durchführung qualitätssichernder Maßnahmen festzulegen und
- das vorliegende Erfahrungswissen über Einflüsse auf Qualität zu sammeln, zu systematisieren und für zukünftige Aufgaben bereitzuhalten.

Ziel der Konstruktions-FMEA ist ein konstruktiv einwandfreier Entwurf, der keine Fehlermöglichkeiten enthält und zu einem einwandfreien Produkt führen kann. Die Aufstellung der Konstruktions-FMEA erfordert Teamarbeit über die Konstruktionsabteilung hinaus, um alle Fehlermöglichkeiten zu erfassen.

Beispiel für eine Konstruktions-FMEA eines Fahrradherstellers

FEHLER-MÖGLICHKEITS- UND EINFLUSS-ANALYSE

Konstruktions-FMEA ☒ Prozess-FMEA ☐

Systeme/Merkmale	Potenzielle Fehler	Potenzielle Folgen des Fehlers	Potenzielle Fehlerursachen	**DERZEITIGER ZUSTAND** Vorgesehene Prüfmaßnahmen	Auftreten	Bedeutung	Entdeckung	Risiko-Prioritätszahl (RPZ)	Empfohlene Abstellmaßnahmen	Verantwortlichkeit
Fahrrad-Sattelstütze	Materialermüdung	Bruch der Stütze, Sturz des Fahrers	Scharfe Biegekanten an Aufnahmetasche		5	8	5	200[1]	Kantenrundung vorsehen	Produktentwicklung

[1] 5 · 8 · 5 = 200

Wahrscheinlichkeit des Auftretens (Fehler kann vorkommen)
unwahrscheinlich = 1
sehr gering = 2–3
gering = 4–6
mäßig = 7–8
hoch = 9–10

Bedeutung (Auswirkungen auf den Kunden)
kaum wahrnehmbare Auswirkungen = 1
unbedeutender Fehler, geringe Belästigung des Kunden = 2–3
mäßig schwerer Fehler = 4–6
schwerer Fehler, Verärgerung des Kunden = 7–8

Wahrscheinlichkeit der Entdeckung (vor Auslieferung an Kunden)
hoch = 1
mäßig = 2–5
gering = 6–8
sehr gering = 9
unwahrscheinlich = 10

Priorität (RPZ)
hoch = 1000
mittel = 125
keine = 1

Mithilfe von Fehler-Möglichkeits- und Einflussanalysen sollen vorbeugend Fehler erkannt und vermieden werden.

2.6 Qualitätssicherung in der Prozessplanung

2.6.1 Fertigungsplanung

In der Phase der Prozessplanung stehen sowohl die eigene Fertigung als auch die Beschaffung von Fremdprodukten im Vordergrund.

Die Fertigungsplanung befasst sich mit der

- Auswahl geeigneter Maschinen, Anlagen, Werkzeuge, Transportmittel, u. a.,
- Festlegung von Einstelldaten,
- Bereitstellung von Werk- und Hilfsstoffen,
- Einsatzplanung geeigneter Fachleute,
- Zeitplanung.

Mithilfe einer Prozess-FMEA können mögliche Fehlerquellen bei der Herstellung und Montage aufgedeckt, hinsichtlich ihres Risikos bewertet und Maßnahmen zur Fehlervermeidung erarbeitet werden.

Beispiel für eine Prozess-FMEA

FEHLER-MÖGLICHKEITEN UND EINFLUSS-ANALYSE (PROZESS-FMEA)

Blatt 1 von 6

Teile- oder Prozess-Name/Nr.	Linke Vordertür, 93 BB 20215AA	Betroffene Lieferanten und Werke	Teroson, Caramba, Valvoline; Montage Genk
Konstruktions-Fertigungs-Verantwortung	Karosserieentwicklung/Gruppenstab BAO	Modell/Jahr/Typ	Typ, 4türig, Stufenheck
Andere betroffene Bereiche	Qualität, Produktion, Instandhaltung	Konstruktions-Freigabe-Datum	01.09.
Erstellt durch	B. Schmidt, NY/FN-2311	FMEA-Datum (Orig.)	06.02. (geänd.)
Produktions-Serienbeginn	15.08.		

Prozess-Beschreibung / Prozess-Zweck	Möglicher Fehler	Mögliche Folge(n) des Fehlers	Bedeutung	V	Mögliche Ursache(n) des Fehlers	Auftreten	Prozesssicherungsmethoden	Entdeckung	RPZ	Empfohlene Abstellmaßnahme(n)	Verantwortl. Bereich/Ing. + Termin	Durchgeführte Maßnahme(n)	Bedeutung	Auftreten	Entdeckung	RPZ
Einbringen von Wachs in den Tür-Innenbereich mit manuell geführtem Sprühkopf Tür-Innenbereich mit Mindestwachsschicht versehen zum Schutz gegen Korrosion	Unzureichender Wachsfilm auf der vorgesehenen Fläche, zu dünn und nicht im vorgesehenen Bereich	Verkürzte Lebensdauer der Tür führt zu: ● Schlechtem Aussehen wegen Durchrostung ● Wassereintritt ● Beeinträchtigung der Funktion der Türinnenteile	7		● Manuell geführter Sprühkopf nicht tief genug eingeführt	8	Sichtprüfung jede Std. 1 x/Schicht Dickenmessung (Messgerät) und Benetzung	5	280	● Hinzufügen eines Tiefenanschlags	Fabr.-Technik NY/ FN-2311	– Anschlag hinzu – Erprobung am Band ist erfolgt	7	2	5	70
										Automatische Sprüheinrichtung		– Abgelehnt wegen der Vielfalt der Türen				
					● Sprühköpfe verstopfen, weil: – Viskosität zu hoch – Temperatur zu tief – Sprühdruck zu klein	5	Prüfung des Sprühkopfs bei Schichtbeginn und nach Unterbrechung und zusätzlich vorbeugende Instandhaltung	3	105	● Testprogramm (DOE) mit Variation – Viskosität – Temperatur – Druck	Fabr.-Technik NY/ FN-2311	Temperatur und Druck sind festgelegt und Kontrolleinrichtungen installiert worden Prozess ist fähig $c_{pk} = 1{,}60$				
					● Sprühkopf wird beschädigt beim Einführen in Tür	2	Vorbeugendes Instandhaltungs-Programm	2	28	Keine						
					● Nicht ausreichende Sprühzeit	8	Arbeitsanweisung und Stichprobenprüfung (10 Türen/ Schicht) auf ausreichenden Film an den kritischen Stellen	7	392	● Installieren einer zeitgesteuerten Sprüheinrichtung (ECO-Timer)	Werktechnik NY/ FN-34	Zeitgesteuerte Prüfeinrichtung ist installiert. Bei Beachtung von – Beginn des Sprühens – Ende des Sprühens – Regelkarten zeigen $c_{pK} = 2{,}05$	7	1	7	49

Bedeutung (Auswirkungen auf den Kunden)

kaum wahrnehmbare Auswirkungen	= 1
unbedeutender Fehler, geringe Belästigung des Kunden	= 2–3
mäßig schwerer Fehler	= 4–6
schwerer Fehler, Verärgerung des Kunden	= 7–8
äußerst schwerwiegender Fehler	= 9–10

Wahrscheinlichkeit des Auftretens (Fehler kann vorkommen)

unwahrscheinlich	= 1
sehr gering	= 2–3
gering	= 4–6
mäßig	= 7–8
hoch	= 9–10

Wahrscheinlichkeit der Entdeckung (vor Auslieferung an Kunden)

hoch	= 1
mäßig	= 2–5
gering	= 6–8
sehr gering	= 9
unwahrscheinlich	= 10

Priorität (RPZ)

hoch	= 1000
mittel	= 125
keine	= 1

Im Rahmen der Fertigung beeinflussen Einstelldaten von Maschinen und Apparaten häufig wesentlich die Qualität des Produkts. Darum kommt der Auswahl dieser Daten entscheidende Bedeutung zu. Meist werden die Daten den Empfehlungen der Maschinen-, Werkzeug- oder Werkstoffhersteller entnommen. Die Einhaltung dieser Daten garantiert nicht immer genügende Produktqualität und optimale Fertigungsbedingungen. Darum sind bei der Produktion höherer Stückzahlen statistisch abgesicherte Versuchsreihen durchzuführen, in denen die wichtigsten Einflussgrößen in genügender Tiefe zu erfassen sind. Vielfach ist die Erfahrung von Facharbeitern am Arbeitsplatz eine wichtige Quelle für optimale Einstellwerte.

Wichtige Voraussetzung für Qualitätssicherung ist die Auswahl und spätere Einhaltung der Einstelldaten für Maschinen und Apparate.

Das Qualitätsmanagement gewinnt im Zusammenhang mit der Beschaffung fremdgefertigter Bauteile und Baugruppen zunehmend größere Bedeutung, da

- die Betriebe aufgrund des Kostendrucks ihre Fertigungstiefe verringern, indem sie sich mehr Teile von Spezialisten zuliefern lassen und
- die Betriebe ihre Lagerhaltung und die damit verbundene Kapitalbindung zurückschrauben, indem sie gerade rechtzeitige Lieferung – *just in time* – verlangen. Dies erfordert die Null-Fehler-Lieferung seitens des Zulieferers.

Hinsichtlich der Zulieferer geht das Konzept dahin, dass möglichst wenig Zulieferer möglichst komplexe Baugruppen liefern. So können seitens der Abnehmer

- Aufwendungen für Entwicklungsarbeiten an Teilprodukten verringert werden, da die Erfahrungen der Zulieferer unmittelbar in Verbesserungen eingebracht werden können,
- Maßnahmen zur Qualitätssicherung beim Zulieferer stärker beeinflusst werden, wenn nur wenig Zulieferer auftreten,
- rechtliche Probleme, z. B. Haftungsfragen, eindeutig gelöst werden.

Viele Großabnehmer, z. B. die Automobilindustrie, fordern von ihren Zulieferern Nachweise über ihr Qualitätssicherungssystem. Diese werden durch sogenannte **Audits** erbracht (Auditor = Revisor). In diesen Audits untersuchen geschultes eigenes Personal, Fachleute aus anderen Firmen oder Spezialisten von Prüfinstitutionen (z. B. TÜV) alle Bestandteile des betrieblichen Qualitätssicherungssystems und bewerten diese.

Beispiel für ein Systemaudit

Auswertung des Systemaudits — **Blatt 6–3**

Nr.	Element	max. Pkte.	err. Pkte.	%	Erfüllungsgrad in % (0 – 20 – 40 – 60 – 80 – 100)
8	Zuordnung von Verantwortlichkeit	60	54	90	Vorjahr
9	Anwendung statistischer Methoden	50	45	90	Vorjahr
10	Dokumentation qualitätssichernder	60	50	83	

Im Fall der erfolgreichen Untersuchung durch eine unabhängige Prüfinstitution werden zeitlich begrenzte Zertifikate vergeben. Eine solche Zertifizierung wird häufig von Großabnehmern zur Bedingung einer Auftragserteilung gemacht.

Firmen erbringen Nachweise für ein geeignetes Qualitätssicherungssystem, indem sie sich von unabhängigen Institutionen überprüfen und bewerten lassen (Auditierung).

2.6.2 Prüfplanung

Die Planung der Prüfvorgänge im Rahmen der Fertigung bezieht sich auf das Produkt, die einzusetzenden Betriebsmittel (Maschinen, Werkzeuge, Vorrichtungen u. a.) sowie die zu verwendenden Prüfmittel.

Aufgaben der Prüfplanung sind

- Festlegung der zu prüfenden Merkmale und ihrer Grenzwerte,
- Festlegung der Prüfmethode,
- Auswahl der Prüfmittel,
- Einordnung der Prüfungen in den Produktionsprozess,
- Bestimmung des Prüfumfangs (z. B. Stichprobe, 100 %-Prüfung),
- Festlegung der Art der Auswertung (z. B. gut – schlecht, zahlenmäßige Messwerterfassung, statistische Auswertung),
- Festlegung der Konsequenzen der Auswertung (z. B. Ausschuss, Nacharbeit),
- Festlegung der Prüfmittelüberwachung,
- Bestimmung der Form der Dokumentation und der Datenverwaltung,
- Festlegung der Prüfer und der Verantwortlichkeit.

Beispiel für einen Prüfplan an einem Arbeitsplatz

Arbeitsplatz Messermontage

Vorprüfung

- Durch Rütteln am Motorgehäuse ② ist die Motorbefestigung zu prüfen – bei lockerem Motor: Gerät zur Nacharbeit geben.
- Durch Drehen und seitliches Bewegen der Welle ③ sind Spiel und Leichtgängigkeit zu prüfen – bei Spiel oder schwer drehbarer Welle: Gerät zur Nacharbeit geben.

Montageanweisung

1. Lüfterrad ④ mit Schaufel zum Gehäuse hin

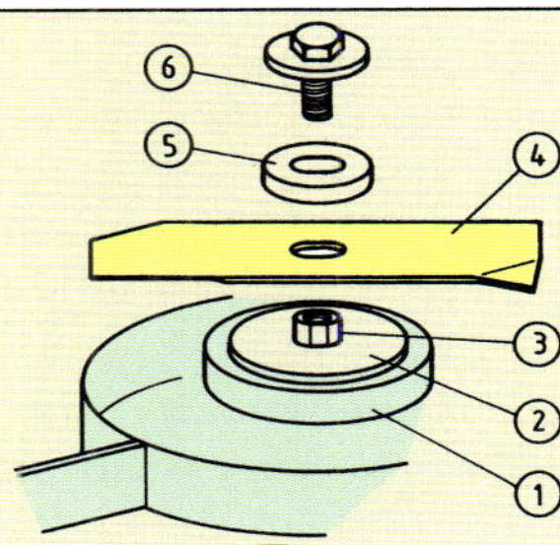

Prüfung nach der Montage

- Sichtprüfung der Messerlage – die Abschrägung der Schneide muss zum Gehäuse weisen – andernfalls: demontieren und neu montieren.
- Messer mit Holzstab zwei Umdrehungen drehen – bei Schleifgeräuschen: Gerät zur Nachbearbeitung aussortieren.

2.7 Qualitätssicherung in der Fertigung

2.7.1 Prüfen in der Fertigung

Durch geeignete qualitätssichernde Maßnahmen, welche die Fertigung begleiten, soll möglichst sichergestellt werden, dass der Trend zur Entstehung von Fehlern früh erkannt wird und durch Eingriffe in den Fertigungsprozess ein Produktionsfehler ausgeschlossen wird. Dies geschieht z. B. bei der Fertigung auf Werkzeugmaschinen durch fortlaufende Messungen.
Nicht jeder Fehler lässt sich durch solche Trendbeobachtung vermeiden. Fehler, die plötzlich auftreten, z. B. Kratzer an Kunststoffgehäusen, sollen an der Entstehungsstelle erkannt werden, damit die Fehlerursache sofort beseitigt werden kann und fehlerhafte Teile nicht mehr im weiteren Produktionsprozess mitlaufen.

2.7.1.1 Prüfverfahren

Prüfungen in der Fertigung bedeuten einen erhöhten Aufwand. Darum versucht man einerseits die Zahl der Prüfungen zu minimieren, andererseits die Prüfungen so zu legen, dass möglichst keine fehlerhaften Werkstücke in die folgende Fertigungsstufe gelangen. Vorrangig ist darum die Prüfung von Werkstücken und Baugruppen durch den Facharbeiter unmittelbar am Arbeitsplatz.

Viele der Prüfungen am Arbeitsplatz sind ohne Hilfsmittel durchführbar, wie

- optische Prüfung auf sichtbare Fehler, z. B. Kratzer, Risse, Riefen,
- Prüfungen durch Tasten, z. B. auf Grate in Bohrungen bei Kunststoffgehäusen, auf lockere Teile bei der Montage,
- Prüfungen durch Hören, z. B. Abhören von Schleifgeräuschen oder von klappernden Teilen nach der Montage.

Häufig ist bei diesen Prüfungen mithilfe der Sinne auch ein Trend zur Fehlerentstehung festzustellen, der es erlaubt, schon vor dem Auftreten eines Fehlers in den Prozess einzugreifen. So erkennt z. B. ein erfahrener Kunststoffformgeber den Anstieg der Formtemperatur an der Oberfläche von Spritzgussteilen.

Besonders in der mechanischen Fertigung geschieht das Prüfen mit entsprechenden Prüfgeräten. Dies können sein:

- einfache mechanische Prüfmittel, mit denen nur eine Eigenschaft zu prüfen ist, z. B. Grenzlehrdorne für Bohrungsdurchmesser,
- komplexe Prüfmittel, die gleichzeitig mehrere Eigenschaften erfassen, z. B. Lehren zum Prüfen von Kurbelwellen,
- numerisch gesteuerte Messmaschinen, die entsprechend einem vorgegebenen Programm Prüfungen vornehmen und unmittelbar in den Fertigungsprozess eingebunden sind.

Die Kontrolle des Produkts durch den Facharbeiter am Arbeitsplatz kann die Weiterverarbeitung von fehlerhaften Werkstücken nach plötzlich auftretenden Fehlern verhindern.

Prüfungen dieser Art können noch unmittelbar nach einzelnen Fertigungsstufen eingesetzt werden und sie erlauben nahezu sofortiges Reagieren. Damit wird der **Qualitätsregelkreis** innerhalb einer Fertigungsstufe geschlossen.

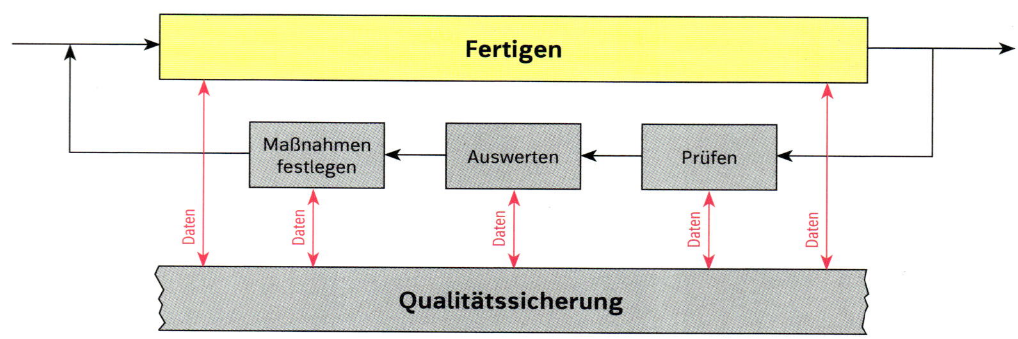

Qualitätsregelkreis

Laborprüfungen, z. B. chemische Analysen, Werkstoffprüfungen, bedingen entweder hohe Totzeiten, in denen die Produktion bis zum Eintreffen des Laborergebnisses ruht, oder sind mit dem Risiko der Weiterverarbeitung von Ausschuss verbunden, wenn ohne Abwarten des Prüfergebnisses weitergearbeitet wird.

2.7.1.2 Datenerfassung in der Fertigung

Mit optimal eingestellten Maschinen und Anlagen ist ein einwandfreies Produkt zu erzeugen. Es ist deshalb für eine Wiederholung der Produktion und die Beurteilung von auftretenden Fehlern wichtig, alle Prozess- und Maschinendaten zu erfassen und zu dokumentieren, damit die Einstellungen, die sich als günstig erwiesen haben, wiederholbar sind. Weiterhin kann eine systematische Fehlererfassung, zusammen mit einer Auflistung getroffener Maßnahmen und deren Erfolgsquote, zu einer Erleichterung der Entscheidungen beim erneuten Auftreten eines Fehlers beitragen.

Beispiel für eine Fehlerdatenanalyse

In einer Fertigung tritt plötzlich der Fehler auf, dass Klebenähte erst nach 4,5 Minuten aushärten. Dies ist der Fehler E0045. In der Liste, in der Maßnahmen zur Beseitigung des Fehlers E0045 aufgeführt sind, findet man, dass bisher 17-mal die Maßnahme M0066, 29-mal die Maßnahme M0064 und 4-mal die Maßnahme M0063 geholfen hat. Man sollte also in diesem Fall die Maßnahme M0064 (Härteranteil um 0,1 % erhöhen) zunächst in Betracht ziehen, um den Fehler zu beseitigen.

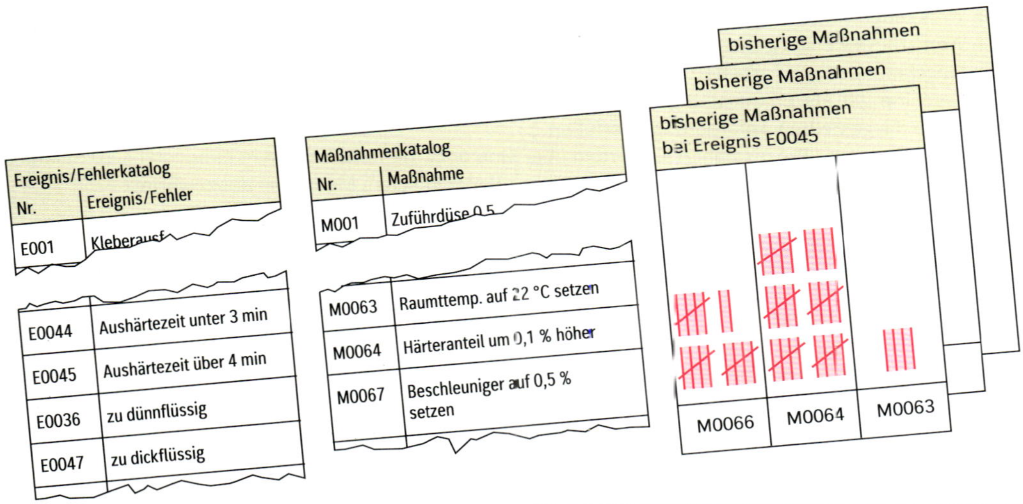

80 % aller Fehler werden durch nur 20 % aller möglichen Fehlerursachen hervorgerufen. Darum ist eine systematische Fehlererfassung Voraussetzung für eine schnelle und umfassende Fehlerbeseitigung.

2.8 Statistische Prozessregelung

Unter statistischer Prozessregelung (**SPC** = **S**tatistical **P**rocess **C**ontrol) versteht man Methoden der Fertigungsüberwachung, welche bei der Großserienfertigung die Fähigkeit von Prozessen, Qualität zu erzeugen, absichern sollen.

Die statistischen Methoden kommen im Rahmen spezieller Untersuchungs- und Überwachungsverfahren zum Einsatz. Die üblichen Verfahren sind:

- Maschinenfähigkeitsuntersuchungen (MFU),
- Prozessfähigkeitsuntersuchung (PFU) und
- Prozessüberwachung mit Qualitätsregelkarten (QRK).

Diese Verfahren ermöglichen eine Regelung des Fertigungsprozesses im Sinne einer vorbeugenden Fehlervermeidung.

Statistische Prozessregelung (SPC)		
Maschinenfähigkeitsuntersuchung	Prozessfähigkeitsuntersuchung	Prozessüberwachung

2.8.1 Maschinenfähigkeit, Prozessfähigkeit und Prozessüberwachung

- **Maschinenfähigkeit**

Mithilfe der Statistik hat man im Bereich der Serienfertigung festgelegt, dass eine Fertigung eben noch als geeignet gilt, wenn bei 1 000 gefertigten Teilen 3 Teile fehlerhaft sind, d. h. nicht mehr innerhalb der vorgegebenen Toleranzen liegen.

Zur Feststellung der Maschinenfähigkeit einer Maschine untersucht eine Serie von mindestens 50 nacheinander gefertigten Werkstücken, die

- aus einer Charge stammen,
- auf der betriebswarmen Maschine,
- mit einem Werkzeug und
- ohne Störeinflüsse gefertigt wurden.

- **Prozessfähigkeit**

Unter den wechselnden Bedingungen der Serienfertigung können auf Maschinen, die eigentlich fähig sind, fehlerhafte Produkte entstehen, weil die Bedingungen unter denen sie gefertigt wurden, schwanken. Dies kann viele Ursachen haben, z. B.:

- die Maschine kann unterschiedlich warm sein,
- die Werkzeuge sind maßlich geringfügig unterschiedlich,
- die Werkstücke weisen gering unterschiedliche Eigenschaften auf,
- die Maschinenbediener arbeiten nicht alle in gleicher Weise.

Eine Maschine gilt als prozessfähig, wenn unter realen Bedingungen mindestens 99,7 % aller gefertigten Werkstücke die gestellten Anforderungen erfüllen.

Zur Untersuchung der Prozessfähigkeit werden über eine oder mehrere Schichten mindestens 20 Stichproben zu je 5 Teilen gemessen und mithilfe der Regelkarte und statistischen Methoden ausgewertet.

> Eine Maschine ist prozessfähig, wenn sie unter realen Bedingungen 99,7 % aller Werkstücke im Rahmen der festgelegten Grenzen fertigen kann.

- **Prozessüberwachung**

Im laufenden Fertigungsprozess müssen alle Arbeitsgänge überwacht werden, damit Abwanderungstendenzen von Messgrößen (Abweichungen) erkannt werden und Gegenmaßnahmen eingeleitet werden können. Zur Untersuchung solcher Abweichungen kann man alle Werkstücke überprüfen. Da dieses meist sehr aufwendig ist, prüft man häufig mit **Stichproben.** Solche Stichproben kann man in regelmäßigen zeitlichen Abständen, z. B. stündlich, oder nach bestimmten Stückzahlen, z. B. aus jeweils 500 gefertigten Teilen, nehmen. Die Zahlenwerte aus diesen Prüfungen zeigen wenig anschaulich den Verlauf der Messgröße. Darum versucht man durch grafische Darstellungen die Übersichtlichkeit zu verbessern. Die einfachste Darstellungsform geschieht in **Kontrollkarten,** die die Grenzwerte und die Stichprobennahme kennzeichnen. Ferner sind in den Karten Änderungen im Prozess vermerkt.

Beispiel für eine einfache Kontrollkarte

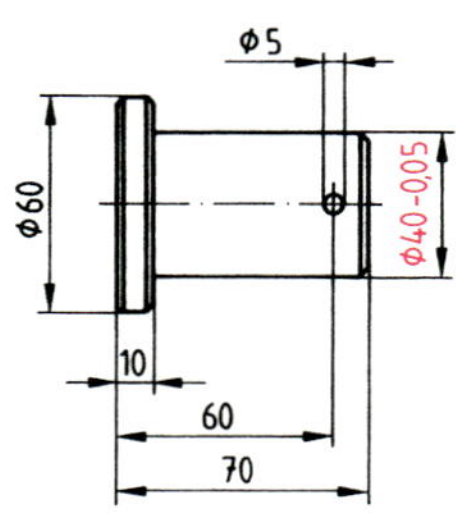

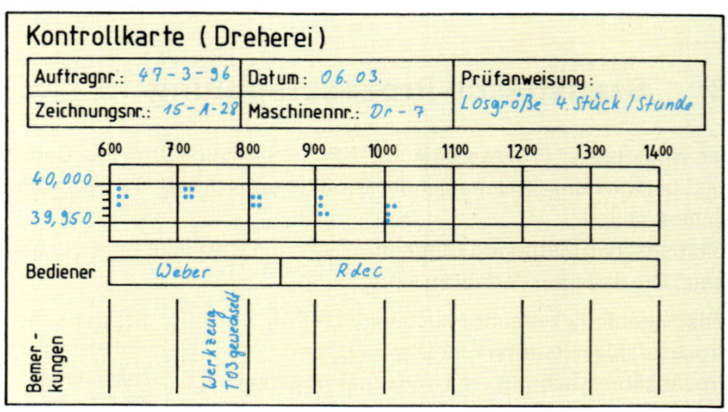

> In einfachen Kontrollkarten werden die Ergebnisse von Prüfungen dargestellt. Als Grenzwerte dienen die vorgegebenen Toleranzen.

2.8.2 Statistische Grundlagen zur Auswertung von Messreihen

Zur Eingrenzung von Maßabweichungen und zur Beurteilung der Qualität einer Fertigung wertet man Messergebnisse statistisch aus. Die aus gleichwertigen Messungen gewonnenen Messwerte nennt man eine Messreihe.

> Messreihen entstehen
> - an *einem* Werkstück durch mehrere Messungen an derselben Messstelle,
> - an *einer* Serie von Werkstücken durch Messwerte von gleichliegenden Messstellen.

2.8.2.1 Mittelwerte

Mittelwerte von Messreihen sind das arithmetische Mittel, der Median und die Spannweitenmitte. Von diesen Mittelwerten hat das arithmetische Mittel besondere Bedeutung.
Das **arithmetische Mittel $\bar{x}$** ist der Mittelwert, der sich als Quotient aus der Summe der Einzelwerte (x_1 bis x_n) und ihrer Anzahl n ergibt.

$$\bar{x} = \frac{x_1 + x_2 + \cdots + x_n}{n} = \frac{\sum_{i=1}^{n} x_i}{n}$$

8.53

$\bar{x}$ arithmetisches Mittel
x_i einzelner Messwert
n Zahl der Einzelmessungen

Der **Median $\tilde{x}$** – der Zentralwert – ist der Messwert, der in der Mitte einer Messreihe liegt, die der Größe nach geordnet ist. Bei gerader Zahl der Einzelmesswerte ist er der arithmetische Mittelwert der beiden in der Mitte der Reihe liegenden Einzelwerte.

Die **Spannweitenmitte R_M** ist der arithmetische Mittelwert zwischen Größt- und Kleinstwert einer Messreihe.

$$R_M = \frac{x_{max} - x_{min}}{2}$$

Beispiel für die Berechnung der Mittelwerte einer Messreihe

i	Messwert mm
1	16,54
2	16,55
3	16,57
4	16,59
5	16,60
6	16,62
7	16,62
8	16,63
$\sum_{i=1}^{8} x_i = 132{,}72$	

Median

$\tilde{x} = \mathbf{16{,}595\ mm}$

Spannweitenmitte

$R_M = \mathbf{16{,}585}$

arithmetischer Mittelwert

$\bar{x} = \frac{132{,}72\ mm}{8} = \mathbf{16{,}590\ mm}$

> Mittelwerte von Messreihen sind das arithmetische Mittel, der Median und die Spannweitenmitte. Vereinzelt auftretende Extremwerte beeinflussen die Spannweitenmitte und das arithmetische Mittel in besonderer Weise.

2.8.2.2 Streuungsmaße

Wichtige Streuungsmaße sind Spannweite und Standardabweichung. Die **Spannweite *R*** ist die Differenz zwischen dem größten und dem kleinsten Einzelwert einer Messreihe.

$$R = x_{max} - x_{min}$$

Die **Standardabweichung *s*** wird aus der Abweichung der Einzelwerte vom arithmetischen Mittelwert $\bar{x}$ berechnet. Sie ist ein wichtiger Kennwert zur Beurteilung der Streuung der Messwerte.

$$s = \pm \sqrt{\frac{1}{n-1} \sum_{i=1}^{n} (x_i - \bar{x})^2}$$

s Standardabweichung
n Zahl der Einzelmessungen
x_i Einzelwert
$\bar{x}$ arithmetisches Mittel

Beispiel für die Berechnung der Standardabweichung

i	x_i mm	$\bar{x}$ mm	$x_i - \bar{x}$ mm	$(x_i - \bar{x})^2$ mm²
1	16,54		$-0{,}05 = -5 \cdot 10^{-2}$	$25 \cdot 10^{-4}$
2	16,55		$-0{,}04 = -4 \cdot 10^{-2}$	$16 \cdot 10^{-4}$
3	16,57		$-0{,}02 = -2 \cdot 10^{-2}$	$4 \cdot 10^{-4}$
4	16,59	16,59	0,0	0
5	16,60		$+0{,}01 = 1 \cdot 10^{-2}$	$1 \cdot 10^{-4}$
6	16,62		$+0{,}03 = 3 \cdot 10^{-2}$	$9 \cdot 10^{-4}$
7	16,62		$+0{,}03 = 3 \cdot 10^{-2}$	$9 \cdot 10^{-4}$
8	16,63		$+0{,}04 = 4 \cdot 10^{-2}$	$16 \cdot 10^{-4}$

$$s = \pm \sqrt{\frac{1}{8-1} \cdot 80 \cdot 10^{-4}\,\text{mm}^2} = \pm \mathbf{0{,}038\ mm}$$

$$\sum_{i=1}^{8} (x_i - \bar{x})^2 = 80 \cdot 10^{-4}$$

Streuungsmaße sagen aus, wie gut oder wie schlecht ein Mittelwert die einzelnen Werte einer Messreihe repräsentiert. Wichtige Streuungsmaße sind die Spannweite und die Standardabweichung.

2.8.2.3 Statistische Sicherheit

Bei theoretisch unendlich vielen Einzelmessungen ergibt sich eine spezifische Fehlerverteilung, die nach ihrem Entdecker **gaußsche Normalverteilung** genannt wird.

Die Standardabweichung von Einzelwerten in dieser theoretischen Normalverteilung nennt man **Grundstandardabweichung σ.**

In Abhängigkeit von der Grundstandardabweichung kann die Zahl der Messwerte in einzelnen Bereichen angegeben werden:

- Innerhalb des Bereiches $\bar{x} \pm 1 \cdot \sigma$ liegen 68,3 % der Messwerte.
- Innerhalb des Bereiches $\bar{x} \pm 2 \cdot \sigma$ liegen 95,4 % der Messwerte.
- Innerhalb des Bereiches $\bar{x} \pm 3 \cdot \sigma$ liegen 99,7 % der Messwerte.

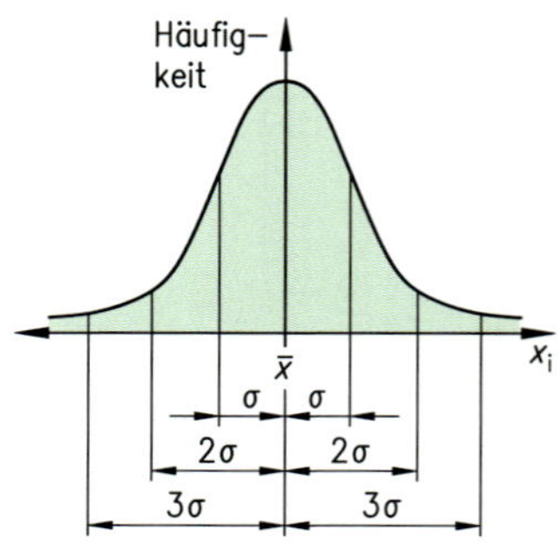

Gaußsche Normalverteilung

Bei einer genügenden Zahl von Messwerten, dies müssen mehr als 200 sein, nähert sich die Standardabweichung s bei praktischen Messungen der theoretischen Grundstandardabweichung σ.

Bei genügender Zahl von Messungen kann also vorausgesagt werden, wie viel Prozent eines gefertigten Produkts wahrscheinlich in einem bestimmten Toleranzbereich liegen.

Statistische Sicherheit bei 1000 Messwerten

Bereich	Sicherheit in %	Anzahl der Messwerte von 1 000 im Bereich	außerhalb
$\bar{x} \pm 1 \cdot \sigma$	68,3	683	317
$\bar{x} \pm 1{,}96 \cdot \sigma$	95,0	950	50
$\bar{x} \pm 2 \cdot \sigma$	95,4	954	46
$\bar{x} \pm 2{,}58 \cdot \sigma$	99,0	990	10
$\bar{x} \pm 3 \cdot \sigma$	99,7	997	3

In der Praxis ist die hohe Zahl von Messungen kaum durchführbar. Der „wahre“ Mittelwert kann darum nicht festgestellt werden. Die folgende Gleichung erlaubt die Bestimmung der Grenzen, innerhalb derer der „wahre“ Mittelwert liegen wird. Man nennt die Grenzen **untere und obere Vertrauensgrenze G_u und G_o.**

$$G_{u,\,o} = \bar{x} \pm s \cdot \frac{t}{\sqrt{n}}$$

G_u untere Vertrauensgrenze
G_o obere Vertrauensgrenze
$\bar{x}$ arithmetisches Mittel
s Standardabweichung
n Zahl der Messungen
t Korrekturfaktor lt. Tabelle

Korrekturfaktor *t*

n	*t* bei statistischer Sicherheit 68,3 %	95,0 %	99,0 %	99,73 %
4	1,15	2,8	4,6	6,6
10	1,06	2,3	3,2	4,1
20	1,03	2,1	2,0	3,4
50	1,01	2,0	2,7	3,1
100	1,00	1,97	2,6	3,04
200	1,00	1,96	2,58	3,0

Beispiel für die Berechnung von unterer und oberer Vertrauensgrenze bei einer kleinen Zahl von Messwerten und einer geforderten Sicherheit von 95 %

i	Messwert x_i mm	Abweichung vom Mittelwert $x_i - \bar{x}$ mm	Quadrat der Abweichungen vom Mittelwert $(x_i - \bar{x})^2$ mm²
1	13,275	$-7{,}8 \cdot 10^{-3}$	$6{,}08 \cdot 10^{-5}$
2	13,276	$-6{,}8 \cdot 10^{-3}$	$4{,}62 \cdot 10^{-5}$
3	13,282	$-0{,}8 \cdot 10^{-3}$	$0{,}06 \cdot 10^{-5}$
4	13,283	$0{,}2 \cdot 10^{-3}$	$< 0{,}01 \cdot 10^{-5}$
5	13,291	$8{,}2 \cdot 10^{-3}$	$6{,}72 \cdot 10^{-5}$
6	13,284	$1{,}2 \cdot 10^{-3}$	$0{,}14 \cdot 10^{-5}$
7	13,282	$-0{,}8 \cdot 10^{-3}$	$0{,}06 \cdot 10^{-5}$
8	13,292	$9{,}2 \cdot 10^{-3}$	$8{,}46 \cdot 10^{-5}$
9	13,276	$-6{,}8 \cdot 10^{-3}$	$4{,}62 \cdot 10^{-5}$
10	13,287	$4{,}2 \cdot 10^{-3}$	$1{,}76 \cdot 10^{-5}$
	$\sum_{i=1}^{10} x_i = 132{,}828$		$\sum_{i=1}^{10} (x_i - \bar{x})^2 = 32{,}53 \cdot 10^{-5}$

Arithmetisches Mittel: $\bar{x} = \dfrac{132{,}828 \text{ mm}}{10} = \mathbf{13{,}2828\ mm}$

Standardabweichung: $s = \pm \sqrt{\dfrac{1}{10-1} \cdot 32{,}53 \cdot 10^{-5} \text{ mm}^2} = \pm\, \mathbf{6{,}01 \cdot 10^{-3}\ mm}$

Der arithmetische Mittelwert von 13,2828 mm ist nicht der wirkliche Mittelwert, der sich bei einer sehr hohen Zahl von Messungen ergeben würde. Mit einer Sicherheit von 95 % liegt der Mittelwert im Bereich von G_u bis G_o.

$$G_o = \bar{x} + s \cdot \frac{t}{\sqrt{n}} = 13{,}2828 \text{ mm} + 6{,}01 \cdot 10^{-3} \text{ mm} \cdot \frac{2{,}3}{\sqrt{10}} = \mathbf{13{,}2871\ mm}$$

$$G_u = \bar{x} - s \cdot \frac{t}{\sqrt{n}} = 13{,}2828 \text{ mm} - 6{,}01 \cdot 10^{-3} \text{ mm} \cdot \frac{2{,}3}{\sqrt{10}} = \mathbf{13{,}2784\ mm}$$

2.8.3 Statistische Auswertung von Messungen zur Untersuchung der Maschinen- und Prozessfähigkeit

2.8.3.1 Feststellen der Normalverteilung

Zur Untersuchung von Maschinen- und Prozessfähigkeit stellt man zunächst fest, ob die bei einer Untersuchung gemessenen Werte eine natürliche Verteilung aufweisen. Zu diesem Zweck werden am zu untersuchenden Produkt stichprobenartig Messungen durchgeführt und die Messwerte (x_1, x_2 usw.) in einer Liste erfasst. Diese Liste nennt man auch die **Urliste**.

Für jede Stichprobe kann ein **Mittelwert** ($\bar{x}$) errechnet werden, der ebenfalls in die Liste eingetragen werden kann. Ebenso kann für die gesamte Liste der Mittelwert bestimmt werden.

Beispiel für eine Urliste mit berechneten Werten von Spannweite, Mittelwert und Standardabweichung

	Stichproben									
Messwerte	**1**	**2**	**3**	**4**	**5**	**6**	**7**	**8**	**9**	**10**
x_1	8,953	8,958	8,951	8,953	8,952	8,957	8,953	8,950	8,953	8,951
x_2	8,955	8,954	8,957	8,947	8,954	8,954	8,951	8,955	8,959	8,954
x_3	8,950	8,953	8,951	8,956	8,948	8,953	8,955	8,953	8,950	8,953
x_4	8,952	8,951	8,954	8,953	8,954	8,950	8,952	8,954	8,953	8,955
x_5	8,952	8,953	8,951	8,955	8,957	8,955	8,950	8,954	8,952	8,950

Spannweite	0,005	0,007	0,006	0,009	0,007	0,007	0,005	0,005	0,009	0,005
Mittelwert $\bar{x}$	8,952	8,954	8,953	8,953	8,951	8,954	8,952	8,953	8,953	8,953
Standardabweichung	0,002	0,003	0,003	0,003	0,003	0,003	0,002	0,002	0,003	0,002

Mittelwert der Spannweite	0,0059 mm
Mittelwert der Gesamtheit	8,9528 mm
Standardabweichung der Gesamtheit	2,523 µm

Die bei der Stichprobe aufgenommenen Werte geben noch keinen Überblick darüber, wie dicht die gemessenen Werte beieinander liegen und wie die Mehrzahl der Werte um das geforderte Maß herum liegen. Um dies näher zu erfassen, bildet man Klassen, in welche die Werte eingeordnet werden. Die Zahl der Klassen (k) errechnet man dann näherungsweise aus der Quadratwurzel der Zahl der Messungen (n).

$$k = \sqrt{n}$$

k Zahl der Klassen
n Zahl der Messungen

Die Größe der einzelnen Klassen ermittelt man aus dem Abstand zwischen größtem und kleinstem aufgenommenem Messwert. Diesen Abstand teilt man durch die Zahl der Klassen, um die Klassenbreite zu erhalten. Bei der Klassenzahl rundet man auf sinnvolle Werte auf oder ab. Bei der Klassenbreite rundet man auf, damit alle Werte in den Klassen enthalten sind.

Nach Festlegung der Klassen können die aufgenommenen Messwerte den einzelnen Klassen zugeordnet werden. Zweckmäßig geschieht dies in einer Strichliste.
Das Ergebnis lässt sich auch gut in einem Balkendiagramm darstellen. Wenn man im **Balkendiagramm** die Mitten der einzelnen Balken verbindet, erhält man die **Verteilungskurve**.

Aufgaben zu 2 Qualitätsmanagement

1. Nehmen Sie Stellung zu „Für Stückzahlen ist die Fertigung zuständig – für Qualität die Endkontrolle!"

2. Bolzen sollen in der abgebildeten Vorrichtung gebohrt werden. Stellen Sie mit der Klasse ein Ishikawa-Diagramm zur Fehlerquellenanalyse auf. Zur Maschine zählt auch die Vorrichtung. Es sollen möglichst viele Ideen festgehalten werden.

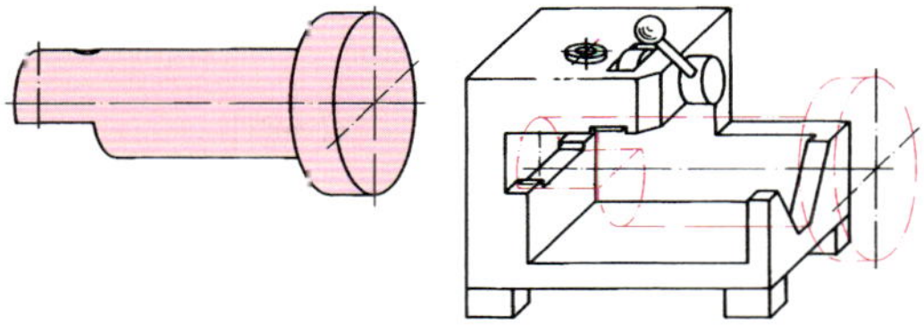

3. Stellen Sie in verkürzter Form eine Fehlermöglichkeits- und Einflussanalyse für die Konstruktion der Messerbefestigung eines Rasenmähers auf.

Potenzieller Fehler: Lösen des Messers im Betrieb.

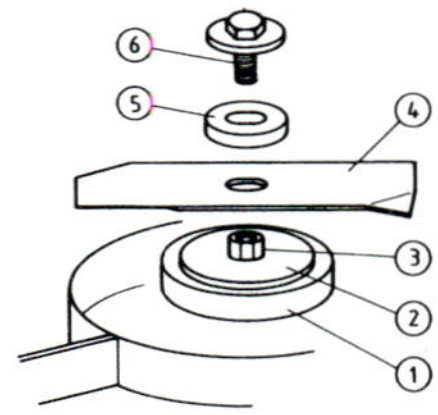

FEHLER-MÖGLICHKEITS- UND EINFLUSS-ANALYSE

Konstruktions-FMEA [X] Prozess-FMEA [ ]

Systeme/Merkmale	Potenzielle Fehler	Potenzielle Folgen des Fehlers	Potenzielle Fehlerursachen	DERZEITIGER ZUSTAND					Empfohlene Abstellmaßnahmen	Verantwortlichkeit
				Vorgesehene Prüfmaßnahmen	Auftreten	Bedeutung	Entdeckung	Risiko-Prioritätszahl (RPZ)		
Messer des Mähers										

Wahrscheinlichkeit des Auftretens (Fehler kann vorkommen)

unwahrscheinlich	= 1
sehr gering	= 2–3
gering	= 4–6
mäßig	= 7–8
hoch	= 9–10

Bedeutung (Auswirkungen auf den Kunden)

kaum wahrnehmbare Auswirkungen	= 1
unbedeutender Fehler, geringe Belästigung des Kunden	= 2–3
mäßig schwerer Fehler	= 4–6
schwerer Fehler, Verärgerung des Kunden	= 7–8

Wahrscheinlichkeit der Entdeckung (vor Auslieferung an Kunden)

hoch	= 1
mäßig	= 2–5
gering	= 6–8
sehr gering	= 9
unwahrscheinlich	= 10

Priorität (RPZ)

hoch	= 1000
mittel	= 125
keine	= 1

4. In einem Schmiedebetrieb ist an geschmiedeten Achsen die Parallelität der Auflageflächen zu prüfen, ggf. werden die Achsen auf einer Presse gerichtet.

Die Auflageflächen werden später gefräst. Entwerfen Sie eine einfache Lehre.

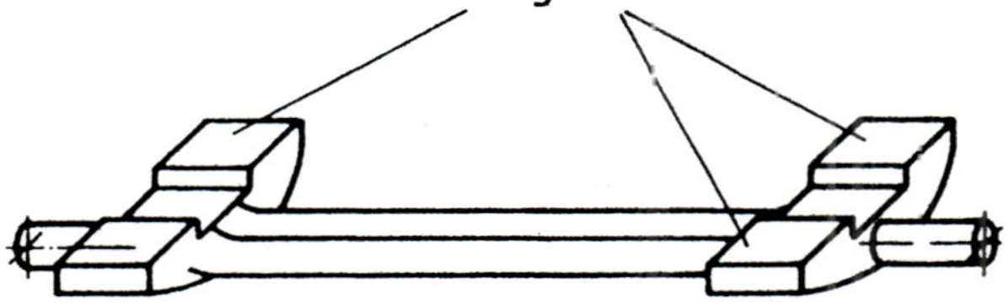

Statistische Prozessregelung

5. Auf zwei verschiedenen Schleifmaschinen wurden Bolzen mit dem Passmaß 15,945 mm Durchmesser gefertigt. Aus beiden Fertigungen wurden jeweils 126 Bolzen geprüft.
Die Messergebnisse und die Häufigkeit des Auftretens wurden bereits in vorgefertigte Tabellen zur einfacheren Auswertung eingetragen. Der Einfachheit halber wurden nur die Abweichungen der letzten beiden Stellen in die Tabellen aufgenommen.
Die Werte in diesen Tabellen sind zu einem Teil bereits errechnete Ergebnisse.
a) Berechnen Sie die fehlenden Werte in den Tabellen und bestimmen Sie Mittelwert und Standardabweichung.
b) Zeichnen Sie in ein Diagramm die Häufigkeitsverteilung der Messergebnisse beider Maschinen.
c) Beurteilen Sie die Qualität der Fertigung.
d) Führen Sie die in a) und b) manuell durchgeführte Arbeit mit einem Statistikprogramm aus.

Maschine 1

1. Messergebnis Durchmesser 15,9 ...	42	43	44	45	46	47	48	49	50	Summen
2. Häufigkeit	1	4	8	29	42	29	8	4	1	126
3. Häufigkeit mal Messergebnis	42	172	352	1305	?	?	?	?	?	5796
4. Abweichung vom Mittelwert 46	4	3	2	?	?	?	?	?	?	–
5. (Abweichung)²	16	9	4	?	?	?	?	?	?	–
6. Zeile 2 mal Zeile 5	16	36	?	?	?	?	?	?	?	?

$$\text{Mittelwert} = \frac{\text{Summe von Zeile 3}}{\text{Summe der Messungen}} = \frac{5796}{126} = 46$$ Mittelwert: 15,946

Standardabweichung = ?

Maschine 2

1. Messergebnis Durchmesser 15,9 ...	41	42	43	44	45	46	47	48	49	50	51	Summen
2. Häufigkeit	1	2	5	15	25	30	25	15	5	2	1	126
3. Häufigkeit mal Messergebnis	41	84	215	660	1125	?	?	?	?	?	?	?
4. Abweichung vom Mittelwert	2	?	?	2	?	?	?	?	?	?	?	–
5. (Abweichung)²	?	?	?	?	?	?	?	?	?	?	?	–
6. Zeile 2 mal Zeile 5	?	?	?	?	?	?	?	?	?	?	?	?

$$\text{Mittelwert} = \frac{\text{Summe von Zeile 3}}{\text{Summe der Messungen}} = \frac{?}{?} = ?$$

Standardabweichung = ?

6. Auf einem Drehautomaten werden Wellenenden auf Durchmesser 40f7 gedreht. Die Abmaße sind –0,025 mm und –0,050 mm. Bei 5 Stichproben wurden folgende Werte gemessen:

Stichprobe 1 39,... mm		Stichprobe 2 39,... mm		Stichprobe 3 39,... mm		Stichprobe 4 39,... mm		Stichprobe 5 39,... mm	
Anzahl	Maß	Anzahl	Maß	Anzahl	Maß	Anzahl	Maß	Anzahl	Maß
1	973	1	967	1	973	1	968	1	977
3	971	2	965	2	971	2	966	2	976
3	969	3	963	3	969	4	964	4	974
2	966	2	960	3	967	2	963	2	972
1	965	2	958	1	966	1	960	1	971

Berechnen Sie:
a) den Mittelwert jeder Stichprobe.
b) die jeweilige Standardabweichung.
c) die durchschnittliche Standardabweichung.
d) den c_{pk}-Wert für die Summe aller Stichproben.
e) Geben Sie an, ob der Prozess beherrscht und fähig ist.

Fünfter Themenkreis: Antriebstechnik

1 Systeme zur Erzeugung von mechanischer Nutzenergie aus Wärmeenergie

Zum Betrieb von Fertigungsanlagen, Transportanlagen, Fahrzeugen u.a. wird Nutzenergie in Form von mechanischer Energie benötigt.
In Motoren für Fahrzeuge, Schiffe und Flugzeuge wird diese mechanische Nutzenergie weitgehend aus chemischer Energie von Treibstoffen gewonnen. Die chemisch gebundene Energie im Treibstoff bietet gegenüber anderen Energieformen den Vorteil, dass große Energiemengen in kleinem Volumen gespeichert sind und so leicht mitgeführt werden können. In den Motoren wird diese chemische Energie zunächst in Wärmeenergie und dann in Bewegungsenergie umgewandelt.

Zum Betrieb der Motoren ortsfester Arbeitsmaschinen wird fast ausschließlich elektrische Energie verwendet. Diese Energieform bietet die Vorteile, dass sie sehr gut weiterzuleiten, einfach zu handhaben und leicht in andere Energieformen umzuwandeln ist. Sie muss jedoch zum größten Teil aufwendig durch Umwandlung chemisch gebundener Energie oder Kernenergie zunächst in Wärmeenergie, dann in kinetische Energie und schließlich in elektrische Energie erzeugt werden.

Den Teil des Gesamtsystems, in dem die Umwandlung von Wärmeenergie in mechanische Nutzenergie erfolgt, bezeichnet man als **thermodynamisches System.**

Beispiele für die Umwandlung chemischer Energie in Nutzenergie

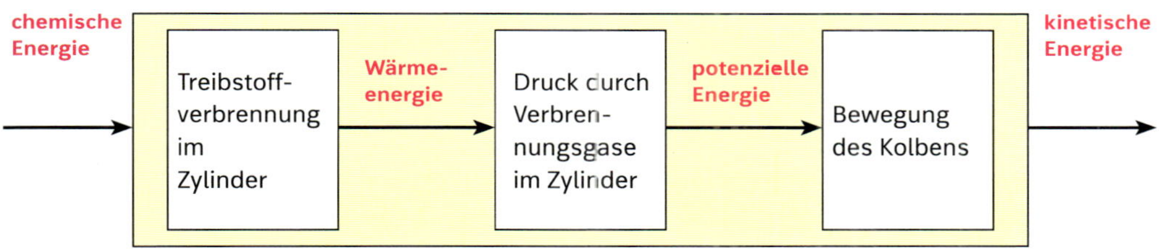

Energieumwandlungen im Verbrennungsmotor

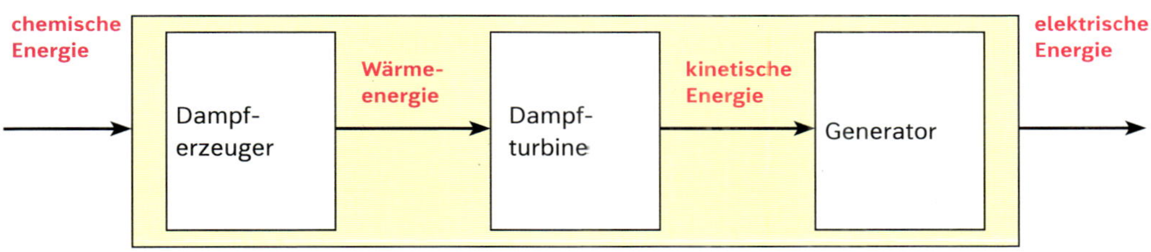

Energieumwandlungen im Kraftwerk

1.1 Physikalische Grundlagen zur Umwandlung von Wärmeenergie in mechanische Energie

1.1.1 Erster Hauptsatz der Wärmelehre

Jede Umwandlung von Energie unterliegt zunächst dem grundlegenden Gesetz von der Energieerhaltung, dem ersten **Hauptsatz der Wärmelehre:**

> Energie kann nicht erzeugt oder vernichtet werden, sondern nur von einem Körper auf einen anderen übergehen oder ihre Erscheinungsform ändern.

Für ein Gas in einem geschlossenen Raum, der ggf. durch Verschiebung einer Wand in seiner Größe verändert werden kann, bedeutet dies, dass die Zufuhr einer Wärmemenge zu einer Änderung der inneren Energie und ggf. zur Verrichtung einer mechanischen Arbeit führt.

$$Q = \Delta W_i + W_{mech}$$

Q	zugeführte Wärmeenergie
ΔW_i	Änderung der inneren Energie des Gases
W_{mech}	mechanische Arbeit
F	Kraft
s	Weg

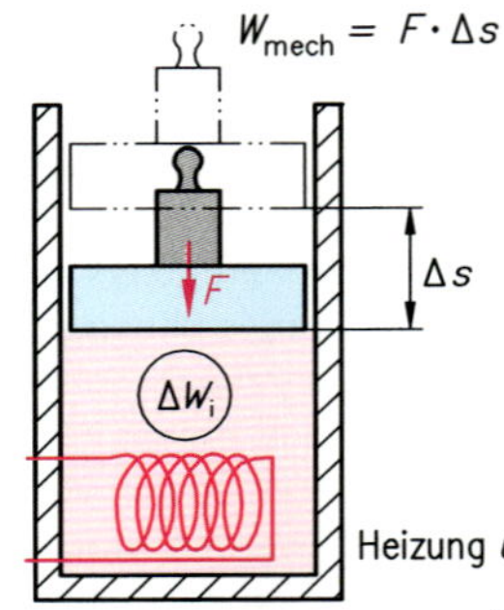

Umsetzung von Wärmeenergie in Änderung der inneren Energie und Verrichtung von Arbeit

Eine dem Gas zugeführte Wärmemenge Q bewirkt eine Änderung der inneren Energie ΔW_i des Gases und ggf. die Verrichtung einer Arbeit W_{mech} nach außen.

Die **innere Energie** des Gases äußert sich in der Bewegungsenergie seiner kleinsten Teilchen und ist damit eine Funktion der Temperatur des Gases.
Wenn ein Gas in einem geschlossenen Volumen erwärmt wird, so bewirkt die zugeführte Wärme Q ausschließlich eine Erhöhung der inneren Energie um ΔW_i, denn es kann wegen des konstanten Volumens keine Arbeit, z. B. durch Verschieben eines Kolbens, verrichtet werden.

Änderungen der inneren Energie eines Gases äußern sich in einer Temperaturänderung.

Mechanische Arbeit kann ein Gas nur verrichten, wenn es expandieren kann. Führt man einem Gas in einem Zylinder mit frei beweglichem Kolben eine Wärmemenge zu, so erhöht sich die innere Energie und gleichzeitig wird der Kolben gegen die Kraft F verschoben.

Die verrichtete Arbeit ist

$$W_{mech} = F \cdot \Delta s$$

Da die Kraft F dabei konstant bleibt, ist der Druck

$$p = F \cdot A$$

Die mechanische Arbeit beträgt also

$$W_{mech} = F \cdot \Delta s$$
$$W_{mech} = p \cdot A \cdot \Delta s$$
$$W_{mech} = p \cdot \Delta V$$

$$W_{mech} = p \cdot \Delta V$$

Im pV-Diagramm dargestellt, entspricht die verrichtete mechanische Arbeit der Fläche unter der Kurve.

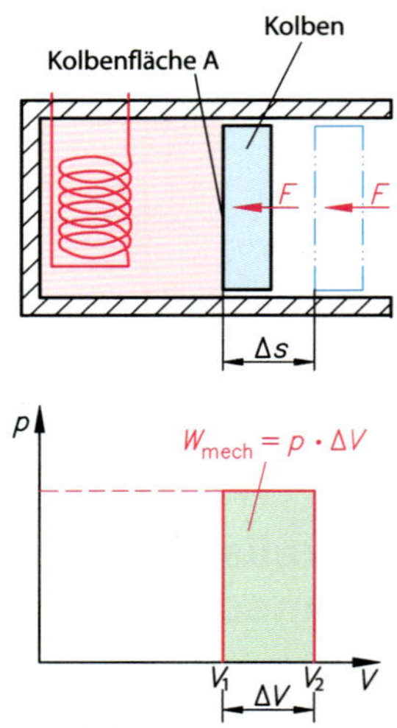

Mechanische Arbeit

Die bei der Expansion eines Gases verrichtete mechanische Arbeit entspricht der Fläche unter der Kurve im pV-Diagramm.

1.1.2 Allgemeine Zustandsgleichung der Gase

Im realen Gas haben die einzelnen Gasteilchen eine gewisse Größe, die aber im Verhältnis zum Raum, in dem sie sich bewegen, extrem klein ist. Auch die Anziehungskräfte zwischen den einzelnen Teilchen des Gases sind so gering, dass sie kaum Auswirkungen haben. Aus diesem Grunde kann man statt mit dem realen Gas zu rechnen, ein ideales Gas als rechnerische Größe annehmen, mit der hinreichend genaue Ergebnisse zu erzielen sind.

Ein **ideales Gas** ist theoretisch ein Gas, dessen Teilchen weder ein Eigenvolumen besitzen, noch gegenseitig Kräfte aufeinander ausüben.

Für ein ideales Gas gilt die **allgemeine Zustandsgleichung der Gase**, die besagt, dass für eine feste Gasmenge der Ausdruck pV/T ein konstanter Wert ist.

Allgemeine Zustandsgleichung der Gase

$$\frac{p_1 \cdot V_1}{T_1} = \frac{p_2 \cdot V_2}{T_2} = \text{const}$$

p_1 absoluter Druck im Zustand 1
V_1 Volumen im Zustand 1
T_1 absolute Temperatur im Zustand 1
p_2 absoluter Druck im Zustand 2
V_2 Volumen im Zustand 2
T_2 absolute Temperatur im Zustand 2

Für reale Gase gilt diese Gleichung umso exakter, je weiter die Gase von ihrem Verflüssigungspunkt entfernt sind. Wasserstoff, Helium, Stickstoff und Sauerstoff kommen im Bereich der Raumtemperatur dem idealen Gas bereits sehr nahe.

Die Zustandsgleichung stellt eine Fläche im dreidimensionalen Diagramm mit den Achsen p, V und T dar. Vereinfacht wird der Zusammenhang veranschaulicht, indem für unterschiedliche Temperaturen die Hyperbeln $p \cdot V = \text{const}$ im pV-Diagramm dargestellt werden.

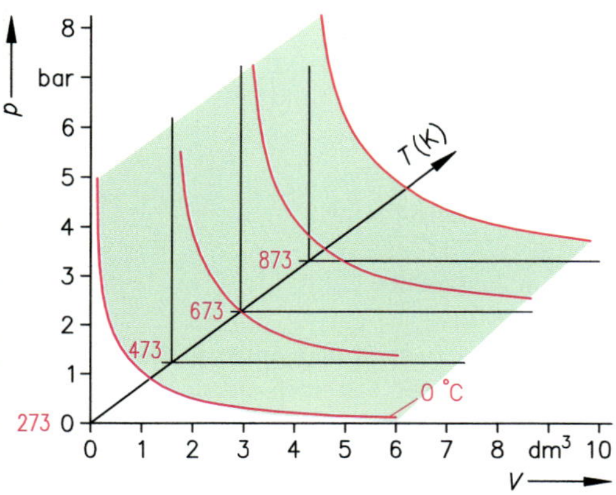

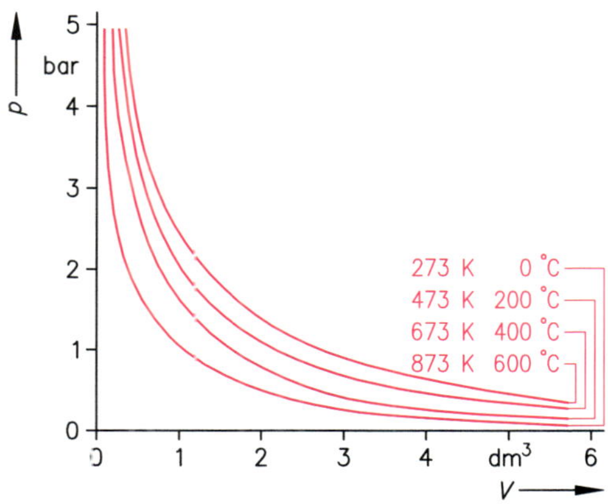

Für ein Mol eines jeden Gases gilt:

$$\frac{p \cdot V}{T} = \text{const} = \text{R}$$

p Druck
V Volumen
T Temperatur in K
R allgemeine Gaskonstante R = 8,314 J/molK

Für eine beliebige andere Gasmenge kann die Molzahl aus der Masse des Gases und der Molmasse berechnet werden.

Damit ist $n = \frac{m}{M}$

$$p \cdot V = \frac{m}{M} R \cdot T$$

p absoluter Druck
V Volumen
m Masse des Gases
M Molmasse
R allgemeine Gaskonstante
R = 8,314 J/molK
T absolute Temperatur

Molmassen wichtiger Gase:

Sauerstoff O_2	32 g/mol
Stickstoff N_2	28 g/mol
Wasserstoff H_2	2 g/mol
Helium He	4 g/mol
Kohlendioxid CO_2	44 g/mol

1.1.3 Energieumwandlungen bei Zustandsänderungen

Die allgemeine Zustandsgleichung der Gase zeigt, dass Änderungen einer der Größen Druck, Temperatur oder Volumen unmittelbar eine Änderung mindestens einer der übrigen Größen bewirkt. Wird eine dieser Größen, z. B. der Druck, konstant gehalten, so können die auftretenden Änderungen der anderen einfach anschaulich gemacht werden. Darum sind die im folgenden Abschnitt behandelten Zustandsänderungen Spezialfälle der allgemeinen Zustandsgleichung der Gase.

1.1.3.1 Isobare Zustandsänderung (p = const)

Wird einem Gas, das in einem Zylinder mit beweglichem Kolben eingeschlossen ist, Wärme zugeführt, so erhöht sich die Temperatur und gleichzeitig dehnt sich das Gas aus – der Kolben wird verschoben. Das Gas verrichtet mechanische Arbeit.
Wenn diese Arbeit bei konstantem Druck im Zylinder verrichtet wird, spricht man von einer Energieumwandlung bei **isobarer Erwärmung.**
Bei einer isobaren Zustandsänderung vereinfacht sich die allgemeine Zustandsgleichung der Gase zu:

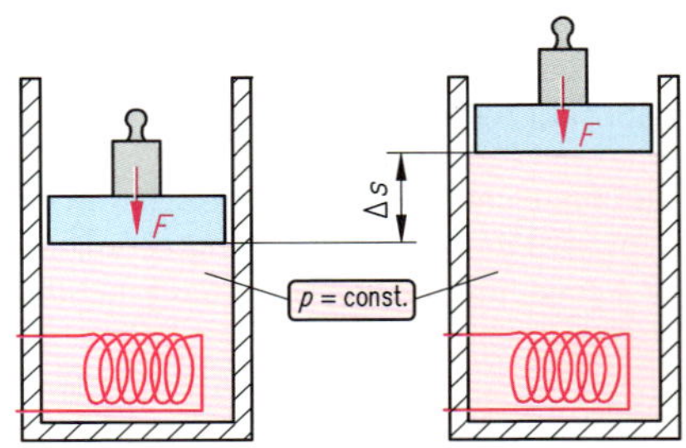

Isobare Erwärmung

$$\frac{V_1}{T_1} = \frac{V_2}{T_2}$$

V_1 Volumen im Zustand 1
T_1 absolute Temperatur im Zustand 1
V_2 Volumen im Zustand 2
T_2 absolute Temperatur im Zustand 2

Die Wärmemenge, die notwendig ist, um das Gas bei konstantem Druck zu erwärmen, muss größer sein, als die Wärmemenge, die bei konstantem Volumen notwendig ist, da im ersten Fall noch mechanische Arbeit verrichtet wird. Die spezifische Wärmekapazität **bei konstantem Druck** c_p eines Gases ist darum größer als c_v, die spezifische Wärmekapazität bei konstantem Volumen.

$$Q = m \cdot c_p \cdot \Delta T$$

Q zugeführte Wärmemenge
m Masse des Gases
c_p spezifische Wärmekapazität bei konstantem Druck
ΔT Temperaturdifferenz

Die bei der isobaren Erwärmung verrichtete Arbeit entspricht dem Rechteck unter der Kurve im pV-Diagramm.

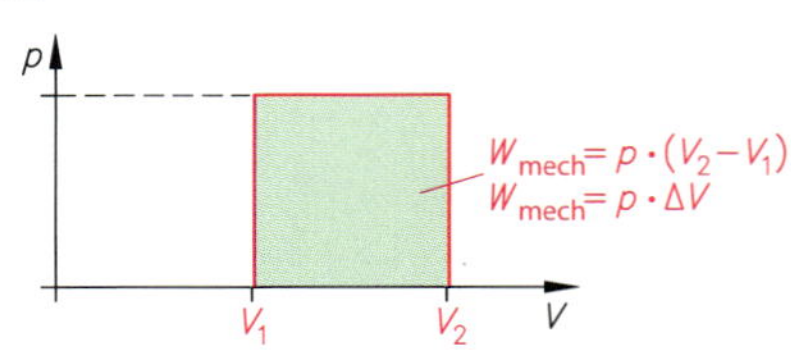

Beispiel für die verrichtete Arbeit bei isobarer Erwärmung

Aufgabe:

In einem Zylinder mit beweglichem Kolben befinden sich 1 dm³ Stickstoff (M = 28 g/mol) bei 20 °C unter einem absoluten Druck von 2 bar. Dem Gasgemisch wird bei konstant bleibendem Druck eine Wärmemenge von $Q = 200$ J zugeführt. $c_p = 1$ J/gK

a) Welche Masse hat das Gas?

b) Welche Temperaturänderung tritt nach Zufuhr der Wärmemenge auf?

c) Welche Volumenänderung tritt infolge der Wärmezufuhr auf?

d) Berechnen Sie die verrichtete Arbeit.

Lösung:

a) $p \cdot V = \frac{m}{M} \cdot R \cdot T$

$$m = \frac{p \cdot V \cdot M}{R \cdot T} \qquad m = \frac{2 \cdot 10^5 \text{N} \cdot 10^{-3} \text{m}^3 \cdot 28 \text{ g} \quad \text{mol K}}{\text{m}^2 \quad \text{mol} \quad 8{,}314 \text{ Nm} \cdot 293 \text{ K}}$$

$m = \mathbf{2{,}30\ g}$

b) $Q = m \cdot c_p \cdot \Delta T$

$$\Delta T = \frac{Q}{m \cdot c_p} \qquad \Delta T = \frac{200 \text{ J} \quad \text{gK}}{2{,}30 \text{ g} \cdot 1 \text{ J}}$$

$\Delta T = \mathbf{87\ K}$

c) $\frac{V_1}{T_1} = \frac{V_2}{T_2}$ $\qquad T_1 = 293$ K

$T_2 = 293 \text{ K} + 87 \text{ K} = 380$ K

$$V_2 = \frac{V_1 \cdot T_2}{T_1} \qquad V_2 = \frac{1 \text{ dm}^3 \cdot 380 \text{ K}}{293 \text{ K}}$$

$V_2 = \mathbf{1{,}30\ dm^3}$

$\Delta V = 1{,}3 \text{ dm}^3 - 1 \text{ dm}^3 = \mathbf{0{,}3\ dm^3}$

d) $W = p \cdot \Delta V$

$$W = \frac{2 \cdot 10^5 \text{N} \cdot 0{,}3 \cdot 10^{-3} \text{ m}^3}{\text{m}^2} = 60 \text{ Nm} = \underline{\underline{\mathbf{60\ J}}}$$

Bei der isobaren Zustandsänderung ändern sich Volumen und Temperatur. Der Druck bleibt konstant. Die mechanische Arbeit, die aufgenommen bzw. verrichtet wurde, ist $W_{mech} = p \cdot \Delta V$.

1.1.3.2 Isochore Zustandsänderung (V = const)

Wird einem Gas, das in einem geschlossenen Behälter eingeschlossen ist, Wärme zugeführt, so erhöht sich die Temperatur bei konstantem Volumen. Das Gas verrichtet keine mechanische Arbeit.
Man spricht von einer **isochoren Zustandsänderung.**

Bei einer isochoren Zustandsänderung vereinfacht sich die allgemeine Zustandsgleichung der Gase zu

$$\frac{p_1}{T_1} = \frac{p_2}{T_2}$$

p_1 absoluter Druck im Zustand 1
T_1 absolute Temperatur im Zustand 1
p_2 absoluter Druck im Zustand 2
T_2 absolute Temperatur im Zustand 2

Die gesamte zugeführte Wärme dient zur Erhöhung der inneren Energie. Abgeführte Wärme senkt die innere Energie.

$$\Delta W_i = m \cdot c_v \cdot \Delta T$$

ΔW_i Änderung der inneren Energie des Gases
m Masse des Gases
c_v spezifische Wärmeenergie des Gases bei konstant gehaltenem Volumen
ΔT Temperaturdifferenz

Bei einer isochoren Zustandsänderung bleibt das Volumen konstant, es ändern sich nur Druck und Temperatur. Die gesamte zu- oder abgeführte Wärme dient allein der Änderung der inneren Energie.

1.1.3.3 Isotherme Zustandsänderung (T = konst.)

Expandiert ein Gas, so verrichtet es dabei Arbeit. Der Gasdruck verringert sich dabei fortlaufend. Geschieht dies in einem Zylinder mit beweglichem Kolben, so nimmt die Kraft auf den Kolben ständig ab.
Gleichzeitig muss dem Gas Wärme zugeführt werden, damit die Temperatur konstant bleibt.
Komprimiert man hingegen das Gas, muss Wärme abgeführt werden, damit die Temperatur konstant bleibt.
Da bei der Expansion des Gases die innere Energie – und damit die Temperatur – unverändert bleibt, entstammt die abgegebene Arbeit ausschließlich der zugeführten Wärmemenge $Q = W_{mech}$.
Die allgemeine Zustandsgleichung der Gase vereinfacht sich bei der isothermen Zustandsänderung zu

$$p_1 \cdot V_1 = p_2 \cdot V_2$$

p_1 absoluter Druck im Zustand 1
V_1 Volumen im Zustand 1
p_2 absoluter Druck im Zustand 2
V_2 Volumen im Zustand 2

Die vom Gas verrichtete oder aufgenommene Arbeit entspricht der Fläche unter der Kurve im pV-Diagramm. Diese Kurve ist entsprechend der allgemeinen Gasgleichung eine Hyperbel und die Fläche darunter ist durch Integralrechnung oder aber vereinfacht durch Auszählen der Flächeneinheiten unter der Kurve zu bestimmen.

$$W_{mech} = p_1 \cdot V_1 \ln \frac{V_2}{V_1} \quad \text{bzw.} \quad W_{mech} = p_2 \cdot V_2 \ln \frac{V_2}{V_1}$$

Beispiel für die Ermittlung der verrichteten Arbeit bei einer isothermen Expansion

Aufgabe:
1 dm³ eines Gases steht unter einem Druck von 6 bar. Das Gas verschiebt bei konstant gehaltener Temperatur einen Kolben so, dass anschließend ein Volumen von 6 dm³ vorliegt. Welche Arbeit wurde verrichtet?

1. *Lösung durch Auszählen der Flächeneinheiten unter der Kurve im pv-Diagramm:*

V in dm³	p in bar
1,0	6,0
2,0	3,0
3,0	2,0
4,0	1,5
5,0	1,2
6,0	1,0

ausgezählte Flächeneinheiten
36 vollständige plus 7 aus Teilen gebildete Einheiten ergeben 42 Einheiten
verrichtete Arbeit.
$W = 43 \cdot 25$ Nm = **1075 Nm**

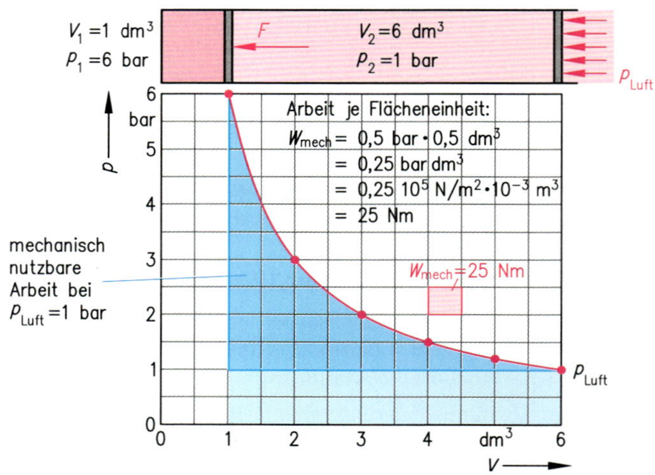

2. *Rechnerische Lösung:*

$$W_{mech} = p_1 \cdot V_1 \ln \frac{V_2}{V_1}$$

$$W_{mech} = 6 \cdot 10^5\ \text{N/m}^2 \cdot 10^{-3}\ \text{m}^3 \cdot \ln \frac{6\ \text{dm}^3}{1\ \text{dm}^3} = 600\ \text{Nm} \cdot \ln 6 = \mathbf{1075\ Nm}$$

Von der berechneten Arbeit ist nur der Betrag im Bereich $\Delta p = p_2 - p_1$ nutzbar. Somit müssen von dem berechneten Betrag 20 · 25 Nm abgezogen werden. Mechanisch nutzbar sind demnach 1 075 Nm – 500 Nm = 575 Nm.

Bei isothermer Zustandsänderung ändern sich nur Druck und Volumen, die Temperatur bleibt konstant. Von außen zugeführte Wärme wird theoretisch restlos in mechanische Arbeit umgesetzt, da sich die innere Energie des Gases nicht ändert. Bei Kompression muss Wärme abgeführt werden.

1.1.3.4 Adiabatische Zustandsänderung ($Q = 0$)

Bei der isothermen Expansion muss dem Gas Wärme zugeführt werden, damit die Temperatur konstant bleibt. Umgekehrt ist bei der Kompression die Abfuhr von Wärme notwendig.
In der Technik, z. B. in Verbrennungsmotoren, laufen viele Vorgänge so schnell ab, dass dieser Wärmeaustausch nicht zustande kommt.
Zustandsänderungen, in denen kein Austausch von Wärme mit der Umgebung stattfinden kann, bezeichnet man als **adiabatische Zustandsänderungen.**

Der Zusammenhang zwischen Druck und Volumen bei einer adiabatischen Zustandsänderung wird durch die adiabatische Zustandsgleichung beschrieben.

$$p_1 \cdot V_1^{\kappa} = p_2 \cdot V_2^{\kappa}$$

p_1 absoluter Druck im Zustand 1
V_1 Volumen im Zustand 1
T_1 absolute Temperatur im Zustand 1
p_2 absoluter Druck im Zustand 2
V_2 Volumen im Zustand 2
T_2 absolute Temperatur im Zustand 2
κ Adiabatenexponent

Der Adiabatenexponent beträgt für zweiatomige Gase, z. B. Stickstoff und Sauerstoff, 1,4. Stellt man die Adiabaten im pV-Diagramm dar, so ist zu erkennen, dass die Adiabaten steiler verlaufen als die Isothermen.

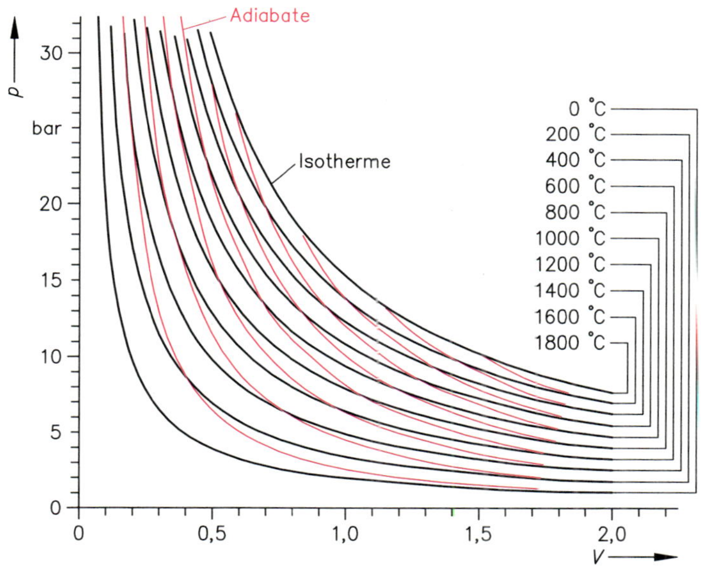

Expandiert ein Gas adiabatisch, so wird die verrichtete mechanische Arbeit aus der inneren Energie des Gases geschöpft – die Temperatur sinkt.
Die bei einer adiabatischen Zustandsänderung auftretenden Änderungen der Zustandsgrößen sind:

$$\frac{T_2}{T_1} = \frac{V_1^{\kappa-1}}{V_2^{\kappa-1}}$$

T_1 absolute Temperatur im Zustand 1
V_1 Volumen im Zustand 1
T_2 absolute Temperatur im Zustand 2
V_2 Volumen im Zustand 2
κ Adiabatenexponent

$$\frac{T_1}{T_2} = \frac{p_1^{1-1/\kappa}}{p_2^{1-1/\kappa}}$$

T_1	absolute Temperatur im Zustand 1
p_1	absoluter Druck im Zustand 1
T_2	absolute Temperatur im Zustand 2
p_2	absoluter Druck im Zustand 2
κ	Adiabatenexponent

Die bei der adiabatischen Zustandsänderung verrichtete Arbeit berechnet sich nach:

$$W_{mech} = \frac{m \cdot R}{M \cdot (\kappa - 1)} \cdot (T_1 - T_2)$$

bzw.

$$W_{mech} = \frac{p_1 \cdot V_1}{T_1 (\kappa - 1)} \cdot (T_1 - T_2)$$

W_{mech}	verrichtete Arbeit
m	Masse des Gases
M	Molmasse
R	Gaskonstante
T_1	absolute Temperatur im Zustand 1
T_2	absolute Temperatur im Zustand 2
κ	Adiabatenexponent

Beispiel für die Berechnung von Druck und Temperatur bei einer adiabatischen Kompression

Aufgabe:

In einem Dieselmotor wird die Luft im Zylinder mit einem Volumen von 1 dm^3 auf ein Volumen von 0, 05 dm^3 adiabatisch verdichtet. Der Druck der angesaugten Luft ist 0,92 bar, die Temperatur 20 °C, $\kappa = 1{,}4$.

a) Welcher Druck tritt am Ende der Kompression im Zylinder auf?

b) Welche Temperatur erreicht die Luft dabei?

Lösung:

a) $p_1 \cdot V_1^\kappa = p_2 \cdot V_2^\kappa$

$$p_2 = \frac{p_1 \cdot V_1^\kappa}{V_2^\kappa} = p_1 \cdot \left(\frac{V_1^\kappa}{V_2^\kappa}\right)$$

$$p_2 = 0{,}92 \text{ bar} \cdot \left(\frac{1 \text{ dm}^3}{0{,}05 \text{ dm}^3}\right)^{1{,}4}$$

$$p_2 = \underline{\underline{\mathbf{61\ bar}}}$$

b) $\frac{T_2}{T_1} = \left(\frac{V_1}{V_2}\right)^{\kappa - 1}$

$$T_2 = T_1 \cdot \left(\frac{V_1}{V_2}\right)^{\kappa - 1}$$

$$T_2 = 293 \text{ K} \left(\frac{1 \text{ dm}^3}{0{,}05 \text{ dm}^3}\right)^{1{,}4 - 1}$$

$$T_2 = 971 \text{ K} = \underline{\underline{\mathbf{698\ °C}}}$$

Bei der adiabatischen Zustandsänderung findet kein Wärmeaustausch mit der Umgebung statt. Ändert sich der Zustand eines Gases adiabatisch, so ändern sich Druck, Volumen und Temperatur.

1.2 Thermodynamische Kreisprozesse

1.2.1 Grundlagen

Wenn einem Gas in einem Zylinder Wärme zugeführt wird und es einen Kolben verschieben kann, verrichtet es mechanische Arbeit über die Weglänge des Kolbens. Wenn der Kolben nicht zurückgeführt wird, wäre dies ein einmaliger Vorgang. Zu einer fortlaufenden Verrichtung von Arbeit muss der Kolben wieder zurückgeführt werden. Würde dies mit dem heißen Gas geschehen, so müsste für das Zurückschieben ebenso viel Arbeit aufgewendet werden, wie zuvor verrichtet wurde – es wäre kein Gewinn an Nutzenergie erzielt.
Wird hingegen das Gas, nachdem es Arbeit verrichtet hat, gekühlt, so kann es mit geringerem Aufwand wieder auf den Ausgangszustand gebracht werden und nach erneuter Wärmezufuhr Arbeit verrichten.
So ist eine Maschine möglich, bei der eine abgeschlossene Gasmenge abwechselnd erhitzt und wieder abgekühlt wird und dabei Arbeit verrichtet. Ein Teil dieser Arbeit müsste wieder zur Kompression aufgewendet werden.

Arbeitsphasen einer einfachen Wärmekraftmaschine

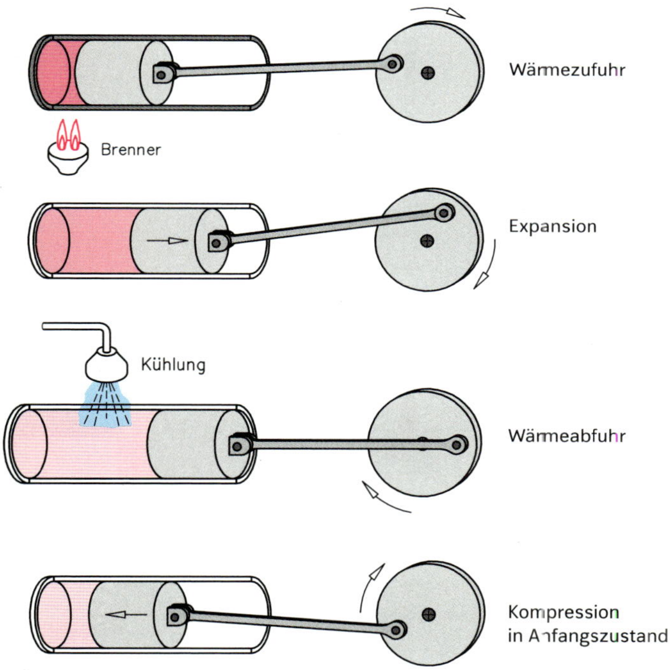

Darstellung im pV-Diagramm

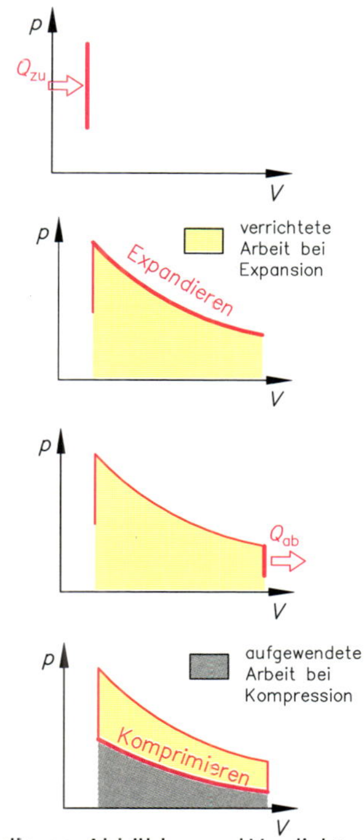

Im pV-Diagramm dargestellt, ergibt der Vorgang aus Erwärmen, Expandieren, Abkühlen und Verdichten einen in sich geschlossenen Prozess, einen **Kreisprozess.**

> Eine fortlaufende Umsetzung von Wärmeenergie in mechanische Energie ist nur in einem Kreisprozess möglich. Phasen des Kreisprozesses sind Erwärmen, Expandieren, Abkühlen und Verdichten.

Unter der Annahme des optimalsten denkbaren Kreisprozesses, nach seinem Entdecker Carnot-Prozess genannt, ist der maximal erreichbare **thermische Wirkungsgrad** allein von den absoluten Temperaturen nach dem Aufheizen und dem Abkühlen abhängig.

$$\eta = \frac{T_1 - T_2}{T_1}$$

η thermischer Wirkungsgrad
T_1 absolute Temperatur nach Aufheizen
T_2 absolute Temperatur nach Abkühlen

Reale Kreisprozesse weichen von den idealisierten Vorstellungen, nach denen Kreisprozesse durch eindeutige Zustandsänderungen exakt dargestellt werden können, erheblich ab. Der Grund ist die unklare Abgrenzung der einzelnen Phasen im Verlauf des Prozesses.

Beispiel für den Unterschied zwischen einem idealisierten und dem realen Kreisprozess

Der Heißgasmotor – nach seinem Erfinder, dem schottischen Pfarrer Stirling, auch **Stirling-Motor** genannt – arbeitet etwa nach dem zuvor dargestellten Prinzip. Lediglich das Gas wird nicht im Arbeitszylinder abwechselnd erhitzt und gekühlt, sondern durch einen Verdränger zwischen einem Heiz- und einem Kühlraum hin- und hergeschoben.

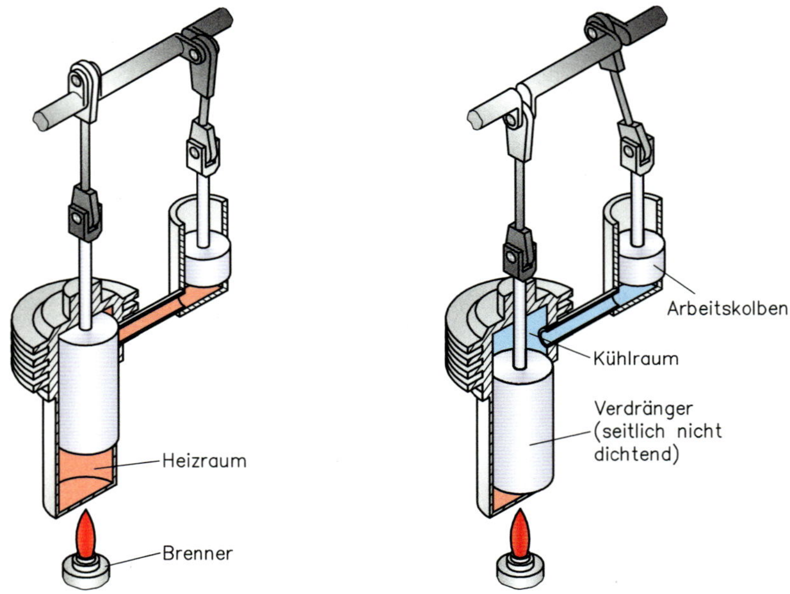

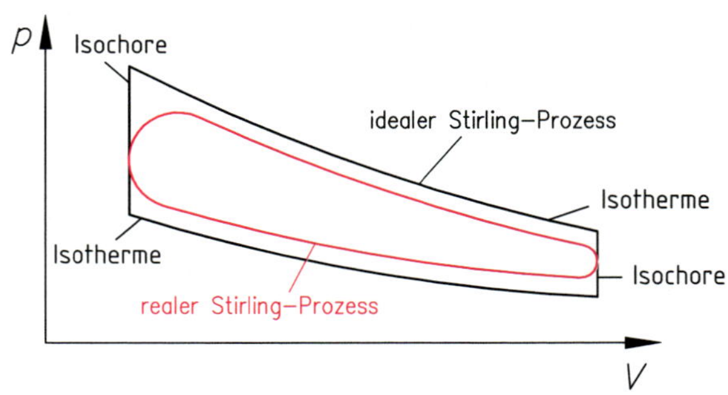

(Der Stirling-Motor hat zwar den Vorteil, dass er mit jeder Wärmequelle betrieben werden kann, aber wegen der geringen Temperaturunterschiede, die mit der äußeren Erwärmung erreichbar sind, erfordert er für Leistungen, die mit Verbrennungsmotoren zu erzielen sind, enorme Baugrößen.)

Reale Prozesse, in denen Wärmeenergie in mechanische Arbeit umgewandelt wird, weichen vom idealen Prozess erheblich ab. Die Güte der Umwandlung wird daran gemessen, inwieweit sie sich dem theoretisch möglichen thermischen Wirkungsgrad nähern.

1.2.2 Verbrennungsmotoren

Bei Verbrennungsmotoren wird das Arbeitsgas nicht von außen erwärmt, sondern dem Arbeitsgas wird der Treibstoff zugefügt und die Verbrennung findet im Zylinder statt. Dadurch sind im Gegensatz zu der Erwärmung von außen in sehr kurzer Zeit hohe Temperaturen des Gases zu erreichen. Die Abkühlung erfolgt ebenfalls nicht im Zylinder von außen, sondern die Gase werden nach der Expansion ausgestoßen und gegen frisches, kaltes Gas ausgetauscht, dem Treibstoff zugesetzt wird.

1.2.2.1 Viertakt-Ottomotor

Der Kreisprozess des Viertakt-Ottomotors besteht aus vier Zustandsänderungen.

Diese vier Zustandsänderungen betrachten die thermische Umsetzung im Viertakt-Ottomotor. Sie dürfen nicht mit den vier Arbeitstakten verwechselt werden.
Die vier Arbeitstakte betrachten den Vorgang rein unter mechanischen Gesichtspunkten:
1 Ansaugen 2 Verdichten 3 Expandieren 4 Ausstoßen.

Zustandsänderungen beim Viertakt-Ottomotor

1. **Adiabatische Kompression** der angesaugten Luft oder des zündfähigen Treibstoff-Luftgemisches unter Aufwand von mechanischer Arbeit.

Takt 2:
Verdichten

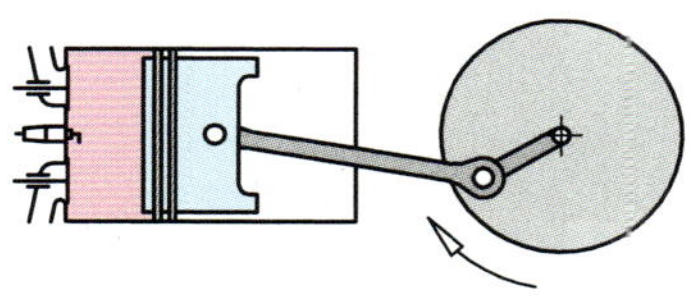

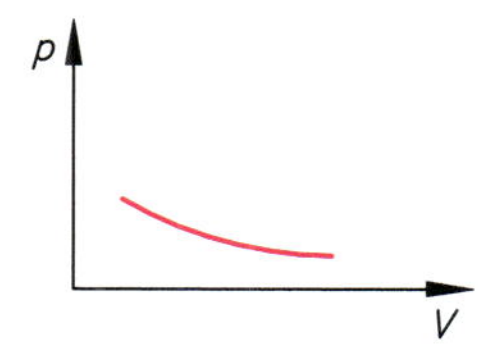

2. Erwärmung bei konstantem Volumen (**Isochore**) durch Zündung und explosionsartige Verbrennung.

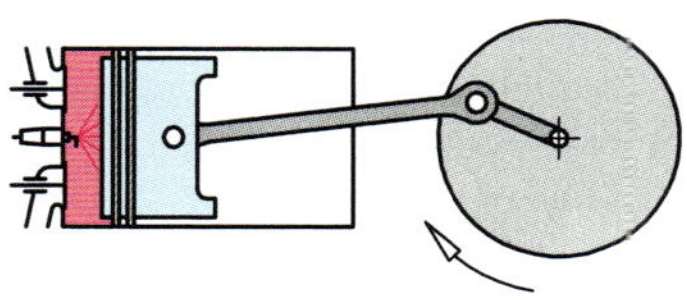

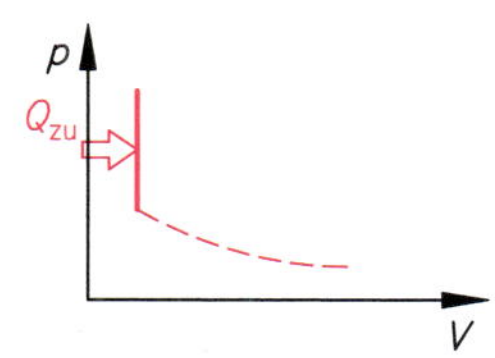

3. **Adiabatische Expansion** unter Abgabe von mechanischer Arbeit.

Takt 3:
Arbeiten,
Expandieren

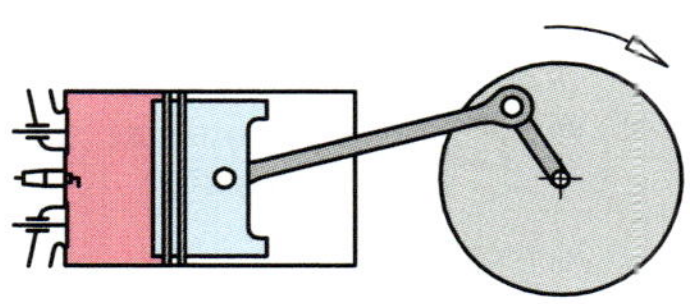

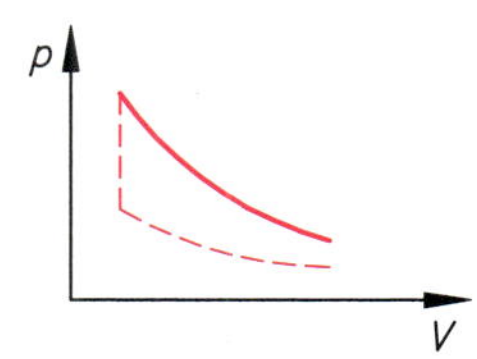

4. Wärmeabfuhr bei konstantem Volumen durch Austauschen des verbrauchten Gases und Ansaugen von Frischgas. Dieser Vorgang wäre idealisiert als **Isochore** zu deuten.

Takt 4:
Ausstoßen
Takt 1:
Ansaugen

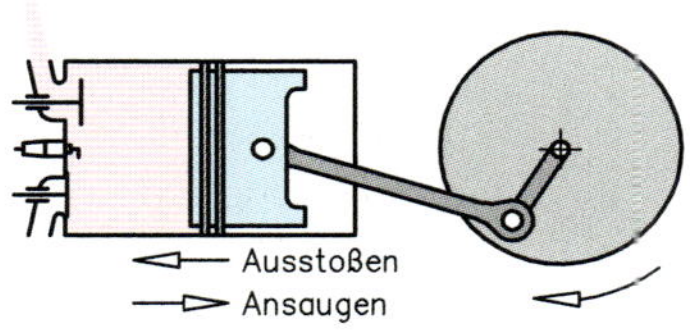

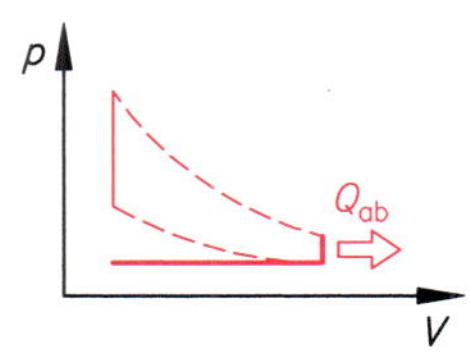

Der Kreisprozess des Viertakt-Ottomotors besteht aus vier Zustandsänderungen:
- adiabatische Kompression,
- isochore Erwärmung,
- adiabatische Expansion,
- isochore Abkühlung.

Der theoretische Wirkungsgrad des Ottomotors ergibt sich aus den umgesetzten Wärmemengen

$$\eta = \frac{Q_{zu} - Q_{ab}}{Q_{zu}} = 1 - \frac{Q_{ab}}{Q_{zu}} \qquad Q_{zu} = c_v \cdot (T_3 - T_2)$$
$$Q_{ab} = c_v \cdot (T_4 - T_1)$$

$$\eta = 1 - \frac{T_4 - T_1}{T_3 - T_2}$$

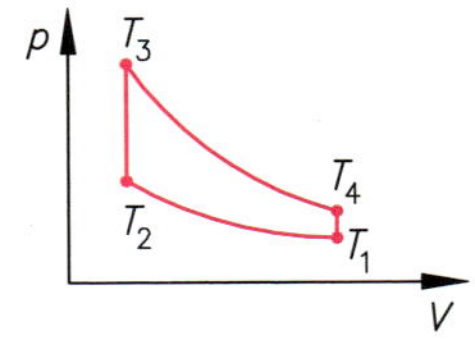

Durch Einsetzen der Temperaturen gemäß der Gleichung der Adiabaten

$$\frac{T_1}{T_2} = \frac{V_2^{\kappa - 1}}{V_1^{\kappa - 1}} \qquad \frac{T_4}{T_3} = \frac{V_2^{\kappa - 1}}{V_1^{\kappa - 1}}$$

erhält man nach Umformen für den theoretischen Wirkungsgrad die Gleichung

$$\eta_{theor} = 1 - \frac{V_2^{\kappa - 1}}{V_1^{\kappa - 1}} = 1 - \frac{1}{\varepsilon^{\kappa - 1}} \qquad \varepsilon = \frac{V_1}{V_2} \text{ Verdichtungsverhältnis}$$

Die Gleichung sagt aus, dass mit steigender Verdichtung der Wirkungsgrad des Prozesses steigt. Der Verdichtung sind jedoch beim realen Motor, durch Selbstzündung des Treibstoff-Luftgemisches infolge der adiabatischen Erwärmung, Grenzen gesetzt. Die Selbstzündung des Gemisches setzt an verschiedenen *Stellen des Gases* ein und führt, im Gegensatz zu einer gleichmäßigen Verbrennung, zu Druckstößen (Klopfen) und kann die Zerstörung des Motors bewirken.

> Der Wirkungsgrad des Ottomotors wird durch das Verdichtungsverhältnis bestimmt. Das Verdichtungsverhältnis ist nicht beliebig erhöhbar.

Der reale Kreisprozess des Ottomotors weicht erheblich vom Idealen ab. Allein schon durch den Vorgang des Ausstoßens des verbrauchten Arbeitsgases wird die theoretisch erreichbare Nutzarbeit erheblich geschmälert, denn der Gaswechsel erfolgt nicht vollständig. Es bleibt immer eine Restgasmenge im Zylinder und der Druck des angesaugten Frischgases liegt unter dem des Luftdruckes. Die Füllung des Zylinders mit Frischgas drückt man durch den Füllungsgrad aus. Er liegt bei Saugmotoren bei etwa 70 bis 90 %. Durch die Vorverdichtung des Frischgases kann ein Füllungsgrad von 120 bis 160 % erreicht werden.

Beispiel für den realen Kreisprozess des Ottomotors im Vergleich zum Idealen

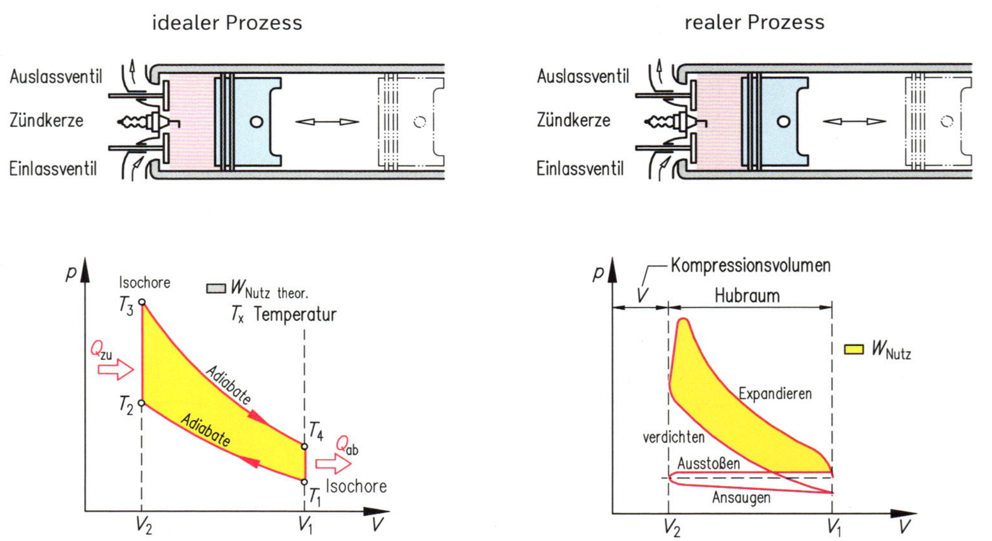

Am realen Motor treten zusätzliche Verluste durch Reibung, Abstrahlung von Wärme u. a. auf. Man veranschaulicht dies in sogenannten Sankey-Diagrammen. Für den Viertakt-Ottomotor zeigen entsprechende Aufstellungen von Nutzarbeit und Verlusten Wirkungsgrade zwischen etwa 32 und 34 % – gemessen an der Kurbelwelle des Motors.
Für ein Fahrzeug mit einem entsprechenden Motor liegt der Wirkungsgrad, errechnet aus der zugeführten Energie des Treibstoffs und der damit erreichten Bewegungsenergie an den Rädern, erheblich niedriger.

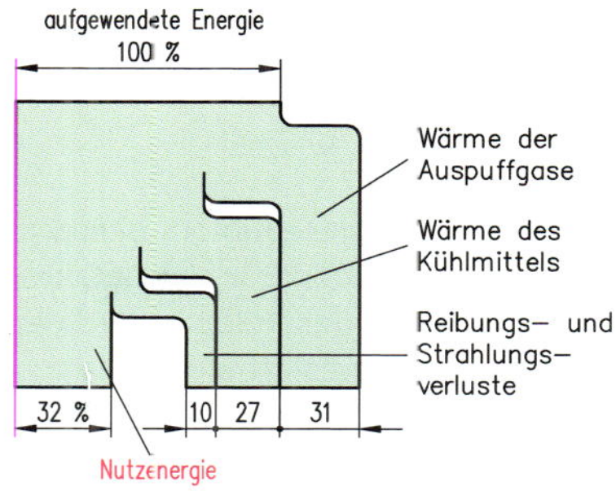

Viertakt-Ottomotor

Der Wirkungsgrad des realen Ottomotors weicht vom theoretisch erreichbaren Wirkungsgrad erheblich ab. Maximale Wirkungsgrade – gemessen an der Kurbelwelle – liegen unter 38 %.

Viertakt-Ottomotoren werden meist mit mindestens vier Zylindern gebaut. Bei einem Einzylindermotor würde entsprechend den Takten nur bei jeder zweiten Umdrehung der Kurbelwelle ein Arbeitstakt über nicht ganz eine halbe Umdrehung erfolgen. Der Motor wäre starken Schwingungen ausgesetzt – er liefe unrund. Bei einem Vierzylindermotor hingegen erfolgt alle 180° Kurbelumdrehung ein Arbeitstakt, was zu erheblich geringeren Schwingungen führt.

Die Leistung und das Drehmoment an der Kurbelwelle sind bei einem Verbrennungsmotor weitgehend von der Umdrehungsfrequenz abhängig. Man stellt den Zusammenhang in Kennlinien-Diagrammen dar. Darin zeigt sich, dass das Maximum von Drehmoment und Leistung nicht zusammenfallen.
Das Drehmoment hat sein Maximum im mittleren Umdrehungsfrequenzbereich, da dort der Füllungsgrad des Zylinders am besten ist. Bei höheren Umdrehungsfrequenzen nehmen die Strömungswiderstände erheblich zu und die Ventilöffnungszeiten werden kürzer – beides senkt den Füllungsgrad.
Die Leistung erreicht erst später ihren Höchstwert, da sich die höhere Umdrehungsfrequenz gemäß $P = 2 \cdot \pi \cdot n \cdot M_d$ zunächst stärker auswirkt als der Abfall der Umdrehungsfrequenz nach dem Leistungsmaximum. Hier wirkt sich auch die zunehmend schlechtere Füllung des Zylinders aus. Der Bereich zwischen maximalem Drehmoment und maximaler Umdrehungsfrequenz ist der leistungsmäßig günstigste Bereich zum Betrieb des Motors.

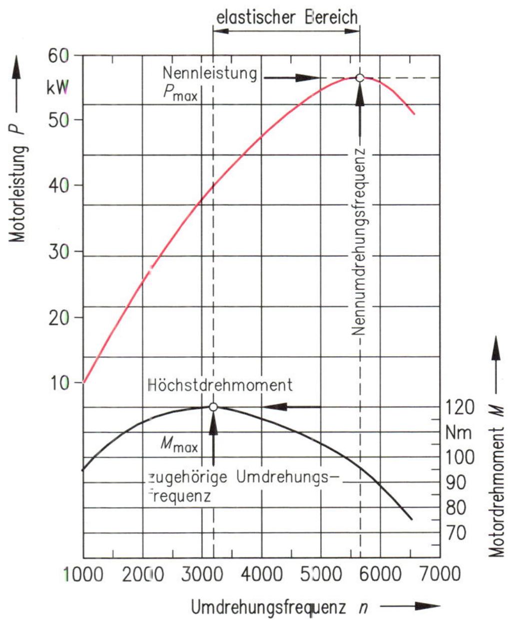

Motorkennlinien eines Viertakt-Ottomotors

Motor-Kennlinien stellen den Zusammenhang zwischen Drehmoment, Leistung und Umdrehungsfrequenz dar.

1.2.2.2 Viertakt-Dieselmotor

Der Viertakt-Dieselmotor arbeitet in den gleichen Takten wie der Viertakt-Ottomotor: Ansaugen, Verdichten, Arbeiten (Expandieren), Ausstoßen.

Die Besonderheit des Dieselmotors besteht nun darin, dass im Zylinder die angesaugte Verbrennungsluft so hoch verdichtet wird, dass sie sich auf die Zündtemperatur des Dieseltreibstoffs erhitzt. Kurz vor Erreichen des oberen Totpunktes des Kolbens wird der Kraftstoff von einer Einspritzpumpe durch die Einspritzdüsen in die heiße Verbrennungsluft eingespritzt, dabei fein zerstäubt und selbstständig gezündet. Der Kolben wird dabei nach unten bewegt und verrichtet Arbeit. Durch die verhältnismäßig langsame Verbrennung des Luft-Treibstoff-Gemisches bleibt bei der Expansion der Druck zunächst konstant und fällt dann in einer fast adiabatischen Zustandsänderung ab. Am Ende der Expansion wird das verbrauchte Arbeitsgas ausgestoßen.

Der thermodynamische Kreisprozess besteht damit theoretisch aus einer **adiabatischen Kompression**, einer **isobaren Expansion**, einer **adiabatischen Expansion** und einer **isochoren Abkühlung**. Praktisch wird die Isochore durch das Ausstoßen der heißen Abgase und das Ansaugen der kalten Luft ersetzt.

Beispiel für den theoretischen und den realen Dieselprozess

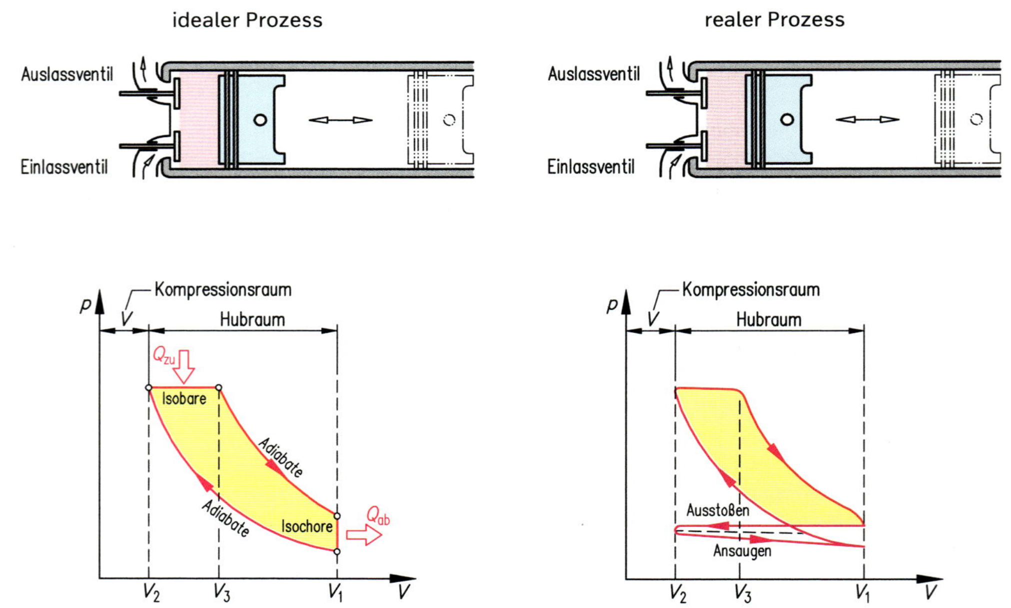

Der theoretische Kreisprozess des Dieselmotors besteht aus den vier Zustandsänderungen: adiabatische Kompression, isobare Expansion, adiabatische Expansion, isochore Abkühlung.

Im realen Kreisprozess wird die Isochore durch Ausstoßen der Abgase und Ansaugen von Frischgas ersetzt.

Die Einspritzung des Dieselkraftstoffs kann bei Dieselmotoren **direkt** in den Verbrennungsraum erfolgen. Dies führt jedoch zu einem rauen Motorlauf und zu starker Geräuschentwicklung. Aus diesem Grunde wurde bis etwa zum Jahr 2000 bei Pkw-Motoren häufig der Kraftstoff in eine Vorkammer **indirekt** eingespritzt. Der Verbrennungsverlauf wurde durch die zunächst in der Vorkammer erfolgende Verbrennung verzögert und der Motor lief ruhiger – allerdings traten Leistungsverluste gegenüber der Direkteinspritzung auf.

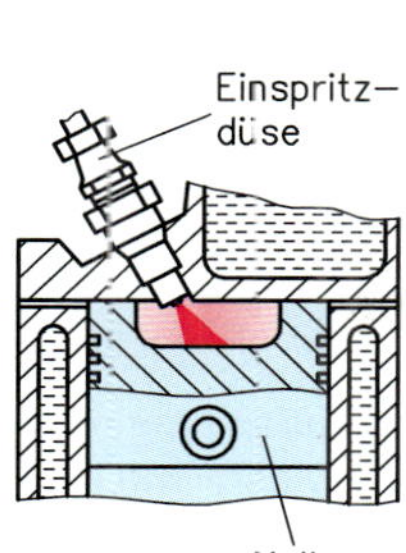

Direkteinspritzung

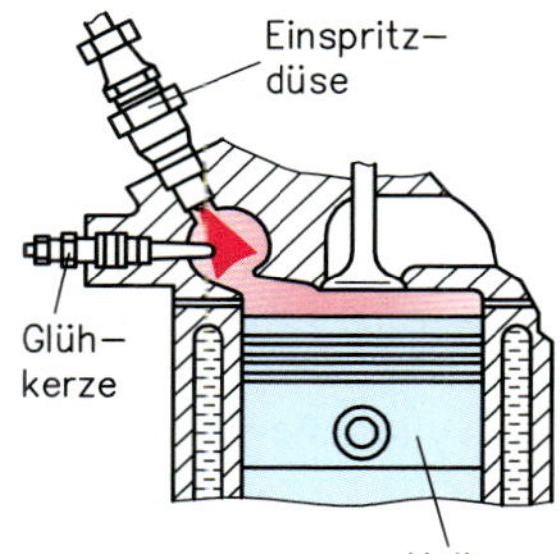

Einspritzung in Vorkammer

Die Direkteinspritzung beim Dieselmotor bewirkt einen geringeren Treibstoffverbrauch, erzeugt aber einen raueren Lauf.
Die indirekte Einspritzung in einen Nebenbrennraum führt zu einer langsameren Verbrennung mit ruhigerem und leiserem Lauf – bewirkt aber einen höheren Treibstoffverbrauch.

Der Wirkungsgrad von Dieselmotoren wird in erster Linie durch das hohe Verdichtungsverhältnis von bis zu 25 : 1 bestimmt. Durch die langsamere Verbrennung und damit niedrigere Umdrehungsfrequenz sind zudem längere Kolbenwege und damit eine bessere Ausnutzung der Wärme des Arbeitsgases möglich. Es wird ein Wirkungsgrad von bis zum 45 % erreicht.

Der theoretische Wirkungsgrad des Dieselprozesses ergibt sich aus dem Verdichtungsverhältnis und dem Einspritzverhältnis.

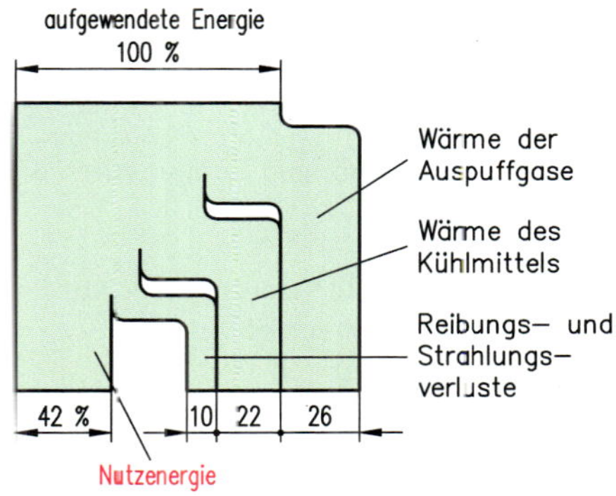

Viertakt-Diesel-Motor

$$\eta_{th} = 1 - \frac{\varphi^{\kappa} - 1}{\kappa \cdot \varepsilon^{\kappa - 1} (\varphi - 1)}$$

ε Verdichtungsverhältnis $\varepsilon = \frac{V_1}{V_2}$

φ Einspritzverhältnis $\varphi = \frac{V_3}{V_2}$

Aufgaben zu 1 Systeme zur Erzeugung von mechanischer Nutzenergie aus Wärmeenergie

1. Eine Sauerstoffflasche mit einem Inhalt von 40 l ist in der prallen Sonne liegen geblieben und hat sich von 20 °C auf 62 °C aufgeheizt. Als sie noch kühl war, zeigte das angeschlossene Manometer einen Druck von 98 bar an. Der Luftdruck beträgt 1 bar. Auf welchen Wert ist der Druck durch die Sonneneinstrahlung gestiegen?

2. Ein Druckluftzylinder ist an eine Druckluftleitung mit 6 bar Druck angeschlossen. Der Zylinder hat einen Durchmesser von 40 mm. Er hebt beim Ausfahren eine Last 250 mm hoch.
   Welche Arbeit verrichtet der Zylinder?

3. In einem gut gekühlten Zylinder werden 10 l Luft von 1 bar isotherm auf 8 bar verdichtet.
   Stellen Sie den Vorgang im pV-Diagramm dar.
   Ermitteln Sie die bei der Verdichtung aufgewendete Arbeit.

4. Ein Dieselmotor mit einem Hubraum von 500 cm^3 verdichtet die angesaugte Luft adiabatisch auf 1/25 ihres Volumens. Die angesaugte Luft hat infolge der Strömungswiderstände einen Anfangsdruck von 0,95 bar. (Temp. 20 °C)
   a) Zeichnen Sie das pV-Diagramm.
   b) Welche Temperatur erreicht die Luft bei der Kompression? $\kappa = 1{,}4$
   c) Ermitteln Sie die verrichtete Arbeit aus dem pV-Diagramm.

5. Stellen Sie den Kreisprozess schematisch im pV-Diagramm dar:
   2 dm^3 Luft von 27 °C werden adiabatisch auf 0,4 dm^3 verdichtet und sodann auf 1 300 °C erhitzt. Es folgt eine adiabatische Expansion zurück auf das Ausgangsvolumen und eine isochore Abkühlung auf Ausgangstemperatur. $\kappa = 1{,}4$
   Berechnen Sie die zugehörigen Temperaturen und Drücke in den jeweiligen Endzuständen der einzelnen Zustandsänderungen.

6. Erklären Sie, warum die im theoretischen Otto-Prozess angenommenen Isochoren im realen Kreisprozess nicht unmittelbar erkennbar sind.

7. Dem Ottomotor sind hinsichtlich des Wirkungsgrades Grenzen gesetzt. Worin liegen diese?

8. Ein Dieselmotor saugt Luft von 20 °C an und erreicht im Zylinder durch die Verbrennung des Treibstoffs eine Höchsttemperatur von 2 000 °C.
   Welchen theoretischen Wirkungsgrad könnte er erreichen?
   Welcher Wirkungsgrad ist praktisch erreichbar?

2 Systeme zur Erzeugung von mechanischer Nutzenergie aus elektrischer Energie

In elektrischen Antriebssystemen, den Elektromotoren, wird elektrische Energie in mechanische Energie umgewandelt. Meist unterscheidet man die Elektromotoren nach der Art des Antriebstromes in **Gleichstrom-, Wechselstrom-** und **Drehstrommotoren**.
Nach der Art der Bewegung kann man **Rotationsmotoren**, die Drehbewegungen ausführen, und **Linearmotoren**, die geradlinige Bewegungen bewirken, unterscheiden.
Falls die Bewegung nicht stetig, sondern in Schritten erfolgen kann, spricht man von **Schrittmotoren**. Es gibt Rotations- und Linear-Schrittmotoren.

Trotz unterschiedlicher Spannungen zum Antrieb und unterschiedlicher Bewegungen haben alle Elektromotoren ein gemeinsames Prinzip:

Schienenfahrzeug mit Antrieb durch Linearmotor

- Jeder Motor besteht aus mindestens zwei Bauelementen: einem feststehenden und einem beweglichen Element.
- In beiden Bauelementen werden getrennt Magnetfelder erzeugt, die aber stets so gerichtet sind, dass der bewegliche Teil bei Stromfluss in Bewegung gesetzt wird.

Die Umsetzung dieses Prinzips geschieht bei den Motoren jedoch in unterschiedlicher Weise.

2.1 Kenngrößen von Elektromotoren

Maschinen und Geräte werden durch typische Daten beschrieben. Für einen Elektromotor sind dies:
- die *Leistung* in kW oder W,
- die *Stromart*, z. B. Gleichstrom, Wechselstrom,
- die *Spannung* in V, meist 42 V, 230 V oder 400 V,
- die *Nennumdrehungsfrequenz* in 1/min,
- der *elektrische Wirkungsgrad.*

Diese Angaben sind mit anderen Daten zusammen auf dem Typenschild aufgedruckt.

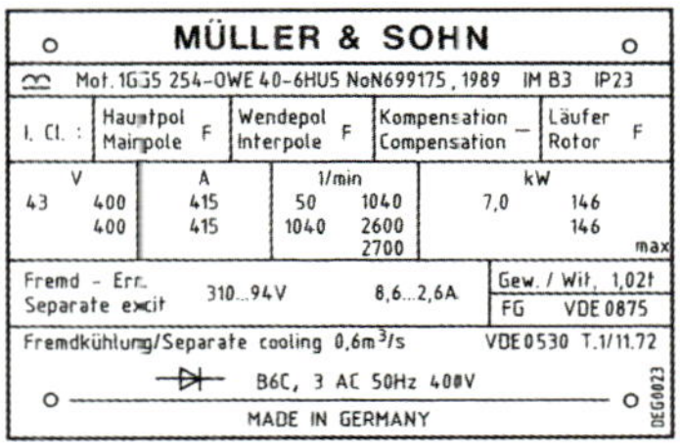

Typenschild eines Elektromotors

Diese Daten allein genügen noch nicht zur eindeutigen Kennzeichnung des Betriebsverhaltens. Besonders wichtig ist der Zusammenhang zwischen dem Drehmoment und der Umdrehungsfrequenz, der von der Art des Motors abhängig ist. Dieser Zusammenhang ist ein besonderes Kennzeichen eines Elektromotors. Man nennt es die **Drehmoment-Umdrehungsfrequenz-Kennlinie**.

Beispiele für Drehmoment-Umdrehungsfrequenz-Kennlinien

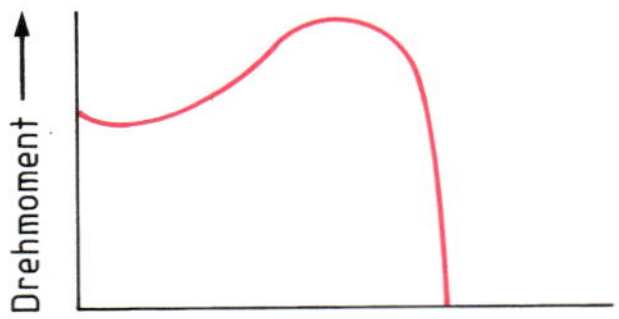

Dieser Motor erreicht erst bei einer bestimmten Umdrehungsfrequenz sein höchstes Drehmoment.

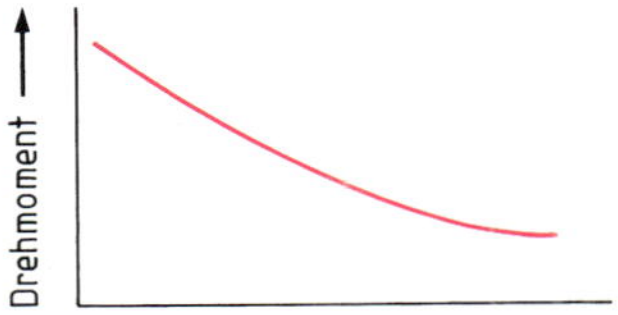

Dieser Motor hat sein höchstes Drehmoment beim Anlauf.

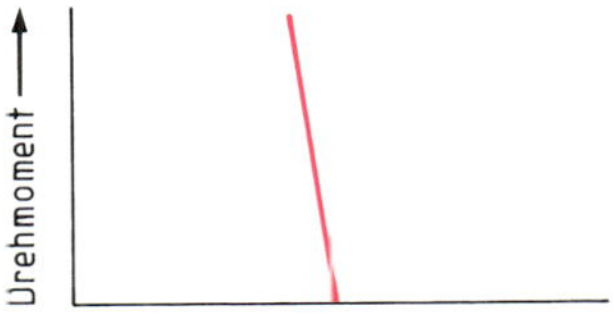

Dieser Motor hat eine nahezu konstante Umdrehungsfrequenz auch bei hohem Drehmoment.

Die Drehmoment-Umdrehungsfrequenz-Kennlinie beschreibt das Betriebsverhalten eines Elektromotors.

Für eine bestimmte Maschine oder Anlage wird der Elektromotor entsprechend seiner Drehmoment-Umdrehungsfrequenz-Kennlinie ausgewählt. Darüber hinaus bestimmen noch die zur Verfügung stehende Spannungsquelle und die Regelbarkeit, z. B. die Umdrehungsfrequenzregelung, die Auswahl des Motors.

Beispiel für die Auswahl des Motors aufgrund der maschinenseitigen Anforderungen

anzutreibende Maschine Maschine	 Anforderungen	elektrisches Antriebssystem Kennlinie	 Elektromotor
Vorschubantrieb einer CNC-Werkzeugmaschine	• regelbare Umdrehungsfrequenz • schnelle Umdrehungsfrequenzänderung • sofortiger Stillstand • Drehrichtungsumkehr	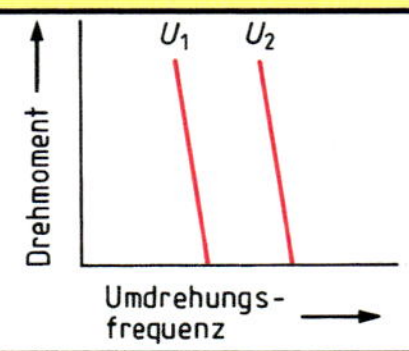	geregelter Gleichstrommotor
Schleifmaschine	• etwa konstante Umdrehungsfrequenz bei Belastung • wartungsarm • eine Umdrehungsfrequenz • eine Drehrichtung	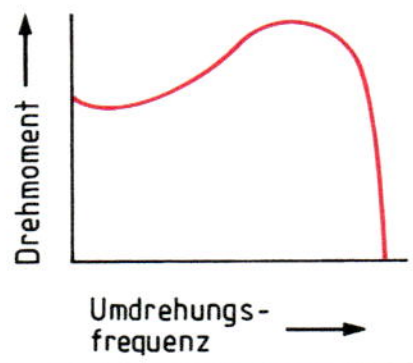	Drehstrom-Asynchronmotor

Aufbau, Funktion und Einsatzbereich der anzutreibenden Maschine bestimmen die Auswahl des elektrischen Antriebsmotors.

2.2 Gleichstrommotoren

- **Prinzip des Elektromotors**

Auf einen stromdurchflossenen Leiter wirken in einem Magnetfeld Kräfte ein. Bei freier Lagerung des Leiters können diese Kräfte eine Bewegung des Leiters verursachen. In Elektromotoren wird diese Bewegung ausgenutzt, um elektrische Energie in Bewegungsenergie umzuwandeln.

Hängt man in das Magnetfeld eines hufeisenförmigen Dauermagneten eine Leiterschaukel, so erfährt diese eine Ablenkung, sobald sie von einem Gleichstrom durchflossen wird. Ursache dieser Bewegung ist die Wechselwirkung zwischen dem Magnetfeld des Dauermagneten – dem äußeren Feld – und dem Magnetfeld um den stromdurchflossenen Leiter – dem inneren Magnetfeld.

Betrachtet man den Feldlinienverlauf der beiden überlagerten Magnetfelder, dann stellt man fest, dass bei der angenommenen Stromrichtung im Bereich rechts vom Leiter die Feldlinien gleich gerichtet sind; hier verstärken sich die Magnetfelder. Links vom Leiter sind die Feldlinien entgegengesetzt gerichtet; äußeres und inneres Magnetfeld schwächen sich in ihrer Wirkung gegenseitig. Dies erklärt, warum die Leiterschaukel zur Seite der Magnetabschwächung ausweicht.

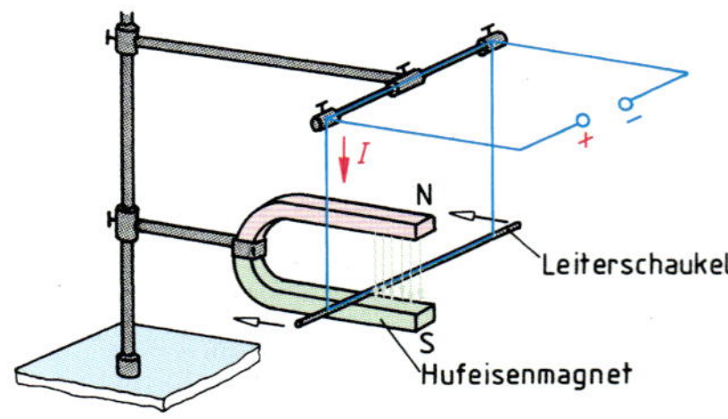

Bewegung durch Magnetkräfte

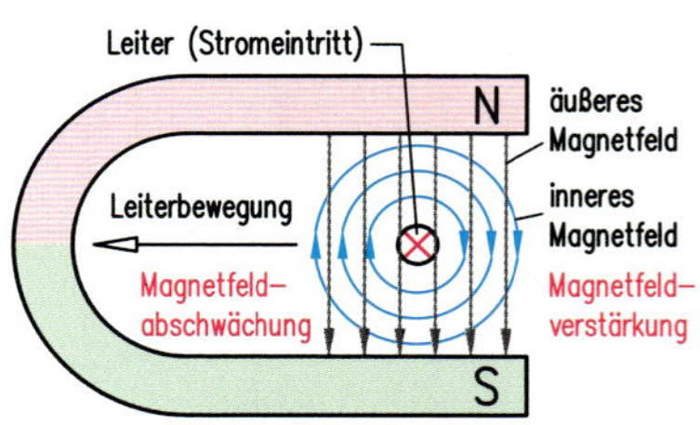

Leiterbewegung durch Magnetfeldüberlagerung

Ein stromdurchflossener Leiter erfährt in einem äußeren Magnetfeld eine Kraftwirkung, die senkrecht zu den Kraftlinien des äußeren Feldes gerichtet ist.

Setzt man in das Feld eines Dauermagneten statt einer Leiterschaukel eine leicht drehbare, stromdurchflossene Spule ein, so bilden sich an dieser Spule Nord- und Südpol aus. Die Spule stellt sich daraufhin mit einer Drehbewegung so ein, dass ihre Pole den Polen des äußeren Feldes entgegengerichtet sind.

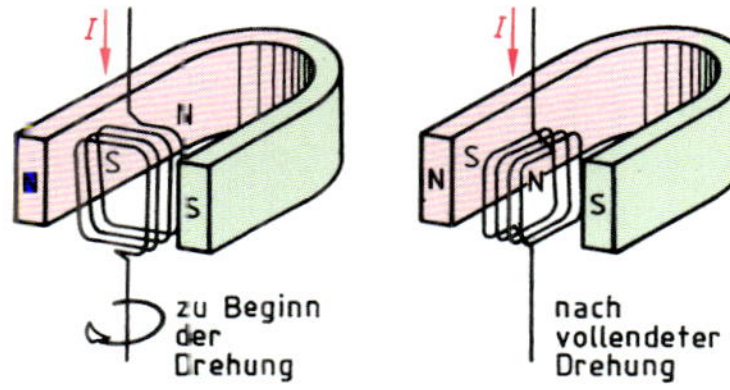

Halbdrehung einer Spule im Magnetfeld

Um eine dauernde Drehbewegung zu erhalten, kehrt man durch einen selbsttätigen Polwender, den **Kommutator,** die Stromrichtung – und damit die Polung der Magnetspule – um.

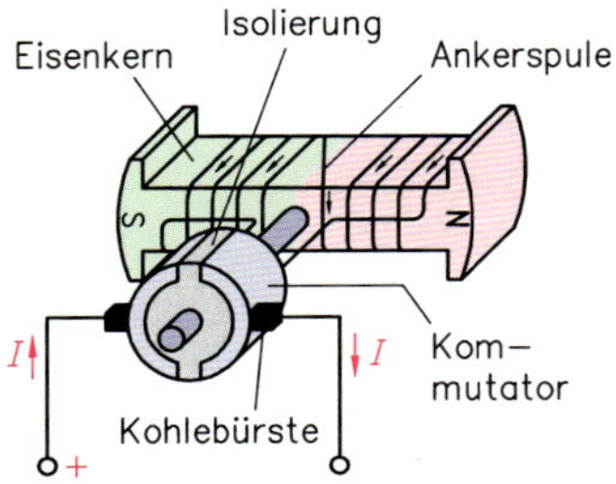

Stromzufuhr über Kommutator

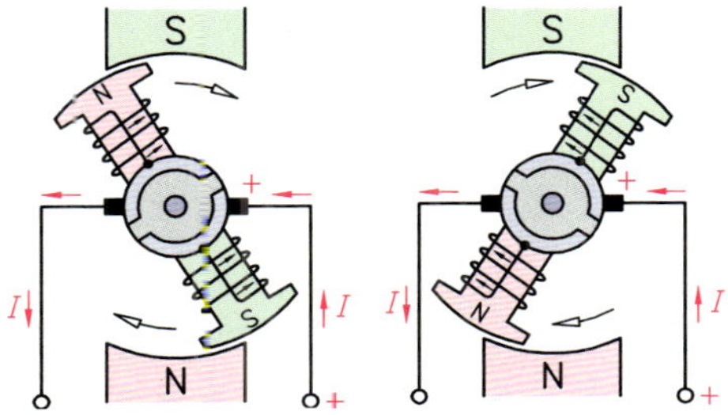

Umpolung durch Kommutator

Die Drehbewegung des Ankers ergibt sich durch die Anziehung bzw. Abstoßung der Pole. Durch die Umpolung des inneren Magnetfeldes wird die Drehbewegung aufrecht erhalten.

2.2.1 Aufbau und Wirkungsweise von Gleichstrommotoren

Gleichstrommotoren bestehen aus einem Anker, der drehbar zwischen den Polen eines Ständers gelagert ist. Dem Anker wird über Kohlebürsten und einen Stromwender (Kommutator) Strom zugeführt. Der Ständer wird durch eine stromdurchflossene Spule (Feldwicklung) magnetisiert. Der Kommutator bewirkt, dass der Stromfluss im Anker stets so gerichtet ist, dass im Anker ein Magnetfeld entsteht, welches ihn im Ständerfeld in eine Drehbewegung versetzt.

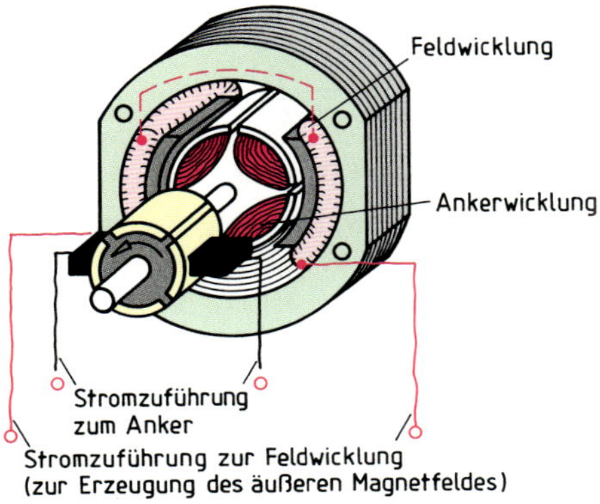

Schematischer Aufbau eines Gleichstrommotors

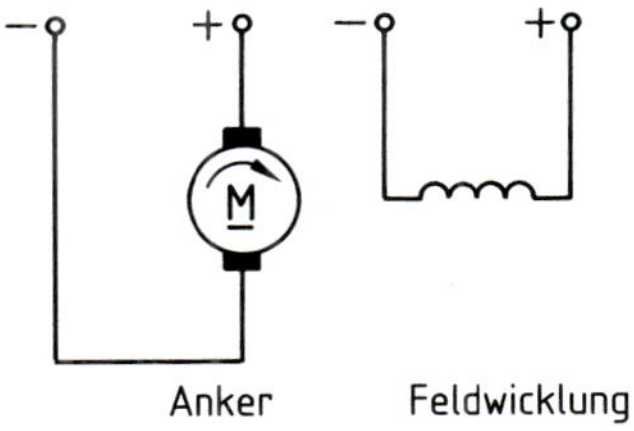

Schaltzeichen

Je nach Schaltung der Ankerwicklung und der Ständerwicklung können die Eigenschaften des Motors beeinflusst werden.

2.2.2 Drehrichtungsänderung

Die **Drehrichtung** des Ankers ist von der Magnetisierungsrichtung und damit der Stromrichtung im Anker *und* in der Feldwicklung abhängig. Es bestehen demnach *zwei* verschiedene Möglichkeiten, die Drehrichtung eines Gleichstrommotors zu ändern:

- Umkehr der Stromrichtung im Anker oder
- Umkehr der Stromrichtung in der Feldwicklung.

Beispiel für die Änderung der Drehrichtung durch Umkehr der Stromrichtung im Anker

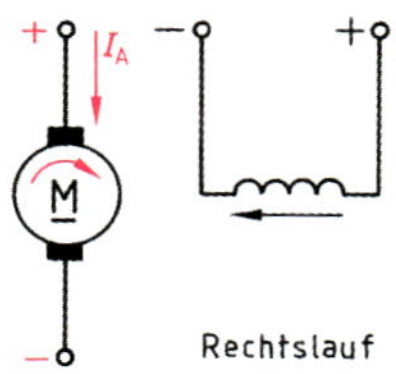

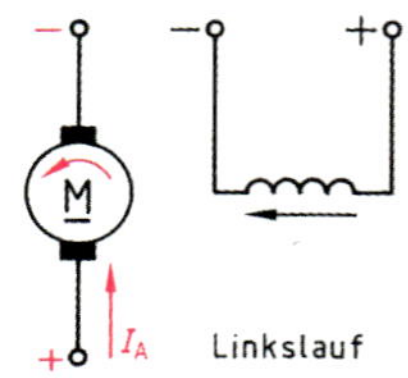

> Drehrichtungsänderung von Gleichstrommotoren geschieht durch Änderung der Richtung des Ankerstromes oder Änderung der Stromrichtung in der Feldwicklung.

2.2.3 Änderung der Umdrehungsfrequenz

Die Umdrehungsfrequenz eines Gleichstrommotors hängt von der Stärke der sich beeinflussenden Magnetfelder in Anker und Ständer ab. Durch Änderung der Spannung kann man in den Magnetspulen von Anker und Feld unterschiedlich starke Ströme fließen lassen, welche unterschiedliche Magnetfelder bewirken. Es bestehen demnach zwei Möglichkeiten, die Umdrehungsfrequenz eines Gleichstrommotors zu ändern:

- Änderung der Ankerspannung oder
- Änderung der Spannung an der Feldwicklung (Erregerspannung).

> Änderungen der Umdrehungsfrequenz von Gleichstrommotoren geschehen durch Änderungen der Ankerspannung oder Änderung der Erregerspannung.

2.2.4 Grundschaltungen, Eigenschaften und Verwendung

Je nach Schaltung von Anker- und Feldwicklung ergeben sich unterschiedliche Eigenschaften und damit Verwendungen von Gleichstrommotoren.

fremd erregter Motor	Nebenschlussmotor	Kennlinie
Die Feldwicklung wird durch einen *eigenen Stromkreis* gespeist. 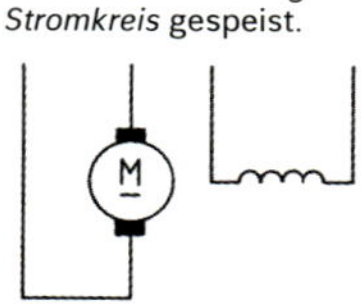	Die Feldwicklung wird *parallel* zum Anker geschaltet. 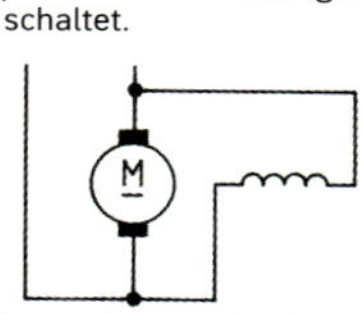	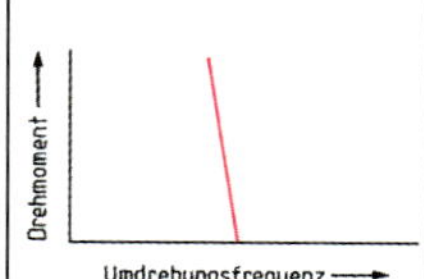
Verwendung Maschinen mit gleichbleibenden oder genau einstellbaren Umdrehungsfrequenzen, z. B. CNC-Maschinen, Personenaufzüge		

Reihenschlussmotor	Kennlinie
Die Feldwicklung wird mit dem Anker *in Reihe* geschaltet. 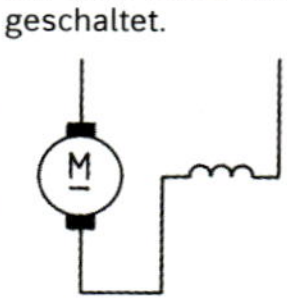	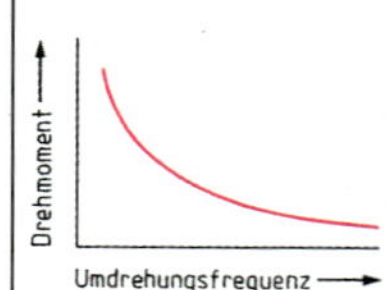
Verwendung Maschinen mit schwerem Anlauf, z. B. Hebezeuge, Fahrzeuge, Kreiselpumpen	

2.3 Wechselstrom- und Drehstrommotoren

2.3.1 Wechselstrom und Drehstrom

- **Wechselstrom**

Kenngrößen für einen Wechselstrom sind in der Technik die Frequenz sowie die Effektivwerte von Spannung und Stromstärke:

Frequenz *f*
Sie gibt die Zahl der Perioden je Sekunde an. Die Einheit der Frequenz ist ein Hertz.
1 Hz = 1 Periode je Sekunde

Effektivwert der Spannung U_{eff}
Dies ist der Wert der Spannung, den eine Gleichspannung haben müsste, um die gleiche Wirkung wie eine Wechselspannung zu erzeugen.

Effektivwert des Stromes I_{eff}
Dies ist der Wert des Stromes, den ein Gleichstrom haben müsste, um die gleiche Wirkung wie ein Wechselstrom zu erzeugen.

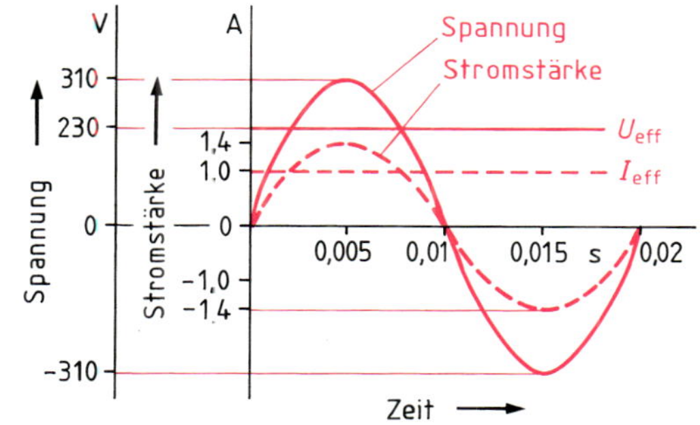

Kenngrößen eines Wechselstromes (230 V, 50 Hz)

> In der Technik werden stets die Effektivwerte von Strom und Spannung angegeben.

- **Drehstrom**

Bringt man in einem Wechselstromerzeuger – einem Wechselstromgenerator – mehrere Spulen versetzt zueinander an, so wird in jeder Spule eine Wechselspannung erzeugt.
Die Wechselspannungen sind in ihrem Verlauf gegeneinander verschoben. Die Verschiebung ist 120° bei gleichmäßiger Verteilung der Spulen auf den Umfang. Man nennt die Verschiebungen der einzelnen Wechselspannungen gegeneinander die **Phasenverschiebung**.

Beispiel für die Erzeugung von Drehstrom (Schema)

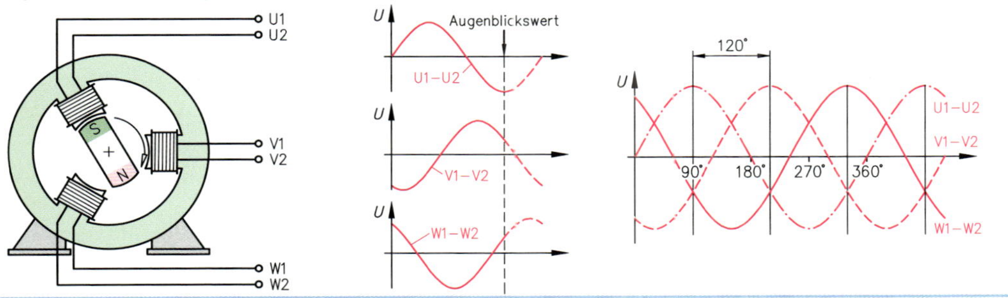

> Bei der Dreiphasenwechselspannung besteht zwischen den Phasen eine Verschiebung von 120°.

Die sechs Leitungen von den drei Spulen können so zusammengeschaltet werden, dass drei Leitungen genügen, um die drei Wechselströme fortzuleiten, und eine vierte Leitung zur gemeinsamen Rückleitung dient. Dies ist das *Vierleitersystem des* **Drehstromnetzes**.
Bei entsprechendem Zusammenschalten kann mit diesem Dreiphasenwechselstrom in einem Motor ein umlaufendes Magnetfeld erzeugt werden.

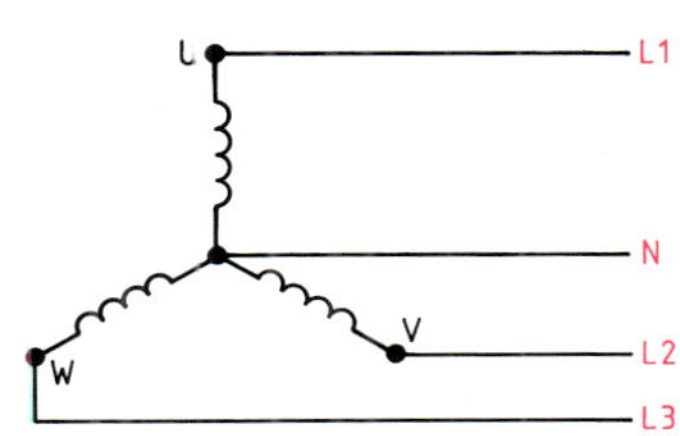

Vierleitersystem bei Drehstrom

> Durch eine Dreiphasenwechselspannung wird im Stromkreis ein Drehstrom erzeugt.

Im Vierleitersystem des Drehstromnetzes kann man unterschiedliche Spannungen abgreifen:

- **Sternspannung**

Die Spannung zwischen einer Leitung, *Außenleiter* genannt, und dem *Neutralleiter* nennt man **Sternspannung**.
Die Sternspannung beträgt im üblichen Drehstromnetz 230 V.

- **Dreieckspannung**

Die Spannung zwischen *zwei Außenleitern* nennt man die **Dreieckspannung**.
Die Dreieckspannung beträgt im üblichen Drehstromnetz 400 V.

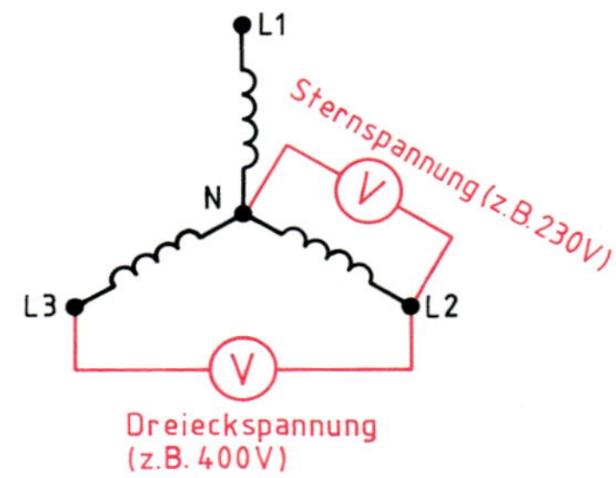

Stern- und Dreieckspannung

Steckdosen für Drehstrom enthalten neben den vier Leitern auch noch den Anschluss für den Schutzleiter. Der zugehörige Stecker weist entsprechend fünf Stifte auf. Durch eine Nut in der Steckdose und eine entsprechende Ausbauchung am Stecker ist das Stecksystem gegen falsches Stecken abgesichert. Die Leiter sind in der Steckdose so geschaltet, dass ein angeschlossener Motor stets **rechtsherum** läuft.

Im üblichen Vierleiter-Drehstromnetz können je nach Anschlussart 400 V oder 230 V entnommen werden.

2.3.2 Synchronmotoren

Motoren für Drehstrom bestehen aus einem Ständer, dessen Wicklungen so angebracht und geschaltet sind, dass bei eingeschaltetem Strom ein umlaufendes Magnetfeld entsteht. Dieses umlaufende Magnetfeld nennt man **Drehfeld**.
Bringt man einen zentrisch gelagerten Magneten in dieses Drehfeld, so rotiert er in gleicher Weise wie das Feld – er dreht sich *synchron* (griechisch: zeitgleich).
Man bezeichnet Motoren, die mit gleicher Umdrehungsfrequenz wie das Feld umlaufen, als **Synchronmotoren**.

Beispiel für die Entstehung der Drehbewegung in einem Synchronmotor (Schema)

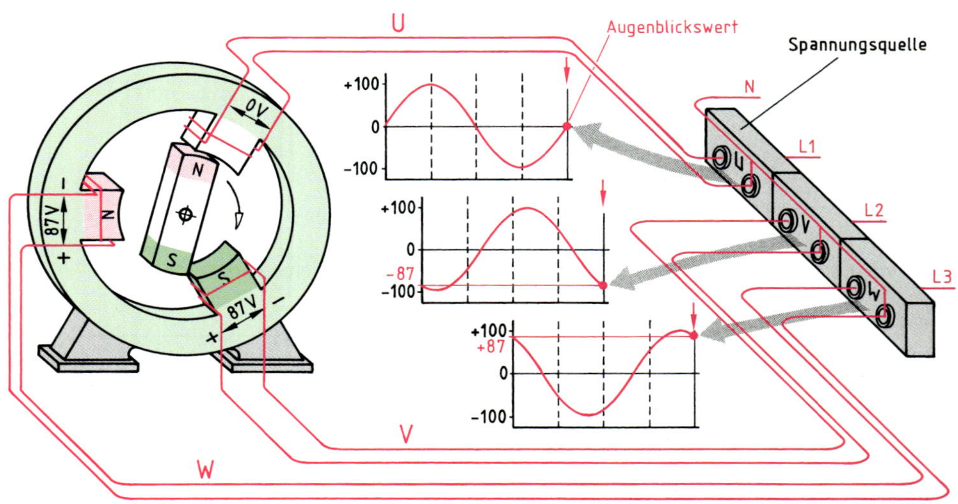

Synchronmotoren haben eine konstante Umdrehungsfrequenz. Der Anker dreht sich synchron mit dem Magnetfeld des Ständers.

Synchronmotoren können nicht von alleine anlaufen, weil die sich drehenden Teile des Motors zu träge sind, um dem schnell umlaufenden Drehfeld zu folgen. Sie werden daher mit Hilfswicklungen ausgerüstet, die das Anlaufen ermöglichen und nach Erreichen des Gleichlaufs abgeschaltet werden.

Synchronmotoren benötigen Anlaufhilfen – sie laufen nicht von selbst an.

Wird der Synchronmotor belastet, so bleibt der Anker ein wenig hinter dem Feld zurück, läuft aber synchron mit. Man nennt den Winkel, um den der Anker zurückbleibt, den . Er wächst mit steigender Belastung.
Erst bei einem Drehmoment, das etwa doppelt so hoch ist wie das vom Hersteller angegebene Nennmoment des Synchronmotors, gerät der Motor „aus dem Tritt" und läuft nicht mehr synchron. Auch bei Entlastung gelingt es ihm dann nicht mehr, auf die Synchrondrehfrequenz hochzulaufen.

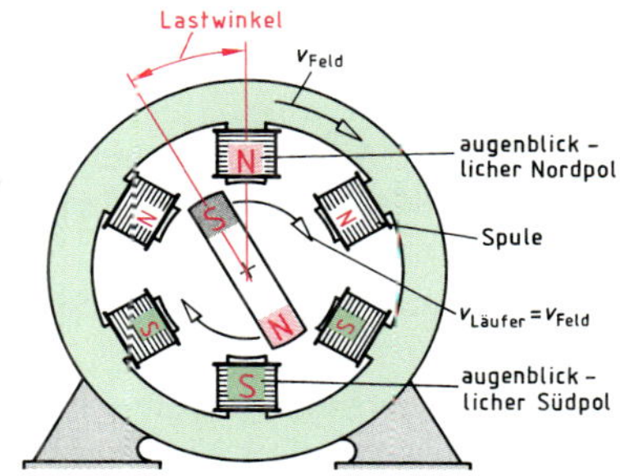

Lastwinkel bei einem 6-poligen Synchronmotor

Synchronmotoren geraten bei etwa doppelter Nennlast aus dem Synchronlauf.

Synchronmotoren werden häufig im Werkzeugmaschinenbau als Vorschubmotoren verwendet. Sie sind dazu besonders geeignet wegen
- reaktionsschneller Änderung der Umdrehungsfrequenz bei Frequenzänderung des Drehstromes,
- nahezu konstantem Drehmoment bei unterschiedlichen Umdrehungsfrequenzen,
- weitgehender Wartungsfreiheit durch einfachen Aufbau.

2.3.3 Asynchronmotoren

Physikalische Grundlagen des Asynchronantriebs

Asynchronmotoren bestehen aus einem Ständer mit Wicklungen, in denen durch den Drehstrom ein umlaufendes Drehfeld erzeugt wird.
Die Magnetwirkung im Läufer (= Anker) entsteht durch Ströme, die vom äußeren Drehfeld im Läufer induziert werden. Ein induzierter Strom erzeugt stets ein Magnetfeld, das seiner Ursache entgegengerichtet ist. Darum besteht zwischen den Magnetfeldern in Ständer und Läufer *stets* Abstoßung.
Die Erzeugung der Bewegung aufgrund dieser Abstoßungskräfte lässt sich versuchsmäßig sehr einfach darstellen und erklären.

Beispiel für einen Versuch zur Erzeugung einer Bewegung durch einen induzierten Strom

Eine Spule ist mit einem dicken Eisenkern versehen. Ein Kupferring liegt lose um den Eisenkern. Dieser Ring stellt eine kurzgeschlossene Windung dar.
Legt man an die Spule eine Wechselspannung, so wird in dem Kupferring durch Induktion ein Strom erzeugt. Dieser verursacht um den Ring ein Magnetfeld, das dem Magnetfeld der Spule entgegengerichtet ist. Als Folge der sich abstoßenden Magnetfelder wird der Kupferring beim Einschalten des Stromes vom Eisenkern weggeschleudert.

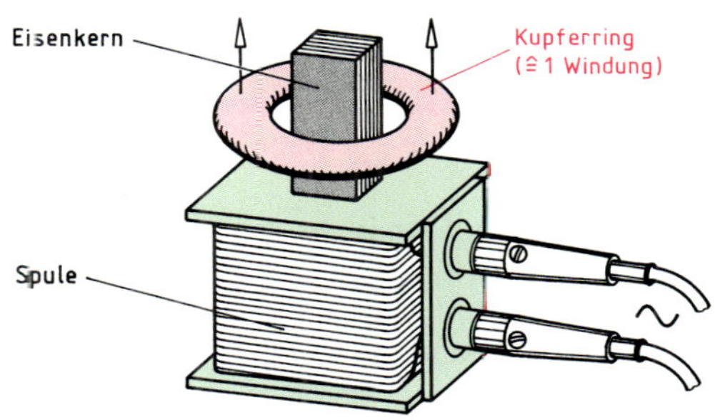

Ein induzierter Strom erzeugt stets ein Magnetfeld, welches dem verursachenden Magnetfeld entgegengerichtet ist.

In Asynchronmotoren verwendet man dieses Prinzip sich abstoßender Magnetfelder zum Erzeugen der Drehbewegung des Läufers, indem man den Läufer aus mehreren kurzgeschlossenen Windungen zusammensetzt. Da die Erzeugung eines Induktionsstromes nur dann erfolgt, wenn Feldlinien geschnitten werden, kann der Läufer nicht synchron mit dem Drehfeld mitlaufen. Er bleibt in seiner Umdrehungsfrequenz immer hinter der Umdrehungsfrequenz des Feldes zurück. Man nennt das Zurückbleiben des Läufers gegenüber dem Drehfeld den **Schlupf**.
Der Schlupf steigt mit wachsender Belastung, geringerer Nennumdrehungsfrequenz, geringerer Nennleistung.

> Der Läufer von Asynchronmotoren bleibt mit seiner Umdrehungsfrequenz hinter der Umdrehungsfrequenz des Feldes zurück. Die Differenz nennt man Schlupf.

• Asynchronmotoren mit Käfigläufern

Aufbau des Motors

Der einfachste Drehstrom-Asynchronmotor enthält einen **Läufer** aus einem Blechpaket, in dessen Längsnuten oder Bohrungen Leiterstäbe eingelegt sind, die an den Stirnseiten mit Ringen kurzgeschlossen sind. Da die Leiterstäbe mit den Kurzschlussringen einem Käfig ähneln, spricht man von **Käfigläufern**.

Beispiele für den Aufbau eines Käfigläufers

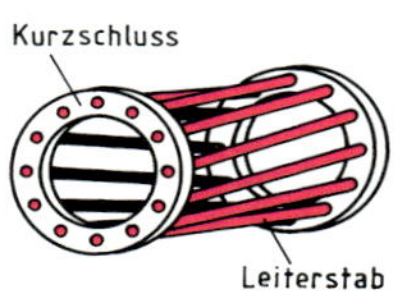

Leiterstäbe mit Kurzschlussringen (Käfig)

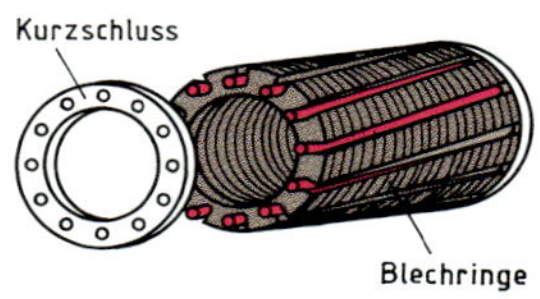

Käfig mit Blechpaket

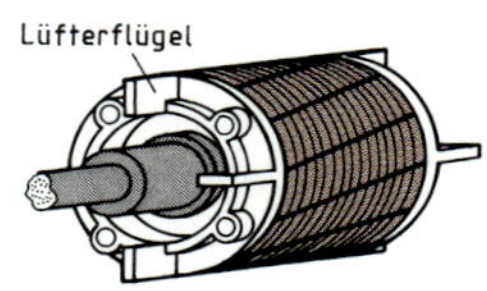

Kurzschlussläufer mit Welle

> Einfache Asynchronmotoren haben einen Käfigläufer aus Leiterstäben und Kurzschlussringen.

Kennlinien von Käfigläufermotoren

Käfigläufermotoren mit einfachen Rundstäben haben nur ein geringes Anzugsmoment. Durch besondere Querschnittsformen der Leiterstäbe und die Gestaltung der Nuten kann das Anzugsmoment der Käfigläufermotoren gesteigert werden. Die Kennlinien von Käfigläufermotoren sind meist sattelförmig.

Beispiele für Leiterstäbe und Nuten in Kurzschlussläufern und ihre Auswirkung auf die Kennlinie

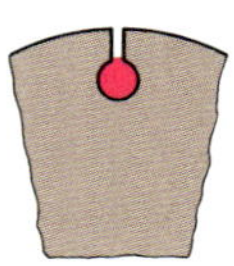

Rundstabläufer

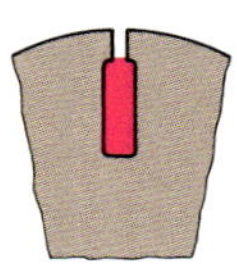

Tiefnutläufer

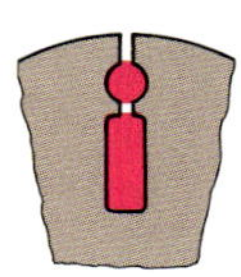

Doppelnutläufer

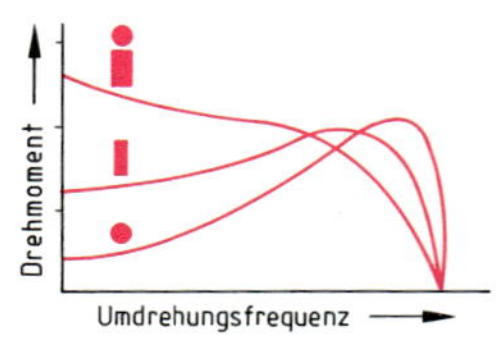

Kennlinien der Läuferarten

> Käfigläufermotoren haben eine sattelförmige Kennlinie, die je nach Bauart der Leiterstäbe und der Nuten unterschiedlich stark ausgeprägt ist.

Anlassen von Käfigläufermotoren

Käfigläufermotoren nehmen im Augenblick des Einschaltens sehr hohe Stromstärken auf. Diese betragen bis zum Achtfachen des Nennstromes. Dieser hohe *Einschaltstrom* belastet das Netz außerordentlich. Darum dürfen nur Motoren bis etwa 3 kW Leistung *direkt* eingeschaltet werden.

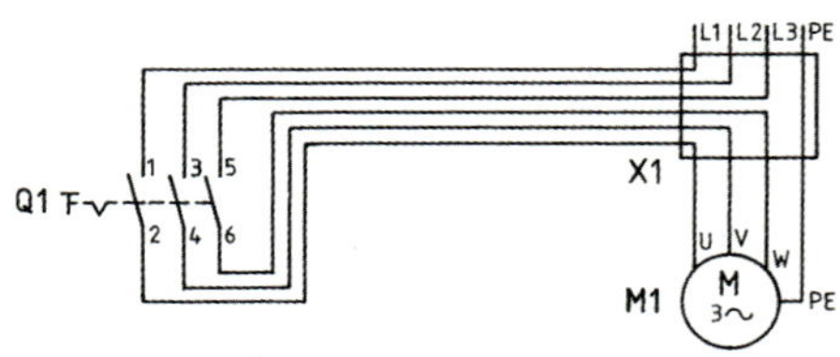

Schaltung zum direkten Einschalten eines Asynchronmotors

Für größere Motoren wird der **Motor** *zunächst in Sternschaltung* ans Netz gelegt. Die Ständerwicklungen liegen damit zum Anlaufen an der **niedrigeren** Sternspannung und es fließt demnach ein kleinerer Strom – aber auch das Anzugsmoment ist geringer.
Nach Hochlaufen auf etwa die **Nennumdrehungsfrequenz** wird auf die *Dreieckschaltung* weitergeschaltet.

Beispiele für Ströme und Spannungen im Augenblick des Anlaufs

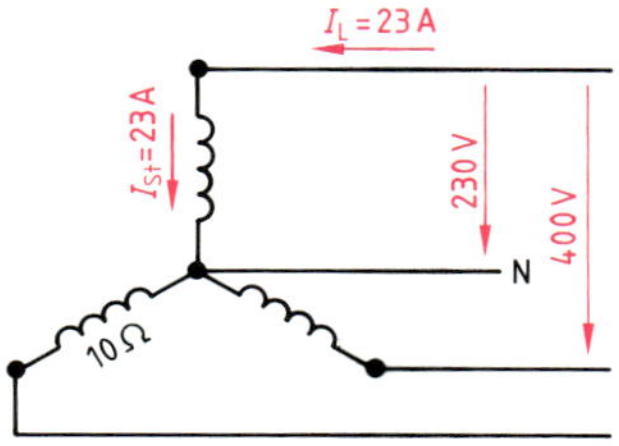

Sternschaltung ⅄

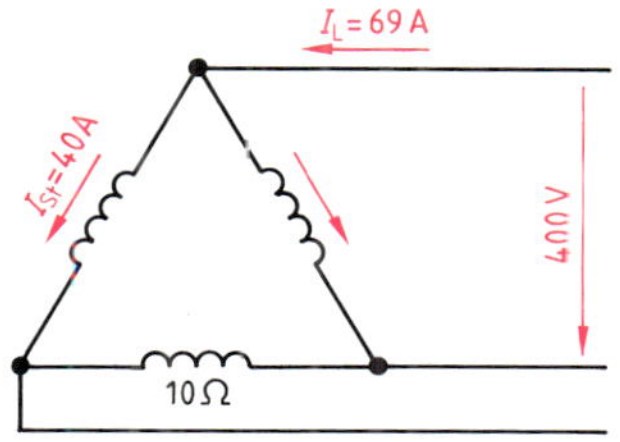

Dreieckschaltung △

Das Umschalten von Stern auf Dreieck geschieht von Hand über Stern-Dreieck-Schalter oder selbsttätig über eine zeitabhängige Steuerung.

> Asynchronmotoren mit Käfigläufern mit mehr als 3 kW Leistung werden zur Vermeidung hoher Einschaltströme in der Stern-Dreieck-Schaltung angelassen.
> Von Stern auf Dreieck darf erst nach Erreichen der Nennumdrehungsfrequenz weitergeschaltet werden.

2.3.4 Drehrichtungsumkehr bei Drehstrommotoren

Die Drehrichtung von Drehstrommotoren kann durch Vertauschen von zwei Außenleitern umgekehrt werden. Für Motoren, die mit beiden Drehrichtungen im Betrieb eingesetzt werden, erfolgt der Anschluss des Motors über Wendeschalter.

An Motoren, die mit einer bestimmten Drehrichtung im Betrieb laufen müssen, kann die Drehrichtung durch Vertauschen der Leitungen im Anschlusskasten geschehen. Diese Arbeit darf nur der Elektroniker durchführen. Damit auch der Nichtelektroniker einfach und gefahrlos in Steckverbindungen eine Vertauschung von zwei Außenleitern vornehmen kann, gibt es Phasenwendestecker, in denen diese Vertauschung durch Drehen eines eingebauten Schalters ohne Öffnung des Steckers möglich ist.

Hebelschalter für Wendeschaltung

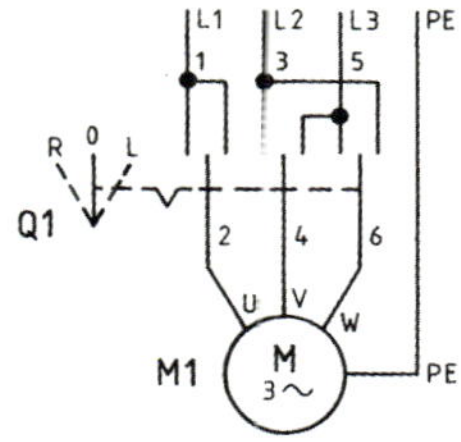

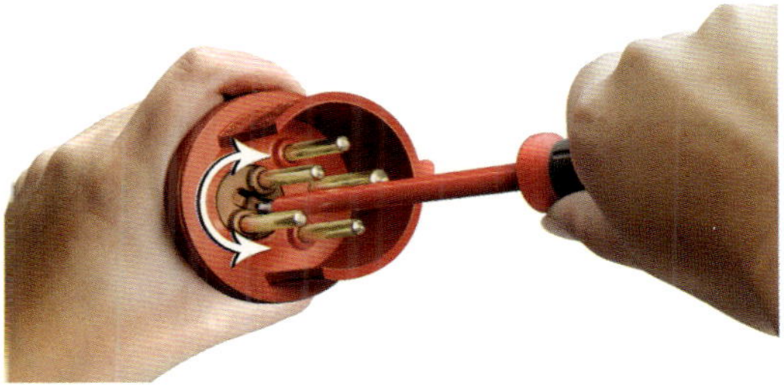

Phasenwendestecker (teilweise aufgeschnitten)

Wichtig!
Steckdosen für Drehstrom sollen so angeschlossen sein, dass ein Motor immer rechtsherum läuft. Ältere Steckdosen und fehlerhaft angeschlossene Steckdosen können einen Motor unversehens in die nicht gewünschte Drehrichtung laufen lassen. Dies kann Gefahr für Personen und Anlage bedeuten – darum soll man vor Inbetriebnahme von Maschinen zuvor die Drehrichtung der Felder durch den Elektroniker prüfen lassen.

> Drehrichtungsumkehr geschieht durch Vertauschen von Außenleitern. Vor Inbetriebnahme von Maschinen, die über Steckverbindungen angeschlossen werden, ist die Drehrichtung zu prüfen.

2.4 Wechselstrommotoren

- **Universalmotoren**

In Handbohrmaschinen, Trennschleifmaschinen und anderen Werkzeugmaschinen mit Leistungen bis etwa 1000 W setzt man Universalmotoren ein (siehe Kapitel „Gleichstrommotoren"). Diese Motoren können mit Gleichstrom und mit Wechselstrom betrieben werden, weil der Drehsinn dieses Motors durch Umpolen der Anschlussklemmen nicht geändert wird.
Universalmotoren benötigen beim Betrieb mit Wechselstrom eine höhere Spannung als bei Gleichstrom.

- **Drehstrommotoren als Wechselstrommotoren**

Für den Betrieb eines Drehstrommotors mit Wechselstrom wird durch Zuschalten eines Kondensators die fehlende Phasenverschiebung und damit die Erzeugung des Drehfeldes bewirkt. Diese Motoren erreichen beim Antrieb mit Wechselstrom nur etwa 70 % bis 80 % der Leistung, die sie bei Betrieb mit Drehstrom haben würden. Das Drehmoment beträgt im Anlauf sogar nur 30 % des Momentes bei Betrieb mit Drehstrom.

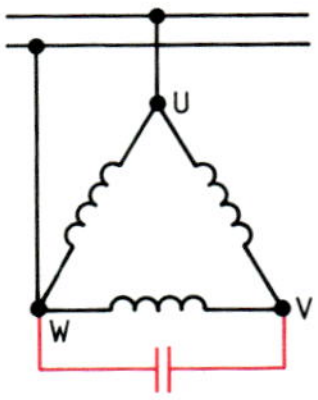

Drehstrommotor in Dreieckschaltung am Einphasennetz

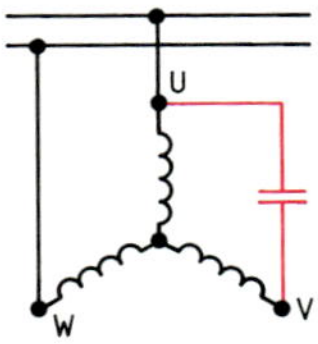

Drehstrommotor in Sternschaltung am Einphasennetz

> Durch Zuschalten eines Kondensators können Drehstrommotoren mit Wechselstrom betrieben werden. Leistung und Drehmoment im Anlauf sind beim Wechselstrombetrieb geringer als beim Betrieb mit Drehstrom.

2.5 Schrittmotoren

Motoren, die ihre Drehbewegung nicht kontinuierlich, sondern in *Winkelschritten* durchführen, bezeichnet man als Schrittmotoren. Jeder Schritt wird durch einen Stromimpuls ausgelöst.
Die Größe der Winkelschritte ist abhängig von der Bauart des jeweiligen Motors und beträgt meist zwischen 48 und 200 Schritten.
Eine hohe Impulsfolge hat eine nahezu kontinuierliche Drehung des Ankers zur Folge. Die Umdrehungsfrequenz ist auf etwa 1 000 1/min begrenzt, da sonst Schritte verlorengehen können. Die Drehrichtung kann durch Umpolen geändert werden.

Beispiel für Aufbau und Wirkungsweise eines Schrittmotors (Schema)

Der Motor besteht aus einem Stator mit mehreren Polpaaren, die elektromagnetisch erregt werden können. Die Polpaare des Rotors sind Dauermagnete.
Ändert die Steuereinrichtung den Strom so, dass gegenüber der Ausgangsstellung die Nachbarspule erregt wird, dreht sich der Motor um einen Schritt weiter.

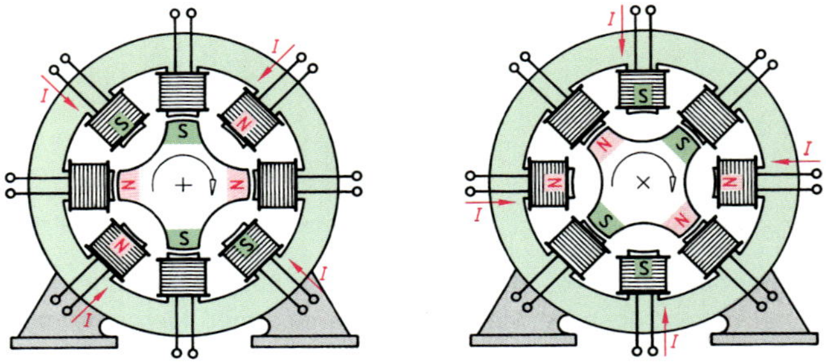

Schrittmotoren werden in der Regelungstechnik, im Büromaschinenbau, als Vorschubeinheiten kleiner Werkzeugmaschinen und als Stellmotoren für Ventile eingesetzt.

> Schrittmotoren führen impulsgesteuerte feste Winkelschritte aus. Die Größe der Winkelschritte ist bauartabhängig.

2.6 Linearmotoren

Vorschubantriebe an Werkzeugmaschinen und Transporteinrichtungen führen meist lineare (geradlinige) Bewegungen aus. In herkömmlicher Weise erzeugt man diese Bewegung durch Rotationsmotoren und anschließende Spindel- (Kugelumlaufspindeln) oder Zahnradgetriebe.

Linearmotoren setzen die eingegebene Energie direkt ohne Umweg über ein Getriebe in eine lineare Bewegung um. Dadurch verkleinern sich gegenüber Motoren mit Getrieben die zu beschleunigenden Massen und die Positioniergenauigkeit steigt, da Reibung, Getriebespiel und elastische Verformungen der Getriebeteile entfallen. Nachteilig ist bei Linearmotoren der geringe Wirkungsgrad, mit dem die Umwandlung von elektrischer Energie in Bewegungsenergie erfolgt. Die damit verbundene Verlustleistung führt zu erheblicher Wärmeentwicklung, die innerhalb der Maschine auftritt und entsprechenden Kühlungsaufwand erfordert.

Linearmotoren basieren auf dem gleichen Funktionsprinzip wie Drehstrommotoren. Im Werkzeugmaschinenbau wird vorwiegend der Synchron-Linearmotor verwendet. Am einfachsten ist sein Aufbau durch Aufschneiden und Abwickeln eines herkömmlichen Synchronmotors zu erklären. Der abgewickelte Stator stellt dann das Primärteil des Linearmotors dar, der abgewickelte Läufer verkörpert das Sekundärteil. Ein Drehstrom erzeugt im Stator ein Wanderfeld, sodass sich Primär- und Sekundärteil gegeneinander bewegen.

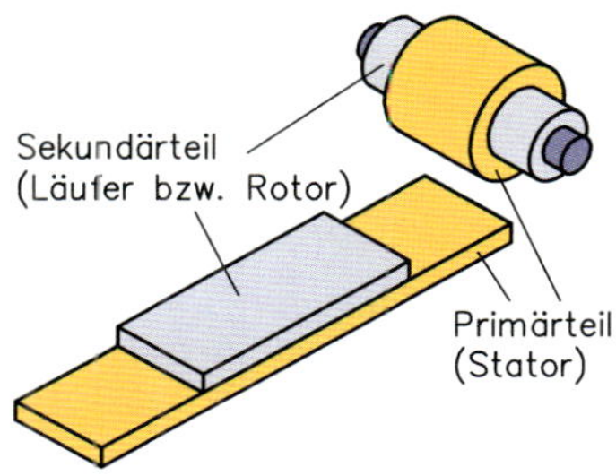

Linearmotor als Abwicklung eines Rotationsmotors

Man kann entweder das Primärteil verlängern und das Sekundärteil darübergleiten lassen oder umgekehrt. Da im Werkzeugmaschinenbau nur kurze Vorschubstrecken zurückzulegen sind, kombiniert man ein kurzes Primärteil, das dem Stator einer Synchronmaschine entsprechen würde, mit einem langen Sekundärteil. Dem Primärteil führt man über Schleppkabel elektrische Energie zu.

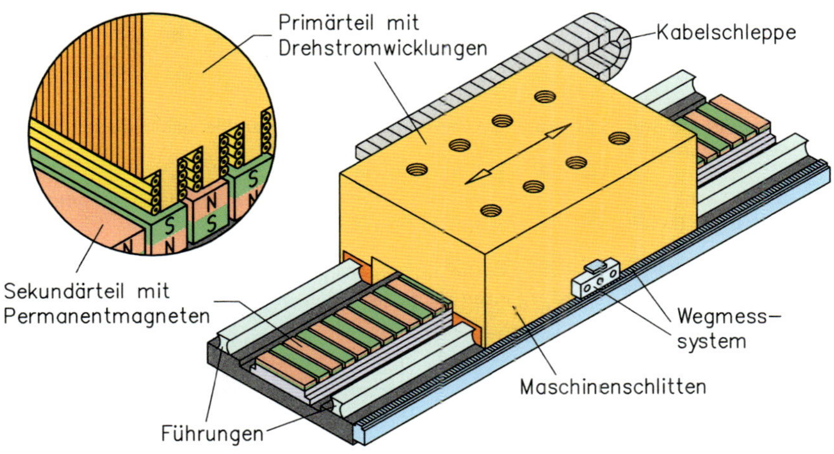

Synchron-Linearmotor (Schema)

Linearmotoren formen elektrische Energie unmittelbar in eine geradlinige Bewegung um. Aufbau und Wirkungsweise von Linearmotoren können aus aufgeschnittenen und abgewickelten Drehstrommotoren erklärt werden.

Aufgaben zu 2 Systeme zur Erzeugung von mechanischer Nutzenergie aus elektrischer Energie

1. Entschlüsseln Sie das nebenstehende Typenschild eines Elektromotors. Schreiben Sie zu diesem Zweck unter der Benennung der identifizierten Kenngröße den Zahlenwert und die Einheit.

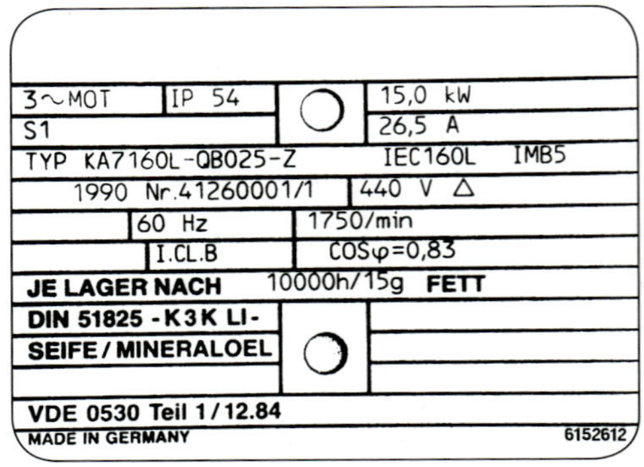

2. Ordnen Sie den nachfolgenden maschinenseitigen Anforderungen ein geeignetes elektrisches Antriebssystem zu:

- eine Drehrichtung,
- schnelle Umdrehungsfrequenzänderung,
- etwa konstante Umdrehungsfrequenz bei Belastung,
- sofortiger Stillstand,
- wartungsarm.

3. Übertragen Sie die nebenstehende Skizze in Ihr Heft. Ergänzen Sie nun die Stromflussrichtung und die Richtung der Leiterbewegung.

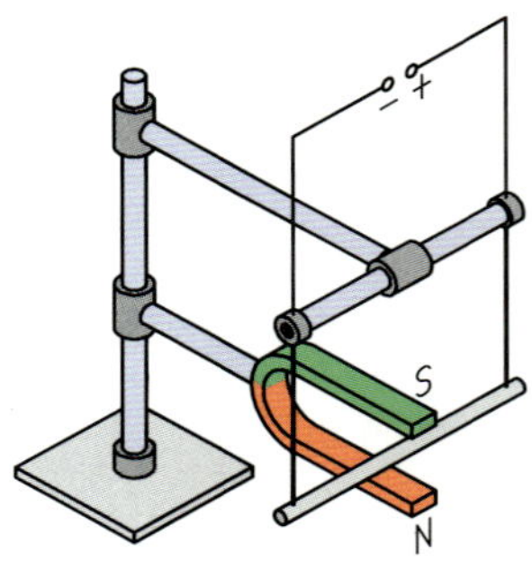

4. Der Kommutator kehrt die Stromrichtung in der Ankerspule um. Erklären Sie, wieso diese Umkehrung zu einer dauernden Drehbewegung führt.

5. Schreiben Sie einen Fachbericht über den Aufbau und die Wirkungsweise eines Gleichstrommotors, bei dem das äußere Feld durch einen Dauermagneten erzeugt wird.

6. Zeichnen Sie die Verbindung der Spannungsquelle mit dem Motor und dem Schalter in der richtigen Weise. Skizzieren Sie dazu die Bauteile ab und ergänzen Sie die fehlenden Verbindungsleitungen.

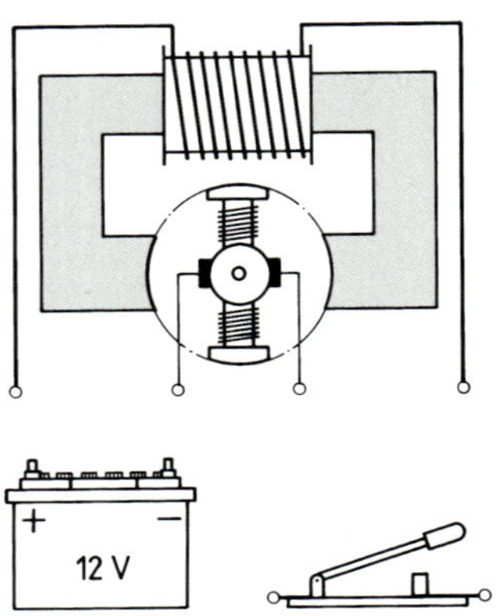

Nebenschlussmotor

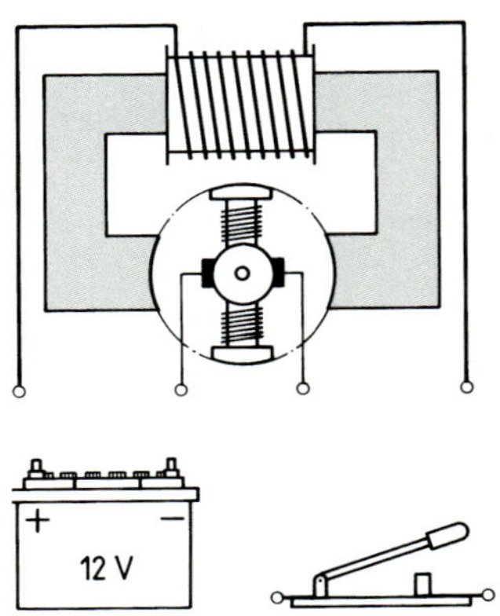

Reihenschlussmotor

7. In einem Schulversuch wird ein Magnet vor einer Spule mit $n = 60$ 1/min gedreht. Es wird dabei eine maximale Spannung von 6 V erzeugt. Wenn der Nordpol des Magneten an der Spule vorbeigedreht wird, zeigt das Instrument einen positiven Spannungswert.

a) Übernehmen Sie das Koordinatenkreuz für das Spannungs-Zeit-Diagramm mit den zugeordneten Abbildungen. Zeichnen Sie in die Abbildungen die Stellungen des Magneten für alle Maximal- und Nullwerte ein.

b) Tragen Sie in das Diagramm den Spannungsverlauf für eine Versuchsdauer von 2 Sekunden ein.

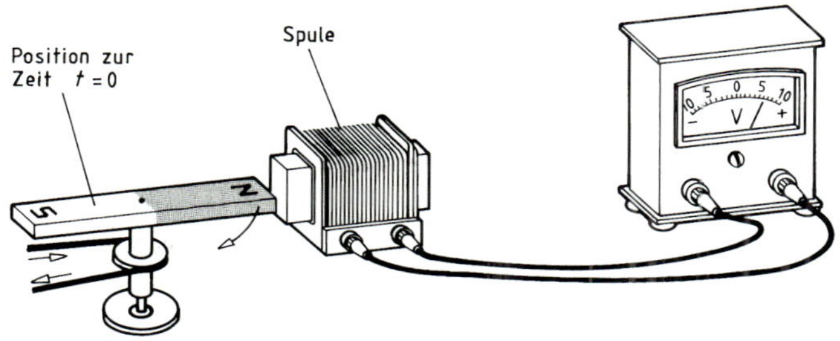

Versuchsaufbau

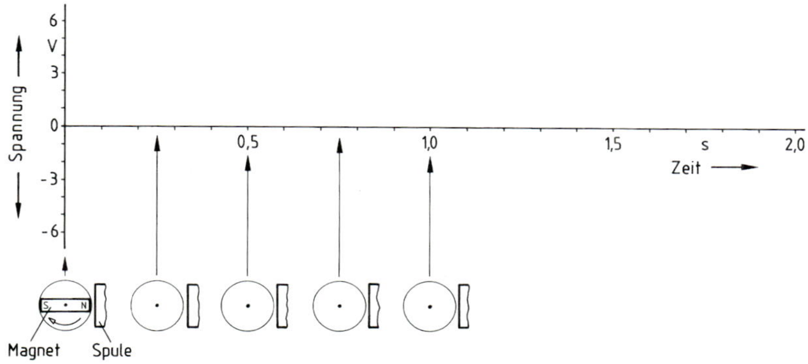

Diagramm

8. Die Kurven zeigen den Spannungsverlauf in einem Drehstromnetz.

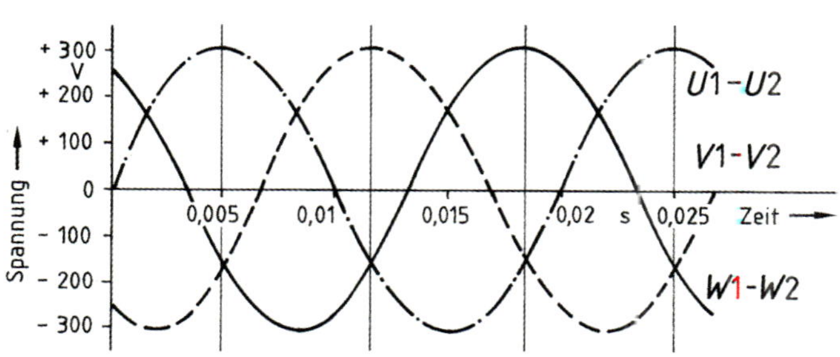

Übernehmen Sie die Tabelle und geben Sie die Spannungen an, die nach den jeweiligen Zeiten vorliegen.

	zur Zeit 0	nach 0,005 s	nach 0,01 s	nach 0,015 s
$U_1 - U_2$	?	?	?	?
$V_1 - V_2$	?	?	?	?
$W_1 - W_2$	?	?	?	?

9. Mit einem Spannungsmessgerät werden die Spannungen an einer Drehstromsteckdose gemessen. Welche Spannungen werden bei den Messungen a) bis c) tatsächlich angezeigt?

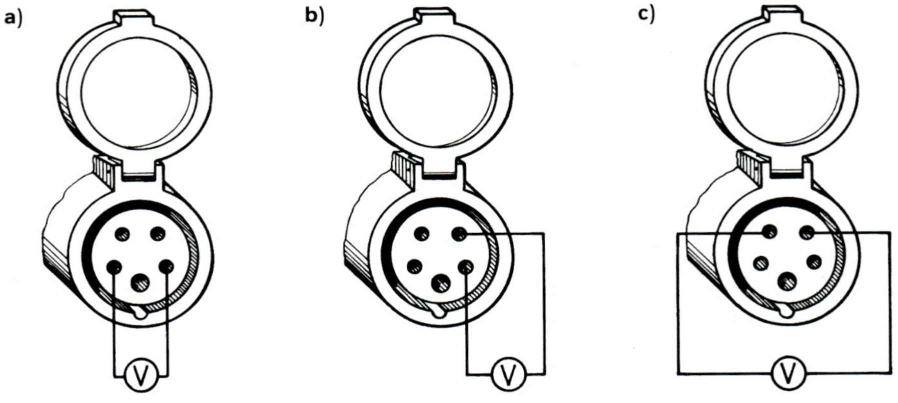

10. Elektromotoren unterscheiden sich u. a. durch ihr Verhalten beim Anlaufen und bei Überlastung sowie ihre Eignung zur Drehzahländerung.
Beschreiben Sie folgende Merkmale des Synchronmotors:
a) das Verhalten beim Anlaufen,
b) das Verhalten bei Überlastung,
c) die Eignung zur Drehzahländerung.

11. Der im Lehrbuch beschriebene Versuch wird statt mit Wechselstrom mit Gleichstrom betrieben.
Was wird geschehen, wenn dabei die Spannung über einen Schiebewiderstand sehr langsam aufgebracht wird?

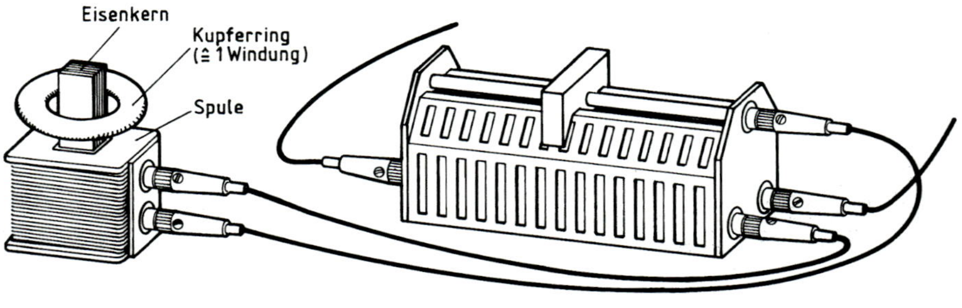

12. Eine Bohrmaschine und ein großer Schleifbock werden durch Asynchronmotoren angetrieben.
Die Bohrmaschine kann direkt eingeschaltet werden. Der Schleifbock hingegen muss in zwei Stufen eingeschaltet werden.
a) Was kann man aufgrund des einfachen Anlassens über die Leistung des Bohrmaschinenantriebs sagen?
b) Was geschieht beim zweistufigen Einschalten des Schleifbockmotors hinsichtlich der Schaltung der Ständerwicklungen des Motors?
c) Was wird geschehen, wenn man beim Einschalten des Schleifbocks sofort auf die zweite Stufe durchschaltet?

13. a) Welche Drehrichtung sollte sich für einen Drehstrommotor ergeben, wenn er durch einen Stecker ans Netz angeschlossen wird?

b) Durch welche Schaltungsmaßnahme kann die Drehrichtung eines Drehstrommotors umgekehrt werden?

c) Wer darf im Betrieb eine Änderung der Verdrahtung zum Zweck der Drehrichtungsumkehr durchführen?

14. In einem Schulversuch wird eine mit einem Universalmotor ausgerüstete Bohrmaschine ohne Regelelektronik einmal mit Wechselstrom und einmal mit Gleichstrom betrieben. Die Maschine wird belastet. Sie soll bei gleichbleibender Stromstärke eine gleichbleibende Leistung erbringen. Man misst jeweils Spannung und Stromstärke.

a) Was wird man hinsichtlich der Größe der Gleichspannung feststellen, wenn annähernd die gleiche Leistung wie bei Wechselspannung erreicht werden soll?

b) Wie kann man die Drehrichtung des Motors bei Gleichstrombetrieb umkehren?

15. Drehstrommotoren können auch mit Wechselstrom betrieben werden, sofern nur kleine Leistungen gefordert werden.
Finden Sie aus den Schaltplanbildern im Lehrbuch eine Regel heraus, nach welcher der zum Betrieb notwendige Kondensator zu schalten ist.

16. Ein Schrittmotor macht 72 Winkelschritte bei einer vollen Umdrehung. Er ist mit einem Getriebe mit $i = 1:4$ verbunden.
Wie groß ist ein Winkelschritt am Ausgang des Getriebes in Grad?

Sechster Themenkreis: Fertigungstechnik

Handlungsfeld: Werkstücke fertigen

Problemstellung

Auftrag

Auftrag

Einspannzapfen aus C45 fertigen
…

Zeichnung

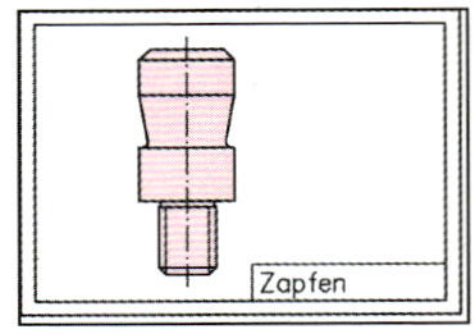

Vorgaben
- Werkstück (Form, Maße, Oberfläche, Toleranzen)
- Werkstoff
- Stückzahl
- Termine

Analysieren

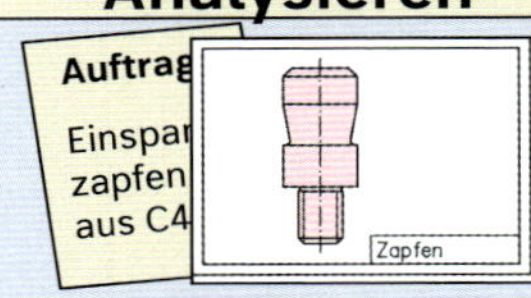

Ergebnisse
- Fertigungsverfahren (Maschine)
- Abfolge der Fertigung
- Rohteil (Form, Maße)

Entscheidungen hinsichtlich Werkzeug
- Schneidstoff
- Werkzeugtyp
- Schneidenwinkel
- Einspannung
- Prüfung (Schneidhaltigkeit, Standzeit)

Fertigung planen
(für das jeweilige Verfahren)

Programm

N
10
20
30

Arbeitsplan						
Drehen	Maschine:					
		Arbeitsgänge				
Nr.	Art	Einstelldaten				Bemerkungen
1	Plan-drehen	…	…	…	…	…

Entscheidung hinsichtlich Maschine
- Art der Maschine
- Technologiedaten (Umdrehungsfrequenz, Vorschub …)
- Verfahrbewegungen
- Einspannung
- Werkzeugeinsatz
- KS-Einsatz

- Einstellen bzw. Eingeben von Technologiedaten
- Einrichten der Werkstücke (Positionieren, Spannen, ggf. Stützen)
- Einrichten der Werkzeuge
- Bereitstellen von Hilfsstoffen

Fertigen

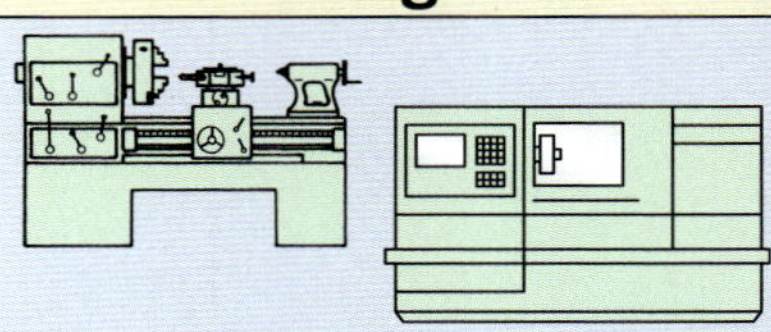

- Fertigung starten und überwachen
- Zwischenkontrollen durchführen
- Sicherheitsvorschriften beachten

Qualitätskontrolle durchführen

Kontrolle der
- Maße
- Form
- Oberfläche

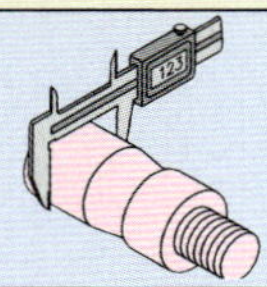

- Entscheidung über Verwendung (gut, Nacharbeit, Ausschuss)
- Fehleranalyse

Übersicht über die Fertigungsverfahren

Fertigungsverfahren dienen zur Herstellung geometrisch bestimmter fester Körper, der Gewinnung erster Formen aus formlosem Zustand, der Veränderung dieser Formen, der Änderung der Stoffeigenschaften sowie dem Fügen und Beschichten.

Fertigungsverfahren

Urformen | **Umformen** | **Trennen** | **Fügen** | **Beschichten** | **Stoffeigenschaft ändern**

Als *formlose Stoffe* werden Gase, Flüssigkeiten, Pulver, Fasern, Späne, Granulate u. Ä. bezeichnet.
Maßgebender Ordnungsgesichtspunkt für die Einteilung der Fertigungsverfahren ist die Änderung des Zusammenhalts, die in den Fertigungsverfahren geschieht.

Einteilung der Fertigungsverfahren

<table>
<tr><th>Zusammenhalt schaffen</th><th>Zusammenhalt beibehalten</th><th>Zusammenhalt vermindern</th><th colspan="2">Zusammenhalt vermehren</th></tr>
<tr><td rowspan="4">1. Urformen
Form schaffen</td><td colspan="3">Form ändern</td><td rowspan="4">5. Beschichten</td></tr>
<tr><td>2. Umformen</td><td>3. Trennen</td><td>4. Fügen</td></tr>
<tr><td colspan="3">6. Stoffeigenschaft ändern</td></tr>
<tr><td>Umlagern von Stoffteilchen</td><td>Aussondern von Stoffteilchen</td><td>Einbringen von Stoffteilchen</td></tr>
</table>

1 Urformen

Urformen ist das Fertigen eines festen Körpers aus formlosem Stoff durch Schaffen des Zusammenhalts.

aus flüssigem Zustand	aus plastischem Zustand	aus breiigem Zustand	aus körnigem oder pulvrigem Zustand	aus span- oder faserförmigem Zustand	aus gas- oder dampfförmigem Zustand	aus ionisiertem Zustand
z. B. Gießen, Stereolithografie	z. B. Strangpressen von teigiger Masse	z. B. Betongießen, Porzellangießen	z. B. Pulverpressen, Lasersintern	z. B. Spanplattenerzeugung, Laminieren	z. B. Metall aufdampfen	z. B. Galvanoplastik

1.1 Gießen

Die Formgebung durch Gießen stellt besonders bei komplizierten Konstruktionen oft die wirtschaftlichste Lösung dar (z. B. Motorblock, Maschinenständer).
Mechanisierung und Automatisierung in der Gießerei erlauben die Fertigung großer Serien bei relativ geringen Kosten und hoher Genauigkeit in kurzer Zeit.
Funktionelle und ästhetische Gesichtspunkte können bei einer Formgebung durch Gießen besser als in den meisten anderen Verfahren miteinander verknüpft werden, dabei müssen natürlich gießereitechnische Probleme, wie z. B. die gerichtete Erstarrung, Berücksichtigung finden.
Zur Herstellung eines Gusswerkstücks ist eine gießgerechte Form Voraussetzung. Diese Form enthält nicht nur den Hohlraum, der die Gestalt des Gusswerkstücks bestimmt, sondern auch das Eingusssystem und zumeist Speise- und Kühleinrichtungen sowie Kanäle zur Gasabführung. Zur Erzeugung des gesamten Formhohlraums werden bei allen Formverfahren, bei denen nach dem Gießvorgang die Form nicht wieder verwendbar ist, *Modelle* oder *Schablonen* benötigt.
Die Modelle werden im Formstoff eingeformt und anschließend wieder aus der Form entfernt.

1.1.1 Modellbau

Nach der Zeichnung fertigt der Modellbauer zunächst einen Modellriss an. Dies ist eine maßstäbliche Zeichnung des Modelles unter Berücksichtigung der Formtechnik und der Schwindung des Gusswerkstoffes.

Nach diesem Modelriss, der meist nur den wesentlichsten Querschnitt des Werkstückes umfasst, wird das Modell hergestellt.

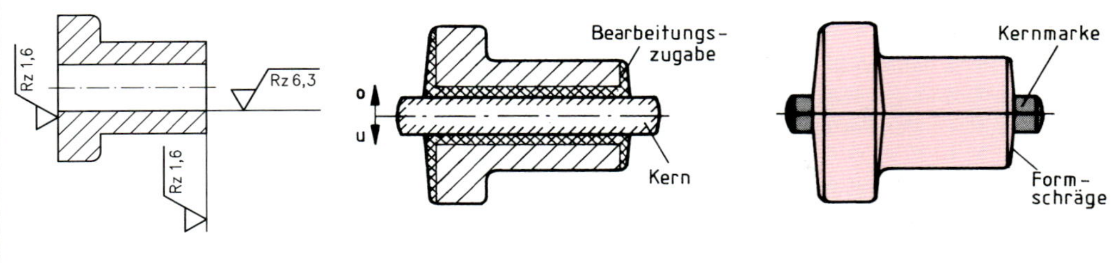

Zeichnung Modellriss Modell

Das Modell wird um das **Modellübermaß** (Schwindmaß) größer als das Gussstück. Die Werkstoffe schwinden unterschiedlich stark. Der Betrag der Längenschwindung wird in Prozent des Fertigmaßes angegeben. Am Modell wird der zu verwendende Gusswerkstoff entsprechend der unterschiedlichen Schwindung durch farbigen Anstrich gekennzeichnet.

Gusswerkstoff	Modellübermaß	Kennfarbe für Holzmodelle
GS	2 %	blau
GJL, GJS, GJV	1 %	rot
Al-Leg.	1,2 %	grün
Cu-Leg.	1,5 %	gelb

Als Modellwerkstoff werden Holz, kunstharzgetränktes Schichtholz, Kunststoffe und Metall verwendet.

In den Modellriss trägt der Modellbauer auch den Verlauf der Formteilung und damit auch die **Modellteilung** ein. Die Lage des Modells in der Form wird durch die Angaben „Oberkasten", „Unterkasten" gekennzeichnet.

Hohlräume und Aussparungen am Gussstück, die nicht unmittelbar durch das Modell geformt werden können, müssen durch Einlegen von *Kernen* erzeugt werden. Das Modell muss dann an den entsprechenden Stellen **Kernmarken** haben, die den Hohlraum zur Kernlagerung in der Form erzeugen.

Die Lage von Kernen und deren Auflage wird ebenfalls im Modellriss festgehalten.

Damit das Modell leicht aus der Form ausgehoben werden kann, werden alle Seiten des Modells, die rechtwinklig zur Formteilung liegen, mit einer **Formschräge,** bei Kleinteilen 2°, versehen. Die Formschräge richtet sich nach der Größe des Modells und der erreichbaren Oberflächengüte des Modellwerkstoffes.

Flächen, die später spanend bearbeitet werden sollen, erhalten eine **Bearbeitungszugabe,** die mindestens 2 mm betragen soll. Diese Stärke soll nicht unterschritten werden, damit die Werkzeugschneide unter der harten „Gusshaut" angreifen kann. Die Härte der Gusshaut wird durch eingeschlossenen und festgebrannten Formstoff sowie andere Verunreinigungen hervorgerufen. Zu bearbeitende Flächen, die im Oberkasten liegen, erhalten größere Bearbeitungszugaben, da die leichteren Verunreinigungen im Gusswerkstoff nach oben geschwemmt werden.

Zur Minderung von Spannungen an Querschnittsänderungen sollen alle Übergänge und Kanten mit Radien versehen werden.

Beim Bau von Kernkästen, in denen die Kerne geformt werden, finden die gleichen Gesichtspunkte wie beim Bau des Modells Berücksichtigung.

1.1.2 Formvorgang beim Handformen

Formen mit Modellen

Bei geringen Stückzahlen werden Sandformen im Handformverfahren hergestellt. Dabei werden die Modelle in Formkästen in Formsand eingebettet.

Beispiel für Handformen

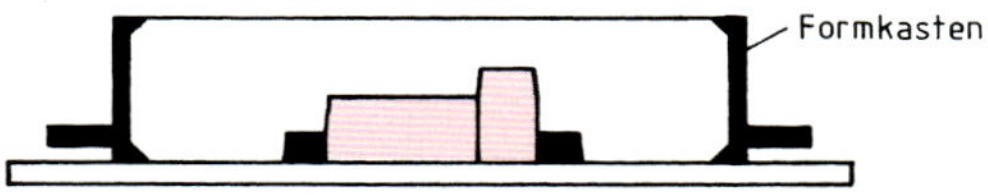

Unterkasten-Modell auf dem Aufstampfboden

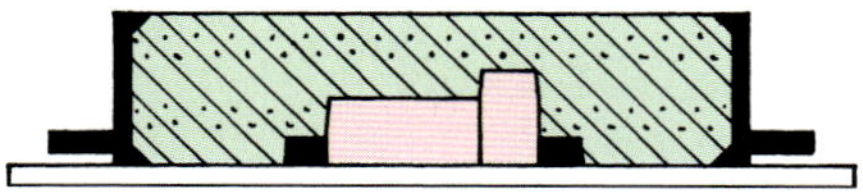

Aufgestampfter Unterkasten

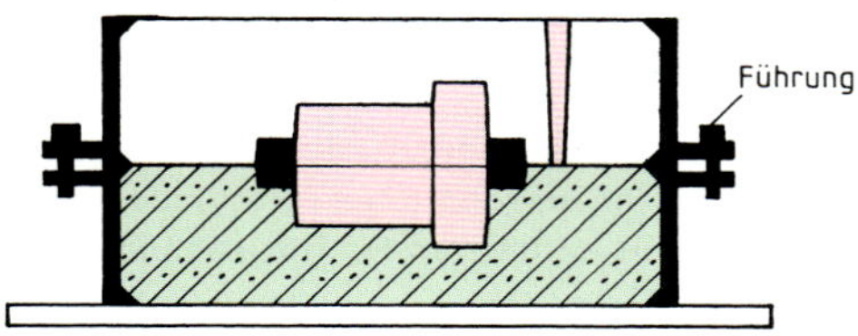

Unterkasten gewendet zweite Modellhälfte aufgelegt, Eingussmodell aufgesetzt

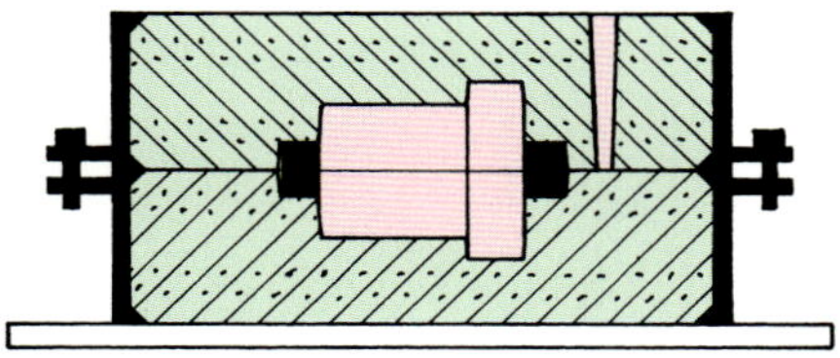

Aufgestampfter Oberkasten, Eingussmodell

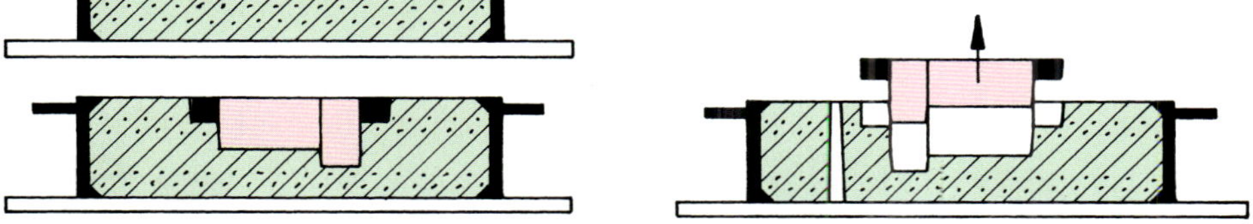

Trennen der Formhälften; Schneiden des Laufes und der Ausschnitte; Ausheben der Modellhälften

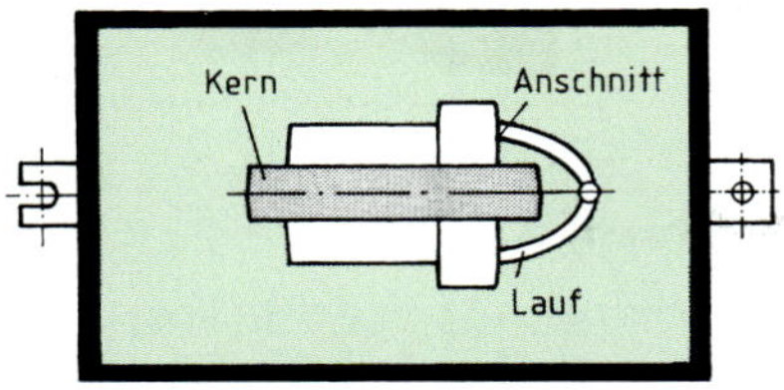

Einlegen des Kernes
(Draufsicht auf den Unterkasten)

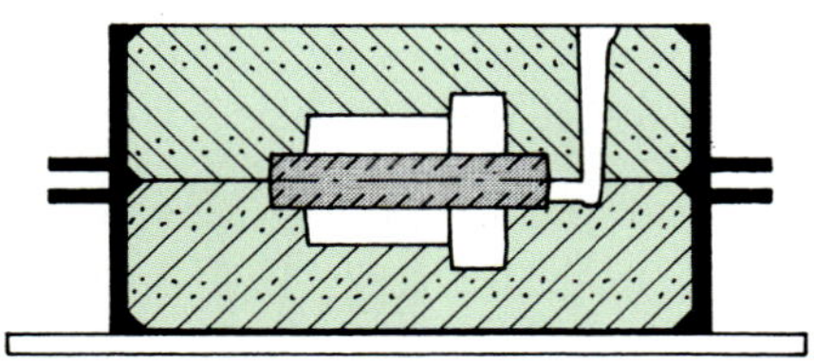

Zugelegte Form

In der Handformerei werden die Formen vorwiegend werden aus bindetonhaltigen Sanden hergestellt. Wenn sie vor dem Abguss getrocknet werden, spricht man von **Trockenguss.** Wird direkt in die feuchte Form gegossen (ca. 3 bis 6 % H_2O), spricht man von Nassguss. Die Festigkeit von Nassgussformen ist geringer als die getrockneter Formen.

1.1.3 Weitere Formverfahren

1.1.3.1 Vollformgießverfahren

Beim Vollformgießverfahren wird ein Modell aus thermoplastischem Hartschaum hergestellt. Dieses wird eingeformt und bleibt beim Gießen in der Form. Es verdampft durch die Hitze des auftreffenden Gießmaterials. Anwendung findet das Verfahren zur Einzelteilherstellung für größere Gussstücke, an deren Oberflächen und Maße nur geringe Anforderungen gestellt werden.

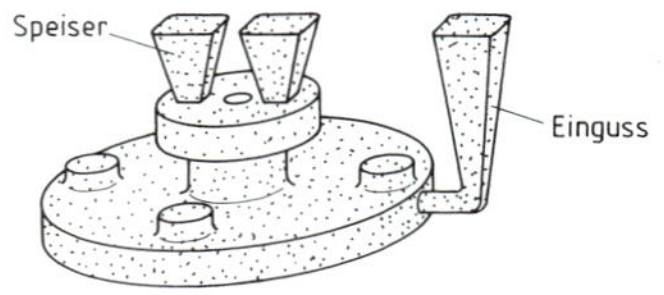

Modell aus Polystyrol-Hartschaum, z. B. Styropor®

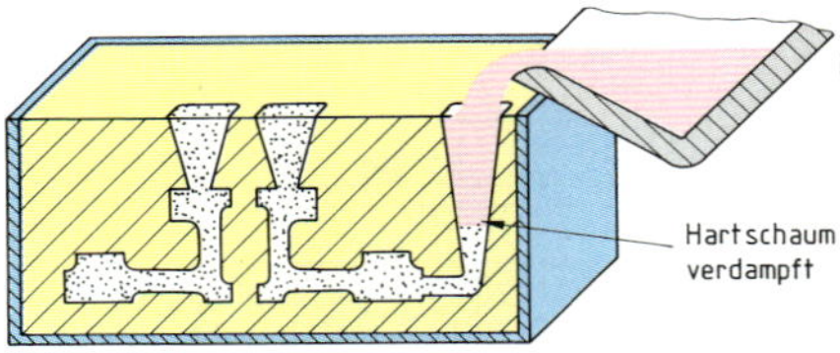

Eingeformtes Modell beim Abguss

1.1.3.2 Maskenformverfahren

Beim Maskenformverfahren wird der mit Kunstharz gemischte Formsand auf vorgeheizten Modellplatten in einer ca. 10 bis 20 mm dicken Schicht erhärtet. Nach Entfernen des nicht ausgehärteten Formstoffs und Härten der Rückseite erhält man schalenartige Formhälften. Diese werden zur fertigen Form zusammengeklebt oder verklammert.
Das Maskenformverfahren wird in der Serienfertigung für Werkstücke, die gute Maßgenauigkeit und Oberflächengüte besitzen müssen, angewendet.

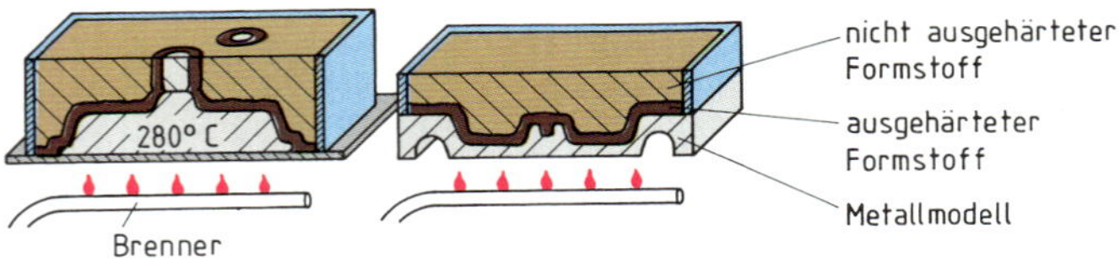

Erstarrung der Schale

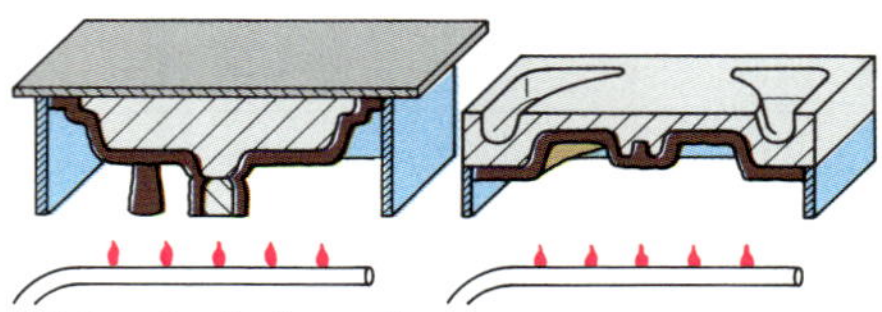

Härten der Außenseiten

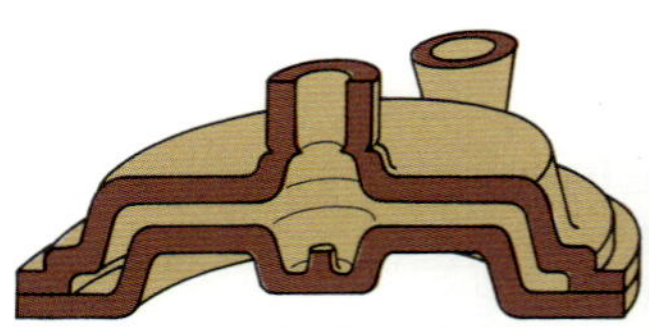

Schnitt durch die Formmaske

1.1.3.3 Feingussformverfahren (Wachsausschmelzverfahren)

Für jedes Werkstück wird beim Feinguss ein eigenes Modell aus Wachs durch Spritzgießen hergestellt. Die Modelle werden mit Eingussmodellen u. a. zu Trauben montiert. Diese werden mehrfach in aufgeschlämmten Formstoff getaucht und getrocknet, bis eine stabile Schale entstanden ist. Nach Ausschmelzen der Wachsmodelle entsteht eine gießfertige Form.
Das Feingussformverfahren findet Anwendung für Werkstücke, die sehr maßgenau sein müssen und eine hohe Oberflächenbeschaffenheit haben sollen.

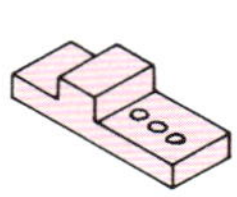

Modell aus Wachs

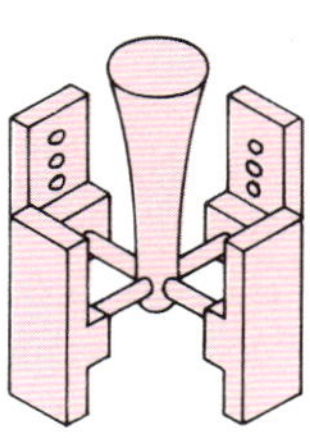

Traube aus vier Modellen mit Einguss

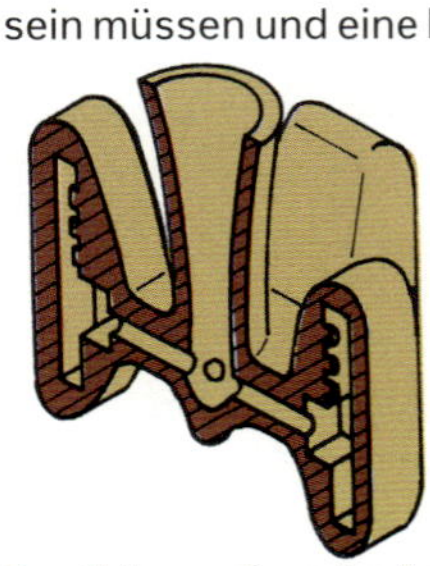

Gießfertige Feingussform im Schnitt

1.1.4 Maschinenformen tongebundener Formstoffe

Für die Serienfertigung werden Formen auf Formmaschinen hergestellt. Die Modelle sind mit Anschnitt-, Lauf- und Speisermodellen fest auf Modellplatten montiert. Der Formstoff wird durch Rütteln, Pressen oder Gasexplosion verdichtet. Moderne automatisierte Anlagen haben Taktzeiten bis herunter zu 10 Sekunden.

1.1.5 Dauerformen

Das Gießen in Dauerformen hat gegenüber dem Gießen in verlorenen Formen besonders folgende Vorteile:

- Genauigkeit und Oberflächengüte sind sehr hoch.
- Bearbeitungszugaben sind sehr gering oder entfallen ganz.
- Durch schnelles Abkühlen des Gießmaterials entsteht ein feinkörniges Gefüge mit hoher Festigkeit.

Wird die Dauerform durch das Eigengewicht des Gießmaterials gefüllt, so spricht man vom Schwerkraftguss. Die dabei verwendeten Dauerformen bezeichnet man als **Kokillen**. Kokillen werden meist aus Gusseisen hergestellt. Bohrungen oder andere Hohlräume im Gussstück können durch Stahlkerne oder Sandkerne erzeugt werden. Vor dem Gießen wird die Kokille angewärmt, damit die Schmelze erst dann erstarrt, wenn die ganze Form gefüllt ist. In Kokillen werden im Wesentlichen Nichteisenmetalle vergossen.

Beispiel für den Einsatz einer Kokille zur Herstellung eines Ventilgehäuses

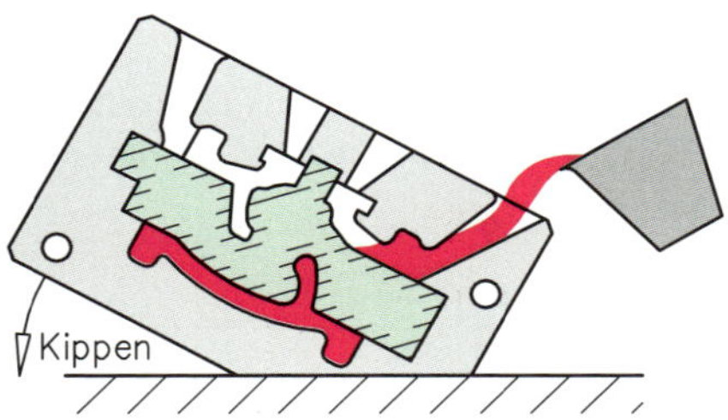

Gießbeginn

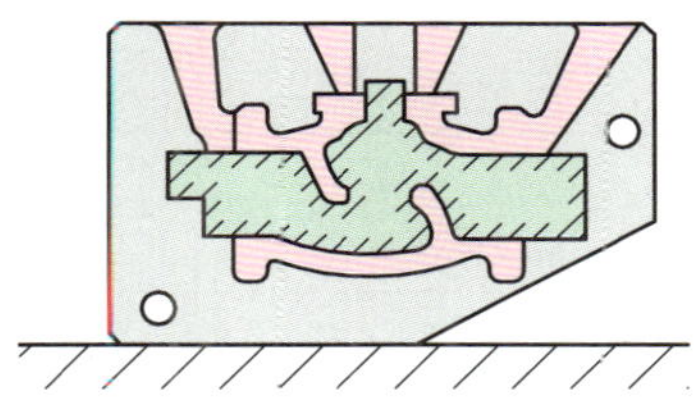

Ende des Gießens

Wird das flüssige Gießmaterial durch hohen äußeren Druck in die Dauerform gepresst, so spricht man von **Druckguss.** Die verwendeten Dauerformen bestehen aus hochlegierten Stählen. Die Formen werden in aufwendiger Maschinen- und Handarbeit spanend gefertigt. Die Flächen des Formhohlraumes sind hochglanzpoliert, damit das Gießmaterial nicht anhaftet. Bewegliche Teile der Form wie Kerne und Ausstoßstifte sind eingepasst, damit am Gussteil möglichst kein Grat entsteht. Die beiden Formhälften müssen genau übereinanderpassen, damit am Gussstück kein Versatz entsteht.

Beispiel für den Einsatz einer Druckgussform zur Herstellung einer Büchse

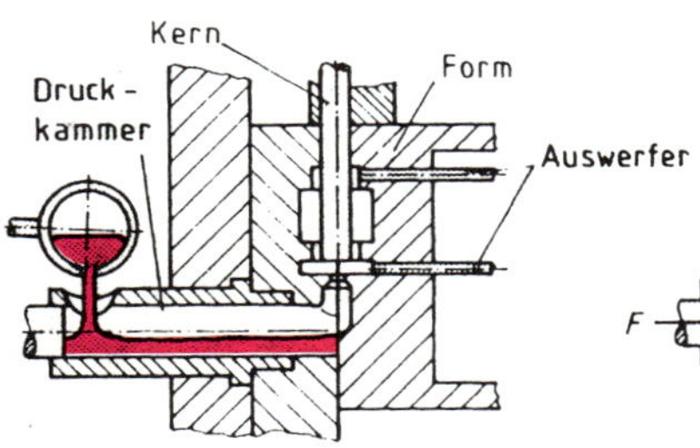

Füllen der Druckkammer mit Gießmaterial

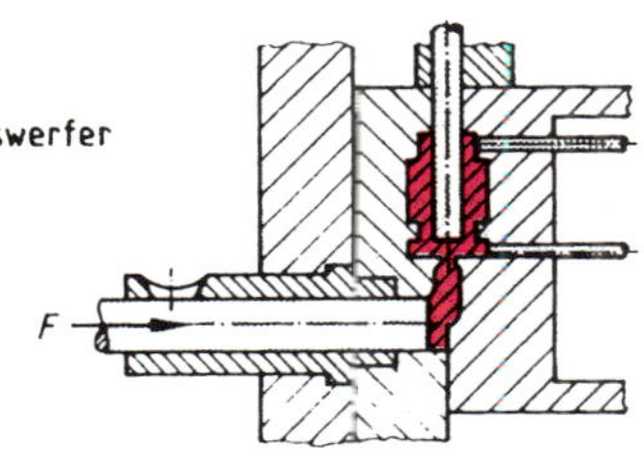

Einpressen des Gießmaterials in den Formhohlraum

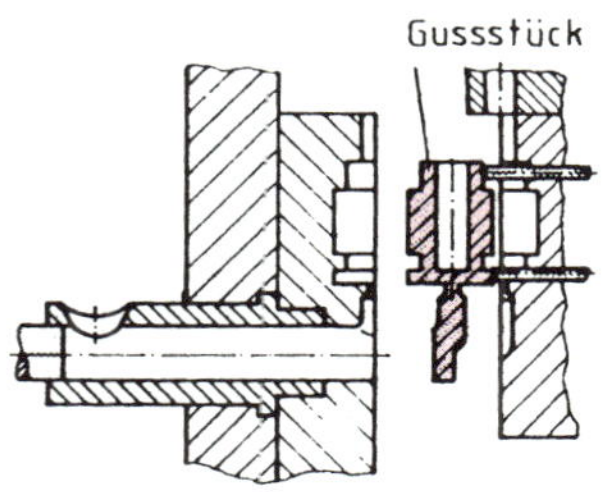

Ausstoßen des Gussstücks durch Auswerferstifte

1.1.6 Gießverfahren

Nur unter Einwirkung äußerer Kräfte kann das flüssige Gießmaterial die Form vollständig füllen. Nach dem Ursprung dieser Kräfte, die das Gießmaterial in den Formhohlraum bringen, sind folgende Gießverfahren zu unterscheiden:

Gießverfahren

Schwerkraftguss	**Druckguss**	**Schleuderguss**
in Sandguss	in Kaltkammermaschine	echter Schleuderguss
in Dauerformen	in Warmkammermaschine	unechter Schleuderguss

1.1.6.1 Schwerkraftguss

Als Schwerkraftguss bezeichnet man alle die Gießverfahren, bei denen die Füllung des Formhohlraumes allein durch die Schwerkraft bewirkt wird. In diesem Gießverfahren werden (außer einem kleinen Teil der Feinguss-formen) alle verlorenen Formen und Kokillen abgegossen.
Der Druck, welcher durch die Einwirkung der Schwerkraft auf das Gießmaterial an jeder Stelle der Form erzeugt wird, ist der hydrostatische Druck. Er hängt ab von der Dichte ϱ des Gusswerkstoffs bei Gießtemperatur sowie der Höhe h des Flüssigkeitsspiegels über dieser Stelle.

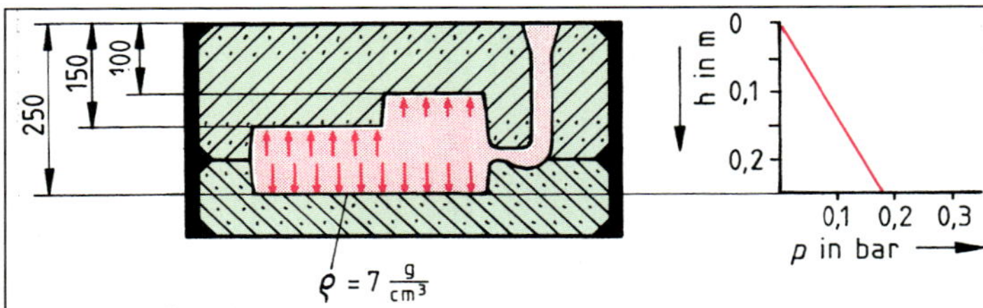

$$p = h \cdot \varrho \cdot g$$

p Druck
h Höhe der Flüssigkeitssäule
ϱ Dichte des Gießmaterials
$g = 9{,}81\ \frac{m}{s^2}$

Druckverteilung in einer Form

Beispiel für die Berechnung von Druck und Druckkräften

Aufgabe: Für die skizzierte Form sind der Bodendruck p und die Druckkraft F auf den Boden zu berechnen. Das Werkstück hat einen Boden von 60000 mm².

Lösung: $p = h \cdot \varrho \cdot g$ $\quad p = 0{,}25\ m \cdot 7\,000\ \frac{kg}{m^3} \cdot 9{,}81\ \frac{m}{s^2} = 17\,167{,}5\ \frac{N}{m^2} = \mathbf{0{,}171675\ bar}$

$F = p \cdot A$ $\quad F = 17\,167{,}5\ \frac{N}{m^2} \cdot 0{,}06\ m^2 = \mathbf{1\,030\ N}$

1.1.6.2 Druckguss

Als Mittel zur Ausübung des Arbeitsdruckes auf das Gießmaterial werden in den meisten Fällen Kolben verwendet. Die Drücke betragen 200 bis 2000 bar, in Einzelfällen bis 5000 bar. Man unterscheidet nach der Konstruktion Warm- und Kaltkammermaschinen.

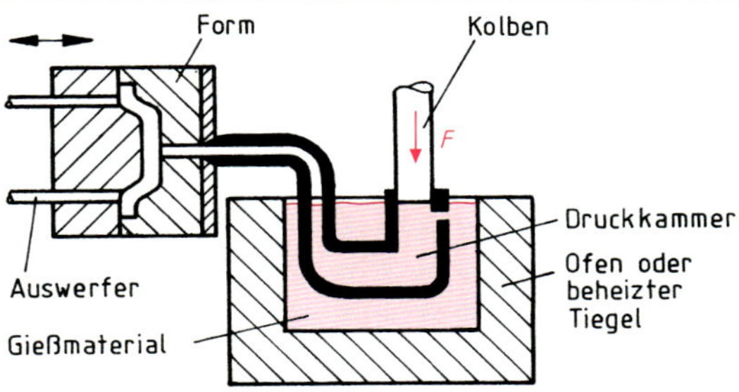

Warmkammermaschine

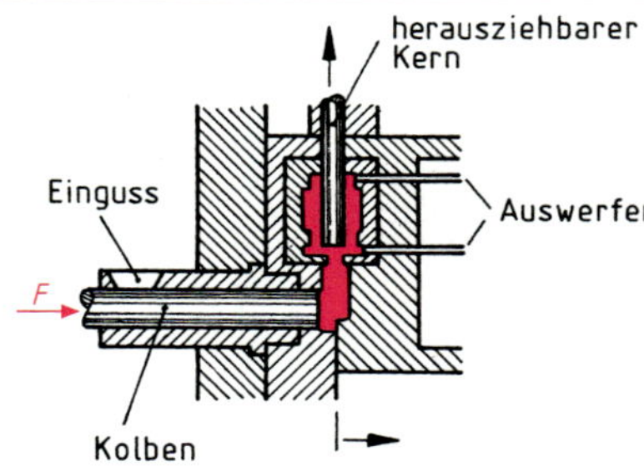

Kaltkammermaschine

Statt des Kolbens lässt man in Sonderfällen Druckluft oder den Explosionsdruck einer Sprengmasse auf den Gusswerkstoff wirken, um ihn in die Form zu pressen.
Die verwendeten Formen sind in fast allen Fällen Dauerformen aus Stahl.
Der Druck in der Form ist unter Vernachlässigung von Verlusten und eventuell hydrostatischem Druck gleich dem Druck in der Druckkammer.

$$p = \frac{F_K}{A_K}$$

p Druck in der Druckkammer
F_K Kolbenkraft
A_K Querschnitt des Kolbens

Beispiel für den Aufbau einer Druckgussmaschine

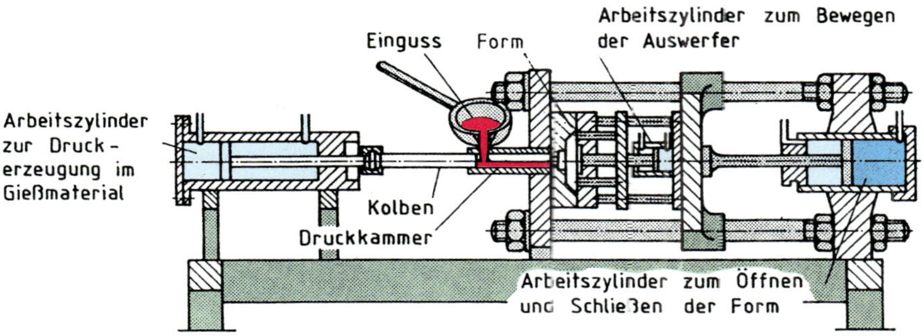

Druckgussmaschine

1.1.6.3 Schleuderguss

Beim echten Schleuderguss wird die Zentrifugalkraft zur Formfüllung ausgenutzt. Während des ganzen Gieß- und Erstarrungsvorganges wird die Form mit dem eingegossenen Metall in einer Drehbewegung gehalten.
Man unterscheidet den *echten* und den *unechten* Schleuderguss. Beim ersten werden radial-symmetrische Teile wie gusseiserne Rohre, Büchsen u. a. ohne Zuhilfenahme eines durchgehenden Kernes vergossen.
Die Form ist in den meisten Fällen eine metallische Dauerform. In speziellen Fällen werden auch Sandkerne u. a. eingesetzt, die besondere Konturen wie Nuten, Schriften u. a. erzeugen.

Beispiele für Schleuderguss

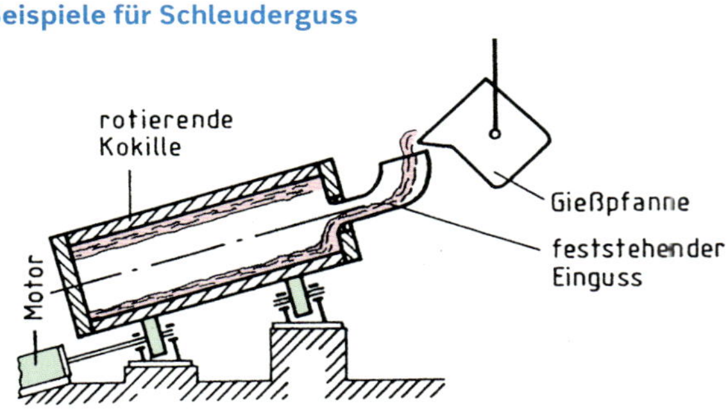

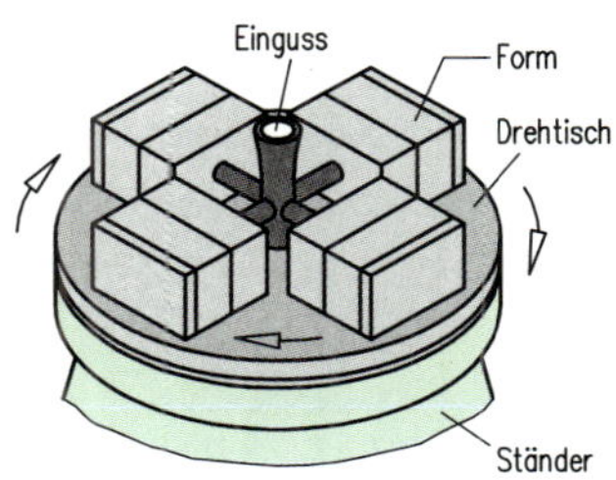

Für das Schleudern von Rohren ergibt sich die theoretische Mindestumdrehungsfrequenz aus dem Gleichgewicht zwischen Gewichtskraft und Zentrifugalkraft:

$$F_z = F_G$$

$$F_z = \frac{m \cdot v^2}{r} \qquad F_G = m \cdot g$$

$$\frac{m \cdot v^2}{r} = m \cdot g$$

$$v = \sqrt{r \cdot g}$$

$$v = 2r \cdot \pi \cdot n$$

$$n = \frac{\sqrt{r \cdot g}}{2r \cdot \pi}$$

$$n = \frac{1}{2\pi} \cdot \sqrt{\frac{g}{r}}$$

n Mindestumdrehungsfrequenz
F_z Zentrifugalkraft
F_G Gewichtskraft
m Masse
r Radius
v Umfangsgeschwindigkeit

$g = 9{,}81\ \frac{m}{s^2}$

1.1.7 Grundlagen für die Konstruktion von Gussteilen

Die Konstruktion eines Gusswerkstückes darf nicht nur ausschließlich unter dem Gesichtspunkt der späteren Funktion erfolgen. Bei der Gestaltung müssen ebenso form- und gießtechnische Gesichtspunkte berücksichtigt werden. Weiter ist zu berücksichtigen, dass der Guss *geputzt* werden muss, d. h., dass Grate, Anschnitte, Speiser u. a. abgeschliffen werden und Kerne entfernt werden müssen.
Ein Gussstück muss also *formgerecht, erstarrungs-* und *gießgerecht* sowie *putzgerecht* konstruiert sein, damit es wirtschaftlich hergestellt werden kann.

1.1.7.1 Formgerechte Konstruktion

Formgerecht konstruieren heißt, das Werkstück so gestalten, dass mit möglichst geringem Aufwand geformt werden kann. Das bedeutet in erster Linie, Kerne und Losteile nur dort verwenden zu lassen, wo sie unumgänglich sind.

Beispiel für die Vermeidung von Kernen

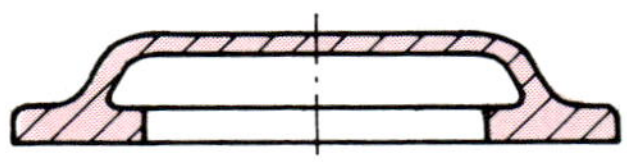

nur mit Kern oder Losteil formbar

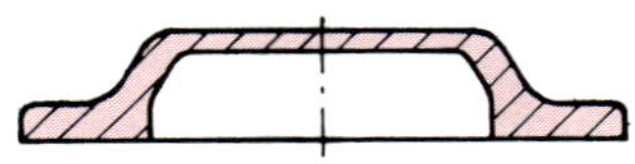

ohne Kern formbar

Müssen zur Erzeugung von Hohlräumen Kerne verwendet werden, so ist darauf zu achten, dass der Kern ohne Kernstützen einwandfrei gelagert werden kann. Kernstützen sind Metallteile, die in den Formhohlraum zur Stützung des Kernes eingelegt werden und mit dem Gusswerkstoff verschweißen müssen. Das kann besonders bei druckbeanspruchten Gussteilen zu Schwierigkeiten führen.

Beispiel für die Vermeidung von Kernstützen

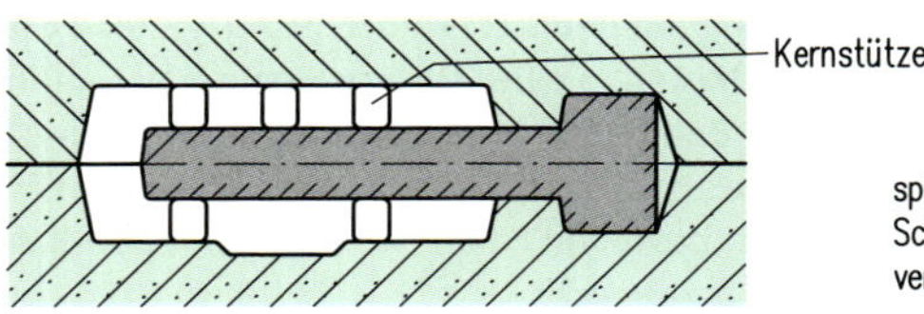

Zylinder nur mit Kernstützen einformbar

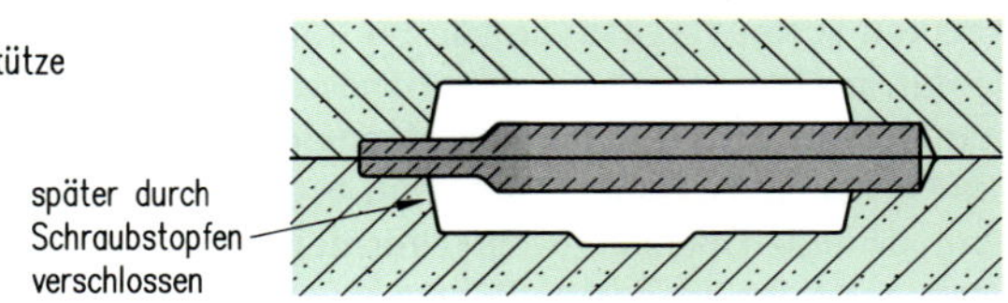

Zylinder ohne Kernstützen einformbar

Das Werkstück muss auch so konstruiert sein, dass in der Form nicht hohe Sandballen entstehen, die beim Ausheben des Modells abreißen können.

Beispiel für die Vermeidung hoher Ballen

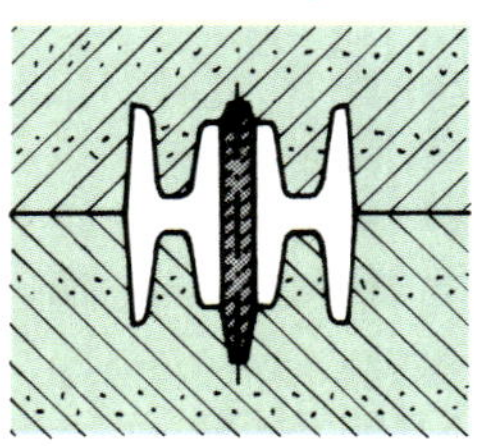

Riemenscheibe nur mit hohen Ballen einformbar

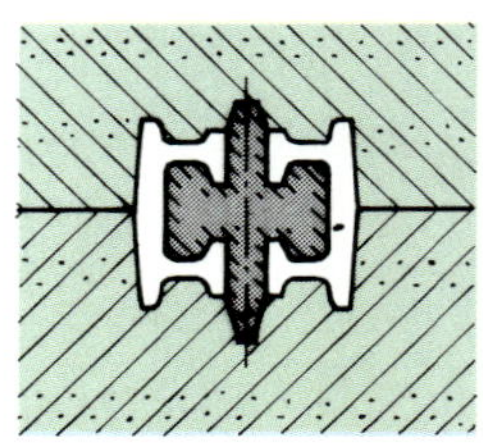

Riemenscheibe, hoher Ballen durch Umgestaltung des Kernes vermieden

Scharfe Kanten formen sich schlecht ab und verursachen auch Spannungen, die zu Rissen führen können. Darum sind alle Kanten und Ecken mit Abrundungen zu versehen.

Formgerecht gestalten bedeutet:
- Hinterschneidungen, die durch Kerne oder Losteile zu formen sind, vermeiden.
- Sichere Kernlagerung planen.
- Hohe Ballen und scharfe Kanten vermeiden.

1.1.7.2 Erstarrungsgerechte Konstruktion

Eine erstarrungsgerechte Konstruktion berücksichtigt die Schwindung sowohl beim Übergang vom flüssigen in den festen Zustand als auch im Verlauf der weiteren Abkühlung. Im ersten Fall können *Lunker* und *Einfallstellen* entstehen, im zweiten *Risse*.

• Entstehung von Lunkern und Einfallstellen

Die Erstarrungszeit eines Stückes wird bestimmt durch das Verhältnis von Volumen *V* zur kühlenden Oberfläche *A*. Dieses Verhältnis nennt man den *Erstarrungsmodul* m_E.

$$m_E = \frac{V}{A}$$

m_E Erstarrungsmodul
V Volumen
A kühlende Oberfläche

Beispiele für die Berechnung des Erstarrungsmoduls

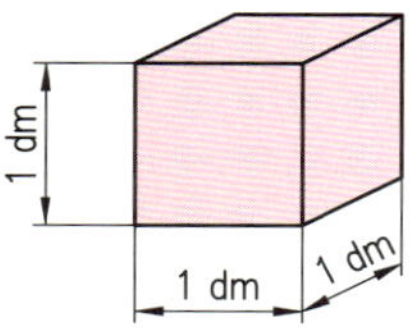

$V = 1\ dm^3$
$A = 6\ dm^2$

$$m_E = \frac{V}{A} = \frac{1\ dm^3}{6\ dm^2} = \mathbf{0{,}166\ dm}$$

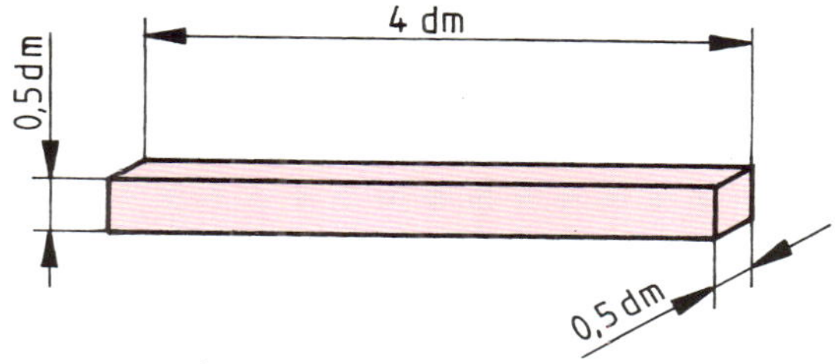

$V = 1\ dm^3$
$A = 8{,}5\ dm^2$

$$m_E = \frac{1\ dm^3}{8{,}5\ dm^2} = \mathbf{0{,}117\ dm}$$

Das Stück mit dem kleinsten Modul erstarrt zuerst. Dies gilt auch für jeden einzelnen Teilbereich eines Gussstückes. Liegt nun eine Partie mit größerem Modul zwischen zwei Stellen mit kleinerem Modul, so erstarren diese zuerst. Im stärkeren Querschnitt ist nur eine dünne Randschicht erstarrt, im Inneren ist noch alles flüssig. Erstarrt dieses Material, so schwindet es. Es entsteht also ein Volumendefizit und es bildet sich ein Hohlraum, in dem Unterdruck herrscht. Ist die erstarrte Wand sehr schwach, wird sie vom Luftdruck eingedrückt und es entsteht eine Einfallstelle *(Außenlunker)*, die jedoch meist auch mit einem Innenlunker verbunden ist. Ist die erstarrte Gussschicht stark genug, entsteht nur ein *Innenlunker*.

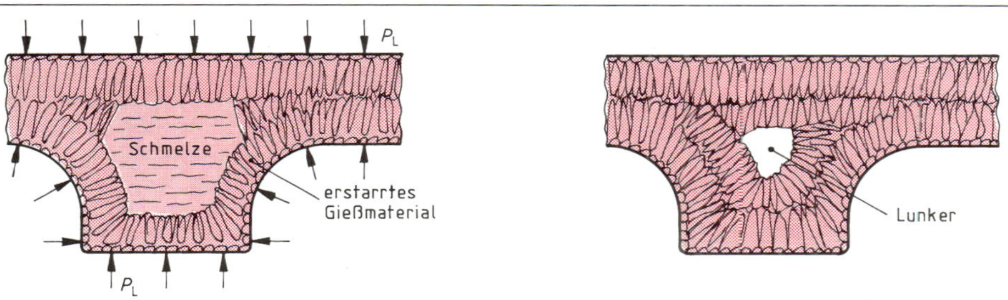

Entstehung eines Innenlunkers

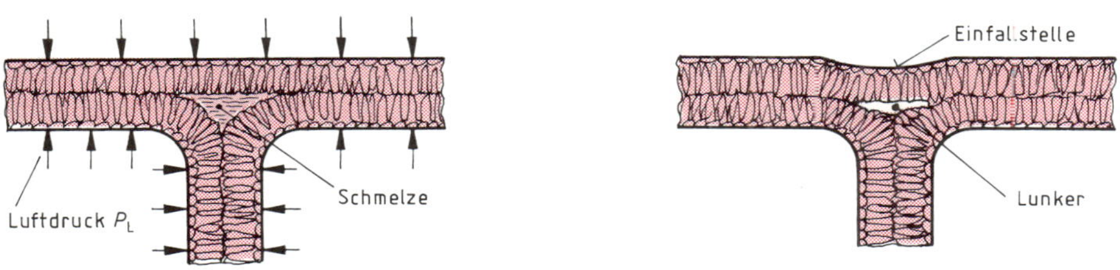

Entstehung einer Einfallstelle (Außenlunker) und eines Innenlunkers

- **Maßnahmen zur Vermeidung von Lunkern und Einfallstellen**

Lunker können durch Speiser und Kühleisen vermieden werden.

Speiser sind Körper mit größerem Modul als das zu speisende Stück. Sie werden durch einen Anschnitt, dessen Modul zwischen den Modulen von Stück und Speiser liegt, mit dem Formhohlraum verbunden, sodass sie während des gesamten Erstarrungsvorganges nachspeisen können.

Kühleisen, die auf die Stellen mit dem größten Modul aufgelegt werden, lassen die Erstarrung an diesen Stellen ebenso schnell erfolgen wie an den benachbarten Querschnitten. Kühleisen wirken also wie eine Vergrößerung der kühlenden Oberfläche.
Kühleisen und auch Kernstützen können im Gusseisen durch die schroffe Abkühlung die Entstehung von Fe_3C bewirken, was zu Schwierigkeiten bei der spanenden Bearbeitung an diesen Stellen führt.

Beispiele für den Einsatz von Speisern und Kühleisen

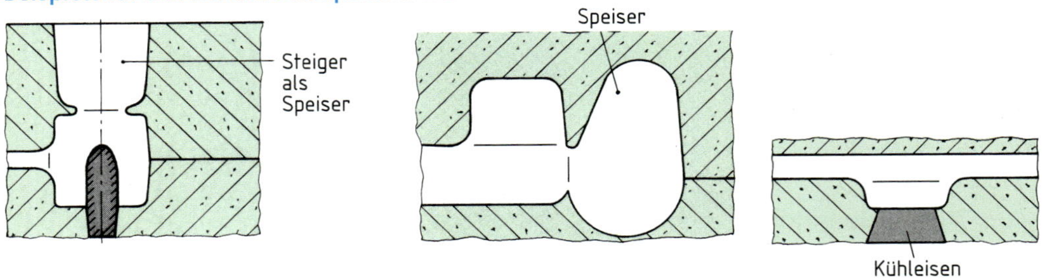

Bei der **gießgerechten Konstruktion** wird man bestrebt sein müssen, alle Partien des Gussstückes (soweit es möglich ist) so zu gestalten, dass keine Lunker und Einfallstellen entstehen können, denn alle Maßnahmen zur Verhütung von Lunkern verteuern die Herstellung des Gussstückes erheblich.

Um eine einwandfreie Speisung zu erzielen, sollen alle Querschnitte so gestaltet sein, dass die Module zu möglichst wenigen Stellen hin gleichmäßig anwachsen und dann das Werkstück von dort gespeist werden kann. Größere Bohrungen in Nocken sollten möglichst vorgegossen werden, damit hier kein größerer Modul auftritt. Ebenso sollten Knotenpunkte, an denen Rippen oder Wandungen zusammenstoßen, aufgelöst werden.

Beispiele für das Auflösen von Materialanhäufungen

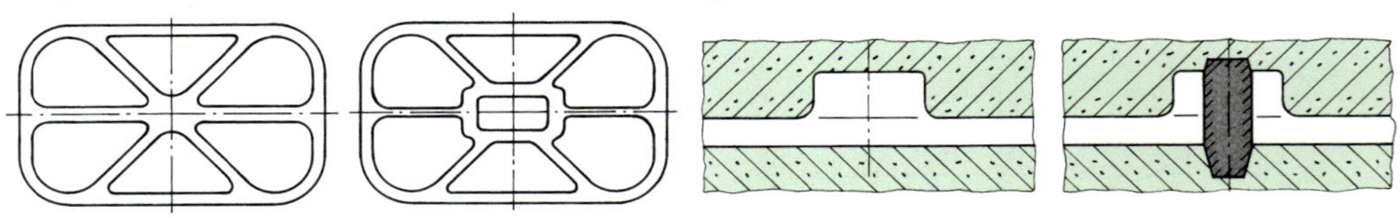

Ungünstiger Knotenpunkt in einer Verrippung | **Aufgelöster Knotenpunkt** | **Nocken (voll)** | **Nocken (mit vorzugießender Bohrung)**

Gießgerecht konstruieren bedeutet:
- Materialhäufungen vermeiden.
- Querschnitte so gestalten, dass der Modul zu Einguss- und Speiserstellen hin ansteigt.

- **Entstehung und Vermeidung von Rissen**

Durch unterschiedliche Abkühlung verschiedener Querschnitte treten Spannungen im Werkstück auf, die zur Rissbildung führen können. Darum sollen starke Querschnittsänderungen unbedingt vermieden werden. Jede Richtungsänderung soll durch Radien eingeleitet werden.

Rechtwinklige Anschlüsse sollten ebenfalls vermieden werden, damit keine Schrumpfungsrisse in den Ecken auftreten.

Beispiele für Verminderung der Rissneigung

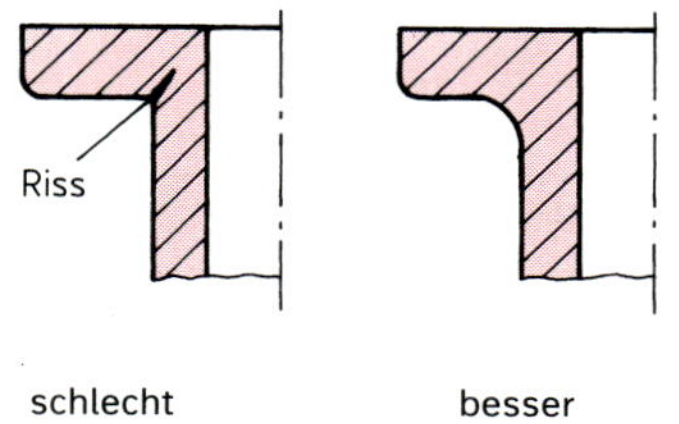

Vermeidung von Anrissen durch Radien

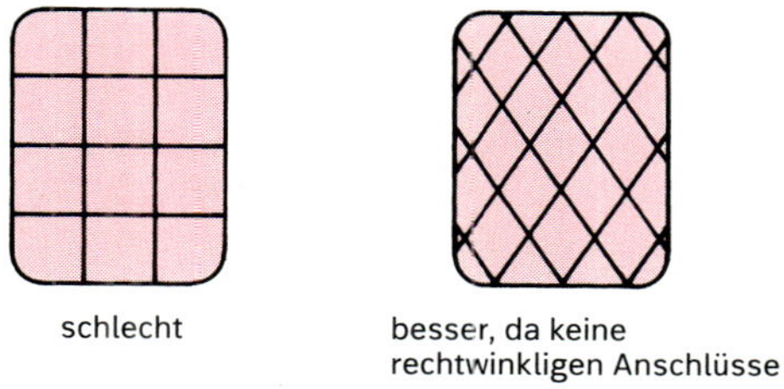

Vermeidung von Anrissen in einer Verrippung

Erstarrungsgerecht konstruieren bedeutet:
- Gleichmäßige Wanddicken anstreben.
- Materialanhäufungen an Knoten auflösen.
- Scharfe Ecken vermeiden.

1.1.7.3 Putzgerechte Konstruktion

Die Gussoberfläche muss zunächst von anhaftendem Formstoff gesäubert werden. Dies geschieht durch Strahlen mit Drahtkorn, seltener durch Sandstrahlen. Das Gussstück sollte darum so gestaltet sein, dass alle Stellen gut vom Strahlmittel erreicht werden.
An der Formteilung und den Kernmarken entsteht immer ein mehr oder weniger starker Grat, der durch Schleifen entfernt werden muss. Aus diesem Grunde sollte das Gussstück so gestaltet werden, dass dieser Grat an allen Stellen leicht mit der Schleifscheibe erreicht werden kann.
Dasselbe gilt für Stellen, an denen Anschnitte von Eingüssen und Speisern abgetrennt werden müssen.
Der Eingang des Kernes in das Gussstück muss, soweit es von der Konstruktion her möglich ist, in Lage und Größe so gestaltet werden, dass die Entfernung des Kernmaterials aus dem Gussstück gut erfolgen kann.

1.1.7.4 Zusammenfassung der Konstruktionsregeln

Gussgerechte Konstruktion

formgerecht	**gieß- und erstarrungsgerecht**	**putzgerecht**
Vermeiden Sie: Kerne, Losteile, Ballen, Kernstützen, scharfe Kanten.	*Verhindern Sie:* Lunker durch gerichtete Erstarrung, Risse durch richtige Gestaltung von Querschnittsübergängen.	*Ermöglichen Sie:* einfache Entfernung von Graten, Anschnitten u. a., leichtes Entfernen der Kerne.

Aufgaben zu 1.1 Gießen

1. Unterscheiden Sie Urformen und Umformen. Geben Sie dazu Beispiele an.
2. Welche Aufgaben haben Modelle, Kerne, Kernmarken, Speiser, Kühleisen, Steiger?
3. Wo liegt der Unterschied zwischen Nass- und Trockenguss?
4. Welche Vorteile bietet das Formmaskenverfahren?
5. Beschreiben Sie in Stichworten die Herstellung einer Feingussform.

6. Berechnen Sie die Druckkraft des Gießmetalles auf den Oberkasten.

$\varrho_{GJL} = 6{,}5 \, \frac{g}{cm^3}$

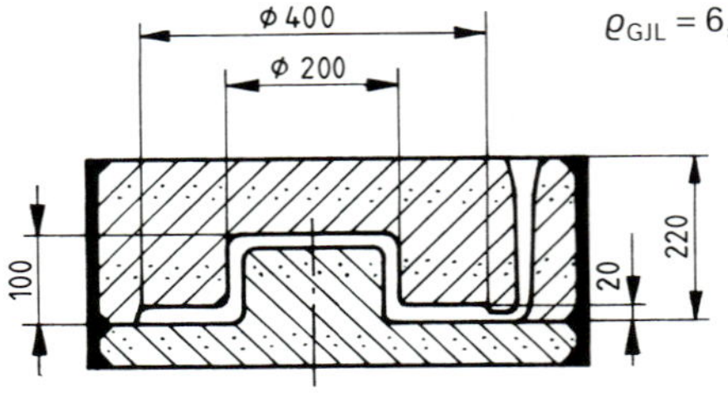

7. Berechnen Sie die erforderliche Mindestumdrehungsfrequenz zum Schleudern des skizzierten Rohres.

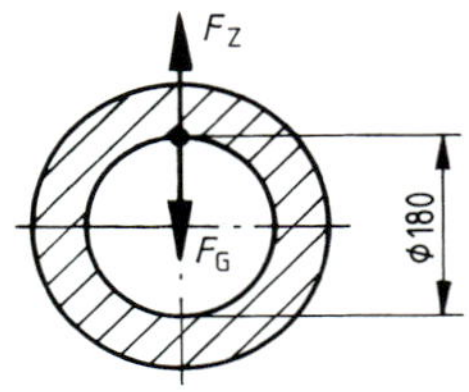

8. Welche Kraft wirkt unmittelbar nach Formfüllung auf den skizzierten Kern? Wo müssten die notwendigen Kernstützen eingelegt werden?

$\varrho_{GJL} = 6{,}5 \, \frac{g}{cm^3}$

$\varrho_{Kern} = 2{,}1 \, \frac{g}{cm^3}$

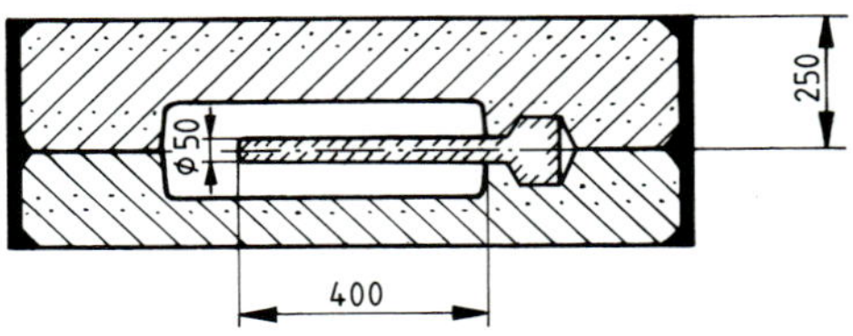

9. Welche Bedeutung hat die Formschräge?

10. Warum soll die Bearbeitungszugabe 2 mm nicht unterschreiten?

11. Welche Bedeutung hat der Erstarrungsmodul für die Anschnitt- und Speisertechnik?

12. Das skizzierte Teil wurde durch Schweißen und anschließende spanende Bearbeitung hergestellt. Da größere Stückzahlen erforderlich werden, soll es gegossen werden.

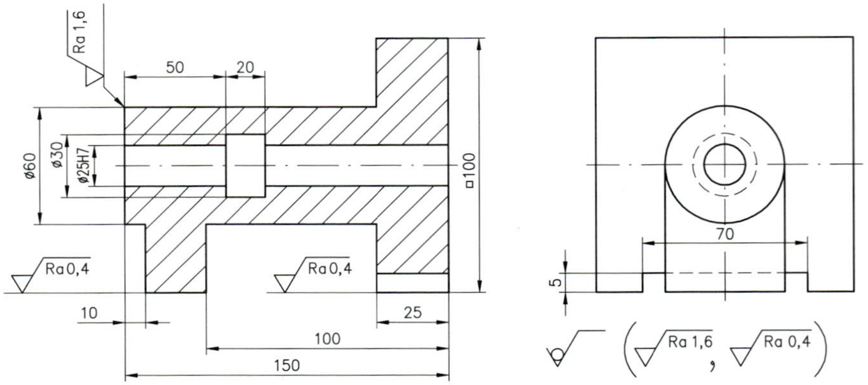

a) Erstellen Sie eine gießgerechte Konstruktion.

b) Fertigen Sie den Modellriss an.

c) Zeichnen Sie einen Schnitt durch die fertige Form. Schraffuren:

Werkstück Kern Bearbeitungszugabe Formsand

1.2 Sintern

Sintern ist der Oberbegriff eines Verfahrens, bei dem körnige oder pulvrige Stoffe durch ein Urformverfahren, z. B. Pressen, in eine erste feste Form überführt werden.
Anschließend erhalten sie durch das Stoffeigenschaftsändern „Sintern" die zum Gebrauch erforderliche Festigkeit.

1.2.1 Formgebung der Metallpulver

Zur Herstellung eines Werkstückes aus Metallpulvern muss das Pulvergemisch zunächst eine Form erhalten. Die Formgebung kann durch Pressen, Walzen, Vergießen als Schlämme oder Aufschütten erfolgen. Außer beim Aufschütten werden dabei formstabile Stücke (Presslinge) gewonnen. Das in Formen aufgeschüttete Pulver ergibt erst nach einem Sintervorgang stabile, poröse Körper, die als Metallfilter verwendet werden können oder durch Nachverdichten (Walzen, Pressen) poröse Lagerwerkstoffe ergeben.

Beispiel für die Formgebung eines Metallpulvers

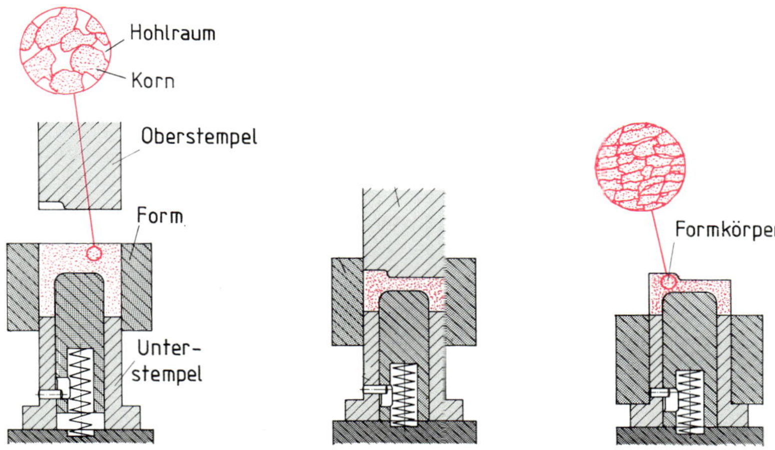

1.2.2 Sintervorgang

Das Sintern von Formstücken aus Metallpulvern ist eine Wärmebehandlung zur Erzeugung eines festen Formkörpers.
Je nachdem, ob ein Pulver aus einer oder mehreren Komponenten besteht, unterscheidet man Ein- oder Mehrkomponentensysteme.
Im **Einkomponentensystem** (z. B. bei reinem Eisenpulver) haften die Pulverteilchen nach dem Verdichten (Verpressen) zunächst infolge Adhäsion aneinander.

Erst ab Temperaturen oberhalb von 0,23 · T_S (T_S Schmelzpunkt in Kelvin) wird der Zusammenhalt stärker durch Oberflächendiffusion bestimmt, d. h., an den Berührungsstellen der Pulverteilchen wandern Atome der Oberflächen so, dass ein möglichst energiearmer Zustand erreicht wird.

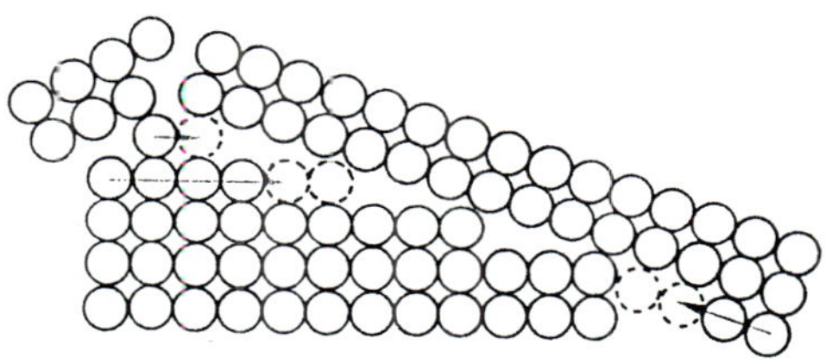

Oberflächendiffusion

Bei einer Sinterung oberhalb 0,37 · T_S können dann Atome aus dem Gitter des einen Teilchens in das Gitter des anderen Teilchens eindiffundieren. Bei diesem Vorgang bilden sich durch Rekristallisation völlig neu orientierte Gitter.

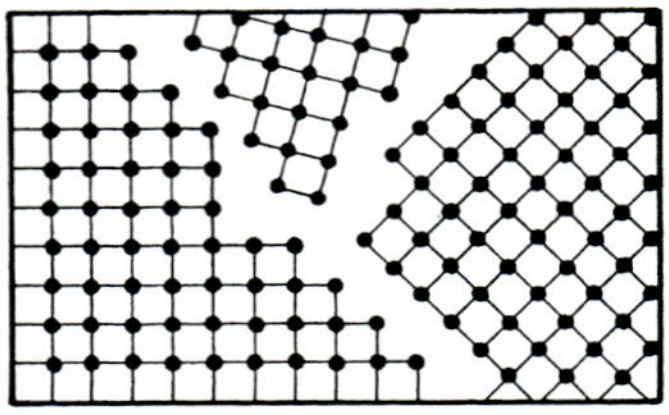
ungesintertes Pulver

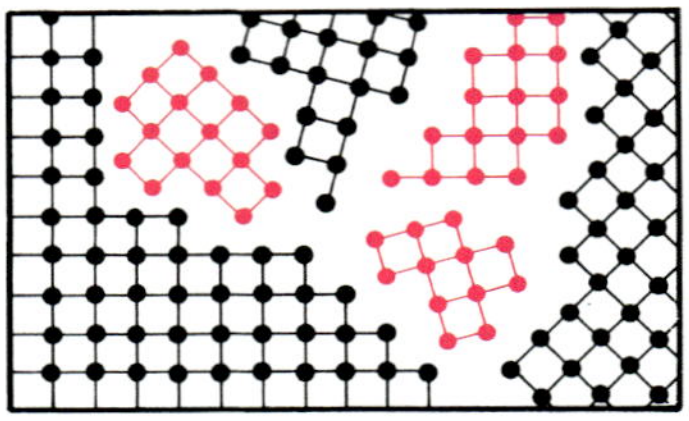
Beginn der Rekristallisation

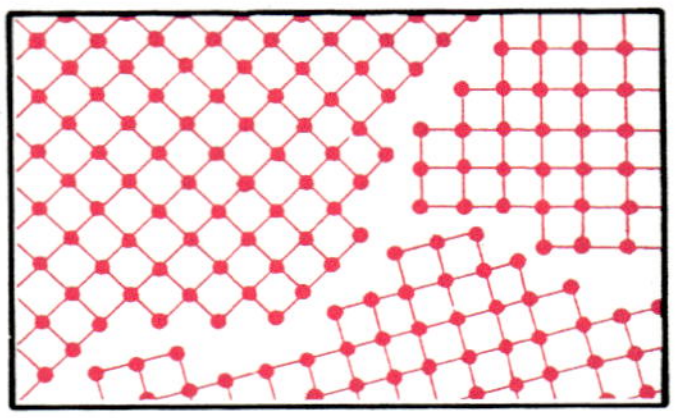
durch Rekristallisation neu gebildete Körner

Bei **Mehrkomponentensystemen** aus Stoffen, die im festen Zustand ineinander löslich sind, tritt bei Gitterdiffusion mindestens an den Grenzflächen Mischkristallbildung ein, z. B. in Mischungen aus Eisen und Kobalt oder aus Kupfer und Nickel.
Bei Stoffen, die sich im festen Zustand nicht ineinander lösen, erfolgt die Bindung durch Vergrößerung der Adhäsion infolge Diffusion der Atome an den Berührungsflächen.
Die Sintertemperatur kann auch so hoch gewählt werden, dass eine flüssige Phase neben einer festen Phase auftritt. Hierdurch wird die Diffusion an den Grenzflächen außerordentlich begünstigt. Gleichzeitig nimmt der Porenraum erheblich ab – es treten dann maßliche Veränderungen des Werkstückes ein.

Es ist auch möglich, ein hochschmelzendes Pulver zu einem Formkörper zu verdichten und anschließend die Porenräume durch die Kapillarwirkung von einer Tränklegierung ausfüllen zu lassen. Notwendig ist dabei jedoch eine gute Benetzbarkeit des Formkörperwerkstoffes.
Die Sinterung wird für Einkomponentensysteme bei etwa $0{,}7 \cdot T_S$ bis $0{,}8 \cdot T_S$ durchgeführt. Bei Mehrkomponentensystemen richtet sich die Sintertemperatur nach der Art der beabsichtigten Bindung der Teilchen.

Die Sinterung erfolgt in Sinteröfen unter Vakuum, in neutraler oder schwach reduzierender Atmosphäre. In Sonderfällen wird die Ofenatmosphäre so eingestellt, dass eine Aufkohlung oder Aufstickung des Werkstoffes erfolgt, sodass harte Karbide oder Nitride gebildet werden (**Sinterwerkstoffe s. Werkstoffkunde, Kapitel 1.4**)

> Beim Sintern wird aus metallischen Pulvern unter hohem Druck ein Rohling gepresst und unter Wärmewirkung ein zusammenhängendes Werkstückgefüge geschaffen.

1.2.3 Grundregeln für die Konstruktion von Sinterwerkstücken

- Metallpulver fließen nicht um scharfe Kanten, wie zum Beispiel flüssige Metalle, und es können keine steilen Schrägen quer zur Pressrichtung vorgesehen werden, wie dies normalerweise beim Gießen möglich wäre.
- Um eine gleichmäßige Werkstoffdichte zu erreichen, sollte das Verhältnis Länge zum Durchmesser nicht größer als 3 : 1 sein.
- Löcher in Pressrichtung werden durch Einsetzen von Kernstäben mit eingepresst. Der kleinste Durchmesser wird durch die Bruchanfälligkeit dünner Kernstäbe begrenzt.
- Wo Außenradien oder Abschrägungen notwendig sind, muss genügend Grundmasse vorgesehen werden, weil spitze Kanten beim Werkzeug zum Bruch neigen.

Aufgaben zu 1.2 Sintern

1. Was versteht man unter Sintern?
2. Welche Kräfte bewirken im Einkomponentensystem den Zusammenhalt der Teilchen bei unterschiedlichen Temperaturen?
   Erklären Sie die entsprechenden Begriffe und geben Sie dazu für Kupfer (Schmelztemperatur = 1 083 °C) die Grenzwerte in °C an.
3. Nennen Sie die möglichen Bindungen für Mehrkomponentensysteme.
4. Bei welcher Sintertemperatur wird Sintereisen erzeugt?
   Lesen Sie dazu den Abschnitt „Durchführung der Sinterung“.

1.3 Additiv Fertigen

1.3.1 Verfahrensprinzip

Mit der additiven Fertigung werden Bauteile unmittelbar aus digitalen 3D-Modellen erzeugt. „Additiv" bedeutet dabei, dass die Formgebung durch schrittweisen Aufbau aus einzelnen Schichten erfolgt – im Gegensatz zur spanenden Fertigung, bei der schrittweise Teilchen entfernt, also subtrahiert, werden.

Bei der additiven Fertigung wird vor dem eigentlichen Fertigungsprozess die 3D-Geometrie mit einer speziellen Software in viele dünne horizontale Schnitte zerlegt. Dieser Vorgang wird als **Slicen** bezeichnet. In der additiven Fertigungsanlage werden diese Schichten real erzeugt und zu einem fertigen Bauteil verbunden.

Das 3D-Modell kann als CAD-Konstruktion mit einem 3D-CAD-System erzeugt werden. Ebenso kann durch 3D-Scannen eines Modells und entsprechende Nacharbeit sowie dem Einfügen der Innenkontur mit einem CAD-System ein 3D-Modell hergestellt werden, das für die additive Fertigung geeignet ist.

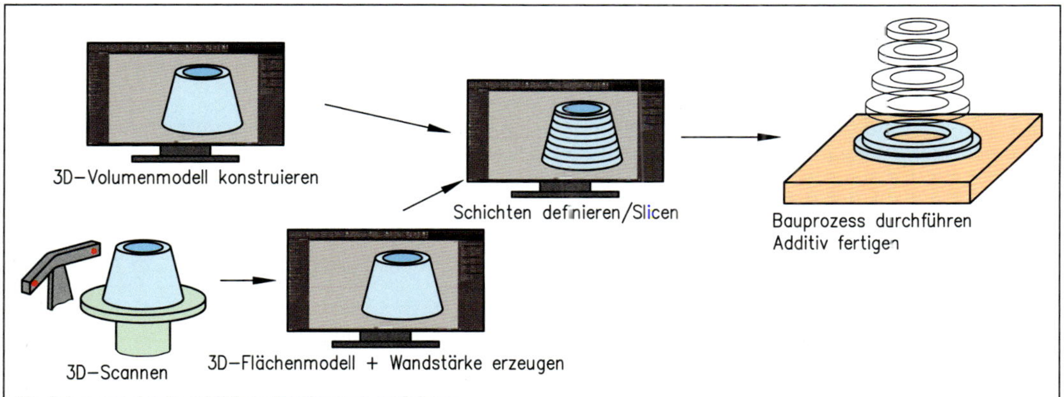

Verfahrensprinzip additiver Fertigungsverfahren

Die Basisstoffe zur Addition können feste Stoffe oder Flüssigkeiten sein. Als feste Stoffe werden Folien, Drähte und Pulver eingesetzt. Aus ihnen werden Schichten erzeugt, die beim Aufbau jeweils mit der darunter liegenden Schicht verklebt, verschmolzen oder versintert werden.

Beispiel für einen Bauprozess bei additiver Fertigung – Laser-Sintern (Schema)

Auf die Bauplattform wird zunächst eine dünne Pulverschicht aufgetragen. Diese wird entsprechend der Kontur der ersten Werkstückschicht von einem Laserstrahl gesintert. Anschließend wird die Bauplattform um die Stärke der nächsten Schicht abgesenkt; es wird Pulver für die nächste Schicht aufgetragen und entsprechend der Kontur der zweiten Schicht durch einen Laserstrahl so gesintert, dass sich diese auch mit der Schicht darunter verbindet. So erfolgt der Aufbau Schicht auf Schicht.

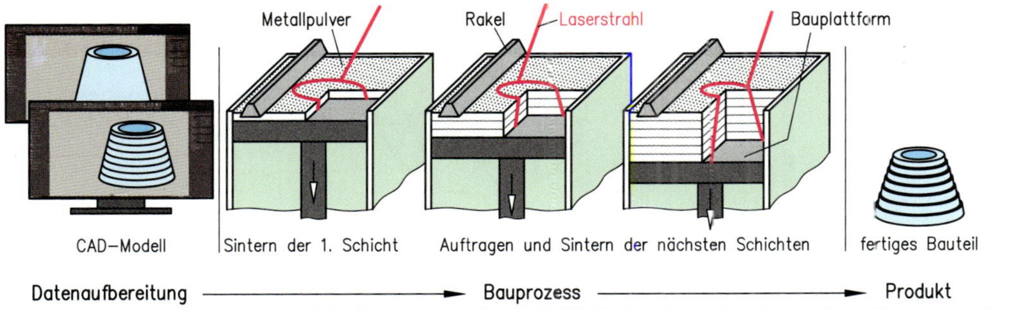

Additive Fertigung geht von einem digitalen 3D-Modell aus, das entweder durch Konstruktion oder Scannen erzeugt wurde. Durch Slicen werden die Konturen der Schichten bestimmt, die zur Erzeugung des Bauteils aufeinander aufgebaut (addiert) werden müssen.

1.3.2 Datenaufbereitung zur additiven Fertigung

1.3.2.1 CAD-Modell

Zur additiven Fertigung eignen sich grundsätzlich alle CAD-Modelle, die mit 3D-CAD-Systemen erstellt worden sind.

Flächenmodelle, die z. B. durch Scannen mit einem 3D-Scanner erzeugt worden sind, sind ebenfalls geeignet. Sie müssen aber zuvor bearbeitet werden, um Fehler zu beseitigen. Fehler in solchen Modellen sind häufig „Löcher" in den Oberflächen, die durch fehlende Daten entstehen. Andere mögliche Fehler sind Oberflächenteile, die sich überlagern.

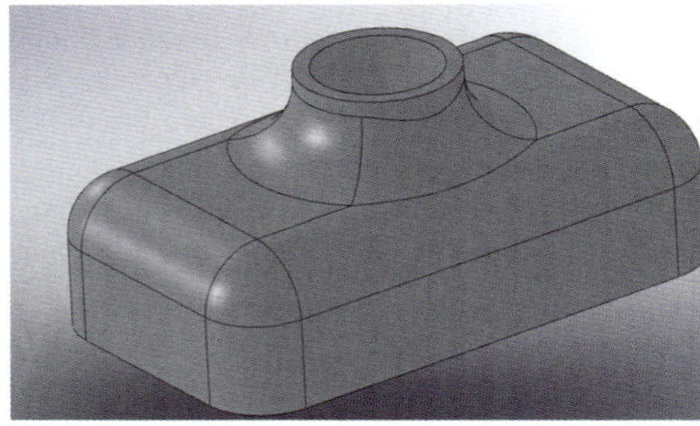

CAD-Modell „Deckel"

1.3.2.2 CAD-Modell im STL-Format

Die entsprechend vorbereiteten CAD-Modelle müssen im nächsten Schritt in ein Datenformat überführt werden, das von der Software des Additionssystems in Aktionsschritte umgesetzt werden kann.

Das zurzeit am häufigsten verwendete Datenformat ist das **STL-Format** *(**S**tandard **T**riangulation **L**anguage oder auch Standard Tessellation Language).*

Im STL-Format werden die Oberflächen von 3D-Volumenkörpern mithilfe von Dreiecken beschrieben. Je stärker die Oberfläche eines 3D-Modells von der ebenen Form abweicht und je genauer sie später geformt werden soll, desto engmaschiger muss das Netz der Dreiecke sein, um eine Krümmung durch flächige Dreiecke hinreichend genau abbilden zu können.

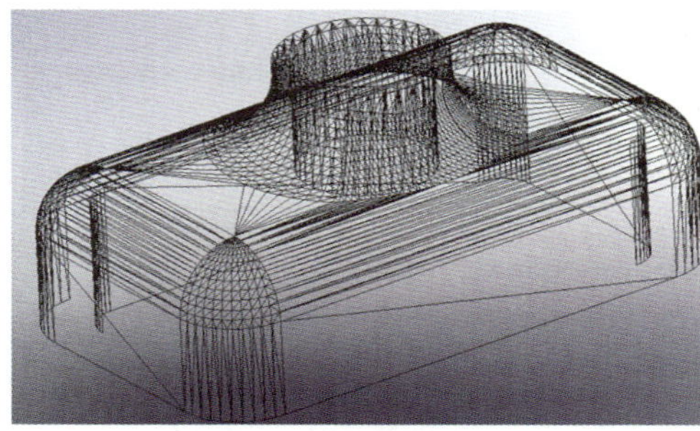

CAD-Modell „Deckel" im STL-Format

Von jedem Dreieck werden die Koordinaten der Eckpunkte und die Richtung der Flächennormalen, die von der Außenseite fortweist, gespeichert. Dadurch fällt eine sehr große Datenmenge bei der Speicherung der STL-Daten, z. B. im ASCII-Code oder Binär-Code, an. In manchen Fällen ist noch eine Korrektur der Daten notwendig, wenn z. B. bei der CAD-Konstruktion Körper nicht exakt vereinigt wurden oder wenn „Löcher" und Überlappungen in der STL-Darstellung auftreten. Die Korrektur erfolgt mit spezifischer Prüf- und Reparatursoftware.

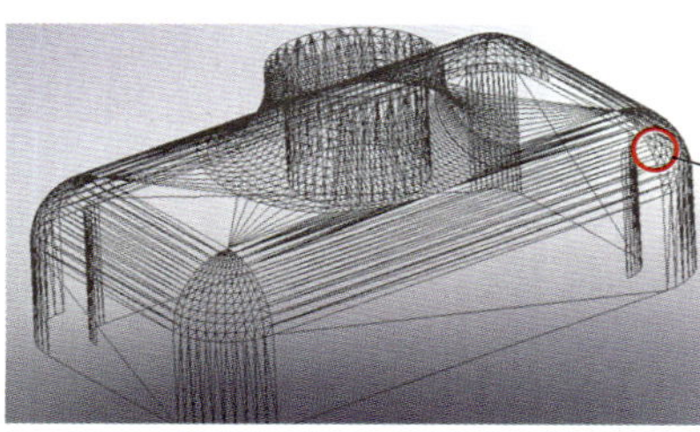

CAD-Modell im STL-Format

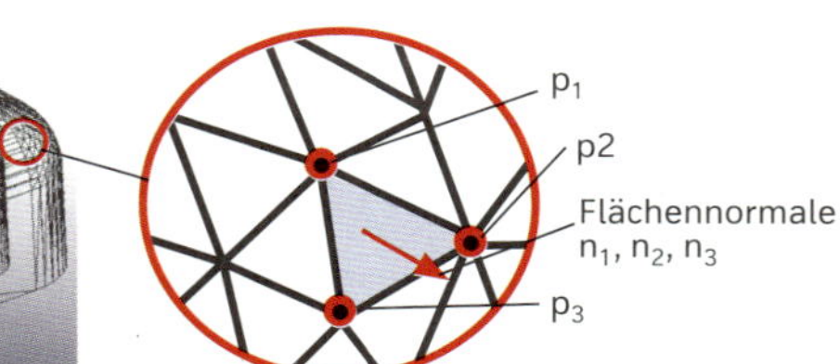

Informationen, die zu jedem Dreieck gespeichert werden

solid *name*
  facet normal n_1, n_2, n_3
    outer loop
      vertex p_{1x}, p_{1y}, p_{1z}
      vertex p_{2x}, p_{2y}, p_{2z}
      vertex p_{3x}, p_{3y}, p_{3z}
    endloop
  endfacet
endsolid *name*

STL-Daten eines Dreiecks im ASCII-Code

Daten im STL-Format

> Im STL-Format wird die Oberfläche eines Bauteils in Form flächiger Dreiecke dargestellt. Von jedem Dreieck werden die Koordinaten der Eckpunkte und die Richtung der Flächennormalen gespeichert.

1.3.2.3 Slicen und Datenerzeugung im G-Code (DIN 66025)

Mit der STL-Datei selbst sind noch keine Schichten beschrieben, die erzeugt und addiert werden können. Dazu muss zunächst mit verfahrensspezifischen Programmen das Bauteil im STL-Format auf der dort vorgegebenen virtuellen Bauplattform positioniert werden.

Anschließend kann das im STL-Verfahren gewonnene und positionierte Abbild in Schichten parallel zur Bauteilplattform zerlegt werden: Man spricht dabei von **Slicen**. Die Schichten werden auch als **Layer** bezeichnet.

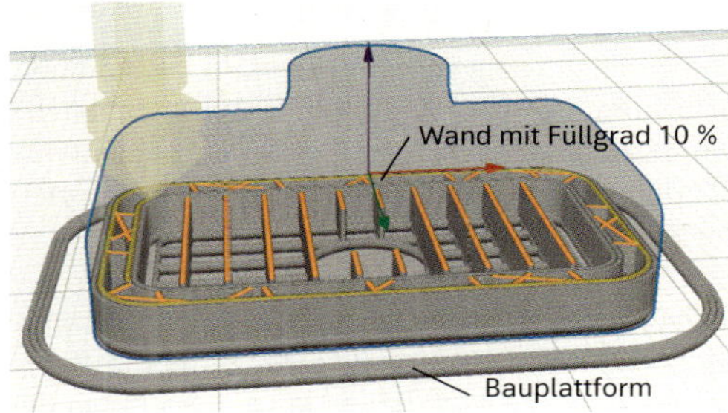

Layer 57 des Bauteils „Deckel“

Ein Layer zeigt in Form und Umrissen den Bereich, den das Bauwerkzeug (z. B. der Laserstrahl) abfahren muss, um die Schicht aufzubauen. Die verfahrensspezifische Software erzeugt aus den Umrissen automatisch die Wegbeschreibung des Bauwerkzeugs zur Erzeugung der einzelnen Schicht.

Die Beschreibung erfolgt zusammen mit den Koordinaten der Zielpunkte in Form von G-Codes entsprechend der DIN 66025, z. B. **G0** für Eilgang, **G1** für geradlinige Arbeitsbewegung mit definiertem Vorschub – also ähnlich wie beim CNC-Fräsen.

Von der verfahrensspezifischen Software werden die Wegbeschreibungen ergänzt durch

- **allgemeine Informationen**, z. B. **G21** für metrische Angaben, **G90** für Absolutmaße,
- **technologische Daten**, z. B. **M109** für Temperatur bei Fertigung mit thermoplastischen Materialien, Geschwindigkeit des Bauwerkzeugs,
- **Baudaten**, z. B. Layerdicke, Füllgrad von Querschnitten, Struktur der Füllung.

```
start.gcode = ;Sliced at: {day} {date} {time}
;Basic settings: Layer height: {layer_height} Walls:
;M190 S{print_bed_temperature} ;Uncomment to add your
;M109 S{print_temperature} ;Uncomment to add your own
G21          ;metric values
G90          ;absolute positioning
M82          ;set extruder to absolute mode
M107         ;start with the fan off
G28 X0 Y0 ;move X/Y to min endstops
G28 Z0       ;move Z to min endstops
G1 Z15.0 F{travel_speed} ; move the platform down 15mm
..
LAYER:57
G0 F3000 X118.595 Y121.424 Z8.850
TYPE:FILL
G1 X113.661 Y116.490
G0 X112.222 Y116.380
```

Ausschnitte aus dem Fertigungsprogramm „Deckel“

In den meisten additiven Verfahren sind überhängende Konturen nur bis zu einem bestimmten Steigungswinkel ohne Stützen herstellbar. Darum müssen für diese Bereiche Stützkonstruktionen vorgesehen werden. Viele Programme erzeugen diese Stützkonstruktionen automatisch im Zusammenhang mit dem Slicen.

Aus der Gesamtheit der Informationen entsteht das Fertigungsprogramm zur Bauteilerzeugung. Die entsprechenden Dateien tragen in vielen Fällen die Endung **.gode.**

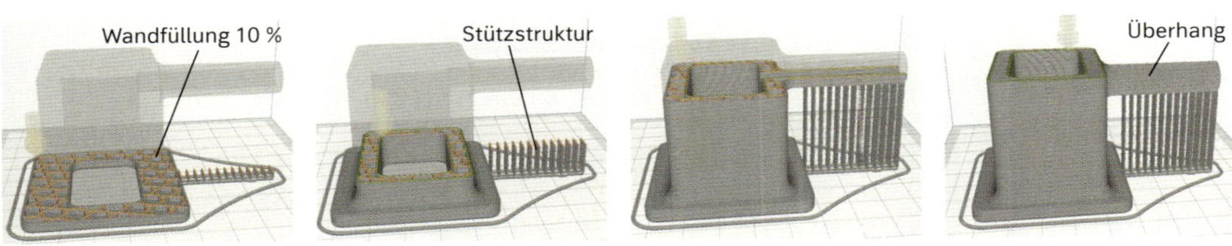

Automatisch generierte Stützstruktur bei einem durch 3D-Druck mit ABS gefertigten Bauteil

1.3.3 Additive Fertigungsverfahren

1.3.3.1 Maschinenaufbau

Entsprechend dem Verfahrensprinzip, der Addition von Schichten, besteht die Maschinenbasis bei allen Verfahren zur additiven Fertigung aus einer Bauplattform, auf der die Schichten schrittweise aufgebaut werden. Die Bauplattform verkörpert die X-Y-Ebene.

In Z-Richtung wird die Schichtdicke durch Vergrößern des Abstands zwischen Bauwerkzeug und Bauplattform erzeugt. Je nach Bauart wird dabei entweder die Bauplattform abgesenkt oder das Bauwerkzeug angehoben.

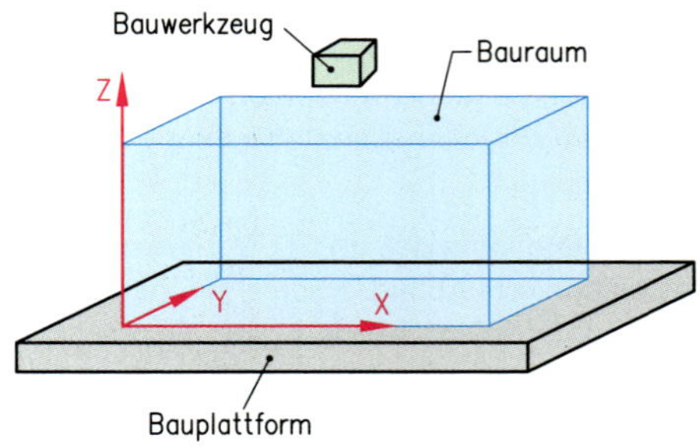

Maschinenkoordinaten

Das Bauwerkzeug, z. B. der Laserstrahl oder die Spritzdüse, erzeugt durch Verfahren in X- und Y-Richtung die gewünschte Kontur. Dazu wird entweder die Bauplattform in diese Richtungen bewegt und das Bauwerkzeug steht fest oder das Bauwerkzeug führt diese Bewegung aus.

1.3.3.2 Stereolithografie (SL)

Das Stereolithografieverfahren ist das älteste der additiven Fertigungsverfahren. Bei diesem Verfahren wird die Kontur des Werkstücks durch schichtweises Aushärten von Kunststoff, z. B. von Epoxidharzen, mittels Laserstrahl erzeugt (Photopolymerisation). Dabei entstehen Bauteile mit hoher Genauigkeit und Oberflächengüte. Die Festigkeit der Bauteile ist jedoch relativ gering, sie kann bei verschiedenen Kunststoffen durch eine thermische Nachbehandlung, die zur vollständigen Aushärtung führt, verbessert werden. Überhänge können bei diesem Verfahren nur aus dem gleichen Werkstoff wie das Bauteil erzeugt werden und ergeben Spuren, die mechanisch entfernt werden müssen.

Mithilfe der Stereolithografie werden hauptsächlich Anschauungsmodelle erzeugt.

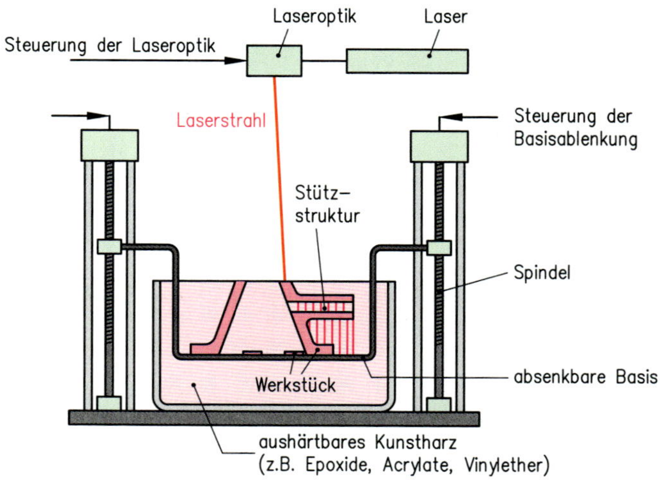

Stereolithografie (Schema)

> Im Stereolithografieverfahren werden Bauteile durch schichtweises Aushärten von Flüssigkunststoff (Photopolymerisation) erzeugt.

1.3.3.3 Selektives Laserschmelzen

Beim **selektiven Laserschmelzen** wird Metallpulver am Bearbeitungspunkt des Lasers aufgeschmolzen. Dabei verbindet sich die Schmelze mit der darunter liegenden Schicht. Durch das vollständige Schmelzen des Metallpulvers unterscheidet sich das selektive Laserschmelzen vom selektiven Lasersintern, bei dem Pulverteilchen nur an den Berührungsstellen verschweißen oder durch ein niedriger schmelzendes Bindemittel zusammengehalten werden, wie dies z. B. bei Wendeschneidplatten aus Hartmetall der Fall ist.

In den Anlagen zum selektiven Laserschmelzen wird das Metallpulver durch Schieber (Rakel) oder durch ein spezielles Walzensystem schichtweise aufgetragen und zur besseren Wärmeübertragung verdichtet. Die Schichtstärke liegt etwa im Bereich von 15 bis 150 µm. Das nicht verschmolzene und verdichtete Metallpulver kann in den meisten Fällen als Stützmaterial für überhängende Konturen dienen, so dass Stützkonstruktionen nur in Ausnahmefällen notwendig sind.

Damit der Schmelzvorgang zügig ablaufen kann, wird der Bauraum bis dicht unterhalb der Schmelztemperatur des Metallpulvers erhitzt. Zur Verhinderung von Oxidation wird das Laserschmelzen unter einer Schutzgasatmosphäre vorgenommen. Bei der Verarbeitung von Titan wird Argon als Schutzgas verwendet, bei den übrigen Metallen wird Stickstoff eingesetzt.

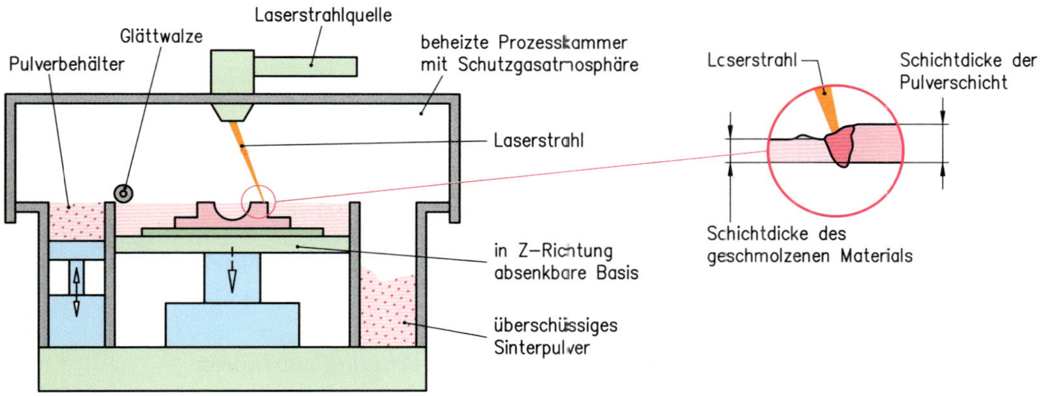

Anlage zum selektiven Laserschmelzen (Schema)

Die Liste von Metallen, die durch selektives Laserschmelzen additiv zu Bauteilen verarbeitet werden können, reicht von Aluminium-Silizium-Legierungen bis zu Werkzeugstählen und korrosionsbeständigen Edelstählen. Hinsichtlich der Festigkeits- und Dehnungskennwerte gibt es keinen Unterschied zu herkömmlich erzeugten und bearbeiteten Werkstoffen der gleichen Zusammensetzung. Darum sind Werkstücke, die durch Laserschmelzen erzeugt wurden, ähnlich belastbar wie Teile, die aus Vollmaterial in herkömmlichen Verfahren hergestellt wurden.

Durch selektives Laserschmelzen erzeugte Bauteile

Beim selektiven Laserschmelzen wird Metallpulver durch einen Laserstrahl zum Schmelzen gebracht. Das geschmolzene Material verbindet sich dadurch mit dem darunter liegenden Material. Festigkeits- und Dehnungskennwerte so erzeugter Bauteile entsprechen den Kennwerten von Bauteilen, die auf herkömmliche Weise hergestellt wurden.

1.3.3.4 Schmelzschichtung (FDM)

Schmelzschichtung (**F**used **D**epositting **M**odelling) ist derzeit das bekannteste additive Fertigungsverfahren und wird oft mit der Bezeichnung 3D-Druck belegt. Die Schmelzschichtung ist zurzeit das preisgünstigste additive Fertigungsverfahren zur Herstellung von Bauteilen aus thermoplastischen Kunststoffen, z. B. ABS. Bei den meisten Schmelzschichtungsverfahren wird das Baumaterial als Draht eingegeben, in einem Extruder auf Schmelztemperatur erhitzt und von dort dem Druckkopf mit der Druckdüse zugeführt. Je nach Verfahren wird das Material tropfen- oder strangförmig in Schichten aufgebracht. Die Qualität des Bauteils und hier besonders die Oberflächenqualität hängen entscheidend von der Druckgeschwindigkeit, der Schichtdicke und dem Düsendurchmesser ab.

Überhängende Konturen sind nur bis zu einem gewissen Winkel, der von der Art des verwendeten Materials sowie der Schichtdicke u. A. abhängig ist, herzustellen – meist sind dies etwa 45°. Zur Erzeugung größerer Überhänge sind Stützkonstruktionen notwendig. Man erzeugt diese mit einem zweiten Druckkopf aus löslichem Material, dem **Supportmaterial**. Nach der Fertigung des Bauteils wird das Stützmaterial mit Reinigungsmittel oder Wasser entfernt. Durch sehr dünne Trennschichten aus dem Supportmaterial können auch fertig gefügte Baueinheiten mit beweglichen Elementen hergestellt werden. Ebenso ist es möglich, Bauteile mit unterschiedlichen Farben oder aus unterschiedlichen Werkstoffen sowie mit Einlagen, z. B. Metallbuchsen, herzustellen.

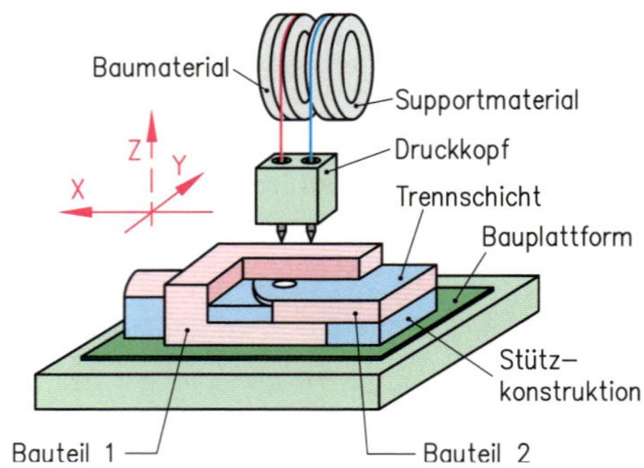

3D-Druck eines Gelenks

> Additive Fertigung von Bauteilen aus thermoplastischen Kunststoffen erfolgt vorwiegend durch Schmelzschichtung. Überhängende Bauteilkonturen erfordern bei diesem Verfahren Stützen aus dem Supportmaterial. Dieses Material kann auch als Trennmittel zur Erzeugung fertig gefügter Baugruppen eingesetzt werden.

1.3.3.5 Übersicht über das Spektrum der additiven Fertigungsverfahren

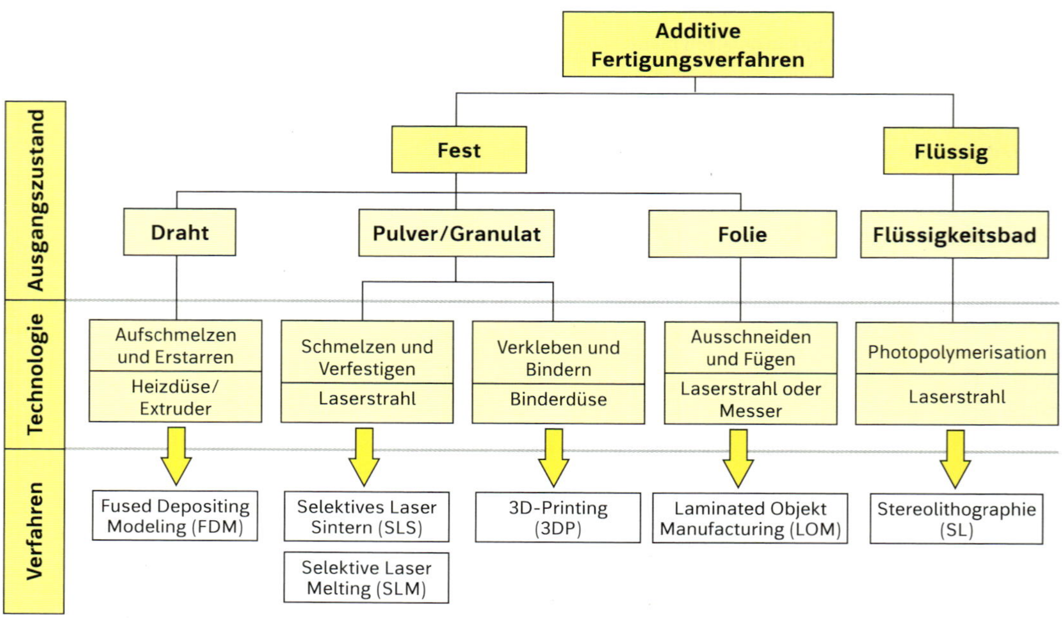

1.3.4 Merkmale und Anwendungsfelder additiver Fertigungsverfahren

- **Unmittelbare Erzeugung des Produkts aus Planungsdaten**

Durch die Erzeugung eines Produkts ohne größere Zwischenschritte zur Produktionsvorbereitung können Modelle und Muster von Konstruktionen in kurzer Zeit vorgelegt werden.
So begann die Anwendung additiver Fertigungsverfahren mit der Herstellung von Prototypen zum Anschauen, Testen und Optimieren (Rapid Prototyping). Mit zunehmender Anzahl der Materialien, die für die additive Fertigung geeignet sind, werden auch spezielle Funktionsteile (z. B. Greiferklauen, Medizininstrumente u. Ä.) sowie Ersatzteile kurzfristig und vor Ort additiv gefertigt.

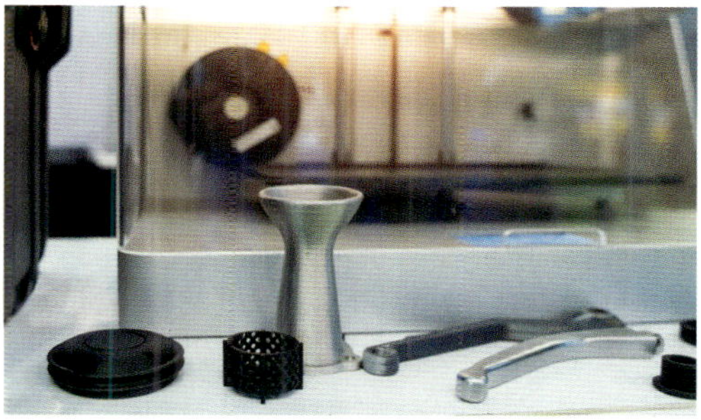
Additiv gefertigte Ersatzteile

- **Gestaltungsfreiheit**

In herkömmlichen Konstruktionen bestimmte neben der Funktion das gewählte Fertigungsverfahren in weiten Teilen die Gestalt eines Bauteils. In additiver Fertigung bestehen nahezu keine Einschränkungen hinsichtlich der Geometrie. So können Bauteile mit Hinterschnitten, extremen Querschnittsänderungen und beliebigen inneren Strukturen hergestellt werden. Außerdem können Bauteile in ihrer Gestaltung der Belastung angepasst und im Design optimiert werden – genauso wie dies in der Natur geschieht (Bionik) und zu Leichtbau führt.

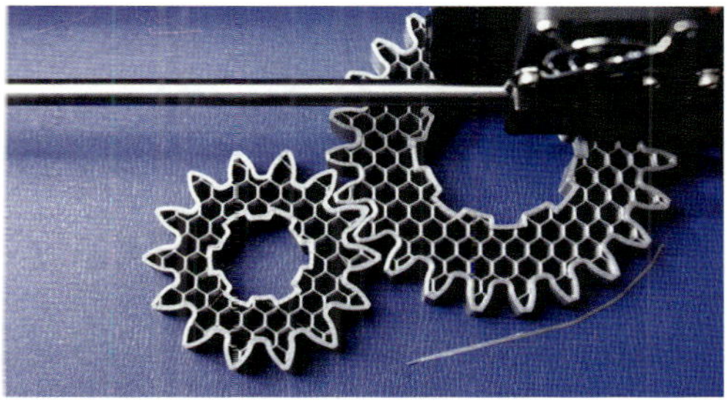
Gewichtsoptimierte Bauteile

- **Ressourcenschonung**

Im Gegensatz zu herkömmlichen spanenden Verfahren wird bei additiven Verfahren eine geringe Werkstoffmenge eingesetzt. Außerdem werden Werkstoffersparnisse gegenüber solchen Ur- und Umformverfahren erzielt, die Modelle, Formen und Gesenke erfordern.
Eine Einschränkung in dieser Hinsicht ist bei additiven Verfahren jedoch bei der Erzeugung metallischer Bauteile aus Metallpulvern zu machen: Die Metallpulver sind in der notwendigen Feinheit nur unter großem Aufwand herstellbar, so dass hier der Vorteil der Ressourcenschonung kaum zum Tragen kommt.

- **Erzeugung von Formen und Modellen für die herkömmliche Fertigung**

Während die additive Fertigung ohne Werkzeuge, wie z. B. Gussformen oder Gesenke, fertigt, können für die Fertigung kleiner Serien Ur- und Umformwerkzeuge schnell und kostengünstig additiv hergestellt werden.

Im Werkzeugbau können für kleine bis mittlere Serien Formen für das Spritzgießen additiv gefertigt werden. Dabei ist besonders vorteilhaft, dass innere Kühlkanäle zur Temperierung des Werkzeugs optimal entlang der Kontur geführt werden können.

Im Bereich der Gießereitechnik können für den Sandguss Modelle und Kernkästen additiv hergestellt werden. Ebenso werden Wachsmodelle für Feingussverfahren durch additive Fertigung erzeugt. Durch Lasersintern können auch komplette Formen und aufwendig gestaltete Kerne für Innenkonturen aufgebaut werden.

Additiv gefertigtes Modell für Feinguss

- **Hohe Fertigungszeiten**

Die Fertigungszeit für ein Werkstück ist bei der additiven Fertigung sehr viel höher als bei der herkömmlichen Fertigung, besonders wenn große Genauigkeit und Oberflächengüte verlangt werden. Darum liegt bei additiven Fertigungsverfahren der Schwerpunkt in der Fertigungsmenge meist bei nur wenigen Exemplaren oder kleinen Serien, zurzeit bei bis etwa 100 Stück pro Monat.

- **Gegenüber spanender Fertigung geringere Oberflächenqualität**

Gekrümmte Linien bestehen als Ergebnis der Triangulation aus sehr kurzen Geraden. Ferner weisen Flächen, die mit geringem Steigungswinkel von der Baufläche abweichen eine treppenartige Struktur auf. Diese Oberflächenmängel bedingen Nacharbeit bzw. führen dazu, dass beweglich gefügte Bauteile, die zusammenhängend additiv gefertigt wurden, erheblich höheres Spiel benötigen als spanend gefertigte.

- **Kombination mit anderen Fertigungsverfahren**

Die additive Fertigung wird meist auf ein einzelnes Bauteil bezogen und dieses in der Gesamtheit hergestellt. Man geht zur Verkürzung der Fertigungszeit in Einzelfällen dazu über, Serienteile nur zu ergänzen, z. B. durch additives Laserauftragsschweißen, und so die Vorteile der additiven Fertigung an den Stellen zu nutzen, an denen sie die optimale Bauteilgestaltung ermöglicht.

Beispiel für Laserauftragsschweißen mit integrierter spanender Fräsbearbeitung

Turbinengehäuse
Material: Edelstahl
Laserauftragschweißen: 230 min.
Fräsbearbeitungen: 76 min.
Abmessung: ⌀ 180 × 150 mm

1) Aufbau des Zylinders

2) Schwenk 90°: Generieren des Bundes

3) Fräsen von Planfläche und Umfang

4) Aufbau des konischen Trichters

5) Aufbau der umlaufenden Stutzen

6) Finishing der Innen-/Außenkontur

Ebenso kombiniert man additive Verfahren mit anderen Fertigungsverfahren.

2 Umformen

Umformen ist Fertigen durch bildsames (plastisches) Ändern der Form eines festen Körpers. Dabei werden sowohl die Masse als auch der Zusammenhalt beibehalten.
Das Umformen weist gegenüber anderen Fertigungsverfahren folgende Vorteile auf:
1. Geringere Materialverluste bei der Fertigung,
2. niedrige Fertigungszeit,
3. hohe Genauigkeit und Oberflächengüte.

Nachteilig ist, dass in den meisten Fällen besonders geformte Werkzeuge eingesetzt werden müssen, deren Herstellung erst bei größeren Serien wirtschaftlich ist.
Maßgebender Ordnungsgesichtspunkt der Umformverfahren ist die Art der bestimmenden äußeren Beanspruchung, welche die Formänderung des Körpers herbeiführt:

Umformen

- **Druckumformen** (z. B. Stauchen)
- **Zug-Druckumformen** (z. B. Tiefziehen)
- **Zugumformen** (z. B. Reckrichten)
- **Biegeumformen** (z. B. freies Biegen)
- **Schubumformen** (z. B. Verwinden)

2.1 Werkstoffkundliche Grundlagen des Umformens

- **Grundlagen des Metallumformens**

Ein Metall ist kristallin aufgebaut, das heißt, seine kleinsten Teilchen sind nach einer bestimmten Struktur, dem sogenannten Gitter, angeordnet.
Wird ein fester Stoff durch äußere Kräfte belastet, so tritt eine Formänderung ein. Bei sehr geringen Formänderungen werden nur die kleinsten Bausteine des Werkstoffes etwas weiter voneinander entfernt, es treten jedoch keine Platzwechsel dieser Teilchen ein, der Werkstoff ist nur *elastisch* umgeformt. Nach Fortnahme der Last nimmt das Werkstück wieder seine ursprüngliche Form ein. Bei höherer Belastung wird das Werkstück bleibend, also *plastisch* umgeformt. Dabei gleiten bestimmten Schichten eines Kristallits über mehrere Atomabstände gegeneinander. Dieser Vorgang ist mit dem Abscheren eines Kartenpäckchens vergleichbar.

Beispiel für elastische und plastische Verformung eines zugbelasteten weichen Stahls

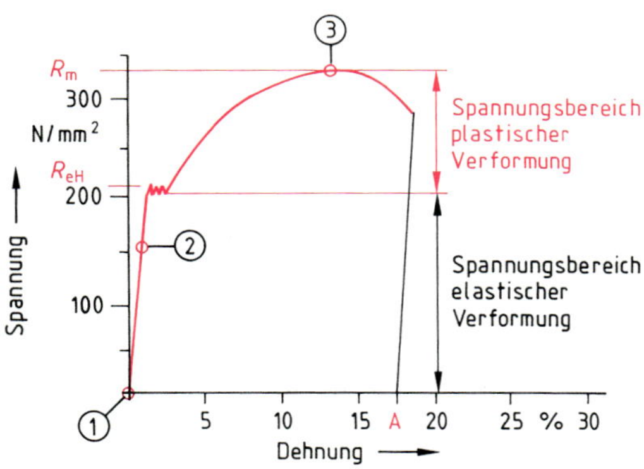

R_m Zugfestigkeit
R_{eH} Streckgrenze
A Bruchdehnung

③
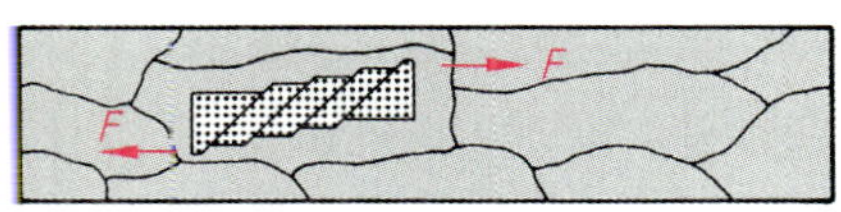

Gefüge bei plastischer Verformung

②
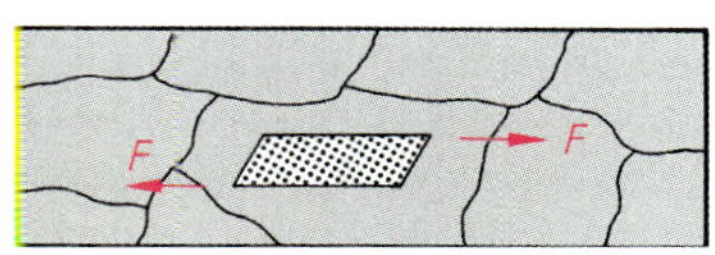

Gefüge bei elastischer Verformung

①
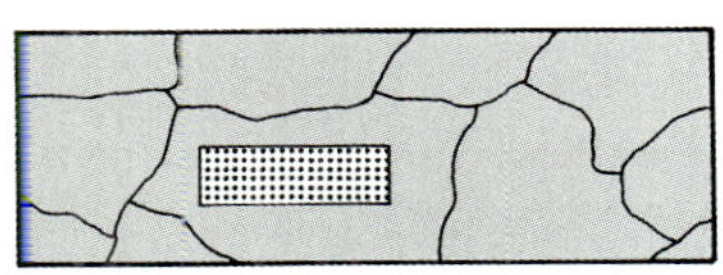

Gefüge vor der Verformung

Die plastische Umformung beginnt etwa bei der Spannung an der Streckgrenze eines Werkstoffs.

Gleitebenen und Gleitrichtungen

Die *Gleitebenen* sind im Kristall die Ebenen der *dichtesten Kugelpackung*. Sie liegen bei den verschiedenen Gittertypen unterschiedlich.
Die Dicke der gleitenden Schichten beträgt etwa $2 \cdot 10^{-8}$ m. Die größte Verschiebung zweier Schichten gegeneinander übersteigt $2 \cdot 10^{-7}$ m nicht.

Beispiele für Ebenen größter Packungsdichte, die Gleitebenen

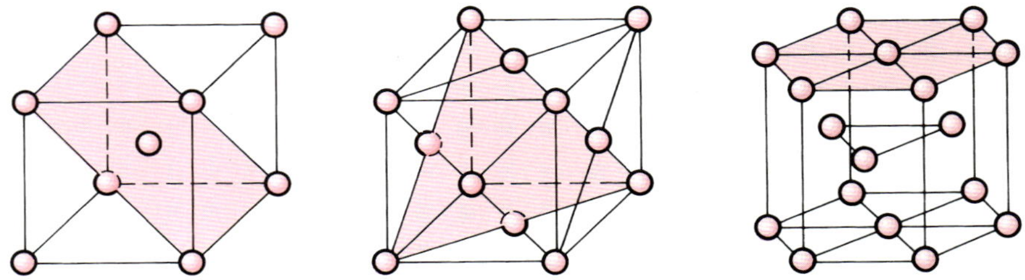

kubisch raumzentriert — kubisch flächenzentriert — hexagonal

Die *Gleitrichtungen* liegen in *Richtung der dichtesten Kugelpackung* innerhalb der Gleitebene.

Beispiele für Lagen von Gleitrichtungen in den Gleitebenen

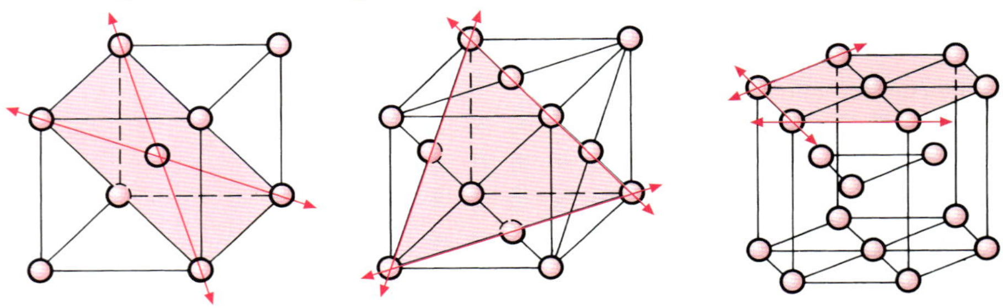

kubisch raumzentriert — kubisch flächenzentriert — hexagonal

> Umformen von Metallen geschieht durch Gleiten von Atomen auf bestimmten Ebenen im Gitter. Gleitebenen sind dichtest gepackte Ebenen, Gleitrichtungen sind Richtungen der dichtesten Kugelpackung.

Die Zahl der möglichen Gleitungen ist in kubischen Kristallgittern wesentlich höher als bei hexagonalen. Darum sind Metalle mit kubischem Gitteraufbau problemloser umzuformen.
Als Folgen dieses Gleitens werden polierte Flächen bei der Umformung matt. Die Auswirkungen von Gleitungen im Inneren des Werkstückes können durch spezielle Ätzverfahren sichtbar gemacht werden.

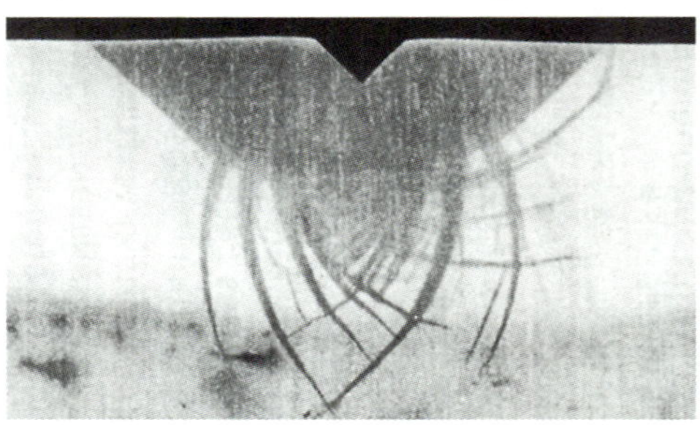

Kraftwirkungslinien an einem Eindruck (sichtbar gemacht durch frysche Ätzung)

> Metalle mit kubisch flächenzentriertem Gitteraufbau sind wegen der hohen Zahl an möglichen Gleitungen innerhalb des Kornes gut umformbar.

Das Gleiten erfolgt also nur in ganz bestimmten Richtungen. Dieses macht sich bei Metallen bei der Umformung im Allgemeinen nicht bemerkbar, da die einzelnen Körner unterschiedliche Orientierungsrichtungen haben. Das Metall wird also gleichmäßig verändert. Liegen jedoch die Kristallisationsrichtungen der einzelnen Körner nahezu gleich **(Textur),** so erfolgt die Umformung insgesamt nach Hauptrichtungen, die deutlich ausgeprägt sein können. Man spricht beim Tiefziehen von Zipfelbildung.

Beispiel für Textur und Zipfelbildung

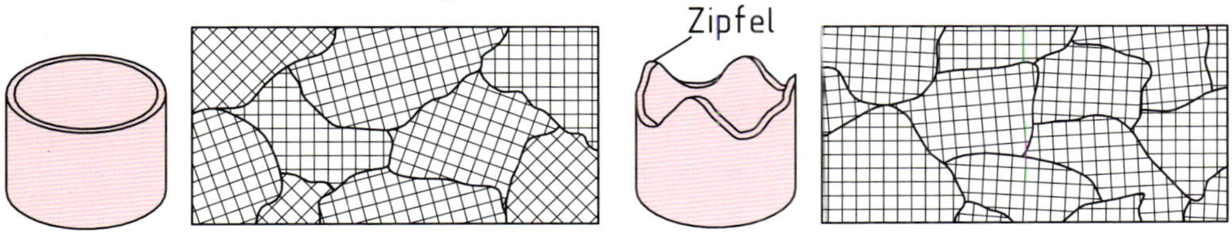

ohne Textur mit Textur

Bei nahezu gleicher Kristallisationsrichtung der einzelnen Körner (Textur) erfolgt die Umformung nach ausgeprägten Hauptrichtungen und führt beim Tiefziehen zur Zipfelbildung.

Die Gleitung innerhalb eines Kornes findet auf einer Gitterebene nicht auf einmal statt. Wenn dies der Fall wäre, dass also ganze Pakete in einem Zuge gegeneinander verschoben würden, müsste die Festigkeit der metallischen Werkstoffe mehr als 100-mal so hoch liegen, wie sie tatsächlich zu beobachten ist. Die Gleitung erfolgt vielmehr über Störungen im Gitteraufbau eines jeden Kornes, die als **Versetzungen** bezeichnet werden.

Diese Versetzungen sind zum großen Teil im Korn bereits als „Baufehler" vorhanden oder aber sie werden laufend während der Umformung an bestimmten „Versetzungsquellen" als Folge der von außen wirkenden Kräfte produziert.

Diese Versetzungen wandern bei Belastung durch das Korn und bewirken so ein Gleiten um jeweils einen Atomabstand.

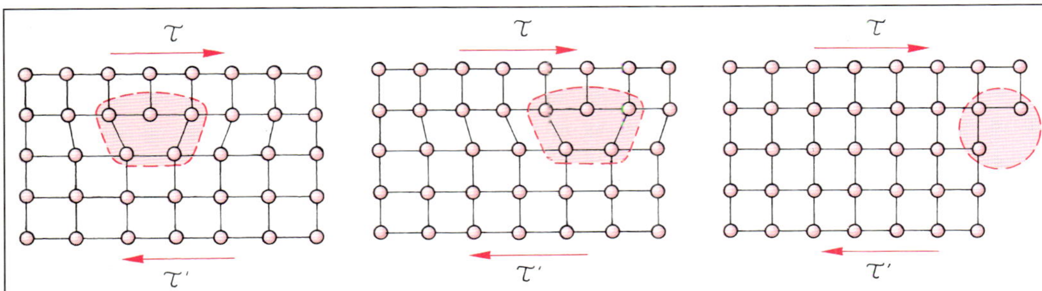

Wanderung einer Versetzung

Zu einer Umformung nach diesem Mechanismus sind weit geringere Kräfte notwendig als zum Verschieben einer ganzen Schicht. Die Grundtypen der Versetzung sind *Stufen-* und *Schraubenversetzung.*

Stufenversetzung **Schraubenversetzung**

Die Gleitung innerhalb eines Kornes erfolgt über Störungen im Gitteraufbau, die bei Belastung durch das Korn wandern und als Versetzungen bezeichnet werden.

Versetzungen werden bei ihrer Wanderung durch kreuzende andere Versetzungen blockiert. Da jede Versetzung eine starke Verspannung des Kristallgitters bewirkt, erhöht sich bei einer Umformung infolge blockierter Versetzungen ständig der Widerstand gegen das Umgeformtwerden, der Werkstoff wird *verfestigt*. Infolge der Verfestigung nehmen Bruchdehnung und Zähigkeit ab, während die Festigkeit, Streckgrenze und Härte des Materials steigen.

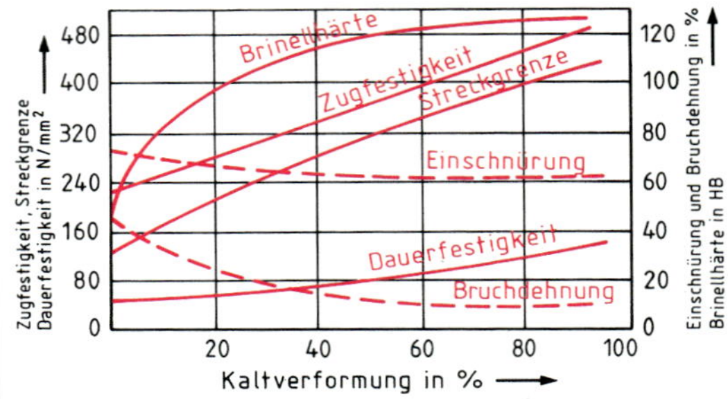

Änderung der Festigkeitseigenschaften von Kupfer

Wegen der Verfestigung infolge Kaltumformung müssen kaltumgeformte Metalle nach Erreichen eines bestimmten Umformungsgrades durch Zwischenglühen rekristallisiert werden, bevor die Umformung weitergetrieben werden kann.
Eingelagerte Fremdatome bewirken ebenfalls eine Behinderung der Wanderung von Versetzungen. Reine Metalle haben darum eine niedrigere Festigkeit und höhere Bruchdehnung als Legierungen. Aus diesem Grunde sind reine Metalle auch leichter umzuformen.

• Kalt- und Warmumformung

Von einer *Kaltumformung* wird gesprochen, wenn die Temperatur, bei der die Umformung stattfindet, *unter* der Rekristallisationstemperatur liegt (siehe Kapitel „Rekristallisationsglühen"). In diesem Fall bleibt eine je nach Art der Umformung mehr oder weniger starke Verfestigung zurück. Die Körner des Gefüges sind stark gestreckt.
Die *Warmumformung* wird oberhalb der Rekristallisationstemperatur durchgeführt. Darum beginnt im Normalfall schon während der Umformung eine Neubildung des Gefüges. Eine Verfestigung findet nicht statt.

• Formänderung

Zur Beschreibung einer Formänderung gibt man meist die *Nennformänderung* (bezogene Formänderung) an.

$$a_h = \frac{\Delta h}{h_0} \cdot 100\ \%$$

$$a_l = \frac{\Delta l}{l_0} \cdot 100\ \%$$

$$a_b = \frac{\Delta b}{b_0} \cdot 100\ \%$$

a_h bezogene Formänderung der Höhe
a_l bezogene Formänderung der Länge
a_b bezogene Formänderung der Breite
Δh Änderung der Höhe
Δl Änderung der Länge
Δb Änderung der Breite
h_0 Anfangshöhe
l_0 Anfangslänge
b_0 Anfangsbreite

Das Volumen der Metalle bleibt bei der Formänderung konstant. Darum muss eine Änderung in einer Richtung des Raumes in mindestens einer der beiden anderen Raumrichtungen eine gegenteilige Formänderung zur Folge haben. Diesen Zusammenhang drückt man durch die *logarithmische Formänderung* φ aus.

$$\varphi_h = \ln \frac{h_1}{h_0} \qquad \varphi_l = \ln \frac{l_1}{l_0} \qquad \varphi_b = \ln \frac{b_1}{b_0}$$

h_1 Höhe nach Umformung
l_1 Länge nach Umformung
b_1 Breite nach Umformung

Die Summe der logarithmischen Formänderungen in den drei Raumrichtungen ist geich Null.

$$\varphi_h + \varphi_l + \varphi_b = 0$$

Die größte dieser logarithmischen Formänderungen wird zur Charakterisierung des Umformvorganges benutzt.

Formänderungsfestigkeit

Als *Formänderungsfestigkeit* k_f bezeichnet man die Spannung, die zur Einleitung der Umformung erforderlich ist.

Die Formänderungsfestigkeit ist zunächst abhängig vom Werkstoff. Es sind dabei die Zusammensetzung, die kristalline Struktur, der Reinheitsgrad und der Gefügeaufbau von Bedeutung.

Weiterhin wird die Formänderungsfestigkeit von den Bedingungen, unter denen die Umformung stattfindet, beeinflusst. Einflussgrößen aus dem Umformvorgang sind der Grad der Formveränderung, die Geschwindigkeit der Umformung und besonders die Temperatur, bei der die Umformung stattfindet.

Die Abhängigkeit der Formänderungsfestigkeit k_f eines Werkstoffs vom Umformgrad wird von der Fließkurve dargestellt.

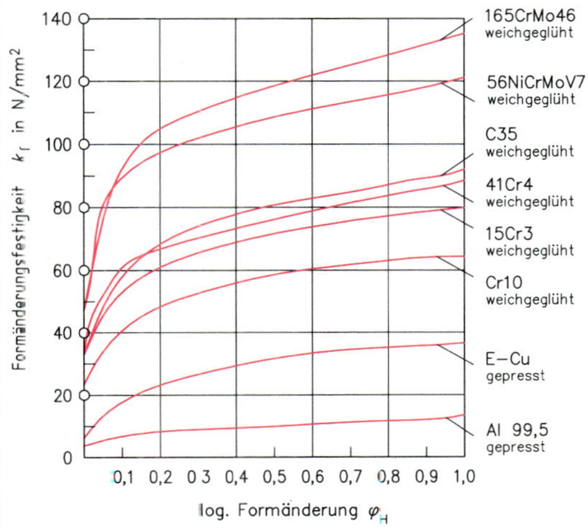

Fließkurven einiger metallischer Werkstoffe

Die Formänderungsfestigkeit sinkt global gesehen mit steigender Temperatur. Die Blockierung von Versetzungen durch Ausscheidungen und Änderungen der Kristallstruktur bewirken Unregelmäßigkeiten im Verlauf der Abhängigkeit der Formänderungsfestigkeit von der logarithmischen Formänderung. Je höher der Umformgrad, desto höher ist auch die Formänderungsfestigkeit.

Beispiel für den Verlauf der Formänderungsfestigkeit verschiedener Stähle

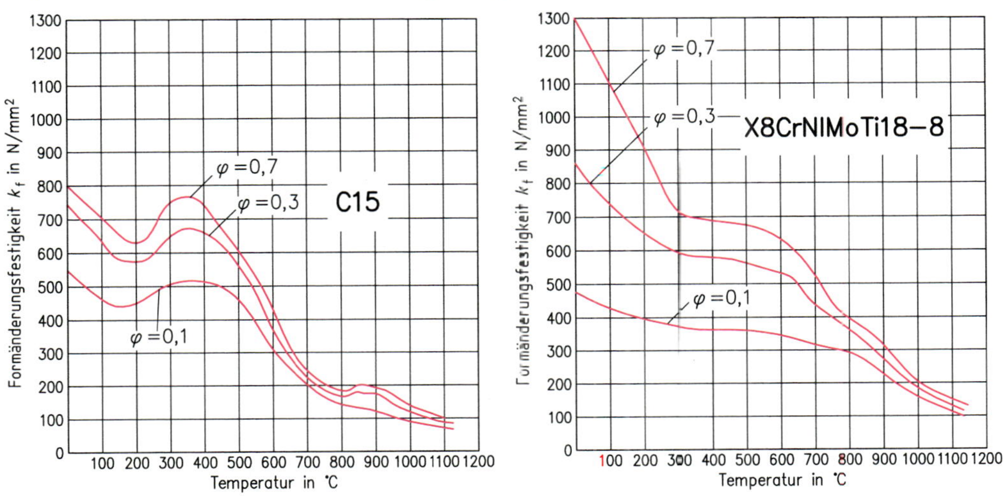

Die Formänderungsfestigkeit sinkt mit geringer werdendem Umformgrad und steigender Temperatur.

2.2 Druckumformverfahren

Druckumformen ist Umformen eines festen Körpers, wobei der plastische Zustand im Wesentlichen durch ein- oder mehrachsige Druckbeanspruchung herbeigeführt wird.

Die einfachste Druckumformung ist das Stauchen. Bei reibungsfreiem Stauchen würde ein prismatischer Körper völlig gleichmäßig umgeformt.

Infolge Reibung wird jedoch die Gleitung zwischen den Berührungsflächen von Werkzeug und Werkstück behindert. So entsteht am Werkstück eine mehr oder minder starke Ausbauchung.

Beispiel für die Verformung eines zylindrischen Körpers beim Stauchen

Zone I:

In diesem Bereich wird der Werkstoff durch die Druckflächen des Stempels und der Auflage am Fließen gehindert.

Zone II:
In der Mitte des Körpers fließt der Werkstoff durch Gleiten in den Gleitebenen, in denen die größten Schubspannungen wirken. Hier erfolgt die Hauptumformung.

Zone III:
Der Werkstoff wird von der Mitte her nach außen gedrängt. Dadurch wird das Material in dieser Zone gestaucht.

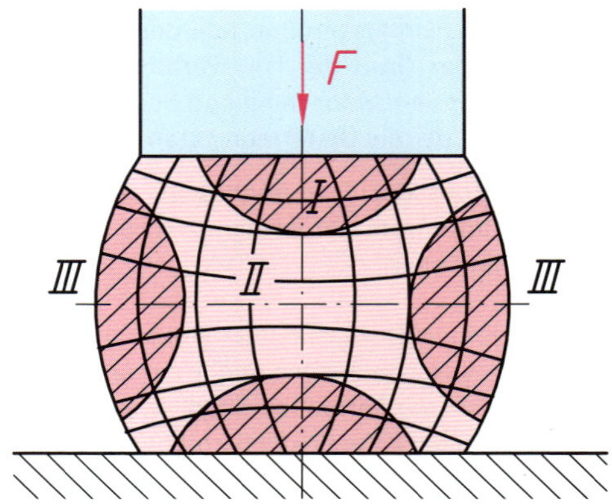

Die Druckumformverfahren werden wie folgt gegliedert:

Druckumformverfahren

- **Walzen**
- **Freiformen**
- **Gesenkformen**
- **Eindrücken**
- **Durchdrücken**

2.2.1 Walzen

Walzen ist ein stetiges oder schrittweises Druckumformen mit einem oder mehreren sich drehenden Werkzeugen (Walzen), ohne oder mit Zusatzwerkzeugen (z. B. Stopfen oder Dorne, Stangen, Führungswerkzeuge).

Der Walzvorgang kann angenähert als Stauchvorgang aufgefasst werden. Vom normalen Stauchvorgang, bei dem sich die Werkzeugflächen gleichmäßig gegeneinander bewegen, unterscheidet sich das Walzen jedoch durch ungleiche Stauchgeschwindigkeit zwischen Beginn und Ende des Umformvorganges.
Zur vereinfachten Betrachtung der Umformvorgänge muss man die Walzen als feststehende Stauchwerkzeuge ansehen, die ein Werkstück im Walzspalt stauchen.

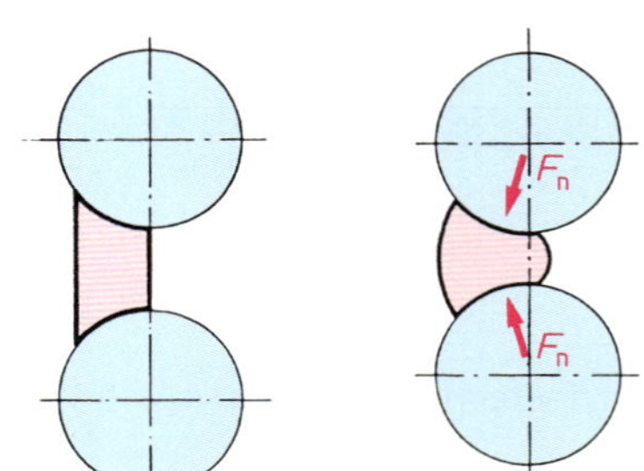

vor dem Stauchen

nach dem Stauchen

Betrachtung des Walzens als Stauchvorgang

Würde man die Walzen einander nähern, so würde ein Teil des Werkstoffes entlang der Oberfläche der Walzen nach vorne gleiten, der andere Teil nach hinten gedrückt werden. In einer Linie zwischen diesen beiden Bewegungen bleibt der Werkstoff gegenüber der Oberfläche der Walzen in Ruhe. Diese Linie wird als *Fließscheide* bezeichnet. In der Fließscheide besitzt der Werkstoff keine Relativbewegung zur Walzenoberfläche.

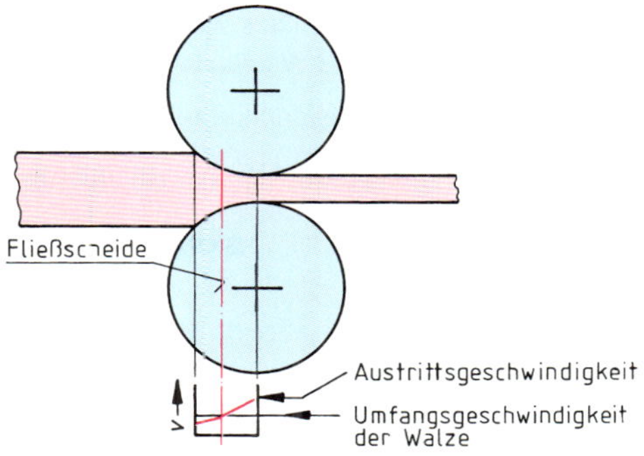

Geschwindigkeit im Walzspalt

Bei der sich drehenden Walze eilt der Werkstoff von der Fließscheide ausgehend der Walzenoberfläche vor. Der Werkstoff gleitet also auf der Walze. Die dabei auftretende Reibung bewirkt Erwärmung und Verschleiß der Walzenoberfläche.
Der Rückstau zwischen Anfang des Walzspaltes und Fließscheide bewirkt eine intensive Durchknetung des Materials.

Entscheidend für die Leistung einer Walze ist der Walzendurchmesser. Mit sinkendem Walzendurchmesser wächst die Walzleistung. Mit abnehmendem Walzendurchmesser nimmt jedoch die Durchbiegung zu. Kleine Arbeitswalzen müssen darum durch Stützwalzen an der Durchbiegung gehindert werden.

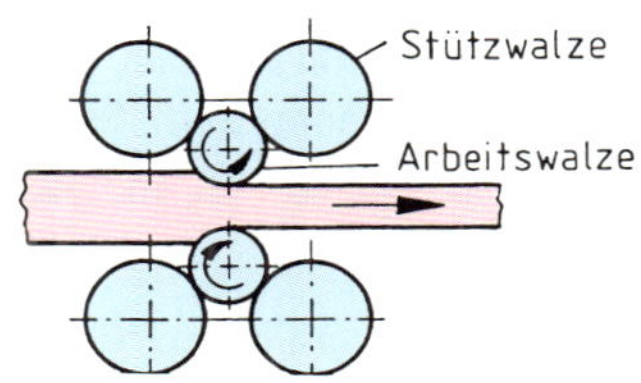

Sexto-Walzwerk

> Walzen ist ein Druckumformen mit einer oder mehreren Walzen. Der Walzvorgang kann als Stauchvorgang aufgefasst werden.

Das Walzen wird wie folgt gegliedert:

Walzen

Längswalzen | **Querwalzen** | **Schrägwalzen**

Beim **Längswalzen** wird das Walzgut senkrecht zur Walzenachse durch den Walzspalt bewegt. Das Längswalzen dient in erster Linie zur Erzeugung prismatischer Halbzeuge, die in Längsrichtung wesentlich größere Ausdehnung haben als in den beiden anderen: Bleche, Profilstäbe, Drähte.
Ausgangsmaterialien für das Längswalzen sind gegossene Blöcke oder Brammen.

Beispiele für Längswalzen

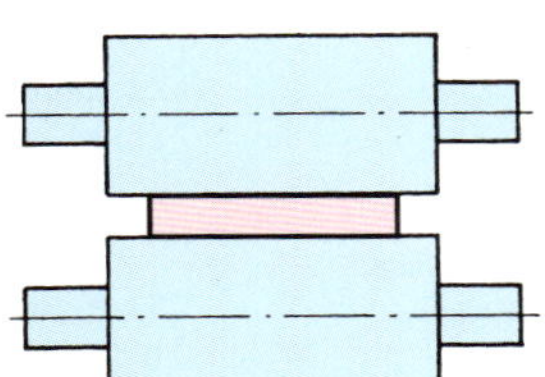
Walzen von Blech

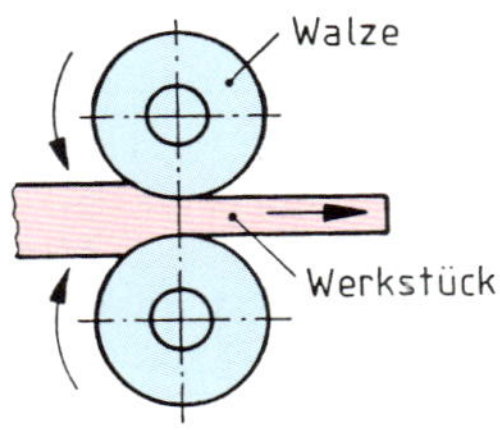

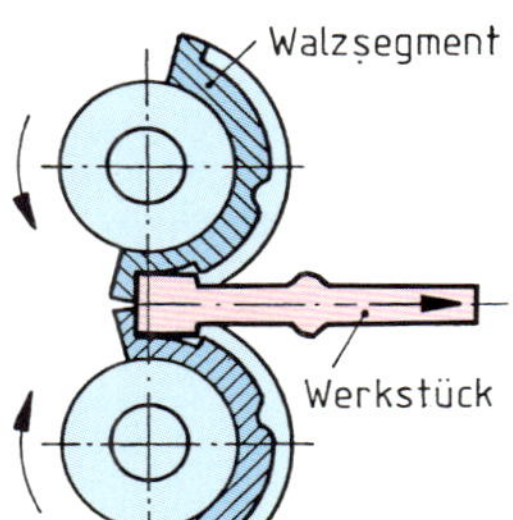

Reckwalzen (Schmiedewalzen) von Formteilen mit Walzen, deren Profil sich in Umfangsrichtung ändert.

Beim **Querwalzen** dreht sich das Walzgut um die eigene Achse, ohne eine Längsbewegung auszuführen. Die Achsen von Werkstück und Walzen laufen parallel.

Nach diesem Verfahren werden kurze, in Längsrichtung liegende Werkstückpartien umgeformt.

Beispiele für Querwalzen

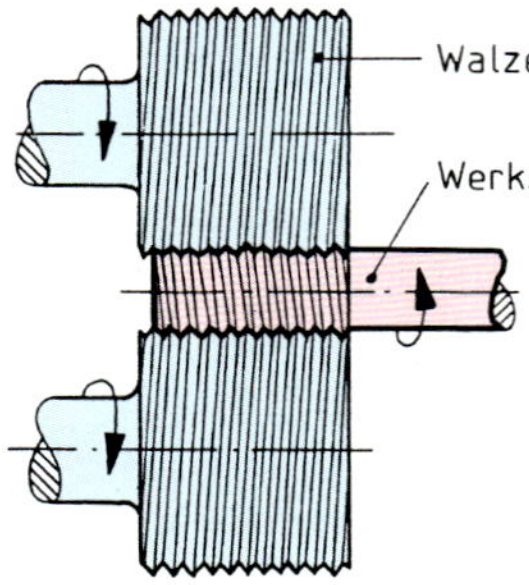

Gewindewalzen

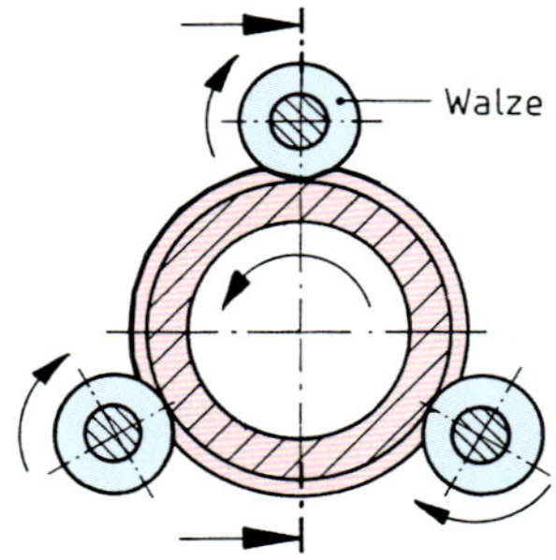

Profilwalzen

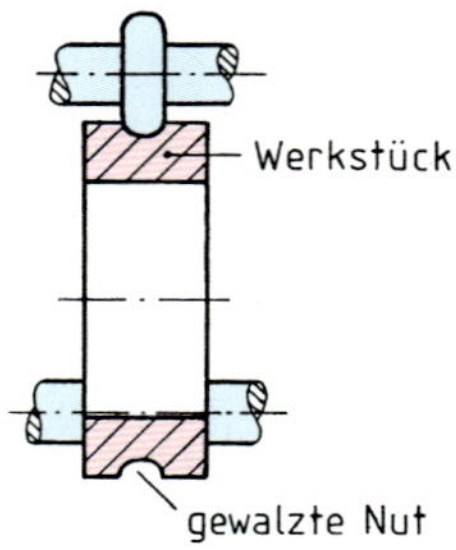

Beim **Schrägwalzen** stehen die Achsen der Walzen untereinander und auch zum Werkstück schräg. Dadurch wird am Werkstück neben einer Drehbewegung auch eine Bewegung in Achsrichtung erzeugt. Schrägwalzverfahren dienen zum Glätten von Oberflächen und besonders zur Herstellung nahtloser Rohre.

Beispiel für Schrägwalzen

Beim Schrägwalzen zum Lochen für die Rohrherstellung wird durch die kegelförmigen Walzen das Werkstück gestaucht. Das Material weicht dabei zur Seite aus, sodass ein Oval entsteht, das beim weiteren Umlauf wieder gestaucht wird. Durch dieses ständige Breiten und Stauchen reißt das Stück in der Mitte auf und wird über dem Dorn auf Maß gewalzt.

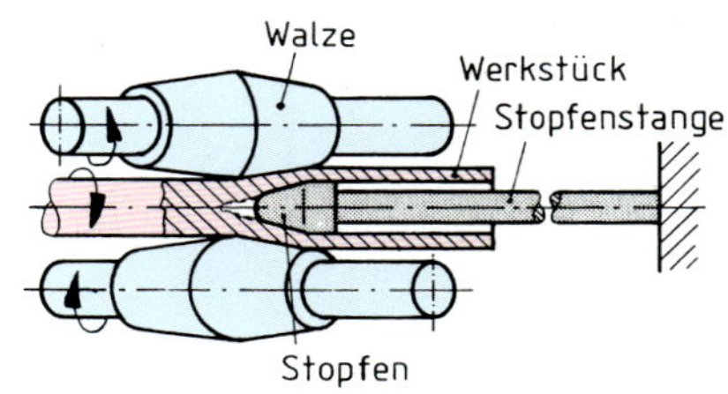

Schrägwalzen zum Lochen

Walzen wird als Längswalzen, Querwalzen und Schrägwalzen durchgeführt.

2.2.2 Durchdrücken

Durchdrücken ist Druckumformen eines Werkstückes durch teilweises oder vollständiges Hindurchdrücken durch eine formgebende Werkzeugöffnung unter Verminderung des Querschnittes oder des Durchmessers. Wichtige Verfahren des Durchdrückens sind Strang- und Fließpressen.

Beim **Strangpressen** wird ein von einem Aufnehmer voll umschlossener Block durch eine Matrize gepresst. Das Strangpressen wird vorwiegend mit starren Werkzeugen ausgeführt. In Ausnahmefällen kann die Kraftübertragung durch Flüssigkeiten erfolgen.

Beispiel für Strangpressen

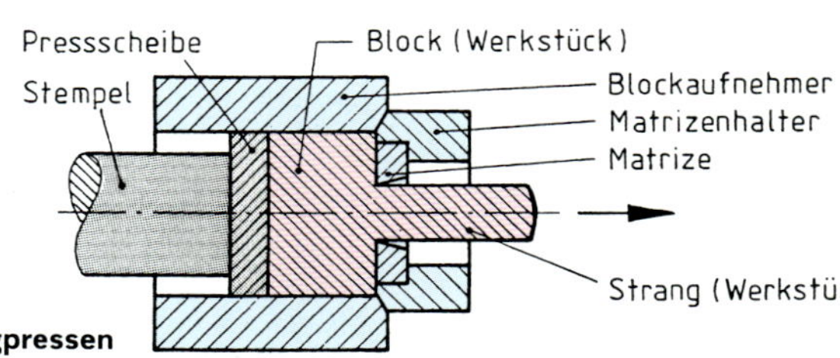

Voll-Vorwärts-Strangpressen

Das Strangpressen wird zur Erzeugung von Voll- und Hohlprofilen aus Metallen angewendet.
Ein Kaltumformen durch Strangpressen ist wegen der dazu erforderlichen hohen Kräfte großtechnisch nicht möglich. Die eingesetzten Metallblöcke werden daher vorgewärmt.

Werkstoff	Presstemperaturen [°C]	Pressgeschwindigkeiten $\frac{m}{min}$
Aluminium-Legierungen	400 bis 500	2 bis 20
Kupfer-Legierungen	800 bis 900	5 bis 8
Stahl	900 bis 1100	über 300

Ein Teil der Umformarbeit wird in Wärme umgesetzt. Dadurch steigt die Temperatur während des Pressvorganges. Die Temperatursteigerung nimmt mit wachsender Umformgeschwindigkeit zu. Um optimale Bedingungen für die Umformung zu erreichen, wählt man möglichst hohe Umformgeschwindigkeiten.
Ein besonderes Problem ist die Herabminderung der beim Strangpressen auftretenden Reibungskraft. Als Schmiermittel werden Grafit, Molybdänsulfid oder andere Hochtemperaturschmiermittel eingesetzt. Beim Strangpressen von Stahl wird wegen der hohen Arbeitstemperaturen Glaspulver zur Schmierung verwendet. Dieses Glaspulver wird bei der auftretenden Hitze teigig und bildet so einen Film zwischen Matrize und Werkstück.

Beim Strangpressen wird ein Metallblock durch eine Matrize gepresst. Es dient zur Erzeugung von Voll- und Hohlprofilen.

Beim **Fließpressen** werden mittels Durchdrücken einzelne Werkstücke hergestellt. Als Ausgangsmaterial dienen Stababschnitte oder Blechausschnitte. Im Gegensatz zum Verjüngen sind beim Fließpressen die Formänderungen erheblich.
Der Unterschied zum Strangpressen liegt in der Fertigung eines einzelnen Fertigteiles, zum Beispiel einer Tube.

Beispiel für Fließpressen

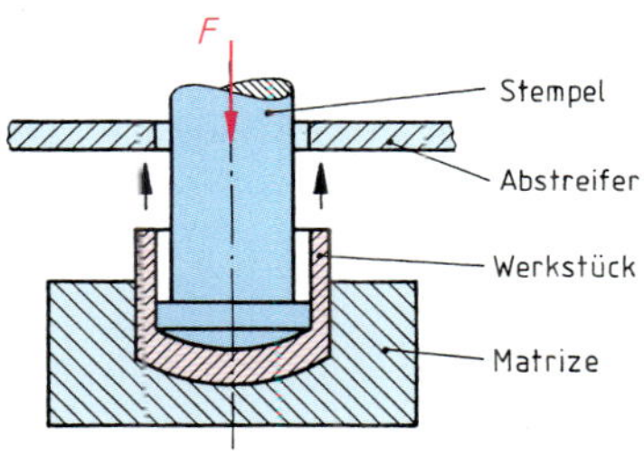

Napf-Rückwärts-Fließpressen

Das Fließpressen dient zur Fertigung dünnwandiger, tiefer Hohlkörper, die durch Tiefziehen in der Regel nicht in einem Arbeitsgang herstellbar sind.
Der Werkstoff des Rohlings (Platine) wird durch einen Stempel unter so hohen Druck gesetzt, dass er zu fließen beginnt und durch den Spalt zwischen Pressbüchse (Matrize) und Stempel ins Freie gedrängt wird und am Stempel emporsteigt.
In den Boden der Matrize können Profile (z. B. Gewinde) eingearbeitet werden. Diese Profile sind dann in einem Arbeitsgang an das Werkstück angepresst.
Fließpressen wird als Kaltumformung durchgeführt. Es sind daher sehr hohe Umformkräfte notwendig. In den Formwerkzeugen treten Flächenpressungen über 2000 N/mm² auf.
Zum Fließpressen sind nur solche Werkstoffe geeignet, die hohe Plastizität aufweisen. Dies sind vor allem Aluminium und Kupfer sowie deren Legierungen. Auch Stähle, besonders solche mit niedrigen C-Gehalten, sind in Grenzen durch Fließpressen umformbar.
Durch die Kaltverformung tritt bei den Werkstoffen eine Verfestigung ein, die zur Erhöhung der Zugfestigkeit bei abfallender Dehnung führt.

Beim Fließpressen werden einzelne, dünnwandige und tiefe Hohlkörper meist aus Aluminium oder Kupfer sowie deren Legierungen hergestellt.

2.2.3 Weitere Druckumformverfahren

2.2.3.1 Eindrücken

Eindrücken ist Druckumformen mit einem Werkzeug, das örtlich in ein Werkstück eindringt.

Beispiele für Eindrücken

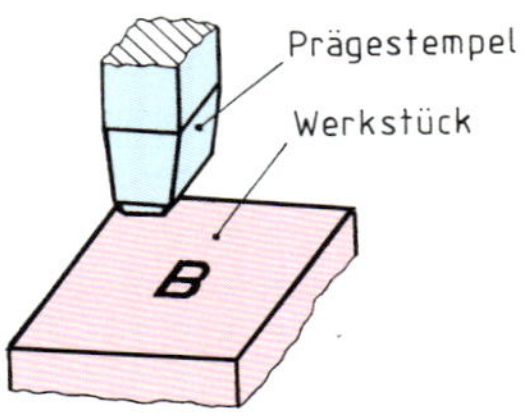

Prägen

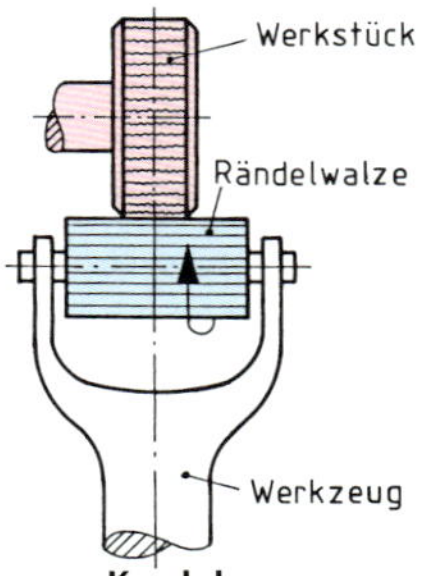

Kordeln

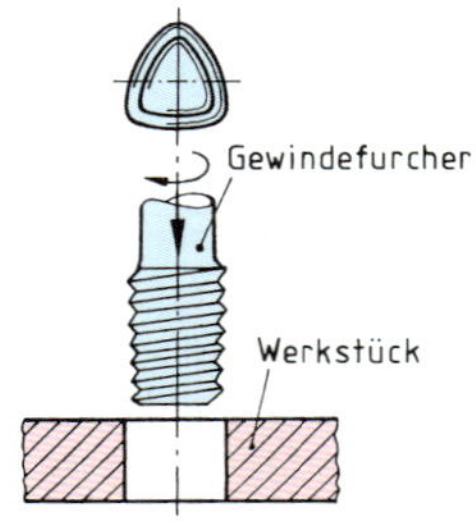

Gewindefurchen

2.2.3.2 Freiformen

Freiformen ist Druckumformen mit nicht oder nur teilweise die Form des Werkstückes enthaltenden, gegeneinander bewegten Werkzeugen. Die Werkstückform entsteht dabei durch freie oder festgelegte Relativbewegung zwischen Werkzeug und Werkstück.

Beispiele für Freiformen

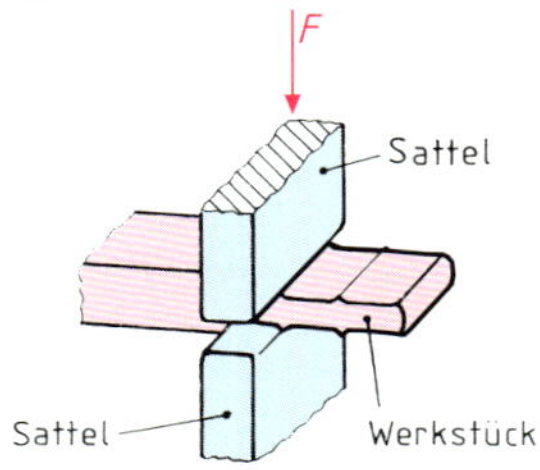

Recken

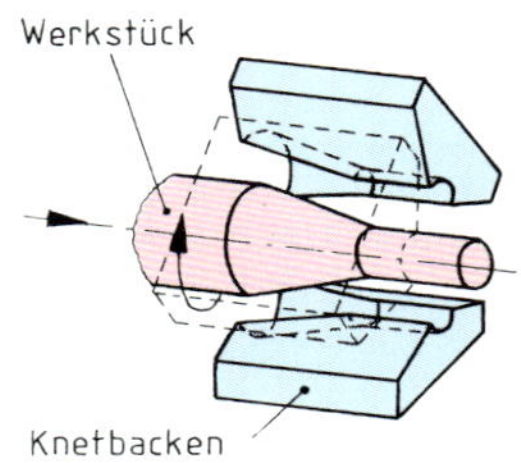

Rundkneten

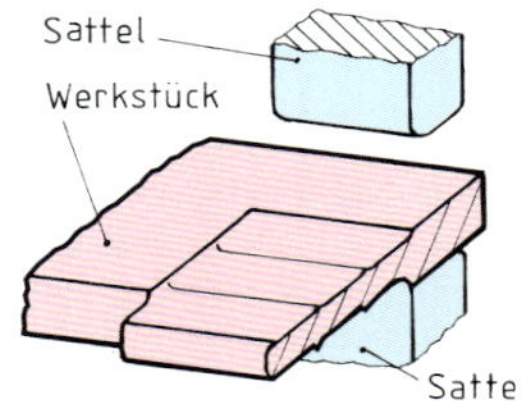

Breiten

2.2.3.3 Gesenkformen

Gesenkformen ist Druckumformen mit gegeneinander bewegten Formwerkzeugen, den Gesenken. Diese Gesenke umschließen das Werkstück entweder ganz oder zu einem wesentlichen Teil und enthalten dessen Form.

Beispiele zum Gesenkformen mit teilweise und ganz umschlossenem Werkstück

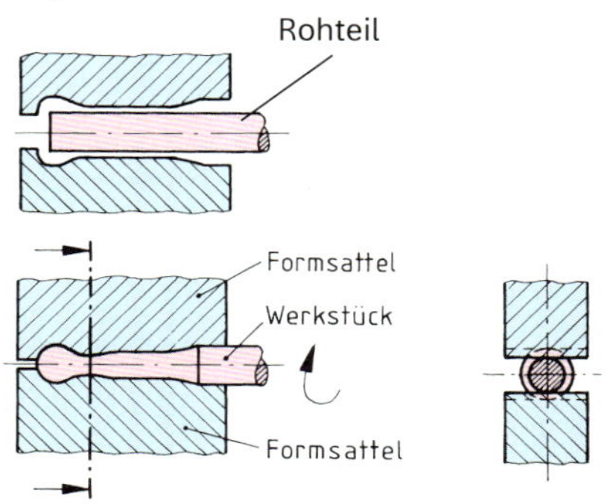

Formrecken

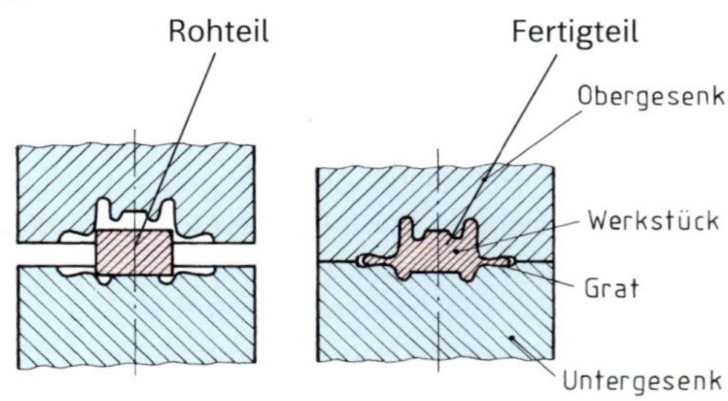

Formpressen mit Grat

2.3 Zugdruckumformen

Zugdruckumformen ist Umformen eines festen Körpers, wobei der plastische Zustand im Wesentlichen durch eine zusammengesetzte Zug- und Druckbeanspruchung herbeigeführt wird.

Die Umformung geschieht also durch Zug- und Druckkräfte. Die Zugdruckumformverfahren werden folgendermaßen unterteilt:

Zugdruckumformen

- **Durchziehen**
- **Tiefziehen**
- **Drücken**
- **Kragenziehen**
- **Knickbauchen**

2.3.1 Durchziehen

Das **Durchziehen** ist die einfachste Form des Zugdruckumformens.
Durch eine Zugkraft wird ein zuvor angespitzter Rundstab durch das sich kegelig verjüngende Zieheisen gezogen.
Infolge der Zugkraft F treten im Endquerschnitt S_1 Zugspannungen auf, durch die der Stab gereckt wird.
Die Zugspannungen ändern sich von $\sigma_{z_1} = \frac{F}{S_1}$ im Endquerschnitt auf $\sigma_z = 0$ im Ausgangsquerschnitt.
Außer den Zugspannungen treten im Ziehwerkzeug Druckspannungen auf, die zu einer Stauchung des Werkstoffes führen.

Beispiel für Kräfte beim Zugdruckumformverfahren: Durchziehen

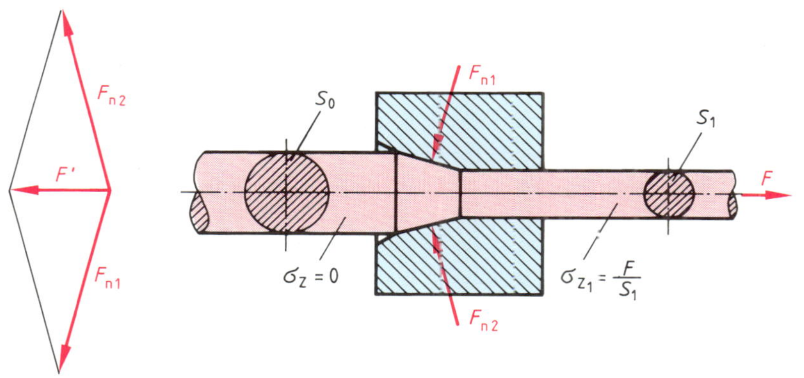

2.3.2 Tiefziehen

Tiefziehen ist Zugdruckumformen eines Blechzuschnittes (je nach Werkstoff auch einer Folie oder Platte, einer Tafel, eines Ausschnittes oder Abschnittes) zu einem Hohlkörper oder Zugdruckumformen eines Hohlkörpers zu einem Hohlkörper mit kleinerem Umfang ohne beabsichtigte Veränderung der Blechdicke.
Das Tiefziehen dient zur Herstellung flach gewölbter, napfartiger oder hülsenförmiger Hohlteile wie zum Beispiel Kochtöpfe.

Je nach Aufbringung und Übertragung der Wirkkräfte wird beim Tiefziehen unterschieden:

Tiefziehen

- **Tiefziehen mit Werkzeugen**
- **Tiefziehen mit Wirkmedien**
- **Tiefziehen mit Wirkenergien**

Beim *Tiefziehen mit Werkzeugen* wird ein vorbereiteter Zuschnitt oder ein bereits durch Umformen erzeugter Hohlkörper mittels eines Stempels in die Matrize gezogen. Da der Umfang des Zuschnittes erheblich größer ist als der Umfang des tiefgezogenen Teiles, versucht der Werkstoff Falten zu bilden. Ein Niederhalter verhindert dies. Der Werkstoff wird zwischen Niederhalter und Matrize gestaucht und gleichzeitig zwischen Stempel und Matrizenöffnung gestreckt. Die Wanddicke des Werkstücks bleibt beim Ziehvorgang etwa gleich.

Beispiel für einen Tiefziehvorgang mit Werkzeugen

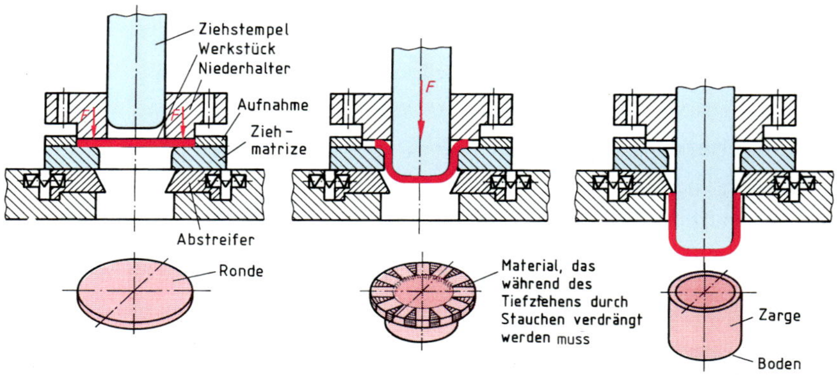

Vor dem Tiefziehvorgang **Während des Tiefziehvorganges** **Nach dem Tiefziehvorgang**

Der erste Zug beim Tiefziehen, bei dem aus einem flachen Zuschnitt – *der Ronde* – ein Werkstück erzeugt wird, heißt **Erstzug.** Falls die gewünschte Tiefe oder der kleinste Durchmesser wegen der Umformbarkeit des Werkstoffes nicht in einem Zug erreicht werden kann, muss das Tiefziehen im **Weiterzug** durchgeführt werden. Der Weiterzug kann dabei auch als **Stülpziehen** erfolgen. Dabei wird die Außenfläche des Werkstücks, z. B. des Näpfchens, nach innen gekehrt.

Beispiele für Weiterzüge

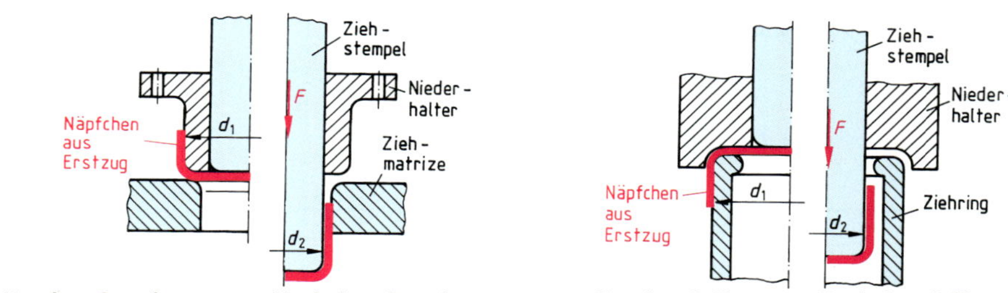

Vor dem Geradeauszug **Nach dem Geradeauszug** **Vor dem Stülpzug** **Nach dem Stülpzug**

> Hohe Bauteile und Bauteile mit kleinem Durchmesser erfordern Weiterzüge. Der Weiterzug kann als Geradeauszug oder als Stülpzug erfolgen.

Beim Tiefziehen bleibt die Blechdicke nahezu unverändert. Man kann darum die Oberfläche des Tiefziehteiles mit der Oberfläche des Zuschnittes etwa gleichsetzen. Aus dieser Überlegung heraus hat man Gleichungen für die Berechnung der Zuschnitte einfacher Teile aufgestellt. Schwierig ist dagegen die Zuschnittermittlung für unregelmäßig geformte Teile.

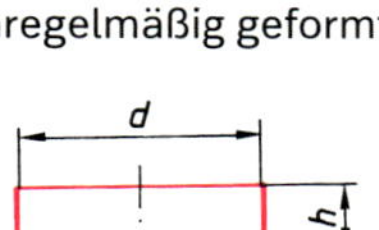

$$D_0 = \sqrt{d^2 + 4 \cdot d \cdot h}$$

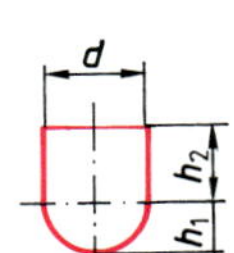

$$D_0 = \sqrt{d^2 + 4 \cdot (h_1^2 + d \cdot h_2)}$$

Das Verhältnis vom Durchmesser des Zuschnittes D_0 zum Innendurchmesser d_1 (= Stempeldurchmesser) des gezogenen Napfes bezeichnet man als **Ziehverhältnis β**, eine *Kenngröße* für die Umformung.

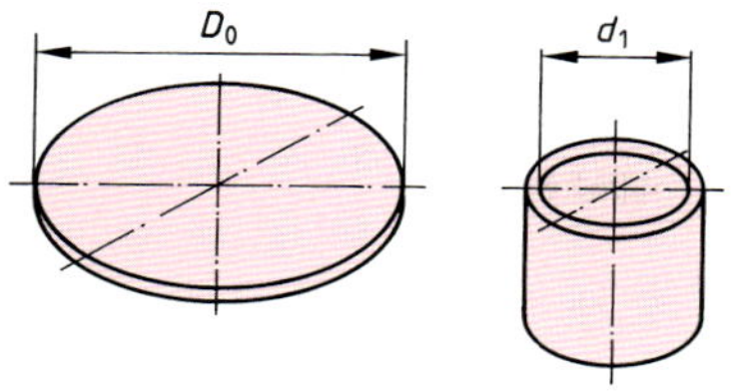

$$\beta = \frac{D_0}{d_1}$$

β Ziehverhältnis
D_0 Durchmesser des Zuschnittes
d_1 Innendurchmesser des Napfes nach Erstzug

Bei weiteren Zügen errechnet man die Ziehverhältnisse aus den jeweiligen Innendurchmessern vor und nach jedem Zug. Das **Gesamtverhältnis** bestimmt man dann als Produkt der Einzelwerte:

$$\beta_{ges} = \beta_1 \cdot \beta_2 \cdot \beta_{3...}$$

β_{ges} Gesamtziehverhältnis
β_1 Ziehverhältnis beim Erstzug
β_2 Ziehverhältnis beim Zweitzug (1. Weiterzug)
β_3 ... weitere Züge

Beispiel für die Berechnung der Ziehverhältnisse

Aufgabe:

Eine Blechscheibe D_0 = 200 mm wird im Erstzug auf 100 mm und in zwei weiteren Zügen zunächst auf 63 mm und dann auf 45 mm gezogen.
Das Gesamtziehverhältnis ist zu berechnen.

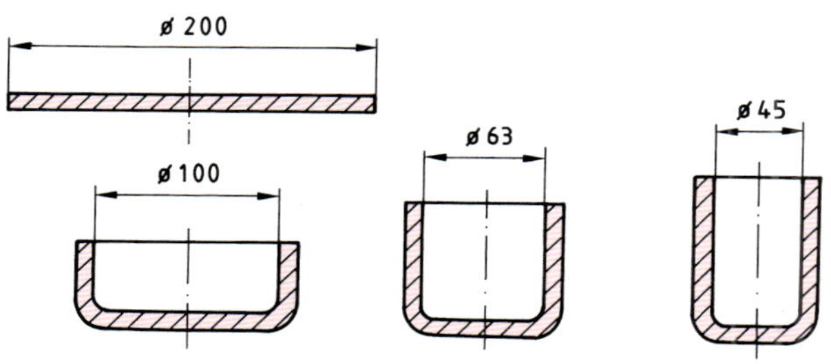

Lösung:	**Erstzug**	**1. Weiterzug**	**2. Weiterzug**	**Gesamtziehverhältnis**
	$\beta_1 = \frac{D_0}{d_1}$	$\beta_2 = \frac{d_1}{d_2}$	$\beta_3 = \frac{d_2}{d_3}$	$\beta_{ges} = \beta_1 \cdot \beta_2 \cdot \beta_3$
	$\beta_1 = \frac{200\text{ mm}}{100\text{ mm}}$	$\beta_2 = \frac{100\text{ mm}}{63\text{ mm}}$	$\beta_3 = \frac{63\text{ mm}}{45\text{ mm}}$	$\beta_{ges} = 2 \cdot 1{,}6 \cdot 1{,}4$
	$\beta_1 = \mathbf{2}$	$\beta_2 = \mathbf{1{,}6}$	$\beta_3 = \mathbf{1{,}4}$	$\beta_{ges} = \mathbf{4{,}5}$

Das größte Ziehverhältnis, das ein Werkstoff ohne Schädigung zulässt, nennt man das Grenzziehverhältnis. Mithilfe des Grenzziehverhältnisses kann man, vom Zuschnitt ausgehend, die Zahl der notwendigen Ziehstufen berechnen.

> Die notwendige Zahl der Ziehstufen beim Tiefziehen wird aus dem Ziehverhältnis und dem Grenzziehverhältnis errechnet.

Die Werkstoffe für Tiefziehteile müssen möglichst rein sein, damit hohe Formänderungen erzielt werden können.
Zum Tiefziehen geeignete Stähle müssen niedrige Gehalte an P, S, N und Si haben. Der Kohlenstoffgehalt liegt selten über 0,08 %, der Mangangehalt unter 0,35 %.

2.4 Zugumformen

Zugumformen ist Umformen eines festen Körpers, wobei der plastische Zustand im Wesentlichen durch ein- oder mehrachsige Zugbeanspruchung herbeigeführt wird.
Die Zugumformverfahren gliedern sich in Längen, Weiten und Tiefen.

2.4.1 Längen

Längen ist Zugumformen eines Werkstückes durch eine von außen aufgebrachten, in der Werkstücklängsachse wirkende Zugkraft. Eine plastische Verformung tritt ein, sobald die Elastizitätsgrenze überschritten wird.

Beispiele für Längen

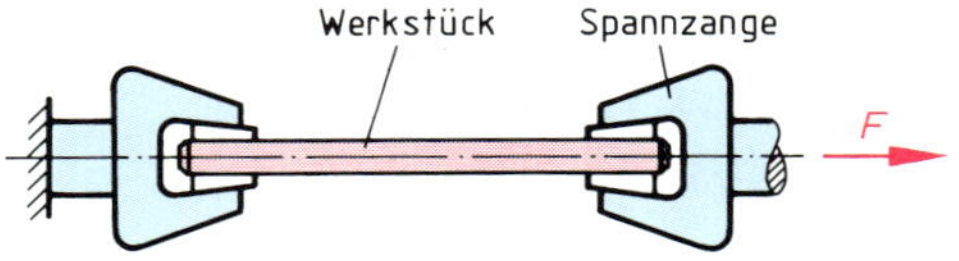

Dehnen

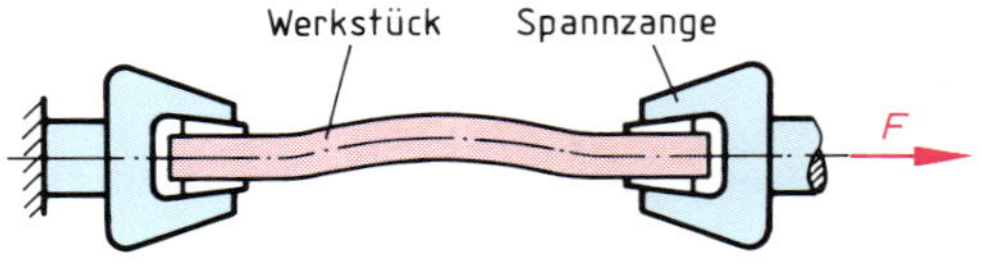

Streckrichten

2.4.2 Weiten

Weiten ist Zugumformen zum Vergrößern des Umfanges eines Hohlkörpers.
Wird der Hohlkörper in seiner ganzen Länge oder an den Enden geweitet, dann spricht man vom Aufweiten. Erfolgt das Weiten in der Mitte, dann bezeichnet man es als Ausbauchen.

Beispiel für Weiten

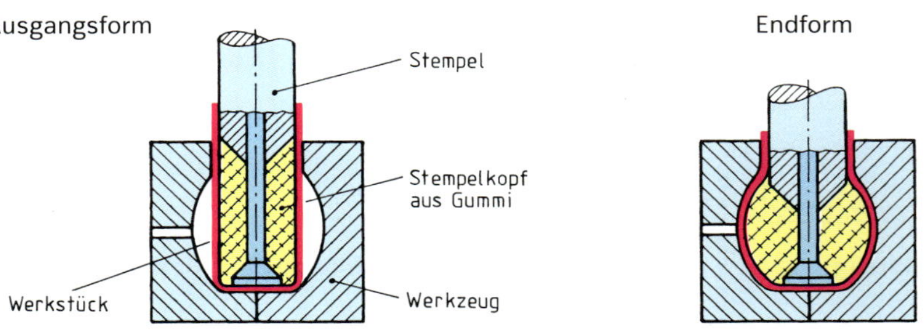

Weiten mittels Gummikissen

2.4.3 Tiefen

Tiefen ist Zugumformen zum Anbringen von Vertiefungen in einem ebenen oder gewölbten Werkstück aus Blech, wobei die Oberflächenvergrößerung durch Verringerung der Blechdicke erreicht wird. Je nach Werkstoff wird das Werkstück Folie, Platte, Tafel, Ausschnitt oder Abschnitt genannt.

Beispiel für Tiefen

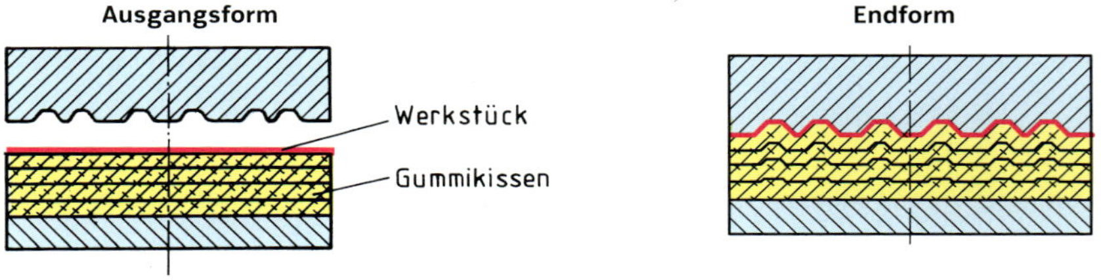

Prägen mit Gummikissen

2.5 Biegeumformen

2.5.1 Grundlagen

Biegeumformen ist Umformen eines festen Körpers, wobei der plastische Zustand im Wesentlichen durch eine Biegebeanspruchung herbeigeführt wird.

Durch das Biegen wird eine Seite des Werkstückes gedehnt, die andere gestaucht. Als Folge der Formänderungen entstehen Zug- beziehungsweise Druckspannungen im Werkstück. Die größten Spannungen sind jeweils auf der Ober- beziehungsweise Unterseite des Werkstückes zu erwarten.

Wenn ein Werkstück nur so wenig gebogen wird, dass die Randspannungen an keiner Stelle die Grenze der Elastizität überschreiten, nennt man dies *elastisches* Biegen. Die Spannungen nehmen in diesem Fall proportional zum Randabstand von außen nach innen ab. Eine bestimmte Ebene – in der Querschnittsmitte – ist dann in der Länge unverändert *und* spannungsfrei. Sie wird **neutrale Faser** genannt.

Beispiel für elastisches Biegen

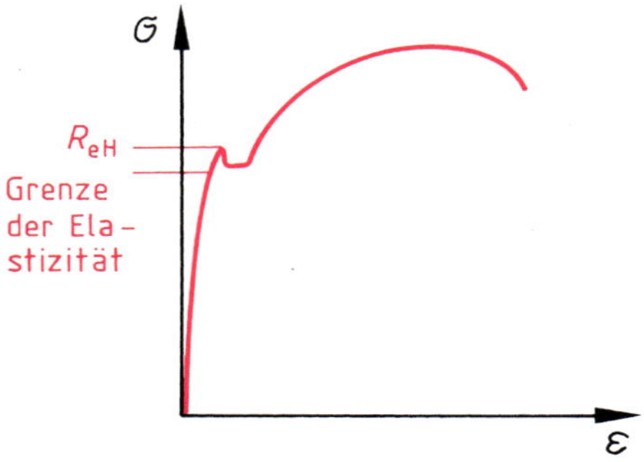

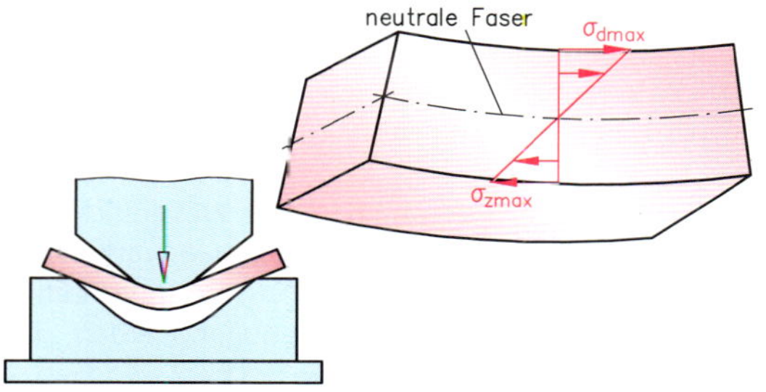

Spannungen im elastisch gebogenen Werkstück

Die neutrale Faser geht durch den Flächenschwerpunkt. Sie ist beim elastischen Biegen spannungsfrei.

Biegt man ein Werkstück so, dass in den Randschichten die Grenzspannung der Elastizität überschritten wird, so wird in diesen Bereichen der Werkstoff plastisch umgeformt. Auf der Zugseite verlängert sich dann der Werkstoff plastisch, auf der Druckseite wird er gestaucht. Durch die damit auftretende Maßänderung – infolge der Verlängerung wird der Querschnitt auf der Zugseite kleiner, auf der Druckseite infolge Stauchung größer – verschiebt sich die Lage der ehemals neutralen Faser immer mehr zur Zugseite. Dadurch werden Teile des Werkstoffes, die bei kleinem Biegewinkel unter Druckspannung standen, nun gezogen. Die Schicht, die dann durch Zugspannungen genau um das Maß verlängert wird, wie sie zuvor durch Druckspannungen verkürzt war, ist die **ungelängte Faser,** die jedoch unter Zugspannung steht. Die Spannungen nehmen nun im Werkstückquerschnitt nicht mehr proportional zum Abstand von der Randschicht, sondern entsprechend dem weiteren Verlauf des Spannungs-Dehnungs-Diagramms zum Werkstückinneren ab. So entsteht eine **spannungsfreie Faser,** die nicht mehr mit der ungelängten Faser oder gar der ehemals neutralen Faser identisch ist.

Beispiel für die Spannungsverteilung beim plastischen Biegen vor der Entlastung

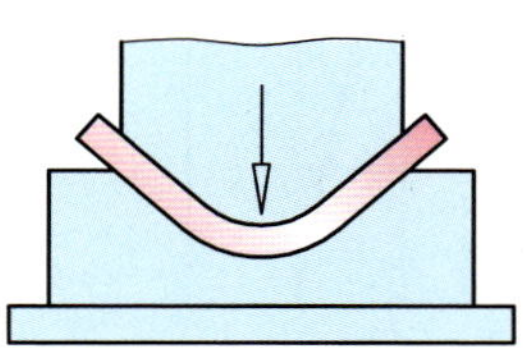

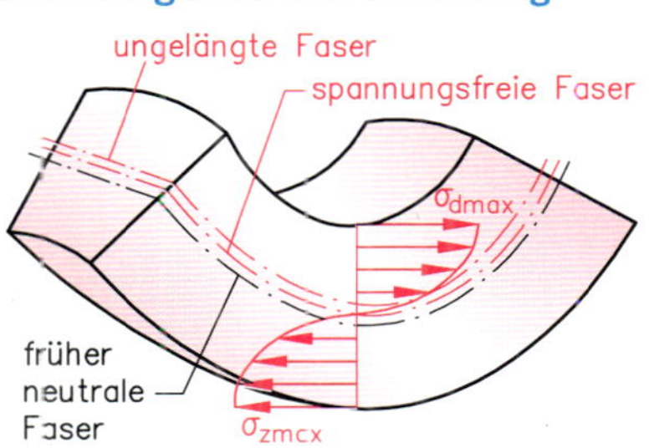

Alle Spannungen im Werkstück, die unterhalb der Grenze der Elastizität liegen, führen nach dem Entlasten zu einer *Rückfederung* des Werkstückes, die aber von den umgeformten Partien behindert wird. Es bleiben daher nach dem Entlasten Spannungen im Werkstück zurück.

Beispiel für Spannungsverteilung durch Biegen nach dem Entlasten

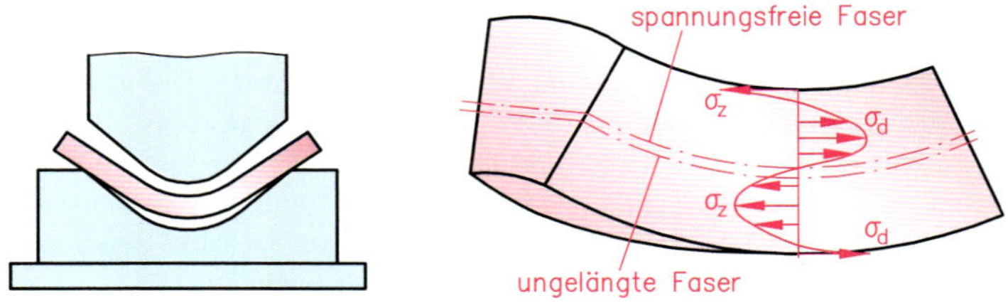

Die Rückfederung ist umso größer, je geringer der Bereich plastischer Verformung war. Um den Betrag der Rückfederung muss das Werkstück stärker gebogen werden, damit es die gewollte Form erhält.

Beim Entlasten nach plastischem Biegen bewirkt die Elastizität ein Rückfedern, was zur Spannungsumkehr in den Randzonen führt.

Der Betrag der Rückfederung hängt im Wesentlichen von dem Verformungsverhalten des Werkstoffes, vom Biegeradius und der Stärke des gebogenen Werkstückes ab.
Soll ein Werkstück um den Winkel α_1 mit dem Radius r_{1i} gebogen bleiben, so muss es zunächst um den Winkel α_2 und den Radius r_{2i} vorgebogen werden, damit es nach der Rückfederung die angestrebte Form behält.

In dem folgenden Diagramm ist das Verhältnis $\frac{r_{2m}}{r_{1m}} = \frac{\alpha_1}{\alpha_2}$ in Abhängigkeit vom Verhältnis $\frac{r_{1i}}{s}$ für verschiedene Werkstoffe aufgetragen, sodass daraus die Rückfederung bestimmt werden kann.

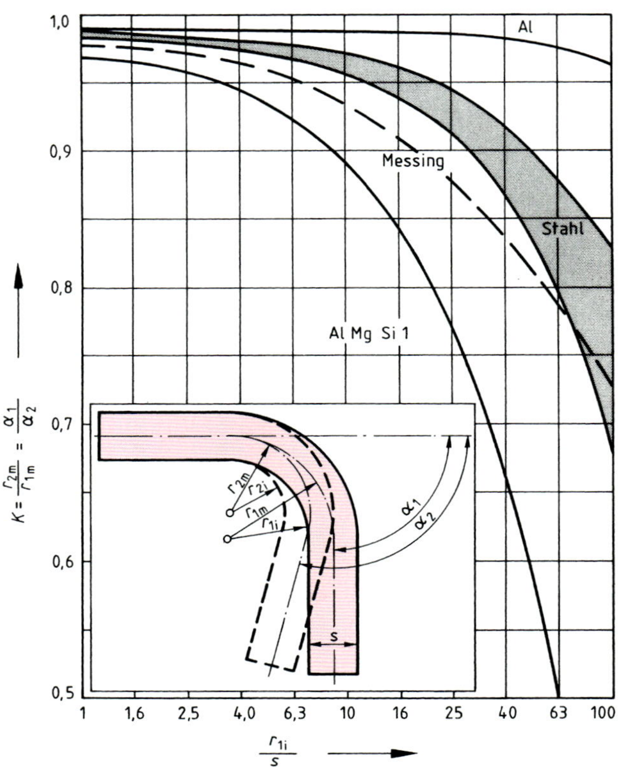

Diagramm zur Bestimmung der Rückfederung (nach Oehler)

Beispiel für die Berechnung des Biegewinkels

Aufgabe: 5 mm dickes Flachmaterial aus AlMgSi 1 soll im Gesenk auf 135° gebogen werden. Der mittlere Biegeradius soll 20 mm betragen.

a) Welche Rundung r_{2i} ist an das Obergesenk anzuarbeiten?

b) Welchen Winkel β muss das Obergesenk tragen?

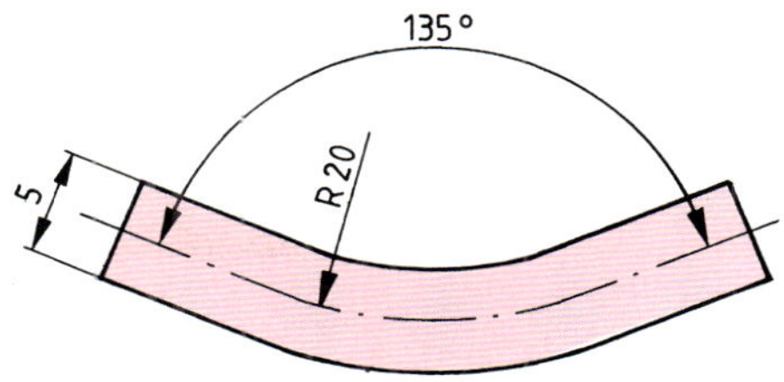

Lösung: Aus dem Diagramm ergibt sich für $\frac{r_{1i}}{s} = \frac{20\text{ mm} - 2{,}5\text{ mm}}{5\text{ mm}} = 3{,}5$ ein K-Wert von 0,95.

a) $K = \frac{r_{2m}}{r_{2i}}$ $r_{2m} = K \cdot r_{1m} = 0{,}95 \cdot 20\text{ mm} = 19\text{ mm}$

$r_{2i} = r_{2m} - \frac{s}{2} = 19\text{ mm} - 2{,}5\text{ mm} = \mathbf{16{,}5\text{ mm}}$

b) $K = \frac{\alpha_1}{\alpha_2}$ $\alpha_2 = \frac{\alpha_1}{K} = \frac{45°}{0{,}95} = 47{,}3°$; $\beta = 180° - 47{,}3° = \mathbf{132{,}7°}$

2.5.2 Biegeumformverfahren

Die Biegeumformverfahren werden nach der Art der Werkzeugbewegung in Verfahren mit geradliniger und Verfahren mit drehender Werkzeugbewegung unterschieden.

Zu den Verfahren mit geradliniger Werkzeugbewegung zählen alle Biegeumformverfahren, in denen die Umformung in Gesenken stattfindet.

Beispiele für Biegeumformverfahren mit geradliniger Werkzeugbewegung

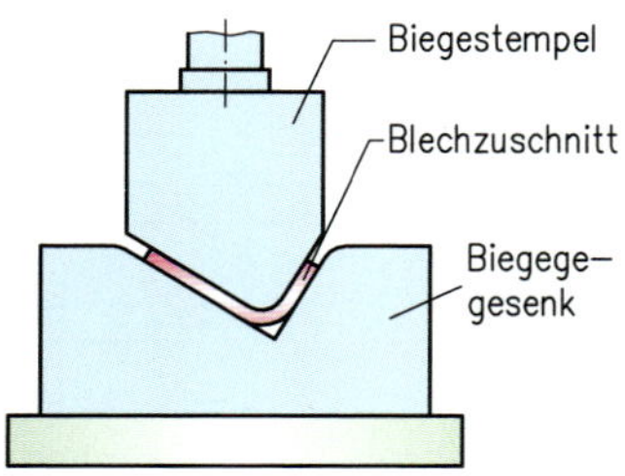

Gesenkbiegen

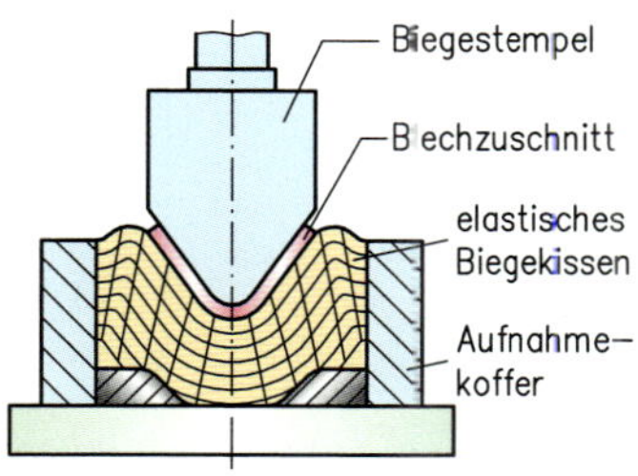

Biegen im elastischen Kissen

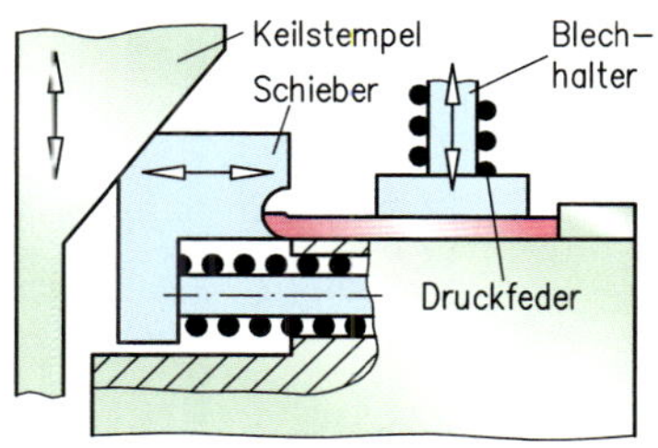

Rollbiegen

Bei den Verfahren mit drehender Werkzeugbewegung führen die Werkzeugteile eine Drehbewegung aus.

Beispiele für Biegeumformverfahren mit drehender Werkzeugbewegung

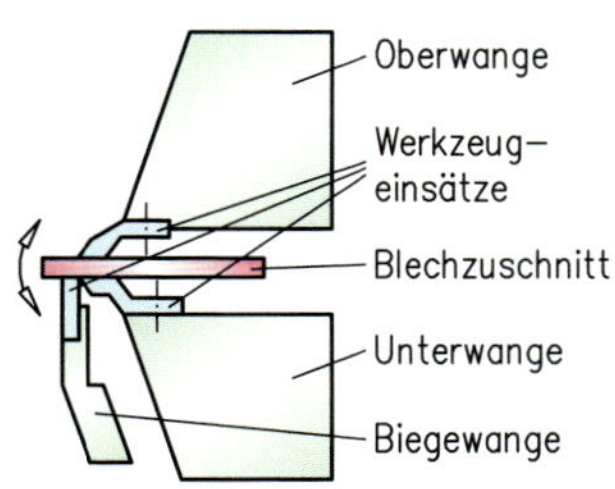

Schwenkbiegen

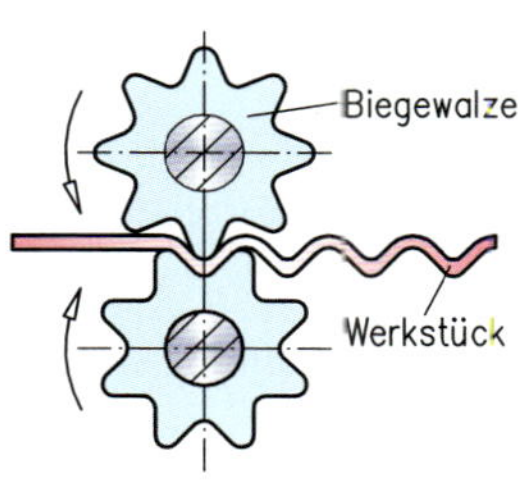

Wellbiegen

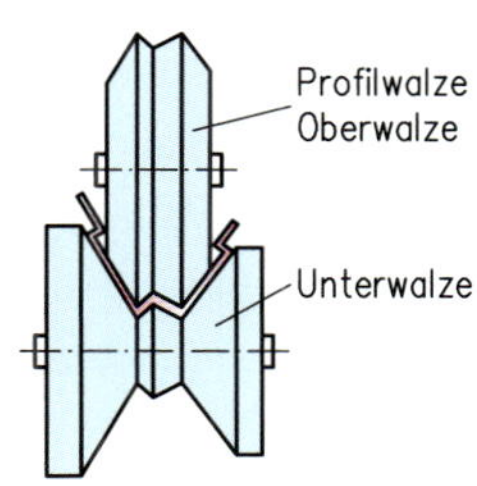

Profilwalzen

Biegeumformverfahren werden nach der Werkzeugbewegung in Verfahren mit geradliniger und Verfahren mit drehender Werkzeugbewegung unterschieden.

Die Fertigung eines Türrahmenprofiles nach beiden Biegeumformverfahren soll den Ablauf einer Blechumformung durch Biegen verdeutlichen.

Biegen mit geradliniger Werkzeugbewegung Fertigung auf der Abkantpresse	**Biegen mit drehender Werkzeugbewegung** Fertigung auf der Abkantmaschine	Fertigung auf der Profilwalzmaschine

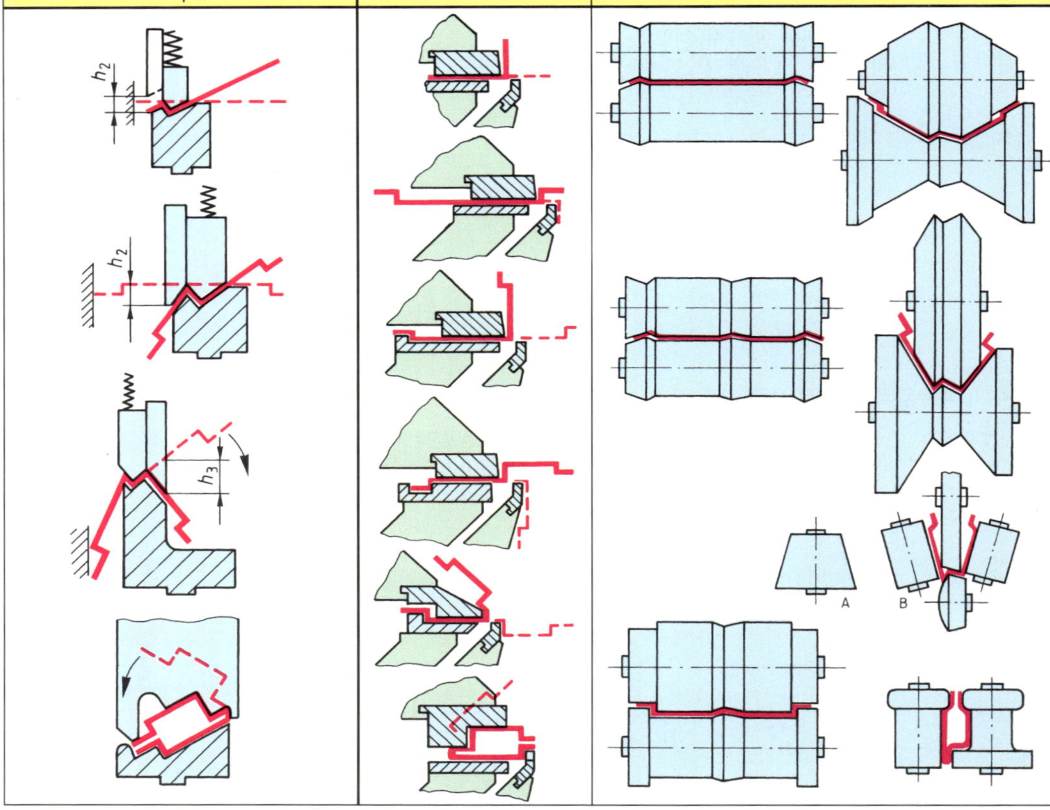

Fertigung eines Türrahmenprofiles durch Biegen (nach Oehler, Biegen unter Pressen, Carl Hanser Verlag München).

Aufgaben zu 2 Umformen

1. Erklären Sie die Vorgänge, die in einem Metallkorn bei elastischer und plastischer Verformung ablaufen.
2. Bei einem tiefgezogenen Näpfchen treten Zipfel auf. Erklären Sie die Entstehung dieses Fehlers.
3. Was versteht man unter einer Versetzung?
4. Welchen Einfluss haben die Versetzungen auf den Verformungswiderstand?
5. Wodurch tritt die Verfestigung eines Metalles bei der Kaltverformung ein?
6. Unterscheiden Sie Kalt- und Warmverformung.
7. Nennen Sie drei Produkte, die durch Umformverfahren hergestellt werden. Ordnen Sie die Herstellungsverfahren entsprechend ein.
8. Erklären Sie die plastische Verformung eines Metalles über die Versetzungstheorie.
9. Nennen Sie die wichtigsten Druckumformverfahren.
10. Im Napf-Rückwärts-Fließpressen werden Tuben aus Aluminium hergestellt.
    a) Ordnen Sie das Verfahren ein.
    b) Skizzieren Sie schematisch Pressbüchse und Stempel.

3 Trennen

Trennen ist Fertigen durch Ändern der Form eines festen Körpers, wobei der Zusammenhalt örtlich aufgehoben, das heißt im Ganzen vermindert wird. Dabei ist die Endform in der Ausgangsform enthalten. Auch wird das Zerlegen zusammengesetzter Körper dazugerechnet.

Diese Hauptgruppe der Fertigungsverfahren wird nach DIN folgendermaßen gegliedert:

Trennen

Zerteilen | **Spanen** | **Abtragen** | **Zerlegen** | **Reinigen** | **Evakuieren**

Das Trennen hat innerhalb der Fertigungsverfahren eine zentrale Bedeutung, obwohl heute eine hohe Maßgenauigkeit und Oberflächengüte auch in Um- und Urformverfahren erreicht wird.

Trennende Vor- und Nacharbeiten, wie z. B. Abschneiden von Rohteilen oder das Abtrennen von Speisern und Eingusstrichtern, sind in Um- und Urformtechnik nicht zu umgehen.

Höchste Genauigkeiten und Oberflächengüten besonders für Gleit- und Passflächen lassen sich nur durch trennende Formgebungsverfahren erzielen.

3.1 Zerteilen

Zerteilen ist mechanisches Trennen von Werkstücken, und zwar ohne Entstehen von formlosem Stoff, also ohne Späne. Es bezieht sich auf Werkstoffe aller Art, Metalle, Papier, Gummi u. a.
Das Zerteilen gliedert sich in Scherschneiden, Messerschneiden, Beißschneiden, Reißen und Brechen.

3.1.1 Scherschneiden

- **Schneidvorgang**

Beim Scherschneiden wird das Werkstück zwischen zwei Schneiden, die sich aneinander vorbei bewegen, getrennt. Das Trennen geschieht durch Überwinden der Scherfestigkeit des Werkstoffes.

Beispiel für Scherschneiden

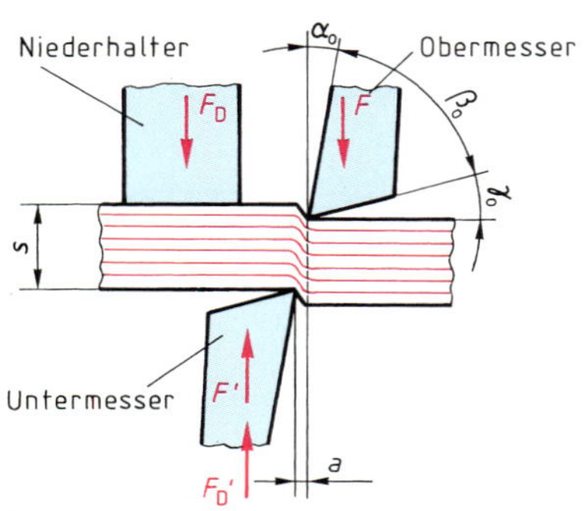

Scherschneiden mit Scheren

- α_o Freiwinkel
- β_o Keilwinkel
- γ_o Spanwinkel
- a Schneidspalt
- s Werkstückdicke
- F Scherkraft
- F_D Kraft im Niederhalter

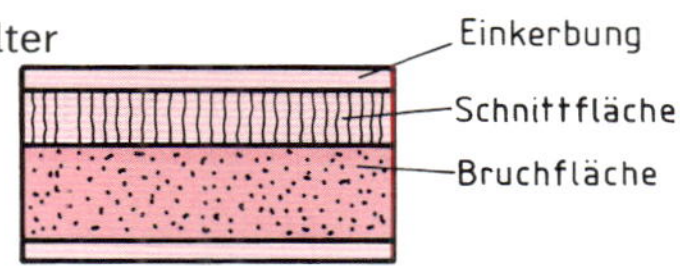

Scherfläche

Unter der Belastung wird der Werkstoff infolge der Kraft auf die Schermesser zunächst eingekerbt und an die Freiflächen der Schneiden gepresst. Die Schermesser schneiden dann den Werkstoff ein. Infolge der Querschnittsschwächung kommt es bei weiterer Steigerung der Scherkraft zu Anrissen und dann zum Bruch. Damit bei der Einkerbung keine zu starken Verformungen an den Kanten des Werkstückes auftreten, wird der Spanwinkel γ beim Scheren zwischen 2° und 16° gewählt.
Ein Freiwinkel zwischen 1,5° und 3° verhindert das Gleiten der Schermesser auf der Scherfläche.

> Beim Scherschneiden erfolgt die Trennung durch zwei Schneiden, welche die Werkstoffteilchen gegeneinander verschieben. Die Trennfläche zeigt Einkerbung, Schnittfläche und Bruchfläche.

Um das Aufeinanderlaufen der Schermesser zu vermeiden, wird ein Schneidspalt mit der Breite a gelassen:

$a < 0{,}1 \cdot s$ für Werkstoffe mit hoher Festigkeit
$a < 0{,}05 \cdot s$ für Werkstoffe mit niedriger Festigkeit,
s = Dicke des Werkstückes.

Da die Scherkräfte F und F' ein Kräftepaar bilden, das bestrebt ist, beim Schneiden das Werkstück zu drehen, muss durch einen Niederhalter eine Kraft auf das Werkstück ausgeübt werden, welche mit ihrer Gegenkraft dem Scherkraftpaar ein entgegengerichtetes Drehmoment entgegensetzt.

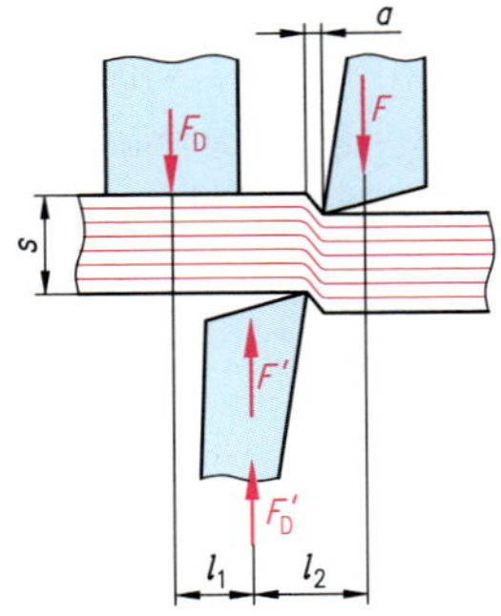

Kräfte beim Scheren

Je nach Stellung der Scherschneiden ergeben sich unterschiedlich große Schnittkräfte und Schneidenwege. Eine Vergrößerung des Schneidenweges verringert die Schnittkraft.

vollkantiger Schnitt	kreuzender Schnitt
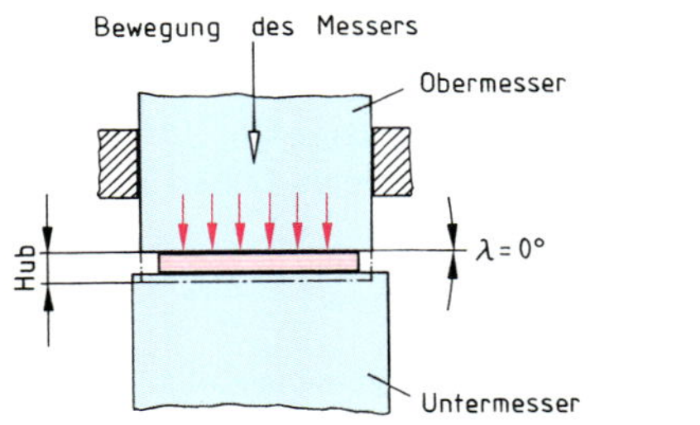	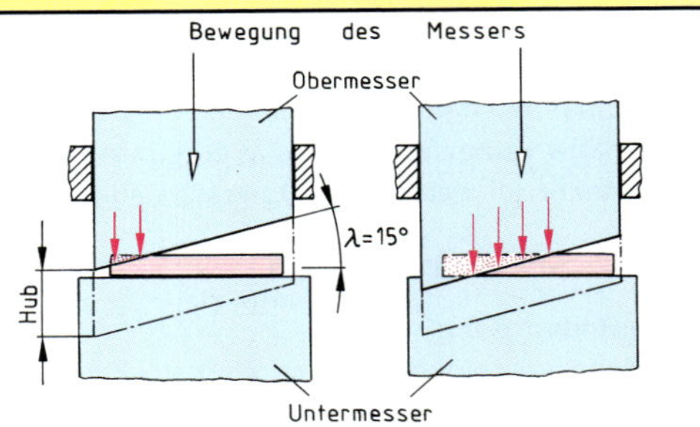

Vollkantiger Schnitt bewirkt Trennung mit schlagartig beginnender und endender Höchstschnittkraft. Kreuzender Schnitt bewirkt allmählich ansteigende und abschwellende Schnittkraft.

- **Schnittkraft**

Die Schnittkraft lässt sich annähernd berechnen:

$$F = \tau_{SB} \cdot S$$

τ_{SB} Scherfestigkeit $\tau_{SB} \approx f \cdot R_m$
S augenblicklich abgescherter Querschnitt

Die Scherfestigkeit errechnet man aus der Mindestzugfestigkeit und einem werkstoffabhängigen Faktor.

$$\tau_{SB} = f \cdot R_m$$

f werkstoffabhängiger Faktor (für Stahl 0,8)
R_m Zugfestigkeit

Beispiel für die Berechnung der Schnittkraft

Aufgabe: In eine 2 mm dicke Platte aus S235 soll ein Loch mit 10 mm ⌀ geschnitten werden. Die Mindestschnittkraft ist zu berechnen. (S235: R_m = 340 bis 470 N/mm²)

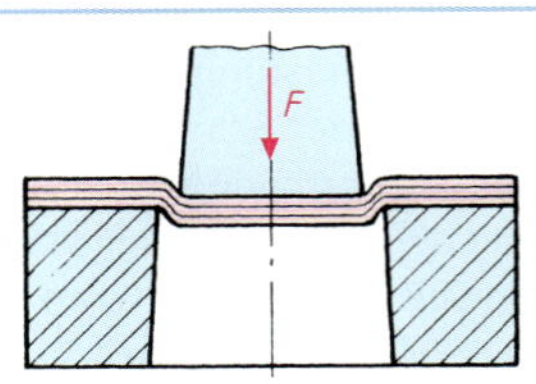

Lösung: $\tau_{SB} = 0{,}8 \cdot 340\ \text{N/mm}^2 = 272\ \dfrac{\text{N}}{\text{mm}^2}$

$F = \tau_{SB} \cdot S = \tau_{SB} \cdot d \cdot \pi \cdot s$ | $F = 272\ \dfrac{\text{N}}{\text{mm}^2} \cdot 10\ \text{mm} \cdot \pi \cdot 2\ \text{mm} = \mathbf{17081\ N}$

Die rechnerisch ermittelte Scherkraft stimmt für solche Schervorgänge, bei denen sich die Schneide parallel zur Werkstückoberfläche hinbewegt und dort vollkantig auftrifft.

Die Scherkraft kann durch Schrägstellung der Schneiden verringert werden.

Beispiel für den Einfluss der Schrägstellung von Stempelschneiden auf Scherkraft und Schneidweg

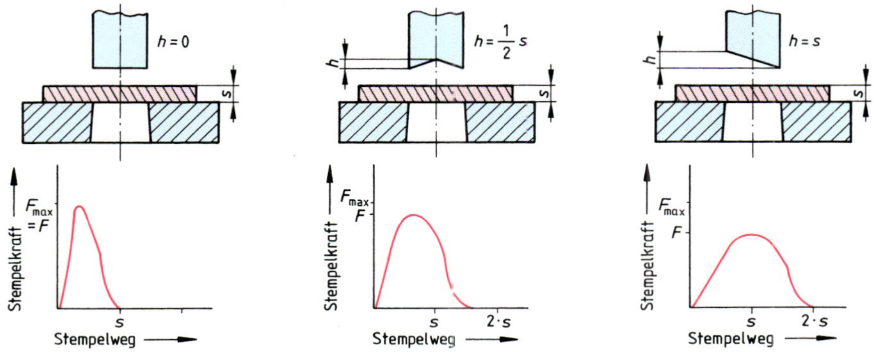

Schrägstellung der Schneiden senkt Schnittkraft und Auftreffgeräusch.

- **Schneidverfahren**

Zur Herstellung von Flachteilen in großen Stückzahlen bei gleichbleibender Form- und Maßgenauigkeit verwendet man Schneidwerkzeuge, die maschinell betätigt werden.

Beim **Gesamtschneiden** wird ein Werkstück in Umriss und Durchbrüchen mit einem einzigen Hub der Presse ausgeschnitten. Die so gefertigten Teile sind von hoher Maß- und Formgenauigkeit.

Beispiel für Gesamtschneiden (Schema)

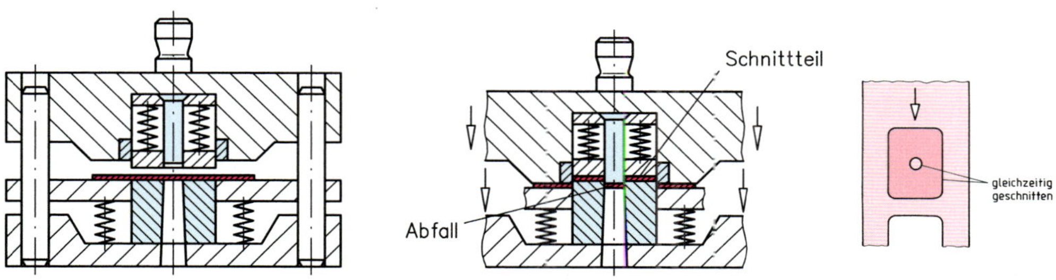

Vor dem Schneidvorgang | **Während des Schneidvorganges** | **Schnittstreifen**

Beim **Folgeschneiden** werden die einzelnen Arbeitsschritte in mehreren aufeinanderfolgenden Pressenhüben gefertigt. Dadurch lassen sich komplizierte Werkstücke in mehreren Folgen mit verhältnismäßig einfachen Schneidwerkzeugen herstellen.

Beispiel für Folgeschneiden (Schema)

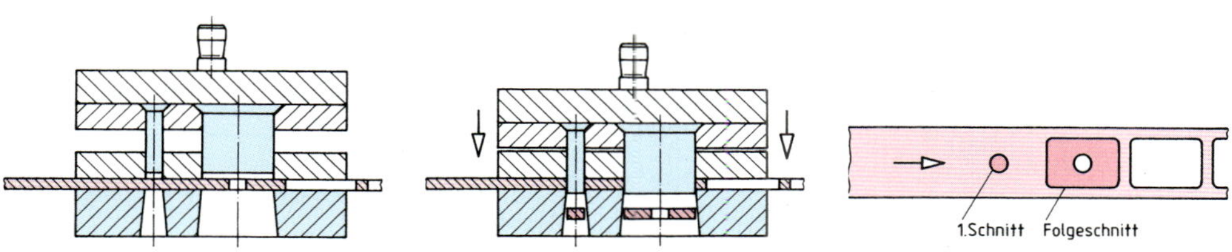

Vor dem Schnitt | **Nach dem Schnitt** | **Schnittstreifen**

3.1.2 Messer- und Beißschneiden

Messerschneiden

Beim **Messerschneiden** hat das Werkzeug *einen* Schneidkeil, der das Werkstück bis zur Unterlage durchtrennt.

Das Messerschneiden findet vorwiegend im Haushalt bei der Zerteilung von Nahrungsmitteln Anwendung. Es dient ferner zum Ausschneiden und Zerteilen weicher Werkstoffe wie Gummi, Leder, Papier und Kunststoffe.

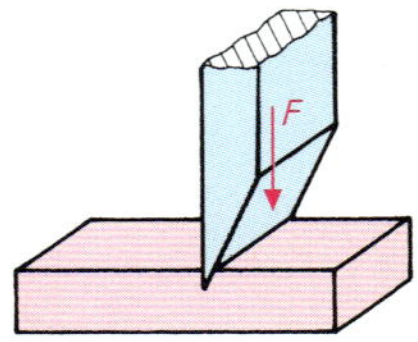

Drückend-Schneiden mit Stemmeisen

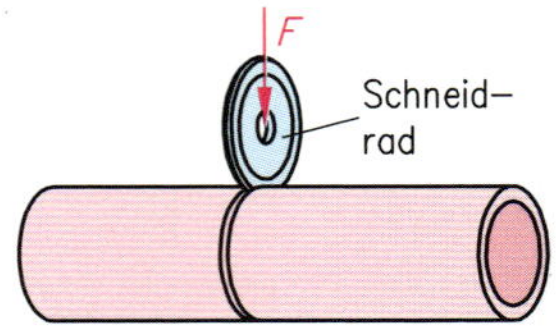

Drückend-Schneiden mit Rohrabschneider

Die Grundform jeder Messerschneide ist der Keil. Er zerlegt eine auf ihn wirkende Kraft F in zwei Wangenkräfte F_{W1} und F_{W2}, die senkrecht zu den Wangen stehen *(Keilwirkung)*.

Mit abnehmendem Keilwinkel β_o wachsen die Wangenkräfte – aber auch die Gefahr, dass die Werkzeugschneide beim Schneidvorgang ausbricht.

Beispiele für Kräfte am Schneidkeil

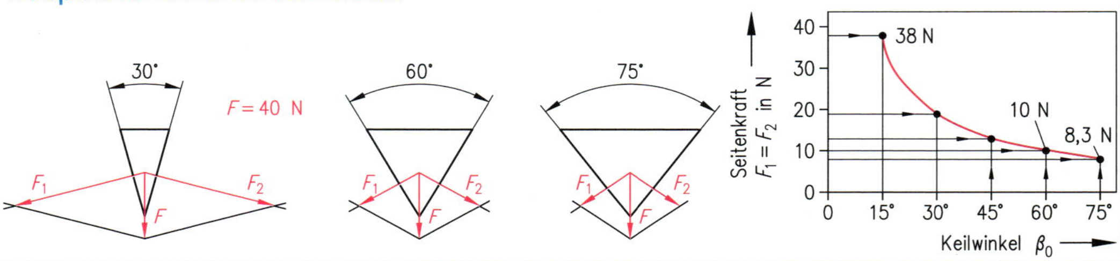

Das zu trennende Werkstück liegt auf einer Unterlage. Dadurch werden die Wangenkräfte wiederum in zwei Richtungen zerlegt:

- In eine Kraft senkrecht auf die Unterlage.
- In eine Kraft parallel zur Unterlage, die das Material auseinanderdrängt.

Beispiel für die Zerlegung der Wangenkräfte

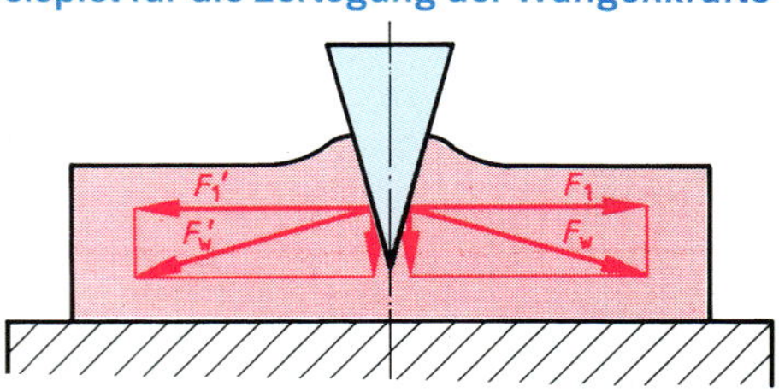

F_W Wangenkraft

F_1 Kraft, die den Werkstoff auseinanderdrängt

> Die Wangenkräfte erzeugen eine parallel zur Unterlage wirkende Kraft, welche die Werkstücke auseinanderdrängt.

Beißschneiden erfolgt zwischen *zwei* Schneidkeilen, die aufeinander zubewegt werden.

Beißschneiden ergibt unsaubere Trennflächen. Man verwendet das Verfahren zum Ablängen von dünnen Stangen und Drähten.

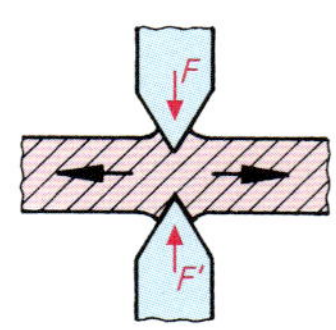

Beißschneiden

> Beißschneiden ist Trennen mit zwei keilförmigen Schneiden, die sich aufeinander zu bewegen.

Aufgaben zu 3.1 Zerteilen

1. Skizzieren Sie einen durch Scherschneiden entstandenen Schnitt, und benennen Sie die einzelnen Zonen.

2. Welchen Zweck hat der Niederhalter beim Scheren?

3. Welchen Vorteil hat Kreuzend-Schneiden gegenüber Vollkantig-Schneiden?

4. Aus 2,5 mm dickem Blech, $R_m = 340\ N/mm^2$, werden Schilder entsprechend der Skizze ausgeschnitten.

Berechnen Sie die erforderliche Mindestscherkraft.

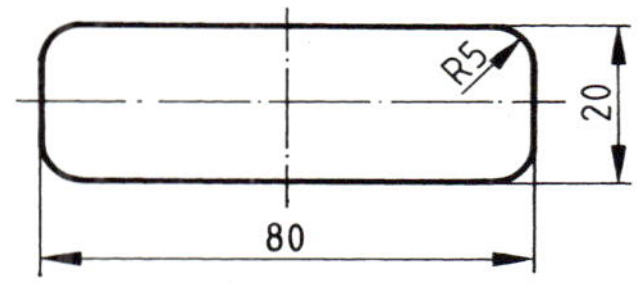

5. Aus 3 mm dicken Rohlingen 70 × 70, E295, soll der skizzierte Ausschnitt geschnitten werden.

Berechnen Sie die erforderliche Mindestscherkraft.

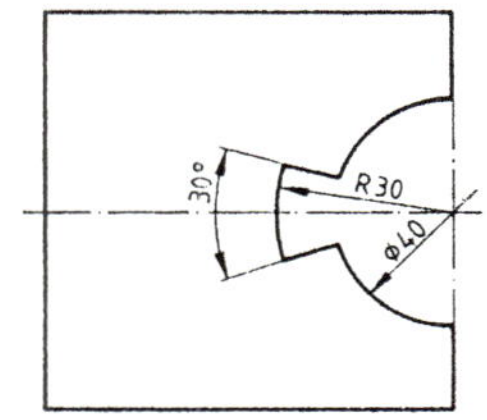

6. In Stahlbleche von 1 mm Dicke werden Löcher von 12 mm Durchmesser geschnitten.

a) Welche Mindestscherkraft ist erforderlich, wenn der Werkstoff eine Zugfestigkeit von 480 N/mm^2 hat?

b) Der Schnittstempel soll durch einen Pneumatikzylinder bewegt werden. Der Druck der Anlage beträgt 8 bar.

Berechnen Sie den erforderlichen Zylinderdurchmesser.

7. Berechnen Sie die zum Ausschneiden des skizzierten Beschlages aus 3 mm dickem Stahlblech, S235, erforderliche Mindestscherkraft.

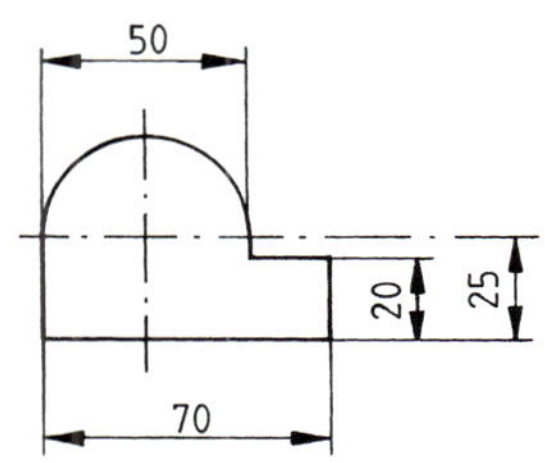

8. Berechnen Sie die zum Ausschneiden der skizzierten Scheibe aus 4 mm dickem Stahlblech, E295, erforderliche Mindestscherkraft.

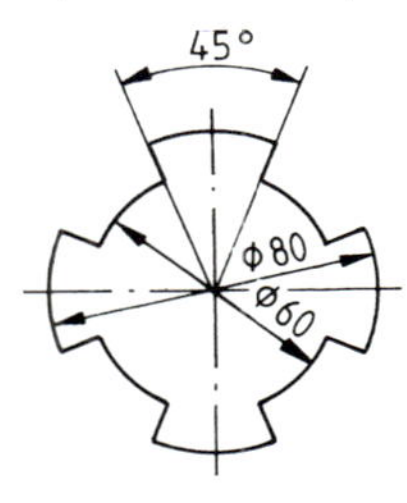

9. a) Erklären Sie den Unterschied zwischen Messerschneiden und Beißschneiden.

b) Ordnen Sie den folgenden Werkzeugen das jeweilige Schneidverfahren zu: Kneifzange, Stemmeisen, Meißel, Seitenschneider, Locheisen.

10. Auf die skizzierten Schneiden eines Stemmeisens und eines Meißels wirkt je eine Kraft von 400 N.

Ermitteln Sie die Richtungen und Größen der auftretenden Wangenkräfte.

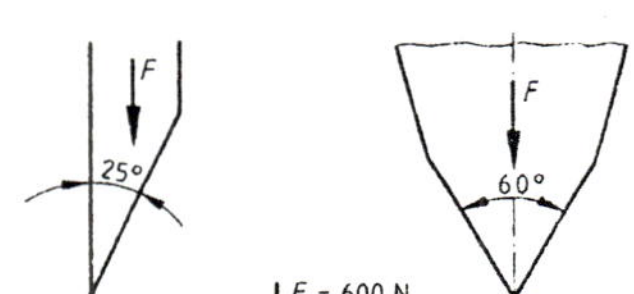

11. Welche Zugkräfte treten bei der skizzierten Darstellung im Werkstück auf?

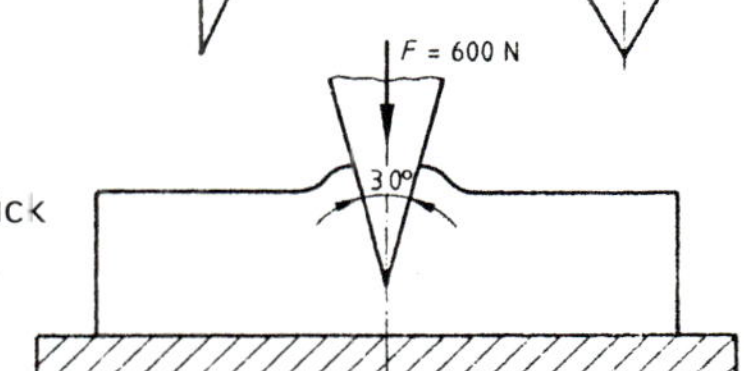

3.2 Spanen

Beim Spanen dringt ein keilförmiges Werkzeug auf einer vorbestimmten Bahn in das Werkstück ein und trennt Werkstoffteilchen in Form von Spänen ab.

3.2.1 Bewegungen zwischen Werkstück und Werkzeugschneide

Beim Zerspanvorgang finden zwischen dem Werkstück und der Werkzeugschneide Relativbewegungen statt. Es wird dabei unterschieden zwischen Bewegungen, die unmittelbar an der Spanentstehung beteiligt sind (Schnitt-, Vorschub- und Wirkbewegung) und Bewegungen, welche nicht unmittelbar am Entstehen der Späne beteiligt sind (Anstell-, Zustell- und Nachstellbewegung).

Zur einheitlichen Betrachtung der Arbeitsweise von spanenden Werkzeugen hat man vereinbart:

1. Alle Bewegungen werden auf das *ruhend gedachte* Werkstück bezogen.
2. Die Bewegungen, die an der Spanentstehung unmittelbar beteiligt sind, erfolgen in einer Ebene, die als **Arbeitsebene** bezeichnet wird.

- **Schnitt-, Vorschub- und Wirkbewegung**

Bewegungen, die unmittelbar an der Entstehung des Spanes beteiligt sind, sind Schnitt- und Vorschubbewegung.

- Die **Schnittbewegung** ist diejenige Bewegung zwischen Werkzeug und Werkstück, welche ohne Vorschubbewegung nur eine einmalige Spanabnahme während eines Hubes oder einer Umdrehung bewirken würde. Die Richtung der Schnittbewegung ist die *Schnittrichtung,* die Geschwindigkeit wird als **Schnittgeschwindigkeit** bezeichnet.
- Die **Vorschubbewegung** ist die Bewegung zwischen Werkstück und Werkzeug, die zusammen mit der Schnittbewegung die stetige Spanabnahme während mehrerer Umdrehungen beziehungsweise die mehrfache Spanabnahme während mehrerer Hübe erlaubt. Die Vorschubbewegung erfolgt also stetig oder schrittweise.
  Die Vorschubbewegung erfolgt in *Vorschubrichtung* mit der **Vorschubgeschwindigkeit.**
- Die **Wirkbewegung** ist die resultierende Bewegung aus Schnittbewegung und Vorschubbewegung. Sie erfolgt in *Wirkrichtung* mit der **Wirkgeschwindigkeit.**

(Da die Vorschubgeschwindigkeit in der Regel gegenüber der Schnittgeschwindigkeit sehr klein ist, kann man die Wirkgeschwindigkeit in vielen Fällen mit der Schnittgeschwindigkeit gleichsetzen.)

Beispiele für Schnitt-, Vorschub- und Wirkgeschwindigkeit

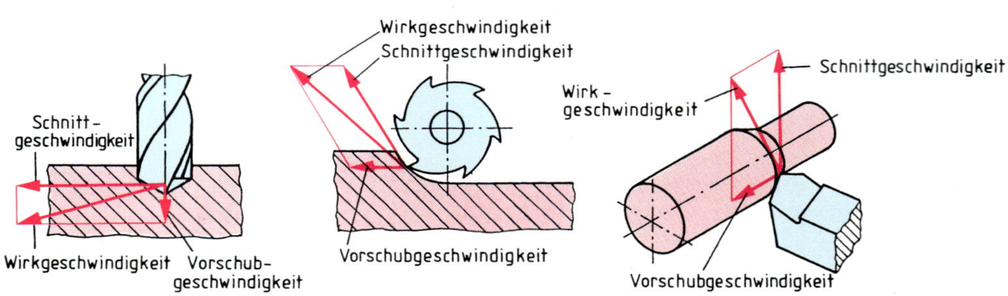

Bohren **Fräsen** **Drehen**

Alle Bewegungen beim Spanen werden auf die Arbeitsebene des ruhend gedachten Werkstücks bezogen.
Die Spanabnahme geschieht durch das Zusammenwirken von Schnitt- und Vorschubbewegung.

- **Anstell-, Zustell- und Nachstellbewegung**

Anstell-, Zustell- und Nachstellbewegung sind Bewegungen, die nicht unmittelbar an der Spanbildung beteiligt sind.

- Die **Anstellbewegung** ist die Bewegung, mit der das Werkzeug vor dem Zerspanen an das Werkstück herangeführt wird.
- Die **Zustellbewegung** ist die Bewegung, durch welche die Dicke der jeweils abzunehmenden Schicht (Span) im Voraus bestimmt wird.
- Die **Nachstellbewegung** ist die Bewegung, durch welche Korrekturen, die zum Beispiel wegen Abnutzung der Werkzeugschneide notwendig sind, vorgenommen werden.

Beispiele für Anstell- und Zustellbewegung beim Walzfräsen und Drehen

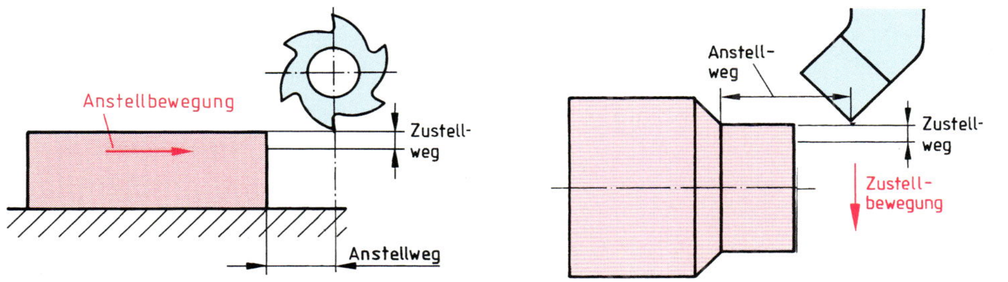

> Durch die Zustellbewegung wird die Spandicke bestimmt, durch die Nachstellbewegung wird sie evtl. korrigiert.

3.2.2 Schneiden und Flächen am Schneidkeil

- **Schneiden am Schneidkeil**

Am Schneidkeil des Werkzeuges entstehen an geraden, abgewinkelten oder gebogenen Schneiden die Späne. Man unterscheidet Haupt- und Nebenschneiden.

- **Hauptschneiden** sind Schneiden, deren Schneidkeile bei Betrachtung in der Arbeitsebene in Vorschubrichtung weisen.
- **Nebenschneiden** sind Schneiden, deren Schneidkeile bei Betrachtung in der Arbeitsebene nicht in Vorschubrichtung weisen.

Haupt- und Nebenschneiden treffen an der **Schneidenecke** zusammen. Die Schneidenecke wird meist abgerundet oder angefast.

Beispiele für die Lage von Haupt- und Nebenschneiden

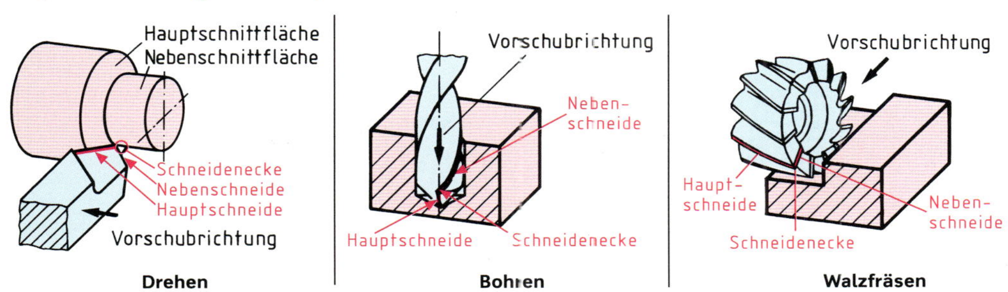

> Hauptschneiden weisen in Vorschubrichtung, Nebenschneiden nicht
> Haupt- und Nebenschneide treffen an der Schneidenecke zusammen.

- **Flächen am Schneidkeil**

Die Flächen des Schneidkeiles unterscheidet man nach ihrer Funktion:

- **Spanfläche** ist die Fläche des Schneidkeiles, über die der Span abläuft.
- **Freiflächen** sind die Flächen des Schneidkeiles, welche den Schnittflächen am Werkstück zugewandt sind. Hauptfreiflächen sind der Hauptschnittfläche, Nebenfreiflächen den Nebenschnittflächen zugewandt.

Beispiel für die Lage von Span- und Freiflächen

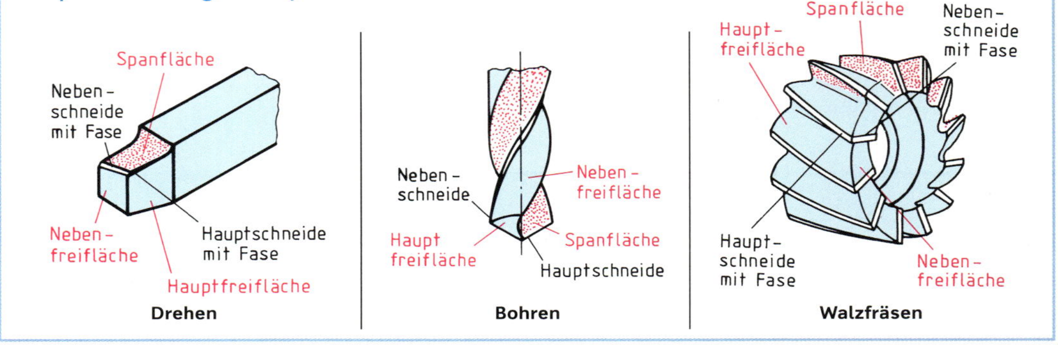

Der Span läuft beim Spanen über die Spanfläche ab. Die Freiflächen sind dem Werkstück zugewandt.

3.2.3 Werkzeugbezugssystem

- **Winkel an der Werkzeugschneide**

An der keilförmigen Werkzeugschneide sind folgende Winkel von Bedeutung:

Der **Keilwinkel** β_o wird von Span- und Freifläche gebildet. Er wird in der Keilmessebene gemessen. Beste Schneidwirkung ließe sich mit möglichst kleinem Keilwinkel erzielen, jedoch ist eine solche Schneide den auftretenden Druck- und Biegespannungen nicht gewachsen. Ferner kann eine solche Schneide, die beim Schneidvorgang auftretende Reibungswärme nur schlecht ableiten, sodass sie sich stark erwärmt.

Der **Freiwinkel** α_o ist der Winkel zwischen Freifläche des Werkzeug und Trennfläche des Werkstücks. Er bestimmt die Reibungskraft zwischen Schneide und Trennfläche.

Der **Spanwinkel** γ_o ergibt mit Frei- und Keilwinkel 90°. Demnach kann er je nach Größe der beiden anderen Winkel positiv oder negativ sein.

Entscheidend für die Wirkung der Werkzeugschneide sind Größe und Lage des Spanwinkels.
Bei positivem Spanwinkel hat das Werkzeug schneidende Wirkung, bei negativem Spanwinkel schabt es.

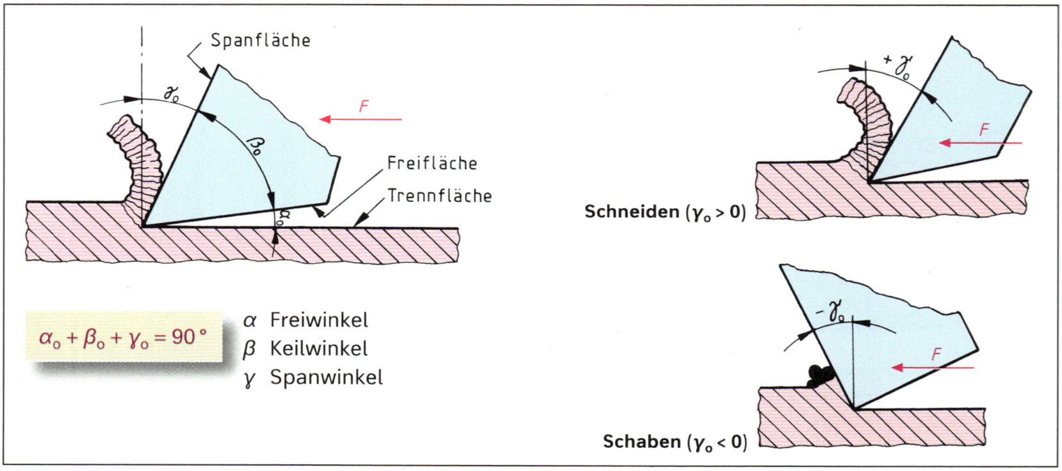

Winkel an der Werkzeugschneide

Werkzeugbezugssystem

Die zuvor in der Ebene dargestellten Winkel an der Werkzeugschneide reichen für die Betrachtung eines im Eingriff befindlichen Werkzeuges nicht aus.
Zur Bestimmung der Winkel und Flächen am Werkzeug wird das **Werkzeugbezugssystem** zugrunde gelegt. Die Ebene am Werkzeug, welche senkrecht zur Schnittrichtung liegt, ist die **Werkzeugbezugsebene.** Sie ist nach dem Werkzeug ausgerichtet – meist parallel zur Auflagefläche.

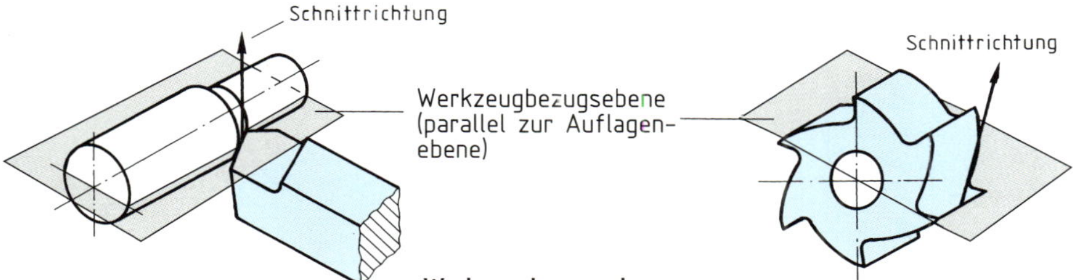

Werkzeugbezugsebene

Diejenige Ebene, welche senkrecht zur Werkzeugbezugsebene steht und die Schneide beinhaltet, ist die **Werkzeugschneidenebene.**

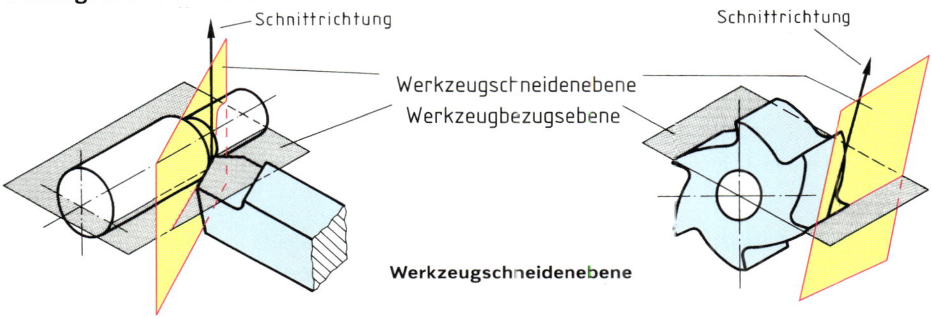

Werkzeugschneidenebene

Die Ebene, welche senkrecht zur Werkzeugbezugsebene und Werkzeugschneidenebene steht, ist die **Keilmessebene,** in der die Winkel der Werkzeugschneide gemessen werden.

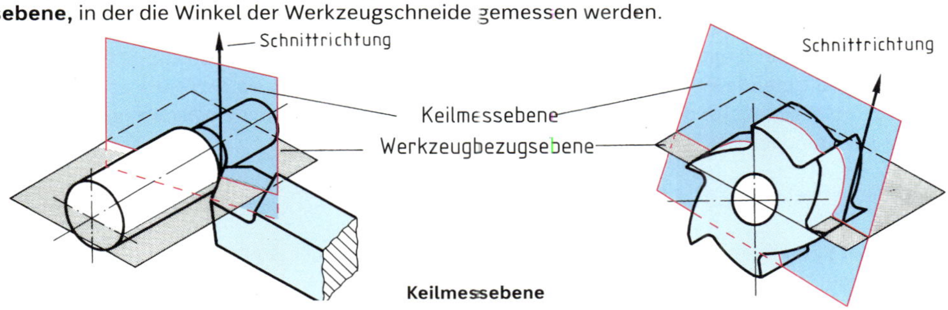

Keilmessebene

Schnittrichtung und Vorschubrichtung liegen in der **Arbeitsebene,** die demnach senkrecht auf der Werkzeugbezugsebene steht.

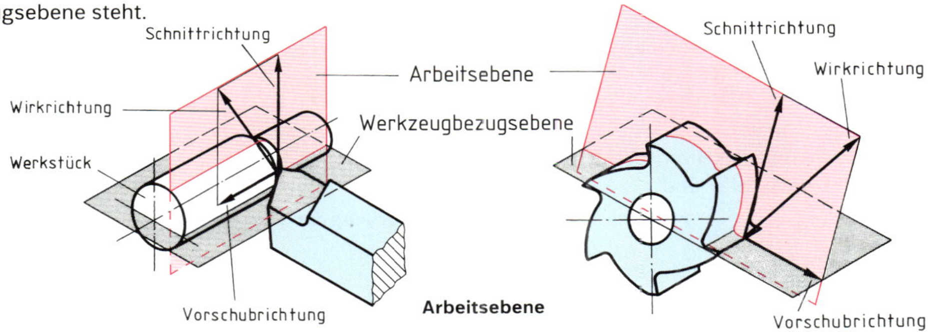

Arbeitsebene

3.2.4 Winkel an der Werkzeugschneide

Die Winkel am Schneidkeil und die Stellung des Schneidkeils zum Werkstück beeinflussen stark die Kräfte zur Spanabnahme, die Standzeit der Werkzeuge und die Oberflächengüte des Werkstücks. Dies wird im weiteren Text am Drehmeißel erläutert.

Beispiel für Winkel an der Drehmeißelschneide

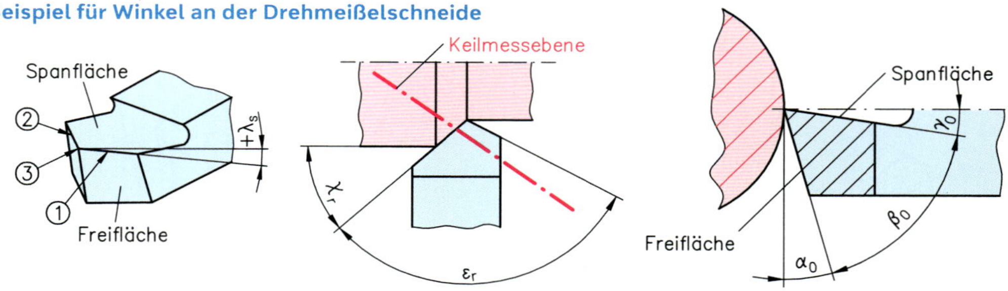

Schneiden:

① **Hauptschneide:** Sie übernimmt hauptsächlich die Spanabnahme, sie weist in Vorschubrichtung.

② **Nebenschneide:** Sie ist geringfügig an der Spanabnahme mitbeteiligt.

Winkel in der Keilmessebene gemessen:

β_o **Keilwinkel:** Winkel zwischen Spanfläche und Freifläche

γ_o **Spanwinkel:** Winkel zwischen der Spanfläche und einer waagerechten Bezugsfläche

α_o **Freiwinkel:** Winkel zwischen Freifläche und einer senkrechten Bezugsfläche

Sonstige Winkel:

ε_r **Eckenwinkel:** Winkel zwischen der Hauptschneide und der Nebenschneide

κ_r **Einstellwinkel:** Winkel zwischen der Hauptschneide und der Vorschubrichtung

λ_s **Neigungswinkel:** Winkel der Winkel zwischen Hauptschneide und einer waagerechten Bezugsebene

Der **Keilwinkel** β_o wird von Span- und Freifläche gebildet. Er wird in der Keilmessebene gemessen. Beste Schneidwirkung ließe sich mit möglichst kleinem Keilwinkel erzielen, jedoch ist eine solche Schneide den auftretenden Druck- und Biegespannungen nicht gewachsen. Ferner kann eine solche Schneide, die beim Schneidvorgang auftretende Reibungswärme nur schlecht ableiten, sodass sie sich stark erwärmt.
Darum ist die Entscheidung für die Größe des Keilwinkels stets ein Kompromiss zwischen guter Schneidwirkung und langer Standzeit der Schneide.

Hohe Schneidenbelastung erfordert große Keilwinkel.

Der **Spanwinkel** γ_o ergibt mit Frei- und Keilwinkel 90°. Demnach kann er je nach Größe der beiden anderen Winkel positiv oder negativ sein.

Die Größe des Spanwinkels beeinflusst entscheidend die Spanbildung und die Schnittkraft. Ein großer Spanwinkel erleichtert die Spanbildung und senkt die erforderliche Schnittkraft. Allerdings verringert ein zu großer Spanwinkel den Keilwinkel und schwächt damit die Schneide.
Kleine oder negative Spanwinkel verwendet man für harte und spröde Werkstoffe und bei unterbrochenem Schnitt.

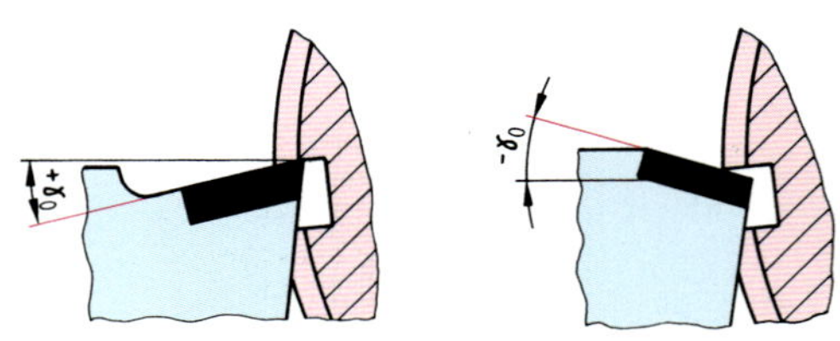

Beanspruchung der Schneide bei unterbrochenem Schnitt

Für weiche, zähe Werkstoffe wählt man große Spanwinkel.
Für harte, spröde Werkstoffe und unterbrochenen Schnitt wählt man kleine Spanwinkel.

Der **Freiwinkel** α_o ist der Winkel zwischen der Freifläche des Werkzeugs und der Trennfläche des Werkstücks.

Eine Vergrößerung des Freiwinkels bewirkt eine Verringerung der Reibung zwischen Werkzeug und Werkstück. Dadurch wird jedoch nur eine unbedeutende Erhöhung der Standzeit des Meißels erreicht. Man wählt Freiwinkel zwischen 3° und 12°. Für härtere Werkstoffe verwendet man die kleineren Freiwinkel.

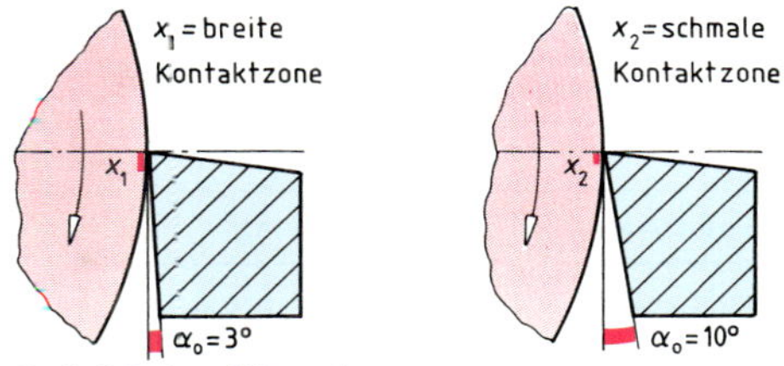

Freiwinkel und Kontaktzone

Veränderungen des Freiwinkels beeinflussen die Zerspanungsbedingungen kaum.

Der **Einstellwinkel** χ ist der Winkel zwischen Schneide und Arbeitsebene, gemessen in der Werkzeugbezugsebene. Der Einstellwinkel bestimmt die im Eingriff befindliche Schneidenlänge und damit die Verteilung der Schnittkraft, die Querschnittsform des Spanes und die Standzeit.
Je kleiner der Einstellwinkel, desto größer die im Eingriff befindliche Schneidenlänge, desto geringer die Belastung der Schneide durch Schneidkraft und Wärme und umso höher die Standzeit.
Die Gefahr der Durchbiegung beim Drehen langer, dünner Wellen wird bei einem großen Einstellwinkel verringert, weil dadurch die Kraft quer zur Drehachse (Passivkraft) verringert wird.

Beispiel für den Einfluss des Einstellwinkels χ auf die Schneidenlänge im Eingriff, die Passivkraft und den Spanquerschnitt

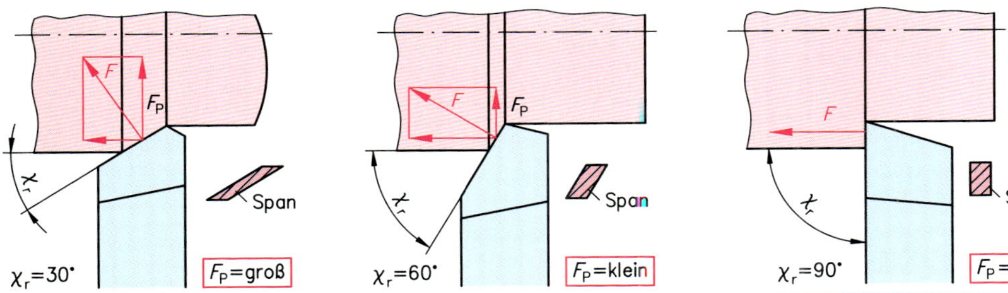

Mit steigendem Einstellwinkel wächst die Schneidenbelastung, die Passivkraft sinkt jedoch.

Der **Neigungswinkel** λ ist der Winkel, den die Schneide mit der Werkzeugbezugsebene in der Werkzeugschneidenebene bildet.
Der Neigungswinkel beeinflusst den Spanablauf. Bei negativem Neigungswinkel rollt der Span zum Werkstück, bei positivem Winkel vom Werkstück weg.

Beispiel für den Einsatz von Schneidwerkzeugen mit unterschiedlichen Neigungswinkeln

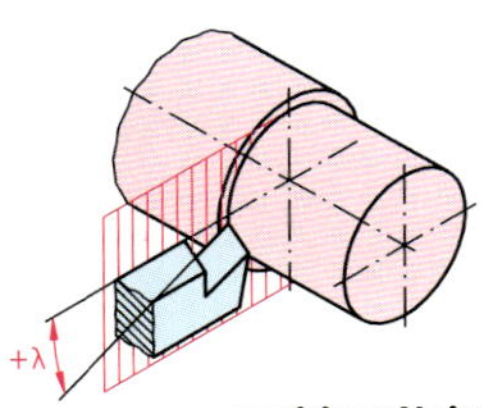

Einsatz bei
- gut zerspanbaren Werkstoffen
- ununterbrochenem Schnitt

positiver Neigungswinkel

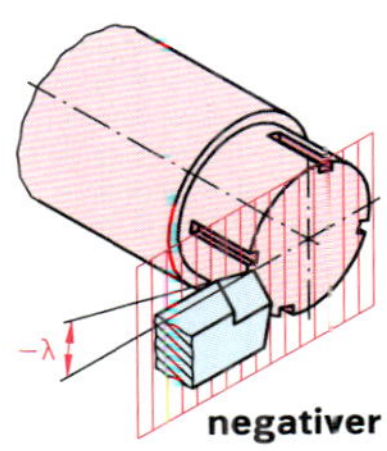

Einsatz bei
- schwer zerspanbaren Werkstoffen und Gussoberflächen
- unterbrochenem Schnitt

negativer Neigungswinkel

Negative Neigungswinkel wählt man bei schweren Schneidenbelastungen.

3.2.5 Spanarten und Spanformen

Werkstoffteilchen als Späne können auch aus mehr oder weniger zusammenhängenden Spanteilchen bestehen. Aus dem Zusammenwirken verschiedener Einflussgrößen, wie z. B. Spanwinkel und Werkstoff, ergeben sich unterschiedliche Späne.

Spanarten

Spanarten	Spanbildung		Schnittbedingungen	Auswirkungen
Fließspan  langer zusammenhängender Span	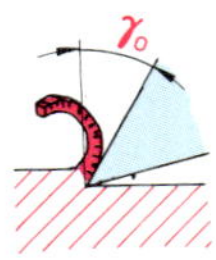	• geringe Werkstoffstauchung • kein voreilender Riss • schnelle Folge kleinster Schervorgänge • Spanteilchen bleiben zusammenhängend	• großer Spanwinkel • zäher Werkstoff • hohe Schnittgeschwindigkeit	• glatte saubere Oberfläche • kleine Schnittkraft • lange Späne behindern den Arbeitsvorgang
Scherspan  Stücke noch zusammenhängender Spanteilchen mit vielen Scherrissen	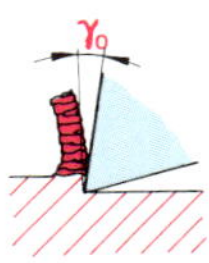	• stärkere Werkstoffstauchung • kurzer voreilender Riss • einzelne unregelmäßige Schervorgänge • Spanteilchen bleiben nur teilweise zusammenhängend	• kleiner bis mittlerer Spanwinkel • zähe und leicht spröde Werkstoffe • mittlere Schnittgeschwindigkeit	• nicht so glatte Werkstückoberfläche mit unregelmäßigem Aussehen • kurzer bröckliger Span behindert nicht den Arbeitsvorgang • nur wenig größere Schnittkraft
Reißspan  sehr kurzer unregelmäßiger Span	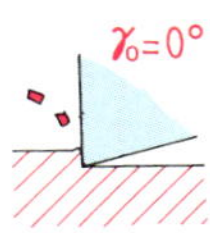	• geringe Werkstoffstauchung • bei spröden Werkstoffen voreilender Riss, der auch in die Werkstückoberfläche eindringt • wenige unregelmäßige Schervorgänge	• kleiner Spanwinkel • vorwiegend bei spröden Werkstoffen • niedrige Schnittgeschwindigkeit	• raue Werkstückoberfläche • große Schnittkraft • kurzer Span behindert nicht den Arbeitsvorgang

Bei allen Spanarten können sich Werkstoffteilchen auf der Spanfläche der Schneide festsetzen und durch Bildung einer *Aufbauschneide* die Winkel und damit die Spanbildung ungünstig verändern. Die Oberflächengüte des Werkstückes wird herabgesetzt.
Falsche Schnittgeschwindigkeit, schlechte Werkzeugoberflächen und wenig schmierende Kühlmittel begünstigen die Bildung einer Aufbauschneide.

Spanformen

Je nach eingestellten technologischen Bedingungen treten unterschiedliche Spanformen auf.
Der sich ergebende Span soll so kurz sein, dass eine Behinderung der Maschinenbedienung, Störungen des Fertigablaufs sowie eine Beschädigung von Arbeitsfläche und Werkzeug nicht auftreten.
Kurze Schraubenspäne, Schraubenbruchspäne und Spiralbruchspäne sind besonders günstig.

Beispiele für Spanformen

Bandspan	Wirrspan	Schraubenspan	Schraubenbruchspan	Spiralbruchspan
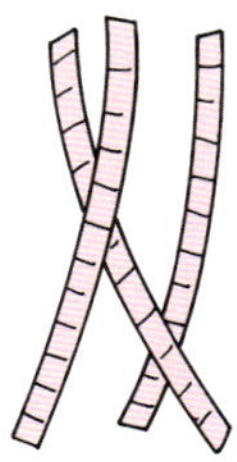		lang 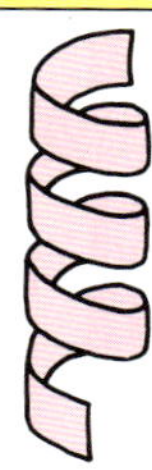	kurz 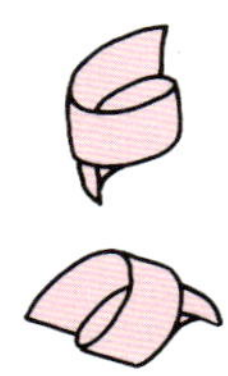	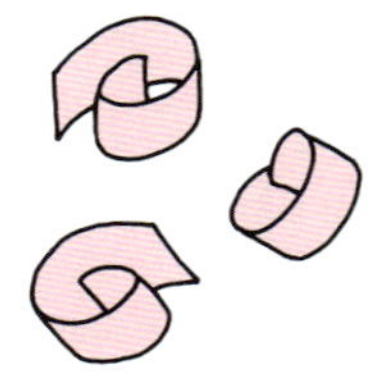
ungünstige Spanformen			**günstige Spanformen**	

3.2.6 Auswahl der Schnittgeschwindigkeit

In Schnittrichtung erfolgt die Schnittbewegung mit Schnittgeschwindigkeit. Mit steigender Schnittgeschwindigkeit steigt die Schneidentemperatur. Dabei ändern sich die Reibungsverhältnisse an den Berührungsflächen zwischen Werkzeug und Werkstück und damit Spanbildung und Verschleiß. Beim Spanen metallischer Werkstoffe entstehen bei geringer Schnittgeschwindigkeit Pressschweißungen, die den Werkzeugverschleiß steigern. Bei steigender Schnittgeschwindigkeit und damit steigender Schneidentemperatur erweicht die Spanunterseite und der Verschleiß lässt nach. Bei noch höheren Schnittgeschwindigkeiten bedingt der temperaturabhängige Abtrag des Schneidstoffes einen Wiederanstieg des Werkzeugverschleißes.
Bei der Wahl einer möglichst günstigen Schnittgeschwindigkeit für einen Zerspanungsvorgang spielen wirtschaftliche und technische Gesichtspunkte eine Rolle. Zunächst hängt die zu wählende Schnittgeschwindigkeit vom zu zerspanenden Werkstoff ab. Man untergliedert die Werkstoffe nach ihrer Eignung zum Zerspanen in **Zerspanbarkeitsgruppen.**

Beispiele für Einordnung von Werkstoffen in Zerspanbarkeitsgruppen (herstellerspezifisch)

Zerspan-barkeits-gruppe	Werkstoff	Festigkeit bzw. Härte
1 2	unlegierte Stähle (C < 0,2 %) (C 0,2–0,3 %)	500 N/mm^2 600 N/mm^2
3 4	unlegierte Stähle (C 0,3–04, %) legierte Stähle	700 N/mm^2 650 N/mm^2 800 N/mm^2 700 N/mm^2
5 6 7 8	legierte Stähle	800 N/mm^2 900 N/mm^2 1 000 N/mm^2 > 1 000 N/mm^2
9 10 11 12	rost-, säure-, hitzebeständige Stähle	≈ 500 N/mm^2 ≈ 600 N/mm^2 ≈ 750 N/mm^2 ≈ 900 N/mm^2
13 14 15 16	Gusseisen GJL, GJS	150–200 HB 200–220 HB 220–250 HB 250–320 HB
17	Titan und Titanlegierungen	
18	Stahl, gehärtet	48–64 HRC

Zerspan-barkeits-gruppe	Werkstoff
19	Reinkupfer
20	Elektrolytkupfer
21	Messing, Bronze
22	Aluminium-Knetlegierungen
23 24	Aluminiumlegierung < 10 % Si > 10 % Si
25	Magnesiumlegierungen
26	Kunststoffe Thermoplast
27	Kunststoffe Duroplast
28	Kunststoffe mit Füllmaterial (z. B. Epoxydharz mit Glasfaser)

Für die einzelnen Zerspanbarkeitsgruppen bieten die Werkzeughersteller unterschiedliche Schneidwerkstoffe an. Die Auswahl der Schnittgeschwindigkeit für einen bestimmten Schneidwerkstoff in einem Zerspanungsverfahren ergibt sich dann aus Vorschub, Spandicke und Standzeit des Werkzeuges.

Die optimale Schnittgeschwindigkeit für einen bestimmten Zerspanungsvorgang errechnet man aus der **spezifischen Schnittgeschwindigkeit** v_{c111}. Diese gibt die Schnittgeschwindigkeit an, bei der bei einem Vorschub von $f = 1$ mm je Umdrehung und einer Schnitttiefe von $a_p = 1$ mm eine Standzeit von $t = 1$ min erreicht wird. Durch Multiplikation der spezifischen Schnittgeschwindigkeit mit Faktoren für Vorschub, Schnitttiefe und Standzeit ergibt sich die zu wählende Schnittgeschwindigkeit v_c.

Die Faktoren werden aus den Zahlenwerten von Vorschub, Schnittgeschwindigkeit und Standzeit durch *Potenzieren* ermittelt. Die Exponenten sind abhängig von Zerspanungshauptgruppe und Schneidenwerkstoff.

$$v_c = v_{c111} \cdot f^E \cdot a^F{}_p \cdot t^G$$

f Zahlenwert des Vorschubes in mm
a_p Zahlenwert der Schnitttiefe in mm
t Zahlenwert der Standzeit in min

E Exponent des Vorschubs
F Exponent der Schnitttiefe
G Exponent der Standzeit

Zerspanbarkeitsgruppe	v_{c111} m/min	E	F	G
1	760	–0,20	–0,11	–0,39
2	600	–0,23	–0,11	–0,36
3	485	–0,26	–0,11	–0,33
4	395	–0,29	–0,11	–0,30
5	300	–0,32	–0,12	–0,27
6	240	–0,35	–0,12	–0,24
7	195	–0,38	–0,13	–0,21
8	155	–0,41	–0,13	–0,18

Exponenten für den Schneidenwerkstoff P10

Beispiel für die Berechnung der Schnittgeschwindigkeit

Aufgabe: Ein Werkstück aus C15 (Zerspanungsgruppe 1) soll mit einem hartmetallbestückten Werkzeug der Sorte P10 gedreht werden. Der Vorschub soll 0,2 mm, die Schnitttiefe soll 3 mm sein. Die Standzeit soll 45 Minuten betragen.
Die Schnittgeschwindigkeit ist zu berechnen.

Lösung: Daten entsprechend der Exponententabelle:

$$v_{c111} = 760\,\frac{\text{m}}{\text{min}}$$

$$E = -0{,}20$$
$$F = -0{,}11$$
$$G = -0{,}39$$

$$v_c = v_{c111} \cdot f^E \cdot a_p^F \cdot t^G$$

$$v_c = 760\,\frac{\text{m}}{\text{min}} \cdot 0{,}2^{-0{,}20} \cdot 3^{-0{,}11} \cdot 45^{-0{,}39}$$

$$v_c = 760\,\frac{\text{m}}{\text{min}} \cdot 1{,}38 \cdot 0{,}89 \cdot 0{,}23$$

$$v_c = \mathbf{214}\,\frac{\mathbf{m}}{\mathbf{min}}$$

Die optimale Schnittgeschwindigkeit wird bestimmt aus
- der für den Schneidstoff spezifischen Schnittgeschwindigkeit und
- Faktoren für Vorschub, Schnitttiefe und Standzeit.

Aus der errechneten Schnittgeschwindigkeit wird für den Zerspanungsvorgang in Abhängigkeit von den Werkstückabmessungen die Umdrehungsfrequenz der Spindel ermittelt.
Es gilt:

$$n = \frac{v_c}{d \cdot \pi}$$

n Umdrehungsfrequenz der Spindel
v_c Schnittgeschwindigkeit
d Werkstückdurchmesser

Beispiel für die Berechnung der Umdrehungsfrequenz

Aufgabe: Eine Welle aus C15 mit 100 mm Durchmesser soll mit einer Schnittgeschwindigkeit von 214 m/min abgedreht werden. Die erforderliche Umdrehungsfrequenz ist zu berechnen.

Lösung:

$$n = \frac{v_c}{d \cdot \pi}$$

$$n = \frac{214\ \text{m}}{\text{min} \cdot 0{,}1\ \text{m} \cdot \pi}$$

$$n = \mathbf{681}\,\frac{\mathbf{1}}{\mathbf{min}}$$

3.2.7 Kräfte beim Spanen

- **Komponenten der Zerspankraft**

Die beim Spanen auftretenden Kräfte bestimmen die Konstruktion der Werkzeugmaschine und ihre Leistung. Hohe Spankräfte dürfen nur geringe Verformungen der Maschine bewirken, da diese zwangsläufig zu Maßabweichungen am Werkstück führen. Schwankungen der Spankraft sind Ursache von Schwingungen, welche neben Maßabweichungen zu einer Minderung der Oberflächengüte beitragen.
Die **Zerspankraft** F ist die auf den Schneidkeil wirkende Gesamtkraft. Die Zerspankraft kann nach verschiedenen Richtungen räumlich zerlegt werden. Aus messtechnischen Gründen wird die Zerspankraft auf die Arbeitsebene projiziert (Arbeitsebene siehe Kapitel „Werkzeugbezugssystem“).

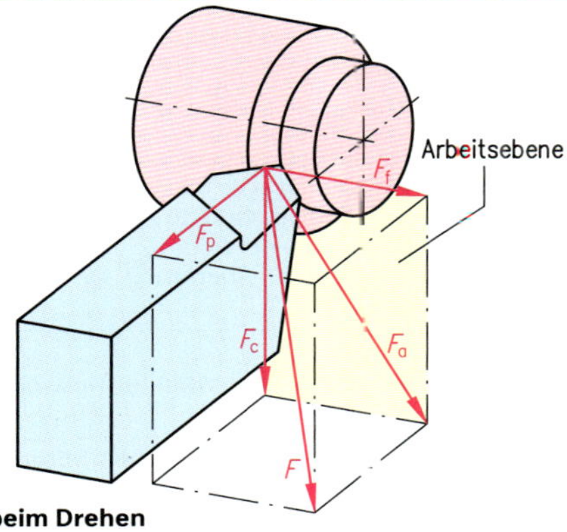

Zerlegung der Zerspankraft beim Drehen

Als Komponenten der Zerspankraft ergeben sich die Vorschubkraft und die Schnittkraft.
Die **Vorschubkraft** F_f ist die Projektion der Zerspankraft auf die Arbeitsebene in Vorschubrichtung.
Die **Schnittkraft** F_c ist die Projektion der Zerspankraft auf die Arbeitsebene in Schnittrichtung. Die Schnittkraft bestimmt im Wesentlichen den Kraftbedarf bei der Zerspanung sowie die Belastung der Schneide.
Die **Aktivkraft** F_a ist die Resultierende aus Vorschubkraft und Schnittkraft.
Die **Passivkraft** F_p ist die Projektion der Zerspankraft auf die Senkrechte zur Arbeitsebene. An der Zerspanung ist die Passivkraft nicht beteiligt. Mit ihr müssen jedoch Werkstück und Werkzeug seitlich gehalten werden.

Die Kräfteverhältnisse sind nur in wenigen Fällen sehr übersichtlich, nämlich dort, wo die Breite der im Eingriff befindlichen Werkzeugschneide größer ist als die Spanbreite und die Schneide rechtwinklig zur Vorschubrichtung steht. In diesen Fällen liegen alle Kräfte in einer Ebene.

Beispiel für einfache Kräfteverhältnisse beim Abdrehen eines schmalen Bundes

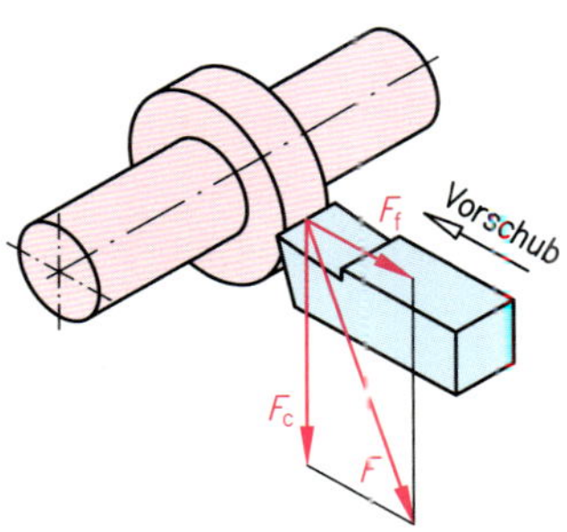

Die Zerspankraft ist die Gesamtkraft auf den Schneidkeil. Die Zerspankraft setzt sich zusammen aus Vorschubkraft, Schnittkraft und Passivkraft.

3.2.8 Berechnung der Schnittkraft

Die Schnittbewegung erzeugt die Schnittkraft, die in Schnittrichtung wirkt. Die Schnittkraft wird entscheidend vom zu zerspanenden Werkstoff bestimmt. Sie ist aber keine Werkstoffkonstante, da sie von einer Vielzahl weiterer Einflussgrößen abhängt.

Einflussgröße	Tendenz
• Werkstoff	Mit steigender Zugfestigkeit und Härte wächst die Schnittkraft.
• Vorschub	Mit steigendem Vorschub wächst die Schnittkraft.
• Schnitttiefe	Mit zunehmender Schnitttiefe steigt die Schnittkraft.
• Spanungsverhältnis = Schnitttiefe/Vorschub	Ein etwa quadratischer Span ergibt die niedrigste Schnittkraft.
• Spanwinkel	Mit kleiner werdendem Spanwinkel wächst die Schnittkraft.
• Schnittgeschwindigkeit	Bei Schnittgeschwindigkeiten von 20 bis 100 m/min fällt die Schnittkraft ab – über 100 m/min tritt nur noch geringe Schnittkraftänderung ein.
• Schneidstoff	Je geringer die Reibung zwischen Span und Schneidenwerkstoff, desto geringer ist auch die Schnittkraft.
• Schmierung	Durch Schmierung kann gegenüber dem trockenen Schnitt die Schnittkraft gesenkt werden.
• Verschleiß	Mit steigender Abnutzung der Werkzeugschneide erhöht sich die Schnittkraft.

Es ist bisher noch nicht gelungen, alle diese Einflussgrößen in einem Schnittkraftgesetz zusammenzufassen, das für jedes spanende Fertigungsverfahren gültig ist.
Für die praktische Schnittkraftberechnung genügt es, die Einflussgrößen *Spanungsquerschnitt* und *Werkstoff* in einer Rechnung zu berücksichtigen.
Der Spanungsquerschnitt *S* ist der Querschnitt des abzunehmenden Spanes senkrecht zur Schnittrichtung. Er wird bestimmt durch den Vorschub *f* und die Schnitttiefe a_p beziehungsweise die Spanungsdicke *h* und die Spanungsbreite *b*.

Beispiele für die Abmessungen am Spanungsquerschnitt

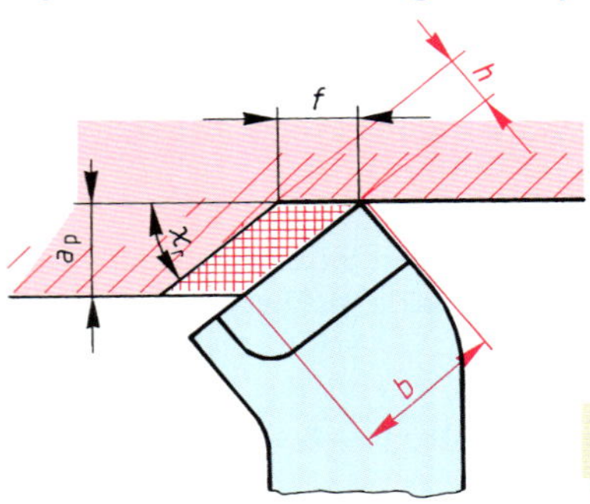

$$h = f \cdot \sin \chi_r$$

$$b = \frac{a_p}{\sin \chi_r}$$

$$S = f \cdot a_p = b \cdot h$$

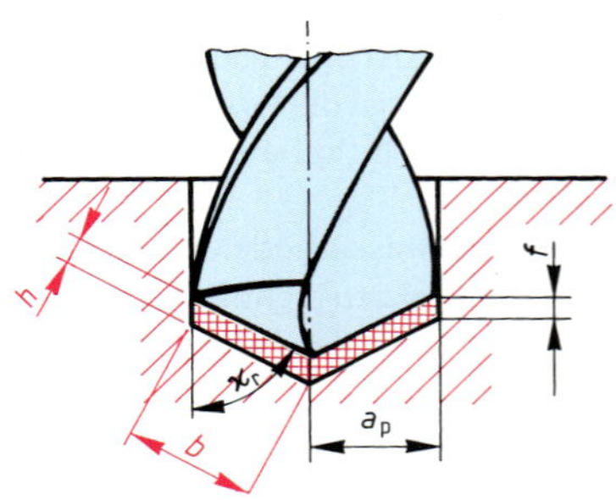

Die Abmessungen des Spanungsquerschnittes müssen beim Fräsen unter Berücksichtigung der besonderen Spanform ermittelt werden.

Beispiele für die Abmessungen am Spanungsquerschnitt beim Fräsen

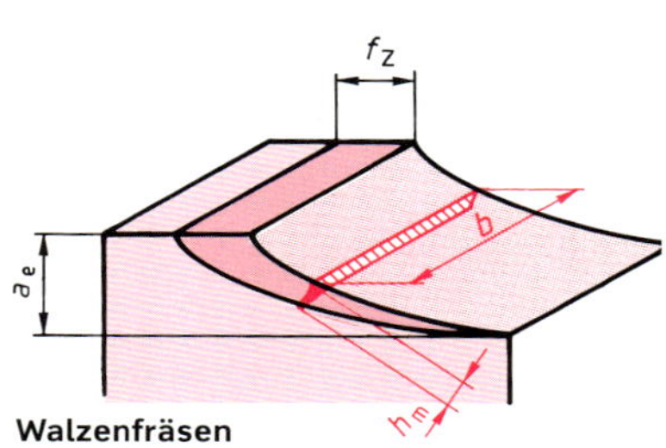

Walzenfräsen

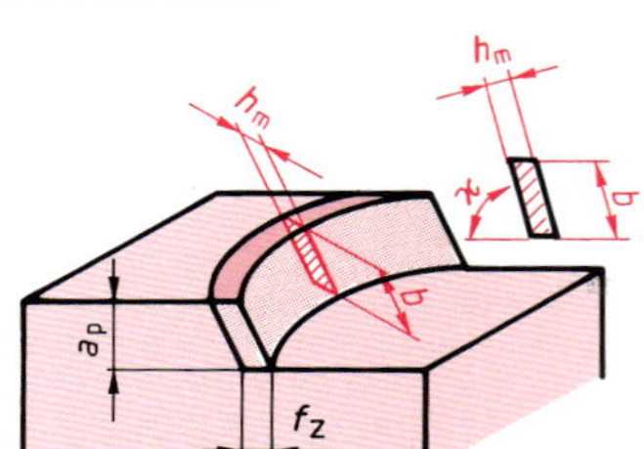

Stirnfräsen

Die mittlere Spandicke h_m errechnet man beim Fräsen aus dem Winkel ϕ_s, über den das Werkzeug im Eingriff ist, dem Vorschub pro Zahn f_z, dem Fräserdurchmesser D und der Schnitttiefe a_p bzw. der Eingriffsgröße a_e.

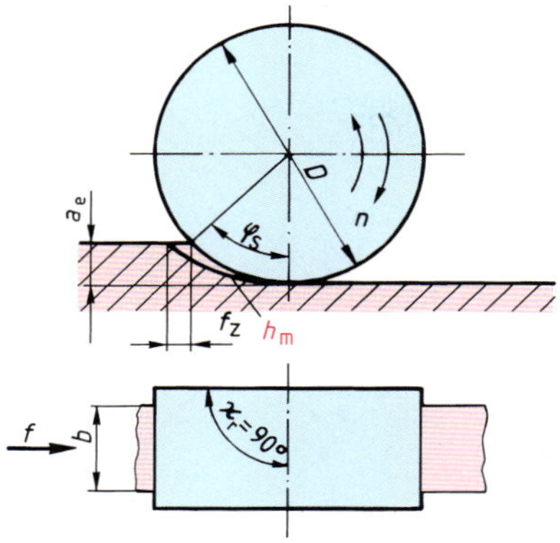

Walzenfräsen

$$\cos \varphi_s = \frac{D/2 - a_e}{D/2} = 1 \frac{2a_e}{D}$$

$$h_m = \frac{360° \cdot f_z \cdot a_e}{p \cdot \varphi_s \cdot D}$$

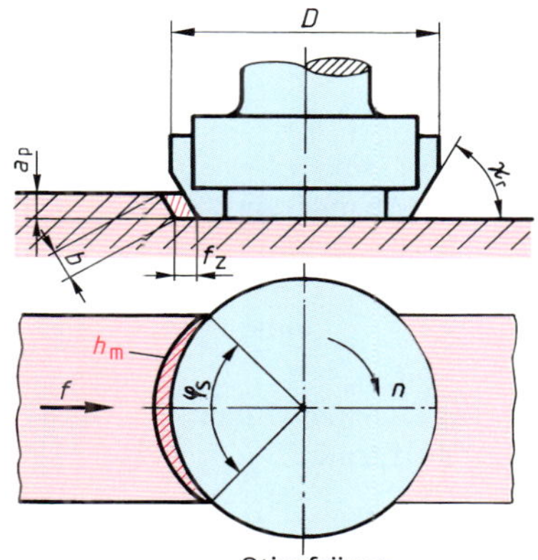

Stirnfräsen

$$\sin \frac{\varphi_s}{2} = \frac{B/2}{D/2} = \frac{B}{D}$$

$$h_m = \frac{360° \cdot f_z \cdot B}{\pi \cdot \phi_s \cdot D} \cdot \sin \chi_r$$

$$b = \frac{a_p}{\sin \chi_r}$$

$$S = h_m \cdot b$$

Spanungsquerschnitte beim Fräsen

Der Werkstoff geht in die Schnittkraftberechnung über seine **spezifische Schnittkraft** k_c ein. Diese spezifische Schnittkraft ist auch von der Spandicke h abhängig. Sie kann aus Tabe.len oder Diagrammen ermittelt werden.

$$k_c = k_{c11} \cdot h^{-z}$$

- k_c spezifische Schnittkraft
- k_{c11} spezifische Grundschnittkraft für $h = 1$ mm und $b = 1$ mm
- h Spandicke (Zahlenwert)
- z werkstoffspezifische Exponent

Die Schnittkraft F_c berechnet sich somit aus:

$$F_c = k_c \cdot S$$

Werkstoff	k_{c11} N/mm²	z
S235	1 750	0,17
E335	2 070	0,17
C45	2 180	0,14
GJL HB155	1 140	0,26

Werkstoff	$k_{c11}z$ N/mm²	
GS45	1 510	0,17
CuSn10Zn	6300,25	
CuZn40Pb2	7700,18	
G-AlSi12	6200,25	

Spezifische Schnittdaten (für Außendrehen mit Hartmetallschneiden bei Spanungsquerschnitt $b : h = 4$, v_c ca. 100 m/min)

Die hier angeführte Schnittkraftberechnung gilt nur für das Außendrehen. Für andere Spanungsverfahren können die Schnittkräfte durch Zuschläge mit hinreichender Genauigkeit ermittelt werden.

Zuschläge: Innendrehen + 20 %, Hobeln + 10 %, Räumen + 30 %, Fräsen + 30 %

Beispiel für Schnittkraftberechnung

Aufgabe: Eine Welle aus C 45 soll mit einer Schnittgeschwindigkeit von 100 m/min längs überdreht werden. Der Vorschub soll 0,5 mm, die Schnitttiefe 3 mm sein.
Für einen Einstellwinkel von 60° ist die Schnittkraft zu berechnen.

Lösung: $F_c = k_c \cdot S$

$k_c = k_{c11} \cdot h^{-z}$

$h = f \cdot \sin \chi_r$

$h = 0{,}5\text{ mm} \cdot \sin 60°$

$h = 0{,}433\text{ mm}$

$k_c = 2180\ \frac{\text{N}}{\text{mm}^2} \cdot 0{,}433^{-0{,}14} = \mathbf{2451\ \frac{N}{mm^2}}$

$S = f \cdot a_p$

$S = 0{,}5\text{ mm} \cdot 3\text{ mm}$

$S = \mathbf{1{,}5\ mm^2}$

$F_c = 2451\ \frac{\text{N}}{\text{mm}^2} \cdot 1{,}5\text{ mm}^2 = \mathbf{3676\ N}$

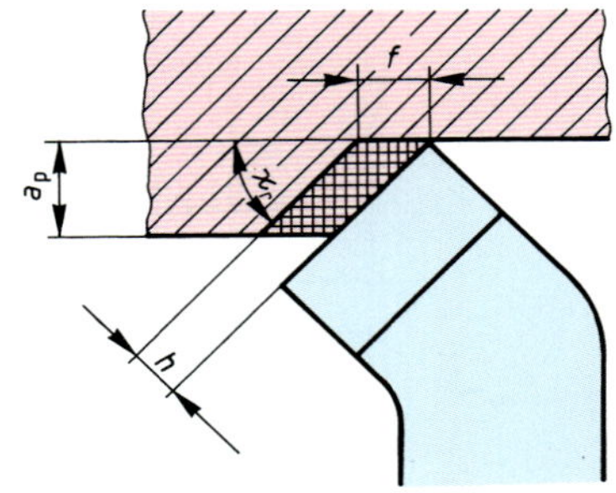

Die Schnittkraft beim Spanen eines Werkstoffes ergibt sich aus seiner spezifischen Schnittkraft und einem Faktor, der sich aus Spandicke und einem werkstoffspezifischen Exponenten zusammensetzt.

3.2.9 Leistungsberechnung beim Spanen

Aus der Schnittgeschwindigkeit und der Schnittkraft ergibt sich die für den Zerspanungsvorgang erforderliche Leistung:

$$P_{zu} = \frac{F_c \cdot v_c}{\eta}$$

P_{zu} Leistungsaufnahme des Motors
F_c Schnittkraft
v_c Schnittgeschwindigkeit
η Wirkungsgrad der Maschine

Beispiel für die Berechnung von Schnittkraft und Antriebsleistung

Aufgabe: Ein Werkstück aus E360 soll mit einer Schnittgeschwindigkeit von 150 m/min bearbeitet werden. Der Wirkungsgrad der Maschine ist 0,6, die Spandicke ist 0,25 mm und die Spanbreite beträgt 3,5 mm.
Es sind die Schnittkraft F_c und die erforderliche Leistungsaufnahme P in kW für die Maschine sind zu berechnen.

Lösung: $F_c = k_c \cdot h \cdot b$

$F_c = 3500\ \frac{\text{N}}{\text{mm}^2} \cdot 0{,}25\text{ mm} \cdot 3{,}5\text{ mm}$

$F_c = \mathbf{3063\ N}$

$P_c = \frac{F_c \cdot v_c}{\eta}$

$P_c = \frac{3063\text{ N} \cdot 2{,}5\text{ m}}{0{,}6\text{ s}} = 12760\ \frac{\text{Nm}}{\text{s}}$

$P_c = \mathbf{12{,}76\ kW}$

Aufgaben zu 3.2 Spanen

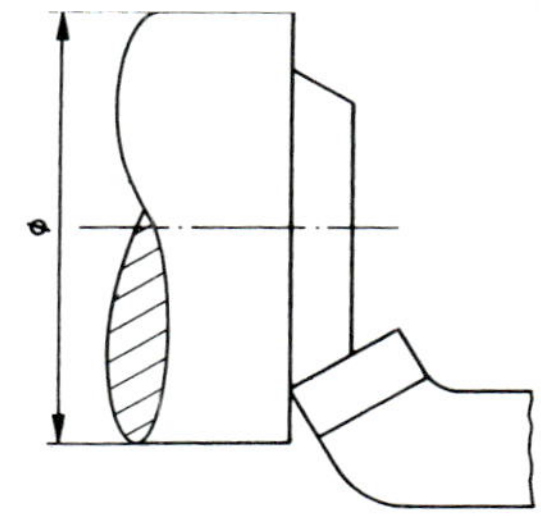

1. Das skizzierte Werkstück wird plangedreht.

a) Fertigen Sie eine perspektivische Skizze an, und kennzeichnen Sie die Richtung von Schnitt- und Vorschubbewegung.

b) Die Schnittgeschwindigkeit ist im Augenblick 100 m/min, die Vorschubgeschwindigkeit beträgt 100 mm/min.
Ermitteln Sie die augenblickliche Wirkgeschwindigkeit.

c) In welche Richtung erfolgt zum Zwecke einer erneuten Spanabnahme eine Zustellbewegung?

2. Benennen Sie Schneiden und Flächen an den skizzierten Werkzeugen.

Fräser

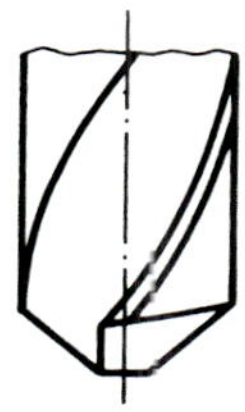

Bohrer

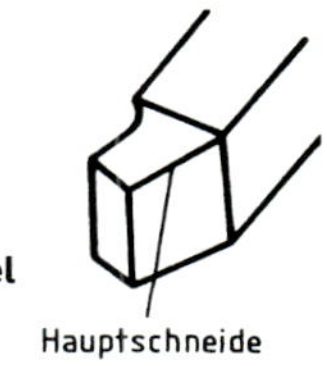

Drehmeißel

3. Geben Sie die Größe der Winkel an den skizzierten Werkzeugschneiden an. Messen Sie dazu die Winkel an den mit P gekennzeichneten Schneiden.

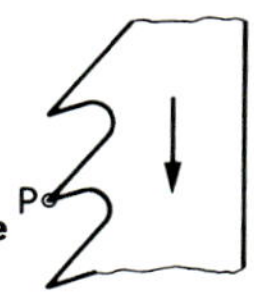

Bandsäge (für Holz)

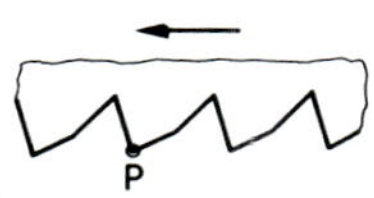

Feilenhieb (gehauen)

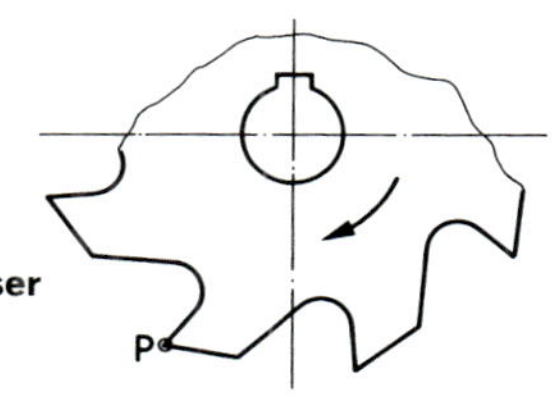

Fräser

4. a) Tragen Sie in die Skizzen die Winkel α, β, γ ein.

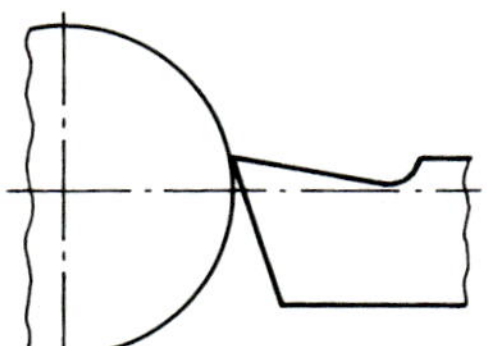

A

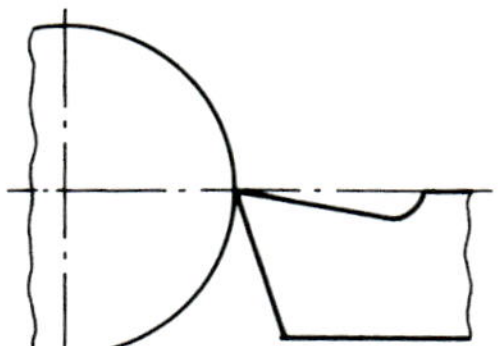

B

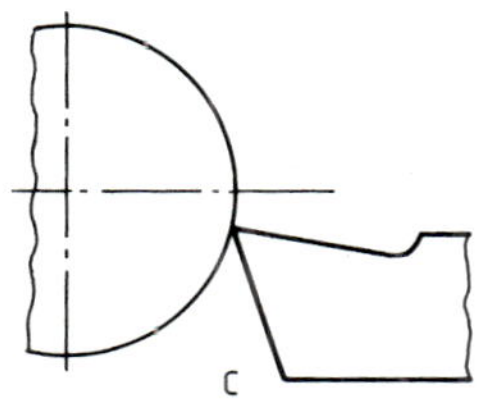

C

b) Welche Winkel werden durch die Einstellung über oder unter Mitte verändert?

c) Welche Folgen hat

1. eine Vergrößerung des Spanwinkels,
2. eine Verkleinerung des Spanwinkels?

d) Bei welcher Stellung (A, B, C) des Drehmeißels besteht die Gefahr, dass das Werkstück auf die Spanfläche aufläuft?

5. Eine Welle von 20 mm Durchmesser soll mit einer Schnittgeschwindigkeit $v_c = 100$ m/min längs überdreht werden. Welche Umdrehungsfrequenz ist einzustellen?

6. Eine Kreissäge mit $d = 250$ mm läuft mit einer Umdrehungsfrequenz $n = 3000$ min^{-1}.
Berechnen Sie die Schnittgeschwindigkeit v_c in m/min.

7. Bei einem Bohrer mit 20 mm Durchmesser beträgt der Seelendurchmesser 2,2 mm.
Der Bohrer mach $n = 320$ min^{-1}.
Zwischen welchen Werten liegt die Schnittgeschwindigkeit an den Hauptschneiden?

8. Eine Welle mit 150 mm Durchmesser und 800 mm Länge wird mit einer Schnittgeschwindigkeit von 120 m/min einmal überdreht. Der Vorschub beträgt 0,2 mm. Wie lange dauert der reine Drehvorgang?

9. In eine Welle von 450 mm Länge wird mit einem Scheibenfräser von 125 mm Durchmesser eine 6 mm breite und 8 mm tiefe Nut in einem Schnitt gefräst.
Der Fräser hat 10 Zähne. Der Vorschub je Zahn soll $f_z = 0{,}1$ mm betragen. Die Schnittgeschwindigkeit soll 30 m/min sein.
a) Berechnen Sie den Mindestanlaufweg *a*.
b) Ermitteln Sie die Fräszeit.

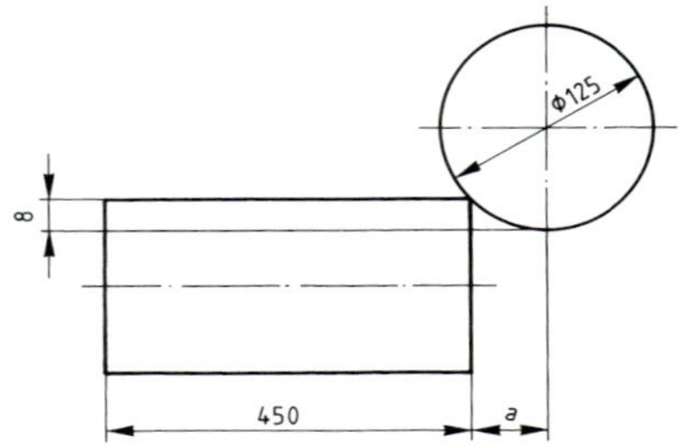

10. Ein 40 mm dickes Werkstück soll mit einem Bohrer von 16 mm Durchmesser durchbohrt werden. Die Schnittgeschwindigkeit soll 60 m/min und der Vorschub 0,1 mm je Umdrehung betragen.
a) Welcher Anschnittweg *a* ist bei einem Spitzenwinkel des Bohrers von 118° mindestens notwendig?
b) Welche Umdrehungsfrequenz ist bei stufenlosem Getriebe einzustellen?
c) Wie lange dauert die Bohrarbeit?

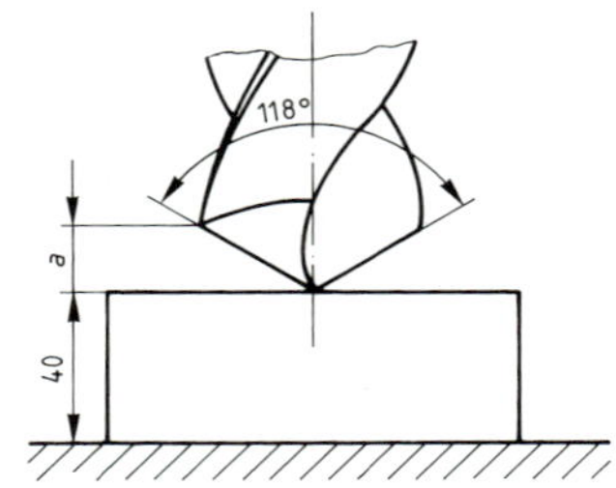

11. Wellen mit 80 mm Durchmesser aus S235 sollen mit einem Hartmetallwerkzeug (P10) bei einem Vorschub von 0,3 mm abgedreht werden. Die Schnitttiefe soll 2 mm, die Standzeit 60 min betragen.
a) Bestimmen Sie die Zerspanbarkeitsgruppe.
b) Berechnen Sie die für die vorgegebenen Daten erforderliche Schnittgeschwindigkeit.
c) Ermitteln Sie die an der Maschine einzustellende Umdrehungsfrequenz.

12. Berechnen Sie die fehlenden Maße *h* beziehungsweise h_m und *b* sowie den Spanungsquerschnitt *S* für die skizzierten Späne.

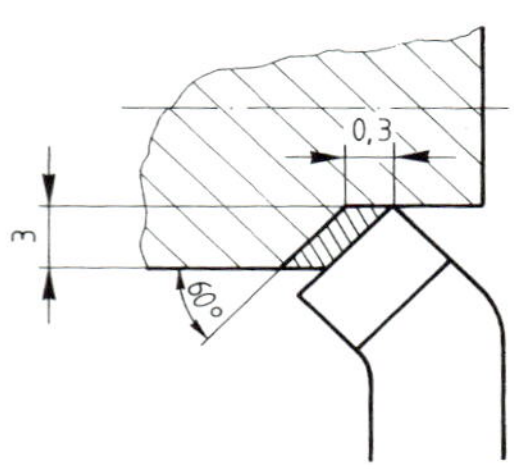

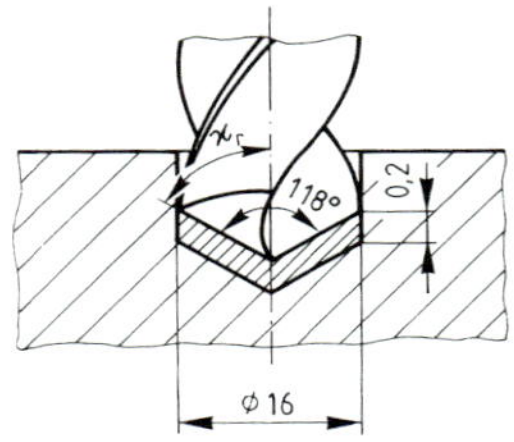

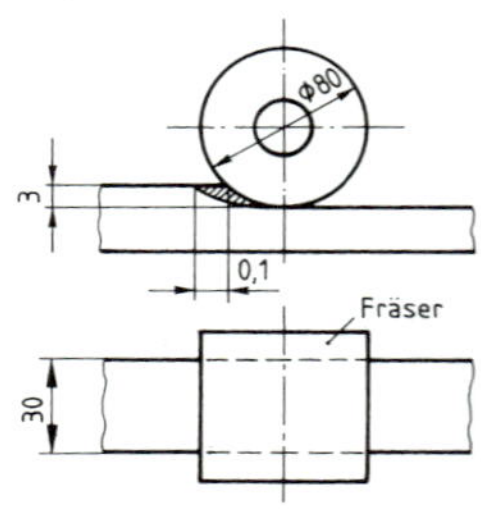

13. Ein GJL-250 wird von 150 mm Durchmesser auf 138 mm Durchmesser abgedreht. Der Vorschub soll 0,5 mm betragen, der Anstellwinkel des Drehmeißels ist 60°.
Berechnen Sie die Schnittkraft F_c.

14. Eine Leiste aus C 45 von 20 mm Breite wird mit einem geradgezahnten Walzfräser mit 12 Zähnen, 60 mm Breite und 40 mm Durchmesser überfräst. Der Vorschub pro Zahn beträgt $f_z = 0{,}10$ mm, die Spanungstiefe a_e ist 2,5 mm, die Schnittgeschwindigkeit soll 120 m/min sein.
a) Berechnen Sie die mittlere Spandicke h_m.
b) Ermitteln Sie den Spanungsquerschnitt *S*.
c) Berechnen Sie die Schnittkraft je Zahn unter Berücksichtigung eines Zuschlages von 30 % zum errechneten Wert.
d) Wie viel Zähne sind gleichzeitig im Eingriff?
e) Welchen Leistungsbedarf hat die Maschine bei einem Wirkungsgrad von 0,4?

15. Der Motor einer Drehmaschine leistet 20 kW. Die Maschine hat einen Wirkungsgrad von 0,5.
Auf der Maschine sollen Werkstücke aus 25CrMo4 abgedreht werden. Der Vorschub soll 0,5 mm und die Schnittgeschwindigkeit 70 m/min betragen. Der Einstellwinkel des Werkzeuges ist 60°.
Werkstoffdaten: $k_{c11} = 2\,500$ N/mm²; z = 0,26
Berechnen Sie: **a)** Spindelleistung *P*, **b)** Schnittkraft F_c, **c)** Spandicke *h*, **d)** Spanbreite *b*, **e)** Schnitttiefe a_p.

3.3 Abtragen

Abtragen ist das nicht mechanische Abtrennen von Stoffteilchen, man spricht deshalb auch von physikalisch-chemischen Trennverfahren. Man unterscheidet bei den Abtragverfahren:

- thermische Abtragverfahren, z. B.
  - funkenerosives Abtragen
  - thermisches Trennen
  - Laserschneiden
  - Elektronenstrahlschneiden
- chemische Abtragverfahren, z. B.
  - Ätzen
- elektrochemische Abtragverfahren, z. B.
  - elektrochemisches Abtragen

3.3.1 Autogenes Brennschneiden

Beim autogenen Brennschneiden wird der Werkstoff an der Trennstelle im Sauerstoffstrahl oxidiert (verbrannt) und durch die Bewegungsenergie des Strahls aus der Trennfuge herausgeblasen. Der Brennschneidvorgang wird durch Vorwärmen der Trennstelle mit einer Heizflamme auf Reaktionstemperatur eingeleitet. Sodann wird Sauerstoff zugegeben – der Werkstoff oxidiert und wird an der Trennstelle zu flüssiger Schlacke. Die Energie zur Trennung kommt zu 70 bis 90 % aus der Oxidationsreaktion

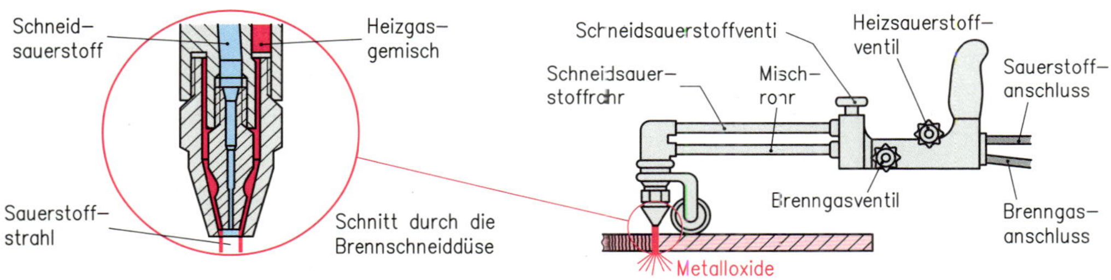

Autogenes Brennschneiden

Der Anteil der Reaktionswärme ist umso höher, je dicker die Werkstücke sind. Daher sind Werkstücke unter *3 mm Dicke zum Brennschneiden ungeeignet*, während unlegierte Stähle mit Dicken bis 40 mm problemlos durch autogenes Brennschneiden getrennt werden können.

> Beim Brennschneiden erfolgt das Trennen durch Oxidation des Metalls in der Trennfuge. Die Oxidationsreaktion liefert den Hauptanteil der zum Trennen notwendigen Energie.

Damit ein Metall durch autogenes Brennschneiden getrennt werden kann, müssen folgende Voraussetzungen erfüllt sein:

- Der Werkstoff muss sich im Sauerstoffstrahl entzünden, bevor er flüssig wird.
- Die entstehenden Oxide müssen dünnflüssig werden, bevor der unverbrannte Werkstoff schmilzt.
- Der Werkstoff muss eine niedrige Wärmeleitfähigkeit besitzen, damit die zum Vorwärmen notwendige Wärme nicht zu schnell von der Trennstelle abgeleitet wird.

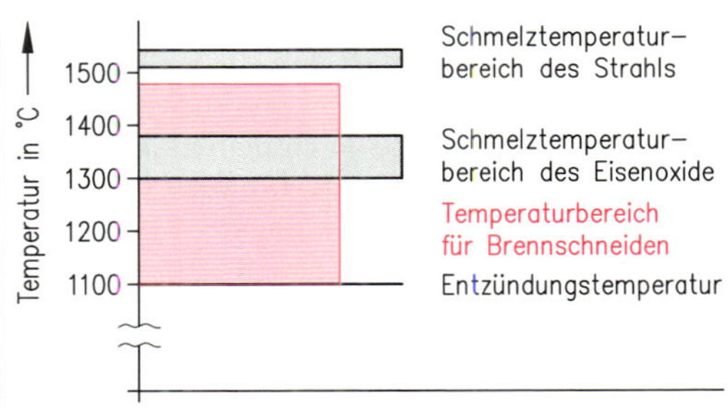

Temperaturbereich für Brennschneiden eines Stahls mit 0,15 % C

Alle Bedingungen werden gleichzeitig nur von bestimmten Stählen sowie Titan und Molybdän erfüllt. Daher sind nur diese Werkstoffe durch Brennschneiden trennbar.
Die vier Phasen sind:

> Zum Brennschneiden eignen sich nur spezielle Stähle, Titan und Molybdän, weil sie sich entzünden, bevor sie schmelzen, dünnflüssige Oxide bilden und Wärme schlecht leiten.

3.3.2 Plasmaschneiden

1. Plasma

Ein Plasma ist physikalisch gesehen ein besonderer Aggregatzustand, der aus dem gasförmigen Zustand durch Temperaturerhöhung erreicht werden kann.

Führt man unedlen Gasen viel Energie zu und erhöht dadurch ihre Temperatur, so spalten sich zunächst Moleküle dieser Gase in Atome auf.

Bei weiterer Energiezufuhr und Temperaturerhöhung werden aus den Außenschalen von Atomen der unedlen Gase und den Atomen von Edelgasen Elektronen herausgerissen. Es entstehen positiv geladene Ionen und frei bewegliche Elektronen. Je höher die Temperatur ist, desto größer ist der Anteil der Ionen und freien Elektronen in diesem Gemisch.

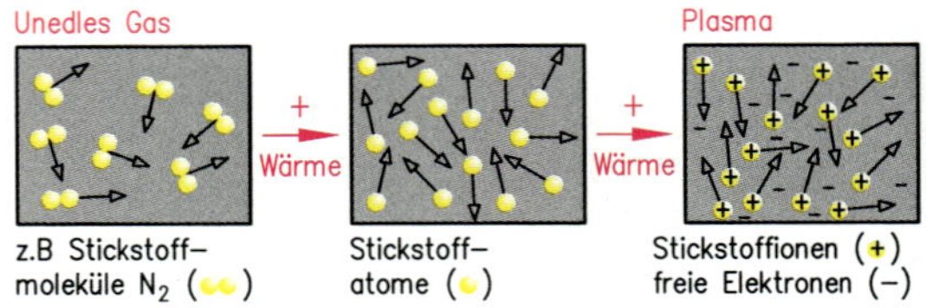

Plasma aus unedlem Gas

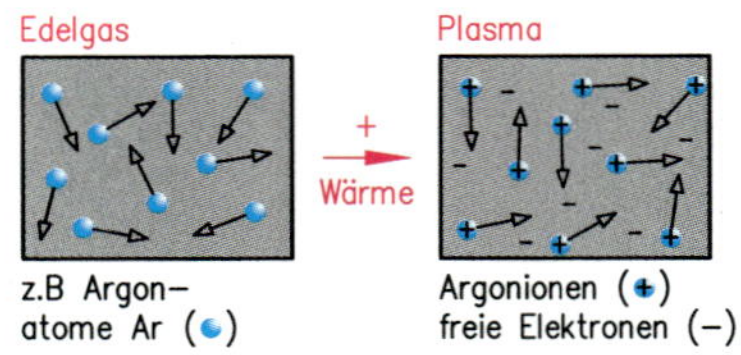

Plasma aus Edelgas

Man nennt ein solches energiereiches und sehr heißes Gemisch aus positiv geladenen Ionen und Elektronen ein **Plasma**. Dieses hat besondere Eigenschaften, die von den Eigenschaften der Gase abweichen:

- es ist elektrisch leitend,
- es bewirkt durch seine hohe Temperatur chemische
- es sendet starke Lichtstrahlen aus, Umsetzungen, z. B. die Reaktion von Luft (Stickstoff und Sauerstoff) zu Stickoxiden.

Plasmen haben in der Schneidtechnik meist nicht so hohe Temperaturen, dass alle Gasteilchen in den Plasmazustand überführt werden. In diesen Plasmen liegen neben den Ionen und Elektronen auch noch neutrale Gasteilchen (Moleküle und Atome) vor.

Ein Plasma ist ein elektrisch leitendes, sehr heißes Gemisch aus frei beweglichen positiven Ionen und Elektronen.

2. Entstehung der Plasmas im Plasmabrenner

Der Plasmastrahl zum Plasmaschneiden entsteht im Lichtbogen des Plasmabrenners. Der Brenner besitzt in der Mitte eine Wolframelektrode. Diese Elektrode wird vom Arbeitsgas, welches in den Plasmazustand überführt werden soll, umströmt. Ein meist wassergekühlter Kupfermantel bildet unterhalb der Wolframelektrode eine Düse, durch die das Arbeitsgas gepresst wird. Mit einer Hilfsstromquelle wird zunächst zwischen der Kupferdüse und der Wolframelektrode ein Lichtbogen erzeugt. Man nennt diesen Lichtbogen **den Pilotlichtbogen**.

Zum Schneiden von Metallen legt man den Plus-Pol der Schneidstromquelle an das Werkstück und den Minus-Pol an die Wolframelektrode. Wird nun mit dem Flammkegel des Plasmas, welches durch den Pilotlichtbogen entsteht, das Werkstück berührt, so springt der Lichtbogen von der Brennerdüse auf das Werkstück über. Man spricht von einem **übertragenen Lichtbogen**. Sobald der übertragene Lichtbogen brennt, wird der Pilotlichtbogen automatisch abgeschaltet. Der übertragene Lichtbogen erzeugt nun in dem scharf gebündelten Gasstrahl zwischen Wolframelektrode und Werkstück das Plasma für den Schneidvorgang. Im Plasmastrahl, der in der Düse scharf eingeschnürt wird, herrschen Temperaturen von 10 000 bis 30 000 °C.

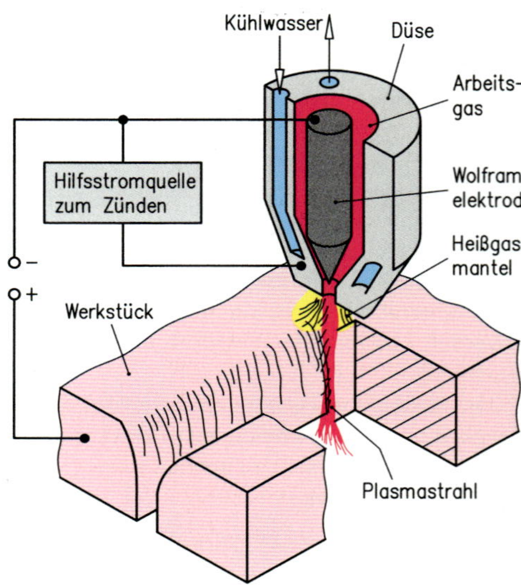

Schneiden mit dem Plasmabrenner

Plasmabrenner zum Schneiden von Metallen werden durch einen Pilotlichtbogen gezündet.
Das Plasma zum Schneiden entsteht als scharf gebündelter Strahl in einem Lichtbogen zwischen Werkstück und Wolframelektrode.

3.3.3 Funkenerosives Abtragen

Durch **funkenerosives Abtragen** werden Teile eines elektrisch leitenden Werkstücks durch kurzzeitige, Funkenentladungen verdampft oder geschmolzen und dadurch abgetrennt. Der Abtrag geschieht in einer elektrisch nichtleitenden Flüssigkeit, **Dielektrikum** genannt, durch die Wärme und abgetrennte Werkstoffteilchen fortgespült werden. Als Dielektrikum werden deionisiertes Wasser oder spezielle synthetische Öle verwendet.

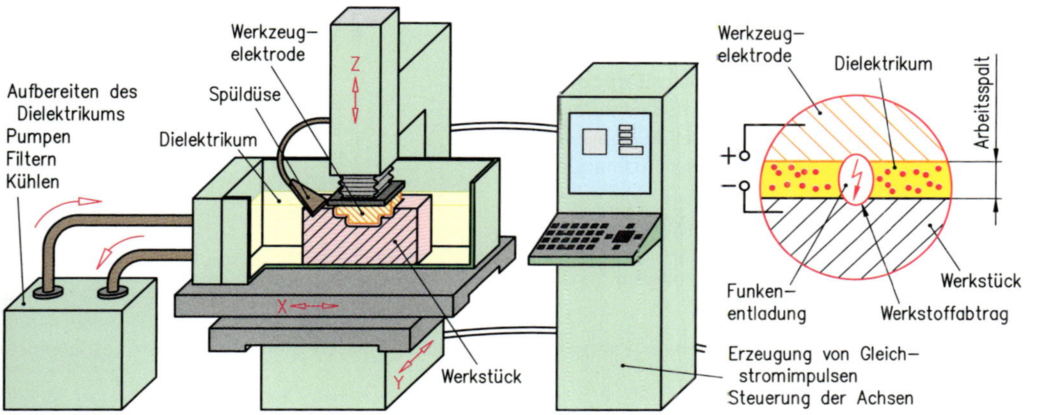

Funkenerosionsanlage

Zum funkenerosiven Abtragen werden Funkenerosionsanlagen eingesetzt. In diesen Anlagen werden Werkstück und Werkzeug als Pole eines Gleichstromkreises geschaltet. Ein Impulsgenerator erzeugt 600 bis 1 000 000 Gleichstromimpulse, die kurzzeitig Funken auslösen. Der Abstand zwischen Werkstück und Werkzeugelektrode, der Arbeitsspalt, wird je nach verlangter Maß- und Oberflächenqualität auf 0,005 bis 0,1mm durch entsprechende Regelung eingestellt. Hauptanwendungsgebiet des funkenerosiven Abtragens ist der Werkzeug- und Formenbau.

Beim **Senkerodieren** wird eine Formelektrode, die der Kontur des gewünschten Hohlraums oder eines Teiles davon entspricht, in senkrechter Richtung in das Werkstück eingesenkt. Es wird von der Maschine nur die Z-Achse geregelt. Die Formelektrode wird aus Grafit oder Kupferlegierungen hergestellt.

Beim **Planetärerodieren** wird eine Elektrode mit dem Profil der zu erzeugenden Kontur durch Achsbewegung in allen Richtungen durch das Werkstück geführt. Das Plantärerodieren ähnelt in den Bewegungen zur Konturerzeugung dem Fräsen mit einem Profilfräser.

Beim **Drahterodieren**, auch funkenerosives Schneiden genannt, verwendet man einen gespannten Draht (0,025 bis 0,3mm Durchmesser) als Elektrode. Um die Schnittqualität unabhängig vom Verschleiß des Drahtes zu halten, wird der Draht beim Schnitt kontinuierlich von einer neuen Rolle abgespult und auf der Gegenseite aufgewickelt. Durch die Bewegung des Drahtes auf einer programmierten Bahn entsteht die Kontur des Schnittes.

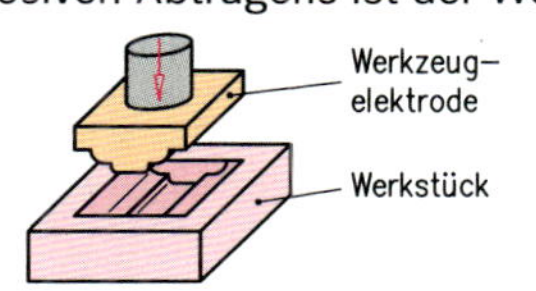

Senkerodieren

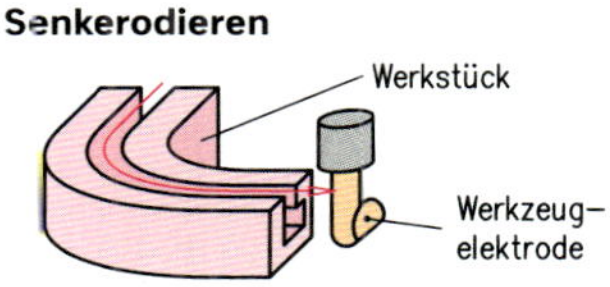

Planetärerodieren

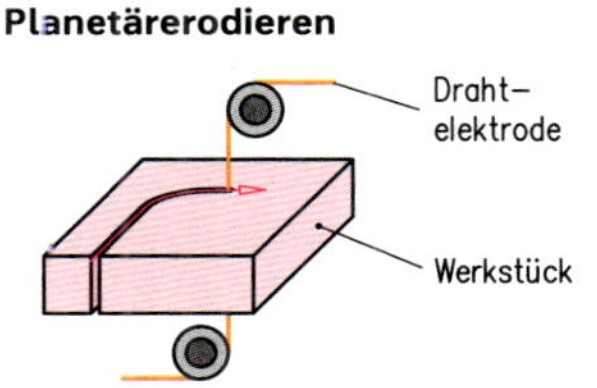

Drahterodieren

Durch funkenerosives Abtragen können Werkstückkonturen mit hoher Maß- und Formgenauigkeit erzeugt werden. Durch impulsgesteuerte Funkenentladungen in einem Dielektrikum werden dabei abzutrennende Werkstoffteile örtlich verdampft oder geschmolzen.

3.3.4 Abtragen durch Laser

3.3.4.1 Physikalische Grundlagen

Das Wort Laser setzt sich zusammen aus den englischen Worten „**L**ight **A**mplification by **s**timulated **E**mission of **R**adiation“ und bedeutet „Lichtverstärkung durch stimulierte Emission von Strahlung“.
Ein Laser verstärkt also Licht. Um die Verstärkung des Lichtes zu verstehen, ist es wichtig, zu wissen, wie Licht entsteht. Eine einfache Vorstellung liefert das bohrsche Atommodell.

Nach dem Atommodell von Bohr kreisen die Elektronen auf bestimmten Bahnen um den Kern. Durch die Anziehungskraft des positiv geladenen Kerns und die gleichzeitige Wirkung der Fliehkraft werden die Elektronen auf ihrer Bahn gehalten. Durch Energiezufuhr kann ein Elektron auf eine höhere Bahn gehoben werden. Umgekehrt strahlt das Elektron beim Zurückfallen einen bestimmten Energiebetrag als Lichtquant, Photon genannt, mit einer genau definierten Frequenz ab. Die Frequenz ergibt sich aus dem Energiebetrag des Photons:

$$f = \frac{E}{v}$$

E Energieabgabe des Elektrons
f Frequenz der Strahlung
v Planksches Wirkungsquantum
$v = 6{,}626 \cdot 10^{-34}$ Js

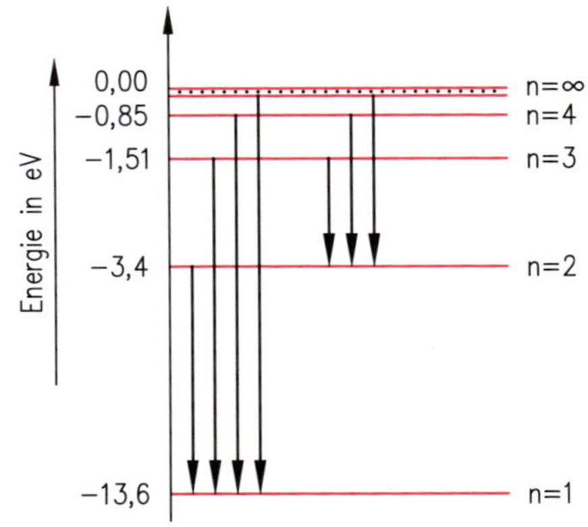

Energieniveaus

Die Zeit, die ein Elektron auf einem höheren Energieniveau verweilt, ist außerordentlich kurz. Sie beträgt etwa 10^{-8} Sekunden.

Manche Elektronen bleiben aber längere Zeit, bis zu 10^{-2} Sekunden, auf einem höheren Energieniveau. Man sagt, sie befinden sich in einem metastabilen Zustand. Durch weitere Elektronen, die auf dieses Niveau gelangen, werden die Elektronen angeregt (stimuliert), alle gleichzeitig in den Grundzustand zurückzukehren. Dadurch gibt jedes Elektron zum gleichen Zeitpunkt gleiche Energiebeträge in Form eines Photons ab. Es entsteht eine starke Strahlung mit gleicher Frequenz. Dies ist das physikalische Grundprinzip des Lasers, das besonders deutlich an einem Dreiniveau-Laser wird.

Beispiel für einen Dreiniveau-Laser

Der Rubinlaser ist ein Dreiniveau-Laser. Er besteht aus einem stabförmigen Einkristall aus Aluminiumoxid, der etwa 0,04 % Chrom enthält. Die Enden sind mit Spiegeln versehen, wobei ein Spiegel halbdurchlässig ist. Die Länge des Rubinstabs ist ein Vielfaches der Wellenlänge des ausgestrahlten Lichtes.

Bei optischer Anregung durch eine Blitzlichtlampe werden Elektronen auf einen hohen kurzlebigen Anregungszustand gebracht, aus dem sie spontan in etwa 10^{-8} Sekunden in einen niedrigeren, aber langlebigeren (metastabilen) Zustand (ca. 10^{-3} Sekunden) fallen. Sobald ein Gleichgewichtszustand zwischen den angeregten Atomen im metastabilen Zustand und nicht angeregten Atomen erreicht ist, führen weitere angeregte Atome zu einem plötzlichen Zurückfall aller angeregten Atome in den Ausgangszustand. Dabei geben die Elektronen ihre Energie in Form von Strahlung ab.

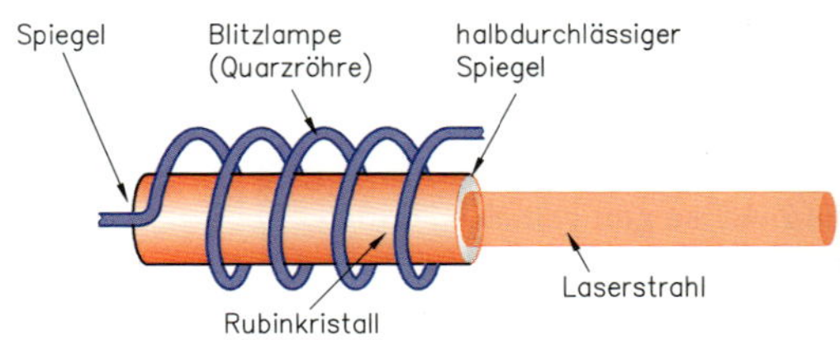

Rubinlaser

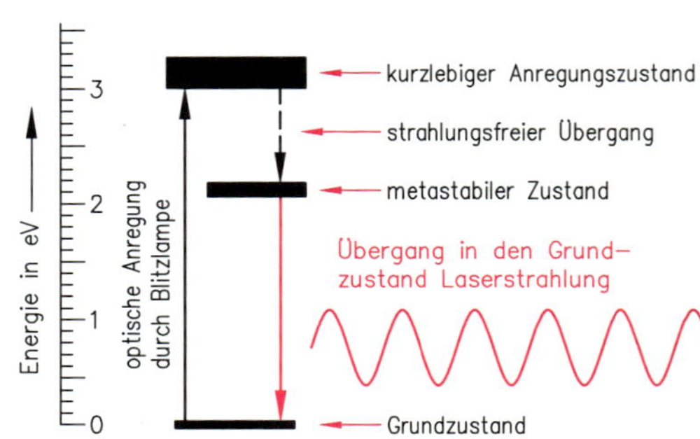

Energieniveaus beim Dreiniveau-Laser

Laserstrahlen haben folgende Eigenschaften:

- Die Strahlen eines Lasers haben alle gleiche Wellenlänge, sie enthalten also nur eine bestimmt Farbe des Lichtes.
- Sie verlaufen fast genau parallel, die Abweichung beträgt weniger als 1/3600 Grad.
- Sie sind gut auf einen Punkt – den Brennfleck – zu konzentrieren, z. B. beim Rubinlaser auf einem Fleck unter 0,005 mm Durchmesser.
- Laserstrahlen haben sehr hohe Leistungsdichte. Dies ist die Leistung bezogen auf die Fläche.
  So bringt ein Laserstrahl von 1 kW Leistung auf einer Stelle von 0,3 mm Durchmesser eine Leistungsdichte von 1500 Watt/mm^2 – zum Vergleich bringt die Sonne im Durchschnitt nur 1,5 milliardstel Watt auf einen Quadratmillimeter der Erde.

Die Strahlen eines Lasers haben folgende Eigenschaften:

- gleiche Wellenlänge,
- fast genau parallelen Verlauf,
- auf eine sehr kleine Fläche konzentrierbar,
- hohe Leistungsdichte.

3.3.4.2 Laserstrahlschneiden

Aufgrund ihrer Eigenschaften eignen sich Laserstrahlen zum Trennen mit hoher Geschwindigkeit bei sehr schmaler Schnittfuge und geringer Wärmeeinflusszone.

- **Gaslaser**

Wegen seiner hohen Leistungsfähigkeit wird zum thermischen Trennen von schlechter wärmeleitenden Metallen, Kunststoffen und Gläsern als Gaslaser der **CO_2-Laser** verwendet. Das CO_2 (Kohlendioxid) wird dabei in bis zu 5 m langen Rohren eingeschlossen. Die Energiezufuhr erfolgt durch angelegte Hochspannung, die Glimmentladungen hervorruft und damit das aktive Medium pumpt. Als Folge entsteht nicht sichtbares infrarotes Licht.

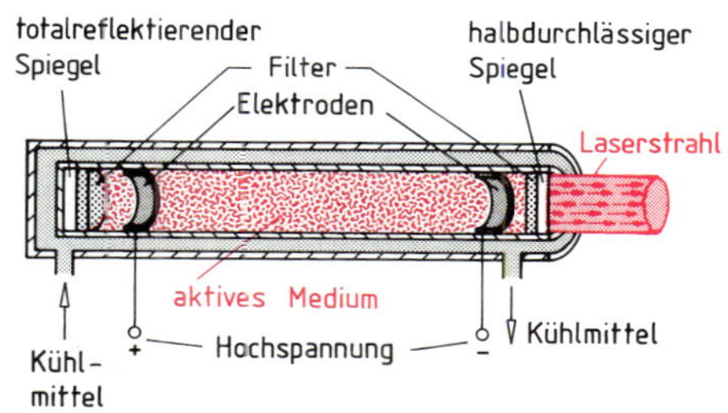

Gaslaser (Schema)

In Gaslasern wird Energie, die durch Hochspannung zugeführt wird, im aktiven gasförmigen Medium in Laserstrahlung umgesetzt.

- **Verfahren des Laserstrahlschneidens**

	Laserstrahl-Schmelzschneiden	**Laserstrahl-Brennschneiden**
Verfahren	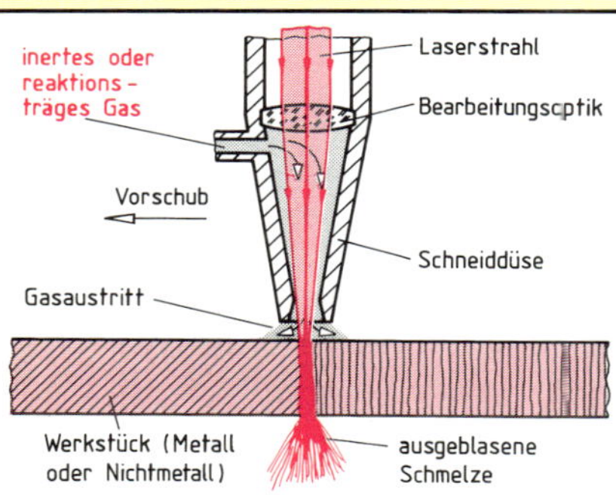	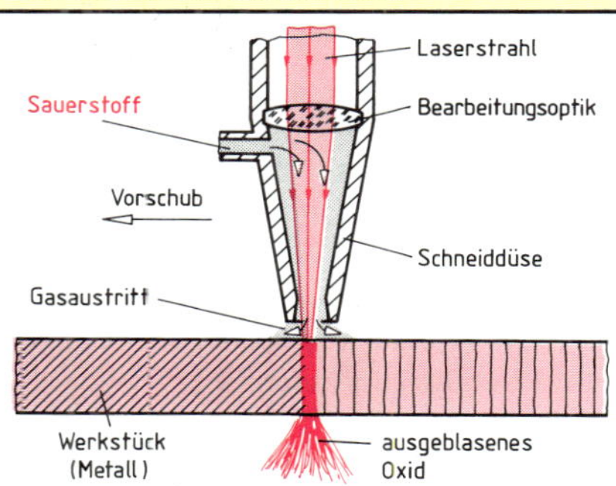
Prinzip	• Laserstrahl schmilzt Werkstoff in der Trennfuge. • Geschmolzener Werkstoff wird durch inertes Gas aus der Trennfuge geblasen.	• Laserstrahl erwärmt Werkstoff in der Trennfuge auf Entzündungstemperatur. • Werkstoff wird im Sauerstoffstrahl oxidiert. • Oxide werden vom Sauerstoff aus der Trennfuge geblasen.
Anwendung	Kunststoffe, Keramik, metallische Werkstoffe mit Schmelztemperatur unter der Entzündungstemperatur	Metallische Werkstoffe mit Entzündungstemperatur unter der Schmelztemperatur, z. B. unlegierter Stahl

- **Technische Einrichtungen zum Trennen mit Laserstrahlen**

In der technischen Anwendung werden Laser durch folgende Einrichtungen ergänzt:

- optische Systeme zur Lenkung und Bündelung des Laserstrahls,
- Kühlaggregate,
- Vorschubeinrichtungen – meist CNC-gesteuert,
- Steuerungen zur Energiedosierung,
- Arbeitsschutzeinrichtungen.

In der Fertigung werden Laserschneideinrichtungen ausschließlich zum maschinellen Schneiden eingesetzt. Dabei werden ebene Blechteile ausgeschnitten und umgeformte Werkstücke aus Blech mit räumlich verlaufender Schnittkante besäumt.

Beispiel für einen Laser mit einem optischen System zur Lenkung und Bündelung des Laserstrahls

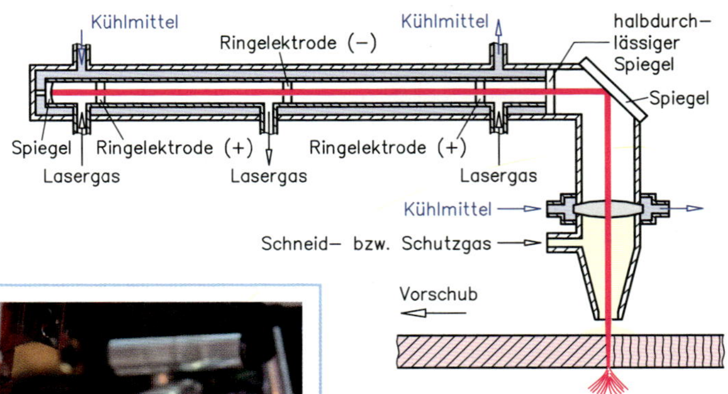

Laserschneiden eines Stahlrohres

3.3.4.3 Laserabtragen (Lasercaving)

Durch Laserabtragen (Lasercaving) können unterschiedlichste Materialien, wie Metall, Keramik, Grafit und Hartmetall spanlos geformt werden. Im Werkzeug- und Formenbau werden Laserstrahlen zur Herstellung von Formnestern, Gravuren, Reliefs, Stempeln, Logos u. a. eingesetzt. Zum Laserabtragen (Lasercaving) werden meist **Nd:YAG-Laser** (**N**eodym **d**otierter **Y**ttrium-**A**luminium-**G**ranat-Laser) eingesetzt. Nd:YAG-Laser sind Festkörperlaser, die als Lasermedium einen Granat-Kristall enthalten, der mit geringen Mengen des Metalls Neodym durchsetzt ist.

- **Abtragende Wirkung des Laserstrahls**

Durch den impulsartig auf das Werkstück treffenden Laserstrahl entstehen an der Auftreffstelle Temperaturen von mehreren tausend Grad Celsius. Dadurch gehen Teile der belichteten Randschicht sofort vom festen in den gasförmigen Zustand über und werden abgesaugt. Es entsteht ein Laserkrater. Dieser ist je nach abzutragendem Werkstoff und Energie des Strahles zwischen 1 µm und 12 µm tief.

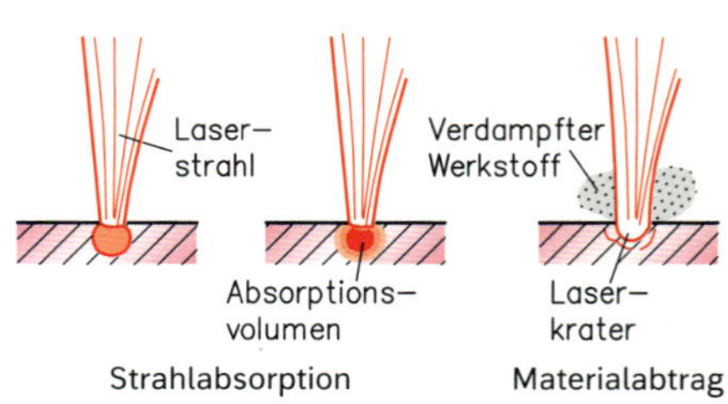

Abtragprozess

Aufgrund des sehr feinen Strahldurchmessers im Brennfleck mit einer Feinheit bis zu 0,01 mm und durch zeilenweises Verfahren des Laserstrahls und seine Positionierung in der Tiefe lassen sich sehr filigrane Konturen erzeugen.

- **Steuerung des Laserstrahls zur Konturerzeugung**

Der ausgekoppelte Laserstrahl wird zur besseren Fokussierbarkeit zunächst in einer Optik aufgeweitet. Zur Positionierung des Laserstrahls auf kleinen Flächen in X- und Y-Richtung wird der Strahl über ein Spiegelsystem aus zwei NC-gesteuerten Spiegeln zum Objektiv geleitet. Dort wird er fokussiert und auf die abzutragende Stelle des Werkstücks gerichtet.
Die Steuerung in Z-Richtung geschieht durch Verschieben des Werkstücks oder der Einheit zur Strahlerzeugung.
Zum Laserabtragen größerer Werkstücke wird die Laserquelle mit der zugehörigen Optik wie eine Fräseinheit auf einem NC-gesteuerten 3-Achs-Portal verschoben.

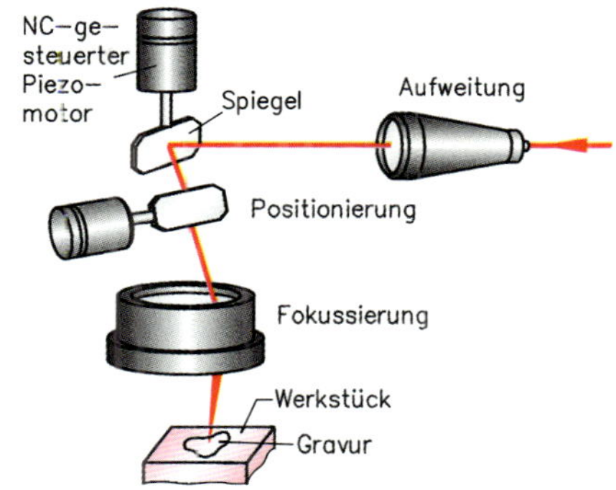

Steuerung des Laserstrahls

- **Anwendungen des Laserabtragens im Werkzeugbau**

Das Laserabtragen dient im Werkzeug- und Formenbau vorwiegend zum Gravieren von Prägestempeln und Formeinsätzen. Es wird dabei häufig in Kombination mit Spanen und Erodieren eingesetzt. Vorteile des Verfahrens sind:

- Der Materialabtrag erfolgt nahezu kräftefrei.
- Hartmetalle, gehärtete Stähle, Grafit und Keramik sind gut bearbeitbar.
- Es gibt keinen Werkzeug- und Elektrodenverschleiß.
- Es falllen keine umweltschädlichen Stoffe wie z. B. Kühlschmiermittel und Erodierschlämme an.

Beispiel für die Fertigung eines Stempels auf einer Lasergravuranlage

Auftrag: Auf der Lasergraviermaschine soll ein Stempel zur Münzherstellung graviert werden.

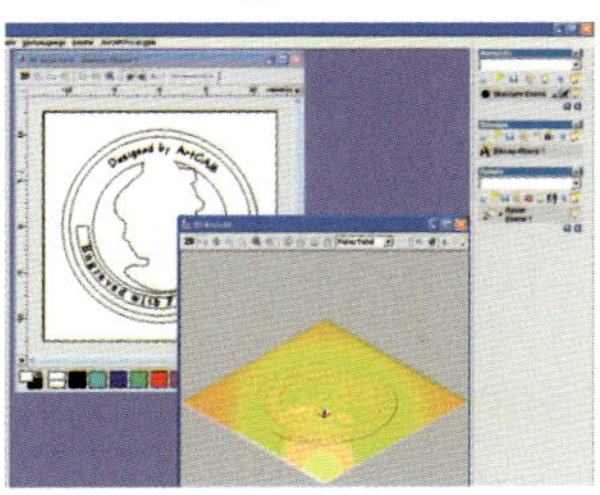
CAD-Modell

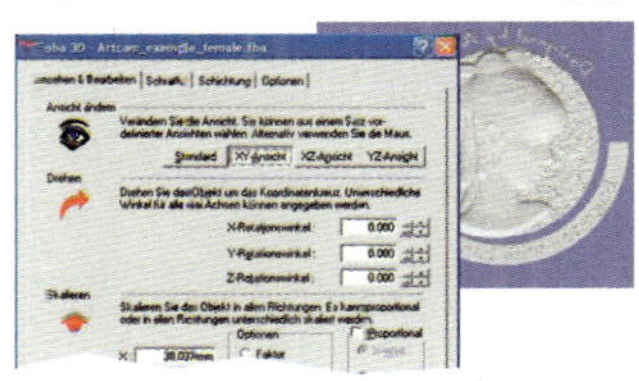
Schichtmodell erzeugen

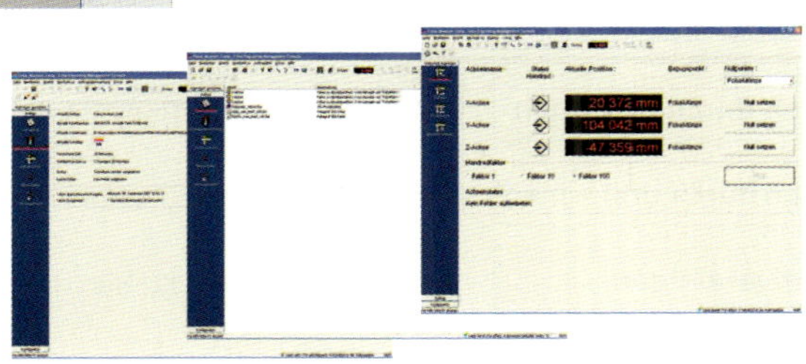
Prozessdaten und Verfahrenswege bestimmen

Rohling

Lasergravieren

Fertiger Stempel

4 Fügen

Fügen, oft auch Verbinden genannt, ist das Zusammenbringen von zwei oder mehr Werkstücken geometrisch bestimmter fester Form oder von ebensolchen Werkstücken mit formlosem Stoff. Dabei wird jeweils der Zusammenhalt örtlich geschaffen und im Ganzen vermehrt.

Beim Fügen von Werkstücken kann der Zusammenhalt geschaffen werden durch:

Kraftschluss – Reibungskräfte – (Schrumpfen, Verkeilen, Verklemmen, Verschrauben)
Formschluss – Scherkräfte – (Verbinden durch Stifte oder Federn)
Stoffschluss – Kohäsionskräfte – (Schweißen, Löten, Kleben)
Adhäsionskräfte

Beispiele für Fügen

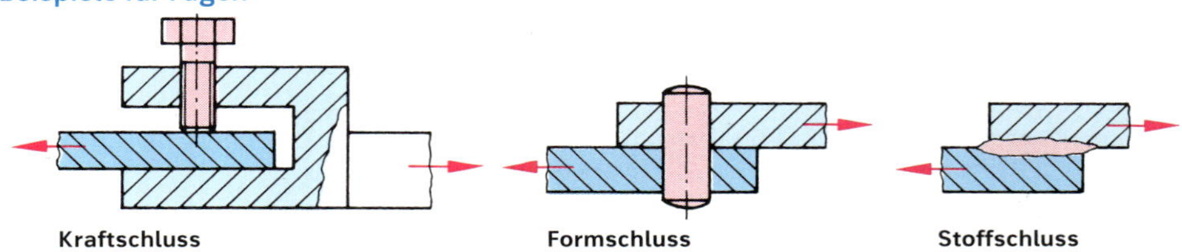

Beim Fügen fester geometrisch bestimmter Werkstücke unterscheidet man lösbare und unlösbare Verbindungen.

Lösbare Verbindungen sind Verbindungen, die ohne Zerstörung eines an der Verbindung beteiligten Bauelementes gelöst werden können.
In *lösbar festen* Verbindungen können die zusammengefügten Bauteile nicht gegeneinander bewegt werden (z. B. Verbindung durch Befestigungsschrauben, Keilverbindungen).
In *lösbar beweglichen* Verbindungen können die Bauteile nach dem Zusammenfügen noch gegeneinander bewegt werden (z. B. Verbindung durch Bewegungsschrauben, Federverbindung).

Unlösbare Verbindungen sind Verbindungen, bei denen beim Lösen eines der Bauelemente zerstört wird.

Das Fügen wird folgendermaßen unterteilt:

Fügen	**Zusammensetzen**	**Beispiele:** Auflegen, Einlegen, Einrenken
	Füllen	**Beispiele:** Füllen, Tränken, Einschlämmen
	An- und Einpressen	**Beispiele:** Schrauben, Keilen, Schrumpfen, Nageln, Verstiften
	Fügen durch Urformen	**Beispiele:** Ausgießen, Eingießen, Vergießen
	Fügen durch Umformen	**Beispiele:** Knoten, Falzen, Bördeln, Nieten
	Stoff vereinigen	**Beispiele:** Löten, Kleben
	Fügen durch Schweißen	**Beispiele:** Punktschweißen
	Fügen durch Löten	**Beispiele:** Hartlöten
	Fügen durch Kleben	**Beispiele:** Metallkleben
	Textiles Fügen	**Beispiele:** Nähen

4.1 Passungen

Fügen durch Zusammenlegen sowie durch An- und Einpressen stellt an die zu vereinigenden Bauteile besondere maßliche Anforderungen. Die in Zeichnungen eingetragenen Maße sind in der Fertigung absolut nicht erreichbar. Daher kann die Art und Weise des Zusammenpassens nicht ohne weiteres garantiert werden. Für die Fertigung müssen darum die Abweichungen angegeben werden, die für die Funktion der später gefügten Bauteile geduldet werden.

4.1.1 Spiel, Übermaß, Passtoleranz

Werden Bauteile mit Innenpassflächen (z. B. Bohrungen) und Bauteile mit Außenpassflächen (z. B. Wellen) gefügt, so können die Teile mit Spiel oder Übermaß gefügt sein. Die Beziehung, die sich aus der Maßdifferenz der Passteile ergibt, bezeichnet man als **Passung.**

- **Spielpassung**

Eine Spielpassung liegt vor, wenn zwischen Bohrung und Welle immer Spiel ist, d. h., das Mindestmaß der Bohrung ist größer oder gleich dem Höchstmaß der Welle.
Höchstspiel entsteht, wenn eine Bohrung mit Höchstmaß mit einer Welle mit Mindestmaß gefügt wird.
Mindestspiel tritt bei einer Kombination einer Bohrung mit Mindestmaß und einer Welle mit Höchstmaß auf.
Die Differenz zwischen Maß der Bohrung und Maß der Welle ist bei einer Spielpassung stets positiv.

Beispiel für eine Spielpassung

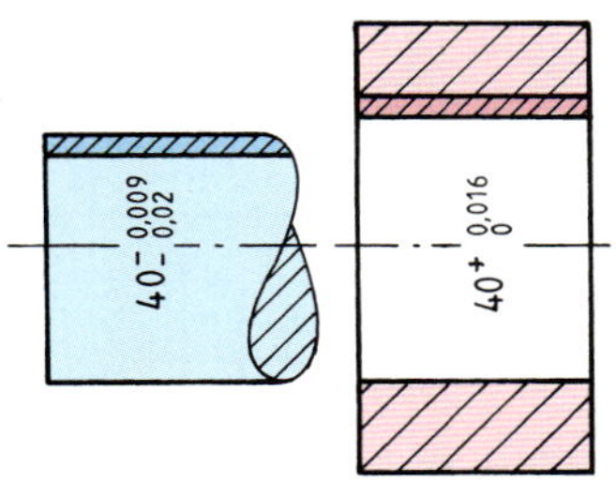

Höchstspiel:
40,016 mm – 39,980 mm = 0,036 mm

Mindestspiel:
40,000 mm – 39,991 mm = 0,009 mm

- **Übermaßpassung**

Eine Übermaßpassung liegt vor, wenn beim Fügen der Teile stets Übermaß entsteht, d. h., das Höchstmaß der Bohrung ist stets kleiner als das Mindestmaß der Welle.
Höchstübermaß entsteht, wenn eine Bohrung mit Mindestmaß und eine Welle mit Höchstmaß gefügt werden.
Mindestübermaß tritt bei einer Kombination von Bohrung mit Höchstmaß und Welle mit Mindestmaß auf.
Die Differenz zwischen Maß der Bohrung und Maß der Welle ist bei einer Übermaßpassung stets negativ.

Beispiel für eine Übermaßpassung

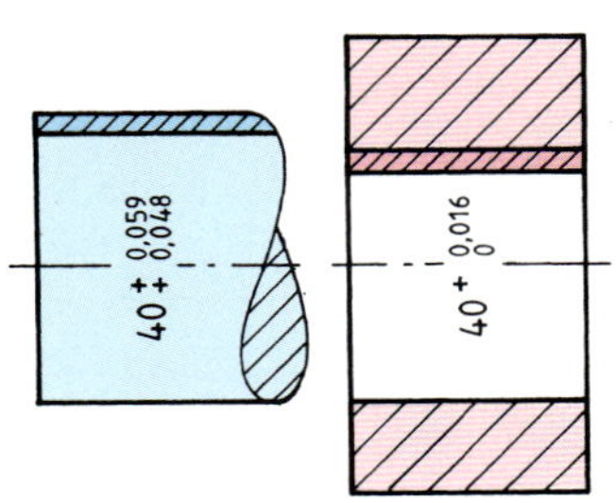

Höchstübermaß:
40,000 mm – 40,059 mm = – 0,059 mm

Mindestübermaß:
40,016 mm – 40,048 mm = – 0,032 mm

- **Übergangspassung**

Eine Übergangspassung liegt vor, wenn beim Fügen der Teile entweder Spiel oder Übermaß entsteht, abhängig von den Istmaßen der Teile.
In einer Übergangspassung kann Höchstspiel auftreten, wenn die Bohrung mit Höchstmaß mit einer Welle mit Mindestmaß gefügt wird. Es tritt Höchstübermaß auf, wenn die Bohrung Mindestmaß und die Welle Höchstmaß hat.

Beispiel für eine Übergangspassung

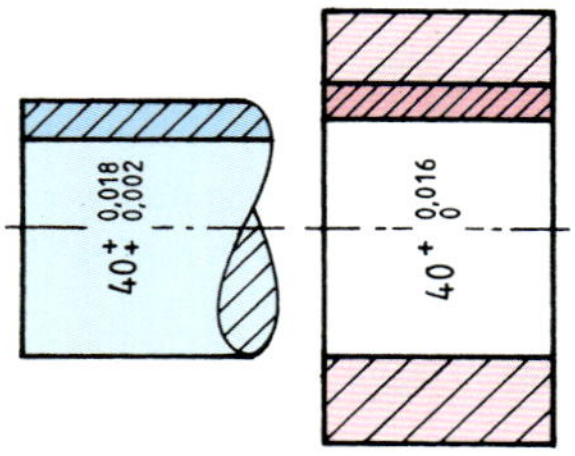

Höchstspiel:
40,016 mm – 40,002 mm = 0,014 mm

Höchstübermaß:
40,000 mm – 40,018 mm = – 0,018 mm

4.1.2 Toleranzklassen

Ein toleriertes Maß kann entweder durch ein Nennmaß und Abmaße oder durch Nennmaß und das Kurzzeichen für die geforderte Toleranzklasse gekennzeichnet werden, z. B. $20^{+0{,}021}_{-0{,}00}$ oder 20^{H7}.

Die **Toleranzklasse** wird durch einen Buchstaben für die Lage des Grundabmaßes zur Nulllinie und eine Zahl für den Toleranzgrad gekennzeichnet. Bohrungen erhalten die großen Buchstaben von A bis Z. Wellen erhalten die kleinen Buchstaben von a bis z (außer I, L, O, Q, W bzw. i, l, o, q, w). Das **Grundabmaß** ist üblicherweise das Abmaß, welches der Nulllinie am nächsten liegt.

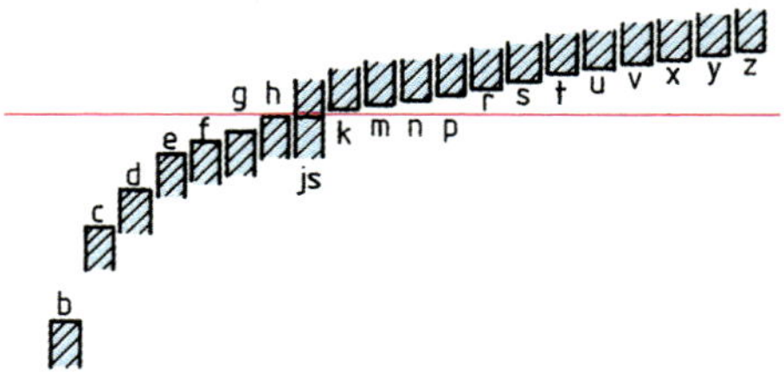

Lage der Grundabmaße für Wellen

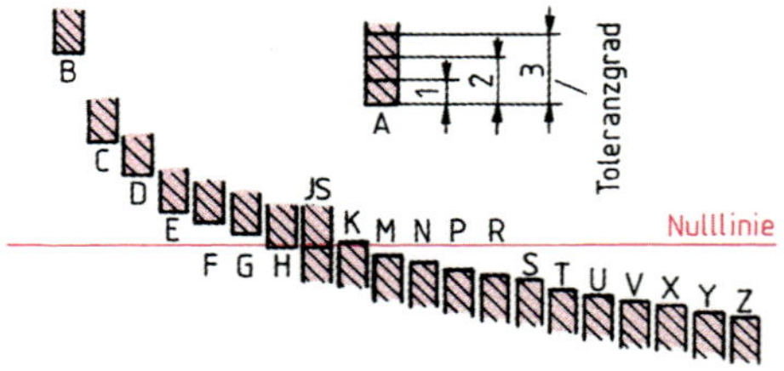

Lage der Grundabmaße für Bohrungen

Bei den Bohrungen berührt das Grundabmaß H die Nulllinie von oben.
Bei den Wellen berührt das Grundabmaß h die Nulllinie von unten.
Die Toleranz JS bzw. js liegt symmetrisch um die Nulllinie.
Der **Toleranzgrad** wird durch Zahlen von 1 bis 18 (früher Qualitäten genannt) angegeben. Mit steigender Zahl wächst die Größe der Toleranz.
Weiterhin ist die Größe der Toleranz abhängig vom Nennmaß. Bei kleinen Nennmaßen ist die Toleranz prozentual größer als bei großen Nennmaßen.
Aus wirtschaftlichen Gründen werden die Toleranzen so groß wie möglich gewählt.

Beispiel für die Abhängigkeit der Größe des Toleranzfeldes vom Nennmaß

20^{H7} **$20 \pm^{0{,}021}_{0{,}0}$**
200^{H7} **$200 \pm^{0{,}082}_{0{,}0}$**

4.1.3 Passungssysteme

Jede Passung ließe sich durch Kombination entsprechender Toleranzklassen für Bohrung und Welle herstellen.

Aus wirtschaftlichen Gründen hat man zwei Passungssysteme festgelegt. Als Passungssystem **Einheitsbohrung** bezeichnet man das System, in dem man einer Bohrung mit einer Toleranzklasse verschiedene Toleranzklassen der Wellen zuordnet. Bei Passungssystem Einheitsbohrung erhalten alle Bohrungen das Grundabmaß H.
Als Passungssystem **Einheitswelle** bezeichnet man das System, in dem man einer Welle mit einer Toleranzklasse verschiedene Toleranzklassen der Bohrungen zuordnet. Beim Passungssystem Einheitswelle erhalten alle Wellen das Grundabmaß h.
In der Praxis wird das System der Einheitsbohrung bevorzugt, weil es leichter ist, verschiedene Wellen mit bestimmten Durchmessern herzustellen, als Bohrungen mit verschiedenen Toleranzen aufzureiben.

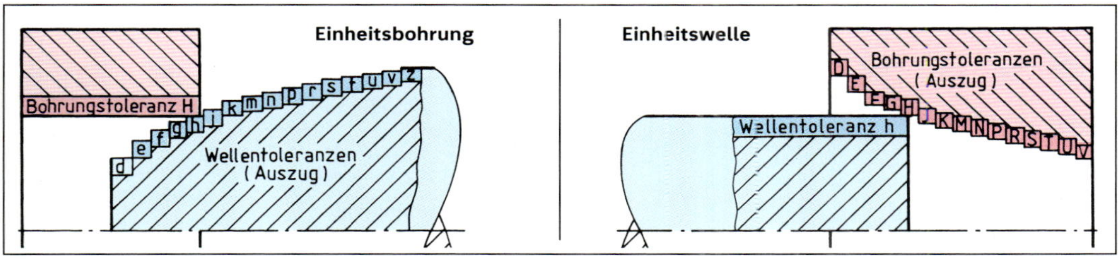

Aufgaben zu 4.1 Passungen

1. Berechnen Sie Spiel bzw. Übermaß für die Beispiele
   a) Bohrung ⌀ $16^{+0,018}_{0,0}$; Welle ⌀ $16^{-0,032}_{-0,059}$ **b)** Bohrung ⌀ $15^{+0,027}_{0,0}$; Welle ⌀ $15^{+0,034}_{+0,028}$

2. Ergänzen Sie die Tabelle mithilfe der nachstehenden Grenzabmaße.
   Auszug aus den Passungsnormen (Werte in $\frac{1}{1000}$ mm)

	H7	g6	m6	r6
20	+21 0,0	− 7 −20	+21 + 8	+41 +28

	h6	G7	K7	R7
15	0 0 −11	+24 + 6	+ 6 −12	−16 −34

Einheitsbohrung N = 20 mm				
	Bohrung	Wellen		
	H7	g6	m6	r6
G_o	?	?	?	?
G_u	?	?	?	?
Es/es	?	?	?	?
EI/ei	?	?	?	?
T	?	?	?	?

Einheitswelle N = 15 mm				
	Welle	Bohrungen		
	h6	G7	K7	R7
G_o	?	?	?	?
G_u	?	?	?	?
Es/es	?	?	?	?
EI/ei	?	?	?	?
T	?	?	?	?

Passung	20^{H7}_{g6}	20^{H7}_{m6}	20^{H7}_{r6}
Höchst-/ Mindestspiel	?	?	?
Höchst-/ Mindestübermaß	?	?	?
P_T Passtoleranz	?	?	?

Passung	15^{G7}_{h6}	15^{K7}_{h6}	15^{R7}_{h6}
Höchst-/ Mindestspiel	?	?	?
Höchst-/ Mindestübermaß	?	?	?
P_T Passtoleranz	?	?	?

Geben Sie jeweils an, ob Spiel oder Übermaß vorliegt.

4.2 Wellen- und Nabenverbindungen

Die Herstellung einer Federverbindung ist Fügen durch Zusammenlegen. Federverbindungen sind Mitnehmerverbindungen, die allein durch Formschluss Drehmomente von einer Welle auf eine Nabe und umgekehrt übertragen.
Nach ihrer Form unterscheidet man Passfedern, Gleitfedern und Scheibenfedern.
Bei der **Passfeder** sind seitlich Passungen zwischen den Flanken der Nuten in Welle und Nabe und der Passfeder notwendig. Der Rücken der Passfeder liegt in der Nabennut nicht an. Die durch eine Passfeder verbundenen Teile müssen gegen eine axiale Verschiebung gesichert werden.
Gleitfedern ermöglichen durch eine Spielpassung zwischen Feder und Wellennut eine Verschiebung der Nabe auf der Welle. Wegen der Spielpassung muss die Gleitfeder in der Nut von Welle oder Nabe befestigt werden.

Beispiel für eine Passfeder- und eine Gleitfederverbindung

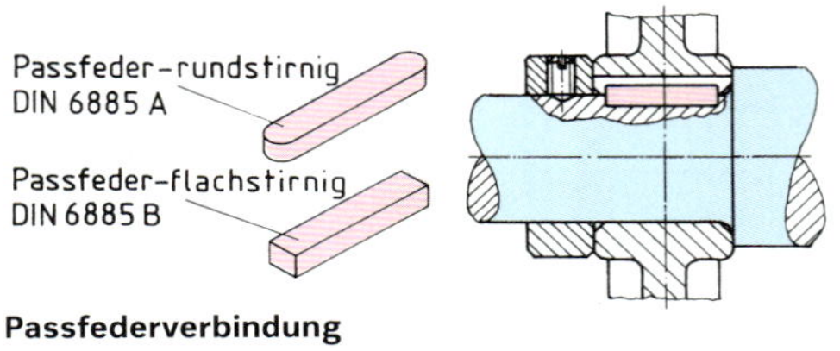

Passfederverbindung

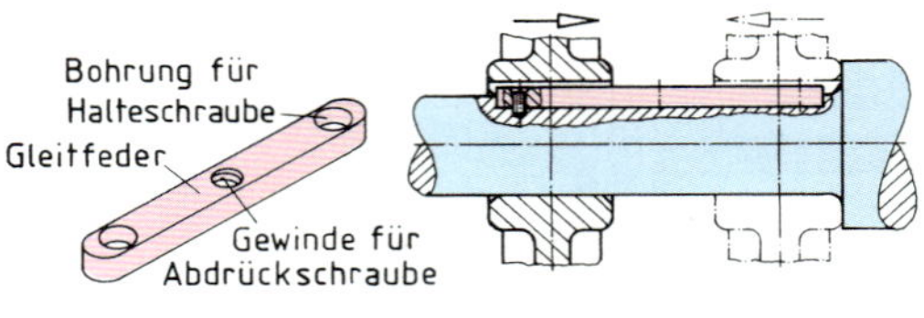

Gleitfederverbindung

Passfedern übertragen Kräfte durch Formschluss über ihre Seitenflächen.

Bei sehr großen Umfangskräften an der Welle werden **Vielnutprofile** (Keil-, Kerb- und Zahnprofile) zum Fügen von Welle und Nabe verwendet.

Beispiele für Vielnutprofile

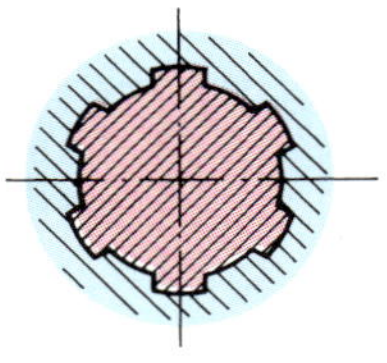

Keilwelle

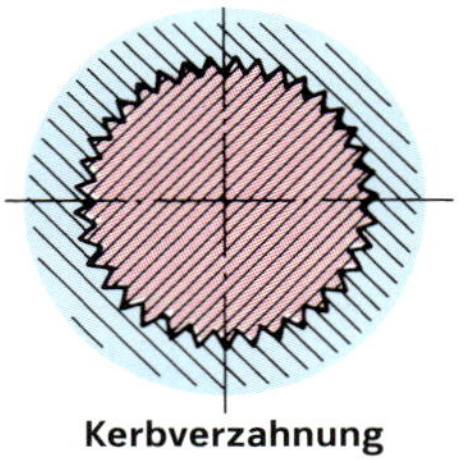

Kerbverzahnung

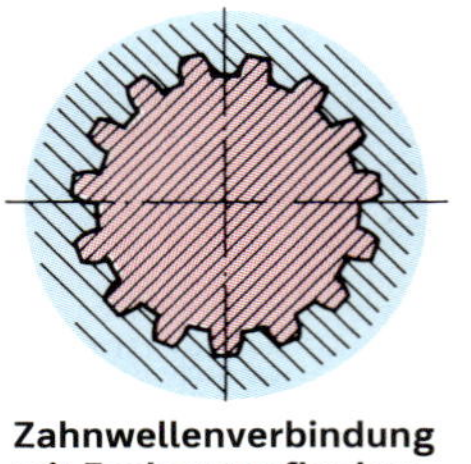

Zahnwellenverbindung mit Evolventenflanken

Die bei Federverbindungen und Vielnutprofilen auftretende Kerbwirkung kann durch Einsatz von **Polygonprofilen** vermieden werden.

Beispiele für Polygonprofile

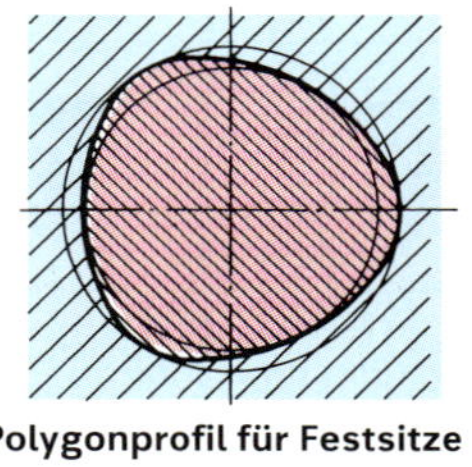

3-Seiten-Polygonprofil für Festsitze

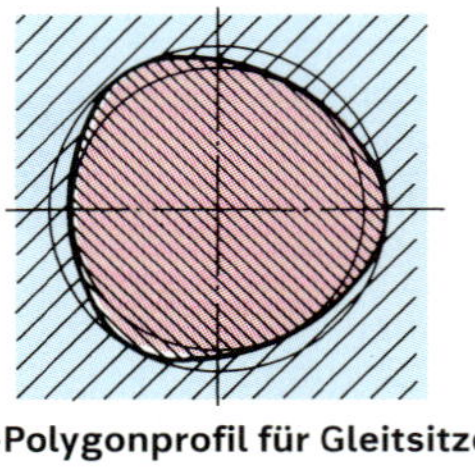

4-Seiten-Polygonprofil für Gleitsitze

(Passfeder als Bauelement siehe Themenkreis Bauelemente)

4.3 Schraubenverbindungen

Das Schrauben ist ein Fügen durch Anpressen mittels selbsthemmender Gewinde. Selbsthemmend bedeutet, dass die Reibungskräfte an der Schraube ein selbsttätiges Lösen verhindern.
Fassen wir die Schraube als schiefe Ebene auf, die um einen Bolzen gewunden ist, so tritt Selbsthemmung ein, sobald der Steigungswinkel α so klein wird, dass die Hangabtriebskraft F_H kleiner ist als die Reibungskraft F_R.

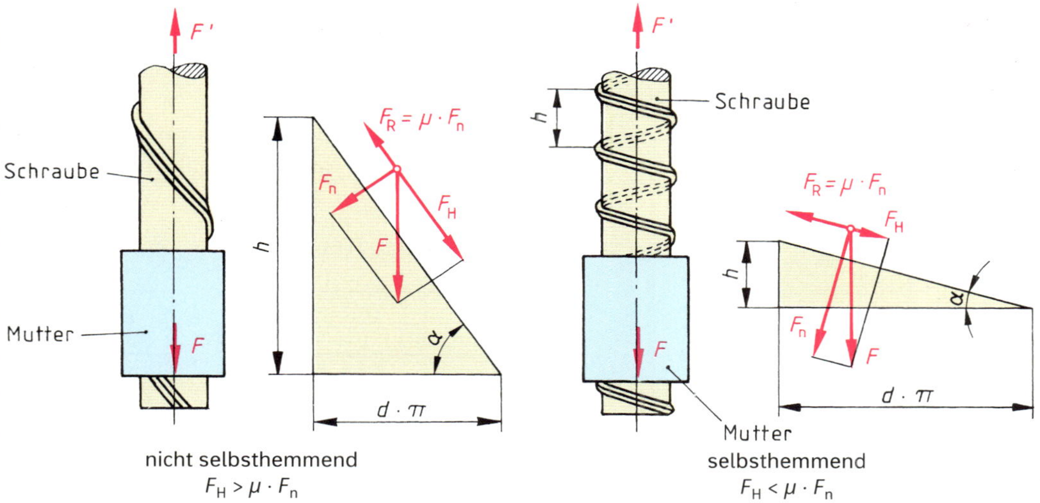

Selbsthemmung im Gewinde

Bei Spitzgewinden wird die Normalkraft F_n, die auf die Gewindeflanken wirkt und die Reibung verursacht, so zerlegt, dass eine Verstärkung eintritt. Aus diesem Grund wird für Befestigungsschrauben stets ein Spitzgewinde gewählt (siehe Kapitel „Schraube als Bauelement").

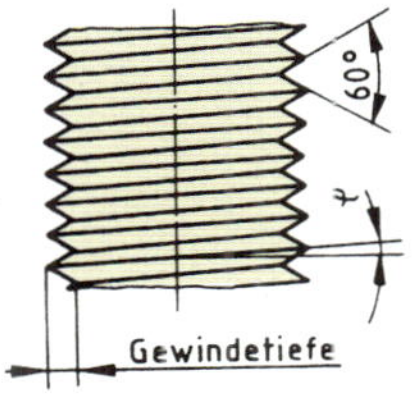

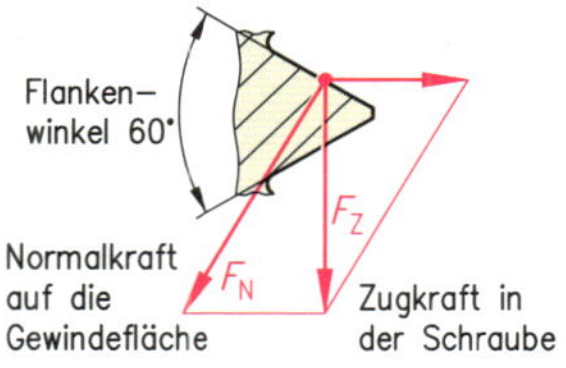

Spitzgewinde als Befestigungsgewinde

> In Spitzgewinden treten wegen der kleinen Steigungswinkel und der großen Flankenwinkel große Reibungskräfte auf; Spitzgewinde sind daher als Befestigungsgewinde besonders geeignet.

Fügen durch Schrauben wird überall dort angewendet, wo

- eine einfache Trennung der Bauteile notwendig sein kann (z. B. Verschließen von Behältern, Anschrauben von Rädern),
- genau definierte Anpresskräfte gefordert werden (z. B. Anschrauben von Zylinderköpfen).

Verbindungen durch Schrauben sind schon vom Aufbau der Schraube her gegen selbstständiges Lösen gesichert. Unterliegt die Verbindung starken Erschütterungen, kann sie durch besondere Schraubensicherungen gesichert werden.

(„Schraube als Bauelement" siehe Themenkreis Bauelemente Kapitel 1.2)

4.4 Keilverbindungen

In einer Keilverbindung sind die Bauteile durch Einpressen eines Keiles gefügt. Die Verbindung erfolgt durch Kräfte, welche durch das Eintreiben des Keiles erzeugt werden.

Längskeilverbindungen werden zum Fügen von Wellen und Naben verwendet und dienen der Übertragung von Drehmomenten. Im Gegensatz zum Fügen durch Einlegen einer Feder in die Wellennut wird beim Keilen die Nabe verspannt, was zu geringer Unrundheit und Unwucht führt. Aus diesem Grund wird diese Form des Fügens nicht für schnelllaufende und genau einzustellende Maschinen verwendet.

Querkeilverbindungen dienen zur Übertragung von Zug- und Druckkräften. Fügen durch Querkeile wendet man dort an, wo lösbare Verbindungen große Kräfte aufnehmen müssen und starker Verschmutzung unterliegen (z. B. Befestigung und Ausrichten von Schalungen im Baugewerbe, Verkeilen von Formkästen in Gießereien).

Beispiele für Keilverbindungen

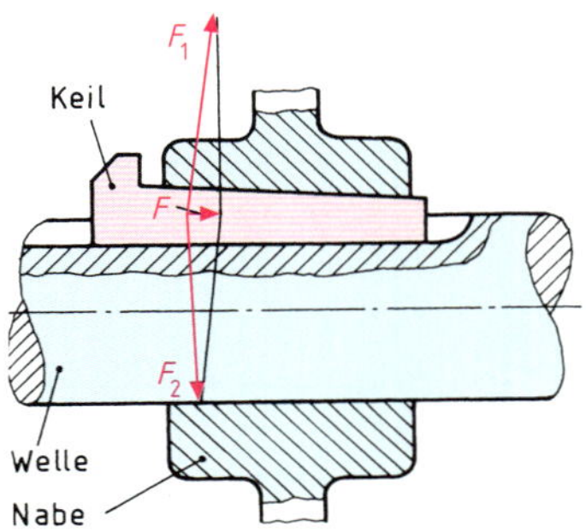

Längskeilverbindung

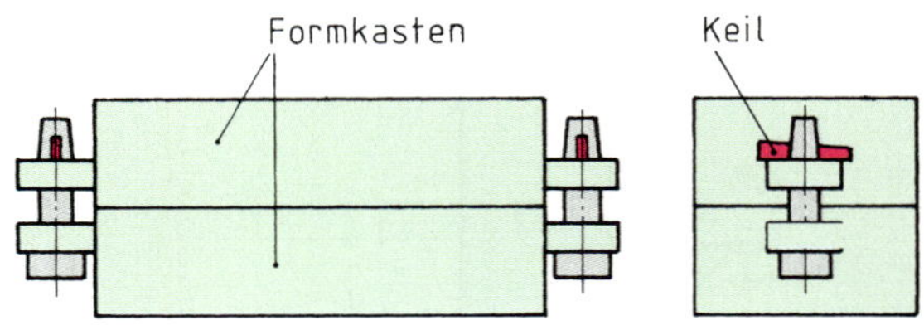

Querkeilverbindung

Keile übertragen Kräfte vorwiegend durch Kraftschluss über ihre Wangen

4.5 Schrumpfen

Das Schrumpfen ist Fügen durch An- und Einpressen.
Die Haftung der Bauteile erfolgt durch die großen Reibungskräfte, die durch die Flächenpressung zwischen Innen- und Außenteil erzeugt werden. Die Flächenpressung entsteht entweder durch Schrumpfen beim Erkalten eines zuvor erwärmten Bauteiles oder durch Ausdehnen eines zuvor abgekühlten Bauteiles.

Schrumpfen wird zum Fügen meist zylindrischer Bauteile eingesetzt. So werden zum Beispiel Radringe aus Stahl auf Radkörper aus Gusseisen aufgeschrumpft. Schweißen und Löten kommen wegen der Werkstoffe hier nicht infrage, das Kleben scheidet wegen der Beanspruchung aus und Schrauben auf dem Umfang würde den Lauf stören.
Eine Schrumpfverbindung ist nur dann zuverlässig fest, wenn die Passungstoleranzen genau eingehalten werden und die Werkstoffe der zu verbindenden Teile in ihren Ausdehnungskoeffizienten nicht zu stark differieren.

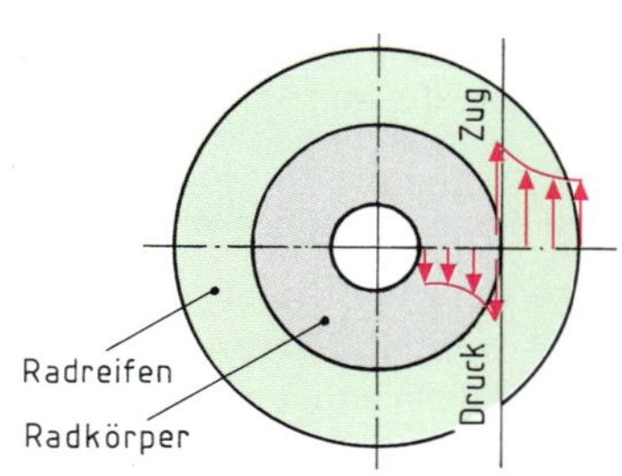

Spannungsverteilung in einer Schrumpfverbindung

Die beim Schrumpfen entstehenden Spannungen dürfen bei normaler Beanspruchung die Streckgrenze der Werkstoffe erreichen, wodurch geringe plastische Verformungen sowohl am Innen- als auch am Außenteil entstehen können.

4.6 Stiftverbindungen

In Stiftverbindungen sind die Bauteile durch Einpressen eines Stiftes gefügt.
Die Stiftverbindungen werden unterschieden in Verbindungen mit Pass-, Befestigungs- und Sicherungsstiften.

- **Verbindungen mit Passstiften**

In diesen Verbindungen dient der Stift dem Sichern des Bauteiles gegen Verschieben. Bei wiederholter Montage werden die Bauteile stets genau fixiert.

Beispiel für den Einsatz von Passstiften

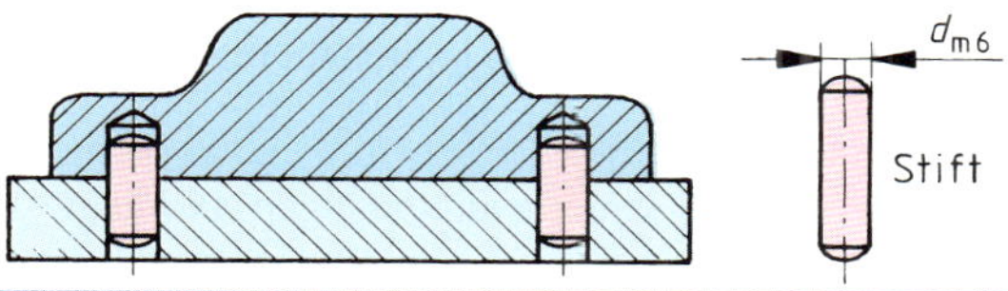

- **Verbindungen mit Befestigungsstiften**

Durch Befestigungsstifte werden bleibende Stiftverbindungen hergestellt.

Beispiel für den Einsatz von Befestigungsstiften

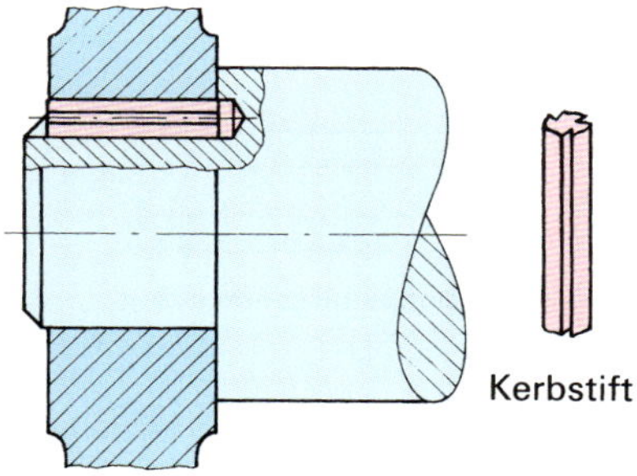

Verbinden von Welle und Nabe mit Kerbstift

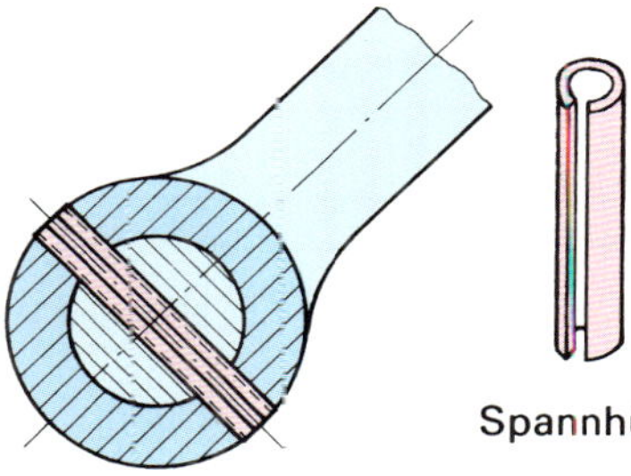

Befestigung eines Hebels mit einer Spannhülse

- **Verbindungen mit Abscherstiften**

In diesen Verbindungen dient der Stift der Verbindung der Bauteile und gleichzeitig sichert er die verbundenen Teile gegen Überlastung.

Beispiel für die Sicherung gegen Überlastung durch einen Sicherungsstift (Abscherstift)

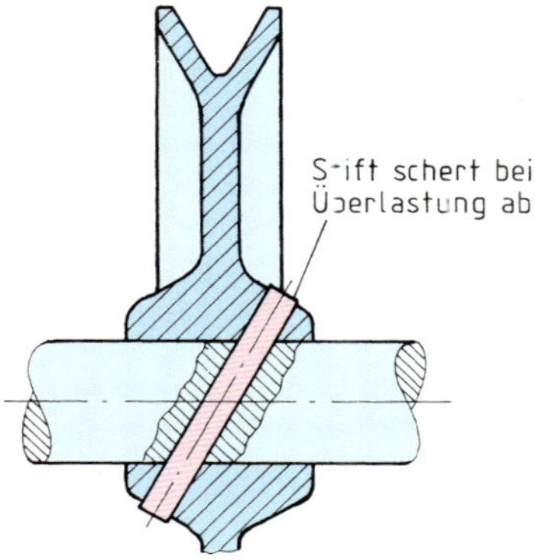

Bohrungen für Zylinder- und Kegelstifte müssen aufgerieben werden. Bei der Verwendung von Kerbstiften und Spannhülsen genügt das Vorbohren.

(„Stift als Bauelement“ siehe Themenkreis Bauelemente Kapitel 1.4)

4.7 Nietverbindungen

Nieten ist ein Fügen durch Umformen (Stauchen) eines Nietes oder durch Umformen eines vorstehenden Werkstückteiles. Hinsichtlich der Anwendung werden bei den Nietverbindungen unterschieden:

- **Lose Nietverbindungen**
  Die verbundenen Teile sind gegeneinander *beweglich*, z. B. Schenkel von Handscheren, Zangen.
- **Feste Nietverbindungen**
  Die verbundenen Teile sind gegeneinander *nicht beweglich*, z. B. Einzelteile einer schmiedeeisernen Tür, Winkeleisen auf einem Knotenblech.
- **Dichte Nietverbindungen**
  Die verbundenen Teile müssen *dicht* sein, z. B. Bleche im Behälterbau. Dichte Nietverbindungen werden meist warm genietet.

Nietverbindungen werden immer stärker durch Schweißverbindungen verdrängt.

4.7.1 Arten der Nietverbindungen

Je nachdem, ob die verbundenen Werkstücke unmittelbar oder über eine Lasche miteinander verbunden sind, unterscheidet man *Überlappungs-* und *Laschennietung*.

Beispiel für Überlappungs- und Laschennietung

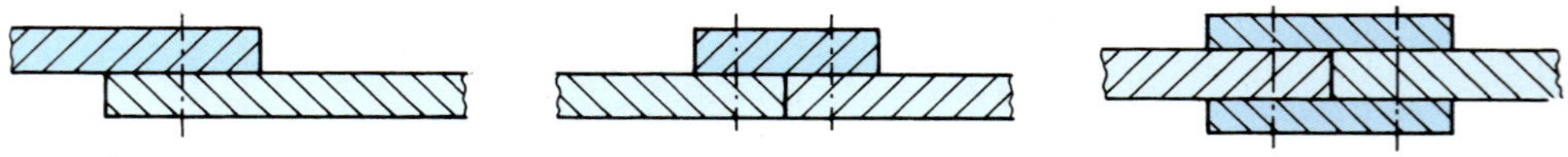

Überlappungsnietung **Einseitige Laschennietung** **Doppellaschennietung**

Nach der Zahl der Nietreihen werden *ein-* und *mehrreihige* Verbindungen unterschieden. Es zählen die Nietreihen in einem Bauteil. Die Reihen verlaufen *quer* zur Beanspruchungsrichtung.

Beispiel für mehrreihige Nietverbindungen

Dreireihige Überlappungsnietung **Dreireihige Laschennietung**

Es sind höchstens fünf Nietreihen zulässig, da die Belastung der Nietreihen unterschiedlich ist. Die erste Reihe trägt einen höhere Last als die folgende Reihe usw.

Nach der Zahl der auf Abscheren beanspruchten Querschnitte *eines* Nietes wird zwischen *ein-* und *mehrschnittigen* Nietverbindungen unterschieden.

Beispiel für ein- und zweischnittige Nietverbindungen

Einschnittig **Zweischnittig**

4.7.2 Herstellen der Nietverbindung

Die Nietlöcher werden meist gebohrt und angesenkt, seltener gestanzt. Beim Nieten *massiver* Niete wird der Schließkopf nach dem Einziehen mit dem Niethammer angestaucht und mit dem Kopfmacher (Döpper) ausgeformt.

Beispiel für die Herstellung einer Nietverbindung

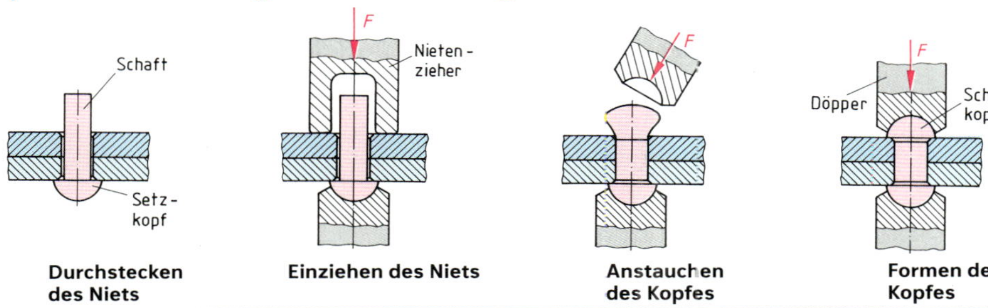

Stahlniete bis zu 10 mm Durchmesser und Niete aus weichen NE-Metallen werden kalt geschlagen. Stahlniete mit größerem Schaftdurchmesser sowie Niete im Stahl- und Behälterbau werden warm (ca. 1 000 °C) genietet. Bei diesen Nieten wird die Bohrung 1 mm größer als der Schaft gewählt.

Zum Verbinden von dünnwandigen Werkstücken bei einseitig zugänglichen Nietstellen im Stahlbau, Maschinenbau, Karosseriebau und Flugzeugbau werden Blindniete verwendet.

Beispiele für Blindniete

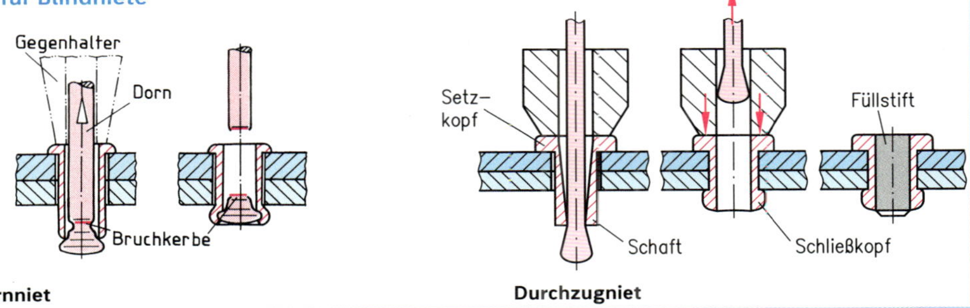

4.7.3 Beanspruchung der Nietverbindung

Die *Kaltnietung* ist eine *formschlüssige* Verbindung. Es entstehen bei der Vernietung nur geringe Zugspannungen im Nietschaft, sodass die verbundenen Teile nur mit geringen Normalkräften aufeinandergepresst werden. Der Nietschaft wird also durch die äußeren Kräfte im Wesentlichen auf Abscherung und Lochleibungsdruck beansprucht. Lochleibungsdruck ist die Flächenpressung zwischen Nietschaft und der Wandung des Nietloches.

Beispiel für Spannungen bei Kaltnietung

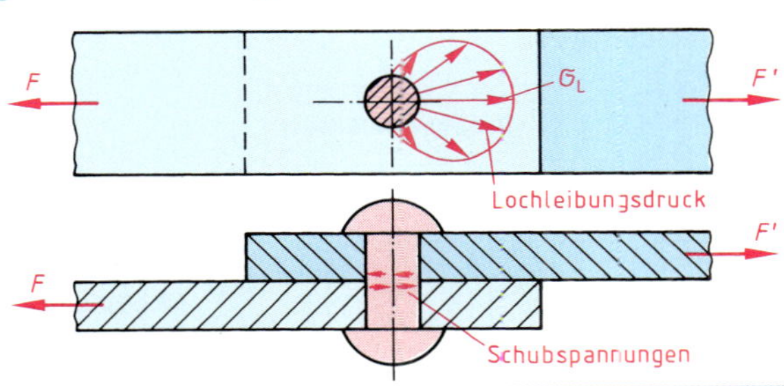

Beim Warmnieten wird der Niet bei Schmiedetemperatur geschlagen. Der Niet schrumpft bei der Abkühlung und presst mit den Köpfen die verbundenen Bleche mit einer großen Normalkraft aufeinander. Bei einer Beanspruchung der warmgeschlagenen Nietverbindung entstehen zwischen den verbundenen Bauteilen Reibungskräfte.

Beispiel für Kräfte bei Warmnietung

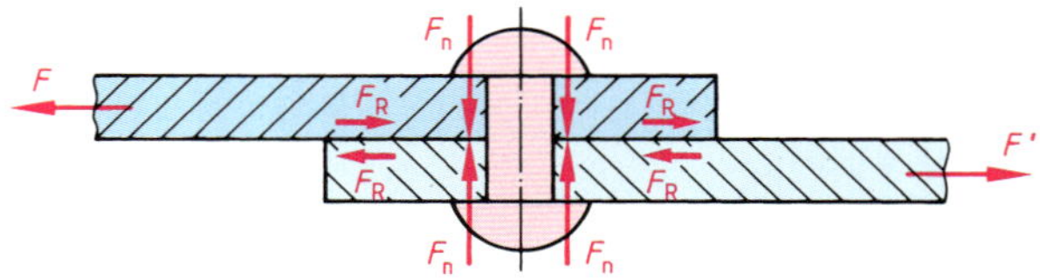

Eine *Warmnietung* überträgt also zunächst Kräfte durch *Kraftschluss*. Erst wenn die äußeren Kräfte die Reibungskräfte überwunden haben – was nicht erwünscht ist –, wird der warmgeschlagene Niet nach einer Gleitung der verbundenen Teile auf Abscherung und Lochleibung beansprucht.
Soll die Nietung dicht sein, müssen die äußeren Kräfte kleiner als die Reibungskräfte sein.
Warmgeschlagene Niete werden demnach überwiegend auf Zug und nur sehr gering auf Abscherung und Lochleibung beansprucht.

(„Niet als Bauelement“ siehe Themenkreis Bauelemente Kapitel 1.5)

4.8 Schweißen

Schweißen ist das Vereinigen von Grundwerkstoffen oder das Beschichten eines Grundwerkstoffes unter Anwendung von Wärme oder von Druck oder von beiden ohne oder mit Schweißzusatzwerkstoffen. Die Grundwerkstoffe werden vorzugsweise im plastischen oder flüssigen Zustand der Schweißzone vereinigt. Bei gleichartigen Grundwerkstoffen sind die Eigenschaften der Schweißung denen der Grundwerkstoffe ähnlich. Die Verbindung ist unlösbar.

Nach dem *Zweck* des Schweißens wird unterschieden zwischen *Verbindungsschweißen,* dem Zusammenfügen von Teilen, und dem *Auftragsschweißen,* dem Beschichten eines Werkstückes durch Schweißen.
Nach dem Ablauf des Schweißens wird zwischen *Press-* und *Schmelzschweißen* unterschieden. Pressschweißen ist das Verschweißen unter Druck, Schmelzschweißen geschieht ohne Druck durch einen Schmelzfluss.

4.8.1 Pressschweißen

4.8.1.1 Begriffe des Pressschweißens

Pressschweißung erfolgt unter Druck. Eine örtlich begrenzte Erwärmung, die unter Umständen bis zum Anschmelzen gehen kann, ermöglicht oder erleichtert den Schweißvorgang. Die einzelnen Verfahren sind überwiegend nach der Wärmequelle benannt.

Übersicht über die Pressschweißverfahren

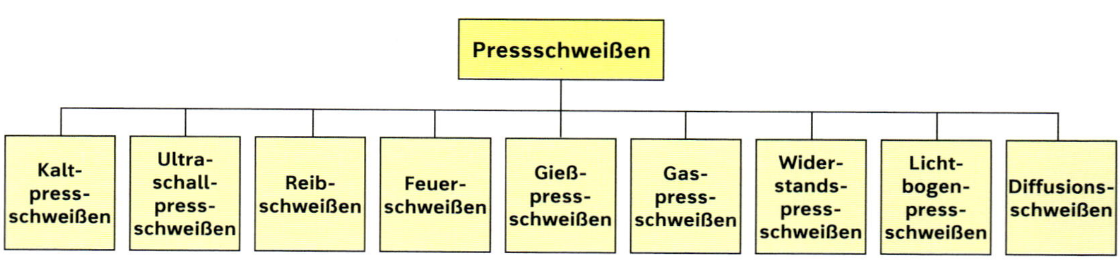

Die zu verschweißenden Teile werden am *Schweißstoß* durch eine *Schweißstelle* oder eine *Schweißnaht* verbunden.

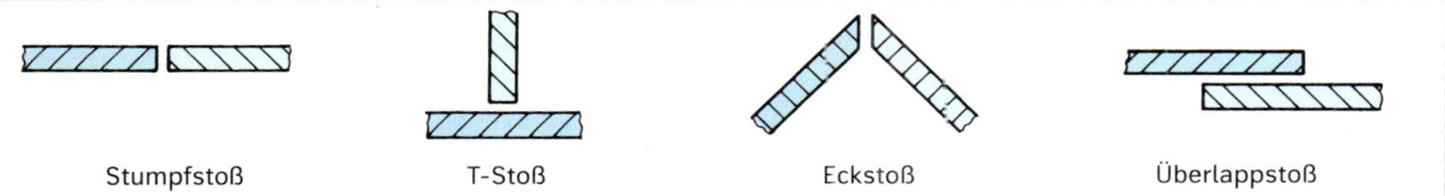

Schweißstöße

Nach der Art der Naht unterscheidet man bei Stumpfnähten Wulst-, Grat- und Quetschnaht.

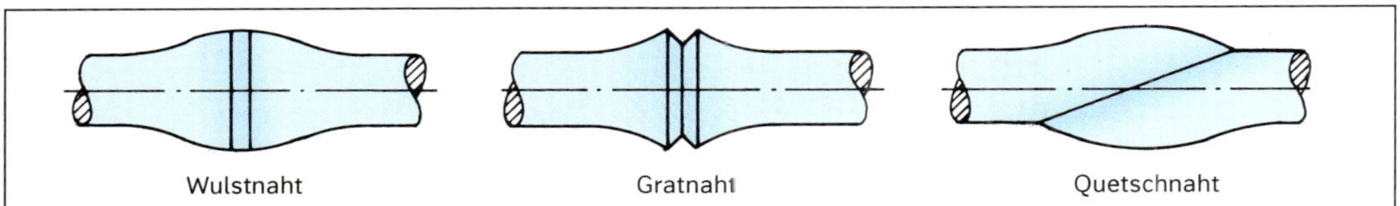

Nahtformen bei Stumpfnähten

Bei den Überlappungsnähten unterscheidet man Rollen-, Stepp-, Punkt- und Buckelnaht.

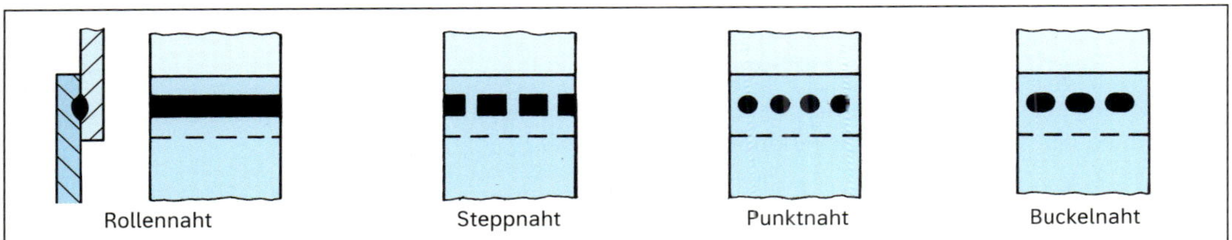

Nahtformen bei Überlappungsnähten

4.8.1.2 Widerstandspressschweißverfahren

Beim Widerstandspressschweißen wird den zu verbindenden Teilen entweder konduktiv über angelegte Elektroden oder induktiv über Induktionsspulen ein Strom zugeführt. Durch den elektrischen Widerstand an den Berührungsstellen sowie den Widerstand der zu verbindenden Teile wird in der Schweißzone elektrische Energie in Wärmeenergie umgesetzt. Die so erwärmten Teile verschweißen dann unter Druck.
Je nach Verfahrensweise bei der Widerstandspressschweißung werden die folgenden Verfahren unterschieden:

Widerstandspressschweißen

- **Punktschweißen**
- **Buckelschweißen**
- **Rollennahtschweißen**
- **Abbrennstumpfschweißen**
- **Pressstumpfschweißen**

Beispiel für ein Widerstandspressschweißverfahren

Punktschweißen

Die zu verbindenden Werkstücke überlappen sich. Durch einander gegenüberliegende Elektroden werden Strom und Presskraft auf die Werkstückteile übertragen. Nach ausreichender Erwärmung verschweißen die Teile unter Druck.
Punktschweißen dient zum Verbinden von Blechen, besonders in der Serienfertigung.

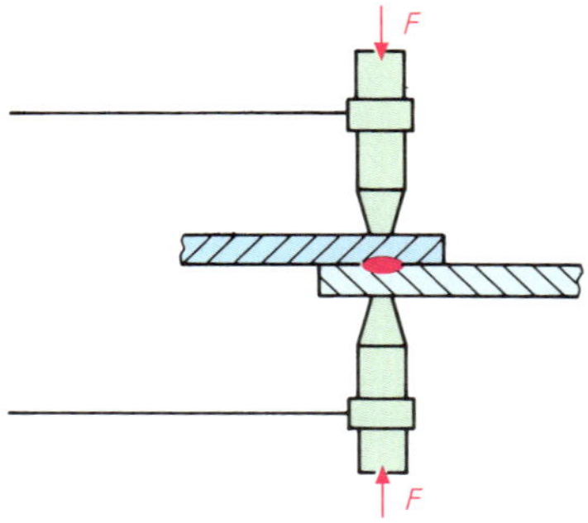

Punktschweißen

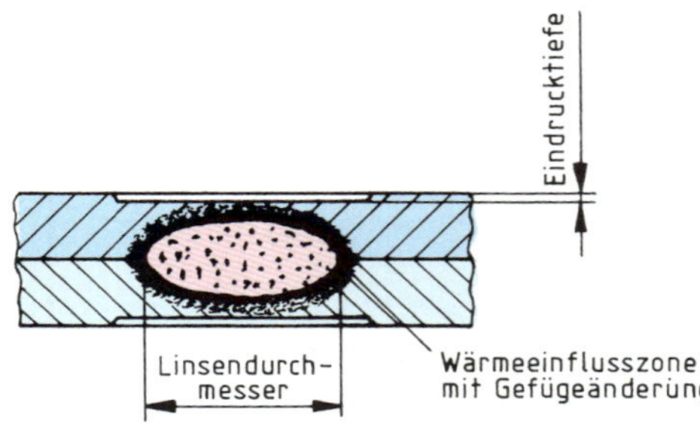

Schnitt durch eine Punktschweißung

4.8.2 Schmelzschweißverfahren

4.8.2.1 Begriffe des Schmelzschweißens

Schmelzschweißen ist das Verbinden von Bauteilen durch einen örtlich begrenzten Schmelzfluss. Nach Art der Wärmequelle werden folgende Verfahren unterschieden:

Schmelzschweißen
- Gießschmelzschweißen
- Gasschweißen
- Widerstandsschmelzschweißen
- Lichtbogenschweißen
- Plasmaschweißen
- Elektronenstrahlschweißen
- Lichtstrahlschweißen

Die zu verschweißenden Bauteile werden im *Schweißstoß* durch *Schweißnähte* miteinander verbunden. Man unterschiedet die Schweißstöße in gleicher Weise wie bei der Pressschweißung.
Je nach Lage der zu verbindenden Teile zum Schweißstoß und nach der Art der Vorbereitung zur Verschweißung ergeben sich verschiedene Nahtarten, die in verschiedener Weise vorbereitet werden müssen.

Beispiele für Schweißnähte

Stumpfnähte | **Kehlnähte**

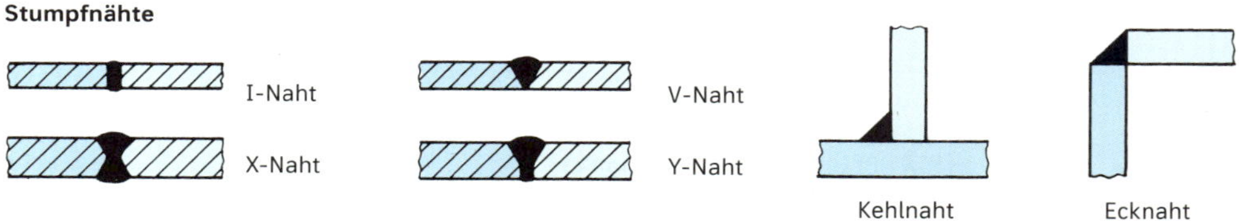

Die Schweißnähte werden durch einzelne Schweißraupen aufgebaut. Dies geschieht bei geringen Nahtdicken durch eine oder mehrere Schweißlagen.

Beispiele für den Aufbau von Schweißnähten

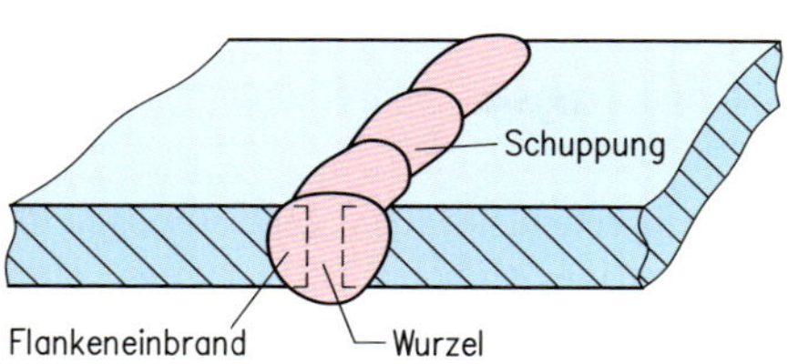

Einseitig durchgeschweißte I-Naht

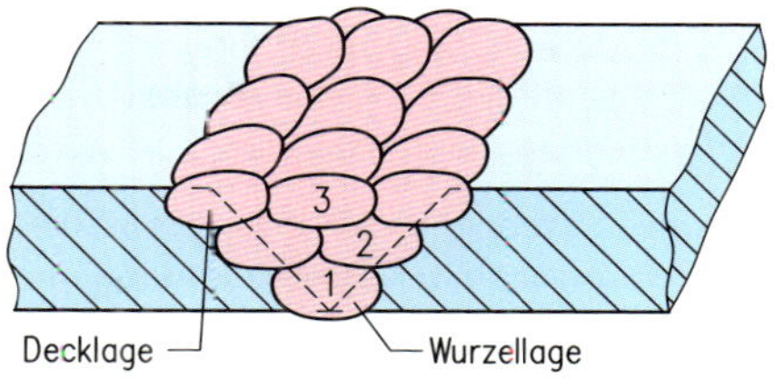

Einseitig durchgeschweißte V-Naht (Zahlen geben die Lagenfolge an)

4.8.2.2 Metall-Lichtbogenschweißen

Beim Metall-Lichtbogenschweißen brennt ein Lichtbogen sichtbar zwischen einer abschmelzenden Elektrode und dem Werkstück. Die Elektrode ist gleichzeitig Schweißzusatzwerkstoff. Als Schutz des Schmelzflusses dienen nur Stoffe, die von der Elektrode zugeführt und gebildet werden.

- **Spannungsquellen**

Als Spannungsquellen dienen Schweißtransformatoren, Schweißumformer (Elektromotor mit Generator gekoppelt) und Schweißgeneratoren (Verbrennungsmotor mit Generator). Moderne Schweißstromquellen sind mit einer Leistungselektronik ausgestattet, die Spannung und Stromstärke den augenblicklichen Verhältnissen anpasst. Man nennt so ausgerüstete Schweißstromquellen Inverter.

Beispiel für den Aufbau eines Schweiß-Inverters

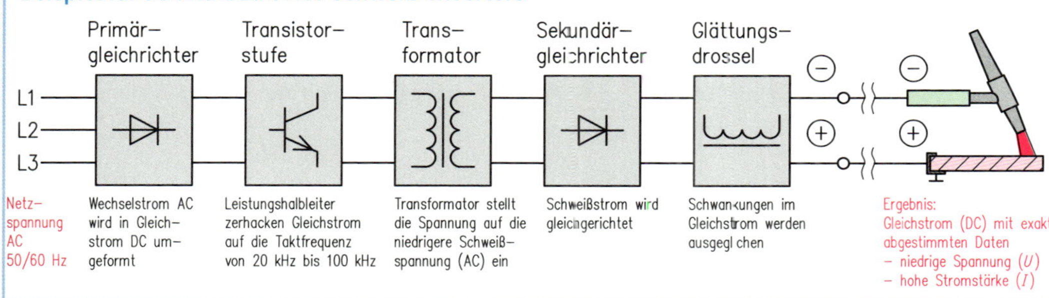

Die Invertertechnologie ermöglicht:

- perfektes Zünden des Lichtbogens ohne Gefahr des „Anklebens“ der Elektrode.
- nahezu konstante Lichtbogenlänge durch Nachregelung der Stromstärke und damit eine gleichmäßige Schuppung der Schweißnaht.
- den Schweißprozess unter Zufügen digitaler Komponenten zu dokumentieren und wiederholbar zu gestalten.

- **Vorgänge beim Lichtbogenschweißen**

Beim Berühren des Werkstückes mit der Elektrode wird ein Kurzschluss erzeugt. Vom Minuspol (Katode) fließt dann ein großer Elektronenstrom zum Pluspol. Dabei ionisieren die Elektronen die zwischen Minus- und Pluspol befindlichen Gasatome, die so für den elektrischen Strom leitend gemacht werden. Durch den Aufprall der Elektronen auf die Anode entstehen dort hohe Temperaturen. Die Katode wird durch das Auftreffen positiv geladener Gasionen ebenfalls erhitzt, aber weniger stark als die Anode. An der Katode liegt die Temperatur um etwa 200 bis 300 Grad niedriger. Aus diesem Grunde wird beim Schweißen dünner Bleche mit Gleichstrom das Blech als Minuspol geschaltet.

Die *Spannung* beträgt beim Schweißen zwischen der Elektrode und dem Werkstück während des Schweißvorganges etwa 10 bis 40 Volt. Der Spannungsabfall im Lichtbogen ist nicht dem Abstand Elektrode – Werkstück proportional. Ein sehr hoher Spannungsabfall tritt unmittelbar an Elektrode und Werkstück auf, während er im Lichtbogen etwa linear verläuft.

Die Größe des Spannungsabfalls hängt ab von

- der Lichtbogenlänge,
- den zu verschweißenden Werkstoffen,
- der Elektrodenumhüllung,
- der umgebenden Gasatmosphäre,
- dem Elektrodenmaterial,

Die Länge des Lichtbogens soll etwa der Stärke der Elektrode entsprechen. Ein zu langer Lichtbogen führt zu unnötigen Wärmeverlusten sowie zur Aufnahme von O_2 und N_2 durch die Schmelze. Ein zu kurzer Lichtbogen lässt nur geringe Einbrandtiefen zu. Der *Schweißstrom* soll etwa 15 bis 20 Ampere je mm² Schweißdrahtquerschnitt betragen.

4.8.2.3 Lichtbogenhandschweißen

Lichtbogenhandschweißen ist ein manuelles Schmelzschweißverfahren das mit umhüllten Elektroden durchgeführt wird. Die Umhüllung ist ein Gemisch aus Metalloxiden, Nichtmetalloxiden, Salzen und reinen Metallen. Es wird auch Zellulose als Umhüllung verwendet.

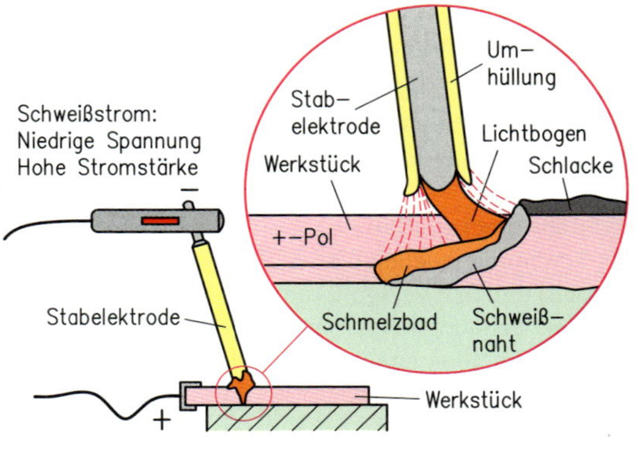

Lichtbogenhandschweißen

Die *Umhüllung* hat folgende Aufgaben zu erfüllen:

1. Bildung einer Schlacke
   Die Schlacke schützt das von der Elektrode übergehende Material und den Schmelzfluss vor den Einwirkungen der Atmosphäre. Ferner ist die Schlacke eine Wärmeisolation auf der Naht. Sie wirkt damit der Bildung eines Überhitzungsgefüges und der Rissneigung entgegen. Weiterhin hat eine Schlacke metallurgischen Einfluss auf die Schweiße, indem sie gegebenenfalls Oxide aus der Schweiße aufnimmt, die Schweiße entschwefelt, entphosphort und den Stickstoffgehalt senkt.
2. Erhöhung der Leitfähigkeit der Lichtbogenstrecke
   Besonders die Salze von Alkali- und Erdalkalimetallen sind in der Schlacke elektrolytisch dissoziiert und erleichtern den Elektronenübergang von der Elektrode zum Werkstück.
3. Bildung eines Gasschleiers
   Durch Bildung reduzierender Gase (H_2, CO) wird die Schmelze in der Nähe des Lichtbogens vor dem Zutritt der Luft geschützt.

Nach ihrem Verhalten unterscheidet man unter den Bestandteilen der Elektrodenhülle:

basische Bestandteile ⟷ **saure Bestandteile**
(Metalloxide; CaO; MgO; Na_2O) — (Nichtmetalloxide; SiO_2; SO_2; P_2O_5)

oxidierende Bestandteile ⟷ **reduzierende Bestandteile**
(Fe_3O_4; Fe_2O_3; MnO_2; SiO_2; TiO_2) — (Al; Mn; Si; Ti)

Diese Bestandteile sind besonders für den metallurgischen Einfluss der Schlacke von Bedeutung. So wirken basische Umhüllungen entschwefelnd und senken den Gehalt an Phosphor. Reduzierende Bestandteile in der Umhüllung senken den Gehalt an FeO in der Schweißnaht durch ihre desoxidierende Wirkung. Dadurch vermindert sich die Gefahr der Rotbrüchigkeit.

> Die Zusammensetzung der Umhüllung beeinflusst Schlackeneigenschaften und Tropfenübergang und wirkt sich auf die Positionsverschweißbarkeit der Elektrode sowie auf die mechanischen Kennwerte des Schweißgutes aus.

4.8.2.4 Schutzgasschweißen

Beim Schutzgasschweißen wird die Schweißstelle durch Schutzgase vor schädlichem Luftzutritt abgeschirmt. Durch Schutzgasschweißen können Werkstoffe verschweißt werden, die sonst nicht oder nur mit erheblichem Aufwand geschweißt werden können, wie z. B. Aluminium und Al-Legierungen, Kupfer und Cu-Legierungen, hochlegierte Stähle.

Als Schutzgase werden einerseits Edelgase, z. B. Argon und Helium, verwendet. Diese Gase sind als Schutzgase besonders geeignet, weil sie keine chemischen Verbindungen mit dem Schweißgut eingehen. Diese chemisch nicht reagierenden Gase werden als **„inerte“** Gase bezeichnet.

Zum anderen werden Kohlendioxid, Wasserstoff, Stickstoff und Gemische dieser Gase mit Edelgasen verwendet. Diese Gase können chemisch mit anderen Stoffen reagieren. Man bezeichnet sie deshalb als **„aktive“** Gase. Diese aktiven Schutzgase können oxidierend auf die Schweißstelle wirken.

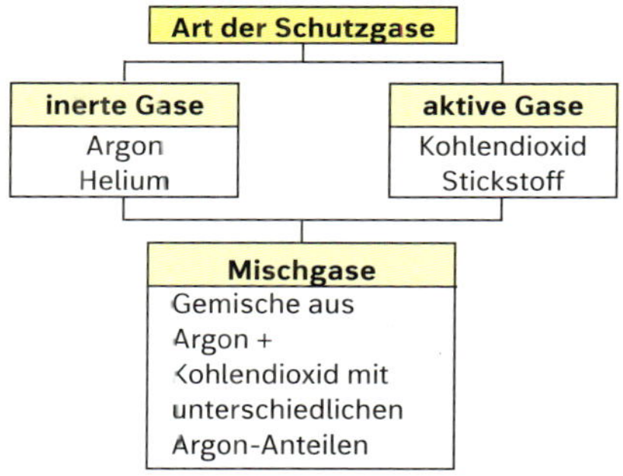

Schutzgase schirmen die Schweißstelle vor Luftzutritt ab.
Als Schutzgase verwendet man inerte Gase und aktive Gase.

Beim Schutzgasschweißen kann der Lichtbogen entweder zwischen
- einer abschmelzenden Metallelektrode und dem Werkstück oder
- einer nicht abschmelzenden Wolframelektrode und dem Werkstück brennen.

Je nach verwendeter Elektrode und zugeführter Gasart unterscheidet man mehrere Schutzgasschweißverfahren.

Metall-Schutzgasschweißen		**Wolfram-Schutzgasschweißen**
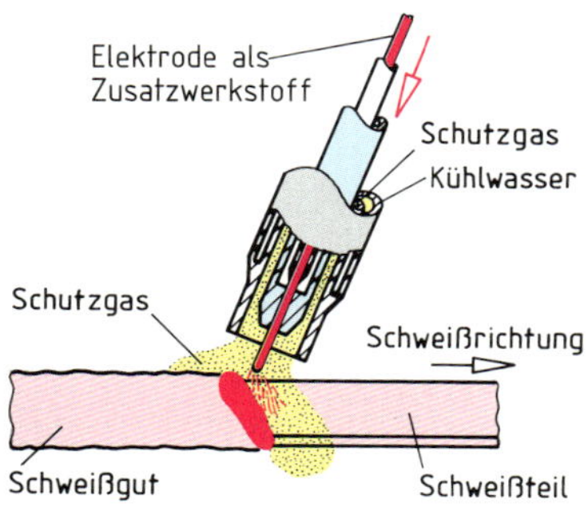		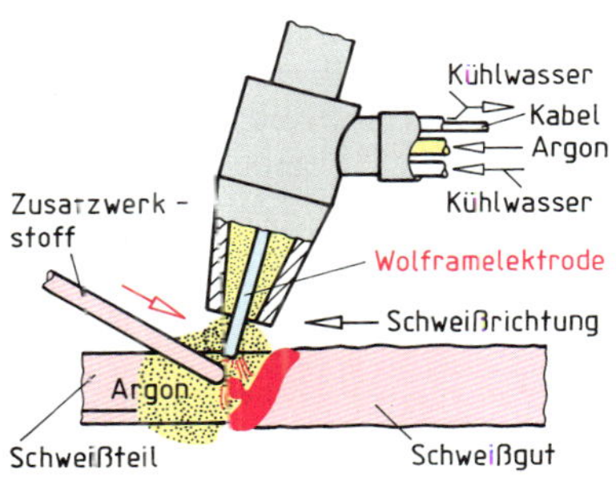
Merkmale: Der Lichtbogen brennt zwischen der abschmelzenden Metallelektrode und dem Werkstück. Die abschmelzende Elektrode liefert den Zusatzwerkstoff zur Bildung der Schweißnaht.		Merkmale: Der Lichtbogen brennt zwischen der nicht abschmelzenden Wolframelektrode und dem Werkstück. Schweißzusatzwerkstoffe werden stromlos zugeführt.
Als Schutzgase werden meist inerte Gase wie Argon, seltener Helium, eingesetzt.	Als Schutzgase werden aktive Gase wie Kohlendioxid, Stickstoff sowie Mischgase verwendet.	Als Schutzgase werden meist inerte Gase wie Argon, seltener Helium, verwendet.
Metall-**I**nert-**G**as-Verfahren **MIG**-Verfahren	**M**etall-**A**ktiv-**G**as-Verfahren **MAG**-Verfahren	**W**olfram-**I**nert-**G**as-Verfahren **WIG**-Verfahren

Das Metall-Schutzgasschweißen ist bei Werkstückdicken ab 1 mm zum Verbindungsschweißen in allen Positionen sowie zum Auftragsschweißen einsetzbar. Es ist besonders wirtschaftlich wegen seiner hohen Abschmelzleistung und der Möglichkeit zur Mechanisierung.

4.9 Löten

Lötverbindungen sind unlösbare Verbindungen.

Löten ist das Verbinden metallischer Werkstoffe mithilfe eines geschmolzenen, metallischen Zusatzwerkstoffes. Der Schmelzpunkt des Zusatzwerkstoffes (Lot) muss unter dem Schmelzpunkt der zu verbindenden Werkstoffe liegen.

Je nach Arbeitstemperatur unterscheidet man **Weichlöten**, bei Arbeitstemperaturen unter 450 °C, und **Hartlöten**, bei Arbeitstemperaturen über 450 °C.

Die Bindung zwischen den verlöteten Werkstücken beruht bei Werkstoffen, die mit dem Lot Legierungen bilden, auf Legierungsbildung in den Grenzflächen. Atome des Lotes diffundieren in den Grundwerkstoff und umgekehrt. Die Möglichkeit der Diffusion ist von der Temperatur abhängig. Gute Lötungen gelingen deshalb nur bei Einhaltung der richtigen Arbeitstemperatur. Legiert sich das Lot nicht in den Grenzflächen mit dem Grundwerkstoff, so entsteht nur eine Haftung aufgrund der Adhäsion.

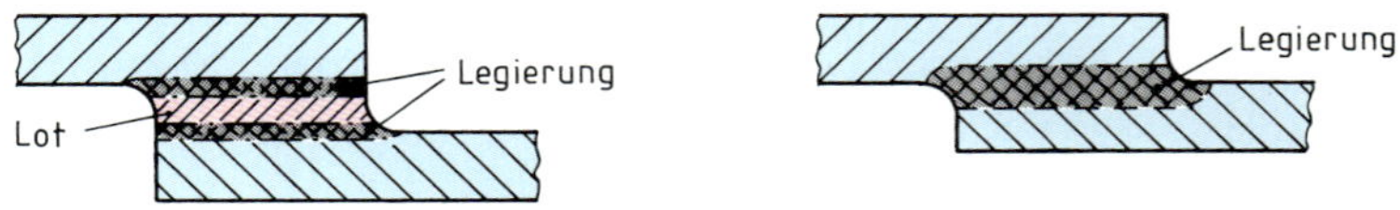

Legierungsbildung in der Lotnaht

Die Festigkeit der Lötverbindung ist nicht nur von den Werkstoffen, sondern auch von der Spaltbreite zwischen den Werkstücken abhängig. Ein Spalt zwischen 0,05 bis 0,2 mm bringt die günstigste Festigkeit. Bei kleinerem Spalt ist die Zahl von nicht bindenden Stellen sehr groß, bei größerem Spalt wird das Lot selbst zu stark beansprucht, sodass auch hier die Festigkeit absinkt.

4.9.1 Weichlöten

Kupfer, Zink, Zinn, Blei, die Edelmetalle und beschränkt auch Stahl können weichgelötet werden. Die Lötung geschieht bei Temperaturen unter 450 °C.

Als **Flussmittel** dient *Lötwasser,* eine Lösung aus Zinkchlorid, Ammoniumchlorid und Wasser. Das Zinkchlorid und das Ammoniumchlorid sind in der Lösung hydrolysiert:

$$ZnCl_2 + 2\,H_2O \rightarrow Zn(OH)_2 + 2\,HCI \qquad NH_4Cl \rightarrow NH_3 + HCI$$

Die entstandene schwach salzsaure Lösung löst die Oxide an der Lötstelle nach z. B.:

$$CuO + 2\,HCI \rightarrow CuCl_2 + H_2O$$
$$ZnO + 2\,HCI \rightarrow ZnCI_2 + H_2O$$

Bei Zink und verzinkten Blechen wird *verdünnte Salzsäure,* bei Lötungen in der Elektrotechnik und bei Feinlötungen wird *Kolophonium* als Flussmittel verwendet. Bei Verwendung säurehaltiger Flussmittel muss die Lötstelle nach der Lötung sorgfältig gereinigt werden.

Als *Lote* werden überwiegend niedrigschmelzende Zinn-Blei-Zink-Legierungen verwendet.

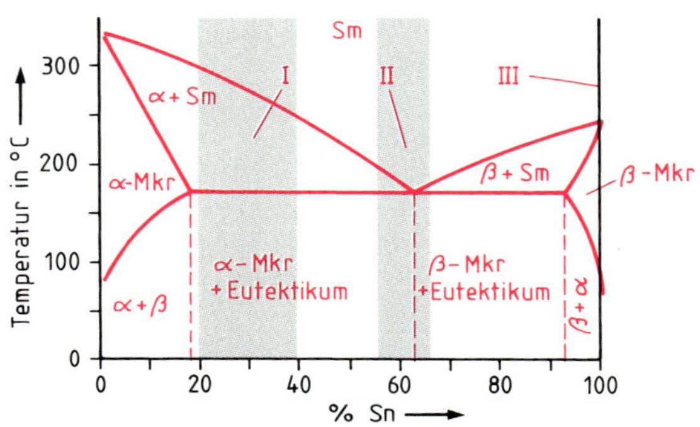

Arbeitsbereiche der Lote

I bei Kabelmantel- und Bleirohrlötungen (Schmierlote)

II für Lötungen in der Elektroindustrie

III für Lötungen an Lebensmittelbehältern reines Zinn

Zustandsdiagramm von Blei-Zinn-Loten

4.9.2 Hartlöten

Hartlöten geschieht bei Temperaturen über 450 °C. Stähle, Kupfer sowie die Edelmetalle und deren Legierungen, Sinter- und Hartmetalle können hartgelötet werden. Als *Hartlote* werden Messing- und Silberlote sowie Reinkupfer verwendet.
Als *Flussmittel* dient *Borax* (Natriumtetraborat) $Na_2B_4O_7 \cdot 10\ H_2O$. Das Salz schmilzt in der Hitze und reagiert mit der Oxidhaut zu Boraten, z. B.

$$CuO + Na_2B_4O_7 \rightarrow Cu(BO_2)_2 + 2\ NaBO_2$$

Die gebildeten Borate lösen sich im flüssigen Borax.
Die Scherfestigkeit von Hartlötverbindungen beträgt etwa τ_{sB} = 140 bis 200 N/mm².
Die zulässige Scherspannung beträgt etwa 70 N/mm².

Hartlöten geschieht mit Loten, deren Schmelzpunkte zwischen 450 °C und 900 °C liegen.
Zum Hartlöten werden vorwiegend Lote auf Kupferbasis verwendet.

4.9.3 Gestaltung von Lötverbindungen

Aus den Eigenschaften des Lotes ergeben sich für eine Lötverbindung bestimmte Gestaltungsregeln:

1. Zugbeanspruchungen des Lotes – insbesondere Schälbeanspruchungen – sind zu vermeiden. Zugbeanspruchungen sollten durch formschlüssige Verbindungen aufgenommen werden.

Beispiel für Schälbeanspruchung und ihre Vermeidung

Ungünstige Schälbeanspruchung

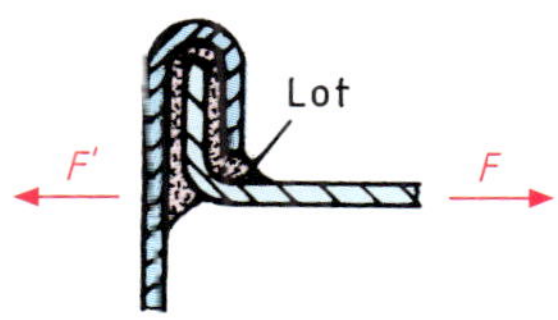

Vermeidung einer Schälbeanspruchung durch Formschluss

2. Die Lötfläche soll durch Überlappung eine genügende Größe erhalten.

Beispiele für die Gestaltung von Überlappungen

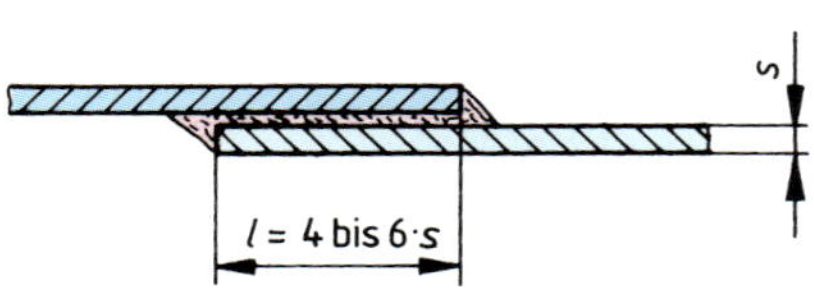

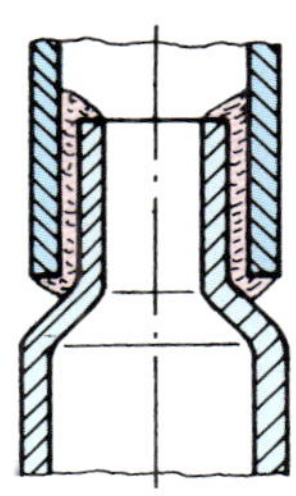

3. Die Kapillarwirkung des Lotes soll ausgenutzt werden. Die Teile müssen deshalb mit geringem Spiel zusammengefügt werden. Der Lötspalt soll 0,05 bis 0,2 mm betragen.

Lötverbindungen sollen als Überlappungen gestaltet werden. Schälbeanspruchung ist zu vermeiden.

4.10 Kleben

Kleben ist das Verbinden zweier gleichartiger oder verschiedener Stoffe mittels eines Klebstoffes. Die Klebstoffe sind meist hochmolekulare Stoffe, die in dünner Schicht zwischen die zu verklebenden Flächen eingebracht werden und diese dann durch einen Abbindevorgang verbinden.
Der Abbindevorgang kann das Verdunsten eines Lösungsmittels sein, er kann auf der chemischen Verknüpfung durch Vernetzung beruhen oder aber in einer Erstarrung aus einer Schmelze liegen.

Der Zusammenhalt der Klebeverbindung beruht auf Adhäsions- und Kohäsionskräften. Unter *Adhäsion* versteht man den Zusammenhalt zwischen Molekülen verschiedener Stoffe, der durch gegenseitige Anziehung hervorgerufen wird. Diese Adhäsionskräfte können sich nur wirksam ausbilden, wenn die Moleküle der Werkstoffe polar sind. Polarität eines Moleküls bedeutet, dass die Schwerpunkte der positiven und negativen Ladungen im Molekül nicht zusammenfallen. Das Polyethylen, ein unpolarer Werkstoff, ist daher nicht fest verklebbar.

Unter der *Kohäsion* versteht man den Zusammenhalt zwischen den Molekülen eines Stoffes, der durch gegenseitige Anziehung hervorgerufen wird.
Da die einzelnen Moleküle des Klebstoffes nicht gleichzeitig an beiden verklebten Flächen durch Adhäsion haften, ist es notwendig, dass der sogenannte *Klebefilm* entsprechende Festigkeit (Kohäsion) besitzt.

Im Allgemeinen sind bei den Klebeverbindungen die Adhäsionskräfte größer als die Kohäsionskräfte des Klebers. Aus diesem Grunde werden möglichst dünne Klebstofffilme angestrebt. Zusätzlich zu den auftretenden Kohäsions- und Adhäsionskräften kann die durch die Rauigkeit der Oberflächen eintretende Verankerung die Festigkeit der Klebenaht wesentlich beeinflussen.

> Der Zusammenhalt der Klebeverbindung beruht auf Adhäsion zwischen Kleber und Werkstück und der Kohäsion des Klebers.

In der metallverarbeitenden Industrie wird das Kleben zunehmend als konstruktives Fügeverfahren eingesetzt. Besondere Bedeutung haben dabei die Reaktionsklebstoffe auf Polyurethan- und Epoxidharzbasis gewonnen.[1]

Vorteile des Klebens gegenüber anderen Fügeverfahren:

- Kleben bietet die Möglichkeit, verschiedenste Stoffe, auch Metalle und Nichtmetalle, zu verbinden,
- Kleben verhindert die Kontaktkorrosion an der Berührungsstelle zweier Metalle mit unterschiedlichen Potenzialen,
- Kleben geschieht bei niedrigen Arbeitstemperaturen, sodass Gefügeänderungen und Spannungen vermieden werden.

Erschwerend für Einsatz und Herstellung der Klebeverbindung sind folgende Punkte:
Es sind große Klebeflächen zu erzeugen, da die Scherfestigkeit der Kleber gegenüber den zu verbindenden Werkstoffen in der Regel gering ist.
Der Kleber benötigt meist längere Aushärtezeiten, während der die Teile eventuell unter Druck genau fixiert sein müssen.
Bei verschiedenen Klebstoffen müssen besondere Schutzmaßnahmen getroffen werden (Feuergefahr, Entwicklung gesundheitsschädigender Dämpfe u. Ä.).

> Durch Kleben treten keine Gefügeänderungen und kein Verzug der Bauteile auf.
> Klebstoffe wirken isolierend und verhindern Kontaktkorrosion bei unterschiedlichen Metallen.
> Kleben ermöglicht Leichtbauweise.

[1] Klebstoffe siehe Themenkreis Werkstofftechnik

Gestaltung von Klebeverbindungen

Bei der Gestaltung sind folgende Gesichtspunkte zu berücksichtigen:

- Kaltaushärtende Klebstoffe erreichen Bindefestigkeiten bis etwa 25 N/mm², warmaushärtende Klebstoffe können Bindefestigkeit bis 50 N/mm² erzielen.
- Da die vom Kleber aufzubringenden Adhäsionskräfte meist geringer sind als die Festigkeit der zu verklebenden Werkstoffe, ist eine *große Fügefläche* anzustreben, die häufig nur durch eine Überlappung zu erreichen ist. Die Überlappungslänge sollte etwa das 20-Fache bis 30-Fache der dünnsten Werkstückdicke der zu verklebenden Bauteile sein.

Überlappungslänge $l_ü = 20 \text{ bis } 30 \cdot s_{min}$

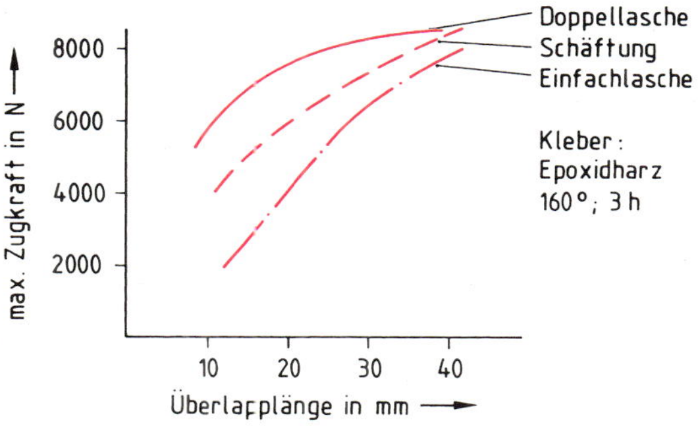

Max. Zugkraft bei verklebten Al-Blechen 12 x 2 mm

- Einfachlaschen, Doppellaschen und besonders die Schäftung sind als Überlappungen geeignet. Bei Hohlprofilen wird die Überlappung meist durch Einlagen hergestellt.

Beispiel für Verbindungen mit Überlappungen

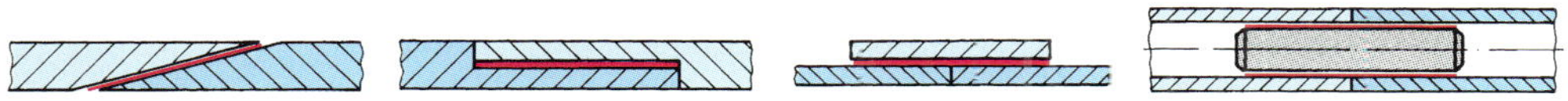

Schäftung **Überplattung** **Einfachlasche** **Verbindung mit Einlage**

- Die geringe Festigkeit des Klebers erfordert *dünne Klebeflächen* (0,1 mm bis 0,15 mm).
- Biegebeanspruchung, die bei einfachen Überlappungen dünnwandiger Werkstücke auftritt, und besonders Schälbeanspruchung müssen vermieden werden.
- Da Kleber bei dauernder statischer Belastung zum Kriechen neigen, sollte eine formschlüssige Sicherung in Verbindung mit der Verklebung vorgesehen werden.

5 Beschichten

Beschichten ist das Aufbringen einer fest haftenden Schicht aus formlosem Stoff auf ein Werkstück. Entsprechend wird das Beschichten nach DIN 8580 unterteilt:

- aus **gas- oder dampfförmigem Zustand**, z. B. Diffusionsverzinken, Diffusionsverchromen, Aufdampfen
- aus **flüssigem oder pastenförmigem Zustand**, z. B. Anstreichen, Emaillieren
- aus **ionisiertem Zustand**, z. B. Galvanisieren, Eloxieren
- aus **festem Zustand**, z. B. Auftragsschweißen, Metallspritzen
- aus **plastischem Zustand**, z. B. Spachteln
- aus **breiigem Zustand**, z. B. Verputzen
- aus **körnigem oder pulvrigem Zustand**, z. B. Wirbelsintern
- durch **Schweißen**, z. B. Auftragsschweißen
- durch **Löten**, z. B. Auftraglöten

Der Zweck des Beschichtens kann unter anderem sein:

- Korrosionsschutz, z. B. Anstreichen,
- Verbesserung des Aussehens, z. B. Vergolden,
- Verbesserung von Eigenschaften der Oberfläche, z. B. Erhöhung der Schneidleistung durch Hartverchromen,
- größere Formänderungen, z. B. bei der Auftragsschweißung.

5.1 Galvanisieren

Das Galvanisieren ist das wichtigste Fertigungsverfahren aus der Gruppe der Beschichtungsverfahren aus dem ionisierten Zustand. Beim Galvanisieren werden die durch Dissoziation einer chemischen Verbindung entstandenen Ionen entladen. Diesen Vorgang nennt man Elektrolyse. Das Gefäß, in dem der Vorgang abläuft, ist die Elektrolysezelle. Zur Entladung der Ionen wird bei der Elektrolyse elektrische Energie verbraucht.

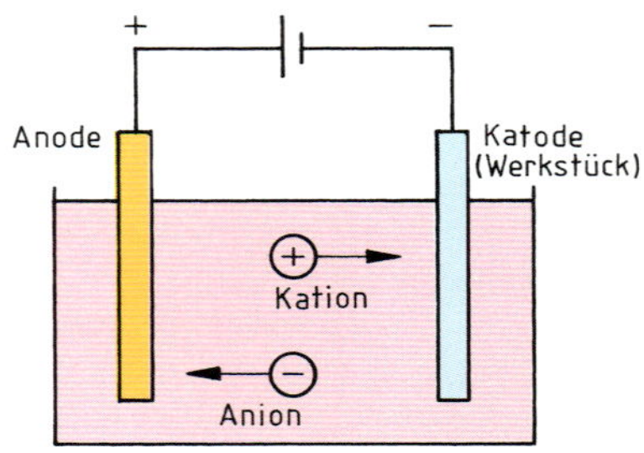

Elektrolyse

In der Elektrolyse laufen zwei Vorgänge gleichzeitig nebeneinander ab:

Anodenvorgang: An der Anode werden von den negativ geladenen Ionen der Lösung Elektronen abgegeben. An der Anode findet somit ein *Oxidationsvorgang* statt.

Katodenvorgang: An der Katode werden von den positiv geladenen Kationen der Lösung Elektronen aufgenommen. An der Katode findet also ein *Reduktionsvorgang* statt.

Zu unterscheiden ist die Elektrolyse aus dem Schmelzfluss und die Elektrolyse wässriger Lösungen. Galvanische Bäder zur Oberflächenbeschichtung sind ausschließlich Elektrolysen wässriger Lösungen.

Je nach der Art der Elektroden wird eine Elektrolyse als Elektrolyse mit löslicher Anode oder als Elektrolyse mit unlöslicher Anode (Grafit, Platin) durchgeführt.

Außer den Ionen des gelösten Salzes liegen im Elektrolyten auch Wasserstoff- und Hydroxidionen vor, da das Wasser gering dissoziiert ist.

$$H_2O \rightleftharpoons H^+ + OH^-$$

Aus diesem Gemisch verschiedener Ionen werden diejenigen Ionen entladen, die zu ihrer Entladung die geringste Energie benötigen.

Der Wasserstoff hat in einer 1-aktiven Salzsäure das Normalpotenzial Null. In einer neutralen Salzlösung hat er dagegen das Potenzial 0,4 Volt. Damit ergibt sich für die Entladbarkeit der Kationen aus neutralen Salzlösungen folgende Reihe:

steigende Energie zur Entladung ←

Na^+ Mg^{++} Al^{+++}	**H^+ Zn^{++} Ni^{++} Pb^{++}**	**Cu^{++} Ag^+ Au^{++}**
aus wässrigen Lösungen *nicht entladbar*	aus wässrigen Lösungen werden *Metallionen* und *Wasserstoffionen* entladen	aus wässrigen Lösungen werden *Metallionen* entladen

Aus dieser Reihe ist ersichtlich, dass nur Metalle, die hier rechts vom Wasserstoff stehen, aus wässrigen Lösungen zu entladen sind. In wässrigen Lösungen von Alkalimetallsalzen oder Al-Salzen – es würden hier ja Metallionen und H-Ionen vorliegen – käme es an der Katode nur zur Entladung der Wasserstoffionen.

An der Anode werden den Anionen Elektronen entzogen. Liegen verschiedene Anionen nebeneinander vor, so werden auch hier diejenigen Ionen entladen, die für diesen Vorgang die geringste Energie benötigen. Stellt man für die wichtigsten Anionen die Reihe der Entladbarkeit auf, so ergibt sich:

steigende Energie zur Entladung notwendig

←

Komplexe Anionen (z. B. SO_4^{--}, NO_3^-, PO_4^{---}) **OH^- Cl^- Br^- J^-**

Bei allen wässrigen Salzlösungen, die komplexe Anionen enthalten, wird also in der Regel das OH^--Ion entladen. Es gibt an der Anode ein Elektron ab und reagiert zu Wasser und Sauerstoff:

$$4\,OH^- - 4e \rightarrow 2\,H_2O + 2\,O \qquad 2\,O \rightarrow O_2$$

In einer Elektrolyse mit komplexen Anionen entwickelt sich anodisch stets Sauerstoff.

Beispiele für Anoden- und Katodenvorgänge in Elektrolysen

1. Elektrolyse einer $NiSO_4$-Lösung
   Ionen in der Lösung: Ni^{++} SO_4^{--}
   H^+ OH^-

   Gemäß der Reihe der Entladbarkeit werden an der Katode Ni^{++}-Ionen entladen, an der Anode OH^--Ionen.
   Katode: $2\,Ni^{++} + 4e^- \rightarrow 2\,Ni$
   Anode: $4\,OH^- - 4e^- \rightarrow 2\,H_2O + 2\,O$
   $2\,O \rightarrow O_2$

   An der Katode wird Nickel abgeschieden, während sich an der Anode Sauerstoff entwickelt.

2. Elektrolyse einer $CuCl_2$-Lösung
   Ionen in der Lösung: Cu^{++} Cl^-
   H^+ OH^-

   Gemäß der Reihe der Entladbarkeit werden an der Katode Cu^{++}-Ionen entladen, an der Anode Cl^--Ionen.
   Katode: $Cu^{++} + 2e^- \rightarrow Cu$
   Anode: $2\,Cl^- - 2e^- \rightarrow 2\,Cl$
   $2\,Cl \rightarrow Cl_2$

Spannungsverhältnisse in der Elektrolyse

Die an die Elektroden angelegte Spannung muss nicht allein den ohmschen Widerstand des Elektrolyten überbrücken. Es ist zusätzlich erforderlich, die Polarisationsspannung im galvanischen Bad zu überwinden. Unter Polarisation versteht man Veränderungen des Elektrodenpotenzials infolge stofflicher Veränderungen der Elektrodenoberflächen. Schickt man zum Beispiel bei niedriger Spannung einen Strom durch eine schwefelsaure Lösung, so geht dieser Strom sehr schnell wieder gegen Null, da sich an der Katode Wasserstoff festsetzt, während an der Anode Sauerstoff entwickelt wird. Es entsteht somit ein galvanisches Element Wasserstoff – Sauerstoff, dessen Spannung der angelegten Spannung entgegengerichtet ist.
Erst wenn die angelegte Spannung so erhöht wird, dass der Gasdruck der an den Elektroden angehäuften Gase dem Atmosphärendruck entspricht, steigen die Gasblasen aus dem Bad auf und die Elektrolyse beginnt.

Trägt man die Spannung in Abhängigkeit von der Stromstärke eines Bades auf, so ist die Spannung, bei der eine dauernde Ionenwanderung erfolgt, deutlich zu erkennen. Man nennt diese Spannung die *Zersetzungsspannung*.

Beispiel für Spannungsverläufe in Elektrolysen

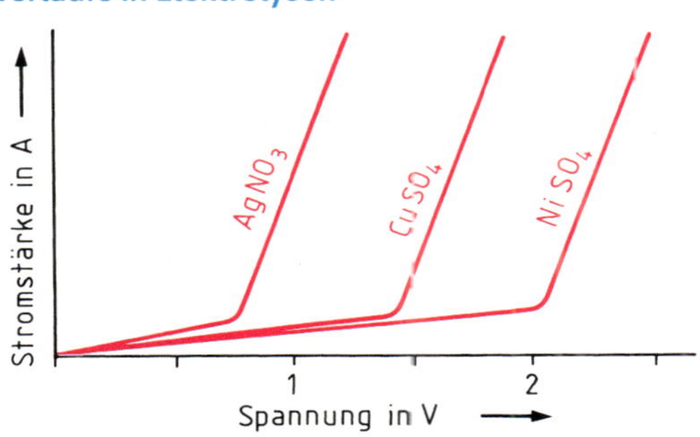

Die Zersetzungsspannung ist abhängig von Temperatur, Konzentration, Elektrolytbewegung u. a. Die angegebenen Werte sind Durchschnittsangaben.

Zersetzungsspannungen wichtiger Salze für die Galvanotechnik:

$ZnSO_4$	2,35 Volt	$CuSO_4$	1,50 Volt
$NiSO_4$	2,10 Volt	$AgNO_3$	0,70 Volt

- **Stromstärke in galvanischen Bädern**

In der Galvanotechnik ist nicht so sehr die Stromstärke entscheidend, sondern vielmehr die Stromdichte. Als Stromdichte bezeichnet man in der Galvanotechnik die Stromstärke je dm^2 Oberfläche der zu beschichtenden Werkstücke. Niedrige Stromdichte bedeutet nur langsames Wachsen der Niederschlagschicht und damit mangelnde Wirtschaftlichkeit. Zu hohe Stromdichte führt jedoch zu lockeren Überzügen.

Die Stromdichte ist nicht an allen Stellen eines Werkstückes gleich hoch. Dies liegt einmal an der Form des Werkstückes, zum anderen an der Zusammensetzung des galvanischen Bades. Die Eigenschaft eines galvanischen Bades, eine möglichst gleichmäßige Stromdichte zu fördern, bezeichnet man als Streufähigkeit. Erwünscht ist eine möglichst hohe Streufähigkeit. Diese ist meist in zyanidischen Bädern gegeben.

- **Abgeschiedene Stoffmenge**

Fließt durch einen Leiter ein Strom von 1 Ampere, so ist dies ein Elektronenstrom von $6{,}25 \cdot 10^{18}$ Elektronen, der in einer Sekunde den Leiterquerschnitt durchfließt.

Ein Mol eines Stoffes enthält $6{,}023 \cdot 10^{23}$ Teilchen (Atome oder Moleküle oder Ionen).
Daraus ergibt sich:

$$\frac{6{,}023 \cdot 10^{23}\,\text{As}}{6{,}25 \cdot 10^{18}\,\text{mol}} \approx 96\,500\,\frac{\text{As}}{\text{mol}}$$

Es sind also 96 500 As notwendig, um ein Mol eines Stoffes, der aus *einfach* geladenen Ionen besteht, abzuscheiden.

$$F = 96\,500\,\frac{\text{As}}{\text{mol}}$$

Faradaysche Konstante

Unter Berücksichtigung der Ladungszahl der zu entladenen Ionen ergibt sich damit für die durch den Strom I in der Zeit t abgeschiedene Masse:

$$m = \frac{M \cdot I \cdot t}{n \cdot F}$$

m Masse des abgeschiedenen Stoffes (g)
M molare Masse $\frac{\text{g}}{\text{mol}}$
I Stromstärke (A)
t Zeit (s)
n Ladungszahl des entladenen Ions
F Faradaysche Konstante

Beispiel für die Berechnung der abgeschiedenen Stoffmasse

Welche Kupfermenge wird in einer Stunde durch einen Strom von 8 Ampere aus einer Kupfersulfatlösung abgeschieden?

Gegeben: $M = 63\,\frac{\text{g}}{\text{mol}}$ $n = 2\,(Cu^{++})$ $F = 96\,500\,\frac{\text{As}}{\text{mol}}$
$I = 8$ A $t = 3\,600$ s

Lösung: $m = \frac{63\,\text{g} \cdot 8\,\text{A} \cdot 3\,600\,\text{s}}{2 \cdot 96\,500\,\text{As}} = \mathbf{9{,}4\,g}$

5.2 Thermische Spritzverfahren

Als thermische Spritzverfahren bezeichnet man Verfahren, in denen Pulver, Drähte oder Stäbe aufgeschmolzen und durch Zerstäubung gegen vorbehandelte Flächen geschleudert werden. Es entstehen in diesen Verfahren Auftragsschichten.

Bei thermischen Spritzverfahren wird der Grundwerkstoff nicht aufgeschmolzen, sodass in der Regel kein Verschweißen zwischen Grundwerkstoff und aufgespritztem Werkstoff entsteht. In den meisten Fällen ist auch eine Legierungsbildung in der Grenzschicht nicht gegeben. Durch diese Kriterien grenzen sich die thermischen Spritzverfahren vom Schweißen und Löten ab.

Unter den thermischen Spritzverfahren haben die Metallspritzverfahren die weitaus größte Bedeutung erlangt.

Das Metallspritzen wird wirtschaftlich zum Aufbringen korrosionsbeständiger, verschleißfester, harter Schichten sowie zur Reparatur und in seltenen Fällen auch zur Verschönerung von Oberflächen eingesetzt.
Der Vorteil des Metallspritzens gegenüber Auftragsschweißen liegt darin, dass dem Grundwerkstoff nur geringe Wärmemengen zugeführt werden. Somit wird ein starkes Erhitzen vermieden, sodass nur geringer Verzug eintritt. Gefügeumwandlungen des Grundwerkstoffes, die auf Erhitzen zurückzuführen sind, unterbleiben weitgehend.
Die wichtigsten Metallspritzverfahren sind das *Flammspritzen*, das *Lichtbogenspritzen* und das *Plasmaspritzen*.

Beispiel für ein Metallspritzverfahren

Lichtbogenspritzen

Beim Lichtbogenspritzen bildet das Spritzmaterial in Form von zwei gegeneinanderstehenden Drähten die Abschmelzelektroden eines Lichtbogens. Der Schmelzfluss der im Lichtbogen schmelzenden Elektrodendrähte wird durch Pressluft mit einem Druck von etwa 4 bar zerstäubt und gegen den Haftgrund geschleudert.

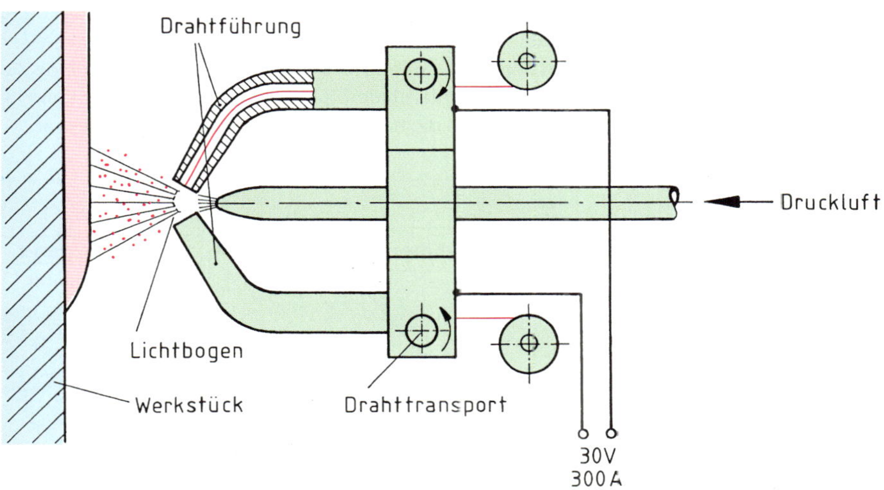

Lichtbogen-Metall-Spritzanlage

Der Spritzwerkstoff erfährt durch Oxidation beim Lichtbogenspritzen höheren Abbrand an Eisenbegleitern mit hoher Sauerstoffaffinität (z. B. Kohlenstoff und Silizium). Entsprechend ist auch der Oxidgehalt der Auftragsschicht höher.
Der Vorteil des Lichtbogenspritzens gegenüber dem Flammspritzen liegt im Wesentlichen in der hohen Leistung.
Flammspritzen mit Eisenwerkstoffen ergibt maximal 7,5 kg/h.
Lichtbogenspritzen mit Eisenwerkstoffen dagegen maximal 50 kg/h.

6 Stoffeigenschaft ändern

Stoffeigenschaft ändern ist Fertigen eines festen Körpers durch Umlagern, Aussondern oder Einbringen von Stoffteilchen, wobei eine etwaige Formänderung nicht zum Wesen der Verfahren gehört.

Die Verfahren zur Änderung der Stoffeigenschaften werden wie folgt unterschieden:

- **Umlagern von Stoffteilchen**, z. B. Glühen, Härten
- **Aussondern von Stoffteilchen**, z. B. Entkohlen
- **Einbringen von Stoffteilchen**, z. B. Aufkohlen, Nitrieren
- **Verfestigen durch Umformen**, z. B. Kaltumformen
- **Thermomechanisches Behandeln**, z. B. Heißisostatisch Pressen
- **Wärmebehandeln**, z. B. Glühen
- **Sintern**
- **Magnetisieren**
- **Bestrahlen**, z. B. UV-Bestrahlen zur Aushärtung
- **Fotochemisches Behandeln**, z. B. Entwickeln

6.1 Wärmebehandlung der Stähle

Durch unterschiedliche Aufheizgeschwindigkeiten, Haltezeiten, Haltetemperaturen und Abkühlungsbedingungen lassen sich Zwangszustände im Werkstoff schaffen oder aufheben. Dadurch werden die Eigenschaften der Stähle verändert.

6.1.1 Glühverfahren

6.1.1.1 Weichglühen

Weichglühen geschieht zum Zweck besserer spanender Bearbeitbarkeit und ggf. Umformbarkeit des Stahles. Bei diesem Glühverfahren wird lamellarer Zementit des Perlits in Kugelform umgewandelt.
Bei normaler Abkühlung eines Stahles entsteht streifiger Perlit. Durch Glühen bei höheren Temperaturen kann die Festigkeit des Zementits so gesenkt werden, dass die Zementitlamellen infolge der Oberflächenspannung zerbrechen und sich die Teilchen bei weiterem Glühen zu Körpern mit kleinster Oberfläche, zur Kugel, umformen. Dieses Glühverfahren bezeichnet man als Weichglühen.
Wird ein weichgeglühter Stahl spanabhebend bearbeitet, dann stellen sich der Werkzeugschneide nicht mehr die geschlossenen, harten Zementitschichten des lamellaren Perlits entgegen. Die Schneide kann im weichgeglühten Gefüge in den weichen Ferrit eindringen und die harten Zementitkugeln herausbrechen.

Beispiel für Weichglühen

Ausgangszustand → **Weichglühen** → **Endzustand**

Lamellarer Zementit

Zugfestigkeit:	950 N/mm²
Bruchdehnung:	9%
Härte:	240 HB

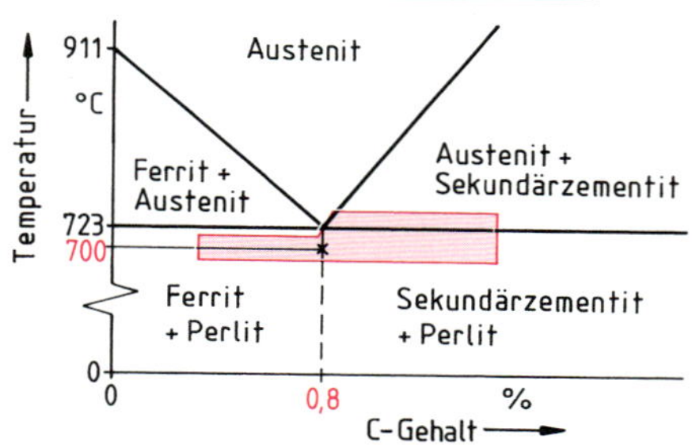

Glühtemperatur:	700 °C
Glühzeit:	5 Stunden
Abkühlung:	im Ofen

Kugeliger Zementit

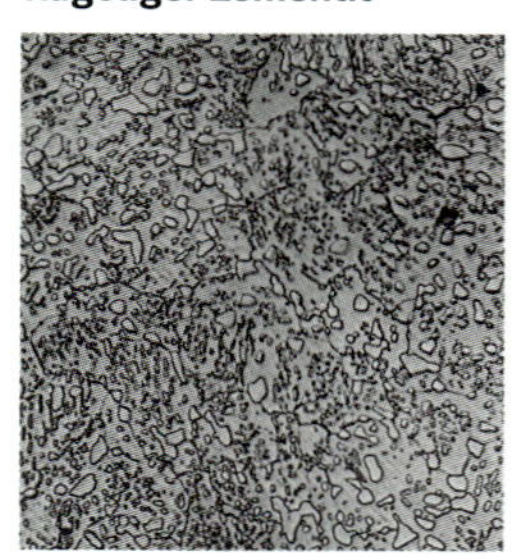

Zugfestigkeit:	520 N/mm²
Bruchdehnung:	27%
Härte:	150 HB

Weichglühen dient zur Verbesserung der Zerspanbarkeit und Umformbarkeit.
Beim Weichglühen wird lamellarer Zementit des Perlits in Kugelform überführt.

6.1.1.2 Normalglühen

Häufig muss das Gefüge gehärteter oder geschweißter Bauteile wieder in den Zustand, den es nach dem Fe-Fe_3C-Diagramm haben müsste, zurückgeführt werden. Dies geschieht durch Normalglühen. Gleichzeitig wird beim Normalglühen ein feinkörniges und damit zähes Gefüge erzeugt.

Normalglühen geschieht dadurch, dass man die Stähle bis in den Austenitbereich erhitzt. Es entsteht ein neues Gefüge. Man glüht etwa 15 Minuten je 10 mm Wanddicke. Danach kühlt man an ruhender Luft ab. Bei übereutektiodischen Stählen glüht man den Stahl meist vorher weich, sodass der Sekundärzementit in Kugelform überführt wird. Danach führt man die Normalglühung bei etwa 750 °C durch.

Beispiel für das Normalglühen einer 20 mm dicken Platte aus C35

Ausgangszustand → **Normalglühen** → **Endzustand**

Ausgangszustand

Gefüge nach der Reparaturschweißung an einem Werkstück
Plattendicke: 20 mm

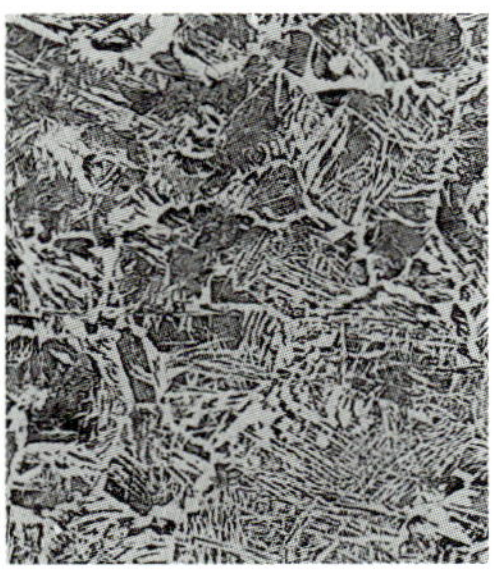

Normalglühen

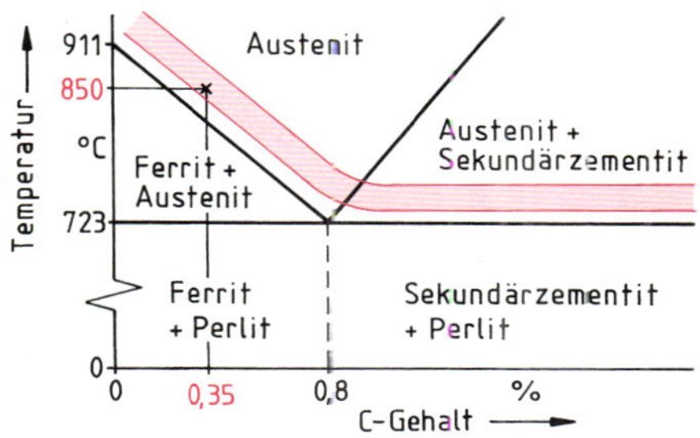

Glühtemperatur: 850 °C
Glühzeit: 30 Minuten
Abkühlung: an ruhender Luft

Endzustand

Ferrit-Perlit-Gefüge, feinkörnig

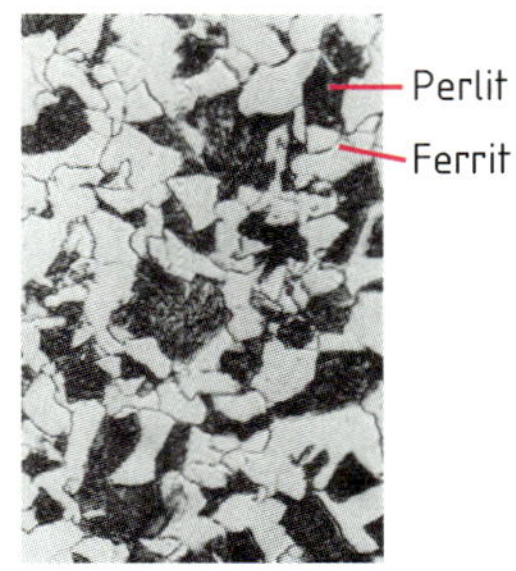

> **Beim Normalglühen erhitzt man den Stahl kurzzeitig in den Austenitbereich und kühlt anschließend an der Luft ab. Normalglühen geschieht zur Erzeugung eines feinkörnigen und gleichmäßigen Gefüges.**

6.1.1.3 Spannungsarmglühen

Spannungsarmglühen dient dem Abbau von Spannungen. Spannungen entstehen besonders durch unregelmäßige Abkühlung und Kaltumformung.

Beispiel für die Entstehung von Spannungen

In einem gegossenen Rahmen, entsprechend der Skizze, erstarren zunächst die dünnen Stege (a und b). Sie schwinden und stauchen den noch heißen Steg (c). Beim Erkalten und Schwinden dieses Steges (c) entstehen im linken Steg (a) starke Zugspannungen, im mittleren Steg (b) hingegen Druckspannungen.

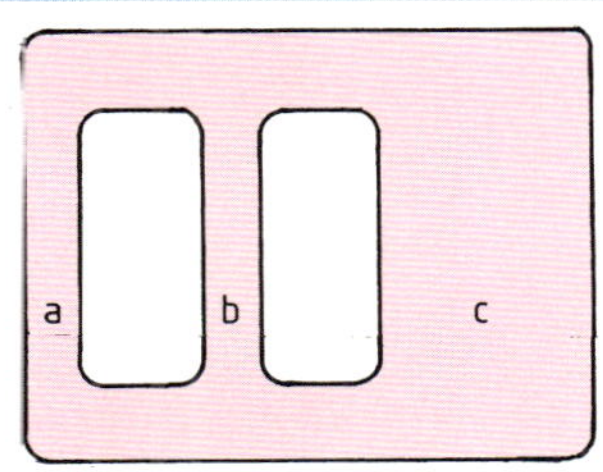

Beim Erhitzen sinkt die Streckgrenze des Werkstoffes. Dadurch können die vorhandenen Spannungen den Werkstoff plastisch verformen. Bei langsamer Abkühlung bleiben nur noch die Restspannungen erhalten, die bei der Glühung nicht in Verformung umgesetzt werden konnten.

Die Glühtemperatur muss möglichst hoch liegen. Sie muss aber unter Temperaturen bleiben, bei denen Umwandlungen auftreten können. Für Stahl ist dies ca. 600 °C für mehrere Stunden.

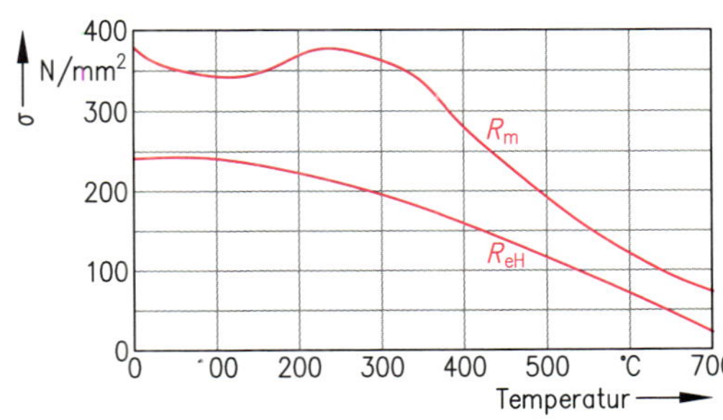

Temperaturabhängigkeit von Zugfestigkeit und Streckgrenze eines Stahles (S235)

6.1.1.4 Rekristallisationsglühen

Durch Kaltumformung entsteht im Material ein Zwangszustand, der Zugfestigkeit und Härte steigert, aber die Zähigkeit vermindert.

Durch Glühen kann der Zwangszustand behoben werden. An sehr stark gestörten Gefügestellen setzt eine Neubildung von Körnern ein. Dazu ist ein vorhergehendes Mindestmaß an Verformung notwendig. Dieses Mindestmaß bezeichnet man als kritischen Verformungsgrad. Seine Größe ist werkstoffabhängig.

Kritischer Verformungsgrad für Stahl 3,5 %, für Aluminium 1,7 %.

Bei Verformungen, die nur wenig über dem kritischen Verformungsgrad liegen, bilden sich wenige große Körner, bei stärkerer Verformung ist die Zahl erheblich gestörter Stellen entsprechend größer – es bilden sich also dann bei der Rekristallisation viele kleine Körner neu. Die Rekristallisationstemperatur ist im Wesentlichen abhängig vom Werkstoff. Sie beträgt etwa:

$$T_R = 0{,}5 \cdot T_s$$

T_R Rekristallisationstemperatur in Kelvin
T_s Schmelztemperatur in Kelvin

Beispiel für Änderung der Korngrößen durch Rekristallisation

Ausgangsgefüge, unverformt

Gefüge nach Kaltumformung	Verformungsgrad	Gefüge nach Rekristallisationsglühung
	5 %	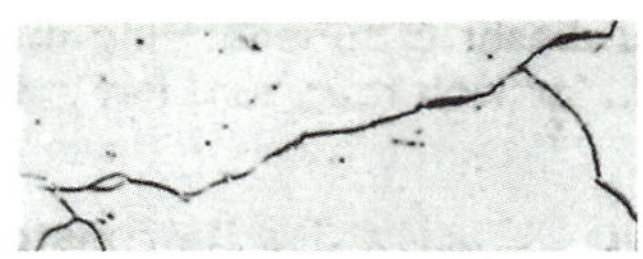
	10 %	
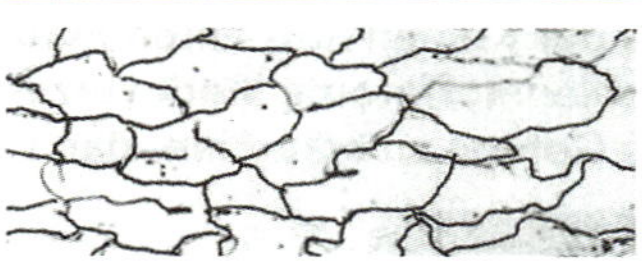	20 %	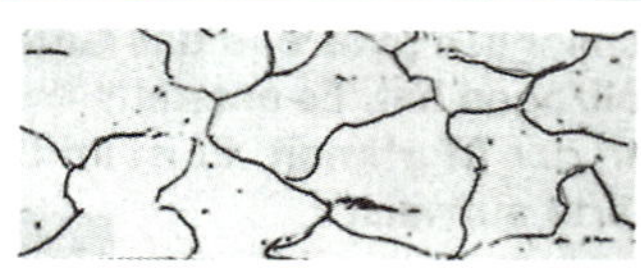
	40 %	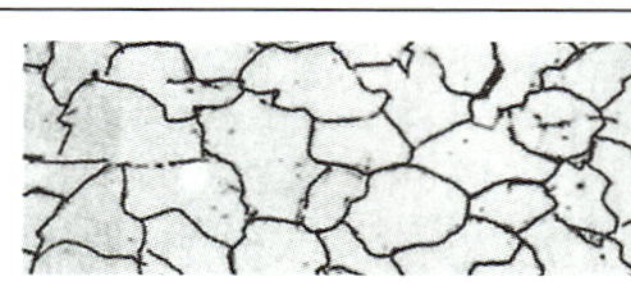
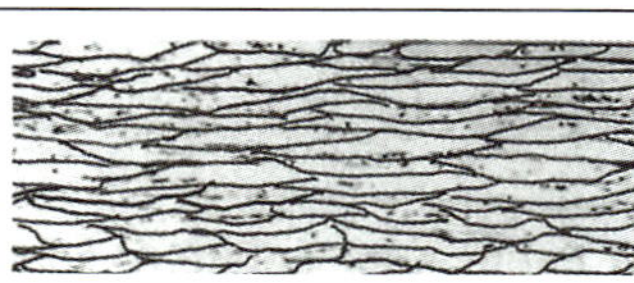	80 %	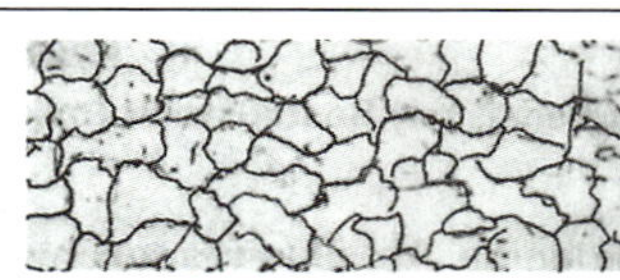

6.1.2 Härten und Anlassen

6.1.2.1 Martensitbildung

Bei der γ-α-Umwandlung laufen zwei Vorgänge gleichzeitig ab:

1. Umklappen des Gitters von kubisch-flächenzentriert (kfz) zu kubisch-raumzentriert (krz),
2. Diffusion des Kohlenstoffs, da α keinen Kohlenstoff löst.

Die Abkühlungsgeschwindigkeit beeinflusst beide Vorgänge:

Das **Umklappen des Gitters** vollzieht sich bei tieferer Temperatur leichter, d. h., es wird durch steigende Abkühlungsgeschwindigkeit begünstigt. Die Gitterumorientierung kann man sich etwa so vorstellen:

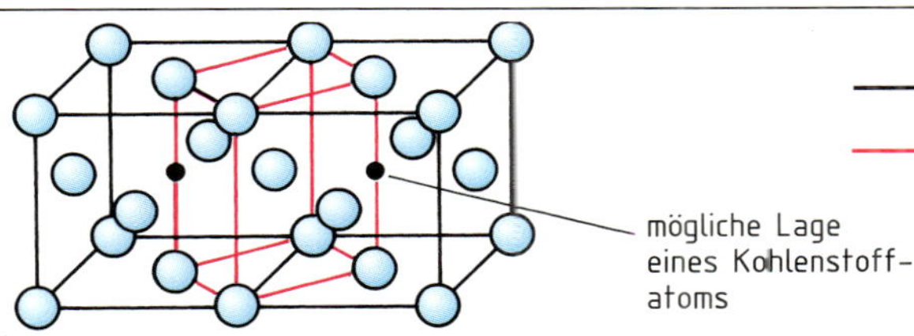

Gitterumorientierung

Zu dieser Umorientierung muss zusätzlich eine Stauchung und Dehnung treten, damit ein kubisch-raumzentriertes Gitter entsteht.

Die **Diffusion des Kohlenstoffs** wird durch steigende Abkühlungsgeschwindigkeit jedoch sehr gehemmt. Die Wege, die von den C-Atomen zurückgelegt werden können, verkürzen sich zunehmend. Es wird also mit steigender Abkühlungsgeschwindigkeit der entstehende Perlit feinstreifiger und schließlich feinststreifig, sodass er unter dem Lichtmikroskop nicht mehr als Perlit erkannt werden kann. Die Menge der entstehenden Ferritkörner nimmt ebenfalls ab.

Erhöht man die Abkühlungsgeschwindigkeit noch weiter, so unterbleibt die Diffusion schließlich ganz und das Gitter klappt um, ohne dass der Kohlenstoff einen Platzwechsel vollzogen hat. Es entsteht ein durch eingelagerte Kohlenstoffatome stark verzerrtes Gitter, der **Martensit**. Er ist im Schliffbild als nadeliges Gefüge zu erkennen, das sehr hohe Härte aufweist:

Martensit mit Restaustenit (mikroskopische Aufnahme $V = 500$)

Diejenige Abkühlungsgeschwindigkeit, bei der kein Perlit mehr entsteht, sondern nur noch Martensit und eventuell Reste von Austenit auftreten, bezeichnet man als **kritische Abkühlungsgeschwindigkeit** v_{krit}. In der Praxis spricht man von Abschrecken.

Die kritische Abkühlungsgeschwindigkeit sinkt mit steigendem C-Gehalt.

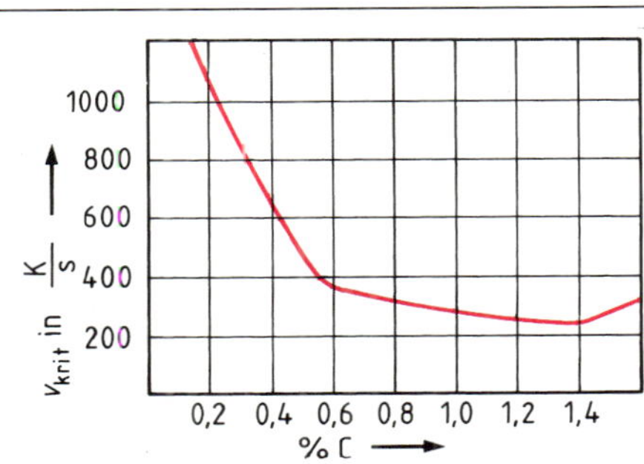

Abhängigkeit der kritischen Abkühlungsgeschwindigkeit vom Kohlenstoffgehalt

Durch Zulegieren von Cr, Ni und anderen Elementen, die die C-Diffusion blockieren, kann die kritische Abkühlungsgeschwindigkeit so weit gesenkt werden, dass eine Abkühlung an der Luft zur Härtung durch Martensitbildung genügt.

Die Wahl des Abschreckmittels Luft, Öl, Wasser hängt also vom C-Gehalt und den Legierungsbestandteilen ab.

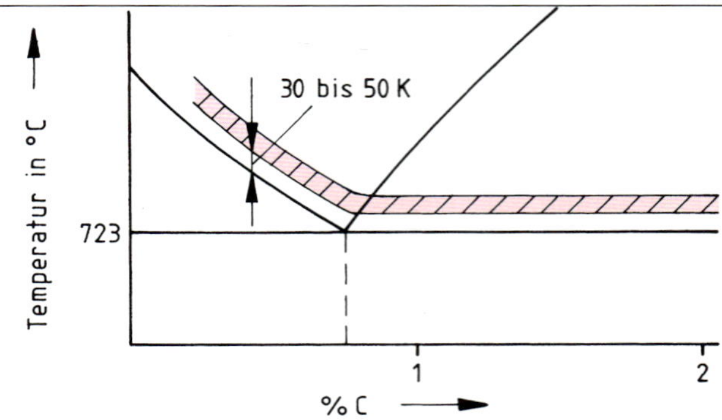

Härtetemperatur

Die Abkühlungsgeschwindigkeit eines Werkstückes nimmt vom Rand her nach innen ab. Die gehärtete Schicht, die Einhärtetiefe, reicht also nur so weit, wie im Werkstück die kritische Abkühlungsgeschwindigkeit nicht unterschritten wurde.

Diese ungleichmäßige Abkühlungsgeschwindigkeit über den Querschnitt des Werkstückes und die geringe Volumenvergrößerung des Stahles durch die Martensitbildung führen zu Spannungen im Werkstück. Weitere Spannungen entstehen durch ungleichmäßige Abkühlung einzelner Partien des Werkstückes beim Eintauchen in das Abschreckmittel.

> Härten ist Erwärmen in den Austenitbereich mit anschließendem Abschrecken, damit die Kohlenstoffatome zwangsweise im Gitter gehalten werden. Das entstandene Gefüge ist Martensit.

6.1.2.2 Anlassen und Vergüten

Zur Verminderung der Härtespannungen – ohne Senken der Härte – kann das gehärtete Werkstück auf 100 bis 300 °C kurzzeitig erhitzt (angelassen) werden. Bei diesem **Anlassen**, bei einer niedrigen Temperatur, lagern sich die eingeschlossenen C-Atome in günstigere Zwischengitterplätze um.

Auf reinen, blanken Metallflächen entsteht beim *Anlassen* eine dünne Oxidschicht, deren Färbung auf die etwa erreichte Temperatur schließen lässt: hellgelb ≈ 220 °C, braun-rot ≈ 260 °C, dunkelblau ≈ 290 °C, graublau ≈ 320 °C.

Unter **Vergüten** versteht man ein Härten mit anschließendem Anlassen bei noch höheren Temperaturen, bei ca. 400 bis 650 °C. Dabei sinken Härte und Zugfestigkeit gegenüber dem gehärteten Stahl ab. (Sie liegen aber noch wesentlich über den Werten des unbehandelten Materials.) Gegenüber dem gehärteten Material steigen Dehnbarkeit und Zähigkeit an.

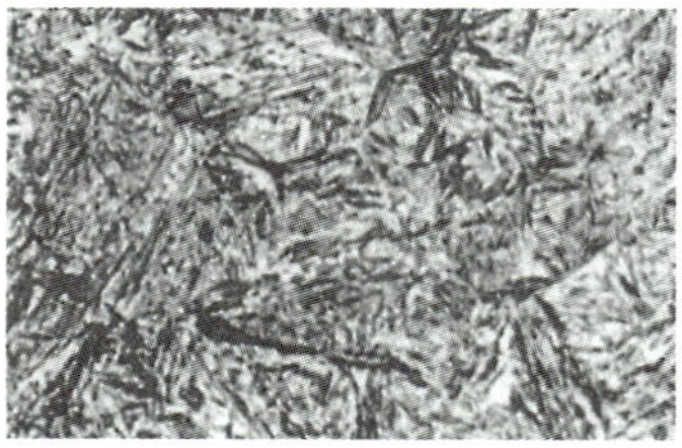

C60 gehärtet, Martensit

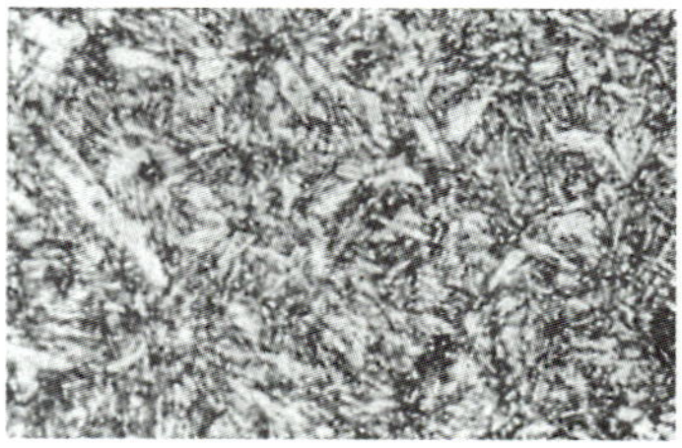

C60 gehärtet, angelassen bei 500 °C während 2 h; Abkühlung an Luft, 39 HRC

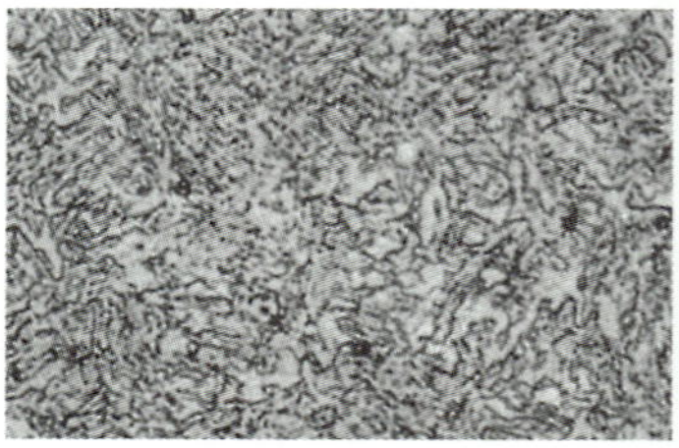

C60 gehärtet, angelassen bei 700 °C während 2 h; Abkühlung an Luft, 16 HRC

Beim Vergüten scheiden aus dem Härtegefüge Fe_3C-Körnchen aus, die bei höheren Anlasstemperaturen erkennbar sind. Sehr hoch angelassene Stähle zeigen darum ein Gefüge, ähnlich dem Weichglühgefüge. Die kugelförmigen Karbide sind jedoch feiner.

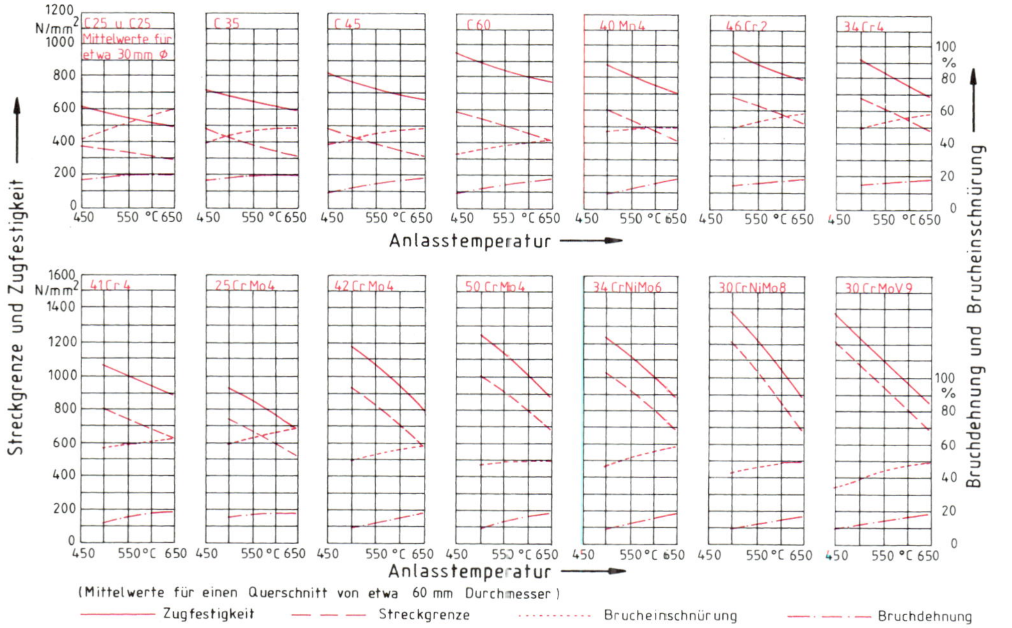

Vergütungsdiagramme

Je nach Art des beim Härten verwendeten Abschreckmittels spricht man von Wasservergüten, Ölvergüten, Luftvergüten.

Als Vergütungsstähle werden C20 bis C60 häufig verwendet.

6.1.2.3 Z-T-U-Schaubilder

Der Verlauf der γ-α-Umwandlung bestimmt das Gefüge und damit die Eigenschaften und Verwendung des Stahles.

Die bei der γ-α-Umwandlung aus dem Austenitbereich entstehenden Gefüge hängen sowohl von der Umwandlungstemperatur als auch von der Zeit ab, die für die Umwandlung zur Verfügung steht.

Die Gefüge, die nach dem Eisen-Kohlenstoff-Diagramm zu erwarten sind, entstehen praktisch nur bei extrem langsamer Abkühlung. Um die Umwandlung des Gefüges eines Stahles bei der Abkühlung aus dem Austenitbereich in Abhängigkeit von der Zeit darzustellen, sind für die wichtigsten Stähle entsprechende Schaubilder aufgestellt worden. Diese Zeit-Temperatur-Umwandlungsschaubilder werden in der Kurzform Z-T-U-Schaubilder genannt. Für die wichtigsten Stähle sind sie im „Atlas zur Wärmebehandlung der Stähle“, der vom Max-Planck-Institut für Eisenforschung herausgegeben wird, enthalten.

Die Z-T-U-Schaubilder sind für jeden untersuchten Stahl nach zwei verschiedenen Methoden entwickelt worden.

Einmal wird die Gefügeumwandlung bei **konstanter Temperatur** untersucht und dann dargestellt (**Isothermisches** Z-T-U-Schaubild).

Ein zweites Schaubild entsteht durch Untersuchungen bei **kontinuierlicher Abkühlung** und Darstellung der erhaltenen Werte (**Kontinuierliches** Z-T-U-Schaubild).

Beispiele für ein Z-T-U-Schaubild

Z-T-U-Schaubild für kontinuierliche Abkühlung

Z-T-U-Schaubilder für kontinuierliche Abkühlung geben den Beginn der Umwandlungen und das Ende der gesamten Umwandlung für verschiedene Abkühlungsbedingungen an. Sie weisen daher außer den Umwandlungslinien noch verschiedene Abkühlungskurven auf.

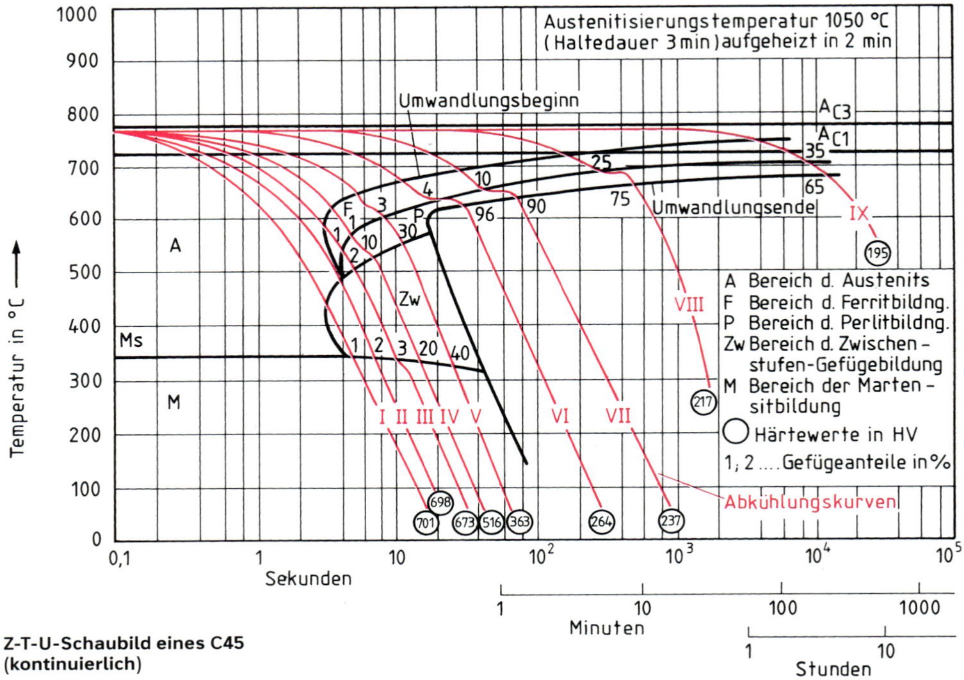

Z-T-U-Schaubild eines C45 (kontinuierlich)

Bei einer Abkühlungsgeschwindigkeit, welche beispielsweise der Linie V entspricht, beginnt die Ferritbildung bei 640 °C und endet bei 600 °C, anschließend folgt die Perlitbildung, die bei 570 °C abgeschlossen ist. Die danach einsetzende Entstehung von Zwischenstufengefüge ist bei 320 °C beendet. Der Rest des Gefüges wandelt sich unterhalb 320 °C zu Martensit. Die Anteile der einzelnen Bestandteile an diesem Gefüge betragen bei dieser Abkühlung: Ferrit 3 %, Perlit 30 %, Zwischenstufengefüge 40 %, der Rest ist Martensit. Die Härte beträgt 363 HV.
In den Kurven für die verschiedenen Abkühlungsgeschwindigkeiten sind Haltebereiche zu erkennen. Diese Haltebereiche sind auf freiwerdende Wärme bei der Umwandlung zurückzuführen.

> Z-T-U-Schaubilder beschreiben den zeitlichen Verlauf von Umwandlungen. Sie geben zusätzlich Hinweise auf Anteile an einzelnen Gefügebestandteilen und die erreichbaren Härtewerte.

6.1.2.4 Randschichthärten

Für Werkstücke, bei denen zur Vergrößerung der Verschleißfestigkeit eine harte Randschicht erwünscht ist, empfiehlt sich eine Härtung der Randzonen. Der Kern bleibt zäh.

- Härtbare Stähle (unlegiert mit 0,5 bis 1,7 % C) können durch Flamm- oder Induktionshärtung randschichtgehärtet werden.
- Stähle mit zu niedrigen C-Gehalten (Einsatzstähle) werden in den Randzonen aufgekohlt und dann gehärtet.
- Speziell legierte Stähle (Al, Cr, V, Mo) können durch Behandlung mit Stickstoff (Nitrieren) randschichtgehärtet werden.

Flamm- und Induktionshärten

Beim Flammhärten wird die Werkstückrandschicht mit starken Brennern aufgeheizt und anschließend sofort durch Abbrausen oder Eintauchen in Wasser abgeschreckt.
Beim Induktionshärten werden mithilfe einer dem Werkstück angepassten Induktionsspule und Hochfrequenz (10 kHz bis ca. 10 MHz) Wirbelströme in der Werkstückrandschicht induziert. Je höher die Frequenz, desto geringer ist die Tiefe, in der die Wirbelströme fließen (Skineffekt) und das Werkstück aufheizen. Durch Wahl der Frequenz lassen sich Einhärtetiefen von nur 0,1 mm erzielen, während beim Flammhärten Einhärtetiefen von weniger als 1 mm nicht zu erreichen sind. Eine Anlage für die Induktionshärtung erfordert jedoch hohe Investitionen.

Einsatzhärten

Bei der Einsatzhärtung werden Stähle mit 0,05 bis 0,2 % C-Gehalt, die also nicht härtbar sind, im γ-Bereich in Kohlenstoff abgebenden Mitteln geglüht. Dabei diffundiert Kohlenstoff in die Randzonen.
Feste Aufkohlungsmittel sind z. B. Holz-, Knochen-, Lederkohle.
Flüssige Aufkohlungsmittel sind Salzbäder mit Gemischen aus Chloriden und Zyaniden.
Gasförmige Aufkohlungsmittel sind Methan und Kohlenoxid. Sie reagieren nach:

$$CH_4 \rightarrow \mathbf{C} + 2\,H_2$$
$$2\,CO \rightarrow CO_2 + \mathbf{C}$$

Die Einsatzzeit hängt von der später gewünschten Härtetiefe und der Einsatztemperatur ab.

Die Härtung kann auf verschiedene Weise durchgeführt werden:

a) *Härten aus dem Einsatz*
Das Werkstück wird sofort nach dem Aufkohlen abgeschreckt.

b) *Härten nach Rückfeinen des Kernes*
Durch das meist mehrstündige Einsetzen wird der Kern äußerst grobkörnig. Darum wird nach der Aufkohlung zunächst der Kern normalgeglüht. Anschließend wird die Oberfläche gehärtet.

Nitrieren

Bei der Nitrierhärtung wird das Werkstück bei 500 bis 600 °C etwa 30 bis 60 Stunden in Ammoniak (NH_3) erhitzt. Ammoniak zerfällt in Stickstoff und Wasserstoff. Der Stickstoff ist im Augenblick des Entstehens atomar und diffundiert in die Werkstoffrandschicht ein. Eisennitride sind unerwünscht, weil sie sehr grobnadelig und ungenügend hart sind. Darum werden Nitrierstähle mit Al, Cr, V u. a. legiert, die sehr harte, kurznadelige Nitride bilden.
Die Abkühlung nach dem Nitrieren kann im Ofen erfolgen, da die Härte nicht durch Gitterverspannung, sondern durch Bildung von Nitriden erzeugt wird. Die durch Nitrieren erzeugte Härte ist bis ca. 500 °C beständig.

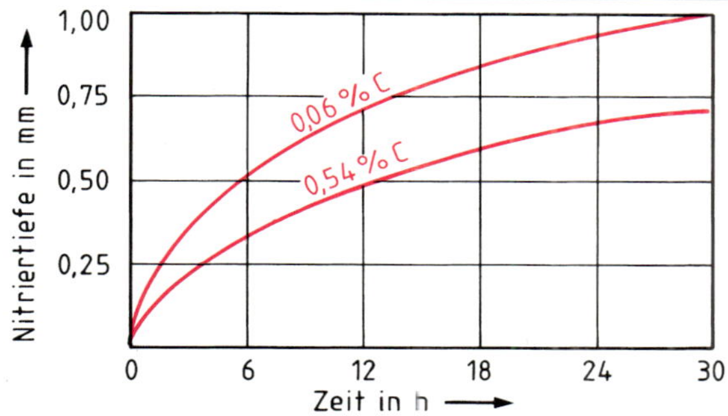

Kohlenstoffgehalt, Nitrierzeit und Nitriertiefe

Beim Nitrieren verzieht sich das Werkstück kaum, weil es nicht abgeschreckt wird. Die Zunderbildung unterbleibt ebenfalls, weil in der Glühatmosphäre kein Sauerstoff enthalten ist. Aus diesen Gründen kann ein Werkstück vor dem Nitrieren auf Fertigmaß bearbeitet werden.

Aufgaben zu 6 Stoffeigenschaft ändern

Glühverfahren

1. Geben Sie in Stichworten wichtige Punkte (Zweck, Glühtemperatur, Haltezeit, Abkühlung) für folgende Glühverfahren an.
Weichglühen, Normalglühen, Spannungsarmglühen.

2. Ein weichgeglühter Stahl zeigt unter dem Mikroskop untenstehendes Bild. Welcher Fehler wurde beim Glühen gemacht?

a) zu lange Glühzeit
b) zu schnelles Aufheizen
c) zu hohe Glühtemperatur
d) zu kurze Glühzeit

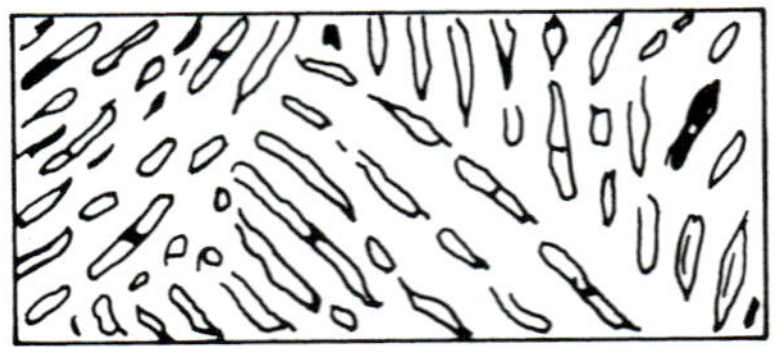

3. Stahl C45 wurde geschweißt. Er soll zur Beseitigung der beim Schweißen entstandenen Gefügefehler normalisiert werden. Die größte Dicke der Teile beträgt 20 mm. Bestimmen Sie Glühtemperatur und Haltezeit.

4. Zeichnen Sie in den abgebildeten Teil des Fe-Fe_3C-Diagramms die Glühbereiche für Weichglühen, Normalisieren und Spannungsarmglühen.

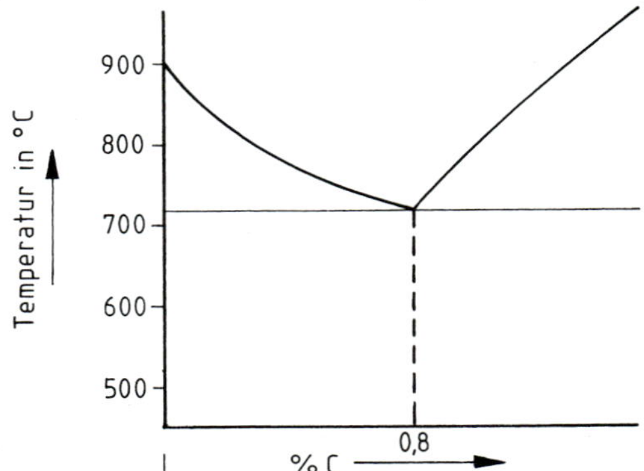

5. Eine Exzenterscheibe soll gegossen werden. Wo sind hohe Zugspannungen zu erwarten, die eventuell zu Rissen führen können? Erklären Sie die Entstehung der Zugspannung an der kritischen Stelle.

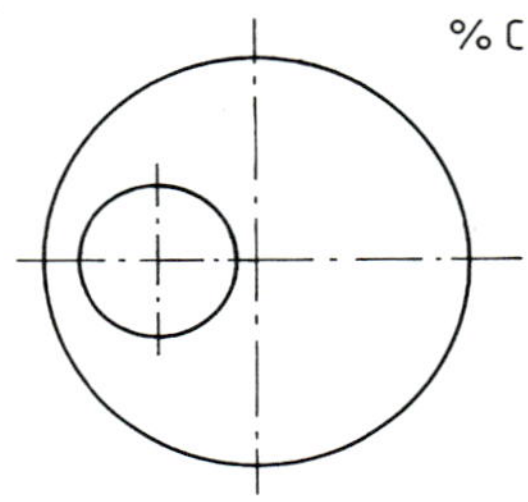

6. Es wurde ein Schliff von einer kaltgeschlagenen Spitze angefertigt:

Wie wird das Gefüge der Spitze nach dem Rekristallisationsglühen aussehen? Zu berücksichtigen ist folgendes Diagramm:

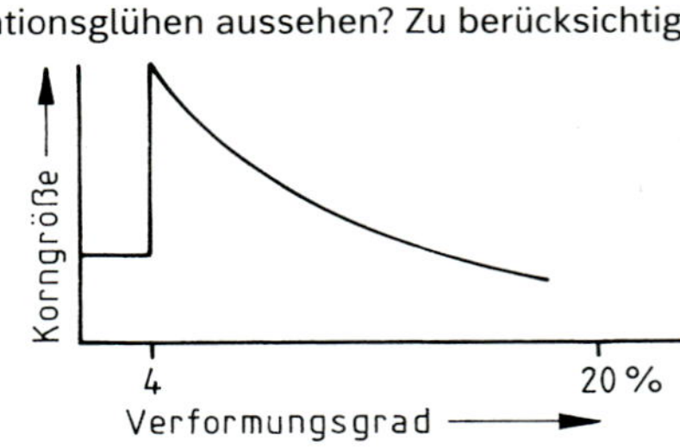

Dieses Rekristallisationsdiagramm zeigt, welche Korngröße sich beim Rekristallisieren in Abhängigkeit von der Verformung einstellt.

Härten und Anlassen

7. Definieren Sie die Begriffe Martensit, kritische Abkühlungsgeschwindigkeit, Härten, Anlassen, Vergüten.

8. Warum wird mit steigender Abkühlungsgeschwindigkeit der Perlit feinstreifiger?

9. Ein C60 soll gehärtet werden:
a) Bestimmen Sie die Härtetemperatur für diesen Stahl.
b) Wie hoch muss die Abkühlungsgeschwindigkeit mindestens sein?

10. Dies sind je ein sogenannter Luft-, Öl-, Wasserhärter: C60, X 45 CrNiMo 42, 105 Cr 4. Ordnen Sie zu.

11. Eine Welle soll gehärtet werden. Wie muss sie in das Abschreckmittel eingetaucht werden? Begründen Sie Ihre Antwort.

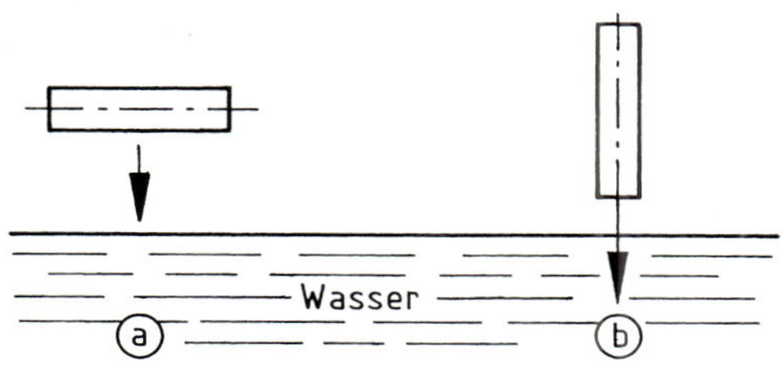

12. Ein C45 soll auf 700 N/mm^2 Zugfestigkeit vergütet werden. Bestimmen Sie nach den vorliegenden Diagrammen die Härtetemperatur und die Anlasstemperatur.

13. Welchen Zweck hat das Vergüten?

14. Über den Querschnitt des skizzierten Bolzens ist die Kurve der Abkühlungsgeschwindigkeit aufgetragen. Die kritische Abkühlungsgeschwindigkeit beträgt 300 K/s. Wie groß ist die Einhärtetiefe?

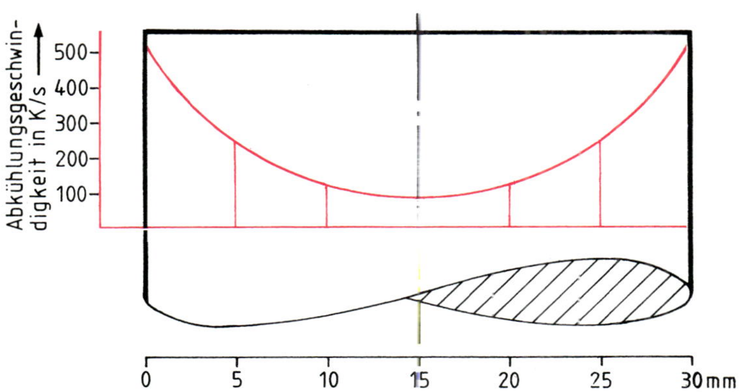

Z-T-U-Schaubilder

15. Welche Bedeutung haben die Z-T-U-Schaubilder im Gegensatz zum Fe-Fe_3C-Diagramm?

16. Ein C45 soll nach kontinuierlicher Abkühlung eine Härte von 264 HV aufweisen.
a) Nennen Sie die entstehenden Gefügebestandteile und geben Sie Beginn und Ende der jeweiligen Umwandlung an.
b) In welchen Prozentgehalten liegen die einzelnen Gefügebestandteile bei Raumtemperatur vor?

Randschichthärten

17. Welche Vorteile bietet Randschichthärten gegenüber dem Durchhärten?

18. Folgende Stähle sind für die Randschichthärtung bestimmt. Nennen Sie die anzuwendenden Verfahren.
a) C20 **b)** 34 CrNiAl 8-4 **c)** C60

19. Vergleichen Sie Induktions- und Nitrierhärten.

20. Vergleichen Sie Flamm- und Induktionshärten.

21. In der Werkstatt werden oft Werkstücke wie Bolzen, Schraubenköpfe u. a. auf ca. 900 °C erhitzt, mit Härtepulver (z. B. KCN) bestreut und nach erneutem Aufheizen auf ca. 900 °C in Wasser abgeschreckt. Welches Härteverfahren ist dies? Was geschieht im Einzelnen?

22. An einer Welle aus C20 sollen einzelne Teilbereiche nicht gehärtet werden.
Welches Verfahren schlagen Sie vor?
Wie wird die Härtung für Teilbereiche verhindert?

23. Welche Folgen hat die Härtung direkt aus dem Einsatz für das Gefüge des Kernes?

24. Ein C22 wird einsatzgehärtet. Er wird 10 Stunden bei 900 °C eingesetzt. Nach Abkühlen im Ofen wird der Kern rückgefeint, also normalisiert. Er bleibt dabei 30 Minuten im Ofen und kühlt dann in 6 Minuten an der Luft auf 20 °C ab. Danach wird er in 2 Minuten auf Härtetemperatur des Randes (780 °C) gebracht, 10 Minuten gehalten und mit 400 K/s abgeschreckt.
Vervollständigen Sie die Temperatur-Zeit-Kurve nach dem Einsetzen.

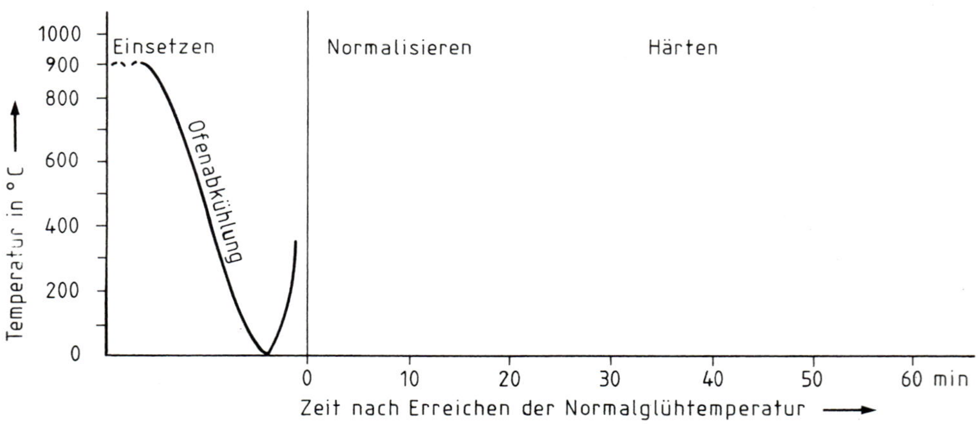

Siebter Themenkreis: Grundlagen der CNC-Technik

Handlungsfeld: Werkstücke auf CNC-Maschinen fertigen

Problemstellung

Auftrag

Auftrag
Welle drehen

Zeichnung

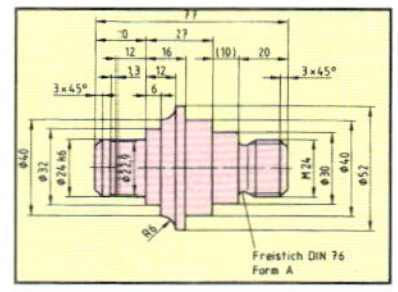

Analysieren

Auftrag (Stückzahl, Termin) →
Zeichnung →
evtl. Rohteil (z. B. Gussrohling) →

- Fertigmaße
- Toleranzen
- Oberflächengüte
- Rohteilform
- Werkstoff
- Fertigungsverfahren (Maschine)
- Stückzahl
- Termine

→ **Maschinentyp**

Planen

Spannmitteldaten →
Werkzeugdaten →
Maschinendaten →

Spannplan

Werkzeugplan

Arbeitsablaufplan
1. Planschruppen
2. Außenlängsschruppen
3. Planschlichten

→ **Spannplan**
→ **Werkzeugplan**
→ **Arbeitsplan**

Programmieren

Konstruktion

CAD-Daten →

Programmier-Handbuch →

Programmierplatz

oder

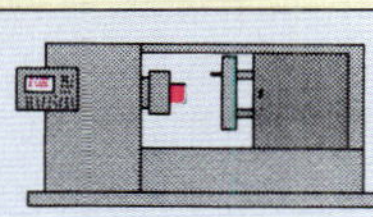

Werkzeugmaschine

→ **Programm**

N1
N2 G1 .....
N3 .....
N4

Überprüfen und Speichern

Programm

N1
N2 G1 .....
N3 .....
N4

→ Simulation

Programmierplatz oder

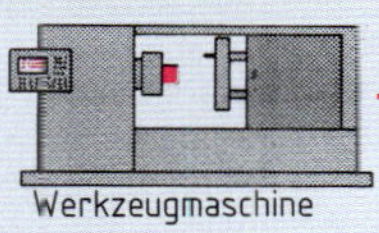

Werkzeugmaschine

→ **Speichern**
- Ausdruck
- Festplatte
- Diskette
- USB-Stick
- ...

Fertigen und Optimieren

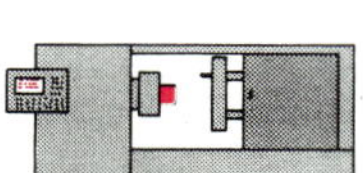

- Überwachte Fertigung
- Optimierung vom Programmablauf

- - → Optimieren
Speichern

1 CNC-Werkzeugmaschinen

1.1 Datenfluss in CNC-Maschinen

Im Zuge der Automatisierung sind Werkzeugmaschinen mit Steuerungen ausgerüstet, die den selbstständigen Ablauf eines gewünschten Fertigungsganges ermöglichen.

Das Programm, nach dem diese Maschinen gesteuert werden, wird im Wesentlichen in Form von Zahlenausdrücken (numerisch) eingegeben. Man nennt darum Werkzeugmaschinen, die so gesteuert werden, numerisch gesteuerte Werkzeugmaschinen oder **NC-Maschinen** (Numerical Control).

Durch den Einsatz von Mikrocomputern innerhalb der numerischen Steuerung der Werkzeugmaschine ist diese so erweitert worden, dass man von **CNC-Maschinen** (CNC = Computerized Numerical Control) spricht.

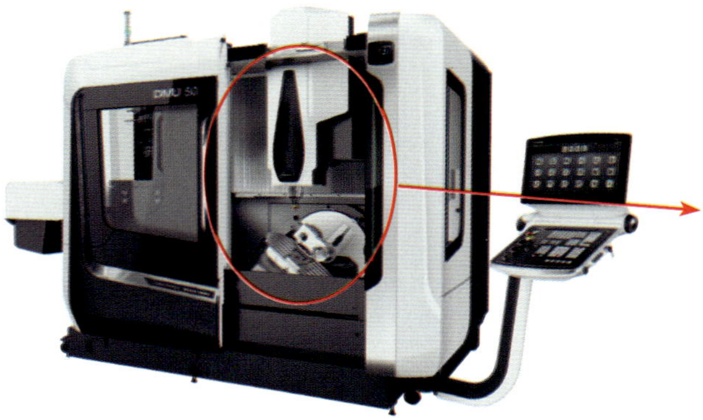

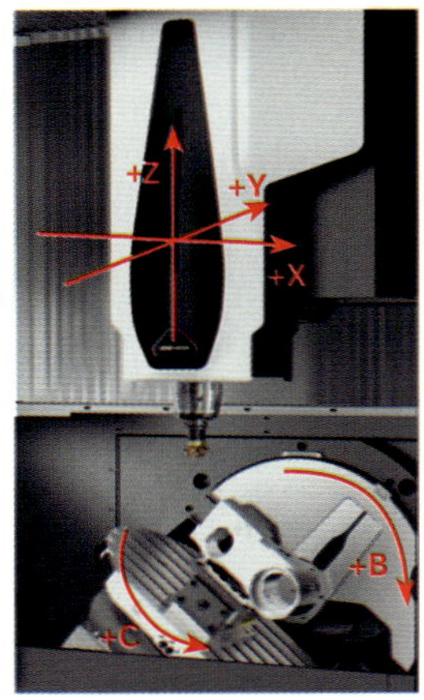

5-Achs-CNC-Fräsmaschine

Der numerischen Steuerung der Maschine müssen alle für die Fertigung wichtigen Daten eingegeben werden. Dies sind:
- *geometrische Daten,* durch welche die Abmessungen des zu fertigenden Werkstücks festgelegt werden,
- *technologische Daten,* durch die Vorschub, Umdrehungsfrequenz, Kühlmittelzufuhr, Spannvorgänge und Werkzeugwechsel u. a. bestimmt werden.

Die Werkzeugmaschine, welche numerisch gesteuert wird, muss gegenüber einer manuell oder mechanisch gesteuerten Maschine besonders ausgestattet sein mit:
- automatisch auswertbarem Wegmesssystem,
- geschwindigkeitssteuerbaren Antrieben,
- ansteuerbaren Hilfssystemen, z. B. zum Werkzeugwechsel, Kühlung.

Die numerische Steuerung besteht mindestens aus folgenden Teilsystemen:
Dateneingabe, Datenverarbeitung und -speicherung und Befehlsausgabe an die Werkzeugmaschine.

Eingabeeinheit
Programmeingabe über
- Handtastatur
- USB-Stick
- CD-ROM
- Datenleitung

→

Steuerung CNC
Verarbeitung von
- Weginformationen
- Schaltinformationen
- Werkzeugmaßkorrekturen u.a.

Speichern von
- Teileprogrammen
- Werkzeugmaßen u.a.

←/↔

Werkzeugmaschine
Stellmotore für Achsen
Messsysteme für Achsen
Mehrfachwerkzeugträger
Werkstückträger

→

Bildschirm
Drucker
externe Speicher

> CNC-Maschinen sind Fertigungsmaschinen, die mit einer computergeführten Steuerung ausgestattet sind. Sie führen entsprechend einem aus Zahlen und Buchstaben bestehenden Programm einen selbstständigen Fertigungsablauf durch.

1.2 Koordinatensysteme an CNC-Maschinen

Damit die Position von Werkstücken und Werkzeugen im Arbeitsraum der Maschine eindeutig festgelegt werden kann, muss jeder Punkt im Maschinenraum eindeutig definiert sein. Zur Beschreibung der Position eines jeden Punktes im Arbeitsraum wird das rechtwinklige Koordinatensystem mit den Achsen X,Y und Z verwendet. Die Lage der Achsen zueinander ist nach DIN 66217 festgelegt und kann durch die **„Rechte-Hand-Regel"** veranschaulicht werden.

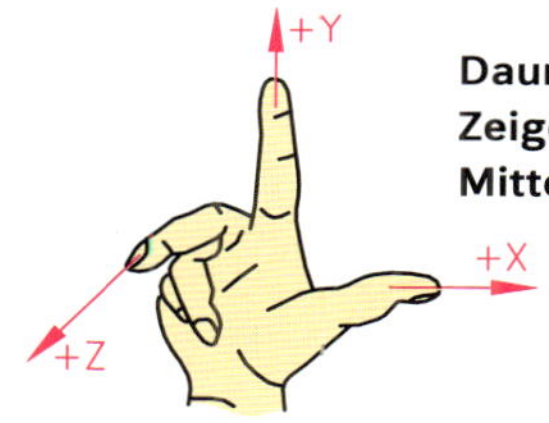

Rechte-Hand-Regel

Daumen	in + **X**-Richtung
Zeigefinger	in + **Y**-Richtung
Mittelfinger	in + **Z**-Richtung

Die Achsen des Koordinatensystems liegen immer parallel zu den Führungsbahnen der Maschine. Die Z-Achse ist bei allen Maschinen parallel zur Arbeitsspindel ausgerichtet. Ihre positive Richtung ist so, dass mit zunehmendem Z-Wert der Abstand vom Werkzeug zum Werkstück größer wird.

Der **Maschinennullpunkt** ist der Ausgangspunkt des Koordinatensystems für den Arbeitsraum der CNC-Maschine. Er wird vom Hersteller der Maschine festgelegt und kann vom Anwender nicht verschoben werden. Bei Drehmaschinen liegt der Maschinennullpunkt stets auf der Spindelachse und dabei meist an der Vorderseite der Arbeitsspindel. Bei Fräsmaschinen liegt der Maschinennullpunkt meist an der Grenze des Arbeitsbereiches.

Beispiel für die Lage des Maschinennullpunktes im Arbeitsraum der Maschine

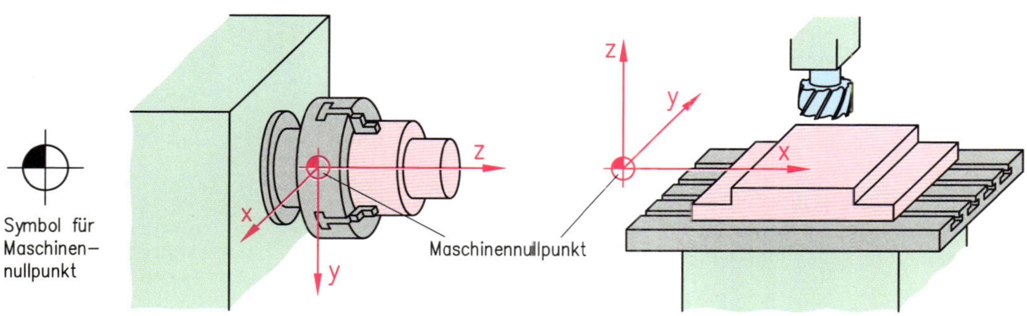

> Die Achsrichtungen einer Werkzeugmaschine ergeben sich aus der Lage von Führungsbahnen und Werkzeugbewegung.
> Die Achsrichtungen sind im Handbuch der jeweiligen Werkzeugmaschine angegeben.

Zur Bearbeitung komplizierter Konturen und Hinterschneidungen in hoher Oberflächengüte sowie zur Betätigung angetriebener Werkzeuge reichen Werkzeugbewegungen allein in Richtung der drei Achsen nicht aus. Durch Schwenkbewegungen um die einzelnen Achsen wird erst eine optimale Erreichbarkeit jeder Werkstückposition erreicht.
Die Schwenkbewegungen werden mit **A**, **B** und **C** gekennzeichnet. A ist die Bewegung um die X-Achse, B um die Y-Achse und C um die Z-Achse. Die positive Drehrichtung liegt vor, wenn in Achsrichtung gesehen die Drehung im Uhrzeigersinn erfolgt.

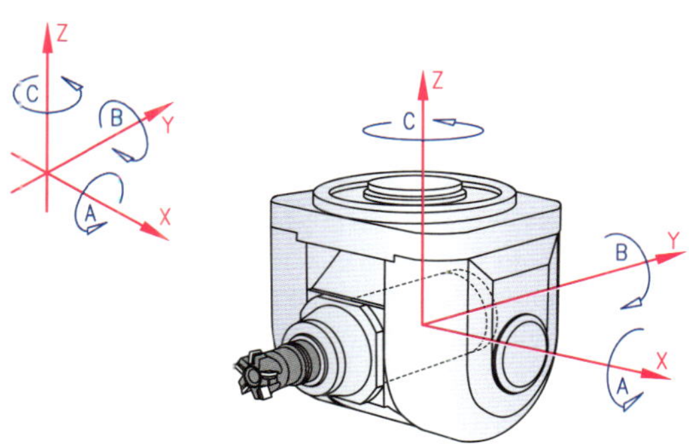

Schwenkachsen A, B und C

1.3 Lageregelung an CNC-Maschinen

• Lageregelkreis

Die programmgemäße Bewegung von Werkstück und Werkzeug wird in einem **Lageregelkreis** geregelt. Dabei misst das zu einer Bearbeitungsrichtung gehörende Messsystem in jedem Augenblick den Istwert der Lage des Werkzeugs zum Werkstückträger. Eine elektronische Regeleinrichtung vergleicht ihn mit dem Sollwert und gibt einen entsprechenden Stellbefehl an den Stellmotor. Dies wird so lange fortgeführt, bis der Istwert – innerhalb festgesetzter Grenzen – mit dem Sollwert übereinstimmt.

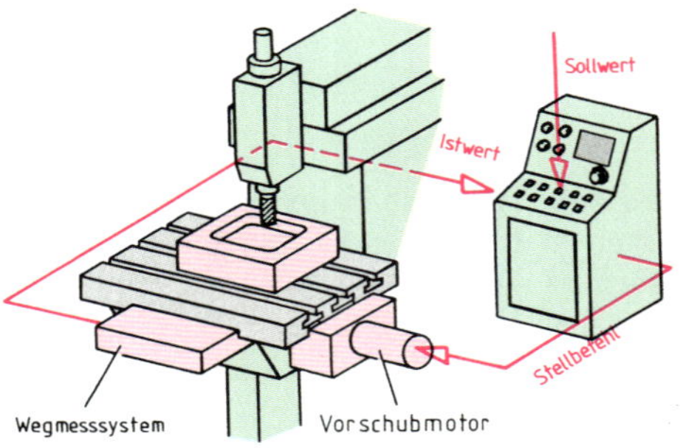

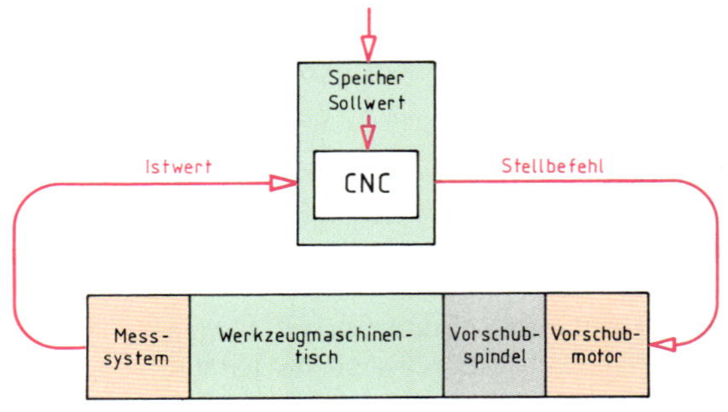

Lageregelung an einer CNC-Maschine

• Messverfahren zur Lageregelung

Inkrementales Messen geschieht, wenn man einen neuen Standort jeweils vom letzten Standort *aus* bestimmt, z. B. 30 mm nach rechts, von dort 20 mm zurück nach links, dann von dort 40 mm nach links. Man verwendet an Werkzeugmaschinen zum inkrementalen Messen in 0,001 mm geteilte Glaslineale, die von einer Lichtquelle beleuchtet werden. Eine Fotozelle zählt die bei einer Bewegung auftretenden Lichtreflexe und meldet ihre Zahl an den Rechner der Maschine. Dieser ermittelt dann aus dieser Zahl die Positionsänderung gegenüber dem letzten Standort.

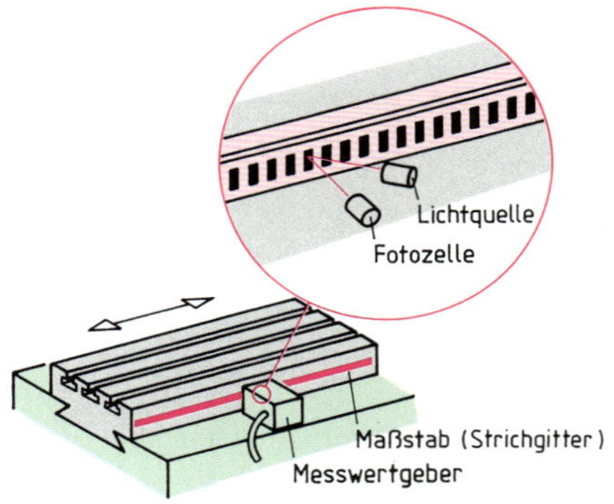

Inkrementales Messen

Inkrementale Messverfahren erfassen den Messwert in Schritten vom jeweils letzten Standort aus.

Absolutes Messen liegt vor, wenn man alle Standorte von einem festen Nullpunkt aus misst, z. B. nach rechts auf 120 mm vom Nullpunkt, zurück auf 80 mm vom Nullpunkt, wieder nach links auf 200 mm vom Nullpunkt.

Man verwendet zum absoluten Messen in 0,001 mm geteilte Code-Lineale, auf denen jeder Punkt ein ganz bestimmtes Hell-Dunkel-Muster aufweist.

Zur genauen Bestimmung der Maschinentischposition wird dieses Muster von Fotozellen aufgenommen und an den Rechner der Maschine weitergeleitet. Daraus ermittelt der Rechner die genaue Position auf dem Maschinentisch.

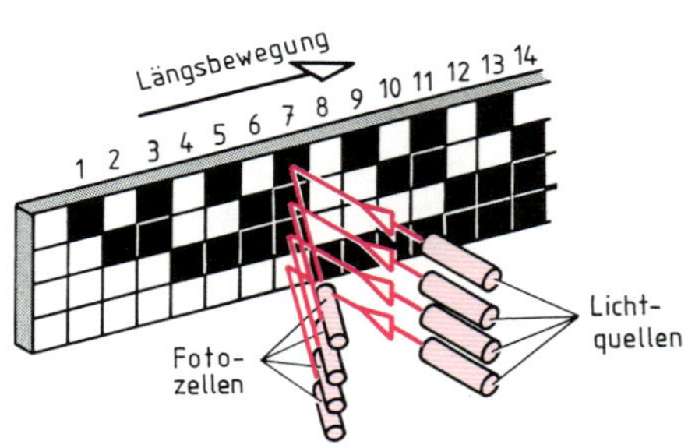

Direktes absolutes Messen mit Code-Lineal

Bei absoluten Messverfahren kann jeder Punkt auf der Messstrecke sofort zahlenmäßig bestimmt werden, weil er ein für die Messstrecke nur einmal auftretendes Signal liefert.

1.4 Bahnsteuerungen an CNC-Maschinen

Mit einer Bahnsteuerung können in einer Ebene oder im Raum beliebige Schrägen oder Kurven gesteuert werden, das Werkzeug ist während der Bewegung im Eingriff. Beliebige Umrisse erreicht man durch das gleichzeitige Zusammenwirken von zwei oder mehreren Vorschubmotoren.

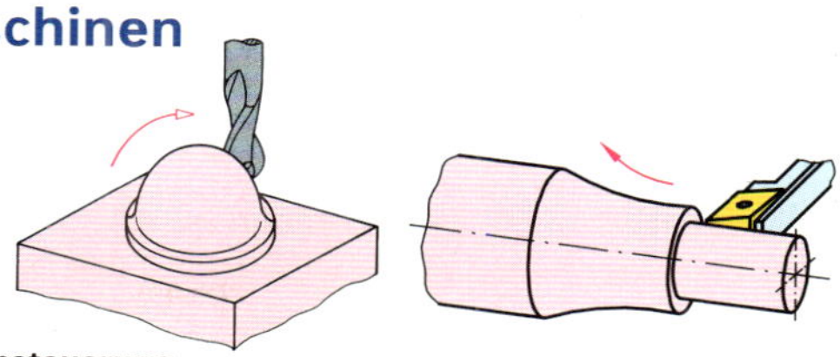

Bahnsteuerung

> Bei Bahnsteuerungen erfolgt die Bearbeitung auf räumlichen Geraden oder Kurven, bei denen mehrere Achsen gleichzeitig mit voneinander unabhängigen Geschwindigkeiten gesteuert werden.

- **2D-Bahnsteuerung**

Die Steuerung einer Senkrechtfräsmaschine, mit der nur in der X-Y-Ebene Geraden, Kreisbögen und beliebige Kurven gefahren werden, nennt man eine 2D-Bahnsteuerung. Dabei müssen Zustellbewegungen in Z-Richtung von Hand vorgenommen werden. Bei einer 2D-Bahnsteuerung werden nur die Bewegungen in X- und Y-Richtung programmiert.

An Fräsmaschinen werden 2D-Bahnsteuerungen nur an Maschinen zur Schriftgravur eingesetzt.

Bei Drehmaschinen können in der X-Z-Ebene Geraden, Kreisbögen und Kurven gefahren werden.

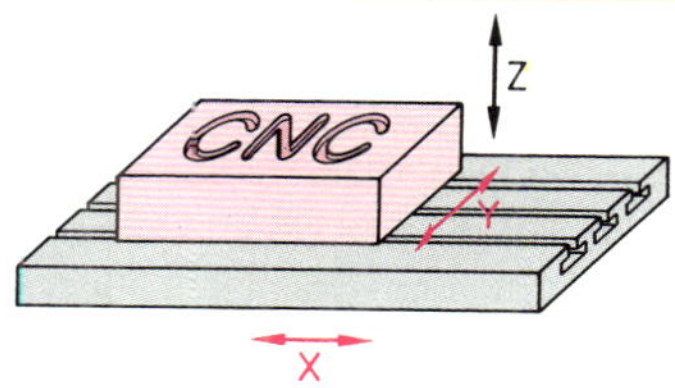

2D-Bahnsteuerung an Senkrechtfräsmaschine

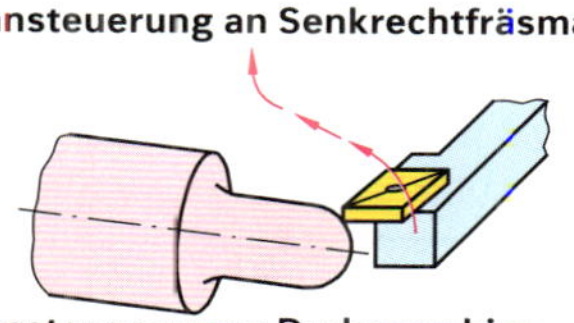

2D-Bahnsteuerung an Drehmaschine

> Bei einer 2D-Bahnsteuerung erfolgt eine Steuerung in zwei Achsrichtungen. Drehmaschinen sind mit einer 2D-Bahnsteuerung ausgestattet.

- **2½D-Bahnsteuerung**

Eine Steuerung, die zwar in jeder beliebigen Ebene Geraden, Kreisbögen und Kurven fahren kann, jedoch gleichzeitig immer nur in zwei Achsrichtungen, nennt man eine 2½D-Bahnsteuerung. Die beiden steuerbaren Achsrichtungen sind in allen Ebenen möglich.

Eine 2½D-Bahnsteuerung kann in einem Satz nur in zwei Achsrichtungen programmiert werden, z. B. in der X-Y-Ebene oder der X-Z-Ebene oder der Y-Z-Ebene.

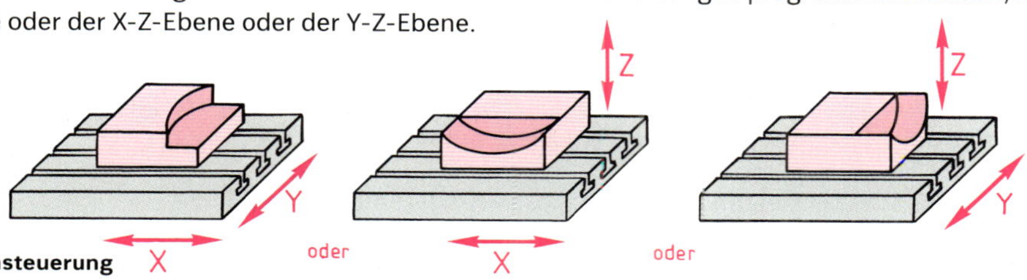

2½ D-Bahnsteuerung

> Bei einer 2½D-Bahnsteuerung sind die drei Achsen steuerbar, gleichzeitig können jedoch stets nur zwei Achsen gesteuert werden.

- **3D-Bahnsteuerung**

Die Steuerung einer Werkzeugmaschine, bei der alle drei Achsen gleichzeitig vom Computer aus steuerbar sind, nennt man eine 3D-Bahnsteuerung.

Bei einer 3D-Bahnsteuerung können in einem Satz gesteuerte Bewegungen in X-, Y- und Z-Richtung programmiert werden, d. h., es können beliebige räumliche Bewegungen ausgeführt werden.

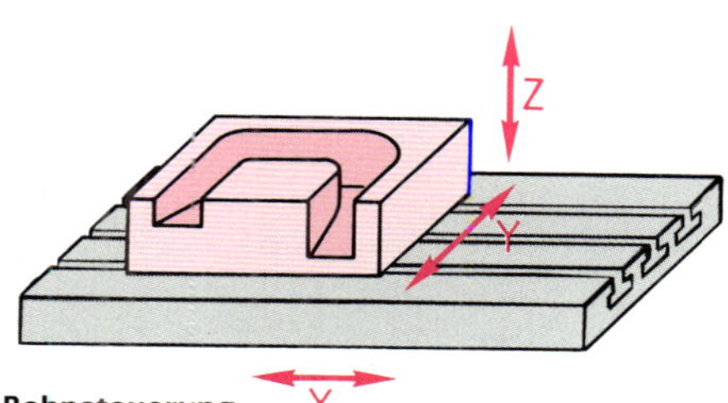

3D-Bahnsteuerung

> Bei einer 3D-Bahnsteuerung können alle drei Achsen gleichzeitig gesteuert werden.

2 Grundlagen zur manuellen Programmierung

2.1 Arbeitsablauf beim manuellen Programmieren

Alle Tätigkeiten, die ein Fachmann an einer herkömmlichen Werkzeugmaschine aufgrund seiner Erfahrung ausführt, müssen bei einer Fertigung auf CNC-Maschinen sorgfältig vorgeplant und als Befehle der Maschine eingegeben werden. Diese Befehle sind in Form von Buchstaben, Zahlen und Zeichen verschlüsselt; man bezeichnet sie als alphanumerische Zeichen. Die Auflistung der Befehle zur Fertigung eines Werkstücks nennt man das **Programm.**

2.2 Werkstückkoordinatensystem

Jeder Punkt eines Werkstücks, der bei einer Bearbeitung auf einer CNC-Maschine angefahren werden soll, muss eindeutig festgelegt sein. Diese Festlegung geschieht im Sprachgebrauch z. B. durch die Angabe von Länge, Breite und Höhe. Für die CNC-Bearbeitung ist dies zu unpräzise. Darum legt man über das Werkstück ein rechtwinkliges Koordinatensystem fest, für das die Achslage – wie beim Maschinenkoordinatensystem – nach DIN 66217 festgelegt ist und durch die rechte Handregel veranschaulicht wird. Somit liegt das **Werkstückkoordinatensystem** mit seinen Achsen parallel zum Maschinenkoordinatensystem und stimmt mit diesem in seinen positiven und negativen Achsrichtungen überein.

Seinen Ursprung hat das Werkstückkoordinatensystem im **Werkstücknullpunkt**. Dieser kann vom Programmierer für das Werkstück frei gewählt werden.

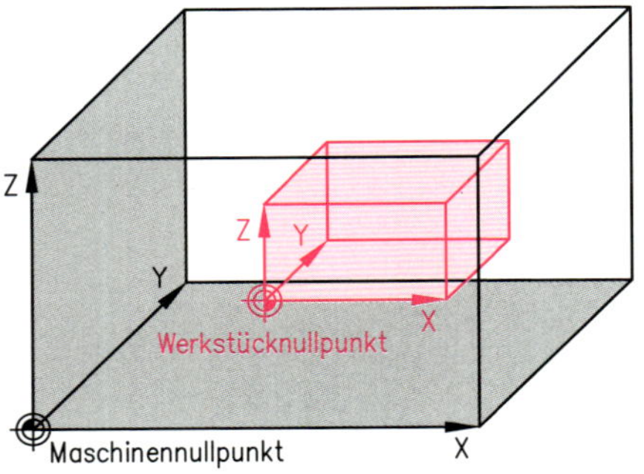

Maschinen- und Werkstückkoordinatensystem

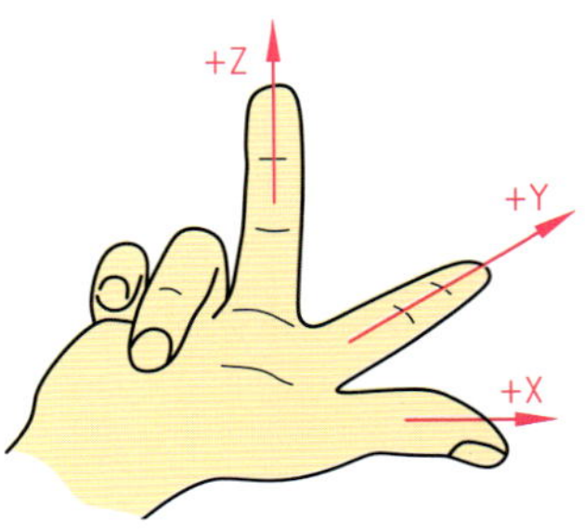

Rechte-Hand-Regel

Die richtige Lage des Koordinatensystems am Werkstück richtet sich damit nach der Bearbeitungsart und dem Maschinenkoordinatensystem der gewählten Werkzeugmaschine.

Beispiele für die Achsrichtungen von Werkstückkoordinatensystemen

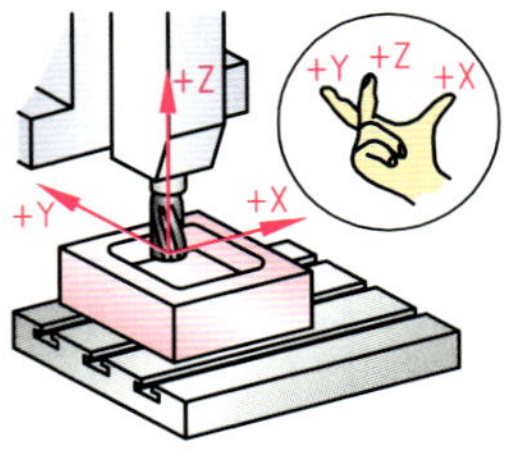

Fräsmaschine

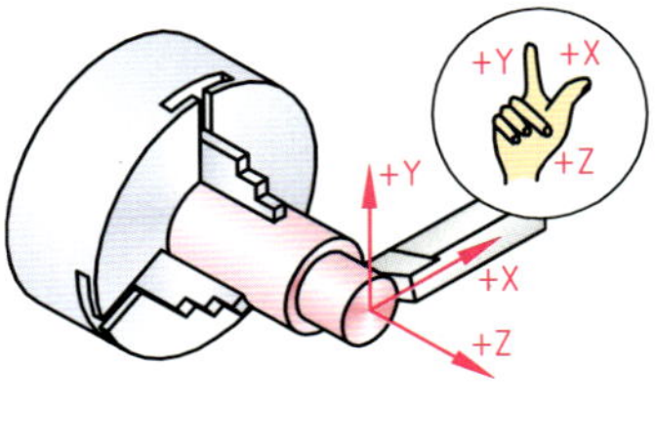

Meißel hinter der Drehmitte

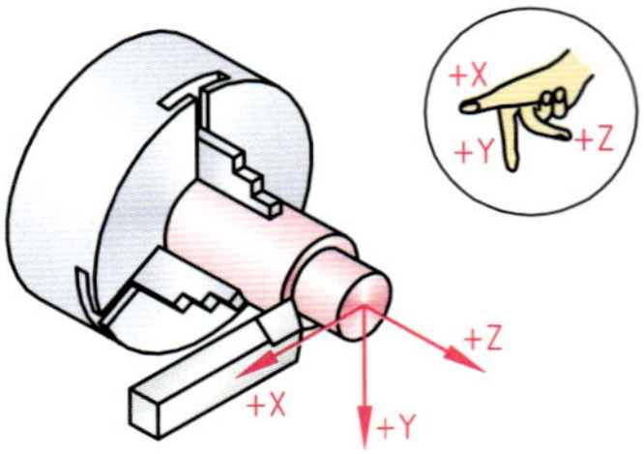

Meißel vor der Drehmitte

Im Werkstückkoordinatensystem ist jeder Punkt des Werkstücks durch seine Koordinaten in X-, Y- und Z-Richtung festgelegt. Das Werkstückkoordinatensystem hat seinen Ursprung im frei zu wählenden Werkstücknullpunkt. Die Achsen des Werkstückkoordinatensytems liegen parallel zu den Achsen des Maschinenkoordinatensystems und haben die gleiche Richtung.

2.3 Wahl des Werkstücknullpunktes

Bei der Programmierung werden die Werkstückabmessungen als Koordinaten erfasst, um die erforderlichen Wegbeschreibungen programmieren zu können. Daher bezieht man das Koordinatensystem immer auf das Werkstück; als Nullpunkt des Systems wählt man einen charakteristischen Punkt des Werkstücks.

Diesen frei gewählten Bezugspunkt bezeichnet man als Werkstücknullpunkt. In den Zeichnungen trägt man den Werkstücknullpunkt durch das abgebildete Symbol ein.

Bei *flachen unsymmetrischen Werkstücken* legt man den Werkstücknullpunkt an eine Ecke des Werkstücks.

Bei *flachen symmetrischen Werkstücken* wird der Werkstücknullpunkt in den Mittelpunkt bzw. auf die Symmetrieachse gelegt.

Bei Werkstücken mit dreidimensionaler Ausdehnung muss die Nullpunktfestlegung sich auf alle drei Achsen erstrecken.

Symbol für Werkstücknullpunkt

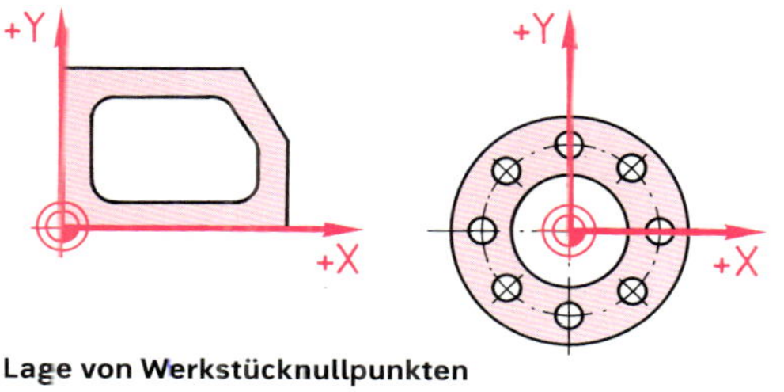

Lage von Werkstücknullpunkten

> Als Ursprung des Koordinatensystems wählt man einen sinnvollen Punkt des Werkstücks als Werkstücknullpunkt. Der Werkstücknullpunkt wird in der Zeichnung durch ein Symbol angegeben.

2.4 Bemaßungsarten für die Programmierung

2.4.1 Absolutbemaßung

In den meisten Fällen gibt man der Steuerung von CNC-Maschinen alle Maße so ein, dass sie sich auf den Werkstücknullpunkt beziehen. Die Maßangaben sind in einem solchen Fall Absolutmaße. Da der Werkstücknullpunkt jedoch nicht immer einem Eckpunkt entspricht, können sich Werkstückbereiche nach allen Seiten vom Nullpunkt aus erstrecken.

Beispiel für eine Konturbeschreibung durch Absolutmaße

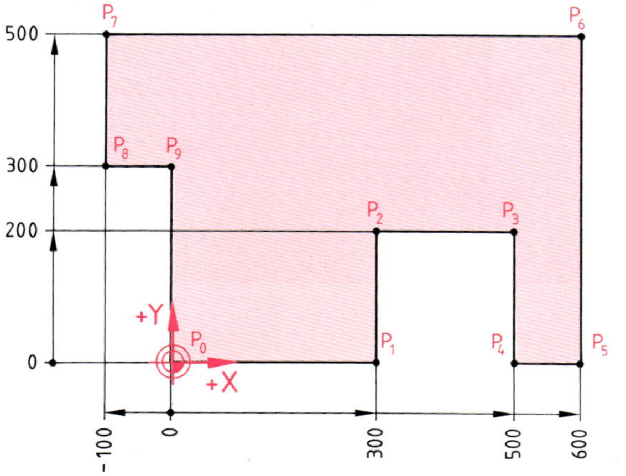

	G90	
	X	Y
P_0	X 0	Y 0
→ P_1	X + 300	Y 0
→ P_2	X + 300	Y + 200
→ P_3	X + 500	Y + 200
→ P_4	X + 500	Y 0
→ P_5	X + 600	Y 0
→ P_6	X + 600	Y + 500
→ P_7	X – 100	Y + 500
→ P_8	X – 100	Y + 300
→ P_9	X 0	Y + 300
→ P_0	X 0	Y 0

Normalerweise befinden sich CNC-Maschinen nach dem Einschalten in der **Absolutmaßprogrammierung,** sodass kein zusätzlicher Befehl eingegeben werden muss. Wenn jedoch innerhalb eines Programmes von einer anderen Art der Maßangabe, z. B. von der Inkrementalmaßprogrammierung, in die Absolutmaßprogrammierung umgeschaltet werden soll, ist **G90** einzugeben.

> Die Absolutmaßprogrammierung wird der Steuerung durch G90 eingegeben.
> Absolutmaße sind die tatsächlichen Abstände zum Werkstücknullpunkt

2.4.2 Inkrementalbemaßung

Bei der Inkrementalbemaßung wird jeder Punkt als Bezugspunkt für den nachfolgenden Punkt angesehen. Die Lage des folgenden Punktes wird durch die Abstände in X-, Y- und Z-Richtung mit entsprechendem Vorzeichen angegeben. Das Pluszeichen kann entfallen.
Der Steuerung wird eine Wegprogrammierung mit Inkrementalmaßen durch **G91** eingegeben.

Beispiel für eine Konturbeschreibung durch Inkrementalmaße

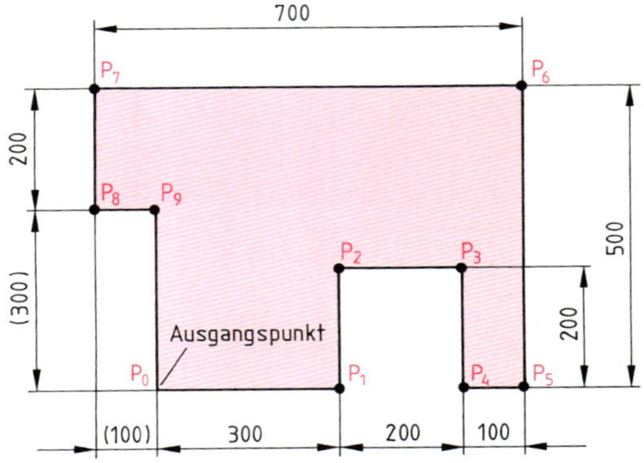

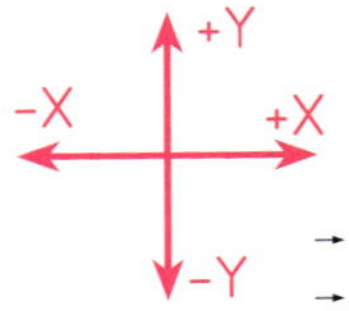

Bewegungsrichtungen

G91

	weiterzufahrende Strecke in **X**-Richtung	**Y**-Richtung
P_0	Ausgangspunkt	
→ P_1	X + 300	Y 0
→ P_2	X 0	Y + 200
→ P_3	X + 200	Y 0
→ P_4	X 0	Y – 200
→ P_5	X + 100	Y 0
→ P_6	X 0	Y + 500
→ P_7	X – 700	Y 0
→ P_8	X 0	Y – 200
→ P_9	X + 100	Y 0
→ P_0	X 0	Y – 300

Der Steuerung wird eine Wegprogrammierung mit Inkrementalmaßen durch G91 eingegeben. Bei Inkrementalmaßprogrammierung gibt man die Entfernungen vom letzten bis zum nächsten Punkt an.

2.4.3 Polarkoordinatenbemaßung

Die Lage eines jeden Punktes in einem festgelegten Koordinatensystem kann durch die Länge des Leitstrahles (auch Zeiger oder Radius genannt) und den Winkel, unter dem der Leitstrahl den Punkt trifft, beschrieben werden. Der Winkel wird von der positiven X-Achse aus gegen den Uhrzeigersinn gemessen.

Bei der Programmierung
- wird die Lage des Koordinatenschnittpunktes (Pol) mit den Koordinaten **IA** und **JA** angegeben und
- werden die Länge des Leitstrahles mit **R** und der Winkel mit **A** gekennzeichnet.

Polarkoordinatenbemaßung wird hauptsächlich zur Bemaßung von Bohrbildern und regelmäßigen Vielecken eingesetzt.

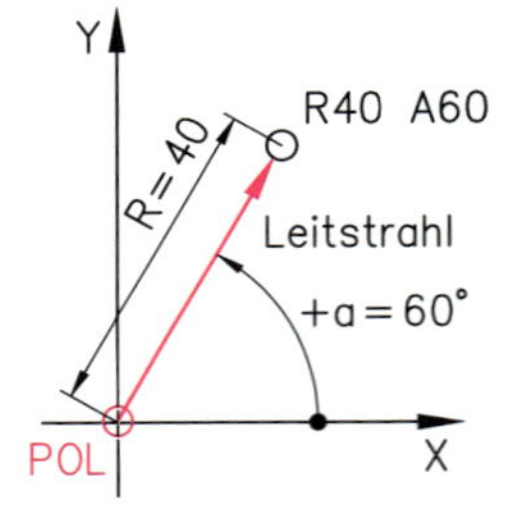

Polarkoordinaten

Beispiel für Bemaßung mit Polarkoordinaten

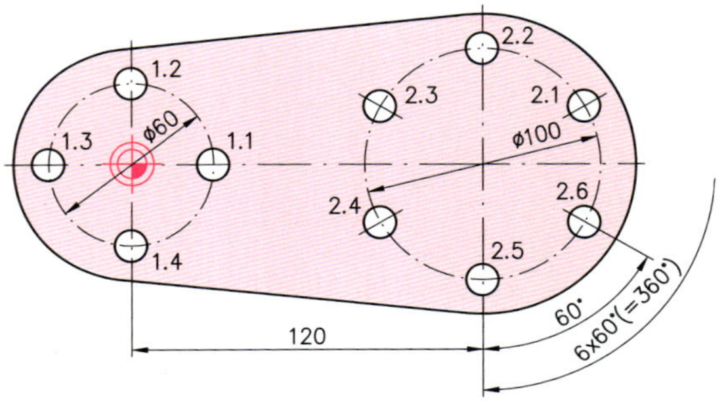

	Pol	Polarkoordinaten
1.1	IA0 JA0	R30 A0
1.2	IA0 JA0	R30 A90
1.3	IA0 JA0	R30 A180
1.4	IA0 JA0	R30 A270
2.1	IA120 JA0	R50 A30
2.2	IA120 JA0	R50 A90
2.3	IA120 JA0	R50 A150
2.4	IA120 JA0	R50 A210
2.5	IA120 JA0	R50 A270
2.6	IA120 JA0	R50 A330

Polarkoordinaten werden durch den Leitstrahl R und den Polarwinkel A angegeben.
Der Winkel wird positiv gegen den Uhrzeigersinn oder negativ im Uhrzeigersinn angegeben.

2.5 Programmierung von Bahnbewegungen

2.5.1 Bearbeitungsrichtung

Bei der Fertigung können die Anfahr- und Bearbeitungswege vom Werkzeugträger oder vom Werkstückträger ausgeführt werden. Die Bearbeitungsrichtung ändert sich jedoch dadurch nicht. Man hat man deshalb vereinbart, bei der Programmierung so vorzugehen, als stünde das Werkstück fest und es würde nur das Werkzeug bewegt.

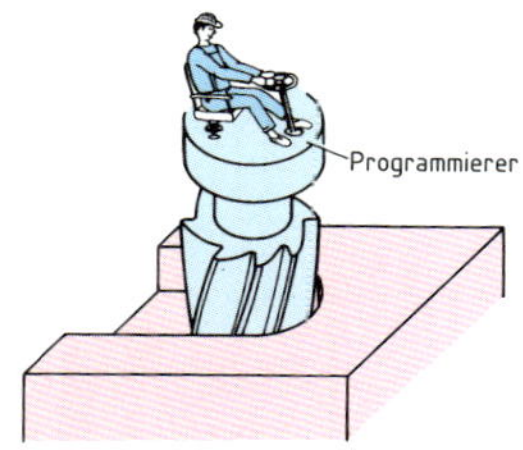

Vereinbarte Bearbeitungsrichtung beim Programmieren

2.5.2 Bewegungen im Eilgang

Wenn ein Werkzeug, das nicht im Eingriff ist, von einem Punkt zu einem anderen verfahren werden soll, erwartet man, dass diese Bewegung möglichst schnell ausgeführt wird. Die Vorschubmotoren werden dann in jeder Achse den Werkzeug- oder Werkstückträger im Eilgang bewegen. Sobald das Werkzeug in die Nähe des anzufahrenden Punktes kommt, wird es abgebremst und am Zielpunkt genau gestoppt. Der Zielpunkt wird auf einer unbestimmten Bahn angefahren. Der Maschinensteuerung gibt man den Befehl, einen Punkt im Eilgang anzusteuern, durch G00 (vereinfacht G0) und die Koordinaten des Zielpunktes.

Beispiel für die Beschreibung einer Eilgangbewegung bei Absolutmaßprogrammierung

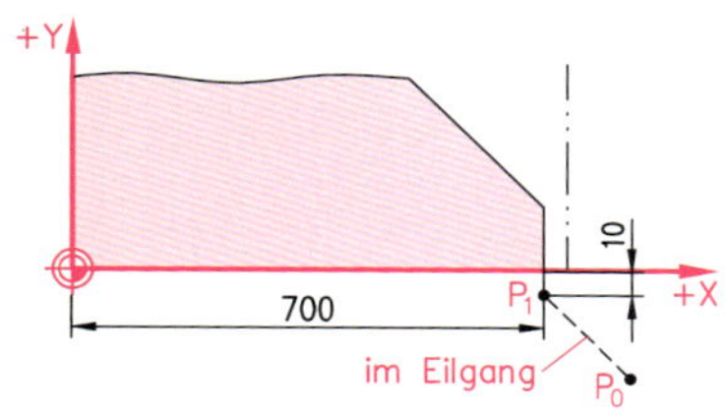

G00

	Wegbedingung	X	Y
	G 90		
→ P_1	G 00	X 700	Y – 10

Das exakte Ansteuern eines Punktes im Eilgang auf nicht vorgegebener Bahn wird durch G00 (auch G0) eingegeben.

2.5.3 Geradlinige Arbeitsbewegungen

Soll die Steuerung von einem bestimmten Anfangspunkt aus eine geradlinige Arbeitsbewegung zu einem Endpunkt hin ausführen, so ist dazu **G01** (vereinfacht G1) erforderlich. Es ist gleichgültig, ob die Bewegungsrichtung achsparallel oder schräg verläuft. Hat man den Befehl zur geradlinigen Bewegung und die Koordinaten des Bewegungsendpunktes eingegeben, dann ermittelt der Rechner die erforderliche Bahn.

Beispiel für die Beschreibung geradliniger Arbeitsbewegungen bei Absolutmaßprogrammierung

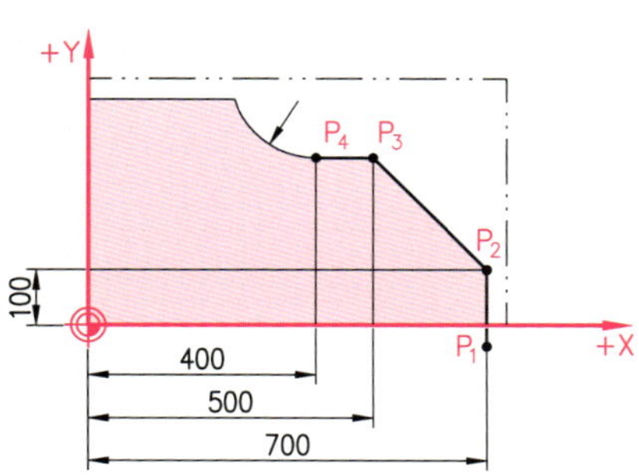

G01

	Wegbedingung	X	Y
	G 90		
→ P_1	G 00	X 700	Y – 10
→ P_2	G 01	X 700	Y 100
→ P_3	G 01	X 500	Y 300
→ P_4	G 01	X 400	Y 300

Der Wegbefehl G01 bleibt in der Steuerung so lange wirksam, bis er durch einen anderen Wegbefehl aufgehoben wird.

Geradlinige Arbeitsbewegungen mit vorgegebenem Vorschub werden auf G01 hin ausgeführt.

2.5.4 Kreisförmige Arbeitsbewegungen

Zur eindeutigen Durchführung einer kreisförmigen Arbeitsbewegung sind neben den Zielkoordinaten auch Angaben zur Bewegungsrichtung und zur Lage des Kreismittelpunktes erforderlich.

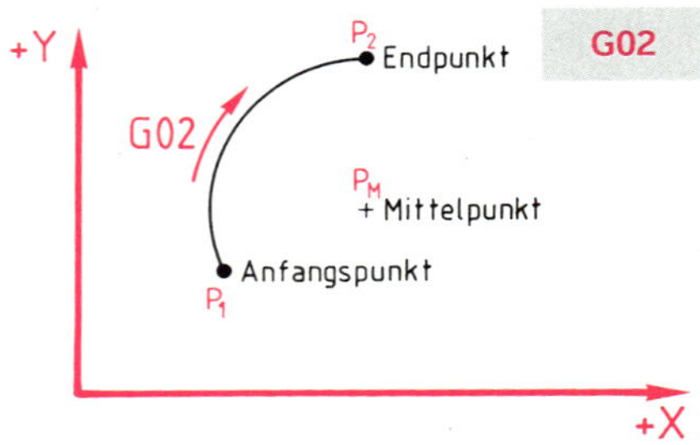

Kreisbewegung im Uhrzeigersinn

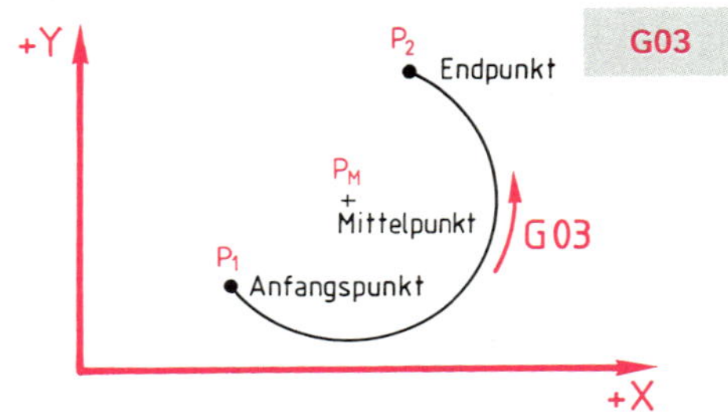

Kreisbewegung im Gegenuhrzeigersinn

Kreisförmige Arbeitsbewegungen im Uhrzeigersinn werden auf den Befehl G02 hin ausgeführt, kreisförmige Arbeitsbewegungen im Gegenuhrzeigersinn erfolgen auf den Befehl G03.

Bei einer Bahnbeschreibung ist der Kreismittelpunkt im Gegensatz zum Anfangs- und Endpunkt ein Punkt, der außerhalb der Bewegungsbahn liegt; er dient der Steuerung lediglich als Information über Lage und Größe des Kreises. Daher gibt man die Koordination des Kreismittelpunkts – meist auch bei Absolutmaßprogrammierung – inkremental als Abstand vom Anfangspunkt in das Programm. Nähere Angaben findet man im Handbuch der entsprechenden Steuerung.

Die Kreismittelpunktkoordinaten bekommen die Adressbuchstaben:

- **I** für den Abstand vom Anfangspunkt auf der **X-Achse,**
- **J** für den Abstand vom Anfangspunkt auf der **Y-Achse,**
- **K** für den Abstand vom Anfangspunkt auf der **Z-Achse.**

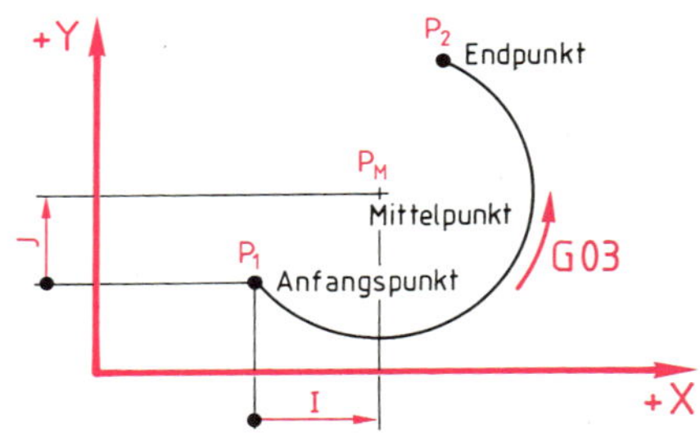

Inkrementale Mittelpunktbemaßung

Beispiel für die Beschreibung einer Kontur mit kreisförmiger Bewegung bei Absolutmaßprogrammierung

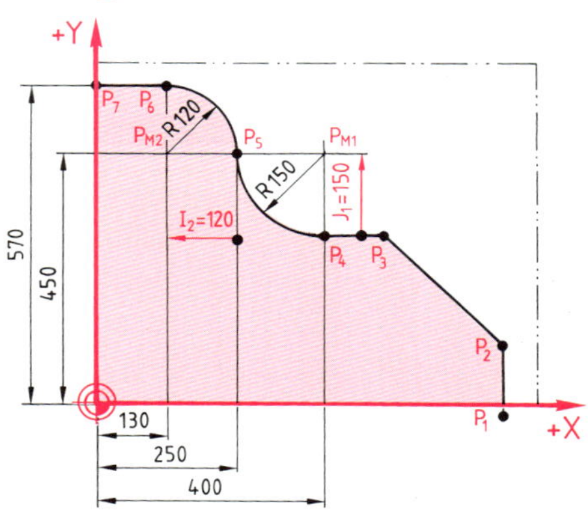

	Wegbedingung	X	Y	I	J
	G 90				
→ P_1	G 00	X 700	Y – 10		
→ P_2	G 01	X 700	Y 100		
→ P_3	G 01	X 500	Y 300		
→ P_4	G 01	X 400	Y 300		
→ P_5	G 02	X 250	Y 450	I - 0	J 150
→ P_6	G 03	X 130	Y 570	I - 120	J 0
→ P_7	G 01	X 000	Y 570		

Bei einer kreisförmigen Arbeitsbewegung werden die Koordinaten des Kreismittelpunkts häufig inkremental vom Anfangspunkt des Kreisbogens programmiert.

Programmierung von Bahnbewegungen in Inkrementalmaßprogrammierung

Im Normalfall ist mit der Eröffnung der Programmierung die Absolutmaßprogrammierung eingeschaltet. Der Befehl G90 braucht darum zu Beginn der Programmierung nicht eingegeben zu werden.
Bei einer Programmierung mit Inkrementalmaßen muss zunächst die Inkrementalmaßprogrammierung mit G91 eingeschaltet werden. Die Inkrementalmaßprogrammierung bleibt so lange wirksam, bis mit G90 wieder auf die Absolutmaßprogrammierung umgeschaltet wird.

Beispiel für die Beschreibung von Bahnbewegungen mit Inkrementalmaßen

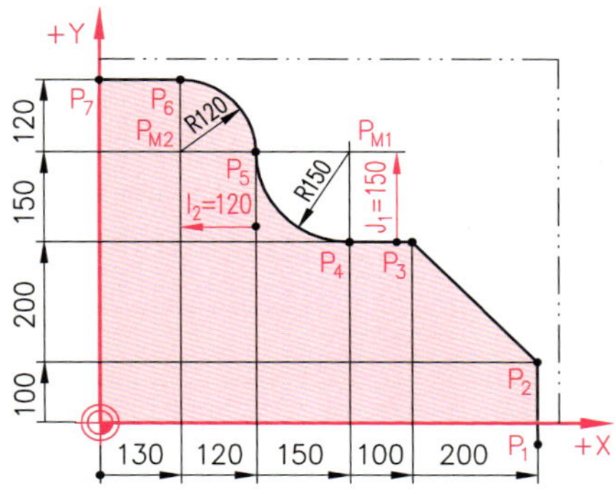

	Wegbedingung		X	Y	I	J
→ P1	G 90	G 00	700	-10		
	G 91		Inkrementalprogrammierung ein			
→ P2		G 01	0	110		
→ P3		G 01	-200	200		
→ P4		G 01	-100	0		
→ P5		G 02	-150	150	0	150
→ P6		G 03	-120	120	-120	0
→ P7		G 01	-130	0		
	G 90	Absolutprogrammierung ein				

Einschaltzustand ist die Absolutmaßprogrammierung. Inkrementalprogrammierung wird mit G91 eingeschaltet und wird durch G90 abgeschaltet.

Vereinfachte Programmierung von Übergangsradien und Fasen

Viele Programmiersysteme vereinfachen die Programmierung von Übergangsradien und Fasen so, dass die Startpunkte von Radien und Fasen nicht mehr berechnet und programmiert werden müssen. Die Arbeitswege werden dann so beschrieben, als sei das Werkstück scharfkantig. Der Übergangsradius oder die Fase wird z. B. bei PAL mit dem Befehlszusatz RN und der Maßangabe des Radius bzw. der Fase angehängt. Positives RN erzeugt einen Radius, negatives eine Fase.

Beispiel für die vereinfachte Beschreibung einer Kontur mit Übergangsradien und Fasen (PAL)

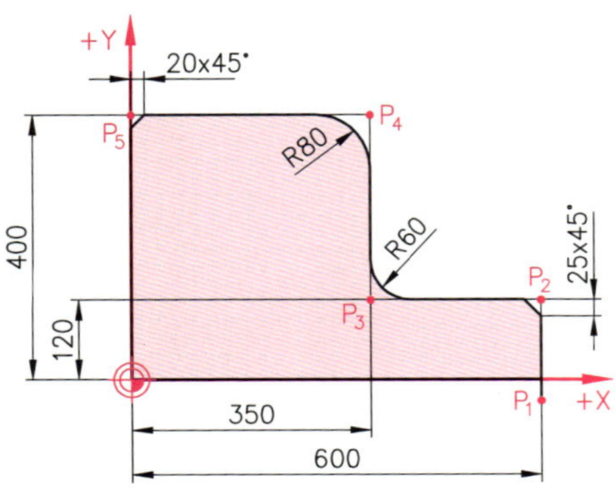

	Wegbedingung	X	Y	RN
→ P1	G 01	600	-10	
→ P2	G 01	600	120	-25
→ P3	G 01	350	120	+60
→ P4	G 01	350	400	+80
→ P5	G 01	0	400	-20
→ P6	G 01	X 0	Y 0	

Übergangsradien und Fasen können vereinfacht programmiert werden, indem das Werkstück scharfkantig beschrieben wird und die Übergänge mit einem entsprechenden Zusatz gekennzeichnet werden.

Nach PAL: + RN ... Übergangsradius; – RN ... Fase.

CNC

2.6 Programmierung von Schaltinformationen

2.6.1 Programmierung von Technologiedaten

- **Schaltinformationen für die Vorschubbewegung**

Die Vorschubbewegung kann nach dem Adressbuchstaben **F** als Vorschub in mm (je Umdrehung) oder als Vorschubgeschwindigkeit in mm/min eingegeben werden.

Vorschubbewegung	Befehl	Beispiel
in mm/min in mm	G94 G95	G94 F100 bedeutet $v_f = 100$ mm/min G95 F0,25 bedeutet $f = 0{,}25$ mm (je Umdrehung)

- **Schaltinformationen für die Schnittbewegung**

Die Schnittbewegung kann beim Drehen entweder mit konstanter Schnittgeschwindigkeit oder konstanter Umdrehungsfrequenz mit dem Adressbuchstaben **S** eingegeben werden.
Beim Fräsen wird nur mit konstanter Umdrehungsfrequenz gearbeitet.

Schnittbewegung	Befehl	Beispiel
konstante Schnittgeschwindigkeit konstante Umdrehungsfrequenz	G96 G97	G96 S40 bedeutet $v_c = 40$ m/min G97 S900 bedeutet $n = 900$ 1/min

Beim Drehen ist bei den meisten Maschinen eine konstante Schnittgeschwindigkeit programmierbar. Die Steuerung stellt entsprechend dem programmierten Durchmesser die Umdrehungsfrequenz ein. Damit beim Plandrehen in Nähe der Werkstückmitte nicht extreme Drehzahlen auftreten, kann ein Höchstwert eingegeben werden, z. B. bedeutet bei PAL der Befehl G92 S2000 höchste Drehzahl 2000 $^1/_{min}$.

2.6.2 Programmierung von Werkzeugeinsatz und Zusatzfunktionen

- **Schaltinformationen für den Werkzeugeinsatz**

Die benötigten Werkzeuge sind in einem Mehrfach-Werkzeugträger oder Magazin abgelegt und durch Nummerierung gekennzeichnet. Durch den Adressbuchstaben **T** werden die Schaltbefehle zum Werkzeugeinsatz erteilt. Das **T-Wort** enthält als Zahlenwert die Nummer des verlangten Werkzeugs.

T03 Einsatzbefehl für Werkzeug Nr. 3

Bei vielen Steuerungen löst allein der Buchstabe **T** einen Werkzeugwechsel aus. Aus Kollisionsgründen muss *vor* jedem Werkzeugwechsel eine sichere Werkzeugwechselposition angefahren werden.

- **Schaltinformationen für Zusatzfunktionen**

Zusatzfunktionen werden durch M-Wörter eingegeben.

M 0 Programmierter Halt
M 3 Spindel EIN, Rechtslauf
M 4 Spindel EIN, Linkslauf
M 17 Unterprogrammende
M 30 Programmende mit Rücksprung auf Satz 1
M 6 Werkzeugwechsel
M 8 Kühlmittel EIN
M 9 Kühlmittel AUS

Werkzeugmagazin

Die **Spindeldrehrichtung** wird folgendermaßen beschrieben:

- Bei Drehmaschinen blickt man von der Antriebsseite auf die Werkstückeinspannung.
- Bei Fräsmaschinen blickt man von der Arbeitsspindel auf die Werkstückeinspannung.

Dreht sich die Spindel im Uhrzeigersinn, so ist das ein Rechtslauf, der mit M03 zu programmieren ist. Dreht sich die Spindel im Gegenuhrzeigersinn, so ist das ein Linkslauf mit dem Befehl M04.

2.6.3 Einwechseln der Werkzeuge

Zum Werkzeugwechsel muss der Werkzeugträger in die Werkzeugwechselposition fahren. Diese Position ist ein Punkt,

- der bei einem Wechsel des am weitesten in den Arbeitsraum reichenden Werkzeugs noch einen genügenden Sicherheitsabstand zum Werkstück gibt,
- der die einfache Handhabung des Werkzeugwechsels ermöglicht,
- der nach jeder Teilbearbeitung einfach angefahren werden kann und
- der kurze Anfahrwege zum nächsten Bearbeitungsschritt ermöglicht.

Auf den Befehl **G14** hin wird nach PAL der Werkzeugwechselpunkt im Eilgang angefahren. Das Wegfahren von der letzten Position geschieht normalerweise durch schräges Fahren. Mit dem Zusatz **H1** kann Wegfahren zunächst in X-Richtung festgelegt werden, mit dem Zusatz **H2** erfolgt Wegfahren zunächst in Z-Richtung. Eine Koordinatenangabe für den Werkzeugwechselpunkt ist nicht notwendig, wenn dieser durch die Konstruktion der Maschine festliegt. Nach Erreichen des Werkzeugwechselpunktes löst die Programmierung den Werkzeugwechsel aus.

Beispiel für das Wegfahren von der Kontur zum Werkzeugwechselpunkt

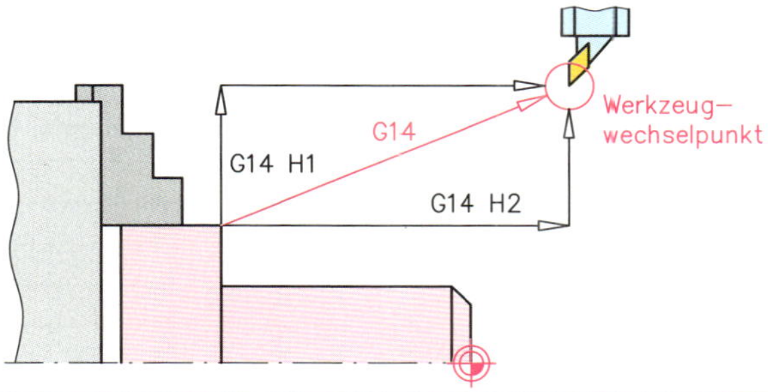

Der Werkzeugwechselpunkt wird auf den Befehl G14 hin angefahren und der Werkzeugwechsel eingeleitet.

2.6.4 Zufuhr von Kühlschmiermitteln

Kühlschmiermittel kann durch

- biegsame Leitungen von außen,
- fest im Revolver installierte Düsen oder
- Bohrungen im Werkzeug zugeführt werden.

Der Befehl **M8** schaltet die Kühlschmiermittelzufuhr ein, der Befehl **M9** schaltet sie aus.

Kühlschmiermittelzufuhr durch Düsen

Fräser mit KS-Zuführung durch Schlitze in den Schneidplatten

M08 (M8) schaltet die Kühlschmiermittelzuführung ein.
M09 (M9) schaltet die Kühlschmiermittelzuführung ab.

CNC

2.7 Zusammenstellung von Programmdaten zu Sätzen

In das Programm werden alle Daten eingegeben, welche die Steuerung benötigt, um am Werkstück einen Arbeitsschritt ausführen zu können. Dabei werden zusammengehörige Befehle zu Sätzen zusammengefasst. Die Sätze nummeriert man nach der Abfolge der Arbeitsschritte in Einer- oder Zehnerstufen.

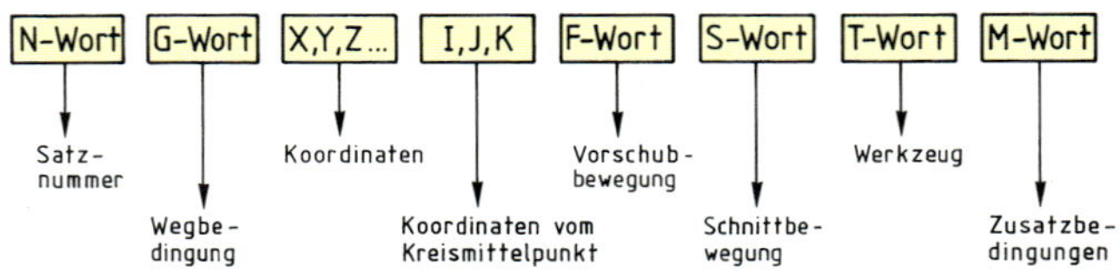

In einem Satz können Befehle und Wegangaben entfallen, die für den jeweiligen Arbeitsablauf nicht notwendig oder bereits wirksam sind. Man nennt solche Programmworte **modal** wirksam oder **selbsthaltend.**

Beispiel für die Programmierung eines ebenen Werkstücks (nach PAL)

Aufgabe: Die unten bemaßte Nut soll in einem Schnitt durch Schruppen gefräst werden. Der Werkstückwerkstoff ist aus S 235. Der Fräser ist aus HSS und hat zwei Zähne.

Zeichnung

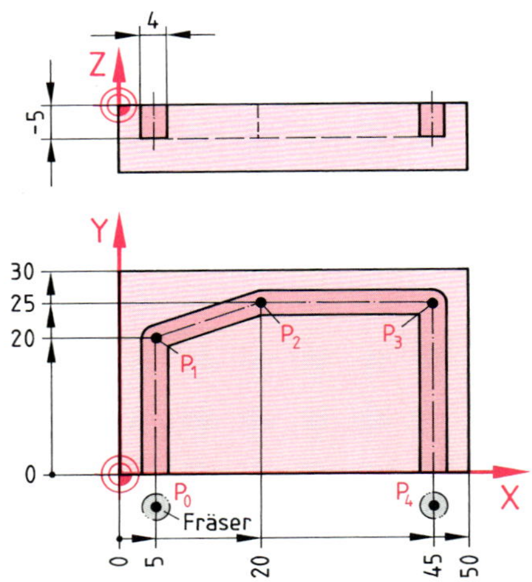

Programm
(mit Eintragung modal wirksamer Programmwerte)

N	G	X	Y	Z	F	S	T	M
N010	G90							
N020	G94				F540			
N030						S2700		M03
N040							T0100	M08
N050	G00	X5	Y-10					
N060	G00	(X5)	(Y-10)	Z2				
N070	G01	(X5)	(Y-10)	Z-5				
N080	(G01)	(X5)	Y20					
N090	(G01)	X20	Y25					
N100	(G01)	X45	(Y25)					
N110	(G01)	(X45)	Y-10					
N120	G00	(X45)	(Y-10)	Z50				M09
N130	G00	X-50	Y-20					M30

Die Werte in Klammern sind modal wirksam.
Sie werden normalerweise wegen Gefahr der Falscheingabe und zur Verbesserung der Übersichtlichkeit fortgelassen.

Erklärung

N010 Absolutmaße gelten bis auf Widerruf für alle Sätze
N020 Vorschub wird in mm/min angegeben, vorgesehen werden 540 mm/min
N030 Spindel soll im Uhrzeigersinn drehen, Umdrehungsfrequenz 2700 1/min
N040 Werkzeug T0100 einwechseln, Kühlschmiermittel einschalten
N050 Im Eilgang auf X5, Y-10 fahren
N060 Im Eilgang auf Z2 fahren
N070 Mit Vorschubgeschwindigkeit (540 mm/min) geradlinig auf Z-5 herunterfahren
N080 Mit Vorschubgeschwindigkeit geradlinig bis Y20 fräsen
N090 Mit Vorschubgeschwindigkeit geradeaus bis X20 Y25 fräsen
N100 Mit Vorschubgeschwindigkeit geradeaus bis X45 (Y25) fräsen
N110 Mit Vorschubgeschwindigkeit geradeaus bis (X45) Y-10 fräsen
N120 Im Eilgang auf Z50 fahren, Kühlschmiermittel ausschalten
N130 Im Eilgang auf X-50, Y-20 fahren, Ende des Programms

3 Programmieren zur Fertigung von Drehteilen

3.1 Programmieren von Weginformationen beim Drehen

3.1.1 Koordinatensysteme an CNC-Drehmaschinen

Drehmaschinen werden mit Werkzeugträgern gebaut, bei denen das Werkzeug von vorne gesehen vor oder hinter der Drehmitte angeordnet ist. Im Gegensatz zu herkömmlichen Drehmaschinen werden CNC-Maschinen bevorzugt mit Werkzeugträgern ausgerüstet, die sich hinter dem Werkstück befinden. Daher muss je nach Bauform der Maschine zum Programmieren eine andere Lage des Koordinatensystems berücksichtigt werden. In beiden Fällen entspricht die Werkstückachse der Z-Achse.
Die positive X-Achse weist immer vom Drehteil aus in radialer Richtung auf das Werkzeug. Damit ergibt sich für beide Werkzeuganordnungen, dass größere Z-Werte eine größere Werkstücklänge und größere X-Werte einen größeren Werkstückdurchmesser zur Folge haben.

Drehmeißel vor der Drehmitte

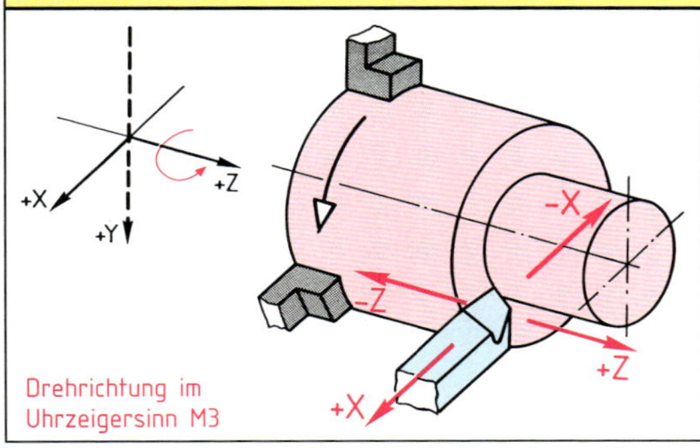

Drehmeißel hinter der Drehmitte

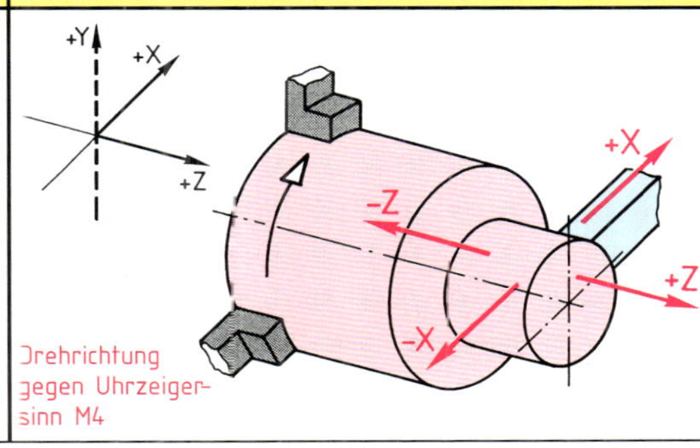

> Die Z-Achse ist immer Drehachse des Werkstücks. Größerer Z-Wert bedeutet größere Werkstücklänge. Die X-Achse verläuft rechtwinklig zur Z-Achse auf das Drehwerkzeug zu. Größerer X-Wert bedeutet größerer Werkstückdurchmesser.

3.1.2 Nullpunkte und Bezugspunkte

- **Maschinennullpunkt, Referenzpunkt und Werkstücknullpunkt**

Nullpunkte legen für die Bearbeitung auf CNC-Maschinen das Koordinatensystem fest. Dabei unterscheidet man einen Maschinennullpunkt und einen Werkstücknullpunkt. Bezugspunkte – auch Referenzpunkte genannt – sind genau festgelegte Punkte, welche die Programmierung und das Bedienen der Maschine erleichtern.

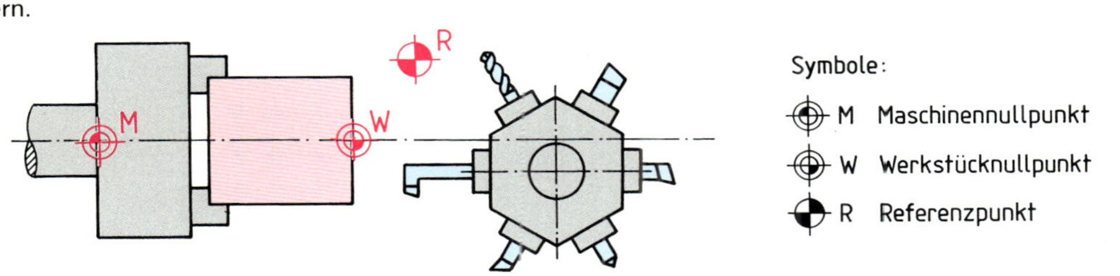

Nullpunkte und Bezugspunkte an einer Drehmaschine

Der **Maschinennullpunkt** ist der Ursprung des Maschinenkoordinatensystems. Er liegt bei CNC-Drehmaschinen im Schnittpunkt der Arbeitsspindelachse mit dem Werkstückträger.

Der **Referenzpunkt** ist ein festgelegter Punkt im Arbeitsbereich inkremental messender CNC-Drehmaschinen, welcher einen genau bestimmten Abstand zum Maschinennullpunkt hat. Der Referenzpunkt wird zum Nullsetzen des Messsystems angefahren, da der Maschinennullpunkt meist nicht angefahren werden kann.

- **Werkstücknullpunkte**

Der Werkstücknullpunkt ist vom Programmierer frei wählbar. Meist legt man ihn auf die rechte Planseite des Werkstücks. Weniger üblich ist es, ihn auf die linke Planseite festzulegen.

Beispiele für mögliche Lagen von Werkstücknullpunkten

Werkstücknullpunkt auf rechter Planseite

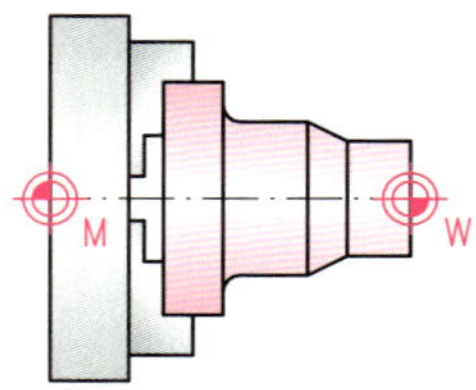

Werkstücknullpunkt auf linker Planseite

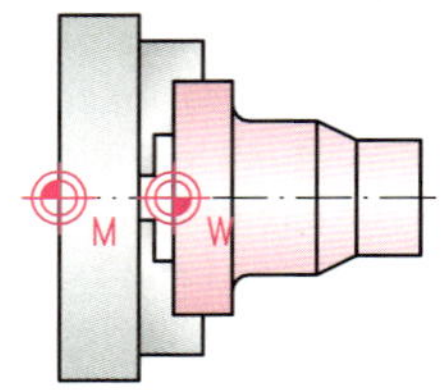

Ist zunächst eine Werkstückaußenbearbeitung an der rechten Planseite und danach eine Innenbearbeitung an der linken Planseite erforderlich, muss das Werkstück umgespannt werden. In solchen Fällen legt man zwei Nullpunkte fest.

Beispiel für Umspannvorgang und Werkstücknullpunktlage

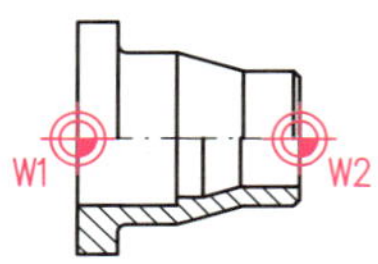

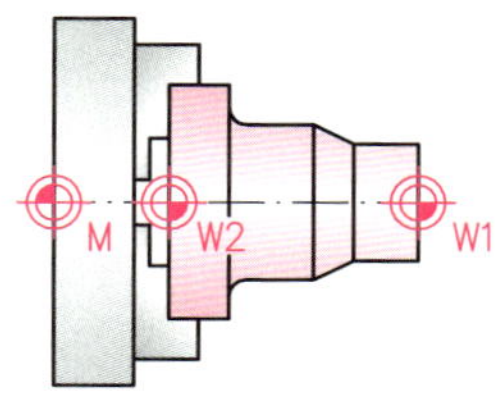

1. Aufspannung W1

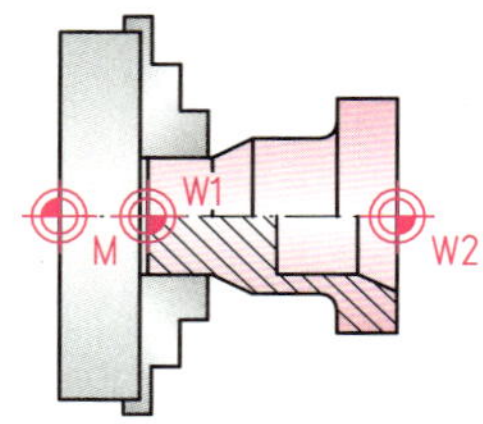

2. Aufspannung W2

Der Programmierer legt den Werkstücknullpunkt entsprechend der Bearbeitungsaufgabe an der linken oder rechten Planseite fest. Bei Werkstücken, für die ein **Umspannvorgang** benötigt wird, werden zwei Werkstücknullpunkte angegeben.

3.1.3 Drehteile mit geradliniger Kontur

Geradlinige Drehteilkonturen werden mit dem Wegbefehl G01 programmiert. Der anzufahrende Endpunkt wird in X-Richtung nicht mit dem Radius, sondern mit dem Durchmesser programmiert. Abstände in Z-Richtung werden auf den Werkstücknullpunkt bezogen.

Beispiel für die Konturbeschreibung eines Drehteils

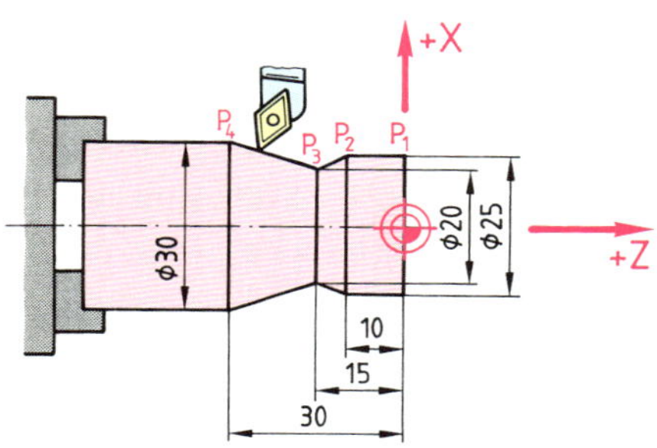

	Wegbedingung	X	Y
	G 90		
	G 00	X 25	Z 3
→ P_1	G 01	X 25	Z 0
→ P_2	(G 01)	X 25	Z − 10
→ P_3	(G 01)	X 20	Z − 15
→ P_4	(G 01)	X 30	Z − 30

Bei Drehteilen werden in X-Richtung Durchmesser und in Z-Richtung Längen programmiert.

3.1.4 Drehteile mit kreisförmigen Konturanteilen

Zur Festlegung des Richtungssinns von kreisförmigen Bewegungen muss ein Betrachter immer in Richtung der negativen Y-Achse auf die X-Z-Ebene blicken. Soll sich – aus dieser Sicht – der Meißel in Vorschubrichtung im Uhrzeigersinn bewegen, so ist das durch einen G02-Befehl zu programmieren, soll er sich im Gegenuhrzeigersinn bewegen, so ist ein G03-Befehl zu programmieren.

Werkzeug vor der Drehmitte	Werkzeug hinter der Drehmitte

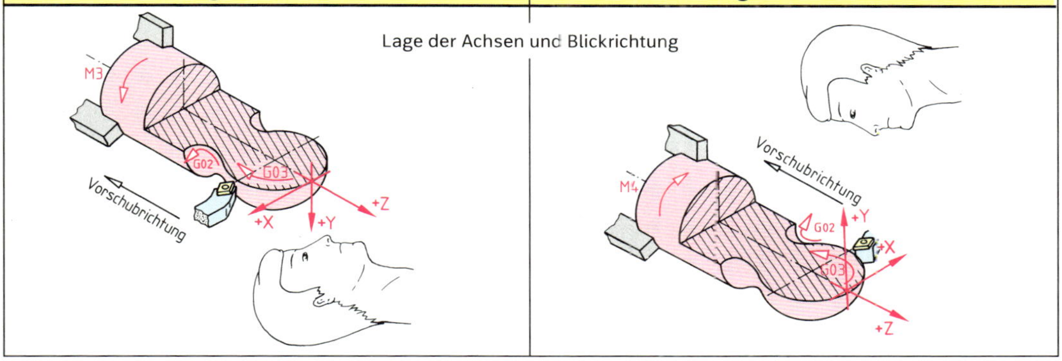

Sowohl für den Werkzeugeinsatz „Drehmeißel vor der Drehmitte" als auch für den Werkzeugeinsatz „Drehmeißel hinter der Drehmitte" sind die Programme gleich.

> Zur Beurteilung des Richtungssinns für die Wegbedingungen G02 und G03 blickt man bei einer Stellung des Drehmeißels vor der Drehmitte von unten auf das Werkstück,
> bei Stellung des Drehmeißels hinter der Drehmitte von oben auf das Werkstück.

- **Kreisprogrammierung mit Angabe der Mittelpunktkoordinaten**

Bei der Programmierung kreisförmiger Bahnbewegungen des Werkzeuges in der X-Z-Ebene werden die Koordinaten des Endpunktes und die Mittelpunktkoordinaten angegeben. Die Mittelpunktkoordinaten werden immer inkremental auf den Anfangspunkt der kreisförmigen Arbeitsbewegung des Werkzeuges bezogen. Der Abstand des Mittelpunktes in X-Richtung hat dabei den Adressbuchstaben **I** und der Abstand in Z-Richtung den Adressbuchstaben **K.**

Beispiele für die Programmierung von Radien mit Mittelpunktkoordinaten

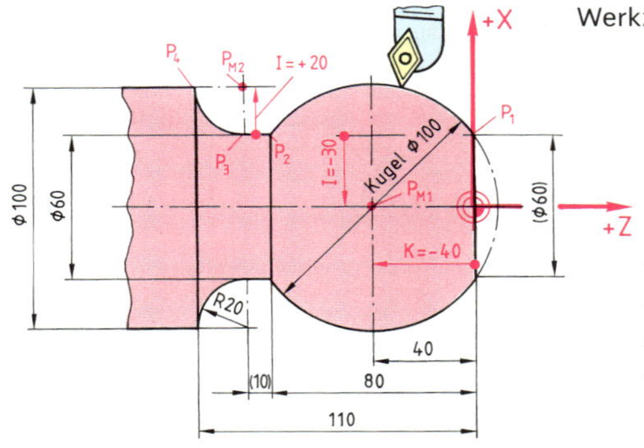

Werkzeug hinter der Drehmitte

	Wegbedingung	X	Z	I	K
	G 90				
→ P_1		X 60	Z 0		
→ P_2	G 03	X 60	Z – 80	I – 30	K – 40
→ P_3	G 01	X 60	Z – 90		
→ P_4	G 02	X 100	Z 110	I + 20	K 0

> Angaben bei kreisförmiger Arbeitsbewegung mit Mittelpunktkoordinaten:
> - Richtungssinn mit G02 im Uhrzeigersinn oder G03 im Gegenuhrzeigersinn
> - Endpunktkoordinaten der Kreisbewegung mit X und Z
> - Mittelpunktkoordinaten der Kreisbewegung mit I und K inkremental
>   I für den Abstand vom Anfangspunkt auf der X-Achse
>   K für den Abstand vom Anfangspunkt auf der Z-Achse

CNC

3.2 Programmierhilfen beim Drehen

3.2.1 Zyklen beim Drehen

Bei der Bearbeitung von Drehteilen sind häufig sich wiederholende, gleichartige Arbeiten in Teilbereichen durchzuführen, die aufwendig zu programmieren sind. Solche Arbeitsabläufe fasst man in Unterprogrammen zusammen, die bereits in der Steuerung der CNC-Drehmaschinen als Zyklen vorhanden sind. Diese Zyklen vereinfachen die Programmierung erheblich.

Beispiele für wichtige Drehzyklen (PAL):

- Gewindezyklus (**G31**)
- Gewindebohrzyklus (**G32**)
- Längsschruppkonturzyklus (**G81**)
- Planschruppkonturzyklus (**G82**)
- Bohrzyklus (**G84**)
- Freistichzyklus (**G85**)
- Stechzyklus radial (**G86**)
- Stechzyklus axial (**G88**)

- Zyklen, die mit einer freistehenden Kontur verknüpft sind, z.-B. Bohrzyklen, bestehen nur aus einem Satz. Dieser beginnt mit dem **G-Wort**. Es folgen die notwendigen Angaben zur Bearbeitung.
- Zyklen, die mit unterschiedichen Konturen verknüpft sein können, beginnen mit dem **G-Wort** zum Aufruf des Zyklus. Es folgen auf das G-Wort die notwendigen Angaben zur Technologie der Bearbeitung. In den folgenden Sätzen wird die Kontur beschrieben. Diese Beschreibung kann auch durch den Aufruf eines Unterprogramms, das die Konturbeschreibung enthält, erfolgen. Die Konturbeschreibung endet mit einem Satz, in dem **G80** den Zyklus abschließt.

- **Konturschruppzyklen**

Man unterscheidet je nach Zustellung beim Drehen einen Längs- und einen Planschruppkonturzyklus. Mit beiden Zyklen wird zunächst der Werkstoff entweder parallel zur Drehachse bzw. senkrecht zur Drehachse mit einer Bearbeitungszugabe abgearbeitet. Anschließend erfolgt eine Schlichtbearbeitung parallel zur Kontur.

Nach Aufruf eines Schruppzyklus mit **G-Wort** sowie Zustellung, Eintauchvorschub und Bearbeitungsart folgt die Fertigkonturbeschreibung mit Angabe der Schneidenradiuskorrektur. Das Zyklusende wird mit **G80** in das Programm eingegeben.

Beispiele für Konturschruppzyklen (PAL-Codierung)

Längsschruppzyklus G81	**Planschruppzyklus G82**
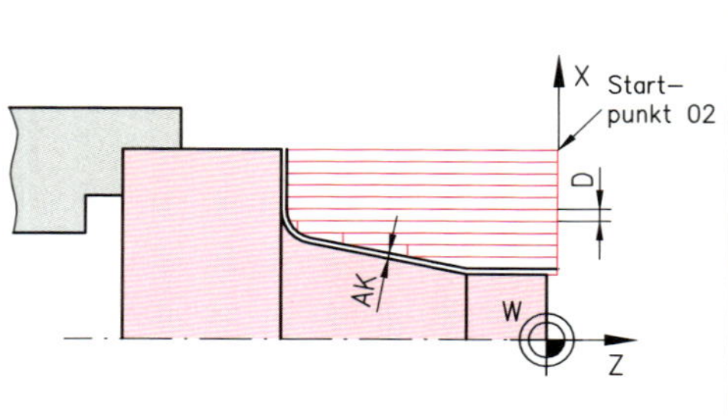	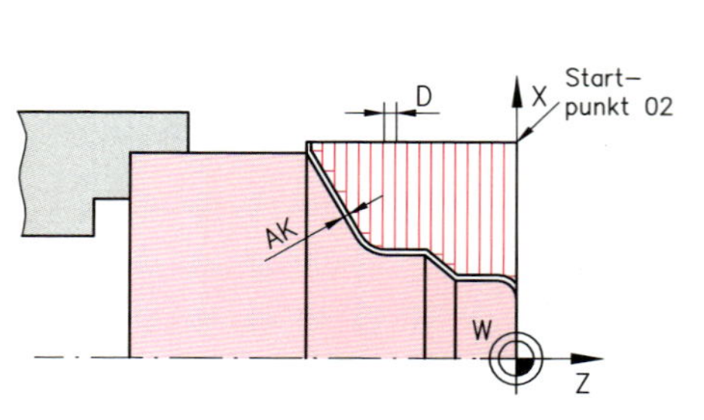

NC-Satz (verkürzt): G81/G82 D [H1, H3...] [AK] [O] [E] [F] [S] [M]   [ ] optionale Adressen

Adressbuchstaben:

D **Zustellung pro Schruppschnitt**
H1 Schruppen der Kontur, 45° abheben
AK Konturparalleles Aufmaß auf die Kontur
H3 Wie H1 mit zusätzlichem Konturschnitt am Ende
O2 Bearbeitungsstartpunkt an der Kontur

E Eintauchvorschub
F Aktueller Vorschub
S Drehzahl/Schnittgeschwindigkeit
M Drehrichtung/Kühlmittel

Beispiel für die Programmierung einer Drehbearbeitung mit dem Schruppzyklus G81

Aufgabe: Es soll die Außenkontur mithilfe der automatischen Schnittaufteilung des Konturzyklus G81 und einer maximalen Schnitttiefe von 2 mm gedreht werden.

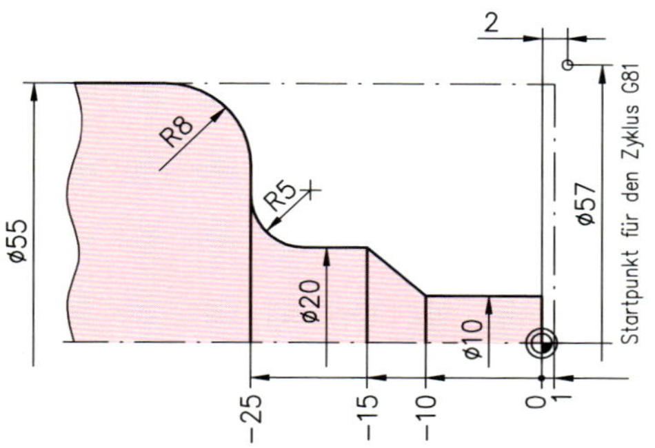

Rohteil:	⌀ 55 mm x 70 mm
Werkstoff:	S275JR
Werkzeug:	Schrupp und Schlicht-Drehmeißel (T3)
Schneidplatte:	DCMT11-P20
Schnittwerte:	$f = 0{,}1$ mm $v_c = 300$ m/min

Programm	**Bemerkungen**
N10 G96 S300	Konstante Schnittgeschwindigkeit $v_c = 300$ m/min
N20 T3 M6	Aufruf von Werkzeug T3
N30 F0.1 M4	Vorschub mit $f = 0{,}1$ mm festlegen, Spindel EIN, Linkslauf
N40 G0 X57 Z0	Anfahren zum Plandrehen
N50 G1 X-0.2	Plandrehen
N60 G0 Z2	Wegfahren von der Kontur
N70 X57	Anfahren des Startpunktes für den Zyklus G81
N80 G81 D2 H3	**Aufruf des Zyklus G81, Schruppbearbeitung mit maximaler Schnitttiefe von 2 mm und anschließendem Konturschnitt**
N90 G1 G42 X10 Z0	Beginn der Beschreibung der Kontur, Werkzeubahnkorrektur, rechts
N100 Z-10	Geradlinige Vorschubbewegung
N110 X20 Z-15	Geradlinige Vorschubbewegung
N120 Z-20	Geradlinige Vorschubbewegung
N130 G2 X30 Z-25 I5 K0	Kreisförmige Bewegung im Uhrzeigersinn, Ende der Beschreibung der Fertigkontur
N140 G1 X39	Geradlinige Vorschubbewegung
N150 G3 X55 Z-33 I0 K8	Kreisförmige Bewegung im Gegenuhrzeigersinn
N160 G40	Schneidenradiuskorrektur aufheben
N170 G80	**Ende des Konturzyklus**
N180 G0 X80 Z50 **N190 M30**	Wegfahren des Werkzeuges im Eilgang, Programmende mit Rücksetzen

Mit dem Längsschruppzyklus G81 wird eine Kontur parallel zur Drehachse und mit einem Planschruppzyklus G82 senkrecht zur Drehachse geschruppt und dann konturparallel geschlichtet.

- **Freistichzyklen**

Damit Werkzeuge bei abgesetzten Wellen und Gewindezapfen freien Auslauf haben, werden an den Übergängen vom kleineren zum größeren Durchmesser Freistiche eingearbeitet. Zur Minderung der Kerbwirkung sind die Übergänge gerundet.
Gewindefreistiche sind in DIN 76 und Freistiche an Wellenzapfen in DIN 509 genormt.

Beispiele für Freistichzyklen (nach PAL)

Freistichzyklen G85

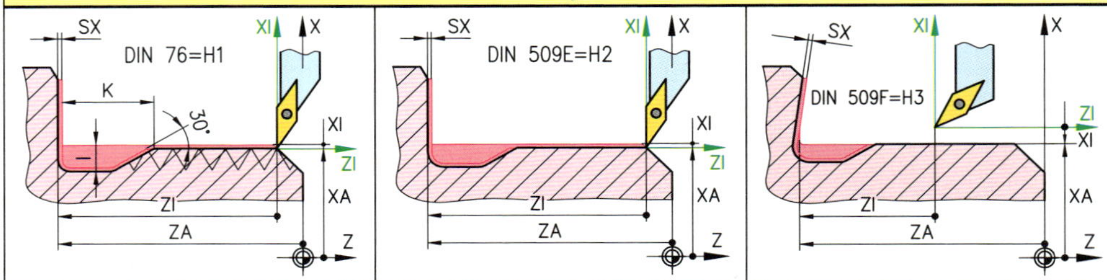

NC-Satz (verkürzt) G85 ZI/ZA XI/XA I K H [SX] [E] [RN] [F] [S] [M] [ ] optionale Adressen

Pflichtadressen
Freistichposition:
- ZI Inkrementale Koordinateneingabe
- ZA Absolute Koordinateneingabe
- XI Inkrementale Koordinateneingabe
- XA Absolute Koordinateneingabe

- I Freistichtiefe } nur bei DIN 76
- K Freistichbreite } nur bei DIN 76
- H Freistichform

Optionale Adressen
- [SX] Bearbeitungszugabe (Schleifaufmaß)
- [E] Eintauchvorschub (E=0,25xf)
- [RN] Eckenradius, wenn abweichend von DIN
- [F] Vorschub
- [S] Spindeldrehzahl
- [M] Drehrichtung

> Freistiche werden mit G85 H... aufgerufen. H1 gilt für Gewindefreistiche, H2 und H3 gelten für Freistiche an Wellenzapfen.

- **Gewindezyklus**

Der Gewindezyklus wird zum Drehen beliebiger Gewinde mit speziellen Drehmeißeln eingesetzt. Durch das Werkzeug wird festgelegt, ob ein **Innen-** oder **Außengewinde** geschnitten wird. Die Drehrichtung der Spindel im Zusammenhang mit der Vorschubrichtung bestimmt, ob **Rechts-** oder **Linksgewinde** entstehen.

Beispiel für einen Gewindezyklus (nach PAL)

Gewindezyklus G31 (bei aktivem G90)

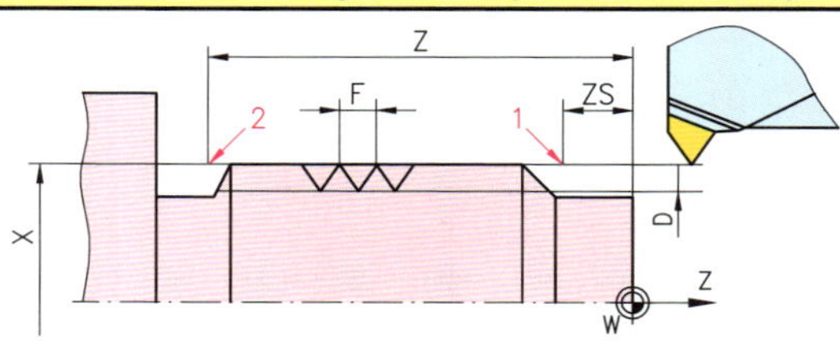

1 Gewindestartpunkt
2 Gewindeendpunkt

NC-Satz (verkürzt): G31 Z X F D [ZS] [H1../..H4] [...] optionale Adressen

Adressbuchstaben:
- X X-Koordinate des Gewindeendpunktes
- Z Z-Koordinate des Gewindeendpunktes
- F Steigung in Gewinderichtung
- D Gewindetiefe
- ZS Z-Koordinate des Gewindestartpunktes
- H1...H4 Zustellart

Radiale Zustellung H1 — Zustellung linke Flanke H2 — Zustellung rechte Flanke H3 — Zustellung wechselseitig H4

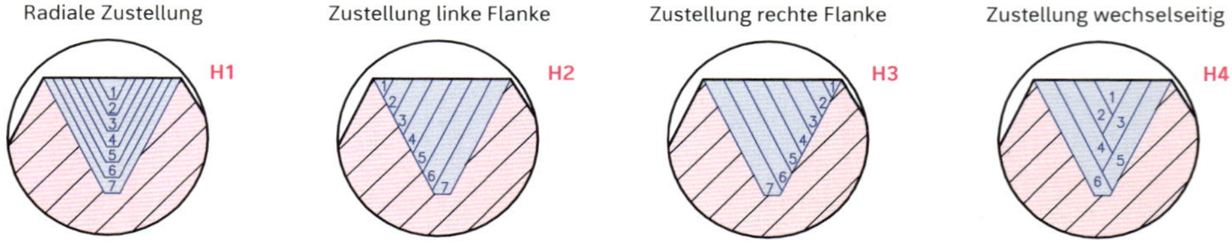

Beispiel für die Anwendung von Drehzyklen

(Abbildungen aus Simulation mit MTS-Topturn)

Auftrag:

In der ersten Aufspannung soll die rechte Seite einer Welle bearbeitet werden.
Das Rohteil hat einen Durchmesser von 50 mm.
Es ist das Programm zur Bearbeitung der angegebenen Seite zu schreiben.

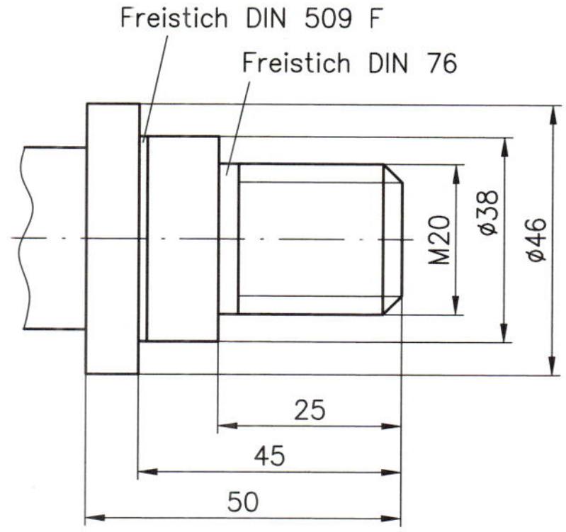

Lösung: (Als Video auch in BPW)

```
N10 G54
N15 T1 M4 G97 S2000 G95 F0.4
N20 G0 X45 Z1
N25 M8
N30 G82 D1.5 H2 AZ0.2                  Planschruppzyklus
  N35 G1 X40 Z0
  N40 G1 X-1
  N45 G1 Z4
  N50 G80
N55 G81 D3 H2 AZ0.2 AX0.5              Längsschruppzyklus
  N60 G0 X12 Z2
  N65 G1 X20 Z-2
  N70 G1 Z-25
  N75 G1 X30
  N80 G1 Z-20
  N85 G1 X38
  N90 G1 Z-50
  N95 G80
N100 M9
N100 G14
N105 T4 M4 S2000 F0.1 M8
N110 G0 X20 Z0
N115 G1 X-1
N120 G0 X12 Z2
N125 G1 X20 Z-2
N130 G85 XA20 ZA-25 I1.8 K6.3 H1       Gewindefreistichzyklus
N135 G1 X30
N140 G85 XA30 ZA-45 H3                 Freistichzyklus an
N145 G1 X38                            Wellenzapfen
N150 G1 Z-50 M9
N155 G14
N160 T3 M3 M8 G97 S400
N165 G0 X22 Z2
N170 G31 ZA-21 XA20 F2.5 D1.53 H4      Gewindezyklus
N171 M9
N175 G14
N180 M30
```

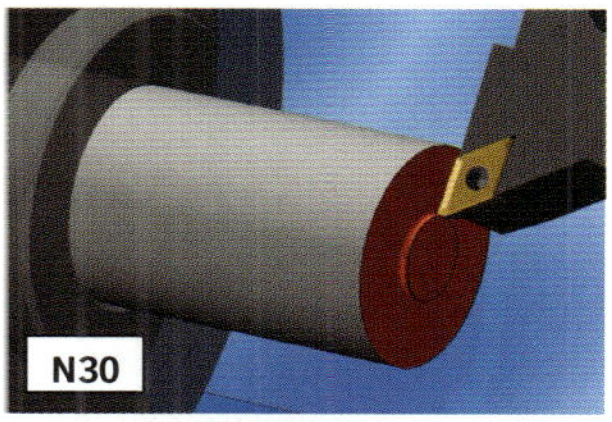

3.2.2 Programmabschnittwiederholungen

Mit dem Befehl **G23** können ausgewählte Teile eines Programms mehrfach wiederholt werden. Dies spart Programmierarbeit und kann in vielen Fällen die Arbeit mit Unterprogrammen ersetzen.

NC-Satz:

N... G23 N_{Beginn} ... N_{Ende} ... [optional H...]

- [optional H...] – Anzahl der Wiederholungen
- N_{Ende} – Nummer des letzten zu wiederholenden Satzes
- N_{Beginn} – Nummer des ersten zu wiederholenden Satzes
- G23 – Befehl Programmabschnittwiederholung

Wiederholungen eines Programmabschnitts werden mit G23 und den Satznummern des Start- und Endsatzes programmiert.

3.2.3 Unterprogramme

- **Unterprogramme mit festen Zahlenwerten**

Für gleiche Bearbeitungsabläufe werden Unterprogramme erstellt. Diese Unterprogramme können an jeder beliebigen Stelle von Hauptprogrammen eingesetzt werden. Sie werden meist inkremental programmiert. Ein Unterprogramm beginnt mit **L** sowie der **Unterprogrammnummer** und endet im letzten Satz mit **M17**. Die Zahl der Wiederholungen an aufeinanderfolgenden Stellen wird mit H... angegeben.

Beispiel für ein Unterprogramm mit festen Zahlenwerten (nach PAL)

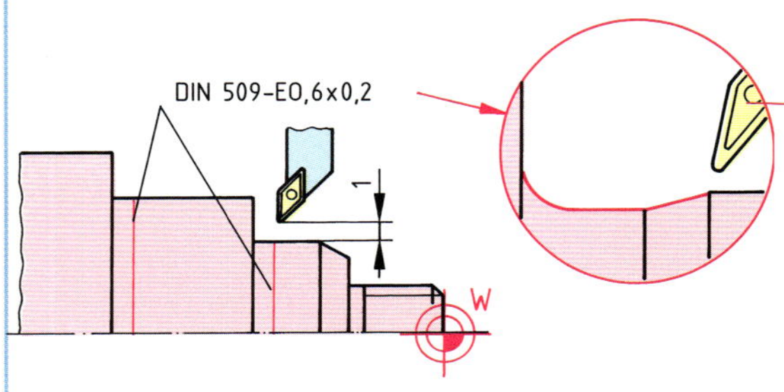

Unterprogramm Freistich
L 22

N	G	X	Z	I	K	M
N1	G91					
N2	G01	−1				
N3	G42					
N4	G01	−0.18	−0.671			
N5	G02	−0.02	−0.154	0.58	−0.154	
N6	G01		−0.575			
N7	G02	0.6	−0.6	0.6	0	
N8	G40					
N9	G01	0.2	2			
N10	G90					
N11						M17

Erklärungen:

L 22 H1

- H1 – Zahl der Durchläufe: 1
- 22 – Unterprogrammnummer: 22
- L – Unterprogrammaufruf

M17 Unterprogrammende

Hinweis zum Programm: Das Werkzeug wird im Hauptprogramm jeweils 1 mm vor den Durchmessern platziert. Darum wird hier im 2. Satz X-1 programmiert.

Für gleiche Bearbeitungsabläufe, die an unterschiedlichen Stellen aufgerufen werden, erstellt man Unterprogramme. Diese werden bevorzugt inkremental programmiert. Unterprogramme sind durch den Buchstaben L vor der Unterprogrammnummer gekennzeichnet. Das Unterprogrammende wird im letzten Satz mit M17 angegeben.

- **Unterprogramme mit Parametertechnik**

Für Bearbeitungsvorgänge, bei denen ähnliche Formen mit unterschiedlichen Maßen vorkommen, werden statt der Maße Parameter programmiert. Parameter werden von den Steuerungsherstellern unabhängig von Normen mit unterschiedlichen Buchstaben benannt – zum Beispiel **R**.

Beispiel für ein Unterprogramm mit Parametertechnik (steuerungsabhängiges Beispiel)

Werkstück Nr. 1

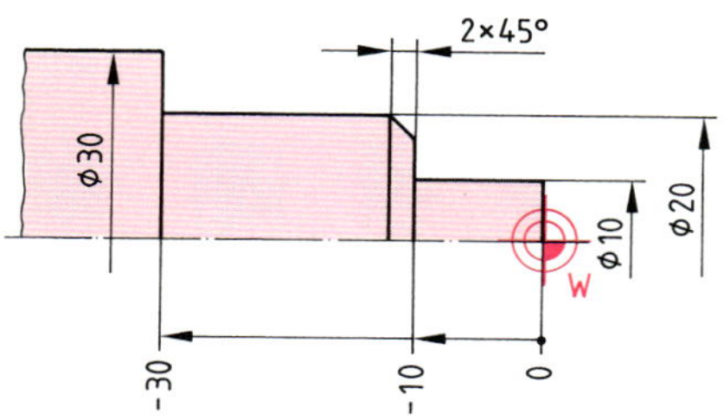

Werkstück Nr. 2

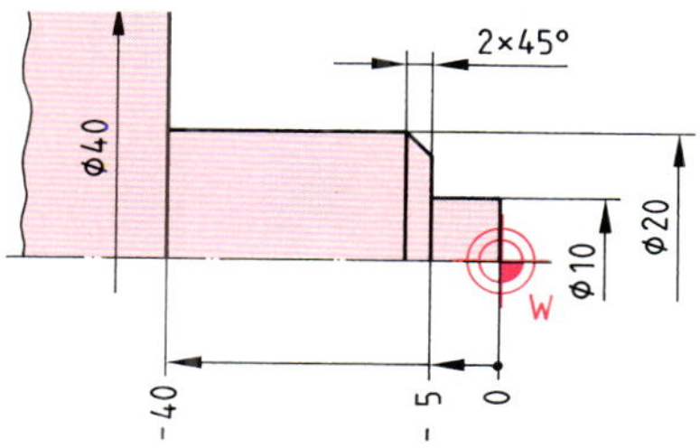

Werkstück Nr. 1 und Nr. 2 unterscheiden sich in der Länge ihrer zylindrischen Ansätze und im Wert des letzten Durchmessers. Es soll trotzdem ein gemeinsames Programm geschrieben werden. Dies geschieht dadurch, dass die unterschiedlichen Werte mit den Parametern R1, R2 und R3 belegt werden. Soll Werkstück Nr. 1 gefertigt werden, müssen *vor* Programmbeginn die Parameter mit den Werten von Werkstück Nr. 1 belegt werden; entsprechend wird bei Werkstück Nr. 2 vorgegangen:

Parameter von Werkstück Nr. 1
R1 = – 10 (Länge des 1. Zylinders)
R2 = – 30 (Länge des 2. Zylinders)
R3 = 30 (⌀ des 3. Zylinders)

Parameter von Werkstück Nr. 2
R1 = – 5 (Länge des 1. Zylinders)
R2 = – 40 (Länge des 2. Zylinders)
R3 = 40 (⌀ des 3. Zylinders)

N	G	X	Z	I	K
N1		R1=....			
N2		R2=....			
N3		R3=....			
N4					
N5	G90				
N6	G00	X0	Z0		
N7	G42				
N8	G01	X10			
N9	(G01)		Z=R1		
N10	(G01)	X20			
N11	(G01)		Z=R2		
N12	(G01)	X=R3			
N13	G40				

Bei Teilefamilien benötigt man mit Parametertechnik ein Programm. Unterschiedliche Werte werden unmittelbar vor dem Programm festgelegt.

3.2.4 Einsatz von Unterprogrammen

Zur Verringerung des Programmieraufwandes versucht man möglichst Zyklen und Unterprogramme einzusetzen. Die Unterprogramme werden mir **G22** und der Unterprogrammnummer **L...** aufgerufen. Mit **H...** kann die Zahl der Wiederholungen eingegeben werden.

NC-Satz: G22 L... [H...] [ ] optional

Beispiel für den Einsatz von Zyklen und Unterprogrammen in einem Hauptprogramm

Die vorgearbeitete und umgespannte Folienwalze soll vier gleiche Erhebungen erhalten. Ein entsprechendes Programm ist zu schreiben.

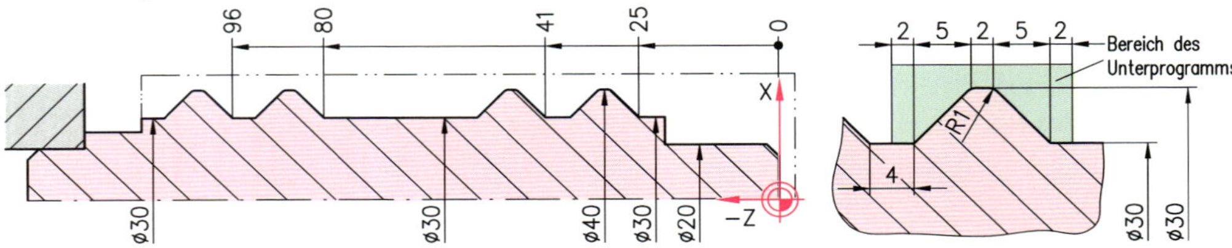

Lösung: (Als Video auch in BPW)

```
N10 G54
N15 T5 S3000 F0.1 M4
N20 G00 X42 Z2
N25 G0 X41 Z0

N30 G81 D3
N35  G0 X12 Z2
N40  G1 X20 Z-2
N45     Z-20
N50     X30
N55     Z-25
N60     X40
N65     Z-120
N70     X42
N75  G80

N80 G14
N85  T9 S3000 F0.1 M4

N90  G0 X42 Z-23
N95  G22 L11 H2
N100 G90

N105 G81 D3
N110  G0 X41 Z-54
N115  G1 X30
N120     Z-80
N125     X41
N130  G80

N135 G0 Z-78
N140 G22 L11 H2
N145 G90

N150 G81 D3
N155  G0 X40 Z-109
N160  G1 X30
N165     Z-117
N170     X41
N175  G80

N180 G0 X45
N185 G14
N190 M30
```

Schnittaufteilung:

Startpunkte von Zyklen und Unterprogrammen

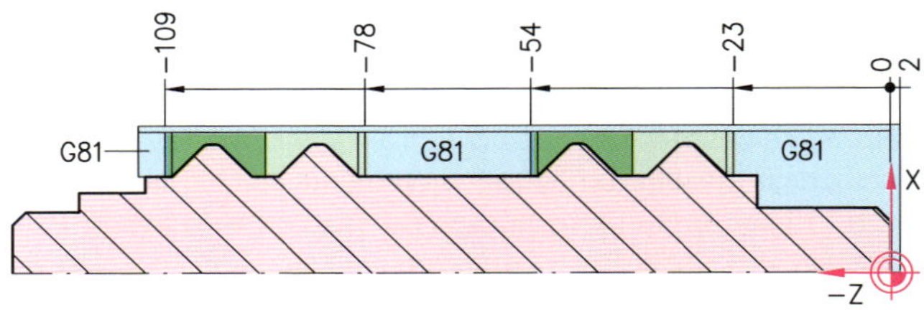

Unterprogramm L11

```
N10  G81 D2
N15  G42
N20  G91
N25  G1 X-6
N30  Z-2
N35  X5 Z-5 RN1
N40  Z-2 RN1
N45  X-5 Z-5
N50  Z-2
N55  X6
N60  G40
N65  G80
N70  Z-16
N75  G90 N80 M17
```

Abbildung aus Simulation mit MTS TopTurn

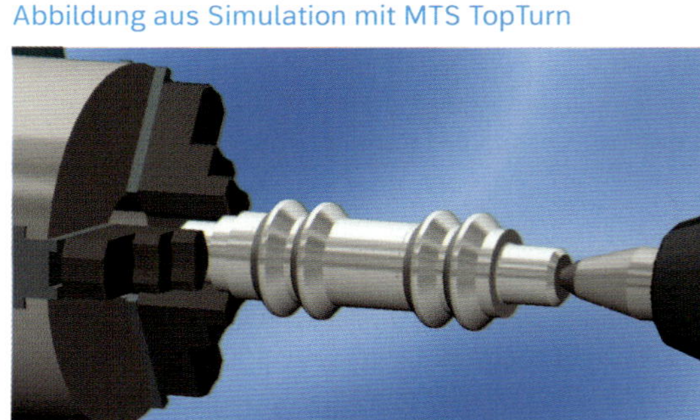

3.3 Werkzeuge und Werkzeugmaße beim Drehen

3.3.1 Aufbau von Drehwerkzeugen

Auf CNC-Drehmaschinen setzt man ausschließlich Drehmeißel mit auswechselbaren Wendeschneidplatten ein. Der Drehmeißel wird in den Werkzeughalter eingesetzt. Werkzeughalter sind meist mit genormten Schäften nach DIN 69880 ausgestattet, mit denen sie in entsprechend gestaltete Mehrfachwerkzeugträger (Werkzeugrevolver) eingesetzt werden.

Beispiel für einen Werkzeughalter mit Schaft und einen Werkzeugrevolver einer CNC-Drehmaschine

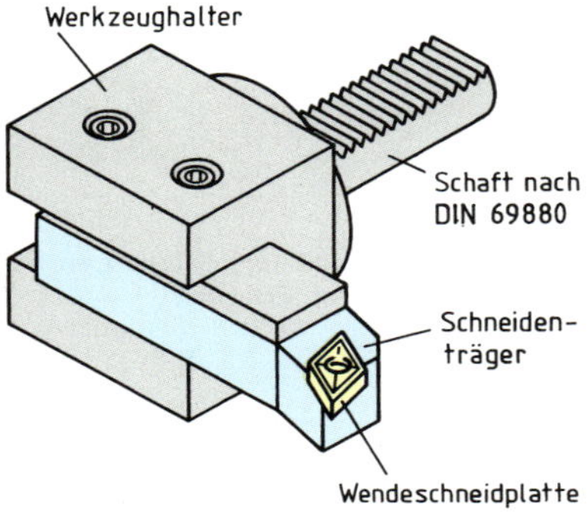

3.3.2 Werkzeugmaße

Der Steuerung müssen die Maße der eingesetzten Werkzeuge eingegeben werden. Das zur Programmierung benutzte CAM-System benötigt diese Maße ebenfalls zur sicheren Simulation, damit die Gefahren von zu großer Spanabnahme und Kollisionen sicher erkannt werden können. Bezugspunkt für die Ermittlung der Werkzeugmaße ist der sogenannte **Werkzeugeinstellpunkt.**

Der Werkzeugeinstellpunkt ist ein der Steuerung bekannter Punkt, der bei allen Werkzeugpositionen an der dem Futter zugewandten Seite des Revolvers liegt.

Zur Eingabe in den Werkzeugspeicher der Steuerung benötigt man folgende Daten des Werkzeugs:

- **Werkzeuglänge *L***
  Dies ist der Abstand der Schneidenspitze vom Werkzeugeinstellpunkt in Z-Richtung.
- **Querlage *Q***
  Dies ist der Abstand der Schneidenspitze vom Werkzeugeinstellpunkt in X-Richtung.
- **Schneidenradius *L***
  Dies ist die Rundung der Werkzeugschneide.

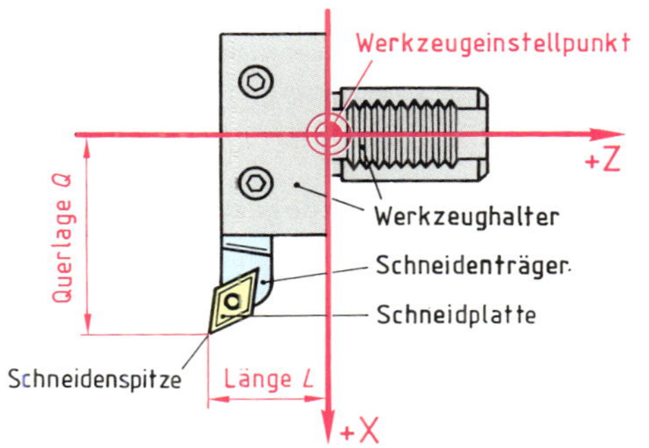

Für den Einsatz der Werkzeuge werden folgende Daten in den Werkzeugspeicher eingegeben:
- die Länge *L*,
- die Querlage *Q*,
- der Schneidenradius *R*.

- **Manuelle Ermittlung von Werkzeugmaßen an der Maschine**

Zuerst wird ein beliebiger Durchmesser angedreht und in Z-Richtung freigefahren. Nach dem Messen des Zylinderdurchmessers wird dieser Wert in die Steuerung eingegeben. Sie errechnet sich daraus die Querlage *Q*. Anschließend wird eine Planfläche angedreht und in X-Richtung freigefahren. Nach dem Ausmessen der Werkstücklänge wird dieser Wert ebenfalls der Steuerung eingegeben. Die Steuerung errechnet daraus die Werkzeuglänge *L*.

Aus der Eingabe des angedrehten Werkstückdurchmessers und der Werkstücklänge errechnet sich die Steuerung die Querlage Q und die Länge *L*.

• Optische Ermittlung der Korrekturmaße an Werkstückrevolvern

An Werkzeugrevolvern können die Durchmesser- und Längenunterschiede der einzelnen Werkzeuge im Vergleich mit dem „Nullwerkzeug" optisch ermittelt werden.

Zu diesem Zweck wird eine Lupe, die ein Fadenkreuz enthält, an der Maschine angebracht. Mit dem „Nullwerkzeug" im Schnittpunkt des Fadenkreuzes werden die Durchmesser- und Längenkorrekturwerte für dieses Werkzeug auf Null gesetzt.
Anschließend werden die einzelnen Werkzeuge, die im Werkzeugrevolver eingespannt sind, unter die Lupe gefahren. Dabei werden vom Messsystem die Abweichungen in X- und Z-Richtung vom „Nullwerkzeug" angezeigt. Mittels eines Kreismusters auf der Lupe kann gleichzeitig der Schneidenradius bestimmt werden. Diese Werte werden in den Werkzeugdatenspeicher der Maschine eingegeben.

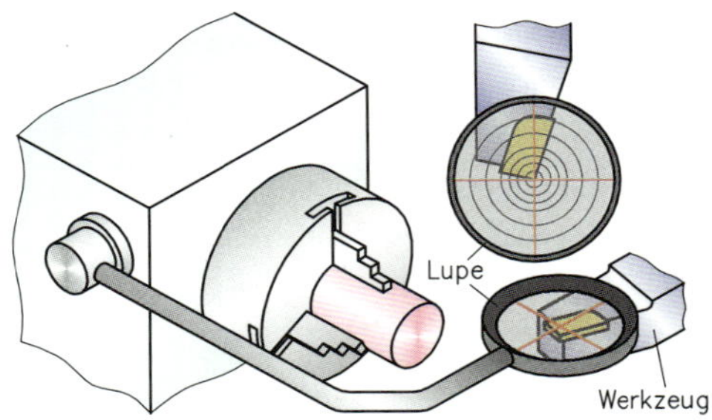

Optische Ermittlung von Korrekturwerten an einem Werkzeugrevolver (Schema)

• Ermittlung der Werkzeugdaten mit Einstell- und Messgeräten

Mithilfe von Einstell- und Messgeräten werden Zerspanungswerkzeuge vor deren Einsatz in der Fertigungsmaschine vermessen, um die Istwerte zu ermitteln wie z. B. Schneidenlänge, Durchmesser, Radius, Schneidenwinkel und zahlreiche weitere Parameter je nach Werkzeugtyp. Zusätzlich können Werkzeuge auf Sollmaß eingestellt werden und auf Schneidenqualität geprüft werden. Mithilfe eines Bildverarbeitungssystems und Software werden die Parameter bedienerunabhängig, berührungslos und μ-genau ermittelt.

Die Istwerte können
- direkt am Gerät abgelesen,
- unmittelbar an die Maschine ausgegeben,
- in Listen ausgedruckt oder
- automatisch auf Datenträgern gespeichert werden.

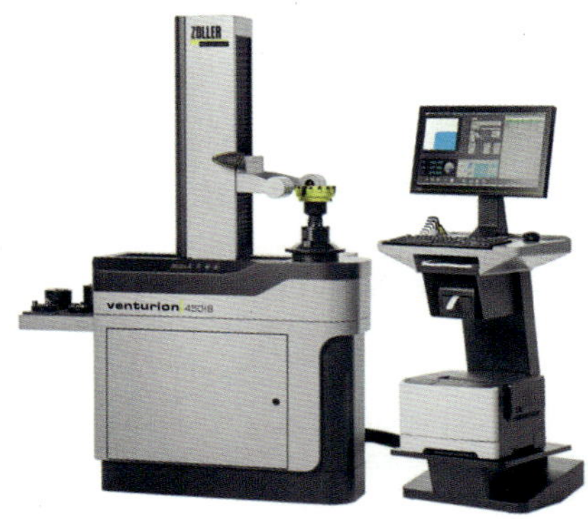

Werkzeug-Voreinstellgerät

• Verwaltung der Werkzeugdaten

Voraussetzung für eine Verwaltung der Werkzeuge ist eine Nummerierung jedes einzelnen Werkzeugs. Die Nummer kann dem Werkzeug durch Codierringe an der Werkzeugaufnahme, durch Strichcodes oder einen Chip mitgegeben werden. Die zugehörigen Daten können dann in einem zentralen Rechner abgelegt werden, aus dem sie bei Bedarf vom Voreinstellsystem, von der CNC-Maschine und dem CAM-System abgerufen werden können. Dieser Rechner verwaltet auch
- die vorgegebene Nutzungszeit,
- die Vorwarnzeit bei Standzeitende,
- die Nummern der Schwesternwerkzeuge,
- im Einsatz vorgenommene Maßkorrekturen wegen Verschleiß u. A.

Auslesen des Chips an einem Werkzeug

Beim Einsatz von Chips, aus denen nicht nur Daten gelesen, sondern auch beschrieben werden können, führt jedes Werkzeug seine Daten und alle Änderungen mit, sodass jederzeit die Daten an Schreib-Lese-Einrichtungen gelesen und aktualisiert werden können.

3.3.3 Schneidenradiuskompensation

Die Schneide eines Drehmeißels endet nie in einer punktförmigen Schneidenspitze, sondern ist stets mit einem kleinen Radius versehen. Dadurch erhöht sich die Standzeit des Werkzeugs und die Oberflächenqualität des Werkstücks verbessert sich. Die Schneidenradien betragen etwa 0,2 bis 2 mm. Beim Drehen zylindrischer Werkstücke verursacht ein Schneidenradius keinen Fehler. Beim Drehen konischer Werkstücke und beim Drehen größerer Radien muss der Schneidenradius berücksichtigt werden. Dabei ist der Weg, den ein Meißel mit *punktförmiger* Schneidenspitze zur Erzeugung der programmierten Kontur zurücklegen würde, nicht gleich dem Weg einer *gerundeten* Schneidenecke. In der Praxis würde das gefertigte Werkstück nicht die vorbestimmte Form haben, sondern eine Formabweichung aufweisen.

Beispiele für die Entstehung von Konturfehlern durch einen Schneidenradius

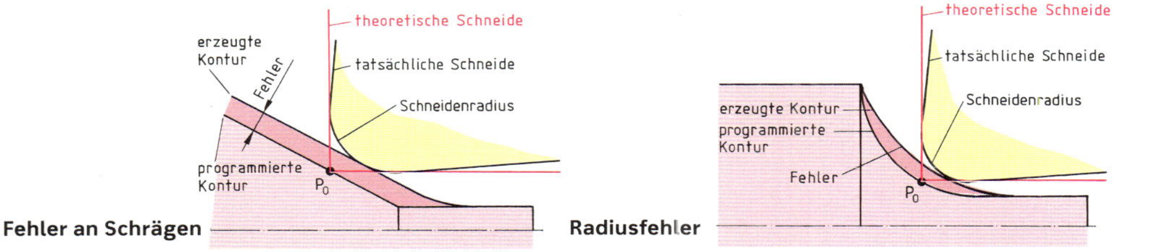

Beim Drehen mit Meißeln mit gerundeter Schneidenecke entstehen an Schrägen und in großen Radien Konturfehler, falls keine Korrekturen vorgenommen werden.

Um eine Schneidenradiuskompensation zutreffend ausführen zu können, benötigt die Steuerung Angaben über die Lage der Schneide zur Werkstückkontur in Vorschubrichtung, über den Schneidenradius sowie über die Stellung der Schneide zum Werkstück.

Bei dem Befehl **G41** erfolgt die Korrektur für ein Werkzeug, das links von der Kontur arbeitet – *betrachtet in Vorschubrichtung.*

Bei dem Befehl **G42** erfolgt die Korrektur für ein Werkzeug, das rechts von der Kontur arbeitet – *betrachtet in Vorschubrichtung.*

Die Schneidenradiuskompensation bleibt so lange wirksam, bis mit dem Befehl **G40** die vorherige Anweisung zur Werkzeugkorrektur aufgehoben wird.

Beispiele für die G-Funktionen zur Schneidenradiuskompensation bei Drehteilen

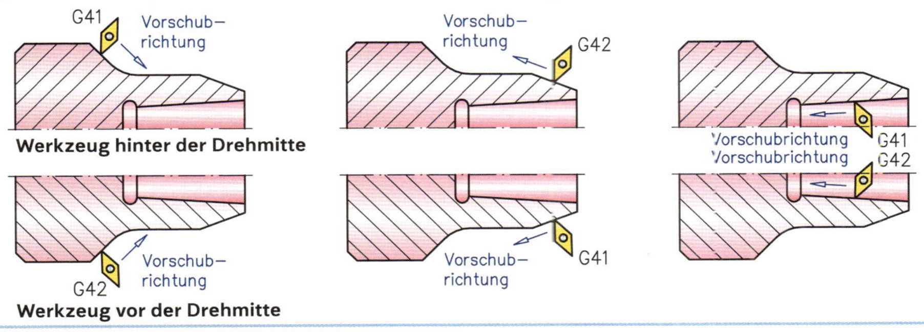

Schneidenradiuskompensation:	G41 Werkzeug in Vorschubrichtung links von der Kontur, G42 Werkzeug in Vorschubrichtung rechts von der Kontur, G40 für das Aufheben der Schneidenradiuskompensation.

Zusätzlich muss die Lage der theoretischen Schneidenspitze P0 zum Schneidenradiusmittelpunkt S durch eine herstellerspezifische Kennzeichnung eingegeben werden.

Mögliche Positionen:

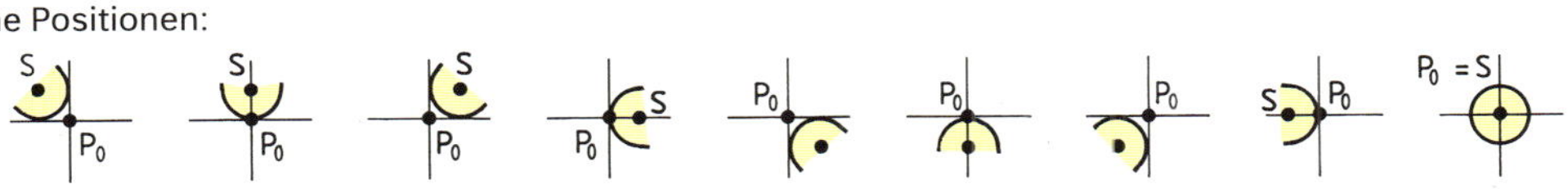

4 Programmieren zur Fertigung von Frästeilen

4.1 Programmieren von Weginformationen beim Fräsen

4.1.1 Achsrichtungen bei Fräsarbeiten

Bei Fräsmaschinen unterscheidet man nach der Lage der Arbeitsspindel Senkrechtfräsmaschinen und Waagerechtfräsmaschinen. Vorwiegend werden Senkrechtfräsmaschinen eingesetzt.

Senkrechtfräsmaschine	Waagerechtfräsmaschine
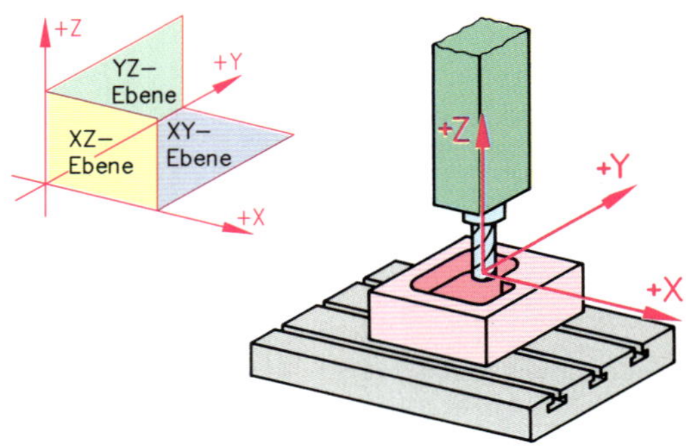	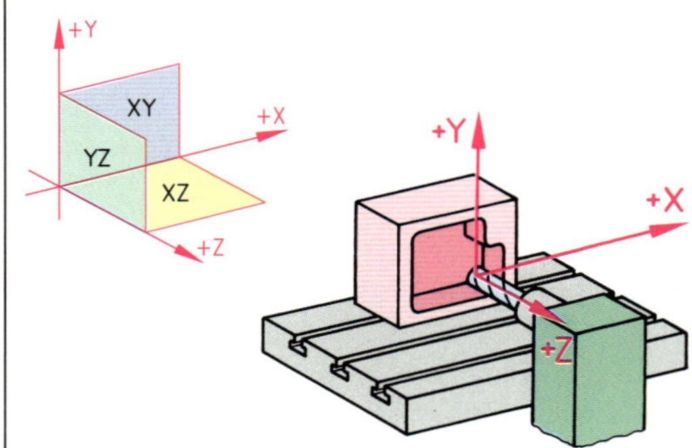

Zur Fertigung komplizierter Werkstücke müssen Fräsmaschinen über zusätzliche Bewegungsrichtungen verfügen. Solche Maschinen bezeichnet man als Bearbeitungszentren.

Zum Programmieren der Schwenkbewegungen um die drei Achsen sind Adressbuchstaben festgelegt, die durch Winkelangaben ergänzt werden.

Dabei bezeichnet der Buchstabe

A eine Schwenkbewegung um die **X-Achse,**
B eine Schwenkbewegung um die **Y-Achse,**
C eine Schwenkbewegung um die **Z-Achse.**

Die Bewegungen sind dann positiv, wenn sie in Richtung der positiven Achse gesehen im *Uhrzeigersinn* erfolgen.

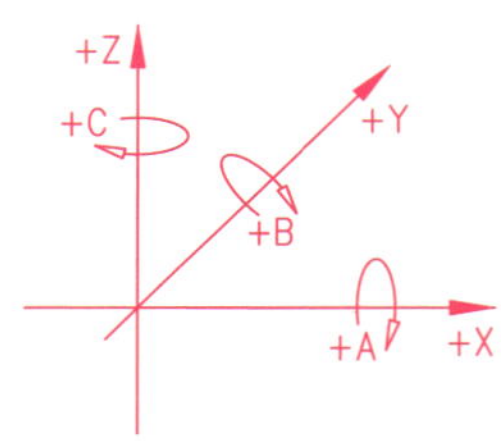

Koordinatenachsen

Beispiele für Achsen an CNC-Fräsmaschinen

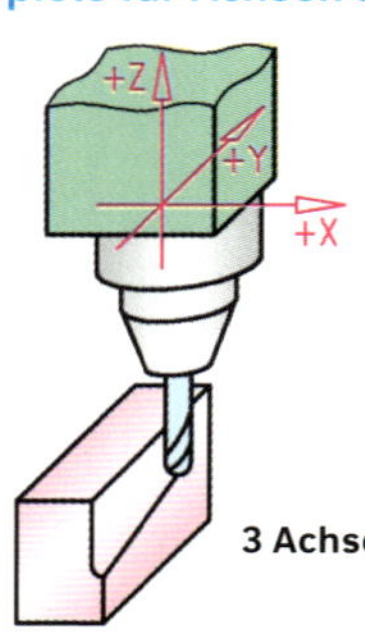

3 Achsen

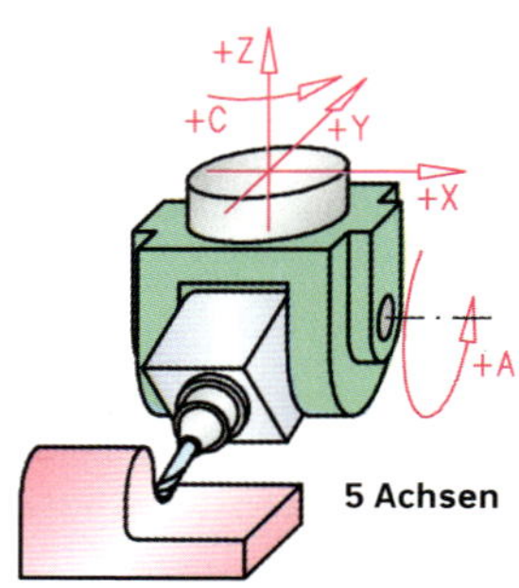

5 Achsen

5 Achsen mit Drehtisch

Programmgesteuerte Schwenkbewegungen um die X-, Y- und Z-Achse werden mit A, B und C bezeichnet. Die Bewegungen sind positiv, wenn sie sich in Richtung der positiven Achse gesehen im Uhrzeigersinn drehen.

4.1.2 Maschinennullpunkt und Referenzpunkt

Der Maschinennullpunkt ist der Ursprung des Koordinatensystems. Er liegt bei CNC-Fräsmaschinen an der Grenze des Arbeitsbereiches. Bei Fräsmaschinen mit inkrementalen Messsystemen muss beim Einschalten der Maschine ein Nullpunkt angefahren, und die Messsysteme müssen dort in allen Achsrichtungen Null gesetzt werden. Einen solchen Punkt bezeichnet man als Referenzpunkt. An Fräsmaschinen sind der Referenzpunkt und der Maschinennullpunkt vielfach identisch. Zum Anfahren des Referenzpunktes sind auf allen Maßstäben der Bewegungsachsen Markierungen (Referenzmarken) vorhanden.
Kann bei einer Fräsmaschine der Maschinennullpunkt nicht angefahren werden, so wird ein Referenzpunkt ersatzweise an anderer Stelle im Arbeitsbereich festgelegt.

Beispiel für die Lage von Maschinennullpunkt und Referenzpunkt an Fräsmaschinen

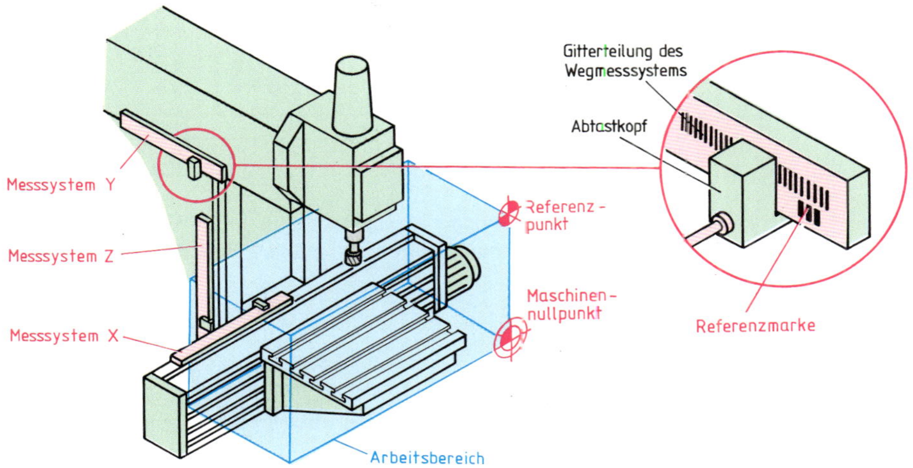

4.1.3 Werkstücknullpunkte

- **Wahl des Werkstücknullpunktes**

Der Werkstücknullpunkt wird vom Programmierer frei gewählt. Die Festlegung erfolgt jedoch so, dass alle Werkstückmaße leicht auf den Nullpunkt zurückgerechnet werden können. Ferner muss nach dem Aufspannen des Werkstückes eine einfache Lagebestimmung des Nullpunktes möglich sein. Zweckmäßig wählt man bei einfachen Frästeilen den Nullpunkt an einer Werkstückecke.
Bei symmetrischen Werkstücken legt man den Werkstücknullpunkt auf die Symmetrieachse, bei radialen Anordnungen in den Kreismittelpunkt.

Beispiel für Nullpunktslagen an einfachen Frästeilen

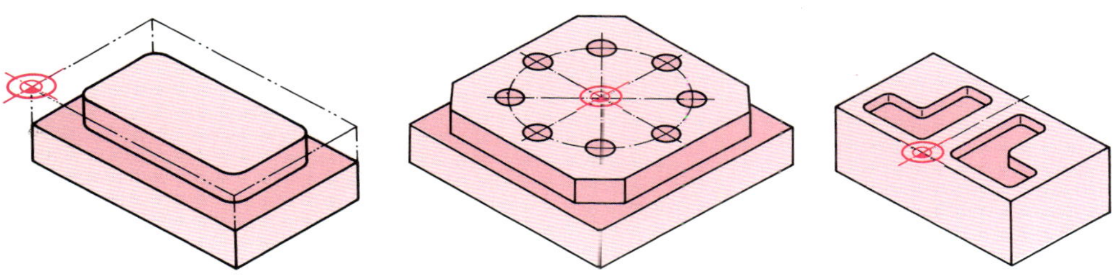

Werkstücknullpunkt an einem Werkstückeckpunkt

Werkstücknullpunkt in der Symmetrieachse

Den Werkstücknullpunkt legt man bei einfachen Werkstücken an einen Werkstückeckpunkt, bei symmetrischen Werkstücken auf die Symmetrieachse.

- **Verschiebung des Werkstücknullpunktes**

Für die Bearbeitung auf CNC-Maschinen kann es vorteilhaft sein, den Werkstücknullpunkt innerhalb eines längeren Fertigungsprozesses zu verlegen. Dies geschieht mit dem Befehl **G59.** Der Befehl **G53** hebt die Verschiebung wieder auf.

Beispiel für eine Nullpunktverschiebung mit dem Befehl G59 (nach PAL)

Eine programmierte Grundkontur kann mithilfe einer Nullpunktverschiebung an die gewünschte Stelle übertragen werden. Die Verschiebung wird mit dem Befehl G59 aufgerufen und durch die Angabe der Absolutmaße für die Nullpunktverschiebung programmiert. Weitere Verschiebungen können mit der Absolutbemaßung auf den neuen Nullpunkt programmiert werden.

N... G59 X120 Y100

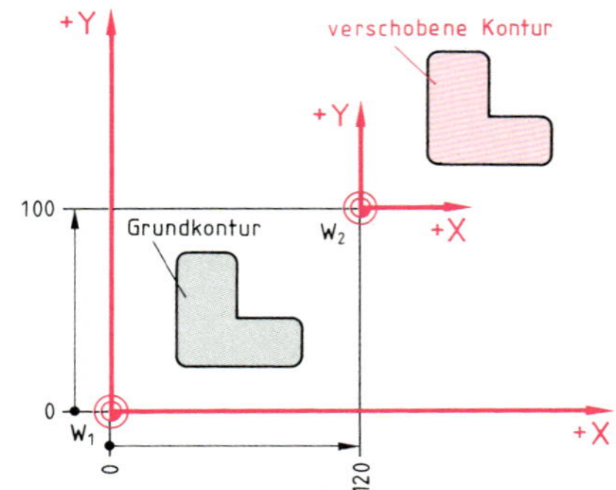

Für die Bearbeitung komplizierter Werkstücke können nacheinander mehrere Werkstücknullpunkte gesetzt werden. Die Verschiebung des Werkstücknullpunktes wird mit dem Befehl G59 programmiert. G53 hebt die Verschiebung wieder auf.

4.1.4 Werkzeugbahnkorrekturen

Die erforderliche Werkzeugbewegung für eine Fräsarbeit entspricht theoretisch der Bahn des Fräsermittelpunktes parallel zur zu fertigenden Werkstückkontur. Je nach Durchmesser des eingesetzten Fräsers muss die Bahn des Werkzeugmittelpunktes entlang der Werkstückkontur nach links oder rechts verlegt werden.

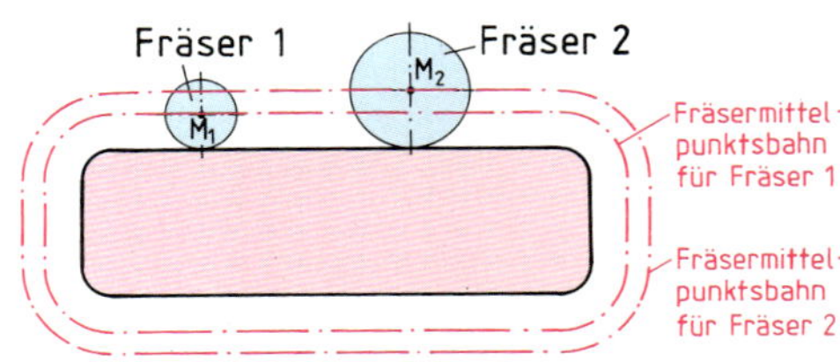

Lage der Fräsermittelpunktsbahn

Soll das Werkzeug in Vorschubrichtung links von der gewünschten Kontur arbeiten, dann ruft man die Korrektur durch den Wegbefehl **G41** auf.
Soll das Werkzeug in Vorschubrichtung rechts von der gewünschten Kontur arbeiten, dann ruft man die Korrektur durch den Wegbefehl **G42** auf.
Der Befehl **G40** hebt die Bahnkorrektur wieder auf.

Beispiele zu Werkzeugbahnkorrekturen mit den Befehlen G41 und G42

G41 korrigiert bei der Stellung des Werkzeugs in Vorschubrichtung links von der Kontur.
G42 korrigiert bei der Stellung des Werkzeugs in Vorschubrichtung rechts von der Kontur.
G40 hebt Korrekturen wieder auf.

Bei Fräsern mit der Schnittrichtung rechts führt G42 immer zu Gegenlauffräsen und G41 zu Gleichlauffräsen.

4.2 Programmierhilfen beim Fräsen

4.2.1 Zyklen beim Fräsen

Häufig sind bei Arbeiten auf Fräsmaschinen sich wiederholende, gleichartige Bearbeitungen durchzuführen, die in vielen Einzelschritten programmiert werden müssen. Man fasst diese Arbeiten in Zyklen zusammen, die in einem Satz programmiert werden.

Wichtige Zyklen für die Fräsbearbeitung sind:

- *Bohrzyklen:* Durchbohren, Tiefbohren, Gewindebohren, Lochmusterbohren
- *Konturzyklen:* Taschenfräsen, Zapfenfräsen, Fasenfräsen, Eckenrunden
- *An- und Ausfahrzyklen:* Sanftes Anfahren an die Kontur

Beispiele für Vorgänge, die mit Zyklen zu programmieren sind

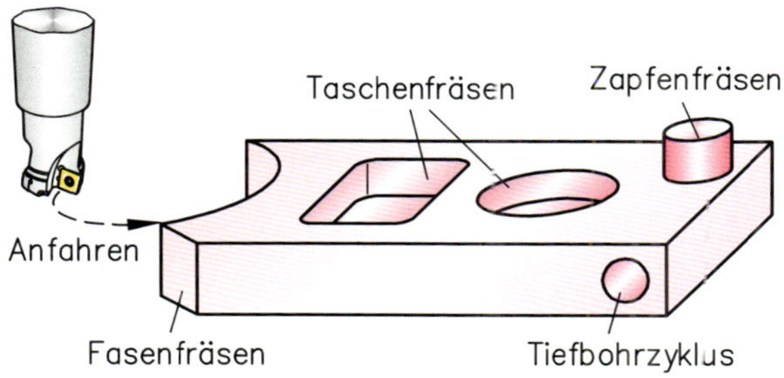

- **Tiefbohrzyklus mit Spänebrechen G82**

Zum Bohren tiefer Bohrungen wird der Zyklus G82 verwendet. Die Vorschubbewegung des Bohrers wird nach Erreichen der programmierten Zwischenbohrtiefe angehalten, anschließend wird das Werkzeug um einen bestimmten Betrag angehoben, um die Späne zu brechen.

Beispiel für einen Tiefbohrzyklus

Tiefbohrzyklus mit Spänebrechen G82 (PAL-Codierung)

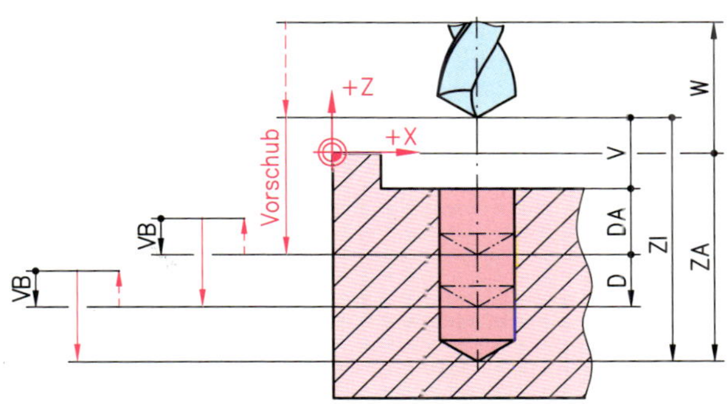

NC-Satz

G82 ZI/ZA D V [W] [DA] [VB] [O1] [F] [S] [M]   **[ ] optionale Adressen**

Adressbuchstaben:

ZI	**Tiefe der Bohrung inkremental ab Bohrungsoberkante oder**
ZA	**Tiefe der Bohrung absolut ab Werkstückoberfläche**
D	**Zustelltiefe**
V	**Höhe der Rückzugsebene von der Materialoberfläche**
W	Höhe der Rückzugsebene absolut in Werkstückkoordinaten
DA	inkrementale Anbohrtiefe der ersten Zustellung ab Bohrungskante
VB	Rückzugsabstand nach jeder Zustelltiefe vom jeweiligen Bohrungsgrund
O1	Verweildauer in Sekunden

Rechtecktaschenfräszyklus G72

Zum Fräsen von Rechtecktaschen wird der Zyklus G72 verwendet. Der Startpunkt für das Werkzeug liegt oberhalb des Taschenmittelpunkts. Die Tasche wird konturparallel vom Mittelpunkt her ausgeräumt.
Als Pflichtparameter sind die Länge, die Breite und die Tiefe der Rechtecktasche einzugeben, außerdem die maximale Zustelltiefe und der Sicherheitsabstand des Fräsers von der Taschenoberkante. Für die Schlichtbearbeitung können Bearbeitungsaufmaße für Taschenwandung und Taschenboden programmiert werden.

Beispiel für einen Rechtecktaschenfräszyklus

Rechtecktaschenfräszyklus G72 (PAL-Codierung)

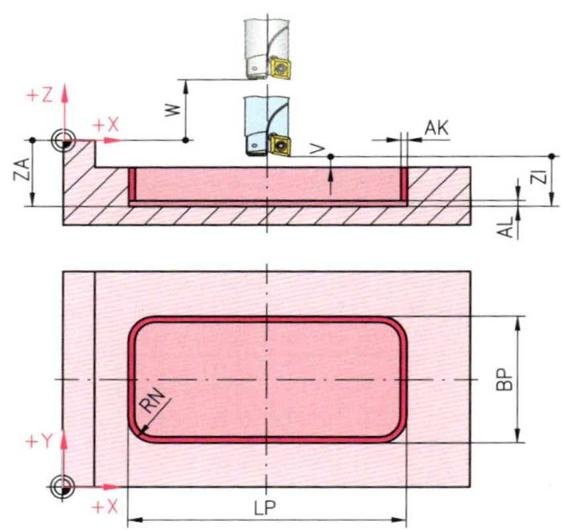

NC-Satz
G72 LP BP ZI/ZA D V [W] [RN] [AK] [AL] [F] [S] [M]   **[ ] optionale Adressen**

Adressbuchstaben:
- LP **Länge der Rechtecktasche in X-Richtung**
- BP **Breite der Rechtecktasche in Y-Richtung**
- ZI **Tiefe der Rechtecktasche inkremental ab Taschenoberkante oder**
- ZA **Tiefe der Rechtecktasche absolut ab Werkstückoberfläche**
- D **Maximale Zustelltiefe**
- V **Abstand der Sicherheitsebene von der Taschenoberfläche**
- W Höhe der Rückzugsebene absolut in Werkstückkoordinaten
- RN Eckenradius (Voreinstellung RN0, damit ist der erzeugte Eckenradius gleich dem Werkzeugradius)
- AK Aufmaß auf die Berandung
- AL Aufmaß auf den Taschenboden

Beispiel für den Einsatz eines Rechtecktaschenfräszyklus (nach PAL)

Mit einem Schaftfräser von 20 mm Durchmesser ist die dargestellte Rechtecktasche zu fräsen.
Es ist der Programmteil zum Fräsen der Tasche zu schreiben.

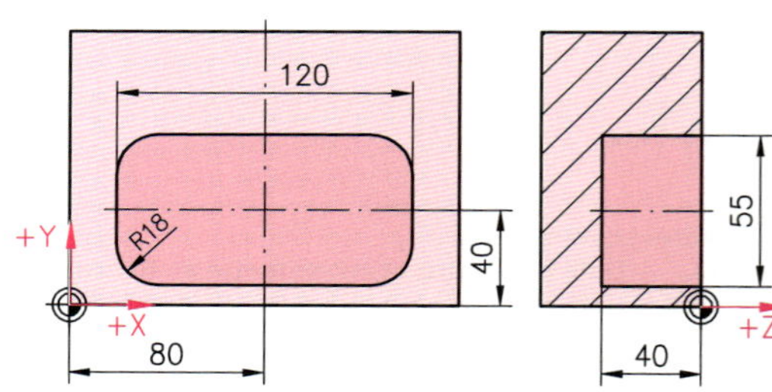

Lösung:

```
N70 G72 LP120 BP56 Zi-40 D4 V3 RN18
N80 G79 XA80 YA40
```

Beschreibung der Tasche, die mit zuvor programmierten Schnittdaten auszuräumen ist.
Auf Setzpunkt fahren, Tasche ausräumen

• Kreistaschen- und Zapfenfräszyklus G73

Kreistaschen oder Zapfen werden mit dem Fräszyklus G73 in gleicher Weise programmiert. Der Zyklus steuert eine kreisförmige Bewegung des Fräsers, sodass Kreistaschen, Kreistaschen mit Zapfen und frei stehende Zapfen gefräst werden können.

Beispiel für einen Kreistaschen- und Zapfenfräszyklus

Im Zyklus G73 wird mit demselben Fräser zunächst die Schruppbearbeitung und anschließend die Schlichtbearbeitung durchgeführt.
Startpunkt (Setzpunkt) der Bearbeitung ist in jedem Fall der Kreismittelpunkt

Kreistaschenfräszyklus (PAL)	G73	Zapfenfräszyklus (PAL)

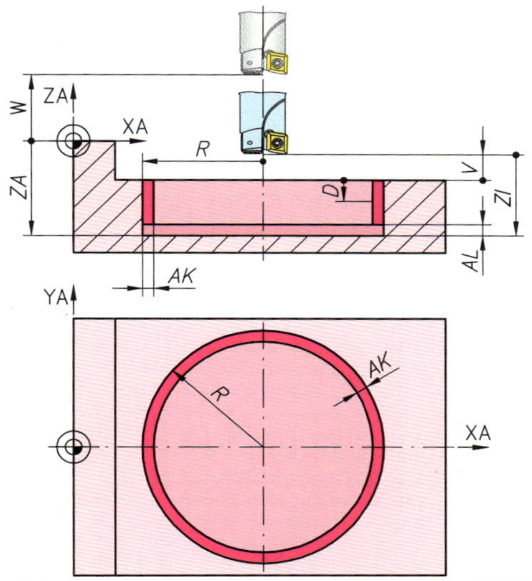

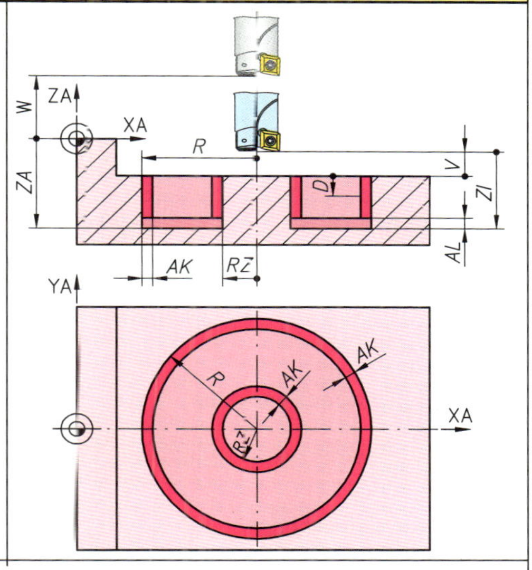

NC-Satz:
G73 ZI/ZA R D V [W] [RZ] [AK] [AL] [F] [S] [M] **[ ] optionale Adressen**

Adressbuchstaben:
- **ZI** **Tiefe der Kreistasche inkremental ab Materialoberfläche**
- **ZA** **Tiefe der Kreistasche absolut ab Werkstückoberfläche**
- **R** **Radius der Kreistasche**
- **RZ** **Radius des gewünschten Zapfens**
- **D** **Maximale Zustelltiefe**
- **V** **Abstand der Sicherheitsebene von der Materialoberfläche**
- W Höhe der Rückzugsebene absolut in Werkstückkoordinaten
- AK Aufmaß auf die Berandung
- AL Aufmaß auf den Taschenboden

Beispiel für den Einsatz eines Zapfenfräszyklus

Ein Hebel wurde so weit vorgearbeitet, dass aus einem Vierkantzapfen von 32 mm ein Zapfen von 20 mm Durchmesser ausgefräst werden kann.
Es ist der Programmteil zum Fräsen des Zapfens zu schreiben.

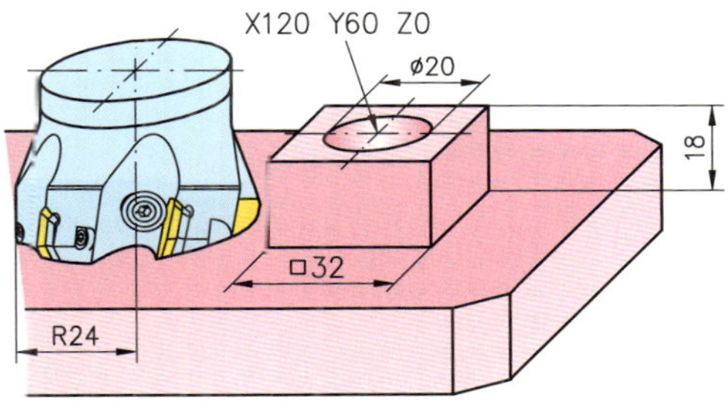

Lösung:

```
N... G73 ZA-18 R64 D5 V2 RZ10
```
Zapfenfräszyklus

```
N... G79 XA120 YA60 Z0
```
Aufruf des Zyklus am Setzpunkt

• Gewindefräszyklen G88 und G89

Mit Gewindefräsern können Innen- und Außengewinde gefertigt werden. Das Gewindeprofil der Fräser muss auf das zu fräsende Gewinde abgestimmt sein. Während eines Umlaufs des Werkzeugs wird der Fräser kontinuierlich um die Steigung des Gewindes in Achsrichtung zugestellt. Links- oder Rechtsgewinde entstehen je nach Vorschubrichtung der Werkzeuge und Umlaufrichtungen der Werkzeugbahnen.

Beispiel für Fräsen von Innen- und Außengewinde mit einer zirkularen Vorschubbewegung

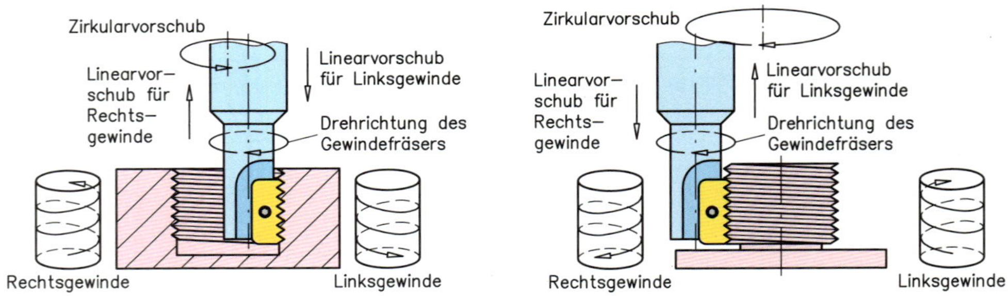

> Links- oder Rechtsgewinde entstehen je nach der Lage des Startpunktes und den Richtungen des achsialen und zirkularen Vorschubs.

Beispiele für Gewindefräszyklen

Innengewindefräszyklus (PAL) G88

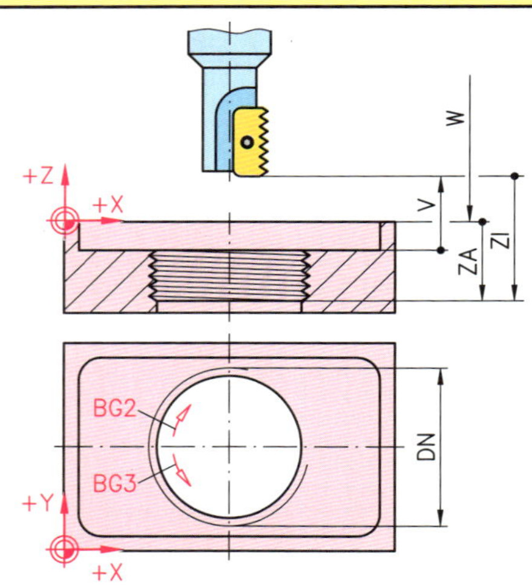

Außengewindefräszyklus (PAL) G89

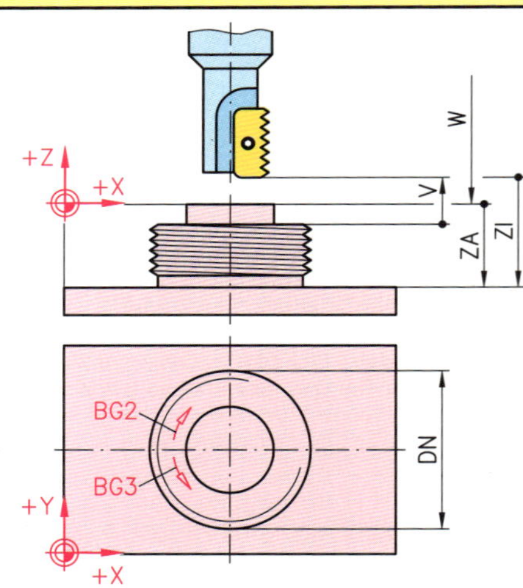

NC-Satz:
GG88/G89 ZA/ZI DN D Q [W] [BG] **[ ] optionale Adressen**

Adressbuchstaben:

ZI/ZA	**Gewindetiefe**
DN	**Nenndurchmesser bei Innengewinde, Kerndurchmesser bei Außengewinde**
D	**Gewindesteigung P**
Q	**Gewinderillenzahl des Fräsers**
W	Abstand der Rückzugebene
V	Sicherheitsabstand
BG	Bearbeitungsrichtung (BG2 – im Uhrzeigersinn, BG3 – gegen Uhrzeigersinn)

Beispiel für den Einsatz von Gewindefräszyklen in einem Programm (Abbildungen aus Simulation mit MTS-TopMill)

Das dargestellte Werkstück soll gefertigt werden. Der Rohling, 120 x 94 x 42 mm, ist bereits im Bereich der Bohrungen und der Eckenradien vorgearbeitet:
- Die Bohrungen mit dem Durchmesser 12 mm sind 20 mm tief gebohrt und
- die Radien an den Ecken sind 20 mm tief ausgearbeitet.

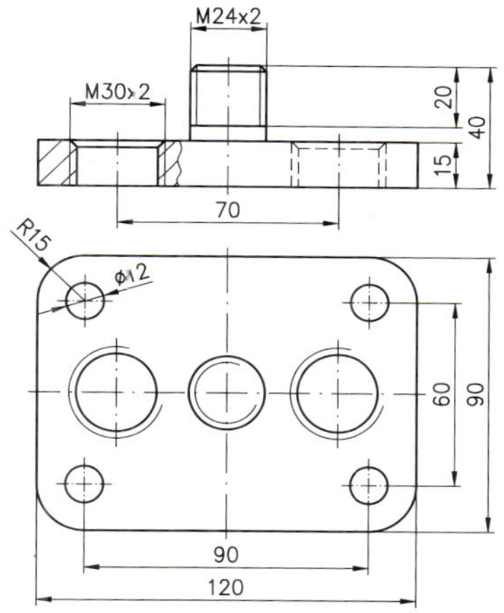

Lösung: (Als Video auch in BPW)

```
N10 G54
N15 T4 G95 F0.6 S800 M3
N20 G0 X0 Y0 Z2
N25 G72 LP130 BP120 ZA-1 D4 V2          ; Planfräsen
N30 G79 X0 Y0

N35 G73 ZA-25 R100 RZ12 D4 V2           ; Zapfen fräsen
N40 G79 X0 Y0 Z0

N45 T9 G95 F0.5 S1500 M3
N50 G0 X-30 Z2
N55 G1 ZI-22
N60 G73 ZA-42 R13.105 D4 V2 W2          ; Kernbohrungen für
N65 G79 X-35 Y0 Z-22                    Gewinde fräsen
N70 G79 X35 Y0 Z-22

N75 T19 G95 F0.2 S800 M3
N80 G0 X12  Y10 Z-3
N85 G1 Y0
N90 G3 X12 Y0 IA0 JA0                   ; Fase an Zapfen fräsen

N95 G0 X-35 Z2
N100 G0 Z-28.15
N105 G1 X-48 Y0
N110 G3 X-48 Y0 IA-35 JA0               ; Fase an Bohrung
N115 G0 Z2                              fräsen
N120 G0 X35 Y0 Z2
N125 G0 Z-28.15
N130 G1 X48 Y0
N135 G3 X48 Y0  IA35 JA0                ; Fase an Bohrung
N140 G0 Z5                              fräsen
N145 T17 G95 F0.08 S1500 M3
N150 G89 ZI-20 DN21.55 D2 Q8 W2 V2 BG2  ; Außengewinde
N155 G79 X0 Y0 Z0                       fräsen

N160 G0 Z-22
N165 G88 ZI-25 DN30 D-2 Q8 V2 W2 BG2    ; Innengewinde
N170 G79 X-35 Y0 Z-22                   fräsen
N175 G79 X35 Y0 Z-22
N180 M30
```

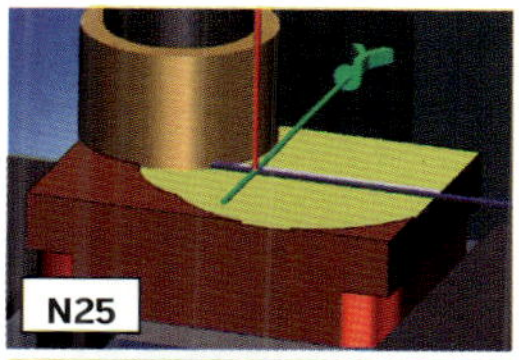

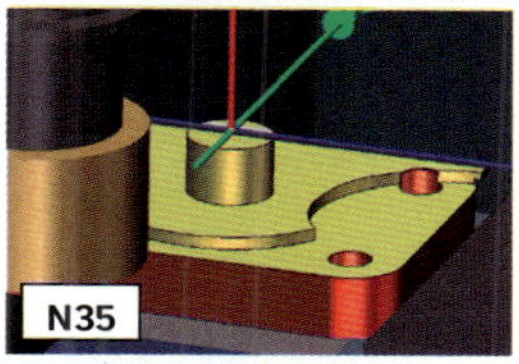

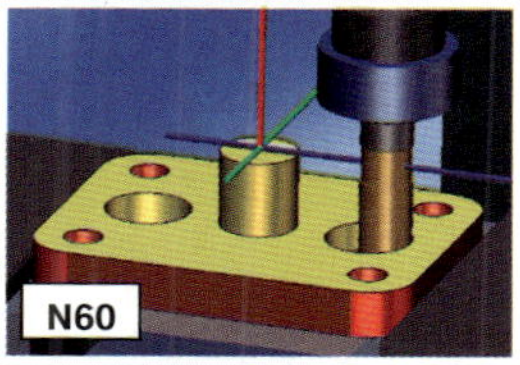

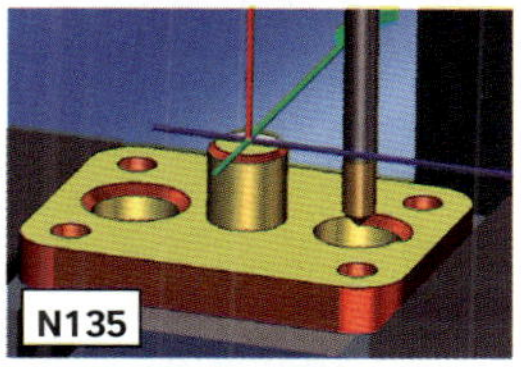

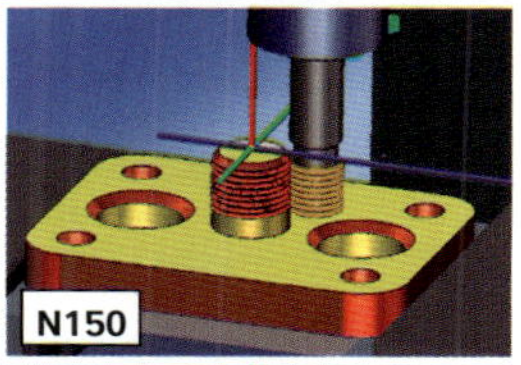

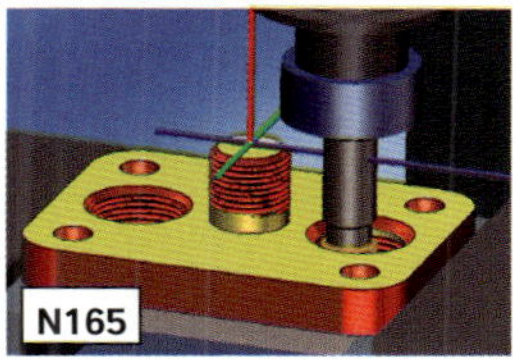

4.2.2 Zyklenaufrufe auf verschiedenen Startpositionen

Zyklenaufrufe dienen bei mehrfacher Wiederholung eines Zyklus, z. B. einer Abfolge von Bohrungen, zum Positionieren des Werkzeugs an den aufeinander folgenden Startpositionen.

Beispiele für Zyklusaufrufe

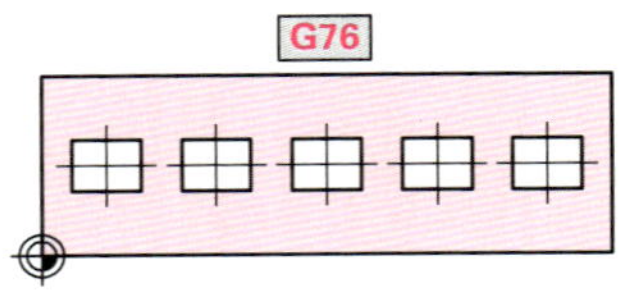

Zyklusaufruf auf einer Linie

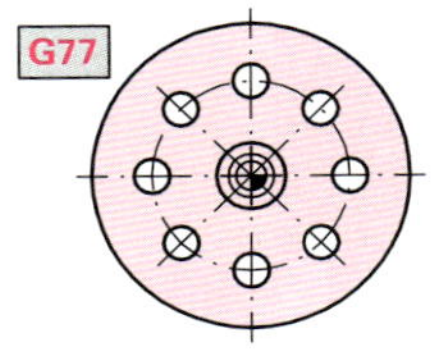

Zyklusaufruf auf einem Lochkreis

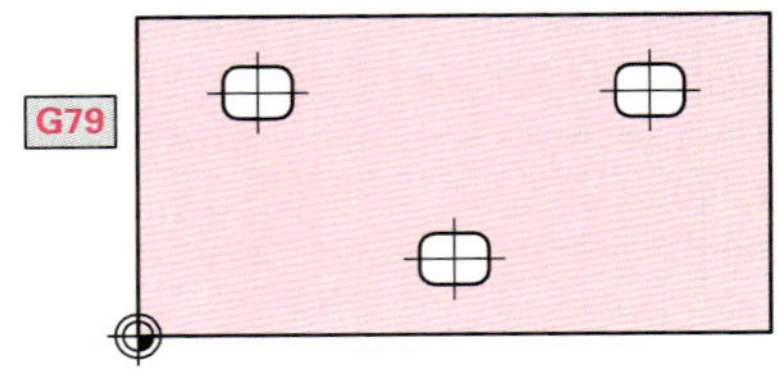

Zyklusaufruf an einem Punkt

An den programmierten Aufrufpunkten (Setzpunkten) wird der aktive Bohr- oder Fräszyklus automatisch abgearbeitet. Die Parameter für den Bearbeitungszyklus müssen vorher festgelegt werden. Die Bearbeitung des Zyklus endet auf der Rückzugsebene über dem zuletzt bearbeiteten Objekt. Im Programm nach PAL steht der Zyklusaufruf mit der Angabe der anzufahrenden Startpositionen hinter dem Satz, in dem die Parameter des Zyklus angegeben werden.

- **Zyklusaufruf auf einer Linie G76**

Der Zyklusaufruf G76 wird zum Positionieren des Werkzeugs und damit des aktuell aktiven Fräszyklus, z. B. des Taschenfräszyklus, verwendet. Mit diesem Zyklusaufruf kann die zu fräsende Kontur um einen Winkel zur positiven X-Achse gedreht werden oder mehrfach auf einer Linie in einem bestimmten Abstand gefräst werden.

Beispiel für einen Zyklusaufruf auf einer Linie

Zyklusaufruf auf einer Linie G76 (PAL-Codierung)

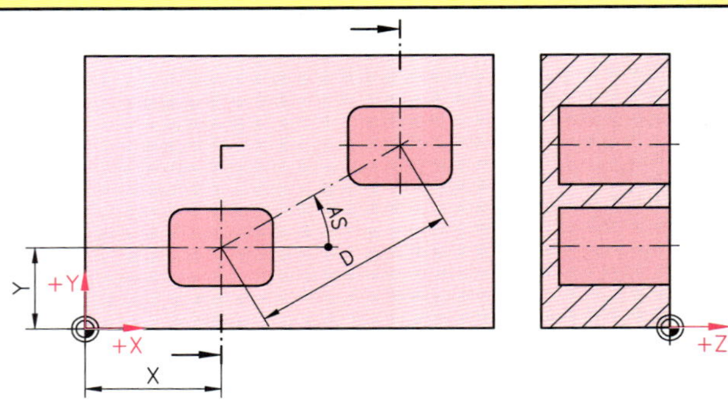

NC-Satz: G76 X Y Z AS O D [W] [V] [H1] [F] [S] [M]   **[ ] optionale Adressen**

Adressbuchstaben:

X **absolute X-Koordinate des ersten Linienpunktes**
Y **absolute Y-Koordinate des ersten Linienpunktes**
Z **Absolute Z-Koordinate des Zielpunktes**
AS **Winkel der Linie bezogen auf die positive X-Achse**
+ entgegen dem Uhrzeigersinn
– im Uhrzeigersinn
O **Anzahl der zu bearbeitenden Objekte**
D **Abstände der Objekte auf der Linie** (inkremental, d. h. ohne Vorzeichen)
AR Drehwinkel des zu bearbeitenden Objektes bezogen auf die positive X-Achse
W Höhe der Rückzugsebene absolut in Werkstückkoordinaten
V Höhe der Sicherheitsebene absolut in Werkstückkoordinaten
H1 nach der Bearbeitung eines Objekts wird die Sicherheitsebene V angefahren und nach dem letzten die Sicherheitsebene W

Zyklusaufruf auf einem Teilkreis G77

Der Zyklusaufruf G77 wird zum Positionieren des Werkzeuges und damit des aktuellen aktiven Fräszyklus für die zu bearbeitenden Objekte verwendet, die auf einem Teilkreis mit konstantem Mittelpunktswinkel liegen. Die Mittelpunktskoordinaten des Teilkreises werden absolut programmiert. In der folgenden Zeichnung werden Bohrungen mit einem Bohrzyklus angeordnet.

Beispiel für einen Zyklusaufruf auf einem Teilkreis

Zyklusaufruf auf einem Teilkreis G77 (PAL-Codierung)

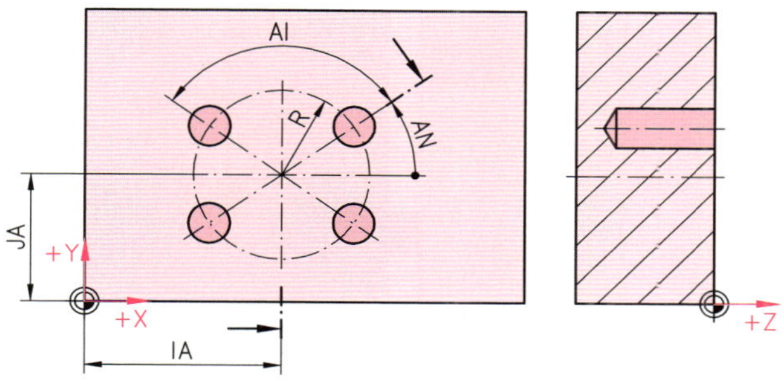

NC-Satz:
G77 IA JA AN AI R O [Z] [W] [V] [H1]   **[ ] optionale Adressen**

Adressbuchstaben:

IA	**absolute X-Koordinate des Teilkreismittelpunktes**
JA	**absolute Y-Koordinate des Teilkreismittelpunktes**
AN	**Startwinkel des ersten Objektes**
AI	**konstanter Segmentwinkel**
R	**Radius des Teilkreises**
O	**Anzahl der zu bearbeitender Objekte auf dem Teilkreis**
Z	absolute Z-Koordinate des Teilkreismittelpunktes (Oberkante des zu bearbeitenden Objektes)
W	Höhe der Rückzugsebene absolut in Werkstückkoordinaten
V	Höhe der Sicherheitsebene absolut in Werkstückkoordinaten
H1	nach der Bearbeitung eines Objekts wird die Sicherheitsebene V angefahren. Nach dem letzten gefrästen Objekt erfolgt Rückzug auf die Rückzugebene.

Beispiel für Programmabschnitte mit einem Zyklusaufruf auf einem Teilkreis

In 8 mm dicke Scheiben aus S235 sollen Gewindebohrungen von 8 mm Durchmesser gebohrt werden. Die Zyklen und die Zyklenaufrufe sollen geschrieben werden.

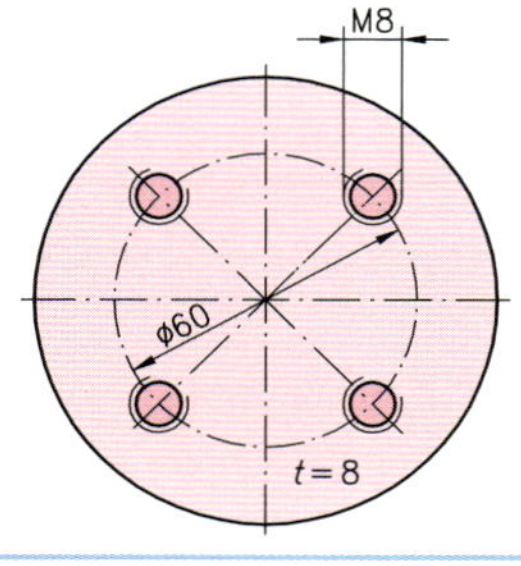

Lösung:

N... G81 Z-16 V2	Bohrzyklus
N... G77 I0 J0 AN45 AI90 R30 C4	Zyklusaufruf
N...	
.	
.	
N... G84 ZA-16 F1,25 M3 V2 S200	Gewindebohrzyklus
N... G77 I0 J0 AN45 AI90 R30 C4	Zyklusaufruf

CNC

4.2.3 Manipulation von Programmteilen

Der Programmieraufwand kann erheblich vermindert werden, wenn eine Grundkontur mithilfe von Befehlen in ihrer Lage, Form und Größe verändert werden kann. Vorgänge, mit denen solche Veränderungen wie *Verschieben*, *Drehen* und *Spiegeln* o. Ä. bewirkt werden, nennt man **Manipulationen.** Die Verschlüsselung von Manipulationen ist nicht genormt und daher steuerungsabhängig.

Beispiel für eine programmierbare Nullpunktverschiebung und -drehung mit Polarkoordinaten (nach PAL)

Eine in einem Unterprogramm programmierte Kontur kann mit dem Befehl G58 zu einem neuen Nullpunkt im Abstand von RP verschoben und gleichzeitig mit z. B. AP20 um einen Winkel von 20° gedreht werden.
Die Winkelangabe wird in Gegenuhrzeigerrichtung mit *positiven* und in Uhrzeigerrichtung mit *negativen* Vorzeichen versehen. Der Winkel 0° liegt auf der positiven waagerechten Achse des ursprünglichen Koordinatensystems.

Programmierung:

```
N... G58 RP1 80 AP20
```

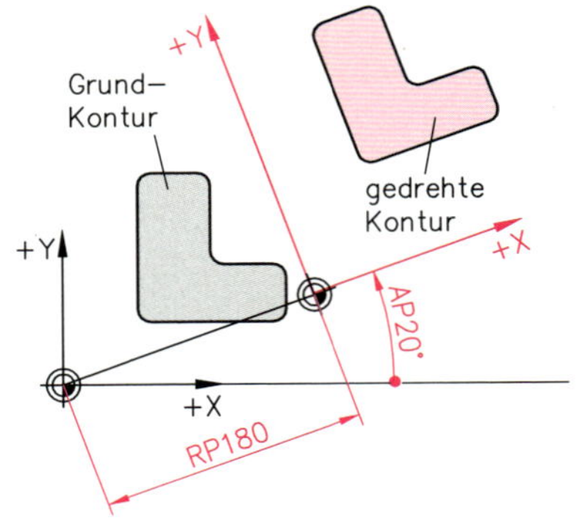

Beispiele für Spiegelungen einer Grundkontur (nach PAL)

Eine in einem Unterprogramm programmierte Kontur kann mit einem festgelegten Befehl, z. B. mit G66 und Angabe der Spiegelachse gespiegelt werden. Die Spiegelung ist um eine Achse oder um zwei Achsen möglich. G66 ohne Achsangabe hebt die Spiegelung auf.

Programmierung:

N... G22 L35 H1	Fräsen in I
N... G66 Y	Spiegeln in II
N... G22 L35 H1	Fräsen in II
N... G66	Spiegeln aufheben
N... G66 XY	Spiegeln I auf III
N... G22 L35 H1	Fräsen in III

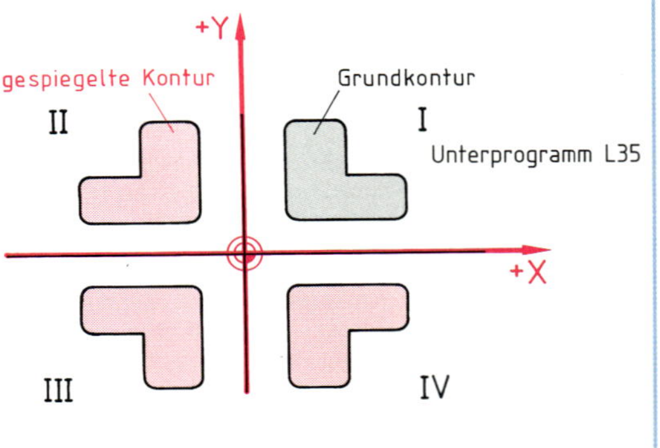

Beispiele für Vergrößerung einer Grundkontur (nach PAL)

Die Abmessungen einer Kontur, die in einem Unterprogramm programmiert ist, können mit dem Befehl G67 vergrößert oder verkleinert werden. Die Umwandlung der Längen wird mit SK programmiert und die Größenveränderung mit einem Faktor angegeben. So wird eine Längenänderung auf 150 % mit SK1.5 programmiert.

Programmierung:

```
N... G67 Sk1.5
```

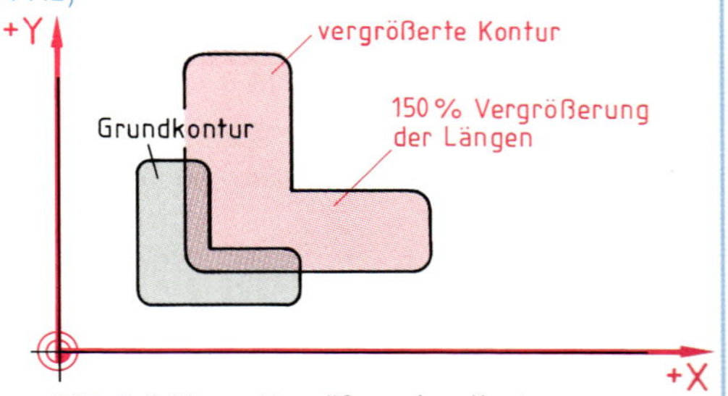

G67 Befehl zum Vergrößern einer Kontur
SK Angabe des Vergrößerungsfaktors

Eine in einem Unterprogramm programmierte Grundkontur kann mit kurzen Befehlen vielfach manipuliert werden. Häufige Manipulationen sind Verschiebung, Drehung, Spiegelung und Größenveränderung von Grundkonturen.

4.2.4 Unterprogramme

- **Unterprogramme mit festen Zahlenwerten**

Gleiche Bearbeitungsabläufe, die in der Fertigung an unterschiedlichen Stellen eingesetzt werden, werden als Unterprogramm geschrieben. Diese Unterprogramme können an jeder beliebigen Stelle eines Hauptprogramms aufgerufen werden.

Beispiel für ein Unterprogramm mit festen Zahlenwerten (nach PAL)

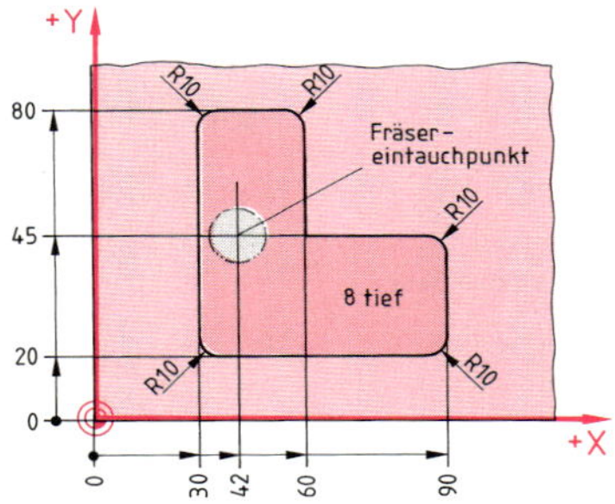

Fräserdurchmesser:
d = 20 mm
≙ Eckenradius

L 22		Unterprogramm Ausfräsung			
N1	G90			S220	T1
N2	G00	X42	Y45	Z2	M3
N3	G01			Z–8	F25
N4	G43	X30			F50
N5	G42		Y80		
N6		X60			
N7			Y45		
N8		X90			
N9			Y20		
N10		X30			
N11			Y45		
N12				Z2	
N13	G40				
N14	G00	X0	Y0	Z40	
N15	M17				

Erklärungen:

L 22 H1
- H1 — Zahl der Durchläufe: 1
- 22 — Unterprogrammnummer: 22
- L — Unterprogramm

M 17 — Unterprogrammende

Der Aufruf des Unterprogramms erfolgt mit G22

- **Unterprogramme mit Parametertechnik**

Für Bearbeitungsvorgänge, bei denen zwar ähnliche Formen mit unterschiedlichen Maßen vorkommen, werden statt der Maße Parameter programmiert. Parameter werden von den Steuerungsherstellern mit unterschiedlichen Buchstaben benannt, zum Beispiel **R.** Die Arbeitsweise mit Unterprogrammen in Parametertechnik für Fräsarbeiten entspricht der bei Dreharbeiten.

4.2.5 Einbau von Unterprogrammen und Zyklen in Hauptprogramme

In Hauptprogramme versucht man zur Verringerung des Programmieraufwandes möglichst viele Zyklen oder bereits vorhandene Unterprogramme einzubauen. Im Verlauf des Hauptprogramms werden dem Fertigungsablauf entsprechend Unterprogramme mit Unterprogrammnummern, z. B. L350, und Zyklen mit G-Worten, z. B. G81, aus dem Programmspeicher aufgerufen. Es ist möglich, eingearbeitete Unterprogramme und Zyklen mehrfach in einem Hauptprogramm zu verwenden.

Beispiel für einen geschachtelten Aufbau eines Hauptprogramms (PAL-Simulation)

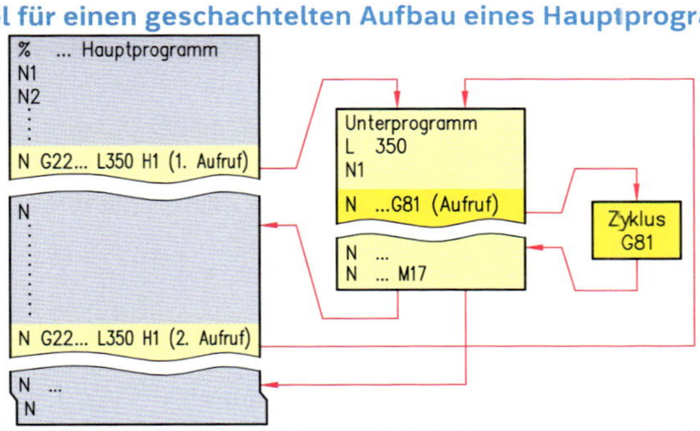

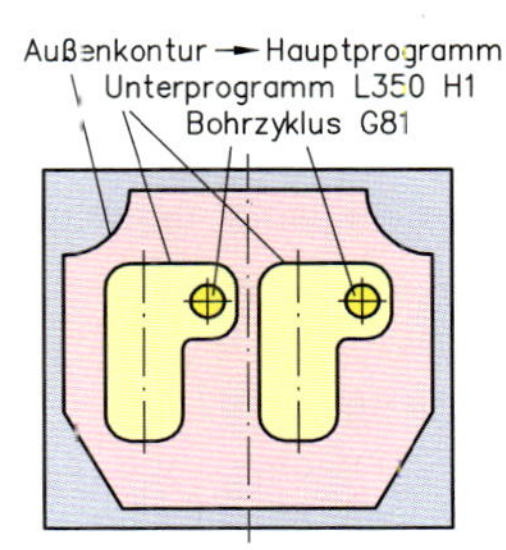

In Hauptprogrammen werden zur Verringerung des Programmieraufwands häufig Unterprogramme und Zyklen direkt oder geschachtelt eingearbeitet.

4.3 Werkzeugdaten

4.3.1 Werkzeugmaße

Die Bezugsebene für die Ermittlung der Werkzeuglängen ist die Planflächenebene der Frässpindel. In dieser Ebene legt man den Werkzeugeinstellpunkt auf die Drehachse der Spindel.

Als Abmessungen der Fräswerkzeuge werden Fräserdurchmesser, Fräserlänge und evtl. weitere Maße, z. B. bei Formfräsern, erfasst. Die Werkzeugabmessungen werden unter der Werkzeugadresse im Werkzeugspeicher abgelegt.

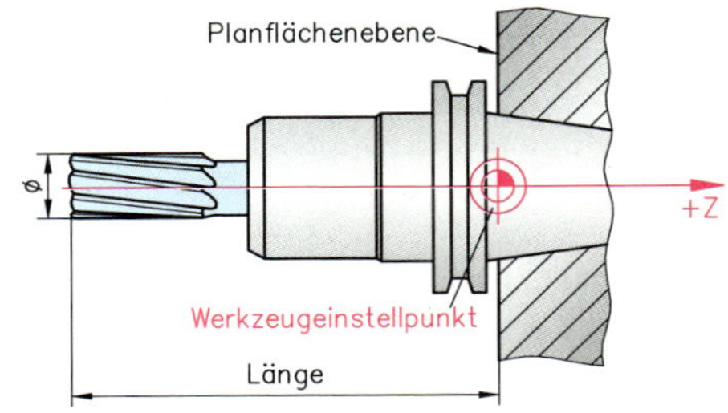

Werkzeugmaße am Fräser

Die Übermittlung der Daten kann auf verschiedene Weise erfolgen:

- Die Daten werden manuell aufgenommen und übertragen.
- Die Daten codiert man auf Etiketten, die dann dem jeweiligen Werkzeugsystem zugeordnet werden.
- Das Messgerät überträgt die Daten online aus der Steuerung auf die CNC-Maschine.
- An jedem Werkzeugträger ist ein Chip mit den übertragenen Daten, sodas sie an der CNC-Maschine eingelesen werden können.

> Vor der CNC-Bearbeitung müssen die Werkzeugdaten in den Werkzeugspeicher der Steuerung eingegeben werden. Die wichtigsten Werkzeugmaße von Fräswerkzeugen sind Durchmesser und Länge. Bezugspunkt für die Länge ist der Werkzeugeinstellpunkt.

4.3.2 Werkzeugmaßkorrekturen

Als Folge von Werkzeugabnutzung im Laufe der Standzeit, durch Nachschleifen der Schneiden oder durch Wechsel der Wendeschneidplatten können geringfügige Maßabweichungen gegenüber den im Werkzeugspeicher abgelegten Maßen auftreten.
Mithilfe von Tastsystemen können diese Abweichungen am stehenden oder rotierendem Werkzeug (Rotation gegen die Schneidrichtung) ermittelt werden.
Festgestellte Maßabweichungen werden in den Werkzeugkorrekturspeicher eingegeben, damit die Steuerung sie bei der weiteren Verwendung des Werkzeugs ausgleicht.

3D-Tastsystem zum Vermessen von Werkzeugen

Außer den Standarddaten zu Länge und Durchmesser können weitere Daten, die mit der Nutzung zusammenhängen, in den Werkzeugspeicher eingegeben werden. Diese Daten werden von der Steuerung unmittelbar genutzt oder geben dem Programmierer und dem Maschinenbediener Hinweise beim geplanten Einsatz.

Wichtige Daten dieser Art sind
- maximale Eintauchwinkel beim Eintauchen ins Volle,
- maximale Standzeit,
- verfügbare Standzeit,
- Standarddaten zu Länge, Durchmesser und Nummer des Schwesternwerkzeugs.

> Durch Werkzeugmaßkorrekturen werden Maßabweichungen der Werkzeuge von ihren Nennmaßen bei der Fertigung berücksichtigt.

4.3.3 Werkzeugcodierung

Zur Unterscheidung der verschiedenen Werkzeuge durch die Steuerung muss jedes Werkzeug eine eigene Kennzeichnung besitzen, man spricht von Codierung. Die Codes sind von der Steuerung lesbare Zahlen.

Man unterscheidet zwei Codiersysteme:

- Bei der **Platzcodierung** erhält ein Werkzeug im Werkzeugmagazin der Maschine einen festen Platz, auf den es nach jeder Benutzung wieder abgelegt wird. Der Platz wird durch seinen Code aufgerufen.
- Bei der **Werkzeugcodierung** erhält jedes Werkzeug selbst eine eigene Kennzeichnung, z. B. durch einen Speicherbaustein, in dem neben der Werkzeugadresse alle Werkzeugdaten gespeichert sind.

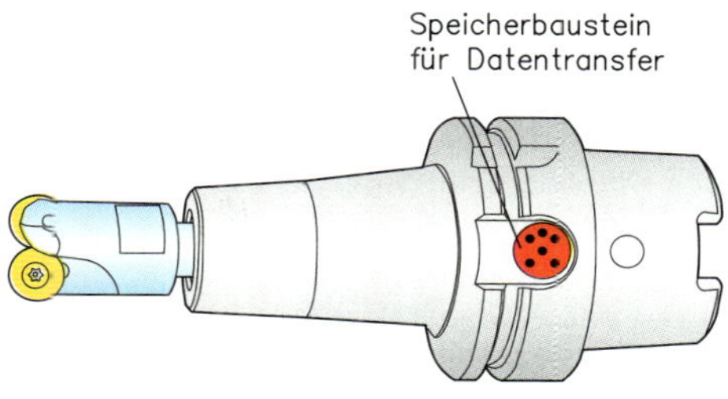

Werkzeugcodierung

Für den Einsatz in automatischen Werkzeugwechselsystemen werden Werkzeuge codiert.
Bei der Platzcodierung sind die Werkzeugdaten dem Magazinplatz zugeordnet.
Bei der Werkzeugcodierung trägt das Werkzeug die Informationen mit sich.

4.3.4 Werkzeugüberwachungssysteme

Bei der Zerspanung bewirken die auftretenden Schnittkräfte an den Bauteilen der Werkzeugmaschine sehr geringe, aber messbare, elastische Verformungen. Diese können durch Sensoren erfasst werden, die an geeigneten Stellen der Maschine angebracht sind. Die derartig gewonnenen Signale werden sorgfältig ausgewertet und zur Überwachung herangezogen.
Für eine optimale Nutzung von CNC-Maschinen ist ein frühzeitiges Erkennen von Störungen im Arbeitsablauf erforderlich. Dadurch können Folgeschäden an Werkzeugmaschinen und Produktionsausfallzeiten vermindert oder verhindert werden. Vollautomatische Überwachungssysteme entlasten außerdem das Bedienungspersonal. Diese Systeme dienen zur Vermeidung von großen Schäden durch Kollisionen und Werkzeugbruch.

Beispiel für die Wirkungsweise eines Werkzeugüberwachungssystems

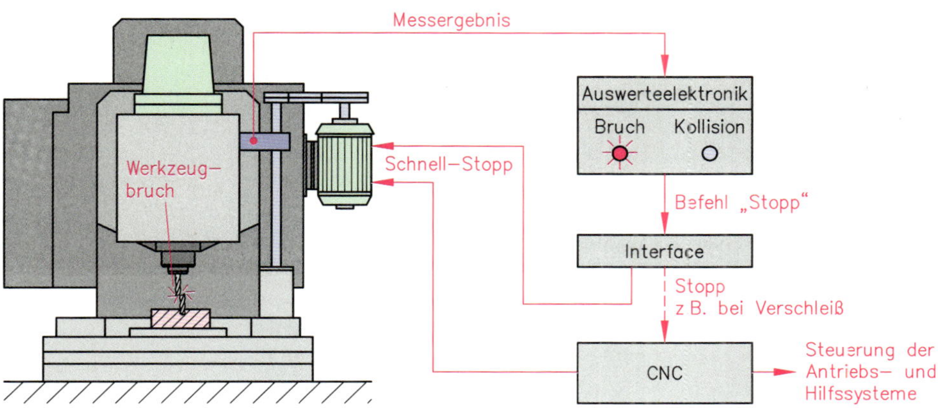

Funktionsablauf

- Ein Messwertaufnehmer (Sensor) nimmt während der Spanabnahme ständig Signale auf.
- Die aufgenommenen Signale werden im Mikrocomputer der Auswertelektronik mit vorher festgelegten Grenzwerten verglichen.
- Bei *geringen* Abweichungen von den Grenzwerten wird von der Auswerteelektronik innerhalb weniger Millisekunden ein Befehl zum Vorschubstopp erteilt.
- Bei *starken* Abweichungen von den Grenzwerten wird von der Auswerteelektronik ein Stoppbefehl über das Interface unter Umgehung der Maschinensteuerung direkt an den Vorschubantrieb weitergeleitet.

CNC

Ein Werkzeugschaden ist eindeutig von einer charakteristischen Veränderung der Schnittkraft innerhalb eines kurzen Zeitintervalls begleitet. Die Abweichung vom Verlauf normaler Zerspanungsvorgänge wird registriert und führt zum Abschalten der Maschine.

Im Kraft-Zeit-Diagramm wird der Kraftanstieg bei einer Kollision in Schnittrichtung oder bei Werkzeugbruch erkennbar. Bei Erreichen des vorher festgelegten Grenzwertes wird von dem Werkzeugüberwachungssystem der Vorschubantrieb gestoppt.

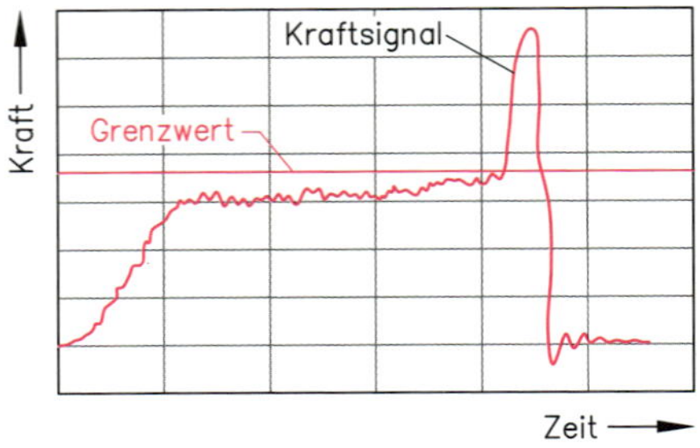

Kraftverlauf bei Kollision und Schneidenbruch

Werkzeugüberwachungssysteme nehmen Signale auf und vergleichen diese mit festgelegten Grenzwerten. Beim Überschreiten der Grenzwerte wird der Vorschubantrieb abgeschaltet. Mit einem Werkzeugüberwachungssystem werden bei einem Werkzeugausfall größere Schäden an der CNC-Maschine verhindert.

4.4 Programmierung von Schaltinformationen

- **Schaltinformationen für die Vorschubbewegung**

Die Vorschubbewegung kann nach dem Adressbuchstaben F als Vorschub in mm (je Umdrehung) oder als Vorschubgeschwindigkeit in mm/min eingegeben werden.

Vorschubbewegung	Befehl	Beispiel
in mm/min	G94	G94 F100 bedeutet $v_f = 100$ mm/min
in mm	G95	G95 F0,25 bedeutet $f = 0{,}25$ mm (je Umdrehung)

- **Schaltinformationen für die Schnittbewegung**

Die Schnittbewegung kann beim Drehen entweder mit konstanter Schnittgeschwindigkeit oder konstanter Umdrehungsfrequenz mit dem Adressbuchstaben **S** eingegeben werden.

Schnittbewegung	Befehl	Beispiel
konstante Schnittgeschwindigkeit	G96	G96 S40 bedeutet $v_c = 40$ mm/min
konstante Umdrehungsfrequenz	G97	G97 S900 bedeutet $n = 900$ 1/min

Beim Fräsen wird nur mit konstanter Umdrehungsfrequenz gearbeitet.

Beispiel für die Ermittlung und Programmierung der technologischen Daten

Aufgabe

Ein Werkstück aus E 295 (früher St 50) soll mit einem Messerkopf mit Hartmetallschneiden P 30 bearbeitet werden. Der Fräser hat einen Durchmesser von 80 mm und 6 Schneiden.
Es sind die unter F und S zu programmierenden Daten zu ermitteln.

Lösung

Werkstoffe E 295 (normal zerspanbar), Schneidstoff P 30 } Schnitttiefe $a_p = 5$ mm, Zahnvorschub $f_z = 0{,}2$ mm } Schnittgeschwindigkeit $v_c = 145$ m/min

Berechnung der Umdrehungsfrequenz: $n = \frac{v_c}{d \cdot \pi}$ $\quad n = \frac{145 \frac{\text{m}}{\text{min}}}{0{,}08 \text{ m} \cdot 3{,}14} = \mathbf{577} \frac{\mathbf{1}}{\mathbf{min}}$ → **S577**

Berechnung der Vorschubgeschwindigkeit: $v_f = f_z \cdot z \cdot n$ $\quad v_f = 0{,}2 \text{ mm} \cdot 6 \cdot 577 \frac{1}{\text{min}} = \mathbf{692} \frac{\mathbf{mm}}{\mathbf{min}}$ → **F692**

5 Werkstattorientierte Programmierung (WOP)

Unter **w**erkstatt**o**rientierter **P**rogrammierung (WOP) versteht man den Einsatz grafisch unterstützter und dialoggeführter Programmiersysteme, die an der CNC-Maschine oder an einem Computer mit Simulationsgrafik eingesetzt werden.

Die Software der WOP ist so gestaltet, dass
- am Bildschirm das Fertigteil konstruiert wird und nicht wie herkömmlich Werkzeugwege beschrieben werden,
- im Dialog die Art der Konturelemente und die aus der Zeichnung zu entnehmenden Maße jedes einzelnen Konturelements abgefragt werden,
- Übergangspunkte zwischen einzelnen Konturelementen automatisch aus den Konturdaten errechnet werden,
- jedes Konturelement nach seiner Beschreibung am Bildschirm dargestellt wird. Bei mehrdeutigen Lösungen der Kontur wählt der Programmierer die richtige aus.

Beispiel für eine Computersimulation für die WOP-Programmierung (MTS TopTurn)

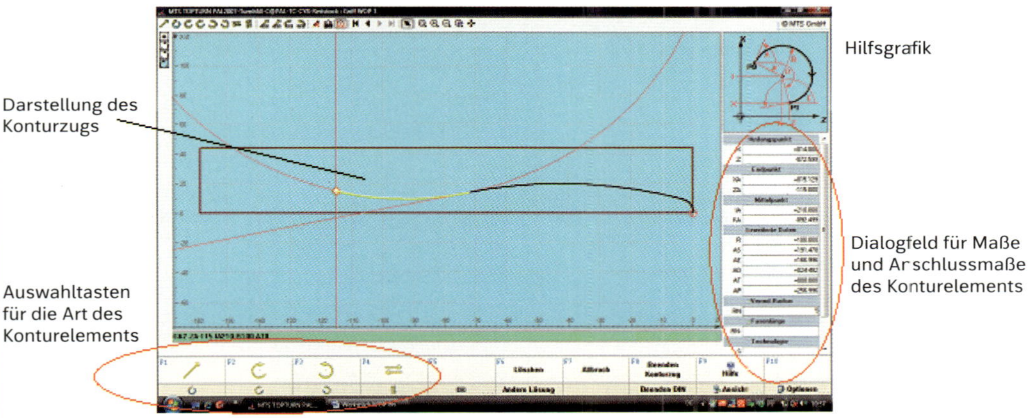

Die Technologiedaten und evtl. notwendige Programmergänzungen können vor oder nach der Erstellung der Kontur eingegeben werden, sodass ein komplettes Bearbeitungsprogramm entsteht.

CNC

Beispiel für die Programmierung mithilfe eines WOP-Systems (MTS TopTurn)

Das Programm zum Drehen des dargestellten Griffes ist mithilfe einer WOP-Simulation zu programmieren. Das Abstechen nach dem Drehen der Kontur erfolgt in einem getrennten Arbeitsgang.

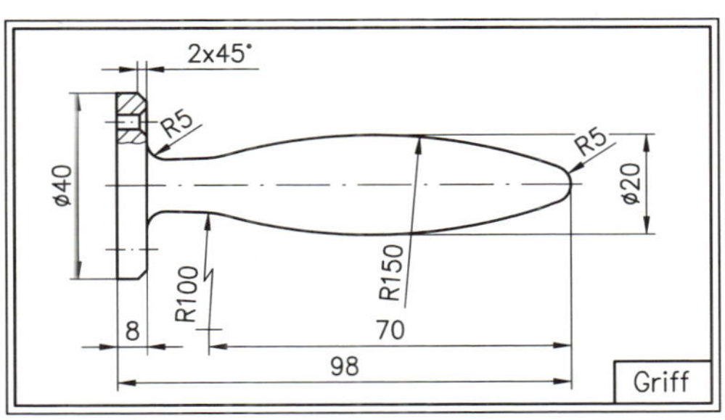

Lösungsschritte:

1. **Programm einrichten**
   Programmname: Griff
2. **Einrichtdaten eingeben**

Rohteil:	Durchmesser 42 mm, mind. 150 mm lang
Werkstoff:	AlMg1
Einspannung:	Kraftspannfutter, außengestufte Backen, Auskraglänge 120 mm
Nullpunktlage:	rechte Außenseite des Rohteils
Werkzeuge:	linker Eckdrehmeißel

3. Eingabe der Technologiedaten und Anfahren an den Beginn des Konturzuges

N10 G54
N15 T1 M3 S2000 F0.2
N20 G0 X51 Z2
N25 G1 Z0
N30 G1 X-1
N35 G0 X45 Z2
N40 G81 D2 H3 V1
N45 G42
N50 G0 X0 Z0

4. Grafische Programmierung des Konturzuges in WOP

Konturzug	Eingabedaten		Bildschirmanzeige	NC-Satz
Kreisbogen gegen Uhrzeigersinn	Mittelpunkt Radius	IA 0 KA-5 R5	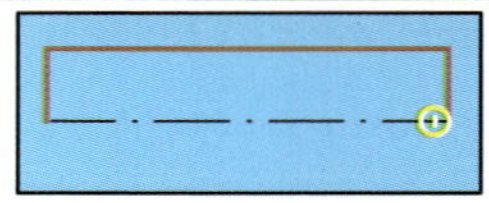	N55 G63 KA-5 R5
Kreisbogen gegen Uhrzeigersinn tangential angeschlossen	Mittelpunkt Radius	IA-240 R130	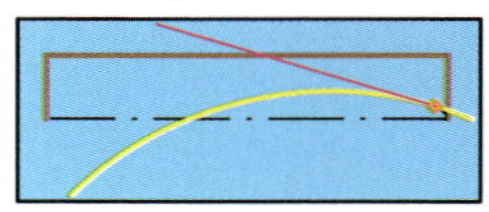	N60 G63 IA-240 R130 AT0
Kreisbogen im Uhrzeigersinn tangential angeschlossen	Mittelpunkt Endpunkt Radius Übergangs-radius	KA-70 ZA-90 R100 RN 5	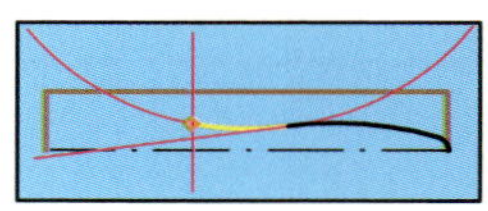	N65 G62 KA-70 ZA-90 R100 RN5 AT0
Gerade in X-Richtung	Gerade in X zu Übergangsfase	XA40 RN-2	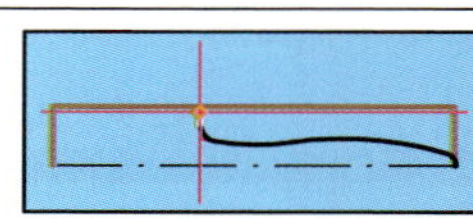	N70 G61 XA40 ZA-90 RN-2
Gerade in Z-Richtung	Gerade in Z zu	ZA-110	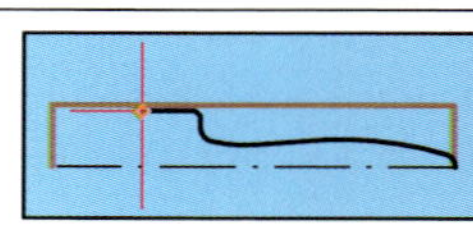	N75 G61 XA40 ZA-110
Gerade in X-Richtung	Gerade in X zu	XA46	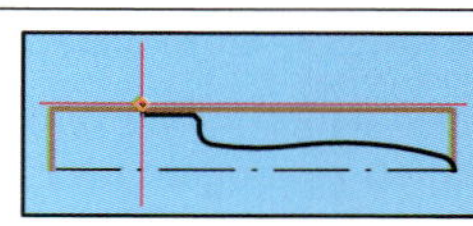	N80 G61 XA46 ZA-110

Linienfarben: schwarz = eindeutig bestimmter Konturzug
gelb = erst durch Folgeelement bestimmter Konturzug

Abbildungen aus Simulation mit MTS TopTurn

5. Vervollständigen des Programms

N85 G40
N90 G80
N95 G14
N100 M30

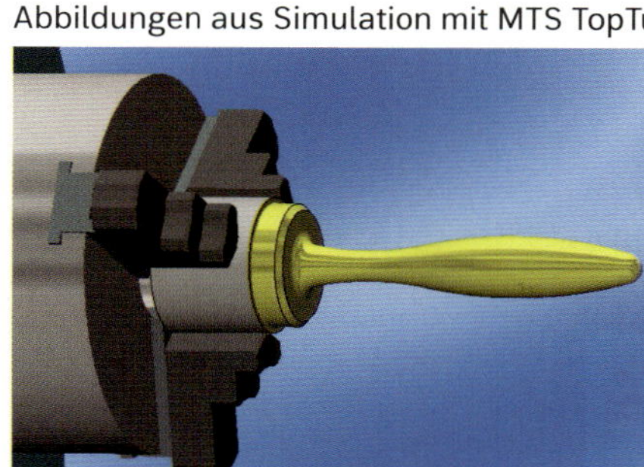

Werkstück in der Simulation vor dem Stechdrehen

6 Angetriebene Werkzeuge und Mehrseitenbearbeitung[1]

6.1 CNC-Drehen mit angetriebenen Werkzeugen

6.1.1 Komplettbearbeitung

Werkstücke können auf Drehmaschinen mit angetriebenen Bohr- und Fräswerkzeugen und einer Gegenspindel komplett bearbeitet werden. Die Übergabe der Werkstücke von der Spindel zur Gegenspindel und umgekehrt erfolgt programmgesteuert.

Durch die möglichst vollständige Bearbeitung auf einer Maschine

- werden Maschinen eingespart und die Auslastung von Maschinen wird erhöht,
- wird die Qualität verbessert, weil vorwiegend in einer oder zwei Aufspannungen gearbeitet wird,
- wird die Arbeitsplanung vereinfacht, weil Planung und Programmierung nur für eine Maschine durchzuführen sind,
- wird die Fertigungszeit reduziert, weil Transport- und Umspannvorgänge weitgehend entfallen.

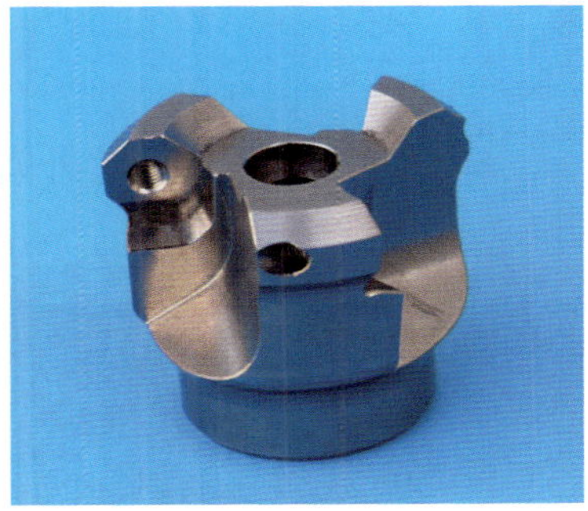

In einer Aufspannung gefertigtes Werkstück

6.1.2 Ebenen und Achsen an Maschinen mit angetriebenen Werkzeugen

Grundvoraussetzung für die Durchführung von Bohr- und Fräsarbeiten auf einer Drehmaschine ist, dass die Spindel als C-Achse steuerbar ist. Dies bedeutet, dass die Spindel in programmierten Positionen geklemmt und auch kontinuierlich gesteuert werden kann. Die Spindel mit dem Werkstückträger, z. B. dem Drehmaschinenfutter, erfüllt damit eine Funktion ähnlich der Funktion eines Rundtisches an einer Fräsmaschine.

Die Bohr- und Fräsarbeiten am Werkstück können in verschiedenen Ebenen durchgeführt werden.
Entsprechend dem XYZ-Koordinatensystem unterscheidet man bei der Drehbearbeitung mit angetriebenen Werkzeugen folgende Ebenen:

- die **Drehebene G18**
  1. Geometrieachse Z
  2. Geometrieachse X
- die **Stirnbearbeitungsebene G17**
  1. Geometrieachse X
  2. Geometrieachse Y
- die **Mantel- und Sehnenbearbeitungsebene G19**
  1. Geometrieachse Y
  2. Geometrieachse Z

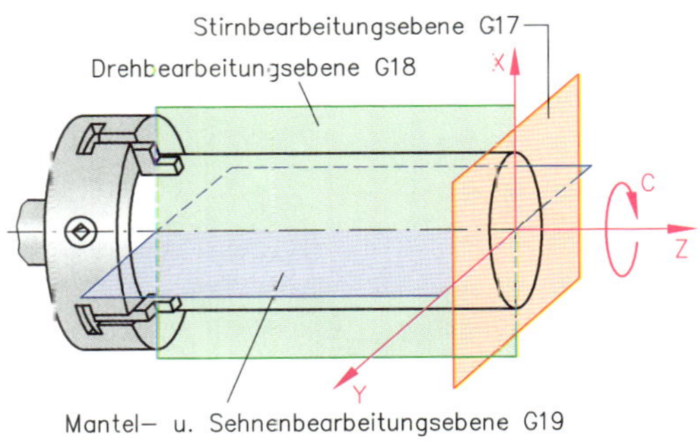

Bearbeitungsebenen auf Drehmaschinen mit angetriebenen Werkzeugen

> Eine steuerbare C-Achse ist Voraussetzung für den Einsatz angetriebener Werkzeuge.
> Drehbearbeitungsebene ist die Ebene G18.
> Bohr- und Fräsarbeiten können mit angetriebenen Werkzeugen in den Ebenen G17 und G19 durchgeführt werden.

6.1.3 Maschinenaufbau und Fertigungsmöglichkeiten

Die Fertigungsmöglichkeiten auf Maschinen mit angetriebenen Werkzeugen richten sich nach der Zahl der gesteuerten Achsen.
Auf Maschinen, bei denen lediglich die X-, Z- und C-Achse steuerbar sind, können nur radial gerichtete Bohrungen und Nute erzeugt werden.
Durch eine zusätzlich gesteuert Y-Achse werden die Fertigungsmöglichkeiten der Maschinen erheblich erweitert, sodass nahezu alle Bohr- und Fräsarbeiten in den Standardebenen des Koordinatensystems möglich sind.

[1] Programmbefehle im folgenden Kapitel entsprechen PAL

CNC

Die Y-Achse an Drehmaschinen mit angetriebenen Werkzeugen ist je nach Maschinenaufbau unterschiedlich verwirklicht:

- Maschinen mit **realer Y-Achse** können durch rechtwinklig zur X-Achse gerichtete Führungen das Werkzeug in Y-Richtung bewegen und damit alle Standardebenen erreichen.
- Maschinen mit **virtueller Y-Achse** erzeugen die Bewegung in Y-Richtung durch Vorschub in X-Richtung und gleichzeitiges Drehen um die Z-Achse (C).

Beispiel für das Erzeugen einer Vorschubbewegung in Y-Richtung mit virtueller Y-Achse (Schema)

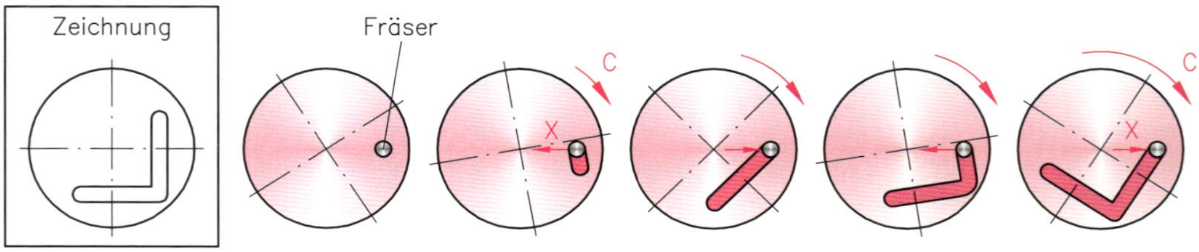

Weil Maschinen mit virtueller Y-Achse die C-Achse zur Erzeugung von Bewegungen in Y-Richtung benötigen, kann bei diesen Maschinen die C-Achse gleichzeitig mit Bewegungen in Y-Richtung nicht programmiert werden.

Bei der Programmierung muss also immer die Art, in der die Y-Achse realisiert ist, berücksichtigt werden. Für die Gegenspindel gilt Entsprechendes.

Beispiel für den Arbeitsraum einer CNC-Drehmaschine mit realer Y-Achse, B-Achse und Gegenspindel (Monforts UniCen 504)

Maschinen mit realer Y-Achse können das Werkzeug in Y-Richtung verfahren.
Bei Maschinen mit virtueller Y-Achse werden Bewegungen in Y-Richtung durch Zusammenwirken von C-Achse und X-Achse erzeugt.

6.1.4 Stirnseitenbearbeitung

Die Stirnseitenbearbeitung erfolgt mit waagerecht liegendem Werkzeug in der Ebene **G17**. Je nach Maschinenaufbau sind unterschiedliche Bearbeitungen programmierbar.

- Maschinen mit **realer Y-Achse** erlauben alle Bohr- und Fräsarbeiten, die auch an Fräsmaschinen in der Standardebene G17 durchführbar sind. Die Bearbeitung mit realer Y-Achse wird bei PAL-Programmierung mit G17 Y aufgerufen. Maschinen mit realer Y-Achse gestatten gleichzeitig die Programmierung der C-Achse, wenn diese im Aufruf der Ebene mit **G17 Y C** angegeben wird.
- Maschinen mit **virtueller Y-Achse** benötigen die C-Achse zusammen mit der X-Achse zur Erzeugung einer Bearbeitung in Y-Richtung. Darum kann die C-Achse bei ihnen nicht programmiert werden. Die Bearbeitung mit virtueller Y-Achse wird nur mit **G17** aufgerufen.

  Wenn auf Maschinen mit virtueller Y-Achse die Werkstückbearbeitung eine Positionierung der C-Achse erfordert, z. B. um stirnseitig Bohrungen in festgelegten Winkelabständen zu bohren, kann bei PAL-Programmierung mit dem Befehl **G17 C** die **virtuelle Y-Achse abgeschaltet** werden, sodass die C-Achse programmierbar ist.

Falls eine Stirnseitenbearbeitung auf der Gegenspindel durchgeführt werden soll, muss der Befehl zum Aufruf der Ebene mit dem Zusatz GSU versehen werden, z. B. **G17 C GSU**.

Mit dem Befehl **G18** wird die Drehbearbeitungsebene aufgerufen und damit die Stirnseitenbearbeitung abgeschlossen.

Übersicht über die Ebenenaufrufe für die Stirnseitenbearbeitung (Standardebene G17)

Ebenenaufruf	G17 C	G17	G17 Y [C]
Y-Achse	Keine Y-Achse	Virtuelle Y-Achse	Reale Y-Achse
Programmierbare Achsen	Z-, X-, C-Achse	X-, Y-, Z-Achse Keine C-Achse	X-, Y-, Z-Achse C-Achse
Programmierung	Polarkoordinaten	X-, Y-, Z-Koordinaten	X-, Y-, Z-Koordinaten Polarkoordinaten
Eignung	Bohrzyklen Kreisbogennute Spiralen	Bohr- und Fräszyklen für die Standardebene G17	Alle Bohr- und Fräszyklen für die Standardebene G17

CNC

Beispiel für die Programmierung einer Stirnseitenbearbeitung auf einer Drehmaschine mit virtueller Y-Achse (PAL-Programmierung)

Auf einer Drehmaschine mit virtueller Y-Achse ist die Bearbeitung der Stirnfläche durchzuführen. Der Startwinkel ist durch Anbohren im Radius 30 zu markieren.

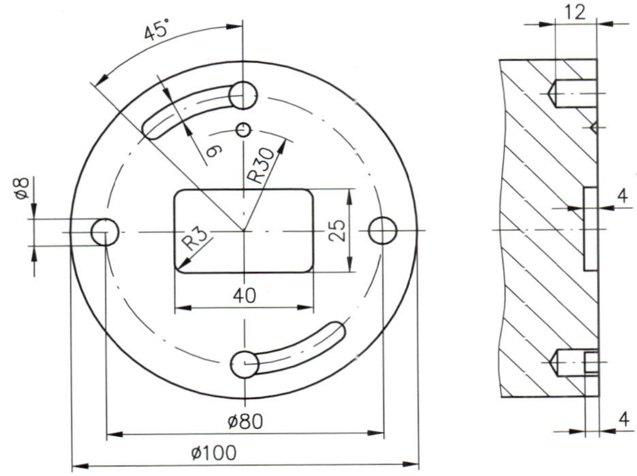

Lösung (Abbildungen aus Simulation mit MTS TopTurn):

Plandrehen	N15 T1 M4 S800 N20 G95 F0.2 N25 G0 X104 Z2 N30 G1 Z0 N35 G1 X-1.2 N40 G1 Z2 N45 G14
Ebenenaufruf	N50 G17 C
Anbohren	N55 T4 M3 S600 F0.2 ... ... N130 G14
Bohren	N135 T8 M3 S600 F0.5 N140 G0 C0 N145 G0 X40 Z2 N150 G1 Z-12 N155 G1 Z2 N160 G0 C90 N165 G23 N150 N155 N170 G0 C180 N175 G23 N150 N155 N180 G0 C270 N185 G23 N150 N155 N190 G14 N195 G0 C0
Nut fräsen	N200 T12 M3 S800 N205 G95 F0.2 N210 G0 X40 Z2 N215 G1 Z-4 N220 G1 C45 N225 G1 Z2 N230 G1 C180 N235 G1 Z-4 N240 G1 C225 N245 G1 Z2 N250 G0 C0
Ebenenaufruf	N255 G17
Rechtecktasche fräsen	N260 G72 LP25 BP40 ZA-4 D3 V2 N265 G79 X0 Y0
Drehebene aufrufen	N270 G18
Programm-ende	N275 G14 N280 M30

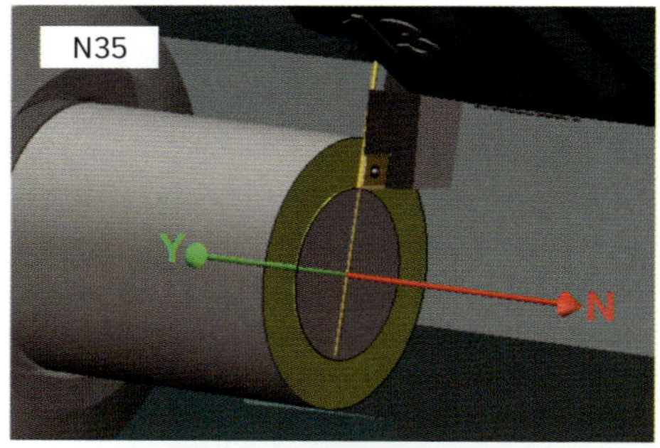

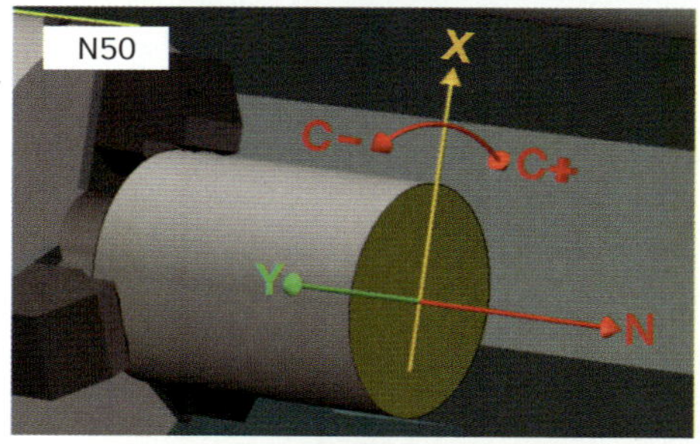

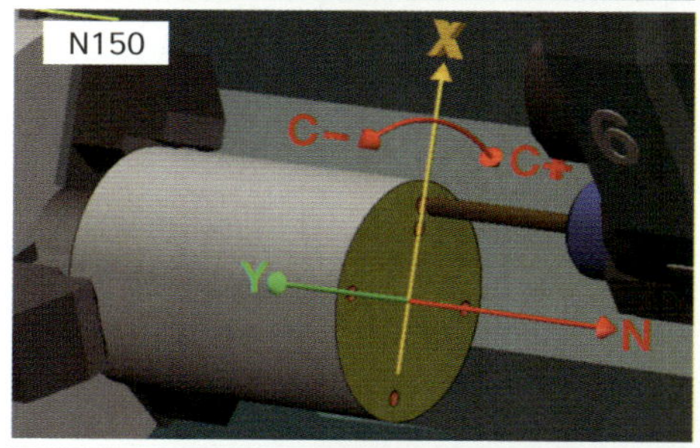

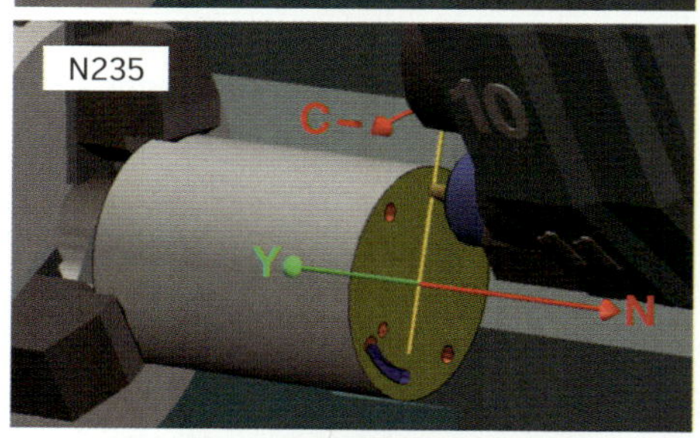

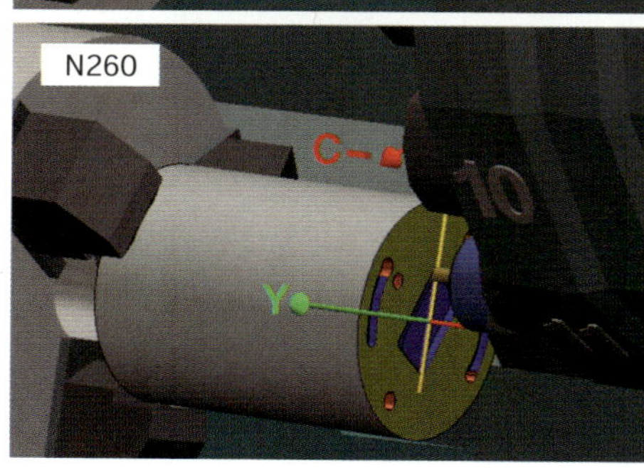

6.1.5 Mantel- und Sehnenflächenbearbeitung

Die **Mantelfläche** eines Zylinders ist die gekrümmte Außenfläche. Fräsarbeiten auf der Mantelfläche erzeugen bei Zustellung in X-Richtung Teilflächen eines Zylindermantels mit kleinerem Radius.

Eine **Sehnenfläche** ist eine ebene Fläche in rechtem Winkel zur Stirnfläche.

Eine **geneigte Sehnenfläche** bildet mit der Z-Achse des Werkstückes einen Neigungswinkel.

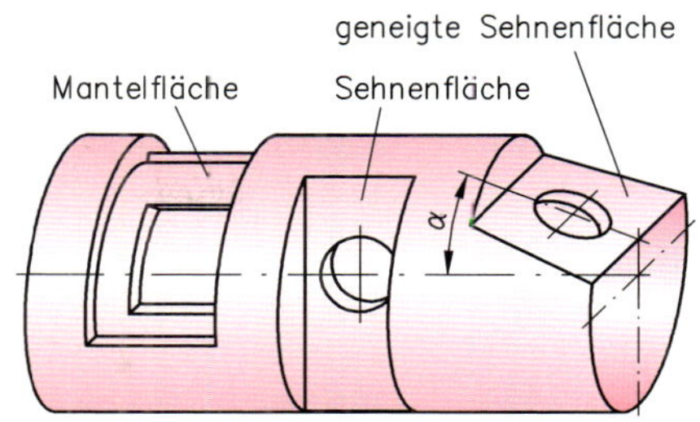

Mantel- und Sehnenflächen an einem zylindrischen Werkstück

Mantel- und Sehnenflächenbearbeitung werden mit dem Befehl **G19** und einem Hinweis auf die Achsen, die für die Bearbeitung in dieser Ebene wichtig sind, eingeleitet.
Bei Bearbeitung auf der Gegenspindel ist der Zusatz **GSU** erforderlich.
Der Befehl **G18** schaltet von der Mantel- und Sehnenflächenbearbeitung wieder um auf Drehbearbeitung.

- **G19 C – Bearbeitung auf der Mantelfläche mit Zylinderkoordinaten** (PAL)
  Nach dem Aufruf **G19 C** sind die drei Achsen Z, X und C linear mit G0 und G1 verfahrbar.
  Die gleichzeitige Programmierung von C und Z erzeugt eine Wendelnut.
  G19 C eignet sich zum Programmieren radial gerichteter Bohrungen und Nute.

- **G19 X.. – Bearbeitung der Mantelfläche mit virtueller Y-Achse** (PAL)
  Mit **G19 X..** wird die Bearbeitung der Mantelfläche mit virtueller Y-Achse aufgerufen. Die Y-Achse wird durch Interpolation von Bewegungen von Z- und C-Achse erzeugt, darum kann C in diesem Modus nicht programmiert werden.
  Zur Erzeugung der gewünschten Kontur wird diese als Abwicklung der Mantelfläche, die sich mit dem Durchmesser **X..** ergibt, projiziert und entsprechend programmiert.

Beispiel für die Abwicklung einer mit G19 X.. zu programmierenden Rechtecktasche

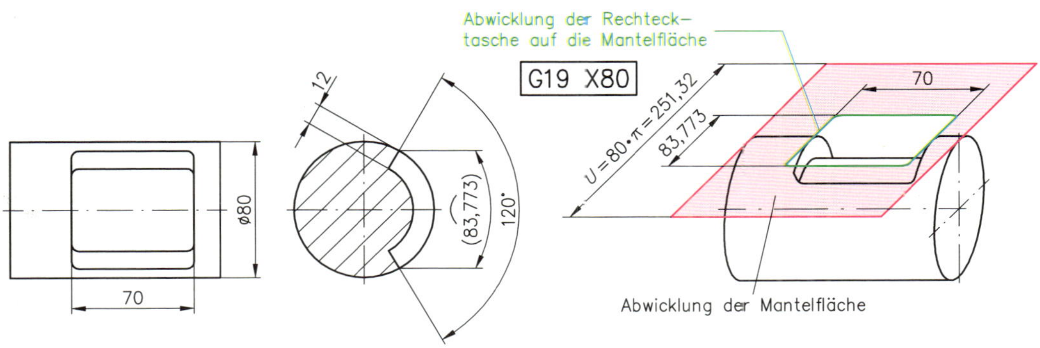

- **G19 Y [C] – Bearbeitung der Sehnenfläche mit realer Y-Achse** (PAL)
  Mit **G19 Y** können für eine Maschine mit realer Y-Achse alle Bohr- und Fräsarbeiten auf der Sehnenfläche ausgeführt werden. Durch Zufügen des Achswinkels C wird die C-Achse in dieser Winkelstellung geklemmt. Ohne Angabe des Achswinkels erfolgt die Klemmung in 0°.

- **G19 Y B [C] – Bearbeitung geneigter Sehnenflächen mit realer Y-Achse** (PAL)
  Maschinen mit realer Y-Achse und der Möglichkeit, Sehnenflächen in einen Neigungswinkel B zur Z-Achse einzustellen, werden mit **G19 Y B** programmiert. Durch Zufügen des Achswinkels C wird die C-Achse in dieser Winkelstellung geklemmt. Ohne Angabe des Achswinkels erfolgt die Klemmung in 0°.

Beispiel für die Programmierung einer Bearbeitung von Mantel- und Sehnenfläche (PAL-Programmierung)

Auf einer Drehmaschine mit realer Y-Achse ist das dargestellte Werkstück zu bearbeiten. Das Werkstück wurde bereits auf den Durchmesser 100 gedreht.

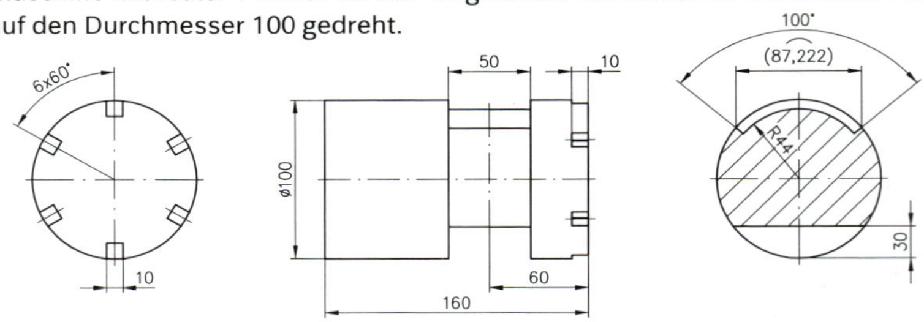

Lösung (Abbildungen aus Simulation mit MTS TopTurn):

Plandrehen	N10 G54 N15 T6 S800 M04 G96 N20 G92 S3500 N25 G95 F0.2 N30 G0 X102 Z-1 N35 G1 X-1.5 N40 G14
Ebenenaufruf	N45 G19 X100
Mantel-fläche fräsen	N50 T1 S800 G94 F250 M3 N55 G0 X52 Z-60 N60 **G72 XA44 LP87,222 BP50 D3 V2** N65 G79 XA50 ZA-60 N70 G1 XI3 N75 G14
Ebenenaufruf	N80 G19 C
Nute fräsen	N85 G0 C0 N90 G0 Z5 N95 G1 X44 N100 G1 Z-10 N105 G1 X51 N110 G0 C60 N115 G23 N90 N105 N120 G0 C120 N125 G23 N90 N105 N130 G0 C180 N135 G23 N90 N105 N140 G0 C240 N145 G23 N90 N105 N150 G0 C300 N155 G23 N90 N105
Ebenenaufruf	N160 G19 Y C180
Sehnen-fläche fräsen	N165 G0 X52 Z-60 N170 **G72 XA30 LP85 BP50 D3 V2** N175 G79 XA50 ZA-60 N180 G1 XI3 N185 G14
Ebenenaufruf	N190 G18
Programmende	N195 M30

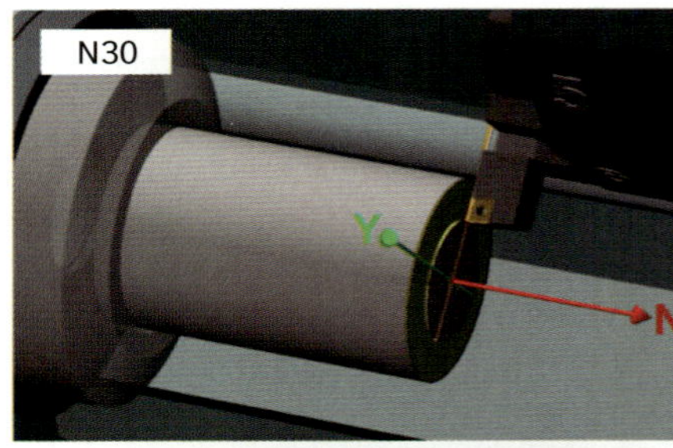

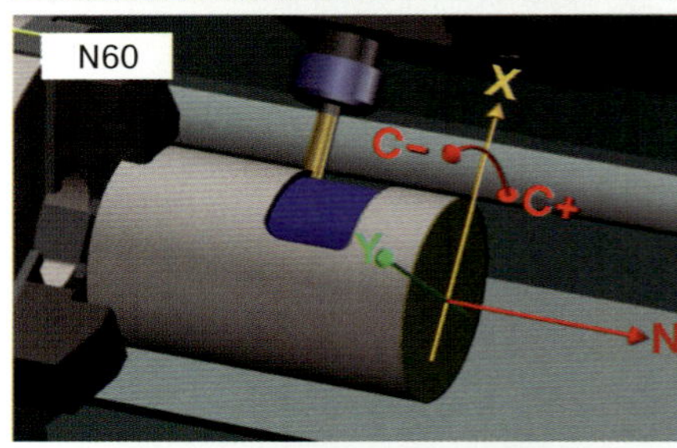

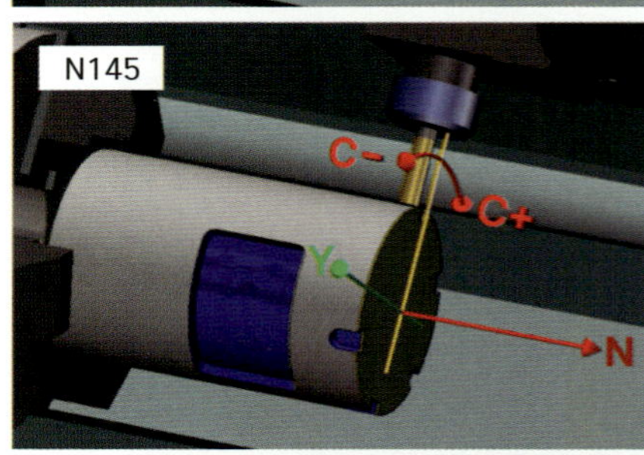

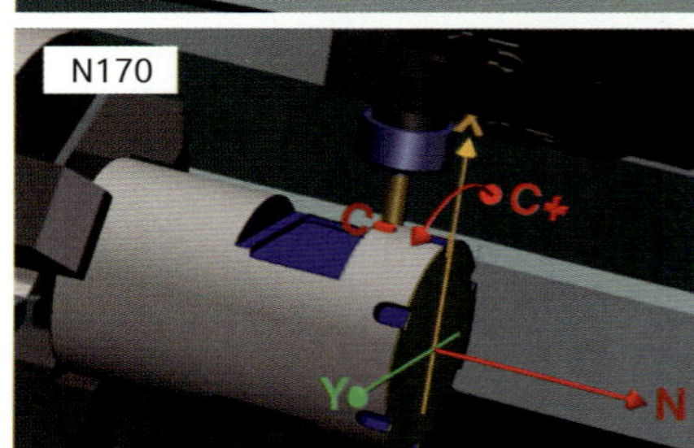

6.2 Mehrseitenbearbeitung auf Fräsmaschinen

6.2.1 Einführung

Durch Mehrseitenbearbeitung können Werkstücke auf Fräsmaschinen ohne Umspannen an den frei zugänglichen Seiten bearbeitet werden.
Bei einer **2½D-Bearbeitung** geschieht die Mehrseitenbearbeitung, indem die zu bearbeitende Fläche so im Arbeitsraum der Fräsmaschine positioniert wird, dass sie dort mit dem senkrecht zur Bearbeitungsebene zugestellten Werkzeug bearbeitet werden kann.

Der Zugang des Werkzeuges zu den einzelnen Bearbeitungsflächen hängt vom Aufbau und von der Ausrüstung der Maschine ab. Bei sehr vielen Maschinen wird das Werkstück zum Zweck einer 2½D-Bearbeitung mithilfe eines zusätzlich angebauten Dreh- und Schwenktisches in die Bearbeitungsposition gebracht.

Beispiel für eine Fräsmaschine mit Schwenk- und Drehtisch (Hedelius ACURA 65)

Werkbild Hedelius

Werkbild Hedelius

Auf Fräsmaschinen mit Schwenk- und Drehtisch erfolgt die Drehung des Werkstückes um die Z-Achse mittels des Drehtisches. Diese Drehung um die Z-Achse wird mit dem Programmwort C beschrieben.
Der Schwenktisch kann je nach seiner Ausrichtung in der Maschine das Werkstück um die X-Achse (**A**) oder um die Y-Achse (**B**) schwenken.

Maschinen mit der Schwenkmöglichkeit um die X-Achse und Drehen um die Z-Achse sind **AC-Maschinen**. Bei ihnen geschieht das Schwenken des Werkstückes um die Y-Achse durch gleichzeitiges Schwenken um die X-Achse und Drehen um die Z-Achse.
BC-Maschinen können das Werkstück um die Y-Achse schwenken und um die Z-Achse drehen. Das Schwenken um die X-Achse geschieht bei ihnen durch gleichzeitiges Schwenken um Y und Drehen um Z.

CNC

Beispiel für Schwenken und Drehen eines Werkstückes um die Achsen einer AC-Maschine

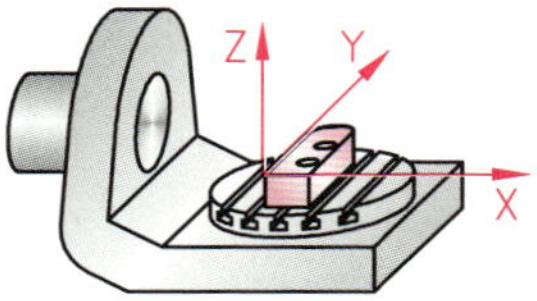

Ausgangslage

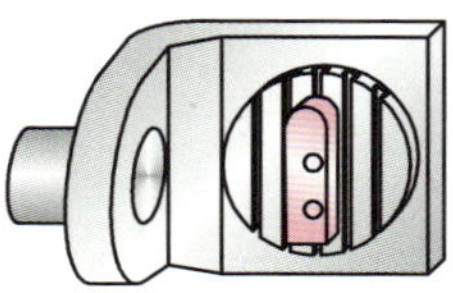

Schwenken um X

Drehen um Z

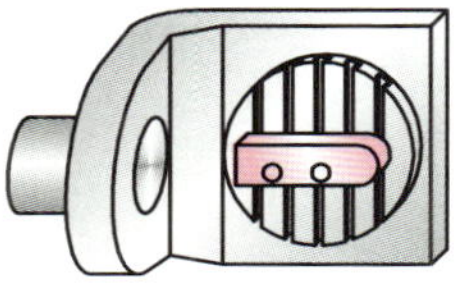

Schwenken um Y
(Drehen um Z + Schwenken um X)

2½D-Mehrseitenbearbeitung erfolgt häufig auf Maschinen mit Schwenk- und Drehtisch.
AC-Maschinen schwenken das Werkstück um die X-Achse und drehen es um die Z-Achse.
BC-Maschinen schwenken das Werkstück um die Y-Achse und drehen es um die Z-Achse.

6.2.2 Standardebenen G17, G18 und G19

Bei der 2½D-Bearbeitung ist immer eine Ebene die **Standardebene**. In ihr werden Kreisbögen, Taschen u. a. gefräst. Senkrecht zur Standardebene erfolgt die Zustellung des Werkzeuges.

Entsprechend dem YXZ-Koordinatensystem kennzeichnet man die Standardebenen mit **G17**, **G18** oder **G19** und programmiert sie entsprechend. In jeder dieser Ebenen sind eine erste und eine zweite Geometrieachse festgelegt. Die dritte Achse ist die Zustellachse. Von diesen Ebenen wird die Ebene G17 mit Zustellrichtung in Richtung der negativen Z-Achse bevorzugt und voreingestellt.

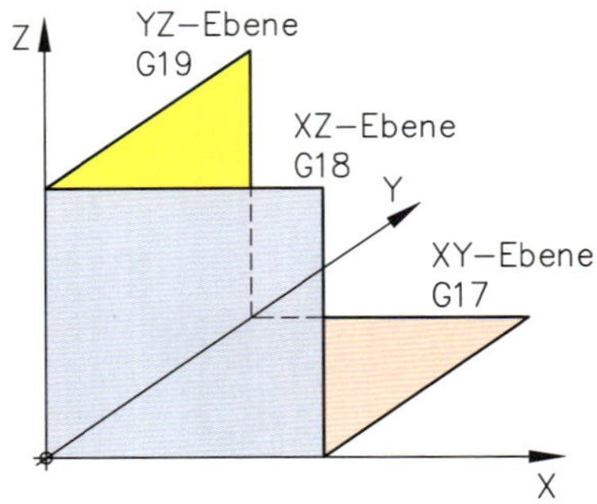

Ebene	1. Geometrie-achse	2. Geometrie-achse	Zustell-achse
G17	X	Y	Z
G18	Z	X	Y
G19	Y	Z	X

Kreismittelpunkte und Pole in den Standardebenen werden inkremental programmiert, und zwar

- in X-Richtung mit **I**,
- in Y-Richtung mit **J** und
- in Z-Richtung mit **K**.

Jeder Körper hat in jeder Ebene zwei einander gegenüberliegende Seiten. Damit die Steuerung erkennt, auf welcher dieser Seiten eine Bearbeitung durchgeführt werden soll, kennzeichnet man die Flächen nach der Richtung der Zustellung mit O1 und O2.

O1 kennzeichnet Flächen mit einer Zustellrichtung in **negativer** Achsrichtung,
O2 kennzeichnet Flächen mit einer Zustellrichtung in **positiver** Achsrichtung.
O1 ist normalerweise für alle Ebenen voreingestellt und muss deshalb nicht programmiert werden.

Beispiel für die Lage der Ebenen G18 O1 und G18 O2 an einer BC-Maschine
(Abbildungen aus Simulation mit MTS TopMill)

G17	G18 O1 (oder nur G18)	G18 O2
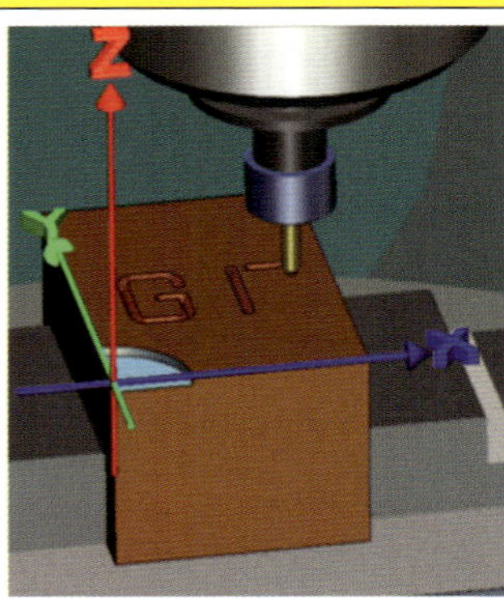	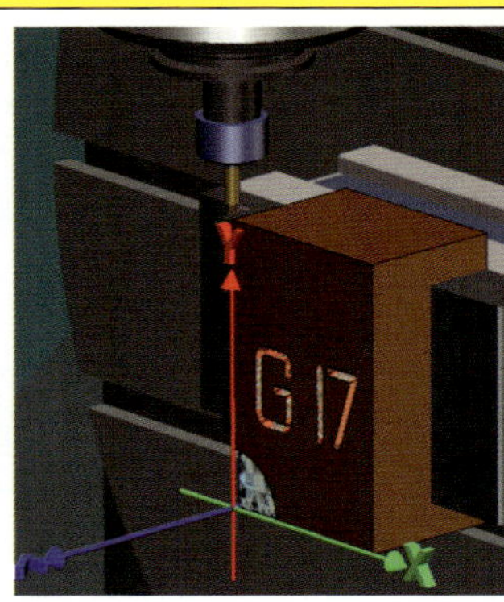	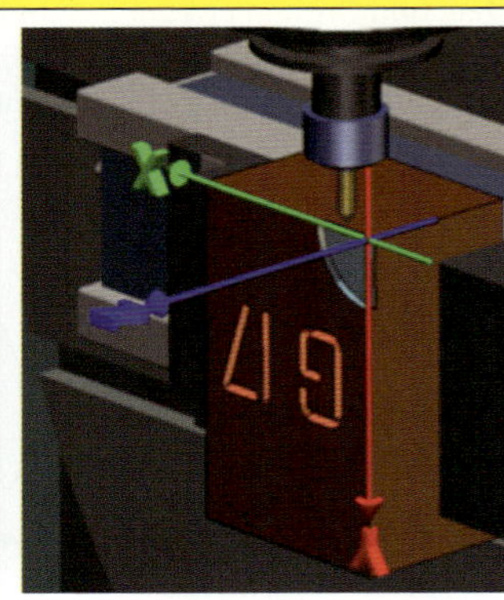

Farbkennzeichnung:

Zustellachse — 1. Geometrieachse — 2. Geometrieachse

6.2.3 Wechsel der Standardebenen bei einer 2½D-Bearbeitung

Zum Wechsel von einer Standardebene in eine andere genügt der Aufruf mit dem G-Wort der Ebene.
Die Schwenkbefehle **G17**, **G18** und **G19** *können* um weitere Angaben ergänzt werden (PAL-Programmierung):

H beschreibt das Einschwenkverhalten. Der Normalfall **H1** ist voreingestellt.

O1 und **O2** erlauben die Unterscheidung der einander gegenüberliegender Seiten der Standardebene. Die Seite O1 mit der Zustellung in negativer Richtung ist voreingestellt.

Falls nach dem Einschwenken der zu bearbeitenden Ebene der Nullpunkt nicht mehr in dieser Ebene liegt, lässt man auf den Schwenkbefehl meist eine Nullpunktverschiebung folgen, um die Programmierung der Verfahrwege zahlenmäßig zu vereinfachen.

Beispiel für ein Programm mit einem Wechsel der Ebene G17 zu den Ebenen G18 O1 und G19 O2
(Abbildungen aus Simulation mit MTS TopMill)

In ein rechteckiges Werkstück mit den Maßen 100 x 160 x 80 sind in der Ebene G17 der Schriftzug G17 zu fräsen und der Nullpunkt mit einem Viertelkreis zu kennzeichnen.
In die Ebenen G18 und G19 O2 sind zur Markierung Kreisbögen und Geraden zu fräsen.

Programm:

```
N5 G17
N10 G54
N15 T2 M3 G97 S2000
N20 G94 F400
N25 G0 X20 Y20 Z2             ; Nullpunkt markieren,
...                           Schriftzug G17 fräsen
N140     Z2
N145 G0 X200 Y200 Z200
N150 G18                      ; Einschwenken; O1 voreingestellt
N155 G59 XA0 YA160 ZA0        ; Nullpunkt verschieben
N160 G0 Z-10 X20 Y2
N165 G1 Y-5                   ; Eintauchen in -Y-Richtung
N170     Z-20
N175 G2 X80  Z-20 I30 K0      ; Kreismittelpunkt mit I und K
N180 G1 Z-10
N185     Y5
N190 G54                      ; Nullpunktverschiebung aufheben
N195 G0 X200 Y200 Z200
N200 G19 O2                   ; Einschwenken G19 O2, Zustellung
                              in positiver Achsrichtung
N205 G0 X-5 Y140 Z-10
N210 G1 X5                    ; Eintauchen in +X-Richtung
N215     Z-20
N220 G3 Y20 Z-20 J-60 K80     ; Kreismitten mit J und K
N225 G1 Z-10
N230     X-5
N235  G17                     ; Zurückschwenken in G17-Ebene
N235 T2
N240  M30
```

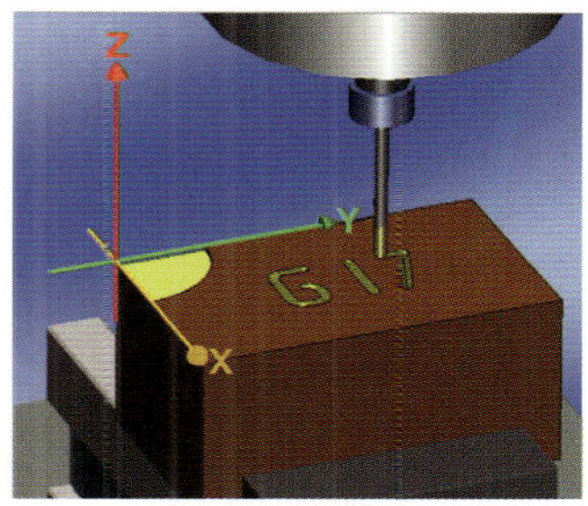

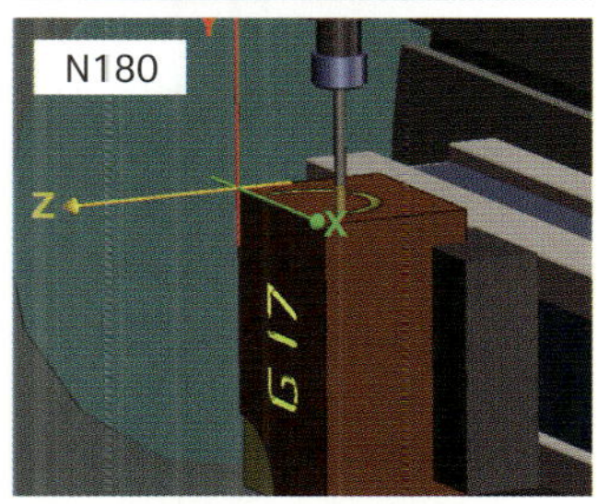

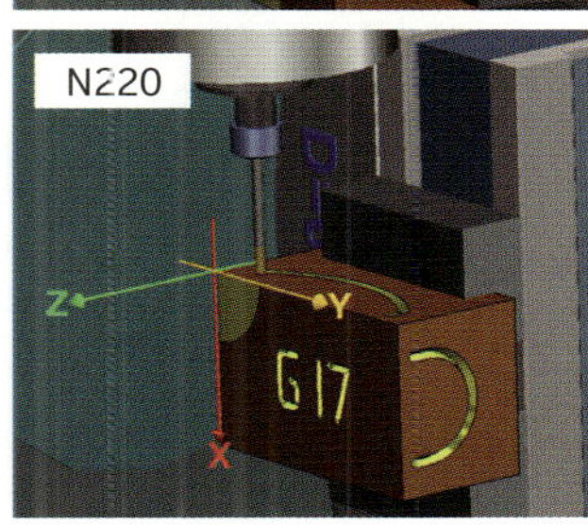

Farbkennzeichnung:
- Zustellachse
- 1. Geometrieachse
- 2. Geometrieachse

Der Wechsel der Standardebene wird mit dem G-Wort der einzuwechselnden Ebene programmiert.

6.2.4 Festlegen von Bearbeitungsebenen über maschinenfeste Raumwinkel

Durch Schwenken um eine Achse kann eine schräg zu einer Standardebene liegende Fläche in die Bearbeitungsebene gebracht werden. Dabei bleibt das Koordinatensystem maschinenfest in seinem Ursprung. Diese Funktion erlaubt es, Werkstücke so einzuschwenken, dass die zu bearbeitende schräge Fläche in der Bearbeitungsebene liegt.

Beispiel für Bearbeitungen auf eingeschwenkten schrägen Flächen

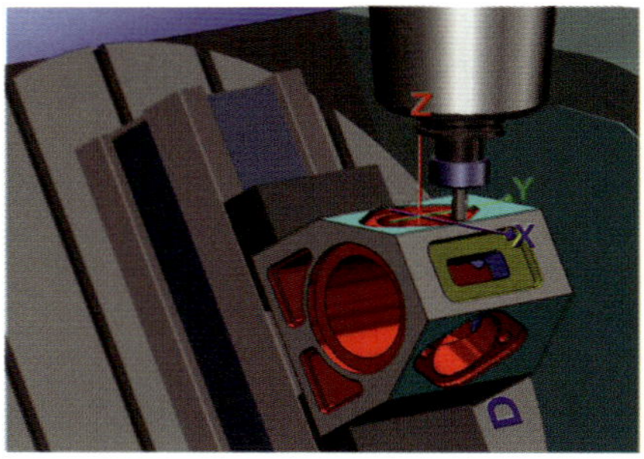

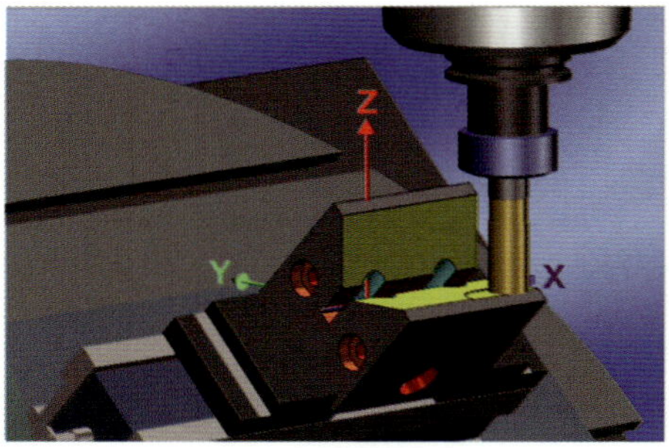

Im Schwenkbefehl zum Einschwenken einer Ebene in die Bearbeitungsebene werden angegeben

- die Ebene, aus der das Schwenken erfolgt, z. B. G17,
- die Achse, um die geschwenkt werden soll, **AM** um X-Achse, **BM** um Y-Achse, **CM** um Z-Achse,
- die Größe des Schwenkwinkels.

Der Schwenkwinkel wird mit Blickrichtung in **positiver Richtung der Schwenkachse** gesehen.
Er ist

- positiv, wenn die Schwenkbewegung gegen den Uhrzeigersinn gerichtet ist und
- negativ, wenn das Schwenken im Uhrzeigersinn geschieht.

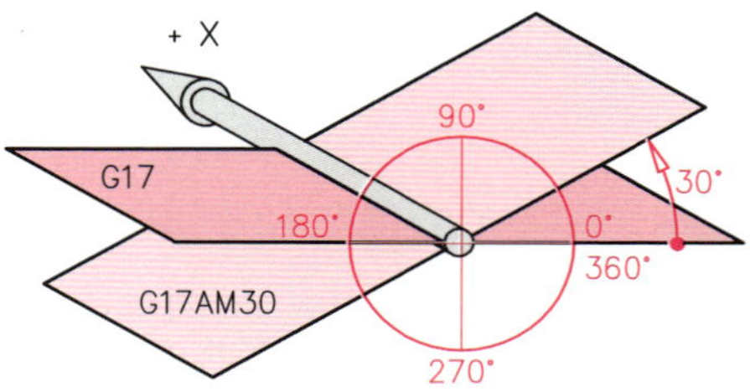

Winkelangabe beim Schwenken 30° um X

Beispiele für die Programmierung von Schwenkbewegungen in der Ebene G17 um die X-Achse (PAL-Programmierung) (Abbildungen aus Simulation mit MTS TopMill)

G17 AM30	G17 AM90	G17 AM-30
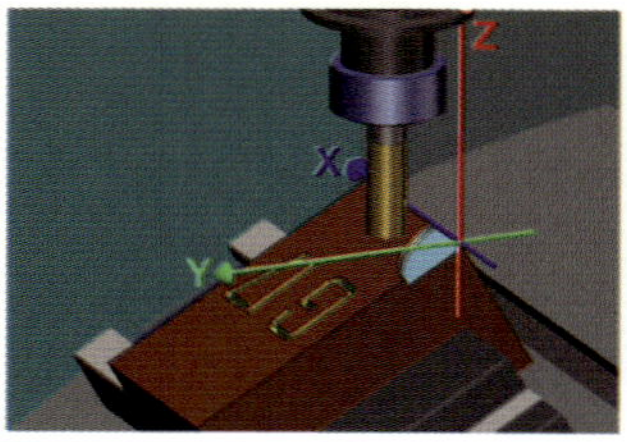	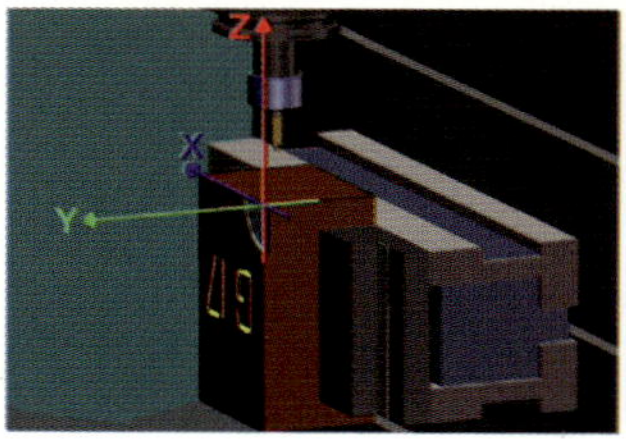	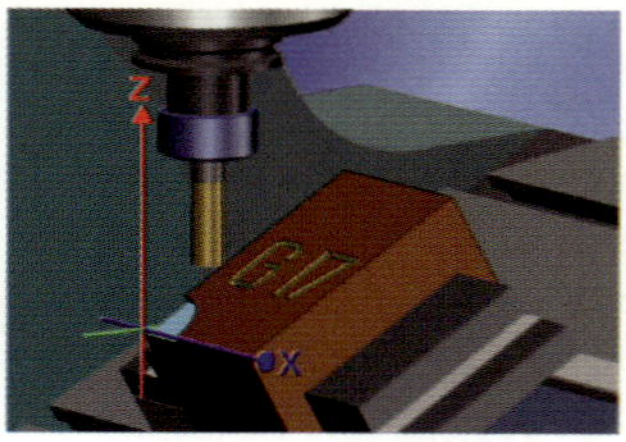

(Beachten Sie: Bei Eingabe G17 AM-30 wurde das Werkstück so geschwenkt, dass die X-Achse auf den Betrachter hinzeigt. Sie sehen also das Werkstück aus der negativen Achsrichtung.)

Der Schwenkbefehl besteht aus Angabe der Standardebene, aus der das Schwenken erfolgt (**G17** oder **G18** oder **G19**), der Kennzeichnung der Schwenkachse (**AM** oder **BM** oder **CM**) und dem Zahlenwert des Schwenkwinkels.

Zur Vereinfachung der Programmierung ist es sinnvoll, den Nullpunkt so zu verschieben, dass die Schwenkachse im Schnittpunkt der Standardebene und der herzustellenden Schräge liegt.

Beispiel für die Programmierung der Bearbeitung einer Abschrägung (PAL-Programmierung)
(Abbildungen aus Simulation mit MTS TopMill)

Das dargestellte Einlegestück ist herzustellen. An die Oberfläche werden keine besonderen Anforderungen gestellt.

Das Rohteil ist Flachstahl 70 × 40 × 16 mm.

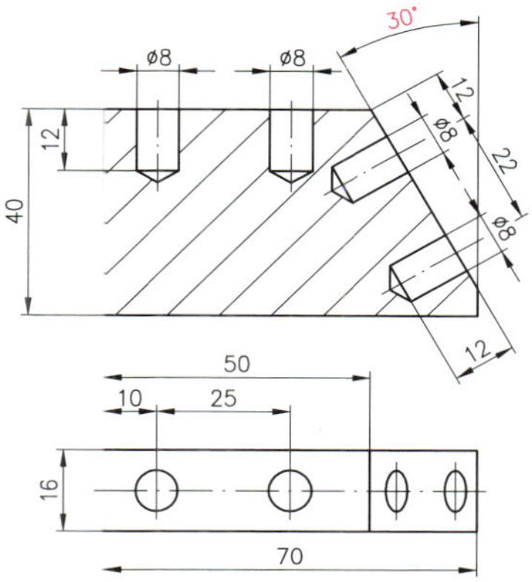

Programm (Maschine BC):

```
N5   G17
N20 G54                          ; Nullpunkt setzen
N25 T2 M3 F150 S500
N30 G81 ZA-4 V2                  ; Anbohren
N35 G79 X10 Y8 Z0
N40 G79 X35 Y8 Z0
N45 T3 G94 F150 S1000 M3
N50 G0 X10 Y8 Z3
N55 G81 ZA-12 V2                 ; Bohren
N60 G79 X10 Y8
N65 G79 X35 Y8
N70 G0 Z200
N75 G59 XA50 YA0 ZA0             ; Nullpunkt verschieben
N80 G17 BM60                     ; Schwenken um Y-Achse 60°
N85 T1 G94 F200 S600 M3
N90 G0 X0 Y0 Z22
N95 G72 ZA0 LP55 BP20 D4         ; Planfräsen
    EP0 Q3 H2 V2
N100 G79 X0 Y8 Z18
N110 T2 M3 F150 S1500
N115 G81 ZA-4 V2                 ; Anbohren
N120 G79 X12 Y 8 Z0
N125 G79 X32 Y8 Z0
N130 T3 G94 F150 S1000 M3
N135 G0 X12 Y8 Z3
N140 G81 ZA-12 V2                ; Bohren
N145 G79 X12 Y8
N150 G79 X34 Y8
N155 G59 XA50 YA0 ZA0
N160 G0 Z200
N165 G17                         ; zurückschwenken
N170 G54                         ; Nullpunkt zurücksetzen
N175 M30
```

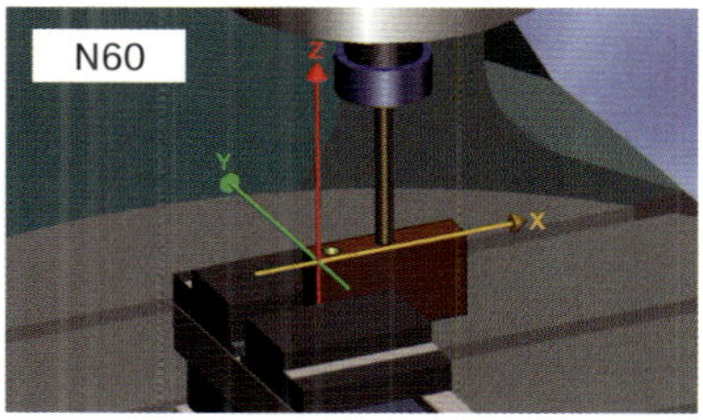

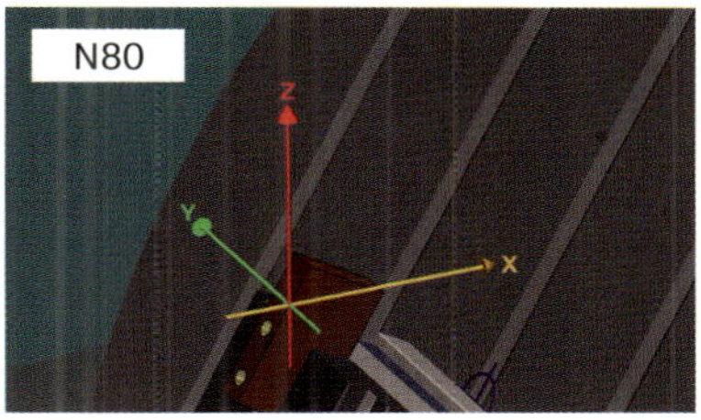

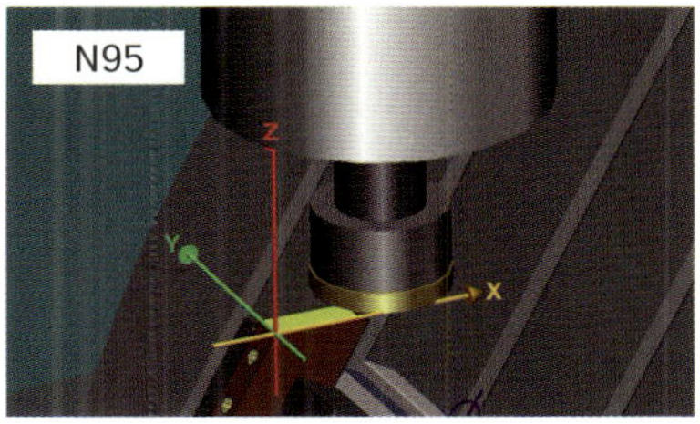

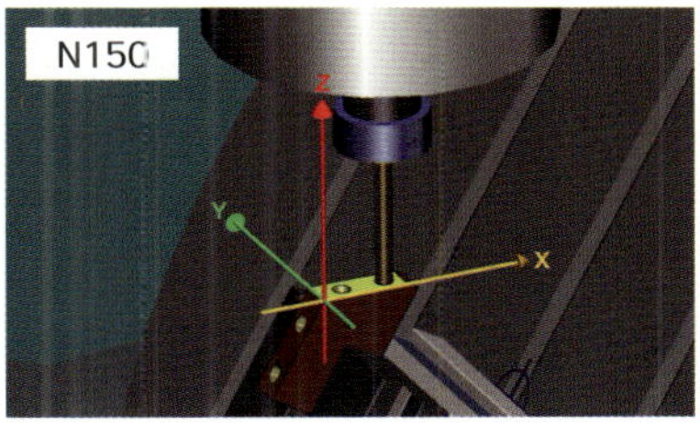

6.2.5 Weitere Möglichkeiten zur Ebenenanwahl

- **Ebenenanwahl mit relativen Raumwinkeln**

Von einer beliebigen Ebene ausgehend kann eine neue Bearbeitungsebene durch relative (inkrementale) Raumwinkel angewählt werden. Diese Funktion wird nur in wenigen Fällen benötigt, z. B. beim Fräsen von Fasen an schrägen Flächen.

Im NC-Satz für das Einschwenken und Eindrehen einer durch relative Raumwinkel bestimmten Ebene in die Arbeitsebene der Maschine werden angegeben (PAL-Programmierung):

- Standardebene, aus der die Anwahl der zu bearbeitenden Ebene erfolgt **(G17, G18 oder G19)**,
- Reihenfolge der Drehwinkel und Drehwinkelangabe
  AR relativer (inkrementeller) Drehwinkel um die X-Achse des **aktuellen** Werkstückkoordinatensystems
  BR relativer (inkrementeller) Drehwinkel um die Y-Achse des **aktuellen** Werkstückkoordinatensystems
  CR relativer (inkrementeller) Drehwinkel um die Z-Achse des **aktuellen** Werkstückkoordinatensystems

- **Ebenenanwahl mit Schnittwinkeln**

Bei dieser Möglichkeit der Ebenenanwahl werden die Winkel, die eine zu bearbeitende Fläche in Schnittebenen parallel zu den Standardebenen zeigt, zur Ebenenanwahl herangezogen. Falls die Ansichten eines Werkstückes parallel zu den Standardebenen liegen, erscheinen die Schnittwinkel auf den Außenflächen des Werkstücks.

Beispiel für Schnittwinkel

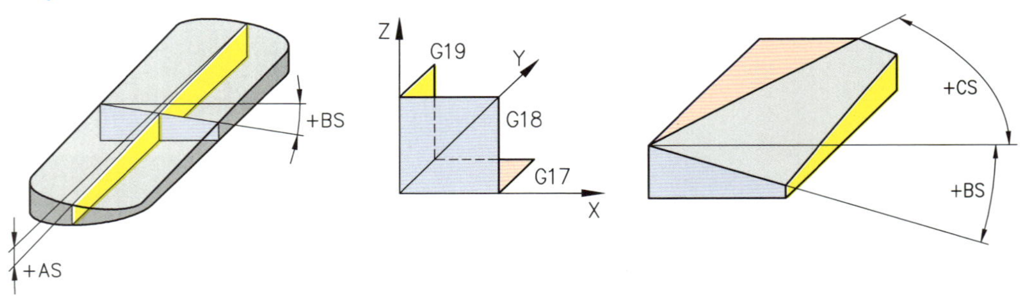

Im NC-Satz für das Einschwenken und Eindrehen einer Ebene in die Arbeitsebene der Maschine auf der Basis der Schnittwinkel werden angegeben (PAL-Programmierung):

- Standardebene, aus der die Anwahl der zu bearbeitenden Ebene erfolgt **(G17, G18 oder G19)**,
- Schnittwinkel
  AS Schnittwinkel in G19 Schnittfläche
  BS Schnittwinkel in G18 Schnittfläche
  CS Schnittwinkel in G17 Schnittfläche

  Es genügt die Angabe von zwei Schnittwinkeln zur Bestimmung der Lage der Ebene.

- **Ebenenanwahl über drei Punkte in der Bearbeitungsebene**

Eine Ebene ist durch drei Punkte, die nicht auf einer Geraden liegen, eindeutig festgelegt. Im NC-Satz zur Anwahl einer Ebene über drei Punkte werden in einem Satz angegeben (PAL-Programmierung):

- Standardebene, aus der die Anwahl der zu bearbeitenden Ebene erfolgt **(G17, G18 oder G19)**,
- Koordinaten der Punkte in folgender Reihenfolge
  XD, **YD** und **ZD** Koordinaten des ersten Punktes,
  XE, **YE** und **ZE** Koordinaten des zweiten Punktes,
  XF, **YF** und **ZF** Koordinaten des dritten Punktes.

Aufgaben zu Grundlagen der CNC-Technik

CNC-Werkzeugmaschinen

1. Beschriften Sie die freien Achsen gemäß dem kartesischen Koordinatensystem, und geben Sie die Kennbuchstaben für die Bewegung an.

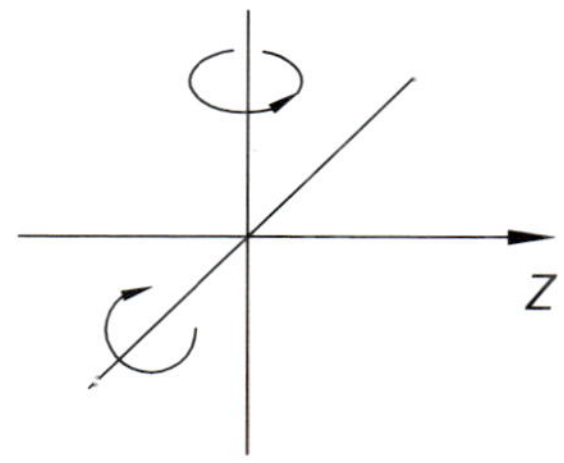

2. Dies ist das Schema eines binär codierten Lineals zur digital absoluten Wegmessung. Ergänzen Sie den Code von 6 bis 12.

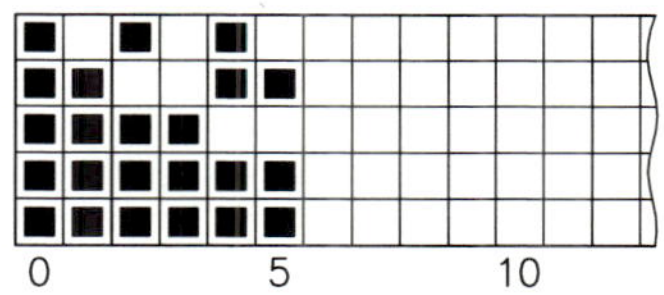

3. Unterscheiden Sie eine 2½D-Bahnsteuerung von einer 3D-Bahnsteuerung.

Grundlagen zur manuellen Programmierung

4. Die Form des dargestellten Bleches wird einer CNC-Brennschneidmaschine durch die Koordinaten der jeweiligen Streckenendpunkte eingegeben.
Vervollständigen Sie die Tabelle durch Eintragung der Koordinaten der Punkte P_1 bis P_7.

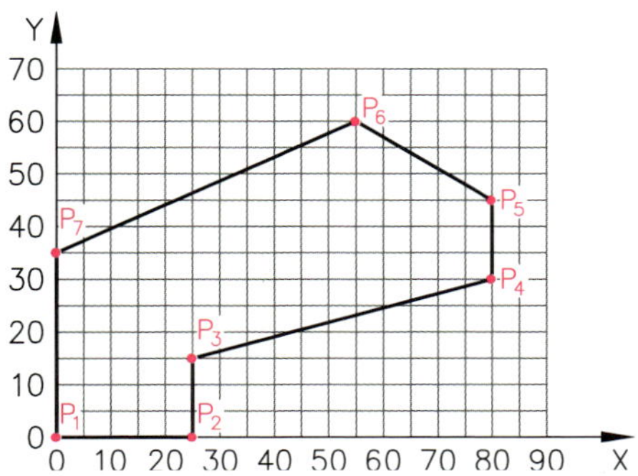

	G 90	
	X	Y
→ P_1	?	?
→ P_2	?	?
→ P_3	?	?
→ P_4	?	?
→ P_5	?	?
→ P_6	?	?
→ P_7	?	?

5. Die Abbildung zeigt eine bemaßte Platte.
Übernehmen Sie die Zeichnung.
Geben Sie das Befehlswort für eine Inkrementalmaßangabe an.
Bemaßen Sie die Zeichnung inkremental.

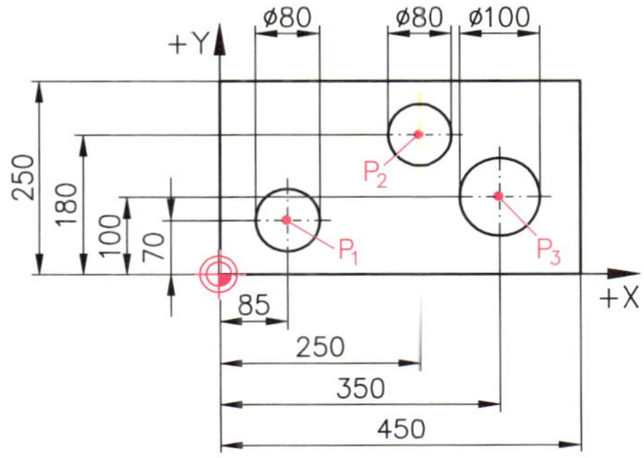

6. Die Innenkontur eines Bleches soll auf einer Drahterodiermaschine ausgeschnitten werden. Programmieren Sie den Weg des Erodierdrahtes. Gehen Sie davon aus, dass der Erodierdraht durch eine Bohrung im Punkt P_0 durchgeführt ist. Der Vorschub wird nicht programmiert, sondern entsprechend den elektrischen Größen geregelt.

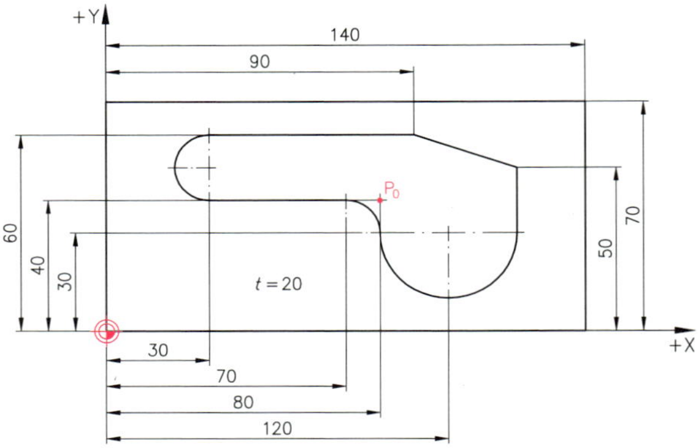

Programmierung zur Fertigung von Drehteilen

7. Aus einem Rohling ⌀ 60 mm soll das dargestellte Sockelstück gefertigt werden. Schreiben Sie das CNC-Programm.

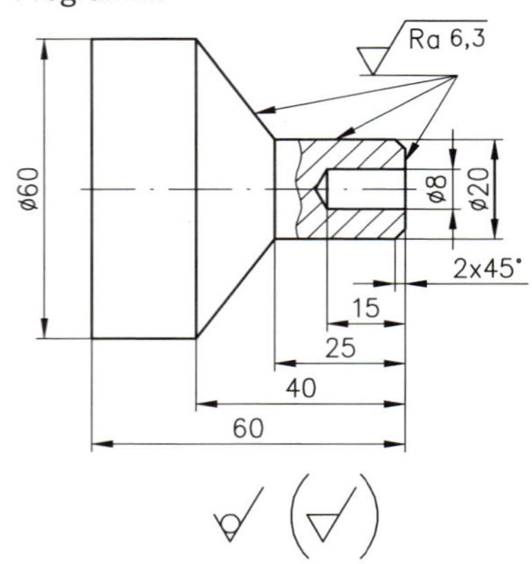

Bearbeitungsfolge	Werkzeuge	Technologische Daten
Schruppen (Aufmaß 1 mm)	Linker Eckdrehmeißel **T1**	v_c = 120 m/min (konstant) n_{max} = 3000 1/min f = 0,3 mm
Schlichten	Linker Eckdrehmeißel **T3**	v_c = 150 m/min (konstant) n_{max} = 3000 1/min f = 0,1 mm
Anbohren	NC-Anbohrer **T4** D = 4 mm	n = 400 1/min f = 0,08 mm
Bohren	Spiralbohrer **T5**	v_c = 80 m/min f = 0,08 mm

8. Programmieren Sie für das dargestellte Werkstück die Innenkontur. Der Rohling von 100 mm Außendurchmesser hat bereits eine durchgehende Bohrung von 30 mm Durchmesser.

Bearbeitungsfolge	Werkzeuge	Technologische Daten
Stirnplandrehen	Linker Eckdrehmeißel **T1**	v_c = 150 m/min (konstant) n_{max} = 3000 1/min f = 0,1 mm
Schruppen (Aufmaß 0,8 mm)	Bohrstange **T8**	v_c = 80 m/min (konstant) n_{max} = 2000 1/min f = 0,2 mm
Schlichten	Bohrstange **T9**	v_c = 120 m/min (konstant) n_{max} = 2000 1/min f = 0,1 mm

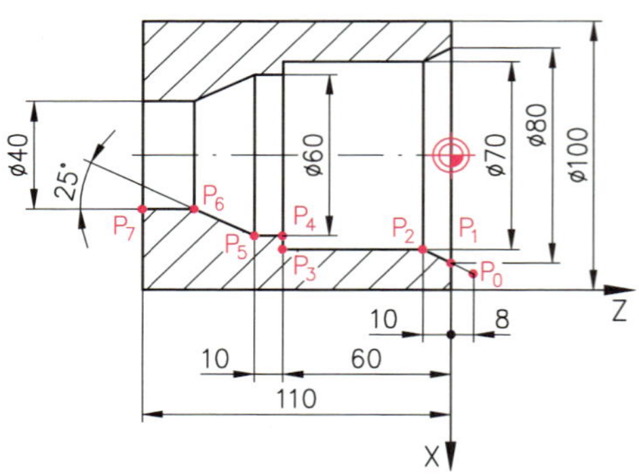

Programmierung zur Fertigung von Frästeilen

Zu Bearbeitung der Aufgaben 9 und 10 stehen folgende Fräser zur Verfügung:

	Durch-messer D mm	Schneidstoff	Schneidenzahl	Schnitt-geschwindigkeit v_c m/mm	Zahnvorschub f_z mm
Planfräser	63	Hartmetall	5	200	0,2
Schaftfräser	18	HSS beschichtet	4	80	0,1
Schaftfräser	8	HSS beschichtet	4	60	0,06

9. Aus einer 20 mm starken Platte aus C80 soll die dargestellte Innenkontur ausgefräst werden. Schreiben Sie das Programm.

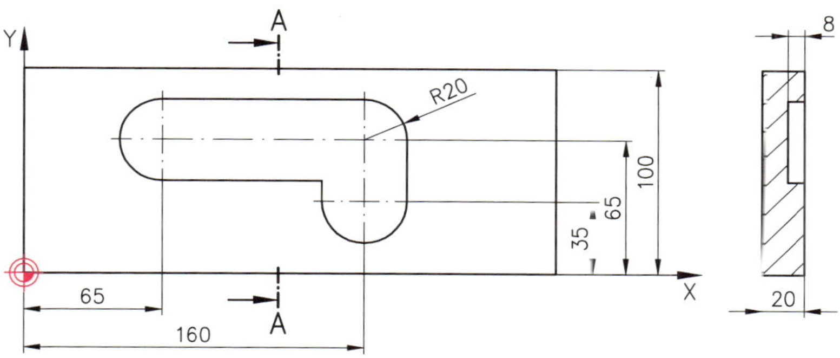

10. Aus Vierkantmaterial □60 soll das dargestellte Werkstück gefräst werden. Das Rohteil hat den skizzierten Umriss.

Schreiben Sie das Programm.

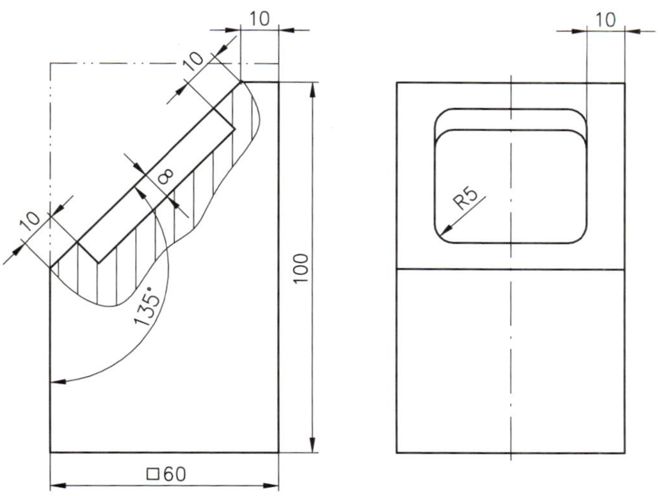

Achter Themenkreis: Statik, Dynamik und Festigkeitslehre

Handlungsfeld: Belastungen in einem technischen System ermitteln

Problemstellung

Auftrag

Auftrag
Ermittlung der Kräfte und Momente in den Bauteilen des Schwenkkrans

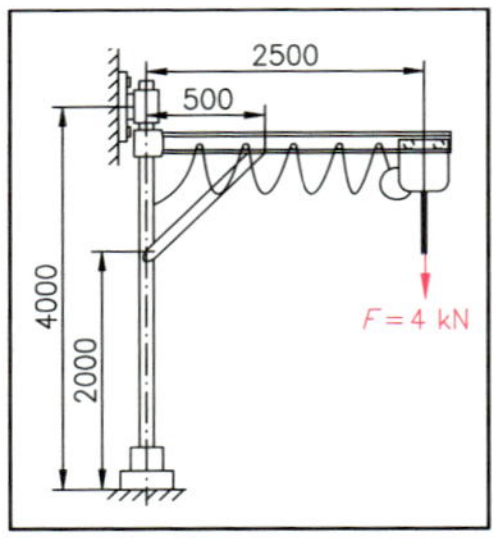

Analysieren

Vorgaben:

- Entwurf mit
  - Funktionsmaßen
  - Betriebslast
  - Konstruktionshinweisen auf statisch zu berücksichtigende Elemente, z. B. Gelenke

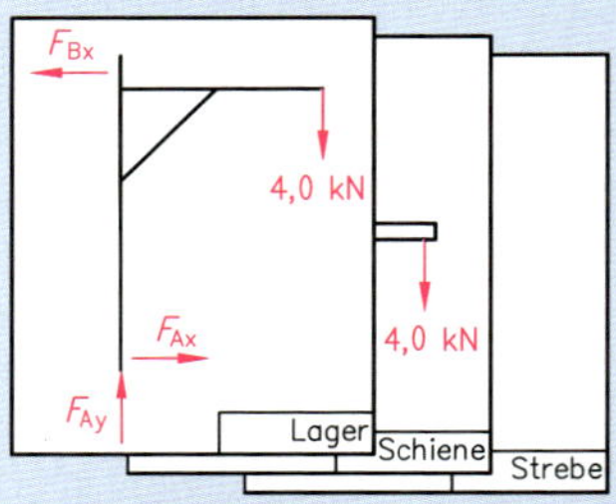

Ergebnis:

- Skizzen der freigemachten Bauteile mit
  - Kraftrichtungen und Angriffspunkten der äußeren Kräfte
  - Lastannahmen: Betriebslast Zusatzlasten (z. B. Wind) Eigengewicht
  - Bauteilmaßen
- Entscheidung für Lösungsverfahren

Kräfte und Momente bestimmen

Vorgaben:

- Bauteilskizzen mit
  - Kräften
  - Angriffspunkten
  - Maßen
- Lösungsverfahren (grafisch, rechnerisch)

Lagerkräfte

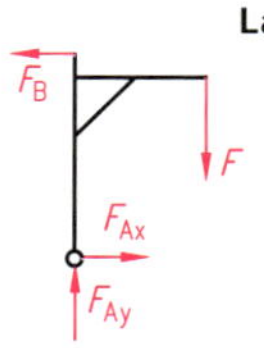

1. $\sum M = 0$ (Drehpunkt in A, Vorzeichen: ↶ + ↷ −)
   $\sum M = (+F_B \cdot I_1) \cdot (-F \cdot I_2) = 0$
   $\sum M = (+F_B \cdot 4\text{ m}) + (-4000\text{ N} \cdot 2{,}5\text{ m}) = 0$
   $F_b = 2500\text{ N}$

2. $\sum F_V = 0$ (Vorzeichen: ↑ + ↓ −)
   $\sum F_V = (+F_{AY}) + (-F) = 0$
   $\sum F_V = (+F_{AY}) + (-4000\text{ N}) = 0$
   $F_{AY} = 4000\text{ N}$

3. $\sum F_X = 0$ (Vorzeichen: → + ← −)
   $\sum F_X = (+F_{AX}) + (-F_B) = 0$
   $\sum F_X = (+F_{AX}) + (-2500\text{ N}) = 0$
   $F_{Ax} = 2500\text{ N}$

Ergebnisse:

- Lagerkräfte
- Innere Kräfte
  - Normalkräfte
  - Querkräfte
- Momente

1 Statik

Die Kenntnis der Kräfte, die ein Bauteil belasten, ist die Voraussetzung für die Berechnung seines Festigkeits- und Verformungsverhaltens. In der technischen Mechanik wird diese Ermittlung der Kräfte durchgeführt.

Man unterscheidet in der technischen Mechanik die Dynamik und die Statik.

Die **Dynamik** befasst sich mit dem Zusammenhang zwischen Kräften und Bewegungszuständen.

Die **Statik** untersucht das Gleichgewicht der Kräfte am ruhenden Körper.

Problemlösungen in der technischen Mechanik können rechnerisch, zeichnerisch oder experimentell geschehen. Durch den Einsatz von Rechnern haben zeichnerische Methoden zur Lösung von Aufgaben erheblich an Bedeutung verloren. Die rechnerische Lösung steht heute im Vordergrund. Die experimentellen Verfahren sind besonders durch die Möglichkeit, rechnerunterstützt Simulationsexperimente durchzuführen, erheblich erweitert worden.

1.1 Kräfte

Kräfte sind gerichtete Größen – Vektoren. Zur Beschreibung einer Kraft gehören demnach folgende drei Angaben:

- Angabe der **Größe** der Kraft (Zahlenwert und Einheit),
- Angabe der **Lage** im Raum,
- Angabe der **Wirkrichtung.**

Das Formelzeichen einer Kraft ist *F*.

Zeichnerisch werden Kräfte durch Pfeile dargestellt. Dabei symbolisieren die einzelnen Teile des Pfeils Folgendes:

- Die *Länge des Pfeils* zeigt die *Größe der Kraft.*
- Die *Lage des Pfeils* (Wirkungslinie) zeigt die *Lage der Kraft* im Raum.
- Die *Richtung der Pfeilspitze* zeigt die *Wirkrichtung der Kraft.*

Den Punkt, an dem eine Kraft an einem Körper angreift, bezeichnet man als ihren Angriffspunkt.

Zur zeichnerischen Lösung ist es wichtig, die Kräfte in einem einheitlichen Maßstab – dem Kräftemaßstab – darzustellen. Dieser Maßstab ist zur Erzielung möglichst hoher Genauigkeit so groß wie eben möglich zu wählen.

Beispiel für die zeichnerische Darstellung von Kraft, Wirkungslinie und Wirkrichtung

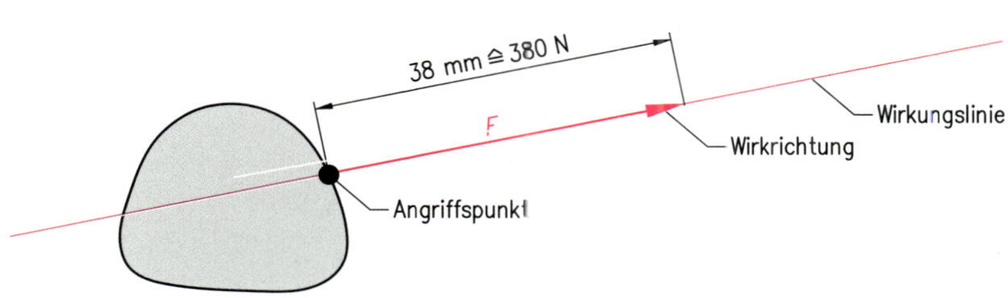

Kräfte sind Vektoren. Sie werden als Pfeil dargestellt
Die Länge des Pfeils entspricht der Größe der Kraft.
Die Richtung des Pfeils und die Pfeilspitze geben die Wirkrichtung an.

Zum Arbeiten mit Kräften in der technischen Mechanik sind folgende Sätze von grundlegender Bedeutung: Verschiebungssatz, Reaktionssatz, Satz vom Kräfteparallelogramm.

- **Verschiebungssatz**

Sieht man von der Verformung eines Körpers infolge von Krafteinwirkung ab – *starrer Körper* –, so kann eine Kraft auf ihrer Wirkungslinie verschoben werden, ohne dass sich damit ihre Auswirkungen ändern.

Beispiel für den Verschiebungssatz

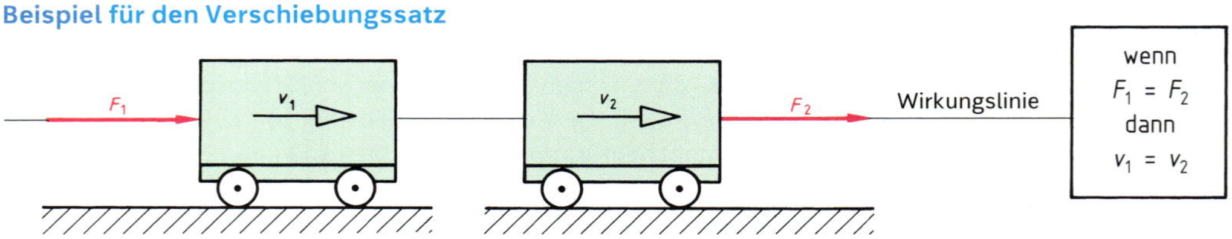

Kräfte können auf ihrer Wirkungslinie verschoben werden.

- **Reaktionssatz**

Kräfte, die an der Berührungsstelle zweier Körper auftreten,

- sind gleich groß,
- liegen auf der gleichen Wirkungslinie,
- haben entgegengesetzte Richtung (actio = reactio).

Beispiel zum Reaktionssatz

Jede Kraft hat eine gleich große Gegenkraft.

- **Satz vom Kräfteparallelogramm**

An einem Körper greifen oft mehrere Kräfte gleichzeitig an. Wenn sich die Wirkungslinien dieser Kräfte in einem Punkt schneiden, so lassen sich die Kräfte zu einer resultierenden Kraft *(Resultierenden)*, welche die gleiche Wirkung hat, vereinigen (Kräfteaddition). Die Zusammenfassung zweier Kräfte F_1 und F_2 zu einer Resultierenden F_{rsl} geschieht mithilfe des **Kräfteparallelogramms.**[1]

Beispiel für die Kräfteaddition mit dem Kräfteparallelogramm

Aufgabe: Für die Kräfte F_1 und F_2 ist die Resultierende zu ermitteln.

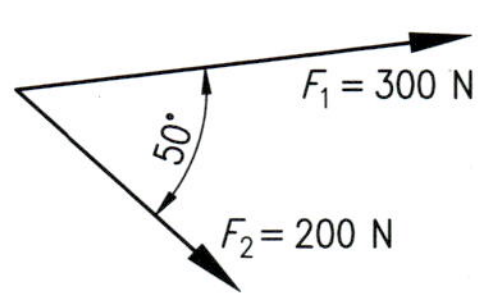

Lösung:

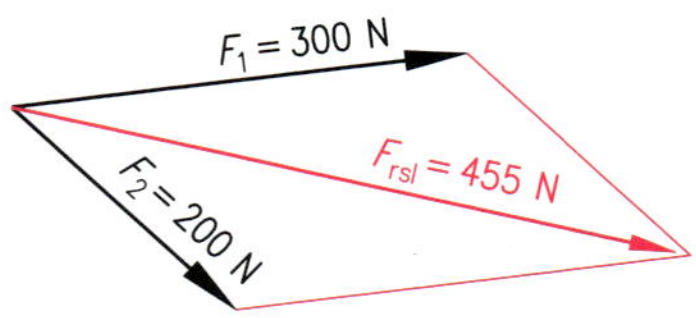

KM: 100 N ≙ 10 mm

Kräfte können mit dem Kräfteparallelogramm addiert werden.
Die Resultierende hat die gleiche Wirkung wie die Ausgangskräfte.

[1] Verfahren zur Addition und Zerlegung mehrerer Kräfte s. die folgenden Seiten

1.2 Moment und Kräftepaar

Eine Kraft erzeugt an einem drehbaren *starren Körper* eine Drehwirkung. Das Maß für diese Drehwirkung ist das **Moment.** Das Moment berechnet man als das Produkt aus der Kraft F und dem senkrechten Abstand der Wirkungslinie der Kraft vom Drehpunkt (Hebelarm l). Die Drehrichtung gibt man durch Vorzeichen an: Die Drehrichtung im Uhrzeigersinn ist negativ, gegen den Uhrzeigersinn ist sie positiv.

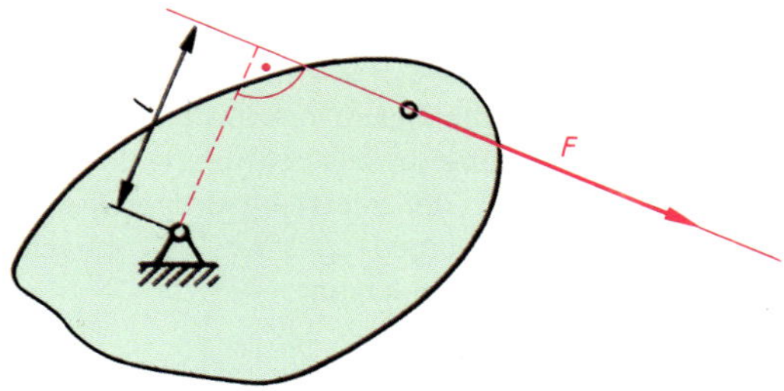

$M = F \cdot l$

(+) Drehrichtung gegen den Uhrzeigersinn

(–) Drehrichtung im Uhrzeigersinn

Drehmoment

Untersucht man die Ursache des Drehbestrebens genauer, so erkennt man, dass dieses nicht von einer Kraft, sondern von zwei Kräften verursacht wird. Die zweite Kraft ist die im Drehpunkt angreifende Stützkraft. Sie ist ebenso groß wie F, verläuft parallel zu F, ist aber entgegengerichtet. Man nennt zwei so angeordnete Kräfte ein **Kräftepaar.** Das Moment des Kräftepaares ist $M = F \cdot l$.

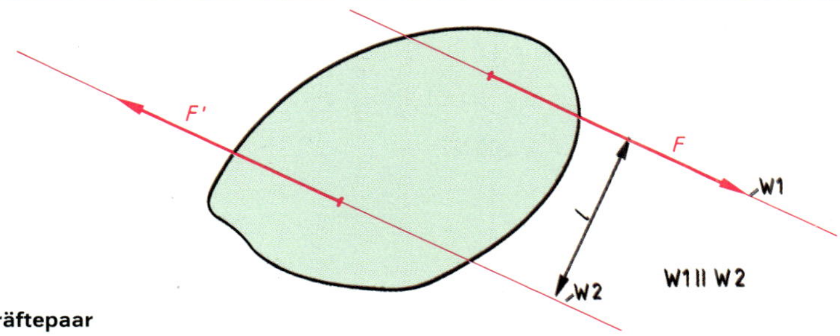

$M = F \cdot l = F' \cdot l$

l Wirkabstand (= Hebelarm)

Kräftepaar

Ein Kräftepaar hat auch für jeden anderen, in der gleichen Ebene liegenden Punkt die gleiche Wirkung $M = F \cdot l$.

Beispiele für die stets gleiche Drehwirkung eines Kräftepaares *F* und *F'* bei unterschiedlichen Drehpunkten

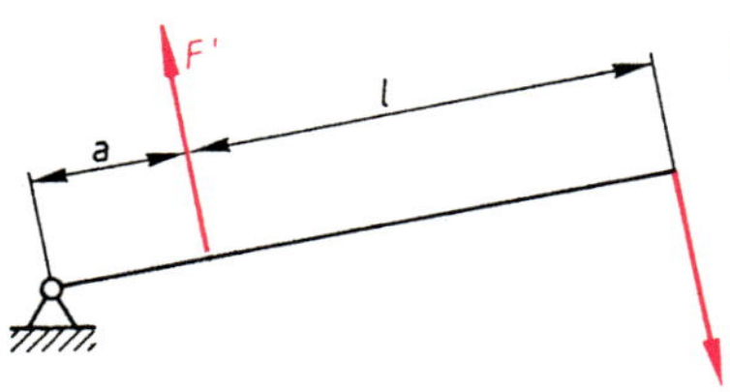

$M = F' \cdot a - F\,(a + l)$
$M = F' \cdot a - F \cdot a - F \cdot l$
$M = -F \cdot l$

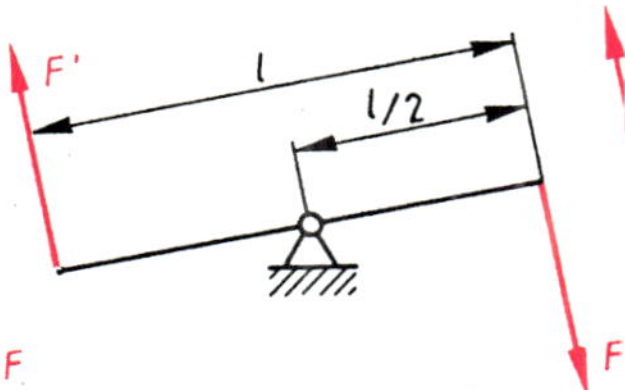

$M = -F' \cdot \frac{1}{2} - F \cdot \frac{1}{2}$

$M = -F \cdot l$

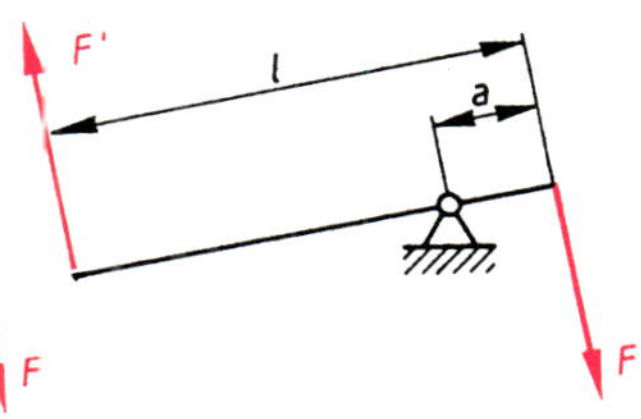

$M = -F' \cdot (l - a) - F \cdot a$
$M = -F' \cdot l + F' \cdot a - F \cdot a$
$M = -F \cdot l$

Ein Kräftepaar besteht aus zwei gleichgroßen, parallel liegenden und gegeneinander gerichteten Kräften. Es erzeugt für jeden Punkt der Ebene das Moment $M = F \cdot l$.

1.3 Zusammensetzung und Zerlegung von Kräften in der Ebene mit gemeinsamem Angriffspunkt

1.3.1 Zeichnerische Lösung

Zwei Kräfte, deren Wirkungslinien sich in einem Punkt schneiden, können mithilfe des Kräfteparallelogramms addiert werden. Falls mehr als zwei Kräfte zu einer **Resultierenden** zusammengefasst werden müssen, verwendet man in der Statik das Krafteck. Zur Konstruktion des Kraftecks geht man so vor:

Ausgehend von einem Lageplan, in dem die Kräfte von ihrer Richtung her eingetragen sind, werden in einer neuen Zeichnung die Kräfte maßstäblich der Reihe nach parallel zu ihrer Darstellung im Lageplan aneinandergefügt. An das Ende der vorhergehenden Kraft wird dabei jeweils der Anfang der nächsten Kraft gesetzt. Die Strecke vom Anfangspunkt der ersten bis zum Endpunkt der zuletzt angetragenen Kraft gibt die Größe der Resultierenden an. Ihre Richtung ist den anderen Kräften *entgegengesetzt*. Die Lage dieser Strecke gibt bei Parallelverschiebung in den Lageplan die Lage der Resultierenden an.

Beispiel für die Kräfteaddition mithilfe des Kraftecks

Aufgabe: Für die Kräfte F_1, F_2 und F_3 ist F_{rsl} zu ermitteln.

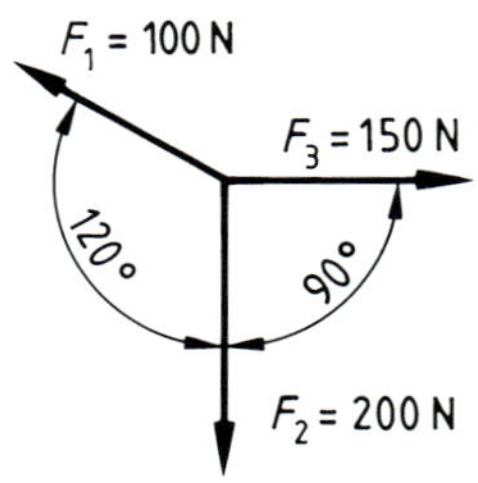

Lösung:

Lageplan ⟶ **Krafteck** ⟶ **Lageplan mit Resultierender**

KM: 50 N ≙ 10 mm

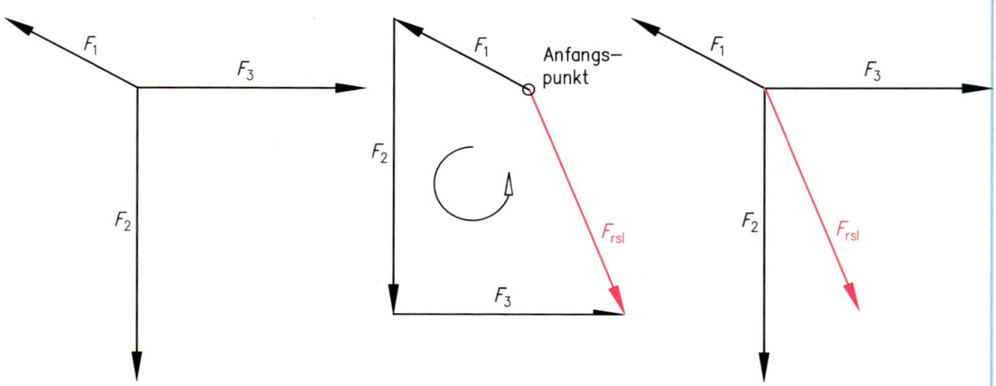

$F_{rsl} \mathrel{\hat{=}} 33$ mm
$F_{rsl} = 165$ N

Die Addition von mehreren Kräften mit **gemeinsamem Angriffspunkt** geschieht durch das Krafteck. Die Resultierende schließt das Krafteck mit entgegengesetzter Richtung.

Die *Zerlegung* einer Kraft nach zwei vorgegebenen Richtungen geschieht mithilfe des Kräfteparallelogramms so, dass die zu zerlegende Kraft die Diagonale im Kräfteparallelogramm bildet.

Führt man die Zerlegung einer Kraft mithilfe des Kraftecks durch, so trägt man an den Anfang der zu zerlegenden Kraft eine Parallele zur Wirkungslinie W1 und an das Ende der Kraft eine Parallele zur Wirkungslinie W2 an und bringt die Wirkungslinien zum Schnitt. Die Strecken zwischen Anfangs- beziehungsweise Endpunkt geben Größe und Richtung der gesuchten Kräfte an. Die Umlaufrichtung ist dabei dem Verlauf der zu zerlegenden Kraft entgegengesetzt.

Beispiel für die Zerlegung einer Kraft mithilfe des Kraftecks

Aufgabe: Die Kraft $F = 400$ N ist entsprechend vorgegebener Wirkungslinien in die Kräfte F_1 und F_2 zu zerlegen.

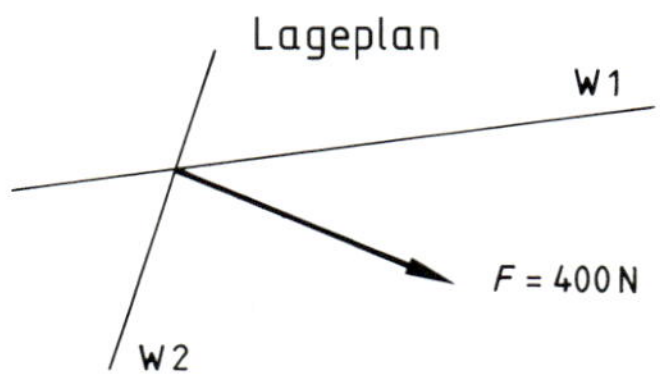

Lösung:

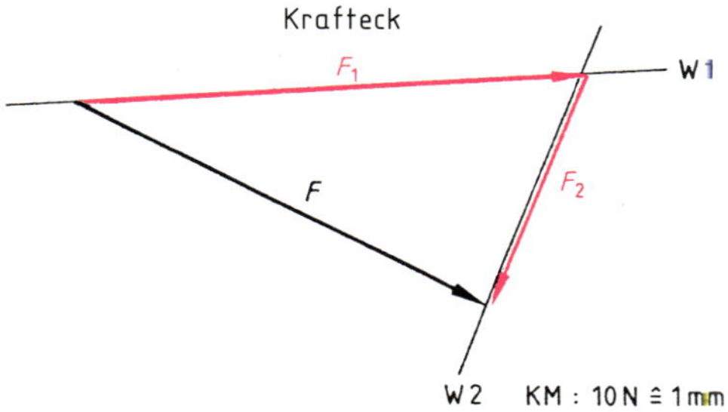

$F_1 \mathrel{\hat{=}} 43$ mm $\quad F_2 \mathrel{\hat{=}} 22$ mm

$F_1 =$ **430 N** $\quad F_2 =$ **220 N**

1.3.2 Rechnerische Lösung

Die rechnerische Ermittlung der Resultierenden geschieht so, dass man zunächst dem Lageplan ein Koordinatensystem zuordnet. Danach wird jede Kraft in ihre Komponenten F_x und F_y zerlegt.

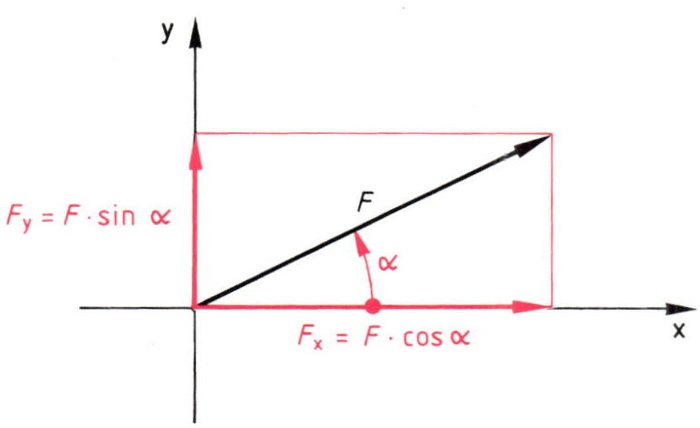

Zerlegung einer Kraft in ihre Komponenten F_x und F_y

Zur rechnerischen Kräfteaddition werden die Kräfte in die Komponenten F_x und F_y zerlegt.

$F_x = F \cdot \cos \alpha \qquad F_y = F \cdot \sin \alpha$

Die getrennte Addition aller F_x- und aller F_y-Werte ergibt $F_{x\,rsl}$ beziehungsweise $F_{y\,rsl}$.

Beispiel für die rechnerische Ermittlung der Komponenten *Fx* und *Fy* der Resultierenden

Aufgabe: Für die im folgenden Koordinatensystem dargestellten Kräfte F_1 bis F_5 sind die Komponenten $F_{x\,rsl}$ und $F_{y\,rsl}$ zu ermitteln.

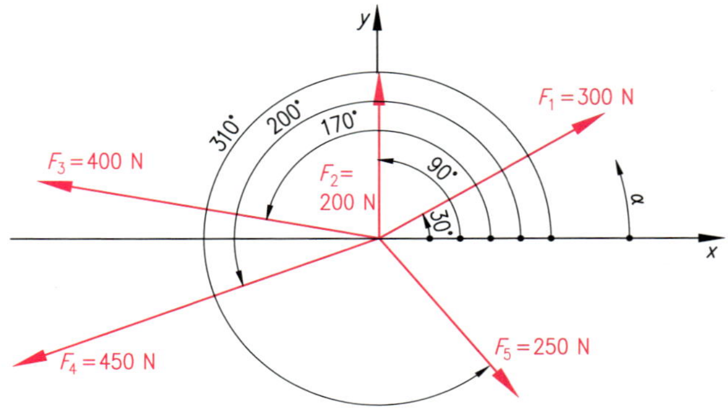

Lösung: Zerlegung der Kräfte in ihre Komponenten F_{nx} und F_{ny} und Addition der Komponenten zu $F_{x\,rsl}$ und $F_{y\,rsl}$.

n	F_n N	α Grad	$\cos\alpha$	$\sin\alpha$	$F_{n\,x}$ N	$F_{n\,y}$ N
1	300	30	+ 0,866	+ 0,500	+ 259,8	+ 150,0
2	200	90	0	+ 1,000	0	+ 200,0
3	400	170	– 0,985	+ 0,174	– 394,0	+ 69,4
4	450	200	– 0,939	– 0,342	– 422,5	– 153,9
5	250	310	+ 0,643	– 0,766	+ 160,7	– 191,5
					$\sum F_x = F_{x\,res} =$ – **396,0**	$\sum F_y = F_{y\,res} =$ + **74,0**

Lage der Komponenten $F_{x\,rsl}$ und $F_{y\,rsl}$ im Koordinatensystem:

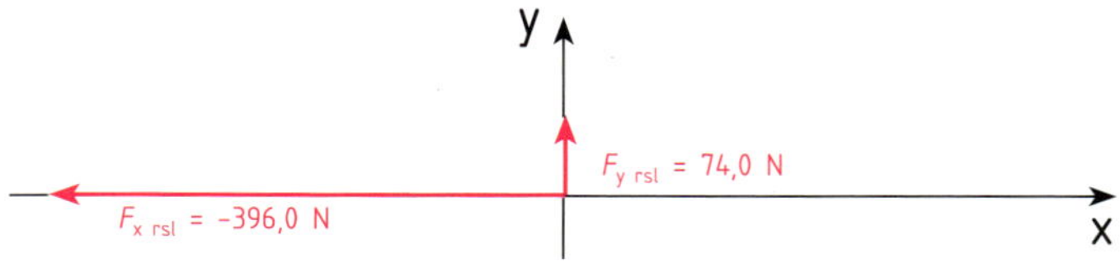

Die Größe der Resultierenden kann mithilfe des Pythagoras aus den F_x- und F_y-Werten ermittelt werden:

$$F^2_{x\,rsl} + F^2_{y\,rsl} = F^2_{rsl}$$

$$F_{rsl} = \sqrt{F^2_{x\,rsl} + F^2_{y\,rsl}}$$

Der Winkel, unter dem F_{rsl} im Koordinatensystem einzutragen ist, errechnet sich aus:

$$\tan\alpha = \frac{F_{y\,rsl}}{F_{x\,rsl}}$$

Beispiel für die Berechnung von Größe und Lage der Resultierenden

Aufgabe: Aus den gegebenen Komponenten $F_{x\,rsl} = -396{,}8$ N und $F_{y\,rsl} = 74{,}0$ N (siehe vorhergehendes Beispiel) sind die Größe und Richtung der Resultierenden zu berechnen.

Lösung:

1. Berechnung der Größe von F_{rsl}

$$F_{rsl} = \sqrt{F^2_{x\,rsl} + F^2_{y\,rsl}}$$

$$F_{rsl} = \sqrt{(-396{,}0\text{ N})^2 + (74{,}0\text{ N})^2}$$

$$F_{rsl} = \mathbf{402{,}8\ N}$$

2. Berechnung der Lage von F_{rsl}

$$\tan\alpha = \frac{F_{y\,rsl}}{F_{x\,rsl}}$$

$$\tan\alpha = \frac{74{,}0\text{ N}}{-396{,}0}$$

$\tan\alpha = -0{,}1868$

$\alpha_1 = \mathbf{169{,}4°}$

($\alpha_2 = 349{,}4°$ entfällt – siehe Lage von $F_{x\,rsl}$ und $F_{y\,rsl}$)

3. Lage von F_{rsl} im Koordinatensystem

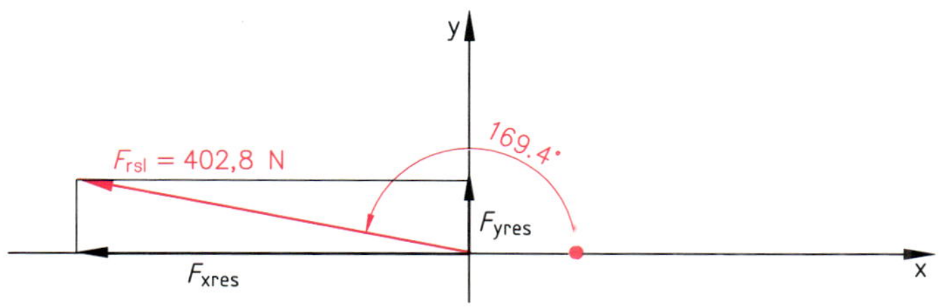

1.4 Zusammensetzung von Kräften in der Ebene mit verschiedenen Angriffspunkten

1.4.1 Zeichnerische Lösung

Man wendet in der Statik zur Addition von Kräften, die keinen gemeinsamen Angriffspunkt besitzen, das **Seileckverfahren** an.

Ausgehend vom Lageplan konstruiert man dabei zunächst das Krafteck mit der Resultierenden. Die genaue Lage der Resultierenden ermittelt man über das Seileck. Zum Konstruieren dieses Kurvenzugs wählt man außerhalb des Kraftecks einen Punkt – Pol genannt – von dem aus Polstrahlen zu den Anfangs- und Endpunkten jeder Kraft im Krafteck gezogen werden. Diese Polstrahlen werden durch Parallelverschiebung in den Lageplan als Seilstrahlen übertragen.

Man geht dabei so vor:
Durch einen beliebigen Punkt der Wirkungslinie **W1** wird die Parallele zum Polstrahl **1** zwischen $\boldsymbol{F}_1$ und $\boldsymbol{F}_2$ bis zur Wirkungslinie **W2** gezogen. Vom Schnittpunkt aus wird nun die Parallele des Polstrahls **2** zwischen $\boldsymbol{F}_2$ und $\boldsymbol{F}_3$ bis zum Schnitt mit **W3** gezogen usw. Es entsteht so im Lageplan das Seileck. Durch Anfang und Ende des Seilecks werden Parallelen zum ersten und letzten Polstrahl gezogen. Der Schnittpunkt dieser Seilstrahlen ist ein Punkt auf der Wirkungslinie der Resultierenden. Durch Parallelverschiebung wird die Resultierende aus dem Krafteck in den Lageplan übertragen.

Beispiel für die Ermittlung von Größe und Lage einer Resultierenden nach dem Seileckverfahren

Aufgabe: Für die in der Skizze dargestellten Kräfte F_1 bis F_4 ist die Resultierende zu ermitteln.

Lageplan

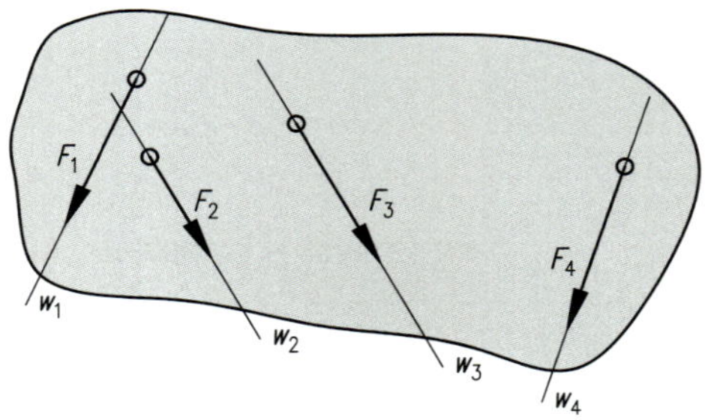

Lösung:

Krafteck

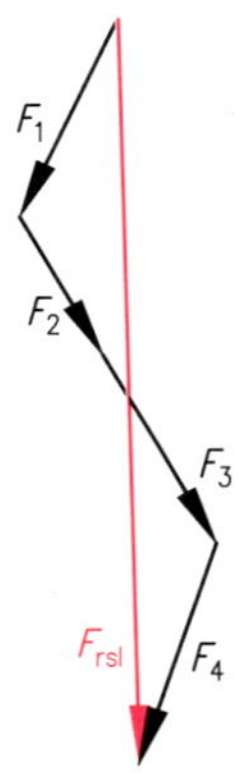

Krafteck mit Polstrahlen

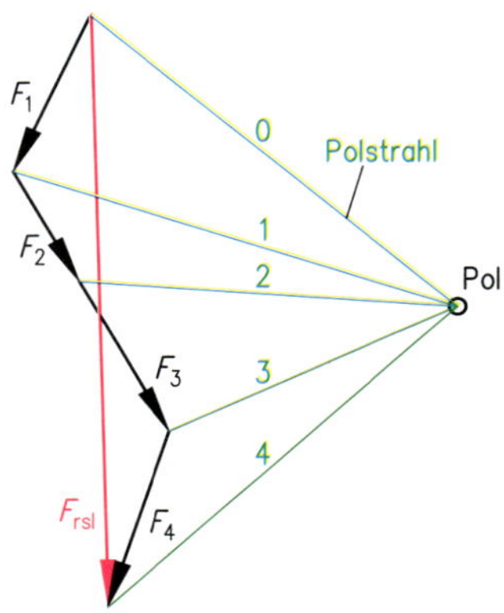

Lageplan mit Seileck

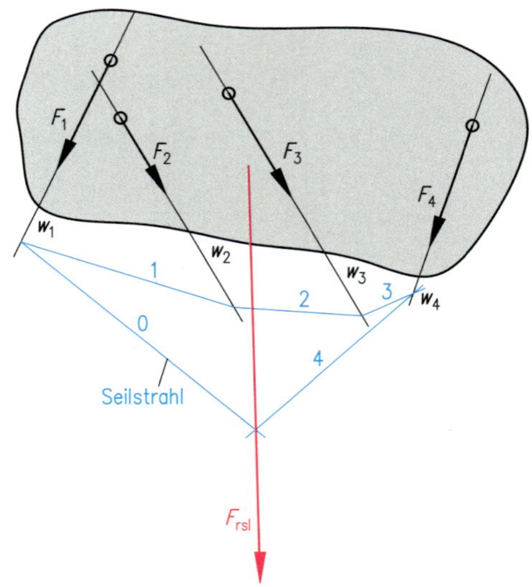

Größe und Richtung der Resultierenden von Kräften mit **nicht gemeinsamem** Angriffspunkt werden nach dem Seileckverfahren ermittelt.

1.4.2 Rechnerische Lösung

Die rechnerische Methode zur Ermittlung der Resultierenden bei Kräften, die sich nicht in einem Punkt schneiden, unterscheidet sich ebenfalls zunächst nicht von der Arbeitsweise bei Kräften mit zentralem Schnittpunkt. Auch hier werden zunächst in einem Arbeitsgang die Komponenten $F_{x\,rsl}$ und $F_{y\,rsl}$ der Resultierenden nach der bereits dargestellten tabellarischen Arbeitsweise ermittelt. Da sich die Kräfte *nicht* in einem Punkt schneiden, tritt meist ein Moment auf. Dieses Moment, das auch der Resultierenden zugeordnet werden muss, ist gleich der Summe der Momente aller Einzelkräfte. Aus der Größe der Resultierenden und dem Moment kann der *Hebelarm der Resultierenden* ermittelt werden, der dann die genaue Bestimmung der Lage der Resultierenden im Koordinatensystem ermöglicht.

Beispiel für die rechnerische Ermittlung der Resultierenden

Aufgabe: Für die in der Skizze dargestellten Kräfte F_1, F_2 und F_3 sind Größe und Richtung der Resultierenden zu berechnen.

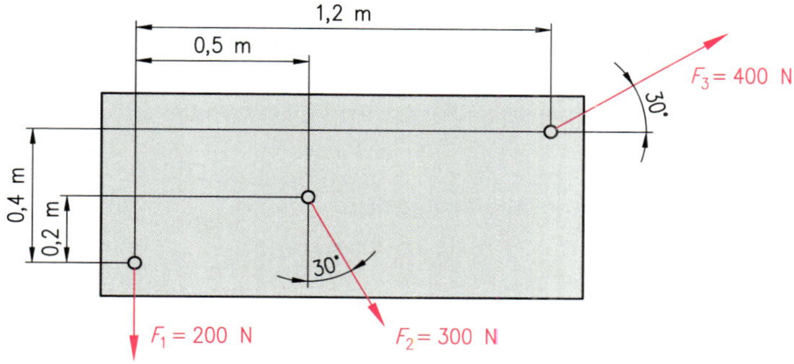

Lösung: **1.** Ermittlung der Größe und Richtung von F_{rsl}

n	F_n N	α Grad	cos α	sin α	$F_{n\,x}$ N	$F_{n\,y}$ N
1	200	270	0	– 1,000	0	– 200,0
2	300	300	+ 0,500	– 0,866	+ 150,C	– 259,8
3	400	30	+ 0,866	+ 0,500	+ 346,4	+ 200,0
					$F_{x\,rsl}$ = + **496,4**	$F_{y\,rsl}$ = – **259,8**

$F_{rsl} = \sqrt{(496{,}4\ \text{N})^2 + (-259{,}8\ \text{N})^2}$

$F_{rsl} = \mathbf{560{,}3\ N}$

$\tan\alpha = \dfrac{-259{,}8\ \text{N}}{496{,}4\ \text{N}}$

$\tan\alpha = -0{,}5234$

$\alpha = \mathbf{332{,}4°}$

2. Ermittlung der Summe aller Momente der Kräfte (Drehpunkt in F_1 gewählt)

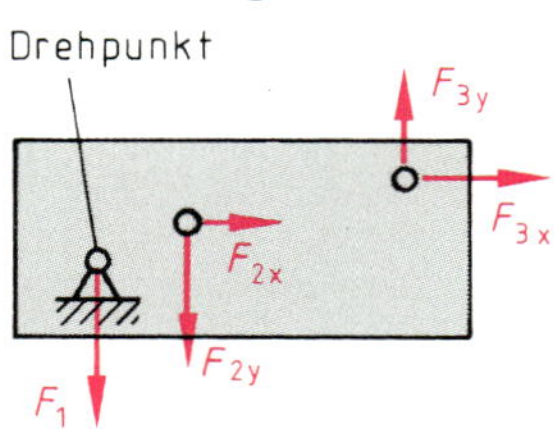

n	$\lvert F_{n\,x}\rvert$ N	$\lvert F_{n\,y}\rvert$ N	*l* m	Drehrichtung	*M* Nm
1	0		0	----	0
		200,0	0	----	0
2	150,0		0,2	↷	– 30,0
		259,8	0,5	↷	–129,9
3	346,4		0,4	↷	–138,6
		200,0	1,2	↶	+240,0
					ΣM = – **58,5**

3. Berechnung des Hebelarmes von F_{rsl}

$M = F_{rsl} \cdot l$

$l = \dfrac{M}{F_{rsl}}$

$l = \dfrac{58{,}5\ \text{Nm}}{560{,}3\ \text{N}}$

$l = \mathbf{0{,}10\ m}$

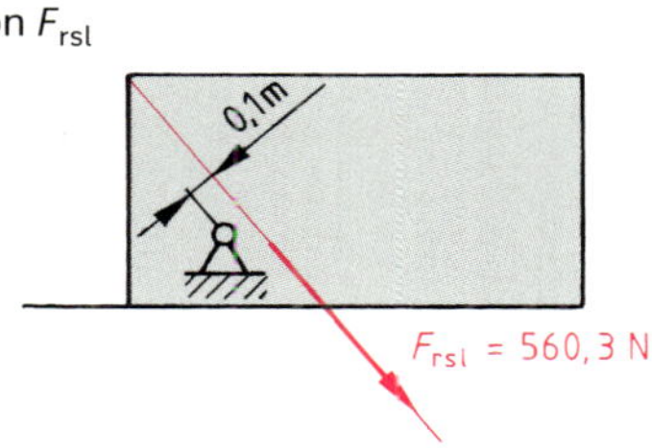

1.5 Körper in der Ebene im Gleichgewicht

1.5.1 Gleichgewichtsbedingungen

Ein Körper befindet sich im Gleichgewicht, wenn die Resultierende **aller** Kräfte, die auf den Körper einwirken, null ist und kein Moment infolge eines Kräftepaars auftritt.
Bei der zeichnerischen Analyse von Kräften in der Ebene bedeutet die Gleichgewichtsbedingung $F_{rsl} = 0$, dass sich ein Krafteck aus allen am Körper angreifenden Kräften schließen muss und alle Kräfte in diesem Krafteck den gleichen Umlaufsinn haben.

Beispiel für ein Krafteck mit Kräften im Gleichgewicht

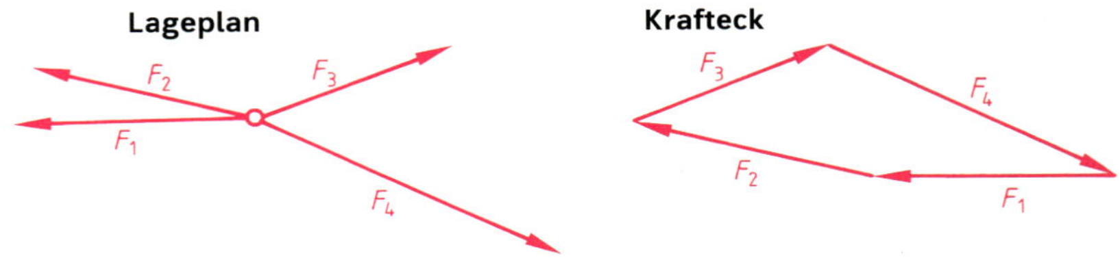

Betrachtet man die Kräfte und Momente in einem ebenen Koordinatensystem rechnerisch, so kann man die Gleichgewichtsbedingungen so formulieren:

Ein Körper in der Ebene ist im Gleichgewicht, wenn
- die Summe aller Kräfte in x-Richtung gleich null ist und
- die Summe aller Kräfte in y-Richtung gleich null ist und
- die Summe der Momente aller Kräfte um einen Drehpunkt gleich null ist.

Gleichgewichtsbedingungen in der Ebene:

$$\Sigma F_x = 0$$
$$\Sigma F_y = 0$$
$$\Sigma M = 0$$

Beispiel für einen Körper in der Ebene im Gleichgewicht

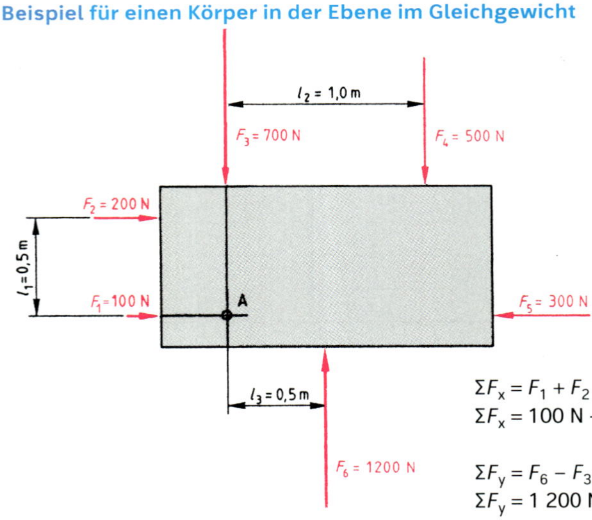

$\Sigma F_x = F_1 + F_2 - F_5$
$\Sigma F_x = 100\ N + 200\ N - 300\ N = \mathbf{0}$

$\Sigma F_y = F_6 - F_3 - F_4$
$\Sigma F_y = 1\,200\ N - 700\ N - 500\ N = \mathbf{0}$

Drehpunkt in A
$\Sigma M = F_6 \cdot l_3 - F_4 \cdot l_2 - F_2 \cdot l_1$
$\Sigma M = 1\,200\ N \cdot 0{,}5\ m - 500\ N \cdot 1\ m - 200\ N \cdot 0{,}5\ m = \mathbf{0}$

1.5.2 Freimachen der Bauteile

Untersucht man das Gleichgewicht an einem Bauteil, so ist es entsprechend der Gleichgewichtsbedingungen wichtig, alle angreifenden Kräfte und auftretenden Momente zu erfassen – also auch die Stützkräfte in den Lagern. Um dieses deutlich herauszustellen, zeichnet man in der Statik den zu untersuchenden Körper vereinfacht, löst ihn von allen stützenden Bauteilen und ersetzt diese durch Kräfte. Man nennt dieses Herauslösen das **Freimachen** des Bauteils.

Beispiel für das Freimachen eines Bauteils

Es sind Rollenachse und Hakenaufhängung der skizzierten Hakenflasche freizumachen.

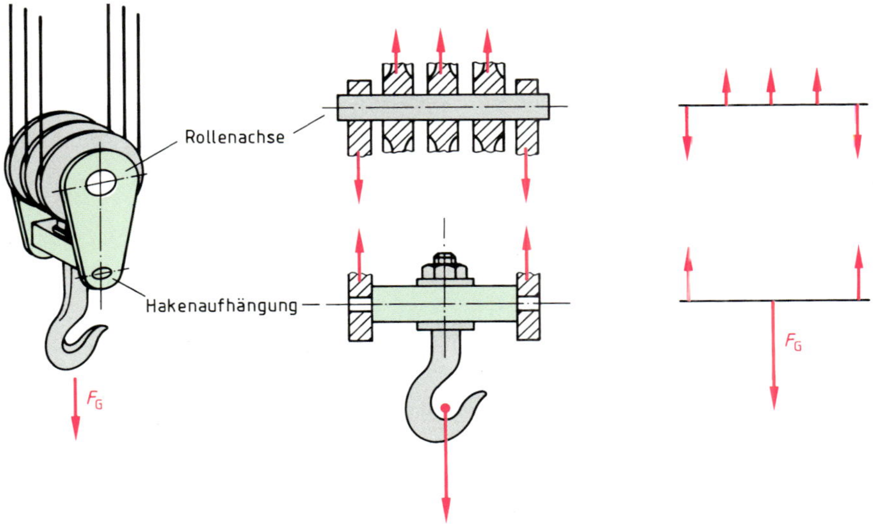

Häufig sind aus der Darstellung eines Bauteils die Angriffspunkte und Wirkrichtungen der Kräfte nicht sofort erkennbar.

Die folgenden Hinweise sollen Hilfen zur Bestimmung dieser beiden Größen geben:

- Die **Gewichtskraft** ist stets senkrecht nach unten gerichtet. Sie wird *im Schwerpunkt* des Bauteils angesetzt. Das Bauteil kann auch in Teilstücke mit zugehörigen Schwerpunkten zerlegt angenommen werden.

Beispiele für den Ansatz der Gewichtskraft

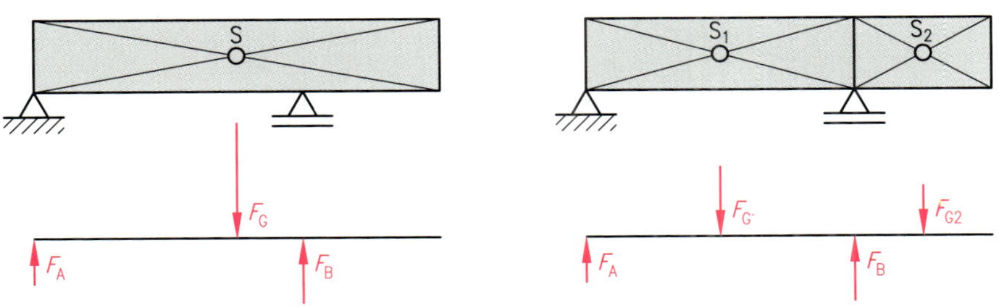

Gewichtskräfte greifen stets im Schwerpunkt an.

- **Auflagerkräfte** greifen bei gleichmäßiger Flächenbelastung im Schwerpunkt der Lagerfläche an.
  In *Loslagern* sind Bauteile in einer Richtung verschiebbar. Loslager können demnach nur Kräfte *senkrecht zur Stützfläche* aufnehmen (Normalkräfte).
  In *Festlagern* sind Bauteile nicht verschiebbar. Festlager können Kräfte in *jeder Richtung* aufnehmen.

Beispiele für den Ansatz von Lagerkräften

Beispiel 1

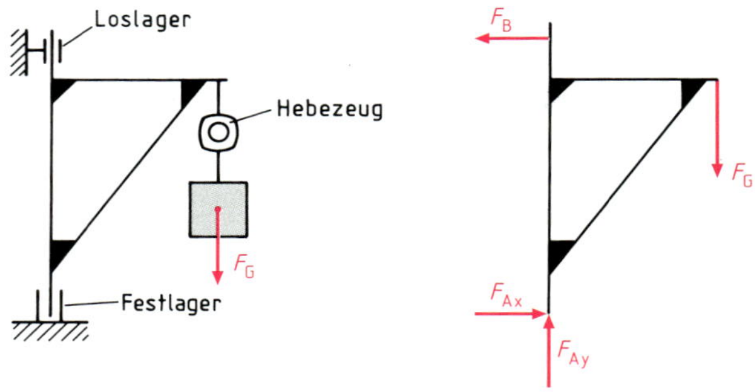

Beispiel 2

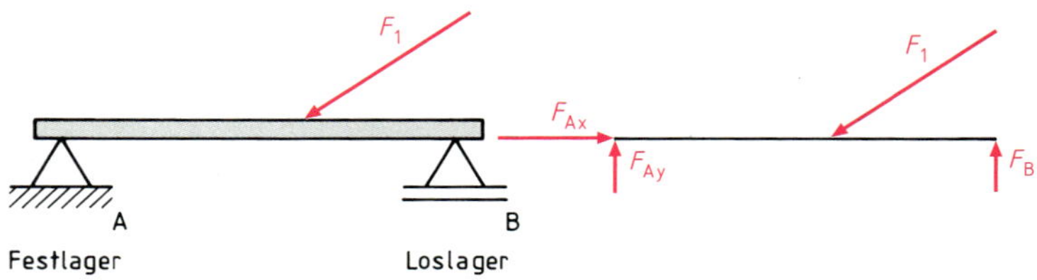

> Im Festlager können Kräfte in jeder Richtung angreifen.
> Im Loslager können nur Kräfte senkrecht zur Gleitfläche angreifen.

- **Reibungskräfte** greifen bei gleichmäßiger Flächenbelastung *im Schwerpunkt* der *Auflagefläche* an. Die Richtung der Reibungskräfte ist so, dass sie parallel zur Auflagefläche liegen und stets einer *angestrebten* Bewegung entgegengerichtet sind.

Beispiele für den Ansatz von Reibungskräften

Beispiel 1

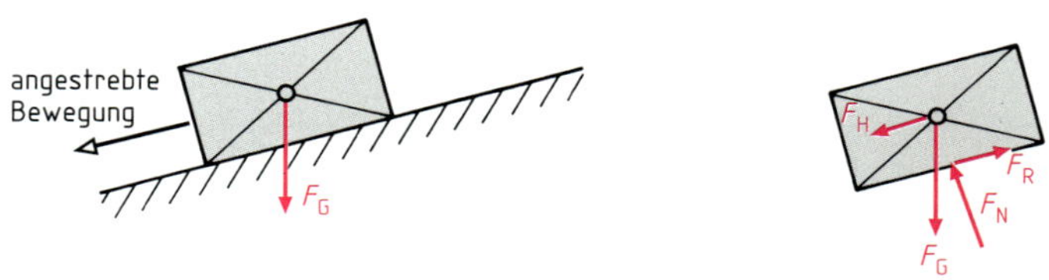

Beispiel 2

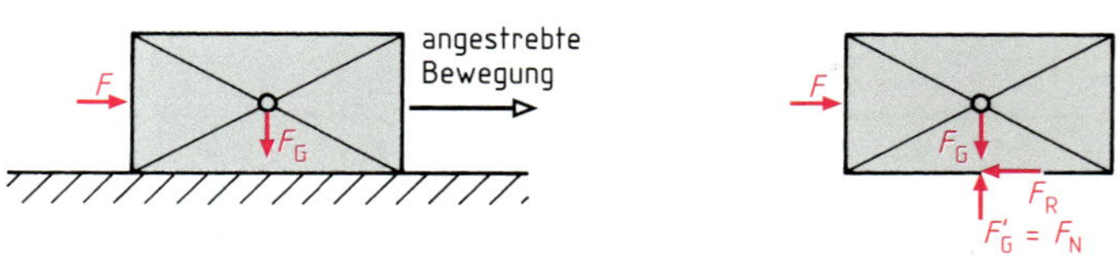

> Reibungskräfte sind stets einer angestrebten Bewegung entgegengerichtet.

1.5.3 Ermittlung von Gleichgewicht haltenden Lagerkräften

1.5.3.1 Träger mit Einzellasten

Zur genauen Bestimmung der Gleichgewicht haltenden Lagerkräfte wendet man heute vornehmlich rechnerische Lösungsmethoden an. Die Problemlösung erfolgt in folgenden Schritten:

1. Freimachen des Systems.
2. Zerlegen der Kräfte in ihre Komponenten F_x und F_y.
3. Berechnung der unbekannten Kräfte aus den Gleichgewichtsbedingungen.
   $\Sigma M = 0$
   $\Sigma F_y = 0$
   $\Sigma F_x = 0$
   (Den Drehpunkt für die Anwendung der Bedingung $\Sigma M = 0$ wählt man zweckmäßig in einem Angriffspunkt einer Lagerkraft – meist im Festlager.)

Beispiel für die Berechnung der Gleichgewicht haltenden Kräfte an Lagerstellen

Beispiel 1

Gegeben:

Gesucht: F_A, F_B

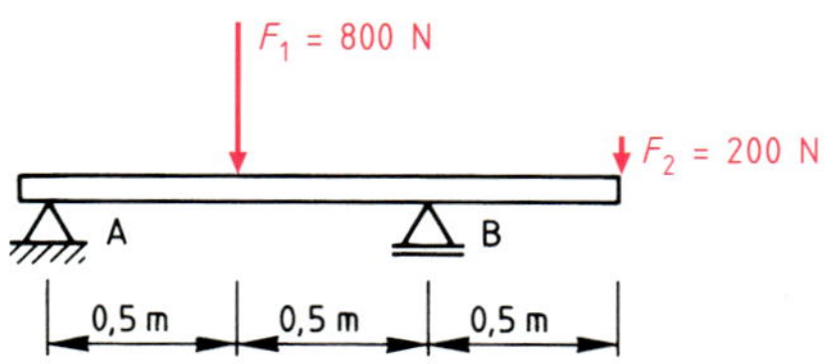

Lösung:

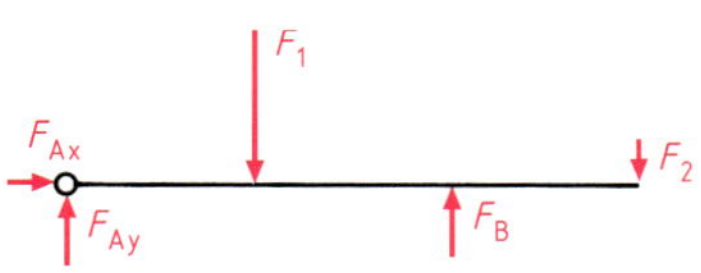

1. $\Sigma M = 0$ (Drehpunkt in A, Vorzeichen: ↶ + ↷ −)

$\Sigma M = (-800\ \text{N} \cdot 0{,}5\ \text{m}) + (F_B \cdot 1\ \text{m}) + (-200\ \text{N} \cdot 1{,}5\ \text{m}) = 0$

$$F_B = \frac{800\ \text{N} \cdot 0{,}5\ \text{m} + 200\ \text{N} \cdot 1{,}5\ \text{m}}{1\ \text{m}}$$

$F_B = \mathbf{700\ N}$

2. $\Sigma F_y = 0$ (Vorzeichen: ↑ + ↓ −)
$\Sigma F_y = (+F_{Ay}) + (-800\ \text{N}) + (+700\ \text{N}) + (-200\ \text{N}) = 0$
$F_{Ay} = \mathbf{300\ N}$

3. $\Sigma F_x = 0$ (Vorzeichen $\overset{+}{\rightarrow}$ $\overset{-}{\leftarrow}$)
$F_{Ax} = \mathbf{0}$

Beispiel 2

Gegeben:

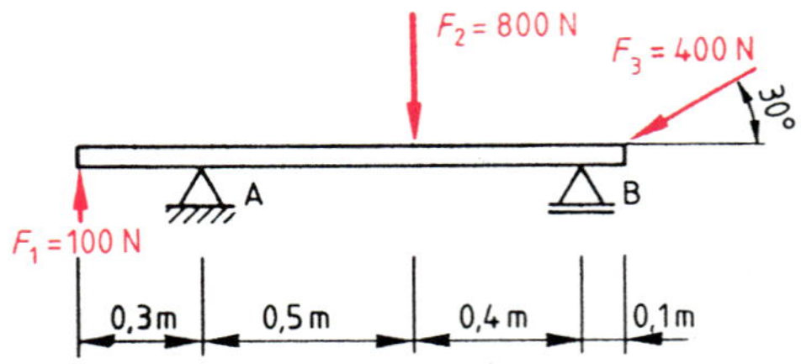

Gesucht: F_A, F_B

Lösung:

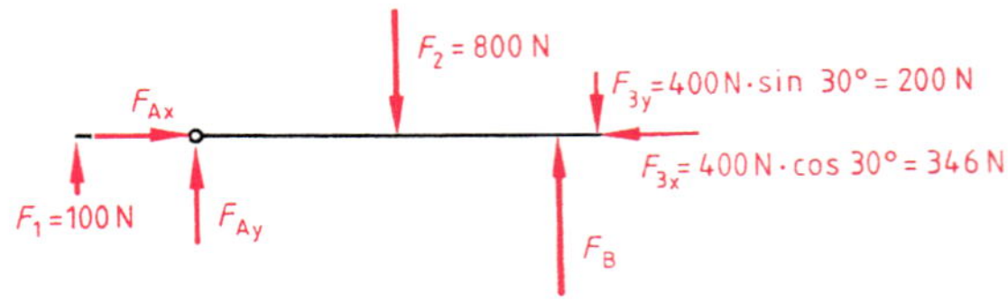

1. $\Sigma M = 0$ (Drehpunkt in A, Vorzeichen: ↺ + ↻ −)
$\Sigma M = (-100\ \text{N} \cdot 0{,}3\ \text{m}) + (-800\ \text{N} \cdot 0{,}5\ \text{m}) + (F_B \cdot 0{,}9\ \text{m}) + (-200\ \text{N} \cdot 1\ \text{m}) = 0$
F_B = **700 N**

2. $\Sigma F_y = 0$ (Vorzeichen: ↑ + ↓ −)
$\Sigma F_y = (+100\ \text{N}) + (F_{Ay}) + (-800\ \text{N}) + (+700\ \text{N}) + (-200\ \text{N}) = 0$
F_{Ay} = **200 N**

3. $\Sigma F_x = 0$ (Vorzeichen: $\overset{+}{\rightarrow}$ $\overset{-}{\leftarrow}$)
$\Sigma F_x = (+F_{Ax}) + (-346\ \text{N}) = 0$
F_{Ax} = **346 N**

Beispiel 3

Gegeben:

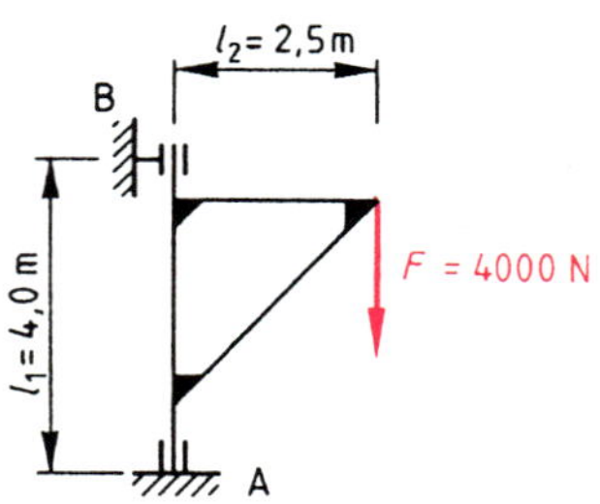

Gesucht: F_A, F_B

Lösung:

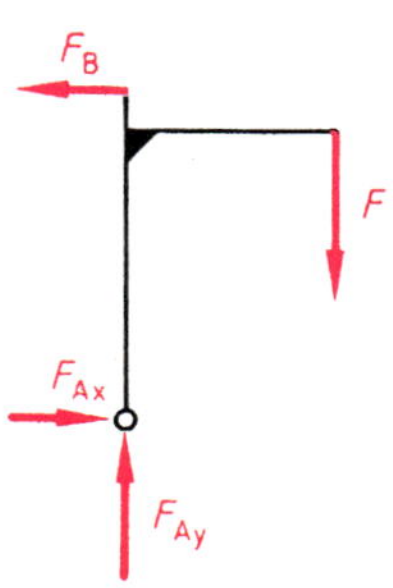

1. $\Sigma M = 0$ (Drehpunkt in A, Vorzeichen: ↺ + ↻ −)
$\Sigma M = (+F_B \cdot l_1) + (-F \cdot l_2) = 0$
$\Sigma M = (+F_B \cdot 4\ \text{m}) + (-4\,000\ \text{N} \cdot 2{,}5\ \text{m}) = 0$
F_B = **2500 N**

2. $\Sigma F_y = 0$ (Vorzeichen: ↑ + ↓ −)
$\Sigma F_y = (+F_{Ay}) + (-F) = 0$
$\Sigma F_y = (+F_{Ay}) + (-4\,000\ \text{N}) = 0$
F_{Ay} = **4000 N**

3. $\Sigma F_x = 0$ (Vorzeichen $\overset{+}{\rightarrow}$ $\overset{-}{\leftarrow}$)
$\Sigma F_x = (+F_{Ax}) + (-F_B) = 0$
$\Sigma F_x = (+F_{Ax}) + (-2500\ \text{N}) = 0$
F_{Ax} = **2500 N**

1.5.3.2 Träger mit Streckenlasten

Das Eigengewicht einer Konstruktion, z. B. das Gewicht eines Stahlträgers, die Schneelast auf einem Dach, der Winddruck auf einer Wand oder das Gewicht einer Flüssigkeit in einer frei geführten Rohrleitung, besteht aus Lasten, die gleichmäßig über die gesamte Länge des Trägers oder nur über einen Teil des Trägers verteilt sind. Man spricht von **Streckenlasten**.

Streckenlasten können auch nur über einen Teil eines Trägers reichen z. B. in einem Lager großflächiger Platten oder in einem aufgestellten Großbehälter mit Flüssigkeiten.

Eine gleichmäßig verteilte Streckenlast q wird in N/m angegeben.

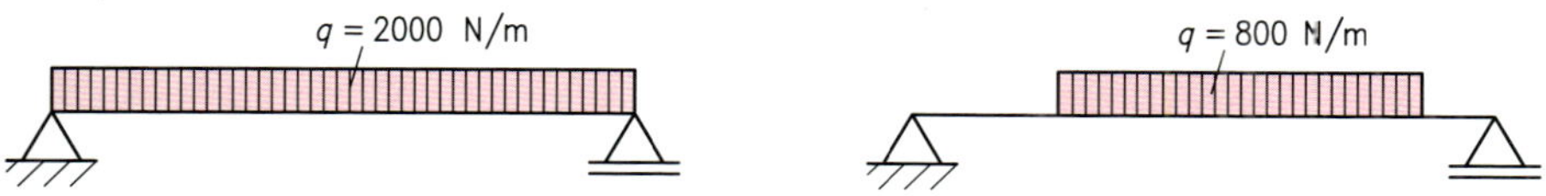

Streckenlasten

Die Kraft, die von einer Streckenlast verursacht wird, berechnet man als Produkt der Streckenlast und ihrer Länge

$$F = q \cdot l$$

- F Kraft verursacht durch Streckenlast
- q Streckenlast
- l Länge der Streckenlast

Zur Berechnung der Auflagerkräfte stellt man sich diese Kraft als Einzellast vor, die im Schwerpunkt der Streckenlast angreift.

Beispiele für die Berechnung der Auflagerkräfte an Trägern mit Streckenlast

Beispiel 1

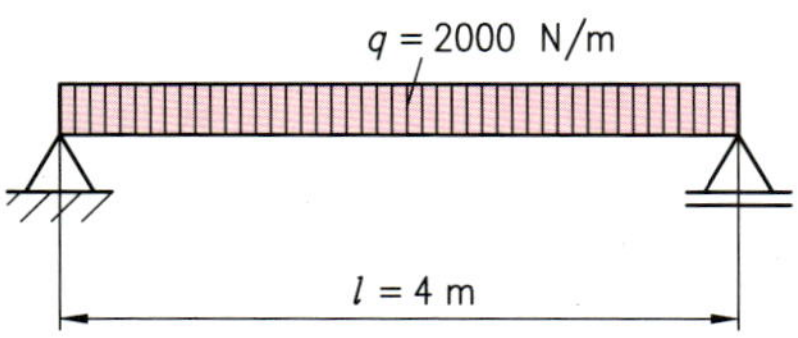

$F = q \cdot l$

$F = 2000\ \text{N/m} \cdot 4\ \text{m} = 8000\ \text{N}$

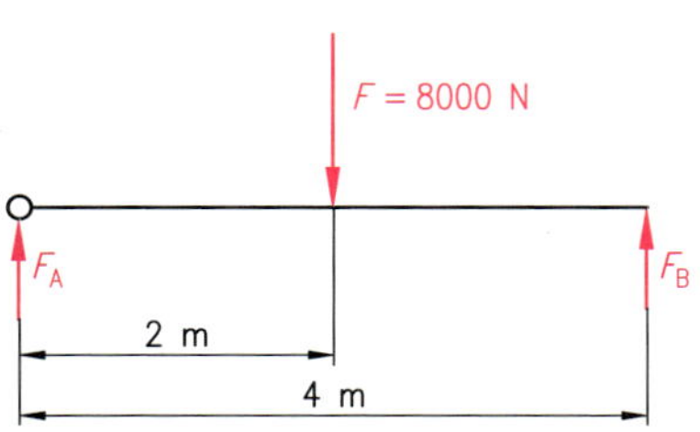

$F_B \cdot 4\ \text{m} = 8000\ \text{N} \cdot 2\ \text{m}$

$F_B =$ **4000 N**

$F_A =$ **4000 N**

Beispiel 2

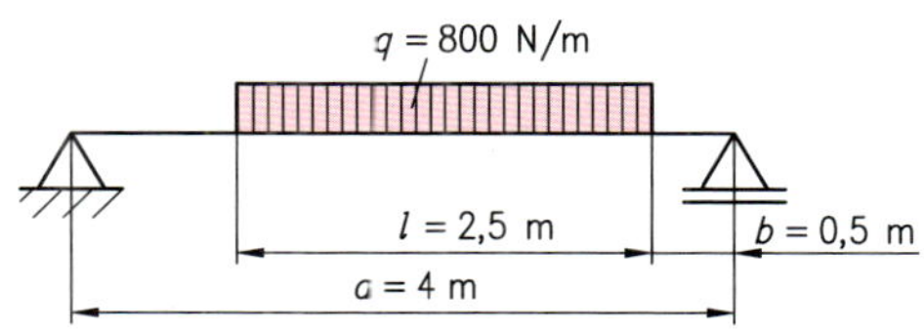

$F = q \cdot l$

$F = 800\ \text{N/m} \cdot 2{,}5\ \text{m} = 2000\ \text{N}$

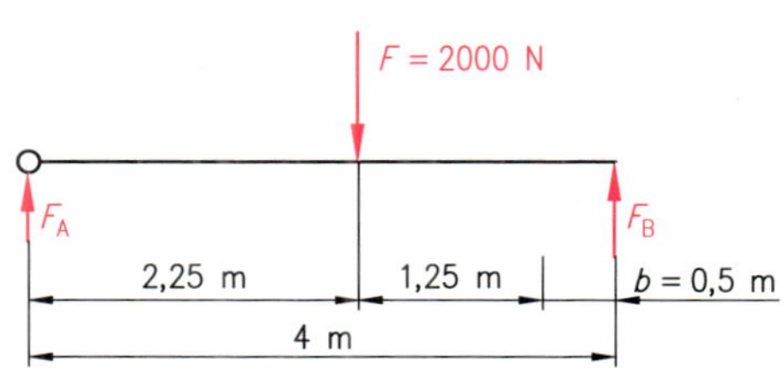

$F_B \cdot 4\ \text{m} = 2000\ \text{N} \cdot 2{,}25\ \text{m}$

$F_B =$ **1125 N**

$F_A =$ **875 N**

1.6 Stabkräfte in ebenen Fachwerken

1.6.1 Zeichnerische Ermittlung von Stabkräften

Zum Überspannen größerer Abstände setzt man häufig Stabkonstruktionen ein, welche die Last nahezu ausschließlich durch Zug- und Druckkräfte übertragen. Die äußeren Kräfte werden dabei stets an Knotenpunkten in die Konstruktion eingeleitet. Man bezeichnet diese Konstruktionen als **Fachwerke.**
Die Grundlage einfacher Fachwerke ist der Dreigelenkverband.

Beispiele für einfache ebene Fachwerke

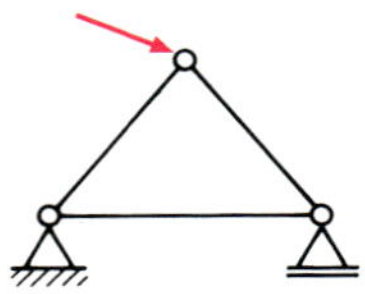

Dreigelenkverband

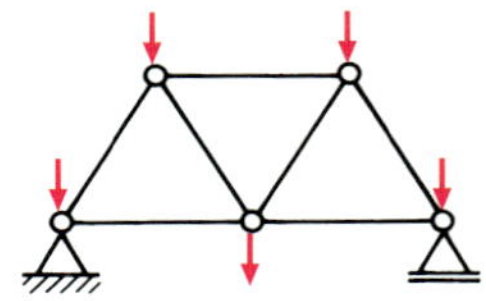

Fachwerk

Bei Fachwerken besteht zwischen der Zahl der Knoten und der Zahl der Stäbe folgender Zusammenhang:

$$Z = 2 \cdot K - 3$$

K Zahl der Knoten
Z Zahl der Stäbe

Die Kräfte an den Stäben eines Fachwerkes können rechnerisch oder zeichnerisch mithilfe der Gleichgewichtsbedingungen ermittelt werden, denn jeder Knotenpunkt muss für sich allein gesehen im Gleichgewicht sein.

Zur Ermittlung der Stabkräfte auf zeichnerischem Wege geht man zweckmäßig entsprechend den im folgenden Beispiel aufgezeigten Schritten vor.

Beispiel für die Ermittlung von Kräften in den Stäben eines Dachbinders

Aufgabe:
Die Kräfte in den Stäben des skizzierten Fachwerks sind zeichnerisch zu ermitteln.

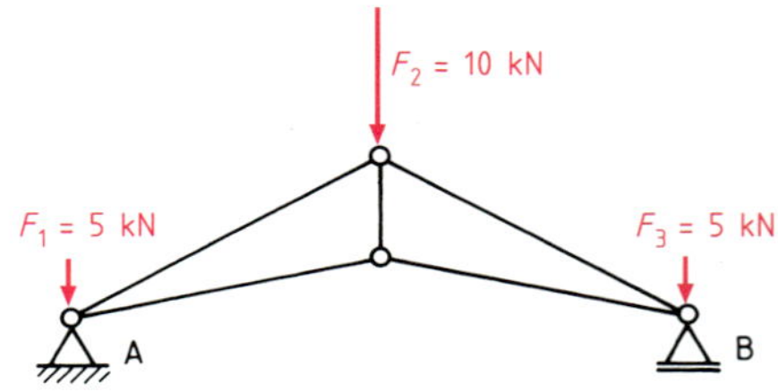

Lösung:

1. **Freimachen** des Systems und Auflagerkräfte ermitteln.

2. **Nummerierung** der Stäbe mit arabischen Ziffern und Nummerierung der Knoten mit römischen Ziffern. Zweckmäßig ist es, dabei von den äußeren Kräften auszugehen.

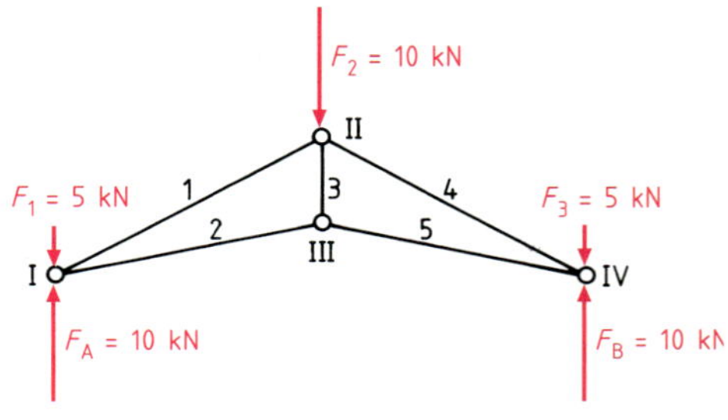

3. **Kräftemaßstab** und **Umfahrungssinn** (rechts- oder linksherum) festlegen.

Kräftemaßstab: 1 kN = 2 mm
Umfahrungssinn: ↺

4. Zur Ermittlung der Kräfte beginnt man an einem Knoten, an dem eine äußere Kraft angreift und von dem *maximal zwei* Kräfte unbekannt sind. Für diesen ersten Knoten wird das **Krafteck** gezeichnet. Es müssen die Kräfte und freien Wirkungslinien dabei im festgelegten Umfahrungssinn so aneinander angetragen werden, dass die Wirkungslinie einer gesuchten Kraft das Krafteck schließt.

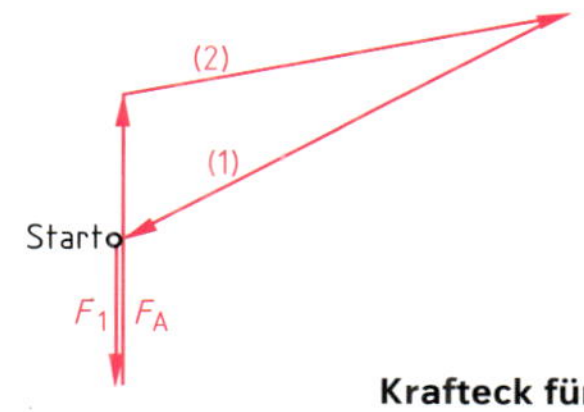

Krafteck für Knoten I

(F_A und F_1 müssen sich überdecken. Sie sind hier nur zur besseren Veranschaulichung getrennt gezeichnet.)

5. Die Wirkrichtung einer Kraft innerhalb eines Stabes wird ermittelt, indem der **Richtungssinn** dieser Kraft aus dem Krafteck in den Knoten im Lageplan **übertragen** wird. Am anderen Ende des Stabes wird der Richtungspfeil umgekehrt angetragen.

Zugstab

Druckstab

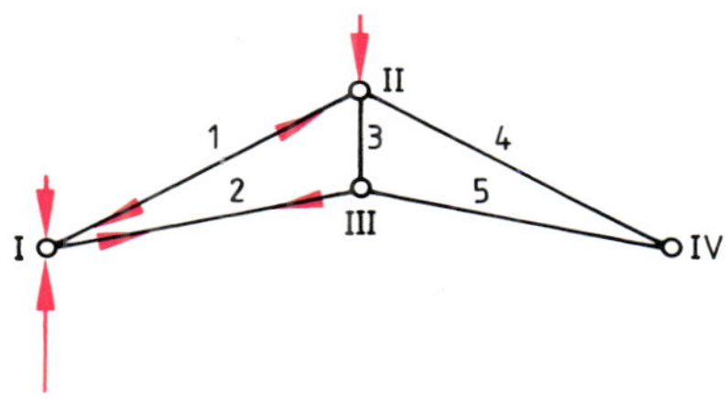

6. Als nächster Knoten wird derjenige, bei dem nach Eintragung der ermittelten Stabkräfte nicht mehr als zwei Kräfte unbekannt sind, in gleicher Weise wie in 4. und 5. bearbeitet.
Für jeden Knoten entsteht so ein Krafteck.

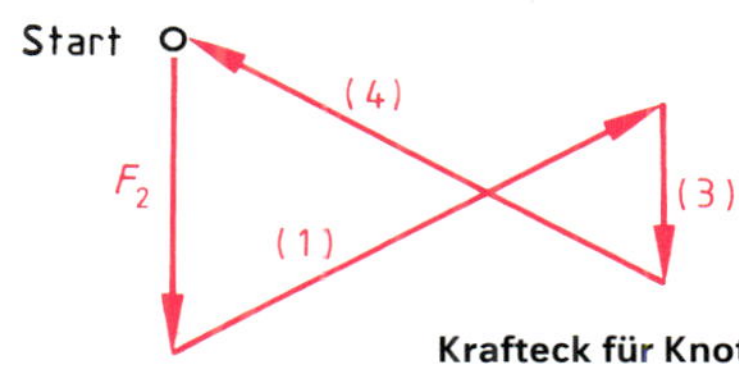

Krafteck für Knoten II

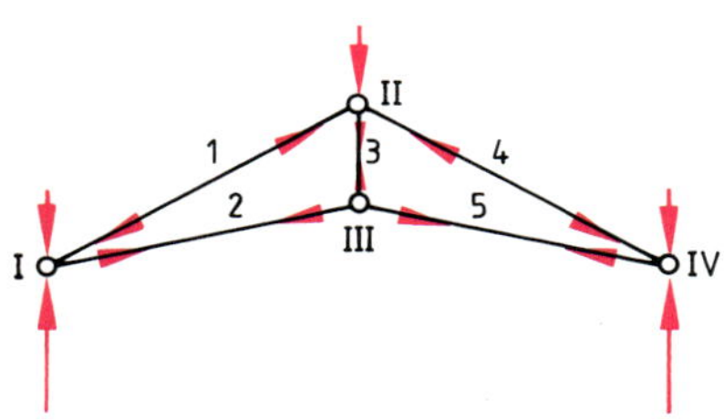

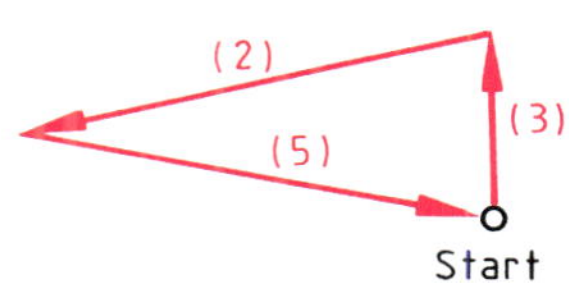

Krafteck für Knoten III

7. Die zeichnerisch ermittelten Kräfte werden **tabellarisch zusammengefasst.**

Stab	Kraft in N	Zug	Druck
1	16 600		x
2	15 000	x	
3	6 000	x	
4	16 600		x
5	15 000	x	

In Fachwerken muss jeder Knotenpunkt nach Freimachen im Gleichgewicht sein.

In den Kraftecken benachbarter Knoten ist jeweils eine der Kräfte in ihrer Größe gemeinsam. Man kann darum an das Krafteck des ersten Knotens das zweite anfügen und in der Reihenfolge fortfahren. Es entsteht dabei eine Zusammenfassung der Kraftecke in einer Figur, die nach dem italienischen Mathematiker Cremona als **Cremona-Plan** bezeichnet wird.

Beispiel für die Ermittlung der Stabkräfte mithilfe der Zusammenfassung der Kraftecke im Cremona-Plan

Aufgabe: Die Kräfte in den Stäben 1 bis 5 sind zu ermitteln.

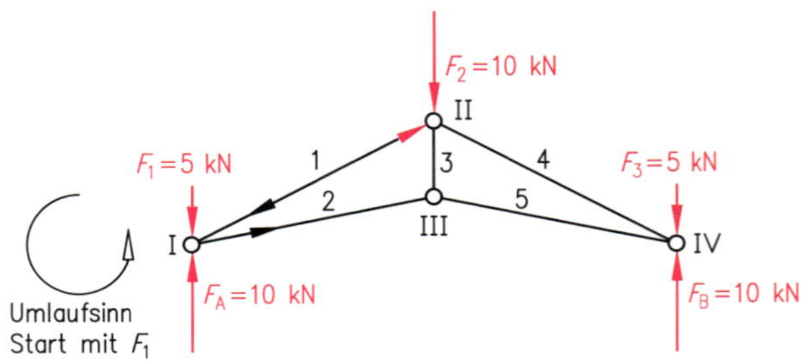

Lösung:

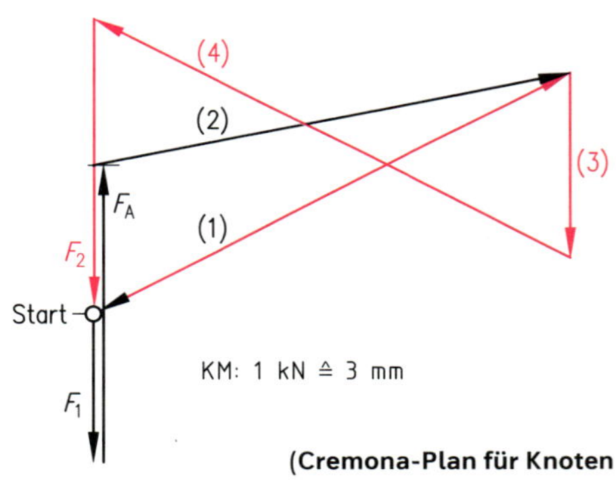

(Cremona-Plan für Knoten I und II)

Das Fachwerk ist symmetrisch und wird symmetrisch belastet. Es genügt daher zur Ermittlung der Stabkräfte die Bearbeitung der Knoten I und II.

Stab	Kraft in N	Zug	Druck
1	16 600		x
2	15 000	x	
3	5 500	x	
4	16 600		x
5	15 000	x	

Im Cremona-Plan werden die Kraftecke für alle Knoten zu einer Figur zusammengefasst.

1.6.2 Rechnerische Ermittlung von Stabkräften (rittersches Schnittverfahren)

Das rittersche Schnittfahren dient zur rechnerischen Ermittlung einzelner Stabkräfte in Fachwerken. Zur Bestimmung einer Stabkraft geht man in folgenden Schritten vor.

1. Zunächst werden die Auflagekräfte ermittelt.
2. Sodann schneidet man das Fachwerk so in zwei Teile, dass der zu untersuchende Stab getrennt ist. Bei dem Schnitt dürfen nur maximal drei Stäbe geschnitten werden, da nur drei Gleichgewichtsbedingungen zur Lösung zur Verfügung stehen.
3. Man betrachtet nun den abgeschittenen Teil des Fachwerks als eine Einheit, an der die äußeren Kräfte und die Kräfte der geschnittenen Stäbe angreifen. Die Richtungen der Stabkräfte trägt man so ein, wie man sie vermutet – am geschicktesten ist der generelle Eintrag als Zugkräfte.
4. Für den abgeschnittenen Teil werden die Gleichgewichtsbedingungen $\Sigma F_x = 0$, $\Sigma F_y = 0$ und $\Sigma M = 0$ aufgestellt und ergeben nach Lösung die gesuchten Stabkräfte.
   Oft kann schon nach der geschickten Auswahl eines Drehpunktes die Gleichgewichtsbedingung $\Sigma M = 0$ für einen einzelnen Stab aufgestellt und die gesuchte Stabkraft errechnet werden.
   Falls eine Stabkraft mit negativem Vorzeichen errechnet wird, bedeutet dies, dass die Annahme der Kraftrichtung falsch war – also z. B. statt einer Zugkraft eine Druckkraft vorliegt.

Beispiel für die Ermittlung einer Stabkraft mit dem ritterschen Schnittverfahren

Aufgabe: Es ist die Stabkraft in Stab 6 zu ermitteln. Die Auflagekräfte sind bereits bestimmt.

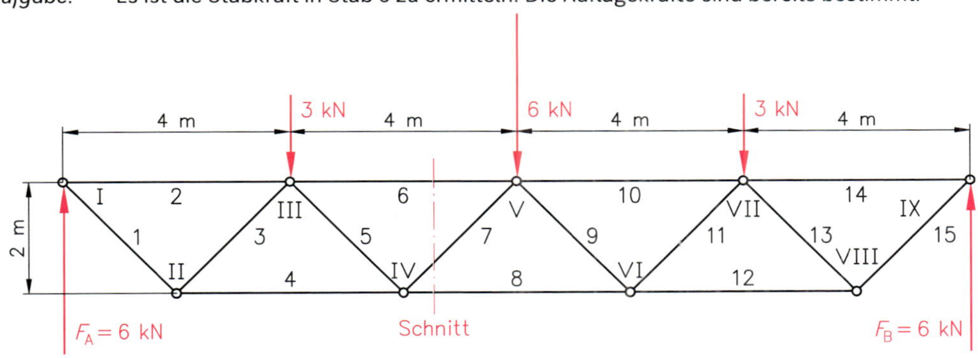

Lösung:

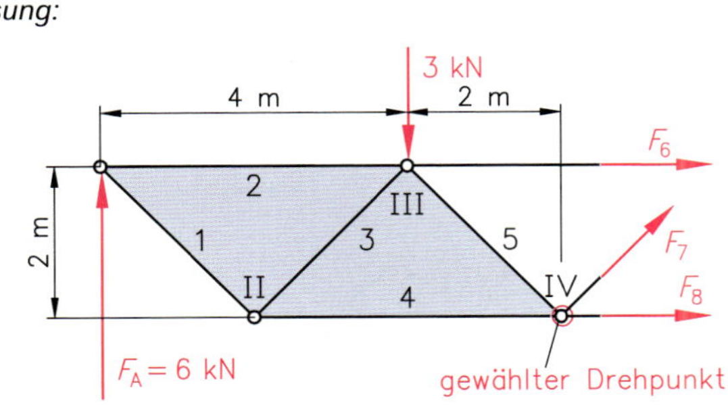

$\Sigma M_{(IV)} = 0$

$\Sigma M_{(IV)} = 6\ \text{kN} \cdot 6\ \text{m} - 3\ \text{kn} \cdot 2\ \text{m} + F_6 \cdot 2\ \text{m}$

$0 = 30\ \text{kNm} + F_6 \cdot 2\ \text{m}$

$F_6 = -15\ \text{kN}$

→ Stab 6 ist ein Druckstab $\boldsymbol{F = 15\ \text{kN}}$

Aufgaben zu 1 Statik

1. Bestimmen Sie zeichnerisch die Größe der Resultierenden F_{rsl} für die Anordnung der Kräfte $F_1 = 100$ N und $F_2 = 300$ N entsprechend den vorgegebenen Skizzen (KM: 100 N ≙ 4 cm).

a) 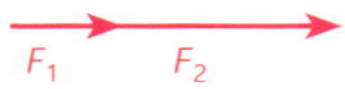

b) 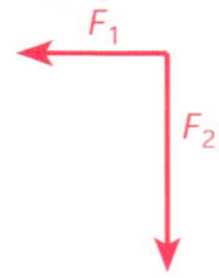

c) 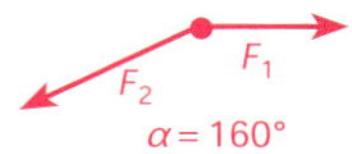

d) 

2. An einem Beschlagteil eines Segelboots laufen 4 Drahtseile zusammen.
Die Kräfte betragen für F_1 und F_3 je 1500 N und für F_2 und F_4 je 2000 N.

a) Ermitteln Sie zeichnerisch die Größe der Resultierenden der Kräfte F_1 bis F_4.

b) In welchem Winkel α zu F_4 ist das Bauteil abzuspannen?

c) Wie groß ist die Kraft F_A in der Abspannung?

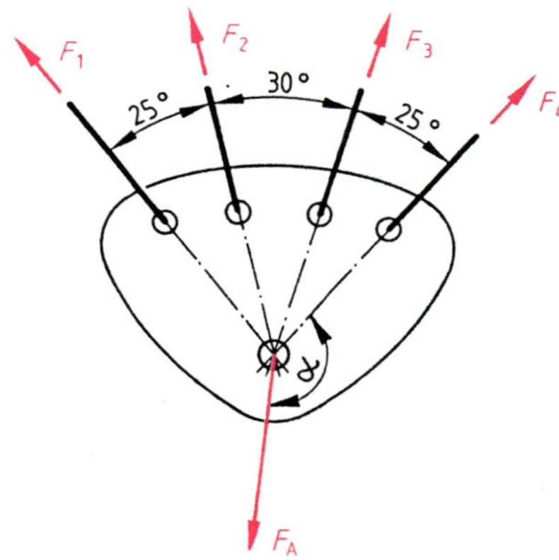

3. An einem Wellrad greift eine Gewichtskraft von 200 N am Seil an. An der Handkurbel wirkt eine Handkraft.

a) Erläutern Sie an diesem Beispiel die Drehwirkung beider Kräfte mithilfe des Begriffs Kräftepaar.

b) Skizzieren Sie die Kräftepaare an diesem System maßstäblich.

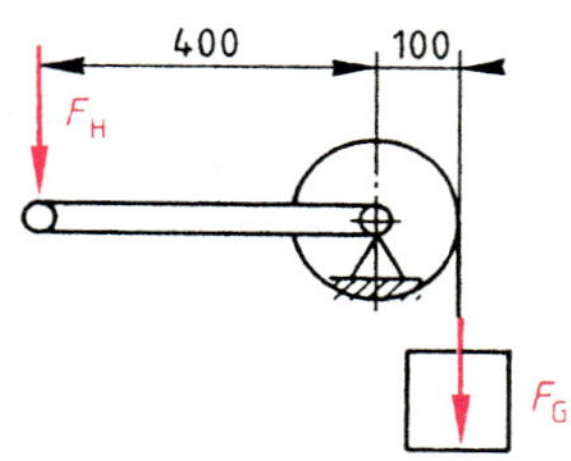

4. Ein Seil wird über eine Rolle um 90° umgelenkt. Bestimmen Sie zeichnerisch die Größe und Richtung der Resultierenden.

a) Geben Sie den Winkel α an, unter dem sich die pendelnd aufgehängte Rollenlagerung einstellt.

b) Ermitteln Sie die Kraft in der Gelenkstange.

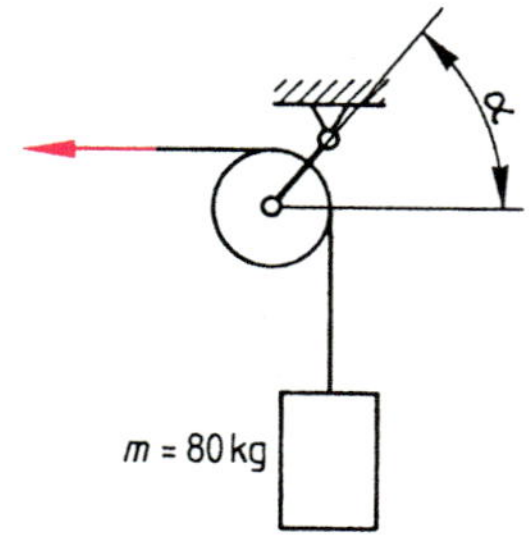

5. An einem Masten laufen 3 Drähte entsprechend der Skizze zusammen. Die Drähte werden durch Zugkräfte von je 800 N belastet.

a) Ermitteln Sie zeichnerisch und rechnerisch die Größe der Resultierenden.

b) Unter welchem Winkel α ist der Mast abzuspannen?

c) Die Abspannung geht unter einem Winkel von 30° zum Boden. Welche Kräfte treten im Abspannseil und Masten auf?

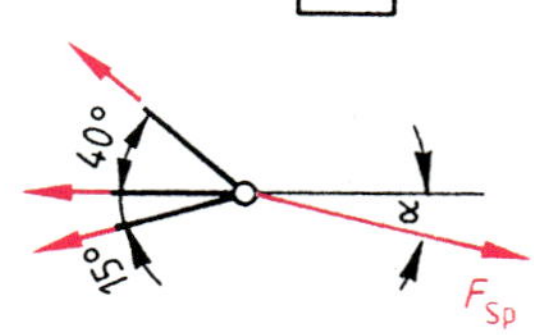

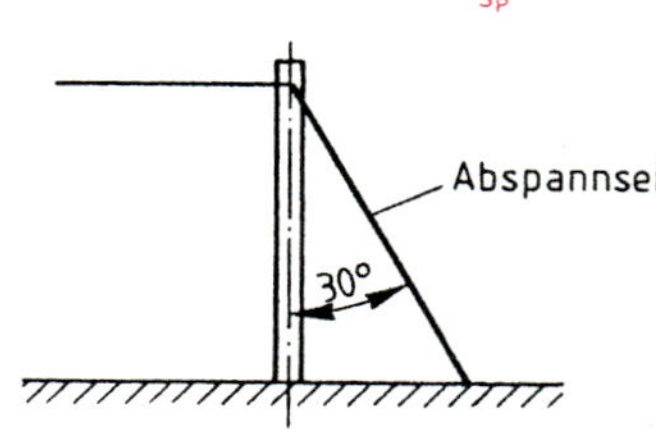

6. Bestimmen Sie rechnerisch die Größe und Lage der Resultierenden für die Anordnung der Kräfte $F_1 = 200$ N, $F_2 = 400$ N und $F_3 = 600$ N nach den vorgegebenen Skizzen.

a)

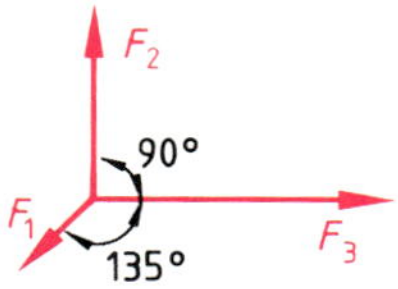

b)

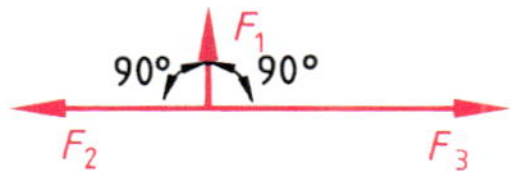

c)

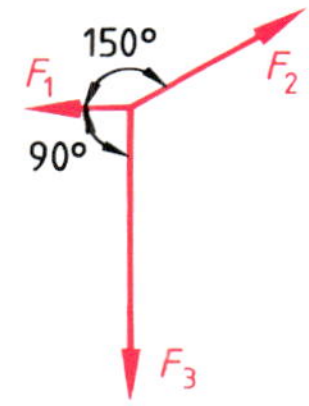

7. Eine Kiste von 1000 N Gewicht wird mit unterschiedlich gespreizten Seilen gehoben.

a) Ermitteln Sie rechnerisch die Zugkräfte im Seil für Spreizwinkel von $\alpha_1 = 30°$, $\alpha_2 = 40°$, $\alpha_3 = 50°$, $\alpha_4 = 60°$.

b) Stellen Sie das Ergebnis grafisch dar ($F = f(\alpha)$).

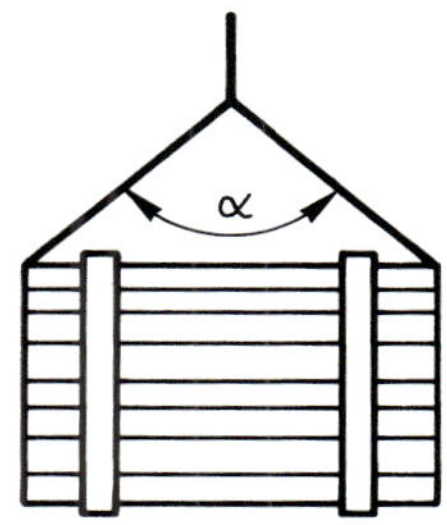

8. Eine Führung ist mit 1 000 N belastet.
Bestimmen Sie rechnerisch die Kräfte, welche auf die Wangen wirken.

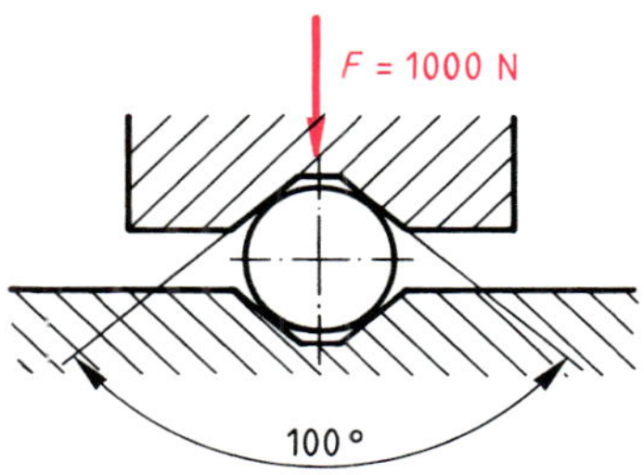

9. Auf einem Scherenwagenheber ruhen 6 000 N.

a) Wie groß sind bei der skizzierten Stellung die Belastungen in den Streben?

b) Mit welcher Kraft wird die Spindel belastet?

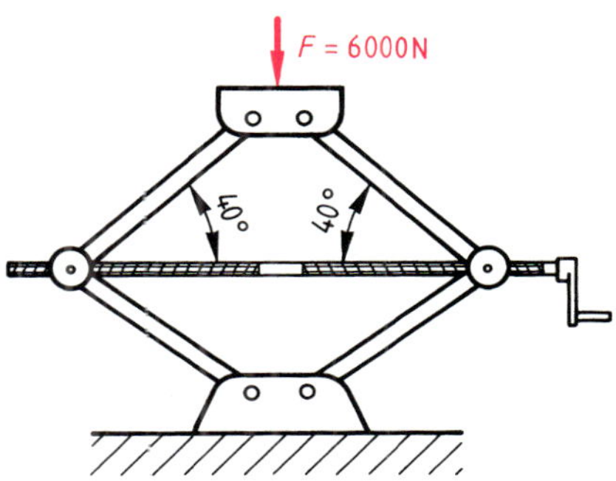

10. Ermitteln Sie die Größe und Lage der Resultierenden sowie ihren Hebelarm.

a) Zeichnerische Lösung.

b) Rechnerische Lösung.

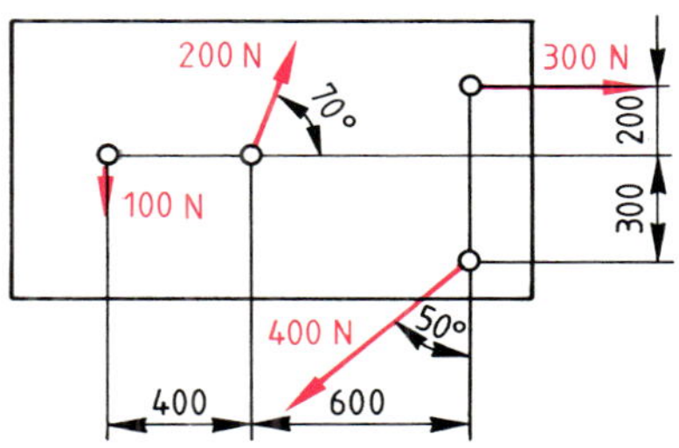

11. Berechnen Sie die Belastung F_A und F_B der Achsen.

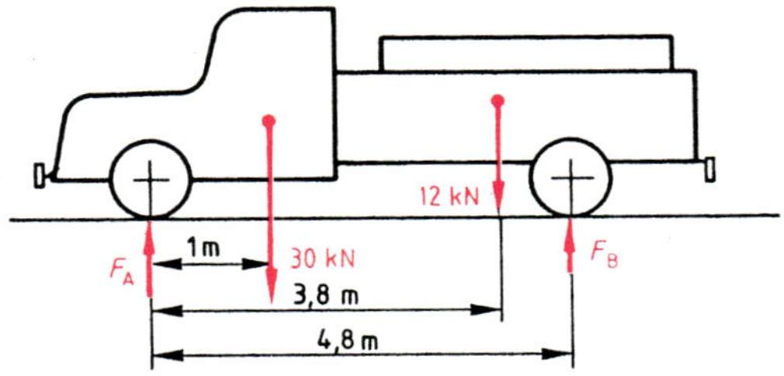

12. Bestimmen Sie rechnerisch die Auflagerkräfte für $F_1 = 1000$ N; $F_2 = 2000$ N; $F_3 = 3000$ N. Die Abstände sind: $l_1 = 0{,}5$ m, $l_2 = 0{,}6$ m, $l_3 = 0{,}4$ m, $l_4 = 0{,}4$ m, $l_5 = 0{,}2$ m.

a)

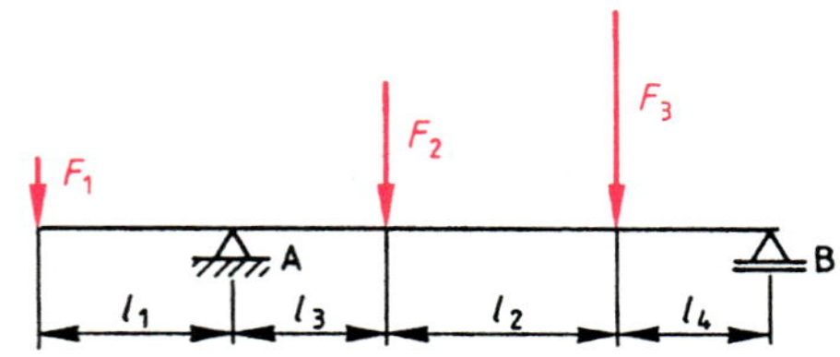

b)

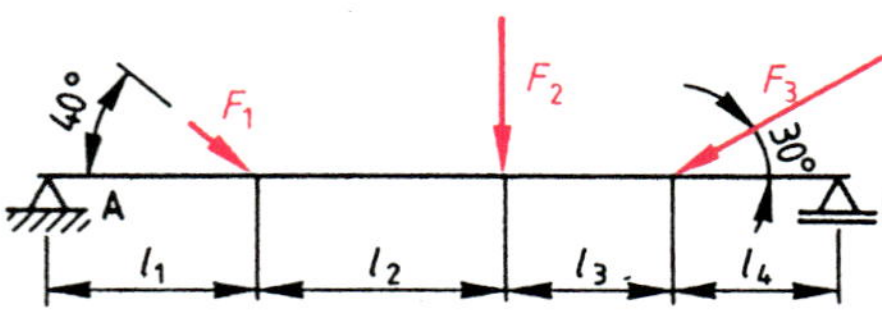

c)

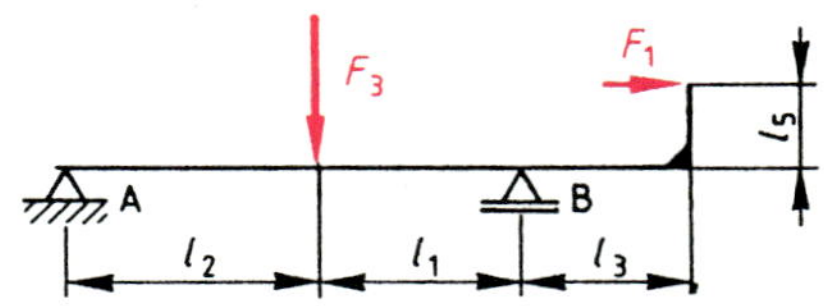

d)

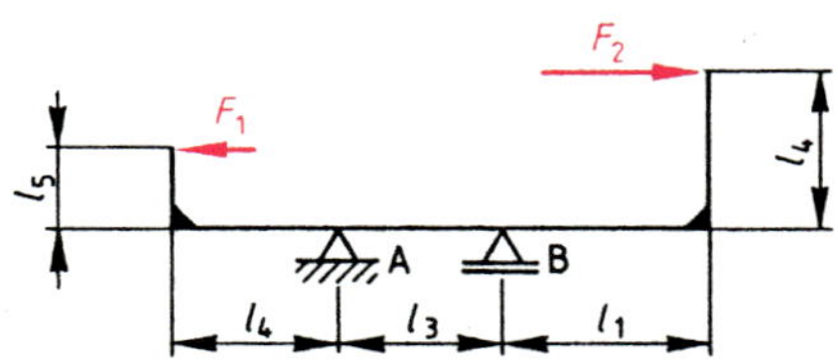

13. Zeichnen Sie die skizzierten Fachwerke maßstäblich. Ermitteln Sie die Lagerkräfte und die Kräfte in den Stäben.

a)

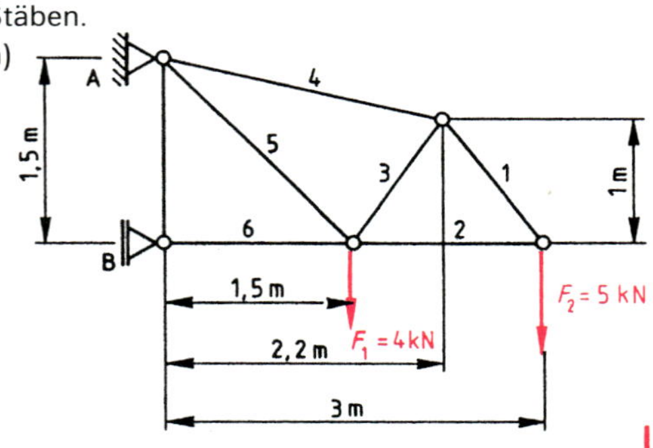

b)

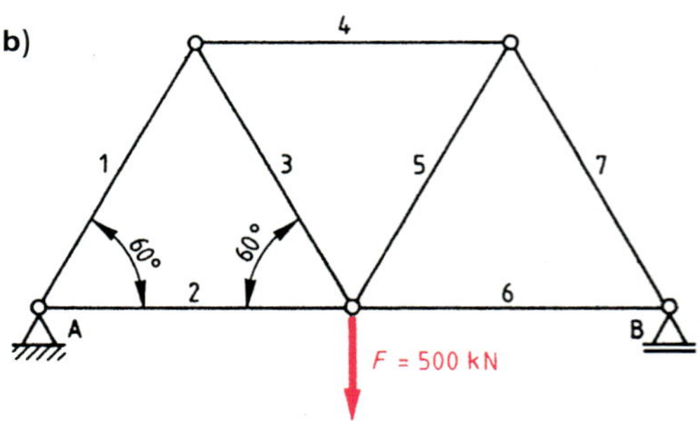

c)

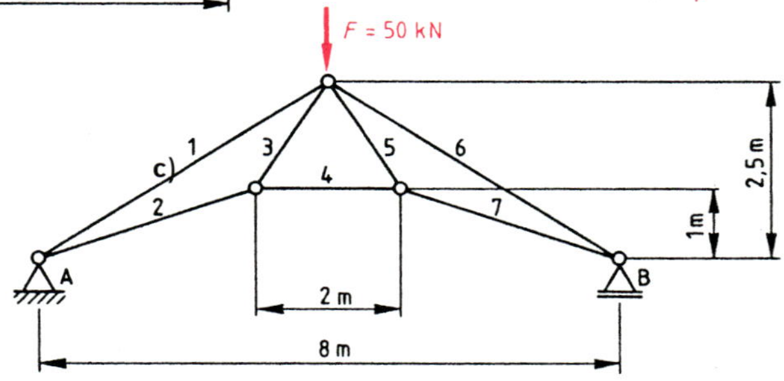

2 Dynamik

Die Dynamik beschäftigt sich mit der Bewegungsänderung von Körpern und den Kräften, die diese Bewegungsänderungen hervorrufen.

2.1 Bewegungsänderungen

Die Bewegungsänderung eines Körpers kann sich sowohl auf die Änderung seiner **Geschwindigkeit *v*** beziehen – wie etwa bei der gleichmäßig beschleunigten, geradlinigen Bewegung – als auch auf die Änderung seiner Bewegungsrichtung – wie etwa bei der **Kreisbewegung**.

2.1.1 Geradlinige Bewegung

Soll sich die Geschwindigkeit eines Körpers erhöhen, muss er eine Beschleunigung erfahren. Zur Verringerung seiner Geschwindigkeit ist eine Verzögerung notwendig. In beiden Fällen wird von ungleichförmiger Bewegung gesprochen, deren Kennzeichen die Bewegungsänderung ist.
Zur Bestimmung der **Beschleunigung** a oder **Verzögerung** a' müssen die Anfangsgeschwindigkeit v_A zu Beginn des Beobachtungszeitraums und die Geschwindigkeit v_E am Ende des Beobachtungszeitraums bekannt sein. Die Beschleunigung ist die Geschwindigkeitsänderung $v_E - v_A$ innerhalb des beobachteten Zeitraums Δt. Ist die Geschwindigkeit v_E kleiner als die Anfangsgeschwindigkeit v_A, handelt es sich um eine Verzögerung. In diesem Fall wird mit der Geschwindigkeitsänderung $v_A - v_E$ gerechnet.
Die unterschiedlichen Arten der Geschwindigkeitsänderung lassen sich grafisch in einem **Geschwindigkeits-Zeit-Diagramm** darstellen. Mithilfe dieses Diagramms ist es möglich, den zurückgelegten Weg s zu bestimmen, der innerhalb des Beobachtungszeitraums von einem Körper zurückgelegt wurde. Er entspricht der Fläche unter der Geschwindigkeitslinie.

Beschleunigung

$$a = \frac{v_E - v_A}{\Delta t}$$

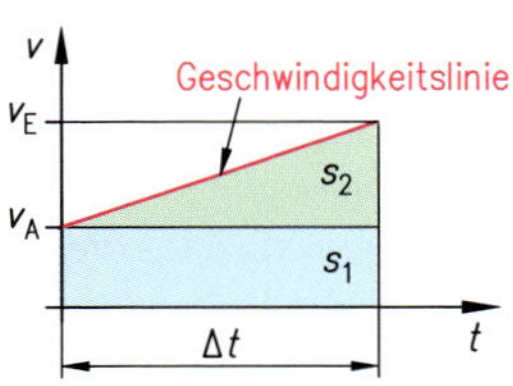

Anteil s_1 gleichförmig geradlinige Bewegung

Anteil s_2 gleichmäßig beschleunigte Bewegung

$$s = v_A \cdot \Delta t + \frac{(v_E - v_A)}{2} \cdot \Delta t$$

mit $v_E - v_A = a \cdot \Delta t$

$$s = v_A \cdot \Delta t + \frac{a}{2} \cdot \Delta t^2$$

Verzögerung

$$a' = \frac{v_A - v_E}{\Delta t}$$

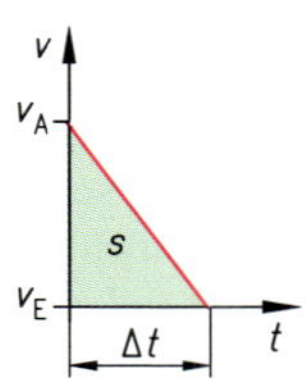

$$s = \frac{(v_A - v_E)}{2} \cdot \Delta t$$

mit $v_A - v_E = a' \cdot \Delta t$

$$s = \frac{a'}{2} \cdot \Delta t^2$$

a	Beschleunigung
a'	Verzögerung
v_A	Anfangsgeschwindigkeit
v_E	Endgeschwindigkeit
Δt	Beobachtungszeitraum
s	Weg

Beispiel für die Berechnung beschleunigter und verzögerter Bewegungen

Aufgabe: Im Fallturm der Universität Bremen werden Experimente in Schwerelosigkeit durchgeführt. Dabei wird ausgenutzt, dass alle Gegenstände, die frei fallen, zugleich schwerelos sind. Um einen möglichst freien Fall zu realisieren, wird im Fallschacht ein Vakuum erzeugt. Nach dem Durchfallen der Fallstrecke wird die Fallkapsel (⌀ 0,8 m, Höhe 2,5 m), in der sich die Exprimente befinden, in einem Abbremsbehälter (Länge 8 m) abgebremst. Dabei werden Styroporkugeln als Bremsmedium benutzt.

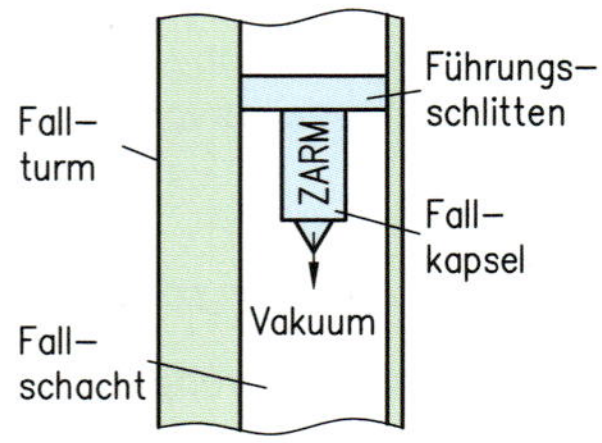

a) Erstellen Sie das Geschwindigkeits-Zeit-Diagramm der im Aufgabentext beschriebenen Bewegung.
b) Bestimmen Sie die Fallhöhe der Kapsel in Schwerelosigkeit für eine gemessene Fallzeit von 4,74 s.
c) Mit welcher Geschwindigkeit trifft die Fallkapsel auf dem Abbremsbehälter auf?
d) Welche Verzögerung erfährt die Fallkapsel, wenn sie innerhalb von 7 m abgebremst wird?

Lösung: a)

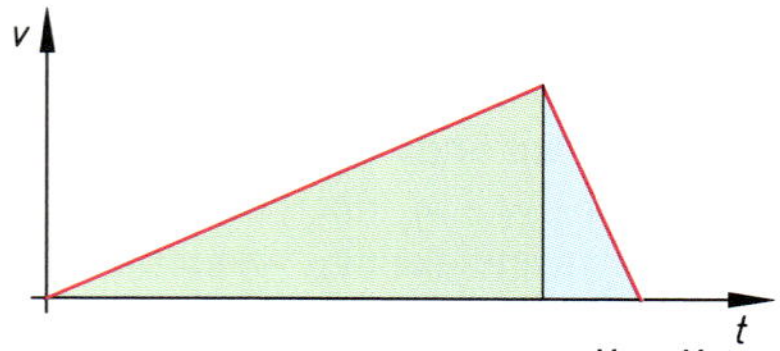

b) $s = \frac{a}{2} \cdot \Delta t^2$ mit $a = g$

$s = \frac{g}{2} \cdot \Delta t^2$

$s = \frac{9{,}81\,\frac{m}{s^2}}{2} \cdot (4{,}74\ s)^2$

$s = \mathbf{110{,}20\ m}$

c) $a = \frac{v_A - v_E}{\Delta t}$

$v_E = g \cdot \Delta t$

$v_E = 46{,}50\,\frac{m}{s}$

$v_E = \mathbf{167{,}4\,\frac{km}{h}}$

d) $a = \frac{v_A - v_E}{\Delta t}$ mit $v_E = 0$

$a' = \frac{v_A}{\Delta t}$ $s = \frac{v_A \cdot \Delta t}{2}$

$a' = \frac{v_A^2}{2 \cdot s}$ $\Delta t = \frac{2 \cdot s}{v_A}$

$a' = \frac{46{,}50\,\frac{m}{s}}{2 \cdot 7\ m}$

$a' = \mathbf{154{,}45\,\frac{m}{s^2}}$

2.1.2 Kreisbewegung

Ein Körper bewegt sich mit gleichförmig geradliniger Geschwindigkeit von Punkt A nach Punkt B. Dabei legt er im Beobachtungszeitraum Δt den Weg $s = v \cdot \Delta t$ zurück. Soll der Körper nun seine Bewegungsrichtung ändern und sich anstatt von A nach B von A nach C bewegen, so muss er eine Beschleunigung in eine Richtung erfahren, die sich von seiner ursprünglichen Bewegungsrichtung unterscheidet. Für den Fall, dass die Bewegung von A nach C auf einer Kreisbahn erfolgen soll, muss radial, d. h. in Richtung des Kreismittelpunkts, beschleunigt werden. Damit sich die Bewegung tatsächlich auf einer Kreisbahn vollzieht, muss die **Zentripetalbeschleunigung** a_R in unendlich kleinen Schritten von $s = v \cdot \Delta t$ erfolgen. Dies wird erreicht, indem der Beobachtungszeitraum Δt unendlich klein gewählt wird. Die Formel zur Berechnung der Zentripetalbeschleunigung lässt sich über geometrische Betrachtungen entwickeln.

$\overline{AB}^2 + r^2 = \overline{BD}^2$

$(v \cdot \Delta t)^2 + r^2 = \left(r + \frac{a_R}{2} \cdot t^2\right)^2$

$v^2 \cdot \Delta t^2 + r^2 = r^2 + 2 \cdot r \cdot \frac{a_R}{2} \cdot \Delta t^2 + \frac{a_R^2}{4} \cdot t^4$

$v^2 = r \cdot a_R + \frac{a_R^2}{4} \cdot \Delta t^2$

$v^2 - r \cdot a_R + \frac{a_R^2}{4} \cdot t^2 = 0$

$v^2 = r \cdot a_R$

$a_R = \frac{v^2}{r}$

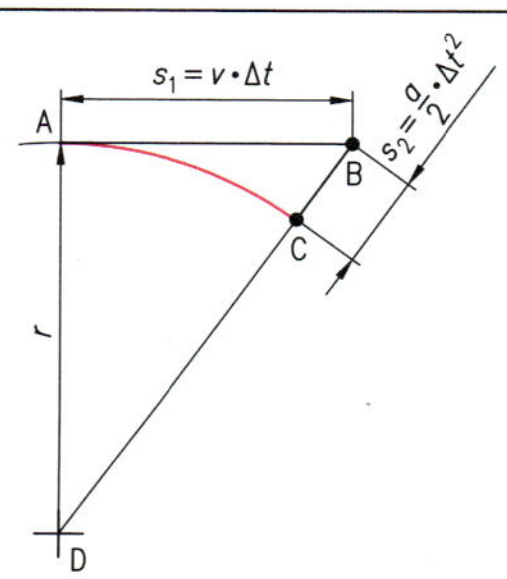

r Radius
Δt Beobachtungszeitraum
s_1 Weg (gleichf. geradl.)
s_2 Weg (gleichm. beschl.)
a_R Zentripetalbeschleunigung

2.2 Grundgesetz der Dynamik

Eine Masse ist träge. Sie ist bestrebt, ihre Geschwindigkeit und Bewegungsrichtung beizubehalten. Darum bedarf es einer Kraft, um einen Körper aus der Ruhe in Bewegung zu setzen oder abzubremsen bzw. die Geschwindigkeit eines sich bewegenden Körpers zu erhöhen oder zu verringern. Diese Kraft F ist abhängig von der Masse m des Körpers und der **Beschleunigung** a bzw. der **Verzögerung** a', die er erfährt. Der Zusammenhang zwischen F, m und a wird wegen seiner fundamentalen Bedeutung als **Grundgesetz der Dynamik** bezeichnet. Dieses Gesetz gilt sowohl für gleichmäßig beschleunigte geradlinige Bewegungen als auch für gleichmäßig beschleunigte Drehbewegungen.

2.2.1 Gleichmäßig beschleunigte geradlinige Bewegung (Translation)

$F = m \cdot a$

F Kraft
m Masse
a Beschleunigung
a' Verzögerung

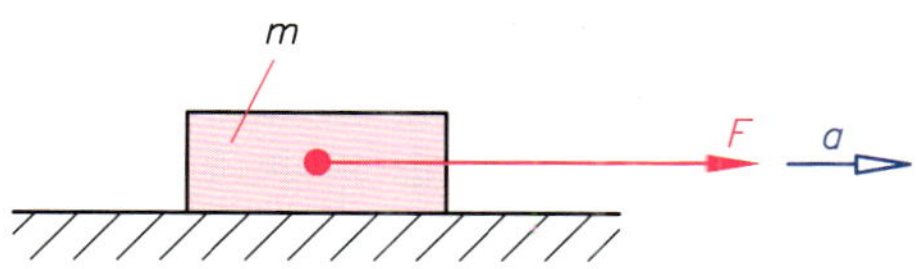

Einheit der Kraft:

$1\ \text{N} = 1\ \text{kg} \cdot \frac{\text{m}}{\text{s}^2}$

Grundgesetz der Dynamik

Beispiel für die Berechnung der Beschleunigungskraft

Aufgabe: Stahlblöcke (Brammen) mit einer Masse von m = 21 500 kg sollen im Reversierbetrieb zu Platten gewalzt werden. Die Brammen müssen vom Rollengang

a) vor dem Eintritt in das Walzengerüst innerhalb von 1,5 s auf eine Eintrittsgeschwindigkeit von $v_E = 3{,}0$ m/s beschleunigt werden und

b) von einer Austrittsgeschwindigkeit nach dem Austritt aus dem Walzengerüst von $v_A = 3{,}5$ m/s in $t = 1{,}5$ s zum Stillstand gebracht werden, um anschließend wieder in Richtung Walzengerüst beschleunigt zu werden.

Die jeweils benötigte Kraft F zum Beschleunigen und zum Verzögern ist zu berechnen.

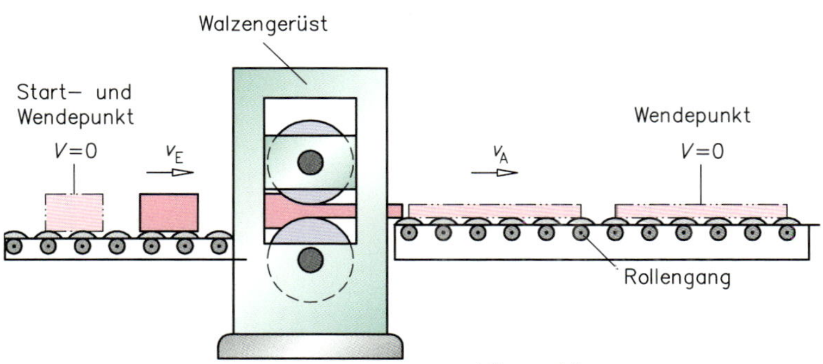

Lösung a):

$F = m \cdot a$

aus $v_E = a \cdot t$ folgt: $a = \frac{v_E}{t}$

$F = m \cdot \frac{v_E}{t}$

$F = 21\,500\ \text{kg} \cdot \frac{3{,}0\ \frac{\text{m}}{\text{s}}}{1{,}5\ \text{s}}$

$F = \mathbf{43\,000\ N}$

Lösung b):

$F = m \cdot a'$

aus $v_A = a' \cdot t$ folgt: $a' = \frac{v_A}{t}$

$F = m \cdot \frac{v_A}{t}$

$F = 21\,500\ \text{kg} \cdot \frac{3{,}5\ \frac{\text{m}}{\text{s}}}{1{,}5\ \text{s}}$

$F = \mathbf{50\,166\ N}$

Masse ist bestrebt, ihre Geschwindigkeit in Größe und Richtung beizubehalten. Zur Änderung ist eine Kraft notwendig:

$F = m \cdot a$ (Grundgesetz der Dynamik)

2.2.2 Gleichmäßig beschleunigte Drehbewegung (Rotation)

Bei der Drehbewegung eines Körpers bewegen sich alle seine Teilmassen (Δm) um eine gemeinsame Drehachse. Da die Abstände der Teilmassen zur Drehachse (Radius r) unterschiedlich sind, erfordern Bewegungsänderungen der Gesamtmasse unterschiedliche Bewegungsänderungen der Teilmassen. Je nach Abstand von der Drehachse ($r_1 \neq r_2 \neq r_3$) müssen die Teilmassen unterschiedliche Wege ($\widehat{AB}_1 \neq \widehat{AB}_2 \neq \widehat{AB}_3$) zurücklegen.

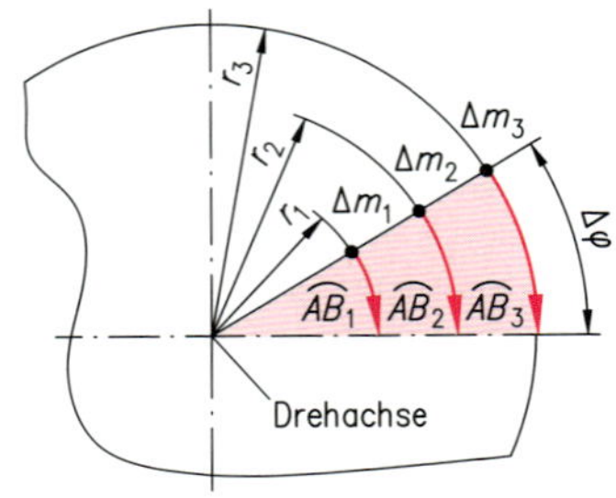

Drehachse

Das Grundgesetzt der Mechanik $F = m \cdot a$ für geradlinig beschleunigte Bewegungen gilt auch für alle Teilmassen Δm eines drehend mit der Tangentialbeschleunigung a_T beschleunigten Körpers $\Delta F_T = \Delta m \cdot a_T$. Um die resultierende Kraft F_{res} für die Bewegungsänderung aller Teilmassen bestimmen zu können, ist eine für alle Teilmassen gleichermaßen gültige, d.h. vom Radius unabhängige Größe zu bestimmen. Der **Drehwinkel** φ, der in gleichen Zeitabschnitten Δt von allen Teilmassen Δm und unabhängig von ihrem jeweiligen Radius überstrichen wird, erfüllt die geforderte Bedingung. Der Drehwinkel ist definiert als das Verhältnis von Kreisbogen zu Kreisradius.

Die Änderung des Drehwinkels $\Delta\varphi$ im Beobachtungszeitraum Δt wird als **Winkelgeschwindigkeit** ω bezeichnet. Die Änderung der Winkelgeschwindigkeit $\Delta\omega$ im Beobachtungszeitraum ist die **Winkelbeschleunigung** (Winkelverzögerung) α (α‘).

$$\varphi = \frac{\widehat{AB}}{r}$$

φ Drehwinkel
$\widehat{AB}$ Bogenmaß
r Drehradius

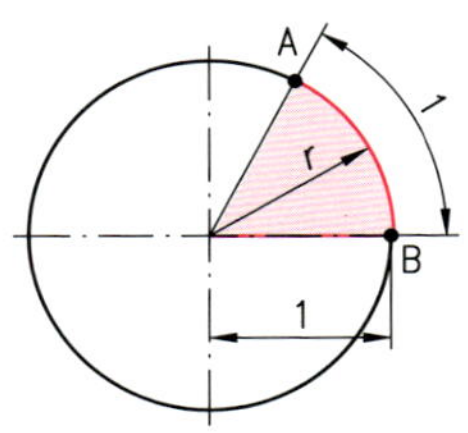

Einheit des Drehwinkels:
Radiant (rad)

für $\varphi = \frac{\widehat{AB}}{r} = 1$
ist $\varphi = 1$ rad

mit $\widehat{AB} = 2 \cdot r \cdot \pi$ (Vollkreis)

$$\varphi = \frac{2 \cdot r \cdot \pi}{r} = 2\,\pi\,\text{rad}$$

Einheit der Winkelgeschwindigkeit:

$$\frac{1\,\text{rad}}{1\,\text{s}} = \frac{\text{rad}}{\text{s}}$$

$$\omega = \frac{\Delta\varphi}{\Delta t}$$

für eine Umdrehung gilt:

$$\Delta\varphi = 2 \cdot \pi\,\text{rad und } \Delta t = T$$

$$\omega = \frac{2 \cdot \pi\,\text{rad}}{T\text{s}} \quad \text{mit } \frac{1}{T} = n$$

$$\omega = 2 \cdot \pi \cdot n\,\frac{\text{rad}}{\text{s}}$$

$$a_T = \frac{\Delta\omega}{\Delta t}$$

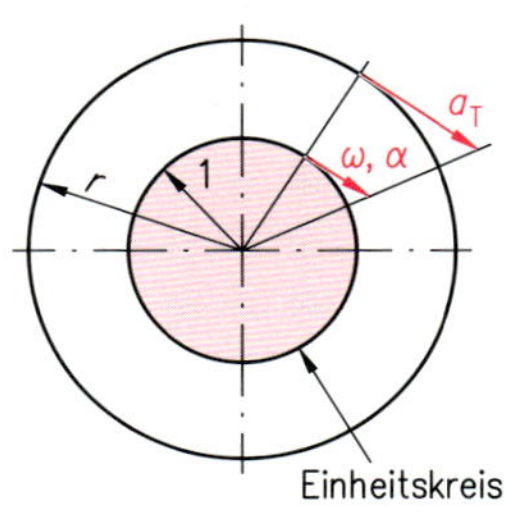

α Winkelbeschleunigung
ω Winkelgeschwindigkeit
Δt Zeit
T Zeit für eine Umdrehung
n Drehzahl
a_T Tangentialbeschleunigung

Einheit der Winkelbeschleunigung:

$$\frac{1\,\text{rad}}{1\,\text{s} \cdot 1\,\text{s}} = \frac{\text{rad}}{\text{s}^2}$$

In Analogie zum Geschwindigkeits-Zeit-Diagramm der gleichförmig geradlinigen und der gleichmäßig beschleunigten Bewegung lässt sich auch für die Drehbewegung ein Winkelgeschwindigkeits-Zeit-Diagramm erstellen.

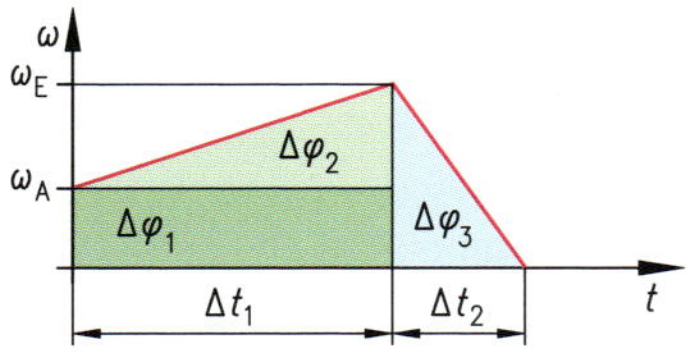

Anteil $\Delta\varphi_1$	Anteil $\Delta\varphi_2$	Anteil $\Delta\varphi_3$
gleichförmiger Drehbewegung	gleichmäßig-beschleunigte Drehbewegung	gleichmäßig-verzögerte Drehbewegung

α Winkelbeschleunigung
α' Winkelverzögerung
ω_A Winkelgeschwindigkeit Anfang
ω_E Winkelgeschwindigkeit Ende
Δt Beobachtungszeitraum
φ Drehwinkel

$$\varphi = \omega_A \cdot \Delta t_1 + \frac{(\omega_E - \omega_A)}{2} \cdot \Delta t_1 + \frac{(\omega_A - \omega_E)}{2} \cdot \Delta t_2$$

$$\varphi = \omega_A \cdot \Delta t_1 + \frac{\alpha}{2} \cdot (\Delta t_1)^2 + \frac{\alpha'}{2} \cdot (\Delta t_2)^2$$

mit $\omega_{E1} - \omega_{A1} = \alpha \cdot \Delta t_1$ und $\omega_{A2} - \omega_{E2} = \alpha' \cdot \Delta t_2$

$\omega_{E1} = \omega_{A2}$ und $\omega_{E2} = 0$

Mit den vorangestellten Überlegungen ist es nun möglich, das Grundgesetzt der Mechanik auf alle Teilmassen eines Körpers zu übertragen. Zu diesem Zweck wird zunächst der Zusammenhang zwischen Tangential- und Winkelbeschleunigung einer Teilmasse Δm näher betrachtet, die sich mit konstanter Umfangsgeschwindigkeit v_U auf einer Kreisbahn bewegt.

$\Delta\varphi = \frac{\widehat{AB}}{r}$ mit $\widehat{AB} = \Delta s$

$\Delta\varphi = \frac{\Delta s}{r}$ mit $v_U = \frac{\Delta s}{\Delta t}$

$\Delta s = \Delta\varphi \cdot r$

$v_U = \frac{\Delta s}{\Delta t} = \frac{\Delta\varphi \cdot r}{\Delta t}$ mit $\omega = \frac{\Delta\varphi}{\Delta t}$

$v_U = \Delta\omega \cdot r$ mit $\alpha = \frac{\Delta\omega}{\Delta t}$

$a_T = \frac{\Delta v_U}{\Delta t} = \frac{\Delta\omega \cdot r}{\Delta t}$

$a_T = \alpha \cdot r$

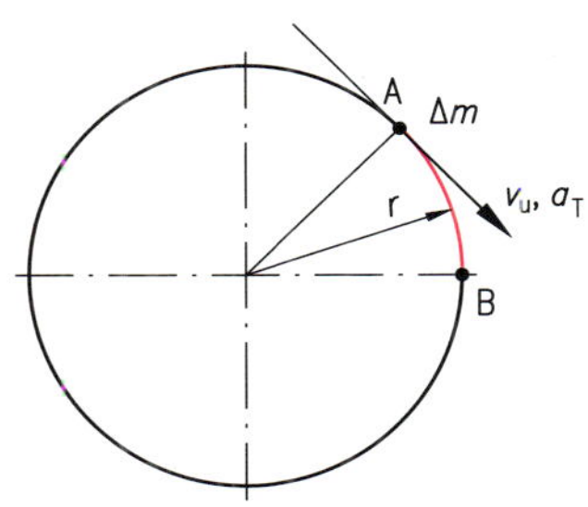

v_U Umfangsgeschwindigkeit
a_T Tangentialbeschleunigung
α Winkelbeschleunigung

Das Grundgesetzt der Mechanik lässt sich anhand des Zusammenhangs zwischen Winkelbeschleunigung und Tangentialbeschleunigung auf die Drehbewegung übertragen. Die Gleichung wird zunächst mit r multipliziert, um das Teildrehmoment ΔM der **Tangentialkräfte** ΔF_T bezogen auf die Drehachse zu erhalten. Das resultierende Moment ergibt sich dann aus der Summe aller Teildrehmomente. Die Summe aller Teilmassen mit ihrem Abstand zur Drehachse zum Quadrat wird als **Massenträgheitsmoment** J bezeichnet und kann mithilfe vorgegebener Formeln für unterschiedliche Körperformen berechnet werden.

$\Delta F_T = \Delta m \cdot a_T$ mit $a_T = \alpha \cdot r$

$\Delta F_T = \Delta m \cdot \alpha \cdot r \quad | \cdot r$

$\Delta F_T \cdot r = \Delta m \cdot \alpha \cdot r \cdot r$

mit $\Delta F_T \cdot r = \Delta M$

$\Delta M = \Delta m \cdot r^2 \cdot \alpha$

$\sum \Delta M_n = \sum \Delta m_n \cdot r_n^2 \cdot \alpha$ mit $\sum \Delta m_n \cdot r_n^2 = J$

$M_{res} = J \cdot \alpha$

F_T Tangentialkraft
a_T Tangentialbeschleunigung
α Winkelbeschleunigung
J Massenträgheitsmoment
M Drehmoment

Einheit des Drehmoments:

$1 \text{ kg} \cdot (1 \text{ m})^2 \cdot 1 \frac{1}{\text{s}^2} = \text{Nm}$

Beispiel für die Berechnung des Drehmoments bei einer beschleunigten Drehbewegung

Aufgabe: Zur Stabilisierung von Stromnetzen werden dynamische Energiespeicher mit Schwungrädern aus Carbonfasern eingesetzt, die mithilfe von Magneten fast reibungsfrei gelagert werden. Zur Verringerung der Reibung des sich drehenden Schwungrades wird die gesamte Konstruktion in einer Vakuumröhre betrieben.

Welches Drehmoment muss der Elektromotor aufbringen, der das Schwungrad in 15 Minuten auf 45 000 Umdrehungen pro Minute beschleunigt? Das Massenträgheitsmoment des 2 Meter hohen Hohlzylinders beträgt $J = 13{,}04 \text{ kg m}^2$.

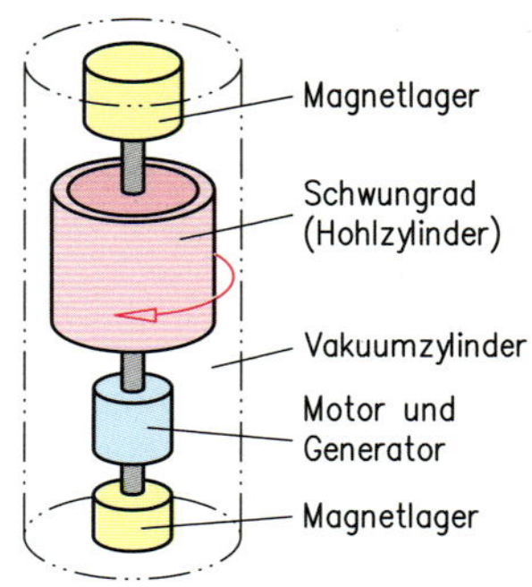

Lösung: $M = J \cdot \alpha$

$M = J \cdot \frac{\Delta\omega}{\Delta t}$ mit $\omega_A = 0$

$M = J \cdot \frac{\omega_E}{\Delta t}$ mit $\omega_E = \frac{2 \cdot \pi \cdot n}{\Delta t}$

$M = J \cdot \frac{2 \cdot \pi \cdot n}{\Delta t}$

$$M = \frac{13{,}04 \text{ kg m}^2 \cdot 2 \cdot \pi \cdot \frac{45\,000}{60 \text{ s}}}{15 \cdot 60 \text{ s}}$$

$M = \mathbf{68{,}28\ Nm}$

2.3 Gewichtskraft und Fallbeschleunigung

Ein Sonderfall des Grundgesetzes der Dynamik ergibt sich aus der Tatsache, dass jeder Körper von der Erde mit einer ganz bestimmten Kraft, der **Gewichtskraft** F_G, angezogen wird. Ein frei fallender Körper erfährt auf der Erde eine Beschleunigung von ca. 9,81 m/s². Die Beschleunigung wird als **Fallbeschleunigung** g bezeichnet. Sie sorgt dafür, dass die Geschwindigkeit des Körpers umso größer wird, je größer die durchfallene Strecke ist.

$$F_G = m \cdot g$$

F_G	Gewichtskraft
m	Masse
g	Fallbeschleunigung
g	$= 9{,}81 \frac{\text{m}}{\text{s}^2}$

2.4 Kräfte bei Horizontalbewegung

Der Versuch, einen Körper mit der **Masse** m zu beschleunigen, führt zu der Erkenntnis, dass die dazu benötigte Kraft größer ist als die nach dem Grundgesetz der Dynamik berechnete Kraft. Der Grund ist die Reibung zwischen dem Körper und der Unterlage. Sie erzeugt eine Kraft, die der beschleunigenden Kraft entgegengerichtet ist, die **Reibungskraft** F_R. Die Reibungskraft ist von der Kraft abhängig, mit der der Körper auf die Unterlage gedrückt wird. Diese Kraft wird als **Normalkraft** F_N bezeichnet. Die Reibungskraft ist weiterhin von den aufeinander gleitenden Werkstoffen abhängig. Diese Werkstoffpaarung wird charakterisiert durch die **Reibungszahl** μ. Die Reibkraft ist unabhängig von der Größe der Reibfläche. Die Normalkraft bei einer Horizontalbewegung ist gleich der Gewichtskraft.

Reibkraft bei beschleunigter Horizontalbewegung

$$F_{ges.} = F_R + F$$
$$F_R = \mu \cdot F_N \quad \text{u.} \quad F = m \cdot a$$
$$F_{res.} = \mu \cdot F_N + m \cdot a \quad \text{mit}$$
$$F_N = F_G$$
$$F_{res.} = \mu \cdot F_G + m \cdot a$$
$$F_{res.} = m(\mu \cdot g + a)$$

$F_{ges.}$	Gesamtkraft
F_R	Reibungskraft
F	beschleunigende Kraft
F_N	Normalkraft
μ	Reibungszahl

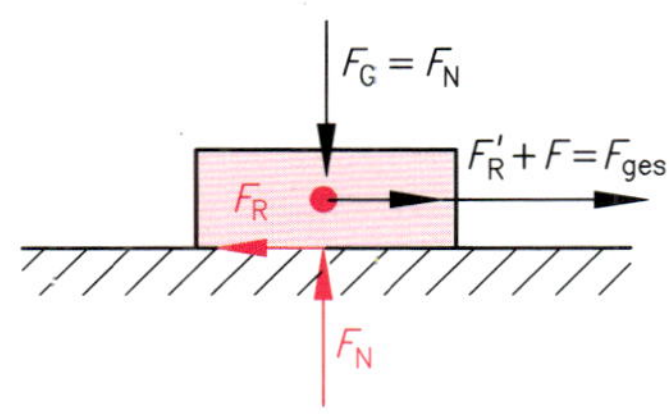

Beispiel für die Berechnung der Beschleunigungskraft bei Reibung

Aufgabe: Die Brammen aus dem vorherigen Beispiel werden mit einer Kraft $F = 43\,000$ N beschleunigt und mit einer Kraft $F = 50\,166$ N verzögert. Die Kräfte müssen jeweils von den angetriebenen Rollen des Rollengangs aufgebracht und mittels Reibkraft F_R auf die Brammen übertragen werden.

a) Welche Reibkraft kann bei einer Reibungszahl $\mu = 0{,}3$ maximal aufgebracht werden?

b) Reicht die Reibkraft aus, um den Rollengang zu betreiben?

Lösung:

a) $F_R = \mu \cdot F_N \quad \text{mit} \quad F_G = F_N$

$F_R = \mu \cdot F_G$

$F_R = 0{,}3 \cdot 21\,500 \text{ kg} \cdot 9{,}81 \frac{\text{m}}{\text{s}^2}$

$F_R =$ **63 274,5 N**

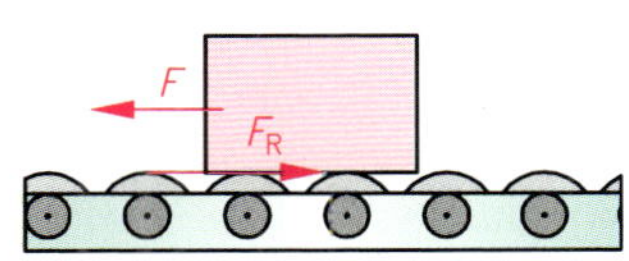

b) für den Transport gilt:

$F_R \geq F_{max}$

50 166 N ≤ 63 274,5 N

Der Rollengang kann in der geplanten Weise betrieben werden.

2.5 Kräfte bei Bewegung auf geneigter Ebene

Bei der Bewegung auf einer geneigten Ebene hängt die Normalkraft vom Neigungswinkel α ab. Die Normalkraft ist in diesem Fall der Teil der Gewichtskraft, der senkrecht zur geneigten Ebene wirkt. Der Teil der Gewichtskraft, der parallel zur geneigten Ebene wirkt, wird als **Hangabtriebskraft** F_H bezeichnet. Bei der Aufwärtsbeschleunigung eines Körpers müssen im Gegensatz zur Horizontalbewegung nicht nur die beschleunigende Kraft und die Reibkraft aufgebracht werden, sondern zusätzlich noch die Hangabtriebskraft.

Reibkraft und Hangabtriebskraft bei beschleunigter Bewegung auf geneigter Ebene

$$F_{ges.} = F_R + F_H + F$$

$$F_R = \mu \cdot F_N \quad \text{mit} \quad F_N = F_G \cdot \cos\alpha$$

$$F_R = \mu \cdot F_G \cdot \cos\alpha$$

$$F_H = F_G \cdot \sin\alpha \quad \text{mit} \quad F = m \cdot a$$

$$F_{ges.} = \mu \cdot F_G \cdot \cos\alpha + F_G \cdot \sin\alpha + m \cdot a$$

$$F_{ges.} = m \cdot g\,(\mu \cdot \cos\alpha + \sin\alpha) + m \cdot a$$

$$F_{ges.} = m\,[g\,(\mu \cdot \cos\alpha + \sin\alpha) + a]$$

$F_{ges.}$ Gesamtkraft
F_G Gewichtskraft
F_R Reibungskraft
F beschleunigende Kraft
F_H Hangabtriebskraft
F_N Normalkraft
μ Reibungszahl

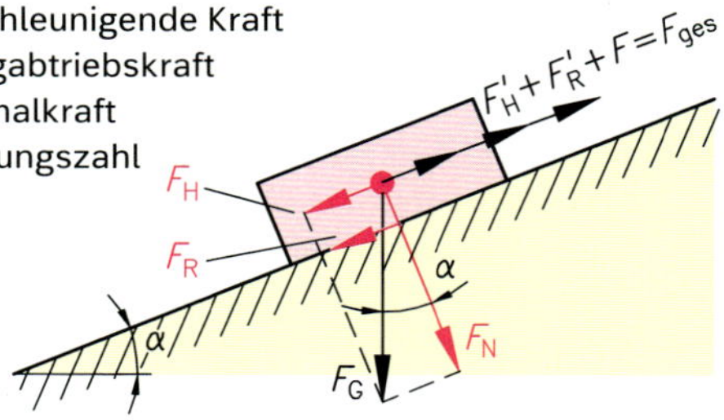

Beispiel für die Berechnung der Beschleunigungskraft bei Reibung auf geneigter Ebene

Aufgabe: Im Rahmen der Neukonstruktion des Schleppbügels für einen Skilift wird die Kraft benötigt, die am Schleppseil angreift. Dabei wird von einem Liftbenutzer mit einem Gewicht von 75 kg ausgegangen, der aus dem Stand mit a = 1,3 m/s² auf die Fördergeschwindigkeit von 4 m/s gleichmäßig beschleunigt wird. Die Reibungszahl (Haftreibung) beträgt in diesem Fall μ = 0,14. Wie groß ist die am Schleppseil angreifende Kraft?

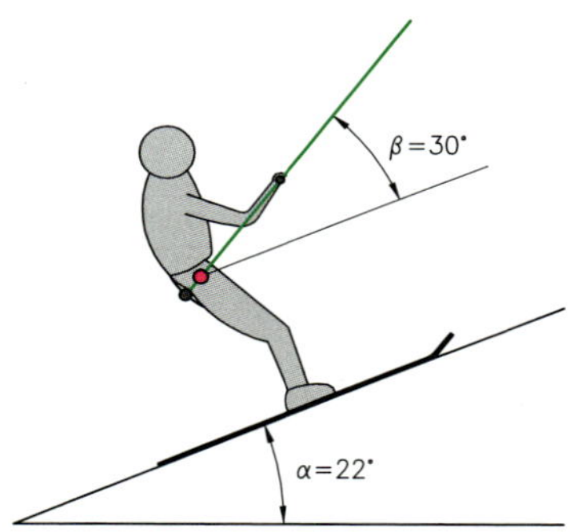

Lösung:

$$F_{ges} = F'_R + F'_H + F$$

$$F'_R = \mu \cdot F_N \qquad F'_R = \mu \cdot m \cdot g \cdot \cos\alpha$$

$$F'_H = F_G \cdot \sin\alpha \qquad F'_H = m \cdot g \cdot \sin\alpha$$

$$F\ = m \cdot a$$

$$F_{ges} = m \cdot g\,(\mu \cdot \cos\alpha + \sin\alpha) + m \cdot a$$

$$F_{ges} = 75\ \text{kg} \cdot 9{,}81\ \tfrac{\text{m}}{\text{s}^2}\ (0{,}14 \cdot 0{,}927 + 0{,}375) + 75\ \text{kg} \cdot 1{,}3\ \tfrac{\text{m}}{\text{s}^2}$$

$$F_{ges} = \mathbf{468{,}9\ N}$$

$$F_S = \frac{F_{ges}}{\cos\beta} = \frac{468{,}9\ \text{N}}{0{,}866}$$

$$F_S = \mathbf{541{,}4\ N}$$

Seilkräfte:

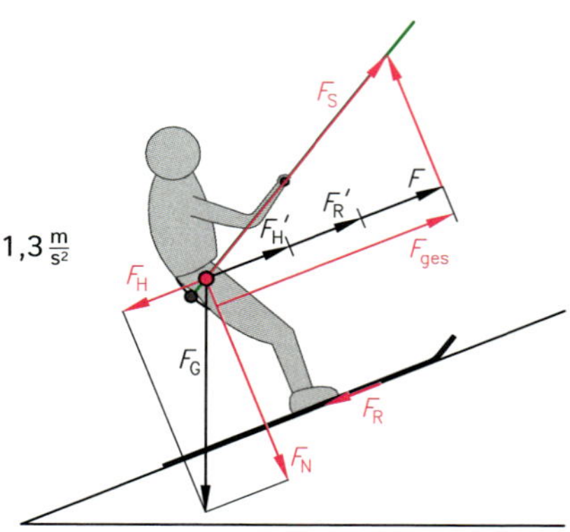

2.6 Kräfte bei Drehbewegung

Ein Körper, auf den keine Kraft wirkt, befindet sich entweder in Ruhe oder er bewegt sich mit gleichförmig geradliniger Geschwindigkeit. Damit sich ein Körper auf einer Kreisbahn vom Punkt A nach Punkt B bewegt, bedarf es deshalb einer Kraft, die ihn zum Kreismittelpunkt hin, mit der **Zentripetalbeschleunigung** a_Z, beschleunigt. Diese Kraft wird als **Zentripetalkraft** F_Z bezeichnet und ist abhängig von der Bahngeschwindigkeit v_T und dem Radius r. Der Körper setzt der Zentripetalkraft nach dem Reaktionssatz einen Widerstand entgegen, die **Zentrifugalkraft** F_F. Die Zentrifugalkraft ist gleich der Zentripetalkraft und ebenfalls abhängig von der Masse, dem Bahnradius und der Bahngeschwindigkeit. Die Zentrifugalkraft verschwindet, sobald keine Zentripetalkraft mehr wirkt. In diesem Fall wäre zu beobachten, dass die Körper in tangentialer Richtung weiterfliegen.

$$F_Z = m \cdot a_Z \quad \text{mit } a_Z = \frac{v_T^2}{r}$$

$$F_Z = m \cdot \frac{v_T^2}{r} \quad \text{mit } v_T = 2 \cdot r \cdot \pi \cdot n$$

$$F_Z = m \cdot \frac{(2 \cdot r \cdot \pi \cdot n)^2}{r}$$

F_Z	Zentripetalkraft
F_F	Zentrifugalkraft
a_Z	Zentripetalbeschleunigung
v_T	Bahngeschwindigkeit
a_T	Bahnbeschleunigung
F_T	Tangentialkraft
r	Radius
n	Umdrehungsfrequenz

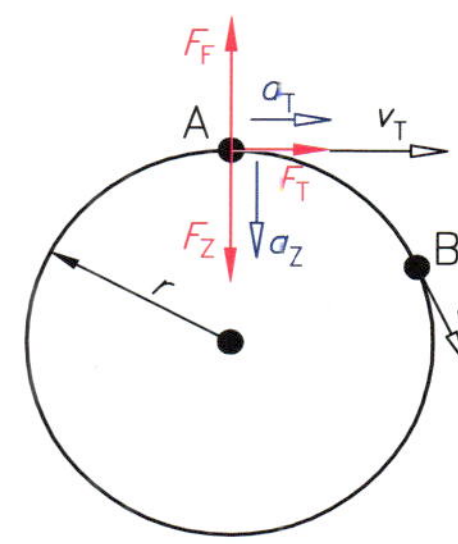

Beispiel für die Berechnung der resultierenden Kraft bei Drehbewegungen

Aufgabe: Der schematisch dargestellte Roboter soll Bauteile mit einer Masse von 16 kg vom Ort A zum Ort B auf einer horizontalen Kreisbahn durch Drehung der Achse 1 transportieren. Welche resultierenden Kräfte greifen an dem Roboterarm an,

a) wenn er sich mit konstanter Bahngeschwindigkeit $v_T = 1$ m/s auf einem Kreisbogen von ⌀ 1 600 mm bewegt und

b) während der Beschleunigungsphase, wenn die Bahnbeschleunigung $a_T = 3$ m/s² beträgt und im Augenblick eine Geschwindigkeit von 0,5 m/s erreicht ist.

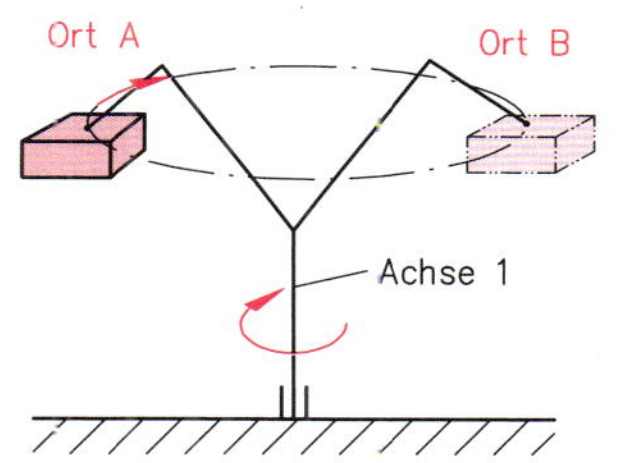

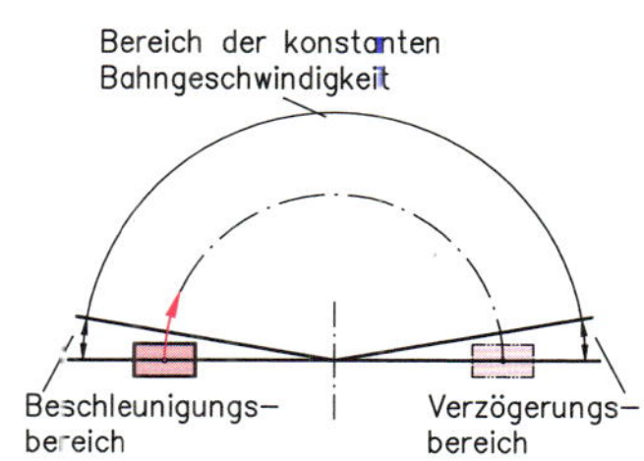

Blick auf den Roboter von oben

Lösung a): 1. Kräfte einzeichnen, die am Roboterarm angreifen:

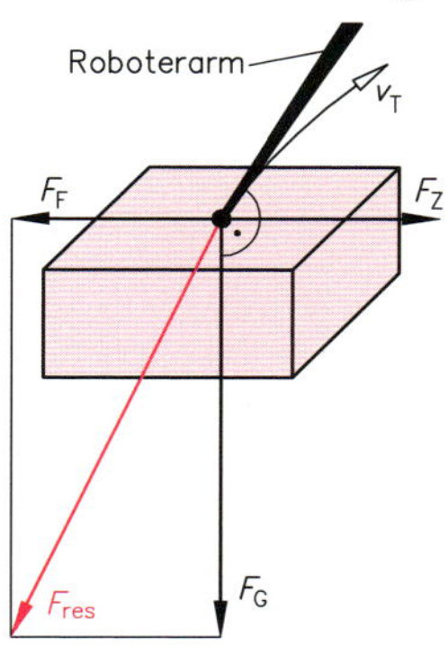

2. Berechnungen durchführen:

$$F_{res.} = \sqrt{F_F^2 + F_G^2}$$

$$F_{res.} = \sqrt{\left(m \cdot \frac{v_T^2}{r}\right)^2 + (m \cdot g)^2}$$

$$F_{res.} = \sqrt{\left(16\ \text{kg} \cdot \frac{(1\ \frac{\text{m}}{\text{s}})^2}{0{,}8\ \text{m}}\right)^2 + (16\ \text{kg} \cdot 9{,}81\ \tfrac{\text{m}}{\text{s}})^2}$$

$$F_{res.} = \sqrt{400\ \text{N}^2 + 24\,636{,}4\ \text{N}^2}$$

$$F_{res.} = \mathbf{158{,}2\ N}$$

Lösung b):

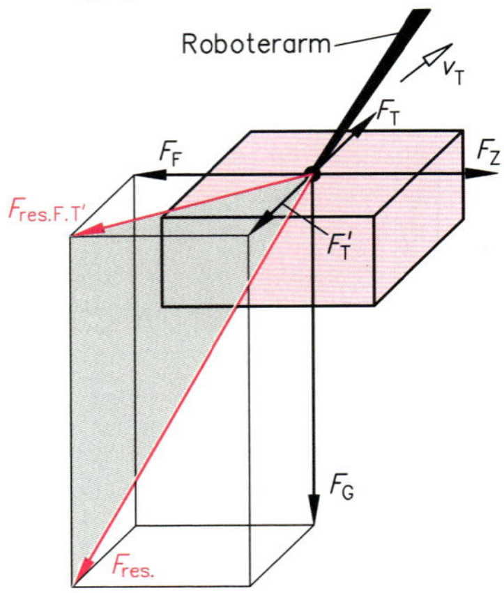

$$F_{res.} = \sqrt{F^2_{res.\ F,T'} + F^2_G}$$

$$F_{res.\ F,T'} = \sqrt{F^2_F + F'^2_T}$$

$$F_{res.} = \sqrt{F^2_F + F'^2_T + F^2_G}$$

$$F_F = m \cdot \frac{v^2}{r}$$

$$F'_T = m \cdot a_T$$

$$F_G = m \cdot g$$

$$F_{res.} = \sqrt{\left(m \cdot \frac{v^2}{r}\right)^2 + \left(m \cdot a_T\right)^2 + \left(m \cdot g\right)^2}$$

$$F_{res.} = \sqrt{m^2 \cdot \left(\frac{v^4}{r^2} + a_T^2 + g^2\right)}$$

$$F_{res.} = \sqrt{16^2\ \text{kg}^2 \cdot \left(\frac{0{,}5^4\ \frac{\text{m}^4}{\text{s}^4}}{0{,}8^2\ \text{m}^2} + 3^2\ \frac{\text{m}^2}{\text{s}^4} + 9{,}81^2\ \frac{\text{m}^2}{\text{s}^4}\right)}$$

$$F_{res.} = \mathbf{164{,}2\ N}$$

Beispiel für die Berechnung der Zentrifugalkraft

Aufgabe: Durch das Schleudergussverfahren sollen Rohre von 160 mm Durchmesser aus einer Kupfer-Zinn-Legierung (Bronze) gefertigt werden. Welche Umdrehungsfrequenz ist mindestens notwendig, damit sich das flüssige Material an der rotierenden Kokillenwand verteilt?

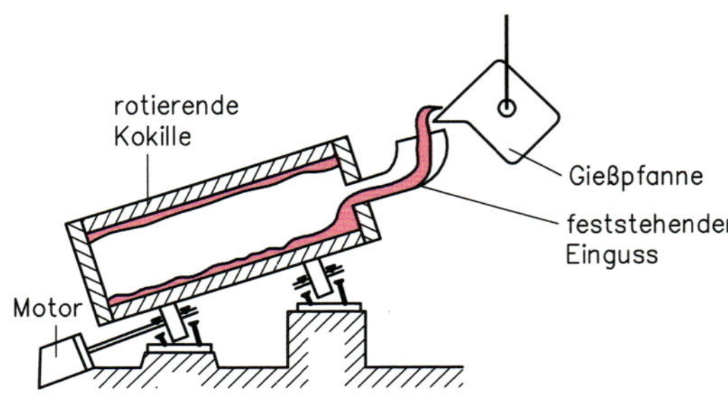

Lösung: In diesem Beispiel wird die Zentripetalkraft von der Kokillenwand aufgebracht. Die Zentrifugalkraft muss jedoch so groß sein, dass das Material nicht von der Gewichtskraft in Richtung Kokillenunterseite gezogen wird.

Es gilt:

$$F_F \geq F_G$$

$$m \cdot \frac{(2 \cdot r \cdot \pi \cdot n)^2}{r} \geq m \cdot g$$

$$n \geq \frac{\sqrt{g \cdot r}}{2 \cdot r \cdot \pi}$$

$$n \geq \frac{\sqrt{9{,}81\ \frac{\text{m}}{\text{s}^2} \cdot 0{,}08\ \text{m}}}{2 \cdot 0{,}08\ \text{m} \cdot \pi}$$

$$n \geq 1{,}76\ \frac{1}{\text{s}}$$

$$n \geq \mathbf{105{,}7\ \frac{1}{min}}$$

Aufgaben zu 2 Dynamik

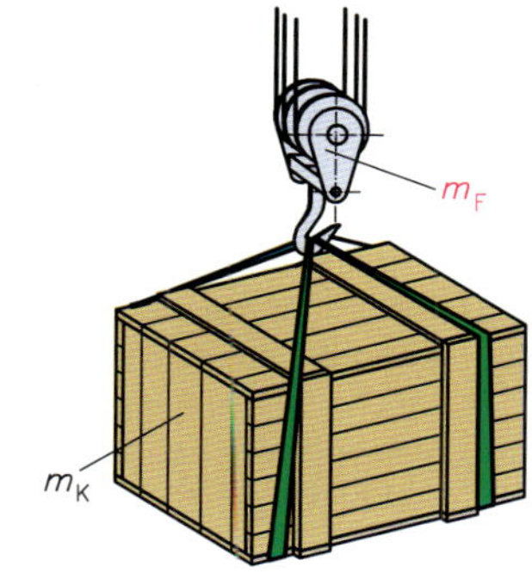

1. Der dargestellte Kran beschleunigt eine Transportkiste mit Gussrohlingen mit etwa 1,4 m/s². Die Masse der Kiste beträgt 2 300 kg. Der Hakenflansch besitzt eine Masse von 20 kg.
   a) Mit welcher Kraft wird der Kranhaken belastet?
   b) Mit welcher Kraft werden die Tragseile insgesamt belastet?

2. Innerhalb der nachfolgenden Transporteinrichtung sollen Transportbehälter mit einer Masse von 4 kg über eine Rutsche von einem Transportband zum anderen befördert werden. Es ist zu klären, welcher Neigungswinkel α mindestens vorhanden sein muss, damit bei einer Reibungszahl von $\mu = 0{,}3$ die Transportbehälter aus Kunststoff allein durch die Gewichtskraft die geneigte Ebene herunterrutschen.

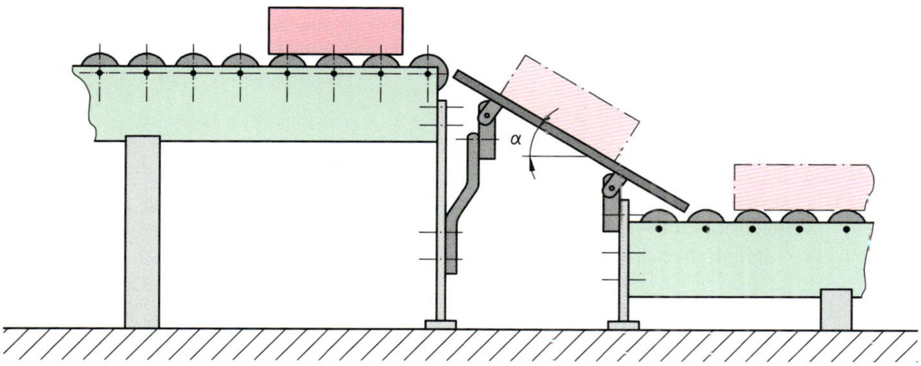

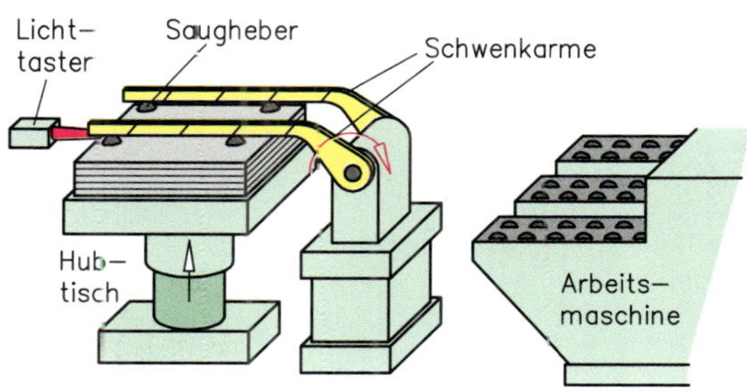

3. Das nebenstehende Einlegegerät transportiert 5 kg schwere Blechplatten von einem Hubtisch auf den Tisch einer Arbeitsmaschine. Die Schwenkarme samt Blechplattenschwerpunkt beschreiben dabei einen Teilkreisbogen mit einem Radius von 0,8 m und einem Winkel von 180°. Die Blechplatten werden innerhalb von 1 Sekunde auf eine Bahngeschwindigkeit von 3 m/s beschleunigt und am Ende der Bewegung in gleicher Weise bis zum Stillstand verzögert. Die Beschleunigung und die Verzögerung finden innerhalb eines Kreisbogens von jeweils 10° statt. Die Drehfrequenz im restlichen Teil des Kreisbogens beträgt konstant $n = 20\ \text{min}^{-1}$.
   Berechnen Sie die Gesamtkraft, die im Schwerpunkt der Blechplatte angreifen muss, damit die beschriebenen Bewegungsbedingungen realisiert werden können. Berechnen Sie die Gesamtkraft in dem Teilbereich der Bewegung, der unmittelbar vor dem Erreichen der maximalen Bahngeschwindigkeit (kurz vor Erreichen der 10°-Marke) liegt.

4. Die Fallkapsel (ZARM, Universität Bremen) aus der Beispielaufgabe (s. Seite 402) wird mithilfe eines pneumatisch angetriebenen Katapultsystems in 0,25 s auf eine Geschwindigkeit von 168 km/h beschleunigt. Die Geschwindigkeit ist so berechnet, dass die Fallkapsel bis knapp unter die Turmspitze nach oben fliegt und anschließend im freien Fall wieder auf dem zwischenzeitlich untergeschwenkten Abbremsbehälter auftrifft und bis zum Stillstand abgebremst wird.

a) Erstellen Sie ein Geschwindigkeits-Zeit-Diagramm für den gesamten Bewegungsablauf.

b) Bestimmen Sie die Zeit, die die Fallkapsel nach der Beschleunigung durch das Katapult benötigt, bis sie die vorgesehene Fallhöhe von 110,2 m erreicht hat.

c) Welche Beschleunigung erfährt die Fallkapsel durch das Katapult?

d) Welchen Weg benötigt das Katapultsystem, um die Fallkapsel auf die vorgesehene Geschwindigkeit zu beschleunigen?

5. Das Schwungrad aus der Beispielaufgabe (s. Seite 406) ist als Hohlzylinder ausgeführt. Diese Art der Massenverteilung ist typisch für Schwungräder, um bei möglichst geringem Gewicht ein möglichst hohes Massenträgheitsmoment zu erzielen.

a) Berechnen Sie die Massenträgheitsmomente sowohl für die Hohlzylinder- als auch für die Vollzylinderausführung anhand der nebenstehenden Daten.

b) Berechnen Sie die Massen von Voll- und Hohlzylinder.

c) Ermitteln Sie das prozentuale Verhältnis von
- Masse Hohlzylinder zu Masse Vollzylinder und
- von Massenträgheitsmoment Hohlzylinder zu Massenträgheitsmoment Vollzylinder.

Vergleichen Sie anschließend die berechneten Verhältnisse und bewerten Sie das Ergebnis.

Vollzylinder	Hohlzylinder
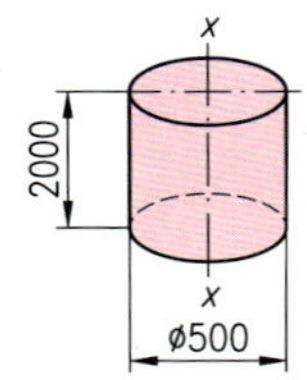	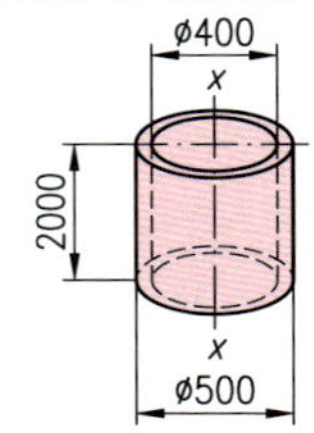
$J_{xV} = \frac{1}{2} \cdot \rho \cdot \pi \cdot R^2 \cdot h$	$J_{xH} = \frac{1}{2} \cdot \rho \cdot \pi \cdot h\,(R^4 - r^4)$
$\rho = 1{,}8\,\frac{g}{cm^3}$	

Handlungsfeld: Bauteilmaße berechnen

Problemstellung

Entwurf

Im Entwurf sind festgelegt:
- räumliche Lage der Einzelteile unter funktionalen Gesichtspunkten
- einzuhaltende Maße

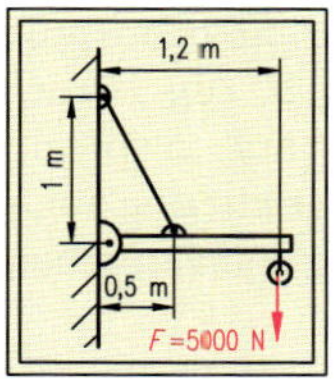

getroffene Vorentscheidungen (im Laufe der Planung ggf. änderbar):
- Werkstoffe
- Querschnittsformen
- Fertigungsverfahren (z. B. Fügeverfahren)

Analyse der Belastung

Vorgaben:
- Entwurf mit Funktionsmaßen
- Kräfte aus
  - Funktion
  - Umwelt (Wind u. a.)
  - Eigengewicht

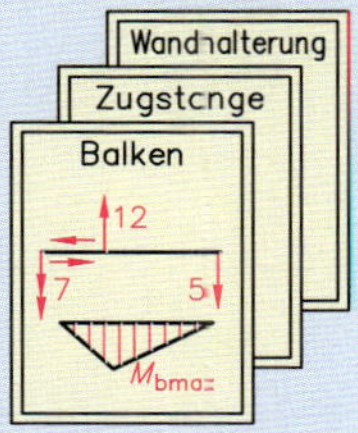

Ergebnis:
Größe, Richtungen und Angriffspunkte von
- Kräften
- Momenten

Berechnung und Dimensionierung

Vorgaben:
- Kräfte und Momente
- zulässige Spannungen entsprechend
  - Werkstoff
  - Belastungsfall
  - Sicherheit
  - sonst. Vorschriften
- Querschnittformen

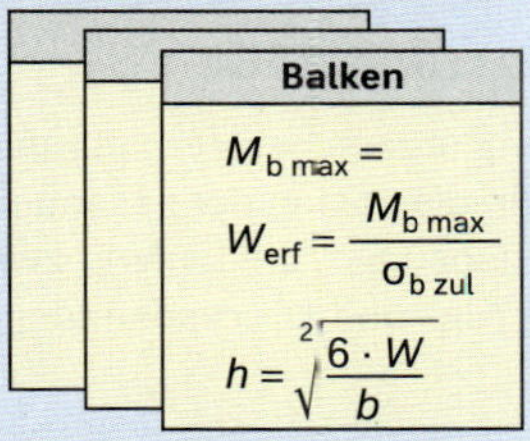

Ergebnis:
- erforderliche Querschnitte (ggf. Normprofil)

Kontrolle

Vorgaben:
- gewählte Querschnitte und Profile
- zulässige Spannungen
- zulässige Verformungen

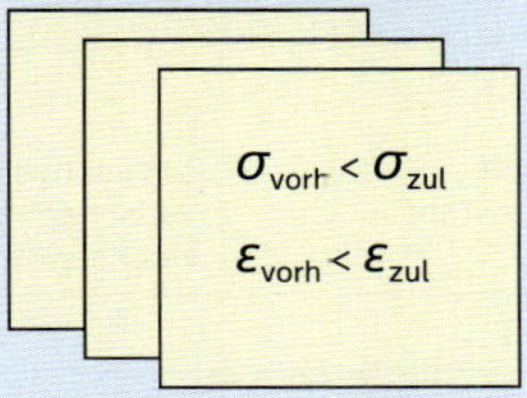

Ergebnis:
- Freigabe der Konstruktion hinsichtlich Tragfähigkeit

Anfertigung der Ausführungszeichnungen

3 Festigkeitslehre

3.1 Grundlagen zur Festigkeitsberechnung

3.1.1 Beanspruchungsarten

Jedes Werkstück wird beim Gebrauch durch Kräfte beansprucht. Die Beanspruchung der Werkstücke unterscheidet man nach Beanspruchungsarten: z. B. Zug-, Druck-, Biegebeanspruchung. Tritt an einem Bauelement nur eine dieser Beanspruchungsarten auf, so spricht man von einer *einfachen* Beanspruchung. Treten dagegen mehrere Beanspruchungsarten gleichzeitig auf, spricht man von einer *zusammengesetzten* Beanspruchung. Eine Welle wird z. B. auf Biegung und Verdrehung beansprucht.

Einfache Beanspruchungsarten

Beanspruchungsarten	Zug	Druck	Abscherung	Biegung	Verdrehung	Knickung
	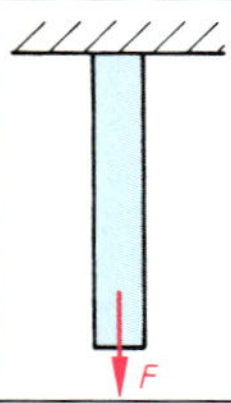	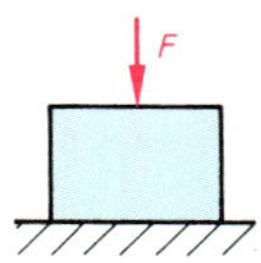	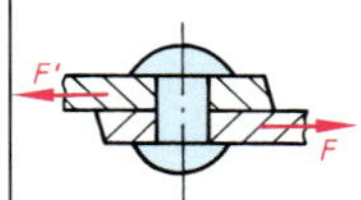	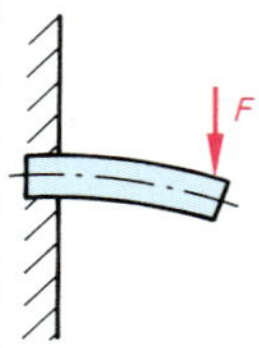	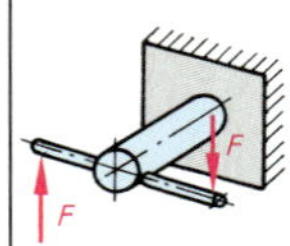	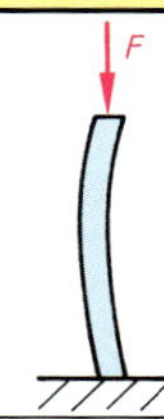
Beispiele	Kranseil Kette	Säule Maschinenständer	Niet Bolzen	Träger Achse	Welle Torsionsfederstab	Schubstange Gerüststange

Bei Beanspruchungsarten unterscheidet man einfache und zusammengesetzte Beanspruchung.
Einfache Beanspruchungsarten sind:

- Zug,
- Druck,
- Abscherung,
- Biegung,
- Verdrehung,
- Knickung.

3.1.2 Belastungsarten – Belastungsfälle

Nach dem zeitlichen Verlauf der Belastung unterscheidet man ruhende, schwellende und wechselnde Belastung. Ruhende Belastung herrscht, wenn die Last in der gesamten Nutzungszeit gleich bleibt. Diese beansprucht einen Werkstoff am wenigsten. Eine Last, die laufend zwischen einem positiven und einem negativen Höchstwert, z. B. zwischen hohen Zug- und Druckspannungen, wechselt, beansprucht dagegen den Werkstoff am intensivsten.

Belastungsarten	**statisch** **ruhend**	**dynamisch** **schwellend**	 **wechselnd**
zeitlicher Verlauf der Belastung	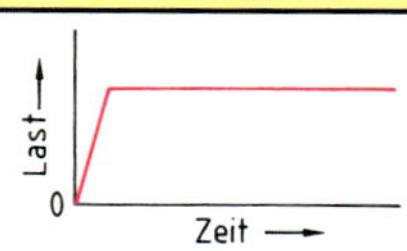 Last bleibt nach Aufbringen konstant	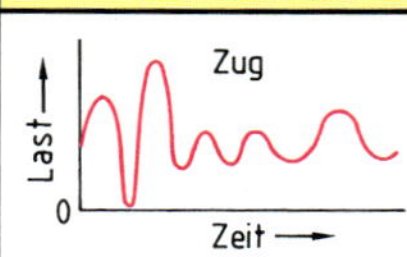 Last schwillt im Bereich zwischen null und dem Höchstwert	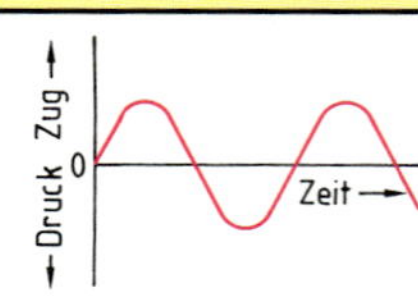 Last wechselt zwischen positivem und negativem Höchstwert
Belastungsfall	I	II	III
Beispiele	Säule, Gebäudefundament	Kranseil, feststehende Achse	Schraubendreher, umlaufende Achse

Nach dem zeitlichen Verlauf einer Belastung unterscheidet man

- ruhende Belastung – Belastungsfall I
- schwellende Belastung – Belastungsfall II
- wechselnde Belastung – Belastungsfall III

3.1.3 Reaktionen des Werkstoffes auf Beanspruchung

Jede Kraft, die von außen auf einen Werkstoff einwirkt, ruft im Inneren des Werkstoffs eine Reaktion hervor. Diese Reaktion, bezogen auf die Flächeneinheit des Ausgangsquerschnitts, ist die Spannung.

Entsprechend der *Richtung* der Spannungen *zum* beanspruchten *Querschnitt* sind Normalspannungen und Schubspannungen zu unterscheiden.

Normalspannungen wirken *senkrecht* zum beanspruchten Querschnitt. Sie haben das Formelzeichen σ (Sigma). **Schubspannungen** wirken *im* beanspruchten Querschnitt; Formelzeichen τ (Tau).

Beispiele für Normal- und Schubspannungen

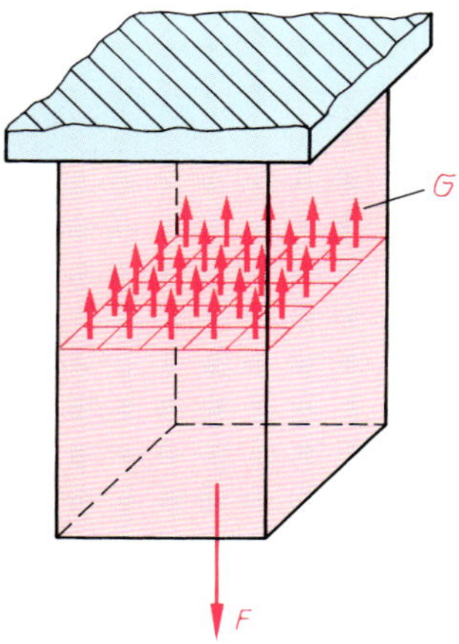

Normalspannungen infolge Zugbeanspruchung

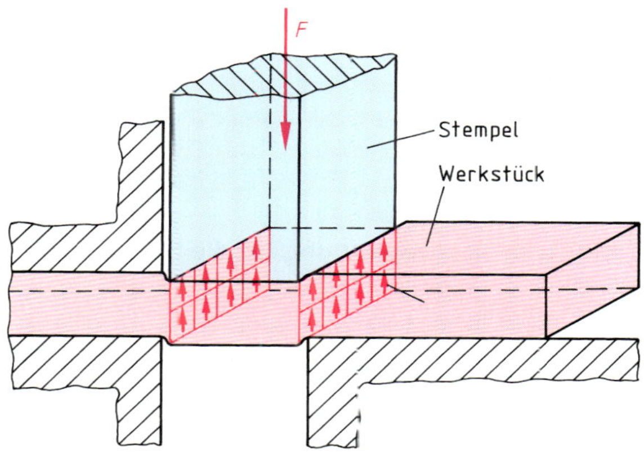

Schubspannungen infolge Scherbeanspruchung

> Normalspannungen (σ) entstehen senkrecht zum beanspruchten Querschnitt.
> Schubspannungen (τ) entstehen parallel zum Querschnitt.

Jeder Belastung eines Körpers folgt eine Formänderung. Formänderung und Spannung sind bis zur Proportionalitätsgrenze einander proportional.

Beanspruchungen, die *Normalspannungen* erzeugen, bewirken *Längenänderungen.*
Beanspruchungen, die *Schubspannungen* erzeugen, bewirken *Winkeländerungen,* denn der Abstand der äußeren Kräfte (Scherkraft *F* und Haltekraft *F'*) ist beim Scheren stets größer als null.

Beispiele für Formänderung infolge äußerer Belastung

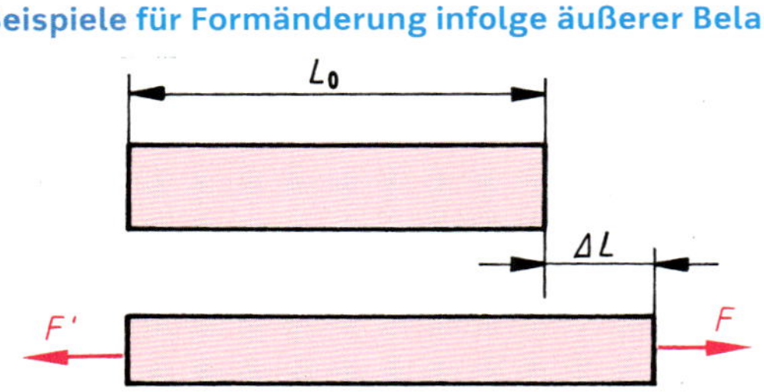

Längenänderung infolge Zugbeanspruchung

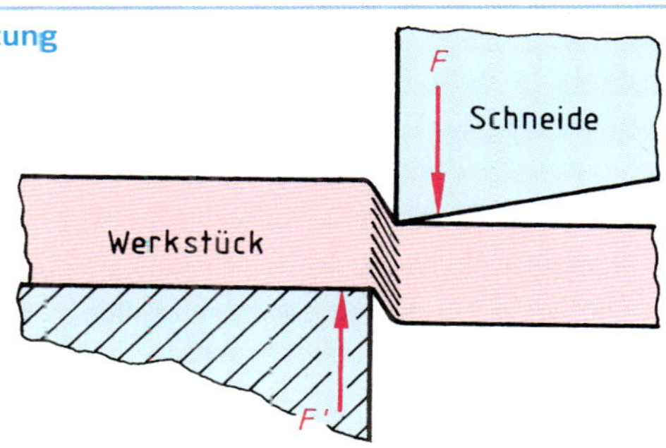

Winkeländerung infolge Scherbeanspruchung

> Längenänderungen bewirken Normalspannungen (σ).
> Winkeländerungen erzeugen Schubspannungen (τ).

3.1.4 Zulässige Spannung und Sicherheit

Ein Bauteil darf nur so hoch belastet werden, dass keine Zerstörung eintritt. Zerstörung ist in dieser Hinsicht in den meisten Fällen bereits eine bleibende Formänderung und nicht erst die Zerstörung durch Bruch.

Die Grenzspannungen, bis zu denen ein Werkstoff theoretisch beansprucht werden darf, liefert die Werkstoffprüfung mit den Kennwerten aus statischen und dynamischen Prüfverfahren (z. B. Zugfestigkeit R_m, Streckgrenze R_{eH}, Dauerfestigkeit σ_D).

Die Unsicherheiten bei der Bestimmung der auftretenden Belastungen für die Festigkeitsberechnung sowie die Schwierigkeiten bei der Einhaltung von Höchstbelastungen im Betrieb zwingen dazu, die zulässigen Spannungen unter den zulässigen Grenzspannungen anzusetzen. Das Verhältnis von Grenzspannung zu zulässiger Spannung nennt man die Sicherheit ν (nü).

$$\text{Sicherheit} = \frac{\text{Grenzspannung}}{\text{zulässige Spannung}}$$

3.1.4.1 Wahl der Grenzspannung für die Festigkeitsberechnung

- **Ruhende Belastung**

Bei Werkstoffen mit ausgeprägter plastischer Verformung vor dem Bruch ist die Fließgrenze die Grenzspannung. Als Fließgrenze wird die Spannung bezeichnet, bei der im statischen Prüfverfahren bei weichen Werkstoffen eine wesentliche Formänderung ohne Erhöhung der Spannung eintritt. Im Zugversuch ist die wStreckgrenze die Fließgrenze. Diese Grenzspannung gilt z. B. für Stähle, Leichtmetalle, Schwermetalle und ihre Legierungen.

Bei Werkstoffen ohne ausgeprägte plastische Verformung ist die Bruchfestigkeit die Grenzspannung. Dieses gilt z. B. für Gusseisen, Hartguss, Glas, Keramik, Holz.

- **Dynamische Belastung**

Bei dynamischer Belastung ist die Dauerfestigkeit σ_D die Grenzspannung. Sie ist für jede Art der Beanspruchung aus Dauerfestigkeitsschaubildern zu entnehmen.

3.1.4.2 Wahl der Sicherheit für die Festigkeitsberechnung

- **Ruhende Belastung**

Die Sicherheit gegen Erreichen der Fließgrenze wird mit $\nu \approx 1{,}5$ bis 3 gewählt. Die Sicherheit gegen Erreichen der Bruchfestigkeit wird mit $\nu \approx 2$ bis 4 gewählt.

- **Dynamische Belastung**

Die Sicherheit gegen Erreichen der Dauerfestigkeit wird mit $\nu \approx 2$ bis 4 gewählt. Zusätzlich werden Kerbwirkungen durch Oberflächenbeschaffenheit (z. B. Drehriefen) und Konstruktion (z. B. Übergänge) sowie Größe des Werkstückes in der Rechnung durch Faktoren berücksichtigt, durch die die Sicherheit erhöht wird.

In den meisten Fällen wird jedoch die zulässige Spannung aus Erfahrungen, die an bewährten Konstruktionen gewonnen wurden, ermittelt. In einigen Fällen sind die zulässigen Spannungen behördlich vorgeschrieben, wie z. B. im Stahlhochbau oder Kesselbau.

3.1.4.3 Zulässige Nennspannungen für Werkstoffe des Maschinenbaus in N/mm²

Für einfache Rechnungen genügen die zulässigen Spannungswerte, die für die Maschinenbauwerkstoffe nach Belastungsfällen aufgegliedert aus Tabellen entnommen werden können.

Werkstoffe		S235	E295	E360	GS-45	25CrMo4	G-AlSi 12	AlCuMg	Messing
Festigkeitswerte in N/mm² R_m		340 bis 470[1]	470 bis 610[1]	670 bis 830[1]	450	800	160	360	350
R_{eH}		215[2]	275[2]	345[2]	220	550	70	220	200
Beanspruchung		zulässige Spannung in N/mm²							
Zug	I	100 bis 150	140 bis 210	210 bis 310	100 bis 150	230 bis 420	30 bis 50	110 bis 160	120 bis 185
$\sigma_{z\,zul}$	II	65 bis 95	90 bis 135	135 bis 200	65 bis 95	155 bis 285	16 bis 28	50 bis 70	70 bis 110
	III	45 bis 70	65 bis 95	90 bis 140	45 bis 70	100 bis 195	13 bis 20	35 bis 55	40 bis 60
Druck	I	100 bis 150	140 bis 210	210 bis 310	110 bis 165	210 bis 390	40 bis 60	110 bis 160	120 bis 185
$\sigma_{d\,zul}$	II	65 bis 95	90 bis 135	135 bis 200	70 bis 105	160 bis 255	20 bis 24	50 bis 70	70 bis 110
	III	45 bis 70	65 bis 95	90 bis 140	45 bis 70	100 bis 195	13 bis 20	35 bis 55	40 bis 60
Biegung	I	110 bis 165	150 bis 220	230 bis 345	110 bis 165	250 bis 450	35 bis 50	120 bis 175	115 bis 180
$\sigma_{b\,zul}$	II	70 bis 105	100 bis 150	150 bis 220	70 bis 105	170 bis 295	20 bis 28	50 bis 75	65 bis 105
	III	50 bis 75	70 bis 105	105 bis 125	50 bis 75	125 bis 185	14 bis 21	35 bis 55	40 bis 60
Verdrehung	I	65 bis 95	85 bis 125	125 bis 190	65 bis 95	145 bis 250	25 bis 35	65 bis 95	67 bis 107
$\tau_{t\,zul}$	II	40 bis 60	55 bis 85	80 bis 125	40 bis 60	100 bis 185	16 bis 28	32 bis 48	42 bis 72
	III	30 bis 45	40 bis 60	60 bis 90	30 bis 45	80 bis 145	8 bis 15	22 bis 32	27 bis 40

(Nach „Hütte I“)

[1]) Werte für Proben von 3 bis 100 mm
[2]) Mittelwerte für Proben von 3 bis 100 mm

3.2 Zugbeanspruchung

Wird ein Stab durch eine Zugkraft F beansprucht, so ruft diese Kraft im Inneren des Stabs, d. h. im Querschnitt S, Normalspannungen hervor.

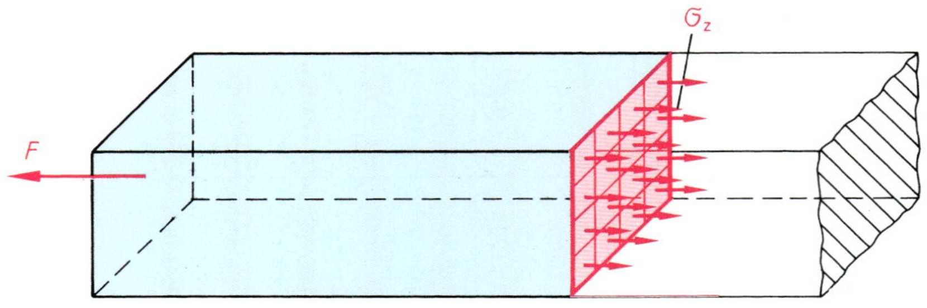

Zugspannungen im Zugstab

Aus der Bedingung, dass sich innere und äußere Kräfte das Gleichgewicht halten müssen, ergibt sich:

$$F = \sigma_z \cdot S$$

σ_z	Zugspannung
F	Zugkraft
S	beanspruchter Querschnitt

Diese Zugspannung darf den Wert der zulässigen Spannung ($\sigma_{z\,zul}$) nicht überschreiten.
Es gilt also die Forderung:

$$\sigma_z \leq \sigma_{z\,zul}$$

Für die Berechnung des erforderlichen Querschnitts ergibt sich somit die Gleichung:

$$S_{erf} = \frac{F_{max}}{\sigma_{z\,zul}}$$ in mm^2

Beispiel für die Berechnung eines zugbeanspruchten Querschnitts

Aufgabe: Eine runde Stange aus E295 wird schwellend durch eine Zugkraft von max. 120 000 N belastet. Der Durchmesser der Stange ist zu berechnen.

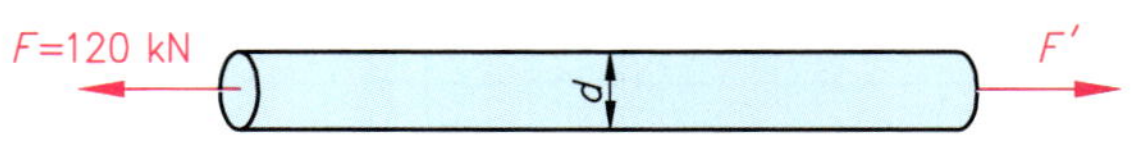

Lösung: Nach Tabelle (Kapitel 3.1.4.3) wurde eine zulässige Spannung $\sigma_{z\,zul} = 120\ N/mm^2$ gewählt.

$$S_{erf} = \frac{F_{max}}{\sigma_{z\,zul}}$$

$$S_{erf} = \frac{120\,000\ N \cdot mm^2}{120\ N}$$

$$S_{erf} = 1\,000\ mm^2$$

$$d = 35{,}7\ mm$$

gewählt d = **36 mm**

Unter Zugbeanspruchung verlängert sich ein Werkstück. Die Größe der Verlängerung wird durch die Ausgangslänge, die Belastung und den Werkstoff bestimmt. Im *elastischen* Bereich kann die Verlängerung aus dem **hookeschen Gesetz** berechnet werden.

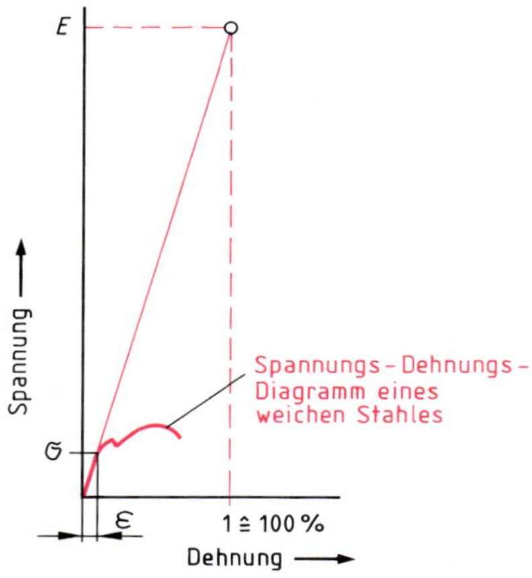

Ableitung des hookeschen Gesetzes

Wird der Werkstoff theoretisch elastisch auf die doppelte Länge gedehnt, so ist die Dehnung 100 % = 1. Die dazu erforderliche Spannung ist E.

Aus den ähnlichen Dreiecken ergibt sich:

$$\frac{\sigma}{\varepsilon} = \frac{E}{1} \qquad \varepsilon = \frac{\Delta L}{L_0}$$

Es gilt dann nach dem Einsetzen:

$$\frac{\Delta L}{L_0} = \frac{\sigma}{E}$$

ΔL Verlängerung
L_0 Anfangsmesslänge
σ Spannung
E Elastizitätsmodul

Hookesches Gesetz

Beispiel für die Berechnung der elastischen Verlängerung eines Zugstabs

Aufgabe: Ein Flachstahl 30 × 4 ist in einer Konstruktion mit einer Zugkraft von 18 000 N belastet. Die Länge beträgt 2 m. $E_{\text{Stahl}} = 210\,000\ \text{N/mm}^2$.
Es ist die elastische Verlängerung zu berechnen.

Lösung:

$$\sigma = \frac{F}{S} \qquad \sigma = \frac{18\,000\ \text{N}}{30\ \text{mm} \cdot 4\ \text{mm}} = \mathbf{150\ \frac{N}{mm^2}}$$

$$\frac{\Delta L}{L_0} = \frac{\sigma}{E} \qquad \Delta L = \frac{150\ \text{N} \cdot 2\,000\ \text{mm} \cdot \text{mm}^2}{\text{mm}^2 \cdot 210\,000\ \text{N}}$$

$$\Delta L = \mathbf{1{,}43\ mm}$$

3.3 Druckbeanspruchung

Eine Druckkraft ruft im *Inneren* eines Werkstoffs bei einem beanspruchten Bauelement als Reaktion **Druckspannungen** σ_d hervor.
Die in der *Grenzfläche* zu einem anderen Werkstoff infolge Druck entstehenden Spannungen bezeichnet man als **Flächenpressung** p.
Entsprechend der Gleichgewichtsbedingung gilt für das Werkstoffinnere $F = \sigma_d \cdot S$, für die Grenzfläche $F = p \cdot A$.

$$F = \sigma_d \cdot S \quad \text{bzw.} \quad F = p \cdot A$$

S Querschnittsfläche
A Berührungsfläche
σ_d Druckspannung
p Flächenpressung

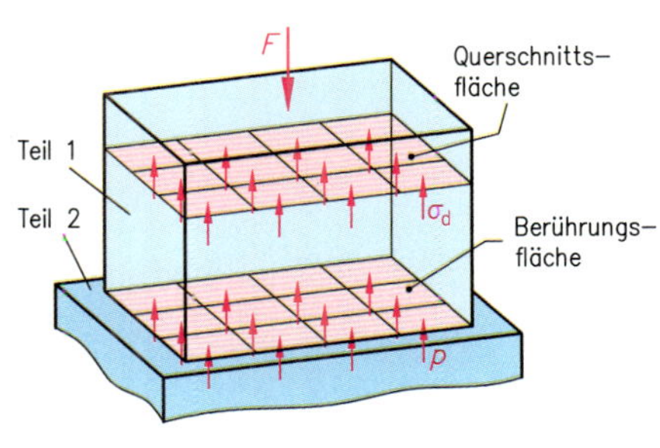

Druckspannungen und Flächenpressung

Häufig sind die gepressten Flächen nicht eben, wie zum Beispiel bei Wellen im Lager, Gewindegängen, Prismenführungen. Die gepresste Fläche ist in solchen Fällen als Projektion der Berührungsfläche auf eine senkrecht zur Kraftrichtung liegende Ebene aufzufassen. Man spricht von *projizierter* Berührungsfläche.

Beispiele für projizierte Berührungsflächen

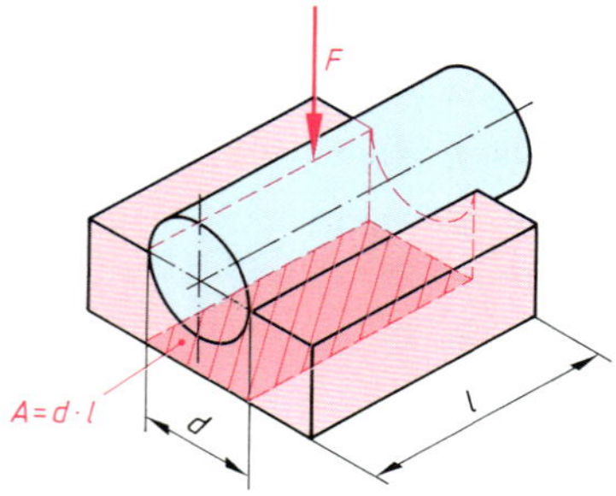

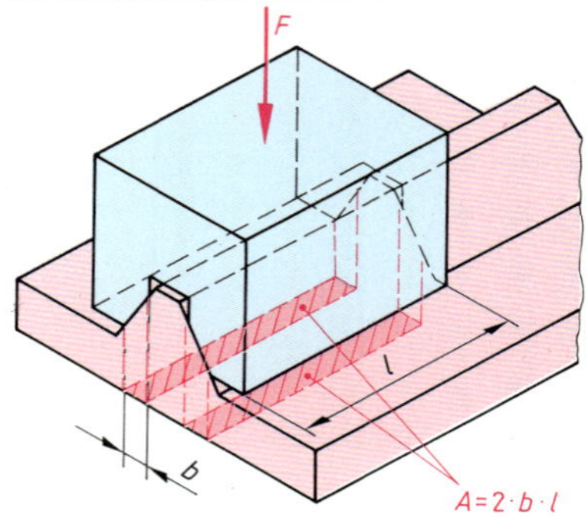

Für die Berechnung der erforderlichen Querschnitte gilt demnach:

$$S_{erf} = \frac{F_{max}}{\sigma_{d\,zul}} \quad \text{bzw.} \quad A_{erf} = \frac{F_{max}}{p_{zul}}$$

Bei der Flächenpressung ist darauf zu achten, dass die zulässige Flächenpressung des *schwächsten* Werkstoffs nicht überschritten werden darf.

Zulässige Flächenpressung in N/mm²

Werkstoff	S235	E295	E360	GS-45	25CrMo4
ruhend	80	120	180	100	210
schwellend	50	70	90	70	105

Beispiel für die Berechnung eines druckbeanspruchten Bauelementes

Aufgabe:

Ein runder Maschinenfuß aus GS-45 wird mit 80 000 N schwellend belastet. Er steht auf einer Betonplatte, deren Werkstoff eine zulässige Flächenpressung von 12 N/mm² besitzt.

a) Es ist der Durchmesser *d* der Säule zu bestimmen.

b) Welchen Durchmesser *D* muss der Fuß haben?

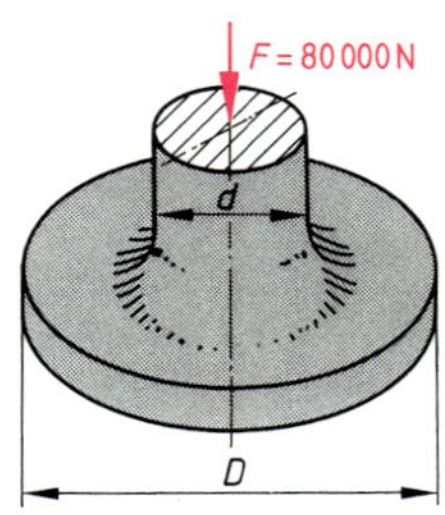

Gegeben:

GS-45; $\sigma_{d\,zul}$ nach Tabelle 80 N/mm²

$F = 80\,000$ N

$p_{zul} = 12 \frac{N}{mm^2}$ (für Beton)

Gesucht:

d in mm

D in mm

Lösung:

a) $S_{erf} = \frac{F_{max}}{\sigma_{d\,zul}}$

$S_{erf} = \frac{80\,000\ N \cdot mm^2}{80\ N} = \mathbf{1000\ mm^2}$

$d = \sqrt{\frac{4 \cdot S}{\pi}}$

$d = \sqrt{\frac{4 \cdot 1\,000\ mm^2}{3{,}14}} = \mathbf{35{,}69\ mm}$

$d_{gewählt} = \mathbf{36\ mm}$

b) $A_{erf} = \frac{F_{max}}{p_{zul}}$

$A_{erf} = \frac{80\,000\ N \cdot mm^2}{12\ N} = \mathbf{6666{,}67\ mm^2}$

$D = \sqrt{\frac{4 \cdot A}{\pi}}$

$D = \sqrt{\frac{4 \cdot 6\,666{,}66\ mm^2}{3{,}14}} = \mathbf{92{,}15\ mm}$

$D_{gewählt} = \mathbf{94\ mm}$

3.4 Scherbeanspruchung

Im Gegensatz zu den Zug- und Druckspannungen, die als Normalspannungen senkrecht zum beanspruchten Querschnitt stehen, wirken Scherspannungen *im* beanspruchten Querschnitt.
Wird ein Werkstück durch eine Scherkraft beansprucht, so ruft diese Kraft im Inneren des Werkstoffes in der Scherfläche Scherspannungen τ_s hervor.

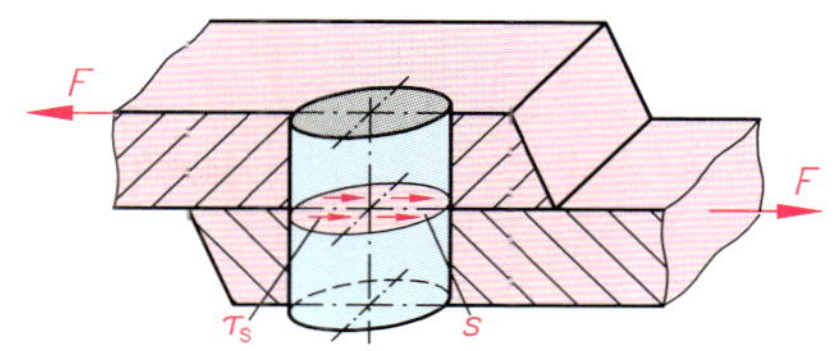

Scherspannungen

Gleichgewicht ergibt sich für:

$$F = \tau_s \cdot S$$

F Scherkraft
τ_s Scherspannung
S beanspruchter Querschnitt

Häufig wird bei der Beanspruchung auf Scherung ein Bauelement in *mehreren* Querschnitten gleichzeitig beansprucht.

Beispiel für die Zahl der Scherquerschnitte

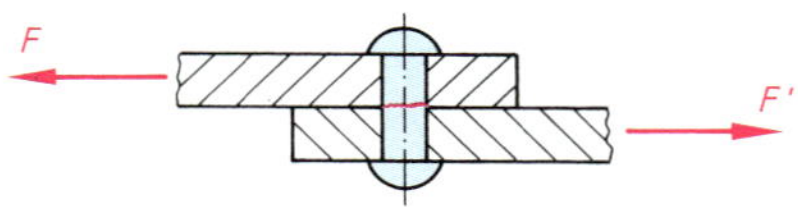

Einschnittig

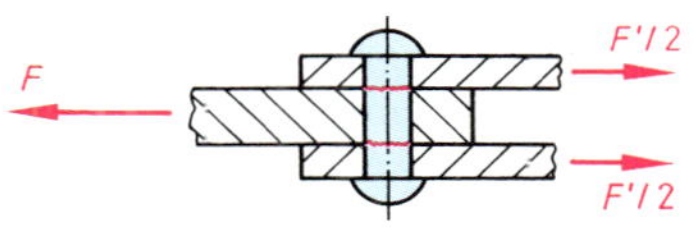

Zweischnittig

Für die Berechnung des erforderlichen Querschnitts unter Berücksichtigung der Zahl der Scherquerschnitte ergibt sich somit die Gleichung:

$$S_{erf} = \frac{F_{max}}{z \cdot \tau_{s\,zul}}$$

z Zahl der Scherquerschnitte

Der Wert der *zulässigen* Scherspannung ist bei einer Scherbeanspruchung etwa $0{,}8 \cdot \sigma_{z\,zul}$ für Baustahl und etwa $1{,}1 \cdot \sigma_{z\,zul}$ für Gusseisen.

Beispiel für die Berechnung eines durch Scherkräfte beanspruchten Bauelementes

Aufgabe:
Das dargestellte Gelenk soll eine Zugkraft von 40 000 N übertragen:
Es ist der Bolzendurchmesser zu berechnen. Die zulässige Scherspannung ist aus der Zugfestigkeit des Bolzenwerkstoffes E 295 zu ermitteln.

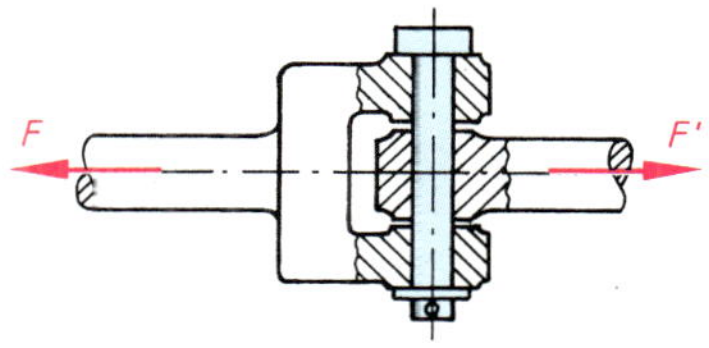

Lösung:

$\tau_{s\,zul} = \sigma_{z\,zul} \cdot 0{,}8$

$\tau_{s\,zul} = 110 \frac{N}{mm^2} \cdot 0{,}8 = \mathbf{88\ \frac{N}{mm^2}}$

$S_{erf} = \frac{F_{max}}{z \cdot \tau_{s\,zul}}$

$S_{erf} = \frac{40\,000\ N \cdot mm^2}{2 \cdot 88\ N} = \mathbf{227{,}2\ mm^2}$

$d = \sqrt{\frac{4 \cdot S_{erf}}{\pi}}$

$d = \sqrt{\frac{4 \cdot 227{,}2\ mm^2}{3{,}14}} = \mathbf{17\ mm}$

Häufig werden zum Absichern von Maschinenteilen gegen Beschädigung durch Überlastung Verbindungen von Bauteilen durch Stifte hergestellt. Die Stifte sind dabei so zu dimensionieren, dass sie bei Überschreiten der zulässigen Höchstlast abgeschert werden. Die in solchen Fällen in die Rechnung einzusetzende Scherspannung ist die Scherfestigkeit (τ_{SB}). Die Scherfestigkeit kann für Stahl mit 80 % der Zugfestigkeit angenommen werden.

3.5 Biegebeanspruchung

3.5.1 Spannungen beim Biegen

Die Größe der inneren Kräfte ergibt sich bei einem auf Biegung beanspruchten Bauteil aus der Gleichgewichtsbedingung. Es muss die Summe der inneren Kräfte und Momente in einem beliebigen Schnitt gleich der Summe der äußeren Kräfte und Momente sein.

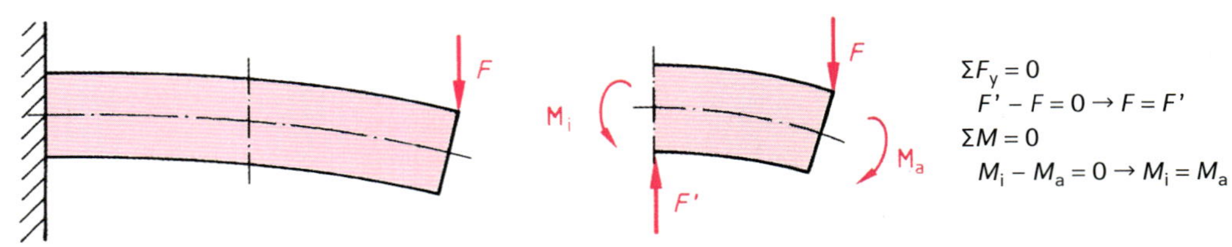

Innere und äußere Kräfte und Momente beim Biegen

Die innere Kraft *F'* ergibt sich aus Schubspannungen im Querschnitt.
Das innere Moment M_i ergibt sich aus den Zug- und Druckspannungen im untersuchten Querschnitt. Infolge der Formänderung des gebogenen Körpers entstehen in der einen Querschnittshälfte *Zugspannungen,* in der anderen Querschnittshälfte *Druckspannungen.*
Die Ebene, die durch den Schwerpunkt des Querschnitts geht und senkrecht zu den Biegekräften liegt, bleibt unverformt und damit frei von Normalspannungen. Diese Ebene ist die **neutrale Faser**. Die Normalspannungen wachsen proportional zu ihrem Abstand von der neutralen Faser. Die größten Spannungen treten also in den Ebenen auf, die den weitesten Abstand von der neutralen Faser haben.[1]

Spannungen beim Biegen

3.5.2 Biegemoment und Querkraft am Träger mit Einzellasten

Das **Biegemoment** ist an jeder Stelle gleich der Summe der Momente der Kräfte rechts oder links von dieser Stelle.
Vorzeichenregel: Momente, die auf der Trägeroberseite Zugspannungen erzeugen würden, werden mit negativem Vorzeichen eingesetzt.
Das Biegemoment ändert sich als Produkt aus Kraft und Hebelarm proportional zum Abstand der Kraft vom untersuchten Querschnitt. Jede neu hinzukommende Kraft fügt ein neues Biegemoment hinzu und bringt damit auch eine neue Biegemomentsänderung. Darum genügt es, die Biegemomente nur an den Stellen eines Trägers zu berechnen, an denen äußere Kräfte angreifen.
Zur besseren Übersicht wird das Biegemoment grafisch durch die **Biegemomentenfläche** dargestellt. Die Auflagerkräfte wurden bereits berechnet.

---

1 Bei der Darstellung der Biegebeanspruchung wird davon ausgegangen, dass die Wirkungslinien der äußeren Kräfte durch den Flächenschwerpunkt gehen und senkrecht zu einer der Hauptträgheitsachsen liegen.

Beispiel für die Berechnung und Darstellung des Biegemoments an einem Träger auf zwei Stützen

Aufgabe: Es sind die Biegemomente des skizzierten Trägers grafisch in der Biegemomentenfläche darzustellen.

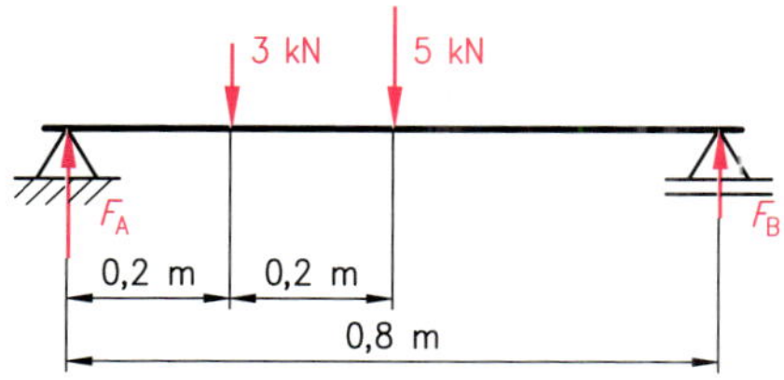

$F_A = 4{,}75$ kN
$F_B = 3{,}25$ kN

1. Berechnung der Biegemomente
   Die Berechnung des Biegemoments erfolgt jeweils am Angriffspunkt einer neuen Kraft, an den Stellen 0, I, II, III.
   Die Betrachtung der Schnittstellen erfolgt von rechts.

Vorzeichen

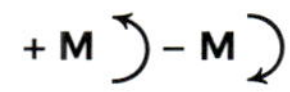

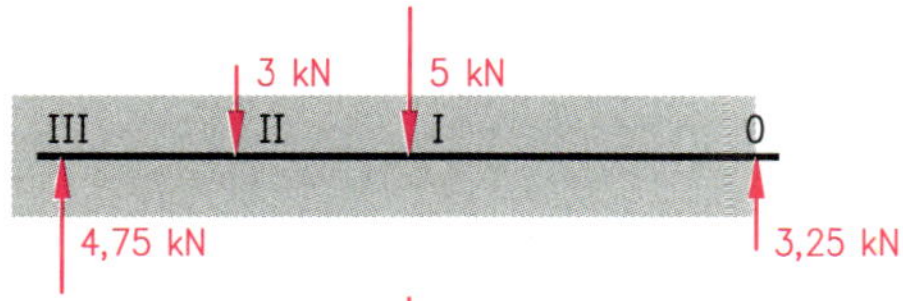

$M_{b0} = +\,3{,}25\text{ kN} \cdot 0\text{ m}$
$M_{b0} = \mathbf{0}$

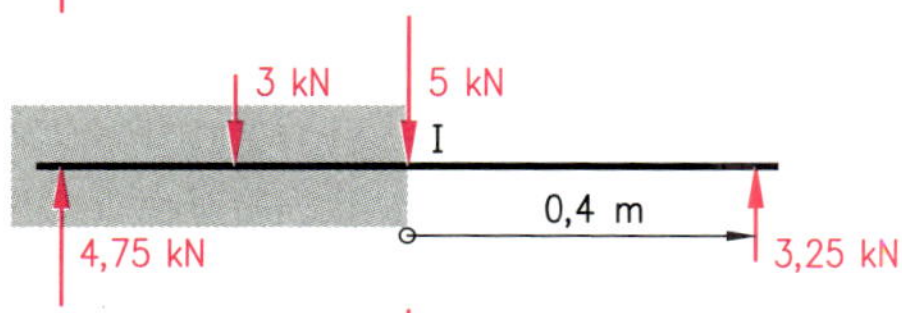

$M_{bI} = +\,3{,}25\text{ kN} \cdot 0{,}4\text{ m}$
$M_{bI} = \mathbf{1{,}3\ kN\ m}$

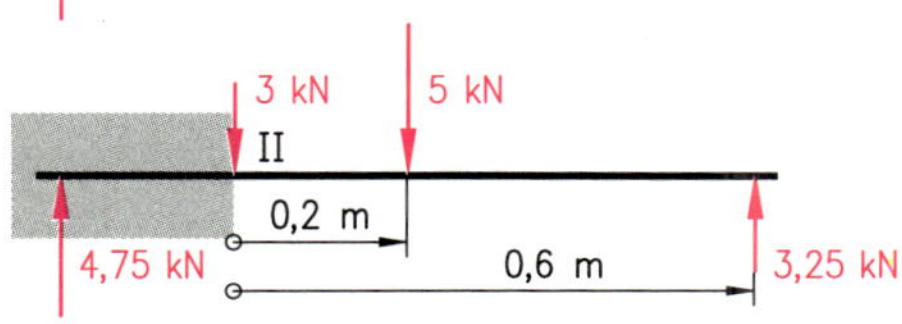

$M_{bII} = +\,3{,}25\text{ kN} \cdot 0{,}6\text{ m} - 5\text{ kN} \cdot 0{,}2\text{ m}$
$M_{bII} = \mathbf{0{,}95\ kNm}$

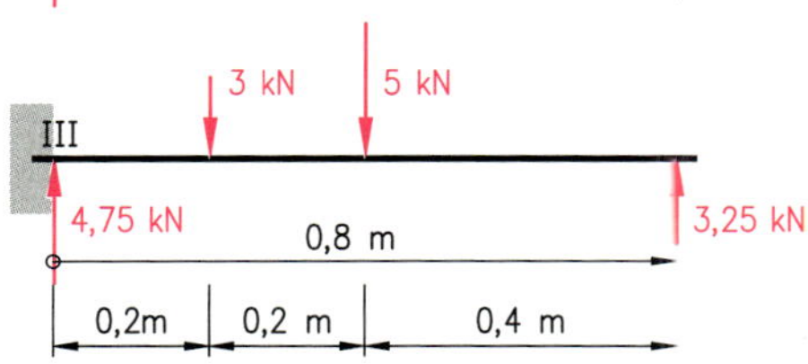

$M_{bIII} = +\,3{,}25\text{ kN} \cdot 0{,}8\text{ m} - 5\text{ kN} \cdot 0{,}4\text{ m}$
$\quad - 3\text{ kN} \cdot 0{,}2\text{ m}$
$M_{bIII} = \mathbf{0}$

2. Darstellung des Momentenverlaufs in der Momentenfläche

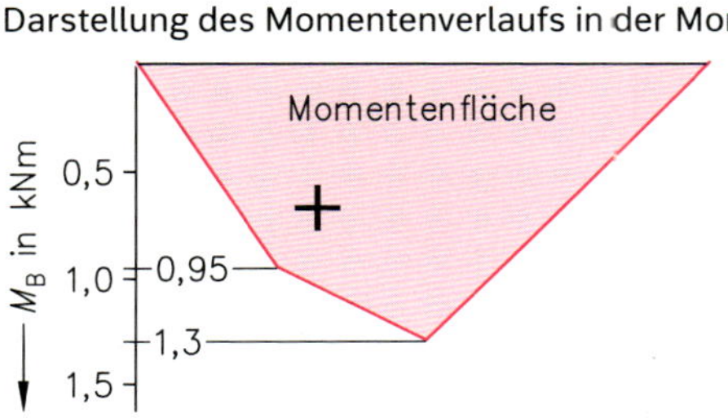

Das Biegemoment an einer Stelle des Trägers ist gleich der Summe aller Momente rechts oder links der betrachteten Stelle.

Als **Querkraft** bezeichnet man für jeden Schnitt diejenige äußere Kraft, die das abgetrennt gedachte Stück des Trägers parallel zum Schnitt zu verschieben sucht. Zweckmäßig untersucht man den Träger dabei von *links* her, denn damit verbleiben aufwärts gerichtete Kräfte positiv und abwärts gerichtete negativ.
Der Verlauf der Querkraft wird in der Querkraftfläche dargestellt.

Die Verfahrensweise zur Ermittlung der Querkraftfläche wird erheblich vereinfacht, wenn man über dem Träger als Nulllinie von links her die erste Kraft maßstäblich entsprechend ihrer Richtung anträgt, dann waagerecht zur zweiten Kraft weitergeht und diese ihrer Richtung nach anträgt. Vom Ende der zweiten Kraft zieht man waagerecht zur dritten Kraft und fährt entsprechend fort.

Auf diese Art entsteht eine Figur, die als **Querkraftfläche** bezeichnet wird. Sie beschreibt die Verteilung der Querkraft über die Trägerlänge.

Beispiel für die Arbeitsweise zur Darstellung der Querkraftfläche

Aufgabe: Für den freigemachten Träger ist die Querkraftfläche zu ermitteln.

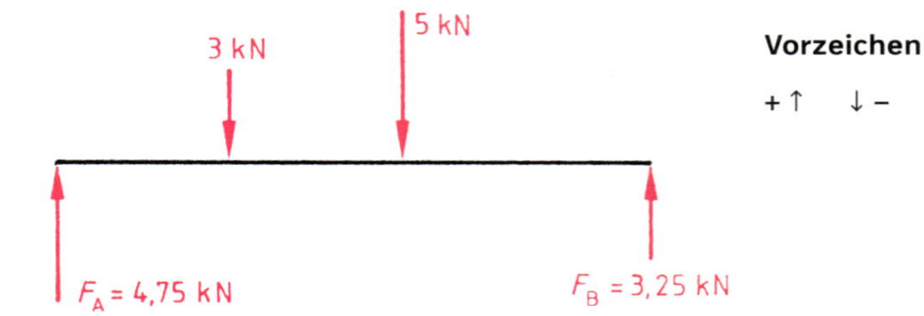

Lösung:

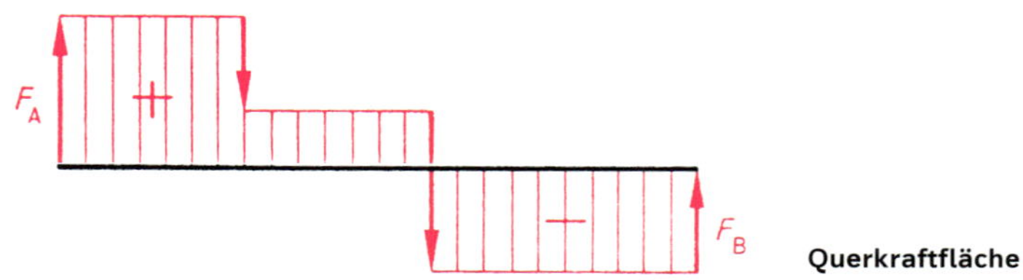

Betrachtet man Biegemoment und Querkraft gleichzeitig, so erkennt man, dass der gefährdete Querschnitt eines Trägers an der Stelle des größten Biegemoments liegt und dass diese mit der Stelle eines Vorzeichenwechsels der Querkraft zusammenfällt.

Beispiel für das Zusammenfallen des größten Biegemoments mit der Stelle des Vorzeichenwechsels der Querkraft

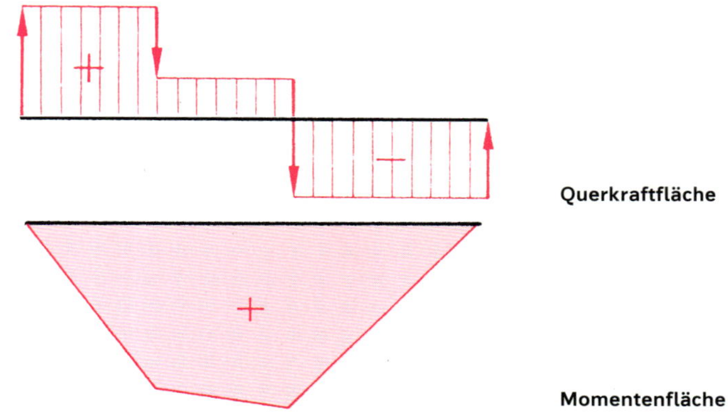

> Die Querkraft beansprucht den Träger von außen auf Schub.
> An der Stelle des Vorzeichenwechsels der Querkraft liegt das größte Biegemoment.

3.5.3 Biegemoment und Querkraft am Träger mit Streckenlasten

Biegemomente und Querkräfte an Trägern mit Streckenlasten bestimmt man so, als bestünde der Teil der Streckenlast jenseits der untersuchten Stelle aus einer Einzellast, die im Schwerpunkt des untersuchten Abschnitts angreift.

Das Biegemoment an jeder Stelle des ausschließlich durch eine Streckenlast belasteten Trägers auf zwei Stützen an den Enden des Trägers wird folgendermaßen berechnet:

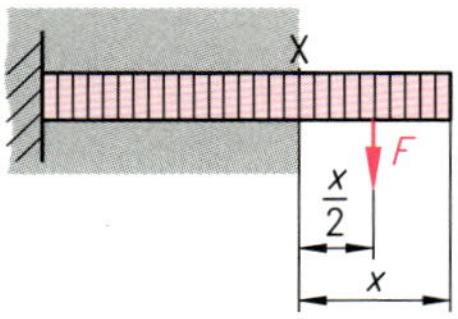

$$F = q \cdot x$$

$$M_{bx} = q \cdot x \cdot \frac{x}{2} \qquad M_{bx} = \frac{q \cdot x^2}{2}$$

Beispiel für die Berechnung des Biegemomentenverlaufs und der Querkraft an einem Träger auf zwei Stützen mit gleichmäßig verteilter Streckenlast

Aufgabe: Der Verlauf des Biegemoments am skizzierten Träger ist in Abständen von jeweils einem Meter zu berechnen.

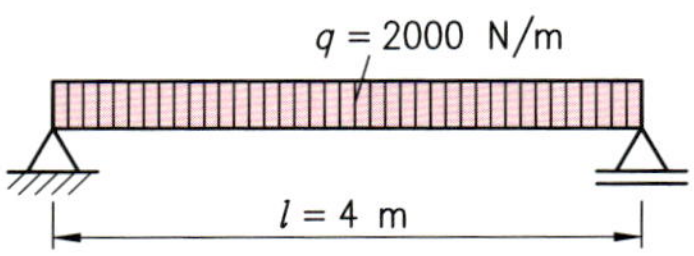

$$F_A = F_B = \frac{q \cdot l}{2}$$

$$F_A = F_B = \frac{2\ \text{kN} \cdot 4\ \text{m}}{\text{m} \cdot 2} = 4\ \text{kN}$$

Lösung:

1. Berechnung der Biegemomente

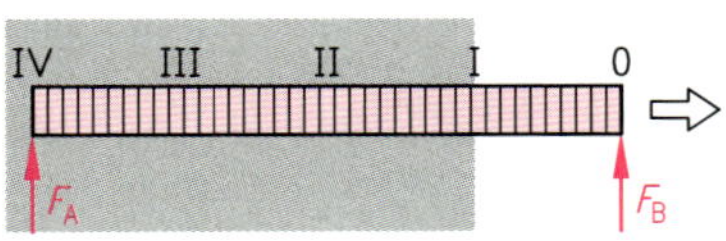

$$M_{b0} = \mathbf{0\ kNm}$$

$$M_{bI} = 4\ \text{kN} \cdot 1\ \text{m} - \frac{2\ \text{kN} \cdot 1^2\ \text{m}^2}{\text{m} \cdot 2} = \mathbf{3\ kNm}$$

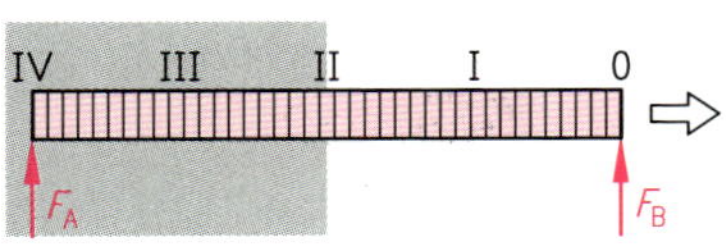

$$M_{bII} = 4\ \text{kN} \cdot 2\ \text{m} - \frac{2\ \text{kN} \cdot 2^2\ \text{m}^2}{\text{m} \cdot 2} = \mathbf{4\ kNm}$$

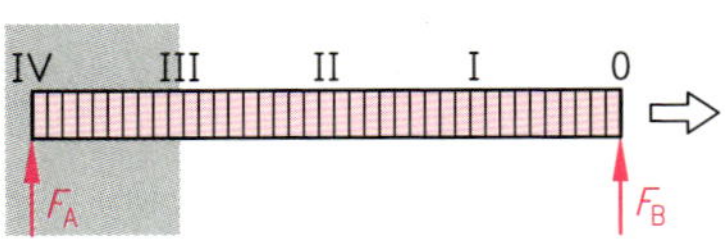

$$M_{bIII} = 4\ \text{kN} \cdot 3\ \text{m} - \frac{2\ \text{kN} \cdot 3^2\ \text{m}^2}{\text{m} \cdot 2} = \mathbf{3\ kNm}$$

$$M_{bIV} = \mathbf{0\ kNm}$$

2. Darstellung des Biegemomentenverlaufs

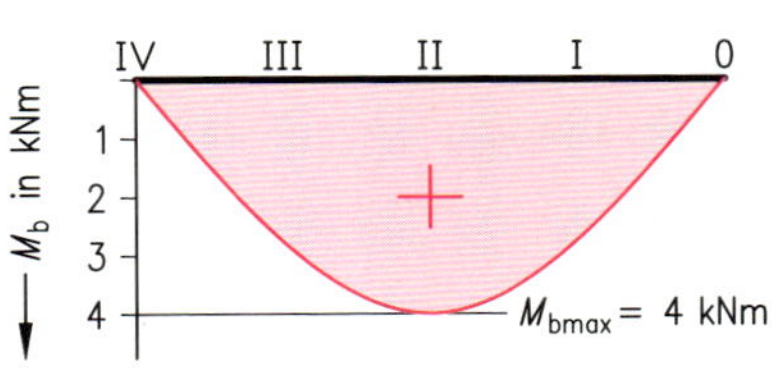

3. Darstellung des Verlaufs der Querkraft

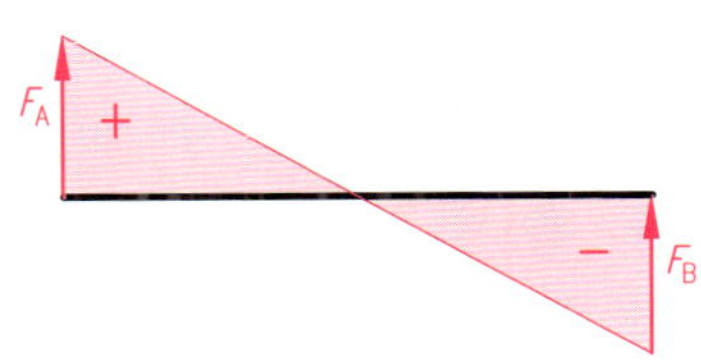

Beispiel für die Berechnung von Biegemoment und Querkraft an einem Träger mit Einzel- und Streckenlast

Aufgabe: An den gekennzeichneten Stellen I bis VI ist das Biegemoment zu berechnen. Biegemoment-und Querkraftverlauf sollen dargestellt werden.

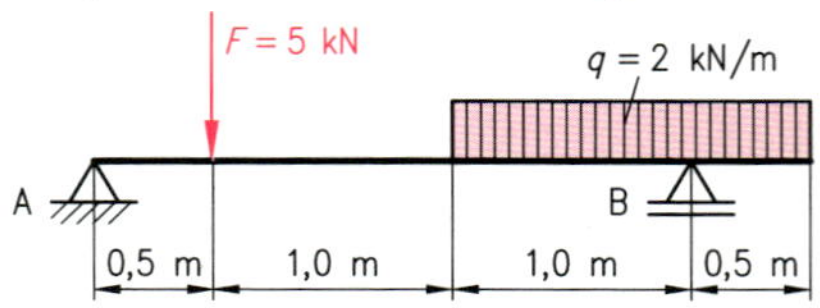

F_A **= 4,3 kN**

F_B **= 3,7 kN**

Lösung:

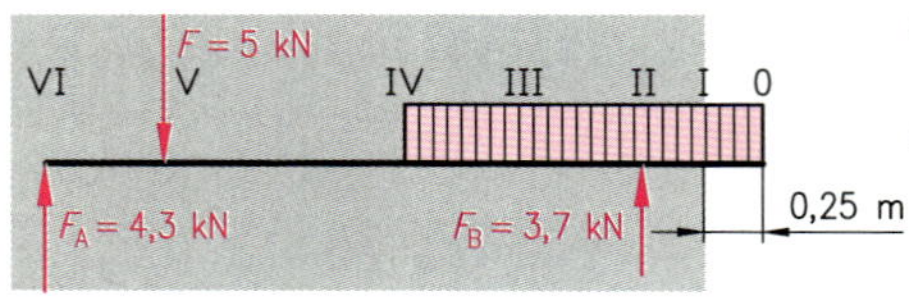

M_{b0} = **0 Nm**

$$M_{bI} = \frac{-2\ \text{kN} \cdot 0{,}25^2\ \text{m}^2}{\text{m} \cdot 2} = \mathbf{-0{,}0625\ kNm}$$

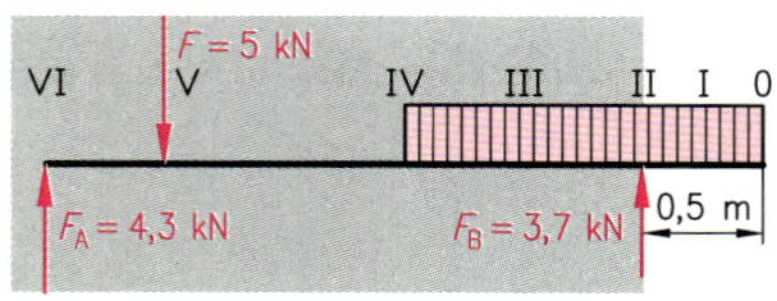

$$M_{bII} = \frac{-2\ \text{kN} \cdot 0{,}5^2\ \text{m}^2}{\text{m} \cdot 2} = \mathbf{-0{,}25\ kNm}$$

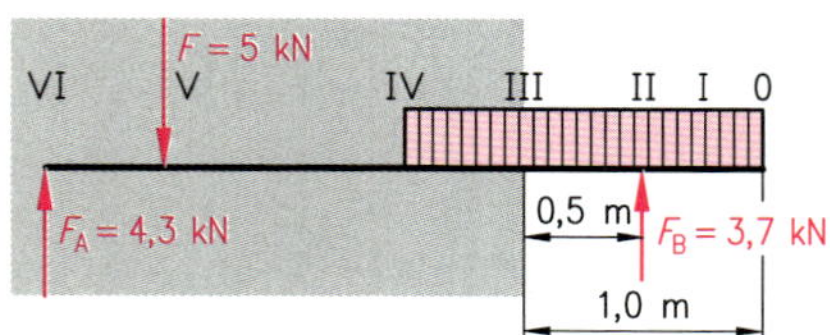

$$M_{bIII} = \frac{-2\ \text{kN} \cdot 1^2\ \text{m}^2}{\text{m} \cdot 2} + 3{,}7\ \text{kN} \cdot 0{,}5\ \text{m} = \mathbf{0{,}85\ kNm}$$

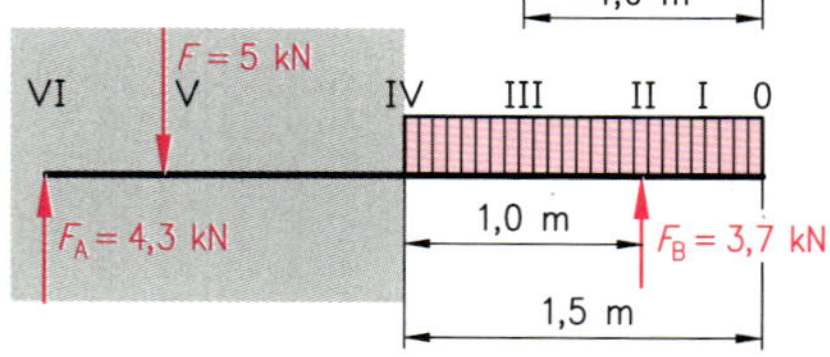

$$M_{bIV} = \frac{-2\ \text{kN} \cdot 1{,}5^2\ \text{m}^2}{\text{m} \cdot 2} + 3{,}7\ \text{kNm} \cdot 1\ \text{m} = \mathbf{1{,}45\ kNm}$$

Streckenlast ab hier als Einzellast im Schwerpunkt angreifend, eingesetzt

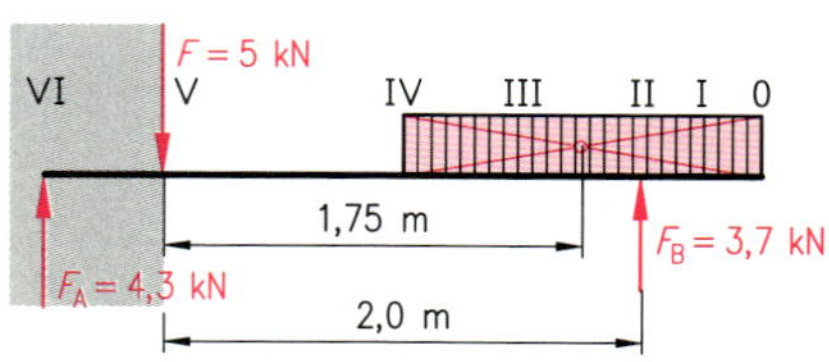

$$M_{bV} = \frac{-2\ \text{kN} \cdot 1{,}5\ \text{m}}{\text{m} \cdot 2} \cdot 1{,}75\ \text{m} + 3{,}7\ \text{kNm} \cdot 2\ \text{m}$$

$$= \mathbf{2{,}15\ kNm}$$

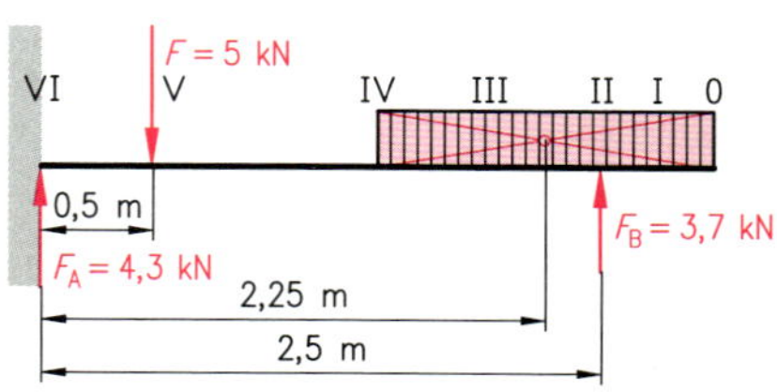

$$M_{VI} = \frac{-2\ \text{kN} \cdot 1{,}5\ \text{m}}{\text{m} \cdot 2} \cdot 2{,}25\ \text{m} + 3{,}7\ \text{kNm} \cdot 2\ \text{m}$$

$$- 5\ \text{kN} \cdot 0{,}5\ \text{m}$$

$$= \mathbf{0\ Nm}$$

Biegemomentverlauf:

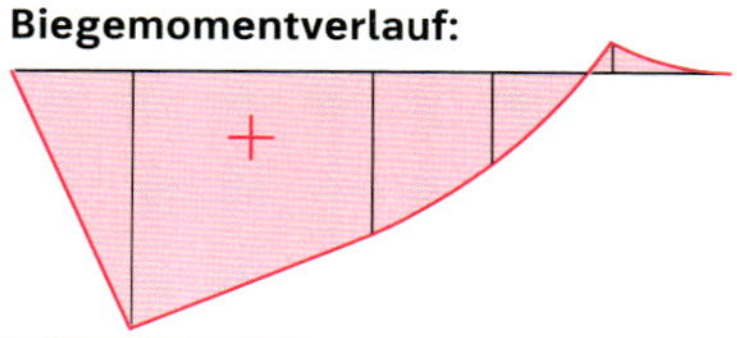

Querkraftverlauf:

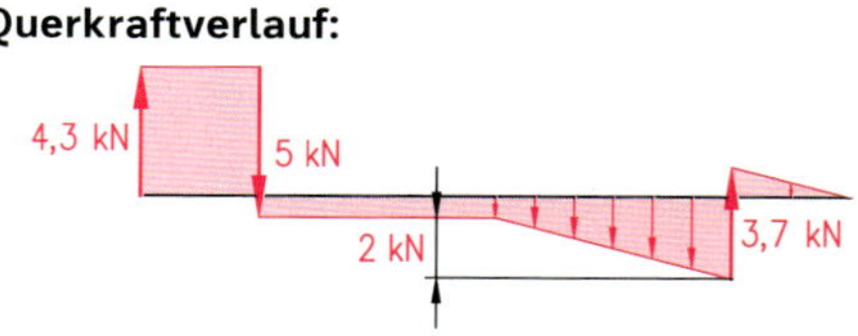

3.5.4 Biegegleichung

Die Biegegleichung beschreibt den Zusammenhang zwischen den Normalspannungen der äußeren Belastung durch das Biegemoment und der Querschnittsform.

Ableitung der Biegegleichung am Rechteckquerschnitt

Die Biegespannungen erzeugen um eine Drehachse x-x in der neutralen Faser ein Drehmoment, das dem äußeren Moment $F \cdot l$ das Gleichgewicht hält.

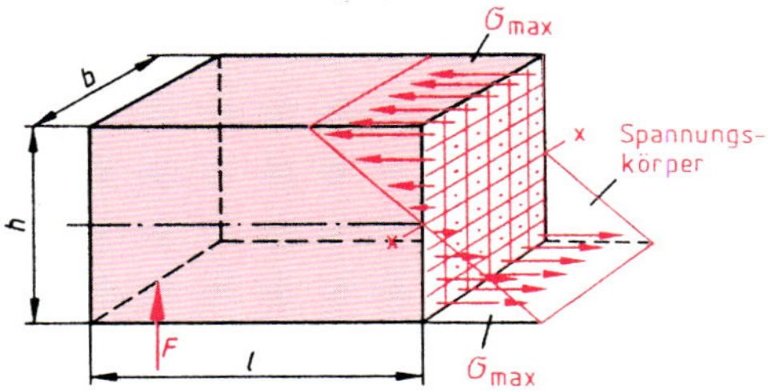

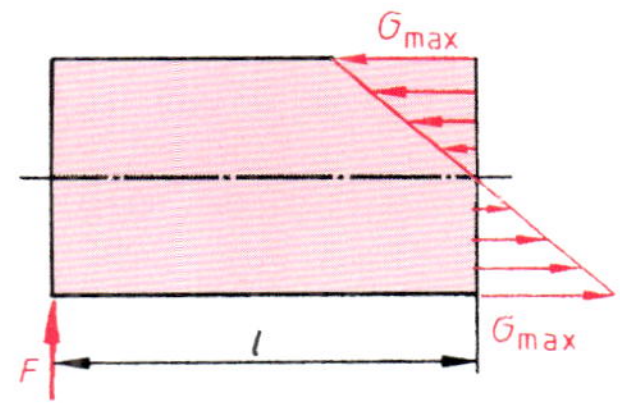

Die durchschnittliche Spannung sowohl auf der Zug- als auch auf der Druckseite beträgt:

$$\sigma_m = \frac{\sigma_{max}}{2}$$

Zug- und Druckspannungen wirken jeweils auf der Fläche $b \cdot h/2$. Demnach herrscht auf der Zug- bzw. auf der Druckseite je eine Kraft von

$$F_z = \sigma_m \cdot b \cdot \frac{h}{2} \qquad F_d = \sigma_m \cdot b \cdot \frac{h}{2}$$

Beide Kräfte greifen in einem Abstand von $h/3$ von der neutralen Faser an (Schwerpunkt des jeweiligen „Spannungskörpers").

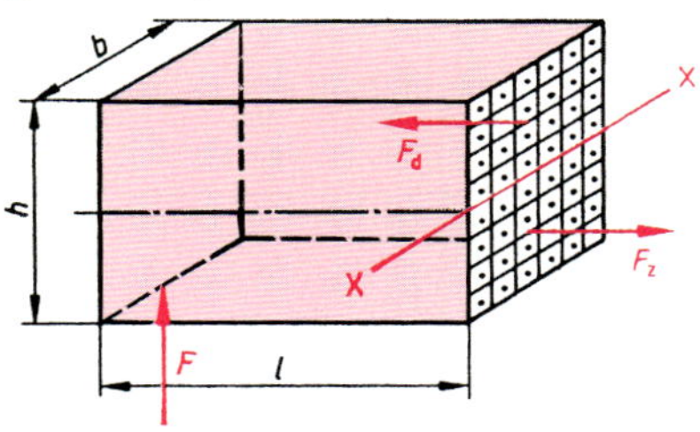

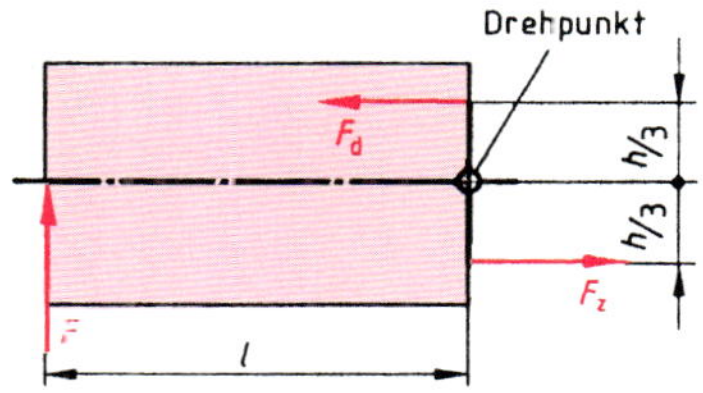

Aus der Gleichgewichtsbedingung, die verlangt, dass die Summe der Momente aller Kräfte um einen beliebig gewählten Drehpunkt null sein muss, ergibt sich die Biegegleichung:

$$\Sigma M_r = \Sigma M_l$$

$$F \cdot l = F_z \cdot \frac{h}{3} + F_d \cdot \frac{h}{3}$$

$$F \cdot l = \sigma_m \cdot b \cdot \frac{h}{2} \cdot \frac{h}{3} + \sigma_m \cdot b \cdot \frac{h}{2} \cdot \frac{h}{3}$$

$$F \cdot l = 2 \cdot \sigma_m \cdot b \cdot \frac{h^2}{6}$$

$$F \cdot l = 2 \cdot \frac{\sigma_{max}}{2} \cdot \frac{b \cdot h^2}{6}$$

$$F \cdot l = \sigma_{max} \cdot \frac{b \cdot h^2}{6}$$

$F \cdot l$ ist das Biegemoment (M_b), das den Träger an der untersuchten Stelle auf Biegung beansprucht.

Die Größe $\frac{b \cdot h^2}{6}$ ist das Widerstandsmoment (W) des rechteckigen Querschnitts.

Die **Biegegleichung** lautet demnach:

$$M_b = \sigma_{max} \cdot W_x$$

M_b Biegemoment
σ_{max} größte Spannung
W_x Widerstandsmoment der Querschnittsfläche um die Achse x-x

3.5.5 Widerstandsmoment (W_x)

- **Widerstandsmomente einfacher Querschnitte**

Das Widerstandsmoment eines Querschnitts ist abhängig von der *Form* des Querschnitts und seiner *Lage zur neutralen Faser.*

Querschnitt	Widerstandsmoment	Querschnitt	Widerstandsmoment
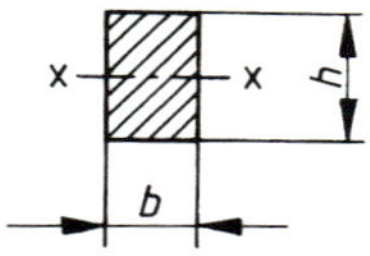	$W_x = \frac{b \cdot h^2}{6}$	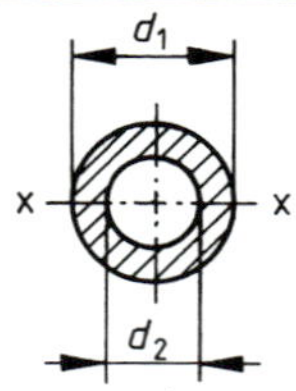	$W_x = \frac{\pi}{32} \frac{d_1^4 - d_2^4}{d_1} \left(W_x \approx \frac{d_1^4 - d_2^4}{10 \cdot d_1}\right)$
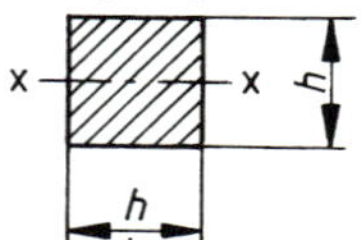	$W_x = \frac{h^3}{6}$	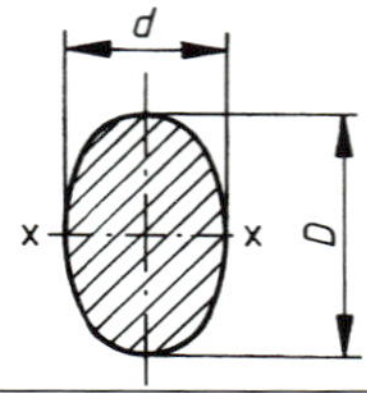	$W_x = \frac{\pi \cdot D^2 \cdot d}{32} \left(W_x \approx \frac{D^2 \cdot d}{10}\right)$
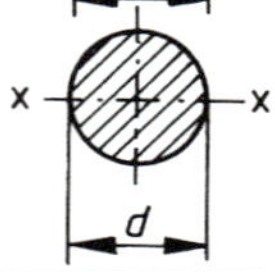	$W_x = \frac{\pi \cdot d^3}{32} \left(W_x \approx \frac{d^3}{10}\right)$		

- **Widerstandsmomente genormter Profile**

Für genormte Stahlbauprofile kann das Widerstandsmoment Tabellen entnommen werden.

Beispiele für Widerstandsmomente genormter Stahlbauprofile

Breite I-Träger mit parallelen Flanschflächen

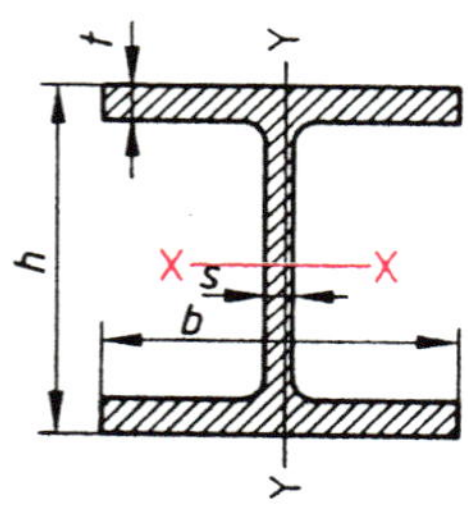

Kurzzeichen I PB	Abmessungen in mm h	b	s	t	Für die Biegeachse x – x W_x cm³	y – y W_y cm³
100	100	100	6	10	89,9	33,5
120	120	120	6,5	11	144	52,9
140	140	140	7	12	216	78,5
160	160	160	8	13	311	111
180	180	180	8,5	14	426	151
200	200	200	9	15	570	200
220	220	220	9,5	16	736	258
240	240	240	10	17	938	327

U-Stahl

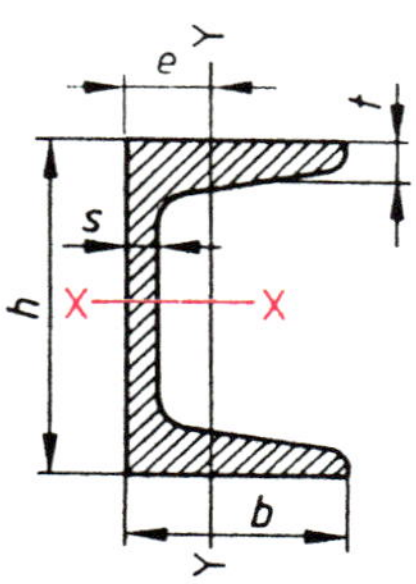

Kurzzeichen U	Abmessungen in mm h	b	s	t	Abstand der y-Achse e_y cm	Für die Biegeachse x – x W_x cm³	y – y W_y cm³
30 x 15	30	15	4	4,5	0,52	1,69	0,39
30	30	33	5	7	1,31	4,26	2,68
40 x 20	40	20	5	5,5	0,67	3,79	0,86
40	40	35	5	7	1,33	7,05	3,08
50 x 25	50	25	5	6	0,81	6,73	1,48
50	50	38	5	7	1,37	10,6	3,75
60	60	30	6	6	0,91	10,5	2,16
65	65	42	5,5	7,5	1,42	17,7	5,07

• Widerstandsmomente zusammengesetzter symmetrischer Querschnitte

Das Widerstandsmoment eines zusammengesetzten Querschnittes ist nicht mehr einfach nach einer Formel zu errechnen. Hier geschieht die Berechnung über das Trägheitsmoment der Querschnittsfläche, das Flächenträgheitsmoment.

Das **Flächenträgheitsmoment**, bezogen auf eine Achse x – x, ist die Summe aller Produkte aus allen zur Achse parallel liegenden Flächenstreifen und den Quadraten ihrer Abstände von der Achse.

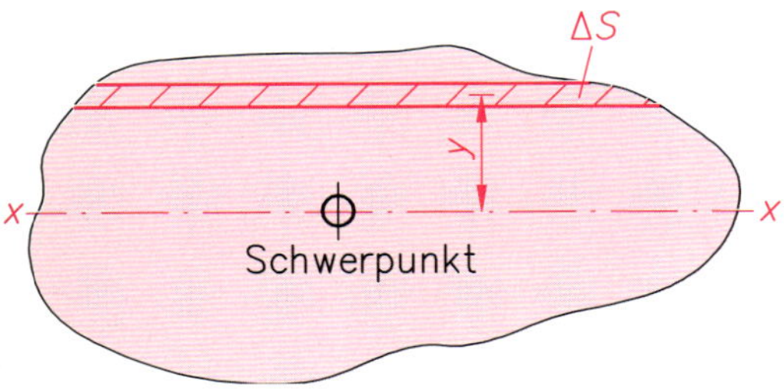

$$I = \Sigma \Delta S \cdot y^2$$

- I Flächenträgheitsmoment
- ΔS extrem schmaler Flächenstreifen
- y Abstand des Flächenstreifens von der Achse x – x

Flächenträgheitsmoment

Die Berechnung der Flächenträgheitsmomente einfacher Querschnitte nach der obigen Gleichung $I = S \cdot y^2$ führt zu folgenden Berechnungsformeln der Flächenträgheitsmomente einfacher Querschnitte:

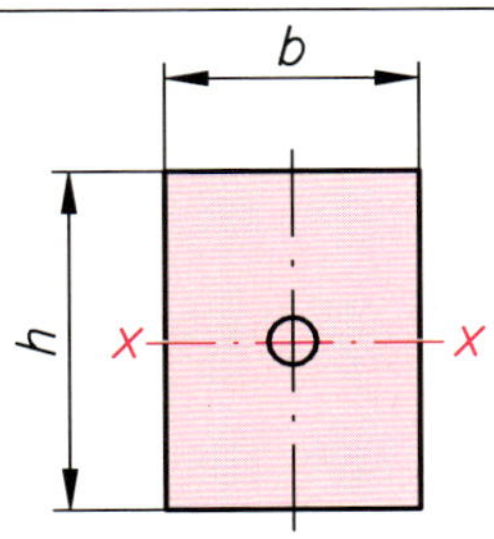

$$I_{x-x} = \frac{b \cdot h^3}{12}$$

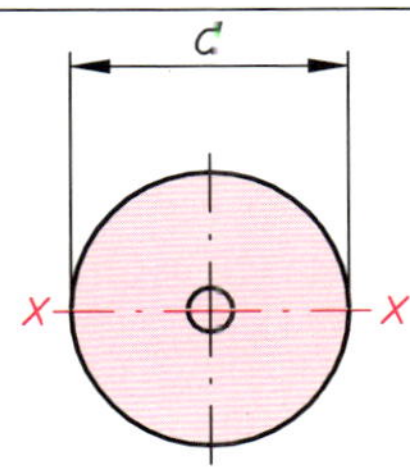

$$I_{x-x} = \frac{\pi \cdot d^4}{64}$$

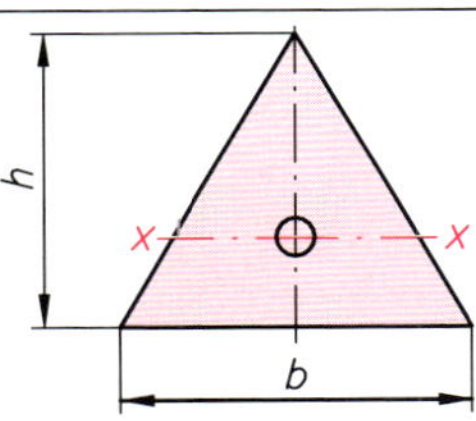

$$I_{x-x} = \frac{b \cdot h^3}{36}$$

Flächenträgheitsmomente

Das Widerstandsmoment errechnet sich aus dem Flächenträgheitsmoment:

$$W = \frac{I}{e}$$

- I Flächenträgheitsmoment
- e Abstand der äußersten Faser des Profils von der neutralen Faser

> Das Widerstandsmoment eines Querschnitts wird aus dem Flächenträgheitsmoment und dem größeren Abstand der äußersten Faser von der neutralen Faser berechnet.

Für einfache zusammengesetzte Flächen lässt sich das Flächenträgheitsmoment durch geschicktes Addieren und Subtrahieren der Flächenträgheitsmomente der Einzelflächen ermitteln.

Beachte: Voraussetzung für eine solche Addition ist jedoch, dass die Schwereachsen x – x jeder einzelnen Teilfläche in der Schwereachse des Gesamtprofiles liegen.

Beispiel für die Berechnung der Widerstandsmomente einfacher, symmetrisch zusammengesetzter Profile

Beispiel 1

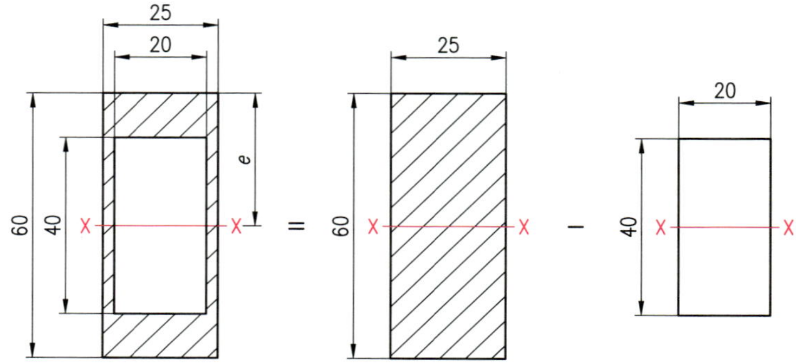

$$I_{x-x} = I_1 - I_2$$

$$I_{x-x} = \frac{b_1 \cdot h_1^3}{12} - \frac{b_2 \cdot h_2^3}{12}$$

$$I_{x-x} = \frac{25 \cdot 60^3}{12}\ \text{mm}^4 - \frac{20 \cdot 40^3}{12}\ \text{mm}^4$$

$$I_{x-x} = 343\,333\ \text{mm}^4$$

$$W = \frac{I}{e}$$

$$W = \frac{343\,333\ \text{mm}^4}{30\ \text{mm}} = \mathbf{11\,444\ mm^3}$$

Beispiel 2

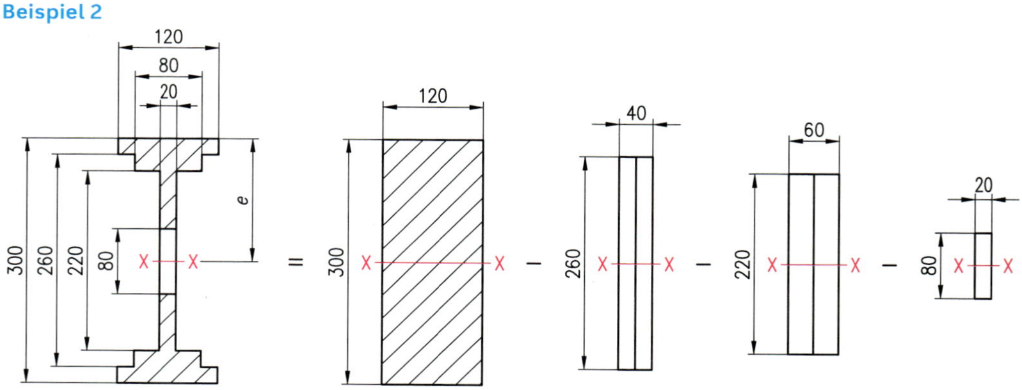

$$I_{x-x} = I_1 - I_2 - I_3 - I_4$$

$$I_{x-x} = \frac{b_1 \cdot h_1^3}{12} - \frac{b_2 \cdot h_2^3}{12} - \frac{b_3 \cdot h_3^3}{12} - \frac{b_4 \cdot h_4^3}{12}$$

$$I_{x-x} = \frac{120 \cdot 300^3}{12}\ \text{mm}^4 - \frac{40 \cdot 260^3}{12}\ \text{mm}^4 - \frac{60 \cdot 220^3}{12}\ \text{mm}^4 - \frac{20 \cdot 80^3}{12}\ \text{mm}^4$$

$$I_{x-x} = 1{,}573 \cdot 10^8\ \text{mm}^4$$

$$W = \frac{I}{e}$$

$$W = \frac{1{,}573 \cdot 10^8\ \text{mm}^4}{150\ \text{mm}} = \mathbf{1{,}049 \cdot 10^6\ mm^3}$$

3.5.6 Berechnung biegebeanspruchter Werkstücke

Unter Vernachlässigung der Schubspannungen, die im biegebeanspruchten Querschnitt auftreten, kann man vereinfacht formulieren:
In einem auf Biegung beanspruchten Körper darf die größte Spannung, die an der Stelle des größten Biegemoments in der Randfaser auftritt, die zulässige Biegespannung nicht überschreiten.
Aus dieser Forderung ergibt sich die Berechnungsformel für das erforderliche Widerstandsmoment:

$$W_{erf} = \frac{M_{b\,max}}{\sigma_{b\,zul}}$$

W_{erf} erforderliches Widerstandsmoment
$M_{b\,max}$ größtes Biegemoment
$\sigma_{b\,zul}$ zulässige Biegespannung

Entsprechend der Vereinbarung gibt es positive und negative Biegemomente.
Für die Berechnung ist es gleichgültig, auf welcher Seite des Trägers die Zugspannungen auftreten. Daher wird $M_{b\,max}$ stets als positiver Wert in die Berechnung eingesetzt; denn nur so sind reale Ergebnisse für die Abmessungen eines Bauteils zu erreichen.

Beispiel für die Berechnung eines biegebeanspruchten Freiträgers

Aufgabe:

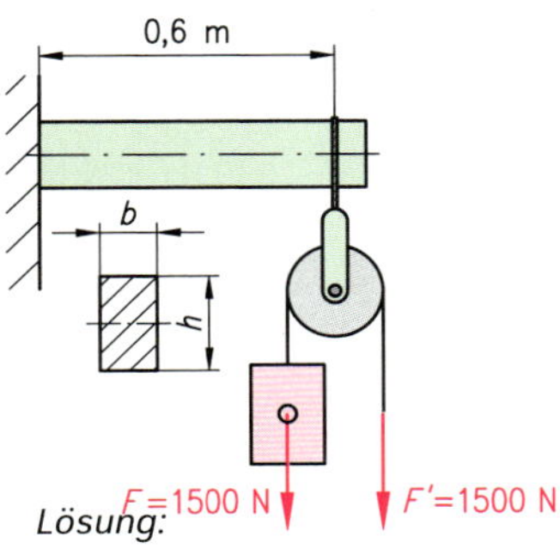

Ein einfacher Lastenaufzug besteht aus einem Kantholz, das in einem Abstand von 0,6 m vom Auflager eine feste Rolle trägt.
Welche Maße muss das Kantholz haben, wenn höchstens 1 500 N Last gehoben werden sollen?
Das Kantholz soll doppelt so hoch wie breit sein.
$\sigma_{b\,zul}$ für Holz = 8 N/mm²

Lösung:

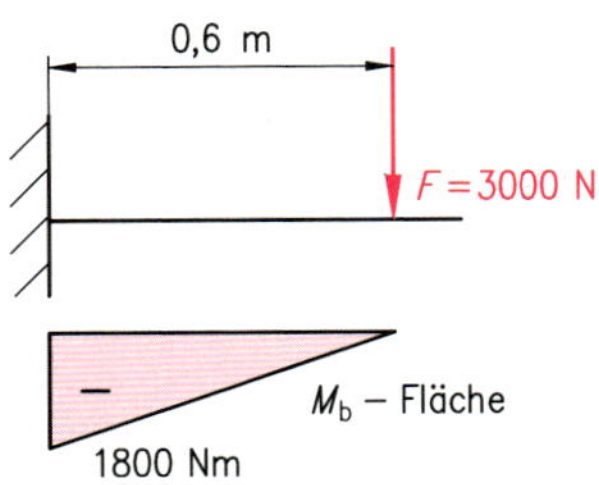

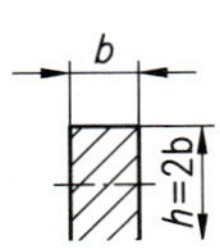

$M_{b\,max} = F \cdot l$
$M_{b\,max} = -3000\ \text{N} \cdot 0{,}6\ \text{m} = -1800\ \text{Nm}$
$M_{b\,max} = \mathbf{-1\,800\,000\ Nmm}$

$$W_{erf} = \frac{M_{b\,max}}{\sigma_{b\,zul}}$$

$$W_{erf} = \frac{1\,800\,000\ \text{Nmm} \cdot \text{mm}^2}{8\ \text{N}} = \mathbf{225\,000\ mm^3}$$

Widerstandsmoment des Rechteckquerschnitts:

$$W = \frac{b \cdot h^2}{6} \quad \text{für } h = 2 \cdot b \quad W = \frac{4b^3}{6}$$

$$b = \sqrt[3]{\frac{6 \cdot W}{4}} \cdot b = \sqrt[3]{\frac{6 \cdot 225\,000\ \text{mm}^3}{4}} = 69\ \text{mm}$$

$b_{gewählt} = \mathbf{70\ mm}$ h = **140 mm**

In vielen Fällen müssen vor der Berechnung auf Biegung die angreifenden Kräfte bestimmt werden. Sodann müssen die Biegemomente berechnet und die zulässige Biegespannung ermittelt werden, das Widerstandsmoment berechnet werden und daraus die Querschnittsmaße bestimmt werden. Die sich so ergebende Schrittfolge wiederholt sich mehr oder weniger ausgeprägt in jeder Berechnung.

Beispiel für die Berechnung eines Trägers auf zwei Stützen

Aufgabe

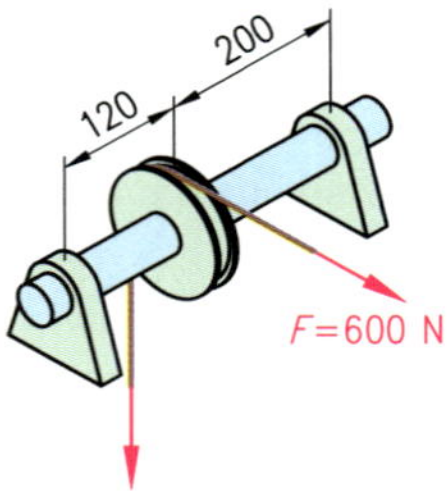

Eine Rolle auf einer sich mitdrehenden Achse soll ein Seil um 90° umlenken. Die maximale Zugkraft im Seil beträgt 600 N.
Der Werkstoff der Achse soll S235 sein.
Der Achsdurchmesser ist zu berechnen.

Lösung

1. Schritt: Freimachen und angreifende Kräfte berechnen

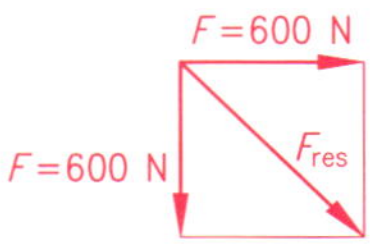

$F^2_{res} = 600^2\ N^2 + 600^2\ N^2$
$F_{res} = \mathbf{849\ N}$

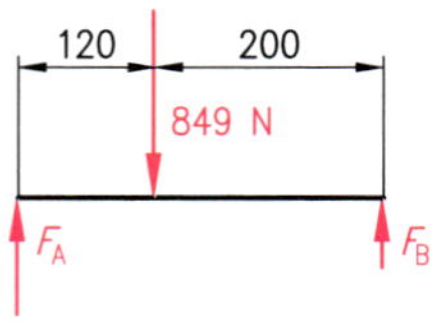

$\Sigma M = 0$; Drehpunkt in B
$849\ N \cdot 0{,}2\ m = F_A \cdot 0{,}32\ m$
$F_A = \mathbf{531\ N}$

$\Sigma F_Y = 0$;
$849\ N = 531\ N + F_B$
$F_B = \mathbf{318\ N}$

2. Schritt: Biegemomente berechnen

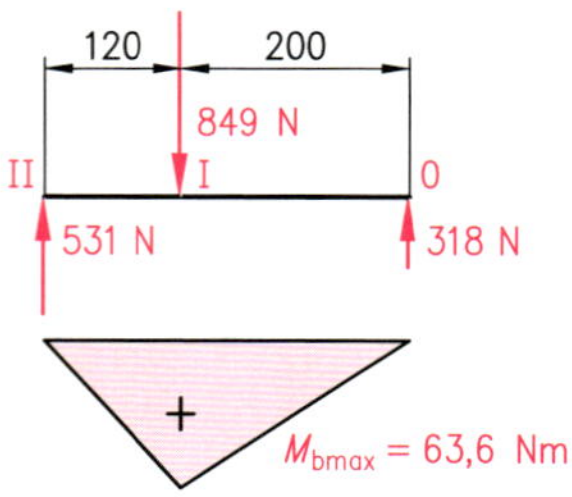

$M_{b0} = 0$
$M_{bI} = 318\ N \cdot 0{,}2\ m = \mathbf{63{,}6\ Nm}$
$M_{bII} = 318\ N \cdot 0{,}32\ m - 849\ N \cdot 0{,}12\ m = \mathbf{0}$

3. Schritt: Zulässige Biegespannung wählen und erforderliches Widerstandsmoment berechnen

Die Achse läuft um, dadurch wechseln laufend Zug- und Druckseite.
$\sigma_{b\ zul}$ lt. Tabelle 50 – 75 N/mm²; gewählt: $\sigma_{b\ zul} = 60\ N/mm^2$

$$W_{erf} = \frac{M_{bmax}}{\sigma_{b\ zul}} = \frac{63\,600\ Nmm\ mm^2}{60\ N} = \mathbf{1\,060\ mm^3}$$

4. Schritt: Maße bestimmen

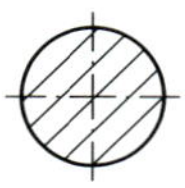

$d = \sqrt[3]{10 \cdot W}$

$d = \sqrt[3]{10 \cdot 1060\ mm^3} = 21{,}9\ mm$

$d_{gewählt} = \mathbf{22\ mm}$

3.6 Verdrehbeanspruchung (Torsion)

3.6.1 Spannungen beim Verdrehen

In einem Körper, der auf Verdrehen beansprucht wird, entstehen als Reaktion auf die äußere Beanspruchung Schubspannungen.
Die Schubspannungen, in diesem Fall Torsionsspannungen genannt, nehmen von außen nach innen zur Drehachse *proportional* ab. Die Drehachse ist spannungsfrei. Sie geht bei Querschnitten, die zu mindestens zwei Achsen symmetrisch sind, durch den Flächenschwerpunkt des Querschnitts.

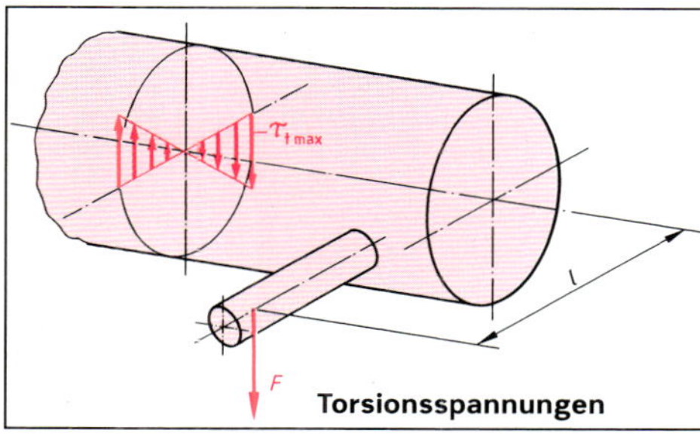

Torsionsspannungen

Die äußere Kraft verursacht am Hebel l ein Drehmoment $M_t = F \cdot l$, dem ein inneres Moment entgegenwirkt. Das innere Moment M_i errechnet sich aus der größten Schubspannung und einer querschnittsabhängigen Größe, die **polares Widerstandsmoment** genannt wird.

$$M_i = \tau_{t\,max} \cdot W_p$$

Für den Gleichgewichtszustand gilt dann:

$$M_t = M_i$$

$$F \cdot l = \tau_{t\,max} \cdot W_p$$

3.6.2 Äußere Beanspruchung beim Verdrehen

Die äußere Beanspruchung ist das Drehmoment. Das Drehmoment (M_t) ist das Produkt aus Kraft und Hebelarm. Der Hebelarm ist der senkrechte Abstand zwischen Wirkungslinie der Kraft und Drehachse.

$$M_t = F \cdot l$$

Wellen werden durch Drehmomente auf Verdrehung beansprucht. Bei Maschinenwellen sind meist nicht die Umfangskraft, sondern Leistung und Umdrehungsfrequenz bekannt. Hier muss das Drehmoment aus diesen Größen berechnet werden:

$$P = F \cdot v$$
$$P = F \cdot 2r \cdot \pi \cdot n$$
$$M_t = F \cdot r$$

$$M_t = \frac{P}{2\pi \cdot n}$$

M_t Drehmoment in Nm
P Leistung in W
n Umdrehungsfrequenz in s^{-1}
v Umfangsgeschwindigkeit m/s

3.6.3 Polares Widerstandsmoment (W_p)

Querschnitt	polares Widerstandsmoment
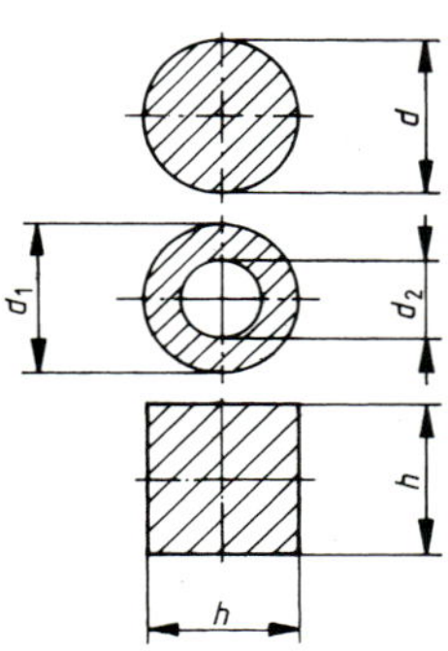	$W_p = \frac{d^3 \cdot \pi}{16} \left(W_p \approx \frac{d^3}{5}\right)$ $W_p = \frac{\pi}{16} \frac{d_1^4 - d_2^4}{d_1} \left(W_p \approx \frac{d_1^4 - d_2^4}{5d_1}\right)$ $W_p \approx 0{,}208\, h^3$

3.6.4 Berechnung auf Verdrehung beanspruchter Bauteile

- **Reine Verdrehbeanspruchung**

Die größte auftretende Torsionsspannung, die in der Randzone auftritt, darf die zulässige Spannung $\tau_{t\,zul}$ nicht überschreiten. Demnach gilt für die Bemessung:

$$W_{p\,erf} = \frac{M_t}{\tau_{t\,zul}}$$

$W_{p\,erf}$	erforderliches polares Widerstandsmoment
M_t	Drehmoment
$\varphi_{t\,zul}$	zulässige Verdrehspannung

Beispiel für die Berechnung eines auf Verdrehung beanspruchten Bauteils

Aufgabe: Eine Welle aus E295 soll bei n = 300 1/min eine Leistung von 20 kW in einer Drehrichtung übertragen. Der erforderliche Wellendurchmesser ist zu berechnen.

Lösung: Nach Tabelle wurde $\tau_{t\,zul}$ mit 70 N/mm² gewählt.

$$M_t = \frac{P}{2 \cdot \pi \cdot n} = \frac{20\,000\ \text{Nm} \cdot s}{2 \cdot \pi \cdot 5 \cdot s} = \mathbf{637\ Nm}$$

$$W_{p\,erf} = \frac{M_t}{\tau_{t\,zul}} = \frac{637\,000\ \text{Nmm} \cdot \text{mm}^2}{70\ \text{N}} = \mathbf{9100\ mm^3}$$

$$d \approx \sqrt[3]{5 \cdot W_p} = \sqrt{5 \cdot 9100\ \text{mm}^3} = 35{,}6\ \text{mm} \qquad d_{gew} = \mathbf{36\ mm}$$

- **Verdreh- und Biegebeanspruchung**

In Wellen, die auf Biegung und Verdrehung beansprucht werden, treten Normal- und Schubspannungen gleichzeitig in der Welle auf. Mit Festigkeitshypothesen kann man eine zusammengesetzte Beanspruchung auf eine Vergleichsbelastung zurückführen.

Nach der angegebenen Formel werden das Biegemoment (M_b) und das Drehmoment (M_t) zu einem Vergleichsmoment (M_v) zusammengefasst. Mit dem Vergleichsmoment wird die Welle auf *Biegung* berechnet.

$$M_v = \sqrt{M_b^2 + \left(\frac{\sigma_{b\,zul}}{2\tau_{t\,zul}} \cdot M_t\right)^2}$$

M_b	Biegemoment
M_t	Drehmoment
$\sigma_{b\,zul}$	zulässige Biegespannung
$\tau_{t\,zul}$	zulässige Verdrehspannung

Der Durchmesser ergibt sich aus der Berechnung auf Biegung:

$$\sigma_b = \frac{M_v}{W} \qquad W \approx \frac{d^3}{10} \qquad \sigma_b \approx \frac{10M_v}{d^3} \qquad d \approx \sqrt[3]{\frac{10M_v}{\sigma_{b\,zul}}}$$

Beispiel für die Berechnung einer auf Biegung und Verdrehung beanspruchten Welle

Aufgabe: Der Wellendurchmesser der skizzierten Welle aus E295 ist zu berechnen.

$$\sigma_{b\,zul} = 120\ \frac{\text{N}}{\text{mm}^2} \qquad \tau_{t\,zul} = 70\ \frac{\text{N}}{\text{mm}^2}$$

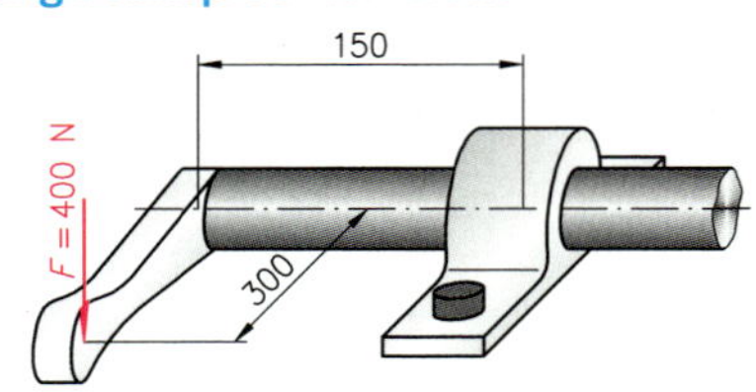

Lösung:

$$M_b = F \cdot l_1 \qquad M_t = F \cdot l_2$$

$$M_b = 400\ \text{N} \cdot 0{,}15\ \text{m} = 60\ \text{Nm} \qquad M_t = 400\ \text{N} \cdot 0{,}3\ \text{m} = 120\ \text{Nm}$$

$$M_v = \sqrt{M_b^2 + \left(\frac{\sigma_{b\,zul}}{2 \cdot \tau_{t\,zul}} \cdot M_t\right)^2} \qquad M_v = \sqrt{(60\ \text{Nm})^2 + \left(\frac{120\ \text{Nmm}^2}{2 \cdot 70\ \text{Nmm}^2} \cdot 120\ \text{Nm}\right)^2} = 119\ \text{Nm}$$

$$d = \sqrt[3]{\frac{10\ M_v}{\sigma_{b\,zul}}} \qquad d = \sqrt[3]{\frac{10 \cdot 119\,000\ \text{Nmm} \cdot \text{mm}^2}{120\ \text{N}}} = 21{,}4\ \text{mm} \qquad d_{gewählt} = \mathbf{24\ mm}$$

Aufgaben zu 3 Festigkeitslehre

Grundlagen zur Festigkeitsberechnung

1. Geben Sie die Art der Beanspruchung für die gegebenen Bauelemente in folgenden Beispielen an.

a) Schraubstock

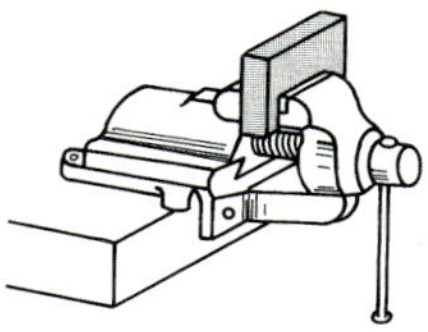

Gewindespindel
Schraubstockbacken
Handhebel
Gewinde in der Mutter

b) Klemmhebel

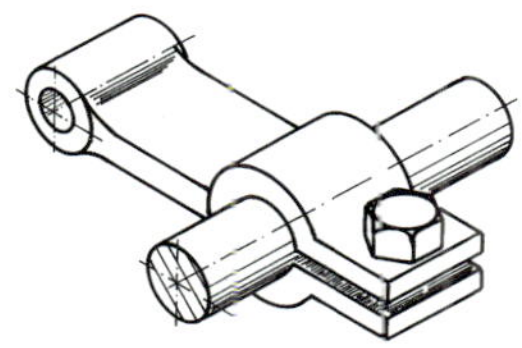

Welle
Hebel
Schraube
Klemmbacken des Hebels

c) Hebezeug mit Last

Seil
Zugkette
Wellen für Rollen

2. Ein Gelenklager ist an der Decke befestigt. Die Stange wird auf Zug und Druck beansprucht.
Geben Sie die Beanspruchungs- und Belastungsarten von Bolzen und Schraube an.

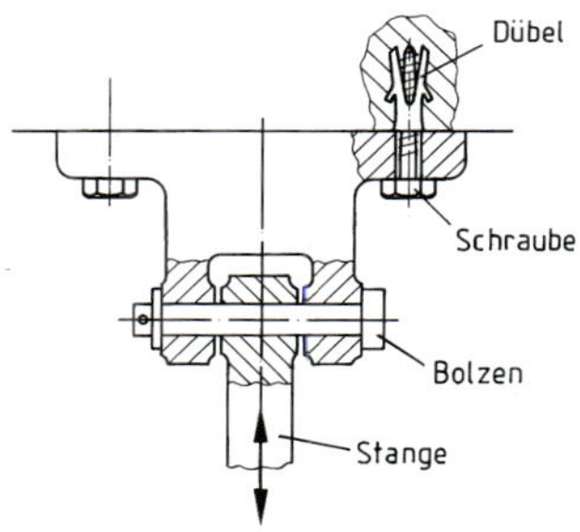

Zugbeanspruchung

Wählen Sie, wenn nicht anders angegeben, als zulässige Spannung den Mittelwert nach der Tabelle im Kapitel 3.1.4.3.

3. Eine quadratische Zugstange aus E360 hat die Maße 50 × 50 mm.
Welche Zugkraft darf bei einer zulässigen Spannung von 150 N/mm² übertragen werden?

4. Eine Stange aus GS-45 mit ovalem Querschnitt überträgt eine schwellende Zugkraft von max. 180 000 N. Der Querschnitt soll doppelt so breit wie hoch sein.
Berechnen Sie die Maße des ovalen Querschnitts.

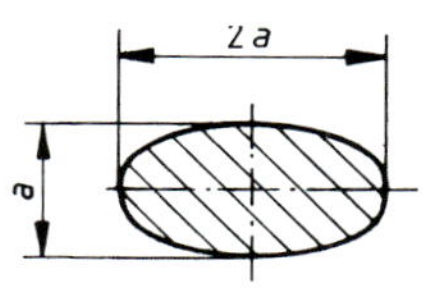

5. Eine Gliederkette hat eine Belastung von 3,8 kN aufzunehmen.
Berechnen Sie den Durchmesser des Rundstahls für die Herstellung der Kettenglieder, wenn $\sigma_{z\ zul} = 60\ N/mm^2$ beträgt.

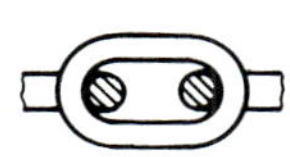

6. Die skizzierte Anhängevorrichtung soll eine Zugkraft von 20 000 N übertragen. σ_{zul} des Werkstoffs beträgt für alle Bauteile 50 N/mm².

a) Berechnen Sie den Durchmesser d_1 des Rundmaterials für das Auge.

b) Das Gestänge soll aus Flachmaterial hergestellt werden. Die Abmessungen sollen $b : h = 2 : 3$ betragen.
Berechnen Sie die Maße b und h.

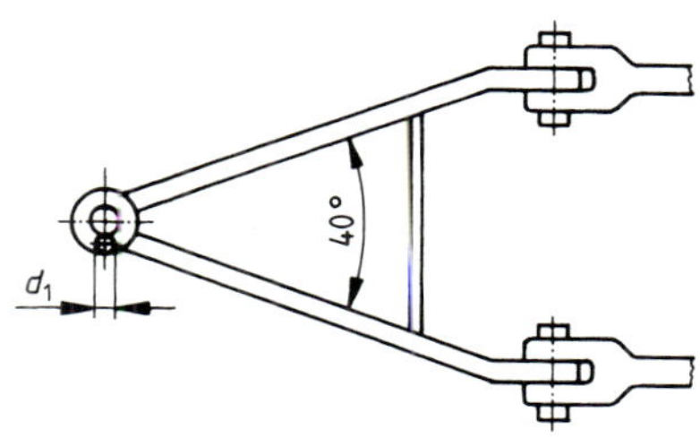

7. Welche Zugspannung tritt in den Drähten von 6 mm Durchmesser auf, wenn die Kraft 2000 N beträgt?

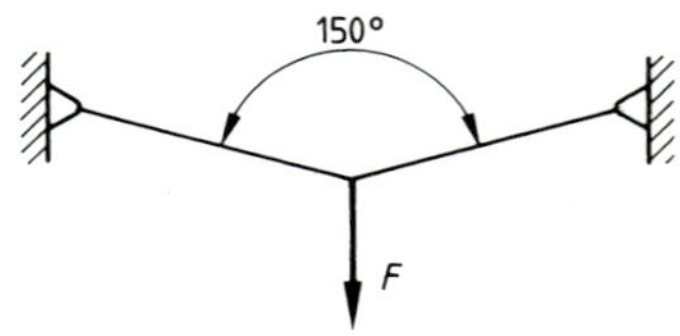

8. Berechnen Sie die gekennzeichneten Maße des Stangenkopfes aus E295, der mit 10000 N wechselnd belastet wird (*b* soll gleich *d* sein).

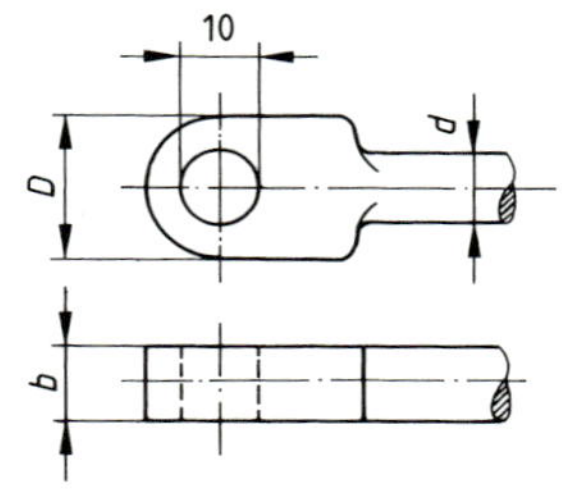

9. Eine 3 m lange Zugstange dehnt sich unter der Einwirkung einer Last um 0,005 %. Die Zugstange hat einen Durchmesser von 12 mm. E = 210000 N/mm²
Mit welcher Kraft wird die Stange belastet?

Druckbeanspruchung

10. Ein Hydraulikzylinder hat einen Durchmesser von 60 mm. Welche Druckspannung tritt in der Kolbenstange auf, die einen Durchmesser von 32 mm hat, wenn der Öldruck 30 bar beträgt?

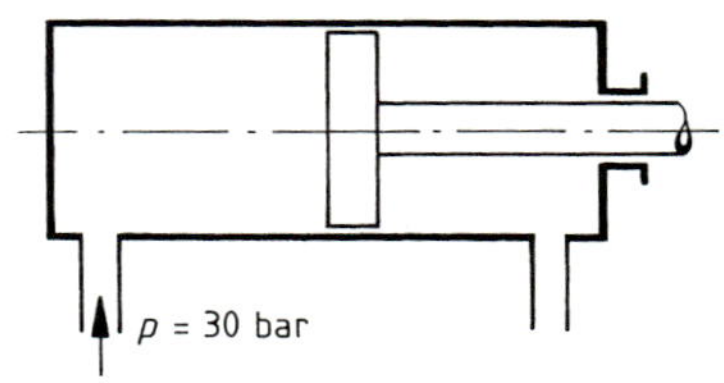

11. a) Ein hohler, säulenförmiger Maschinenständer aus GJS muss eine Druckkraft von 280 kN aufnehmen. Er hat die Außenmaße 800 × 800 mm.
Welche Wandstärke ist theoretisch mindestens erforderlich, wenn eine Druckspannung von 35 N/mm² nicht überschritten werden darf?

b) Vergleichen Sie den gefundenen Wert mit den wirklichen Wandstärken in der Praxis. Worauf führen Sie den Unterschied zwischen der errechneten Wandstärke und den in der Praxis üblichen Wandstärken zurück?

12. Welchen inneren Durchmesser muss die skizzierte, hohle Schubstange aus 25CrMo4 haben, die einer wechselnden Zug-Druckbeanspruchung unterliegt?
Der Druck in der Hydraulikeinrichtung beträgt 1,8 N/mm². Der Kolbendurchmesser beträgt 160 mm, der Außendurchmesser der Schubstange soll 30 mm betragen. Als zulässige Spannung ist der Mittelwert der zulässigen Spannung aus der Tabelle, Kapitel 1.4.3, zu wählen.

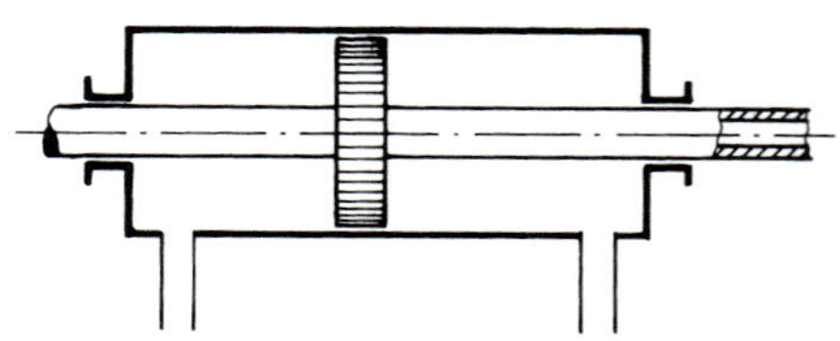

13. Ein Gleitschuh einer Führung hat eine Druckkraft von 32 000 N aufzunehmen. Berechnen Sie die Abmessungen der rechteckigen Auflagefläche, die ein Seitenverhältnis von 1 : 3 aufweisen soll.
Die zulässige Flächenpressung des Lagermaterials beträgt 8 N/mm².

14. Berechnen Sie die Sohlplatte für ein Kranbahnauflager. Es muss eine Druckkraft von max. 180 kN auf eine Ziegelmauer mit einer zulässigen Belastung von 0,6 N/mm² übertragen werden. Die Sohlplatte soll quadratisch sein.

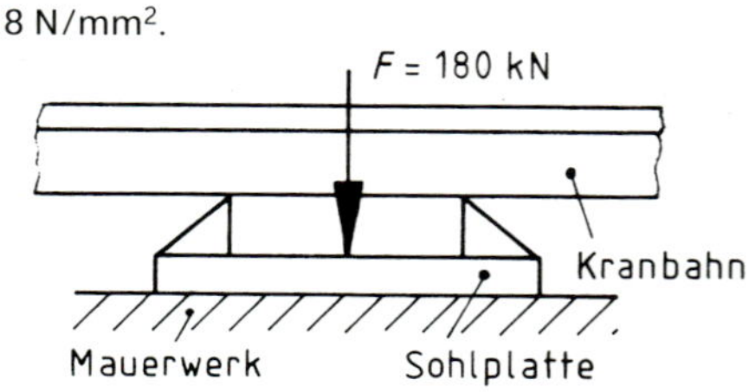

Scherbeanspruchung

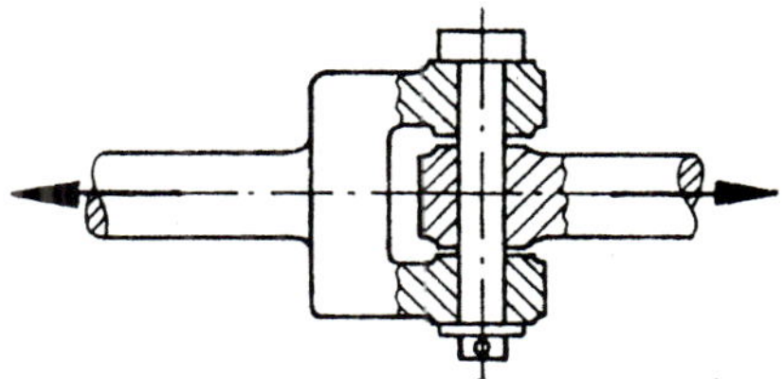

15. Das skizzierte Gelenk überträgt eine Zugkraft von 40 000 N.
Berechnen Sie den Bolzendurchmesser. Die zulässige Scherspannung beträgt 72 N/mm².

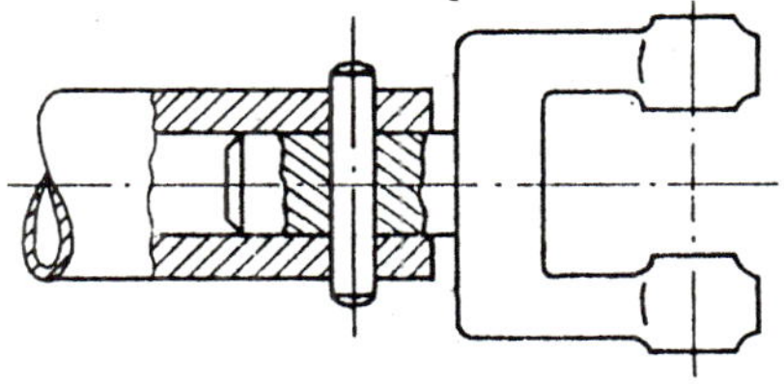

16. Eine Schubstange ist durch einen Zylinderstift mit einem Gelenk verbunden. Der Stift hat einen Durchmesser von 16 mm. Seine zulässige Scherspannung beträgt 80 N/mm².
Berechnen Sie die größte übertragbare Schubkraft.

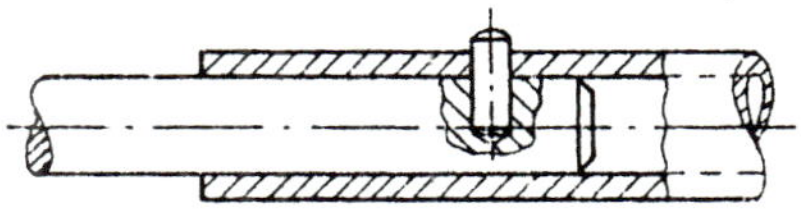

17. Ein Sicherheitsstift aus S275 (R_m = 410 – 540 N/mm²) soll bei Überschreiten einer Belastung von 80 kN abgeschert werden. Berechnen Sie den erforderlichen Durchmesser.

18. Zwei Rohre aus Messing σ_{zul} = 70 N/mm² sind durch eine Klebemuffe verbunden.

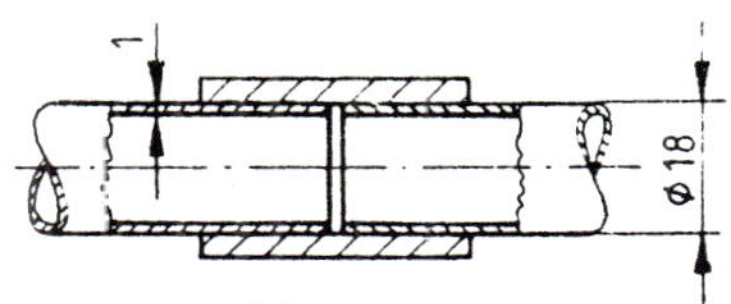

Berechnen Sie die notwendige Länge der Muffe, damit sie auf Zug belastet die gleiche Last wie die Rohre aufnehmen kann.

τ_{zul} des Klebers: 8 N/mm²

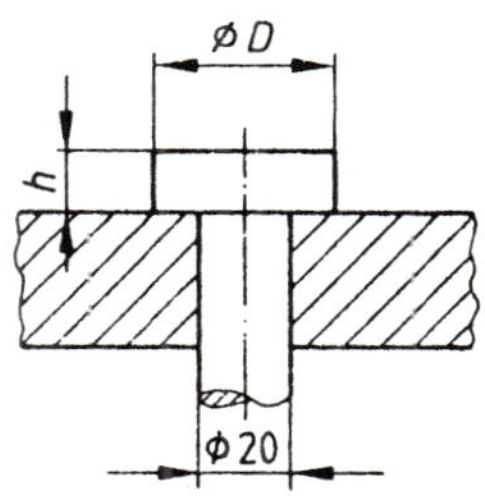

19. Der skizzierte Bolzen wird auf Zug belastet.
Bestimmen Sie D und h so, dass durch sie die gleiche Kraft übertragen werden kann wie durch den Bolzen mit dem Durchmesser d = 20 mm.

σ_{zul} = 80 N/mm²
p_{zul} = 60 N/mm²

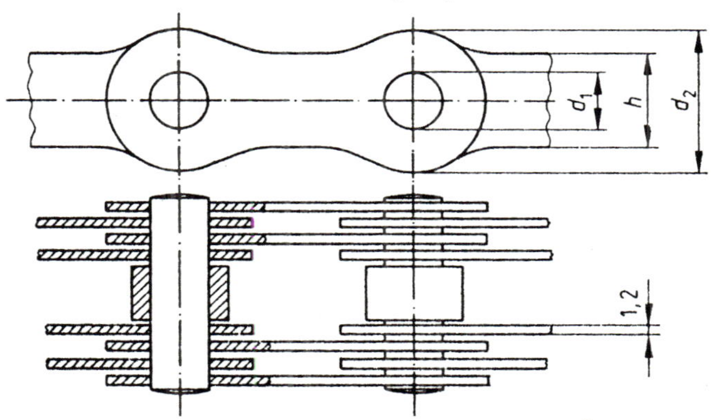

20. Berechnen Sie die gekennzeichneten Maße der Kette für F = 10 000 N.
Werkstoff für alle Teile 25CrMo4.

Biegebeanspruchung

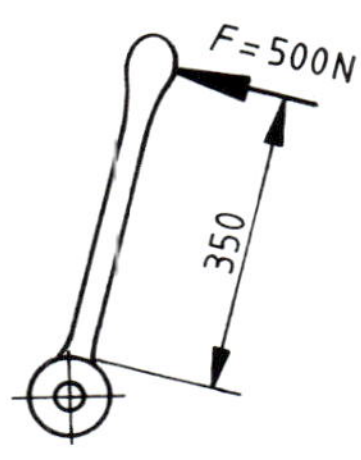

21. Ein Schalthebel aus S235 wird mit höchstens 500 N wechselnd beansprucht. $\sigma_{b\,zul}$ siehe Tabelle in Kapitel 3.1.4.3.

a) Berechnen Sie das größte Biegemoment.
b) Zeichnen Sie die Momentenfläche und die Querkraftfläche.
c) Berechnen Sie den notwendigen Durchmesser des Hebels.

22. Der skizzierte Ventilhebel soll aus Messingblech, 8 mm dick, ausgeschnitten werden. $\sigma_{b\,zul}$ siehe Tabelle in Kapitel 3.1.4.3.

a) Berechnen Sie die Biegemomente.

b) Zeichnen Sie die Momentenfläche und die Querkraftfläche.

c) Berechnen Sie die Maße des Hebels.

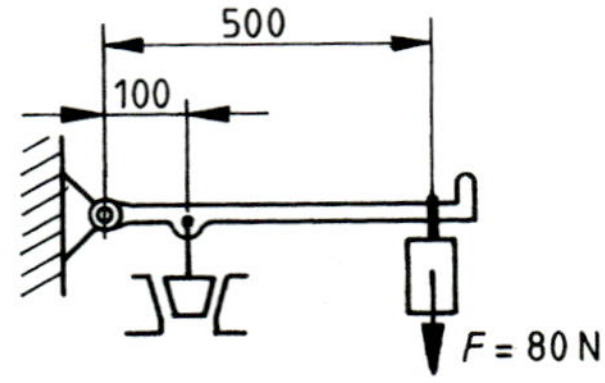

23. Die skizzierte Wagenachse eines Güterwagens ist mit insgesamt 100 kN belastet.

a) Berechnen Sie die Biegemomente.

b) Zeichen Sie die Momentenfläche und die Querkraftfläche.

c) Berechnen Sie den Durchmesser der Achse für E295.

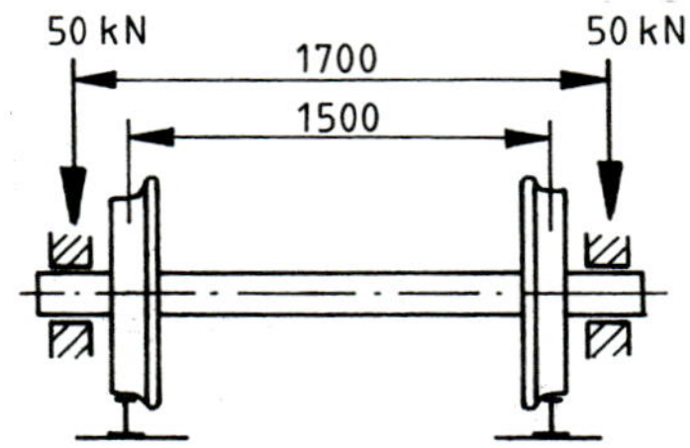

24. Eine Handkurbel aus Gusseisen wird entsprechend der Skizze mit einer Handkraft von 600 N belastet.
$\sigma_{b\,zul} = 30\ N/mm^2$.
Der Querschnitt soll elliptisch sein.
Berechnen Sie die Maße der Kurbel.

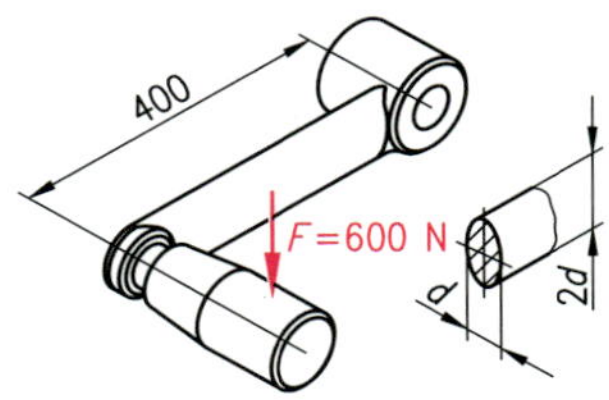

25. Mit welcher Kraft darf die skizzierte Gerüstbohle in der Mitte höchstens belastet werden? $\sigma_{b\,zul} = 8\ N/mm^2$.

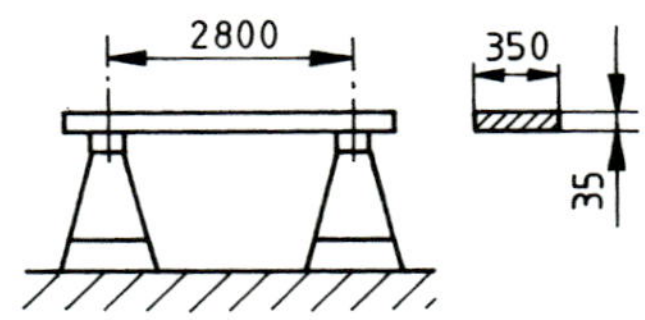

26. Drei gleiche Kräfte belasten einen Träger entsprechend der Skizze. Berechnen Sie das maximale Biegemoment. $\sigma_{b\,zul} = 10\ N/mm^2$

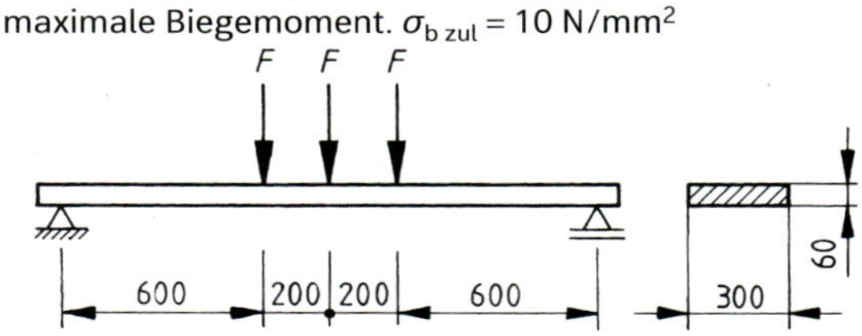

27. Eine Kiste mit der Masse 120 kg ist mit vier Handgriffen entsprechend der Skizze auszurüsten.
$\sigma_{b\,zul} = 10\ N/mm^2$
Berechnen Sie die Maße für die rechteckigen Handgriffe, wenn $b : h = 1 : 3$ sein soll.

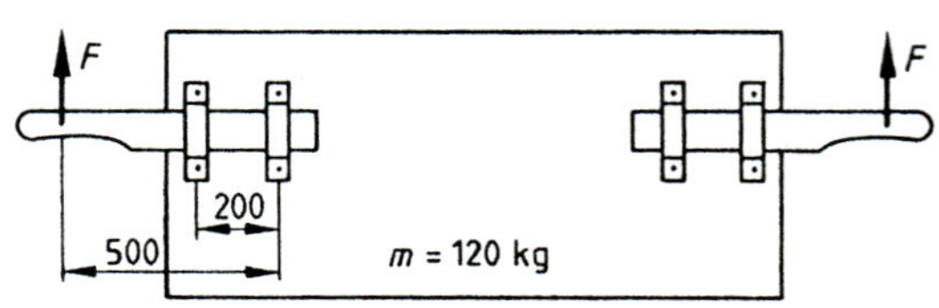

28. Ein Balken in einer Deckenkonstruktion ist mit einer Streckenlast von 500 N/m belastet.
Berechnen Sie die Querschnittmaße des Balkens. Die Balkenhöhe soll etwa dreimal so hoch sein wie die Balkenbreite.
$\sigma_{b\,zul} = 12\ N/mm^2$

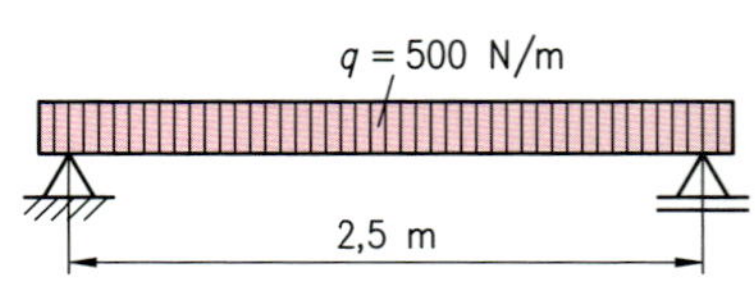

29. Bestimmen Sie Biegemoment und Querkraft.
Stellen Sie jeweils den Verlauf dar.

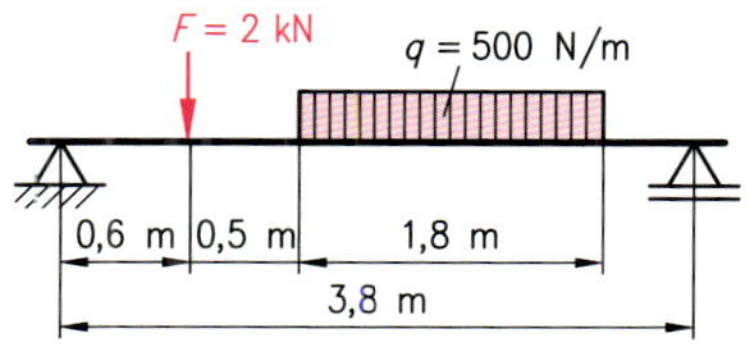

Verdrehbeanspruchung

30. Eine Kardanwelle aus E295 überträgt eine Leistung von 40 kW bei 500 min^{-1}. Die Welle kann in beiden Drehrichtungen gedreht werden. $\tau_{t\,zul}$ siehe Tabelle in Kapitel 3.1.4.3.
Berechnen Sie
a) das wirkende Drehmoment,
b) den notwendigen Wellendurchmesser.

31. Ein Bohrer von 20 mm Durchmesser wird mit einem Drehmoment von 40 Nm beansprucht. Welche größte Spannung tritt bei dieser Belastung im Bohrerschaft auf?

32. Welche Leistung kann von einer Welle aus 25CrMo4, Durchmesser 20 mm, bei nur einer Drehrichtung und n = 300 min^{-1} übertragen werden?
$\tau_{t\,zul}$ siehe Kapitel 3.1.4.3.

33. Die Schraube der skizzierten Spannvorrichtung hat einen Kerndurchmesser von 16,8 mm.
Welche Torsionsspannung tritt in der Schraube auf, wenn sie mit einem Schlüssel von 250 mm wirksamer Länge und einer Kraft von 400 N angezogen wird?

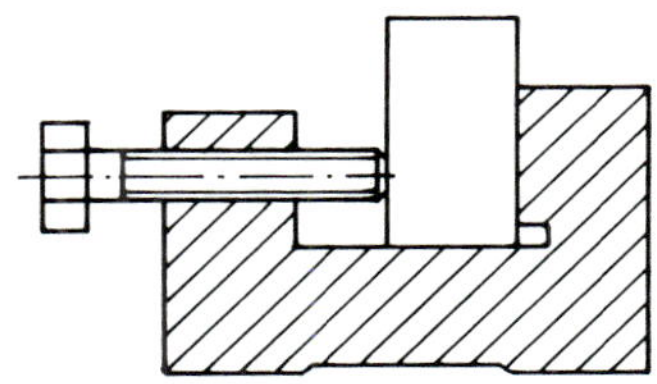

34. Mit dem skizzierten Steckschlüssel sollen Befestigungsschrauben M20 mit einem Drehmoment von 160 Nm angezogen werden. Der Werkstoff soll E295 sein.
a) Berechnen Sie das Maß a des Vierkantprofils.
b) Berechnen Sie die Hebellängen l für eine Handkraft von 200 N.
c) Berechnen Sie den Durchmesser d des Hebels (für die Länge l).

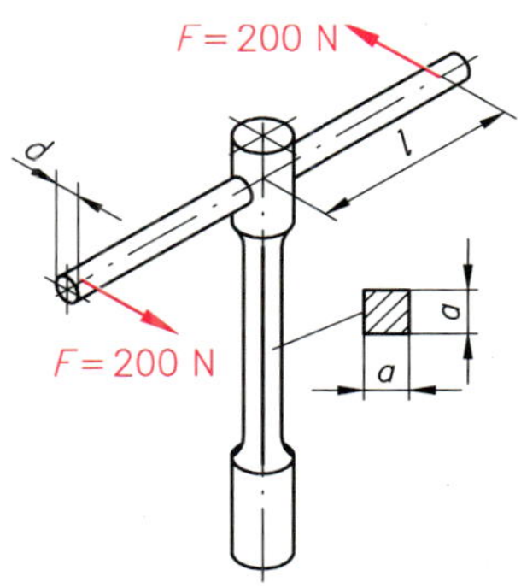

Neunter Themenkreis: Bauelemente

Handlungsfeld: Bauelemente auswählen

Problemstellung

Auftrag

Kugellager auswählen

Entwurf

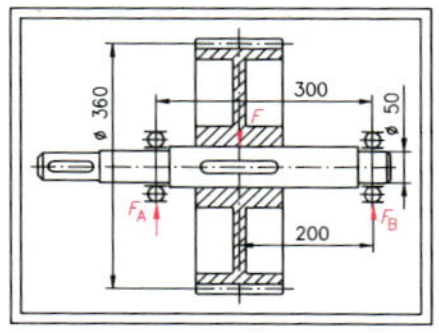

Zusatzinformationen

- Umfangskraft 10 kN
- Umdrehungsfrequenz $n = 300/\text{min}$
- Lebensdauer > 15000 h
- Temperatur < 60 °C

Analysieren

Untersuchen des zu wählenden Bauelements hinsichtlich
- Funktion
- Anforderungen (techn., wirtschaftl., sicherheitstechn. u. a.)
- Belastungen

Lagerbelastung:
$F_A = 6{,}7$ kN
$F_B = 3{,}3$ kN

Maßgrenzen:
$b_{max} = 30$ mm
$D_{max} = 120$ mm

Ergebnisse:
- Berechnungsgrundlagen (Kräfte, Momente ...)
- Gestaltungsmerkmale (maßliche Grenzen, mögliche Bauformen ...)
- wirtschaftliche Kriterien (Preis, Wartungsaufwand)

Berechnen

Vorgaben:
- Berechnungsgrundlagen
- Vorschriften (zulässige Grenzwerte, Regeln ...)

Kugellager

$$c = \frac{f \cdot f_L}{f_n \cdot f_z}$$

$$f_n = \sqrt[3]{\frac{33{,}3}{n}}$$

$$F_L = \sqrt[3]{\frac{L_H}{500}}$$

Ergebnis:
- Vordimensionierung

Dimensionieren und Auswählen

Vorgaben:
- Vordimensionierung
- Gestaltungsmerkmale
- wirtschaftliche Kriterien

Hilfsmittel:
- Form- und Maßlisten (Normen, Firmenkataloge ...)
- Preislisten

Preisliste

Lagerkatalog

Maßliste

Lagerreihe 63				
D	B	r max	h min	Basiszeichen
47	14	1	2,8	6303
52	15	1	3,5	6304
62	17	1	3,5	6305
72	19	1	3,5	6306
80	21	1,5	4,5	6307
90	23	1,5	4,5	6308
100	25	1,5	4,5	6309
110	27	2	5,5	6310
120	29	2	5,5	6311

Ergebnis:
- Bezeichnung
  - Benennung
  - Norm
  - Vorsetzzeichen
  - Basiszeichen
  - Nachsetzzeichen
- Bestellnummer des Lieferanten

einzusetzendes Bauelement

Baueinheiten und Elemente des Maschinenbaus

Baueinheiten und Bauelemente dienen zur Realisierung der Konstruktion von Maschinen, Apparaten und Behältern.
Diese Einheiten und Elemente werden meist als Fertigteile eingesetzt. Sie sind in ihrer Form, ihrem Werkstoff und ihrer Berechnung in vielen Fällen genormt.

Einheiten und Elemente des Maschinenbaus

- **Verbindungselemente**
  - **lösbar** – Beispiele: Federn, Schrauben
  - **unlösbar** – Beispiele: Nietverbindungen, Klebeverbindungen
- **Übertragungs- und Lagerungseinheiten** – Beispiele: Kupplungen, Getriebe
  - **Bauelemente** – Beispiele: Wellen, Räder
- **Steuerungseinheiten** – Beispiele: Zylinder, Ventile
  - **Bauelemente** – Beispiele: Leitungen, Dichtungen
- **Antriebseinheiten** – Beispiele: Kolbenmotoren, Turbinen, Elektromotoren
  - **Bauelemente** – siehe Themenkreis Antriebstechnik

1 Verbindungselemente

1.1 Federn

- **Ausführungsformen**

Federverbindungen sind Mitnehmerverbindungen, die allein durch Formschluss Drehmomente von einer Welle auf eine Nabe und umgekehrt übertragen. Im Gegensatz zu Keilverbindungen ist ein zentrischer Sitz der Nabe gewährleistet, da keine Verspannung erfolgt. Die Naben müssen jedoch gegen axiale Verschiebung gesichert werden. Ist eine axiale Verschiebung der Nabe beabsichtigt, z. B. in Getrieben, muss die *Gleitfeder* in der Nut der Welle oder in der Nabe befestigt werden.

Beispiele für Ausführungsformen von Federn

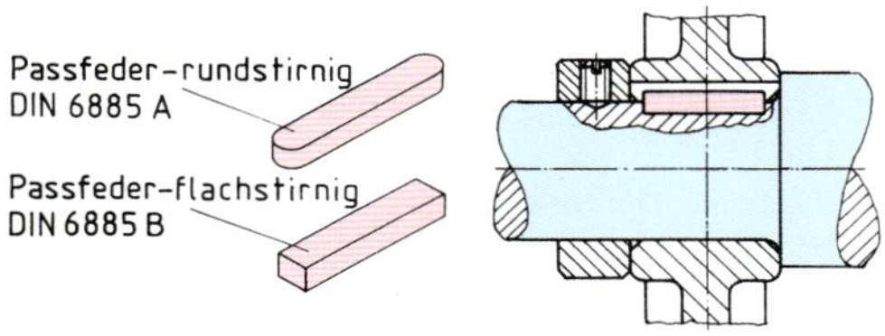

Passfederverbindung

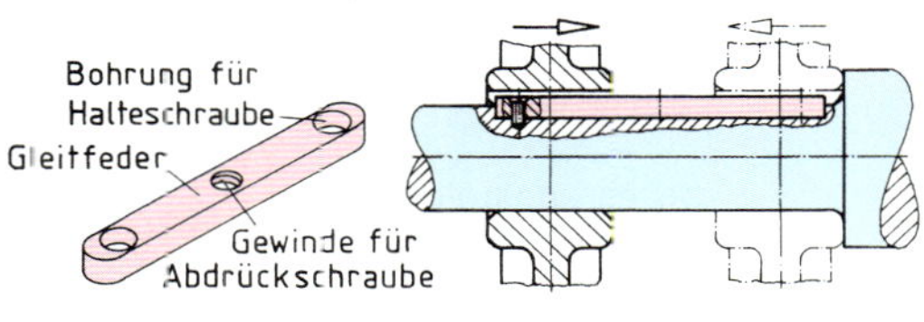

Gleitfederverbindung

Abmessungen für Passfedern nach DIN (Auszug)

Wellendurchmesser	10 bis 12	12 bis 17	17 bis 22	22 bis 30	30 bis 38	38 bis 44	44 bis 50	50 bis 58	58 bis 65	65 bis 75
Breite der Feder *b*	4	5	6	8	10	12	14	16	18	20
Höhe der Feder *h*	4	5	6	7	8	8	9	10	11	12
Passfederlängen	6 8 10 12 14 16 18 20 22 25 28 32 36 40 45 50 56 63 70 80 90 100 110 125 140 160 180 200									

- **Berechnung von Federn**

Federn werden auf Abscheren und Flächenpressung beansprucht. Die Berechnung erfolgt jedoch *nur auf Flächenpressung,* da die Normmaße für Federn so gewählt sind, dass die zulässige Scherbeanspruchung nicht überschritten wird, wenn die zulässige Flächenpressung eingehalten wird. Für Federn sind die Maße *b* und *h* in Abhängigkeit vom Wellendurchmesser genormt.

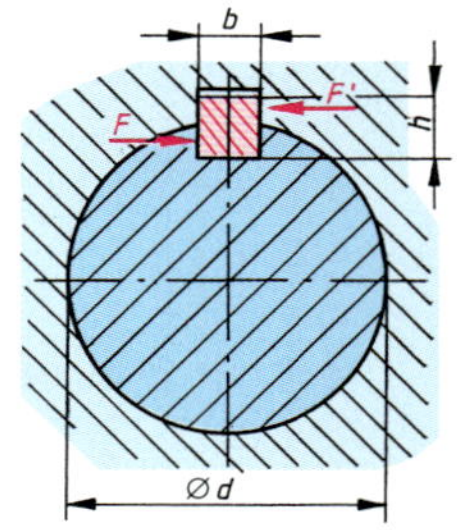

F Umfangskraft
b Breite der Feder
h Höhe der Feder

Beanspruchung einer Passfeder

Für die auf Flächenpressung beanspruchte Feder gilt:

$$F = p_{zul} \cdot A$$

Unter Vernachlässigung der halben Nuttiefe ist die Umfangskraft:

$$F = \frac{M_t}{\frac{d}{2}} = \frac{2M_t}{d}$$

Bei der Berechnung der auf Flächenpressung beanspruchten Seite der Feder wird nur die Länge der parallelen Flächen eingesetzt. Die Höhe *h* wird abhängig vom Wellendurchmesser aus der Federtabelle gewählt. Für die gepresste Fläche der Feder ergibt sich:

$$A = \frac{h}{2} \cdot l_1$$

bei geradstirnigen Federn

$$A = \frac{h}{2} \cdot (l_1 - b)$$

bei rundstirnigen Federn

Setzt man in die Gleichung $p = \frac{F}{A}$ Umfangskraft und beanspruchte Fläche entsprechend ein, so ergibt sich:

$$p = \frac{2M_t}{d \cdot \frac{h}{2} \cdot l_1} = \frac{4M_t}{d \cdot h \cdot l_1}$$

bei geradstirnigen Federn

$$p = \frac{2M_t}{d \cdot \frac{h}{2} \cdot (l_1 - b)} = \frac{4M_t}{d \cdot h \cdot (l_1 - b)}$$

bei rundstirnigen Federn

Aus der Forderung $p \leq p_{zul}$ des schwächsten Werkstoffs ergibt sich für die Länge der Feder:

$$l_{1\,erf} = \frac{4M_t}{d \cdot h \cdot p_{zul}}$$

bei geradstirnigen Federn

$$l_{1\,erf} = \frac{4M_t}{d \cdot h \cdot p_{zul}} + b$$

bei rundstirnigen Federn

Die Schwächung der Welle, die durch die Federnut auftritt, ist bei der Berechnung von Feder und Welle zu berücksichtigen. Es genügt dabei, den Wellendurchmesser so zu wählen, dass in die Welle mit Nut der errechnete Durchmesser einbeschrieben werden kann (siehe Beispiel).

Beispiel für eine Federberechnung

Aufgabe: Eine Welle soll ein Drehmoment von 90 Nm übertragen. Welle und Nabe werden mit einer Passfeder Form A verbunden.
$\tau_{t\,zul}$ der Welle ist 50 N/mm².
p_{zul} des schwächsten Werkstoffes ist 70 N/mm².
Es sind der Durchmesser für die Welle und die Maße der Feder zu ermitteln.

Lösung:

$$W_{p\,erf} = \frac{M_t}{\tau_{t\,zul}} = \frac{90000\text{ Nmm} \cdot \text{mm}^2}{50\text{ N}} = 1\,800\text{ mm}^3$$

$$d = \sqrt[3]{5 \cdot W_p} = \sqrt[3]{5 \cdot 1800\text{ mm}^3} = 20{,}8\text{ mm}$$

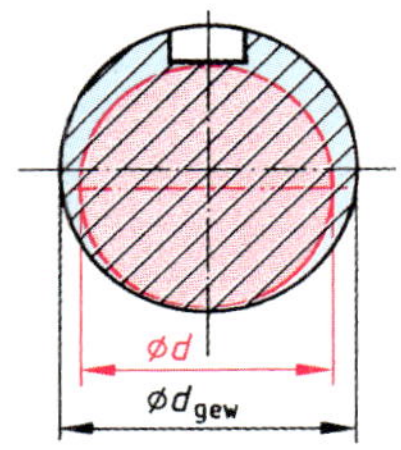

Für diesen Durchmesser ist eine Feder mit 6 mm Höhe erforderlich. Berücksichtigt man die Schwächung der Welle durch die Federnut, indem man dem errechneten Wellendurchmesser die halbe Federnhöhe zuschlägt, dann ergibt sich:

$$d_{gew} = d + h/2$$

Für den vorliegenden Fall muss die Welle einen Durchmesser von 20,8 mm + $h/2$ haben. Der erforderliche Durchmesser liegt dann im Bereich 22 bis 30 mm. Es ist eine Feder mit $b = 8$ mm und $h = 7$ mm erforderlich. Der Wellendurchmesser wird dann auf 25 mm festgelegt.

$d_{gew} = 25$ mm; Feder A 8 × 7

$$l_{erf} = \frac{4 \cdot M_t}{d \cdot h \cdot p_{zul}} + b = \frac{4 \cdot 90000\text{ Nmm} \cdot \text{mm}^2}{25\text{ mm} \cdot 7\text{ mm} \cdot 70\text{ N}} + 8\text{ mm}$$

$l_{erf} = 37{,}4$ mm $\qquad l_{gew} =$ **40 mm**

Höhe und Breite der Feder werden entsprechend dem Wellendurchmesser gewählt.
Die Feder muss so lang sein, dass die zulässige Flächenpressung von Wellen- und Federwerkstoff nicht überschritten wird.

Aufgaben zu 1.1 Federn

1. Eine Nabe aus Gusseisen ist durch eine Feder (Form A) mit einer 60 mm starken Welle verbunden. Das zu übertragende Drehmoment beträgt 350 Nm. Die zulässige Flächenpressung des schwächsten Werkstoffes beträgt 50 N/mm².
  a) Bestimmen Sie nach DIN die Maße b und h für die Feder.
  b) Berechnen Sie die notwendige Länge für die Feder.

2. Ein Getriebe überträgt eine Leistung von 25 kW.
Eine Welle des Getriebes macht $n = 1\,400\text{ min}^{-1}$. Die Welle hat einen Durchmesser von 50 mm. Auf der Welle wird ein Zahnrad verschoben. Berechnen Sie die notwendige Länge der Nabe für das Zahnrad. Die zulässige Flächenpressung des Nabenwerkstoffes beträgt 60 N/mm².

3. Welche Umfangskraft kann ein Verschieberad aus GS-45, Nabenbreite 55 mm, Teilkreisdurchmesser 240 mm bei $n = 600\text{ min}^{-1}$ schwellend übertragen?
Der Wellendurchmesser beträgt 45 mm, Welle und Feder bestehen aus E295.
Berechnen Sie auch die übertragbare Leistung.

4. Ein Zahnrad aus GS-45; $z = 50$; $m = 2$ mm; soll bei $n = 300$ 1/min schwellend 5,5 kW übertragen. Das Rad soll durch eine Passfeder, Form A, aus E295 mit einer Welle aus E360 verbunden werden.
Berechnen Sie
  a) den Wellendurchmesser unter Berücksichtigung der Federmaße,
  b) die Abmessungen der Passfeder,
  c) die Umfangskraft am Teilkreis des Zahnrades.

1.2 Schrauben und Muttern

1.2.1 Kraftübersetzung an der Schraube

Die Schraube kann als schiefe Ebene gedeutet werden, die um einen Zylinder gewunden wird.
Eine in einen Bolzen eingearbeitete Schraubenlinie ist das Gewinde. Zur Vereinfachung der Untersuchung der Kräfte an der Schraube sollen zunächst die Verhältnisse am Flachgewinde dargestellt werden.

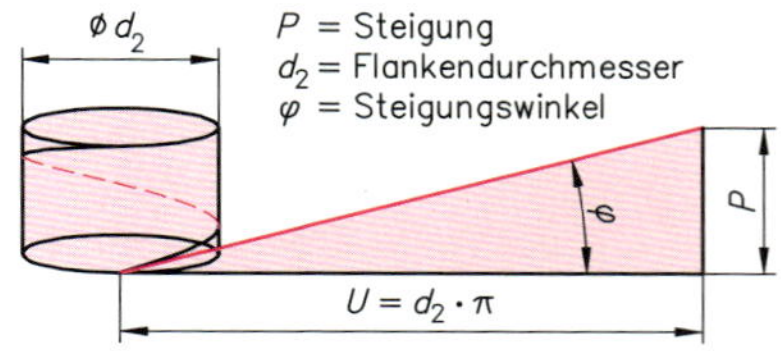

Gewindegang – abgewickelter Gewindegang

Beim Anziehen einer Schraube hält dem Anzugsmoment aus Handkraft und wirksamer Schlüssellänge ein Moment aus Umfangskraft und mittlerem Radius der Schraube das Gleichgewicht.

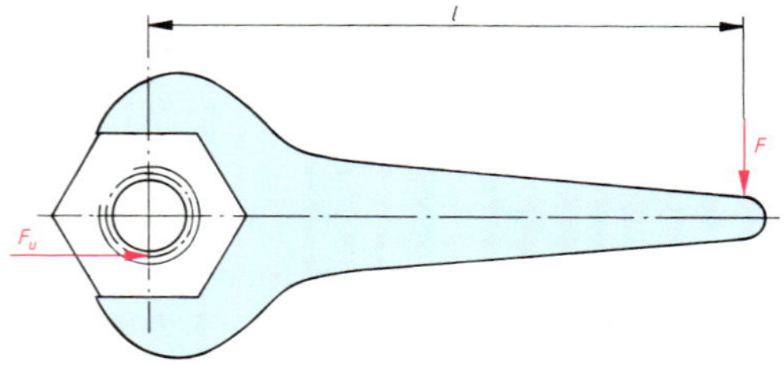

Kräfte beim Anziehen einer Mutter

$$M_a = F \cdot l = F_u \cdot \frac{d_2}{2}$$

M_a Anzugsmoment
F Handkraft
l wirksame Schlüssellänge
F_u Umfangskraft
d_2 Flankendurchmesser

Auf die Schraube wirkt in Achsrichtung die Spannkraft F_V. Sie belastet das Gewinde im Flankendurchmesser d_2. Beim Anziehen des Gewindes wird die Spannkraft F_v auf der schiefen Ebene des Gewindes gehoben. Die Kraft, welche dies verursacht, ist die Umfangskraft F_u am Gewinde. Sie greift senkrecht zur Achsrichtung der Schraube auf dem Flankendurchmesser an.

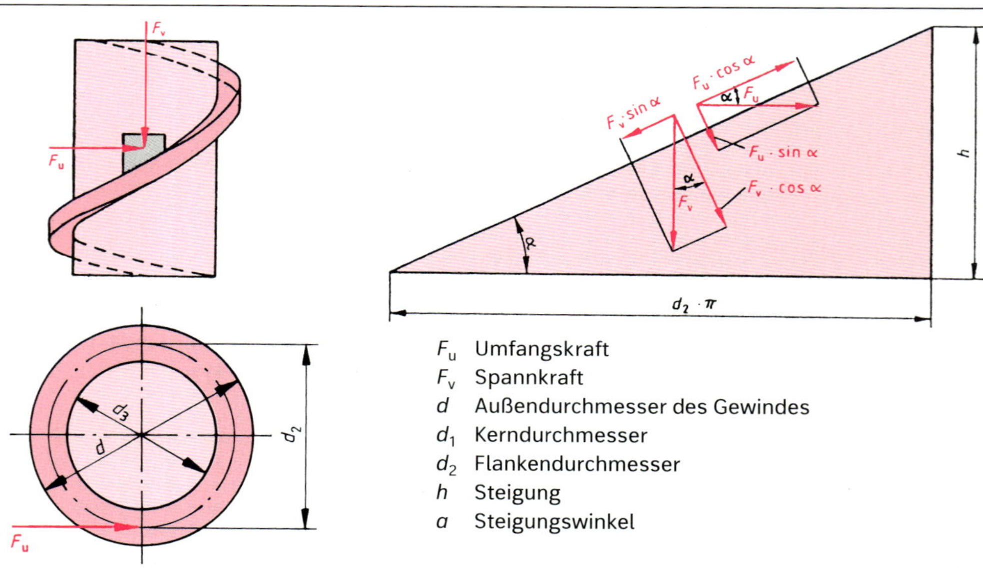

F_u Umfangskraft
F_v Spannkraft
d Außendurchmesser des Gewindes
d_1 Kerndurchmesser
d_2 Flankendurchmesser
h Steigung
α Steigungswinkel

Kräfte im Gewinde beim Anziehen einer Mutter

Das Moment $F \cdot l$ am Schraubenschlüssel bewirkt am mittleren Radius der Schraube ein Anzugsmoment von $M_a = F_u \cdot \frac{d_2}{2}$.

An der geneigten Ebene wird die Spannkraft F_v in eine Kraft parallel zur geneigten Ebene und eine Komponente senkrecht zur geneigten Ebene zerlegt. Ebenso wird die Umfangskraft F_u zerlegt. Bei reibungsfreiem Betrieb wäre also Gleichgewicht für:

$$F_u \cdot \cos \alpha = F_v \cdot \sin \alpha \quad \Rightarrow \quad F_u = F_v \cdot \frac{\sin \alpha}{\cos \alpha} = F_v \cdot \tan \alpha$$

Es tritt jedoch Reibung auf, die sowohl durch die Spannkraft als auch durch die Umfangskraft verursacht wird.

$F_{Rv} = \mu \cdot F_v \cdot \cos \alpha$ — F_{Rv} Reibungskraft, verursacht durch Spannkraft

$F_{Ru} = \mu \cdot F_u \cdot \sin \alpha$ — F_{Ru} Reibungskraft, verursacht durch Umfangskraft

Der Reibungsfaktor μ ist gleich dem Tangens des Reibungswinkels. $\mu = \tan \varrho$

Die Reibungskraft ist immer der erstrebten Bewegungsrichtung entgegengerichtet.
Für das Anziehen der Schraube, welches einem Aufwärtsbewegen der Last F_v durch $F_u \cdot \cos \alpha$ entspricht, gilt die Gleichgewichtsbedingung:

$$F_u \cdot \cos \alpha = F_v \cdot \sin \alpha + F_{Rv} + F_{Ru}$$
$$F_u \cdot \cos \alpha = F_v \cdot \sin \alpha + F_v \cdot \cos \alpha \cdot \tan \varrho + F_u \cdot \sin \alpha \cdot \tan \varrho$$
$$F_u \cdot \cos \alpha - F_u \cdot \sin \alpha \cdot \tan \varrho = F_v \cdot \text{sind}\ \alpha + F \cdot \cos \alpha \cdot \tan \varrho$$
$$F_u \cdot (\cos \alpha - \text{sind}\ \alpha \cdot \tan \varrho) = F_v \cdot (\sin \alpha + \cos \alpha \cdot \tan \varrho)$$

$$F_u = F_v \cdot \frac{\text{sind}\ \alpha + \cos \alpha \cdot \tan \varrho}{\cos \alpha - \text{sind}\ \alpha \cdot \tan \varrho}$$

Nach Division von Zähler und Nenner durch cos α sowie die Anwendung eines Additionstheorems ergibt sich:

$$F_u = F_v \cdot \tan (\alpha + \varrho)$$

Für das Lösen der Schraube ergibt die gleiche Rechnung: $F_u = F_v \cdot \tan (\alpha - \varrho)$

Nach $\tan (-\varrho) = -\tan \varrho$ ist eine Schraube selbsthemmend, d. h., sie dreht sich unter Last nicht selbsttätig los, wenn der Steigungswinkel kleiner als der Reibungswinkel ist.

Das erforderliche Drehmoment an der Mutter zur Erzeugung der Spannkraft F_v ist $M_a = F_u \cdot \frac{d_2}{2}$

Das Drehmoment zur Erzeugung einer Spannung in der Schraube beträgt demnach ohne Berücksichtigung der Reibung zwischen Schraube und Auflage:

$$M_a = F_u \cdot \frac{d_2}{2} = F_v \cdot \frac{d_2}{2} \cdot \tan (\alpha + \varrho)$$

Beim Anziehen einer Schraube entsteht außer der Reibung im Gewinde auch noch Reibung zwischen Kopf (bzw. Mutter) und der Auflage. Diese Reibungskraft ist:

$F_{Ra} = F_v \cdot \mu_a$ — F_{Ra} Reibung an der Auflagefläche, μ_a Reibungsfaktor der Auflageflächen

Die Reibungskraft greift im Abstand r_a von der Schraubenachse an. Es ist also ein zusätzliches Moment M_{Ra} zur Überwindung der Reibungskraft notwendig.

$$M_{Ra} = F_v \cdot \mu_a \cdot r_a$$

Demnach beträgt das **Anzugsmoment:**

$$M_{a\,ges} = F_v \cdot \frac{d_2}{2} \cdot \tan (\alpha + \varrho) + F_v \cdot \mu_a \cdot r_a$$

Bei Schrauben mit anderen Gewindeprofilen als Flachgewinden werden die Normalkräfte an den geneigten Gewindeflanken nochmals zerlegt.
Die Normalkräfte, welche die Reibung verursachen, wachsen dabei um den Faktor 1/cos (β/2), der stets größer als 1 ist. Demnach entsteht durch die Neigung der Gewindeflanken eine größere Reibung. Je größer der Neigungswinkel β ist, desto größer ist auch die Reibungskraft und damit die Hemmung des Gewindes. Aus diesem Grund wird für Befestigungsgewinde stets Spitzgewinde gewählt.

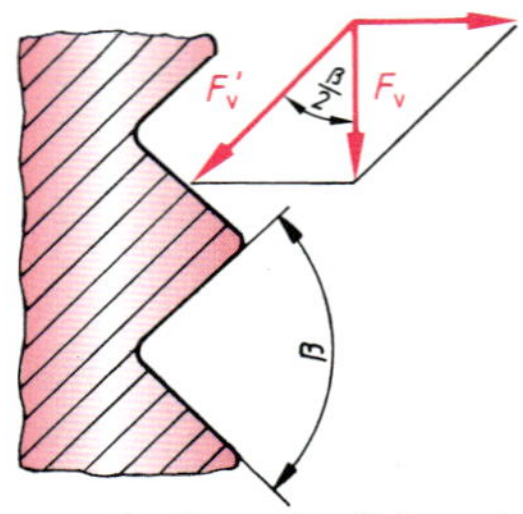

$$F'_V = \frac{F_V}{\cos\frac{\beta}{2}}$$

Zerlegung der Spannkraft F_V an den Flanken eines Spitzgewindes

> Für Befestigungsgewinde sind Gewindeausführungsformen mit großen Flankenwinkeln und für Bewegungsgewinde Ausführungsformen mit geringen Flankenwinkeln besonders geeignet.

1.2.2 Arbeit an der Schraube

Bei einer Umdrehung eines Schraubenschlüssels mit der wirksamen Länge l durch die Handkraft F wird eine Arbeit verrichtet von: $W = F \cdot 2l \cdot \pi$
Diese Arbeit wird gebraucht, um an einer Schraube die Spannkraft F_V um den Betrag der Steigung h zu heben.
Ohne Verluste gilt demnach: $F \cdot 2l \cdot \pi = F_V \cdot h$
Verluste treten jedoch durch Reibung im Gewinde und an der Schraubenauflage auf. Diese Verluste können durch den Wirkungsgrad berücksichtigt werden: $F \cdot 2l \cdot \pi \cdot \eta = F_V \cdot h$

Aus der Gleichung für die Arbeit an der Schraube kann das Anzugsmoment berechnet werden:

$$F \cdot l = \frac{F_V \cdot h}{2 \cdot \pi \cdot \eta}$$

Der Wirkungsgrad η beträgt bei Befestigungsschrauben aus Stahl mit metrischem Spitzgewinde etwa 0,12.

1.2.3 Verspannungsdiagramm

Durch das Anziehen von Schraubenverbindungen wird die Schraube durch die **Vorspannkraft** F_V auf Zug belastet und elastisch um den Betrag Δl_{S1} gedehnt. Die mit der Schraube verbundenen Bauteile werden von der **Klemmkraft** F_K, zusammengepresst und verkürzen sich elastisch im Bereich um die Schraube um den Betrag Δl_{B1}.
Im Verspannungsdiagramm stellt man diese Kräfte und die zugehörigen Veränderungen dar.

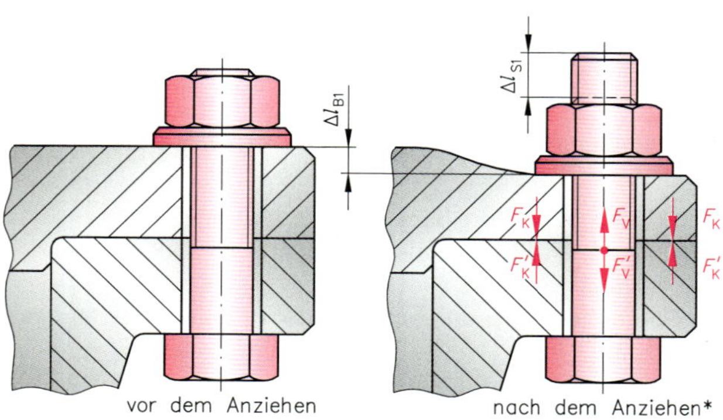

Kräfte und Verlängerungen an einer Schraubenverbindung unter Vorspannkraft

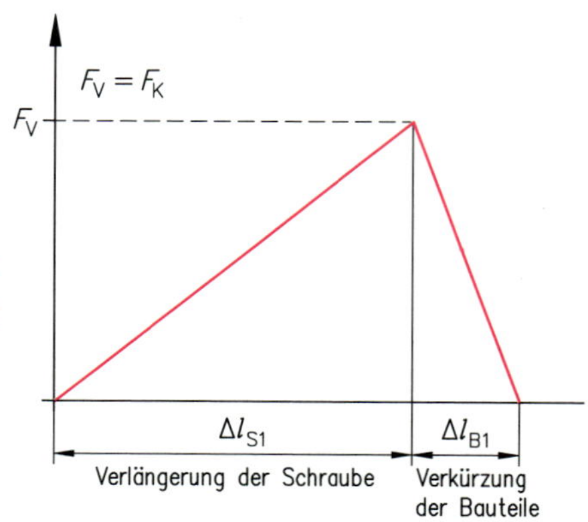

Verspannungsdiagramm

* Längenänderungen zur Verdeutlichung extrem übertrieben und einseitig (nur Deckel) dargestellt.

Wenn zusätzlich zur Vorspannkraft F_V eine **Betriebskraft** F_B die Schraube belastet, so wird die Schraube weiter gedehnt. Die Bauteile hingegen werden infolge der Verlängerung der Schraube entlastet, ihre Verkürzung nimmt ab und beträgt nur noch Δl_{B2}. Gleichzeitig sinkt damit auch die Klemmkraft.

Im Verspannungsdiagramm steigt darum die Gerade, welche die elastische Verlängerung Δl_{S2} der Schraube wiedergibt, *nicht* bis zum Betrag der Vorspannkraft plus der Betriebslast. Sie steigt nur so weit an, dass die Betriebskraft F_B zwischen der Kraft-Verlängerungskurve der Schraube und der Kraft-Verlängerungslinie der Bauteile eingefügt werden kann.

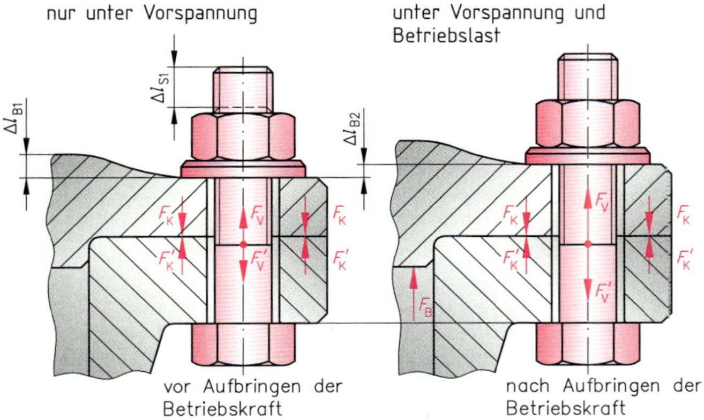

Kräfte und Verlängerungen an einer Schraubenverbindung unter Vorspannung und Betriebskraft

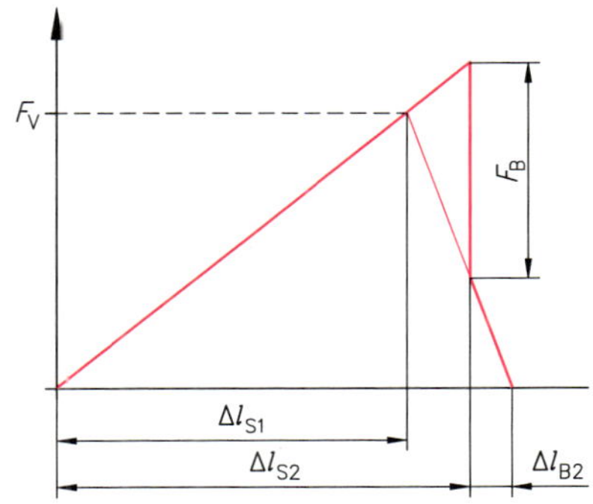

Verspannungsdiagramm

> Eine vorgespannte Schraube verliert durch eine zusätzliche Betriebskraft einen Teil der Vorspannkraft, weil die zusammengepressten Bauteile infolge der Dehnung der Schraube entlastet werden. Als Folge sinkt die Klemmkraft, mit der die Bauteile zusammengepresst werden.

1.2.4 Gewinde, Schrauben und Muttern

- **Gewinde**

Die Gewinde können nach verschiedenen Gesichtspunkten eingeteilt werden:

- nach dem *Verwendungszweck*
  in Befestigungs- und Bewegungsgewinde;
- nach dem *Profil*
  in Spitzgewinde als Befestigungsgewinde, in Trapez-, Sägen- und Rundgewinde als Bewegungsgewinde mit unterschiedlichen Aufgaben;
- nach dem *Drehsinn*
  in Rechtsgewinde, die normalerweise verwendet werden, und Linksgewinde, die zur Befestigung rotierender Teile dort verwendet werden, wo sich Rechtsgewinde infolge der Drehung lösen könnten;
- nach der *Gangzahl*
  in ein- und mehrgängige Gewinde, von denen die mehrgängigen Gewinde bei größeren Steigungen verwendet werden, um die Zahl der tragenden Gewindegänge zu erhöhen;
- nach der *Steigung*
  in Normal- und Feingewinde. Feingewinde werden eingesetzt, um die Gewindetiefe klein zu halten und infolge kleiner Steigungen hohe Anpressdrücke zu erzielen.

Beispiel für Abmessungen eingängiger Rechtsgewinde

Gewindebenennung **Bild des Profiles nach DIN ISO**	**wichtige Abmessungen**
Metrisches ISO-Gewinde 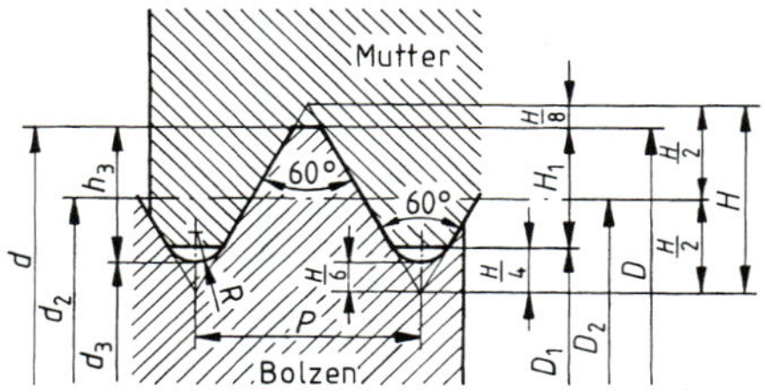	P Steigung H Dreieckshöhe h_3 Gewindetiefe H_1 Tragtiefe d Gewindedurchmesser d_3 Kerndurchmesser d_2 Flankendurchmesser
Trapezgewinde 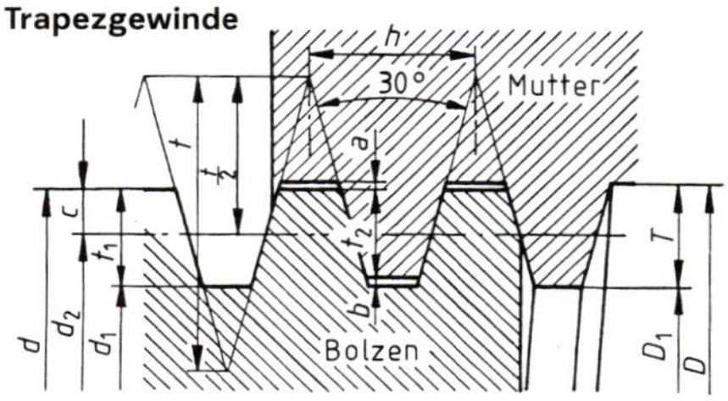	h Steigung t Dreieckshöhe t_1 Gewindetiefe des Bolzens t_2 Tragtiefe T Gewindetiefe der Mutter d Außendurchmesser des Bolzens d_1 Kerndurchmesser des Bolzens d_2 Flankendurchmesser a Spitzenkegel am Außendurchmesser b Spitzenkegel am Kerndurchmesser

Beispiele für Gewinde von Befestigungsschrauben

Spitzgewinde

Spitzgewinde als Schneidgewinde

Holzschraubengewinde

Blechschraubengewinde

• Kopfformen von Schrauben

Beispiele für Kopfformen von Schrauben

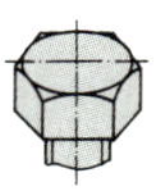

Sechskant-kopf

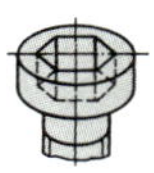

Innen-sechs-kantkopf

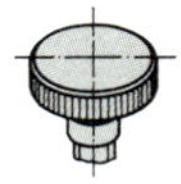

Rändel-kopf

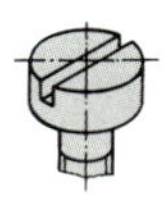

Zylinder-kopf

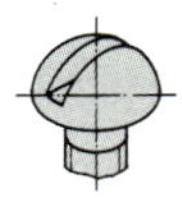

Halbrund-kopf

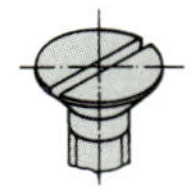

Senkkopf

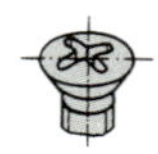

Linsensenkkopf mit Kreuzschlitz

Beispiele von Schrauben für Sonderzwecke

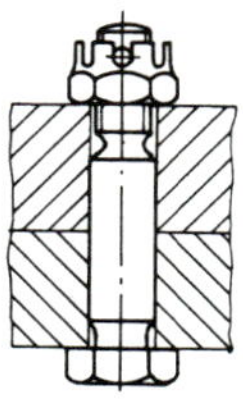

Passschraube[1]

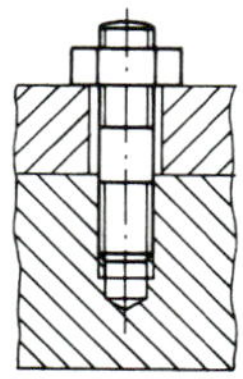

Stiftschraube

Gewindestift

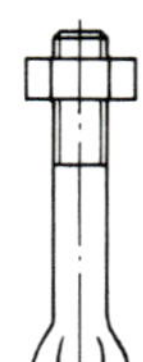

Steinschraube

[1] *Passschrauben* sichern die verbundenen Teile gegen Verschieben und können Scherkräfte aufnehmen. Der zylindrische Schaft wird in die Bohrung eingepasst und sichert so die genaue Lage der verbundenen Teile.

Muttern

Beispiele für Mutterformen und ihre Anwendung

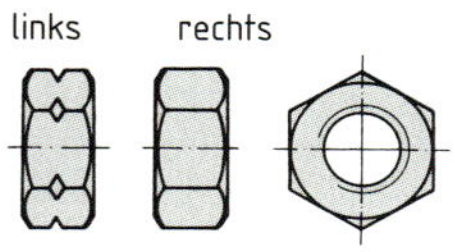

Sechskantmutter
Schraubenverbindung im Maschinenbau

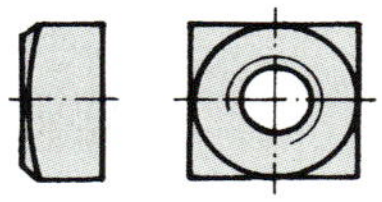

Vierkantmutter
preiswerte Mutter für untergeordnete Verbindungen

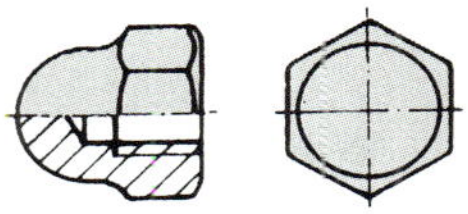

Hutmutter
Schutz des Bolzenendes, Ziermutter

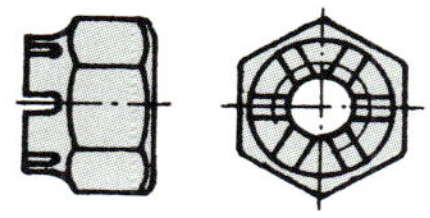

Kronenmutter
Schraubensicherung mit Splint

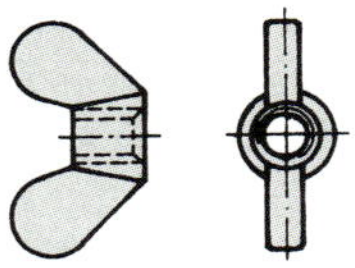

Flügelmutter

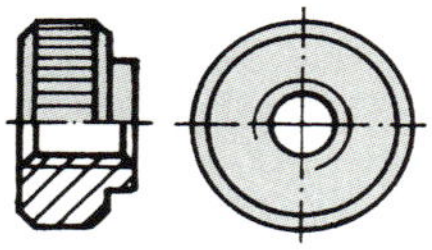

Rändelmutter

Anziehen und Lösen von Hand

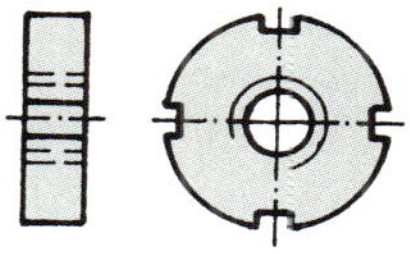

Nutmutter

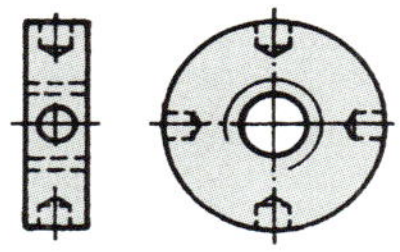

Kreuzlochmutter

Einstellarbeiten an Spindellagerungen

Schraubensicherungen

Bei dynamischen Belastungen, wie Vibrationen oder hohen Belastungen quer zur Schraubenachse, können sich Schraubenverbindungen infolge nachlassender Vorspannung lösen, obwohl zulässige Werte der Belastung nicht überschritten wurden. Besonders Durchsteckverbindungen (Schraube und Mutter) sind gefährdet und benötigen darum bei dynamischer Belastung eine Losdrehsicherung.

Bisher vielfach zur Sicherung verwendete Bauelemente, z. B. Federringe, Federscheiben, Zahnscheiben, haben sich zur Schraubensicherung als unwirksam erwiesen, weil sie die Vorspannung nicht aufrecht erhalten können. Die DIN-Normen dieser Bauteile wurden zurückgezogen.

Zugelassene **mechanische Losdrehsicherungen** sind Schrauben, Muttern und Unterlegscheiben, die mit Rippen versehen sind oder keilförmige Berührungsflächen haben, sodass bei einer geringen Verdrehung der Schraube oder Mutter die Vorspannung erhalten bleibt.

Beispiel für mechanische Sicherungselemente gegen selbständiges Lösen

Verbindungselemente mit Radialrippen

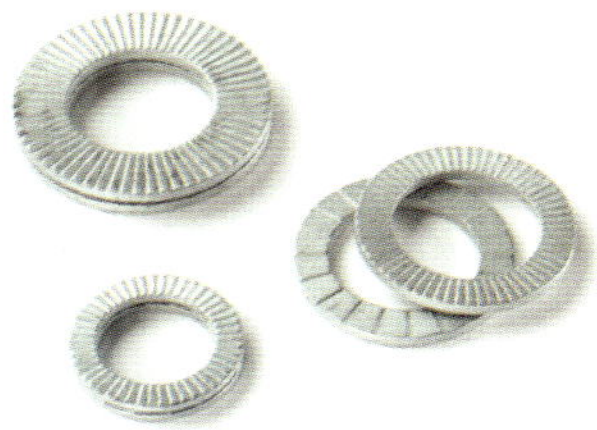

Unterlegscheiben mit Keilverzahnung

Bei **chemischen Losdrehsicherungen** werden Schraube und Mutter miteinander verklebt.

Dabei wird entweder der flüssige Klebstoff vor der Montage auf den Gewindebolzen der Schraube aufgetragen, oder der Klebstoff ist bereits vom Hersteller in winzigen Kapseln auf dem Gewindebolzen aufgetragen worden. Die Kapseln platzen beim Einschrauben der Schraube auf und der flüssige Klebstoff tritt aus und härtet bei Metallkontakt aus.

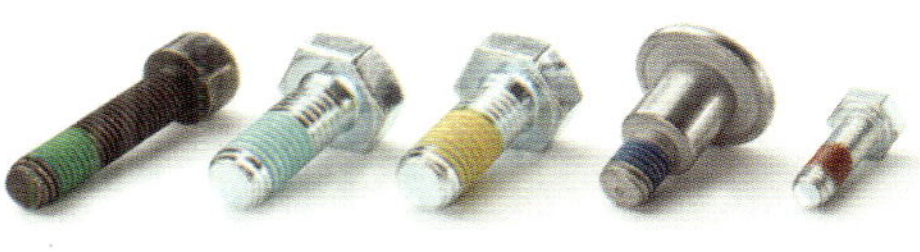

Schrauben mit mikroverkapseltem Klebstoff

Verliersicherungen, z. B. Kronenmuttern mit Splint, lassen eine Lockerung um einige Winkelgrad zu, verhindern jedoch das Auseinanderfallen der Schraubenverbindung.

1.2.5 Festigkeitsklassen für Schrauben und Muttern

Die Festigkeitswerte von Schrauben und Muttern werden durch zwei Zahlen, die durch einen Punkt getrennt sind, gekennzeichnet (z. B. 6.9).
Die erste Zahl gibt 1/100 der Mindestzugfestigkeit in N/mm² an. Die zweite Zahl, als Dezimale gelesen, ergibt das Streckgrenzenverhältnis. Dieses ist das Verhältnis Mindeststreckgrenze zu Mindestzugfestigkeit. Beide Zahlen miteinander multipliziert, ergeben 1/10 der Mindeststreckgrenze.

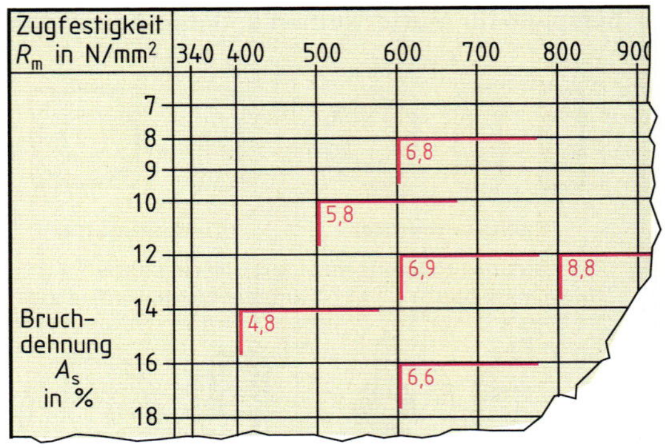

Festigkeitsklassen von Schraubenwerkstoffen

Beispiel für die Aufschlüsselung der Kennzeichnung von Schraubenwerkstoffen

6.9

$R_{eH} = 6 \cdot 9 \cdot 10 \, \frac{N}{mm^2} = 540 \, \frac{N}{mm^2}$

$R_m = 6 \cdot 100 \, \frac{N}{mm^2} = 600 \, \frac{N}{mm^2}$

$\frac{R_{eH}}{R_m} = 0{,}9$ (Streckgrenzenverhältnis)

Schrauben sollen mit Muttern mindestens gleicher Festigkeitsklasse kombiniert werden. Weil die Dehnung an der Mutter keine bedeutende Rolle spielt, gibt man bei Muttern als Kennzahl nur 1/100 der Mindestzugfestigkeit an.

> In den Festigkeitswerten von Schrauben und Muttern gibt die erste Zahl 1/100 der Mindestzugfestigkeit an und die zweite Zahl steht für 1/10, des Verhältnisses von Mindeststreckgrenze zu Mindestzugfestigkeit.

1.2.6 Berechnung von Befestigungsschrauben

- **Schrauben ohne Vorlast**

Nur wenige Schrauben werden ausschließlich durch die Betriebsspannung beansprucht, wie z. B. Spannschlösser, Kranhakengewinde. Bei so belasteten Schrauben wird der erforderliche Querschnitt aus der Zugbeanspruchung ermittelt. Da beim metrischen ISO-Gewinde infolge der größeren Radien im Gewindegrund die Kerbwirkung herabgesetzt ist, geht man bei der Berechnung dieser Schrauben nicht mehr vom Kernquerschnitt aus. Man setzt an die Stelle des Kernquerschnitts einen größeren Querschnitt, den **Spannungsquerschnitt.**

$$S_{S\,erf} = \frac{F_B}{\sigma_{z\,zul}}$$

S_S	Spannungsquerschnitt der Schraube
F_B	Betriebslast
$\sigma_{z\,zul}$	zulässige Spannung

Bei Schraubenwerkstoffen wird die zulässige Spannung aus der Spannung an der Streckgrenze und einer Sicherheit $\nu \approx 2{,}0$ errechnet, wenn die Schraube ohne Vorlast ist.

$$\sigma_{z\,zul} = \frac{R_{eH}}{\nu}$$

R_{eH}	Streckgrenze
ν	Sicherheit

> Zur Berechnung des Spannungsquerschnitts von Schrauben ohne Vorlast genügt eine Sicherheit von $\nu = 2$.

- **Schrauben mit Vorlast**

Die meisten Schrauben erhalten bereits durch das Anziehen eine *Vorlast.* Sie werden also schon im *unbelasteten* Zustand auf Zug beansprucht.
Bei hochbeanspruchten Schrauben ist eine genaue Berechnung notwendig, in die auch die elastische Verformung der miteinander verschraubten Bauteile eingehen muss.
In vielen Fällen genügt jedoch eine überschlägige Berechnung. Man nimmt dabei als Gesamtbelastung für eine vorgespannte Schraube an:

$F_{max} = 1{,}3 \text{ bis } 1{,}7 \cdot F_B$ F_B Betriebslast

Zur Berechnung von Schrauben mit Vorlast berücksichtigt man diese durch Erhöhung der Betriebslast auf das 1,3- bis 1,7-Fache.

Für Schrauben mit niedrigem Streckgrenzenverhältnis (.6) wird eine Sicherheit gegen Erreichen der Streckgrenze von $\nu = 1{,}25$ gewählt. Bei höheren Güten (.8 bis .9) wird die Sicherheit gegen Erreichen der Streckgrenze wegen der geringeren Zähigkeit des Werkstoffes mit 1,5 gewählt.
Für eine Schraube unter Vorlast ergibt sich nach dieser vereinfachten Rechnung demnach ein Spannungsquerschnitt von:

$$S_{S\,erf} = \frac{F_{max}}{\sigma_{z\,zul}} \qquad \sigma_{z\,zul} = \frac{R_{eh}}{\nu}$$

$\nu = 1{,}25$ für .6

$\nu = 1{,}5$ für .8 bis .9

Außerdem werden die Gewinde auf Abscheren und Biegung beansprucht Bei den genormten Gewinden liegt diese Beanspruchung jedoch immer unter der zulässigen Spannung, wenn die richtige Mutterhöhe eingehalten wurde und die Schraube nicht höher als mit der zulässigen Zug- oder Druckspannung belastet wird.

- **Abmessungen metrischer ISO-Gewinde nach DIN 13 (Auszug)**

d mm	P mm	d_2 mm	d_3 mm	S_s mm²	H_1 mm
4	0,7	3,545	3,141	8,78	0,379
6	1,0	5,350	4,773	20,10	0,541
8	1,25	7,188	6,466	36,6	0,677
10	1,5	9,026	8,160	58,0	0,812
12	1,75	10,863	9,853	84,3	0,947
16	2,0	14,701	13,546	157	1,083
20	2,5	18,376	16,933	245	1,353
24	3,0	22,051	20,319	353	1,624
30	3,5	27,727	25,706	561	1,894

1.2.7 Berechnung der Einschraubtiefe (Mutternhöhe)

Die notwendige Höhe (m) der Mutter, beziehungsweise die Einschraubtiefe, ergibt sich aus der Flächenpressung im Gewinde.

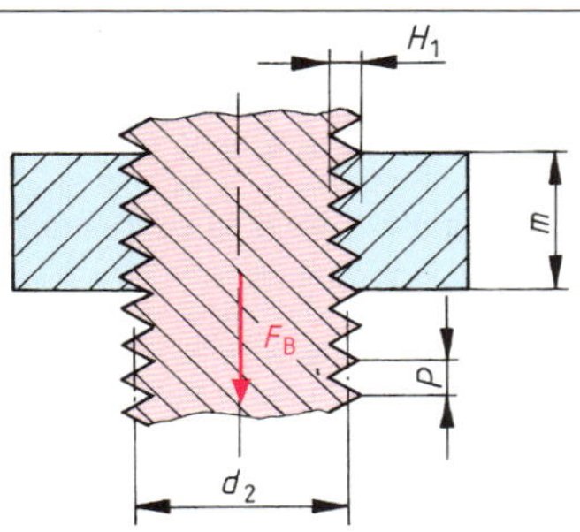

F_B Betriebslast
n Zahl der Gewindegänge
d_2 Flankendurchmesser
H_1 Tragtiefe
P Steigung
m Mutterhöhe bzw. Einschraubtiefe

Größen zur Berechnung der Einschraubtiefe

Die erforderliche tragende Mutternfläche A_{FI} errechnet man aus:

$$A_{Fl\,erf} = \frac{F_B}{p_{zul}}$$

Bei n Gewindegängen ist die Fläche:

$$A_{Fl} = n \cdot d_2 \cdot \pi \cdot H_1$$

Die Zahl der Gewindegänge beträgt:

$$n = \frac{m}{P}$$

Damit ergibt sich für die Fläche der Gewindeflanken:

$$A_{Fl} = \frac{m}{P} \cdot d_2 \cdot \pi \cdot H_1 = \frac{F_B}{p_{zul}}$$

Daraus errechnet sich die Mutternhöhe m zu:

$$m = \frac{F_B \cdot P}{d_2 \cdot \pi \cdot H_1 \cdot p_{zul}}$$

m Mutternhöhe
F_B Betriebslast
P Steigung
d_2 Flankendurchmesser
H_1 Tragtiefe
p_{zul} zulässige Flächenpressung des schwächsten Werkstoffs

Aufgaben zu 1.2 Schrauben und Muttern

1. Ein Parallelschraubstock aus Stahl hat ein Tr 20 × 4-Spindelgewinde. Der Flankendurchmesser dieses Gewindes beträgt 18,25 mm. Der Flankenwinkel beträgt 30°, die Reibungszahl $\mu = 0{,}15$. Die Reibungskraft zwischen Spindelkopf und Schraubstockunterteil greift auf einem Radius von 18,00 mm an.

a) Berechnen Sie den Steigungswinkel des Gewindes.
b) Berechnen Sie den Reibungswinkel ϱ'.
c) Welches Anzugsmoment wird durch eine Handkraft von 100 N an einem Klöppel von 300 mm wirksamer Klöppellänge erzeugt?
d) Welche Anpresskraft entsteht durch das Anzugsmoment?
e) Berechnen Sie den Wirkungsgrad des Gewindes.

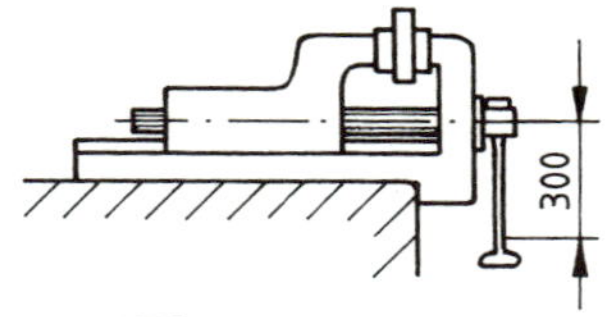

2. Ein frei drehbarer Haken an einem Hebezeug hat ein Gewinde M 20. Die Sicherheit gegen Erreichen der Streckgrenze soll $\nu = 3$ sein. Der Haken ist aus E360.
Welche Last ist zulässig?

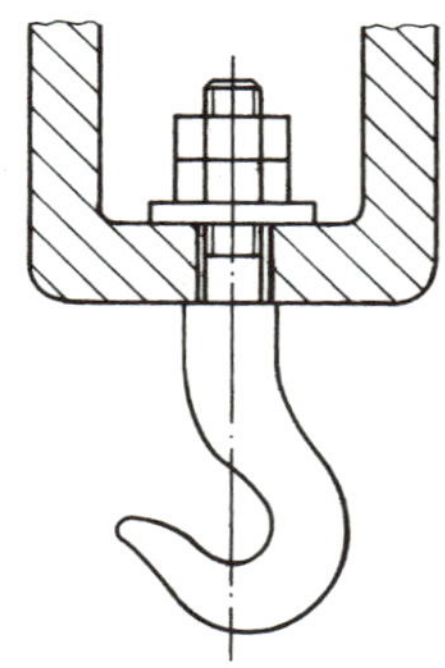

3. a) Welche Anpresskraft kann mit einer M 12 aus 6.8, bei einer Sicherheit von $\nu = 3$, gegen Erreichen der Streckgrenze erzielt werden?
b) Welche Flächenpressung tritt im Gewinde auf, wenn dabei eine Mutter mit $h = 0{,}8 \cdot d$ verwendet wird?

4. Eine Schraube M 16 trägt eine Belastung von 18 000 N. Die Mutterhöhe ist 12,8 mm.
a) Wählen Sie für eine Sicherheit von $\nu = 2$ gegen Erreichen der Streckgrenze einen genormten Schraubenwerkstoff aus.
b) Berechnen Sie die Flächenpressung im Gewinde.

5. Eine Schraube M 16 soll mit 26 000 N belastet werden. Die Sicherheit gegen das Erreichen der Streckgrenze soll 2 betragen.
Welcher Schraubenwerkstoff ist zu wählen? Geben Sie die normgerechte Bezeichnung an.

6. Das skizzierte Spannschloss ist mit einer Zugkraft von 8000 N belastet. Berechnen Sie:

a) den Durchmesser d_R des Rundmaterials der Ringöse (Schraubenwerkstoff 5.6),

b) den Nenndurchmesser des Gewindes der Ringschrauben,

c) die notwendige Gewindelänge im Spannschloss ($p_{zul} = 50\ \text{N/mm}^2$),

d) die Maße des elliptischen Bügels ($D = 3 \cdot d$). $\sigma_{z\ zul} = 80\ \text{N/mm}^2$.

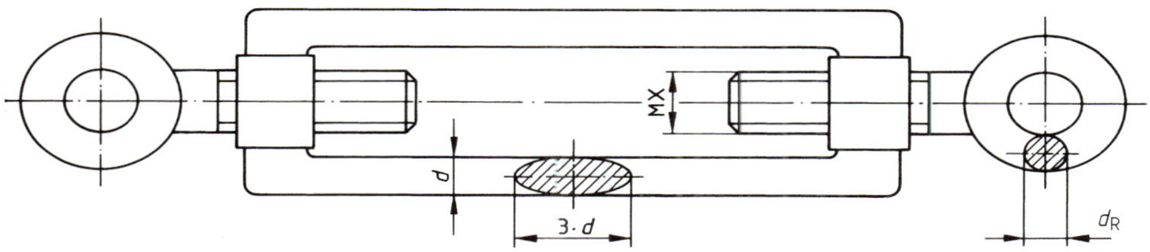

7. Eine Schraube M 12 hat $\eta = 0{,}12$ und ist aus 5.6. Die Sicherheit gegen Erreichen der Streckgrenze soll 2 sein.

a) Welche Spannkraft kann die Schraube maximal aufnehmen?

b) Welches Anzugsmoment ist zum Erreichen dieser Spannkraft erforderlich?

c) Welche Handkraft ist erforderlich, wenn die Schraube mit einem Schlüssel – wirksame Länge 200 mm – angezogen wird?

8. Welche Betriebslast kann eine Schraube M 16 aus 6.8 aufnehmen, wenn die Vorspannung 70 % der Betriebslast betragen soll?

9. In der skizzierten Klebepresse drücken drei Pneumatikzylinder (Durchmesser 80 mm) die Werkstücke aufeinander. Der Druck der Anlage beträgt 12 bar. Die Zylinder sind zwischen zwei Flachstählen befestigt. Berechnen Sie: **a)** die Höhe des Flachstahles aus S235,

b) die entsprechend Skizze erforderlichen Schrauben aus 6.8. (Vorspannung vernachlässigen)

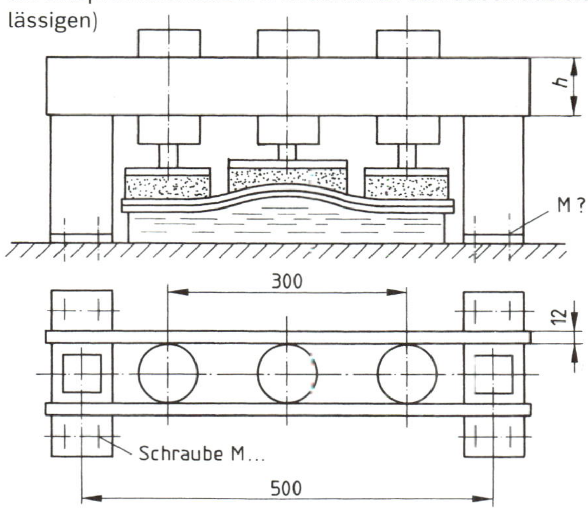

10. Ein Abzweig in einer Druckleitung ist durch einen Deckel dicht verschlossen. Die Schrauben stehen durch das Anziehen unter starker Vorspannung.

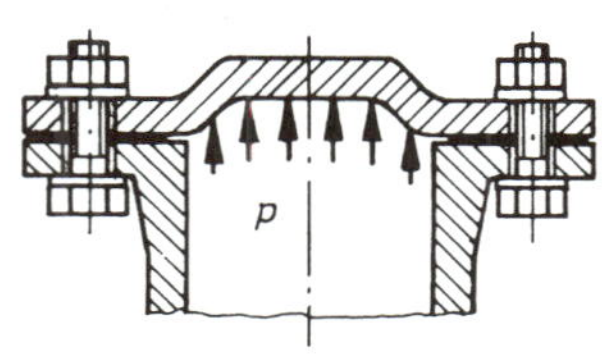

a) Welche Wirkung hat die Vorspannung auf die Schrauben?

b) Welche Auswirkung hat die Vorspannung in den Schrauben auf die Flansche, wenn das Leitungssys-tem drucklos ist?

c) Wie ändern sich die Verhältnisse in den Schrauben und in den Flanschen, wenn das Leitungssystem unter Druck gesetzt wird?

d) Wann ist eine Abdichtung durch den Deckel nicht mehr möglich?

1.3 Keile

Keilverbindungen sind lösbare Verbindungen. Die Verbindung von Bauteilen durch Keile erfolgt durch Spannungen, die durch das Eintreiben des Keiles erzeugt werden. Nach der Lage der Keile werden Längs- und Querkeile unterschieden.

Beispiele für Keilverbindungen

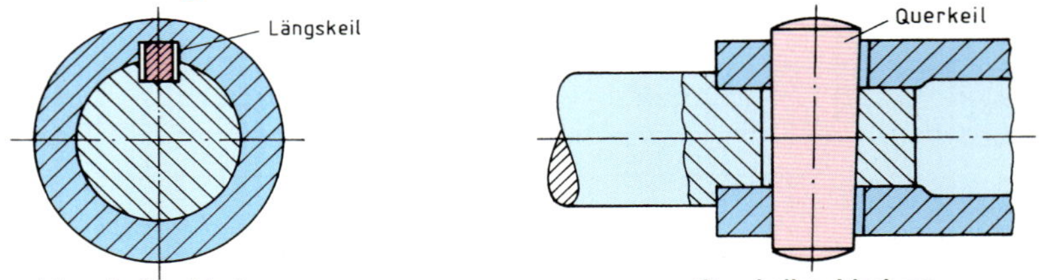

Längskeilverbindung **Querkeilverbindung**

Längskeile dienen zur Übertragung von Drehmomenten zwischen Wellen und Naben. *Querkeile* sind zur Aufnahme von Zug- und Druckkräften bestimmt.

- **Längskeile**

Längskeile haben eine Neigung von 1 : 100. Das übertragbare Drehmoment wird wesentlich von der Art der Keile bestimmt.

Beispiele für Längskeile

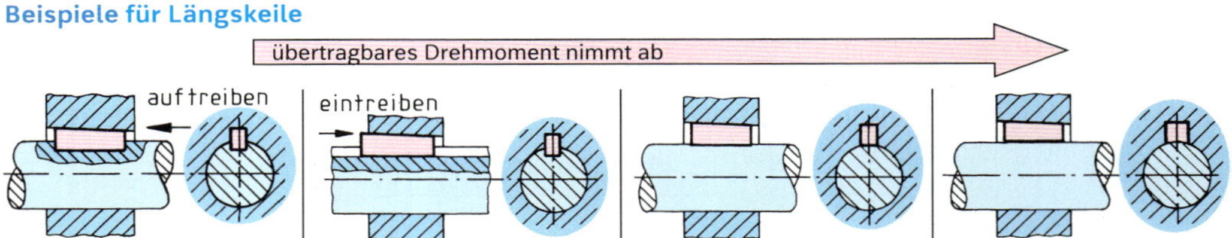

Einlegekeil **Treibkeil** **Flachkeil** **Hohlkeil**

- **Querkeile**

Querkeile haben eine Neigung von 1 : 15 bis 1 : 25 für Verbindungen, die selten nachgezogen werden. Für bleibende Verbindungen beträgt die Neigung etwa 1 : 40.

Aufgaben zu 1.3 Keile

1. Unterscheiden Sie Längs- und Querkeile hinsichtlich ihrer Anwendung.
2. Vergleichen Sie in einer Übersicht Hohlkeil, Flachkeil und Treibkeil hinsichtlich übertragbarem Drehmoment, Schwächung der Welle und Aufwand zur Vorbereitung und Herstellung der Verbindung.
3. Warum dürfen Maschinenteile, die mit hoher Umdrehungsfrequenz laufen, nicht mit Nasenkeilen verbunden werden?
4. Zahnräder sollen nicht durch Keile mit der Welle verbunden werden. Begründen Sie diese Forderung.
5. Ein Stangenkopf wird schwellend mit 80 kN Zugkraft belastet. Kopf und Stange werden durch einen Querkeil verbunden.

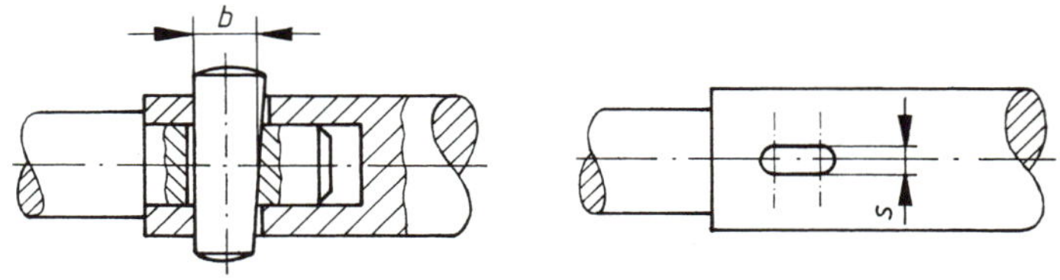

Berechnen Sie die Abmessungen des Keiles, wenn b/s für den Keil 4/1 betragen soll. Diese Forderung gilt für den mittleren Querschnitt. $\tau_{s\,zul} = 60\ \text{N/mm}^2$.

1.4 Stifte

1.4.1 Arten von Stiften

Stiftverbindungen sind lösbare Verbindungen. Der Stift kann ausschließlich Scherkräfte aufnehmen. Die Stifte werden gehärtet und ungehärtet geliefert.
Nach der Art der Verwendung der Stifte werden Passstifte, Verbindungsstifte und Abscherstifte unterschieden (s. Kapitel „Fügen“).

Beispiele für Ausführungsformen von Stiften

Zylinderstift (ungehärtet) **Kegelstift** (ungehärtet) **Kerbstift** **Spannstift**

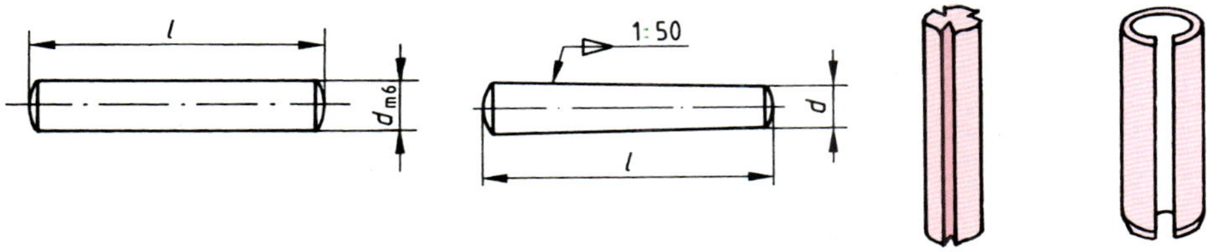

1.4.2 Berechnung von Stiften

Stifte werden durch Scherkräfte beansprucht und entsprechend berechnet.
Für Verbindungsstifte beträgt die zulässige Belastung $\tau_{s\,zul} \approx 0{,}8 \cdot \sigma_{z\,zul}$.
Zur Berechnung von Abscherstiften ist die Scherfestigkeit Berechnungsgrundlage:

$$\tau_{sB} \approx 0{,}8 \cdot R_m$$

Stifte werden auf Abscheren beansprucht. Die Durchmesser von Sicherungsstiften werden aus der Scherfestigkeit berechnet.
Der gewählte Durchmesser von Sicherungsstiften muss gleich oder kleiner als der berechnete sein.

Aufgaben zu 1.4 Stifte

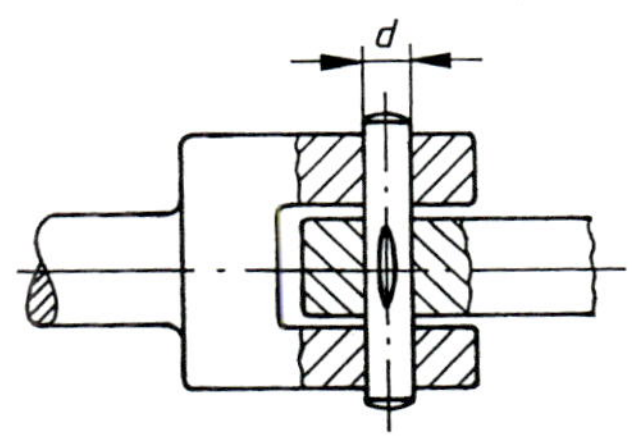

1. Das skizzierte Gelenk einer Zugstange wird durch einen Knebelkerbstift zusammengehalten. Welchen Durchmesser muss ein Stift aus E295 haben, wenn eine schwellende Last von 45 000 N übertragen wird?

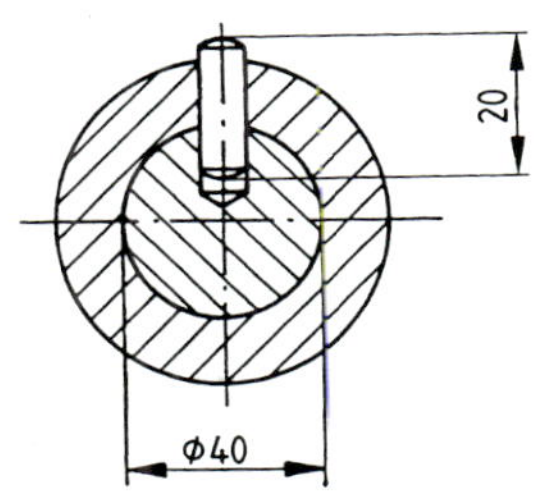

2. Der skizzierte Sicherungsstift aus E295 ($R_m = 610\,\frac{N}{mm^2}$) soll bei Überschreiten eines Drehmomentes von ca. 530 Nm abscheren.
   a) Berechnen Sie den Durchmesser des Stiftes.
   b) Geben Sie die normgerechte Bezeichnung an.

3. Eine Welle überträgt eine Leistung bei $n = 300\ \text{min}^{-1}$. Die Welle hat einen Durchmesser von 40 mm. Auf der Welle ist ein Stirnrad mit einem durchgehenden Sicherungsstift aus S275 und 8 mm Durchmesser befestigt. Welche Leistung kann maximal übertragen werden?
4. Ein Kegelstift 5 × 50 wird 8 mm unterhalb des Kopfes auf Scherung beansprucht.
   Berechnen Sie den auf Scherung beanspruchten Durchmesser.

1.5 Niete

Niete sind Bauelemente, die zur Herstellung von unlösbaren Verbindungen durch Umformen verwendet werden.

Niete, die im Kessel- und Stahlbau verwendet werden, bestehen aus Setzkopf und Schaft. Bei der Nietung wird der Schließkopf angestaucht.

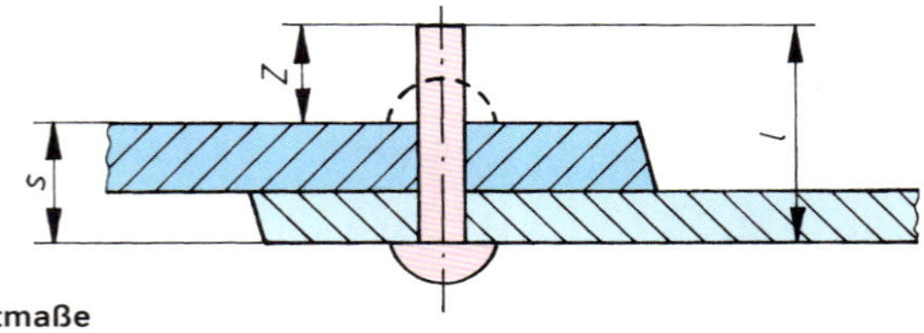

l Schaftlänge
s Klemmlänge
Z Zugabe
(1,3 bis 1,7 *d* bei Rundkopf,
0,6 bis 1,1 *d* bei Senkkopf)

Nietmaße

1.5.1 Beanspruchung der Nietverbindung

Die **Kaltnietung** ist eine *formschlüssige* Verbindung. Es entstehen bei der Vernietung nur geringe Zugspannungen im Nietschaft, sodass die verbundenen Teile nur mit geringen Normalkräften aufeinandergepresst werden. Der Nietschaft wird also durch die äußeren Kräfte im Wesentlichen auf Abscherung und Lochleibungsdruck beansprucht. Lochleibungsdruck ist die Flächenpressung zwischen Nietschaft und der Wandung des Nietloches.

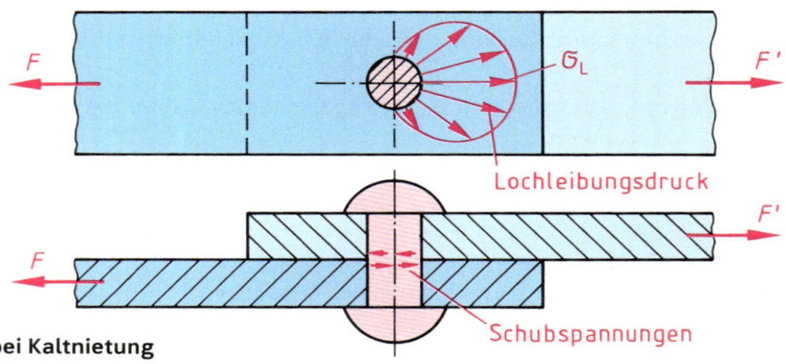

Kraftübertragung bei Kaltnietung

Beim **Warmnieten** wird der Niet bei Schmiedetemperatur geschlagen. Der Niet schrumpft bei der Abkühlung und presst mit den Köpfen die verbundenen Bleche mit einer großen Normalkraft aufeinander. Bei einer Beanspruchung der warm geschlagenen Nietverbindungen entstehen zwischen den verbundenen Bauteilen Reibungskräfte. Eine Warmnietung überträgt also zunächst Kräfte durch *Kraftschluss.* Erst wenn die äußeren Kräfte die Reibungskräfte überwunden haben – was nicht erwünscht ist –, wird der warmgeschlagene Niet nach einer Gleitung der verbundenen Teile auf Abscherung und Lochleibung beansprucht.

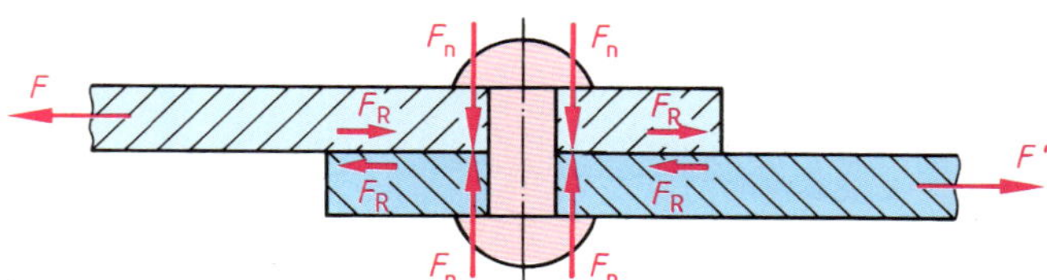

Kraftübertragung bei Warmnietung

Soll die Nietung dicht sein, müssen die äußeren Kräfte kleiner als die Reibungskräfte sein.

Warmgeschlagene Niete werden demnach überwiegend auf Zug und nur sehr gering auf Abscherung und Lochleibung beansprucht.

1.5.2 Berechnung einfacher Nietverbindungen

Berechnung von Nietverbindungen im Stahlbau

1. Nietdurchmesser

Bei Blechen bis 10 mm soll der Nietdurchmesser erfahrungsgemäß

$$d = \sqrt{50 s_{min}\,[\mathrm{mm}]} - 2\ \mathrm{mm}$$

s_{min} Dicke des dünnsten Bauteiles

betragen. Der Nietdurchmesser ist auf den nächsten genormten Nietdurchmesser aufzurunden. Die Nietdurchmesser entsprechen den Durchmessern genormter metrischer Gewinde.

2. Anzahl der Niete

Die Scherspannung in einem Niet darf die zulässige Scherspannung des Nietwerkstoffes $\tau_{s\,zul}$ nicht überschreiten.

$$\tau_s = \frac{F}{S_{ges}}$$

S_{ges} gesamte beanspruchte Querschnittsfläche aller Niete in einem Bauteil

$$S_{ges} = S_1 \cdot z \cdot n$$

S_1 Querschnitt des *geschlagenen* Nietes
z Zahl der Niete in einem Bauteil
n Zahl der auf Abscherung beanspruchten Querschnitte eines Nietes
$\tau_{s\,zul}$ zulässige Scherspannung des Nietwerkstoffes

Daraus ergibt sich für τ_s:

$$\tau_s = \frac{F}{S_1 \cdot z \cdot n}$$

Die Anzahl der Niete errechnet sich unter Berücksichtigung der zulässigen Scherspannung:

$$z = \frac{F}{\tau_{s\,zul} \cdot S_1 \cdot n}$$

3. Notwendige Blechbreite

Durch die Nietlöcher wird der Querschnitt der auf Zug beanspruchten und verbundenen Bauteile geschwächt.
Der Querschnitt des Bleches muss um den Betrag der Schwächung, die durch die Nietreihe mit der größten Nietzahl entsteht, vergrößert werden.

4. Kontrollrechnung

Die Nietverbindung muss kontrolliert werden:
Die Scherspannung im Niet darf die zulässige Scherspannung des Nietwerkstoffes nicht überschreiten.

$$\tau_s \le \tau_{s\,zul} \qquad \tau_s = \frac{F}{S_1 \cdot z \cdot n}$$

Der Lochleibungsdruck zwischen Niet und Wandung der Bohrung darf den zulässigen Lochleibungsdruck des schwächsten Werkstoffes nicht überschreiten.

σ_1 Lochleibungsdruck

$$\sigma_1 = \frac{F}{d_1 \cdot s \cdot z}$$

$$\sigma_1 \le \sigma_{1\,zul} \qquad \sigma_{1\,zul} = 2 \text{ bis } 2{,}5\ \sigma_{z\,zul}$$

Niete werden auf Abscherung berechnet.
Die Flächenpressung (Lochleibung) zwischen Nietschaft und Bauteil darf die zulässige Flächenpressung des schwächsten Werkstoffs nicht überschreiten.

Aufgaben zu 1.5 Niete

1. Wie viel schnittig ist
   a) eine Überlappungsnietung,
   b) eine einfache Laschennietung,
   c) eine Doppellaschennietung?

2. Zwei 10 mm dicke Bleche aus S235 sind mit 150 kN auf Zug belastet $\sigma_{z\,zul} = 110\ \text{N/mm}^2$.
   Berechnen Sie für eine Überlappungsnietung
   a) den Nietdurchmesser,
   b) die Zahl der erforderlichen Niete bei $\tau_{s\,zul} = 140\ \text{N/mm}^2$,
   c) die erforderliche Blechbreite,
   d) den auftretenden Lochleibungsdruck.

3. Zwei Bleche aus S235 sind entsprechend der Skizze durch Niete d = 16 mm verbunden. Sie werden schwellend beansprucht. Der Nietwerkstoff hat $\tau_{s\,zul} = 140\ \frac{\text{N}}{\text{mm}^2}$.

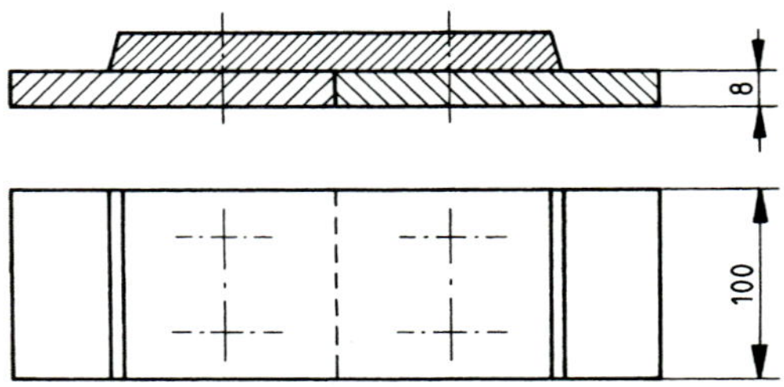

Berechnen Sie die für diese Konstruktion zulässige Last. Kontrollieren Sie dazu Niet und Blech.

1.6 Schweißnaht

1.6.1 Nahtformen

Bei den Schweißverbindungen werden die Bauteile durch die Schweißnaht verbunden. Je nach Lage der zu verbindenden Teile zum Schweißstoß und nach der Art der Vorbereitung zur Verschweißung ergeben sich verschiedene Nahtarten.

Beispiele für Schweißnähte

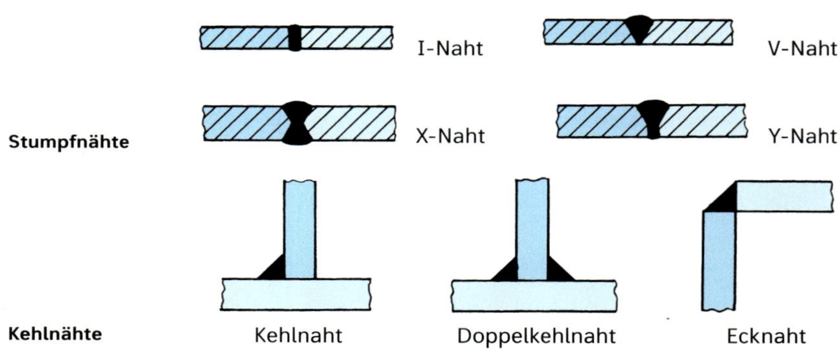

1.6.2 Berechnung einfacher Schweißverbindungen

Schweißnähte können in allen Beanspruchungsarten und Belastungsfällen belastet werden.

Bei auf Zug, Druck oder Abscheren beanspruchten Schweißverbindungen darf in der Naht die zulässige Spannung nicht überschritten werden.

$$\tau_{schw} = \frac{F}{S_{schw}}; \qquad \sigma_{schw} = \frac{F}{S_{schw}}$$

Der beanspruchte Nahtquerschnitt beträgt:

$$S_{schw} = \Sigma a \cdot l$$

Dabei bedeutet a die kleinste Dicke der Schweißnaht. Sie ist bei Stumpfnähten gleich der Dicke t des dünnsten Bleches. Bei Kehlnähten ist a gleich der Höhe des in die Naht einzubeschreibenden, gleichschenkligen Dreiecks.

Beispiele für das Maß a bei Schweißnähten

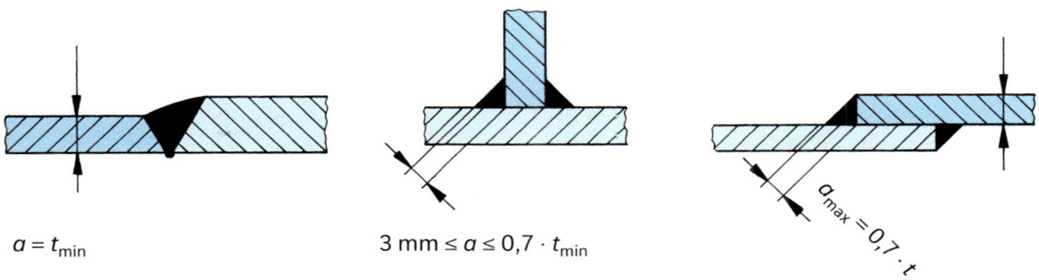

> Als Schweißnahtdicke a bezeichnet man die Höhe des in die Naht einzubeschreibenden, gleichschenkligen Dreiecks.

Die belastbare Länge l der Schweißnaht ist um den Einbrandkrater am Anfang und Ende jedes Nahtstücks kürzer als die Nahtlänge. Der Einbrand entspricht jeweils der Dicke der Schweißnaht.

$$l = l_{ges} - 2a$$

l belastbare Länge
l_{ges} Nahtlänge
a kleinste Dicke der Schweißnaht

Flankenkehlnähte sollen eine Länge zwischen 15 · a und 60 · a haben. Die zulässige Beanspruchung der Schweißnaht $\sigma_{schw\,zul}$ beträgt je nach Art der Belastung und Ausführung der Naht 0,5 bis 1,0 · σ_{zul} des Werkstoffs oder $\tau_{schw\,zul}$ = 0,5 bis 1,0 · τ_{zul}.

$$\sigma_{schw\,zul} = \alpha \cdot \sigma_{zul}$$

$\sigma_{schw\,zul}$ zulässige Zugspannung in der Schweißnaht
α Schweißfaktor (0,5 bis 1,0)
σ_{zul} zulässige Zugspannung des Werkstoffs

$$\tau_{schw\,zul} = \sigma_{zul} \cdot \tau_{zul}$$

$\tau_{schw\,zul}$ zulässige Scherspannung in der Schweißnaht
τ_{zul} zulässige Scherspannung des Werkstoffs

Beispiel für die Berechnung einer Schweißnaht

Aufgabe: Ein Flachstahl von 20 mm Dicke wird durch Kehlnähte mit einem Blech verbunden. Die notwendige Nahtlänge ist zu berechnen.

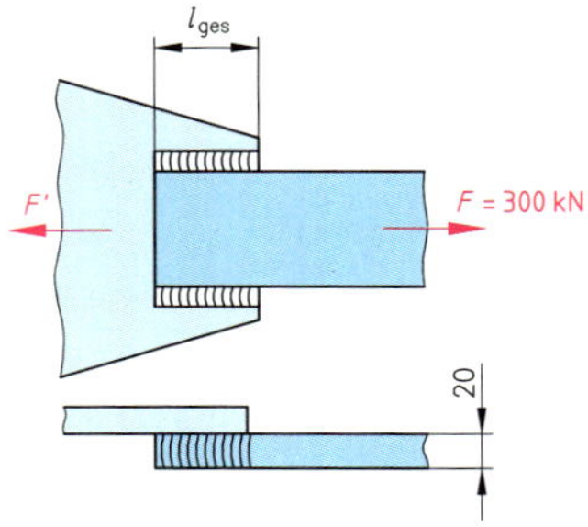

$\tau_{s\ zul} = 110\ \frac{N}{mm^2}$

$\alpha = 0{,}5$

Lösung:

$\tau_{schw\ zul} = \alpha \cdot \tau_{s\ zul}$

$\tau_{schw\ zul} = 0{,}5 \cdot 110\ \frac{N}{mm^2}$

$\tau_{schv\ zul} = 55\ \frac{N}{mm^2}$

$S_{erf} = \frac{F}{\tau_{schw\ zul}}$

$S_{erf} = \frac{300\,000\ N\ mm^2}{55\ N} = 5\,455\ mm^2$

$S = l \cdot a \Rightarrow l = \frac{S}{a}$ $\qquad a = 0{,}7 \cdot t$

$l = \frac{4196\ mm^2}{0{,}7 \cdot 20\ mm} = 389\ mm$

$l_{ges} = \frac{l}{2} + 2\,a = 194{,}5\ mm + 2 \cdot 14\ mm = \mathbf{222{,}5\ mm}$

$l_{ges} > 15 \cdot a = 15 \cdot 14 = 210\ mm$

Zur Berechnung der Schweißnaht wird zunächst die kleinste Dicke der Schweißnaht anhand der Nahtform und der kleinsten Blechdicke bestimmt und mit deren Hilfe die Schweißnahtlänge berechnet.

Aufgaben zu 1.6 Schweißnaht

1. Ein Rohr mit einem Außendurchmesser von 60 mm und einer Wanddicke $s = 4$ mm wird mit einer Platte verschweißt.
Berechnen Sie die zulässige Zugkraft für die Konstruktion. $\tau_{s\ zul} = 90\ N/mm^2$; Schweißfaktor $\alpha = 0{,}65$.

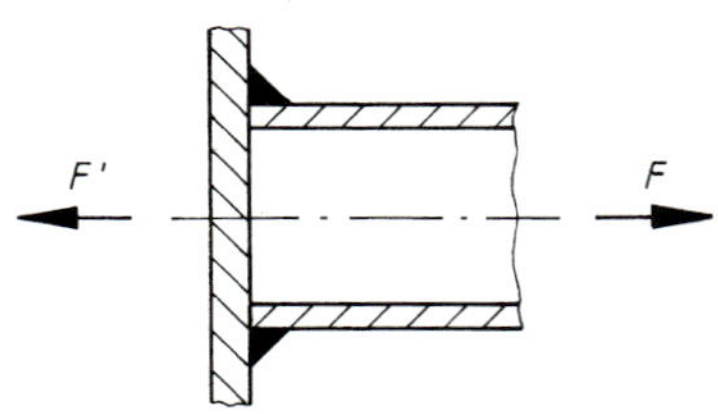

2. Ein Flacheisen wird nach Skizze mit einem Blech S235 verschweißt. Die Beanspruchung ist schwellend.
Berechnen Sie die Breite des Flacheisens und die Länge der Naht. $\tau_{s\ zul} = 70\ N/mm^2$; $\alpha = 0{,}65$.

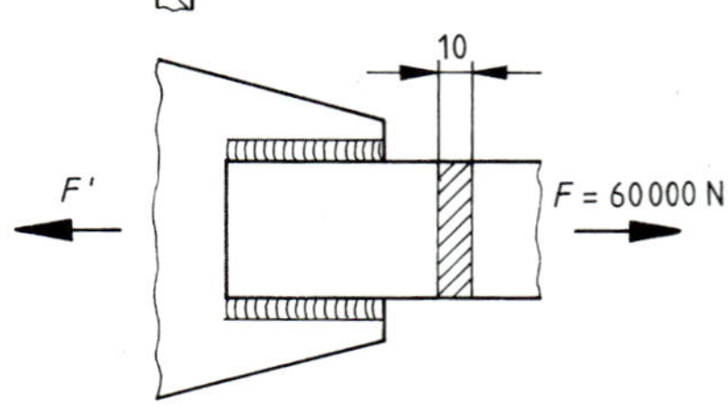

3. Welche Spannung herrscht in der Längsnaht eines geschweißten Rohres von 250 mm Innendurchmesser und einem Innenüberdruck von 4 bar? Die Wanddicke beträgt 6 mm.

2 Übertragungs- und Lagerungselemente

2.1 Achsen und Wellen

2.1.1 Begriffe

Achsen tragen umlaufende Maschinenteile wie Rollen, Räder, Hebel. Sie können fest oder drehbar gelagert sein. Achsen werden auf *Biegung* beansprucht. In sehr kurzen Achsen, auch als *Bolzen* bezeichnet, sind die Biegespannungen gegenüber den auftretenden Schubspannungen gering.

Wellen laufen stets um. Kennzeichnend für die Welle ist die Übertragung eines *Drehmomentes*. Eine größere Biegebeanspruchung *kann* zusätzlich auftreten.
Sonderformen der Wellen sind Kurbel- und Gelenkwellen.

Zapfen sind die im Lager umlaufenden Teile einer Achse oder Welle. Der Zapfen ist gegenüber der Achse oder Welle meist abgesetzt. Jede Durchmesseränderung mindert jedoch die Dauerfestigkeit des Bauteiles infolge Kerbwirkung. Um die Gefahr des Dauerbruches herabzusetzen, wird der Übergang zum Zapfen gerundet.

Beispiel für Kerbwirkung an den Schultern von Wellenzapfen

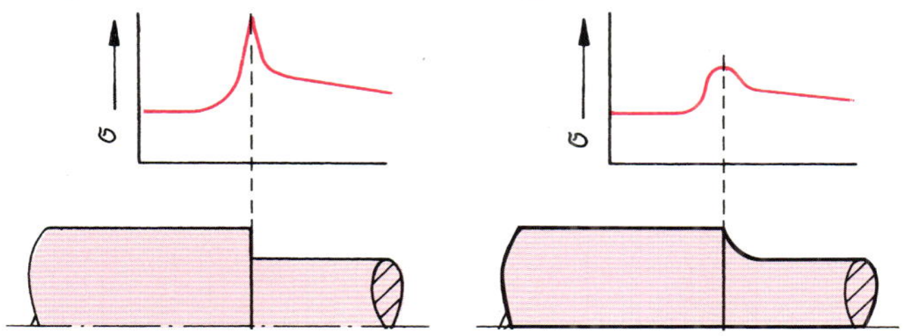

2.1.2 Berechnung von Achsen und Wellen

Achsen werden auf Biegung beansprucht und entsprechend berechnet.
In Wellen, die auf Biegung und Verdrehung beansprucht werden, treten Normal- und Schubspannungen gleichzeitig in der Welle auf. Die Berechnung kann nach verschiedensten Festigkeitshypothesen erfolgen. Mit Festigkeitshypothesen kann man eine zusammengesetzte Beanspruchung auf eine einfache Vergleichsbelastung zurückführen.

Nach der angegebenen Formel werden das Biegemoment (M_b) und das Drehmoment (M_t) zu einem Vergleichsmoment (M_v) zusammengefasst. Mit dem so erhaltenen Vergleichsmoment wird die Welle wie auf *Biegung* berechnet.

$$M_v = \sqrt{M_b^2 + \left(\frac{\sigma_{b\,zul}}{2\tau_{t\,zul}} \cdot M_t\right)^2}$$

M_v	Vergleichsmoment
M_b	Biegemoment
M_t	Drehmoment
$\sigma_{b\,zul}$	zulässige Biegespannung
$\tau_{t\,zul}$	zulässige Verdrehspannung

Der Durchmesser ergibt sich aus der Berechnung auf Biegung:

$\sigma_b = \frac{M_v}{W}$ $\quad W \approx \frac{d^3}{10}$ $\quad \sigma_b \approx \frac{10 M_v}{d^3}$ $\quad d \approx \sqrt[3]{\frac{10 M_v}{\sigma_{b\,zul}}}$

Die Tiefe von Keil- oder Federnut wird dem errechneten Durchmesser einmal zugeschlagen. Das so erhaltene Durchmessermaß wird dann auf ein Normmaß aufgerundet.

> Zur Berechnung der Biegebeanspruchung einer Welle wird zunächst ein Vergleichsmoment aus Biegemoment und Drehmoment mithilfe einer Formel bestimmt.

Aufgaben zu 2.1 Achsen und Wellen

1. Welcher Belastungsfall liegt bei umlaufenden Achsen vor?
Welcher Belastungsfall gilt für fest gelagerte Achsen?

2. Ein Kraftfahrzeug hat Hinterradantrieb. Hat dieses Fahrzeug eine Hinterradachse oder eine Hinterradwelle? Begründen Sie Ihre Antwort.

3. Eine Welle überträgt eine Leistung von 50 kW bei 450 min^{-1}. Die Welle wird entsprechend der Skizze auf Biegung belastet.
$\sigma_{b\,zul} = 65\ N/mm^2$, $\tau_{t\,zul} = 40\ N/mm^2$
- **a)** Berechnen Sie das Biege- und das Torsionsmoment.
- **b)** Ermitteln Sie das Vergleichsmoment.
- **c)** Berechnen Sie den Wellendurchmesser.

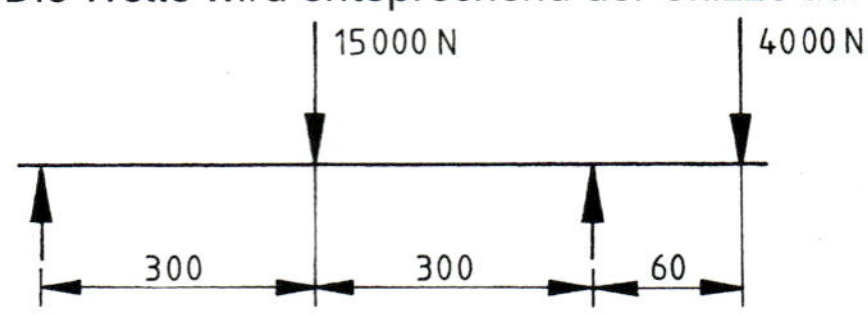

4. Die umlaufende Achse eines Laufrades ist nach Skizze belastet. Die Achse soll aus E295 gefertigt werden ($\sigma_{b\,zul} = 87\ N/mm^2$).
- **a)** Zeichnen Sie maßstäblich die Momentenfläche.
- **b)** Berechnen Sie entsprechend der Momentenflächen für alle 6 cm Achsenlänge den erforderlichen Durchmesser.
- **c)** Konstruieren Sie aus den errechneten Durchmessern die theoretische Achsenform.
- **d)** Die Lagerzapfen müssen je 35 mm Durchmesser und 35 mm Länge haben. Die Nabe des aufzusetzenden Laufrades ist 50 mm lang.
Konstruieren Sie die Achse unter Berücksichtigung des theoretischen Längsquerschnittes.

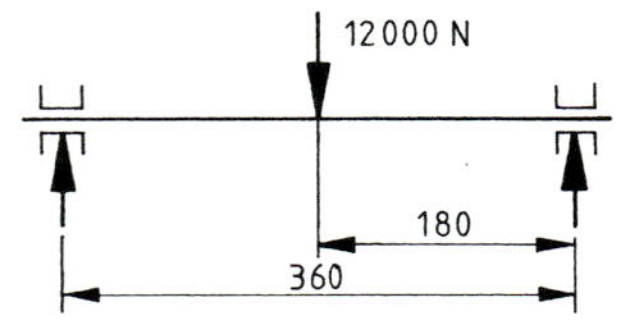

5. Berechnen Sie für die Vorrichtung die Maße *b* und *h* des Schalthebels sowie die Maße *d* und *a* der Welle. Hebel und Welle sollen aus E295 gefertigt werden.

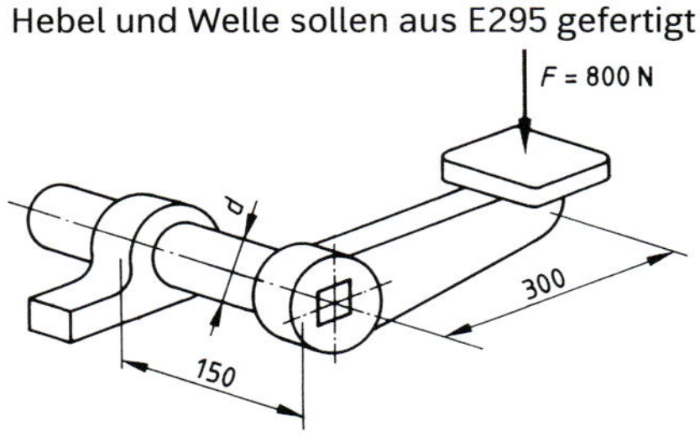

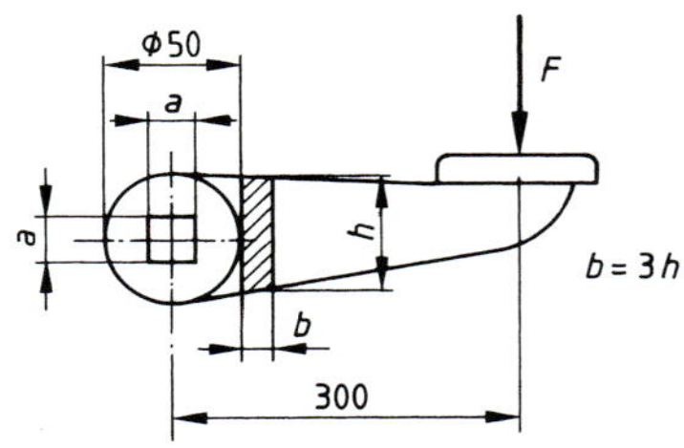

6. Die Kettenradwelle einer Winde trägt eine Last von 60000 N. Die Gelenkkette läuft über ein Kettenrad von 210 mm Teilkreisdurchmesser. Der Antrieb erfolgt über ein Zahnrad von 840 mm Teilkreisdurchmesser. Berechnen Sie den Durchmesser der auf Verdrehen und Biegung beanspruchten Welle. Werkstoff E360.

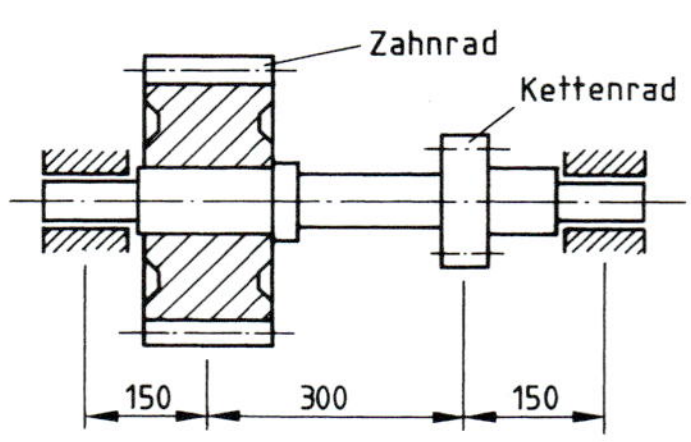

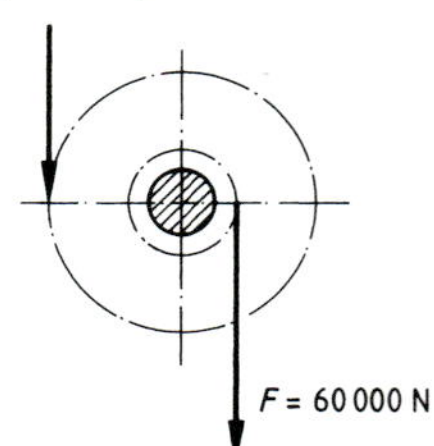

7. Das skizzierte Schaltgestänge in einer Anlage wird entsprechend Skizze beansprucht.
- **a)** Bestimmen Sie das Biegemoment.
- **b)** Berechnen Sie das Drehmoment.
- **c)** Bestimmen Sie das Maß *d* der Welle.

$\sigma_{b\,zul} = 100\ \frac{N}{mm^2}$; $\tau_{tzul} = 80\ \frac{N}{mm^2}$

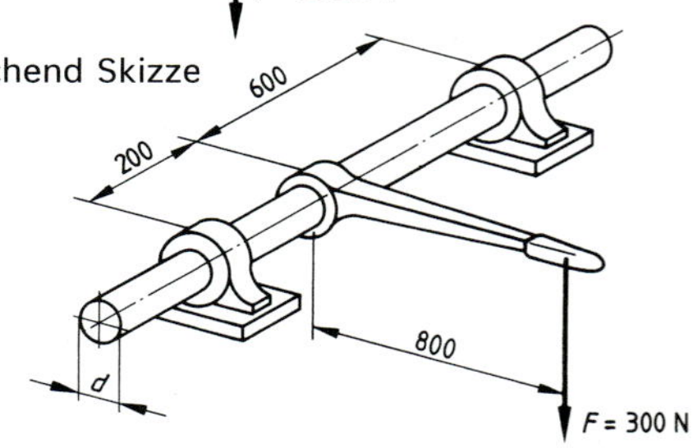

2.2 Lager

2.2.1 Begriffe

Wellen und umlaufende Achsen werden von Lagern getragen. Nach der Richtung der vom Lager aufzunehmenden Kräfte unterscheidet man Radial- und Axiallager

In **Radiallagern** wirken die äußeren Kräfte *senkrecht zur Längsrichtung* des Zapfens.
In **Axiallagern** wirken die äußeren Kräfte *in Richtung* des Zapfens.

Entsprechend der Art der Bewegung im Lager wird zwischen **Gleit-** und **Wälzlager** unterschieden

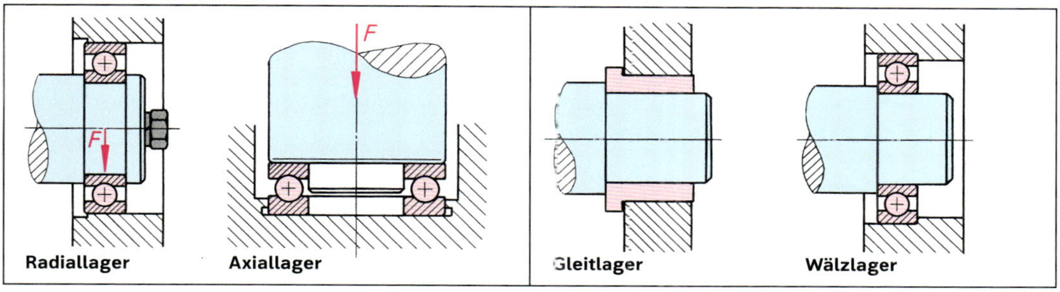

2.2.2 Gleitlager

Gleitlager wirken infolge der großen Auflagerfläche und der Schmierschicht stoßdämpfend. Darum können Gleitlager große Kräfte und Stöße aufnehmen. Die Lager können teilbar sein. So können sie z. B. auch als Lager für Pleuelstangen und Kurbelwellen eingesetzt werden. Die Lager sind wenig schmutzempfindlich und haben bei guter Schmierung eine sehr hohe Lebensdauer.

2.2.2.1 Schmierung von Gleitlagern

In Gleitlagern müssen die Gleitflächen durch einen zusammenhängenden Schmierfilm voneinander getrennt werden. Man unterscheidet hydrodynamische und hydrostatische Schmierung.

- **Hydrodynamische Schmierung**

In Ruhelage liegen in hydrodynamisch geschmierten Lagern die Gleitflächen aufeinander. Im Anlauf herrscht demnach *trockene Reibung* mit $\mu = 0{,}1$ bis 0,3.
Durch die Gleitbewegung beim Anlaufen wird Schmierstoff infolge Adhäsion vom Zapfen mitgerissen und in den sich verengenden Spalt zwischen Lagerschale und Zapfen gepresst. Der Zapfen wird durch den Druck des Schmiermittels zur Seite gedrückt und angehoben. Solange noch kein zusammenhängender Schmierfilm entstanden ist, herrscht *Mischreibung* ($\mu = 0{,}05$ bis 0,07), die bei steigender Umdrehungsfrequenz in *Flüssigkeitsreibung* ($\mu = 0{,}001$ bis 0,008) übergeht (in fettgeschmierten Lagern tritt nur Mischreibung auf).

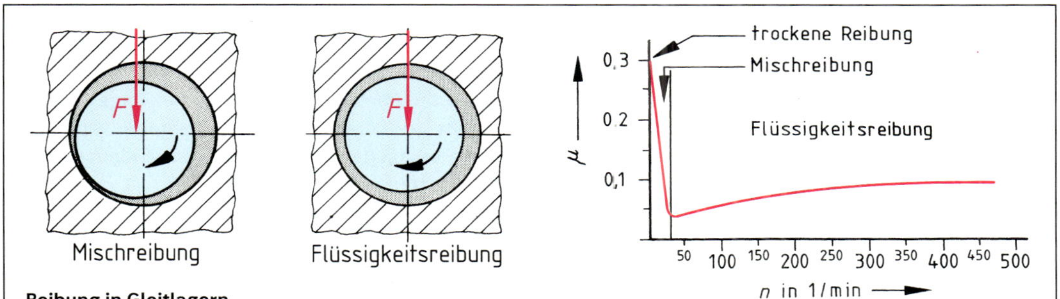

Reibung in Gleitlagern

Der Schmierdruck im Lager erreicht bei der hydrodynamischen Schmierung seinen Höchstwert kurz vor der engsten Stelle im Lager, in Umlaufrichtung gesehen.

In Maschinen und Geräten, die stets nur kurzzeitig in Betrieb gesetzt werden, tritt bei jedem Anlauf Misch- bzw. Trockenreibung auf. Deshalb ist bei diesen Maschinen und Geräten der Verschleiß höher als bei Maschinen im Dauerbetrieb.

Bei Gleitführungen an Werkzeugmaschinen tritt während der Bewegung Mischreibung auf.

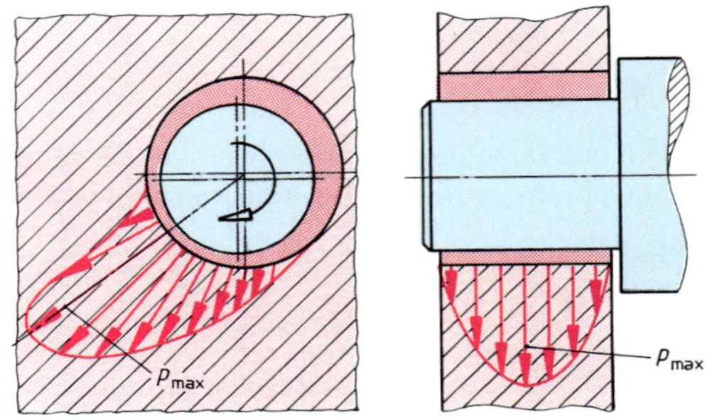

Druckverteilung bei hydrodynamischer Schmierung

> Bei *hydrodynamischer Schmierung* wird der tragende Schmierfilm durch die Keilflächenwirkung der sich relativ zueinander bewegenden Gleitflächen aufgebaut.

- **Hydrostatische Schmierung**

Bei nur langsam gegeneinander bewegten Gleitflächen kann keine Flüssigkeitsreibung durch einen hydrodynamischen Schmiereffekt gebildet werden. In diesen Fällen wird schon vor dem Anlaufen der Maschine durch eine Pumpe Öl zwischen die Gleitflächen gepresst. Die Reibung ist dadurch meist geringer als bei hydrodynamischer Schmierung.

Hydrostatische Lager haben gegenüber den herkömmlichen hydrodynamischen Lagern folgende Vorteile:

- auch bei hoher Lagerbelastung *kein Verschleiß im Lager,* weil bereits beim Anlauf Flüssigkeitsreibung besteht,
- *Eignung für geringe Umdrehungsfrequenzen,* da der Öldruck unabhängig von der Umdrehungsfrequenz ist,
- *hohe Laufgenauigkeit,* da die Welle durch den gleichmäßigen Öldruck zentriert wird,
- *Einsatz von Segmentlagern* für besonders große Lager, die hydrodynamisch nicht zu schmieren wären.

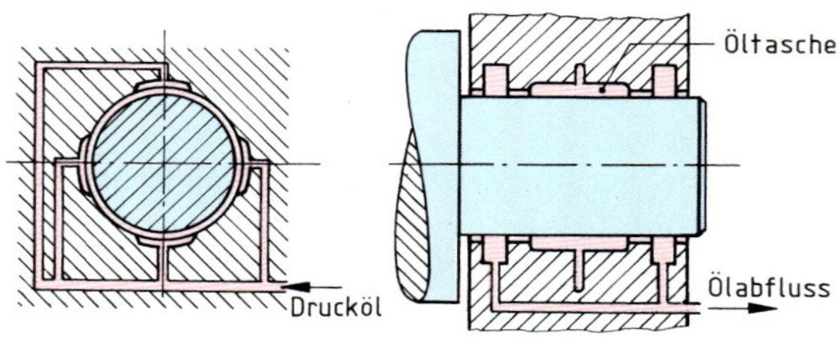

Hydrostatische Schmierung

> Bei *hydrostatischer Schmierung* wird der tragende Schmierfilm durch eingepumptes Drucköl erzeugt.

2.2.2.2 Bemessung der Gleitlager

Von der Berechnung des Zapfens, der Welle oder Achse her ist der Mindestdurchmesser des Lagers bereits gegeben. Die Lagerbreite soll etwa 0,4 bis 1,2 · *d* betragen. Bei größeren Lagerbreiten ergeben sich unter Umständen hohe Pressungen an den Kanten des Lagers, die vermieden werden müssen. Zudem darf die zulässige Flächenpressung des Lagerwerkstoffes nicht überschritten werden.

Bei einer genauen Berechnung von Gleitlagern müssen weiterhin das Lagerspiel, die Lagerreibung und die damit verbundene Wärmeentwicklung sowie die Zähigkeit des Öles berücksichtigt werden.

> Gleitlager werden im einfachsten Fall auf Flächenpressung berechnet.

2.2.3 Wälzlager

2.2.3.1 Grundlagen

Wälzlager sind genormte Maschinenbauteile, die einbaufertig geliefert werden. Ein Wälzlager besteht aus einem Kranz gehärteter und polierter Rollkörper, die zwischen ebenfalls gehärteten und geschliffenen Rollbahnen ablaufen. Untereinander werden die Rollkörper durch Käfige in gleichem Abstand gehalten.

Wälzlager haben, besonders beim Anlauf, einen bedeutend geringeren Reibungswiderstand. An Wartung, insbesondere Schmierung, stellen Wälzlager nur geringe Anforderungen; sie müssen jedoch vor Fremdkörpern (Schmutz, Späne) geschützt werden.

Die Rollkörper sind entweder kugel-, rollen- oder nadelförmig.

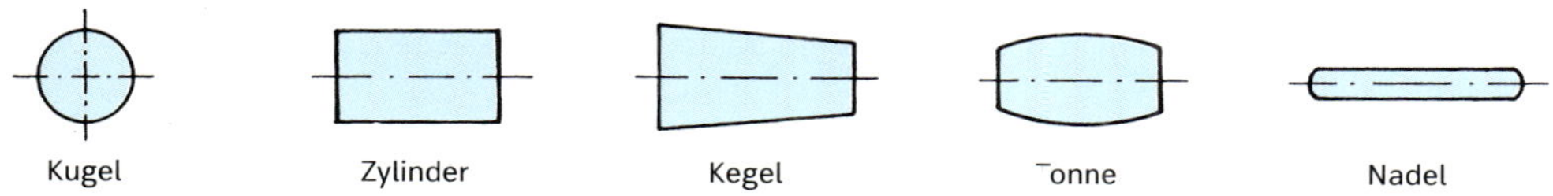

Rollkörper

Wälzlager haben infolge der Rollreibung sehr geringe Reibungsverluste. Da keine Haftreibung auftritt, ist der Anlaufwiderstand ebenfalls sehr gering.

- **Rollreibung**

Beim Rollen einer Kugel oder eines anderen Rollkörpers ist der Rollwiderstand der Bewegung entgegengerichtet. Der Rollkörper drückt sich unter der Belastung etwas in die untere und obere Rollbahn ein. In der Annahme, dass hinter dem rollenden Rollkörper die Rollbahn nicht unmittelbar wieder zurückgeformt wird, ergibt sich folgende Belastung.

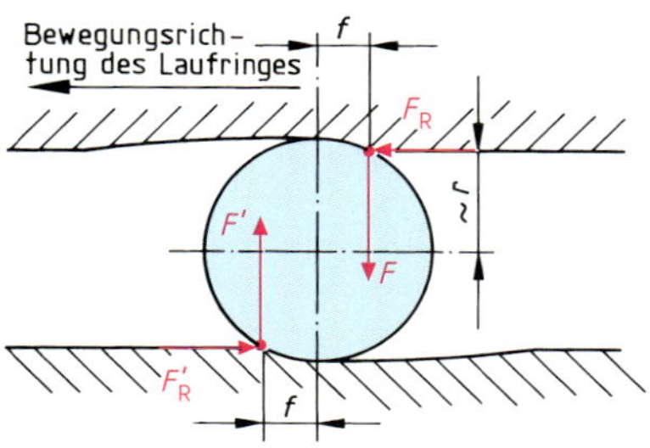

Für den Mittelpunkt des Rollkörpers gilt:

$$\Sigma M_r = \Sigma M_l$$

$$F \cdot f + F' \cdot f = F_R \cdot r + F'_R \cdot r$$

$$2F \cdot f = 2F_R \cdot r$$

$$F_R = \frac{f}{r} \cdot F \qquad \frac{f}{r} = \mu_R$$

Rollreibung

Durch die hohe Härte der Rollbahnen und der Rollkörper ist der Hebelarm *f* der Gewichtskraft sehr kurz und damit auch die Reibung sehr klein.
Bei einem Wälzlager tragen bei normalem Einbau nur wenige Rollkörper im Bereich der Lasteinwirkung. Je stabiler die Wandstärke des Gehäuses ist, in das der Außenring des Lagers eingepasst wird, desto mehr Rollkörper tragen.

- **Ausführungsformen von Wälzlagern**

Nach der *Belastungsrichtung* unterscheidet man Radial- und Axiallager.
Nach der Form der *Wälzkörper* unterscheidet man Kugellager und Rollenlager (Zylinder-, Kegel-, Tonnenrollenlager).
Eine Sonderform der Zylinderrollenlager sind die Nadellager. Sie haben hohe Tragfähigkeit bei niedriger Bauhöhe. In besonderen Fällen laufen die Nadeln unmittelbar auf der gehärteten Welle.
Man unterscheidet ferner noch ein- und mehrreihige Kugel- und Rollenlager.

2.2.3.2 Berechnung von Wälzlagern

Die Berechnung von Wälzlagern beruht auf empirisch gefundenen Abhängigkeiten. Die Lager sind in Katalogen nach ihrer Tragfähigkeit, welche durch eine Tragzahl gekennzeichnet ist, geordnet.
Einwandfrei eingebaute und gewartete Wälzlager verschleißen lediglich durch Ermüdung, die sich in schichtenförmiger Ablösung der Laufflächen äußert.
Die zu erwartende Laufzeit eines Wälzlagers ist die Lebensdauer. Dies ist die Zeit, die 90 % eines Lagertyps unter gleichen Betriebsbedingungen garantiert erreichen oder auch wesentlich überschreiten. 10 % der Lager können vorzeitig ausfallen.

Die Lebensdauer eines Lagers ist abhängig:

1. von der *Umdrehungsfrequenz*,
2. von der *Betriebstemperatur* (soweit sie über 100 °C liegt),
3. von der *Tragzahl* des Lagers, d.h. der zulässigen Belastung für eine Lebensdauer von 1 000 000 Umdrehungen,
4. von der *Radiallast*.

Zwischen diesen Größen und der Lebensdauer bestehen folgende Beziehungen:

$$f_l = f_n \cdot f_t \cdot \frac{C}{F} \qquad f_l = \sqrt[3]{\frac{L_h}{500}} \qquad f_n = \sqrt[3]{\frac{33{,}3}{n}}$$

f_l	Lebensdauerfaktor	f_t	Temperaturfaktor (für 20 bis 100 °C: $f_t = 1$)
L_h	Lebensdauer in Stunden	C	Tragzahl des Wälzlagers in N (Tabellenwert)
f_n	Umdrehungsfrequenzfaktor	F	Lagerbelastung in N
n	Umdrehungsfrequenz in 1/min		

Bei Radiallagern, die nicht axial belastet sind und in denen der Innenring umläuft, ist die Lagerbelastung F:

$$F = f_z \cdot F_r$$

F_r Radiallast in N
f_z Zuschlagfaktor
z. B. Straßenfahrzeug: $f_z = 1{,}5$
Keilriementriebe: $f_z = 2$
Zahnradtriebe: $f_z = 1{,}2$ bis $1{,}6$

Die Auswahl eines Lagers erfolgt nach der erforderlichen Tragzahl C.

$$C_{erf} = \frac{f_l \cdot F}{f_n \cdot f_t}$$

Zur Berechnung von Lagern mit anderen Laufbedingungen (z. B. zusätzliche Axiallast, umlaufender Außenring), werden diese Bedingungen durch entsprechende Zuschläge zur Radiallast berücksichtigt.

Rechnerische Lebensdauer (in Stunden) von Wälzlagern:

Geräteart	Lebensdauer
Haushaltsgeräte	1 000 bis 2 000
E-Motoren bis 4 kW	8 000 bis 10 000
Straßenbahnwagen	20 000 bis 25 000
Pkw	1 500 bis 2 500

Geräteart	Lebensdauer
Werkzeugmaschinengetriebe	20 000
Landwirtschaftliche Maschinen	3 000 bis 6 000
Bootsgetriebe	3 000 bis 5 000
Grubenventilatoren	40 000 bis 50 000

(nach Kugelfischer, Schweinfurt)

Beispiel für eine Wälzlagerberechnung

Aufgabe: Für das Zahnradgetriebe an einem Elektromotor ist ein Rillenkugellager mit einem Durchmesser von 60 mm zu berechnen. Das Lager hat eine Radiallast von 8000 N aufzunehmen. Die Drehzahl beträgt 1450 1/min, die Temperatur im Betrieb 40 bis 70 °C.

Lösung:

$n = 1\,450\,\frac{1}{\text{min}} \rightarrow f_n = \sqrt[3]{\frac{33{,}3}{1\,450}} = 0{,}28$

$\vartheta = 40 \text{ bis } 70\,°\text{C} \rightarrow f_t = 1$

$L_h = 5000\text{ h} \rightarrow f_l = \sqrt[3]{\frac{5\,000}{500}} = 2{,}15$

$F_r = 8000\text{ N}$, $f_z = 1{,}4 \rightarrow F = F_r \cdot f_z = 8000\text{ N} \cdot 1{,}4 = 11\,200\text{ N}$

$$C_{erf} = \frac{F \cdot f_1}{f_n \cdot f_\vartheta} = \frac{11\,200\text{ N} \cdot 2{,}15}{0{,}28 \cdot 1} = \mathbf{86\,000\text{ N}}$$

Gewählt nach Lagertabelle: Rillenkugellager 6412

Wälzlager werden nach der Tragzahl ausgewählt.
Die Tragzahl errechnet man aus Lagerbelastung und Faktoren für Lebensdauer, Umdrehungsfrequenz und Temperatur.

Aufgaben zu 2.2 Lager

1. Unterscheiden Sie tabellarisch Gleit- und Wälzlager nach:
- Art der Reibung
- Anlaufwiderstand
- Empfindlichkeit gegen Stoß
- Wartung

2. Unterscheiden Sie hydrostatische und hydrodynamische Schmierung.

3. Erklären Sie die hydrodynamische Schmierung und die verschiedenen Zustände, die bei dieser Art der Schmierung vom Augenblick des Anlaufens an auftreten.

4. Berechnen Sie den Leistungsverlust, der in einer hydrostatisch geschmierten Längsführung einer Hobelmaschine auftritt. Die Schnittgeschwindigkeit beträgt 20 m/min. Die Belastung der Führung beträgt 8000 N; $\mu = 0{,}008$.

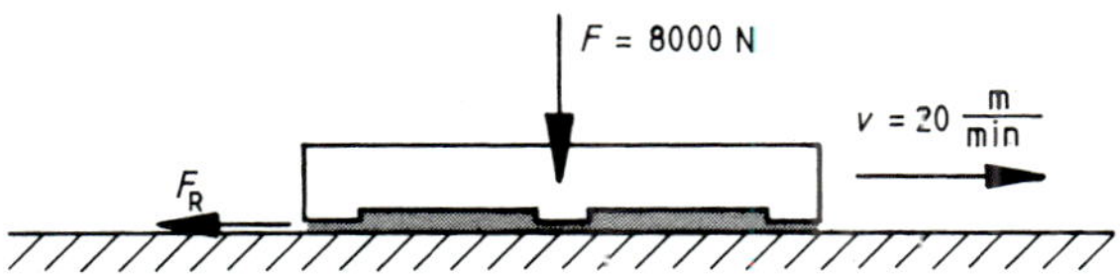

5. An welchen Stellen dürfen in einem Gleitlager Schmiernuten eingearbeitet sein?

6. Skizzieren Sie folgende Radialkugellager:
a) Rillenkugellager, **b)** Pendellager, **c)** Schrägkugellager.
Deuten Sie die Belastbarkeit der Lager in radialer und axialer Richtung durch Pfeile an.

7. Ein Axiallager ist mit 60000 N belastet. Das Wälzlager enthält 12 Kugeln von 30 mm Durchmesser. Die Kugeln laufen auf einer Bahn von 155 mm Durchmesser. Der Hebelarm *f* für die rollende Reibung beträgt 0,06 mm.
a) Berechnen Sie die Reibungskraft, die auf dem Durchmesser der Rollbahn angreift.
b) Wie groß ist der Leistungsverlust, wenn die Kugeln mit 10 m/min umlaufen?

8. Was versteht man unter der Lebensdauer eines Wälzlagers?

9. Die Belastung eines Wälzlagers mit der Tragzahl $C = 81\,500$ N beträgt insgesamt $F = 8\,600$ N. Die Umdrehungsfrequenz beträgt $n = 1\,450$ 1/min. Eine Temperaturbelastung tritt nicht auf.
Welche rechnerische Lebensdauer ist von diesem Lager zu erwarten?

2.3 Riemen- und Zahnradtrieb

Eine Drehbewegung kann von einer Welle auf eine andere durch kraft- oder formschlüssig wirkende Elemente übertragen werden.
Bei der *kraftschlüssigen* Übertragung, z. B. durch Reibrad- oder Riementrieb, erfolgt die Drehbewegung des getriebenen Rades *nicht* zwangsläufig.
Bei der *formschlüssigen* Übertragung, z. B. durch Zahnrad- und Kettentriebe, wird eine *zwangsläufige* Drehbewegung erreicht.
Riemen- und Zahnradtriebe übertragen die Drehbewegung und können die Umdrehungsfrequenz sowie die Drehrichtung ändern.

2.3.1 Übersetzungsverhältnis

Die wichtigsten Größen (n, d, z) der einzelnen, zusammenwirkenden Räder eines Triebes werden durch Indizes gekennzeichnet. Die Kennzeichnung erfolgt in Richtung des Kraftflusses. Treibende Räder erhalten ungerade, getriebene Räder gerade Indizes.

Da die Umfangsgeschwindigkeiten beider Räder gleich sind, ergibt sich:

$$v = d_1 \cdot \pi \cdot n_1 = d_2 \cdot \pi \cdot n_2$$

$$\frac{n_1}{n_2} = \frac{d_2}{d_1}$$

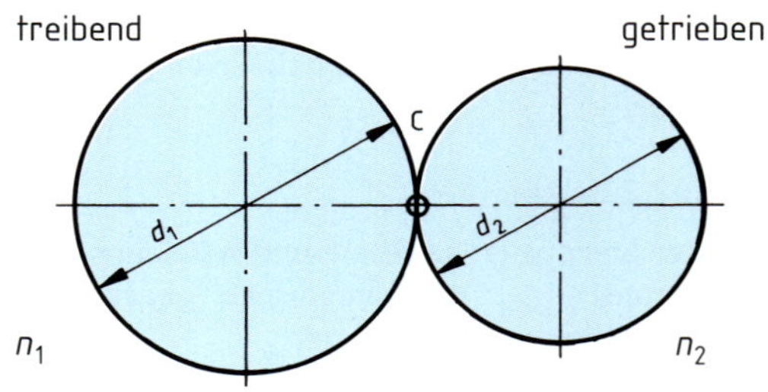

Das Verhältnis $\frac{n_1}{n_2}$ wird das **Übersetzungsverhältnis** – kurz die Übersetzung – „i" genannt.

$$i = \frac{n_1}{n_2}$$

n_1 Umdrehungsfrequenz des treibenden Rads
n_2 Umdrehungsfrequenz des getriebenen Rads

Die Gesamtübersetzung errechnet sich bei mehrfachen Übersetzungen aus den Einzelübersetzungen:

$$i_1 = \frac{n_1}{n_2}; \qquad i_2 = \frac{n_3}{n_4}$$

$$n_2 = n_3$$

$$n_2 = \frac{n_1}{i_1}; \qquad n_3 = i_2 \cdot n_4$$

$$\frac{n_1}{i_1} = i_2 \cdot n_4$$

$$i_{ges} = \frac{n_1}{n_4} = i_1 \cdot i_2$$

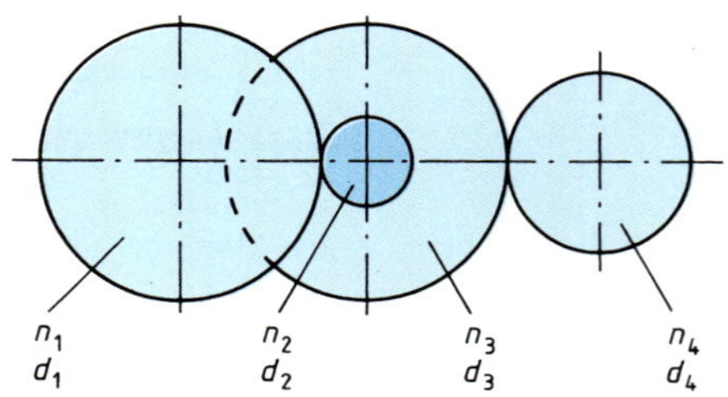

$$i_{ges} = \frac{n_1 \cdot n_3 \cdot n_5}{n_2 \cdot n_4 \cdot n_6} = \frac{n_a}{n_e} = i_1 \cdot i_2 \cdot i_3 \ldots$$

n_a Umdrehungsfrequenz des ersten Rades
n_e Umdrehungsfrequenz des zweiten Rades

Bei mehrstufigen Getrieben ist das Gesamtübersetzungsverhältnis das Produkt der Übersetzungsverhältnisse jeder Stufe. Das Gesamtübersetzungsverhältnis lässt sich auch aus dem Verhältnis der Umdrehungsfrequenz des ersten Rades n_A zur Umdrehungsfrequenz des letzten Rades n_E berechnen.

2.3.2 Riementriebe

Riementriebe dienen zur Übertragung einer Drehbewegung von einer Welle auf eine andere. Der Abstand der Wellen kann dabei mehrere Meter betragen. Die Größe der übertragbaren Leistung ist von der Reibungskraft zwischen Riemen und Riemenscheibe abhängig. Diese Reibungskraft wächst mit der Normalkraft infolge Vorspannung des Riemens und mit dem Umschlingungswinkel an der kleineren Riemenscheibe. Ferner ist die Reibungskraft von der Reibungszahl für die Kombination Riemen – Riemenscheibe abhängig.

Ein Riemen wird im Betrieb auf der Zugseite (**Zugtrum oder Arbeitstrum**) stärker gedehnt als auf der gegenüberliegenden Seite (**Leertrum**). Die Zugkraft im Riemen nimmt auf dem Umfang des treibenden Rades allmählich zu und später auf dem Umfang des getriebenen Rades allmählich ab. In gleicher Weise verhalten sich die Dehnungen im Riemen. Als Folge verringert sich die Umfangsgeschwindigkeit des getriebenen Rades ein wenig gegenüber dem treibenden – die Umdrehungsfrequenz des getriebenen Rades ist also kleiner als die theoretisch zu erwartende Umdrehungsfrequenz. Man bezeichnet dies als **Dehnungsschlupf.** Er beträgt je nach Belastung bis etwa 2 % der Umdrehungsfrequenz.

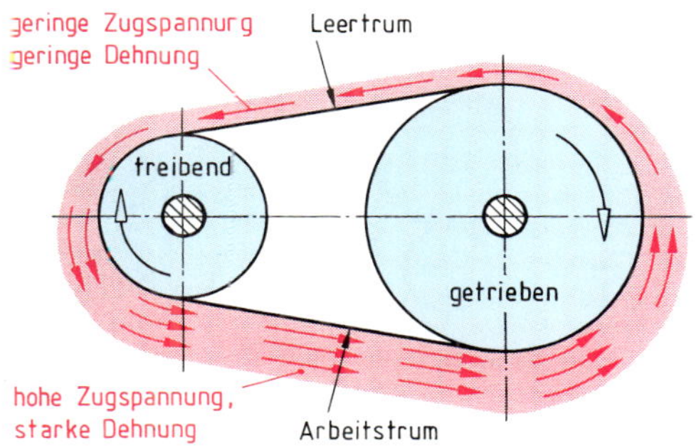

Spannung und Dehnung im Arbeits- und Leertrum

Bei kraftschlüssigen Riemengetrieben tritt immer ein Dehnungsschlupf auf. Dadurch vermindert sich die Umfangsgeschwindigkeit des getriebenen Rades gegenüber dem treibenden Rad.

Nach der Form des Riemens werden unterschieden:

Flachriemen	Keilriemen	Rundriemen
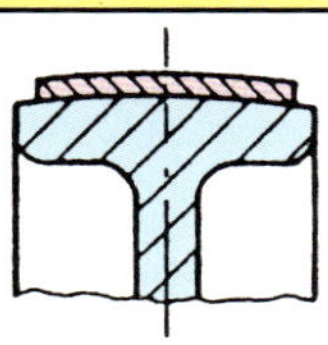	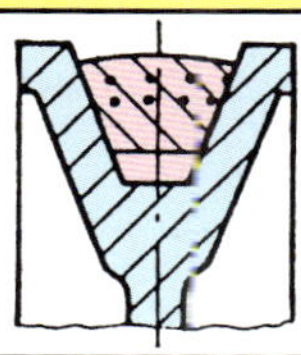	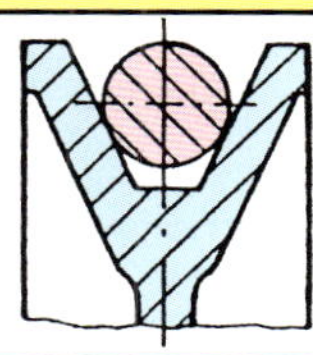
offen: $i \leq 1:6$ bzw. $6:1$ mit Spannrolle: $i \leq 1:15$ bzw. $15:1$	$i \leq 10:1$ bzw. $1:10$	$i \leq 1:15$ bzw. $15:1$ bei sehr kleinen Umfangskräften

Zur schlupffreien Übertragung der Drehbewegung werden Zahnriemen verwendet.

Zahnriemen werden aus Gummi oder Kunststoff hergestellt. Durch das Zahnprofil wird zwischen Riemen und Scheiben Formschluss erzeugt. So ist eine schlupffreie Übertragung der Drehbewegung möglich.

Zahnriemen werden eingesetzt, wenn die Vorteile der Riemengetriebe, z. B. großer Wellenabstand und Stoßminderung, genutzt werden sollen, und der Nachteil, der Schlupf, aber keinesfalls auftreten darf.

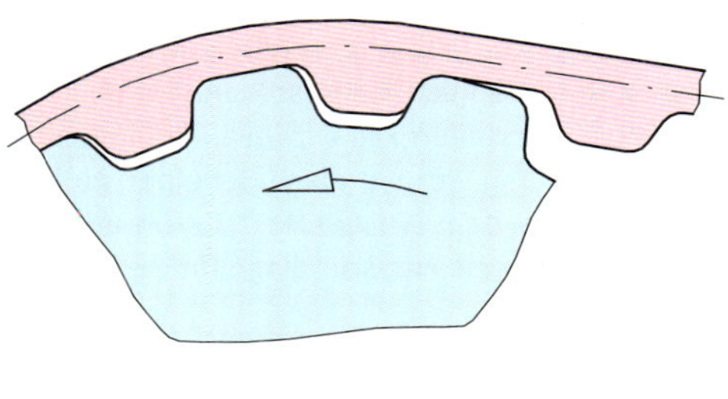
Zahnriemen

Zahnriemen übertragen die Drehbewegung durch Formschluss zwischen Riemen und Scheibe.

2.3.3 Zahnradtriebe

2.3.3.1 Begriffe

Bei geringen Abständen zwischen Wellen wird die Drehbewegung durch Zahnräder zwangsläufig übertragen. Nach der Lage der Wellen zueinander unterscheidet man Stirnradtriebe, Kegelradtriebe, Schraubenrädertriebe und Schneckentriebe.
Nach dem Verlauf der Flankenlinien werden Gerad-, Schräg- und Pfeilverzahnung unterschieden.

Wellen liegen parallel zueinander | Wellen schneiden sich | Wellen kreuzen sich

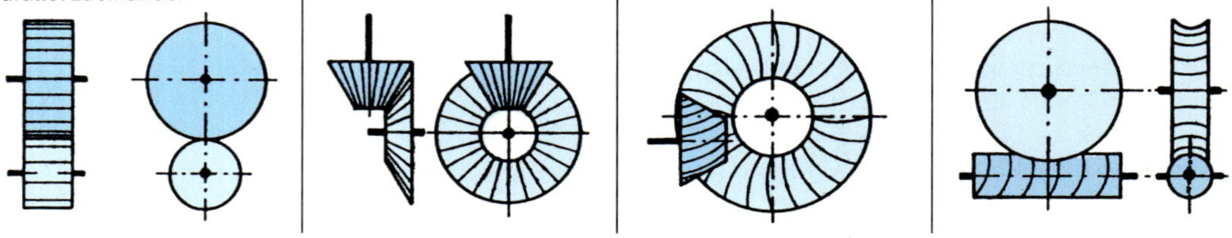

Stirnradtrieb | **Kegelradtrieb** | **Schraubenrädertrieb** | **Schneckentrieb**

Beispiel für unterschiedliche Flankenlinienverläufe und deren Auswirkungen beim Stirnradtrieb

- **Grundlagen der Verzahnung**

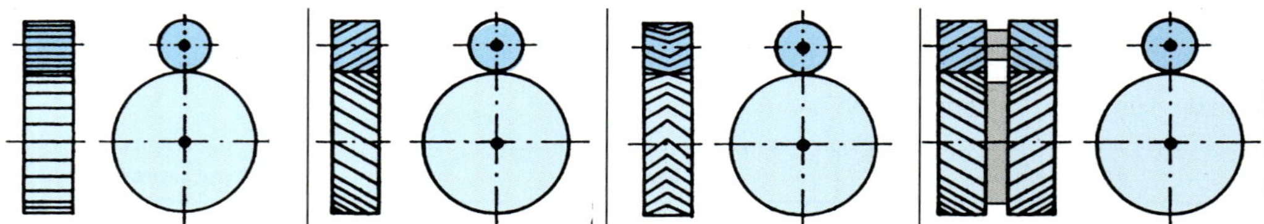

Geradverzahnung | **Schrägverzahnung** | **Pfeilverzahnung** | **Doppelschrägverzahnung**

- geringe Reibungsverluste
- hohe Geräuschentwicklung
- empfindlich gegen Zahnformfehler

- höhere Laufruhe
- bessere Eignung für hohe Umdrehungsfrequenz
- geringere Empfindlichkeit gegen Zahnformfehler
- Axialkraft, wird durch Pfeil- oder Doppelschrägverzahnung kompensiert

Bei der Übertragung einer Drehbewegung durch Zahnräder wird erwartet, dass diese Übertragung gleichförmig, stoßfrei und ununterbrochen erfolgt.
Denkt man sich die ineinandergreifenden Zähne eines Zahnradpaares außerordentlich klein, so kann man sich die Zahnräder als Scheiben vorstellen, die sich in einer Linie berühren. Bei flächiger Darstellung werden diese Scheiben zu Kreisen, die sich in einem Punkte, dem *Wälzpunkt* C, berühren. Diese *Wälzkreise* werden als *Teilkreise* zur Grundlage für den Aufbau der Verzahnung.

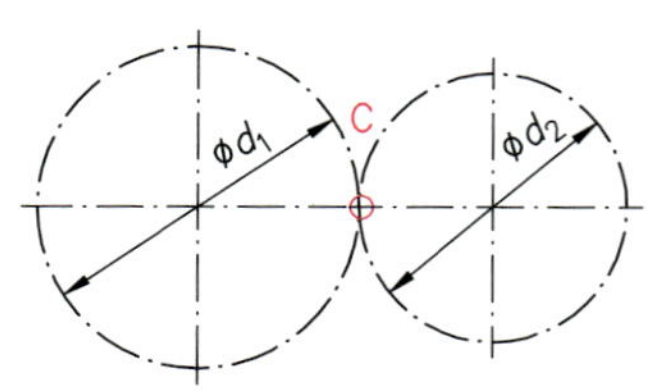

Teilkreise zweier Zahnräder mit Wälzpunkt C

Zahnradpaare berühren sich auf ihren Teilkreisen im Wälzpunkt C. Die Teilkreise stellen die Grundlage für den Aufbau der Verzahnung dar.

- **Verzahnungsgesetz**

Während des Eingriffes berühren sich (bei flächiger Darstellung) die im Eingriff befindlichen Zähne punktförmig. Eine fortlaufende Berührung der Zähne erfolgt dann gleichmäßig und stoßfrei, wenn das Verzahnungsgesetz erfüllt ist. Dieses Gesetz besagt:

> Die Normale im Berührungspunkt zweier Zahnflanken muss in jedem Augenblick des Eingriffes durch den Wälzpunkt C gehen.

Die Normale ist die Senkrechte auf der Tangente, die im Berührungspunkt an die Zahnflanken gelegt ist.

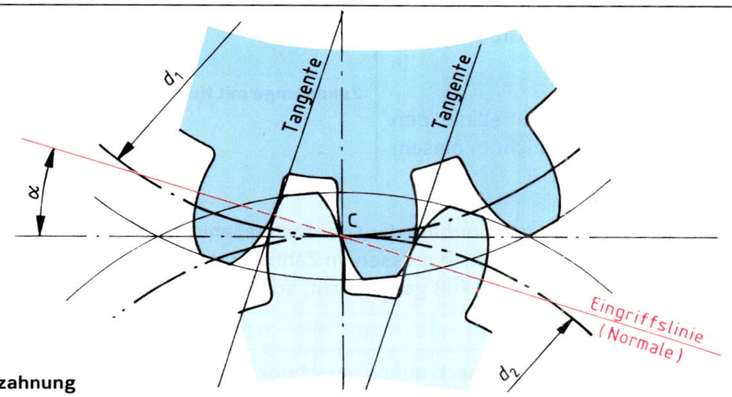

Evolventenverzahnung

- **Eingriffslinie**

Der geometrische Ort aller Berührungspunkte zweier im Eingriff befindlicher Zahnflanken ist die Eingriffslinie. Diese Eingriffslinie kann eine beliebige Form haben. Bei den üblichen Verzahnungen stellt sie eine Gerade oder Kreisbögen dar.
Die Eingriffslinie bildet eine Gerade oder Kreisbögen, wenn die Zahnflanken aus zyklischen Kurven entwickelt werden. Zyklische Kurven, die für die Konstruktion der Zahnflanken angewendet werden, sind die *Evolvente* und die *Zykloiden*.

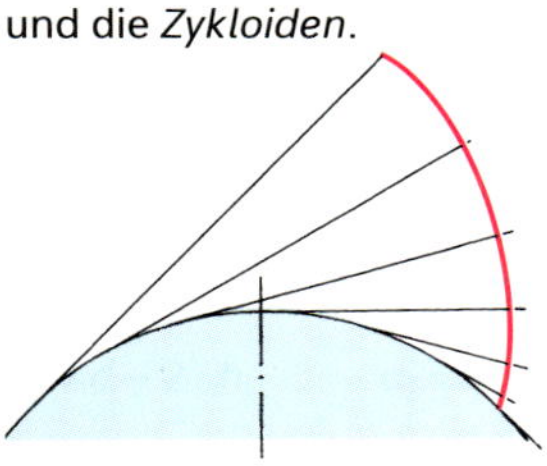
Evolvente

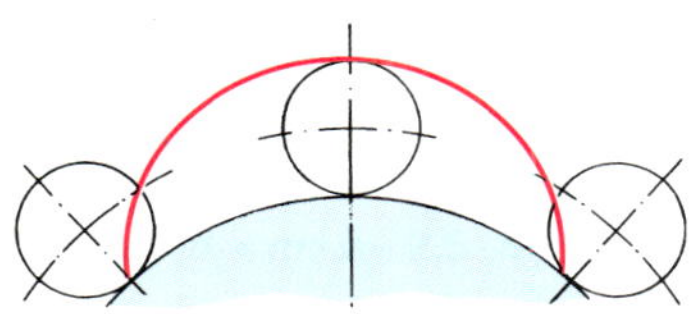
Epizykloide

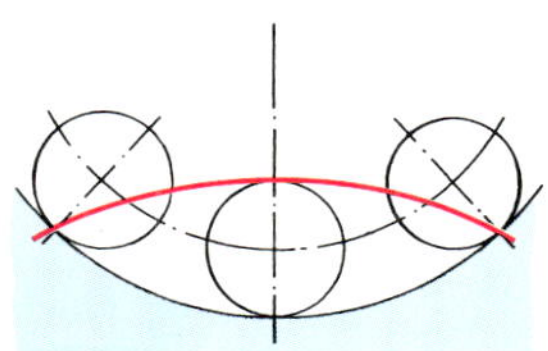
Hypozykloide

Beispiele für Eingriffslinien

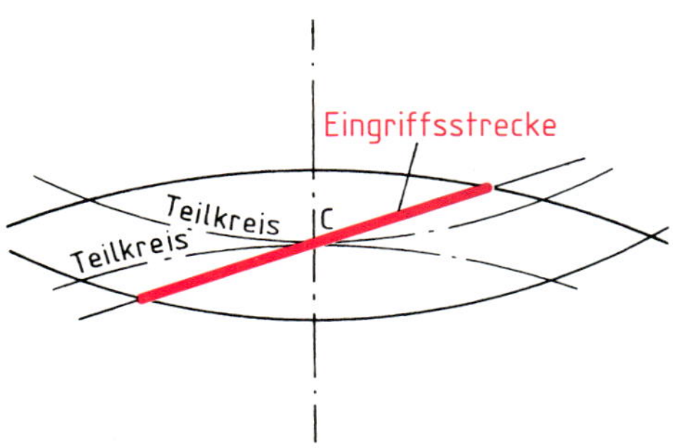

Eingriffslinie einer Evolventenverzahnung

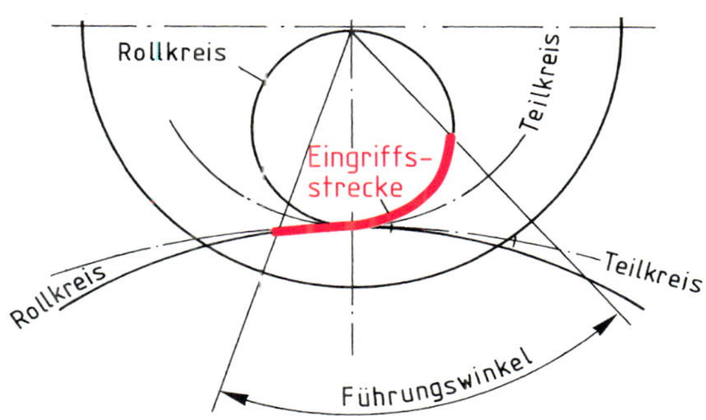

Eingriffslinie einer Zykloidenverzahnung

Aufgaben zu 2.3 Riemen- und Zahnradtrieb

Riementrieb

1. Warum kann durch einen Riementrieb die Drehbewegung nicht zwangsläufig übertragen werden?
2. Berechnen Sie für einen Riementrieb mit doppelter Übersetzung d_1; n_e; v_1 und v_2 (v Riemengeschwindigkeit).
   Gegeben: $d_2 = 630$ mm; $d_3 = 400$ mm; $d_4 = 800$ mm; $n_a = 700$ 1/min; $i_{ges} = 14 : 1$.
3. Eine Kreissäge von 300 mm Durchmesser soll eine Schnittgeschwindigkeit von 50 m/s haben. Der Antriebsmotor hat 2800 min^{-1}. An der Welle der Kreissäge lässt sich nur eine Riemenscheibe mit 80 mm Durchmesser anbringen.
   a) Berechnen Sie den Durchmesser für die Riemenscheibe am Motor.
   b) Berechnen Sie das Übersetzungsverhältnis für diesen Riementrieb.
   c) Ermitteln Sie die Riemengeschwindigkeit in m/min.
4. Ein Förderband läuft über Rollen mit 300 mm Durchmesser. Das Band soll eine Geschwindigkeit von 20 m/min erhalten. Der Antrieb macht 150 min^{-1}. Die Riemenscheibe am Antrieb hat 50 mm Durchmesser.
   Berechnen Sie den Durchmesser der Riemenscheibe für das Förderband.

Zahnradtrieb

5. Erklären Sie folgende Begriffe:
   Wälzpunkt, Eingriffslinie, Teilkreis.
6. An einem unter 15° schräg verzahnten Zahnrad greift eine Umfangskraft von 2000 N an. Wie groß ist die infolge der Schrägverzahnung auftretende axiale Belastung der Lager?
7. Konstruieren Sie die Evolvente für ein Zahnrad mit $m = 5$ mm, $z = 30$. Die Gerade, durch deren Abrollen die Evolvente gebildet wird, rollt auf einem Kreis von $r_y = r \cdot \cos \alpha$ ab. Der Eingriffswinkel α beträgt 20°.
8. Treibendes und getriebenes Rad sollen die gleiche Drehrichtung erhalten. Wie kann dies beim Riementrieb und Zahnradtrieb erreicht werden?
9. Wie müssen die Zähnezahlen für einen Eingriff gewählt werden, wenn die gleichen Zahnpaare möglichst selten zum Eingriff kommen sollen?
10. Ein Stirnradtrieb hat ein Zwischenrad. Die Zähnezahlen sind:

Treibendes Rad	30 Zähne
Zwischenrad	45 Zähne
Getriebenes Rad	90 Zähne

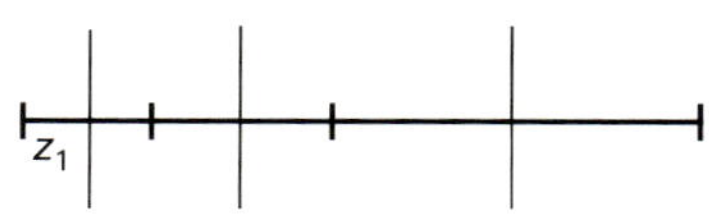

   Berechnen Sie das Übersetzungsverhältnis.

11. Berechnen Sie den Achsabstand für einen Stirnradtrieb mit:
    $i = 4 : 1$; $z_1 = 30$; $p = 4 \cdot \pi$ [mm].
12. Ein Stirnradtrieb hat einen Achsabstand von $a = 150$ mm; $i = 1{,}5 : 1$; $z_2 = 60$.
    Berechnen Sie: z_1; d_1; d_2; d_{a1}; d_{a2}; d_{f1}; d_{f2}.
13. Das skizzierte Getriebe hat folgende Daten: $z_1 = 40$; $z_2 = 30$; $z_3 = 60$; $z_4 = 25$. Der gesamte Achsabstand beträgt 387,5 mm.

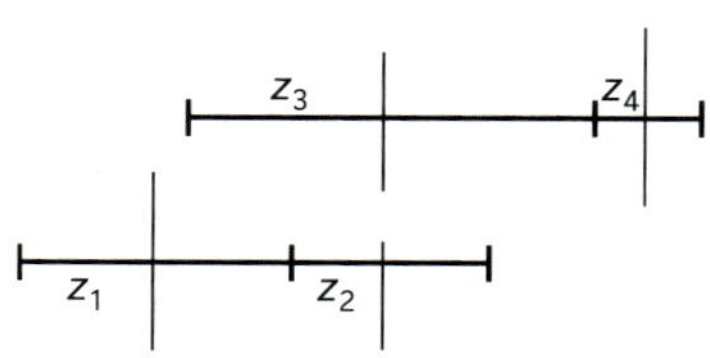

    Berechnen Sie: m; i_{ges}; a_1; a_2. Der Modul ist für alle Räder gleich.
14. Ein Zahnradtrieb hat den Achsenabstand 150 mm; $i = 1{,}5 : 1$; m = 3 mm.
    Berechnen Sie: z_1; z_2; d_1; d_2.

2.4 Wellenkupplungen

Wellenkupplungen übertragen Drehmomente und Drehbewegungen vorzugsweise von einem Wellenende auf eine andere Welle.
Diese Aufgabe ist meist mit anderen Aufgaben verknüpft, wie zeitweisem Trennen der Übertragung, Dämpfen von Schwingungen, Ausgleich von Wellenverlagerungen u. a. Diese Zusatzaufgaben führen zu einer Vielzahl von Kupplungen. Eine grobe Einteilung kann nach der Schaltfunktion vorgenommen werden:

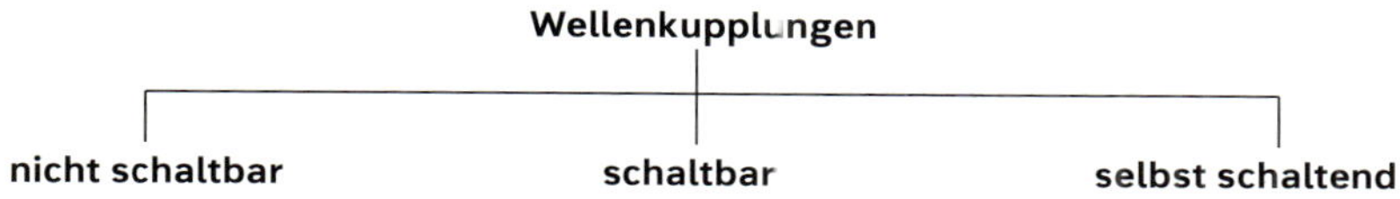

Die Festlegung der **Kupplungsgröße** erfolgt in erster Linie entsprechend dem zu übertragenden Drehmoment. Die **Kupplungsart** wird durch die Zusatzaufgaben und die Einsatzbedingungen wie Umdrehungsfrequenz, Umgebungstemperatur u. a. bestimmt.

2.4.1 Nicht schaltbare Kupplungen

- **Starre, nicht schaltbare Kupplungen**

Starre, nicht schaltbare Kupplungen verbinden die Wellen dreh- und biegesteif, so als bestünde die Welle aus einem Stück. Lageabweichungen der Wellen können nicht ausgeglichen werden.

Beispiele für starre nicht schaltbare Kupplungen

Schalenkupplung

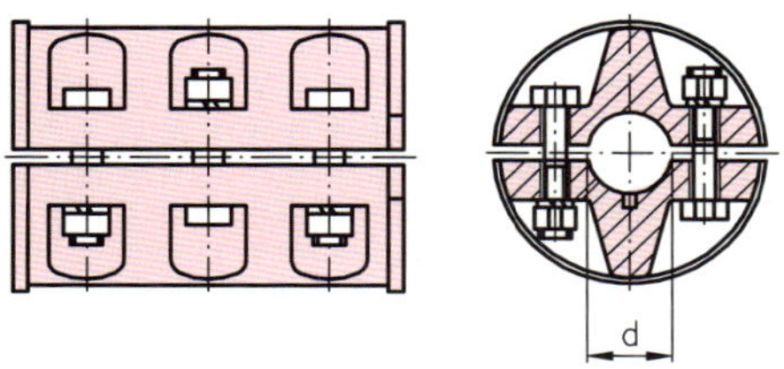

starre Scheibenkupplung

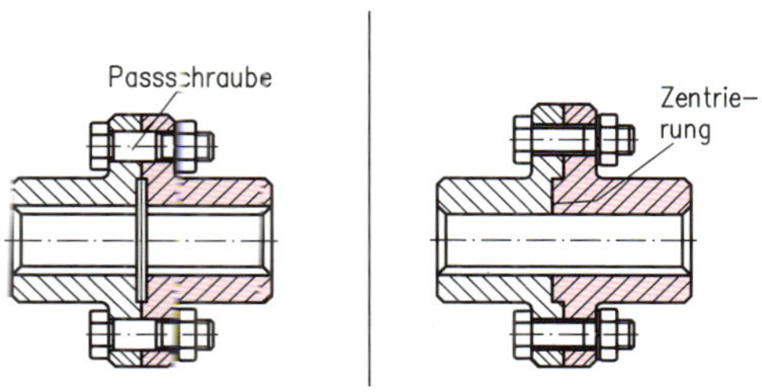

Starre Kupplungen können nur bei genau fluchtenden Wellen eingesetzt werden.

- **Ausgleichende, nicht schaltbare Kupplungen**

Ausgleichende, nicht schaltbare Kupplungen können Verlagerungen der Wellenenden, die beim Zusammenbau und im Betrieb auftreten können, ausgleichen. Ausgleichsmöglichkeiten können je nach Kupplungsart bestehen für

- axiale Verlagerungen bei Längenänderungen
- radiale Verlagerungen bei Wellenversatz
- Winkelverlagerungen bei Winkelbeugung.

Die Ausgleichsmöglichkeiten können durch starre oder elastische Verbindungen erzielt werden.

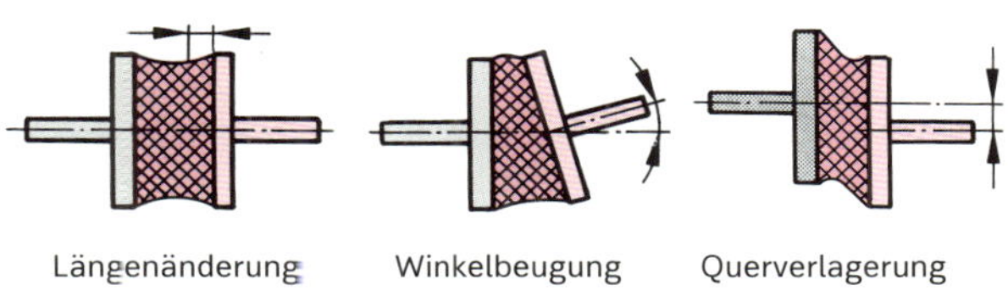

Verlagerung von Wellen zueinander

Beispiele für ausgleichende, nicht schaltbare Kupplungen

starre Verbindung	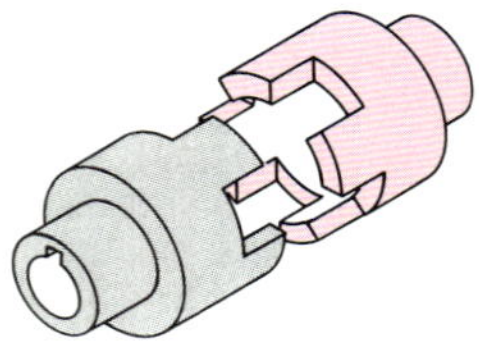 Klauenkupplung (erlaubt nur Längenänderung)	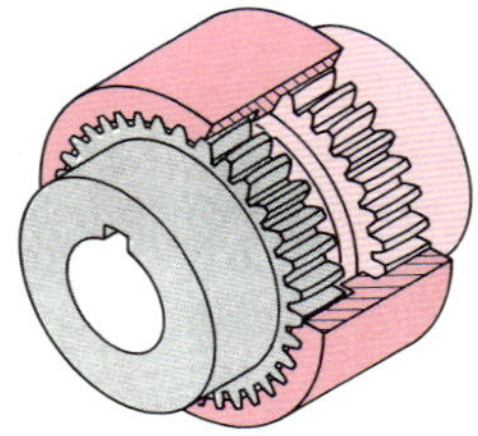 Balligzahn-Kupplung	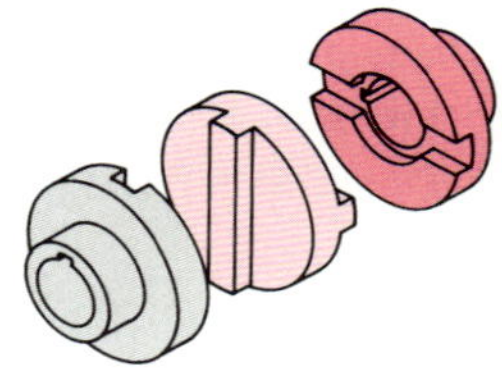 Kreuzscheiben-Kupplung
elastische Verbindung	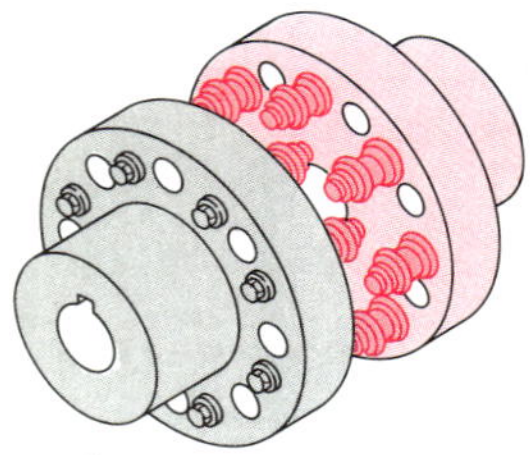 ELCO®-Kupplung mit gummierten Bolzen	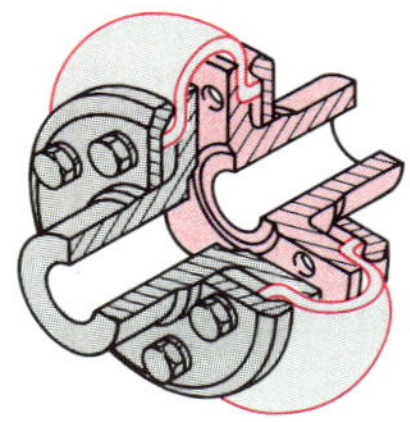 Periflex®-Kupplung mit Gummireifen	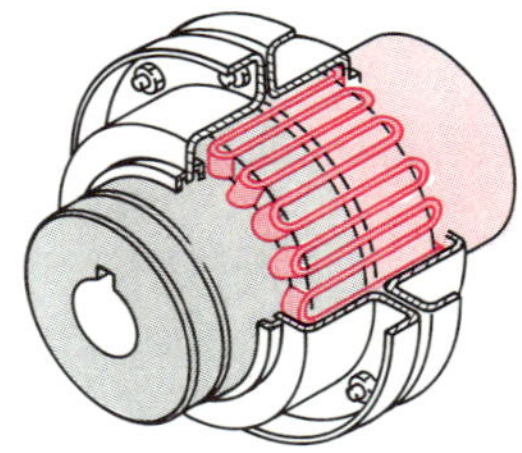 Winiflex®-Kupplung mit Stahlband

Ausgleichende Kupplungen lassen infolge gleitender Bewegungen oder elastischer Verformungen in begrenztem Maß Relativbewegungen zwischen den Wellen zu.

2.4.2 Mechanisch übertragende, schaltbare Kupplungen

- **Synchron schaltbare Kupplungen**

Kupplungen mit formschlüssigen Übertragungselementen (Klauen, Bolzen, Zähne) sind nur schaltbar, wenn zwischen beiden Wellen keine oder nur eine sehr geringe Relativbewegung erfolgt, also Synchronlauf vorliegt. Diese Kupplungen werden darum meist nur im Stillstand geschaltet. Ein Ausrücken der Kupplungen ist unter bestimmten Umständen im Betrieb möglich.

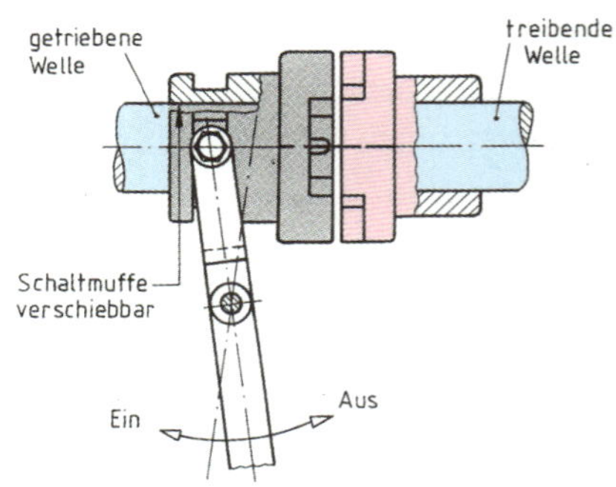

Klauenkupplung

- **Asynchron schaltbare Kupplungen**

Kupplungen mit kraftschlüssig übertragenden Verbindungselementen können auch bei unterschiedlichen Umdrehungsfrequenzen der Wellen geschaltet werden. Die Übertragung des Drehmoments erfolgt bei diesen Kupplungen über scheiben-, kegel- oder trommelförmige Reibflächen. Im Maschinenbau wird häufig die Lamellenkupplung eingesetzt. Sie hat scheibenförmige Reibflächen und wird je nach Ausführung mechanisch, hydraulisch, pneumatisch oder elektromagnetisch geschaltet.

Die **Auswahl der Schaltung**, ob mechanisch, hydraulisch, pneumatisch oder elektromagnetisch, richtet sich nach folgenden Gesichtspunkten:

- *Größe der zu übertragenden Drehmomente,*
- *Größe der Schaltkraft,*
- *geforderte Schaltzeit und Schaltgenauigkeit,*
- *Entfernung der Schaltstelle von der Kupplung,*
- *Baugröße,*
- *Medium, das an der Maschine vorliegt.*

Beispiele für Ausführungsformen von Lamellenkupplungen

mechanisch geschaltet	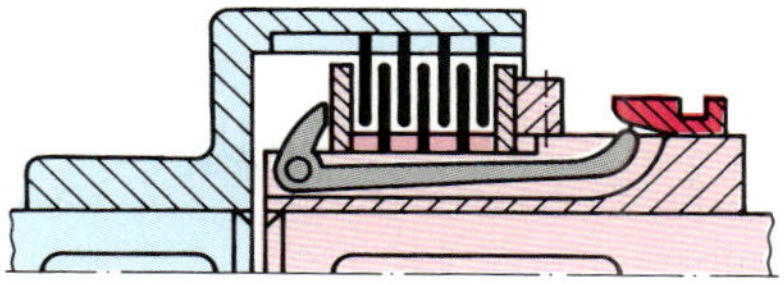	*besondere Merkmale:* feinfühliges Schalten, geringe Schaltgenauigkeit, ungeeignet für Fernbedienung und Programmsteuerung *Einbaubeispiele:* Werkzeugmaschinen, Bootsgetriebe, Verladegeräte
hydraulisch geschaltet	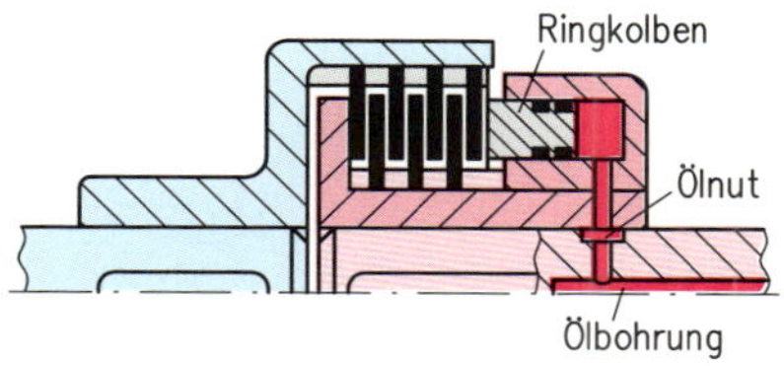	*besondere Merkmale:* sehr kleine und robuste Bauart, Übertragung großer Drehmomente, größere Schaltgenauigkeit als mechanische Schaltung, weitgehende Wartungsfreiheit *Einbaubeispiele:* Maschinen mit eigener Hydraulik, Bagger, Baumaschinen, Werkzeugmaschinen
elektrisch geschaltet		*besondere Merkmale:* sehr hohe Schaltgenauigkeit, sehr gut geeignet für Fernbedienung und Programmsteuerung. *Einbaubeispiele:* fernbediente Förderanlagen, programmgesteuerte Maschinen

2.4.3 Selbsttätig schaltende Kupplungen

- **Anlauf- und Überlastkupplung**

Damit Motoren vorsichtig anlaufen können, setzt man **Anlaufkupplungen** ein, die mit steigender Drehzahl allmählich einkuppeln.
Überlastkupplungen werden als Sicherheitskupplungen (Rutschkupplung) eingesetzt.

Beispiele für Anlauf- und Überlastkupplungen

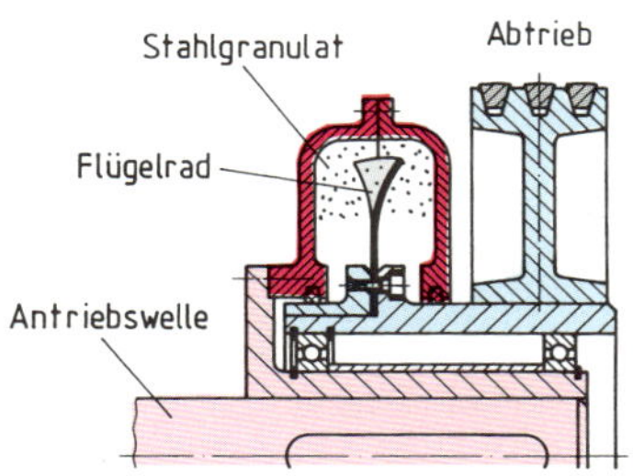

Anlaufkupplung

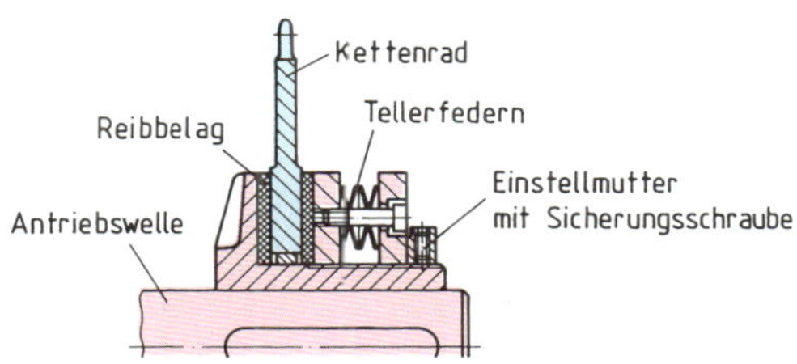

Überlastkupplung

> Anlaufkupplungen bewirken „weichen" Anlauf.
> Überlastkupplungen schützen durch Rutschen bei überhöhtem Drehmoment.

- **Richtungsbetätigte Schaltkupplungen**

Freiläufe sind richtungsbetätigte Schaltkupplungen. Sie verbinden treibende und getriebene Wellen miteinander, sobald beide Kupplungsteile die gleiche Drehzahl haben. Sobald der treibende Teil langsamer läuft als der getriebene Teil, löst der Freilauf und hierdurch überholt das getriebene Teil das treibende. Deshalb verwendet man Freiläufe als Überholkupplungen und als Rücklaufsperren.

Zehnter Themenkreis: Automatisierungstechnik

Handlungsfeld: Entwickeln von Steuerungen

Problemstellung

Auftrag

Auftrag
- Lagerbuchsen in Laufrollen einpressen.
- Schaltung für die Presse entwickeln.

Anlage

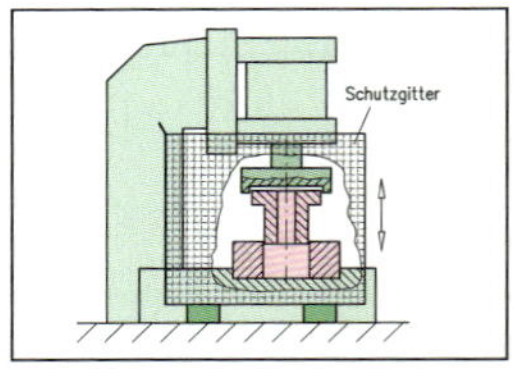

Technische Anforderungen:
- Art des Arbeitselements (z. B. Motor, Zylinder ...)
- Größe des zu steuernden Energie- oder Massestroms
- Länge der Zuleitungen
- Schrittfolgen
- Sicherheitsanforderungen (z. B. explosionssicher, NOT-Aus ...)

Analysieren

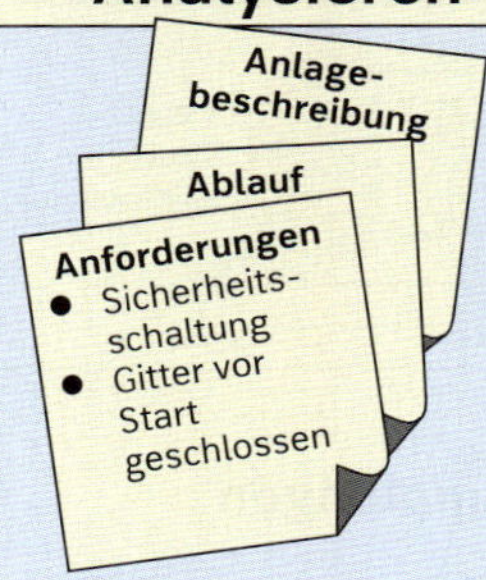

Ergebnisse:
- Anforderungskatalog
- Daten für Planungs-Entscheidung
- Ablaufbeschreibung
- Lagepläne

Entscheidung über:
- Art der Steuerung (z. B. pneumatisch, SPS ...)
- Ablauf
- Schaltung
- Einbau
- Bauelemente

Planen

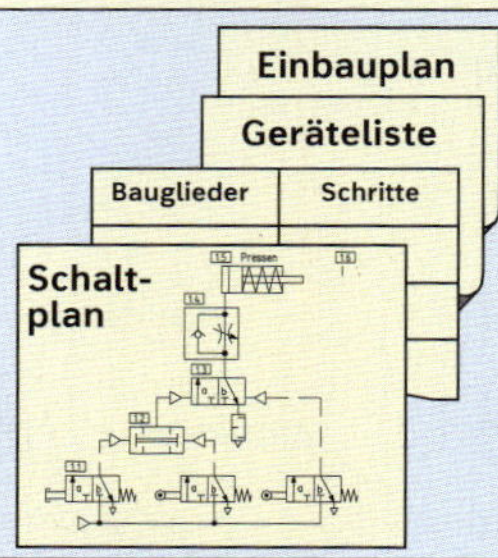

Ergebnisse:
1. Technologieschema
2. Funktionsplan
3. Schaltplan
4. Geräteliste
5. Einbaupläne

Realisieren (Aufbauen)

Geräte einbauen

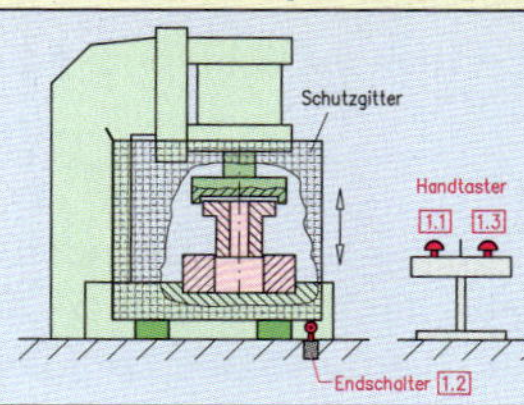

Geräte verdrahten bzw. verrohren bzw. verschlauchen

Probelauf durchführen

Testergebnisse protokollieren

Grundlagen der Automatisierung

Im Rahmen der industriellen Fertigung werden in automatisierten Prozessen zunehmend die Fertigung, die Handhabung (z. B. das Transportieren und Spannen von Werkstücken) sowie die Qualitätssicherung mithilfe der Informationstechnik so miteinander verknüpft, dass der Fertigungsprozess weitestgehend ohne menschliches Zutun ablaufen kann. Menschliche Tätigkeiten beschränken sich in einer derart automatisierten Fertigung hauptsächlich auf Instandhaltungsmaßnahmen.

Ein solcher Stand der Automatisierung kann in absehbarer Zeit nur durch eine umfassende Digitalisierung der gesamten industriellen Produktion erreicht werden. Man bezeichnet diese Zukunftsperspektive als **Industrie 4.0** (siehe dazu auch Kap. 5.5 „Ziel: Industrie 4.0“).

In einer automatisierten Fertigung müssen die einzelnen Fertigungsschritte so miteinander verknüpft sein, dass nur nach einer einwandfreien Durchführung eines Fertigungsschritts der nächste Schritt eingeleitet werden kann. Bei großen Fertigungsobjekten, z. B. Maschinen, müssen vor und nach jedem Fertigungsschritt der augenblickliche Standort des Objekts sowie sein Zustand an die Überwachung der Fertigung übermittelt werden, damit ggf. noch Änderungen eingeplant werden können.

Automatische Karosserieherstellung

Voraussetzung für eine lückenlose Durchführung und Überwachung der Fertigung ist eine präzise Kennzeichnung der einzelnen Bauteile und Baugruppen, die automatisch gelesen werden kann. Eine solche Kennzeichnung geschieht z. B. durch Strichcodes oder QR-Codes.
Mithilfe von RIFD-Systemen (siehe Kap. 1 „Identifikationssysteme“) können auch Angaben über durchgeführte bzw. noch zu erfolgende Bearbeitungen zusammen mit dem Objekt weitergeben werden.

Während des Fertigungsprozesses müssen Maße, Zustände und Positionen des Objekts präzise erfasst werden, damit eine Weiterverarbeitung erfolgen kann. Dies geschieht durch Sensoren. Auch die Zustandsdaten der Maschinen und Anlagen werden durch Sensoren erfasst und zur Auswertung weitergeleitet.

1 Identifikationssysteme

1.1 Identifikation von Personen und Berechtigungsnachweisen

An vielen Stellen innerhalb eines Betriebs müssen Mitarbeiter einen persönlichen Nachweis über ihre Anwesenheit und ihre besonderen Berechtigungen führen. Identifikationen werden z. B. verlangt über

- die Anwesenheit am Arbeitsplatz,
- die Berechtigung zum Zugang in gesicherte Räume (Schaltwarte u. Ä.),
- die Berechtigung zur Abschaltung von Sicherheitseinrichtungen bei Wartungsarbeiten sowie über
- die Ausleihe von speziellen Werkzeugen aus dem Magazin.

Zugangskontrolle mit RFID

Die Daten aus diesen Nachweisen werden dokumentiert.

Die Nachweise für die Berechtigungen und die Anwesenheit werden besonders häufig mithilfe spezieller Plastikkarten erbracht, die mit RFID-Technologie ausgestattet sind. Dieses **RFID-System** (**R**adio **F**requency **Id**entification) ist ein Sender-Empfänger-System und besteht aus einem Transponder, der in die Plastikkarte eingesetzt ist, und einem fest installierten RFID-Lesegerät.

Der in die Karte integrierte **Transponder** enthält einen Chip mit den zugehörigen Daten und eine Antennenspule. Diese hat zwei Aufgaben: zum einen bei Kontakt zum Lesegerät Energie aufzunehmen und zum anderen die vom Lesegerät angeforderten Daten zu senden.

Das Gegenstück, das **RFID-Lesegerät**, besteht aus einer Baugruppe zur Energieversorgung, einem Modul zum Senden, Lesen und Verarbeiten der Daten und einer Antennenspule zur Energie- und Datenübertragung. Über die Antennenspule wird ständig ein hochfrequenter Strom geschickt. Kommt ein Transponder in die unmittelbare Nähe des Lesegeräts, so versorgt das Lesegerät den Transponder über die Antennenspule mit Energie und der Datenaustausch zwischen Transponder und Lesegerät zur Überprüfung der Identifikation oder Berechtigung kann beginnen.

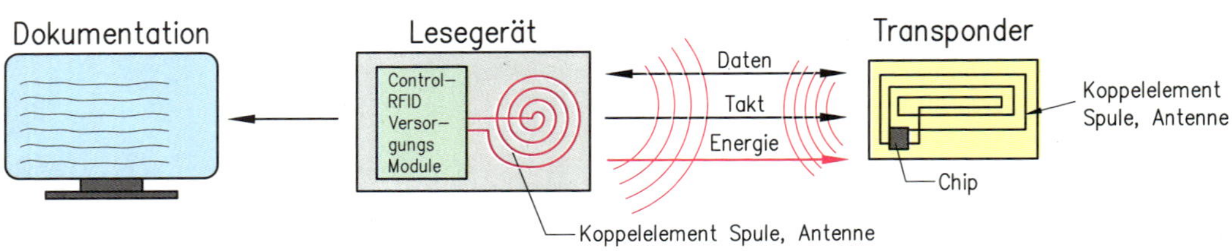

RFID-System (Schema)

1.2 Identifikation von Gegenständen und gleichzeitiger Datentransport

Mithilfe des RFID-Systems werden zusammen mit Werkstücken, Werkzeugen u. a. Daten transportiert und gespeichert. Dazu zählen

- Daten zur Identifikation von Bauteilen und Baugruppen,
- Daten in Zerspanungswerkzeugen (z. B. zu Werkzeuggeometrie, Standzeit und Schnittdaten),
- Daten in Rohteilen (z. B. CNC-Programmnummern, Hinweise zu Montage und Lagerplätzen) sowie
- Daten zur Qualitätssicherung (z. B. Prüfmaße, Prüfkriterien und Wege zur eventuellen Nacharbeit).

Die verwendeten Transponder sind meist **passive Transponder**, die ihre Energie wie die Transponder in Plastikkarten vom Lesegerät beziehen. Aktive Transponder hingegen, wie sie z. B. in einem Autoschlüssel enthalten sind, haben eine Batterie als Energiequelle und können ihr Signal so über eine größere Reichweite senden.

Die Transponder können an jedem Fertigungsort vom Schreib- und Lesegerät auch mit neuen Informationen, z. B. über Ort und Zeitpunkt der Bearbeitung sowie über Ergebnisse der Qualitätsprüfung, versorgt werden.

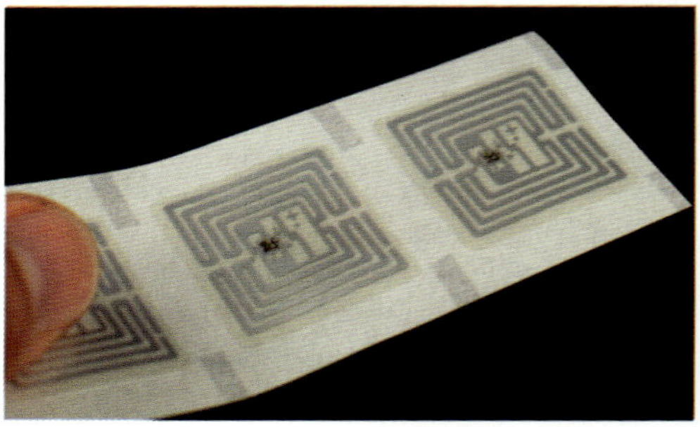

Passive Transponder zum Aufkleben auf Werkstücke

1.3 Identifikation von Produkten

Mit Strichcodes und 2D-Codes werden in der Industrie Werkstücke, Werkzeuge u. a. mit Zahlenfolgen gekennzeichnet. Die Codes können mit Laser-Scannern, Handy-Scannern oder Auflicht-Scannern gelesen werden. Entsprechend der Codenummer können dem gekennzeichneten Objekt Lagerplätze, Montagearbeitsplätze, Bearbeitungsprogramme usw. zugewiesen werden.

1.3.1 Strichcode Interleaved 2/5 ITF

Der **Strichcode Interleaved 2/5 ITF** (Interleaved **T**wo of **F**ive) wird in Form von aufgeklebten, gedruckten Etiketten oder gelaserten Markierungen verwendet.
Dieser Strichcode besteht aus jeweils fünf Elementen – zwei breiten und drei schmalen. Die breiten Elemente sind 2- bis 3-mal so breit wie die schmalen. Elemente können vertikale Balken oder Lücken sein.

1234567890

Strichcode Interleaved 2/5 (ITF) für eine Zahlenfolge

Soll eine Ziffernfolge codiert werden, so bilden jeweils zwei Ziffern eine Einheit: Die erste Ziffer wird durch Balken dargestellt, die zweite durch die Lücken dazwischen. Bei einer ungeraden Ziffernanzahl wird eine Null vorangesetzt, z. B. statt 345 wird 0345 codiert.

Am Anfang einer Ziffernfolge steht als Steuerzeichen die Folge: schmaler Balken, schmale Lücke, schmaler Balken, schmale Lücke. Am Ende der Zahlenfolge steht das Stoppzeichen: breiter Balken, schmale Lücke, schmaler Balken.

Beispiel für eine Codierung

Ziffer	1 bedeutet breit 0 bedeutet schmal				
0	0	0	1	1	0
1	1	0	0	0	1
2	0	1	0	0	1
3	1	1	0	0	0
4	0	0	1	0	1
5	1	0	1	0	0
6	0	1	1	0	0
7	0	0	0	1	1
8	1	0	0	1	0
9	0	1	0	1	0

Codierung der Zahl 34:

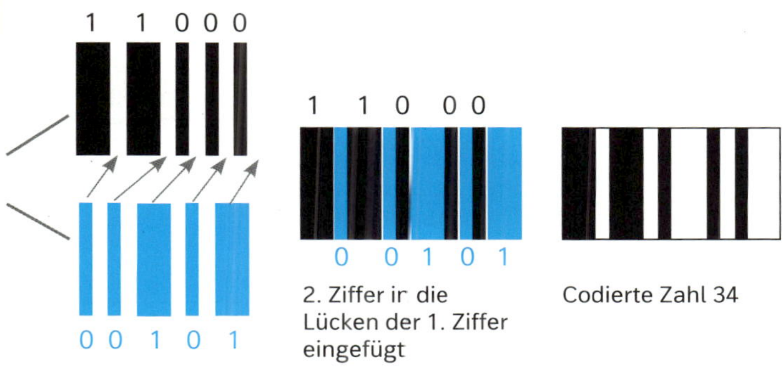

2. Ziffer in die Lücken der 1. Ziffer eingefügt

Codierte Zahl 34

1.3.2 QR-Code

Der QR-Code (**Q**uick **R**esponse-Code) wird wie der Strichcode in Form von aufgeklebten, gedruckten Etiketten oder gelaserten Markierungen eingesetzt. Im Unterschied zum Strichcode sind bei ihm die Informationen in der Fläche gespeichert.
Der QR-Code ist ein 2D-Code. Er besteht aus einer quadratischen Struktur mit 21 × 21 bis zu 177 × 177 kleinen schwarzen und weißen Flächen. An drei Ecken befinden sich quadratische Positionsmarkierungen zur Orientierung des Lesegeräts. Neben den Positionsmarken liegen Bereiche, an denen das Lesegerät das Datenformat und die Version des QR-Codes erkennen kann.

QR-Code

Aus dem flächenförmigen Aufbau ergeben sich Vorteile gegenüber der Strichcodierung:
- Es können erheblich mehr Daten gespeichert werden.
- Daten können mehrfach an verschiedenen Stellen hinterlegt werden, sodass die Informationen bei einer Beschädigung von bis zu 7 % im niedrigsten und 30 % im höchsten Fehlerkorrekturlevel noch einwandfrei ausgelesen werden können.

2 Sensortechnik

Die Sensortechnik liefert der Mess- und Automatisierungstechnik die notwendigen Signale zur Steuerung von Maschinen, Handhabungsgeräten, Überwachungseinrichtungen u. a. Früher wurden statt des Begriffs „Sensor“ verschiedene Begriffe verwendet, wie z. B. Messfühler, Geber, Aufnehmer, Taster, Schalter oder Messwertgeber.

2.1 Einteilung der Sensoren

2.1.1 Überblick über Sensoren und Messprinzipien

Für die unterschiedlichen Messaufgaben ist eine Fülle verschiedener Sensoren verfügbar, die sich ständig erweitert und spezialisiert. Die folgende Tabelle gibt nur einen grundlegenden Überblick. Die dargestellten Sensoren liefern unterschiedliche Ausgangssignale. Diese können Spannungen, Ströme, Ladungen, Widerstandsänderungen oder Kapazitäts- und Induktivitätsänderungen sein.

Beispiele für Sensoren und Messprinzipien

Physikalische Größe	Sensor	Messbereich	Prinzip
Kraft Dehnung Drehmoment	Dehnungsmessstreifen		Widerstandsänderung
Temperatur	Platinwiderstand Pt100	bis 800 °C (DIN)	Widerstandsänderung
	Thermoelement, z. B. Typ K (NiCr-Ni) Typ T (Cu-CuNi)	 bis +1200 °C bis +350 °C	Thermospannung zwischen verschiedenen Metallen
Druck	Piezosensor	keine prinzipielle Begrenzung	Ladungsverschiebung im Kristall durch Druck
Positionserfassung Weg Winkel	Potenziometer	10^{-2} bis 1 m	Widerstandsänderung
Kapazität Messgrößen (z. B. Annäherung, Feuchte)	Kondensator		Kapazitätsänderung durch Beeinflussung des elektrischen Feldes oder des Plattenabstands
Induktivität Messgrößen (z. B. Weg, Annäherung)	Spule		Induktivitätsänderung durch Beeinflussung des magnetischen Feldes oder des Eisenkerns
Beschleunigung	Differenzial-kondensator	typ. $\pm 10^2$ g (g = 10 m/s^2)	Kapazitätsänderung durch Deformierung
Kraft	Piezoquarz	keine prinzipielle Begrenzung	Ladungsverschiebung im Quarz
Objekterkennung	CCD-Kamera		Bilderkennung und Auswertung
Elektromagnetische Strahlung	Fotodiode Fototransistor	keine prinzipielle Begrenzung	Halbleiter pn-Übergang

2.1.2 Aktive und passive Sensoren

In nur wenigen Fällen liefert ein Sensor ein unmittelbar auszuwertendes Ausgangssignal, wie z. B. im Fotoelement, das ohne weitere Zuschaltung eine Anzeige am Belichtungsmesser einer Kamera bewirkt.

Man bezeichnet alle Sensoren, die bei Änderung der Messgröße eine Spannung oder einen Strom als Messsignal liefern, als **aktive Sensoren**. Die Spannungen und Ströme sind meist so gering, dass sie zur Anzeige oder Schaltung verstärkt werden müssen.

Passive Sensoren brauchen hingegen von außen zugeführte Energie, um ein Signal zu erzeugen. Zu passiven Sensoren zählen alle Sensoren, deren Wirkprinzipien auf dem elektrischen Widerstand, auf der Induktivität oder der Kapazität beruhen.

> **Aktive Sensoren** liefern eine Spannung oder einen Strom, z. B. Fotoelemente.
> **Passive Sensoren** benötigen eine Hilfsenergie, z. B. Sensoren mit Widerstandsänderungen oder Kapazitäts- und Induktivitätsänderungen.

2.1.3 Messende und schaltende Sensoren

Ein typischer schaltender Sensor ist der **Näherungsschalter**: Er gibt ein binäres Signal (EIN-AUS) weiter. Näherungsschalter erkennen, ob das zu überwachende Objekt vorhanden ist oder nicht.

Näherungsschalter	Symbol
Magnetisch betätigter Näherungsschalter, reagiert auf Magnetfeld	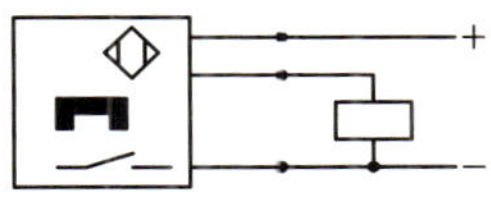
Induktiver Näherungsschalter, reagiert auf metallische Objekte	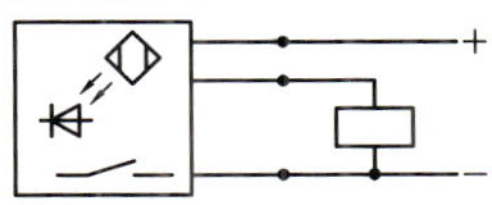
Kapazitiver Näherungsschalter, reagiert auf metallische und nichtmetallische Objekte	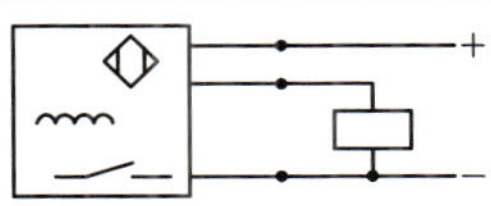
Optoelektronischer Näherungsschalter, reagiert auf Reflexion oder Unterbrechung eines Lichtstrahls	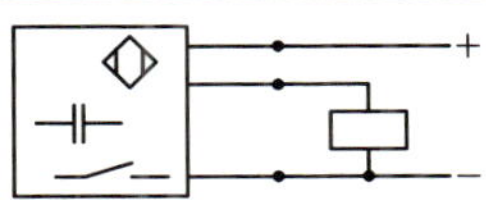

Kontinuierlich messende Sensoren liefern zu jedem Zeitpunkt eine Aussage über den Zustand des überwachten Systems. Sie ermöglichen damit schnellere Reaktionen auf veränderte Zustände – sie sind flexibler als schaltende Sensorsysteme. Viele Sensorsysteme liefern gleichzeitig beides, Schaltsignale und Messwerte.

> Näherungsschalter liefern nur ein binäres Signal (EIN-AUS).
> Kontinuierlich messende Systeme geben ständig Auskunft über den Systemzustand.

2.2.2 Induktiver Durchflusssensor

Die Funktion des induktiven Durchflusssensors beruht auf dem Induktionsgesetz. Das Induktionsgesetz besagt, dass in einem Leiter eine Spannung induziert wird, wenn sich dieser in einem magnetischen Feld bewegt.

$$U_i = l \cdot B \cdot v$$

U_i Induktionsspannung
B magn. Flussdichte
v Geschwindigkeit
l wirksame Leiterlänge

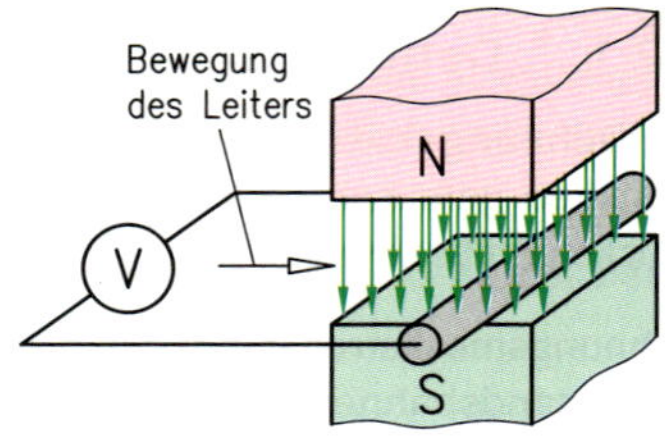

Induktion

Die Richtung der induzierten Spannung und des Stroms hängt von der Bewegungsrichtung des Leiters und von der Richtung des Magnetfelds ab.

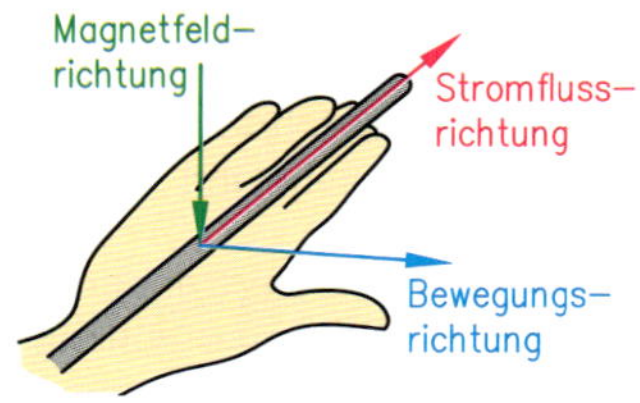

Rechte-Hand-Regel

> Die Richtung der induzierten Spannung lässt sich mit der **Rechte-Hand-Regel** bestimmen: Treffen die Feldlinien auf die Innenfläche der rechten Hand und zeigt der Daumen in die Bewegungsrichtung des Leiters, so zeigen die Finger in Stromrichtung.

Die meisten Flüssigkeiten enthalten leitfähige Ionen. Bewegen sich diese elektrisch leitfähigen Teilchen mit der Flüssigkeit durch ein quer zur Durchflussrichtung stehendes magnetisches Feld, so werden sie zur Seite abgelenkt. Es entsteht ein elektrisches Feld rechtwinklig zum magnetischen Feld. Die entstandene Spannung kann mit Elektroden an den Rändern der Strömung abgenommen werden.

Die Spannung an den Rändern der Strömung hängt von der magnetischen Flussdichte, dem Rohrdurchmesser und der Fließgeschwindigkeit der Flüssigkeit ab:

$$U_i = d \cdot B \cdot v$$

U_i Elektrodenspannung
d Rohrdurchmesser
B magnetische Flussdichte
v Geschwindigkeit der Flüssigkeit

- **Aufbau des induktiven Durchflusssensors**

Die Messvorrichtung ist mit den Spulen zur Erzeugung des magnetischen Feldes und den Elektroden außen am Rohr befestigt. Das Messrohr selbst ist im Inneren isolierend ausgekleidet. Auf der Isolation des Messrohres sind Elektroden angebracht, die die Spannung bei Bewegung der Flüssigkeit abnehmen. Die abgenommene Spannung ist proportional zur Fließgeschwindigkeit.

Aus Gründen der Störspannungsfreiheit werden die magnetisch induktiven Durchflusssensoren mit einem magnetischen Wechselfeld betrieben.

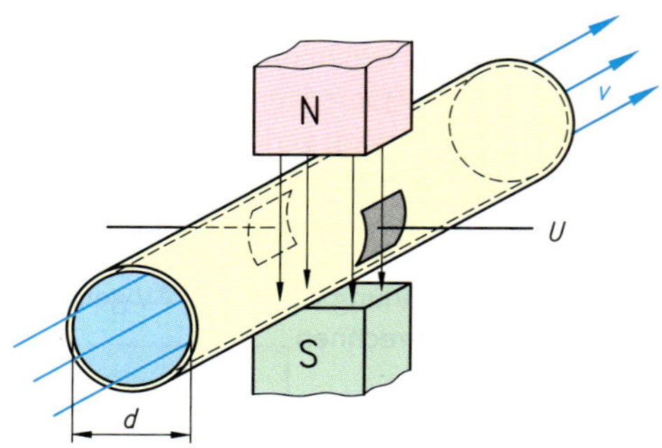

Aufbau eines induktiven Durchflussmessers (Schema)

> Beim **induktiven Durchflusssensor** wird eine leitende Flüssigkeit von einem Magnetfeld senkrecht zur Fließrichtung durchdrungen. Dadurch werden Ladungsträger senkrecht zur Fließrichtung und senkrecht zum Magnetfeld abgelenkt. An den Seiten kann eine Spannung abgegriffen werden, die proportional zur Strömungsgeschwindigkeit ist.

2.2.3 Kapazitive Sensoren

Ein **kapazitiver Sensor** verändert die Größe der Kapazität durch Messgrößen wie z. B. Weg oder Dielektrikum. Ein Kondensator besteht im einfachsten Fall aus zwei Metallplatten, zwischen denen sich ein isolierender Stoff, das Dielektrikum, befindet. Legt man eine Gleichspannung an einen Kondensator an, so fließt kurzzeitig ein Strom und der Kondensator wird aufgeladen. Die Höhe der Ladung hängt von der Höhe der Spannung und der Kapazität des Kondensators ab.

Die Kapazität eines Kondensators ist abhängig von der Plattenfläche, dem Plattenabstand und dem Stoff des Dielektrikums.

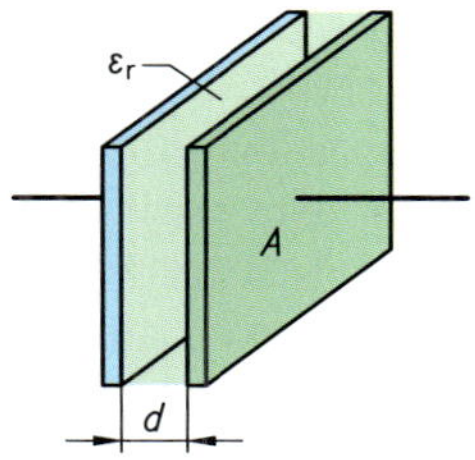

Kondensator

$$C = \varepsilon_0 \cdot \varepsilon_r \cdot \frac{A}{d}$$

C Kapazität des Kondensators in Farad (1 F = 1 As/V)
ε_0 Feldkonstante ($\varepsilon_0 = 8{,}854 \cdot 10^{-12}$ As/Vm)
ε_r Dielektrizitätszahl
A wirksame Plattenfläche
d Plattenabstand

Bei Wechselstrombetrieb wird der Kondensator mit der Frequenz umgeladen. Die Wechselspannung und der entstehende Wechselstrom bilden den sogenannten **scheinbaren Widerstand**. Dieser wird als Wechselstromwiderstand angegeben.

$$X_c = \frac{1}{2 \cdot \pi \cdot f \cdot C}$$

X_c kapazitiver Widerstand (Wechselstromwiderstand)
f Frequenz
C Kapazität des Kondensators in Farad

Die sensorische Funktion kapazitiver Sensoren liegt darin, dass die Kapazität von den zu messenden Größen verändert wird:

- Durch unterschiedliches Eintauchen in ein Medium ändert sich für den eingetauchten Teil der Plattenfläche das Dielektrikum und damit die Kapazität.
- Beim kapazitiven Messtaster ändert sich die gegenüberliegende Kondensatorfläche für Kondensator 1 und Kondensator 2 gegenläufig. Damit ändern sich auch die jeweiligen Kapazitäten (siehe Abbildung).
- Bei der Feuchtemessung wird ein spezielles Dielektrikum verwendet. Je nach Umgebungsfeuchte von Luft oder anderen Gasen ändert sich ε_r. Zum Eindringen der Feuchte ist eine Platte porös ausgeführt.

Zur Signalgewinnung werden die veränderlichen Kapazitäten zu einer Vollbrücke verschaltet. Mit Wechselspannungsspeisung der Brücke ergibt sich eine lineare Messspannung U_D. Zur Verstärkung und zur Verwendung als Prozesssignal wird sie vorher gleichgerichtet.

Beispiele für die Anwendung kapazitiver Sensoren (Schema)

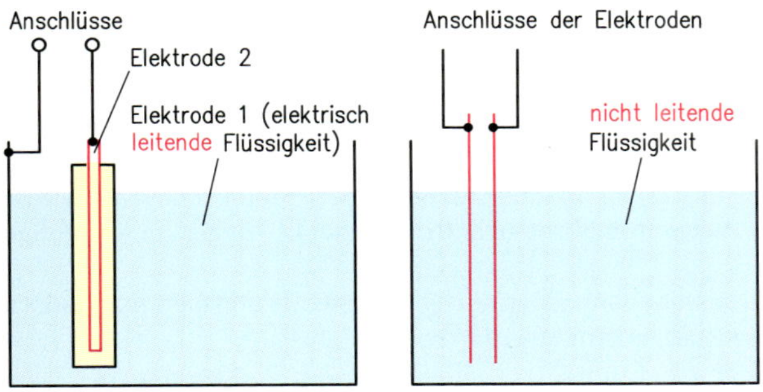

Füllstandsanzeiger

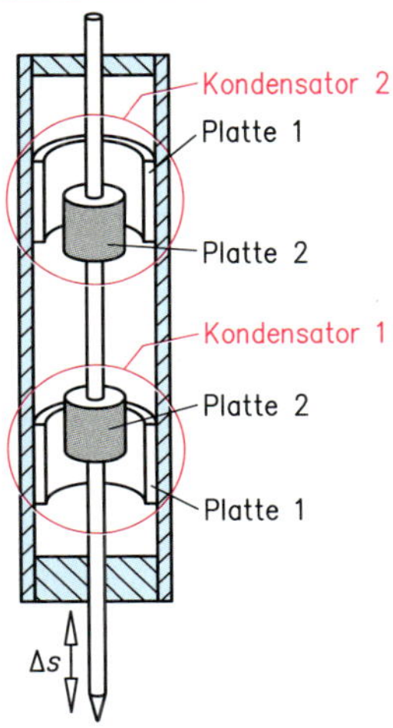

Kapazitiver Messtaster

2.2.4 Induktive Näherungsschalter

Der **induktive Näherungsschalter** ist der gebräuchlichste Sensor in der Automatisierungstechnik. Er arbeitet berührungslos, hat keinen mechanischen Verschleiß und erreicht dadurch eine sehr lange Lebensdauer.

Ein induktiver Näherungsschalter besteht aus drei Baugruppen: dem Oszillator, einer Auswertungseinheit und der Ausgangsstufe.

Im Oszillator wird ein elektromagnetisches Wechselfeld erzeugt und durch dem umgebenden Ferritkern nach vorn gerichtet.

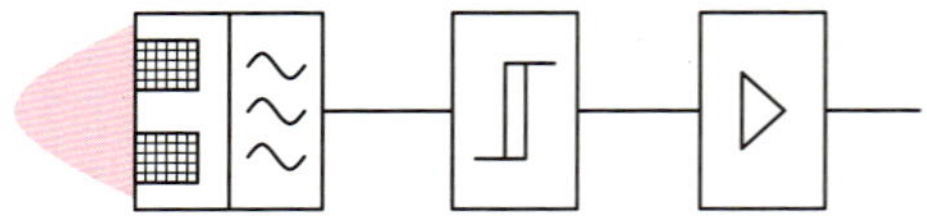

Baugruppen eines induktiven Näherungsschalters

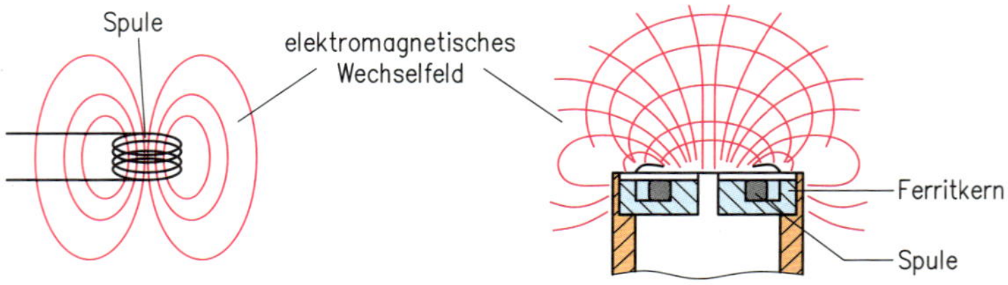

Elektromagnetisches Feld

Nähert sich dem magnetischen Wechselfeld ein leitfähiges Material, das der Oszillator am Kopf des Sensors ausstrahlt, so wird dem Oszillator Energie entzogen. Dadurch sinkt die Spannung am Oszillator. Sie stellt das Messsignal dar.
In der Auswertungseinheit, die dem Oszillator nachgeschaltet ist, wird das analoge Signal in ein eindeutiges Schaltsignal umgewandelt. Der nachgeschaltete **Schmitt-Trigger** hat die Aufgabe, bei einem definierten Niveau zu schalten. Tritt das angenäherte Material wieder aus, steigt das Signal an und der Schmitt-Trigger schaltet zurück in die Ausgangsposition. Um Störungen im Übergangsbereich zu vermeiden, wird ein oberer und ein unterer Schaltbereich (Hysterese) eingestellt.

Induktive Näherungsschalter schalten bei der Annäherung eines leitfähigen Gegenstands.

2.2.5 Kapazitive Näherungsschalter

Kapazitive Näherungsschalter oder Näherungssensoren sind ähnlich aufgebaut wie induktive Näherungsschalter. Der einzige Unterschied besteht darin, dass der Oszillator kein magnetisches, sondern ein elektrisches Wechselfeld erzeugt.

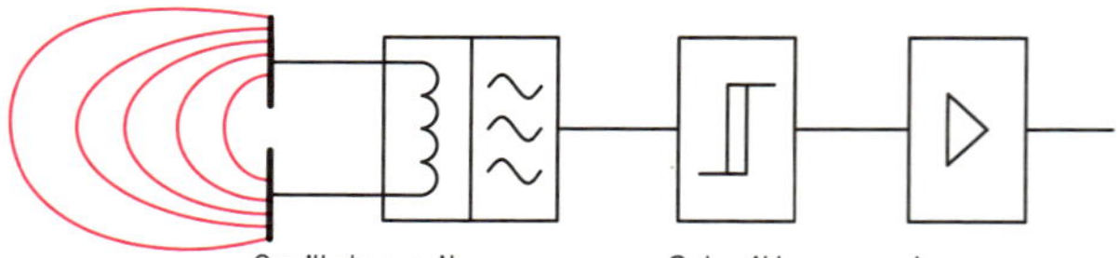

Baugruppen eines kapazitiven Näherungsschalters

Der Oszillator besteht aus einem Schwingkreis, der aus einer Spule und einem Kondensator gebildet wird. In diesem Zusammenhang bestimmt der Kondensator mit seiner Kapazität die Frequenz.

Der Kondensator ist bei kapazitiven Näherungsschaltern so angelegt, dass das Heranführen eines Stoffs in die Nähe des elektrischen Feldes eine Änderung des Dielektrikums und damit der Frequenz bewirkt. Die Änderung der Frequenz ist das Messsignal, das der Auswertungseinheit und dem Schmitt-Trigger zur eindeutigen Signalbildung zugeführt wird.
Der Vorteil des kapazitiven Näherungsschalters besteht darin, dass auch nichtleitende und nichtmagnetische Stoffe (z. B. Mehl, Kunststoffe, Holz, Stein, Öl, Wasser) erkannt werden können.

Kapazitive Näherungsschalter schalten bei Annäherung eines Objekts unabhängig von dessen Material.

2.2.6 Piezoelektrischer Sensor

Bei piezoelektrischen Materialien treten innere Ladungsverschiebungen auf, wenn sie einer äußeren Kraft bzw. einem Druck ausgesetzt sind.
Die nebenstehende Abbildung zeigt eine vereinfachte Modellvorstellung des **piezoelektrischen Effekts**: Unter Krafteinwirkung gelangen die negativen Ladungsträger näher an die obere und die positiven Ladungsträger näher an die untere Kontaktfläche. Dadurch entstehen messtechnisch darstellbare Ladungen auf den metallischen Kontaktflächen. Die an der Oberfläche angesammelten Ladungen sind proportional zur Krafteinwirkung.

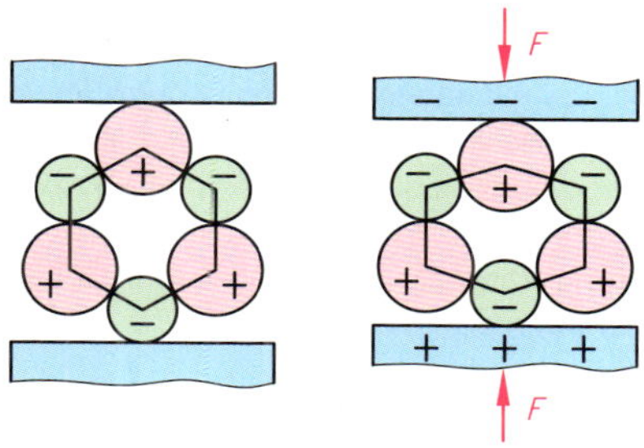

Piezoelektrischer Effekt (Schema)

Die elektrische Funktion des Piezosensors ist vergleichbar mit einem Kondensator, der mit einer bestimmten Ladung aufgeladen wurde. Wie beim Kondensator fließt diese Ladung langsam ab. Messungen der elektrischen Ladung sind also nur im ersten Moment ein wirkliches Abbild der Kraft.

$$\Delta Q = \Delta U \cdot C = k \cdot F$$

ΔQ elektrische Ladung
k piezoelektrische Konstante (z. B. Bergkristall $k = 2{,}3$ pC/N)
U Spannung
C Kapazität
F Kraft

Natürlich vorkommende Materialien für Piezosensoren sind Einkristalle, z. B. von Turmalin, Quarz oder Galliumphosphat. Künstlich werden Piezosensoren aus keramischen Werkstoffen durch Sinterung erzeugt. Ihr Vorteil liegt in einer nahezu doppelt so hohen piezoelektrischen Konstanten im Vergleich zu den natürlichen Kristallen – ihre Leistung lässt jedoch im Laufe der Zeit nach.

Beispiele für den Einsatz von Piezosensoren

1 Abstandssensoren
Der Abstandssensor sendet einen kurzen Ultraschallimpuls in Richtung des Gegenstandes aus, dessen Entfernung gemessen werden soll. Die Schallwelle wird von diesem Gegenstand reflektiert und vom gleichen Piezosensorteil wieder empfangen. Der Piezosensor arbeitet hier als Sender und Empfänger (Zeit-Multiplex-Betrieb).

2 Schwingungsaufnehmer
Zur ständigen Zustandsüberwachung von Maschinen (Condition Monitoring) werden u. a. mit Piezosensoren Schwingungen aufgenommen und in einer Auswerteeinheit analysiert. Durch Vergleich des zeitlichen Verlaufs der Schwingungen im Idealzustand mit dem augenblicklichen Verlauf kann auf schädliche Veränderungen geschlossen werden.

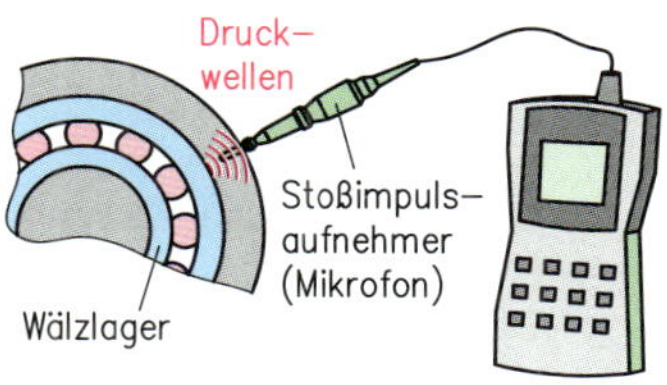

3 Beschleunigungsmessung
Zur Beschleunigungsmessung wird eine frei schwingende Masse auf einem piezoelektrischen Quarz montiert. Eine Beschleunigung bewirkt eine Belastung des Quarzes und erzeugt so ein Ladungsverteilung, die durch geeignete Elektronik in ein zur Beschleunigung proportionales Spannungssignal gewandelt wird.

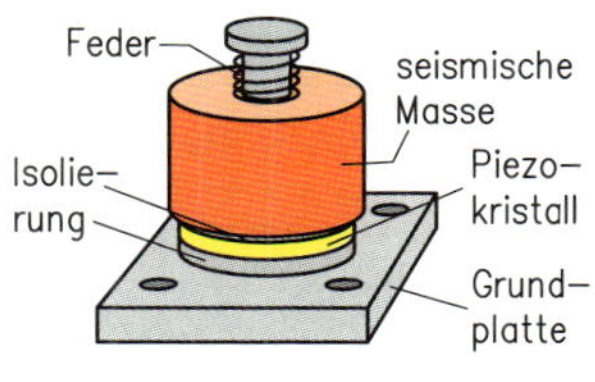

Piezokristalle erzeugen bei einer Krafteinwirkung elektrische Ladungen auf der Oberfläche. Umgekehrt erzeugt das Anlegen einer Spannung eine Längenänderung des Piezokristalls. Der Effekt ist nur für einen kurzen Moment wirksam.

2.2.7 Thermoelemente

Thermoelemente gehören zu den aktiven Sensoren, denn sie liefern unmittelbar eine Spannung als Ausgangssignal.
Wegen ihres einfachen Aufbaus und großen Messbereichs bis ca. 2000 °C werden sie häufig verwendet.
Ein Thermoelement besteht prinzipiell aus zwei verschiedenen Metalldrähten, die am Messpunkt zusammengefügt sind. Die Verbindung kann durch eine Schweißstelle, durch Verlöten oder Klemmen geschehen.

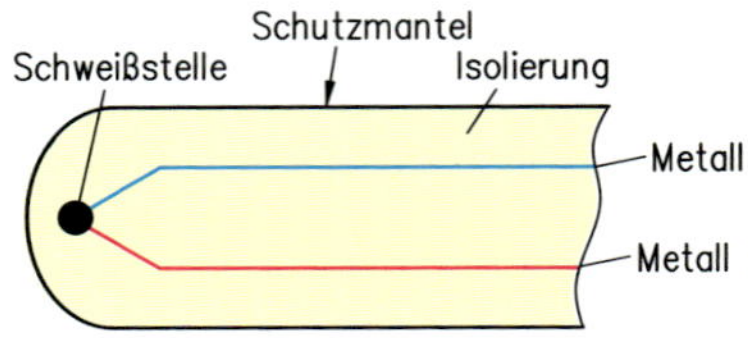

Thermoelement

Die Funktionsweise des Thermoelements basiert auf dem **thermoelektrischen Effekt**, auch Seebeck-Effekt genannt. Er besagt, dass die Menge freier Elektronen bei den verschiedenen Metallen unterschiedlich groß ist. An der Verbindungsstelle diffundieren Elektronen aus dem Metall mit der größeren Menge freier Ladungsträger in das andere Metall. Es entsteht eine Potenzialtrennung und damit eine geringe Spannung. Der Wert dieser Spannung ist proportional zur absoluten Temperatur der Kontaktstelle.

Um die Thermospannungen der einzelnen Metalle zahlenmäßig zu erfassen, hat man die Thermospannung jedes einzelnen Metalls gegenüber Platin bei 100 °C gemessen.

Die Aufstellung der Ergebnisse ist die **thermoelektrische Spannungsreihe der Metalle** bei 100 °C. Mit ihrer Hilfe kann die Spannungsempfindlichkeit einzelner Metallkombinationen berechnet werden.

Beispiel für die Spannungsempfindlichkeit zwischen Eisen und Konstantan

$$E_{FeKo} = E_{FePt} - E_{KoPt}$$

$$= 1{,}9 \cdot \frac{mV}{100\ K} - \left(-3{,}47 \cdot \frac{mV}{100\ K}\right) = \mathbf{+5{,}37} \cdot \frac{mV}{100\ K}$$

Metall	Thermo-spannung
Konstantan	−3,47 mV
Nickel	−1,9 mV
Platin	0,0 mV
Silber	0,67 mV
Wolfram	0,7 mV
Kupfer	0,7 mV
Eisen	1,9 mV
Nickelchrom	2,2 mV

Thermoelektrische Spannungsreihe

Die Funktion eines **Thermoelements** beruht auf der Ladungstrennung an der Kontaktstelle zweier verschiedener Metalle. Es liegt eine messbare Spannung an den Kontakten vor. Thermoelemente benötigen keine Hilfsspannung und werden daher als aktive Sensoren bezeichnet.

Bei der Darstellung dieser Spannung treten zwei Probleme auf:

- Alle im Stromkreis vorhandenen Kontakte unterschiedlicher Materialien sind Thermoelemente, auch wenn sie ungewollt entstanden sind, z. B. an den Kontaktklemmen.
- Die zu messende Temperatur ist meist auf den 0-°C-Punkt bezogen und nicht auf die absolute Temperatur.

Aus der Schaltung (siehe Abb.) ergibt sich:

$U_M = U_1 + U_2 - U_3$

Mit Temperaturänderung am Thermoelement:

$U_M = (U_1 + \Delta U_1) + U_3 - U_2$

U_M ist proportional zu T_1, wenn U_2 und U_3 sowie die Temperatur T_0 der Klemmstellen konstant bleiben.

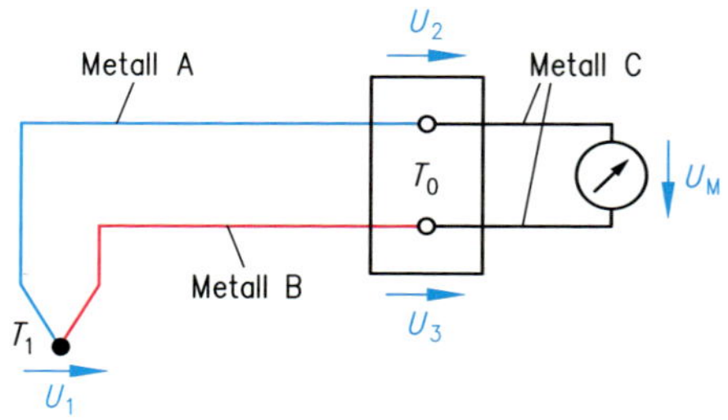

Messschaltung

2.2.8 Temperatursensor Pt-100

Der **Temperatursensor Pt-100** ist ein normierter Widerstandssensor speziell zur Temperaturmessung. Als Widerstandsmaterial wird Platin verwendet, da dieses Metall einen nahezu linearen Zusammenhang zwischen elektrischem Widerstand und Temperatur aufweist. Die Zahl 100 steht für den Widerstandswert in Ohm, den der Messwiderstand bei 0 °C annimmt.

$$R_t = R_0\,(1 + \alpha \cdot t + \beta \cdot t^2)$$

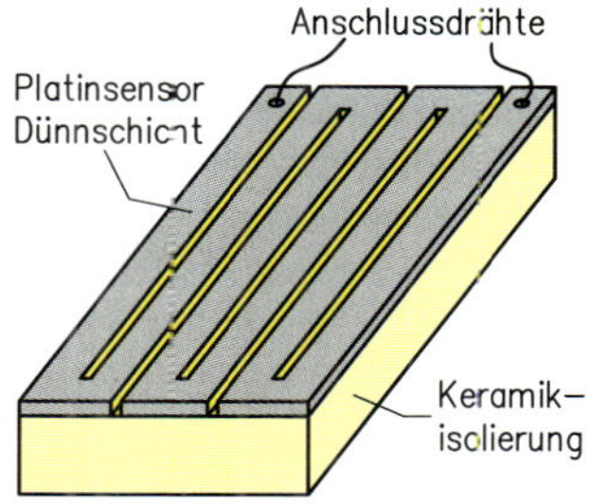

Pt-100 in Dünnschichttechnik

R_t	Widerstand nach Erwärmung	α	$3{,}90802 \cdot 10^{-3}$ 1/K
R_0	Widerstand bei 0 °C	β	$0{,}580195 \cdot 10^{-6}$ 1/K²
t	Celsius-Temperatur		

Für Temperaturen zwischen 0 °C und 100 °C kann man wegen der geringen linearen Abweichung mit einem Widerstandsbeiwert von $\alpha = 0{,}00385$ 1/K rechnen.

Die Platinsensoren werden aus Draht oder in Dünnschichttechnik hergestellt. Bei der Dünnschichttechnik (siehe Abb.) wird in einem Vakuumbeschichtungsverfahren auf ein Keramiksubstrat eine dünne Schicht aus reinem Platin aufgebracht. Mit Laserschneidverfahren werden die Einzelwiderstände durch mäanderförmigen Zuschnitt erstellt.

Beispiel für den Einsatz eines Temperatursensors Pt-100

Ein Sensor zeigt statt der erwarteten 85 °C einen viel höheren Wert an. Er soll mit einem Widerstandsmessgerät überprüft werden.
Welcher Widerstandswert ist bei 85 °C zu erwarten?

$R_t = R_0 \cdot (1 + \alpha \cdot t)$

$R_t = 100\ \Omega \cdot (1 + 0{,}00385\ 1/\text{K} \cdot 85\ °\text{C})$

$R_t =$ **132,7 Ω**

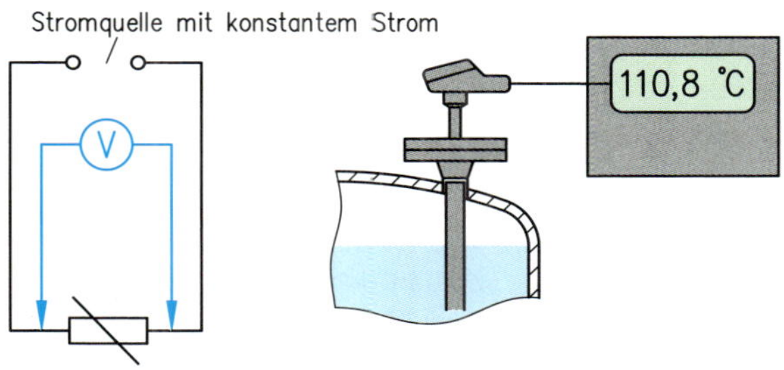

2.2.9 Optoelektronische Sensoren

Passive optoelektronische Sensoren verringern entsprechend der Beleuchtungsstärke, mit der sie angestrahlt werden, ihren elektrischen Widerstand. Sie werden als **Fotowiderstände** bezeichnet
Aktive optoelektronische Sensoren wandeln elektromagnetische Wellen, z. B. Licht (Wellenlänge 380 > λ < 780 nm) und Infrarotstrahlung (Wellenlänge λ = 1 200 nm), in einen elektrischen Strom um. Man bezeichnet sie als **Fotoelement**.

Die meisten optoelektronischen Sensoren sind Halbleiter und funktionieren auf der Grundlage des **pn-Übergangs** in Halbleitern.

2.2.9.1 pn-Übergang

Zur Erzeugung eines Halbleiters wird ein Basismetall, meist Silizium, mit sehr geringen Mengen eines weiteren Elements legiert. Man spricht hier wegen der geringen Menge von **dotieren.** Siliziumatome haben vier Elektronen auf der Außenschale, sodass in einem Kristall jedes Siliziumatom zusammen mit seinen Nachbaratomen von acht Elektronen umgeben ist.

Dotiert man nun Silizium mit Aluminiumatomen, die nur drei Elektronen auf der Außenschale haben, so entsteht im Kristall ein geringer Elektronenmangel – das Material ist **p-dotiert**. Dotiert man das Silizium hingegen mit Phosphor (fünf Elektronen auf der Außenschale), so entsteht ein Kristall mit Elektronenüberschuss – das Material ist **n-dotiert**.

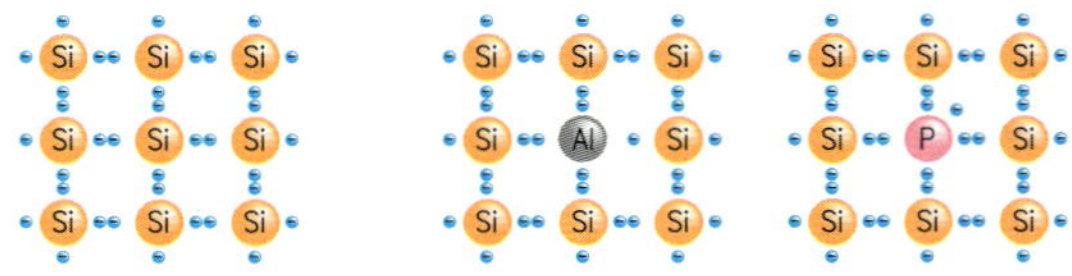

nicht dotiertes Silizium **p-dotiertes Silizium** **n-dotiertes Silizium**

Fügt man p- und n-dotiertes Silizium aneinander, so diffundieren einige Elektronen der n-Zone im Bereich der Grenzschicht in „Löcher" der p-Zone und werden dort eingebunden. Damit stehen in der Grenzschicht, dem **pn-Übergang**, nahezu keine freien Ladungsträger zur Verfügung.

Bauelemente, die aus zwei unterschiedlich dotierten und aneinander gefügten Kristallen mit einem pn-Übergang bestehen, nennt man **Dioden.**

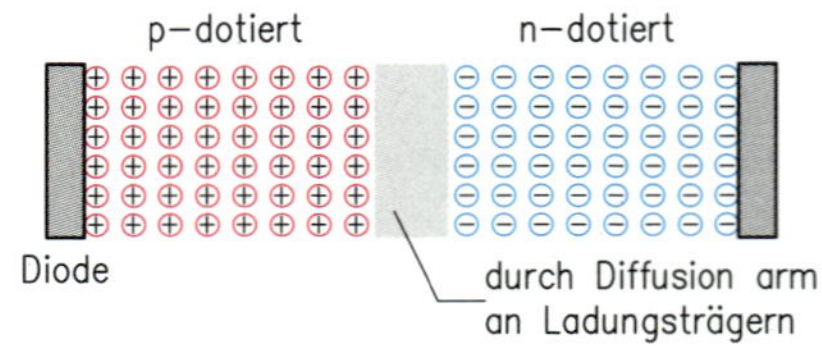

Diode

1 Diode in Durchlassrichtung

Schaltet man eine Diode in Durchlassrichtung an eine Spannungsquelle, also den Pluspol an die p-dotierte Seite, so werden die „Löcher" von den Elektronen des negativen Pols der Spannungsquelle überschwemmt und gleichzeitig wandern Löcher in Richtung des Minuspols – es fließt ein Strom durch die Diode.

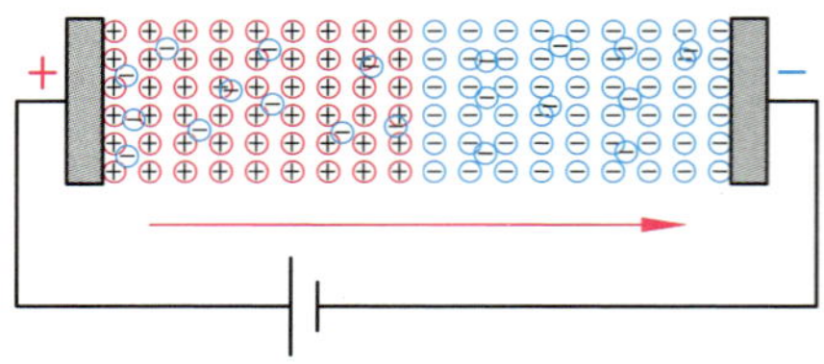

Diode in Durchlassrichtung

2 Diode in Sperrrichtung

Schaltet man eine Diode entgegen der Durchlassrichtung an eine Spannungsquelle, also die p-dotierte Seite an den Minuspol und die n-dotierte Seite an den Pluspol, so werden die Elektronen der n-Schicht vom Pluspol angezogen. Die Grenzschicht zwischen p- und n-dotierter Schicht, der pn-Übergang, wird größer. Es können keine weiteren Ladungsträger mehr hindurch gelangen – die Diode sperrt.

Übersteigt jedoch die angelegte Spannung einen Maximalwert, so wird die Sperrschicht durchschlagen, der Strom steigt dann schlagartig an und die Diode wird zerstört.

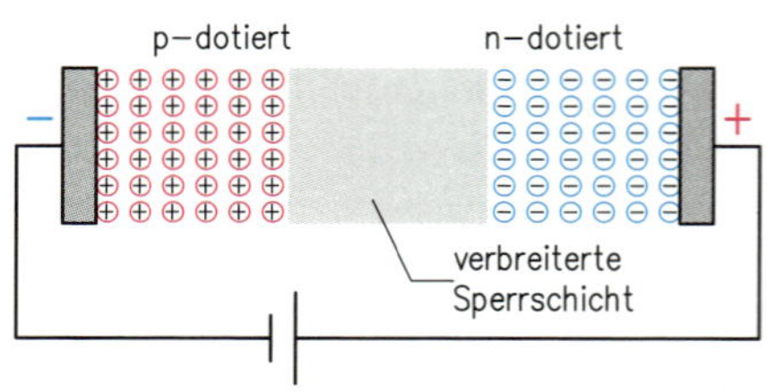

Diode in Sperrrichtung

2.2.9.2 Fotodiode

Fotodioden sind Halbleiterdioden aus Silizium oder Germanium. Sie sind so aufgebaut, dass durch ein dünnes Glasfenster einfallendes Licht die p-Schicht durchdringen und auf die Sperrschicht einwirken kann.

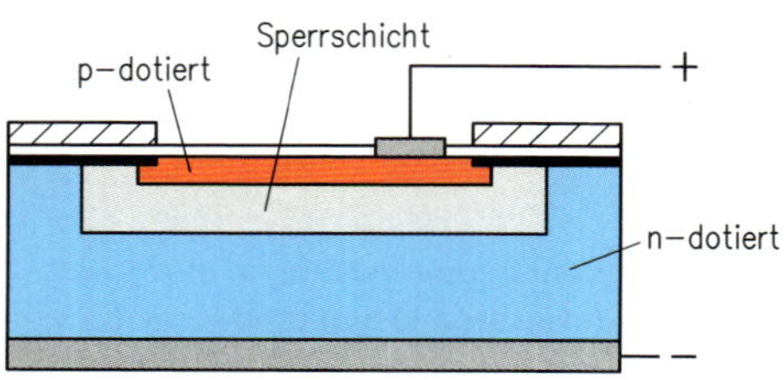

Aufbau der Fotodiode

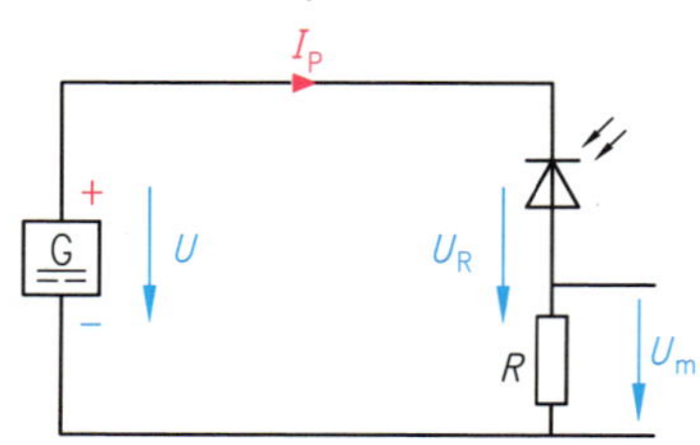

Schaltung der Fotodiode als Sensor

Als Sensoren werden Fotodioden in Sperrrichtung geschaltet, das bedeutet, dass die p-leitende Schicht an den Pluspol und die n-leitende Schicht an den Minuspol einer Spannungsquelle angeschlossen wird. So wird die Sperrschicht vergrößert und es kann kein Strom fließen.

Fotodioden sind jedoch so aufgebaut, dass einfallendes Licht die Sperrschicht zwischen der p- und der n-dotierten Zone erreichen kann. Sobald Licht in die Sperrschicht fällt, werden durch die Energie des Lichts in der Sperrschicht Elektronen aus dem Kristallgitter gelöst und „Löcher" erzeugt, sodass ein Strom fließen kann. Dieser Strom ist proportional zur Beleuchtungsstärke.

Fotodioden reagieren sehr schnell auf Lichtwechsel. Dadurch sind extrem kurze Schaltzeiten bis ca. 20 µs erreichbar. Als Sensoren werden Fotodioden zum Beispiel in Lichtschranken eingesetzt.

Fotodioden basieren auf dem pn-Übergang. Durch den inneren Fotoeffekt wird Licht in Strom umgewandelt. Der Strom ist proportional zur Beleuchtungsstärke. Fotodioden werden als Sensoren stets in Sperrrichtung geschaltet.

2.2.9.3 Fotowiderstand

Der **Fotowiderstand** ist ein passives optoelektronisches Bauelement. In der Technik wird er meist **LDR** (**L**ight **D**ependent **R**esistor) genannt. Die Wirkung von Fotowiderständen beruht auf dem **inneren fotoelektrischen Effekt**: Bei Auftreffen von Photonen auf einen Halbleiter-Mischkristall (Basis z. B. Cadmiumsulfid (CdS) und Bleisulfid (PbS)) werden Valenzelektronen aus ihren Gitterbindungen gelöst. Der elektrische Widerstand nimmt mit zunehmender Beleuchtungsstärke ab. Bis auf geringe Abweichungen ist die Funktion zwischen Beleuchtungsstärke und elektrischem Widerstand linear.

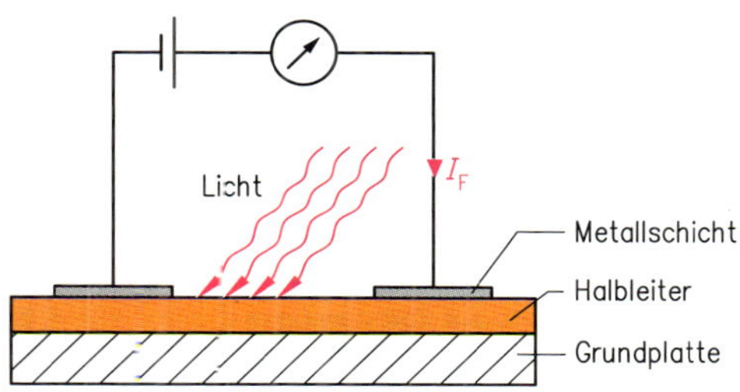

Fotowiderstand

Fotowiderstände reagieren langsamer als Fotodioden. Als Sensoren werden sie u. a. als Dämmerungsschalter und in Lichtschranken verwendet.

Fotowiderstände verringern beim Auftreffen von Licht ihren elektrischen Widerstand. Die Widerstandsänderung ist proportional zur Beleuchtungsstärke.

2.2.9.4 Lichtschranken

Lichtschranken bestehen aus einer Strahlenquelle, dem Sender, und einem optischen Sensor, dem Empfänger. Lichtquellen sind häufig Leuchtdioden oder in speziellen Fällen Laserdioden. Als Sensor wird eine Fotodiode eingesetzt.

Es lassen sich verschiedene Arten von Lichtschranken unterscheiden:

- **Einweg-Lichtschranke**
  Bei Einweg-Lichtschranken stehen sich Sender und Empfänger gegenüber.

- **Reflexions-Lichtschranke**
  Bei Reflexions-Lichtschranken sind Strahlenquelle und Sensor optisch getrennt in einem Gehäuse untergebracht. Der Lichtstrahl wird von der Gegenseite, einem Spiegel, reflektiert.

- **Reflex-Lichttaster**
  Reflex-Lichttaster sind ähnlich aufgebaut wie Reflexions-Lichtschranken. Als Reflektor wirkt hier jedoch das Objekt, das die Lichtschranke passiert.

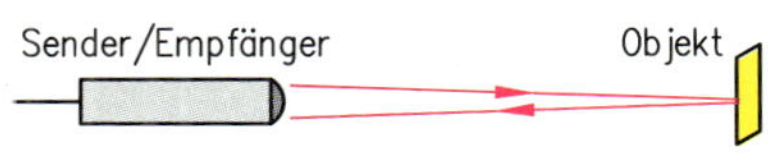

2.2.9.5 Sensorsysteme zur Bilderkennung und Bildverarbeitung

- **Einsatzbereiche von Sensorsystemen zur Bilderkennung und Bildverarbeitung**

In der automatisierten Produktion werden zunehmend Bildverarbeitungssysteme eingesetzt. Sie gelten als die Schlüsseltechnologie zur Industrie 4.0. Die meisten technischen Systeme dieser Art sind:

- **Systeme zur Qualitätssicherung**, mit denen z. B. Objekte identifiziert, Baugruppen auf Vollständigkeit überprüft, Maße kontrolliert und Oberflächenqualitäten untersucht werden.
- **Systeme zur Prozesssteuerung**, die u. a. Objekte identifizieren, lagerichtiges Zuführen veranlassen, Ausschleusen fehlerhafter Bauteile steuern. Man sagt: „Bildverarbeitende Systeme sind die Augen des Roboters – Robot Vision".
- **Systeme zur Sicherheit und zum Umweltschutz,** welche z. B. den Zutritt von Personen überwachen, Kollisionen von bewegten Objekten verhindern, Schnittstellen zur Außenwelt der Betriebe auf Austritt von Schadstoffen kontrollieren.

Beispiele für den Einsatz von industrieller Bilderkennung und Bildverarbeitung

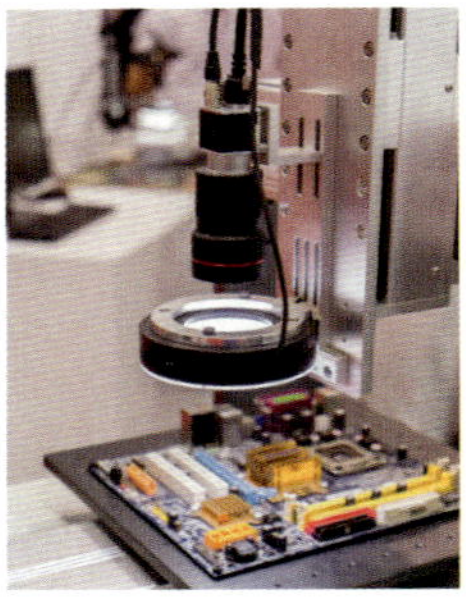

Kontrolle auf Vollständigkeit

Sicherheitscheck per Fingerprint

- **Ablauf einer Bildverarbeitung**

Die **Einheit zur Bilderfassung** – bestehend aus Kamera und Beleuchtungseinheit – nimmt das analoge Bild des Objekts zusammen mit der Umgebung des Objekts auf und digitalisiert es.

Die **Objekterfassung** lokalisiert das Prüfobjekt im digitalen Bild. Die Objekterfassung ist einfach, wenn die einzelnen Objekte stets in der gleichen Position aufgenommen werden. Schwieriger ist die Objekterfassung, wenn das Objekt bei der Bilderfassung beliebige Lagen einnehmen kann, wie z. B. Schrauben in einem Karton.

Die **Inspektion des Objekts** erfolgt im Anschluss an die Erfassung. Dabei werden die Istzustände der Objekte festgestellt und mit den vorgegebenen Sollzuständen, z. B. Formen und Maßen, verglichen.

Die **Auswertung** des Vergleichs von Soll- und Istzustand durch Bildverarbeitungsalgorithmen ergibt die einzuleitenden Aktionen der anzusteuernden Baugruppen, z. B. das Ausschleusen von Fehlteilen.

Beispiel für die Struktur einer kameragesteuerten Qualitätssicherung

Halterungen aus Spritzguss wurden in Inserttechnik mit Messingbuchsen bestückt. Mit einem Bildver-arbeitungsverfahren werden die Werkstücke auf Vollständigkeit überprüft.

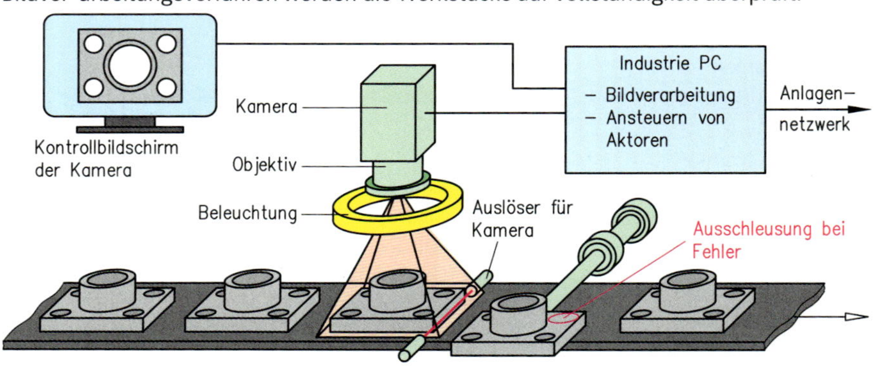

- **Kameratypen für die Bildverarbeitung**

In einer **Zeilenkamera** sind die lichtempfindlichen Pixel in einer Reihe angeordnet. Das Bildverarbeitungssystem addiert die Zeilen zu einem kompletten Bild. Zeilenkameras werden vorwiegend zur Prüfung von Endlosmaterialien eingesetzt. Mit Zeilenkameras ist es ferner möglich, Werkstücke, die auf Rollenbahnen transportiert werden, durch die Aufnahme zwischen den Rollen hindurch auf der Unterseite zu scannen.
In einer **Flächenkamera**, auch **Matrixkamera** genannt, sind die lichtempfindlichen Pixel zweidimensional angeordnet, so dass bei jeder Aufnahme ein komplettes Bild entsteht.

Die **3D-Bildverarbeitungsverfahren** berechnen das räumliche Bild des Objektes meistens wie folgt:
- Entweder aus der Laufzeit des Lichtes zwischen Kamera und anvisiertem Objektpunkt oder
- aus den Bildern, die bei der Betrachtung aus verschiedenen Richtungen entstehen oder
- aus den Bildern, die bei Beleuchtung mit Streifenlicht entstehen.

Die 3D- Bildverarbeitungsverfahren werden zur Prüfung von Schweißnähten, Klebstoffraupen und Beschichtungen sowie zum Messen von Höhendifferenzen eingesetzt.

Smarte Kameras (intelligente Kameras) werden für spezielle Anwendungen, z. B. dem Erkennen von Schäden an Flaschenköpfen oder dem Prüfen von Dichtstoffraupen, eingesetzt. Diese Kameras sind mit allen Komponenten ausgerüstet, die notwendig sind, um ohne Zwischenschaltung eines Computers die erforderliche Aktion auszulösen. Zu den Komponenten gehören ein bildgebender Sensor, ein Bildspeicher, ein Prozessor zur Bildverarbeitung sowie eine anwendungsspezifische Informationsverarbeitung.

Kameratypen für die industrielle Bildverarbeitung

Zeilenkamera	**Flächenkamera**	**3D-Aufnahme mit Laser-Linien-Projektor**
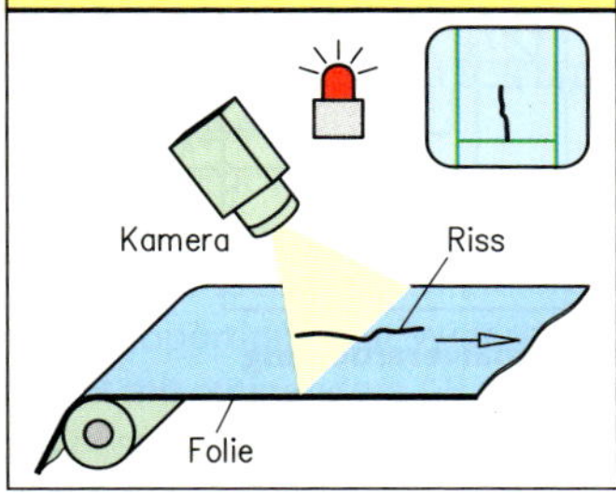	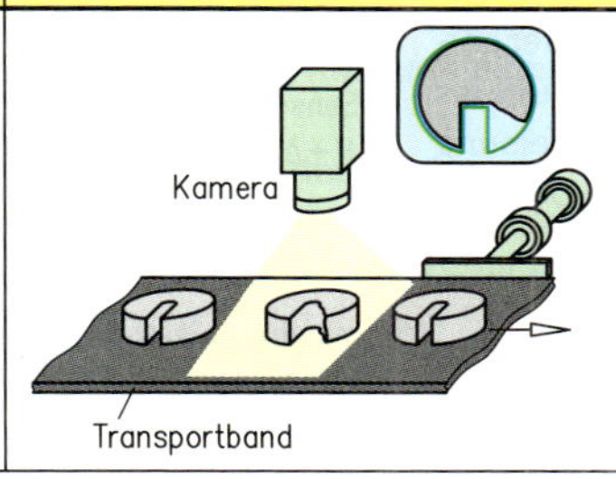	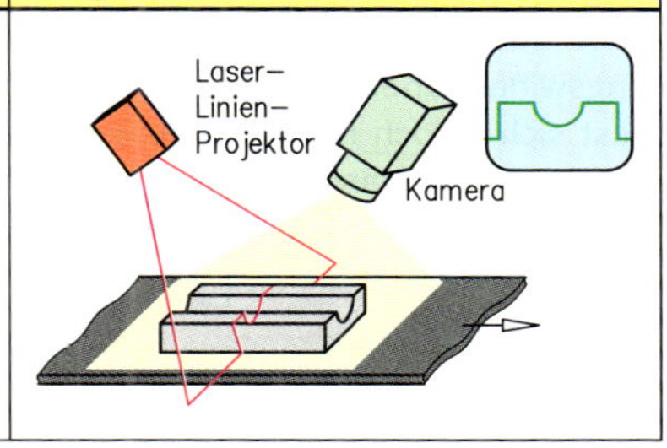

- **Digitale Bildverarbeitung**

Mit der **digitalen Bildverarbeitung** werden aus den aufgenommenen Bilddateien gezielt Informationen herausgezogen, die für die weitere Auswertung und die folgenden Aktionen von Bedeutung sind.
Wichtige Verfahren der industriellen Bildverarbeitung basieren auf der **Kantenerkennung**, denn eine Kante erzeugt eine deutliche Veränderung der Grauwerte zwischen angrenzenden Bildpunkten. Die Lage der Kanten kann zur Vermessung des Bauteils, zum Feststellen der Ausrichtung des Objekts sowie zur Anwesenheits- und Vollständigkeitsprüfung herangezogen werden.
Andere Verfahren basieren auf dem **Vergleich von Musterbildern** mit dem augenblicklichen Bild des geprüften Objekts. Durch die Subtraktion zwischen beiden Bildern bildet der Unterschied ein Maß für die Abweichungen und löst nach der Bewertung die weiteren Aktionen aus.

- **Prozessoptimierung**

Viele Bildverarbeitungssysteme sind heute schon mehr als nur reine Inspektionssysteme, denn sie erlauben die frühzeitige Erkennung von Trends in Produktionsprozessen. Die Qualitätssicherung entwickelt sich somit in Richtung der Produktionsoptimierung. Bei solchen Optimierungsprozessen kann in der laufenden Fertigung reagiert werden. So hat man zum Beispiel die Möglichkeit, schleichende Änderungen im Produktionsprozess frühzeitig zu erkennen, wenn man in die Software die Warngrenzen für die Klassifizierung von Fehlerarten, Größen, Maßen oder anderen Prüfkriterien durch System „eintrainieren“ lässt.

> Sensorsysteme zur Bilderkennung und Bildverarbeitung ermöglichen komplexe Automatisierungslösungen, indem sie Objekte identifizieren, Qualitäts- und Maßprüfungen berührungslos vollziehen, Prozesse Steuern sowie zur Sicherheit und zum Umweltschutz beitragen.

4 Vollbrückenschaltung

In einer **Vollbrückenschaltung** sind alle vier Widerstände aktiv. Damit bietet sie größte Empfindlichkeit und beste Kompensation von Störsignalen. Die Vollbrückenschaltung wird bevorzugt im Sensorbau mit Dehnungsmessstreifen verwendet.

> In der **Vollbrückenschaltung** sind alle vier Widerstände entgegengesetzt veränderlich geschaltet. Dadurch ergeben sich höchste Empfindlichkeit, Störsicherheit und ein linearer Zusammenhang zwischen Widerstandsänderung und Brückenspannung.

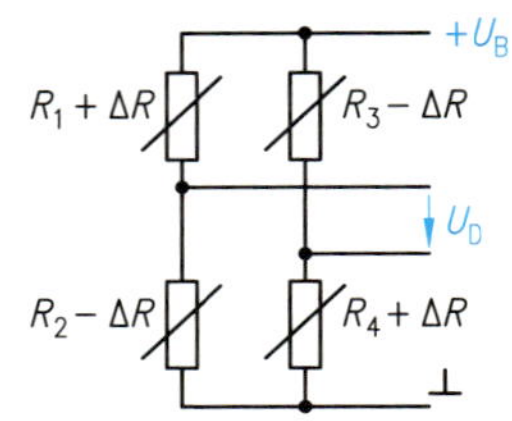

Halbbrückenschaltung

5 Anwendungen der Brückenschaltungen

Die Brückenschaltung findet besondere Verwendung bei der Anschaltung von Sensoren, die gegenläufige Widerstandsgrößen aufweisen können, z. B. durch Stauchung und Dehnung beim DMS.
Bei Brücken mit induktiven oder kapazitiven Widerständen wird ebenfalls die Brückenschaltung genutzt. Die Speisung und Messung wird dann jedoch mit Wechselspannung betrieben.

2.3.2 Anschlusstechniken für aktive Sensoren

Aktive Sensoren wandeln eine physikalische Größe direkt in ein elektrisches Signal um; eine Hilfsenergie ist nicht notwendig. Sie wirken somit wie elektrische Spannungsquellen. Die Spannung oder auch der Strom des Sensors ist in der Regel jedoch klein und hat nur wenig Leistung. Der Sensor benötigt einen Verstärker zur Signalaufbereitung.

Zu den aktiven Sensoren zählen beispielsweise Thermoelemente. Durch die Vergleichsstelle wird die anstehende Spannung auf den Vergleichspunkt, z. B. 0 °C, bezogen. Die Spannung des Thermoelements wird mit einem Verstärker, dessen Eingang hochohmig ist, angeschlossen.

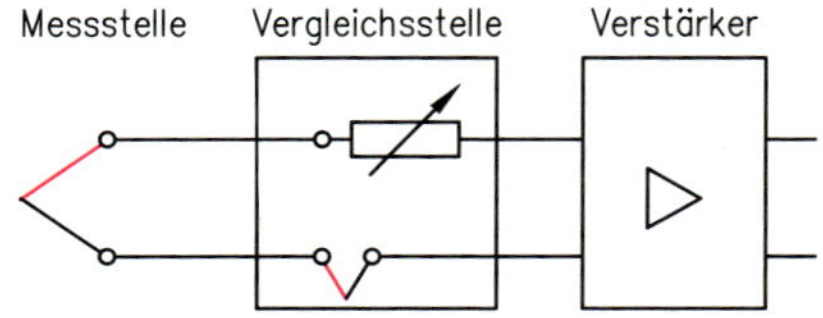

Anschluss eines Thermoelements

> Aktive Sensoren liefern unmittelbar ein elektrisches Signal. Dieses Signal ist meist sehr klein und muss entsprechend verstärkt werden.

2.3.3 Anpassungen des Sensorsignals mit konfigurierbaren Messumformern

Konfigurierbare Messumformer sind unabhängig vom Sensortyp einsetzbar. Sie formen zum einen die niedrigen und häufig nicht linearisierten Spannungswerte von Sensoren in die Standardbereiche wie 0 ... 5 V, ±5 V, 0 ... 10 V oder ±10 V bzw. für eine Übertragung per 0 ... 20 mA um. Zum anderen können sie auch Zusatzaufgaben erledigen, z. B. bei Erreichen voreingestellter Grenzwerte einen Alarm auslösen.

Beispiel für einen frei programmierbaren Messumformer

Kenndaten eines gebräuchlichen Messumformers für Thermoelemente und Pt-100:

- Analoger Ausgang max. +/-10 V
- Anschluss von Widerstandssensoren in Zwei-, Drei- oder Vierleitertechnik
- Anschluss von Thermoelementen
- Drei Grenzwertschalter am Ausgang zum Schalten eines Relais, wenn eine programmierte Bedingung erfüllt ist, z. B. Alarm bei Überschreiten eines Schwellenwerts
- Galvanische Trennung von Netzanschluss und Ein- und Ausgang zur Erhöhung der Sicherheit gegen Überspannungen und Störspitzen

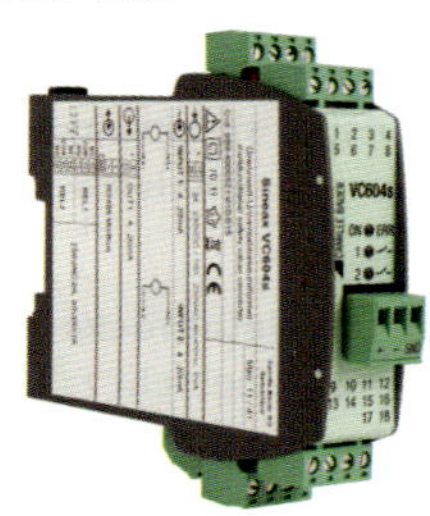

2.4 Digitalisierung und Signalverarbeitung

2.4.1 Signalformen und Messsignalumformer

Die für Prozesse und Steuerungen wichtigen Informationen sind meist nichtelektrische Größen wie Temperatur, Druck oder Kraft. Mithilfe von Sensoren und elektronischen Schaltungen werden daraus elektrische Signale gewonnen.

2.4.1.1 Analoge Signale

Die am häufigsten vorkommende Signalform ist das **analoge Spannungssignal**. Der sich ändernden Messgröße kann zu jeder Zeit ein analoger Spannungswert zugeordnet werden Aus der zeitlich kontinuierlichen Größe der Gewichtskraft wird z. B. eine kontinuierliche Signalspannung.

Beispiel für die Gewinnung eines analogen elektrischen Signals aus einer nichtelektrischen Größe

Zur Bestimmung des Inhaltes eines Silos wird mit DMS das Gewicht des Inhalts bestimmt. Das Ergebnis wird als Spannung im Bereich 0 ... 10 V angezeigt.

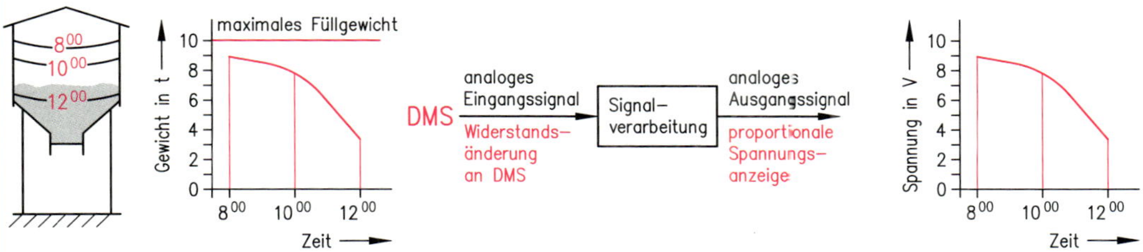

Analoge Messgröße (Gewicht) → Signalverarbeitung → analoge Spannung

2.4.1.2 Digitale Signale

Durch Quantisierung und Codierung eines analogen Signals entsteht eine digitale Zahlenwertreihe mit definierten Taktzeiten.

Beispiel für die Umsetzung einer analogen Messgröße in eine digitale Zahlenwertreihe

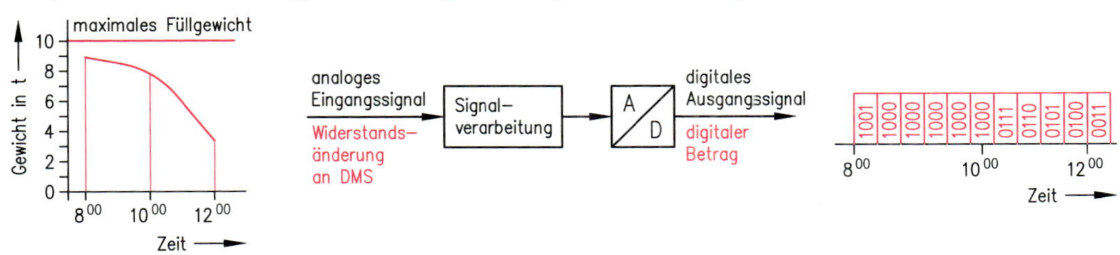

Analoge Messgröße → Signalverarbeitung + Analog-digital-Umsetzer → digitale Zahlenwertreihe

2.4.1.3 Signalarten

Signale unterscheidet man nach dem zeitlichen Verhalten:

- **statische Signale:** Ihre Werte sind zeitlich konstant (z. B. die Drehfrequenz eines Windrades),
- **quasi statische Signale**: Ihre Werte ändern sich nur langsam (z. B. Temperatur als Prozessgröße),
- **dynamische Signale:** Ihr Momentanwert ändert sich schnell (z. B. Sprachsignale),
- **Ereignissignale**: Ihre sprunghaften Änderungen enthalten Informationen (z. B. Überschreitung eines Grenzwerts).

> Unter einem **Signal** versteht man in der Steuerungs- und Elektrotechnik den zeitlichen Verlauf einer Spannung bzw. eines Stroms, wenn dieser Verlauf das Abbild einer physikalischen Größe ist.

2.4.1.4 Analog-digital-Wandler

Messergebnisse werden von einem Sensor und der nachgeschalteten Signalverarbeitung zunächst in analoger Form weitergegeben. Das bedeutet, dass die Messwerte innerhalb der Grenzen jeden beliebigen Wert annehmen können. Damit die Ergebnisse in einem Computer gespeichert und verarbeitet werden können, müssen sie digitalisiert werden, d.h. in eine Signalfolge von logisch 1 („vorhanden") und logisch 0 („nicht vorhanden") umgeformt werden. Dies geschieht im Analog-digital-Wandler (A/D-Wandler).

Zur Umsetzung des analogen Signals in ein digitales Signal wird zunächst der mögliche Spannungsbereich in Abschnitte unterteilt. Je nach Anzahl der Bits, mit denen das Ergebnis weitergeleitet werden kann, sind dies bei 8 Bit $2^8 = 256$ Stufen und bei 16 Bit $2^{16} = 65\,536$ Stufen.

Das analoge Eingangssignal wird vom Wandler fortlaufend in kurzen Zeitabständen abgetastet, einer entsprechenden Stufe und damit einem digitalen Wert zugeordnet und bis zur nächsten Abtastung dort gehalten. Die Abtastfrequenz liegt je nach Bauart der Wandler zwischen 1 000/s und 1 000 000/s.

Beispiel für einen einfachen 3-Bit-A/D-Wandler

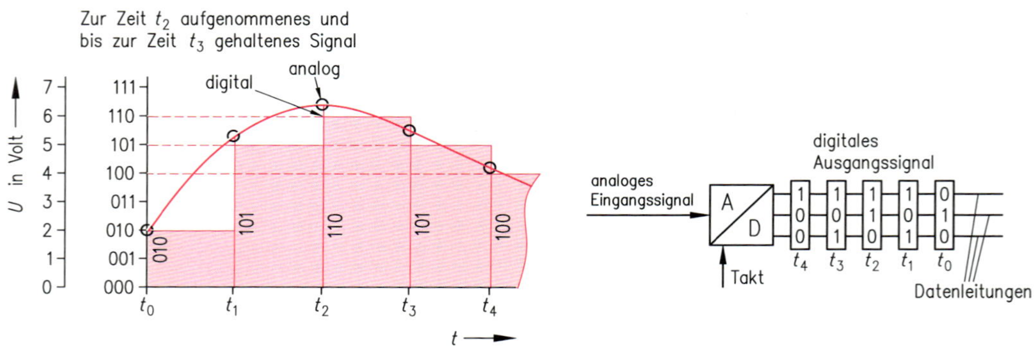

A/D-Wandler tasten das analoge Eingangssignal mit sehr hoher Tastfrequenz ab. Sie stufen das Signal innerhalb eines festgelegten Wertebereichs ein und weisen ihm einen dualen Wert zu. Die Auflösung des Wertebereichs, die Stufung, hängt von der Bitzahl der Übertragung ab. Ein 6-Bit-analog-digital-Umsetzer kann 2^8 Zustände darstellen, ein 8-Bit-A/D-Wandler 2^{16}.

Die Übertragung der Daten kann parallel oder seriell erfolgen.

Bei **paralleler Datenübertragung** werden die einzelnen Bits gleichzeitig über parallele Leitungen übertragen. Da bei längeren Übertragungsstrecken Laufzeitunterschiede in den einzelnen Leitungen auftreten können, die Fehler verursachen, ist die Reichweite der Übertragung begrenzt. Wegen des großen Aufwands für Leitungen, Kupplungen u.a. wird die parallele Datenübertragung nur noch in wenigen Fällen eingesetzt.

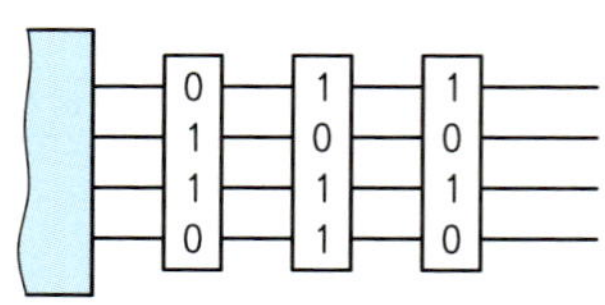

Parallele Datenübertragung

Bei **serieller Datenübertragung** werden die Daten nacheinander über eine Strecke übertragen. Obwohl die Laufzeit theoretisch länger ist als bei paralleler Übertragung, hat sich die serielle Übertragung wegen des geringeren Aufwands und der geringeren Störanfälligkeit weitgehend durchgesetzt.

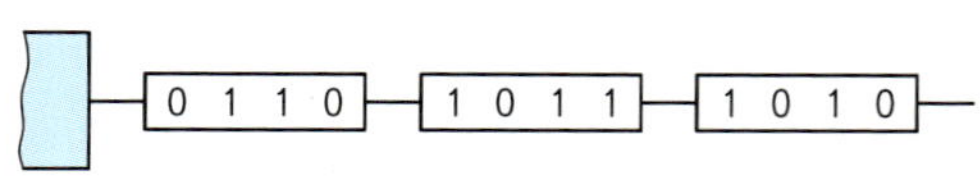

Serielle Datenübertragung

2.4.2 Signalübertragung

Jedes Signal, das in einem Medium übertragen wird, wird in seiner Höhe verringert. Das gilt sowohl für jede Art von Signal (analog oder digital) als auch für jedes Übertragungsmedium (Drahtleitungen oder Luft). Man nennt diese Veränderung der Signalhöhe **Dämpfung**. Zusätzlich werden Signale durch induktive und kapazitive Einkopplungen aus benachbarten Stromkreisen gestört.

Induktive Einkopplungen geschehen durch magnetische Wechselfelder, die vornehmlich niedrige Frequenzen aufweisen und in Betrieben von elektrischen Antriebsmaschinen ausgehen.

Kapazitive Einkopplungen erfolgen meist durch Stromleitungen, die parallel zur Signalleitung liegen und wie Kondensatoren wirken. Schaltvorgänge in den zugehörigen Stromkreisen bewirken kurzzeitige hochfrequente Impulse, die das über die Signalleitung übertragene Signal stören.

Beispiele für die Veränderungen von Signalen auf dem Übertragungsweg

Analoge Signale:

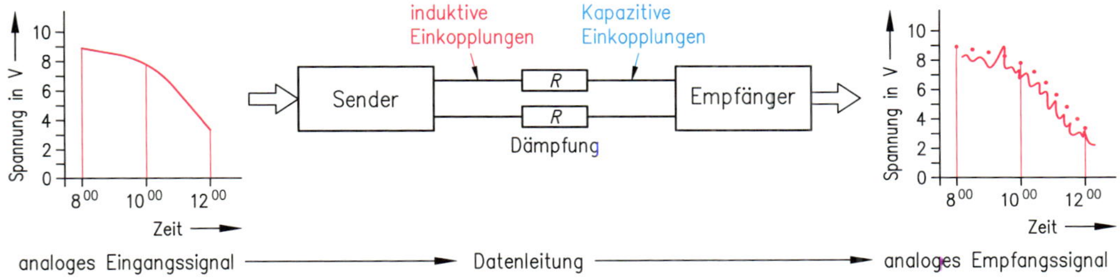

Digitale Signale:

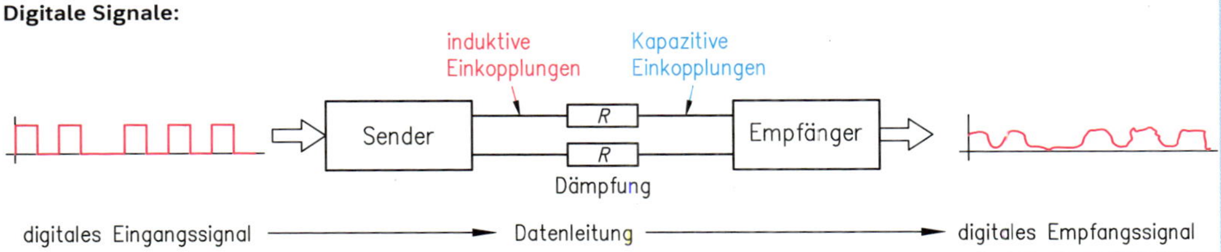

Die Auswirkungen von Induktiven und kapazitiven Einkopplungen können durch Verlegung der Signalleitungen in weitem Abstand zu Energieleitungen, durch Verwendung abgeschirmter Leitungen und durch Verdrillen der Signalleitungen stark eingeschränkt werden.

Die Schwächung durch Dämpfung und die Störungen eines Signals durch Einkopplungen sind unvermeidbar. Dies gilt sowohl für analoge als auch für digitale Signale.

Die Abschwächung und Veränderung analoger Signale ist nicht rückgängig zu machen. Jede Verstärkung des Signals führt auch zu einer Verstärkung der Störungen. Lediglich gleichmäßig auftretende Störungen sind in Grenzen zu kompensieren.

Auch digitale Signale werden durch Dämpfung und Einkopplung verändert. Ihr Originalzustand ist beliebig oft wiederherstellbar. Diese Möglichkeit der Fehlerkorrektur ist der entscheidende Vorteil der digitalen Datenübertragung.

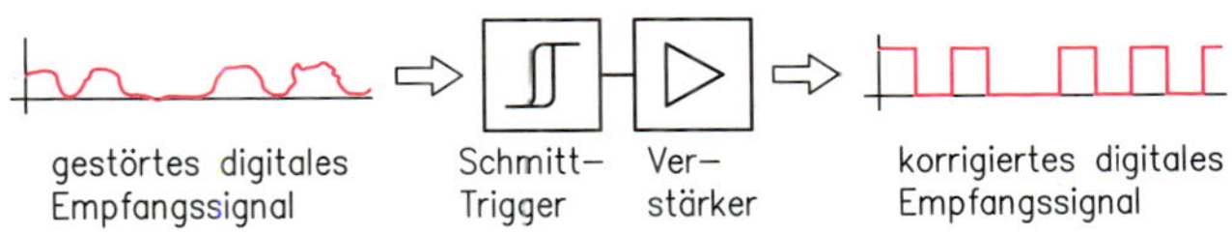

Korrektur eines gestörten digitalen Signals

Im Gegensatz zu gestörten analogen Signalen lassen sich gestörte digitale Signale jederzeit und beliebig oft wieder in den Originalzustand zurückzusetzen.

Aufgaben

1. Im Internet finden Sie kostenlose Programme zum Erstellen von Strich- und QR-Codes, z. B. für Mobile: http://barcode-generator.online und für PC: http://free-barcode.com.
   a) Erstellen Sie mithilfe eines Programms im Barcodetyp *Interleafed 2of5* einen Barcode mit der Zahlenfolge **026843**. Lassen Sie eine andere Person mittels des Smartphones den erstellten Barcode entschlüsseln.
   b) Generieren Sie einen QR-Code mit dem Text **Baugruppe 4.356-3.**

2. Zur industriellen Temperaturmessung werden hauptsächlich Thermoelemente und Platinmesswiderstände eingesetzt. Vergleichen Sie beide Sensortypen in Bezug auf Funktionsprinzip, Messbereich und Schaltungstechnik.

3. Der Messgrößenumformer für Pt-100 Sensoren ist mit folgenden Kenndaten beschriftet: Messbereich: −30°C bis 100°C, Ausgang: −3V bis +10V.
   Welche Temperatur wurde gemessen, wenn die Ausgangsspannung
   a) −1,2 V und
   b) +8,5 V beträgt?

4. Ein Dehnungsmessstreifen hat einen Widerstand von 120 Ω. Er ist in einem Fachwerk aus einer Aluminiumlegierung ($E = 70\,000\ N/mm^2$) zur Messung der Spannung an einem runden Druckstab (Durchmesser 30 mm) angeklebt worden. Der DMS ist in Viertelbrückenschaltung geschaltet und hat einen k-Wert von 2. Bei der Messung wurde eine Widerstandsänderung von 12 mΩ ermittelt.
   a) Berechnen Sie die Spannung im Druckstab.
   b) Welche Druckkraft belastet den Stab?

5. Ein Stahlholm von 150 mm Durchmesser und einer Länge von 3000 mm wird 3 mm gestreckt. Wie groß ist die Dehnung in µm/m? Wie groß ist die absolute Widerstandsänderung, wenn der auf dem Holm applizierte DMS folgende Kenndaten hat $R = 120\ \Omega$, $k = 2{,}05$.

6. Für den Sensorbau werden Biegebalken aus Stahl verwendet. Welche Eigenschaft sollen diese Stähle besitzen? Beschreiben Sie außerdem, wie diese Eigenschaft im Spannungsdehnungsdiagramm dargestellt wird.

7. Induktive Durchflusssensoren sind nicht für jede Flüssigkeit geeignet. Recherchieren Sie im Internet nach Angaben von Herstellern dieser Sensoren. Ermitteln Sie daraus die Mindestbedingungen, die eine Flüssigkeit erfüllen muss, damit eine Messung mit induktiven Durchflusssensoren möglich ist.

8. In einer Fertigungsanlage für Marmormosaike soll eine diamant-beschichtete Trennscheibe kontinuierlich auf Flattern hin überwacht werden (condition monitoring). Schlagen Sie einen entsprechenden Sensor vor, begründen Sie seine Auswahl und skizzieren Sie seinen Einsatz.

9. Im Rahmen der kontinuierlichen Zustandsüberwachung einer Hydraulikpumpe soll die Vibration mit Hilfe eines piezoelektrischen Vibrationssensors aufgezeichnet werden. Beschreiben Sie die Funktion und Wirkungsweise derartiger Messsysteme. Nutzen Sie auch die Angaben im Internet von Herstellern derartiger Sensoren.

10. Welche Thermospannung besteht zwischen Konstantan und einer Ni-Cr-Legierung bei 550 °C?

11. Berechnen Sie die Größe des elektrischen Widerstandes eines Temperatursensors Pt-100 bei 725 °C. Auf welchen Wert steigt der Widerstand des Temperatursensors Pt-100 an, wenn die Erwärmung auf 850 °C ansteigt?

12. Für den Sensor Pt-100 gilt: Bei 0°C beträgt der Widerstand 100 Ω. In unserem Fall wurden 100,16 Ω gemessen. Wie lang muss das Kupferkabel gewesen sein?

$d = 0{,}5\ \text{mm}$

$\rho\ \text{Kupfer} = 0{,}01724\ \frac{\Omega\ \text{mm}^2}{\text{m}}$

13. Zur Beschreibung der 4-Leiterschaltungstechnik an einem Pt-100 Sensor heißt es: Ein Adernpaar versorgt den Messwertgeber mit Energie und das Messsignal wird hochohmig über ein zweites Adernpaar abgegriffen. Es ist keine Korrektur des Messergebnisses notwendig. Änderungen der Zuleitungswiderstände, z. B. durch einen Temperatureinfluss, verändern das Messergebnis nicht. Diese Schaltung ist auch für lange Leitungslängen geeignet. Erklären Sie diesen Text.

14. Stellen Sie statische und dynamische Signale von Messsituationen in einer Tabelle zusammen. Begründen Sie ihre Aussagen. (Beispielhafte Messsituationen: Druckmessung im Zylinder eines Verbrennungsmotors, Temperatur in einem Wohnraum, Messung des barometrischen Luftdrucks, Füllstandsüberwachung an einem Silo.) Suchen Sie weitere Beispiele.

15. Digitalisierung und Industrie 4.0 beschreibt die Trends in der Automatisierung von Prozessen und Anlagen. Stellen Sie diese Entwicklung an Beispielen aus dem Buch dar. Ergänzen Sie dies mit Ihren eigenen Erfahrungen.

16. Erläutern Sie den Begriff „Smart Sensor". Nennen Sie Gründe für den Einsatz solcher Sensoren.

17. Nennen Sie Vorteile der digitalen Signalverarbeitung gegenüber der analogen.

18. Zur Umsetzung des analogen Signals in ein digitales Signal wird zunächst der mögliche Spannungsbereich in Abschnitte unterteilt. Mit einer Auflösung von 16 Bit sind dies 2^{16} Stufen (Digits). Welchen Spannungswert hat die Auflösung bei einem Messbereich von 0 bis 10 V? Auflösung ist der kleinste unterscheidbare Spannungswert.

$$\text{Auflösung} = \frac{\text{Messbereich (analog)}}{2^n\ \text{(Digits)}}$$

19. In der industriellen Bildverarbeitung werden Zeilenkameras, Flächenkameras, Laser-Linien-Projektor sowie Smart-Kameras unterschieden. Informieren Sie sich über die Kameratypen und ordnen Sie ihnen mögliche Aufgaben zu.

20. An einem System zur kameragestützten Qualitätssicherung wünscht das Unternehmen eine Veränderung. Statt der Ausschleusung der Teile bei nicht ok, sollen die geprüften Teile bei ok ausgeschleust werden. Welche Vorteile verspricht sich das Unternehmen?

21. Datenkabel und Energiekabel werden in getrennten Kabelschächten verlegt. Begründen Sie diese Verlegeweise.

22. An den Leitungsführungen von Datenkabeln sind in regelmäßigen Abständen Kabelschächte oder Verteilerkästen der Telekommunikationsunternehmen gebaut. Welche Aufgabe erfüllen sie für die digitalen Signale auf dem Übertragungsweg längerer Strecken?

23. Nennen Sie Maßnahmen um kapazitive und induktive Einkopplungen von Störsignalen auf Datenübertragungskabel zu reduzieren.

3.1.2 Verbindungs- und speicherprogrammierte Steuerungen

Die in eine Steuereinrichtung eingegebenen Signale werden im Verarbeitungsglied nach einem festgelegten Programm verarbeitet. Die im Programm zusammengefassten Steueranweisungen für die Signalverarbeitung können entweder durch bestimmte Bauelemente und ihre Verbindung miteinander oder im Programmspeicher eines Mikroprozessors gespeichert werden. Entsprechend diesen Möglichkeiten der Programmverwirklichung wird zwischen verbindungsprogrammierten und speicherprogrammierten Steuerungen unterschieden.

Eine **verbindungsprogrammierte** Steuerung (VPS) ist eine Steuerung, deren Programm durch die Art der Funktionseinheiten und deren Verbindung vorgegeben ist.
Eine **speicherprogrammierte** Steuerung (SPS) ist eine Steuerung, deren Programm in einem Programmspeicher gespeichert wird.

Beispiel für die Lösung einer Steuerungsaufgabe durch Verbindungsprogrammierung und Speicherprogrammierung

Steuerungsaufgabe: Der Kolben eines einfachwirkenden Zylinders soll nur ausfahren, wenn an zwei Eingangsgliedern gleichzeitig ein Signal anliegt.

Programmverwirklichung

Verbindungsprogrammierte Steuerungen VPS	**Speicherprogrammierte Steuerungen SPS**
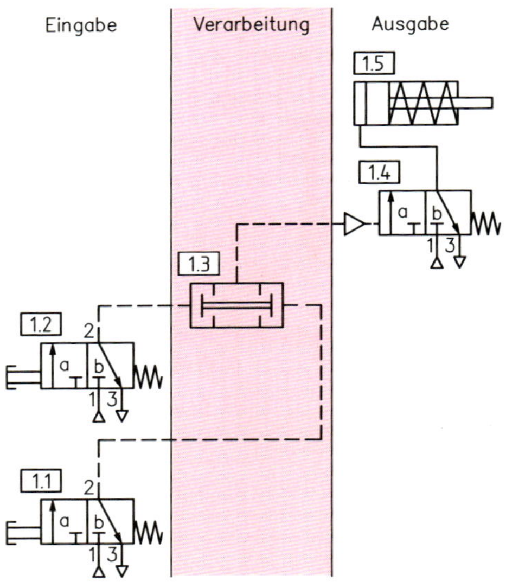	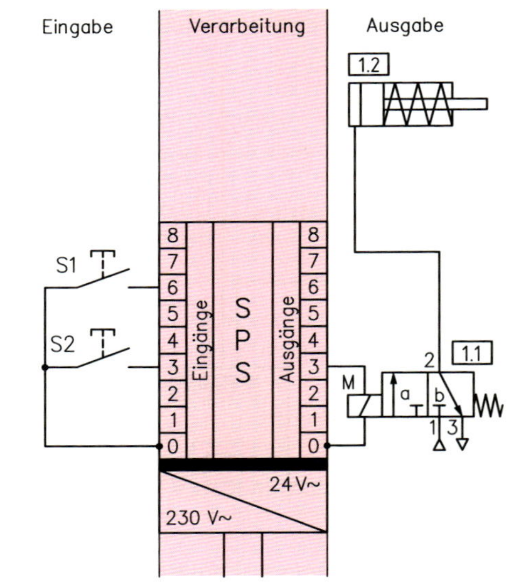
Die über Taster eingegebenen Signale werden über Druckleitungen zum Verarbeitungsglied geleitet und dort verarbeitet. Das Programm ist durch den Einsatz eines **Zweidruckventils**, das in der dargestellten Weise mit zwei Wegeventilen verbunden ist, gespeichert. Eine Veränderung des Programms kann nur durch den Austausch der Bauelemente oder durch eine Veränderung der Leitungsführung erfolgen.	Die über Sensoren eingegebenen Signale werden über elektrische Leitungen an einen **Mikroprozessor** weitergeleitet und nach einem zuvor eingegebenen Programm zu den vorgesehenen Ausgangssignalen verarbeitet. Mit den Ausgangssignalen werden die Aktoren gesteuert. Das Programm kann unter Beibehaltung der verwendeten Bauelemente leicht umprogrammiert werden.

In verbindungsprogrammierten Steuerungen (VPS) ist der Ablauf durch die Verdrahtung (Verschlauchung) innerhalb des Verarbeitungsgliedes festgelegt und nur durch Änderungen im Aufbau zu verändern. In speicherprogrammierten Steuerungen (SPS) ist der Ablauf durch ein leicht zu veränderndes Programm festgelegt.

3.2 Grundlagen zum Entwurf von Steuerungen

3.2.1 Verknüpfungsfunktionen

In Verknüpfungssteuerungen werden den Eingangssignalen bestimmte Ausgangssignale zugeordnet. Für die dazu nötige Informationsverarbeitung müssen die Signale in binärer Form vorliegen, damit sie eindeutig verknüpft werden können.

Grundlegende Verknüpfungen sind die:

UND-Verknüpfung, **ODER**-Verknüpfung und **NICHT**-Verknüpfung.

Aus diesen drei Verknüpfungen lassen sich durch Kombination beliebige Verknüpfungsfunktionen entwickeln.

Beispiel für UND-, ODER- und NICHT-Verknüpfung

UND Der Pressenhub erfolgt nur, wenn der Taster 1.1 **und** der Endschalter 1.2 betätigt sind.

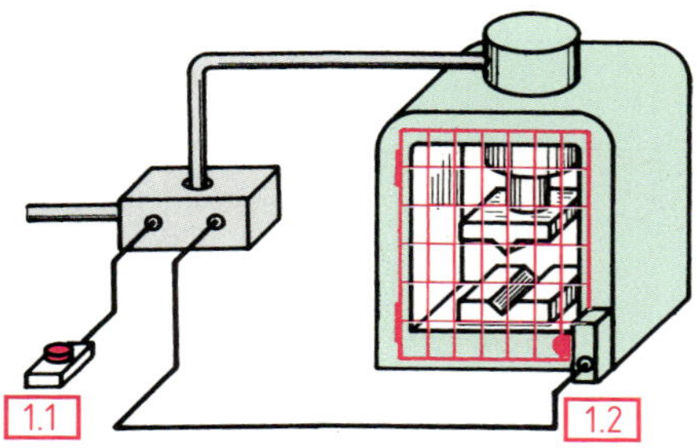

1.1	1.2	Zylinder der Presse
nicht gedrückt	nicht gedrückt	fährt nicht aus
nicht gedrückt	gedrückt	fährt nicht aus
gedrückt	nicht gedrückt	fährt nicht aus
gedrückt	gedrückt	fährt aus

ODER Die Nietmaschine nietet, wenn entweder der Fußtaster 1.1 **oder** der Handtaster 1.2 betätigt wird.

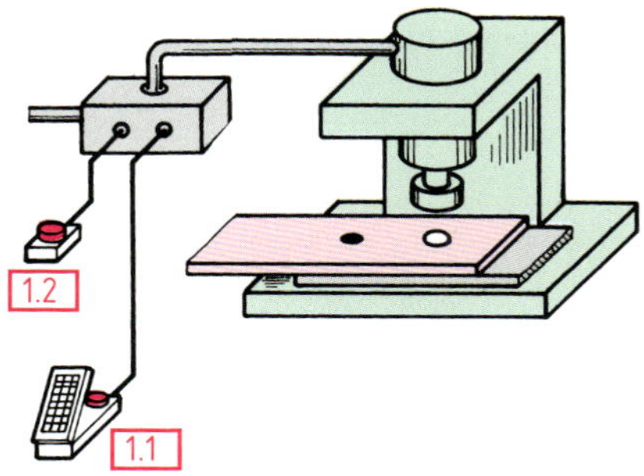

1.1	1.2	Zylinder der Nietmaschine
nicht betätigt	nicht betätigt	fährt nicht aus
nicht betätigt	betätigt	fährt aus
betätigt	nicht betätigt	fährt aus
betätigt	betätigt	fährt aus

NICHT Der Motor treibt die Pumpe an, solange der NOT-AUS-Taster **nicht** gedrückt wird.

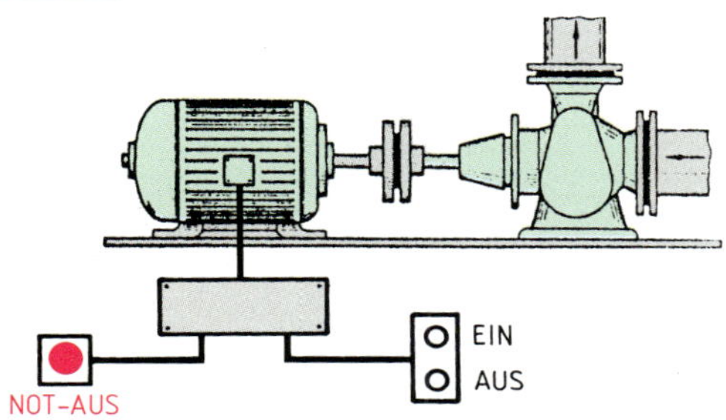

NOT-AUS	Pumpenmotor
nicht betätigt	Motor läuft
betätigt	Motor steht

Die verschiedenen Verknüpfungen können unterschiedlich dargestellt und verwirklicht werden.

Verknüpfung		Darstellungsformen			Verwirklichung
Benennung	**Mathem. Zeichen**	**Verknüpfungs-funktion**	**Funktionsplan**	**Anweisungs-liste**	**Bsp. pneumatisch**
UND	∧	E1 ∧ E2 = A	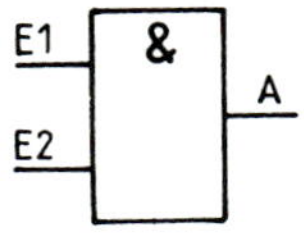	U E1 U E2 = A	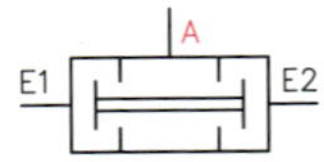
ODER	∨	E1 ∨ E2 = A	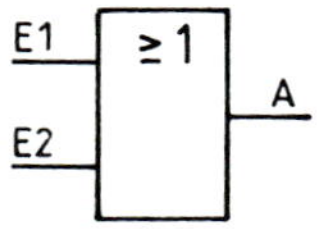	U E1 O E2 = A	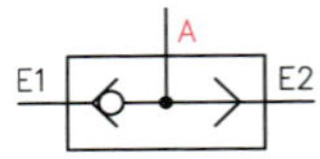
NICHT	–	$\overline{E}$ = A	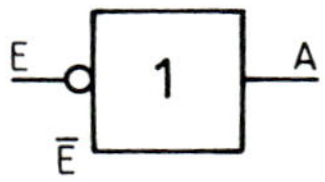	NE = A	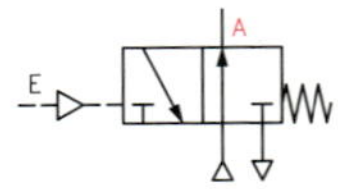
		E = $\overline{A}$	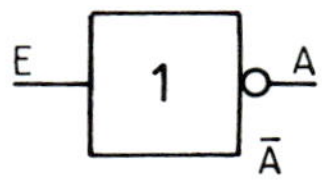	E = NA	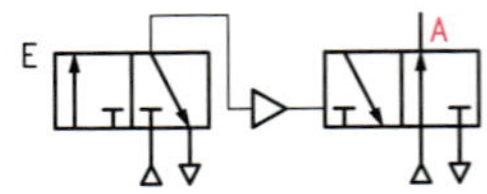

Die Verknüpfungsfunktionen geben die algebraische Abhängigkeit der Ausgangssignale A von den Eingangssignalen E1, E2 ... an.

Mithilfe der Funktionstabelle kann nun die **Verknüpfungsfunktion** ermittelt werden. *Die Verknüpfungsfunktion* ist die mathematische Darstellung des Programms in einer Steuereinrichtung. Für das Aufstellen der Verknüpfungsfunktion gelten die folgenden Regeln:

1. Es sind nur die Zeilen der Funktionstabelle zu berücksichtigen, in denen das Ausgangssignal den Wert 1 annimmt (Mintermnormalform).
2. Die Eingangssignale einer Zeile werden **UND** verknüpft.
3. Alle berücksichtigten Zeilen werden **ODER** verknüpft.

Beispiel für das Aufstellen einer Verknüpfungsfunktion

Funktionstabelle

Nr.	E1	E2	E3	A
0	0	0	0	0
1	0	0	1	0
2	0	1	0	0
3	0	1	1	0
4	1	0	0	0
5	1	0	1	1
6	1	1	0	1
7	1	1	1	1

Verknüpfungen

Nr. UND

5 E1 ∧ $\overline{E2}$ ∧ E3 = A

6 E1 ∧ E2 ∧ $\overline{E3}$ = A

7 E1 ∧ E2 ∧ E3 = A

ODER

E1 ∧ $\overline{E2}$ ∧ E3 ∨ E1 ∧ E2 ∧ $\overline{E3}$ ∨ E1 ∧ E2 ∧ E3 = A

(Verknüpfungsfunktion in der disjunktiven Normalform)

3.2.2 Funktionstabelle

Die Funktionstabelle ist eine Zusammenstellung aller Kombinationsmöglichkeiten der Eingangssignale und der ihnen zugeordneten Schaltzustände der Ausgangssignale einer Verknüpfungsfunktion. Sie wird als Hilfsmittel zur Planung von Steuerungen eingesetzt und dient dabei zur Aufstellung von Verknüpfungsfunktionen (Schaltungsfunktionen).

Zur Aufstellung der Funktionstabelle müssen zunächst die Signaldarstellungen in einer **Zuordnungsliste** vereinbart werden. Danach werden die möglichen Verknüpfungen zusammengestellt. Die Anzahl der Verknüpfungen ergibt sich aus der Anzahl der Eingangssignale.

$$x = 2^n$$

x **Anzahl der Verknüpfungen**
n **Anzahl der Eingangssignale**

In der Funktionstabelle werden die möglichen Verknüpfungen am sichersten erfasst, wenn man von 0 ausgehend die Dualzahlen bis $x - 1$ untereinanderschreibt und dem Ausgang die Signalzustände entsprechend der Verknüpfungsfunktionen zuordnet.

Beispiel für das Aufstellen der Funktionstabelle

Aufgabe: Der Kolben eines Zylinders soll nur ausfahren, wenn die Taster 1 und gleichzeitig der Taster 2 oder der Taster 3 betätigt wird.

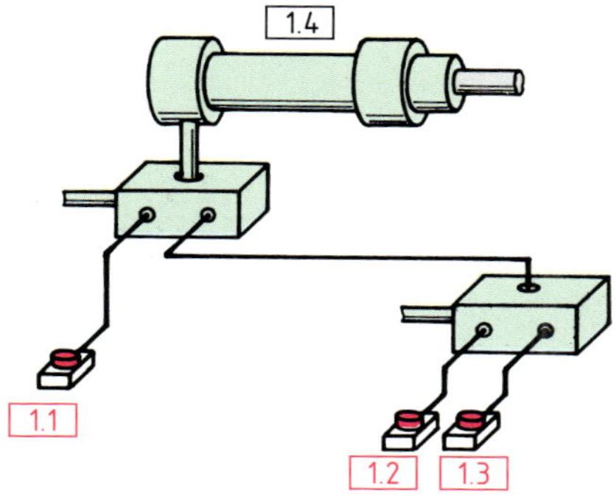

Lösung:

Zuordnungsliste

Betriebs-mittel	Signaldarstellungen		
Taster 1.1	E1	betätigt	1
		nicht betätigt	0
Taster 1.2	E2	betätigt	1
		nicht betätigt	0
Taster 1.3	E3	betätigt	1
		nicht betätigt	0
Kolben 1.4	A	ausgefahren	1
		eingefahren	0

Anzahl der Verknüpfungen

$x = 2^n$
$x = 2^3$
$x = \mathbf{8}$

Funktionstabelle

Nr.	E1	E2	E3	A
0	0	0	0	0
1	0	0	1	0
2	0	1	0	0
3	0	1	1	0
4	1	0	0	0
5	1	0	1	1
6	1	1	0	1
7	1	1	1	1

Systematik

Die Darstellung der Funktionstabelle lässt eine **Systematik** erkennen, die es erlaubt, die für die Darstellung der acht Kombinationsmöglichkeiten notwendigen Dualzahlen auch ohne Berechnung sofort anzugeben. Dazu ist die Anzahl der untereinander angeordneten Nullen bzw. Einsen von einem Eingangssignal zum nächsten jeweils zu verdoppeln.

Die Funktionstabelle zeigt alle möglichen Kombinationen von Eingangssignalen und die sich daraus ergebenden Ausgangssignale.

3.2.3 Ablaufbeschreibung (GRAFCET)

Unabhängig von der späteren Ausführung geschieht die Darstellung der Steuerungsfunktionen mit Schritten und Weiterschaltbedingungen in einer Ablaufbeschreibung, die GRAFCET genannt wird.

3.2.3.1 Aufbau des GRAFCET-Planes

Der GRAFCET-Plan stellt eine Ablaufkette dar, in der Schritte jeweils duch Übergangsbedingungen getrennt werden. Wirklinien verknüpfen die Schritte zu einer Kette.

Schritte sind Teile eines Ablaufs, die gegenüber den vorausgegangenen und den nachfolgenden abgegrenzt sind. Schritte sind mit bestimmten Aktionen verknüpft, z. B. Verschieben. Im GRAFCET-Plan werden die Schritte durch Quadrate dargestellt, die mit ihnen verbundenen Aktionen werden in Rechtecken beschrieben.

Übergangsbedingungen (Transitionen) sind Beschreibungen der Bedingungen, die erfüllt sein müssen, damit der nächste Schritt eingeleitet wird. Übergangsbedingungen können im GRAFCET-Plan durch Worte, Logiksymbole u. Ä. dargestellt werden.

Wirkverbindungen stellen die Beziehung zwischen den einzelnen Schritten dar. Sie werden im GRAFCET-Plan durch Linien dargestellt. Auf der Wirklinie wird die jeweilige Übergangsbedingung durch einen Querstrich gekennzeichnet.

Beispiel für eine Ablaufbeschreibung in GRAFCET

Der Kolben des Spannzylinders einer Spannvorrichtung soll aus Sicherheitsgründen nur ausgefahren werden, wenn die Taster 2 und 3 gleichzeitig betätigt werden. Das Einfahren erfolgt durch Betätigen des Tasters 1.

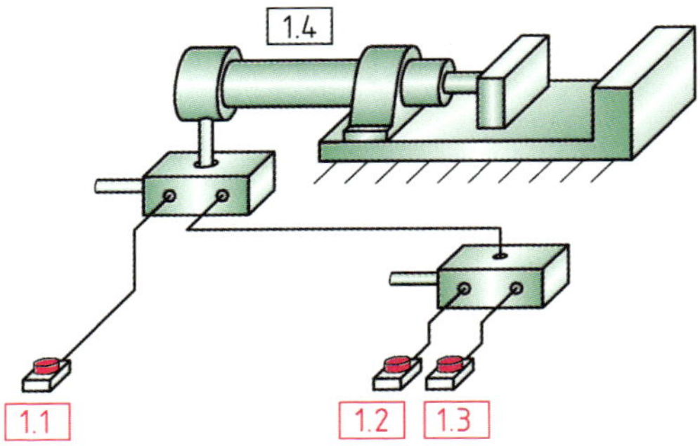

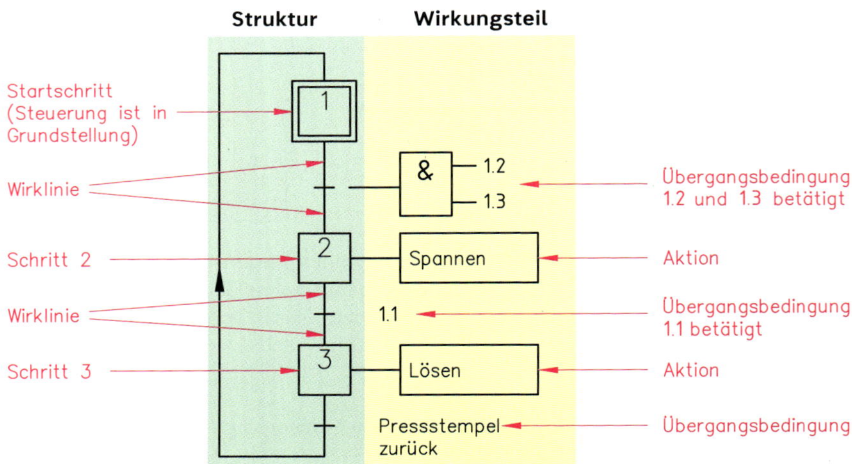

3.2.3.2 Darstellung von Strukturelementen im GRAFCET-Plan

- **Schritte**

Schritte werden im GRAFCET-Plan durch Quadrate gekennzeichnet. In der oberen Hälfte des Quadrats ist die Schrittkennzeichnung eingetragen. Diese kann aus Ziffern oder einer Kombination aus Ziffern und Buchstaben bestehen. Jede Ablaufkette hat einen Startschritt. Er gibt die Grundstellung der Steuerung vor dem ersten Betätigen an. Symbolisch wird der Startschritt durch einen Doppelrahmen gekennzeichnet.

Beispiele für die Darstellung von Schritten

Startschritt — Schritte — aktiver Schritt — Makroschritt (Zusammenfassung von Einzelschritten)

Mit den Schritten sind Aktionen verknüpft, z. B. das Spannen eines Bauteils, das Anlaufen eines Motors oder das Anziehen eines Relais zum Setzen eines Signals.
Aktionen beschreibt man in Rechtecken, die den Schritten zugeordnet werden. Die Rechtecke erhalten die gleiche Größe wie die Schrittsymbole. In ihnen kann die Aktion verbal in Befehlsform, durch Kurzzeichen o. Ä. beschrieben werden. Entscheidend ist, dass die Beschreibung einen Bezug zum Aktionsergebnis zeigt. Es können auch mehrere Aktionen mit einem Schritt verknüpft sein.

Beispiele für Möglichkeiten zur Darstellung von Aktionen

ausführliche Beschreibung — hinweisende Form — symbolische Beschreibung

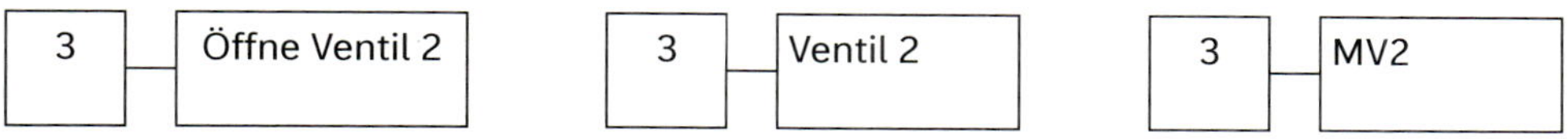

Darstellung verknüpfter Aktionen

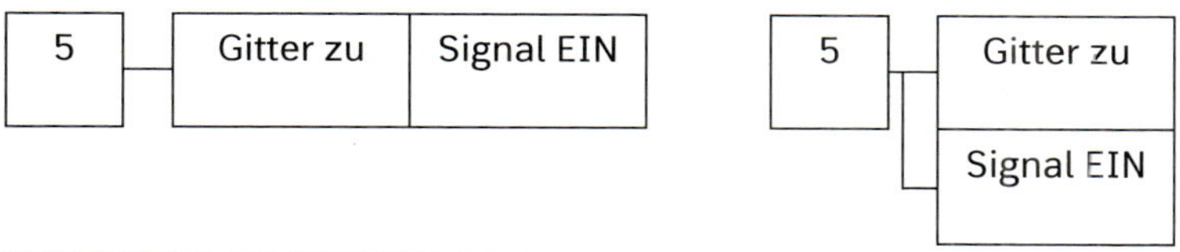

Man unterscheidet kontinuierlich wirkende Aktionen und gespeichert wirkende Aktionen. In kontinuierlich wirkenden Aktionen wird der angestrebte Zustand, z. B. das Spannen, erst nach dem Ablauf der Aktion erreicht. Bei gespeichert wirkenden Aktionen erfolgt mit dem Ereignis unmittelbar die Aktion und bleibt bis zum Rücksetzen erhalten.

Aktionen können weitere Bedingungen zugewiesen werden. Zuweisungsbedingungen können logische Verknüpfungen oder zeitliche Zuordnungen sein.

Beispiele für Aktionen mit Zuweisungsbedingungen

logische Verknüpfung — zeitlich verzögerte Aktion — zeitlich begrenzte Aktion

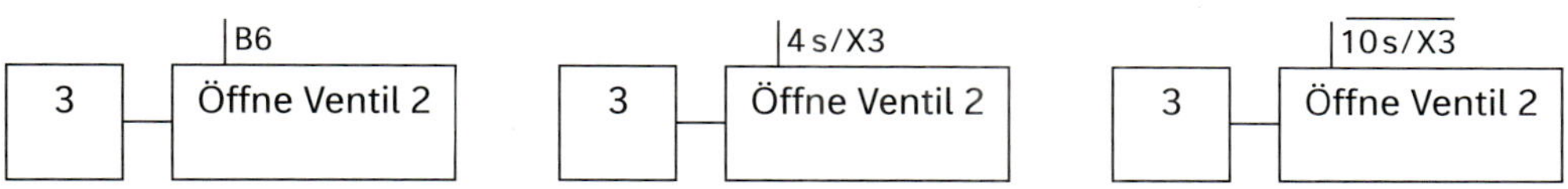

Aktion erfolgt nur, wenn Sensor B6 Signal gibt — Aktion erfolgt 4 Sekunden nach Aktivierung von Schritt 3 — Aktion ist 10 Sekunden nach Aktivierung von Schritt 3 **nicht** mehr wirksam

- **Übergangsbedingungen**

Um von einem Schritt zum nächsten zu gelangen, muss eine oder müssen mehrere Bedingungen erfüllt werden. Die Bedingungen schreibt man rechts neben den Querstrich, der die Übergangsbedingungen kennzeichnet.

Beispiele für die Darstellung von Übergangsbedingungen

Textdarstellung

Symboldarstellung

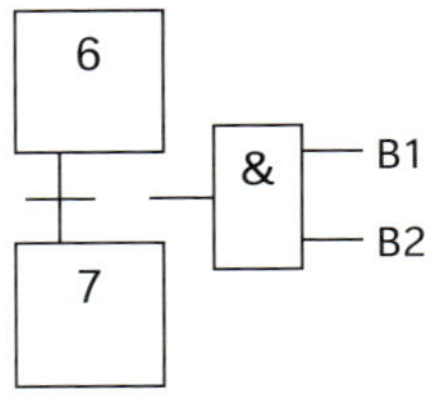

boolesche Darstellung

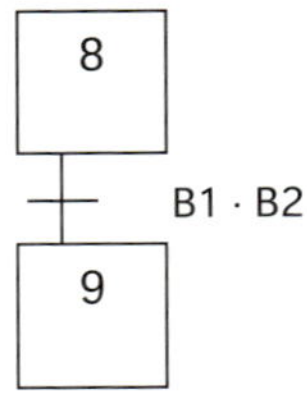

Neben den zuvor dargestellten Übergangsbedingungen, die abhängig vom Ereignis waren, gibt es zeit- und wertabhängige Übergangsbedingungen.

Beispiele für zeit- und wertabhängige Übergangsbedingungen

zeitabhängige Übergangsbedingung

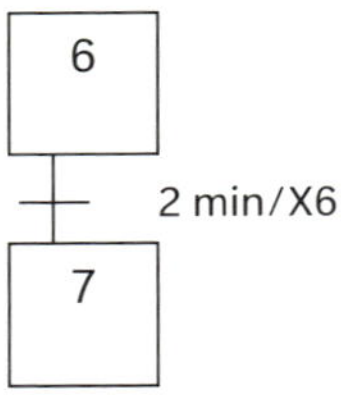

Übergang zu Schritt 7 erfolgt nach 2 Minuten

wertabhängige Übergangsbedingung

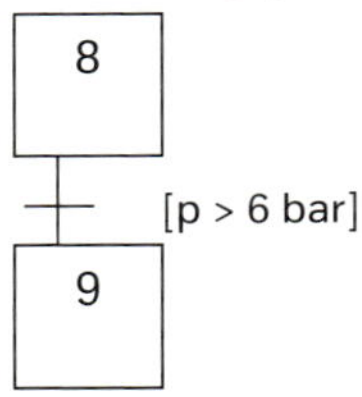

Übergang zu Schritt 9 erfolgt, wenn der Druck größer als 6 bar ist

3.2.3.3 Beispiel für den GRAFCET-Plan einer Steuerung

Zur Montage von Einzelteilen bei Mitnahmemöbeln werden häufig Exzenterverbinder eingesetzt. Für die Aufnahme der Exzenterbeschläge müssen die Holzzuschnitte mit entsprechenden Bohrungen versehen werden. Die Fertigung der Bohrungen soll wegen der hohen Stückzahlen teilautomatisiert erfolgen. Der Schiebetisch der nachfolgend dargestellten Anlage wird von Hand positioniert und in den Endlagen solange gehalten, bis der Spannvorgang abgeschlossen ist.

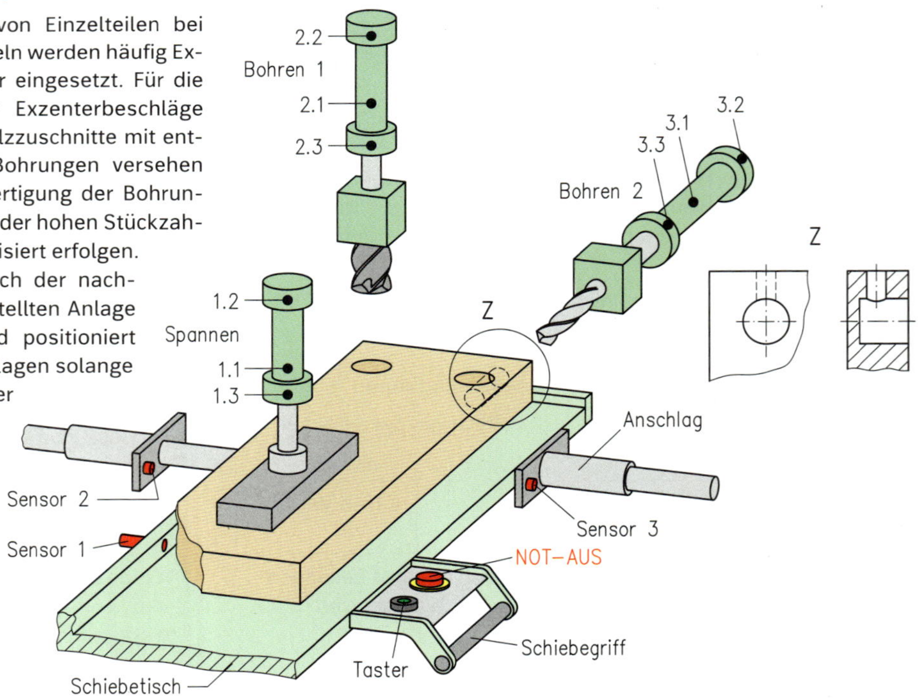

Die Bohrbearbeitung soll unter folgenden Bedingungen ablaufen:

- Die Bohrbearbeitung darf erst beginnen, wenn ein Holzzuschnitt eingelegt, der Schiebetisch an einem der Anschläge positioniert und der Spannzylinder ausgefahren ist. Der Bearbeitungszyklus wird durch einen Handtaster am Schiebegriff ausgelöst, falls der NOT-AUS-Schalter nicht betätigt wurde.

Lösung:

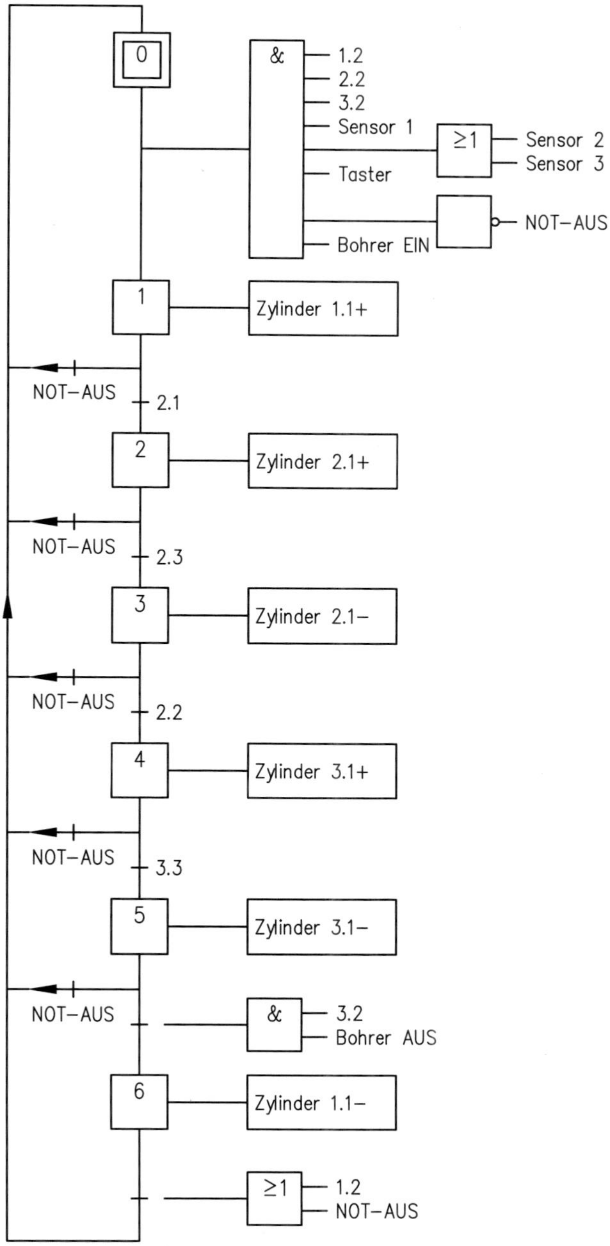

3.3 Pneumatische Steuerungen

Pneumatik ist die Anwendung von Druckluft sowohl für den Antrieb als auch zur Steuerung an Maschinen, Vorrichtungen und sonstigen Betriebsmitteln.
Druckluft als Energieträger hat spezielle Vorteile:

- Luft ist einfach zu komprimieren, zu speichern und ohne Rückleitung zu übertragen.
- Druckluftantriebe und Steuerungen sind einfach zu warten, haben hohe Betriebssicherheit und Lebensdauer und sind überlastbar.
- Druckluftantriebe und Steuerungen haben hohe Ansprechgeschwindigkeit, hohe Schalthäufigkeit und kurze Ansprechzeiten.
- Druckluftanlagen genügen den Vorschriften über Explosionsschutz in feuer- und explosionsgefährdeten Betrieben.
- Druckluftanlagen sind leicht mit elektrisch oder hydraulisch arbeitenden Anlageteilen kombinierbar.

Druckluft hat gegenüber anderen Energieträgern auch Nachteile:

- Die Kosten für die Erzeugung und Aufbereitung (Abtrennen von Schmutz, Wasser, Ölen) sind hoch.
- Luft ist kompressibel (zusammendrückbar), darum sind bei sich ändernder Belastung gleichmäßige Geschwindigkeiten sich bewegender Bauteile nur schwer zu erreichen.
- Druckluftanlagen sind durch austretende Abluft laut und bringen Belastungen durch Staub und Ölnebel.

Pneumatische Anlagen bestehen in der Regel aus folgenden Teilsystemen:

- **System zur Erzeugung, Speicherung und Aufbereitung der Druckluft**

Zur Erzeugung der Druckluft werden meist Hubkolbenverdichter, aber auch Rotations- und Strömungsverdichter verwendet. Der Druckluftspeicher – meist als Kessel bezeichnet – gleicht Druckschwankungen im Netz aus. Im Kessel findet eine erste Wasserabscheidung statt. Über ein Netz aus Druckluftleitungen wird die Druckluft zum Verbraucher geführt. An der Verwendungsstelle wird die Druckluft meist in einer Wartungseinheit nochmals gefiltert, der Betriebsdruck über einen Druckregler eingestellt und die Luft mit Öl zur Schmierung der angeschlossenen Bauelemente versehen.

- **Steuerungssystem**

Dieses Teilsystem beinhaltet Bauelemente zur Eingabe, Verarbeitung und Ausgabe von Signalen. Die hier verwendeten Bauteile sind mit wenigen Ausnahmen Ventile. Die Ventile gliedert man entsprechend der Funktion.

- **System zur Arbeitsverrichtung**

Dieses Teilsystem beinhaltet die Arbeitsglieder. Dies sind meist einfach- oder doppeltwirkende Zylinder für hin- und hergehende Bewegungen oder Pneumatikmotoren für Dreh- oder Schwenkbewegungen.

Beispiel für die Teilsysteme einer Pneumatikanlage (Schema)

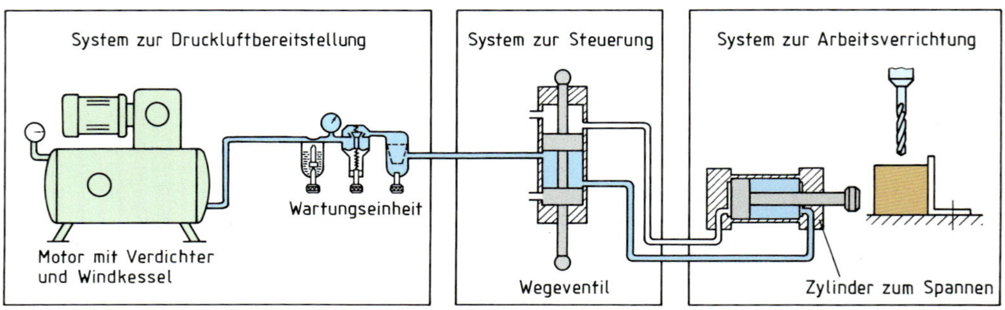

3.3.1 Symbole und Benennungen in der Pneumatik

Zur einfachen und übersichtlichen Darstellung pneumatischer Steuerungen bedient man sich einfach verständlicher Symbole, die zu Schaltplänen zusammengestellt werden.

3.3.1.1 Symbole für Elemente zur Druckerzeugung, -speicherung, -aufbereitung und -leitung (Auszug, DIN ISO 1219)

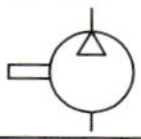	Verdichter		Druckquelle
	Druckbehälter		Wartungseinheit (Filter, Druckregelventil, Manometer, Öler)
	Arbeitsleitung Steuerleitung	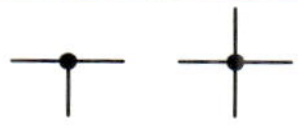	Rohrleitungsverbindung
	Auslassöffnung ohne Rohranschluss	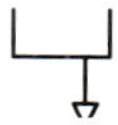	Auslassöffnung mit Rohranschluss

3.3.1.2 Symbole für Elemente zur Energiesteuerung

- **Wegeventile**

Wegeventile beeinflussen den Weg des Luftstromes.

In den Symbolen für Wegeventile werden die verschiedenen Schaltstellungen als Quadrate dargestellt. Ein Ventil mit 2 Schaltstellungen hat ein Symbol aus 2 Quadraten, ein Ventil mit 3 Schaltstellungen zeigt 3 Quadrate. Für die Planung von Steuerungen ist es hilfreich, wenn die unterschiedlichen Schaltstellungen mit Buchstaben, z. B. a und b bei Ventilen mit 2 Schaltstellungen, gekennzeichnet werden. An die Schaltstellung in Null- beziehungsweise Ausgangsstellung werden die Anschlussleitungen herangezogen. Pfeile oder das Sperrsymbol (T) zeigen im Quadrat den jeweiligen Durchflussweg bei der entsprechenden Schaltstellung. Die Benennung eines Wegeventils erfolgt so, dass zunächst die Anzahl der gesteuerten Anschlüsse und dann die Zahl der Schaltstellungen genannt wird.

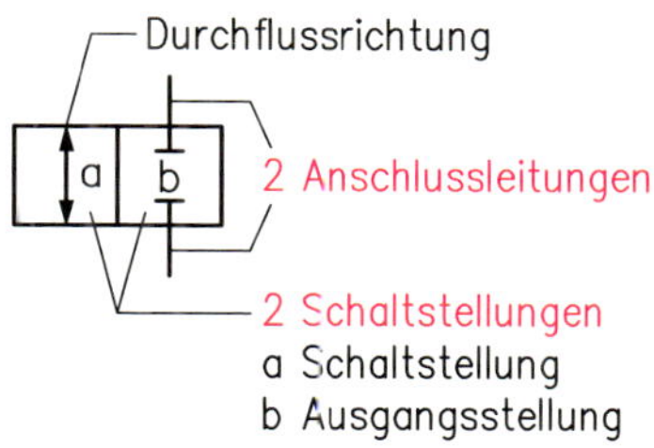

Symbol für ein 2/2-Wegeventil

Beispiel für Schaltstellungen eines Wegeventils

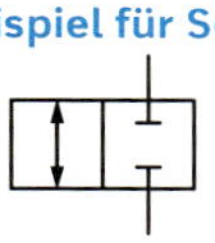

2/2-Wegeventil in Ausgangsstellung gesperrt

Die zweite Position des Ventiles erreicht man durch Verschieben der Felder, bis sich die Leitung des zweiten Feldes mit den Anschlüssen deckt.

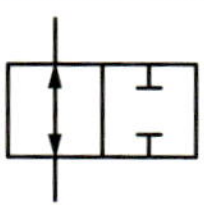

2/2-Wegeventil betätigt, d. h. nach rechts verschoben

An das Symbol eines Ventils werden noch Symbole für die Betätigungsart und die Rückstellung angetragen.

Beispiel für ein Wegeventil mit Symbol für die Betätigung

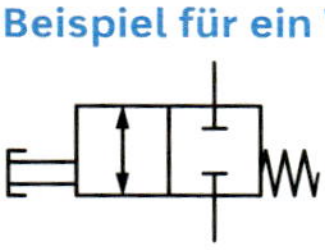

2/2-Wegeventil in Ruhestellung gesperrt, Betätigung durch Druckknopf, Rückstellung durch Feder

Sperrventile
(Rückschlag-, Wechsel-, Schnellentlüftungsventile)

Diese Ventile werden häufig unter der Bezeichnung Sperrventile zusammengefasst. Ventile dieser Bauart gestatten einen Durchfluss nur in einer Richtung.

Rückschlagventile

	– unbelastet	öffnet, wenn der Einlassdruck höher ist als der Auslassdruck
	– federbelastet	öffnet, wenn der Einlassdruck höher ist als der Auslassdruck einschließlich der Federanpresskraft
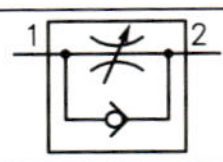	– mit Drosselung	Einheit erlaubt freien Durchfluss in einer Richtung und begrenzt den Durchfluss in der anderen

Wechselventil (ODER-Glied)

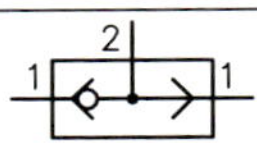	Die Einlassöffnung mit dem höheren Druck ist automatisch mit der Auslassöffnung verbunden, während die andere Einlassöffnung verschlossen ist.

Schnellentlüftungsventil

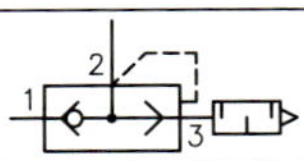	Wenn die Einlassöffnung unbeaufschlagt ist, dann ist die Auslassöffnung frei zur Atmosphäre entlüftet.

Zweidruckventil (UND-Glied)

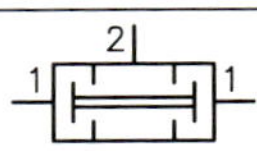	Das Ventil hat nur dann Durchgang, wenn beide Seiten beaufschlagt sind.

> **Sperrventile** sperren den Luftdurchfluss vorzugsweise in einer Richtung und geben den Durchfluss in der entgegengesetzten Richtung frei.

Druckventile
Druckventile sind Baueinheiten, die eine Steuerung des Drucks gewährleisten.

Druckbegrenzungsventil (Sicherheitsventil)

	Direkt gesteuertes, einstellbares Druckbegrenzungsventil. Bei Überschreiten des eingestellten Drucks öffnet sich das Ventil.

Folgeventil

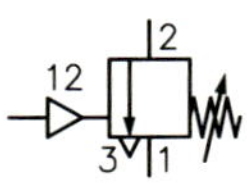	Wenn der Eingangsdruck größer als die Gegenkraft der Feder wird, dann öffnet das Ventil und gibt den Durchfluss zum Auslassanschluss frei.

Druckregelventil oder Druckreduzierventil (Druckminderer)

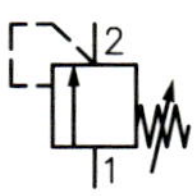	Einheit mit einem veränderlichen Eingangsdruck, die im Wesentlichen konstanten Ausgangsdruck liefert, vorausgesetzt, dass der Eingangsdruck höher als der erforderliche Ausgangsdruck ist.

> **Druckventile** regeln den Druck in einer Anlage oder werden durch einen vorgegebenen Druck betätigt.

- **Stromventile**

Stromventile sind Ventile, welche den Durchfluss der Druckluft beeinflussen. Besonders wichtig ist in dieser Gruppe das Drosselventil.

Drosselventil

	Ventil, das eine einstellbare Verengung aufweist, die in beide Richtungen wirksam ist und den Luftstrom drosselt

Stromventile beeinflussen die Durchflussmenge der Druckluft.

3.3.1.3 Symbole für Elemente zur Arbeitsverrichtung

- **Zylinder**

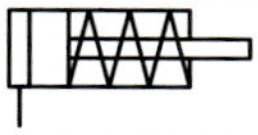	Einfachwirkender Zylinder mit Rückhub durch Feder
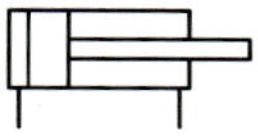	Doppeltwirkender Zylinder mit einseitiger Kolbenstange
	Doppeltwirkender Zylinder mit zweiseitiger Kolbenstange

- **Motoren**

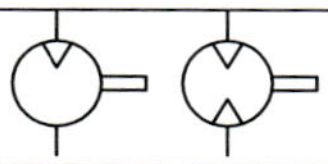	Pneumatikmotor mit einer und zwei Stromrichtungen
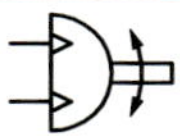	Pneumatischer Schwenkmotor

3.3.2 Schaltpläne für pneumatische Steuerungen

3.3.2.1 Aufbau von Schaltplänen

In Schaltplänen wird die Steuerung unter gerätetechnischen Gesichtspunkten mithilfe der genormten Symbole dargestellt.
Die Kennzeichnung der Bauteile erfolgt auf dem Schaltplan in der Nähe des jeweiligen Symbols nach einem besonderen Bezeichnungsschlüssel. Die Bezeichnung wird mit einem Rahmen versehen und besteht aus mehreren Elementen:

Beispiel für die Bezeichnung eines Bauteils

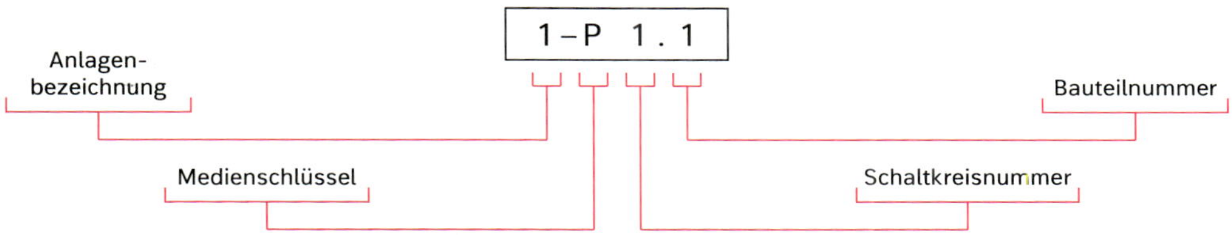

Bedeutung der Angaben in der Kennzeichnung

Anlagenbezeichnung	Medienschlüssel	Schaltkreisnummer	Bauteilnummer
Diese Kennzeichnung besteht aus einer Ziffer oder einem Buchstaben. Die Anlagenbezeichnung **muss** angegeben werden, wenn der gesamte Schaltkreis aus mehr als einer Anlage besteht.	Kommen in einer fluidtechnischen Anlage unterschiedliche Medien zum Einsatz, **muss** die Bezeichnung einen Medienschlüssel enthalten: – H für Hydraulik – P für Pneumatik – C für Kühlung – K für Kühlschmiermittel – L für Schmierung – G für Gastechnik	Diese Kennzeichnung besteht aus Ziffern. Die 0 ist vorgesehen für alle Zubehörteile, die zur Druckversorgung gehören. Für die verschiedenen Fluid-Schaltkreise werden fortlaufende Ziffern vergeben.	Diese Kennzeichnung besteht aus Ziffern, beginnend mit 1. Jedes Bauteil in dem betrachteten Schaltkreis wird fortlaufend nummeriert.

Bei der Planung pneumatischer Anlagen müssen folgende Sicherheitshinweise beachtet werden:

1. Es ist dafür zu sorgen, dass der zulässige Betriebsdruck nicht überschritten werden kann.
2. Druckausfall oder starker Druckabfall dürfen keine gefährlichen Schaltvorgänge auslösen.
3. Bei selbsttätigen oder teilweise selbsttätigen Steuervorgängen muss eine sichere Funktionsfolge gewährleistet sein. Gefährliche Überlagerungen müssen ausgeschlossen sein.
4. Bei Einbau eines Not-Stopp-Schalters darf bei dessen Betätigung kein Arbeitshub mehr erfolgen oder zu Ende laufen.

Für den Aufbau des Schaltplanes gelten folgende Regeln:

- Der Schaltplan berücksichtigt die räumliche Lage der Bauelemente nicht.
- Der Aufbau soll möglichst von oben nach unten die Folge: Arbeitselemente, Stellglieder, Steuerglieder, Signalglieder enthalten. Bei mehreren verknüpften Steuerketten, wie zum Beispiel bei mehreren Zylindern, sollen alle Elemente gleicher Funktion in der Steuerkette auf gleicher Ebene liegen.
- Der Schaltplan wird in Ruhestellung gezeichnet. Unter Ruhestellung versteht man den Schaltzustand, der bei Druckbeaufschlagung vor Betätigung des Startsignals vorliegen muss.
- Zylinder und Wegeventile sollen in waagerechter Lage dargestellt werden.
- Leitungen sind möglichst kreuzungsfrei zu zeichnen.
- Der Einbauort von Ventilen, die von der Kolbenstange eines Zylinders mechanisch betätigt werden, wird durch einen Strich mit Angabe der Nummer des Ventils gekennzeichnet.

Beispiel für den Aufbau eines Schaltplans

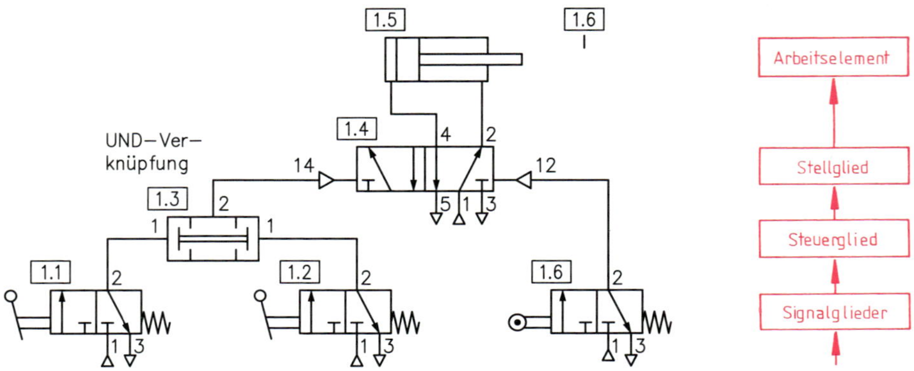

Der Schaltplan zeigt die Steuerung eines doppeltwirkenden Zylinders. Zur Sicherheit des Bedienungspersonals muss der Vorlauf des Kolbens mit zwei Handhebeln geschaltet werden. Der Rückhub wird durch die Kolbenstange des ausgefahrenen Kolbens über eine Tastrolle geschaltet.

Jede noch so umfangreiche und aufwendige pneumatische Steuerungsanlage setzt sich aus einzelnen Grundschaltungen zusammen, für die es nur wenige Variationsmöglichkeiten gibt.

Solche Grundschaltungen sind zum Beispiel:

- Grundschaltung zum Erzielen des Vor- und Rücklaufs eines Kolbens,
- Grundschaltung zur indirekten Ansteuerung,
- Grundschaltung zur Geschwindigkeitsbeeinflussung von Arbeitselementen,
- Grundschaltung zur Schaltverzögerung,
- Grundschaltung zur Signalabschaltung.

3.3.2.2 Grundschaltungen zum Erzielen des Vor- und Rücklaufes eines Kolbens

Pneumatische Anlagen bestehen im einfachsten Fall aus einem Element zur Arbeitsverrichtung (Zylinder, Motor) und einem Stellglied. Das Arbeitselement ist entsprechend der zu lösenden Aufgabe zu wählen. Die Beaufschlagung des Arbeitselementes mit Druckluft erfolgt über das Stellglied. Als Stellglieder verwendet man Wegeventile, die der Wirkungsweise des Arbeitselementes entsprechend ausgewählt werden. Die Betätigung des Stellgliedes kann in unterschiedlicher Weise erfolgen.

- **Einfachwirkende Zylinder**

Einfachwirkende Zylinder werden meist über 3-Wegeventile mit Druckluft beaufschlagt. Dabei können Betätigung und Rückstellung des Ventils in verschiedener Weise erfolgen.

Beispiel für die Steuerung mit einem 3/2-Wegeventil

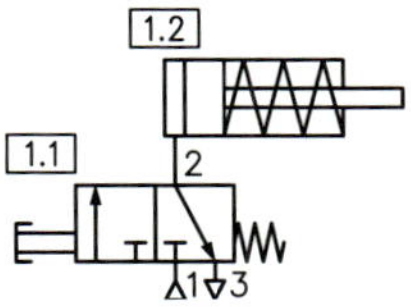

unbetätigt

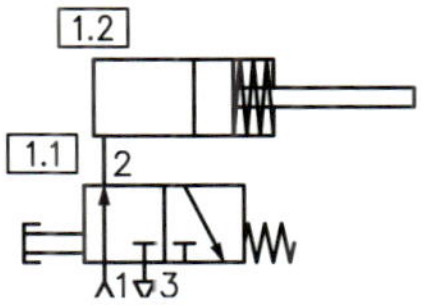

betätigt

Beispiele für direktes und indirektes Ansteuern eines Zylinders

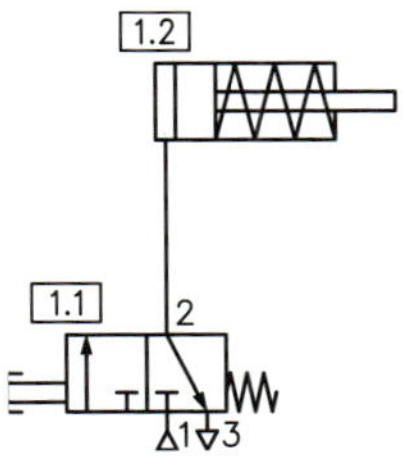

Direktes Steuern des Zylinders

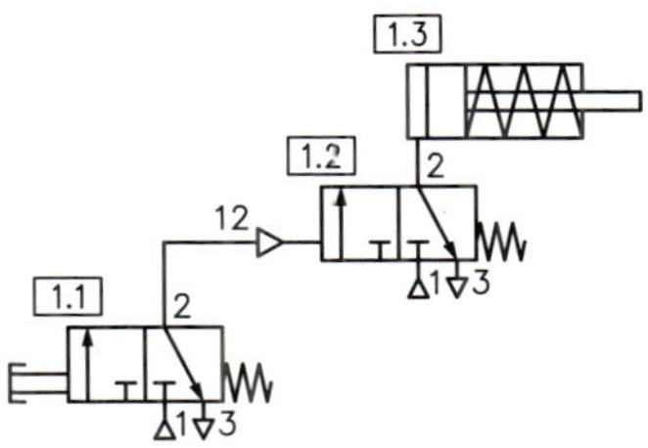

Indirektes Steuern des Zylinders

Bei der direkten Steuerung des Zylinders stellt das 3/2-Wegeventil das Signal-, Steuer- und Stellglied dar. Bei der indirekten Steuerung ist das 3/2-Wegeventil – 1.1 – mit der Drucktaste zusammen Signal- und Steuerglied. Das pneumatisch betätigte 3/2-Wegeventil – 1.2 – ist das Stellglied.

- **Doppeltwirkende Zylinder**

Doppeltwirkende Zylinder werden über 5-Wegeventile mit Druckluft beaufschlagt. Die Betätigung und Rückstellung des Ventils kann in verschiedener Weise erfolgen.

Beispiele für die Steuerung mit einem 5-Wegeventil

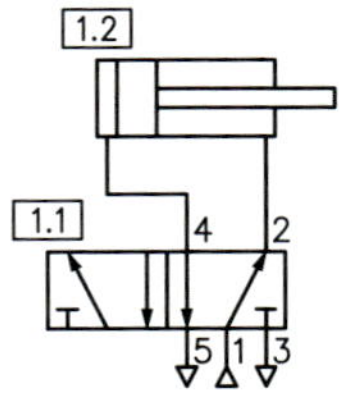

Steuerung mit 5/2-Wegeventil

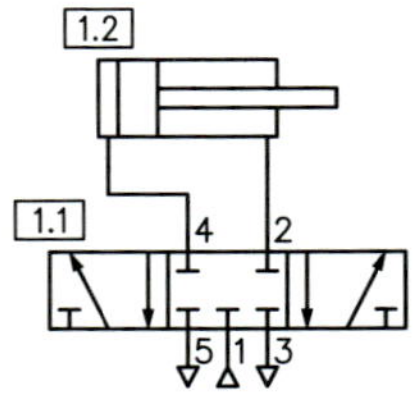

Steuerung mit 5/3-Wegeventil

Doppeltwirkende Zylinder werden meist indirekt durch impulsbetätigte 5/2-Wegeventile angesteuert. Impulsventile werden durch einen Impuls umgesteuert und halten diese Stellung bis zum Eintreffen eines gegengerichteten Impulses.

Beispiel für die indirekte Steuerung eines doppeltwirkenden Zylinders mit einem Impulsventil

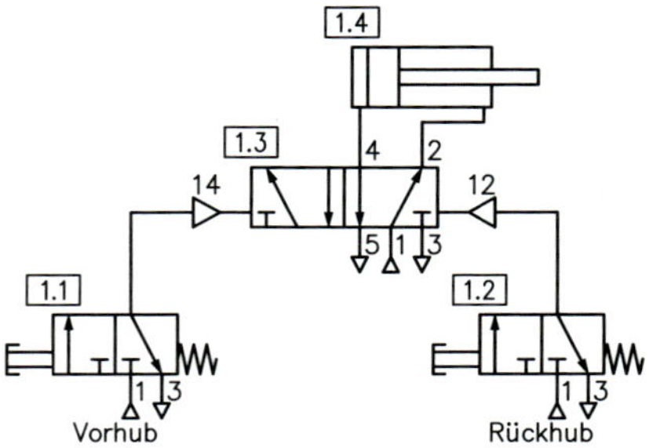

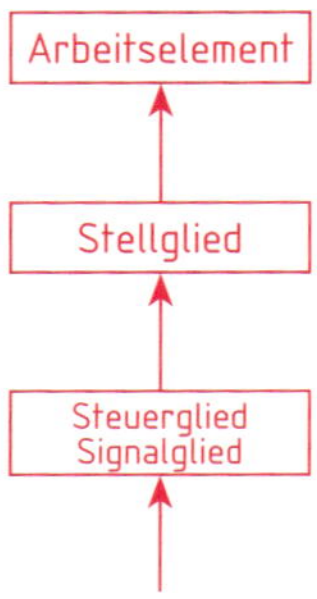

3.3.2.3 Grundschaltungen zur Geschwindigkeitsbeeinflussung von Arbeitselementen

Die Geschwindigkeit von Kolben beziehungsweise die Umdrehungsfrequenz von Motoren ist durch Einbau von Drosselventilen zu verringern. Soll die Beeinflussung nur in einer Drehrichtung erfolgen, kommen Drosselrückschlagventile zum Einsatz. Die Drosselung kann in der Zuluft oder in der Abluft erfolgen.

Beispiele für die Drosselung der Kolbengeschwindigkeit

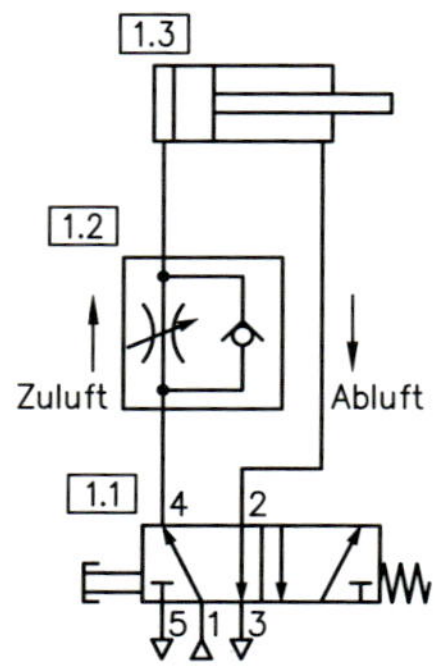

Drosselung der Zuluft beim ausfahrenden Kolben

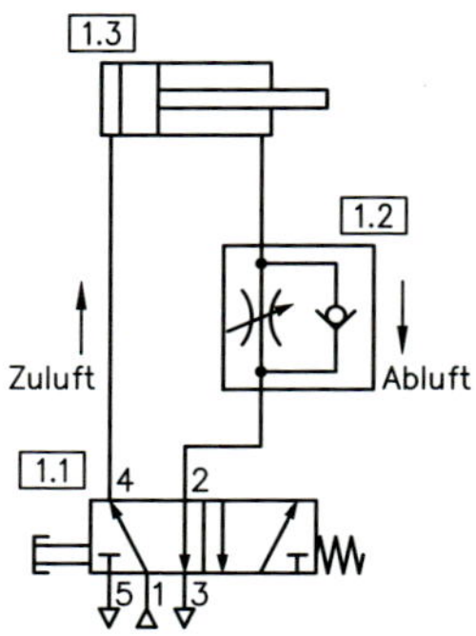

Drosselung der Abluft beim ausfahrenden Kolben

Bei *Zuluftdrosselung* führen schon kleine Lastschwankungen zu starken Unregelmäßigkeiten in der Kolbenbewegung.

Bei *Abluftdrosselung* wird der Kolben zwischen zwei Luftpolstern – Abluft und Zuluft – geführt und gleitet entsprechend gleichmäßig. Es soll deshalb möglichst Abluftdrosselung angewendet werden. Dies ist jedoch nicht bei Zylindern mit kurzem Hub möglich, da sich hier kein genügendes Luftpolster aufbauen kann.

- **Geschwindigkeitssteuerung doppeltwirkender Zylinder**

Doppeltwirkende Zylinder können in Zu- oder Abluft gedrosselt werden.

Beispiel für Abluftdrosselung bei Vor- und Rückhub eines doppeltwirkenden Zylinders

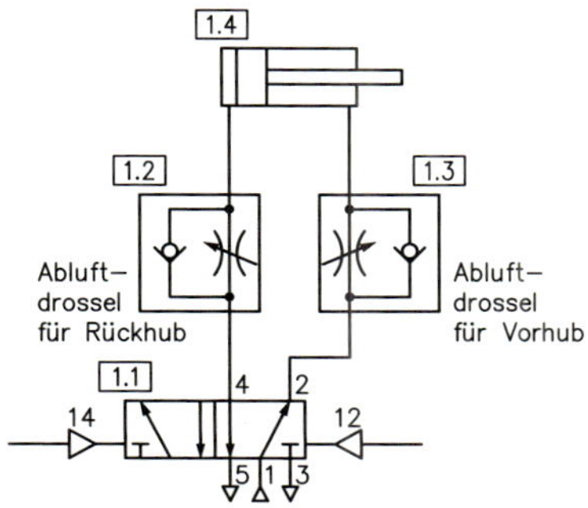

Geschwindigkeitsänderungen *während* des Hubes erreicht man durch Steuerschienen, welche ein durch Tastrolle verstellbares Drosselrückschlagventil betätigen.

Beispiel für eine Geschwindigkeitsbeeinflussung während des laufenden Hubes

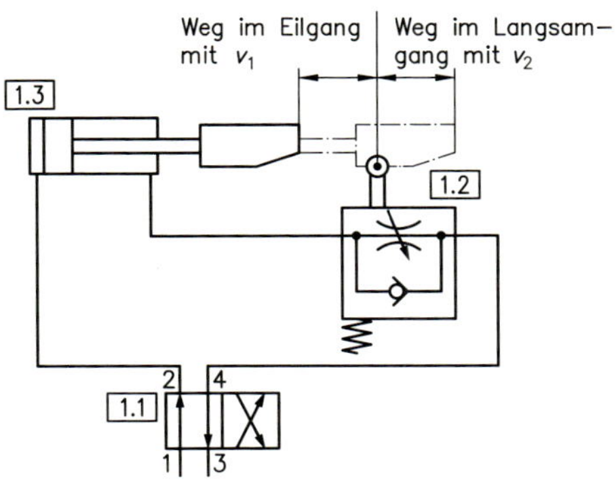

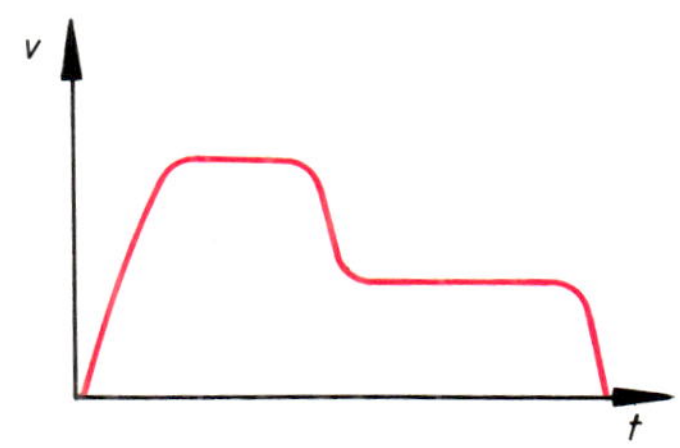

Geschwindigkeit-Zeit-Diagramm für den Vorschub

Der Kolben fährt zunächst schnell aus, bis die Steuerschiene das verstellbare Drosselrückschlagventil betätigt. Dieses Ventil drosselt die Abluft, die Kolbengeschwindigkeit sinkt.
Den Rückhub bewirkt die frei über das geöffnete Rückschlagventil strömende Luft. Der Rückhub erfolgt mit hoher Geschwindigkeit.

3.3.2.4 Grundschaltungen zur Schaltverzögerung und Signalabschaltung

Die Verzögerung eines Umschaltvorgangs wird dadurch erreicht, dass über ein Drosselrückschlagventil ein kleiner Luftbehälter gefüllt wird. Am Ausgang des Drosselrückschlagventils ist ein pneumatisch zu schaltendes 3/2-Wegeventil mit seinem Steueranschluss angeschlossen. Sobald der Druck in dem Druckbehälter dem Steuerdruck zur Betätigung des 3/2-Wegeventils entspricht, schaltet das Ventil. Die Verzögerungszeit wird also durch Einstellen der Drossel und des Behältervolumens bestimmt. Da das Behältervolumen meist konstant ist, wird die Verzögerungszeit an der Drossel eingestellt. Eine solche Verzögerungsschaltung ist meist eine fest gekoppelte Kombination. Dieses drückt man im Schaltzeichen durch die Umrandung aus.

In den Signallinien kennzeichnet man UND-Verknüpfungen durch einen Schrägstrich. ODER-Verknüpfungen werden durch einen Punkt gekennzeichnet.

Beispiel für die Kennzeichnung von Verknüpfungen in Signallinien

Der Zylinder soll ausfahren, wenn 1.1 und 1.2 betätigt werden. Er fährt ein, wenn 1.1 **oder** 1.2 nicht mehr gedrückt werden.

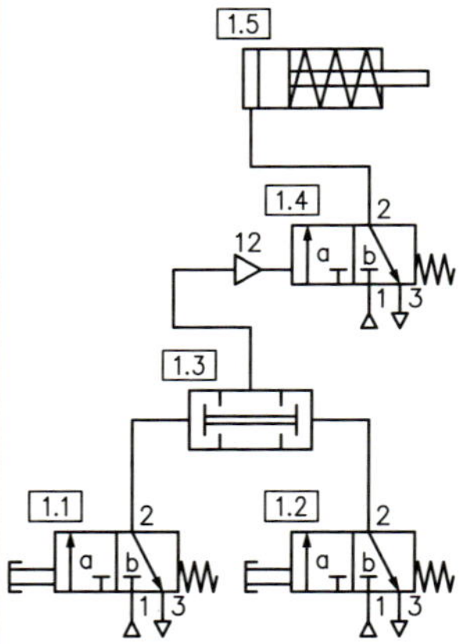

Kennzeichen	Bauelement: Benennung	Bauelement: Zustand	Schritte 1.	2.	3.	4.
1.1	3/2–Wegeventil	a b				
1.2	3/2–Wegeventil	a b				
1.4	3/2–Wegeventil	a b				
1.5	Zylinder	ausgefahren eingefahren				

Signalverzögerungen kennzeichnet man in Signallinien durch ein Quadrat mit einem kleinen *t*.

Beispiel für die Kennzeichnung einer Signalverzögerung in einem Funktionsdiagramm

Nach Betätigung des Signalgliedes (Ventil 1.1) schaltet das Stellglied 1.3 um – der Zylinder fährt aus. In der Endstellung betätigt er das Signalglied, Ventil 1.5. Durch dieses Ventil wird das Verzögerungsventil 1.2 mit Luft beaufschlagt. Sobald Ventil 1.2 durchschaltet, wird das Stellglied 1.3 umgeschaltet und der Zylinder fährt ein.

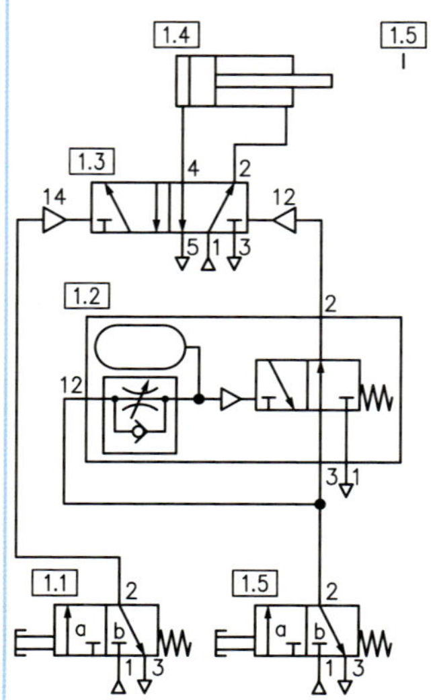

Kennzeichen	Bauelement: Benennung	Bauelement: Zustand	Schritte 1.	2.	3.	4.	5.
1.1	3/2–Wegeventil	a b					
1.5	3/2–Wegeventil	a b					
1.2	Verzögerungsventil	a b					
1.3	5/2–Wegeventil	a b					
1.4	Zylinder	ausgefahren eingefahren					

3.3.4 Erstellen von Schaltplänen

Beim Erstellen von Schaltplänen geht man zweckmäßig in Schritten vor. Dieses soll am Beispiel einer Pressvorrichtung dargestellt werden.

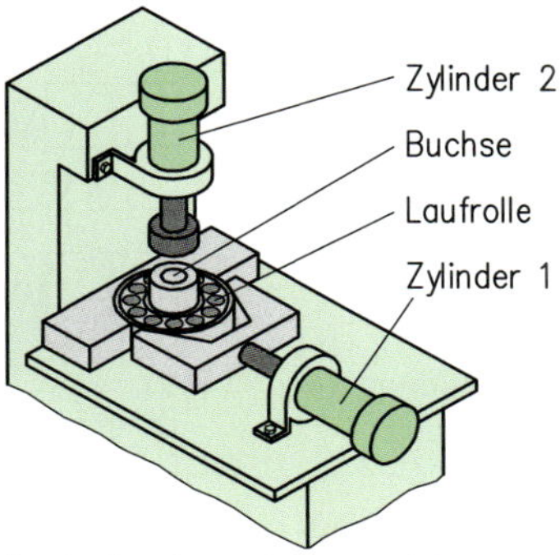

Technologieschema Pressvorrichtung

In Laufrollen sollen in einer Vorrichtung Lagerbuchsen eingepresst werden. Die Rollen werden von Hand in die Vorrichtung eingelegt und die Buchse aufgesetzt. Das Spannen der Rollen geschieht durch den Zylinder 1. Wenn Zylinder 1 gespannt hat, soll der Einpressvorgang selbsttätig langsam ablaufen. Nach dem Einpressen soll zuerst Zylinder 2 einfahren, danach Zylinder 1.
Zur Sicherheit soll das Auslösen des Spannvorganges durch zwei Handtaster, die gleichzeitig betätigt werden, erfolgen.

1. Schritt

Es werden für jeden Schaltkreis die Arbeitselemente mit den zugehörigen Stellgliedern und Signalgliedern (ohne Betätigungsart) gezeichnet und zunächst vorläufig geschaltet.

Beispiel für 1. Schritt

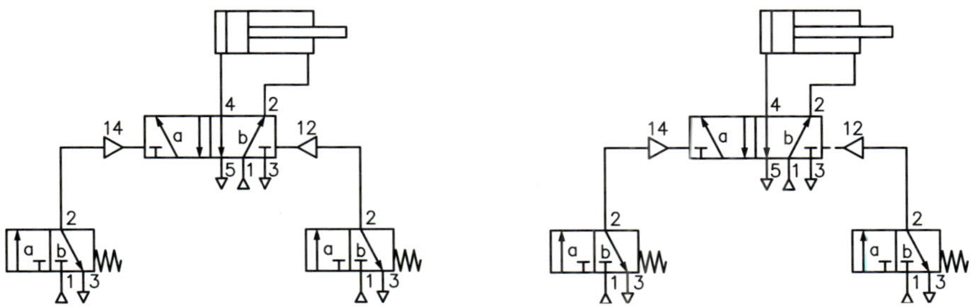

2. Schritt

Die Arbeitsfolge der Arbeitselemente wird ermittelt. Entsprechend der Arbeitsfolge wird die Lage der Endschalter den Arbeitselementen lagemäßig zugeordnet und mit den entsprechenden Signalgliedern durch eine vorläufige Schaltkreis- und Bauteilnummerierung verknüpft.

Beispiel für 2. Schritt

Zylinder 1.3 fährt aus (1.0 +), ausgelöst durch Ventil 1.1.
Zylinder 2.2 fährt aus (2.0 +), ausgelöst durch Ventil 1.4.
Zylinder 2.2 fährt ein (2.0 –), ausgelöst durch Ventil 2.4.
Zylinder 1.3 fährt ein (1.0 –), ausgelöst durch Ventil 2.3.

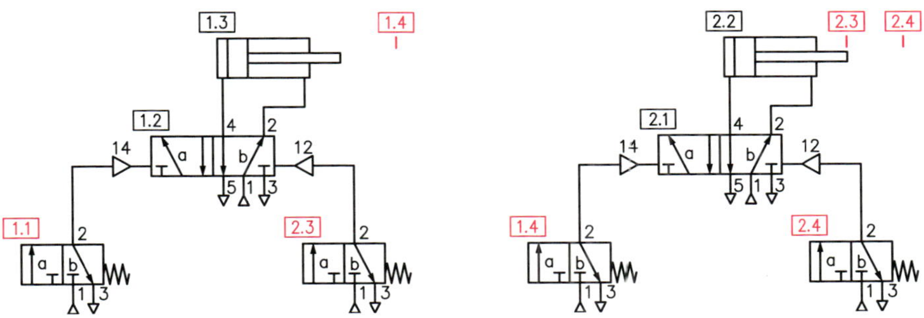

3. Schritt

Die Betätigungsarten der Signalglieder werden bestimmt und eingetragen.

Beispiel für 3. Schritt

Der Vorlauf von Zylinder 1.3 (1.0 +) wird durch einen Handtaster an Ventil 1.1 geschaltet. Die Rückstellung erfolgt über eine Feder.

Der Vorlauf von Zylinder 2.2 (2.0 +) muss durch eine Tastrolle an Ventil 1.4 von Zylinder 1.3 in seiner Endstellung geschaltet werden. Rückstellung erfolgt durch Feder.

Der Rücklauf von Zylinder 2.2 (2.0 –) wird von Ventil 2.4 in Endstellung von Zylinder 2.2 durch eine Tastrolle geschaltet. Rückstellung erfolgt durch Feder.

Der Rücklauf von Zylinder 1.3 (1.0 –) wird von Ventil 2.3 geschaltet. Das Ventil 2.3 wird von dem Zylinder 2.2 (2.0 –) in seiner Endstellung geschaltet.

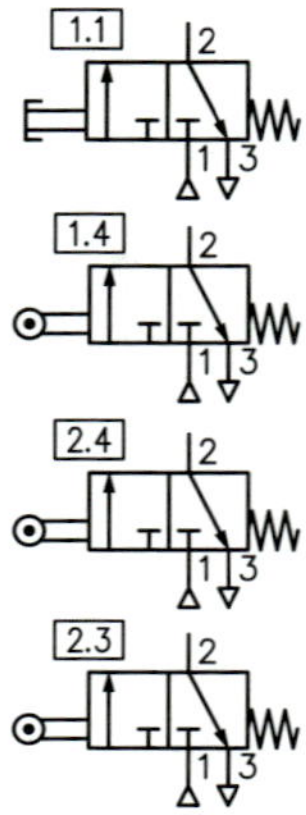

4. Schritt

Die Zusatzbedingungen werden eingebaut.

Beispiel für 4. Schritt

Zusatzforderungen sind:

1. Langsamer Vorlauf des Zylinders 2.2. Dieses wird erreicht durch den Einbau eines Drosselrückschlagventils in die Abluft von Zylinder 2.2.
2. Auslösung des Arbeitsablaufs durch zwei Handtaster, die nur bei gleichzeitiger Betätigung Signal auslösen. Diese wird hier durch den Einbau eines zweiten Ventils 1.2 und eines UND-Gliedes 1.3 erreicht.

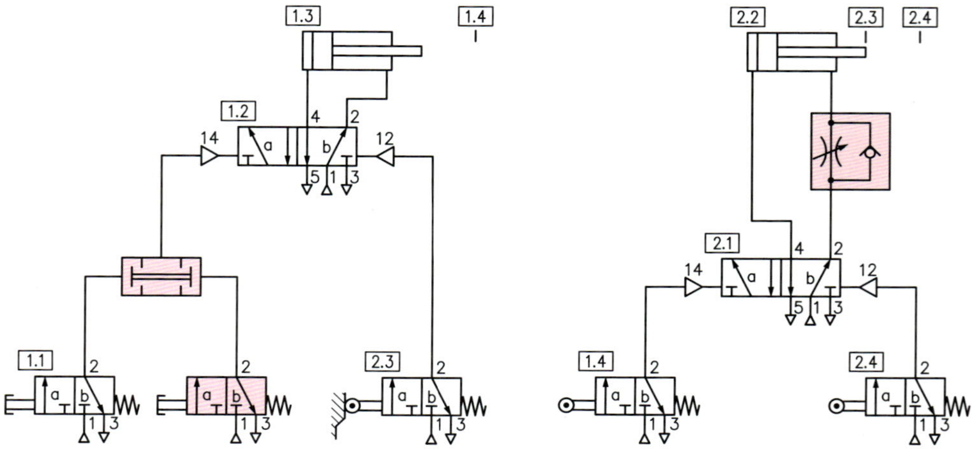

5. Schritt

Die Maßnahmen zur Signalabschaltung werden ergänzt und die endgültige Schaltkreis- und Bauteilnummerierung vorgenommen.

Beispiel für 5. Schritt

Für die Signalabschaltung wird ein Wechselventil in die Steuerung eingebaut. Damit das Startsignal für einen Steuerungsablauf nur erfolgen kann, wenn sich der Kolben des Zylinders 1.6 in der hinteren Endlage befindet, wird zusätzlich ein Grenztaster 1.7 hinter das UND-Glied 1.3 geschaltet.

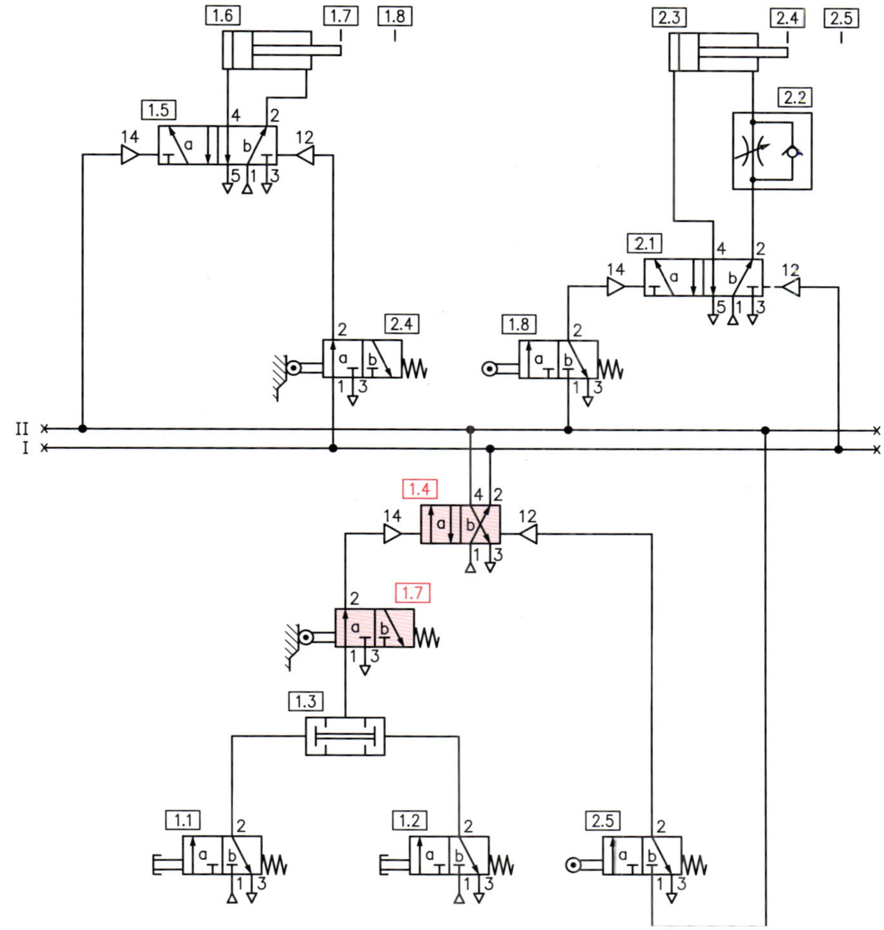

Aufgaben zu 3.1 Steuerungsarten bis 3.3 Pneumatische Steuerungen

1. Ein Vierkantprofil soll mit Bohrungen versehen werden, die immer gleiche Abstände besitzen. Da es sich um eine Vielzahl von Bohrungen handelt, soll die Bohrmaschine um eine pneumatische Vorschub- und Spanneinrichtung ergänzt werden. Der Bearbeitungsvorgang soll dann halbautomatisch in folgender Weise ablaufen:

Das Werkstück wird von Hand eingelegt und positioniert. Durch die Betätigung des EIN-Tasters S0 wird das Vierkantprofil vom Spannzylinder A1 gespannt. In seiner vorderen Endstellung löst der Spannzylinder die Vorschubbewegung des Vorschubzylinders A2 aus. Nun wird der Bohrvorgang manuell ausgeführt. Nach dem Bohrvorgang wird durch Hochdrücken der Bohrspindel der Taster S1 betätigt. Daraufhin fährt der Spannzylinder wieder ein und löst in seiner hinteren Endlage den Rückhub des Vorschubzylinders aus. Befinden sich beide Kolben in der hinteren Endstellung, kann ein weiteres Arbeitsspiel erfolgen.

Der Funktionsplan für die Steuerung der Vorschub- und Spanneinrichtung ist zu entwerfen.

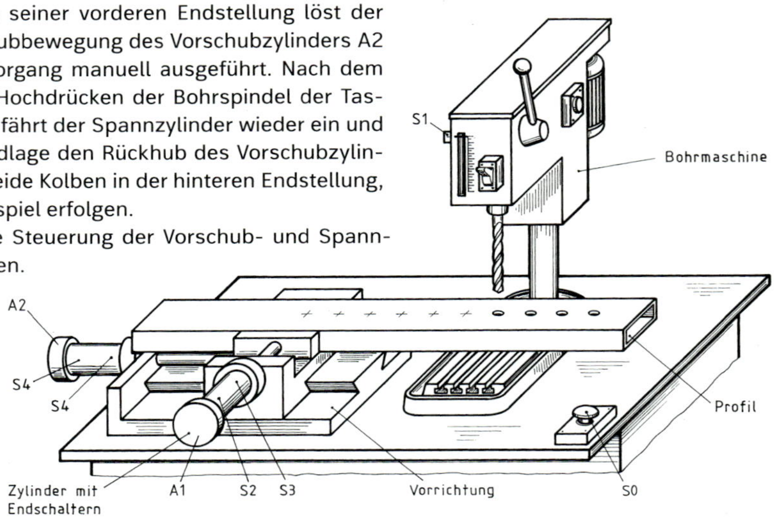

2. Übernehmen Sie den folgenden Schaltplan, kennzeichnen Sie die Bauelemente durch Nummern, und geben Sie die Funktionen der Bauelemente innerhalb der Steuerkette (z. B. Signalglied, Stellglied) an.

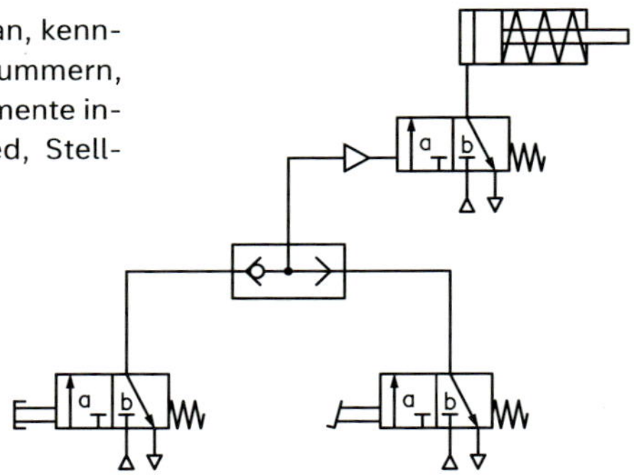

3. Ein doppeltwirkender Zylinder soll einen Schlagkolben betätigen. Bei Knopfdruck soll der Zylinder fortlaufend ein- und ausfahren, bis der Taster wieder losgelassen wird.
Zeichnen Sie den Schaltplan.

4. Äußern Sie sich zu den Vorteilen der Geschwindigkeitsbeeinflussung durch Drosselung der Abluft.

5. In einer Klebevorrichtung werden zwei Bauteile durch einen Pneumatikzylinder zusammengepresst und etwa 2 Minuten gehalten. Die Vorrichtung öffnet dann selbsttätig. Das Auslösen soll sowohl durch Hand- als auch durch Fußtaster erfolgen können. Zeichnen Sie den Schaltplan.

6. In eine Vorrichtung zum Lochen dünner Blechteile wird das Blech von Hand eingeschoben. Am Anschlag soll durch das Blech das Signal für den Lochvorgang gegeben werden. Zeichnen Sie den Schaltplan.
Zeichnen Sie das Funktionsdiagramm.

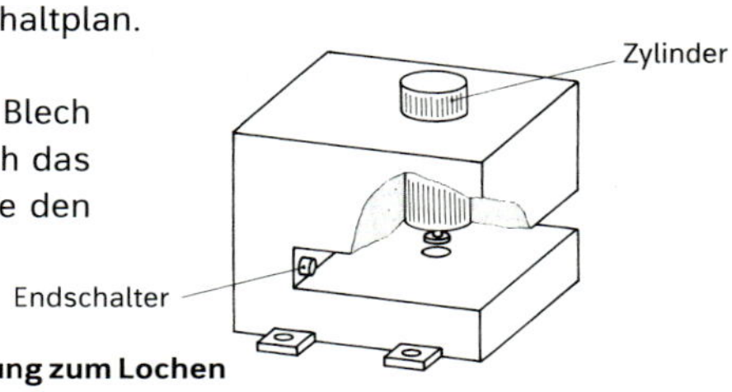

Vorrichtung zum Lochen

7. In einem Innenausbaubetrieb werden Zierbalken an den Kanten angefräst. Die Anfräsungen sollen 10 cm hinter dem Balkenanfang beginnen und 10 cm vor dem Balkenende enden.

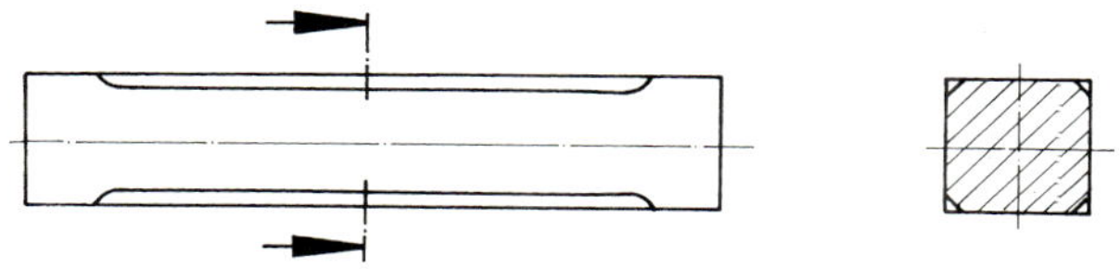

Der Vorgang des Fräsens soll stark mechanisiert werden. Die Balken werden dazu in eine Maschine eingeschoben. Die Fräse ist auf einem Schlitten, der durch einen einfachwirkenden Zylinder vorgeschoben wird, aufgespannt. Sobald der scharfkantige Balken bis zu einer Tiefe von 10 cm in die Maschine eingefahren ist, fährt der Fräser selbsttätig vor und fräst bis 10 cm vor Ende des Balkens. Dann wird der Fräser selbsttätig zurückgezogen.

a) Zeichnen Sie die Schaltung.

b) Wo müssen die Endschalter eingebaut werden?

c) Zeichnen Sie das Funktionsdiagramm.

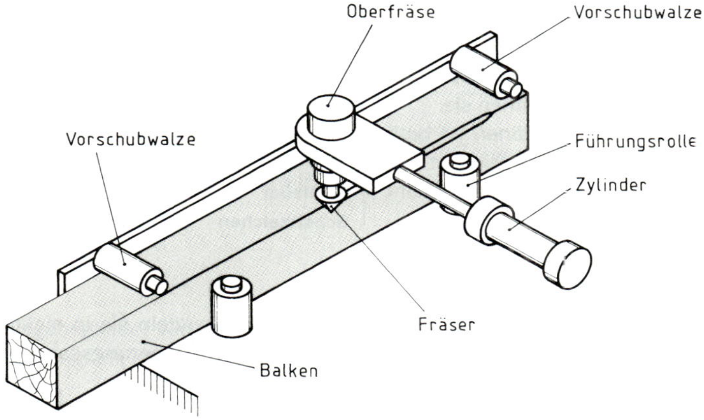

8. In einer Klebepresse drücken drei Pneumatikzylinder Platten aufeinander.

Die Auslösung des Pressvorganges soll über einen Handtaster erfolgen. Zunächst soll der mittlere Zylinder ausfahren. Erst wenn er seine Endlage erreicht hat, dürfen die beiden anderen Zylinder ausfahren.
Nachdem alle Zylinder ausgefahren sind, soll ca. drei Minuten selbsttätig gepresst werden. Danach soll sich der Pressvorgang automatisch abschalten.
Zeichnen Sie den Schaltplan.

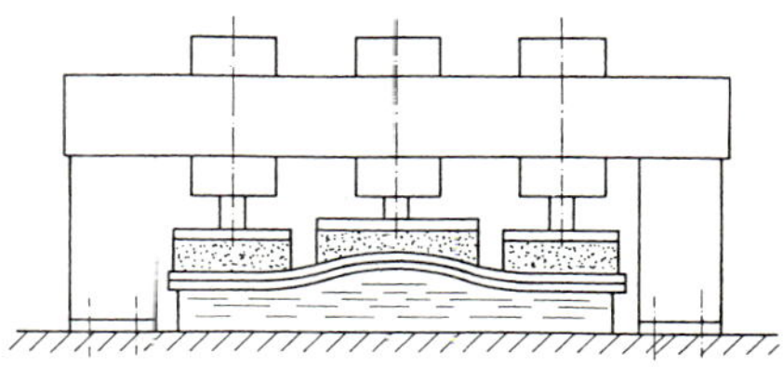

9. Der Verschluss der skizzierten Abfülleinrichtung wird durch einen doppeltwirkenden Zylinder, der im Grundzustand ausgefahren ist, betätigt. Durch Drücken einer Taste soll der Verschluss geöffnet werden. Lässt man die Taste los, soll der Verschluss selbsttätig geschlossen werden. Die Anlage darf aber nur arbeiten, wenn ein Auffangbehälter unter der Öffnung steht.
Skizzieren Sie die Schaltung.

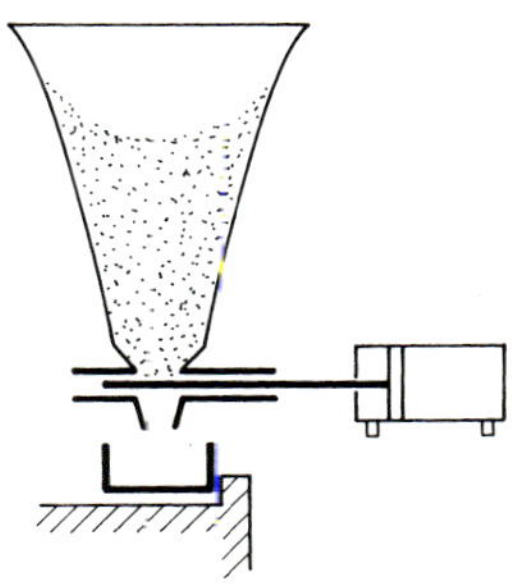

3.4.4 Grundschaltungen zur Signalverarbeitung

3.4.4.1 Stromlaufplan

Durch Relais werden Ventile oder Lastschütze angesteuert. Um eine gute Übersicht zu erreichen, wird in Plänen die Schaltung des Steuerungsteils der Maschine oder Anlage von der Schaltung des Leistungsteils getrennt in Stromlaufplänen im spannungslosen Zustand dargestellt.

Der Stromlaufplan ist eine nach Strompfaden aufgelöste Darstellung der Schaltung ohne Berücksichtigung der räumlichen Lage der Bauelemente und ihres mechanischen Zusammenwirkens. Er zeigt von oben nach unten den Signalfluss im Steuerteil. Die einzelnen Strompfade werden so gelegt, dass keine Leitungskreuzungen entstehen. Zur besseren Übersicht werden die Pfade durchnummeriert.
Um den mechanischen Zusammenhang zwischen den Bauelementen darzustellen, erhalten die einzelnen Bauelemente identische Kennzeichnungen. Wichtige Kennzeichen für Betriebsmittel sind:

B Sensor	**K** Relais	**F** Sicherung	**M** Motor
S Taster, Schalter	**Q** Leistungsschütz	**H** Melder	**A** Zylinder

> Stromlaufpläne zeigen von oben nach unten den Signalfluss in einzelnen Strompfaden.

3.4.4.2 Logische Funktionen

Logische Grundschaltungen können durch entsprechendes Zusammenschalten der Schaltelemente und in Relaistechnik verwirklicht werden.

Verwirklichung logischer Grundfunktionen:

<table>
<tr><th></th><th>Logiksymbol</th><th>Funktionstabelle</th><th colspan="2">Beispiele für die Verwirklichung</th></tr>
<tr><td>Identität</td><td>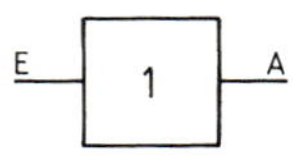
</td><td><table><tr><th>E</th><th>A</th></tr><tr><td>0</td><td>0</td></tr><tr><td>1</td><td>1</td></tr></table></td><td>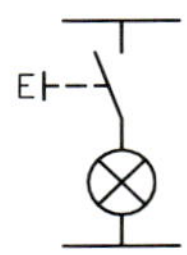
</td><td>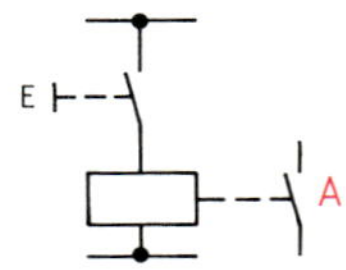
</td></tr>
<tr><td>NICHT</td><td>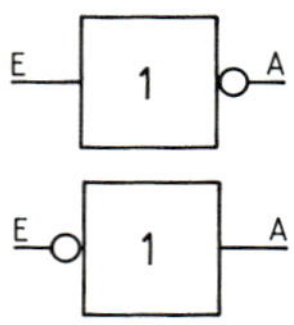
</td><td><table><tr><th>E</th><th>A</th></tr><tr><td>0</td><td>1</td></tr><tr><td>1</td><td>0</td></tr></table></td><td>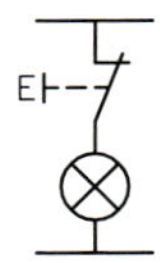
</td><td>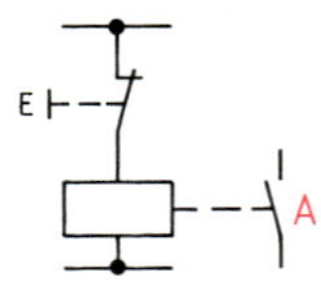
</td></tr>
<tr><td>UND</td><td>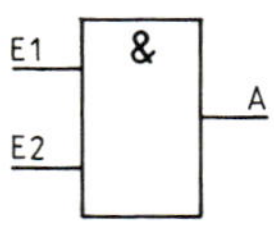
</td><td><table><tr><th>E1</th><th>E2</th><th>A</th></tr><tr><td>0</td><td>0</td><td>0</td></tr><tr><td>0</td><td>1</td><td>0</td></tr><tr><td>1</td><td>0</td><td>0</td></tr><tr><td>1</td><td>1</td><td>1</td></tr></table></td><td>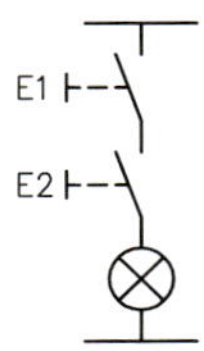
</td><td>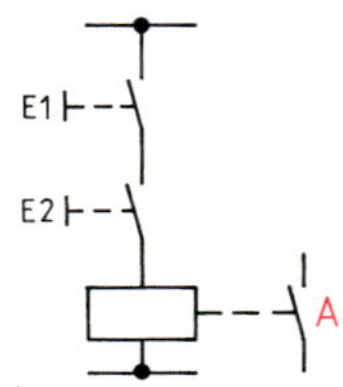
</td></tr>
<tr><td>ODER</td><td>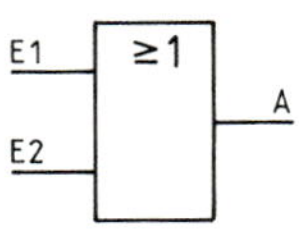
</td><td><table><tr><th>E1</th><th>E2</th><th>A</th></tr><tr><td>0</td><td>0</td><td>0</td></tr><tr><td>0</td><td>1</td><td>1</td></tr><tr><td>1</td><td>0</td><td>1</td></tr><tr><td>1</td><td>1</td><td>1</td></tr></table></td><td>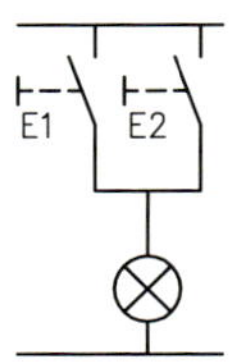
</td><td>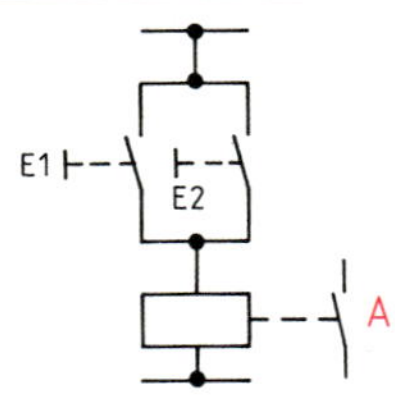
</td></tr>
</table>

3.4.4.3 Speicherschaltung

Durch Parallelschalten eines Schließerkontaktes des Relais mit dem Schließer, der das Relais anziehen lässt, bleibt auch nach Abschalten des auslösenden Signals das Relais im angezogenen Zustand. Man spricht von Selbsthaltung des Relais.
Erst durch Unterbrechen der Stromzufuhr fällt das Relais ab.

> Durch Parallelschalten eines Schließerkontakts zum Betätigungsglied des Relais kommt es zur Signalspeicherung durch Selbsthaltung.

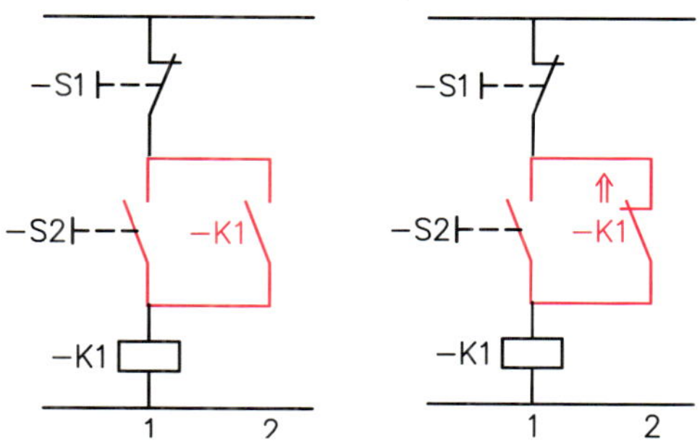

Vor Betätigung von S2 | Nach Anziehen des Relais und Öffnen von S2

Selbsthaltung

3.4.4.4 Signalabschaltung

Zur Vermeidung von Signalüberschneidungen, um die Sicherheit von Maschinen und Anlagen zu erhöhen, werden alle Strompfade, die vom aktiven Schritt nicht betroffen sind, stromlos geschaltet.
Der aktive Schritt muss zu diesem Zweck stets den vorherigen Schritt abschalten und den Strompfad für den folgenden Schritt vorbereiten.
Dies geschieht durch Stromlos-Schalten des jeweils vorher geschalteten Strompfades und Zuschalten der für den nächsten Schritt benötigten Strompfade.

Beispiel für eine Signalabschaltung

In Laufrollen sollen in einer Vorrichtung Lagerbuchsen eingepresst werden. Die Rollen werden von Hand in die Vorrichtung eingelegt und die Buchse aufgesetzt. Das Spannen der Rollen geschieht durch den Zylinder 1. Wenn Zylinder 1 gespannt hat, soll der Einpressvorgang selbsttätig langsam ablaufen. Nach dem Einpressen soll zuerst Zylinder 2 einfahren, danach Zylinder 1.
Zur Sicherheit soll das Auslösen des Spannvorganges durch zwei Handtaster, die gleichzeitig betätigt werden, erfolgen.

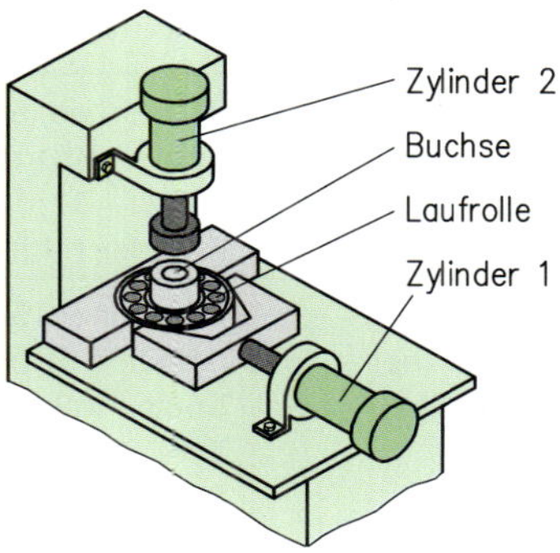

Pneumatikschaltplan

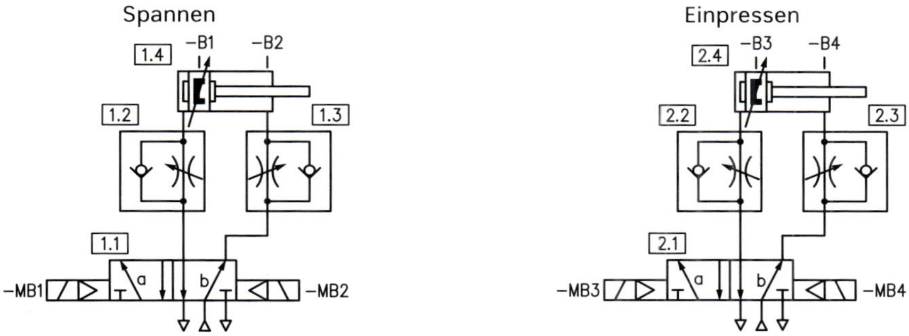

1) Bei elektromechanischen Steuerungen werden die Grenzschalter mit einem B gekennzeichnet.

Stromlaufplan

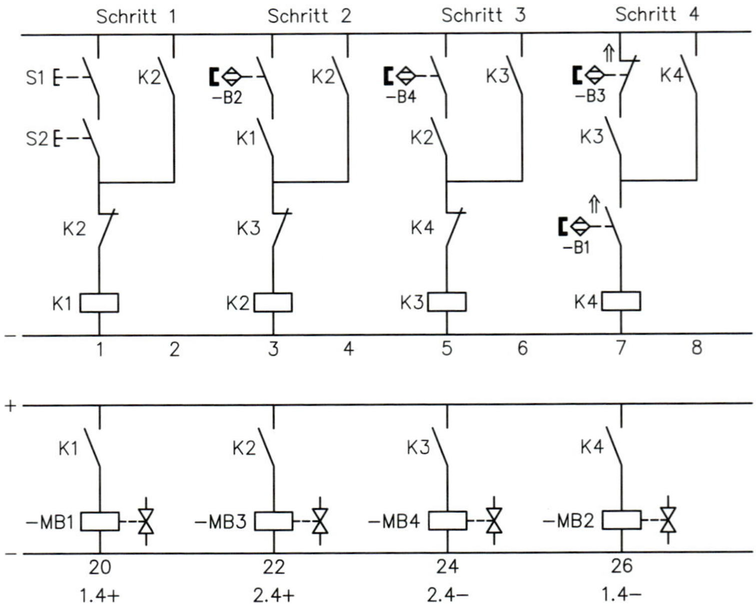

Ablaufbeschreibung:

Schritt	Aktion	Reaktion
1	S1 und S2 werden betätigt →	K1 zieht an, Selbsthaltung von K1 in Strompfad 2 Spule –MB1 des Magnetventils 1.1 in Strompfad 20 zieht an Öffner –B1 in Strompfad 7 schließt Zylinder 1.4 fährt aus
2	–B2 wird betätigt – schließt →	K2 zieht an, Selbsthaltung von K2 in Strompfad 4 Öffner in Strompfad 1 öffnet, Relais K1 fällt ab → Abschalten von Schritt 1 Spule –MB1 des Magnetventils 1V in Strompfad 20 wird stromlos Schließer in Strompfad 5 schließt → Vorbereitung von Schritt 3 Spule –MB3 des Magnetventils 2.1 in Strompfad 22 zieht an Zylinder 2.4 fährt aus
3	–B4 wird betätigt – schließt →	K3 zieht an, Selbsthaltung von K3 in Strompfad 6 Öffner in Strompfad 3 öffnet, Relais K2 fällt ab → Abschalten von Schritt 2 Spule –MB3 des Magnetventils 2.1 in Strompfad 22 wird stromlos Schließer in Strompfad 7 schließt → Vorbereitung von Schritt 4 Spule –MB4 des Magnetventils 2.1 in Strompfad 24 zieht an Zylinder 2.4 fährt ein
4	–B3 wird betätigt – schließt wieder →	K4 zieht an, Selbsthaltung von K4 in Strompfad 8 Öffner in Strompfad 5 öffnet, Relais K3 fällt ab → Abschalten von Schritt 3 Spule –MB2 des Magnetventils 1.1 in Strompfad 24 zieht an Zylinder 1.4 fährt ein
5	–B1 wird betätigt – öffnet →	Relais K4 fällt ab Magnetventil –MB2 in Strompfad 26 wird stromlos

3.5 Speicherprogrammierbare Steuerungen (SPS)

Eine speicherprogrammierbare Steuerung (SPS) nimmt von den Eingängen der zu steuernden Anlagen Eingangssignale auf, verarbeitet sie nach einem im Programmspeicher der SPS festgelegten Programm und schaltet entsprechend die Ausgänge zu den angeschlossenen Aktoren. Dies geschieht in einem wenige Millisekunden dauernden Zyklus.

Das Programm, nach dem die SPS arbeitet, wird außerhalb der SPS am Programmiergerät oder am PC erstellt und von dort in den Speicher der SPS eingegeben.

Für Steuerungen mit kleinem Leistungsaufwand werden **Kompaktsteuerungen** verwendet. Sie enthalten in einem kompakten Gehäuse die Eingabe-, Verarbeitungs- und Ausgabeeinheiten sowie die Einheit zur Energieversorgung.

Steuerungen mit höherem Leistungsaufwand werden aus Modulen (Bausteinen) aufgebaut, welche die einzelnen Funktionen der Steuerung erfüllen. Diese **modularen Steuerungen** sind außerordentlich flexibel, weil die einzelne Baugruppe den Erfordernissen der Anlage entsprechend optimal ausgewählt werden kann.

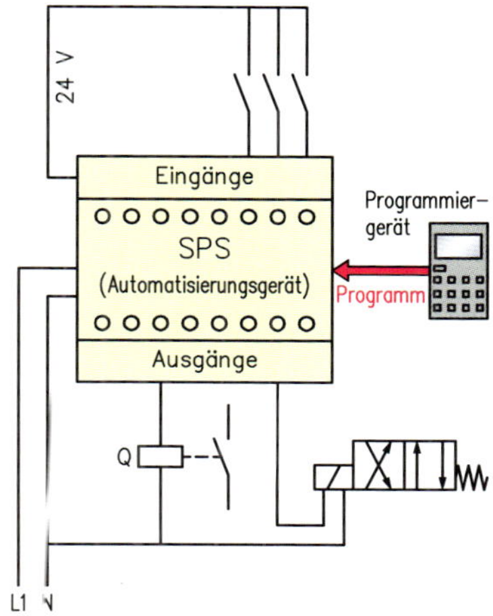

Speicherprogrammierte Steuerung (Schema)

3.5.1 Baugruppe der SPS

- **Eingangsbaugruppe**

Die Eingangsbaugruppe ist die Schnittstelle zwischen den Befehlsgebern und der Verarbeitungseinheit. Eingaben können eingegeben werden als

- binäre Signale, z. B. von Tastern und Schaltern,
- digitale Signale, z. B. von inkrementalen Wegaufnehmern,
- analoge Signale, z. B. von Temperaturfühlern.

Analoge Signale müssen zur Weiterverarbeitung erst in digitale Signale gewandelt werden.

Die Eingänge der SPS sind vom weiteren Teil der SPS galvanisch getrennt, d. h., sie geben die Eingangs-signale nicht über eine elektrisch leitende Verbindung weiter, sondern z. B. optisch durch Optokoppler.

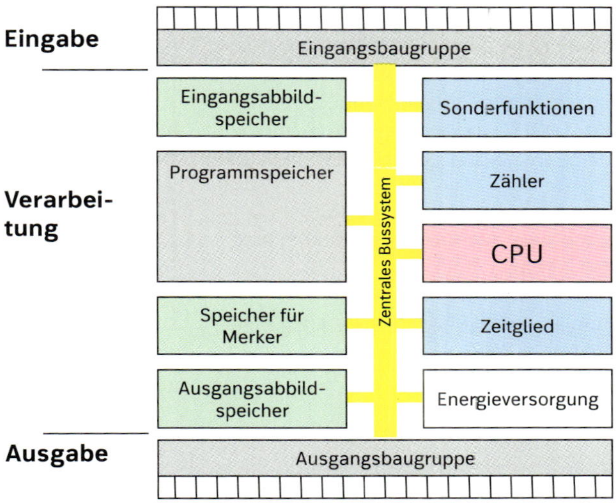

Baugruppen der SPS (Schema)

- **CPU**

Die CPU ist die zentrale Verarbeitungseinheit in der SPS. Sie führt entsprechend dem Programm logische Operationen durch und kontrolliert und überwacht den Datenfluss.

- **Speicher**

Der **Eingangsabbildspeicher** speichert den Signalzustand am Eingang.
Der **Programmspeicher** speichert das vom Anwender eingegebene Steuerprogramm.
Der **Merkerspeicher** speichert Zwischenergebnisse, die sich jeweils bei einem Durchlauf des Programms ergeben.
Der **Ausgangsabbildspeicher** enthält am Ende eines Programmdurchlaufs des Programms die auf die Ausgangsbaugruppe zu übertragenden Ausgangssignale.

- **Baugruppen mit Sonderfunktionen**

Wichtige Baugruppen mit Sonderfunktionen sind Zeitgeber und Zähler.
Zeitgeber steuern festgelegte Ablaufzeiten für Ein- und Ausschaltvorgänge und Dauer von Impulsen.
Zähler erfassen Stückzahlen. Sie können vorwärts oder rückwärts zählen.

- **Ausgangsbaugruppe**

Die Ausgangsbaugruppe gibt die entsprechend dem Arbeitsergebnis eines Programmdurchlaufs, das im Ausgangsabbildspeicher gespeichert ist, Signale an die angeschlossenen Baugruppen. Die Signale können binäre Signale an Schütze, Relais, Ventile u.a. oder digitale Signale an Anzeigeeinrichtungen und digitale Speicher oder analoge Signale an kontinuierlich arbeitende Stellventile u.Ä. sein.

3.5.2 Arbeitsweise der SPS

Speicherprogrammierbare Steuerungen arbeiten zyklisch. Man nennt die Zeit von der Abfrage der Eingänge bis zur Beschaltung der Ausgänge die Taktzeit oder die Zykluszeit der SPS. Die dauert nur wenige Millisekunden.

Verlauf eines Zyklus:

1 Der Ausgangsabbildspeicher wird gelöscht. Die augenblicklich vorhandenen Signale an den Eingängen werden eingelesen. Das Ergebnis wird für diesen Durchlauf im Eingangsabbildspeicher abgelegt.

2 Das im Programmspeicher von Anwender abgelegte Programm wird in der Reihenfolge der Anweisungen und entsprechend dem Signalzustand im Eingangsabbildspeicher abgearbeitet. Ermittelte Zwischenergebnisse werden für die Dauer des Zyklus im Merkenspeicher gespeichert.

3 Das Ergebnis der Abarbeitung des Steuerprogramms wird im Ausgangsabbildspeicher abgelegt.

4 Entsprechend dem Ausgangsabbild werden die Ausgänge belegt. Der nächste Zyklus wird gestartet.

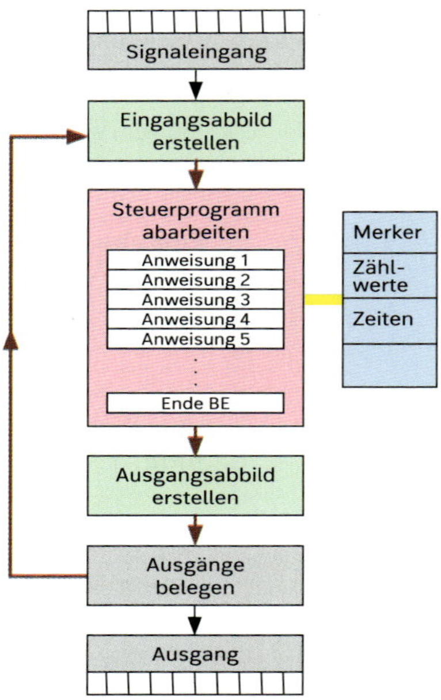

Vom Automatisierungsgerät werden in jedem Zyklus die Zustände der Eingänge abgefragt. Die ermittelten Daten werden entsprechend dem eingegebenen Programm verarbeitet. Gemäß dem Ergebnis der Verarbeitung werden die Ausgänge beschaltet.

3.5.3 Programmieren speicherprogrammierbarer Steuerungen

3.5.3.1 Programmiersprachen

Für die Programmierung von speicherprogrammierbaren Steuerungen werden die folgenden Programmiersprachen eingesetzt:

die **Anweisungsliste** (AWL), der **Kontaktplan** (KOP), der **Funktionsplan** (FJP).

Beispiel für die Programmierung einer ODER-Verknüpfung in unterschiedlichen Programmiersprachen

E1 ∨ E2 = A1

Anweisungsliste

```
U E1
O E2
= A1
```

Die nacheinander aufgeführten Steueranweisungen in der Anweisungsliste kommen der schrittweisen Verarbeitung der Steueranweisungen durch den Mikroprozessor am nächsten.

Kontaktplan

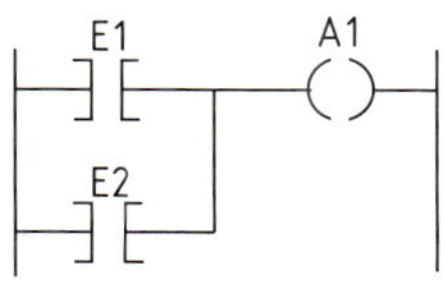

Im Kontaktplan werden elektrische Bauelemente dargestellt.

Funktionsplan

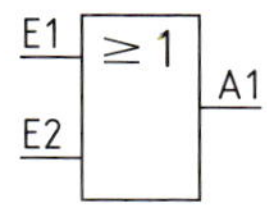

Im Funktionsplan werden Logiksymbole dargestellt.

Der Kontaktplan und der Funktionsplan werden im Programmiergerät durch entsprechende Übersetzerprogramme in Anweisungen umgeschrieben.

- **Anweisungsliste** (AWL)

Das Programm einer speicherprogrammierten Steuerung besteht aus einer Folge von *Steueranweisungen*. Eine Steueranweisung gliedert sich in *Operationsteil* und *Operandenteil*.

Steueranweisung

Operationsteil — Im Operationsteil der Steuerung wird festgelegt, welche Operation durchzuführen ist.

Operandenteil — Im Operandenteil der Steuerung wird festgelegt, mit welchen Operanden etwas zu tun ist.

Operationen			
U	UND	=	Zuweisung
O	ODER	(	Klammer auf
N	NICHT	)	Klammer zu
L	Laden	R	Rücksetzen
S	Setzen	PE	Programmende

Operanden	
E	Eingang
A	Ausgang
M	Merker
Z	Zähler
T	Zeitglied

Die jeweiligen Operationen und Operanden für eine Steuerung werden unter bestimmten Adressen abgelegt. Die Operanden erhalten Operandennummern. Die für eine logische Verknüpfung notwendigen Steueranweisungen werden als Satz bezeichnet. Alle für eine Steuerungsaufgabe notwendigen Sätze werden in einer Anweisungsliste zusammengefasst.

Programmierung von Speicherverhalten in Anweisungsliste, Kontaktplan und Funktionsplan

		AWL	KOP	FUP
bevorzugt Setzen	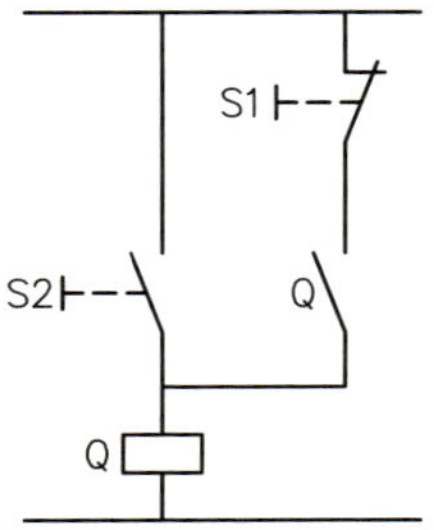 S1 ⟶ E1 S2 ⟶ E2 Q ⟶ A1	U E1 R A1 U E2 S A1 PE	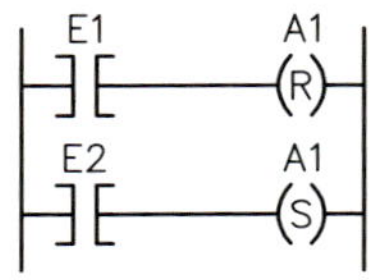	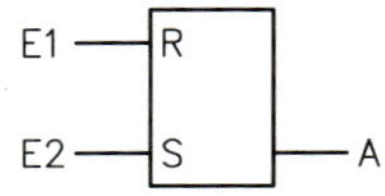
bevorzugt Rücksetzen	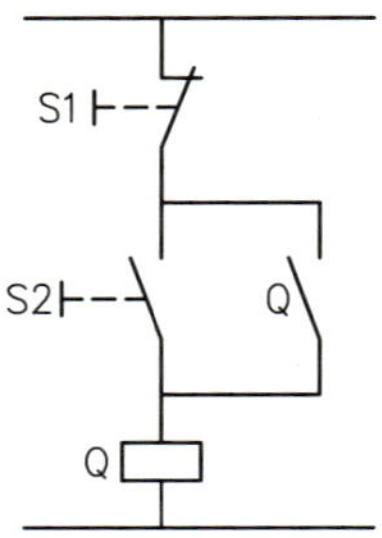 S1 ⟶ E1 S2 ⟶ E2 Q ⟶ A1	U E2 S A1 U E1 R A1 PE	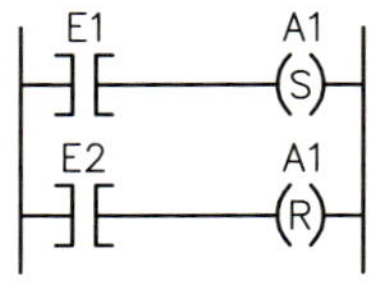	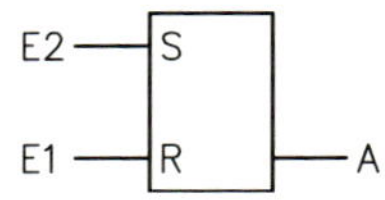

In den Programmteilen zu Setzen und Rücksetzen steht der vorrangige Befehl stets näher am Programmende. Dies hat seine Ursache in der Arbeitsweise der SPS. In ihr wird das Programm zunächst schrittweise abgearbeitet und **erst nach kompletter Abarbeitung** werden die Ausgänge belegt. Dadurch kommt bei gegenläufigen Befehlen stets der zuletzt anliegende Befehl zur Ausführung.

Nach dem Vorrang von Setz- oder Rücksetzsignal bei Steuerungen mit Speicherverhalten unterscheidet man Steuerungen mit **vorrangigem Setzen** und Steuerungen mit **vorrangigem Rücksetzen**. Vorwiegend wird mit vorrangigem Rücksetzen gearbeitet.
In Steuerprogrammen steht der vorrangige Befehl stets näher am Programmende.

3.5.3.4 Zählfunktion

Durch Sensoren kann die Anzahl von Objekten als Folge einzelner Impulse erfasst werden. Zähler können aus der Zahl der Impulse den Zahlenwert bestimmen, ausgeben und das Ergebnis zur Weiterverarbeitung innerhalb eines SPS-Programmes weiterleiten.

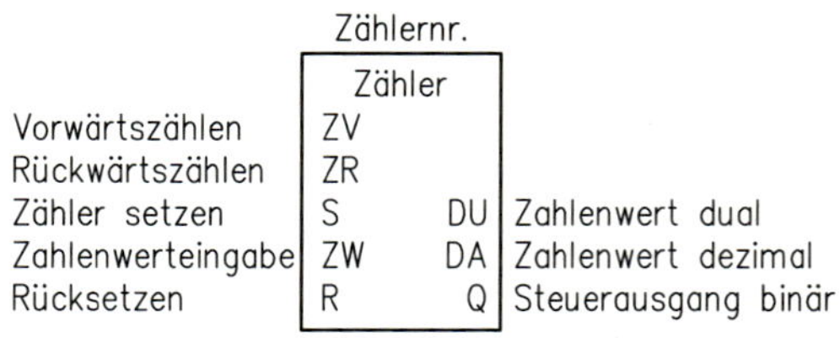

Zähler

- **Vorwärtszähler (ZV)**

Beim Vorwärtszählen wird der Wert des Zählers bei einem Wechsel vom Zustand „0“ zum Zustand „1“ (positiver Flankenwechsel) um den Wert 1 erhöht. Sobald eine eingegebene obere Zahlgrenze erreicht ist, werden weitere Impulse nicht mehr gezählt.

- **Rückwärtszählen (RZ)**

Beim Rückwärtszählen wird der Wert des Zählers bei einem Wechsel von „1“ nach „0“ (negativer Flankenwechsel) um den Zahlenwert 1 verringert. Wenn die Untergrenze Null erreicht ist, bleibt der Wert Null – es werden keine negativen Werte gebildet. Der Zähler beginnt erst wieder zu zählen, wenn vorwärts zählende Impulse eingehen.

- **Zähler setzen (S)**

Bei Setzen des Zählers wird dem Zähler an ZW ein Zahlenwert vorgegeben (z. B. 5). Dieser Wert bleibt bis zum Laden eines neuen konstanten Zahlenwerts (L KZ) erhalten.

- **Rücksetzen (R)**

Ein Impuls am Rücksetzeingang setzt den Zähler auf den Zählerstand Null. Der gesetzte Zahlenwert (L KZ) bleibt erhaltwen.

Beispiel für eine Zählfunktion

Ein Zähler soll ein Ausgangssignal liefern, solange noch ein Wert gespeichert ist und das Rücksetzsignal nicht gegeben ist. Fünf Einheiten sind vorgegeben.

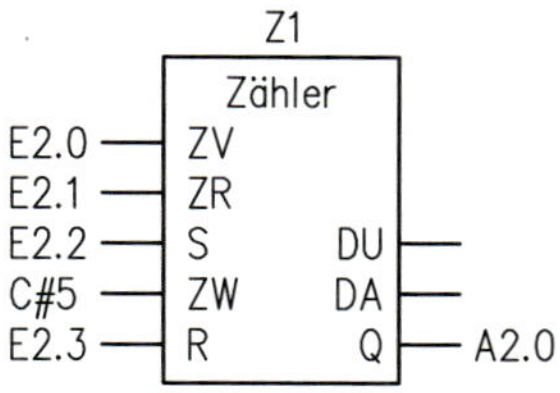

AWL

```
U   E2.0
ZV  Z1
U   E2.1
ZR  Z1
U   E2.2
LK  Z5
S   Z1
U   E2.3
R   Z1
U   Z1
=   A2.0
```

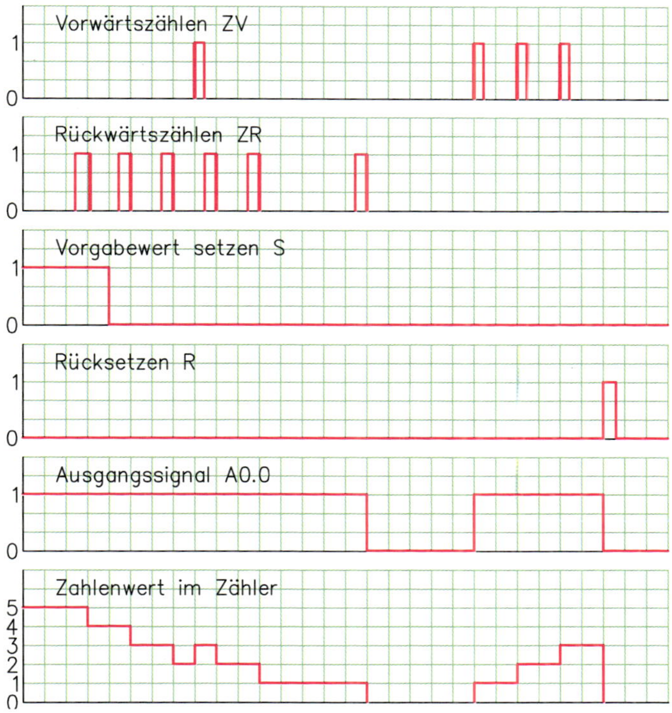

Vorwärtszählen erfolgt bei positivem Flankenwechsel von „0“ zu „1“.
Sobald ein oberer Grenzwert erreicht wird, wird der Zählwert nicht mehr erhöht.

Rückwärtszählen erfolgt bei negativem Flankenwechsel von „1“ zu „0“.
Sobald der Zählwert Null erreicht ist, wird nicht mehr weitergezählt.

3.5.3.5 Zeitfunktionen

Die zeitliche Beeinflussung von Schaltvorgängen geschieht durch Zeitgeber (Timer). Zeitgeber haben u. A. die Funktionen Einschaltverzögerung, Ausschaltverzögerung und Impulsgabe.

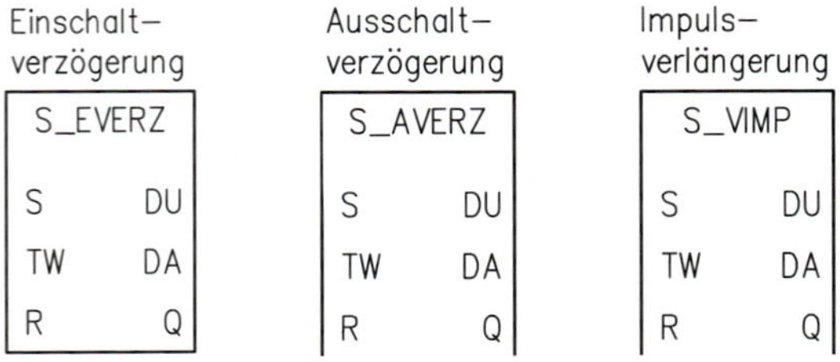

Eingabe
TW Zeitvorwahl
R Rücksetzen

Ausgabe
DU Zahlenwert dual
DA Zahlenwert dezimal
Q Steuerausgang binär

Zeitfunktionen

- **Einschaltverzögerung**

Wenn am Eingang das Signal „1" angelegt wird, wechselt der Steuerausgang nach Ablauf der eingestellten Zeit den Steuerausgang vom Zustand „0" auf „1" (positiver Wechsel). Dieser Zustand bleibt, solange das Signal „1" am Eingang vorhanden ist und der Rücksetzeingang „0" ist.

- **Ausschaltverzögerung**

Wenn am Eingang das Signal von „1" auf „0" (negativer Wechsel) wechselt, wird erst nach Ablauf der eingestellten Verzögerungszeit der Steuerausgang von „1" auf „0" gesetzt.

- **Impulsverlängerung**

Wenn am Eingang das Signal von „0" auf „1" gesetzt wird, erhält der Ausgang den Zustand „1". Dieser Zustand bleibt, auch wenn das Eingangssignal wieder auf „0" zurückgeht, so lange erhalten, bis die eingestellte Zeit abgelaufen ist oder vorzeitig ein Rücksetzsignal gegeben wird.

Beispiele für Zeitfunktionen

Zeitfunktion	Signal-Zeit-Diagramm	Funktionsplan	Anweisungsliste
Einschaltverzögerung	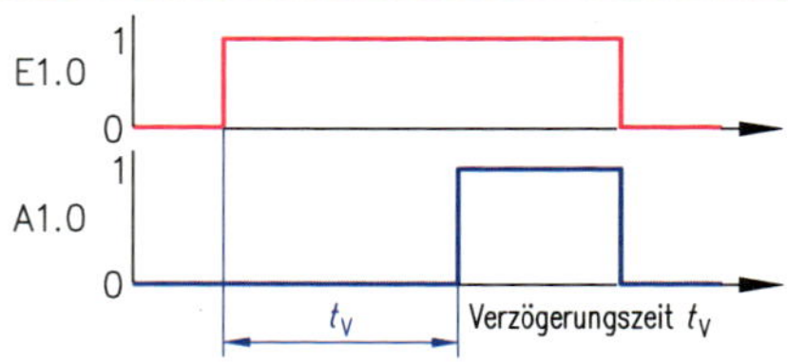	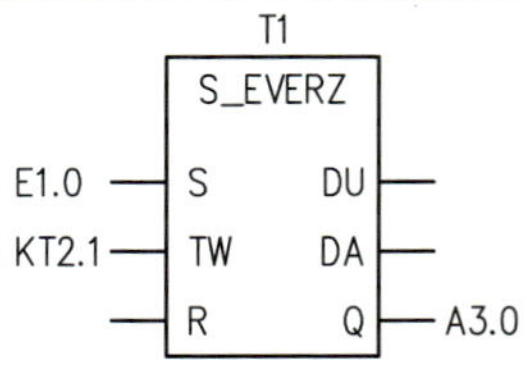	U E1.0 LKT 2.1 SE T1 U T1 = A3.0
Ausschaltverzögerung	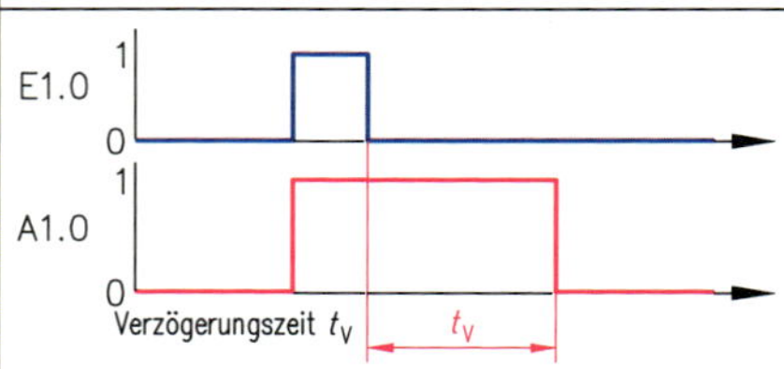	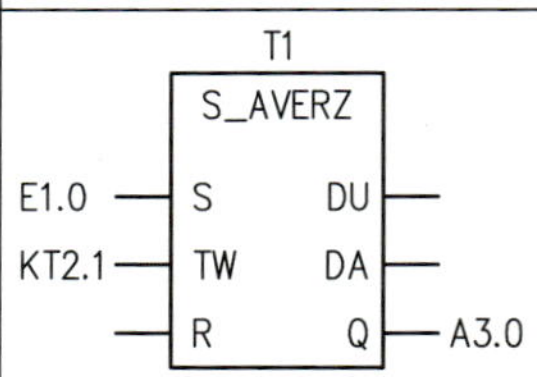	U E1.0 LKT 2.1 SA T1 U T1 = A3.0
Impulsverlängerung	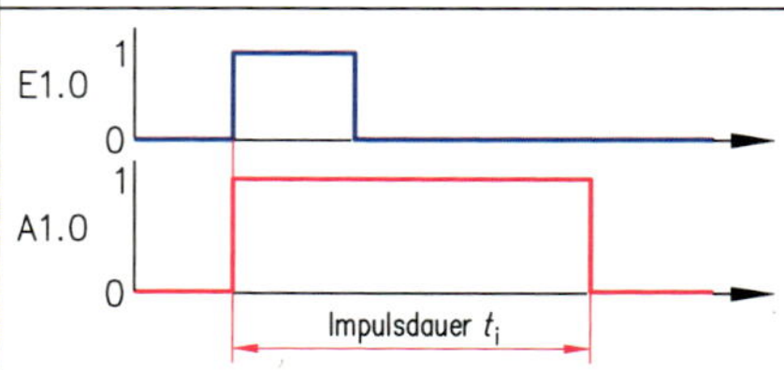	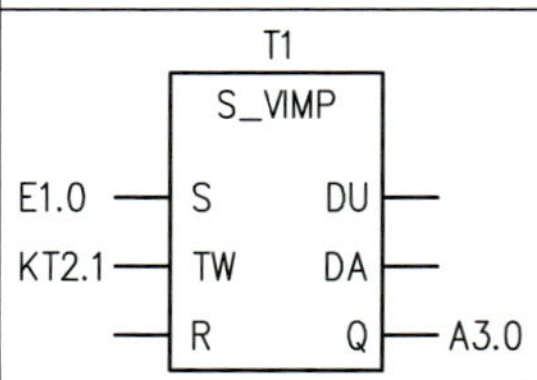	U E1.0 LKT 2.1 SI T1 U T1 = A3.0

3.5.4 Sicherheit von Steuerungen

Jedes technische System ist mit einem gewissen Risiko einer Fehlfunktion behaftet. Ein System gilt aber als sicher, wenn Störungen sehr selten auftreten und bei Störungen weder Leben und Gesundheit von Personen noch Zerstörung oder Beschädigung von Sachen eintreten.

- **Fehlerarten**

Eine Steuerung kann nur die Eigenschaften eines Signals feststellen, z. B. das Vorhandensein oder die Höhe. Sie kann nicht feststellen, wie das Signal zustande gekommen ist. Beim Ausfall eines Halbleiters kann z. B. dieser dauernd leitend sein oder dauernd nicht leitend sein. Im ersten Fall gibt er dauernd Signal und kann damit unerlaubt einschalten oder ein Ausschalten verhindern. Man spricht in diesem Fall von einem aktiven Fehler.

- **Drahtbruchsicheres Programmieren**

Ein Drahtbruch führt in einer Steuerung immer zu einem „0"-Signal am zugehörigen Eingang. Dies kann gefährliche Auswirkungen haben, wenn durch das anstehende Signal das Ausschalten von Antrieben verhindert wird. Antriebe unkontrolliert eingeschaltet werden oder Gefahrenmeldungen unterdrückt werden. Zur Sicherheit sind für das Einschalten von Anlagen stets Schließer und für das Ausschalten Öffner zu verwenden. In der SPS-Programmierung sind die externen Öffner als Schließer zu programmieren.

Beispiel für drahtbruchsicheres Programmieren

Nicht drahtbruchsicher programmiert

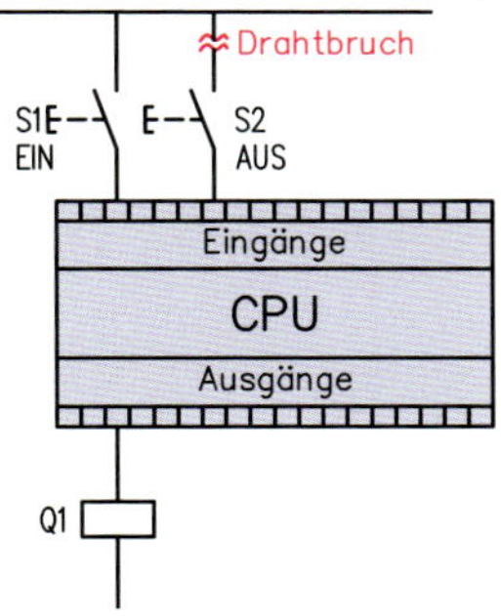

Bei Drahtbruch bleibt Q1 eingeschaltet

Drahtbruchsicher programmiert

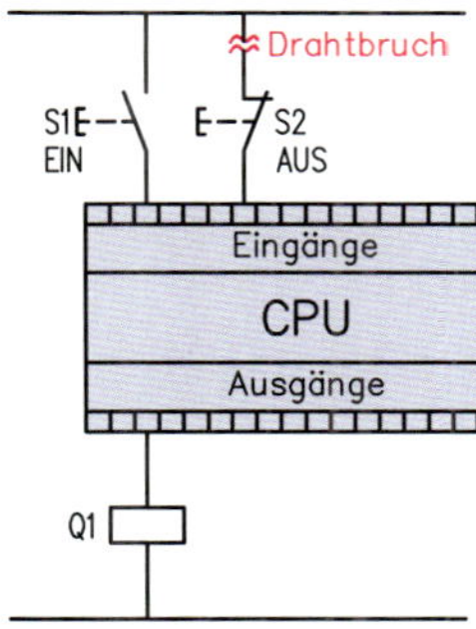

Drahtbruch wirkt als Öffner – Q1 wird abgeschaltet

Zuordnung

S1 → E1
S2 → E2
Q1 → A1

AWL

U E1
U E2
= A1

> Drahtbruchsicherheit verlangt Schließer zum Einschalten und Öffner zum Ausschalten.
> Bei drahtbruchsicherem Programmieren sind alle externen Öffner als Schließer zu programmieren.

- **Verriegeln von Speicherfunktionen**

Gegenläufige Befehle, z. B. gleichzeitig AUF und AB oder Rechtslauf, und Linkslauf müssen verhindert werden. Wenn eine der Speicherfunktionen gesetzt ist, muss ausgeschlossen werden, dass die andere gesetzt werden kann. Dies kann durch gegenseitige Verriegelung über die Setz- oder Rücksetzung der Speicherfunktion erfolgen.

Beispiel von Speicherfunktionen

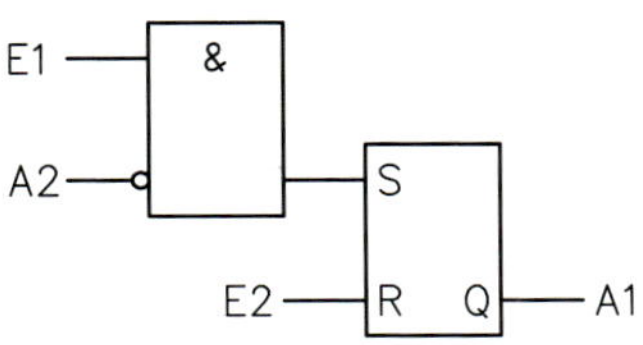

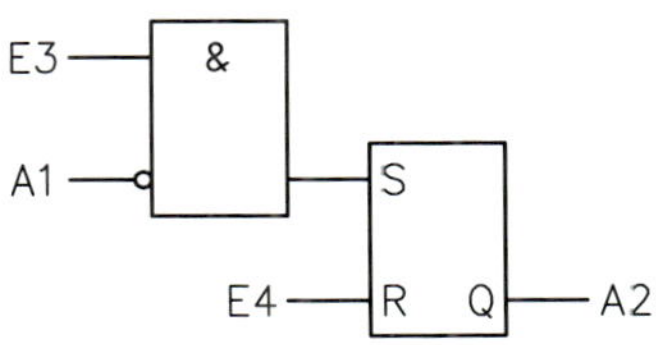

Der Setzbefehl wird für einen Ausgang nur wirksam, wenn der andere Speicher nicht gesetzt ist.

- **NOT-AUS-Funktion**

NOT-AUS-Schalter müssen bei Betätigung gefährliche Bereiche von Maschinen und Anlagen so schnell wie möglich stillsetzen. Dies bedeutet nur in Einzelfällen das Abschalten der gesamten Energiezufuhr, denn dabei können auch Hilfseinrichtungen, z. B. Spanneinrichtungen, abgeschaltet werden und damit eine zusätzliche Gefahrenquelle geschaffen werden.

Man unterscheidet drei Stopp-Kategorien:

Kategorie 0:
Stillsetzen durch sofortiges Abschalten der Energiezufuhr zu den Maschinenantrieben.

Kategorie 1:
Gesteuertes Stillsetzen, wobei die Energiezufuhr zu den Maschinenantrieben so lange erhalten bleibt, bis durch Abbremsen der Stillstand erreicht ist. Erst dann wird die Energiezufuhr unterbrochen.

Kategorie 2:
Gesteuertes Stillsetzen, bei dem die Energiezufuhr zu den Maschinenantrieben nach Stillstand erhalten bleibt. Für NOT-AUS ist diese Art des Stillsetzens nicht zulässig.

In technischen Anlagen wird NOT-AUS vorwiegend mit elektromechanischen Schaltgeräten verwirklicht. Ihre Einschaltung kann im SPS-Programm entsprechend den sicherheitstechnischen Anforderungen verarbeitet werden und Meldeeinrichtungen starten.

NOT-AUS-Schalter müssen auch im Falle einer Störung im Automatisierungsgerät wirksam bleiben und darum auf die Stellglieder der angeschlossenen Maschinen einwirken.
Nach Entriegeln eines NOT-AUS-Schalters dürfen Maschinen nicht selbsttätig wieder anlaufen.

3.5.5 Entwurf speicherprogrammierter Ablaufsteuerungen

Der Entwurf von speicherprogrammierten Ablaufsteuerungen erfolgt in mehreren Schritten. Dieses soll anhand der Steuerung einer Pressvorrichtung dargestellt werden.

Beispiel für eine Aufgabenstellung zur Steuerung einer Pressvorrichtung

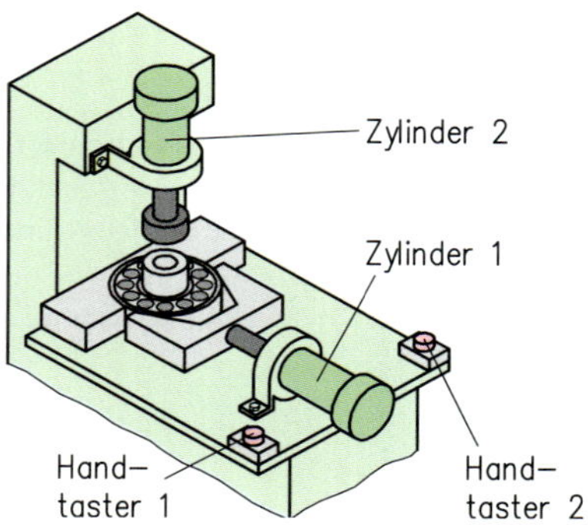

In Laufrollen sollen in einer Vorrichtung Lagerbuchsen eingepresst werden. Die Rollen werden von Hand in die Vorrichtung eingelegt und die Buchse aufgesetzt. Das Spannen der Rollen geschieht durch den Zylinder 1. Wenn Zylinder 1 gespannt hat, soll der Einpressvorgang selbsttätig langsam ablaufen. Nach dem Einpressen soll zuerst Zylinder 2 einfahren, danach Zylinder 1. Zur Sicherheit soll das Auslösen des Spannvorganges durch zwei Handtaster 1 und 2, die gleichzeitig betätigt werden, erfolgen.

1. Planungsschritt: Entwicklung des Technologieschemas

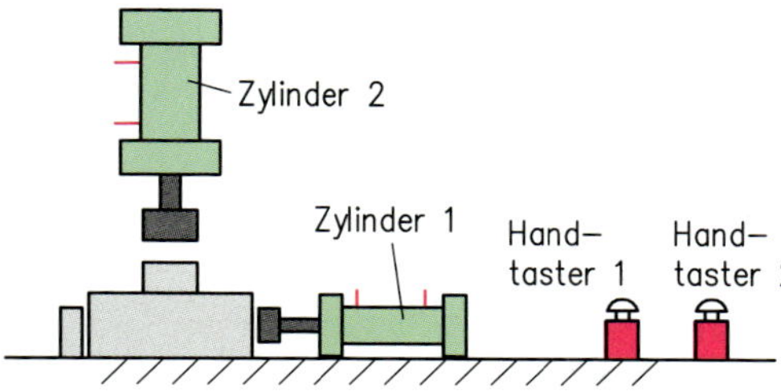

Technologieschema Pressvorrichtung

2. Planungsschritt: Planen des Leistungsteils der Pressvorrichtung

Der Pneumatikschaltplan mit Arbeitselementen, Stellgliedern und Zusatzelementen ist zu zeichnen. Die Arbeitsfolge der Arbeitselemente wird ermittelt und die sich daraus ergebende Lage der Endschalter festgelegt. Die Steueranschlüsse der elektrisch betätigten Stellglieder werden mit M und der Bauteilnummer des Sensors (Endschalters) BX gekennzeichnet.

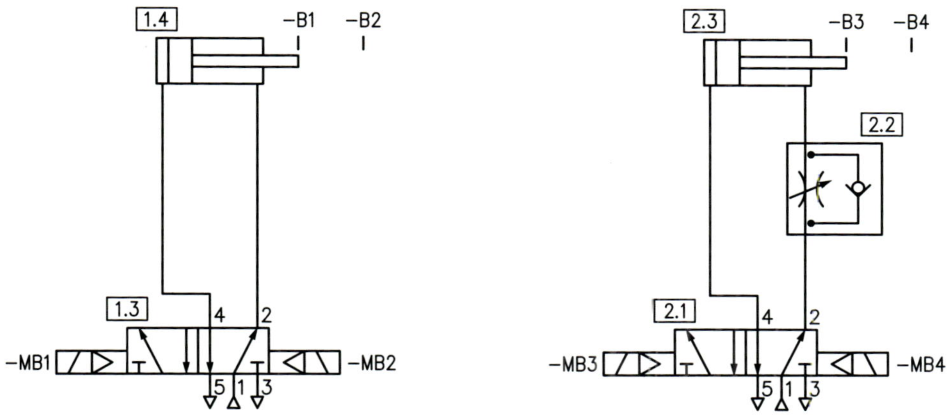

3. Planungsschritt: Zuordnung der Betriebsmittel

Die **Zuordnungsliste** mit Eingangs- und Ausgangssignalen wird aufgestellt. In der Zuordnungsliste werden den Betriebsmitteln (Aktoren und Sensoren) bestimmte Operanden zugeordnet.

Betriebsmittel		**Operand**
Handtaster	1.1	E1
Handtaster	1.2	E2
Grenztaster	–B1	E3
Grenztaster	–B2	E4
Grenztaster	–B3	E5
Grenztaster	–B4	E6
Magnetspule	–MB1	A1
Magnetspule	–MB2	A2
Magnetspule	–MB3	A3
Magnetspule	–MB4	A4

4. Planungsschritt: Erstellung des GRAFCET-Plans

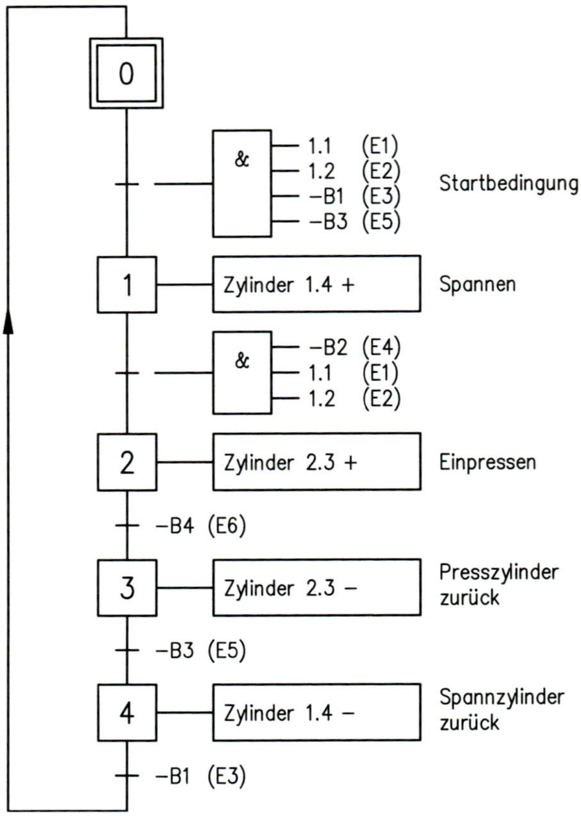

5. Planungsschritt: Schreiben der Anweisungsliste

Die Anweisungsliste für die Ablaufsteuerung der Pressmaschine wird geschrieben. Darin müssen die notwendigen Maßnahmen für die Signalabschaltung enthalten sein, um Signalüberschneidungen an den Stellgliedern zu verhindern.

Anweisungsliste (mit Signalabschaltung)

1			2			3			4		
Spannen			Pressen			Rückhub			Lösen		
1	U	E1	12	U	E1	21	U	E6	28	U	E5
2	U	E2	13	U	E2	22	= S	M3	29	= S	M4
3	U	E3	14	U	E3	23	= R	A3	30	= R	A4
4	U	E5	15	= S	M2	24	U	M4	31	U	M1
5	= S	M1	16	= R	A1	25	= R	M3	32	= R	M4
6	= R	A2	17	U	M3	26	U	M3	33	U	M4
7	U	M2	18	= R	M2	27	= S	A4	34	= S	A2
8	= R	M1	19	U	M2						
9	U	M1	20	= S	A3						
10	= R	M4									
11	= S	A1									

Aufgaben zu 3.4 Elektromechanische Steuerungen und 3.5 Speicherprogrammierbare Steuerungen

1. Welche logische Funktion erfüllt die folgende Schaltung?

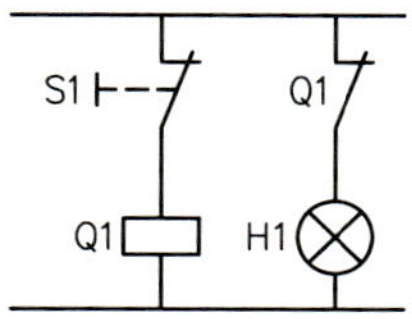

2. Auf Tasterdruck EIN soll ein doppeltwirkender Zylinder ausfahren und so lange in der Endposition bleiben, bis der Taster AUS gedrückt wird. Falls beide Taster gleichzeitig gedrückt werden, soll auf jeden Fall der Zylinder einfahren.
Entwerfen Sie eine geeignete Schaltung.

3. Schreiben Sie eine Anweisungsliste, damit die Schützschaltung durch eine speicherprogrammierte Steuerung ersetzt werden kann.

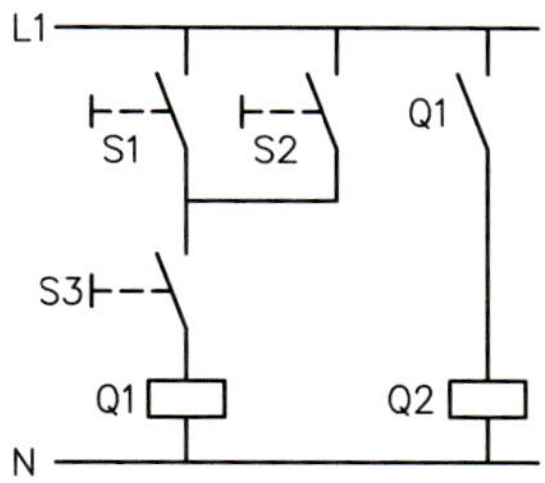

Betriebsmittel		Belegung
S1	Schließer	E1
S2	Schließer	E2
S3	Schließer	E3
Q1	Schütz	A1
Q2	Schütz	A2

4. Für die Vorschub- und Spannvorrichtung aus der Aufgabe 1 in 2.3 ist zu entwerfen:

a) eine verbindungsprogrammierte Ablaufsteuerung mit pneumatischen Bauelementen.
In einer weiteren Steuerungsvariante soll sowohl der Rückhub des Spannzylinders als auch der des Vorschubzylinders durch Hochdrücken der Bohrspindel erfolgen. Der Vorschubzylinder soll dabei aus funktionstechnischen Gründen um eine gewisse, einstellbare Zeit später einfahren als der Spannzylinder.
In beiden Steuerungsvarianten ist für eine möglichst funktionssichere Signalabschaltung zu sorgen.

b) eine speicherprogrammierte Ablaufsteuerung. Auch bei dieser Steuerungsart sind Maßnahmen zur Signalrücksetzung einzuplanen.

In allen Steuerungen sollen die Vorschubgeschwindigkeiten einstellbar sein.

5. Ein einfach wirkender Zylinder soll entsprechend dem gegebenen vereinfachten Schema geschaltet werden.
Durch die Betätigung eines Handtasters S1 schaltet man den Strom für die Spule des Magnetventiles ein. Durch die Betätigung eines zweiten Handtasters S2 wird das Magnetventil stromlos.

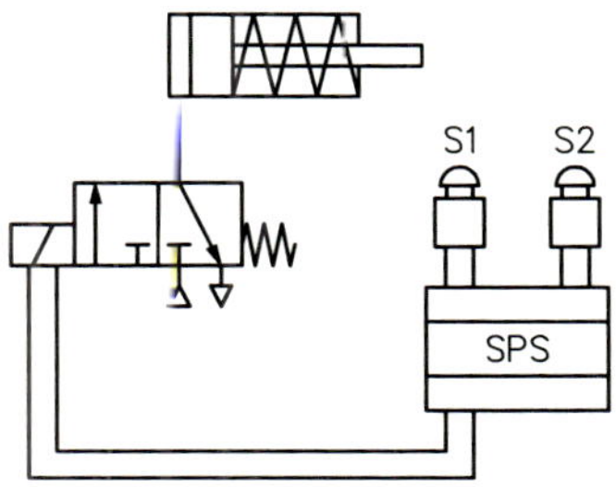

a) Stellen Sie die Schaltung, die in der SPS vorliegen muss, im FUP dar. Benutzen Sie dazu einen Speicherbaustein mit dominantem Rücksetzsignal.

b) Übersetzen Sie den FUP in die AWL.

c) Wie reagiert die Steuerung, wenn beide Taster gleichzeitig gedrückt werden?

d) Übersetzen Sie den FUP in den KOP.

4.2.3 Stetige Regler

Bei stetigen Reglern wird bei Sollwertabweichungen die Stellgröße durch den Regler *fortlaufend* beeinflusst. Die Art und Weise, in der diese Beeinflussung geschieht, kann unterschiedlich sein.
Besonders einfach sind die Verhältnisse, wenn bei einem stetigen Regler zwischen Regelgrößenänderung und Stellgrößenänderung ein proportionaler Zusammenhang besteht. Man nennt einen solchen Regler P-Regler (Proportional-Regler).

Beispiel für eine Regeleinrichtung mit einem P-Regler

In einem Flüssigkeitsbehälter soll die Höhe des Flüssigkeitsspiegels konstant gehalten werden. Als Regler dient ein Hebel, der auf der einen Seite einen Schwimmer trägt, mit dem die Regelgröße erfasst wird und der auf der anderen Hebelseite eine entsprechende Änderung des Schieberhubes und damit der Stellgröße bewirkt.

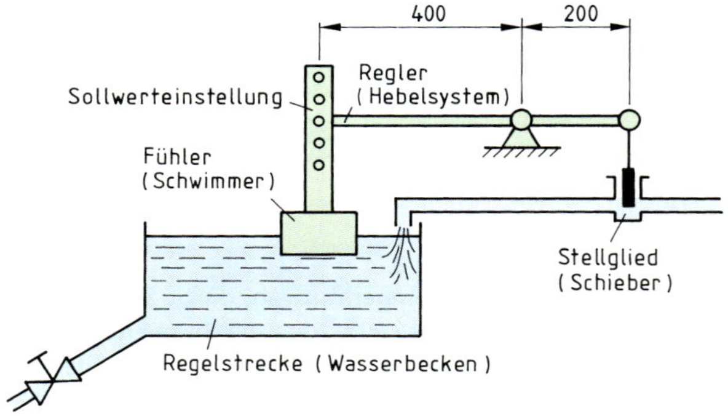

Flüssigkeitsstandregelung mit einem P-Regler

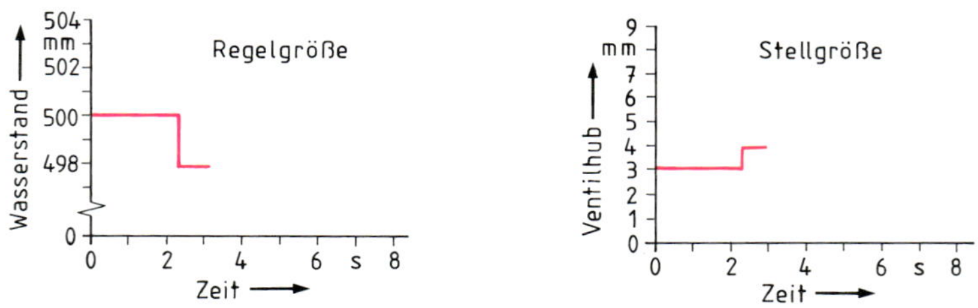

Verlauf von Regel- und Stellgröße im ersten Moment einer Störung

Jede Änderung der Regelgröße, der Höhe des Flüssigkeitsstandes, entspricht einer bestimmten Änderung des Schieberhubes, Beispiele:

- 2 mm Sinken des Flüssigkeitsspiegels ergeben 1 mm zusätzliche Ventilöffnung,
- 2 mm Sinken des Flüssigkeitsspiegels ergeben 2 mm zusätzliche Ventilöffnung,
- 3 mm Steigen des Flüssigkeitsspiegels ergeben 1,5 mm Ventilschließen.

Die Änderungen von Höhe des Flüssigkeitsspiegels und der Ventilöffnung sind einander proportional. Ändert man das Hebelverhältnis, so ändert sich die Proportionalität.

P-Regler greifen schnell ein, die Regelabweichungen werden aber nicht zu Null ausgeregelt, es bleibt eine Abweichung vom Sollwert bestehen.

Beim P-Regler entspricht jeder Regelabweichung eine proportionale Änderung der Stellgröße.
P-Regler führen zu einer bleibenden Regelabweichung.

I-Regeleinrichtungen

Bei der I-Regelung ist *jeder Regelabweichung* eine *bestimmte Stellgeschwindigkeit* zugeordnet. Beim Auftreten einer Regelabweichung erfolgt je nach Größe dieser Abweichung eine mehr oder weniger schnelle Änderung der Stellgröße.

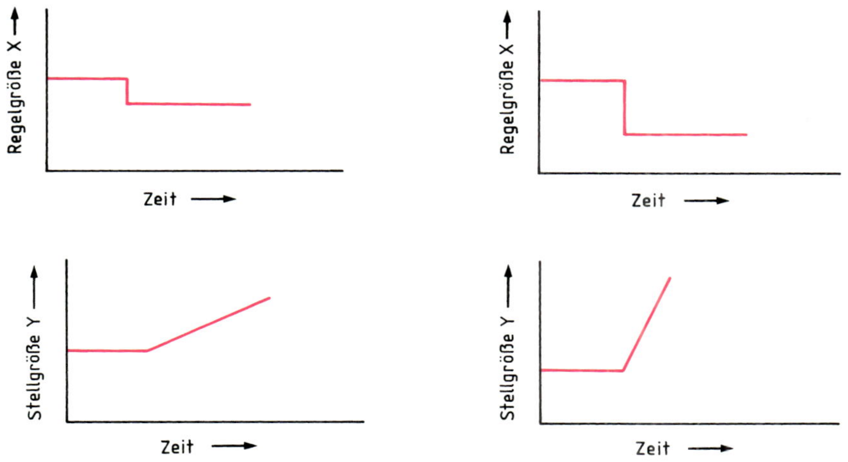

Übergangsfunktionen einer I-Regeleinrichtung

Beispiel für eine I-Regelung

Beim skizzierten Strahlrohrregler tritt aus dem beweglichen Strahlrohr Drucköl aus. Bei einer Regelabweichung wird durch das Hebelsystem des Schwimmers das Strahlrohr so gelenkt, dass der Steuerkolben durch das einströmende Öl gehoben oder gesenkt wird. Je größer die Auslenkung des Strahlrohres ist, desto größer ist die Geschwindigkeit, mit der sich der Steuerzylinder mit Öl füllt. Mit dieser Geschwindigkeit wächst die Kolbengeschwindigkeit und damit die Änderungsgeschwindigkeit der Stellgröße.

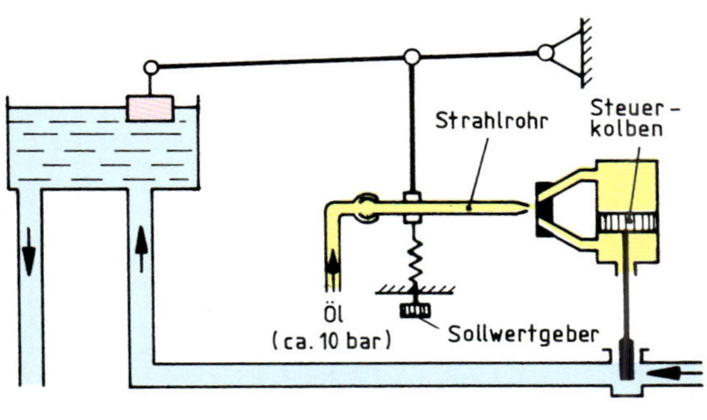

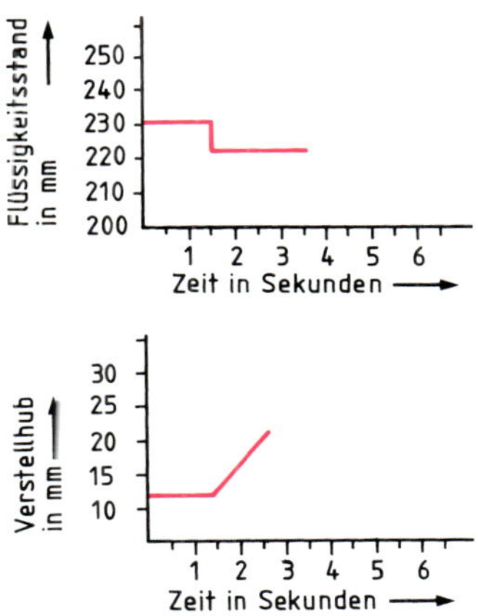

- **D-Regeleinrichtungen** (nur als Bestandteil anderer Regelungen)

Bei der D-Regeleinrichtung ist jeder *Geschwindigkeit, mit der sich die Regelabweichung ändert*, ein *bestimmter Wert der Stellgröße* zugeordnet.
Die Antwort auf eine bestimmte Geschwindigkeit, mit der sich die Regelgröße ändert, ist eine mehr oder weniger große Änderung der Stellgröße.

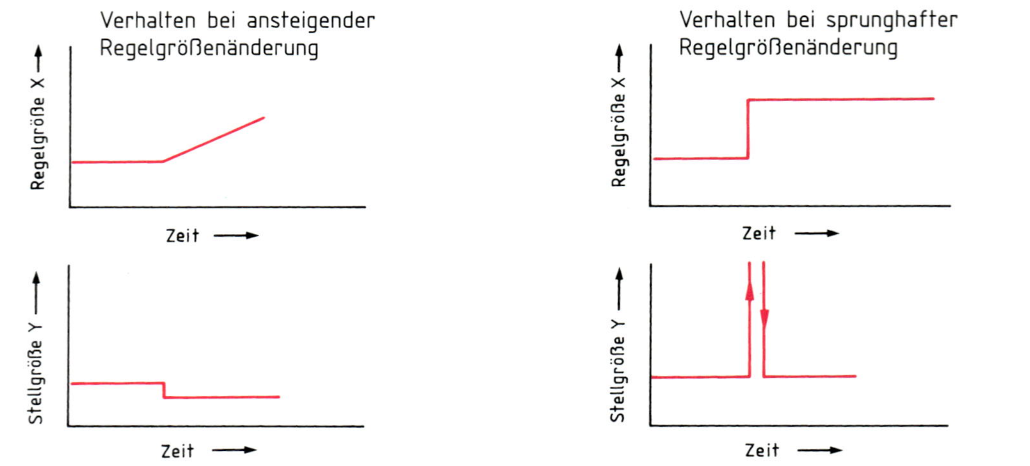

Übergangsfunktion einer D-Regeleinrichtung

Eine D-Regelung reicht allein nicht aus, um die Regelgröße an die Führungsgröße anzugleichen. Darum wird die D-Regeleinrichtung *nur in Kombination mit einem proportional wirkenden Glied* eines Regelkreises eingesetzt.

- **PI-, PD- und PID-Regeleinrichtungen**

Bei PI-, PD- und PID-Regeleinrichtungen entspricht die Änderung der Stellgröße einer Addition der Ausgangsgröße einer P-Regeleinrichtung mit der einer I-Regeleinrichtung oder einer D-Regeleinrichtung oder der Summe der Ausgangsgrößen aller drei Einrichtungen.

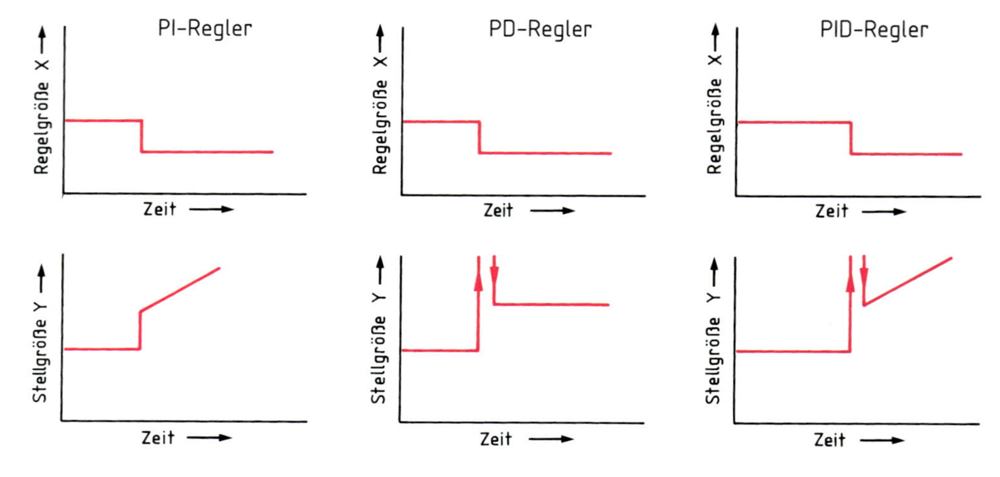

Aufgaben zu 4 Regeln

1. Ein Kraftfahrzeug fährt wegen Geschwindigkeitsbegrenzung konstant mit 80 km/h. Nennen Sie:
Aufgabengröße, Fühler, Stellorgan, Führungsgröße,
Regelgröße, Stellgröße, Störgrößen, Vergleicher.

2. In der Glüherei einer Tempergießerei hat ein Arbeiter den Auftrag, nach einem bestimmten Plan die Temperatur der Glühöfen zu regeln.
Geben Sie an, welche Funktionen die aufgeführten Glieder und Größen des Regelkreises haben.
Ofentemperatur, Gasstrom,
Ventil am Brenner, Mensch.
Thermoelement mit Messgerät,

3. Beschreiben Sie die Arbeitsweise des skizzierten Druckminderventils.

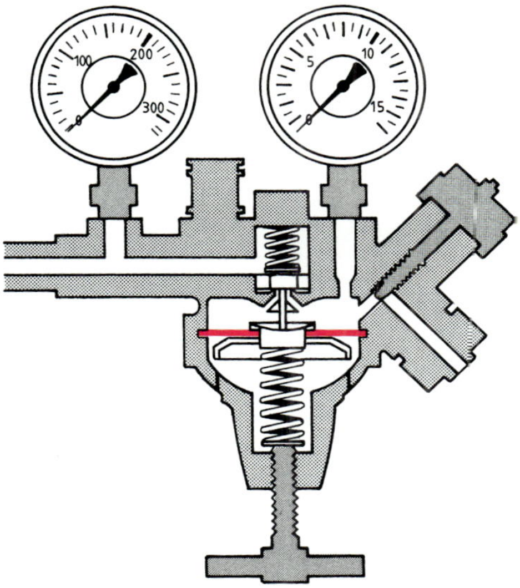

Bezeichnen Sie die Bauteile und Größen gemäß ihrer Funktion im Regelkreis.

4. Die Umdrehungsfrequenz einer Turbine wird über den skizzierten Fliehkraftregler geregelt.

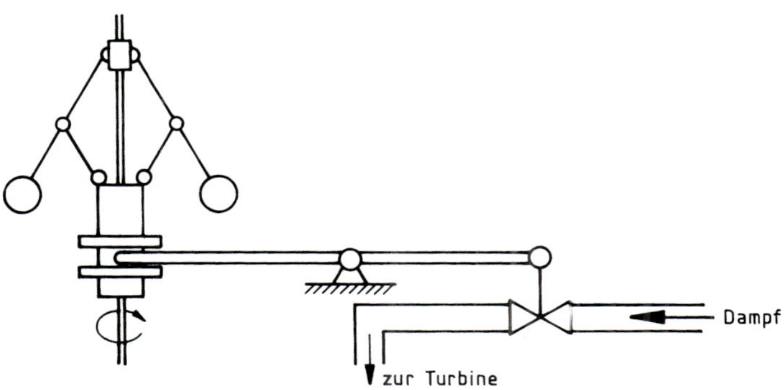

Welcher Art ist die Regelung? Begründen Sie Ihre Antwort.

5 Robotertechnik

Für eine frei programmierbare Handhabung in flexiblen Fertigungssystemen werden Industrieroboter eingesetzt.

5.1 Teilsysteme eines Industrieroboters

Industrieroboter bestehen aus folgenden Einrichtungen:

Effektor

Teilfunktionen:
Greifen, Polieren, Schweißen, Farbspritzen u. a.

Basisgerät

Teilfunktion:
Aufnahme der Kräfte und Momente in den Gelenken und Armen des Roboters

Antrieb

Teilfunktion:
Achsbewegungen mit vorgegebener Geschwindigkeit zur Positionierung

Steuerung

Teilfunktion:
Programmablauf speichern, steuern, überwachen und verknüpfen

Messsystem

Teilfunktion:
Messen der Lage, Geschwindigkeit und Beschleunigung der Achsbewegungen

Sensoren

Teilfunktion:
Signalerfassungen, z. B. Lageerkennung oder Vorhandensein von Objekten

> In flexiblen Fertigungssystemen übernehmen Industrieroboter vielfach die Handhabung.
> Enrichtungen eines Industrieroboters sind:
> • Basisgerät, • Effektor, • Steuerung, • Antrieb, • Sensoren, •Messsystem.

5.2 Achsen eines Industrieroboters

Damit der Roboterarm mit dem Greifer oder einem Werkzeug jeden beliebigen Punkt im Raum erreichen kann, muss er mindestens in drei Achsen beweglich sein. Man nennt diese Achsen die **Hauptachsen des Roboters**.

Damit Greifer und Werkzeuge in beliebige räumliche Richtung eingestellt werden können, benötigt ein Roboter weitere drei Achsen im Bereich der Roboterhand. Diese **Handachsen** sind immer drehende (rotatorische) Achsen.Zur Einstellung des Roboters auf eine beliebige Position und Ausrichtung sind damit 6 Achsen notwendig.

> Bei einem Industrieroboter wird zwischen den Hauptachsen zur Positionierung und den Handachsen zur Orientierung von Werkzeugen und Werkstücken unterschieden.

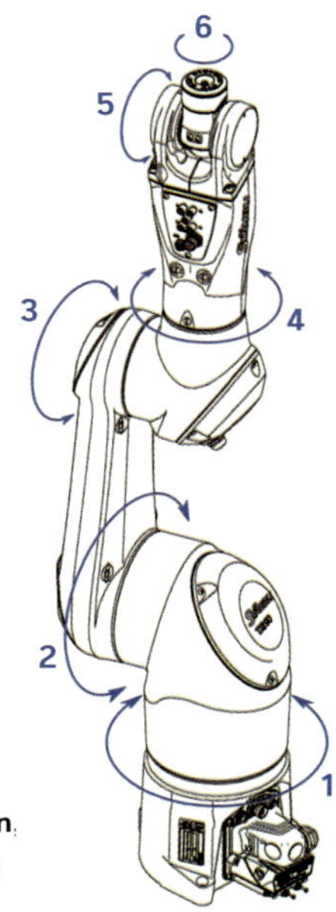

1–3: Hauptachsen
4–6: Handachsen

5.3 Bauarten von Industrierobotern

Industrieroboter werden nach der Art ihrer Bewegungen unterschieden. Die Bewegungen können Drehbewegungen – *rotatorisch* – sein, man spricht von **R-Achsen**. Sind die Bewegungen geradlinig – *translatorisch* –, dann spricht man von **T-Achsen.**

Bauart	Bewegungen und Arbeitsraum	Anwendungsbeispiel
Portalroboter 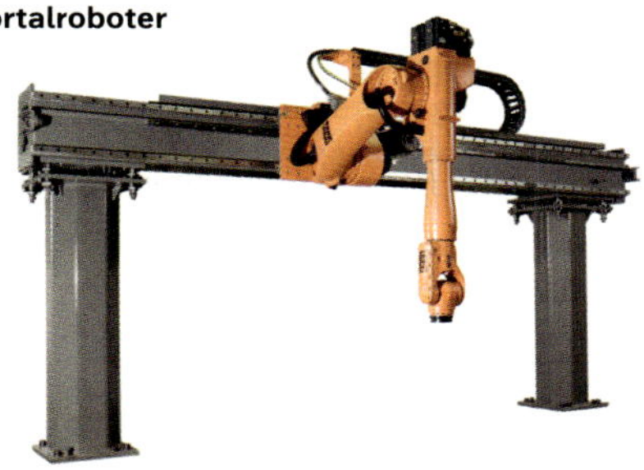	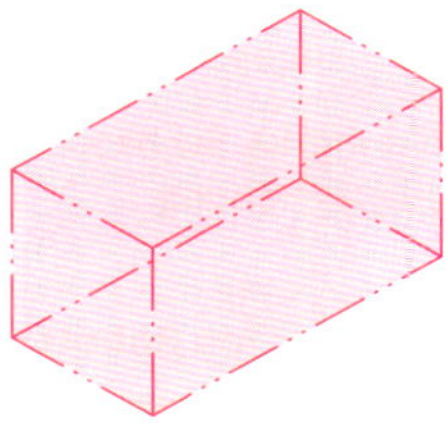	Be- und Entladen von Paletten, Maschinenbeschickung, Montagetätigkeiten
Schwenkarmroboter 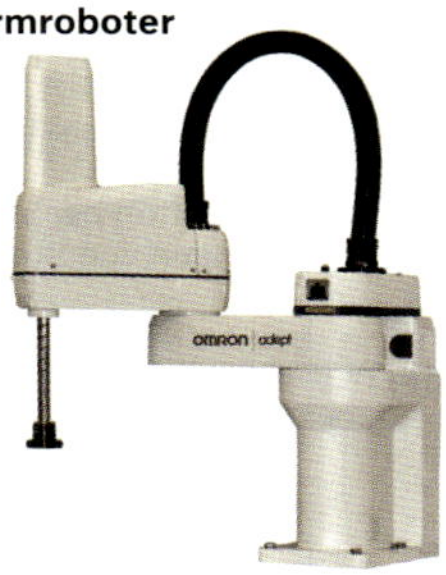	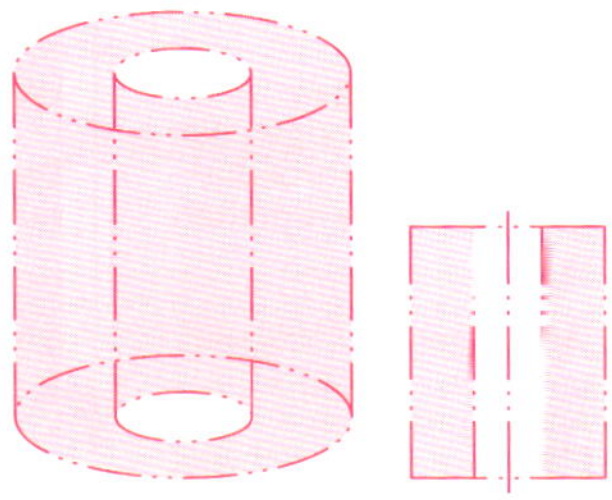	Montagetätigkeiten
Gelenkroboter 	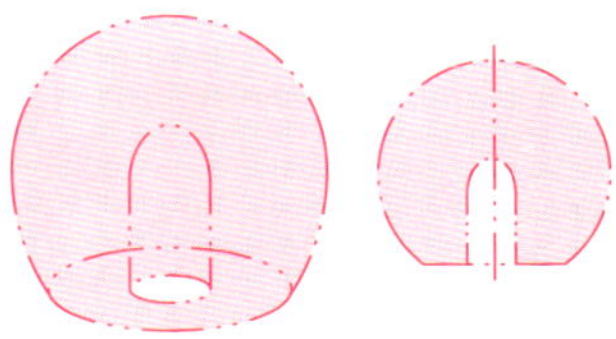	Maschinenbeschickung, Werkstück- und Werkzeughandhabung in Fertigungsverfahren (z. B. beim Schleifen, Schweißen, Lackieren)
Roboter mit Parallelkinematik 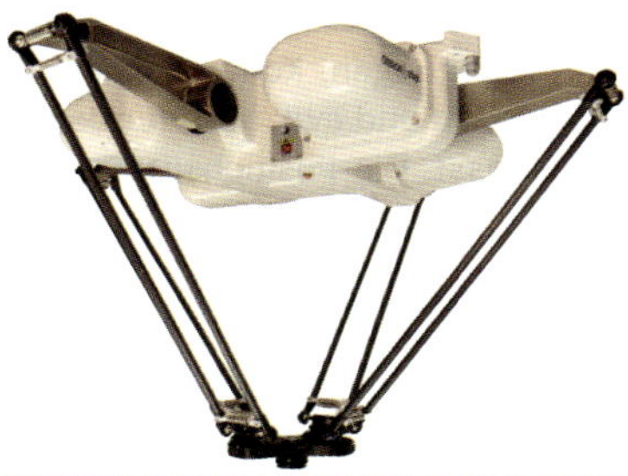	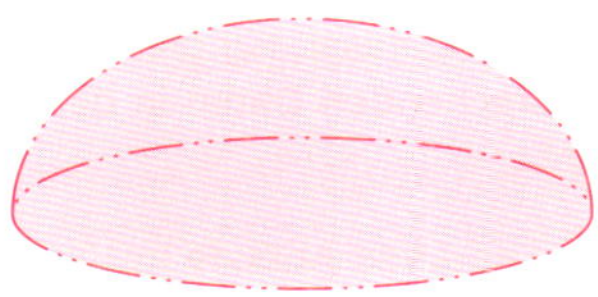	Werkstück- und Werkzeughandhabung in Fertigungsverfahren (z. B. beim Schleifen, Schweißen, Lackieren), Umsetzen von Werkstücken mit sehr hoher Geschwindigkeit

Industrieroboter positionieren und orientieren Werkstücke und Werkzeuge durch rotatorische und translatorische Bewegungen.

- **Offline-Programmierung**

Durch Offline-Programmierung wird der gesamte Aufwand zum Programmieren des Industrieroboters in die Arbeitsvorbereitung verlegt. Dadurch steht der Roboter auch während der Programmierung weitgehend zur Produktion zur Verfügung.

Zu einem Offline-Programmiersystem gehören zwei Funktionseinheiten,

- eine Roboterprogrammerzeugung, in der das Programm mit den Anweisungen in einer Programmiersprache geschrieben wird und
- eine Simulation, in welcher der Arbeitsbereich des Roboters exakt abgebildet ist. In der Simulation wird die Brauchbarkeit des Programmes getestet und es können die Zeiten für die einzelnen Bewegungen realistisch bestimmt werden.

Simulation einer Roboterzelle

Bisher verwenden die verschiedenen Hersteller von Industrierobotern unterschiedliche Programmiersprachen. Dadurch ist der Wechsel eines Programmes von einem Roboter auf den eines anderen Herstellers sehr aufwendig. In der Praxis setzen sich besonders Programmiersprachen durch, in denen in leicht verständlichem Klartext die Anweisungen programmiert werden. So lautet z. B. in der Sprache BAPS (Bewegungs-Ablauf-Programmiersystem) der Befehl zu Position 3 zu fahren: FAHRE NACH POS3.

Offline-Programmierung geschieht in der Arbeitsvorbereitung unter Anwendung einer Programmiersprache und der Kontrolle durch eine Computersimulation der Roboterbewegungen.

5.4.3 Steuerung von Industrierobotern

Die mithilfe der unterschiedlichen Programmierverfahren festgelegten Positionen sind auf ein feststehendes Koordinatensystem bezogen. Zur Bewegung der einzelnen Achsen des Roboters müssen diese laufend in die Koordinaten der einzelnen Roboterachsen umgerechnet werden (Koordinatentransformation). Dies geschieht je nach Verfahren mit unterschiedlichem Rechenaufwand:

- Der Rechenaufwand ist gering, wenn der Rechner nur für jede Achse die Endstellung errechnen muss und die Form der Bewegung vom Anfangs- zum Endpunkt beliebig ist (Punktsteuerung).
- Der Rechenaufwand ist jedoch sehr hoch, wenn die Bahn einer festgelegten Funktion, z. B. einer Geraden, folgen soll (Bahnsteuerung).

Punktsteuerung [Point-to-Point (PTP)]

Bei dieser Steuerungsart verfährt der Roboter durch gleichzeitige Bewegung aller Achsen vom Ausgangspunkt zum Endpunkt. Zwischen den Bewegungen der Achsen besteht kein mathematischer Zusammenhang – je nach Länge der Wege erreichen die einzelnen Achsen ihren Zielpunkt zu unterschiedlichen Zeiten. Deshalb fährt der Roboter entlang einer komplizierten und nicht vorher bestimmten Raumkurve. Wegen des geringen Rechenaufwands ist die Verfahrenszeit bei der Punktsteuerung entsprechend kurz.

Punktsteuerung

Eine Abwandlung der PTP-Steuerung ist die **Synchro-PTP-Steuerung**. Bei ihr werden alle Achsbewegungen der langsamsten Bewegung angeglichen. Dadurch beginnen und enden alle Achsen zur gleichen Zeit mit der Bewegung. Dies führt zu ausgeglichenen Bewegungen und verringert Belastung und Verschleiß.
Die Punktsteuerung (PTP) ist nur anwendbar, wenn keine definierten Bahnen für die Arbeitsaufgabe zurückgelegt werden müssen, wie etwa bei der Werkstück- oder Werkzeughandhabung. Hier kommt es ausschließlich auf die Positioniergenauigkeit am Start- und Zielpunkt an.

> Der Roboter bewegt sich bei der Punktsteuerung (PTP) zwischen Anfangs- und Endpunkt auf einer nicht vorherbestimmten Bahn. Diese Steuerung ermöglicht jedoch eine sehr schnelle Bewegung zwischen zwei Punkten, z. B. zum Werkstücktransport.

Bahnsteuerung [Continuos Path (CP)]

Die Bahnsteuerung bezieht alle Roboterachsen aufeinander und erzeugt so eine definierte Bewegung. Zu diesem Zweck wird die Verbindung zwischen Start- und Zielpunkt entlang der vorbestimmten Bahn, z. B. einer Geraden, vom Rechner in eine sehr hohe Zahl von Zwischenpunkten zerlegt (Interpolation), die nacheinander angefahren werden. Die einzelnen Achsen werden dadurch in einem genau vorbestimmten Zusammenhang verfahren.
Die Bahnsteuerung benötigt einen sehr hohen Rechenaufwand. Sie ist aber für alle Roboterbewegungen auf definierten Bahnen, z. B. beim Schweißen, notwendig.

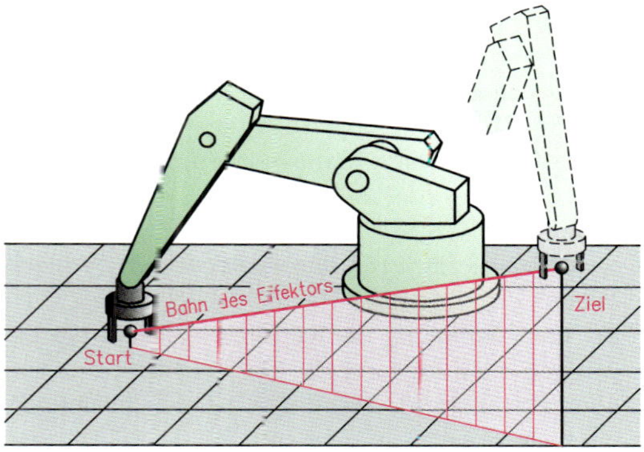

Bahnsteuerung

> Die Bahnsteuerung ist für einen sehr genauen Bewegungsablauf geeignet, der z. B. beim Schweißen erforderlich ist.

Bahnüberschleifen

Die vom Roboter zurückgelegten Bahnen setzen sich je nach gewählter Steuerung aus unterschiedlichen Bahnsegmenten zusammen. Diese Bahnsegmente liegen jeweils zwischen zwei programmierten Positionen. Sind neben dem Start- und Zielpunkt, z. B. wegen den baulichen Gegebenheiten im Arbeitsraum oder der Lage von Start- und Zielpunkt zueinander, weitere Stützpunkte notwendig, kommt es zu einem „hakelnden" Bewegungsablauf. Da in der Regel ein stetiger Bewegungsablauf angestrebt wird, verzichtet man auf das exakte Anfahren der programmierten Stützpunkte und verrundet stattdessen zwei Bahnsegmente miteinander. Diese Verrundung wird als Überschleifen bezeichnet.

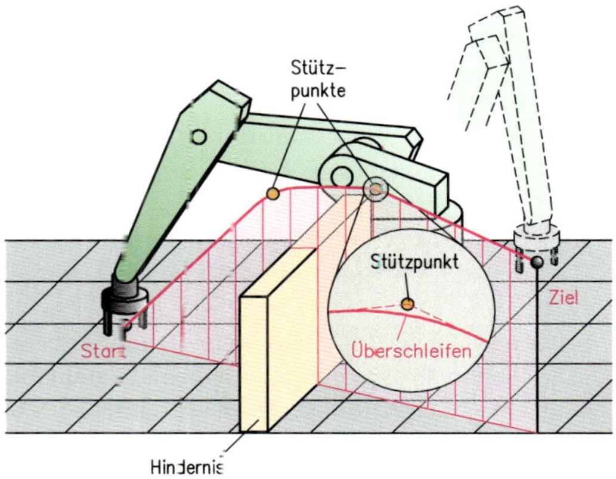

Bahnüberschleifen

> Das Überschleifen von Stützpunkten ermöglicht einen stetigen Bewegungsablauf des Industrieroboters beim Überfahren von Stützpunkten.

5.4.4 Planung einer Programmerstellung

Die Programmierung von Industrierobotern setzt eine Reihe von Planungsentscheidungen voraus. Ein möglicher Entscheidungsprozess soll beispielhaft für den Bereich der Werkstückhandhabung und für die Teach-In-Programmierung in Schritten dargestellt werden.

Beispiel für die Planung einer Programmerstellung

Aufgabenbeschreibung:
Von einer Palette aus sollen Teile zu einer Montagestation transportiert werden. Der Startbefehl erfolgt manuell per Tastendruck. Vor dem Transport ist mithilfe eines Sensors zu überprüfen, ob die Montagestation unbelegt ist.

1. Schritt
Aufgabenbeschreibung in eine Lageskizze übertragen.
In der Lageskizze werden insbesondere die in der Aufgabenbeschreibung angegebenen Positionen der Teile sowie vorhandene Hindernisse dargestellt.

2. Schritt
Verfahrwege festlegen und Positionsnummern vergeben.
Bei der Festlegung der Verfahrwege sind die gewählte Steuerungsart (z. B. PTP) und die damit verbundenen Bahnabweichungen zu berücksichtigen, um Kollisionen zu vermeiden.
Die Start- und Zielpunkte sind meist mit Positionierelementen ausgestattet, deshalb ist es häufig notwendig, die Positionierelemente senkrecht bzw. waagerecht anzufahren (1 → 11; 4 → 14 usw.); die Zählweise 1 → 11 (Zehnerschritt) ist eine Logik, die das Behalten von Positionen im Bereich der Positionierung erleichtert. Die Wahl der Grundstellung orientiert sich an den konkreten Gegebenheiten im Arbeitsbereich.

3. Schritt
Programmablaufplan erstellen.
Im Programmablaufplan werden Grenzstellen wie Start oder Ende einer Bewegungsfolge, Bewegungsanweisungen wie die Verfahrgeschwindigkeit u. Ä. mithilfe von genormten Sinnbildern dargestellt.
Im Sinne einer platzsparenden Darstellung oder bei sehr langen Programmablaufplänen besteht die Möglichkeit, Verbindungsstellen vorzusehen. Zur Kenntlichmachung solcher Verbindungsstellen wird ein Kreis als Sinnbild verwendet, wobei die Unterbrechungsstellen und die Fortsetzungsstellen jeweils die gleichen Innenbeschriftungen (Nummern) erhalten. Die Verarbeitungsfolge wird durch eine Verbindungslinie gekennzeichnet.

Roboter und Montageplatz

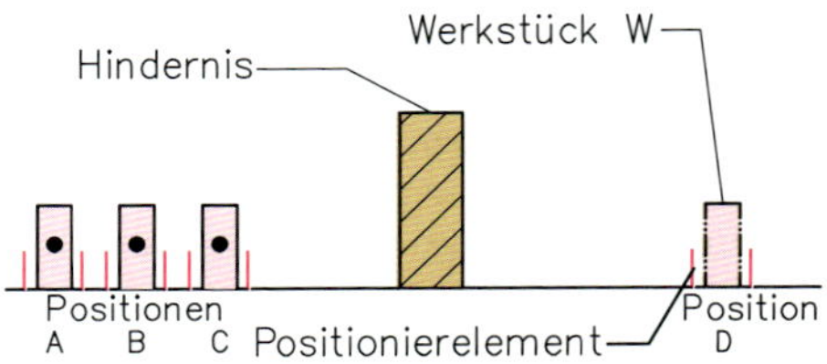

Lageskizze

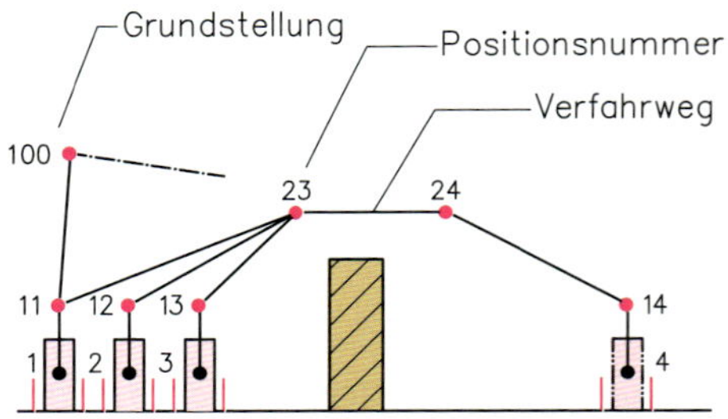

Verfahrwege mit Positionsnummern

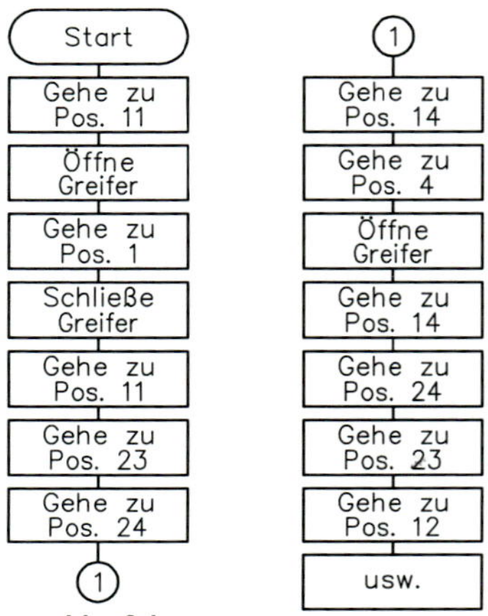

Programmablaufplan

4. Schritt

Bei komplexeren Bewegungsabläufen nach Möglichkeiten zur Reduzierung des Programmieraufwands suchen, z. B. durch den Einsatz von Unterprogrammen oder logischen Verknüpfungen.

- Unterprogrammtechnik

Die Unterprogrammtechnik bietet die Möglichkeit, sich wiederholende Bewegungsabläufe (vgl. nebenstehende Darstellung) in einem Unterprogramm zu speichern, das von jeder beliebigen Stelle des Hauptprogramms aus aufgerufen werden kann. Nach Beendigung des Unterprogramms wird das Hauptprogramm automatisch mit dem nächsten Befehl nach dem Unterprogrammaufruf fortgesetzt.

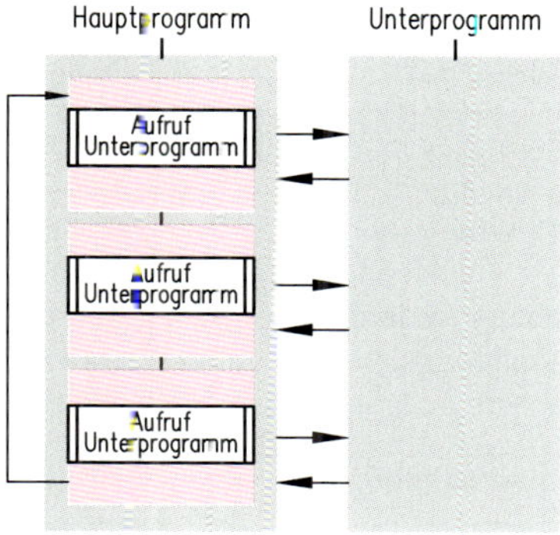

Hauptprogramm mit Unterprogramm

- Logische Verknüpfungen

Durch den Einsatz von logischen Verknüpfungen bei ähnlichen Bewegungsabläufen, z. B. Bewegungsabläufe, die sich nur aufgrund der Positionen und ihrer Positionsnummern unterscheiden (vgl. nebenstehende Lageskizze), lässt sich der Programmieraufwand durch die Einführung von Variablen erheblich verringern.

Die nebenstehende Lageskizze zeigt eine Aufgabenstellung, bei der es drei ähnliche Bewegungsabläufe gibt, die im Programm durch den Einsatz von logischen Verknüpfungen beschrieben werden können. Dabei ergibt sich die folgende Programmstruktur:

Im ersten Programmdurchlauf werden die Variablen A = 1 und B = 11 im Hauptprogramm gesetzt. Das Programm sorgt dann dafür, dass der Roboter die Positionen 1 und 11 anfährt, um das Teil von dieser Position abzuholen. Im weiteren Verlauf des Hauptprogramms wird das Unterprogramm aufgerufen, hier werden die Variablen A und B jeweils um 1 erhöht und die Positionen 23, 24, 14, 4 angefahren. Nach Beendigung des Unterprogramms wird das Hauptprogramm automatisch nach dem Unterprogramm fortgesetzt. Hier wird abgefragt, ob die Variablen A und B die Grenzwerte 3 und 13 erreicht haben oder nicht. Bei Nichterreichung werden die Positionen 2 und 12 angefahren, das Teil von dieser Position abgeholt und das Unterprogramm aufgerufen. Dieser Vorgang wiederholt sich so oft, bis die Variablen ihre Grenzwerte 3 und 13 erreicht haben und eine Sprunganweisung an das Ende des Hauptprogramms erfolgt. Die letzte Sprunganweisung führt den Roboter zurück zur Grundstellung.

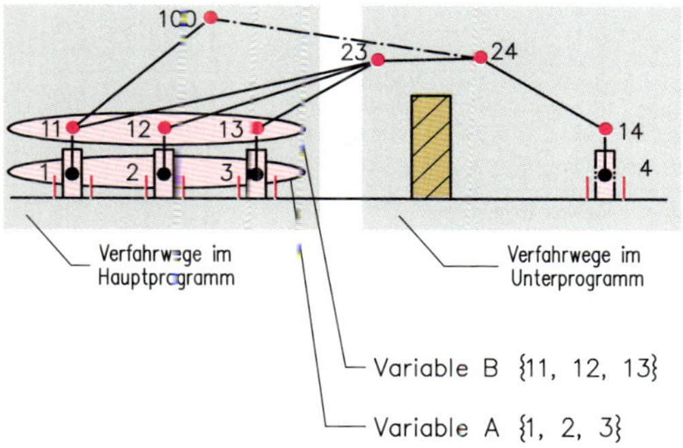

Variablenbildung bei ähnlichen Bewegungsabläufen

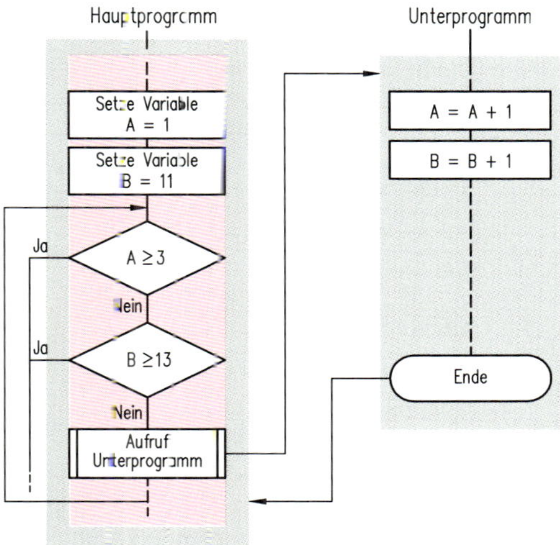

Programmstruktur mit Unterprogramm

5. Schritt

Handprogrammiergeräte einsetzen.

Festgelegte Positionen, z. B. aus 4. Schritt (1,11; 2,12; 3,13; 4,14; 23; 24; 100) mithilfe eines Handprogrammiergerätes anfahren und die jeweils erreichten Koordinaten speichern. Bei den Positionen 1,11 usw. wird zunächst die Position 1, d. h. das Werkstück wird im Positionierelement positioniert, und anschließend die Position 11 in vertikaler Bewegung angefahren. Das Anfahren der einzelnen Positionen erfolgt immer mit einem im Greifer befindlichen Werkstück.

6. Schritt

Programm erstellen.

Das Programm beinhaltet alle notwendigen Ablauf-, Bewegungs-, Kommunikations-, Kontroll- und Diagnoseanweisungen in der vom Roboterhersteller verwendeten Programmiersprache. Zu diesem Zweck wird der Programmablaufplan in einzelne Befehlszeilen mit den entsprechenden Befehlen übertragen und um weitere Anweisungen wie etwa die Höhe der Verfahrgeschwindigkeit oder Dateneingabe- sowie Datenausgabeaufforderungen ergänzt. Robotersteuerungen weden häufig mit SPS verknüpft, um z.B. bestimmte Eingangssignale automatisch oder von Hand an die Robotersteuerung weitergeben zu können und um bestimmte Ausgangssignale, die von der Robotersteuerung kommen, weiter verarbeiten zu können.

Programmablaufplan:

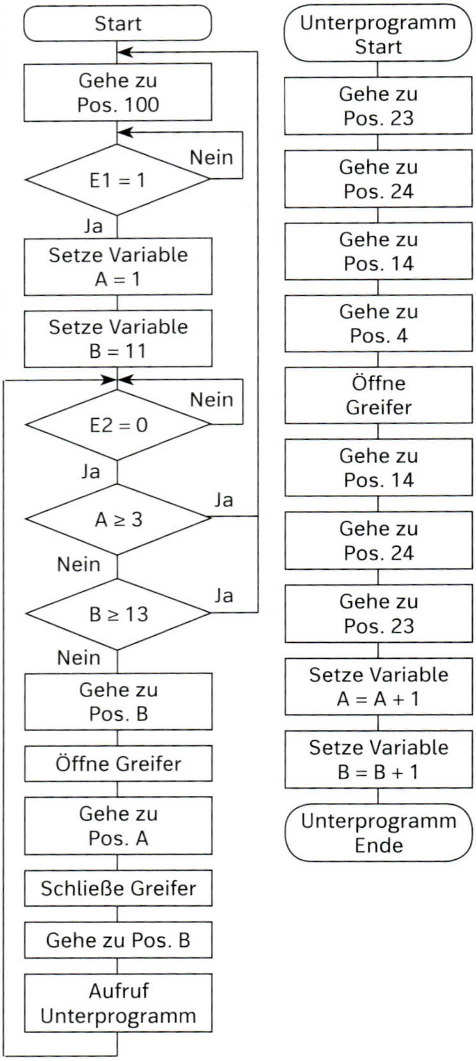

Programm:

Hauptprogramm	
Zeile	Befehl
1	LABEL 1
2	WAIT IN [1] = 1
3	SET A = 1
4	SET B = 11
5	LABEL 2
6	WAIT IN [2] = 0
7	IF A ≥ 3
8	GOTO 1
9	ENDIF
10	IF B ≥ 13
11	GOTO 3
12	ELSE
13	GOTO 3
14	ENDIF
15	LABEL 3
16	MOVED B
17	SPEED 40
18	OPEN
19	MOVED A
20	CLOSE
21	MOVED B
22	SPEED 80
23	GOSUB U
24	GOTO 2

Unterprogramm	
Zeile	Befehl
1	MOVED 23
2	MOVED 24
3	MOVED 14
4	SPEED 40
5	MOVED 4
6	OPEN
7	MOVED 14
8	MOVED 24
9	MOVED 23
10	SET A = A +1
11	SET B = B + 1
12	SPEED 80
	END

Das Programm besteht aus einzelnen Befehlen, die in diesem Beispiel in der sprachorientierten Programmiersprache VAL (Variable Assembly Language) geschrieben wurden.

5.5 Ziel: Industrie 4.0

Der Begriff **Industrie 4.0** steht für einen neue Stufe der Organisation und Steuerung der gesamten Wertschöpfungskette eines Produkts. Ziel ist die weitgehende Digitalisierung des gesamten Lebenswegs eines Produkts von der Entwicklung bis zum Recycling.
Die Bedeutung dieses neuen Ansatzes wird besonders anschaulich, wenn man die bisherige Entwicklung von der vorindustriellen Zeit bis zur Gegenwart verfolgt.

1 Industrielle Entwicklungen

Der Mensch versuchte schon sehr früh die engen Grenzen, die ihm kräftemäßig von der Natur vorgegeben waren, durch Werkzeuge, einfache Maschinen und leistungsfähige Transportmittel zu überwinden. Durch den Einsatz von Arbeitstieren und durch die Nutzung der Energie von Wind und Wasserkraft konnte er den Ertrag seiner Arbeit erheblich steigern. Einschränkungen waren jedoch durch die Leistungsfähigkeit der Arbeitstiere, die Abhängigkeit von Wind und die Ortsgebundenheit zur Nutzung der Energie des Wassers gegeben.

- **Die erste industrielle Revolution**

Im Jahr 1769 gelang es James Watt die bereits existierenden Dampfmaschinen so zu optimieren, dass sie industriell einsetzbar waren. Erstmals stand mit der Dampfmaschine eine Quelle mechanischer Energie zur Verfügung, die jederzeit und unabhängig vom Ort zum Antrieb von Maschinen und Fahrzeugen genutzt werden konnte.
Durch die Entwicklung der Dampfmaschine war Energie bald nahezu überall verfügbar. Sowohl in Industrie und Handwerk als auch in der Landwirtschaft und der Verkehrstechnik wurde die Dampfmaschine eingesetzt. Mit der Dampfmaschine begann die Industrialisierung, die sogenannte erste industrielle Revolution – aus heutiger Sicht war dies die **Industrie 1.0**.

Maschinist an einer Dampfmaschine

- **Die zweite industrielle Revolution**

Der Einsatz von Elektrizität im Bereich der Energie- und Nachrichtentechnik kennzeichnet den Beginn der zweiten industriellen Revolution. Ein weiterer bedeutender Fortschritt in der Produktion war die Austauschbarkeit der Bauteile ohne Nacharbeit und die dadurch erzielte Vereinfachung ihrer Montage. Diese Veränderung markiert zugleich den Übergang von der handwerklichen zur industriellen Fertigung. Möglich wurde diese Entwicklung durch die Verwendung einheitlicher Messsysteme. Damit waren die Voraussetzungen für die Fließbandproduktion geschaffen. Man spricht von der zweiten industriellen Revolution – **Industrie 2.0**
Nun gelang es, durch kleinschrittige Arbeitsteilung und die Vermeidung unproduktiver Arbeitsschritte kostengünstig Gebrauchsgüter in hohen Stückzahlen herzustellen.

Fließbandfertigung in den Ford-Werken

- **Die dritte industrielle Revolution**

Im Jahr 1941 entwickelte Konrad Zuse den ersten funktionsfähigen Computer. Dieser Computer war programmgesteuert, frei programmierbar und arbeitete vollautomatisch – aber wegen der Verwendung von Elektronenröhren und herkömmlichen Bauelementen war er extrem groß. Die Miniaturisierung der Bauelemente, besonders durch Verwendung von Transistoren, ermöglichte schließlich die Entwicklung von Computern, die bald in allen Geschäftsbereichen der Wirtschaft und weitgehend auch im privaten Bereich zu starken Veränderungen führte.

Im Geschäftsalltag werden zunehmend alle analog vorliegenden Daten über z. B. Rechnungen, Produktbeschreibungen, Gebrauchsanweisungen u. Ä. ebenso wie bestehende Archive digitalisiert.

Im Bereich der Produktion kommen Computer besonders in der Automation von Maschinen, Anlagen, Kommunikationsgeräten zum Einsatz, z. B.

- **CNC** (Computer Numerical Control): Computersysteme zur Steuerung von Maschinen,
- **CAD** (Computer Aided Design): Computersysteme zum Zeichnen und Konstruieren,
- **CAM** (Computer Aided Manufacturing): Computersysteme zur Steuerung von Fertigungsmaschinen,
- **SPS** (Speicherprogrammierbare Steuerungen): Computersysteme für eine robuste und echtzeitfähige Automatisierungstechnik.

Industriemechaniker an einer CNC-Maschine

So startete etwa 1970 die dritte industrielle Revolution – **Industrie 3.0** – mit der Automatisierung durch den Computereinsatz.

2 Die vierte industrielle Revolution – Industrie 4.0

Die weltweite Einführung des Internets zu Beginn der 1980er-Jahre gilt als Startpunkt auf dem langen Weg in die nächste industrielle Revolution, die **Industrie 4.0**. Das Internet ermöglicht z. B. die weltweite Vernetzung von Maschinen, Fertigungsanlagen und Lagersystemen. Diese Vernetzung kann schon in kurzer Zeit zu erheblichen Veränderungen von Produktion und Handel führen.

Die Produkte im laufenden Fertigungsprozess und die eingesetzten Maschinen können über das Internet oder andere Kommunikationsnetze untereinander Daten austauschen und so organisatorisch zusammenarbeiten. Man spricht auch vom „**Internet der Dinge**“. Die dabei entstehenden Vorteile gegenüber der herkömmlichen Fertigung sind:

- Das zu fertigende Produkt steuert den Prozess. Auf Datenträgern an Rohteilen und an Einzelteilen sind jeder Bearbeitungsschritt und jede durchzuführende Qualitätskontrolle festgelegt und erfolgen automatisch.
- Es kann zu jeder Zeit festgestellt werden, wo sich das Produkt im Augenblick befindet und welches Stadium der Fertigung es zurzeit erreicht hat.
- Varianten eines Produkts, z. B. mit veränderten Maßen, können ohne zusätzlichen Aufwand hergestellt werden. Vielfach ist die Fertigung eines einzelnen Teils nicht teurer als die eines gleichen Bauteils aus herkömmlicher Serienfertigung.

Zusammenarbeit von Mensch und Roboter

- Aufgrund verbesserter Sicherheitseinrichtungen können dort, wo es notwendig ist, Menschen und Roboter in der Produktion eng zusammenarbeiten.
- Maschinen sind mit Sensoren ausgerüstet. Die Sensoren übermitteln laufend den Betriebszustand des Systems, warnen rechtzeitig vor sich abzeichnenden Störungen, fordern selbständig Wartungsmaßnahmen und veranlassen ggf. die Bereitstellung von Ersatzmaterialien. Wenn dies unabhängig von der Anwesenheit von Fachleuten, z. B. bei Offshore-Windanlagen geschieht, spricht man von **Fernwartung.**
- Datenhandschuhe z. B. überwachen Montageprozesse und Datenbrillen helfen präzisen Anweisungen bei Montagen und Reparaturen zu folgen.
- Fertigungsverfahren, die unmittelbar vom digital vorliegenden Konzept ausgehend produzieren wie die **additiven Fertigungsverfahren**, gewinnen in allen Bereichen der Technik zunehmend an Bedeutung.

Auf diese Weise entsteht Schritt für Schritt eine intelligente Fabrik – eine Smartfactory, die autonome Entscheidungen treffen und ausgewählte Aufgaben selbstständig durchführen kann.

Kreativ- und Präsentationstechniken

Handlungsfeld: Präsentation kreativ entwickelter Lösungen

Problemstellung

Auftrag

Der Entwurf eines einfachen Biegewerkzeugs zum Biegen von Laschen ist zu präsentieren.

Werkzeugentwurf

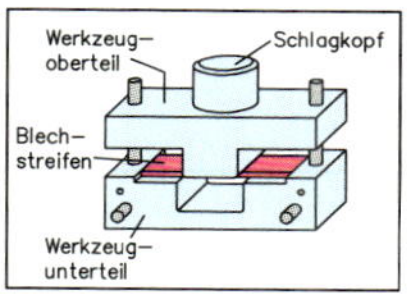

Werkstückskizze

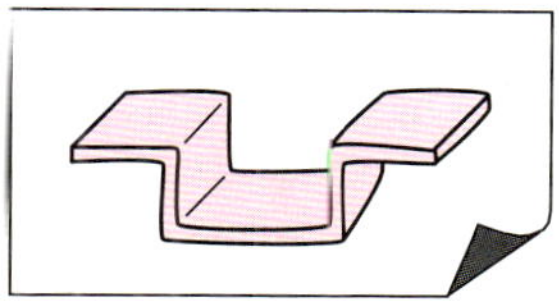

Analysieren

Gegebenheiten:
- Allgemeines Zielverständnis der Planungsgruppe
- Zielgruppe
  - Zusammensetzung und Anzahl
  - Erwartungen und Befürchtungen
  - Präsentationsgewohnheiten
- Räumliche und mediale Möglichkeiten
- Fähigkeiten des Präsentierenden

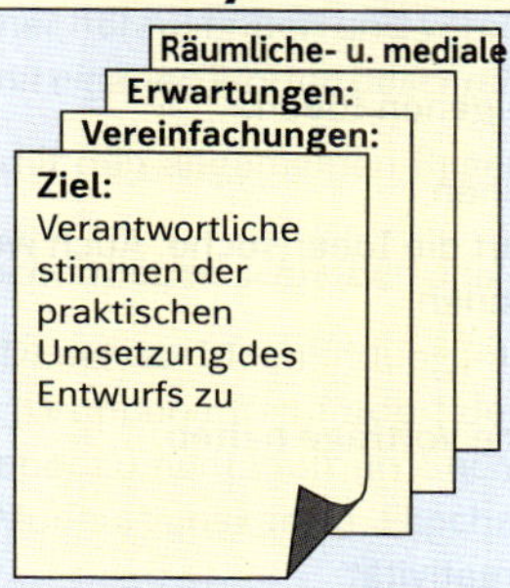

Analyseergebnisse:
- Aussagekräftige Zielformulierung
- Notwendige Vereinfachungen hinsichtlich
  → Technischer Darstellungen
  → Fachbegriffen
- Ermittelte Erwartungen der Zuhörergruppe
- Ermittelte räumliche und mediale Möglichkeiten

Planen und Vorbereiten

Entscheidung über:
- Inhalte
- Darstellung
  - Präsentationsmedien
  - Schrift
  - Formen und Farben
- Gestaltung der Präsentationsphasen (Eröffnung, Hauptteil, Schluss)

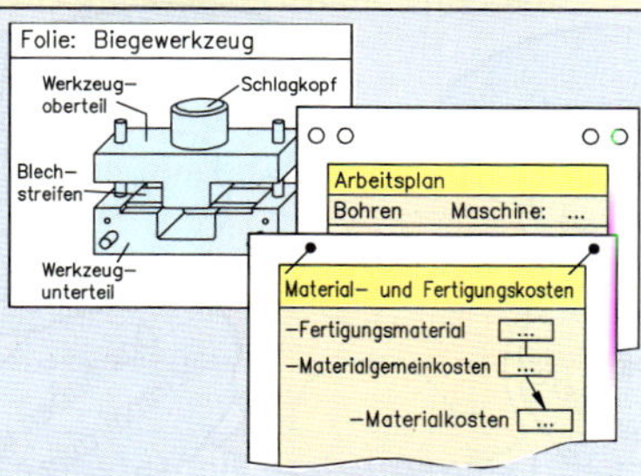

Ergebnisse:
- Konkrete Inhalte
  - wichtige Aspekte, z. B. technische, wirtschaftliche
  - Reduzierung und Strukturierung des Inhaltes
  - Zuordnung von Inhaltsaspekten und Medien
- Ausgewählte und bearbeitete Präsentationsmedien
- Ablaufplanung

Präsentieren

Durchführung von:
- Eröffnung
- Hauptteil
- Schluss

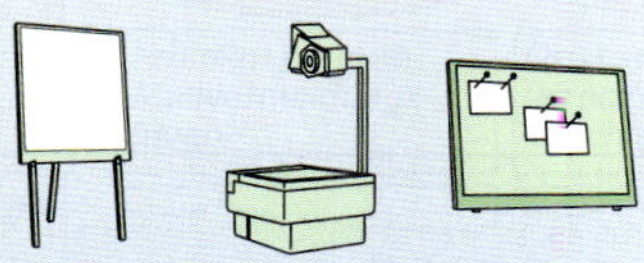

Wichtige Aspekte:
- Präsentationsgegenstand notieren
- Blickkontakt mit Zuhörern aufnehmen
- Präsentationsverlauf vorstellen

1.2 Mind-Mapping

Zentraler Bestandteil der Mind-Mapping-Methode ist die Erstellung einer Mind-Map, welche die Denkweise des Gehirns in besonderer Weise unterstützt bzw. fördert. Unser Gehirn arbeitet nicht strukturiert („ordentlich"), sondern sprunghaft und gedankenverbindend. Es liefert uns in unstrukturierter Form weitaus mehr Daten und Informationen als in strukturierter. Deshalb können Mind-Maps von den Teilnehmern an jeder Stelle um neue Gedanken ergänzt oder bereits dokumentierte Gedanken weiterentwickelt werden.

Methodenbeschreibung:

⇨ Anwendung

Das Mind-Mapping wird zur kreativen Ideenfindung, Planung von Referaten, Anfertigung von Gesprächsnotizen, Aufbereitung von Texten u. Ä. eingesetzt.

⇨ Durchführung

Ein Einzelner oder die Teilnehmer einer Gruppe bringen ihre spontanen Ideen zu einem bestimmten Thema oder einer Problemstellung schlagwortartig zum Ausdruck. Das Thema oder die Problemstellung wird in der Blattmitte notiert. Die ersten Ideen werden wie Äste um dieses Zentrum herum gruppiert. Weiterführende Gedanken, die zu den derart dokumentierten Ideen passen, werden wie Zweige dargestellt, die von den ersten Ideen abgehen. Jederzeit können neue Äste ergänzt oder einzelne Zweige weiter verästelt werden. Auch eine Veränderung der Zuordnung der Zweige zu einem anderen Ast ist möglich. Mind-Maps können von Hand oder mithilfe eines Rechnerprogramms, in Einzelarbeit auf einem Blatt Papier oder in Gruppen an einer Pinnwand angefertigt werden.

Beispiel für die Erstellung einer Mind-Map

1. Zielfestlegung

Die Bestandteile eines Arbeitsplans zur maschinellen Fertigung von Bauteilen sind mithilfe der Mind-Map-Methode in Kleingruppenarbeit bestimmt.

2. Maßnahme

Eine Mind-Map in Kleingruppenarbeit nach den Regeln zur kreativen Ideenfindung auf einem Pinnwandbogen erstellen:

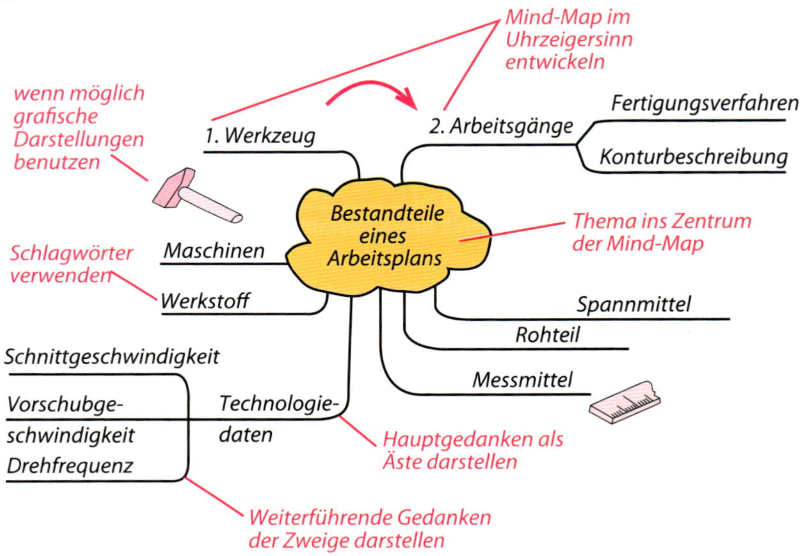

1.3 Ursache-Wirkungs-Diagramm (Ishikawa-Diagramm)

Das Ursache-Wirkungs-Diagramm (Ishikawa-Diagramm oder auch Fischgrätdiagramm) wird als Einstieg in einen Problemlösungsprozess eingesetzt. Dabei sorgt das im Ursache-Wirkungs-Diagramm dargestellte Gliederungsschema (ähnlich einer Fischgräte) mit den Ursachenbereichen: **M**ensch, **M**aschine, **M**ethode, **M**aterial (die 4 Ms) dafür, dass sich die Ursachensuche auf die unterschiedlichsten Bereiche erstreckt. Das eigentliche Problem steht im Fischkopf, auf den alle Ursachenbereiche hindeuten. Zu jedem Ursachenbereich werden in kreativer Form Ideen für mögliche Ursachen allein oder in der Gruppe entwickelt und notiert.

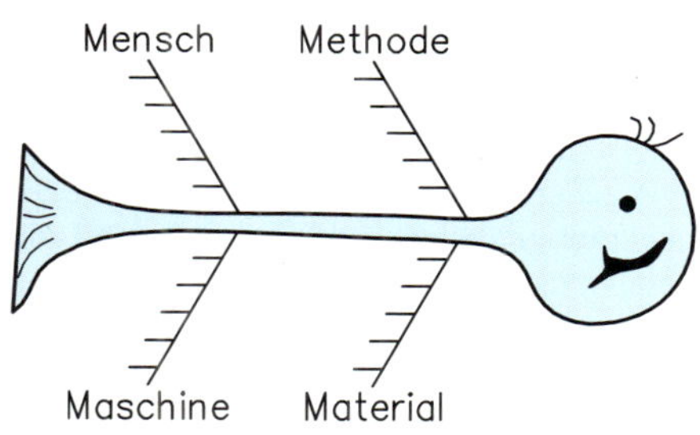

Fischgrätdiagramm

Methodenbeschreibung:

Anwendung

Das Ursache-Wirkungs-Diagramm wird vorwiegend zum systematischen Auffinden möglicher Ursachen klar definierter Probleme, wie z. B. Fehler- oder Schadensursachen, eingesetzt.

Durchführung

1. Problem (Fehler oder Schaden) genau beschreiben, z. B. Kraftaufwand beim Sägen von Hand ist zu groß.
2. Mögliche Ursachen zu bestimmten Bereichen in kreativer Weise, z. B. durch ein Brainstorming, herausfinden.
3. Wahrscheinlichste Ursachen, z. B. durch Mehrheitsbeschluss per Einpunktabfrage bestimmen.
4. Wahrscheinlichste Ursache weiter untersuchen, z. B. durch gezielte Fehler- oder Schadensanalyse.

Beispiel für den Einsatz des Ursache-Wirkungs-Diagramms

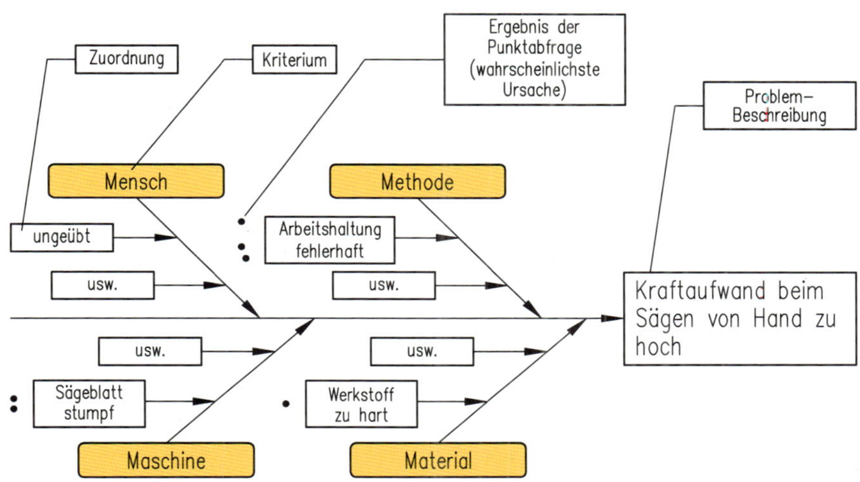

2 Präsentationstechniken

Die Entwicklung von Problemlösungen in Einzel- oder Teamarbeit geht häufig einher mit einer intensiven Auseinandersetzung mit der Frage- oder Problemstellung. Dafür wird Zeit benötigt, die die Zuhörer der Ergebnispräsentation meist nicht haben. Deshalb ist es notwendig, die Informationen, die während der Präsentation weitergegeben werden sollen, zu reduzieren, ohne dass die wesentlichen Aussagen und Ideen dabei verloren gehen. Weiterhin muss die Präsentation auf den Zuhörerkreis abgestimmt sein, um dessen Interesse zu wecken und aufrecht zu erhalten. Die vorangestellten Überlegungen machen deutlich, dass es kaum möglich ist, die Präsentation einfach mal so „aus dem Ärmel zu schütteln". Vielmehr ist eine systematische Vorbereitung und Durchführung sinnvoll, die über die reine Auswahl einer Präsentationstechnik hinausgeht. Dabei ist es hilfreich, in folgenden Schritten vorzugehen:

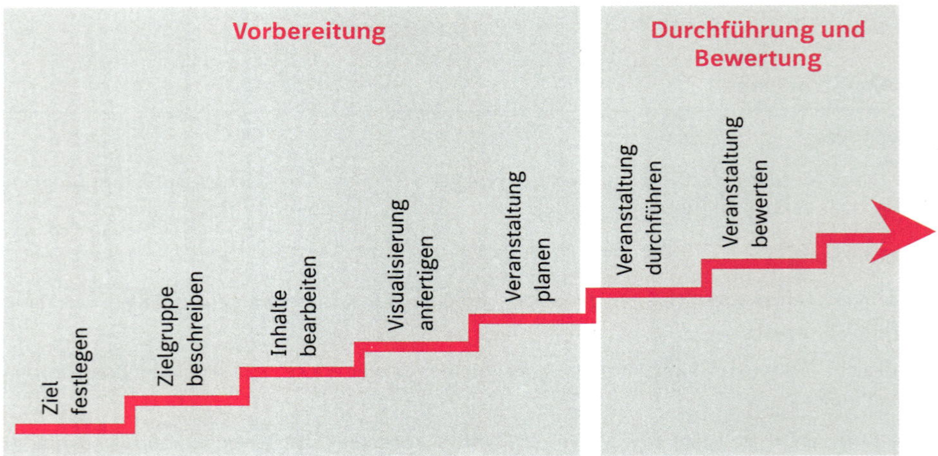

Schritte zur Vorbereitung, Durchführung und Bewertung einer Präsentation

2.1 Ziele festlegen

In einem Ziel wird exakt beschrieben, welches Ergebnis am Ende einer Maßnahme, z. B. einer Präsentation, erreicht sein soll. Wichtig ist in diesem Zusammenhang zwischen Ziel und Maßnahmen zu unterscheiden. Mithilfe geeigneter Maßnahme ist es möglich, von einem vorhandenen Istzustand zu einem gewünschten Sollzustand zu gelangen, d. h. ein gestecktes Ziel zu erreichen.
Für die Verfolgung eines Ziels oder die Überprüfung der Zielerreichung ist es notwendig, ein Ziel aussagekräftig zu formulieren. Nur so wird deutlich, wohin man will.

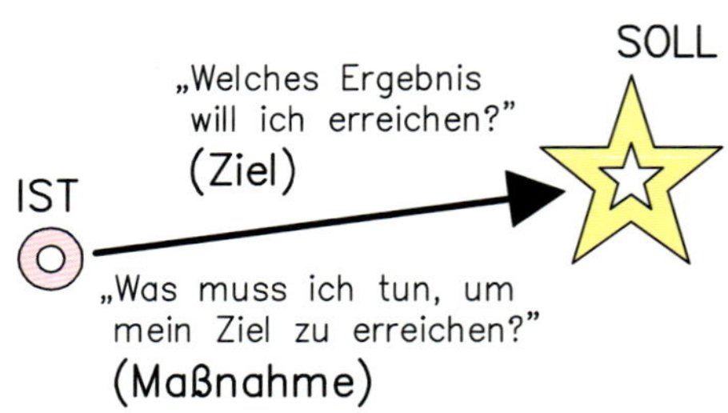

Unterschied von Ziel und Maßnahme

Aussagekräftig formulierte Ziele sollten möglichst:

- **positiv formuliert** werden, d. h. ohne Verneinung, Steigerung oder Vergleiche, z. B.:
  nicht: „Unsere Präsentation soll nicht mehr so chaotisch verlaufen wie beim letzten Mal."
  sondern: „Unsere Präsentation ist gut strukturiert und anschaulich gestaltet."

- **sinnspezifisch formuliert** sein, d. h. wie sieht das Ergebnis aus, wie fühlt es sich an, wie hört es sich an u. Ä., z. B.:
  nicht: „Die meisten Mitschüler finden unsere Präsentation gut."
  sondern: „Die meisten Mitschüler äußern, dass sie dem Vortrag gut folgen konnten und der Einsatz von Folien das Verständnis erleichtert hat."

- **messbar** sein, d. h. Angabe zu wie viel, wie lange, wo u. Ä. enthalten, z. B.:
  nicht: „Der Einsatz von Folien zur Unterstützung des Vortrags kam bei den Zuhörern ganz gut an."
  sondern: „Mehr als zwei Drittel der Klasse findet den Folieneinsatz zur Unterstützung des Vortrags sinnvoll."

- **aus eigener Kraft erreichbar** sein, d. h. es muss die Frage beantwortet werden, was kann ich oder können wir tun, um das Ziel zu erreichen? Z. B.:
  nicht: „Der Lehrer müsste uns erst einmal die Präsentationssoftware besorgen, bevor wir mit der Vorbereitung der Präsentation unseres Projekts „Biegewerkzeug" beginnen."
  sondern: „Welche Präsentationsmedien stehen uns zurzeit für die Gestaltung der Präsentation zur Verfügung?"

- **verträglich mit anderen Zielen** sein, z. B.:
  nicht: „Unsere Präsentation wurde vollständig durchgeführt."
  sondern: „Unsere Präsentation wurde in der vereinbarten Zeit durchgeführt." (Wenn vorab eine Präsentationszeit von 5 Minuten vereinbart wurde.)

Beispiel für die Formulierungen von Ziel und Maßnahme

Ziel	Maßnahme
Allen Mitschülern unserer Klasse sind die Ergebnisse unserer Gruppenarbeit hinsichtlich der Festlegung der Fertigungsschritte zur Herstellung einer Anpressbuchse durch Drehen am Ende der Präsentation bekannt.	Als Orientierung für unsere Mitschüler heften wir eine Vergrößerung der Anpressbuchse an eine Pinnwand. Die Fertigungsschritte zur Herstellung der Anpressbuchse notieren wir auf Karten, die wir während unseres Vortrags ebenfalls an die Pinnwand heften.

Innerhalb der Vorbereitung einer Präsentation muss somit zunächst die Frage geklärt werden: „Was will ich/wollen wir mit meiner/unserer Präsentation erreichen? Häufige Präsentationsziele sind z. B.:

- Informationen, Arbeitsergebnisse oder -abläufe sind ... bekannt,
- Bewusstsein für die bestehenden Schwierigkeiten ist ... geweckt,
- Motivation, Überzeugung für das angeregte Projekt ... ist vorhanden,
- Entscheidungen für den Zielort unserer Klassenfahrt ... wurden beeinflusst.

Den Ausgangspunkt zur Vorbereitung einer Präsentation stellt eine aussagekräftige Zielformulierung dar.

KP

2.2 Zielgruppe beschreiben

Präsentationen werden für einen bestimmten Zuhörerkreis vorbereitet. Deshalb ist es wichtig, vorab einige Informationen über die Zuhörer und ihre Interessen in Erfahrung zu bringen. Zu diesem Zweck sind die folgenden Fragen hilfreich:

- Wie setzt sich die Zuhörergruppe zusammen?
  Es ist ein großer Unterschied, ob die Präsentation vor Mitschülern stattfindet oder vor einer gemischten Gruppe aus Vorgesetzten und Auszubildenden, die möglicherweise noch aus unterschiedlichen Fachgebieten bzw. Abteilungen kommen. Ein Vortrag, der hinsichtlich des Gebrauchs der Fachsprache z. B. folgendermaßen abläuft: „Um das Rohmaß der Rohrschelle zu bestimmen, mussten zunächst die Längen der neutralen Fasern der gebogenen Teilstücke, die hier auf der Zeichnung zu erkennen sind, berechnet werden", kann ein Teilnehmer aus der kaufmännischen Abteilung sicher nicht mehr folgen, da ihm der Begriff neutrale Faser unbekannt ist und es nicht zu seinen Aufgaben gehört, technische Zeichnungen zu lesen.

- Wie groß ist die Anzahl der Zuhörer?
  Bei einer Tischrunde von 3 Mitschülern kann die Skizze auf dem Notizblock oder ein aufgestelltes Schild ausreichen, um den Vortrag anschaulich zu gestalten, in einem Klassenraum mit 25 Schülern ist eine Vergrößerung auf einem Flipchart oder über eine Dokumentenkamera o. ä. notwendig.

- Welche Erwartungen und Befürchtungen haben die Zuhörer möglicherweise?
  Geht die Präsentation an den Erwartungen der Zuhörer vorbei, kommt Langeweile auf und die Zuhörer sind unkonzentriert.

- Welche Präsentationsgewohnheiten gibt es?
  Es gibt Gruppen von Zuhörern, die den Einsatz elektronischer Medien mit anschaulich gestalteten Übersichten als Standard ansehen. Es gibt aber auch Zuhörer, die es gewohnt sind, dass die Darstellungen schrittweise vor ihren Augen entwickelt werden, z. B. auf dem Flipchart oder mithilfe von beschrifteten Karten.

- Ist die Präsentation in eine Präsentationsreihe eingebunden?
  Innerhalb der jeweiligen Präsentationen sollte ein Medienwechsel stattfinden, da auch der interessierteste Zuhörer nach der vierten Powerpoint-Präsentation in Folge sein Interesse verliert.

Von der Beantwortung dieser Fragen hängen Planungsentscheidungen wie z. B. die Bild- oder Schriftgröße, die verwendeten Fachbegriffe, die Informationstiefe, der Medieneinsatz usw. ab. Ist der Zuhörerkreis dem Vortragenden unbekannt, sind die notwendigen Informationen meist über Gespräche mit den entsprechenden Organisatoren zu bekommen.

> Zur Vorbereitung einer Präsentation gehört die Analyse der Zuhörergruppe. Die Analyseergebnisse liefern Hinweise für die Gestaltung der Präsentation.

2.3 Inhalte bearbeiten

Die Inhalte bilden die Grundlage der Präsentation, um sie geht es. Die Inhalte werden durch die Themenvorgabe oder -auswahl bestimmt. Liegt das Thema fest, geht es zunächst darum, alle Inhalte zu ermitteln und zu sammeln, die einen Bezug zum Thema haben oder haben könnten. An dieser Stelle sollte noch nicht zu kritisch sortiert werden.

In einem zweiten Schritt werden die gesammelten Inhalte in Bedeutsames und Unbedeutsames getrennt.
In einem dritten Schritt werden die bedeutsamen Inhalte auf das Wesentliche reduziert und in eine für den Planer der Präsentation anschauliche Struktur gebracht. Die Strukturierung kann z. B. in Ablaufschemata, Tabellen oder Gegenüberstellungen erfolgen.
Die Frage, welche Inhalte bedeutsam und wesentlich sind, kann anhand der Zielentscheidung beantwortet werden.

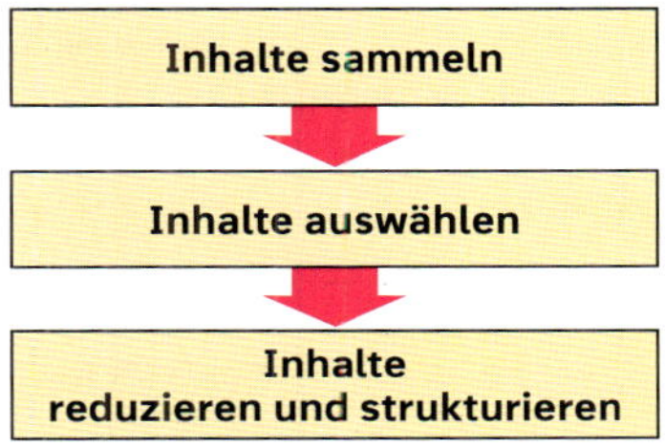

Schritte zur Bearbeitung von Inhalten

Beispiel für die Bearbeitung von Inhalten zum Thema Werkstoffeigenschaften

Inhalte sammeln und auswählen:
... für uns, die wir Werkstoffe verarbeiten, stehen die **Verarbeitungseigenschaften der Werkstoffe** im Vordergrund. Für Werkstücke, die gegossen werden, benutzen wir Werkstoffe mit guter **Gießbarkeit**. Werkstoffe mit guter **Umformbarkeit** verarbeiten wir durch Schmieden, Walzen usw. Solche Eigenschaften, die für die Verarbeitung wichtig sind, nennt man **technologische Eigenschaften**. Wichtig sind aber ebenso die **physikalischen Eigenschaften**. Hierzu zählen besonders die **mechanischen Eigenschaften** wie Zugfestigkeit, Elastizität, Härte. Zu den physikalischen Eigenschaften gehören aber auch die **thermischen Eigenschaften** wie Wärmedehnung und Wärmeleitfähigkeit sowie die **elektrischen Eigenschaften** wie z. B. die elektrische Leitfähigkeit. Von den chemischen Eigenschaften sind die Korrosionsbeständigkeit und die Giftigkeit für den Metallbereich besonders wichtig ...

Inhalte reduzieren und strukturieren:

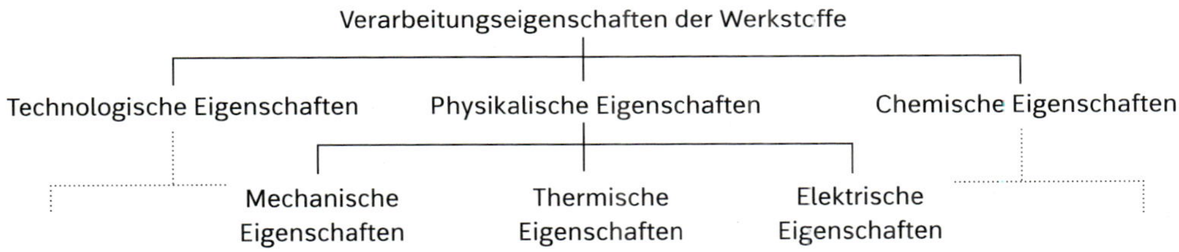

2.4 Darstellung (Visualisierung) anfertigen

Die ausgewählten und strukturierten Inhalte müssen in eine für die Zuhörer verständliche und ansprechende Form gebracht, d. h. dargestellt (visualisiert) werden. Die visualisierte Präsentation hat gegenüber der rein sprachlichen Form wesentliche Vorteile:

- Wichtige Informationen sind z. B. auf einem Flipchart dokumentiert und bleiben so allen Zuhörern präsent, wodurch die Aufmerksamkeit und die Konzentration gesteigert werden.
- Die Struktur des Vortrags wird transparent, d. h. der rote Faden wird für die Zuhörer deutlich.
- Wichtiges kann grafisch hervorgehoben werden, wodurch die Konzentration der Zuhörer auf das Wesentliche gelenkt wird.
- Die Dokumentation kann zur Orientierung bei Verständnisfragen genutzt werden.

- **Präsentationsmedium auswählen**

Der Einsatz eines geeigneten Präsentationsmediums zur Unterstützung der Darstellung bestimmter Inhalte ist entscheidend für das, was die Teilnehmer sich merken und wie sie die Qualität der Präsentation bewerten. Der Auswahl eines geeigneten Präsentationsmediums sollte deshalb ebensoviel Beachtung geschenkt werden, wie der Bearbeitung der Inhalte. Für die Auswahl stehen eine Vielzahl unterschiedlicher Medien zur Verfügung, die ggf. auch in unterschiedlichen Kombinationen zum Einsatz kommen können.

Übersicht über Medien und ihre Einsatzbedingungen

Analoge Medien

Medium	Einsatzmöglichkeiten
Tafel	• Texte oder Skizzen können vor oder sinnvollerweise parallel zum Vortrag auf der Tafel dokumentiert werden. • Die Bilddarstellung beschränkt sich auf die Anfertigung von Skizzen oder die Verwendung vorgefertigter Bildplakate (Applikationen) während eines Vortrags. • Der Tafelanschrieb steht nur für eine begrenzte Zeit zur Verfügung.
Flipchart	• Die Flipcharts und Flipchartbögen sind mobil einsetzbar. • Die parallele Darstellung mehrerer Flipchartbögen, z. B. um unterschiedliche konstruktive Lösungen zu einer Problemstellung zu vergleichen, ist sehr gut möglich. • Die Flipchartbögen stehen nach einem Vortrag für unbegrenzte Zeit zur Verfügung.
Pinnwand	• Die Pinnwand bietet die Möglichkeit, farbige Karten in unterschiedlichen Formen und Größen als Elemente der Visualisierung in beliebiger Anordnung einzusetzen. • Die Karten können vor, z. B. um Schreibzeit während des Vortrags einzusparen, oder während der Präsentation beschriftet werden. • Durch die Kartengröße wird die Schriftgröße beschränkt; dies begrenzt den Einsatz der Pinnwand auf Zuhörergruppen von etwa 20 bis 25 Personen.

Digitale Medien

Eingabemedium und Einsatzmöglichkeiten		Ausgabemedium
Laptop	• Mithilfe des Laptops können Texte, Tabellen, Grafiken, Skizzen, Zeichnungen, Formeln u. Ä. in unterschiedlichsten Variationen erstellt werden. • Der Laptopeinsatz ermöglicht die Verwendung von speziellen Präsentationsprogrammen, die vielfältige Präsentationsmöglichkeiten bieten. Diese reichen von einfachen Textbewegungen bis hin zu aufwändigen Animationen.	**Beamer** **Smartboard**
Dokumenten-kamera	• Mithilfe der Dokumentenkamera ist es möglich, per Hand (analog) erstellte Darstellungen wie Skizzen, Strukturen oder Texte über Beamer oder Smartboard zu präsentieren bzw. in Echtzeit zu erstellen (Webcam-Funktion) und zu speichern. • Das Zeigen von dreidimensionalen Objekten aus unterschiedlichen Perspektiven ist ebenso möglich wie deren Vergrößerung (optional: Mikroskopfunktion) oder Verkleinerung. • Es können beispielsweise Buch- oder Katalogseiten dargestellt, gespeichert und in andere Darstellungen eingebunden werden.	**Drucker**
Smartboard	• Smartboards vereinen aufgrund der bereitgestellten Funktionen und ihrer Größe Ein- und Ausgabefunktionen in einem Gerät. • Die Smartboards mit integriertem Laptop bieten die Möglichkeit, alle digital verfügbaren Schreib-, Zeichen- oder Präsentationsprogramme zu nutzen. Der Schreib- oder Darstellungsvorgang sowie die Befehlseingabe lassen sich per Berührung bestimmter Bereiche des Bildschirms (Touchscreen) interaktiv steuern. Alle Darstellungen können digital gespeichert werden. • Als digitales Ausgabemedium übernehmen sie die Funktion von analogen Medien wie Tafeln, Flipcharts oder Pinnwänden. Weiterhin ermöglichen sie die Projektion von Laptop- oder Kameradarstellungen. • Zur kollaborativen Zusammenarbeit können die Laptopbilder unterschiedlicher Schülerinnen und Schüler auf dem Smartboard dargestellt werden oder die Lernenden arbeiten an ihren Laptops gemeinsam an einer Darstellung, ohne dass sie sich im gleichen Raum oder am gleichen Ort befinden müssen.	

Die Auswahl eines bestimmten Mediums hängt von unterschiedlichen Kriterien ab.

- **Präsentationsmedium bearbeiten**

Bei der Bearbeitung des Präsentationsmediums sind insbesondere die Schriftgröße, die eingesetzten Farben und die Form der Visualisierungselemente sinnvoll auszuwählen.

Schriftgröße

Die dokumentierten Texte müssen von allen Zuhörern, z. B. auch von den Mitschülern, die in der letzten Reihe des Klassenraums sitzen, gut gelesen werden können. Deshalb ist die Schrifthöhe dem Zuhörerabstand anzupassen. Zur besseren Lesbarkeit sind Druckbuchstaben (Normschrift mit entsprechender Ober-, Mittel- und Unterlänge) in Groß- und Kleinschreibung zu verwenden. Zur Strukturierung können Überschriften formuliert und in größerer Schrifthöhe geschrieben werden.

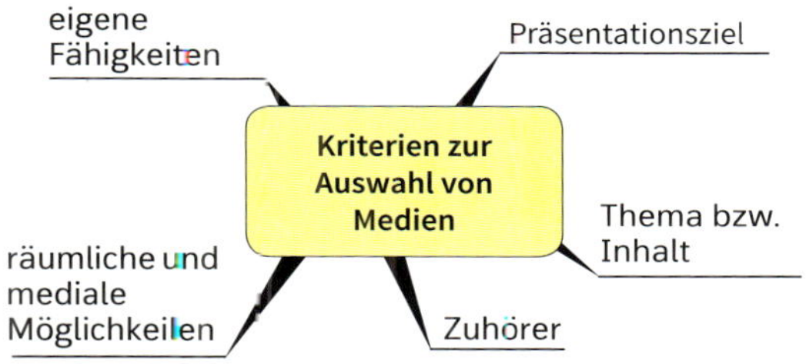

Kriterien zur Auswahl von Medien

Empfehlung für Schrifthöhe und Schriftgestaltung

Formen und Farben

Der Einsatz von Visualisierungselementen mit unterschiedlichen Formen und Farben dient im Wesentlichen der Strukturierung von Textinformationen. Dabei sind die folgenden Gestaltungsregeln hilfreich:

- Unterordnung von Teilaspekten zu einem Oberbegriff,
- Unterscheidung von linearen und verzweigten Strukturen,
- Darstellung mit Rhythmus und Dynamik versehen,
- Formen und Farben sparsam und als Bedeutungsträger (z. B. Gruppenüberschrift Oval/Orange) verwenden.

Beispiele für Wirkung und Einsatz von Farben

Farbe	Wirkung	Einsatz
Gelb	kreativ, aktivierend ...	Ideenfindung, Wissen erheben, ...
Orange	einbindend, aktivierend, ...	Vertiefung, Strukturierung, Gruppenarbeit ...
Rot	stark aktivierend, kraftvoll ...	Vereinbarungen, Regeln,Widerspruch, ...
Grün	ausgleichen, bleibend ...	Feedback, Kompromisse, Zusammenfassungen ...
Blau	seriös, passiv, fokussierend, ...	Fakten, Einzelarbeit, ...

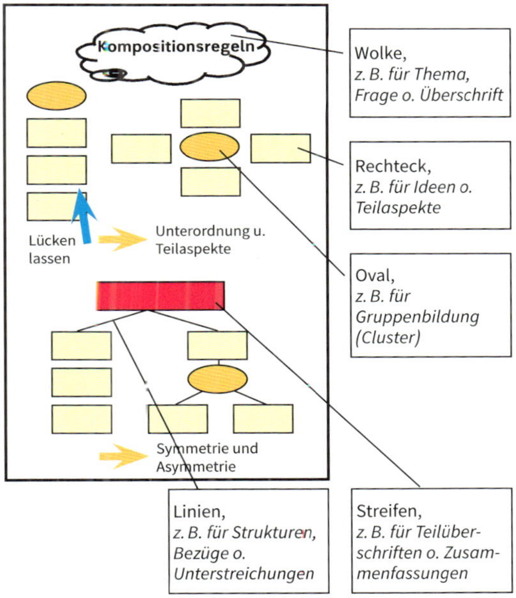

Gestaltung mit Formen und Farben

Zur Gestaltung einer Visualisierung für eine Präsentation ist das Präsentationsmedium auszuwählen und die Darstellung zu bearbeiten. Dabei ist auf eine geeignete Schriftgröße und -gestaltung zu achten. Formen und Farben sind als Bedeutungsträger zu verwenden.

KP

2.5 Präsentation planen, durchführen und bewerten

Zur Planung einer Präsentation ist es hilfreich, sich die Frage zu beantworten: „Wie soll mein Auftritt aussehen?" Zu klären ist in diesem Zusammenhang, wie spreche ich die Zuhörenden an und wie möchte ich auf sie wirken? Die folgenden Tipps liefern erste Hinweise für alle Phasen einer strukturierten Präsentation.

Tipps zum Verhalten des Vortragenden

- lächeln,
- Blickkontakt halten,
- laut und deutlich sprechen,
- mit den Händen zeigen um was es geht,
- in kurzen Sätzen sprechen,
- hüftbreit stehen,
- ruhig bewegen.

- **Eröffnung**

Um den Kontakt zu den Zuhörenden aufzubauen, werden die Zuhörerinnen und Zuhörer begrüßt und der Vortragende stellt sich vor. Im nächsten Schritt wird das Thema oder der Auftrag strukturiert vorgestellt. Damit die Zuhörer wissen, was sie erwartet, erfolgt eine kurze Beschreibung des Präsentationsverlaufs. Auch wird geklärt, ob Nachfragen während oder im Anschluss an den Vortrag gestellt werden können. Für die Zuhörenden ist es ebenfalls wichtig zu erfahren, welche Teile des Vortrags sie in schriftlicher Form bekommen bzw. was sie online abrufen können.

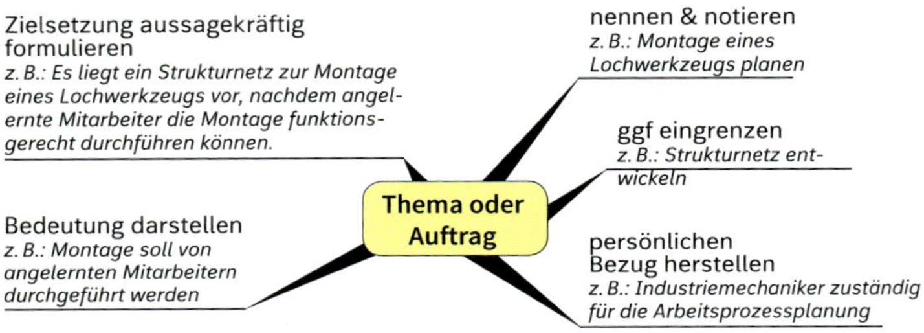

Strukturelemente zur Vorstellung von Thema oder Auftrag

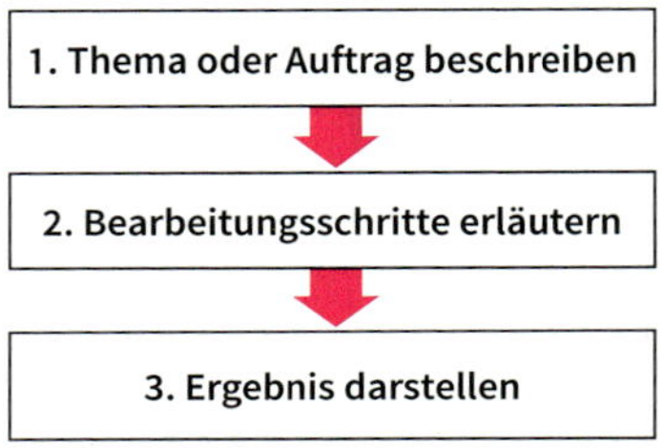

Möglicher Präsentationsverlauf

- **Hauptteil**

Die Umsetzung des geplanten Präsentationsverlaufs im Hauptteil sollte strukturiert erfolgen. Zur Strukturierung können

- Stichworte oder Fragen formuliert werden, sowie
- Haupt- und Unterpunkte benannt und dargestellt werden.

Für eine anschauliche Präsentation ist es weiterhin wichtig, dass eine Beziehung zwischen Sprache, Text und grafischen Elementen hergestellt wird.

- **Schluss**

In der Schlussphase werden die wesentlichen Punkte kurz zusammengefasst, damit sie als bleibender Eindruck von den Zuhörern gespeichert werden können. Der Hinweis auf die Möglichkeit Rückfragen zu stellen, sollte an dieser Stelle ebenso wenig fehlen wie der Dank für die von den Zuhörern entgegengebrachte Aufmerksamkeit.

Tipps zur sprachlichen Gestaltung des Vortrags

- **Tätigkeitswörter statt Hauptwörter benutzen,** z. B.:
  nicht: „Wir haben hinsichtlich der Reihenfolge der Baugruppenmontage eine Einigung in der Gruppe erzielt."
  sondern: „Wir haben uns über die Reihenfolge der Baugruppenmontage in der Gruppe geeinigt."
- **Dinge beim Namen nennen,** z. B.:
  nicht: „Beide Teile werden mit diesem Ding verbunden."
  sondern: „Zur Verbindung von Anpressbuchse und Motorwelle wird eine Passfeder eingesetzt."
- **Überflüssigen Gebrauch der Möglichkeitsform vermeiden,** z. B.:
  nicht: „Würden Sie Ihre Aufmerksamkeit bitte auf die Bauteilskizze richten"
  sondern: Ich bitte Sie, Ihre Aufmerksamkeit auf die Bauteilskizze zu richten."

Bei der Planung und Durchführung einer Präsentation sind die Regeln einer erfolgreichen Präsentation zu beachten und eine Strukturierung in Eröffnung, Hauptteil und Schluss vorzusehen.

Beispiel für eine Powerpoint-Präsentation zur Montageplanung für ein Lochwerkzeug

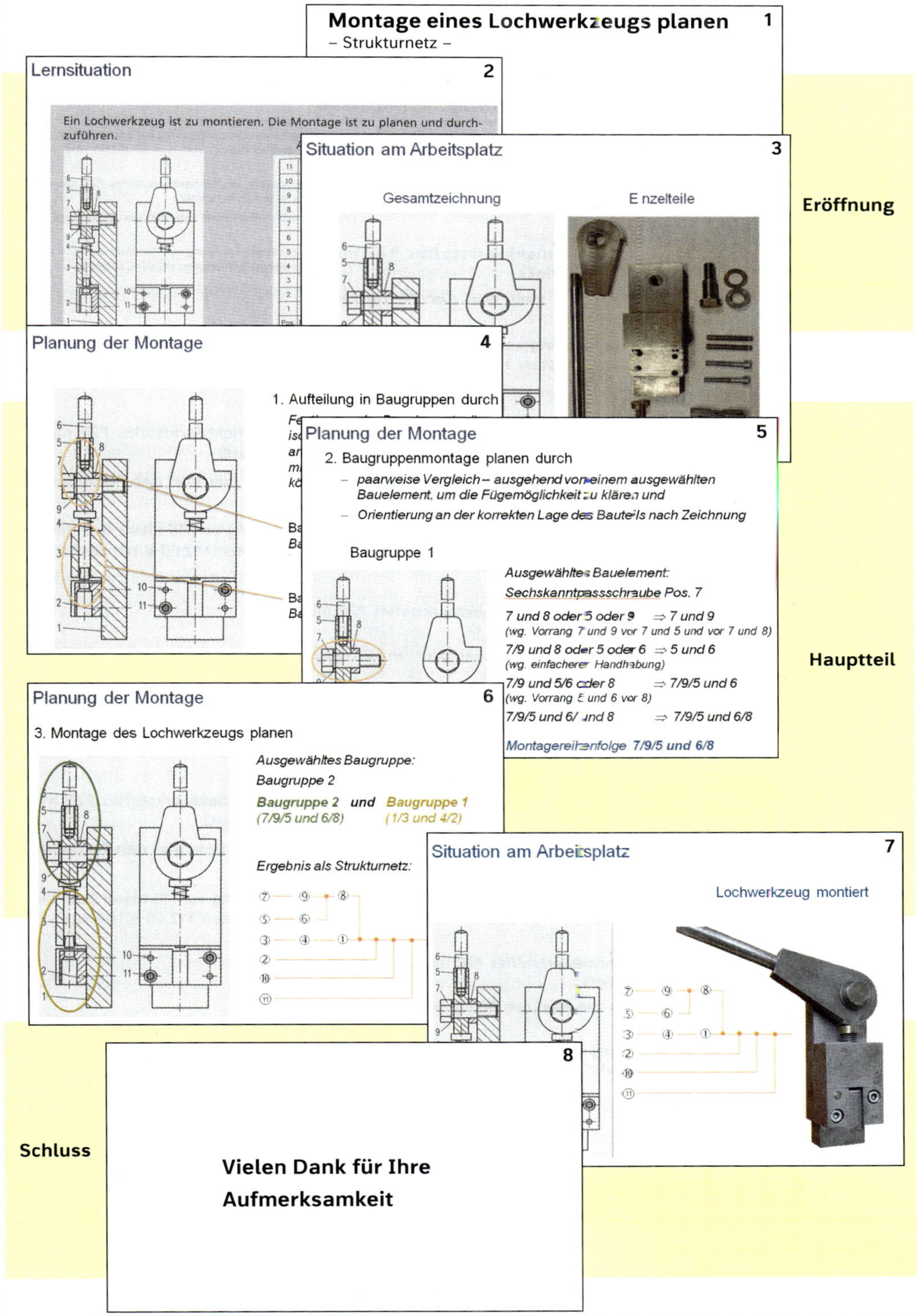

2.6 Urheberrecht

Eine Präsentation ist für die Zuhörerinnen und Zuhörer interessant, wenn sie kreative und neue Ansätze, z. B. für eine Problemlösung, beinhaltet. Wurden die Ansätze vom Vortragenden selbst entwickelt und nicht auf bereits Bestehendes zurückgegriffen, handelt es sich nach dem Urheberrecht um eine „persönliche geistige Schöpfung".

Durch das Urheberrecht wird nicht die Idee an sich geschützt, sondern nur deren Darstellung, z. B. in Form einer Powerpoint-Präsentation oder eines Fachberichts. Alle Darstellungen, die durch die menschlichen Sinne wahrnehmbar sind, werden im Urheberrecht als „Werk" bezeichnet. Das Urheberrecht schützt somit nicht die Idee, sondern das Werk, das die Idee des Urhebers für andere Menschen wahrnehmbar macht. Ein Werk ist durch das Urheberrecht geschützt, wenn es

- das Ergebnis kreativer, geistiger Arbeit (z. B. die konstruktive Lösung eines Montageproblems) ist, durch Hören, Sehen, Fühlen Riechen oder Schmecken (z. B. eine Konstruktionszeichnung oder ein Autorensystem für einen Montageprozess) wahrnehmbar ist,
- etwas Neues darstellt, das es bisher noch nicht gab (kreative Leistung) und
- die Besonderheit eines Menschen zum Ausdruck bringt (Individualität) und etwas einmaliges und auffälliges (Orginalität) besitzt.

Das Nutzungsrecht (z. B. das Recht zur Vervielfältigung eines Fachberichts) an einem bereits veröffentlichten Werk kann, z. B. an ein Unternehmen (Verwerter), weitergegeben werden. Wird beispielsweise im Rahmen einer Auftragsbearbeitung eine komplexe Vorrichtung vom Mitarbeiter (Urheber) entworfen und konstruiert, kann dem Auftraggeber (z. B. dem Betrieb) ein Nutzungsrecht eingeräumt werden. In diesem Fall werden die Nutzungsrechte vom Mitarbeiter an den Betrieb (Verwerter) übertragen. Der Betrieb hat dann z. B. das Recht, die Konstruktionszeichnung in einem Firmenprospekt zu veröffentlichen. Der Mitarbeiter hat Anspruch auf eine angemessene Vergütung, die im Beispiel mit dem Lohn abgegolten ist.

Das Urheberrecht regelt auch die Übernahme von Teilen eines fremden Werks. So dürfen etwa Teile der mit grafischen Darstellungen anschaulich gestalteten und vor den Mitschülern präsentierten Montageanleitung eines Schülers nicht einfach übernommen werden. Möchte ein Mitschüler Teile der präsentierten Montageanleitung in die eigene Anleitung übernehmen, so sind diese Teile in eine mit eigenen Ideen gestalteten Anleitung (eigenständiges Werk) zu integrieren. Die übernommenen Teile dürfen nicht für sich alleine stehen. Der Mitschüler (Urheber), dessen Ideen übernommen wurden, ist als Quelle anzugeben. Mithilfe der Quellenangabe muss es möglich sein, die übernommenen Teile auch in dem fremden Werk zu finden.

Das zur Veröffentlichung eines Werks genutzte Medium (Buch, DVD, Internetseite o. ä.) ist lediglich Träger (Verkörperung) des Werks und unterliegt nicht dem Urheberrecht.

> Eigene Ideen werden durch das Urheberrecht geschützt, wenn sie in einem Werk dargestellt werden. Die Nutzungsrechte an einem Werk können vom Urheber an einen Verwerter übertragen werden, der den Urheber angemessen zu vergüten hat. Die übernommenen Teile aus einem fremden Werk müssen durch Quellenangaben kenntlich gemacht werden.

Beispiel für die Übernahme von Teilen aus fremden Quellen und Quellenangaben

Werk (Quelle)	**Eigener Text mit übernommenen Teilen aus einem anderen Werk (Quellenangabe)**
Lehrbuch (veröffentlichtes Werk) ... Damit das Lot an die Lötstelle gelangen kann, muss der Spalt zwischen den Bauelementen möglichst eng sein. Je enger der Lötspalt ist, desto leichter und weiter saugt sich das Lot in den Spalt. Diese Sogwirkung nennt man Kapillarwirkung. ...	*indirekt übernommen* ... Das Verlöten von Kupferrohren und Lötfittings ist nur möglich, weil das Lot in den Spalt zwischen Rohr und Fitting gesogen wird.[1] ... **Quellenangabe:** [1] Vgl. Biehl, Oliver u. a. 2015 : Lernfelder Metalltechnik. Grundwissen, 5. Auflage, Bildungsverlag EINS, Köln, S. 113. *direkt übernommen* (übernommene Teile in Anführungszeichen) ... Beim Verlöten von Kupferrohren und Lötfittings „saugt sich das Lot in den Spalt“[1] und ... **Quellenangabe:** [1]Biehl, Oliver u. a. 2015: Lernfelder Metalltechnik. Grundwissen, 5. Auflage, Bildungsverlag EINS, Köln, S. 113.
Fachbericht eines Mitschülers (unveröffentlichtes Werk) ... Dass sich das Lot in den Lötspalt saugt, liegt an der Kapillarwirkung. ...	*direkt übernommen* ... Die Kapillarwirkung sorgt dafür, „dass sich das Lot in den Lötspalt saugt.“[1] **Quellenangabe:** [1] Musterschüler, Paul 2019: Wie Löten funktioniert, S. 3. [unveröffentlichter Aufsatz]
Internet – Text Das Aufsteigen von Flüssigkeiten in engen Röhren (Kapillaren) oder Hohlräumen wird als Kapillarität bezeichnet. ...	*indirekt übernommen* ... Wenn das Lot in den Spalt zwischen Rohr und Fitting gesogen wird, spricht man von Kapillarität.[1] ... **Quellenangabe:** [1]Vgl. LernHELFER: Kapillarität. URL: https://www.lernhelfer.de/schuelerlexikon/physik-abitur/artikel/kapillaritaet (Zugriff: 20.03.2019)
Internet – YouTube-Video https://www.youtube.com/watch?v=X6078jNHDTc	*indirekt übernommen* ... Die Kapillarität wird durch Adhäsionskräfte hervorgerufen.[1] **Quellenangabe:** [1]Vgl. Müller, Stephan 2013: Kapillarität bei Wasser und Quecksilber [YouTube-Video], veröffentlicht am 17.09.2013. URL: https://www.youtube.com/watch?v=X6078jNHDTc, Zeit: 0:00 bis 2:23.

[1] Die Quellenangabe wird entweder als Fußnote am Ende der Seite in der Fußzeile positioniert oder an das Ende des gesamten Textes als Endnote eingesetzt.

Gesamtaufgaben

Aufgabe 1

In ein Hebezeug soll ein einsatzgehärteter Bolzen aus C15 eingebaut werden.

a) Erklären Sie die Werkstoffbezeichnung.
b) Zeichnen und beschriften Sie die Abkühlungskurve dieses Stahles.
c) Skizzieren Sie das Gefügebild des unbehandelten Werkstoffes.
d) Beschreiben Sie die Wärmebehandlung dieses Stahles.
e) Welche mechanischen Werte müssen nach DIN für den Kern des behandelten Stahles gewährleistet sein?
f) Wie erfolgt die Ermittlung der Kennwerte für die mechanischen Eigenschaften des Kernes?
g) Beschreiben Sie ein Verfahren zur Prüfung der Härte der Randschicht. Begründen Sie die Auswahl des Verfahrens.
h) Welche Vorteile bietet die Verwendung des einsatzgehärteten Bolzens gegenüber der Verwendung eines unbehandelten Bolzens?
i) Der Bolzen dient zur Lagerung einer Seilrolle. Er hat 20 mm Durchmesser. Der Rollendurchmesser beträgt 250 mm, die Nabe ist 60 mm lang.
Berechnen Sie die Last, die über diese Rolle gehoben werden kann. Die Sicherheit gegen Erreichen der Streckgrenze soll $\nu = 2$ betragen.

Aufgabe 2

Mit dem dargestellten Spannbügel soll eine Anpresskraft von 8000 N erreicht werden. Die in der Zeichnung fehlenden Abmessungen sind zu berechnen. Der Spannbügel ist nach den ermittelten Abmessungen neu zu konstruieren und zu bemaßen.

a) Berechnen Sie die notwendige Spannkraft der Schraube.
b) Es soll ein Schraubenwerkstoff der Güte 6.8 gewählt werden. Die Sicherheit gegen Erreichen der Streckgrenze soll $\nu = 2$ betragen. Berechnen Sie den erforderlichen Spannungsquerschnitt der Schraube.
Wählen Sie das richtige Gewinde (s. Kapitel „Bauelemente“).
c) Berechnen Sie die Maße des Stiftes aus der Scherbeanspruchung. Der Stift ist aus E295
gefertigt. Die zulässige Scherspannung ist aus $\sigma_{z\,zul} = 100\ \text{N/mm}^2$ zu ermitteln.
d) Berechnen Sie das Biegemoment und zeichnen Sie die Momentenfläche.
e) Wie groß ist das erforderliche Widerstandsmoment des Spannbügels $W = \frac{b \cdot h^2}{6}$?
$\sigma_{b\,zul} = 120\ \text{N/mm}^2$ (für E295).
f) Berechnen Sie die Bügelstärke h unter Berücksichtigung des Durchbruches. Die Schraube soll ein seitliches Spiel von gesamt 1 mm erhalten.
g) Die zulässige Flächenpressung des zu spannenden Werkstückes beträgt 20 N/mm². Wie groß muss die Auflagefläche des Spannbügels auf dem Werkstück sein?
h) Welche wirksame Schlüssellänge ist zum Anziehen der Schraube bei einem Wirkungsgrad von 0,12 und einer Handkraft von 200 N notwendig? Steigung der Schraube s. Tabelle im Kapitel „Bauelemente“.
i) Konstruieren Sie den Bügel so, dass bei der vorgegebenen Stellung die Spannhöhe 20 mm beträgt.
Berücksichtigen Sie bei der Formgebung für den Bügel die zulässige Flächenpressung des Werkstückes.
Der Zylinderstift soll im Bügel ein geringes Spiel haben. Geben Sie die Bohrung als Passmaß an. Der Spannbügel ist in zwei Ansichten im Maßstab 1 : 1 zu zeichnen.

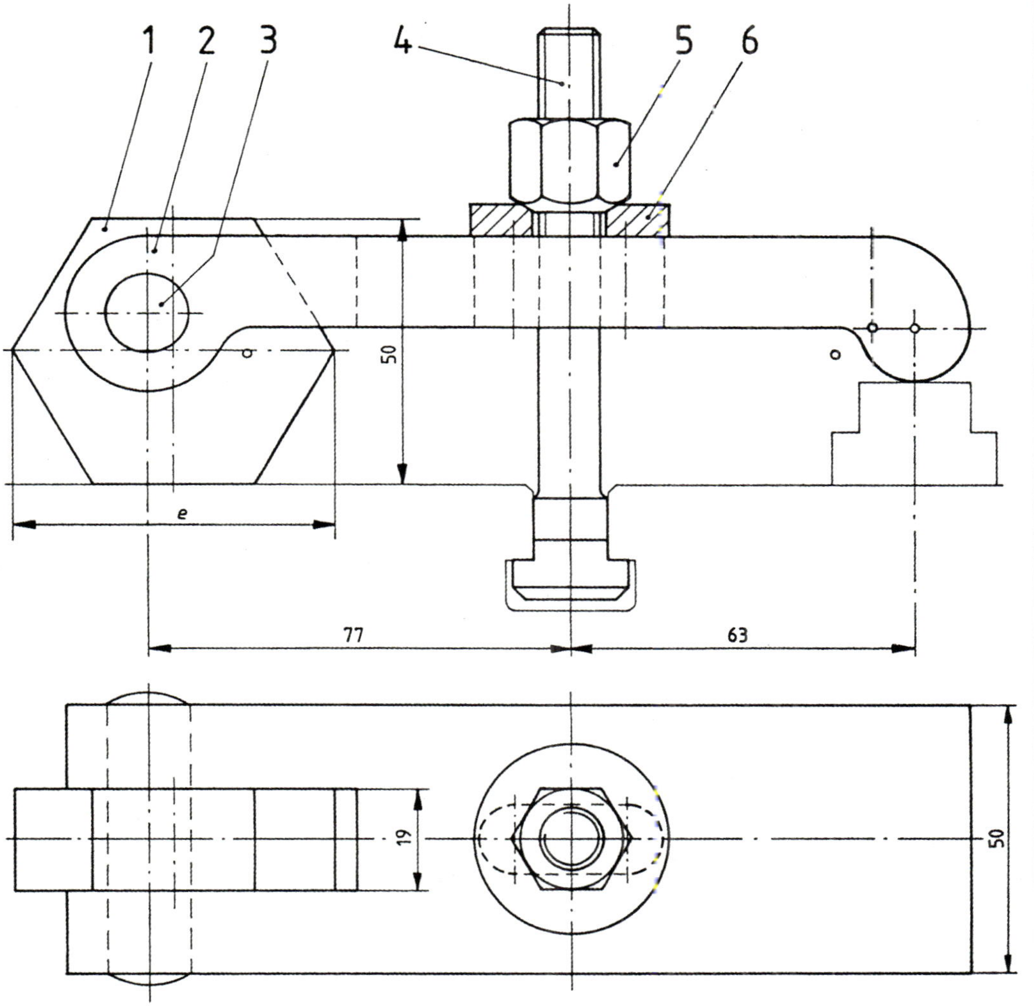

Stück	Benennung	Normblatt Zchn.-Nr.	Werkstoff	Lfd. Nr.	Halbzeug Modell-Nr., Gesenk-Nr.	Fert. Gew. kg/Stck.
1	Kegelpfanne G 14,2	DIN 6319	E 335	6		
1	Sechskantmutter BM 12	DIN 6330	8.8	5		
1	T-Nutenschrauben M12 x 100	DIN 787	8.8	4		
1	Zylinderstift 16m 6 x 50	DIN EN 22338	E 295	3		
1	Spannbügel		S 235	2		
1	Sechskant		S 235	1		

	Tag	Name
Gez.		
Gepor.		
Norm.		

Spannbügel

Aufgabe 3

Die Skizze zeigt den Entwurf einer hydraulisch betriebenen Maschine zum Lochen von max. 6 mm dickem Blech bis E335 und 20 mm Durchmesser für die Löcher.
Die Stellung der Hebel entspricht dem Beginn des Lochvorganges.

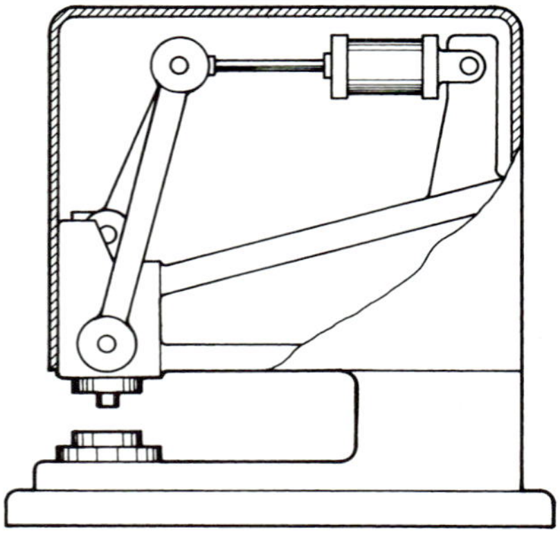

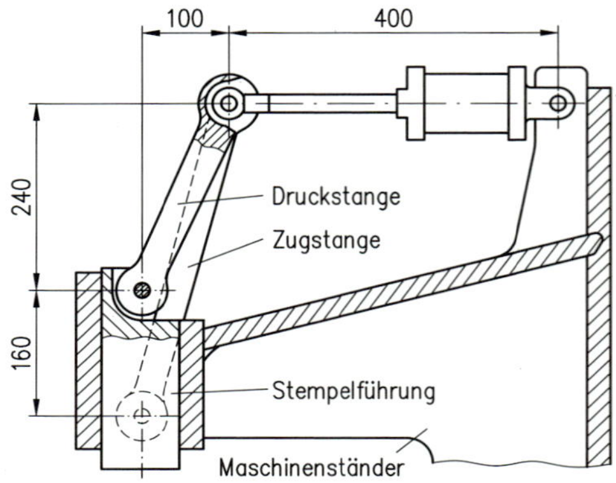

a) Welchen Hub kann der Stempel nach Berühren der Blechoberfläche theoretisch ausführen?

b) Welche maximale Kraft wird im Scherstempel zum Scheren der Löcher von 20 mm Durchmesser in 6 mm dickes Blech aus E335 benötigt?

c) Welche Kraft muss in der Druckstange des Kniehebels wirken, damit die Scherkraft aufgebracht werden kann?
Gehen Sie von der vereinfachenden Annahme aus, dass die Höchstkraft zu Beginn des Schervorganges wirkt.

d) Welche Kolbenkraft ist notwendig, um die erforderliche Kraft in der Druckstange zu erzeugen?

e) Schlagen Sie 10 % dieser Kolbenkraft zur Berücksichtigung der Reibung auf und berechnen Sie mit der so ermittelten Kraft den notwendigen Kolbendurchmesser für einen Druck von 90 bar.

f) Berechnen Sie die Bolzendurchmesser für die Halterung der Zugstangen zu beiden Seiten der Stößelführung für E295.

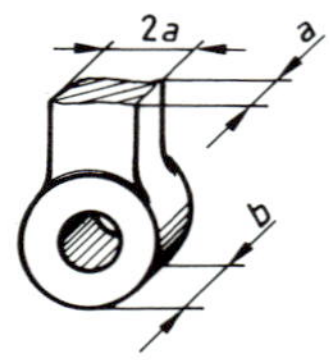

g) Berechnen Sie die Maße der rechteckigen Zugstange, deren Querschnitt ein Seitenverhältnis von 2 : 1 haben soll, Werkstoff 25CrMo4.

h) Welche Breite *b* müssen die Augen der Zugstangen mindestens haben, damit die zulässige Flächenpressung nicht überschritten wird?

i) Der Übergang von der Druckstange auf die Stempelführung ist im Entwurf ungünstig gestaltet. Planen Sie eine bessere Lösung und berechnen Sie die notwendigen Maße von Bolzen E295 und Auge (25CrMo4).

j) Der Maschinenständer wird gegossen – GJS-400. Berichten Sie über diesen Werkstoff.

k) Welche Vorteile sprechen für die Fertigung Gießen zur Herstellung des Maschinenständers gegenüber einer Schweißkonstruktion?

Aufgabe 4

Kreuzscheibenkupplungen dienen zum Verbinden von Wellen, die gering höhenversetzt sind.

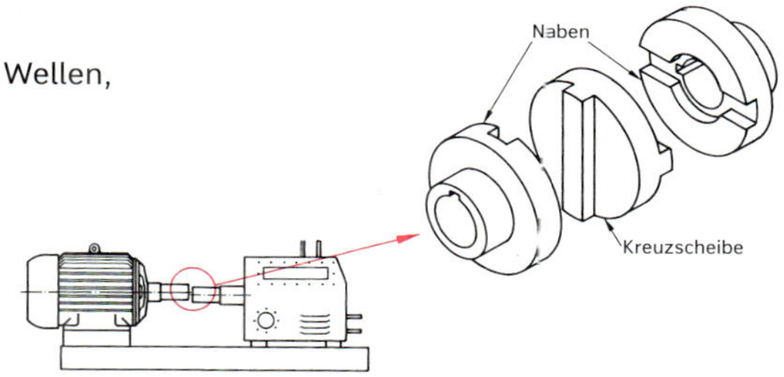

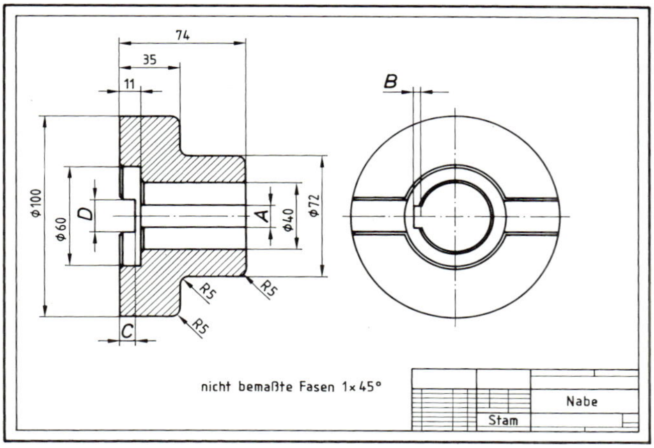

Die in der Zeichnung dargestellte Kupplungsnabe soll in den Maßen *A*, *B*, *C* und *D* neuen Bedingungen angepasst werden. Bei $n = 1\,400$ 1/min soll eine Leistung von 10 kW übertragen werden.
Legen Sie auch die Oberflächenbeschaffenheit der bearbeiteten Flächen entsprechend fest.

a) Welche Maße *A* und *B* sind für die Nut für eine entsprechende Passfeder nach DIN 6885 zu wählen?

b) Welches Maß *C* ist mindestens zu wählen, wenn für den Kunststoff, aus dem die Kreuzscheibe gefertigt wird, eine maximale Flächenpressung von 5 N/mm² als zulässig angegeben wird?
Setzen Sie für b) und c) die Umfangskraft für die Berechnung vereinfacht jeweils mittig an!

c) Welches Maß *D* ist einzuhalten, wenn die Scherfestigkeit der Kreuzscheibe 12 N/mm² beträgt?

d) Die Kupplungsnaben sollen aus G-AlSi12 gegossen werden.
- Zeichnen Sie den Modellriss. Die Naben sollen allseitig eine Bearbeitungszugabe von 3 mm erhalten.
- Zeichnen Sie einen Schnitt durch die zusammengelegte Form.

e) Planen Sie das Drehen der Nabe:
- Legen Sie die Abfolge der einzelnen Arbeiten fest und bestimmen Sie den Zeitpunkt für das Umspannen.
- Wählen Sie aus einem Tabellenbuch geeignete Schnittdaten für das Drehen der Nabe aus.
- Wählen Sie geeignete Drehmeißel aus.
- Schreiben Sie ein CNC-Programm zum Schlichten der Nabe.

f) Planen Sie das Fräsen der Nut für die Führung der Kreuzscheibe.
- Geben Sie ein geeignetes Spannmittel an.
- Wählen Sie eine geeignete Aufspannung.
- Geben Sie einen geeigneten Fräser an.
- Bestimmen Sie die Schnittdaten.
- Geben Sie an, wie die mittige Lage der Nut geprüft werden kann.

g) Wie kann die Längsnut zur Verbindung von Nabe und Welle hergestellt werden?

h) Berichten Sie über den Werkstoff G-AlSi12.

Aufgabe 5

Die dargestellten Werkstücke sollen auf CNC-Maschinen gefertigt werden.
Planen Sie für eines der beiden Werkstücke den Fertigungsablauf.

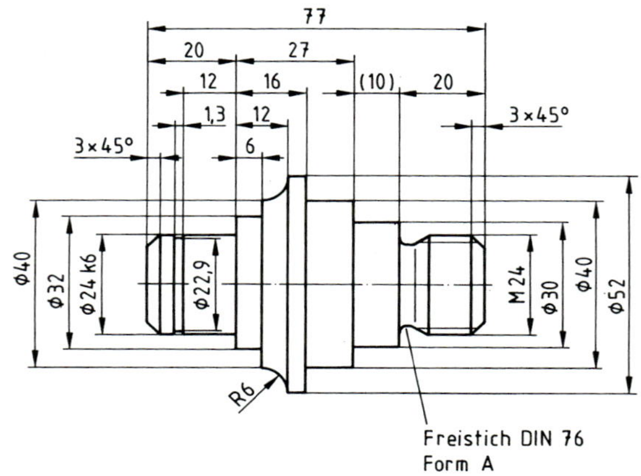

Werkstück 1

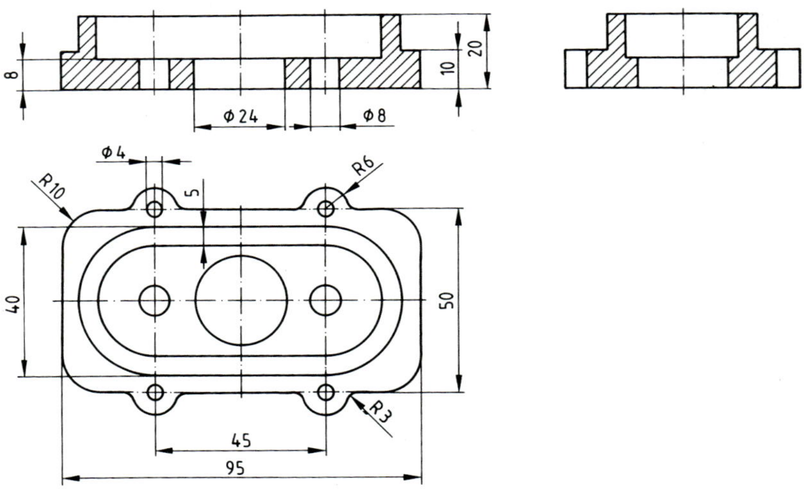

Werkstück 2

Aufgaben

a) Legen Sie die Bearbeitungsfolge fest. Berücksichtigen Sie dabei Spannen, Umspannen, Nullpunktlage(n) u.a.

b) Erstellen Sie – Ihrer Fertigungsplanung entsprechend – eine Zeichnung mit CNC-gerechter Bemaßung.

c) Legen Sie die zu verwendenden Werkzeuge fest.

d) Bestimmen Sie Schnittgeschwindigkeiten, Umdrehungsfrequenzen, Vorschübe, Zustellungen u. a.

e) Erstellen Sie das Programm bzw. Teilprogramme für die Fertigung.

f) Testen Sie das Programm durch Simulation.

g) Fertigen Sie ein Werkstück.

Aufgabe 6

Bevor eine Produktion anläuft, müssen alle möglichen Fehlerquellen herausgefunden und beseitigt werden.

Zur Unterstützung der systematischen Fehlerquellensuche verwendet man das Fischgräten-Diagramm (Ishikawa-Diagramm). Man trägt darin die Einflüsse der sogenannten „5 M" der Qualitätssicherung ein: **M**ensch, **M**ethode, **M**aterial, **M**itwelt (Umfeld), **M**aschine.

Stellen Sie mit der Klasse ein Ishikawa-Diagramm zur Fehlerquellenanalyse beim Bohren des Bolzens in der skizzierten Vorrichtung auf. Zur Maschine zählt auch die Vorrichtung.
Es sollen möglichst viele Ideen festgehalten werden.

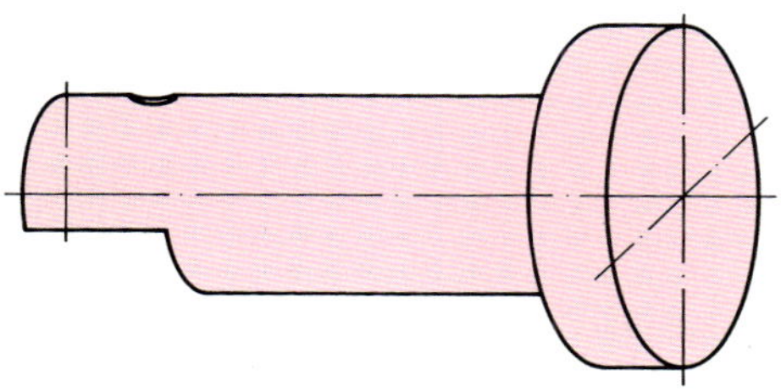

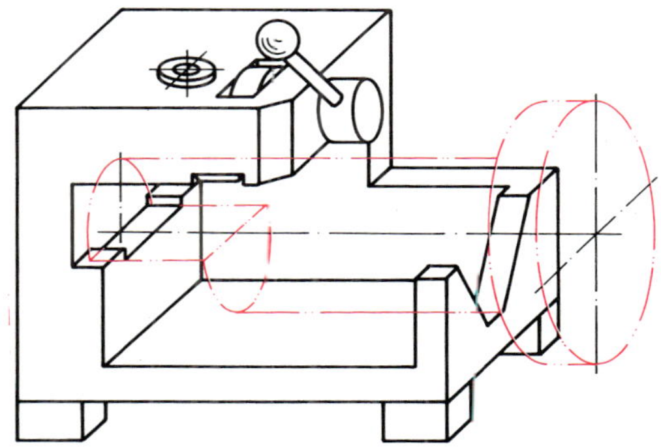

Verwenden Sie dazu folgendes Muster.

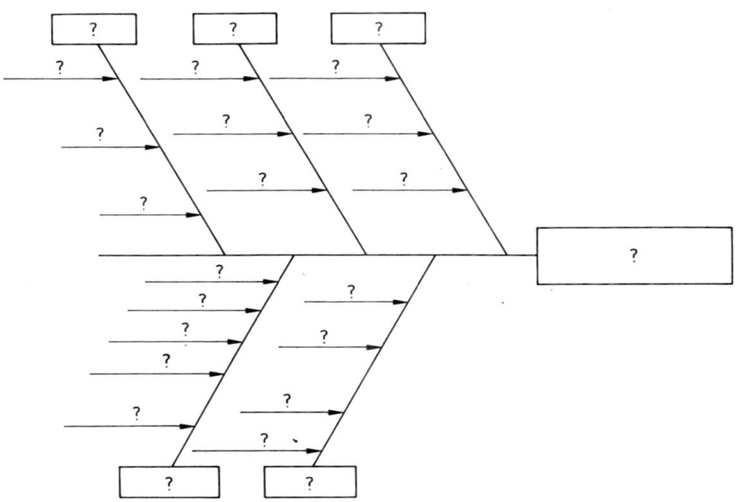

Aufgabe 7

Der abgebildete Ansatzstutzen soll auf einem CNC-Drehautomaten gefertigt werden. Der Kunde fordert für das Maß ⌀ 18 vor der Auftragserteilung einen Nachweis der Maschinenfähigkeit.

Hinweis: Für die grafische Darstellung der Messwerte ist ein Histogramm zu erstellen.

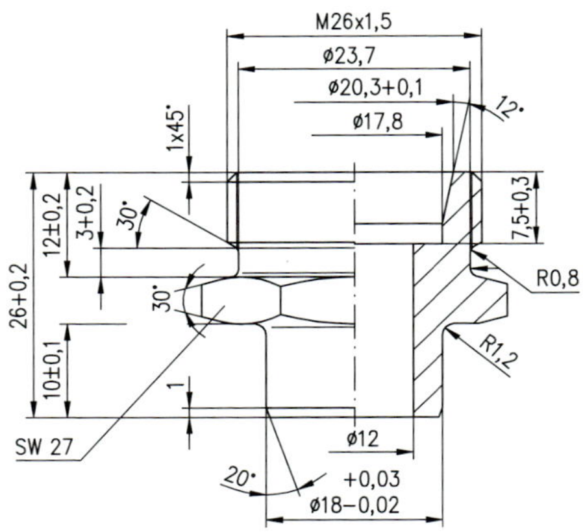

a) Entwickeln Sie eine Excel-Tabelle zur Eintragung aller Zwischenergebnisse zur Ermittlung der Maschinenfähigkeit.

b) Übertragen Sie die folgenden Messwerte aus 10 Stichproben in der Tabelle.

Messwerte	Stichproben									
	1	2	3	4	5	6	7	8	9	10
x_1	17,995	18,006	18,004	18,008	18,005	18,001	18,002	17,999	18,009	18,011
x_2	18,007	18,001	18,003	17,998	18,000	18,011	18,005	18,012	18,001	18,004
x_3	18,004	17,999	18,014	18,006	18,010	17,998	18,007	18,000	18,002	18,008
x_4	18,009	18,007	18,002	18,000	18,003	18,006	18,003	18,006	18,012	18,006
x_5	18,010	18,004	18,006	18,005	18,013	18,008	18,015	18,009	18,007	17,997

c) Berechnen Sie den Fähigkeitsindex für den Nachweis der Maschinenfähigkeit.

d) Beurteilen Sie das Ergebnis.

Aufgabe 8

Entwickeln Sie den Pneumatikschaltplan und den Stromlaufplan für die Steuerung einer Hebeeinrichtung.

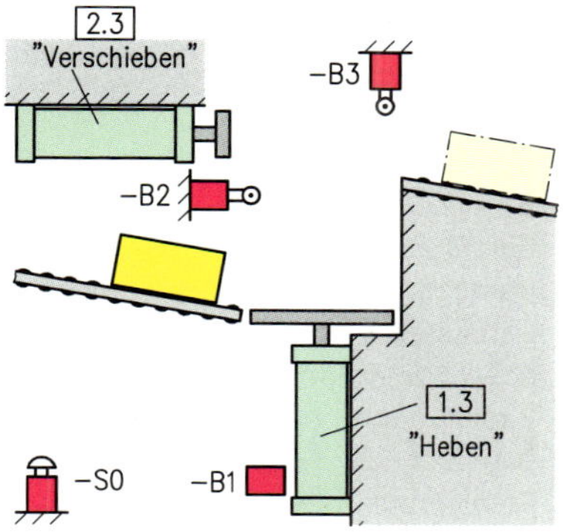

Nach Betätigung des Starttasters S0 fährt Zylinder 1.3 aus und hebt die Last an. In der Endstellung wird durch B" der Zylinder 2.3 betätigt, der die Last verschiebt. Die verschobene Last betätigt den Sensor B3. Daraufhin fahren beide Zylinder ein. Erst danach ist ein erneuter Hub möglich.

Sachwortverzeichnis